Magdalena Kummer
mit herzlichem Dank
zugeeignet

Anton Egger

[illegible]

Helmut Sauseng

Egger/Samer/Bertl

•

Der Jahresabschluss nach dem Unternehmensgesetzbuch

Der Jahresabschluss nach dem Unternehmensgesetzbuch

Band 1
Der Einzelabschluss

Erstellung, Prüfung, Veröffentlichung

14., überarbeitete Auflage

von

em. o. Univ.-Prof. Dkfm. Dr. Dr.hc. Anton Egger
Beeideter Wirtschaftsprüfer
und Steuerberater

Prof. Dkfm. Dr. Helmut Samer
Beeideter Wirtschaftsprüfer
und Steuerberater

o. Univ.-Prof. Mag. Dr. Romuald Bertl
Beeideter Wirtschaftsprüfer
und Steuerberater

Linde

Bibliografische Information der Deutschen Nationalbibliothek

Die Deutsche Nationalbibliothek verzeichnet diese Publikation in der Deutschen Nationalbibliografie; detaillierte bibliografische Daten sind im Internet über http://dnb.d-nb.de abrufbar.

ISBN 978-3-7073-2464-8

1210 Wien, Scheydgasse 24, Tel.: 01/24 630
www.lindeverlag.at

Druck und Bindung: PBtisk a.s.
Dělostřelecká 344, 261 01 Příbram, Tschechien – www.pbtisk.eu
14

Inhaltsübersicht

Inhaltsverzeichnis

Vorwort zur 14. Auflage

In den drei Jahren seit Herausgabe der 13. Auflage haben sich in der Rechnungslegung einerseits und in der Prüfung und Veröffentlichung andererseits einige wesentliche Veränderungen ergeben, die es notwendig machten, das Buch in vielen Teilen zu überarbeiten. Wir glauben, dass es uns wieder gelungen ist, unseren Lesern eine auf allen oben genannten Gebieten aktuelle Arbeit vorzulegen.

Wir haben uns gleichzeitig entschlossen, die Jahresabschlussanalyse als einen eigenständigen dritten Band herauszugeben. Damit wollen wir diese nicht – wie bisher – als einen Teil des Jahresabschlusses sehen, in dem auf vergangene Daten aufgebaut und das Geschehen kommentiert wird, sondern auch darstellen, welche Gestaltungsmöglichkeiten einer zukunftsbezogenen Unternehmensanalyse innewohnen.

Wir danken den Damen des Instituts für Unternehmensrechnung, Frau Dr. Katharina van Bakel-Auer, Frau Mag. Barbara Schallmeiner und Frau Mag. Magdalena Kuntner für ihre ambitionierte Mitarbeit, die es uns ermöglicht hat, in kurzer Zeit die nunmehr 14. Auflage herauszubringen.

Anton Egger Helmut Samer Romuald Bertl

Vorwort zur 13. Auflage

Keine Materie ist in den letzten 20 Jahren einem derart raschen Wandel unterworfen gewesen, wie die Informationswirtschaft eines Unternehmens. Allein in den letzten beiden Jahren seit Herausgabe der 12. Auflage dieses Buches gab es mehrere gesetzliche Änderungen, von denen allein das Aktienrechtsänderungsgesetz 2009 und das Rechnungslegungsrechts-Änderungsgesetz 2010, zusammen mit den Änderungen internationaler Richtlinien auf dem Gebiete der Jahresabschlussprüfung und Veröffentlichung, merkbare Eingriffe in den Inhalt des Buches notwendig machten.

Die Neuauflage wurde auch dazu benützt, notwendige Aktualisierungen vorzunehmen, das Buch in einigen Bereichen zu straffen und verschiedene Abschnitte auszubauen.

Wir danken den Mitgliedern des Institutes für Unternehmensrechnung, Frau Dr. Katharina van Bakel-Auer und Herrn Dr. Alexander Schiebel, sowie Herrn Ass. Iur. Dirk Schweinsberg für ihre ambitionierte Mitarbeit, die geholfen hat, das nunmehr in 13. Auflage vorliegende Werk herauszubringen.

Anton Egger Helmut Samer Romuald Bertl

Vorwort zur 1. Auflage

Am 31. Juli 1990 ist das Rechnungslegungsgesetz, das eine völlige Neugestaltung des Bilanzrechtes mit sich bringt, in Kraft getreten. Die Jahresabschlüsse aller Vollkaufleute müssen spätestens in jenem Geschäftsjahr nach den Bestimmungen des Rechnungslegungsgesetzes erstellt werden, welches nach dem 31. Dezember 1991 beginnt.

Das Rechnungslegungsgesetz bringt umfangreiche Änderungen auf dem Gebiet der Bilanzbewertung, der Gliederung der Bilanz und der Gewinn- und Verlustrechnung sowie der Anlagenverrechnung mit sich, die zum Teil erhebliche Umstellungen im Aufbau und der Organisation des Rechnungswesens verlangen.

Dieses Buch soll nicht nur dem Bilanzierenden ein Hilfsmittel zur Hand geben, die Umstellung auf die neuen Rechnungslegungsvorschriften besser bewältigen zu können, sondern auch den rechts- und steuerberatenden sowie den prüfenden Berufen als Nachschlagewerk zur Beantwortung vieler Zweifelsfragen im Zusammenhang mit der Durchführung des Gesetzes dienen.

Das erklärte Ziel des Gesetzgebers, die Informationswirkung des Jahresabschlusses nach innen und außen zu verbessern, hat die Autoren bewogen, darüber hinaus ausführlich auf die Jahresabschlußanalyse und die daraus erzielbaren Erkenntnisse einzugehen.

Die Konzernrechnungslegung, die in Österreich mit dem Rechnungslegungsgesetz erstmals gesetzlich geregelt wurde, wird in einem Folgeband behandelt.

Anton Egger Helmut Samer

1. Österreichische und internationale Grundlagen des Jahresabschlusses

1.1 Die Funktionen des Jahresabschlusses

Die Funktionen des Jahresabschlusses werden grundsätzlich aus den ihn bestimmenden gesetzlichen Vorschriften abgeleitet. So ergeben sich aus den unternehmens- und steuerrechtlichen Bestimmungen für den Einzelabschluss Funktionen, die die Rechtsverhältnisse zwischen Unternehmen einerseits und Gesellschafter bzw Fiskus andererseits bestimmen. Zu diesen Funktionen gehören vor allem die **Ausschüttungsbemessungsfunktion** (Gewinnverteilung und -ausschüttung) und die **Steuerbemessungsfunktion** (Grundlage für die Feststellung der ertragsabhängigen Steuern).

Als wesentliche betriebswirtschaftliche Funktionen des Jahresabschlusses gelten die **Erhaltungs- und Informationsfunktion**. Während Erstere in engem Zusammenhang mit der Ausschüttungsbemessungs- und Steuerbemessungsfunktion steht, hat Letztere vor allem die Aufgabe der Information der Investoren, der Gläubiger und Arbeitnehmer sowie je nach Bedeutung des Unternehmens der Umwelt.

Zu den Jahresabschlüssen, die ausschließlich **Informationsfunktion** besitzen, gehören grundsätzlich **Konzernabschlüsse**. Nach den International Financial Reporting Standards (IFRS) aufgestellte Abschlüsse, gleichgültig ob Einzel- oder Konzernabschluss, dienen ausschließlich der Information der Jahresabschlussadressaten, das sind in besonderem Maße bestehende oder potentielle Investoren.

1.11 Erhaltungsfunktion des Jahresabschlusses

Sinn der **Erhaltungsfunktion** ist die Aufrechterhaltung des Unternehmensbestandes einerseits durch die Verhinderung eines zu hohen Mittelabflusses an die Gesellschafter (Entnahmen, Gewinnausschüttung) und andererseits durch die Vermeidung des Ausweises einer zu hohen Steuerbemessungsgrundlage. Die **Erhaltungsfunktion** wird vor allem durch die allgemeinen Bewertungsgrundsätze des § 201 UGB und die Bewertungsvorschriften der §§ 202–211 UGB repräsentiert, die einerseits auf **dem Grundsatz der Bilanzvorsicht**, unterstützt durch das **Niederstwertprinzip** und das **imparitätische Realisationsprinzip**, und andererseits auf dem grundsätzlichen **Verbot der Unterbewertung** basieren.

Das **Verbot der Unterbewertung** soll die Bildung **willkürlicher stiller Reserven** verhindern. Während eine willkürliche Unterbewertung bei guter Ertragslage des Unternehmens außer der Verhinderung einer Gewinnausschüttung bzw Steuerverschiebung kaum Vorteile bringt, kann sie bei Verschlechterung der Ertragslage zu gefährlichen Verhaltensweisen des Unternehmers führen, die dahin zielen, das Erscheinungsbild der Krise hinauszuzögern. Dies geschieht beispielsweise

- durch die dem Leser nicht sichtbare **Auflösung stiller Reserven** mit der Wirkung der **Verschleierung** einer bestehenden **Verlustsituation**,
- durch die **Rückführung von Rückstellungen** auf ein geringeres Ausmaß,
- durch die Änderung der Bewertung der fertigen und unfertigen Erzeugnisse durch **Erhöhung der Gemeinkostenzuschläge**,
- durch **Senkung** der **Abschreibungssätze**,
- durch **Umreihung** von **Wertpapieren** vom Umlaufvermögen in das Anlagevermögen,
- durch **Gewinnschöpfung** innerhalb des Konzerns.

Obwohl diese Maßnahmen, abgesehen von der zuletzt angeführten, im Sinne der Bewertungsvorschriften noch kein falsches Bild der Vermögenslage des Unternehmens zeigen, täuschen sie eine zu günstige Ertragslage vor.

Die mögliche Folge derartiger Maßnahmen besteht in der **Ausschüttung von Gewinnen**, die nur auf bilanzpolitische Maßnahmen zurückzuführen sind, in der **Durchführung von Investitionen**, die bei Kenntnis der tatsächlichen Lage nicht mehr eingeleitet worden wären, in der **Zahlung von Ertragsteuern**, die bei richtiger Bewertung nicht entstanden wären. Der daraus resultierende **Substanz- und Liquiditätsverzehr** kann das Unternehmen in erhebliche Schwierigkeiten bringen bzw das Ende desselben herbeiführen.

Ausdruck der Erhaltungsfunktion in der Kapitalgesellschaft sind auch die Dotierung gesetzlich vorgeschriebener gebundener Rücklagen (gebundene Kapitalrücklage, gesetzliche Gewinnrücklage, Rücklage für eigene Aktien) sowie gesetzliche Ausschüttungssperren, wie dies etwa in § 235 UGB vorgeschrieben ist.

1.12 Die Informationsfunktion des Jahresabschlusses

Durch die **Informationsfunktion** des Jahresabschlusses soll sowohl die Selbstinformation des Bilanzierenden als auch die Information des externen Bilanzadressaten sichergestellt werden.

Die **Selbstinformation** soll nicht nur über Entnahme- und Ausschüttungsmöglichkeiten informieren. Der Jahresabschluss ist darüber hinaus in allen jenen Fällen, in denen Budgets erstellt werden, ein Kontrollinstrument. Werden keine Budgets erstellt, ist der Jahresabschluss zumindest die letzte Möglichkeit des Unternehmers, sich über die Lage seines Unternehmens zu informieren.

Die Bedeutung der **Information der externen Bilanzadressaten** liegt unter anderem in der Senkung des Risikos der potentiellen **Kapitalanleger**, gleichgültig, ob als Gläubiger oder als Anteilserwerber. Eine verbesserte Information stärkt die Stellung der Informationsadressaten gegenüber dem Management und gibt dem Arbeitnehmer, aber auch der interessierten Öffentlichkeit die Möglichkeit, die Entwicklung des Unternehmens früher zu erkennen.

Der **Informationsfunktion** wird bei Personengesellschaften vor allem durch die gesetzliche Fixierung des Grundsatzes der Vermittlung eines **möglichst getreuen Bildes der Vermögens- und Ertragslage (Generalnorm)** und bei Kapitalgesellschaften durch den Grundsatz der Vermittlung eines **möglichst getreuen Bildes der Vermögens-, Finanz- und Ertragslage** sowie durch die **Offenlegungsvorschriften**, die in eingeschränktem Umfang auch für kleine GmbHs gelten, Rechnung getragen.

1.2 Der Jahresabschluss nach der Rechnungslegungsreform

1.21 Die Entwicklung der unternehmensrechtlichen Rechnungslegungsnormen (wesentliche Daten)

25. Juli 1978:	4. EG-Richtlinie (Bilanzrichtlinie)
13. Juni 1983:	7. EG-Richtlinie (Konzernrichtlinie)
10. April 1984:	8. EG-Richtlinie (Bilanzprüferrichtlinie)
28. Juni 1990:	**Rechnungslegungsgesetz (RLG)**
23. Mai 1996:	**EU-Gesellschaftsrechtsänderungsgesetz (EU-GesRÄG)**
27. Oktober 2005:	**Handelsrechts-Änderungsgesetz 2005 (Unternehmensgesetzbuch)**
25. April 2008:	**URÄG 2008**
30. Dezember 2009:	**Rechnungslegungsrechts-Änderungsgesetz (RÄG) 2010**

Wesentliche Ergänzungen bzw. Änderungen der 4., 7. u 8. EG-Richtlinie, die in der Folge Eingang in das HGB (UGB) fanden.

27. September 2001:	Fair-Value-Richtlinie – die Umsetzung erfolgte mit dem **Fair-Value-Bewertungsgesetz** vom 16. Dezember 2003
18. Juni 2003:	**Modernisierungsrichtlinie** – Umsetzung mit dem **Rechnungslegungsänderungsgesetz 2004** vom 30. Dezember 2004
17. Mai 2006:	**Abschlussprüfungsrichtlinie** – die Umsetzung (mit Ausnahme der berufsrechtlichen Vorschriften) erfolgte mit dem **Unternehmensrechts-Änderungsgesetz 2008** (URÄG 2008) vom 25. April 2008
14. Juni 2006:	**Änderungsrichtlinie** – die Umsetzung erfolgte mit dem **URÄG 2008** vom 25. April 2008
26. Juni 2013:	**Rechnungslegungsrichtlinie** (als Ersatz der 4. und 7. EG-Richtlinie)

Weitere Anpassungen des UGB erfolgten durch das Übernahmerechts-Änderungsgesetz (9. Juni 2006) und das Publizitätsrichtlinie-Gesetz (26. Juni 2006).

In Umsetzung der Transparenzrichtlinie 2004/109/EG vom 15. Dezember 2004 wurden Anpassungen des Börsegesetzes durchgeführt.

Am 25. Juli 1978 wurde vom Rat der Europäischen Gemeinschaften die **Bilanzrichtlinie** (4. EG-Richtlinie) mit dem Zweck der Koordinierung der einzelstaatlichen Vorschriften über die Gliederung und den Inhalt des Jahresabschlusses und des Lageberichtes sowie über die Bewertungsmethoden und die Offenlegung dieser Unterlagen insbesondere bei Aktiengesellschaften und Gesellschaften mit beschränkter Haftung erlassen.

Am 13. Juni 1983 wurde die **Konzernrichtlinie** mit dem Zweck der Koordinierung der nationalen Vorschriften über den konsolidierten Abschluss von Unternehmenszusammenschlüssen (Konzernen) erlassen.

Am 10. April 1984 wurde die **Bilanzprüferrichtlinie** mit dem Zweck der Harmonisierung der Anforderungen in Bezug auf die Befähigung der zur Durchführung der Pflichtprüfung der Rechnungslegung von zu prüfenden Unternehmen befugten Personen erlassen, wobei gleichzeitig sichergestellt werden sollte, dass diese Personen unabhängig sind und einen guten Leumund besitzen.

Wegen der Nähe zur EG und der engen wirtschaftlichen Beziehungen zur Bundesrepublik Deutschland entschloss sich die österreichische Bundesregierung zunächst, eine den EG-Richtlinien weitgehend konforme und an das deutsche Bilanzrichtliniengesetz angelehnte **Rechnungslegungsreform** in die Wege zu leiten und nach Anhörung aller Interessenvertretungen dem Nationalrat zur Beschlussfassung zu übermitteln (Rechnungslegungsgesetz 1990).

Durch den Beitritt zum EWR und in der Folge zur EU war es notwendig geworden, alle Vorschriften des UGB, soweit sie der 4. und 7. Richtlinie noch nicht voll entsprachen, durch richtlinienkonforme Bestimmungen zu ersetzen. Dies geschah mit Art I EU-Gesellschaftsrechtsänderungsgesetz 1996 und den zugehörigen Übergangsvorschriften in Artikel XVII.

Die Vorschriften des Unternehmensgesetzbuches (bis 2005 Handelsgesetzbuch) wurden jeweils an die Änderungen der EG-Richtlinien (Fair-Value-Richtlinie, Modernisierungsrichtlinie, Abschlussprüfungsrichtlinie, Änderungsrichtlinie und Übernahme eines Wahlrechtes aus der IAS-Verordnung) angepasst, sodass der derzeitige Stand des UGB voll dem EU-Recht entspricht.

Bezüglich bevorstehender Änderungen, insbesondere aufgrund der Rechnungslegungsrichtlinie 2013 des Europäischen Parlaments und des Rates, die die 4. und 7. EG-Richtlinie ersetzt, siehe Abschnitt 1.6.

1.22 Diskussion zur Modernisierung der Rechnungslegung in Österreich

In der Bundsrepublik Deutschland wurde das dHGB durch das Bilanzmodernisierungsgesetz 2009 (BilMoG) reformiert; es handelt sich dabei um die umfangreichste Modernisierung der Rechnungslegung seit 1985 mit Berücksichtigung der internationalen Entwicklung. Einzelne Neuerungen betreffen ua die Aufhebung des Bilanzierungsverbotes für nicht entgeltlich erworbene immaterielle Vermögensgegenstände, die Zeitwertbewertung von bestimmten Finanzinstrumenten, die Neudefinition der Herstellungskosten und den Ansatzzwang für aktive Steuerlatenzen.

Diese Entwicklung hat in Österreich ebenfalls zu Diskussionen über eine erforderliche Modernisierung der Rechnungslegungsvorschriften geführt. Unmittelbarer Anlass war das unter **Leitung des BMF** durchgeführte Projekt zur Senkung der Informationsaufwendungen von Unternehmen. Im Ministerrat wurde im Oktober 2007 beschlossen, dass die Ressorts bis Ende Februar 2008 eine erste Maßnahmenliste erstellen. Diese Maßnahmenliste enthielt ua folgende zwei Positionen:

- **Vereinfachung der Bilanzierungspflichten** für Einzelunternehmen und Personengesellschaften (Einschätzung eines sehr hohen Einsparungspotentials)
- **Modernisierung und Vereinheitlichung der Rechnungslegung** (Prüfung der Möglichkeit einer Annäherung von EStG, UGB und IFRS; Vermeidung von Abweichungen)

Schon im Dezember 2007 wurde vom AFRAC eine Arbeitsgruppe zur Thematik „Entwicklung eines Maßnahmenpaketes zur Reduzierung der Verwaltungskosten rechnungslegungspflichtiger Unternehmen durch Prüfung der Möglichkeit einer Annäherung von Unternehmens- und Steuerbilanz und unter Bedachtnahme auf die Reformvorschläge des deutschen Bilanzrechtsmodernisierungsgesetzes“ installiert.

Die Ergebnisse der Arbeitsgruppe wurden im Endbericht „Modernisierung und Vereinheitlichung“ der Rechnungslegung festgehalten (November 2008).

Die Arbeitsgruppe kam zu dem Ergebnis, dass das Prinzip der Maßgeblichkeit der unternehmensrechtlichen Gewinnermittlung für das Abgabenrecht beizubehalten ist. Ein Abgehen von diesem Prinzip wäre ein grundlegender Eingriff, der für kleine und mittlere Unternehmen im Falle einer Entkoppelung von unternehmensrechtlicher und steuerlicher Gewinnermittlung mit hoher Wahrscheinlichkeit mit einem nicht unerheblichen Mehraufwand verbunden wäre.

Weiters befürwortete die Arbeitsgruppe grundsätzlich, dass ein befreiender IFRS-Abschluss (ohne Überleitungsrechnung auf einen UGB-Jahresabschluss) ermöglicht werde, wenn die Gesellschaft in einen IFRS-Konzernabschluss oder in einen **Konzernabschluss**, der nach vergleichbaren internationalen Rechnungslegungsstandards aufgestellt wird, einbezogen ist und die **Obergesellschaft eine Verlustausgleichsverpflichtung zu Gunsten der Tochtergesellschaft** übernimmt. Unter dieser Voraussetzung wäre es vertretbar, auf besondere Überleitungsrechnungen für die Ausschüttungsbemessung zu verzichten.

Zu dieser Aussage meinen allerdings die Autoren dieses Buches, dass eine Regelung, die den **Entfall des UGB-Jahresabschlusses** vorsieht, ohne Aufgabe der Maßgeblichkeit, deren Beibehaltung die Arbeitsgruppe allerdings empfiehlt, nicht möglich ist.

Von den umfangreichen Empfehlungen, die auch auf Bestimmungen des BilMoGs verweisen, wurden im RÄG 2010 nur folgende umgesetzt:

- Anhebung der Schwellenwerte für die Verpflichtung zur doppelten Buchhaltung auf € 700.000
- Entfall des § 198 Abs 3, wonach Aufwendungen für das Ingangsetzen und Erweitern eines Betriebes aktiviert werden durften
- Aktivierungs**pflicht** für den Geschäfts(Firmen)wert gem § 203 Abs 5
- Entfall des § 207 Abs 2 mit der Möglichkeit einer vorsorglichen Abwertung von Gegenständen des Umlaufvermögens

Nicht umgesetzt wurden beispielsweise folgende noch im Gesetzesentwurf enthaltene Bestimmungen:

- Verpflichtende Aktivierung angemessener Teile der Material- und Fertigungsgemeinkosten (§ 203 Abs 3)
- Wiederaufwertungszwang nach vorhergegangener außerplanmäßiger Abschreibung (§ 208 Abs 3) bei Wegfall des Abschreibungsgrundes

1.3 Der Aufbau der unternehmensrechtlichen Rechnungslegungsvorschriften

Die unternehmensrechtlichen Rechnungslegungsvorschriften finden sich im dritten Buch des UGB (§§ 189–283).

Erster Abschnitt – Allgemeine Vorschriften

Erster Titel:	Buchführung, Inventar	§§ 189–192
Zweiter Titel:	Eröffnungsbilanz, Jahresabschluß	§§ 193–200
Dritter Titel:	Bewertungsvorschriften	§§ 201–211
Vierter Titel:	Aufbewahrung und Vorlage von Unterlagen	§§ 212–216
	nicht belegt	§§ 217–220

Zweiter Abschnitt – Ergänzende Vorschriften für Kapitalgesellschaften (AG und GmbH)

Erster Titel:	Größenklassen	§ 221
Zweiter Titel:	Allgemeine Vorschriften über den Jahresabschluß und den Lagebericht	§§ 222–223
Dritter Titel:	Bilanz	§§ 224–230
	Gliederung	§ 224
	Vorschriften zu einzelnen Posten der Bilanz	§§ 225–230
Vierter Titel:	Gewinn- und Verlustrechnung	§§ 231–235
	Gliederung	§ 231
	Vorschriften zu einzelnen Posten der Gewinn- und Verlustrechnung	§§ 232– 235
Fünfter Titel:	Anhang und Lagebericht	§§ 236–243
	Anhang	§§ 236–242
	Lagebericht	§§ 243–243a
	Corporate Governance-Bericht	§ 243 b

Dritter Abschnitt – Konzernabschluß und Konzernlagebericht §§ 244–267

Vierter Abschnitt – Vorschriften über die Prüfung, Offenlegung, Veröffentlichung und Zwangsstrafen

Erster Titel:	Abschlußprüfung	§§ 268–276
Zweiter Titel:	Offenlegung, Veröffentlichung und Vervielfältigung, Prüfung durch das Firmenbuchgericht	§§ 277–281
Dritter Titel:	Prüfungspflicht und Zwangsstrafen	§§ 282–283

1.4 Internationale Regelungen der Erstellung und Präsentation des Jahresabschlusses

1.41 US-GAAP (Generally Accepted Accounting Principles)

Die US-GAAP in ihrer heutigen Form als verbindliche Rechnungslegungsregeln haben ihren Ursprung im Börsenkrach 1929, der im Jahre 1934 zur Gründung der **Securities Exchange Commission**, einer unabhängigen Bundesaufsichtsbehörde für das Wertpapier- und Börsewesen, führte, deren Aufgabe es ist, die Zulassung von Kapitalgesellschaften zur Notierung an amerikanischen Börsen zu regeln und zu administrieren. Da die **SEC** für sich nicht in der Lage war, jene GAAP zu entwickeln, die in der Folge den Jahresabschlüssen der zur Notierung zugelassenen Unternehmen verbindlich zugrunde gelegt werden sollten, hat das **AICPA** (American Institute of Certified Public Accountants) im Jahre 1939 ein Committee on Accounting Procedures geschaffen, das insgesamt 51 Accounting Research Bulletins herausgeben hat.

1959 erfolgte die Gründung des AICPA Accounting Principles Board **(APB)**, welcher insgesamt 31 APB Opinions erlassen hat.

Im Jahre 1973 hat die SEC die Agenden der Ausarbeitung der Accounting Principles auf den neu gegründeten Financial Accounting Standards Board **(FASB)** übertragen, eine Institution, die über ihre Dachorganisation FAF (Financial Accounting Foundation) hauptsächlich von der SEC, dem AICPA sowie der US-amerikanischen Wirtschaft getragen wird. Der FASB hat bis heute über 150 Statements of Financial Accounting Standards (SFAS) herausgegeben, wovon sich ca 100 in Kraft befinden. Sie sind auch die Grundlage der US-GAAP. Sie sind zwar nur für börsennotierte Unternehmen verpflichtend anzuwenden, haben aber für andere Unternehmen Vorbildwirkung.

Eine Zulassung zur Notierung an einer US-amerikanischen Börse erfolgt nur dann, wenn ein amerikanisches oder ausländisches Unternehmen unter anderem seinen Jahresabschluss nach den US-GAAP erstellt oder im Falle ausländischer Unternehmen zumindest eine Überleitungsrechnung auf die US-GAAP durchgeführt hat.

1.42 Der International Accounting Standards Board (IASB) und die International Financial Reporting Standards (IFRS)

Der stärkste Einfluss ergibt sich aus der Verordnung des Europäischen Parlaments und des Rates zur Anwendung von internationalen Rechnungslegungsstandards (Verordnung Nr 1606/2002 = IAS-Verordnung, deren Auswirkungen sich in § 245a UGB finden).

Die **IAS-Verordnung** bestimmt, dass spätestens ab dem Geschäftsjahr, das am oder nach dem 1. Jänner 2005 beginnt, die Konzernabschlüsse von Unternehmen, deren Wertpapiere zum Handel auf einem regulierten Markt im Sinne von Art 1 (13) der Richtlinie 93/22/EEC zugelassen sind, nach den International Accounting Standards bzw International Financial Reporting Standards aufzustellen sind, die nach dem in der Verordnung festgelegten Verfahren in der Europäischen Union zugelassen wurden (Art 4 der Verordnung).

Da es sich hier um eine Verordnung und nicht um eine Richtlinie handelt, sind diese Bestimmungen von den Mitgliedstaaten direkt anzuwenden.

Art 5 der Verordnung sieht vor, dass die Mitgliedstaaten entweder gestatten oder anordnen können, dass auch die Einzelabschlüsse börsennotierter Unternehmen und die Einzelabschlüsse und konsolidierten Abschlüsse nicht börsennotierter Unternehmen nach den von der EU zugelassenen International Accounting Standards aufgestellt werden können.

Österreich hat von diesem Wahlrecht im Hinblick auf Einzelabschlüsse keinen Gebrauch gemacht. Damit ergeben sich aus der Anpassung des UGB an die IAS-Verordnung keine Auswirkungen auf die Bestimmungen für den Einzelabschluss.

Weiters enthält die 4. Richtlinie einige Mitgliedstaatenwahlrechte für die Einführung von Vorschriften, die im Einklang mit IAS/IFRS stehen. Diese Wahlrechte wurden nicht in das UGB übernommen (Fair-Value-Bewertung bestimmter Finanzinstrumente, Anwendung der Gliederungsbestimmungen der IAS/IFRS für die Bilanz und die Gewinn- und Verlustrechnung, Anpassung von Vorschriften für Rückstellungen, Fair-Value-Bewertung für andere bestimmte Vermögensposten).

1.43 Übernahme der IFRS in den Einzelabschluss?

Die IAS-Verordnung erlaubt dem nationalen Gesetzgeber, auch für Einzelabschlüsse die Anwendung von IFRS zuzulassen. Diese Möglichkeit wird in der Mehrzahl der europäischen Mitgliedsländer nicht in Anspruch genommen. Ein wesentliches Problem für die Anwendung von IFRS ist der mit IFRS-Abschlüssen verbundene höhere Erstellungs- und Berichtsaufwand.

Das IASB hat im Juli 2009 einen internationalen Rechnungslegungsstandard für kleine und mittelgroße Unternehmungen vorgelegt (IFRS for small and medium sized entities). Der Vorschlag des IASB wurde insbesondere im deutschsprachigen Raum sehr kontroversiell diskutiert. Als Folge dieser Diskussion hat das deutsche Rechnungslegungsstandard Committee (DRSC) eine Erhebung durchgeführt, ob nach Auffassung deutscher nicht kapitalmarktorientierter Unternehmen die Konzeption und der Inhalt des Standardentwurfes geeignet sind, die Anforderungen der Anwender an die externe Rechnungslegung zu erfüllen. Zwei Drittel der befragten Unternehmungen sehen keinen oder nur einen geringen Bedarf nach vergleichbaren internationalen Rechnungslegungsinformationen und die Mehrzahl der Befragten lehnen IFRS für SMEs vollständig ab. Von diesen sind wiederum 83% für HGB-Abschlüsse und 10% bevorzugen die Full IFRS. Neben diesen Befragungsergebnissen zeigt die Studie den zumindest zweifelhaften Nutzen von IFRS für SMEs auf.

Hinzu kommt, dass eine verpflichtende Übernahme der IFRS für die Erstellung der Einzelabschlüsse in Österreich auf unüberwindliche legistische Schwierigkeiten stoßen würde. Voraussetzung für die Verwendung der IFRS für die Erstellung der Einzelabschlüsse wäre die Übernahme derselben in das österreichische Unternehmensbilanzrecht. Die IFRS sind ein überaus kompliziertes Regelwerk mit einer teilweisen unsystematischen und missverständlichen Gliederung und Sprache. Es gibt derzeit etwa 40 gültige IAS/IFRS und fast ebensoviele IFRICs und sonstige Anhänge zu den einzelnen IFRSs/IASs), die zusammen mehr als 1000 Seiten umfassen. Sämtliche Standards müssten samt den Interpretationen systematisiert einzeln in österreichisches Recht übernommen werden – eine Aufgabe, die einer Sisyphusarbeit gleichkommt. Kommt es in der Folge zu einer (der häufigen) Änderungen in den IFRS, dürften diese erst nach einer entsprechenden Anpassung des UGB in Österreich angewendet werden. Jede Abweichung vom Text der IASs/IFRSs bzw vom IFRS für SMEs würde nach der Auffassung des IASB dazu führen, dass der daraus abgeleitete Jahresabschluss nicht mehr als IFRS-Abschluss bezeichnet werden dürfte.

Keinesfalls könnte die Einbindung der IFRS in das österreichische Recht in Form einer Gesamtübernahme mit einem einzigen Paragraphen, wie dem § 245a, erfolgen.

Der Einwand, dass die IFRS-Konzernrechnungslegung auch in einem einzigen Paragraphen des UGB durch einen Pauschalverweis auf die IAS-Verordnung geregelt sei, kann nicht geltend gemacht werden, weil hiervon einerseits eine sehr kleine Gruppe von Unternehmen betroffen ist, die in der Regel an einer europäischen Börse notiert und überdies die erforderlichen organisatorischen Grundlagen besitzt, die Bilanzierungsregeln direkt den IFRS zu entnehmen. Andererseits, und dies war für den Gesetzgeber ein wesentlicher Grund der einfachen Übernahme, haben Konzernabschlüsse lediglich Informationsaufgaben. Alle rechtlichen Konsequenzen, wie beispielsweise Ausschüttungsbemessung, Steuerbemessung, Insolvenzfragen und Auseinandersetzungen unter den Gesellschaftern, ergeben sich aus den Einzelabschlüssen der Konzerngesellschaften, die nach wie vor nach den Bestimmungen des UGB erstellt werden müssen.

Würde der Gesetzgeber auch für den Einzelabschluss auf eine Einzelübernahme verzichten, würde er die Mehrheit der bilanzierungspflichtigen Unternehmer mit all den rechtlich und wirtschaftlich mit einer Einzelbilanz verbundenen Folgen vor ein unlösbares Problem stellen.

Es ist daher zu erwarten, dass das Projekt IFRS als Ganzes und eingeschränkt für SMEs im deutschsprachigen Raum nicht weiter verfolgt wird.

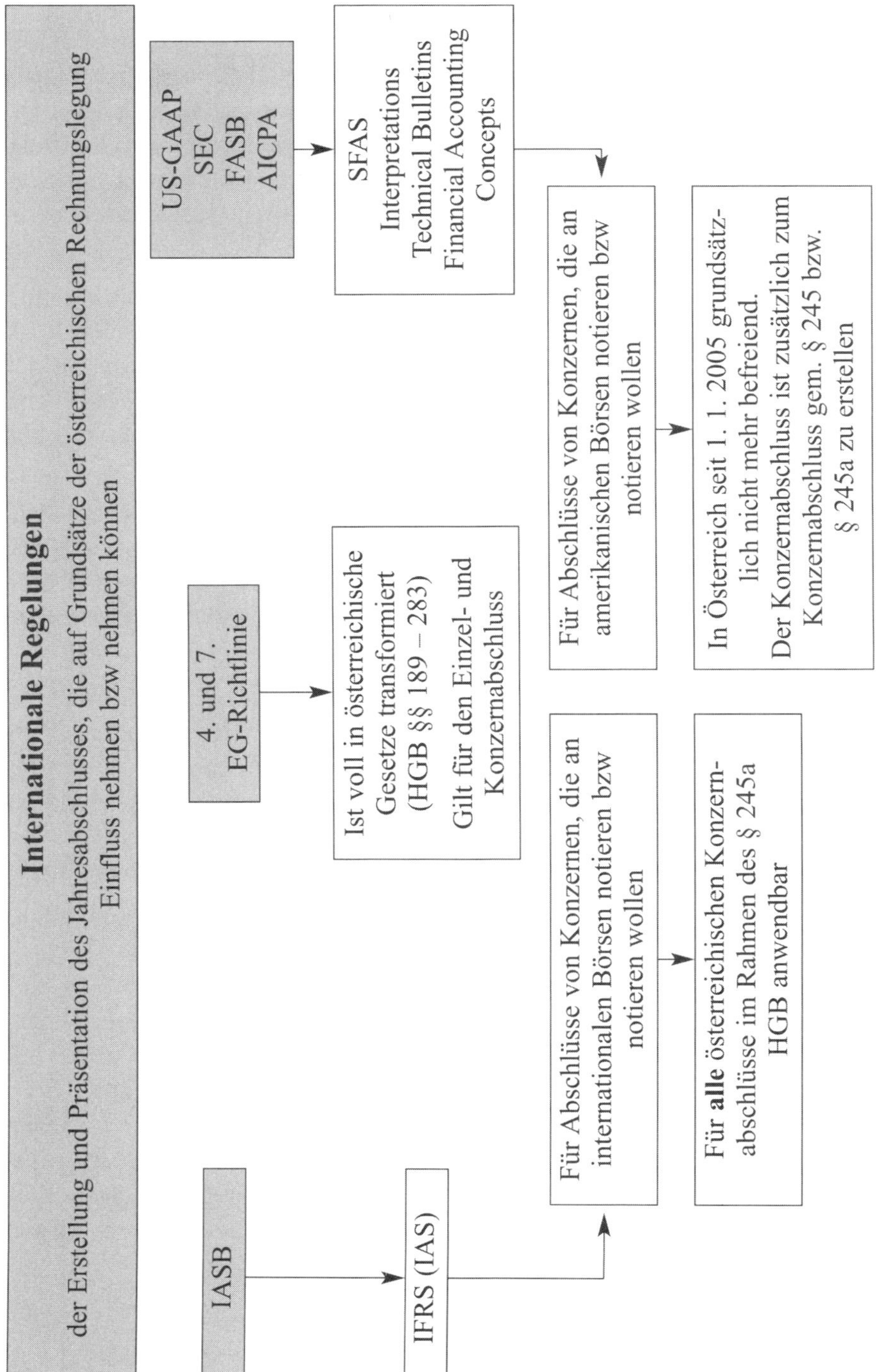
Internationale Regelungen
der Erstellung und Präsentation des Jahresabschlusses, die auf Grundsätze der österreichischen Rechnungslegung Einfluss nehmen bzw nehmen können
IASB
IFRS (IAS)
Für Abschlüsse von Konzernen, die an internationalen Börsen notieren bzw notieren wollen
Für alle österreichischen Konzernabschlüsse im Rahmen des § 245a HGB anwendbar
4. und 7. EG-Richtlinie
Ist voll in österreichische Gesetze transformiert (HGB §§ 189 – 283)
Gilt für den Einzel- und Konzernabschluss
US-GAAP
SEC
FASB
AICPA
SFAS
Interpretations
Technical Bulletins
Financial Accounting Concepts
Für Abschlüsse von Konzernen, die an amerikanischen Börsen notieren bzw notieren wollen
In Österreich seit 1. 1. 2005 grundsätzlich nicht mehr befreiend.
Der Konzernabschluss ist zusätzlich zum Konzernabschluss gem. § 245 bzw. § 245a zu erstellen

1.5 Österreichische Organisationen mit Einfluss auf die österreichische Rechnungslegung

1.51 Das Österreichische Rechnungslegungskomitee (AFRAC)

Der Verein **Österreichisches Rechnungslegungskomitee** ist ein offiziöses Organ der Republik Österreich, dessen Vereinsmitglieder neben drei Bundesministerien (für Finanzen, für Wirtschaft, Familie und Jugend und für Justiz) verschiedene fachspezifische Organisationen, wie zB Finanzmarktaufsicht oder die Kammer der Wirtschaftstreuhänder, sind.

Mit der Vereinsgründung wurde einem Entschließungsantrag des Nationalrats vom 29.1.2004 Folge geleistet. Die Wahl der Rechtsform des Vereins folgte internationalen Vorbildern. Diese privatrechtliche Form der Organisation hat den Vorteil größerer Unabhängigkeit und zugleich größerer Flexibilität bei der Auswahl der Mitglieder (Erläuternde Bemerkungen zum Gesellschaftsrechtsänderungsgesetz 2005).

Das operative Organ des Vereins ist der **Beirat für Rechnungslegung und Prüfung** bzw das **Austrian Financial Reporting and Auditing Committee (AFRAC)**. Die Mitglieder des AFRAC sind Abschlussersteller, Wirtschaftsprüfer, Steuerberater, Wissenschafter, Investoren, Analysten und Mitarbeiter von Aufsichtsbehörden.

Das **AFRAC** ist der privat organisierte und von den zuständigen Behörden unterstützte österreichische Standardsetter auf dem Gebiete der Finanzberichterstattung und Abschlussprüfung. Allerdings darf der Begriff Standardsetter nicht mit jenem in den USA oder in Großbritannien gleichgesetzt werden. Der Unterschied liegt im Wesentlichen darin, dass die Standardsetter in diesen Ländern (zB das Financial Accounting Standard Board – FASB) tatsächlich neue verbindliche Standards in der Finanzberichterstattung setzen, während verbindliche Standards in Österreich ausschließlich vom Gesetz- oder Verordnungsgeber erlassen werden können.

Die Aufgabe des **AFRAC** liegt in der Erstellung von Informationen über aktuelle Vorhaben auf dem Gebiet der Rechnungslegung und Abschlussprüfung auf nationaler und internationaler Ebene und die Erstattung von fachkundigen Stellungnahmen. Weiters in der Unterstützung der österreichischen Vertreter in internationalen und europäischen Arbeitsgruppen auf dem Gebiet der Rechnungslegung und Abschlussprüfung und in der fachlichen Beratung der zuständigen Ministerien bei der Erstellung von Gesetzesvorschlägen, insbesondere bei der Ausübung von Mitgliedstaatenwahlrechten im Rahmen der Umsetzung von Rechtsakten der Europäischen Gemeinschaft.

Weiters hat das AFRAC zahlreiche Stellungnahmen zu Fragen der Rechnungslegung ausgearbeitet und veröffentlicht (siehe die Zusammenfassung der Stellungnahmen in Anlage 2 dieses Buches).

1.52 Die Fachsenate der Kammer der Wirtschaftstreuhänder

In der Kammer der Wirtschaftstreuhänder sind 5 Fachsenate (FS) für berufsständische Facharbeiten eingerichtet. Für das Rechnungswesen bedeutsam sind der FS für Unternehmensrecht und Revision, der FS für Datenverarbeitung und der FS für Betriebswirtschaft und Organisation. Weiters gibt es einen FS für Steuerrecht sowie einen FS für Datenverarbeitung.

Die Aufgabe der **Fachsenate** liegt in der Erstellung von Gutachten und der Abgabe von Stellungnahmen zu Problemen im Rahmen der Aufgabenbereiche der Mitglieder der Kammer der **Wirtschaftstreuhänder (Steuerberater und Wirtschaftsprüfer)**. Die von den Fachsenaten erstellten Gutachten sollen den Kammermitgliedern Leitlinien für ihre berufliche Arbeit geben, wobei aber das einzelne Mitglied bei entsprechender Begründung durchaus von diesen Leitlinien abweichen kann.

Eine weitere Aufgabe der Fachsenate besteht in der Begutachtung von Gesetzesentwürfen, die von der Kammer als ihre offizielle Meinung an das entsprechende Ministerium weitergegeben werden. Zu erwähnen ist, dass in diesen Belangen vor allem mit dem Justizministerium, dem Finanzministerium und dem Wirtschafts- und Familienministerium enge Zusammenarbeit herrscht.

Darüber hinaus können von den Fachsenaten im Auftrag der Kammer Gesetzesvorschläge erarbeitet werden, die den zuständigen Ministerien zur weiteren Veranlassung übermittelt werden.

1.53 Das Institut Österreichischer Wirtschaftsprüfer (IWP)

Während die Kammer der Wirtschaftstreuhänder die gesetzliche Interessenvertretung mit Pflichtmitgliedschaft aller **Wirtschaftstreuhänder** ist, ist das **Institut Österreichischer Wirtschaftsprüfer (IWP)** ein Verein mit freiwilliger Mitgliedschaft zur Vertretung der speziellen Interessen der Wirtschaftsprüfer. Eine der wesentlichen Tätigkeiten des Instituts ist die Facharbeit auf den Gebieten der Rechnungslegung und Prüfung der Unternehmen. Das Institut arbeitet eng mit internationalen Institutionen **(zB FEE, IASB, IFAC)** zusammen und hat auch Kontakte zur Europäischen Kommission.

1.54 Die Zusammenarbeit der Fachsenate der Kammer, der Fachausschüsse des IWP und des AFRAC

Zwischen den drei Institutionen besteht in der Facharbeit eine sehr enge Zusammenarbeit, die einmal durch die **vielfache personelle Verflechtung**, zum anderen aber auch dadurch gegeben ist, dass Gutachten und Stellungnahmen vor ihrer Verabschiedung **formell oder informell** den jeweils anderen Gruppen zur Begutachtung vorgelegt oder sogar gemeinsam erarbeitet werden.

Im Jahr 2009 haben AFRAC, KWT und IWP beschlossen, ihre Facharbeiten, soweit sie Rechnungslegung und Prüfung betreffen, zusammenzufassen und gemeinsam zu publizieren. **Der KODEX-Band Rechnungslegung und Prüfung** wird in der Reihe „Kodex des österreichischen Rechts" veröffentlicht (Linde Verlag): Die 5. Auflage wird im Herbst 2013 erscheinen.

Der KODEX umfasst neben den aktuellen Stellungnahmen, Fachgutachten und Empfehlungen der drei Institutionen auch ausgewählte Gesetze und Verordnungen sowie ausgewählte Richtlinien der Europäischen Union.

1.6 Zukunft der Rechnungslegungs- und Prüfungsvorschriften in der EU

1.61 Rechnungslegungsrichtlinie 2013

Im Oktober 2011 hat die Kommission dem Rat und dem Europäischen Parlament einen Vorschlag für eine allgemeine Reform der Rechnungslegungsvorschriften vorgelegt. Am 12. Juni 2013 hat das Parlament die mit dem Rat und der EU-Kommission abgestimmte Fassung der Richtlinie angenommen.

Die Richtlinie 2013/34/EU des Europäischen Parlaments und des Rates vom 26. Juni 2013 über den Jahresabschluss, den konsolidierten Abschluss und damit verbundene Berichte von Unternehmen bestimmter Rechtsform wurde am 26. Juni 2013 im Amtsblatt der Europäischen Union veröffentlicht. Gleichzeitig wurden die bisher gültigen Bilanzrichtlinie und Konzernrichtlinie aufgehoben, wobei diese aber bis zur Umsetzung der Richtlinie 2013/34 in den Mitgliedstaaten weiter angewendet werden. Alle Richtlinienverweise ohne nähere Angaben in diesem Buch beziehen sich auf die bisher gültigen Richtlinien.

Die Umsetzung ist in Artikel 53 Abs 1 wie folgt geregelt:

Die Mitgliedstaaten setzen die Rechts- und Verwaltungsvorschriften in Kraft, die erforderlich sind, um dieser Richtlinie bis zum **20. Juli 2015** nachzukommen. Sie unterrichten die Kommission unverzüglich darüber.

Die Mitgliedstaaten können vorsehen, dass die Bestimmungen nach Unterabsatz 1 erstmals auf Abschlüsse für die **Geschäftsjahre** angewendet werden, die am **1. Jänner 2016** oder während des Kalenderjahrs 2016 beginnen.

Der folgende Abschnitt enthält einen Überblick über einige Abschnitte, die sich wesentlich von der 4. Richtlinie unterscheiden. Vorwegzunehmen ist, dass die neue Richtlinie die Vorschriften der 4. und 7. Richtlinie umfasst, also auch die Konzernrechnungslegung regelt; der Abschnitt über Konzernrechnungslegung (bisher 7. Richtlinie) wird nicht hier, sondern im Band 2 behandelt.

Aus den Erwägungsgründen zur Richtlinie

Erwägungsgrund 1, 2. Absatz

In der von der Kommission im April 2011 angenommenen Mitteilung „Binnenmarktakte" werden eine Vereinfachung der 4. und der 7. Richtlinie (die Rechnungslegungsrichtlinien) in Bezug auf die Finanzberichtserstattungspflichten und eine Verringerung des Verwaltungsaufwands, insbesondere für KMU, vorgeschlagen. Die Strategie Europa 2020 für intelligentes, nachhaltiges und integratives Wachstum zielt darauf ab, die Verwaltungslasten zu verringern, das Umfeld für Unternehmen und insbesondere KMU zu verbessern und die Internationalisierung von KMU zu fördern. Der Europäische Rat forderte auf seiner Tagung vom 24. und 25. März 2011 zudem, den Regelungsaufwand insgesamt – insbesondere für KMU – auf Unionsebene und auf einzelstaatlicher Ebene zu verringern, und regte Maßnahmen zu Steigerung der Produktivität an, wie etwa den Abbau übertriebener Bürokratie und die Verbesserung des Regelungsrahmens für KMU.

Aus dem Erwägungsgrund 2

Das Europäische Parlament hat am 18. Dezember 2008 eine nichtlegislative Entschließung zu den **Rechnungslegungsvorschriften für kleine und mittlere Unternehmen und insbesondere Kleinstbetriebe** angenommen und dabei festgestellt, dass die Anforderungen der Rechnungslegungsrichtlinien kleine und mittlere Unternehmen und insbesondere Kleinstbetriebe oft stark belasten und die Kommission aufgefordert, mit der Überprüfung der beiden Richtlinien fortzufahren.

Aus dem Erwägungsgrund 10

Mit dieser Richtlinie sollte dafür gesorgt werden, dass die Anforderungen für kleine Unternehmen innerhalb der Union weitgehend harmonisiert werden. Diese Richtlinie basiert auf dem Prinzip **„Vorfahrt für KMU"**. Um einen unverhältnismäßigen Verwaltungsaufwand für diese Unternehmen zu vermeiden, sollte es den Mitgliedstaaten lediglich gestattet sein, im Wege von Anhangsangaben ergänzend zu den in den Anhängen zu den Abschlüssen zwingend vorgeschriebenen Angaben einige wenige Informationen zu verlangen. Im Falle eines einheitlichen Einreichungssystems können die Mitgliedstaaten jedoch in bestimmten Fällen in beschränktem Umfang zusätzliche Angaben verlangen, sofern diese nach dem jeweiligen einzelstaatlichen Steuerrecht ausdrücklich vorgeschrieben und für die Zwecke der Steuererhebung unbedingt erforderlich sind. Es sollte den Mitgliedstaaten möglich sein, über die in dieser Richtlinie vorgesehenen Mindestanforderungen hinausgehende Anforderungen für mittlere und große Unternehmen vorzuschreiben.

Aus Erwägungsgrund 13

Kleinstunternehmen verfügen nur über begrenzte Mittel, um anspruchsvollen gesetzlichen Anforderungen nachzukommen. Gibt es keine speziellen Vorschriften für Kleinstunternehmen, so finden die für kleine Unternehmen geltenden Vorschriften auch auf Kleinstunternehmen Anwendung. Dadurch sehen sie sich mit einem in Bezug auf ihre Größe **unverhältnismäßigen Verwaltungsaufwand** konfrontiert, der für die kleinsten Unternehmen im Vergleich zu anderen kleinen Unternehmen belastender ist. Deshalb sollte es den Mitgliedstaaten möglich sein, Kleinstunternehmen von bestimmten für kleine Unternehmen geltenden Pflichten, die ihnen einen übermäßigen Verwaltungsaufwand auferlegen würden, auszunehmen.

Die nachfolgenden Ausführungen zum Erwägungsgrund 32 haben für Österreich wenig Bedeutung, zeigen aber, dass das EU-Parlament und der Rat mit bestimmten Veröffentlichungen Lenkungseffekte verfolgen.

Aus Erwägungsgrund 32

Im Interesse einer größeren Transparenz hinsichtlich der an staatliche Stellen geleisteten Zahlungen sollten große Unternehmen und Unternehmen von öffentlichem Interesse, die in der mineralgewinnenden Industrie oder im Holzeinschlag in Primärwäldern tätig sind, in einem separaten jährlichen Bericht offenlegen, welche wesentlichen Zahlungen sie an staatliche Stellen in den Ländern geleistet haben, in denen sie ihrer Tätigkeit nachgehen. Solche Unternehmen sind in Ländern tätig, die reich an natürlichen Ressourcen, insbesondere Erdöl, Erdgas und Primärwälder, sind.

Wesentliche Begriffe und (neue) Regelungen der Rechnungslegungsrichtlinie

- **Unternehmen von öffentlichem Interesse** (Artikel 2, 1.) sind:
  - Unternehmen, die unter die Rechtsvorschrift eines Mitgliedstaates fallen und deren übertragbare Wertpapiere zum Handel an einem geregelten Markt eines Mitgliedstaates zugelassen sind,
  - Kreditinstitute im Sinne des Artikel 4 Nummer 1 der Richtlinie 2006/48/EG – mit Ausnahme der in Artikel 2 jener Richtlinie genannten Kreditinstitute,
  - Versicherungsunternehmen im Sinne des Artikel 2 Absatz 1 der Richtlinie 91/674/EWG oder
  - Unternehmen, die von den Mitgliedstaaten als Unternehmen von öffentlichem Interesse bezeichnet werden, beispielsweise Unternehmen, die aufgrund der Art ihrer Tätigkeit, ihrer Größe oder der Zahl ihrer Beschäftigten von erheblicher öffentlicher Bedeutung sind;
- **Begriff der Wesentlichkeit** (Artikel 2.16.)

  „**Wesentlich**" bezeichnet den Status von Informationen, von dem vernünftigerweise zu erwarten ist, dass ihre Auslassung oder fehlerhafte Angabe Entscheidungen beeinflusst, die Nutzer auf der Grundlage des Abschlusses des Unternehmens treffen. Die Wesentlichkeit einzelner Posten wird im Zusammenhang mit anderen ähnlichen Posten bewertet.

  Es ist fraglich, ob diese Defintition für die Anwendung in der Praxis brauchbar ist. In Artikel 6 (allgemeine Grundsätze für die Rechnungslegung) Abs 1(j) und Abs 4 gibt es in Ergänzung dazu folgende Bestimmung:

  (j) Die Anforderungen in dieser Richtlinie in Bezug auf Ansatz, Bewertung, Darstellung, Offenlegung und Konsolidierung müssen nicht erfüllt werden, wenn die Wirkung ihrer Einhaltung unwesentlich ist.

  Art 6 Abs 4: Die Mitgliedstaaten können den Anwendungsbereich von Abs 1 Buchstabe j auf Darstellung und Offenlegung begrenzen.

- **Begriff des Kleinstunternehmens** (Artikel 3 Abs 1)
  Mitgliedstaaten, die von einer oder mehreren der Möglichkeiten in Artikel 36 Gebrauch machen, definieren **Kleinstunternehmen** als Unternehmen, die am Bilanzstichtag die Grenzen von mindestens zwei der drei folgenden Größenmerkmale nicht überschreiten:
  - Bilanzsumme: € 350.000
  - Nettoumsatzerlöse: € 700.000
  - durchschnittliche Zahl der während des Geschäftsjahres Beschäftigten: 10

  Gemäß Art 36 Abs 1 können die Mitgliedstaaten Kleinstunternehmen von einer oder allen dort angeführten Pflichten ausnehmen. Für österreichische Verhältnisse erscheint nur die Ausnahme von der Erstellung des Anhangs bzw der Erleichterung von Offenlegungspflichten von Bedeutung.
  (Die 4. Richtlinie wurde bereits am 21.3.2012 durch die sogenannte Microrichtlinie geändert; der Inhalt dieser Richtlinie wurde in Österreich nicht umgesetzt).
- **Substance over Form – wirtschaftliche Betrachtungsweise**
  Art 6 Abs 1 (h) und Abs 3 enthalten dazu folgende Bestimmungen:
  Posten der Gewinn- und Verlustrechnung sowie der Bilanz werden unter Berücksichtigung des wirtschaftlichen Gehalts des betreffenden Geschäftsvorfalls oder der betreffenden Vereinbarung bilanziert und dargestellt.
  Abs 3: Die Mitgliedstaaten können Unternehmen von den Anforderungen des Absatzes 1, Buchstabe h ausnehmen.
  Nach Ansicht der Verfasser ergibt sich die Bestimmung zu h schon aus dem Artikel 4 Abs 3 erster Satz, wonach der Jahresabschluss ein den tatsächlichen Verhältnissen entsprechendes Bild der Vermögens-, Finanz- und Ertragslage des Unternehmens zu vermitteln hat; Abs 3 erscheint dagegen als Verstoß gegen diesen Grundsatz.
- **Option bei Festlegung der Schwellenwerte für kleine Unternehmen**
  Möglichkeit der Erhöhung der Schwellenwere für die Bilanzsumme und den Nettoumsatz bis zu 50%.
- **Strukturierung des Inhalts des Anhangs:**

Art 16	Inhalt des für alle Unternehmen geltenden Anhangs
Art 16 Abs 3	„Die Mitgliedstaaten verlangen von kleinen Unternehmen keine Angaben, die über diese in diesem Artikel verlangten oder gestatteten Angaben hinausgehen"
Art 17	Zusätzliche Angaben für mittlere und große Unernehmen und Unternehmen von öffentlichem Interesse
Art 18	Zusätzliche Angaben für große Unternehmen und Unternehmen von öffentlichem Interesse

- Gemäß Artikel 4 Abs 5 können die Mitgliedstaaten Unternehmen, die keine kleinen Unternehmen sind, vorschreiben, dass sie in ihrem Jahresabschluss Angaben zu machen haben, die über die gemäß dieser Richtlinie geforderten hinausgehen.
  Art 4 Abs 6: Abweichend von Absatz 5 können die Mitgliedstaaten vorschreiben, dass kleine Unternehmen Informationen erstellen, im Abschluss angeben und offen legen, die über die Anforderungen dieser Richtlinie hinausgehen, sofern diese Angaben im Rahmen

eines einheitlichen Einreichungssystems erfasst werden und die Angabepflicht im nationalen Steuerrecht ausschließlich für Zwecke der Steuererhebung vorgesehen ist. Die nach diesem Absatz geforderten Angaben werden in den betreffenden Teil des Abschlusses aufgenommen.

- **Abschlussprüfung, Lagebericht**
  Die allgemeinen Anforderungen des Art 34 an den Bestätigungsvermerk werden um folgende Bestimmungen zum Lagebericht ergänzt:
  Abs 1, 2. Satz: Der/Die Abschlussprüfer bzw die Prüfungsgesellschaften haben
  - ferner ein Urteil darüber abzugeben
    - ob der Lagebericht mit dem Jahresabschluss des betreffenden Geschäftsjahres im Einklang steht,
    - ob der Lagebericht entsprechend den geltenden rechtlichen Anforderungen aufgestellt wurde und
  - zu erklären, ob im Lichte der bei der Prüfung gewonnenen Erkenntnisse und des gewonnenen Verständnisses über das Unternehmen und sein Umfeld wesentliche fehlerhafte Angaben im Lagebericht festgestellt wurden, wobei auf die Art dieser fehlerhaften Angaben einzugehen ist.
- **Aufstellung einer verkürzten Bilanz und Gewinn- und Verlustrechnung**
  Die Mitgliedstaaten können kleinen oder mittleren Unternehmen gestatten, eine **verkürzte Bilanz** aufzustellen, in die nur die vorgesehenen mit Buchstaben und römischen Zahlen versehenen Posten aufgenommen werden, wobei bestimmte Angaben gesondert zu machen sind.
  Die Mitgliedstaaten können kleinen und mittleren Unternehmen die Aufstellung einer verkürzten Gewinn- und Verlustrechnung gestatten (Rohergebnisrechnung).
  Kritisch ist dazu zu bemerken, dass diese Vorschriften für die Aufstellung des internen Jahresabschlusses nicht sinnvoll sind, sondern nur für eine Veröffentlichung von Bedeutung sind (derzeit sind analoge Bestimmungen Bestandteil der Veröffentlichungsvorschriften).
  Erstattung eines jährlichen Berichts über Zahlungen an staatliche Stellen, geleistet von großen Unternehmen und Unternehmen von öffentlichem Interesse der mineralgewinnenden Industrie bzw von solchen, die auf dem Gebiet des Holzeinschlages in Primärwäldern tätig sind (in Österreich nur für sehr wenige Unternehmen von Bedeutung).

1.62 Änderung der Transparenzrichtlinie

Die vor der Veröffentlichung stehende Änderung der Transparenzrichtlinie behandelt ua den Verzicht auf die derzeit bestehende Verpflichtung zur Quartalsberichterstattung für börsennotierte Unternehmen (siehe Abschnitt 3.523).

1.63 Änderung der Abschlussprüfungsrichtlinie – Prüfungsverordnung

In Beratung stehen Entwürfe der Kommission zur **Änderung (Verschärfung) der Abschlussprüfungsrichtlinie** und zu einer Verordnung mit Sonderregelungen für die Abschlussprüfung von Unternehmen von öffentlichem Interesse.

1.64 Änderung des Lageberichts

Im Hinblick auf eine umfangreichere Berichterstattung wurde im April 2013 ein Vorschlag der Kommission für eine Richtlinie „im Hinblick auf die **Offenlegung nichtfinanzieller und die Diversität betreffender Informationen** durch bestimmte große Gesellschaften und Konzerne" vorgelegt, der ursprünglich noch im Rahmen der inzwischen beschlossenen Bilanzrichtlinie berücksichtigt werden sollte. In der derzeitigen Form erscheint dieser Vorschlag zu wenig konkret und müsste grundlegend überarbeitet werden, um für die Praxis der Rechnungslegung brauchbar zu sein.

1.65 Kommende Aufgaben des österreichischen Gesetzgebers

Der Inhalt des in naher Zukunft bevorstehenden Gesetzesentwicklungs- und Gesetzgebungsprozesses kann wie folgt umschrieben werden:

a) Umsetzung der Vorgaben der Bilanzrichtlinie bis 20. Juli 2015 (Art 53 BRL) mit Anwendung ab 1. Jänner 2016, wobei zB folgende Entscheidungen zu treffen sind:
   - Von welchen Wahlrechten soll Gebrauch gemacht werden bzw sollen bestehende Wahlrechte in der gleichen Weise genützt werden wie bisher
   - Soll das Wahlrecht betreffend Kleinstunternehmen eingeführt und welche Erleichterungen sollen den Kleinstunternehmen gewährt werden
   - Mit welchem Betrag sollen bei bestehenden Wahlrechten die Schwellenwerte angesetzt werden

b) Welche Anregungen können gegebenenfalls aus dem BilMoG unter Berücksichtigung noch aktueller Vorschläge aus dem AFRAC-Endbericht „Modernisierung und Vereinheitlichung der Rechnungslegung" übernommen werden.

c) Untersuchung, ob aus der weiteren Verfolgung des Strebens nach Vereinheitlichung von unternehmensrechtlichem Jahresabschluss und der ertragsteuerlichen Gewinnermittlung („Unternehmens- und Steuerbilanz") tatsächliche nennenswerte Vorteile erwartet werden können.

In diesem Zusammenhang wird auf den Beitrag *Dokalik/Nowotny* im Wirtschaftsprüfer Jahrbuch 2013, 273 ff, „Vorschläge zur Modernisierung der Rechnungslegung in der Europäischen Union und in Österreich" verwiesen (Bericht zur IWP-Fachtagung, Oktober 2012).

2. Die allgemeinen Rechnungslegungsvorschriften

Grundsätzlich ist zu bemerken, dass mit Wirkung vom 1. Jänner 2007 das bis dahin geltende Handelsgesetzbuch (HGB) durch das **Unternehmensgesetzbuch** (UGB) ersetzt wurde. Soweit nicht anlässlich der Umbenennung Änderungen durchgeführt wurden, wie etwa bei den Personengesellschaften und den Bestimmungen über die Rechnungslegungspflicht, gelten die bisherigen Bestimmungen in der Regel paragraphen- und inhaltsgleich weiter.

Die im Buch ohne näheren Hinweis angeführten Paragraphen beziehen sich grundsätzlich auf das UGB. Direktzitate, die den Ausdruck HGB enthalten, wurden nicht verändert, allerdings die Rechtschreibung angepasst.

2.1 Rechnungslegungspflicht für Unternehmer

2.11 Bis 31.12.2006 geltende Rechtslage

Grundsätzlich waren alle Vollkaufleute gem den Bestimmungen des § 189 HGB aF verpflichtet, die **im ersten Abschnitt des dritten Buches** (§§ 189–216) geltenden Rechnungslegungsvorschriften einzuhalten. Für Kapitalgesellschaften und Personengesellschaften, bei denen kein persönlich haftender Gesellschafter mit Vertretungsbefugnis eine natürliche Person ist, galten auch die Abschnitte zwei bis vier (§§ 221–283 HGB aF). In das Firmenbuch eingetragene Vollkaufleute und zur Eintragung verpflichtete Unternehmen, deren Gewerbe einen nach Art und Umfang in kaufmännischer Weise eingerichteten Geschäftsbetrieb erforderte, waren ebenfalls zur Rechnungslegung gemäß dem 1. Abschnitt des 3. Buches verpflichtet.

Für in das Firmenbuch eingetragene Erwerbsgesellschaften galten mangels Vollkaufmannseigenschaft die Buchführungsvorschriften des HGB nicht, wohl aber die Gewinnermittlungsvorschriften des § 5 Abs 1 EStG, sofern eine Verpflichtung zur Buchführung gem § 125 BAO bestand.

2.12 Rechnungslegungspflicht gemäß Handelsrechts-Änderungsgesetz 2005, gültig ab 1.1.2007

Die im ersten Abschnitt des dritten Buches (§§ 189–216) enthaltenen allgemeinen Vorschriften gelten gem § 189 Abs 1

- *für Kapitalgesellschaften und unternehmerisch tätige Personengesellschaften, bei denen kein unbeschränkt haftender Gesellschafter eine natürliche Person ist,*
- *und für alle anderen Unternehmen mit einem Umsatz von mehr als* ***€ 400.000****. Mit dem RÄG 2010 wurde diese Grenze ab 1.1.2010 auf* ***€ 700.000*** *angehoben. Der Schwellenwert von € 400.000 galt somit nur für die Jahre 2007 bis 2009.*

Die Anhebung des Schwellenwertes auf € 700.000 erfolgte mit dem Ziel, kleine und mittlere Unternehmen finanziell zu entlasten.

Nachstehende Berufe sind von den Rechnungslegungsbestimmungen des UGB ausgenommen:

> *Gem § 189 Abs 4 sind die* ***Rechnungslegungsbestimmungen nicht anzuwenden*** *auf* ***Angehörige der freien Berufe, Land- und Forstwirtschaft*** *sowie* ***Unternehmer****, deren Einkünfte iSd § 2 Abs 4 Z 2 EStG im Überschuss der Einnahmen über die Werbungskosten (****Einkünfte aus Vermietung und Verpachtung****) liegen, auch wenn ihre Tätigkeit im Rahmen einer eingetragenen Personengesellschaft ausgeübt wird. Personengesellschaften, bei denen kein unbeschränkt haftender Gesellschafter eine natürliche Person ist, werden wie Kapitalgesellschaften behandelt (§ 189 Abs 1 Z 1).*

Für Kapitalgesellschaften (GmbH, AG) und unternehmerisch tätige Personengesellschaften, bei denen kein unbeschränkt haftender Gesellschafter eine natürliche Person ist, gelten unabhängig von ihrer Größe und der ausgeübten Tätigkeit neben den §§ 189–216 zusätzlich die Bestimmungen der §§ 221–283 UGB (Ergänzende Vorschriften für Kapitalgesellschaften und Konzerne).

2.13 Eintritt und Beendigung der Rechnungslegungspflicht (Rechtslage ab 1.1.2010)

> *Die Rechnungslegungspflicht tritt gem § 189 Abs 2 Z 1 ab dem zweitfolgenden Geschäftsjahr ein, wenn der Schwellenwert von € 700.000 in* ***zwei aufeinanderfolgenden Geschäftsjahren*** *überschritten wird. Sie entfällt ab dem folgenden Geschäftsjahr, wenn er in zwei aufeinanderfolgenden Geschäftsjahren nicht mehr überschritten wird. Gemäß den Übergangsvorschriften des § 906 Abs 20 UGB gelten auch Beobachtungszeiträume, die vor dem 1.1.2010 liegen.*
>
> *Wird der* ***Schwellenwert*** *einmal um € 300.000 überschritten (Umsatz mehr als € 1 Mio) tritt die Rechnungslegung bereits im Folgejahr ein. Das Gleiche gilt für den Fall der Einzel- oder Gesamtrechtsnachfolge, wenn der Rechtsvorgänger zur Rechnungslegung verpflichtet war, es sei denn, dass der Schwellenwert für den übernommenen Betrieb oder Teilbetrieb in den letzten zwei aufeinanderfolgenden Geschäftsjahren nicht erreicht wurde.*

Ein Unternehmen ist daher im Jahre 2014 nur dann rechnungslegungspflichtig, wenn der Schwellenwert von € 700.000 in den Jahren 2011 und 2012 überschritten wurde oder im Jahre 2013 ein Umsatz von mehr als € 1 Mio erreicht wurde.

Wird der Schwellenwert von € 700.000 in zwei aufeinanderfolgenden Jahren nicht mehr überschritten, entfällt die Rechnungslegungspflicht ab dem folgenden Geschäftsjahr.

Beispiele für den Eintritt oder die Beendigung der Rechnungslegungspflicht:

a) **In den Jahren 2012–2013** wird der Schwellenwert erstmals überschritten. Die Rechnungslegungspflicht tritt im Jahre 2015 ein.
b) **In den Jahren 2012–2013** wird der Schwellenwert erstmals nicht erreicht. Die Rechnungslegungspflicht entfällt im Jahre 2014.
d) **Im Geschäftsjahr 2013** wurden Umsatzerlöse in Höhe von € 1.200.000 erzielt.
Die Rechnungslegungspflicht tritt im Jahr 2014 ein.

Die Rechnungslegungspflicht ist unabhängig von der Eintragung in das Firmenbuch. Ist somit ein Unternehmen mit einem Umsatz von nicht mehr als € 700.000 im Firmenbuch eingetragen, besteht trotzdem keine Buchführungspflicht.

Jedenfalls von der Rechnungslegungsverpflichtung im Sinne der §§ 190–216 ausgenommen sind gem § 189 Abs 4 Angehörige der freien Berufe, Land- und Forstwirte sowie Unternehmer, deren Einkünfte iSd § 2 Abs 4 Z 2 EStG aus dem Überschuss der Einnahmen über die Werbungskosten bestehen (zB Unternehmen, die Einkünfte aus Vermietung und Verpachtung erzielen).

2.14 Rechnungslegungsvorschriften für Genossenschaften und Vereine

Für verschiedene Unternehmensformen wie Erwerbs- und Wirtschaftsgenossenschaften, Vereine, Unternehmen, die dem Bankwesengesetz unterliegen, Versicherungsgesellschaften, Europäische wirtschaftliche Interessenvereinigungen, Versicherungsvereine auf Gegenseitigkeit, Sparkassen, Europäische Gesellschaften, bestehen rechnungslegungsrechtliche Sonderbestimmungen, die gem § 189 Abs 3 der Anwendung des UGB vorgehen.

2.141 Rechnungslegungsvorschriften für Genossenschaften

Gem § 22 Abs 1 GenG hat der Vorstand dafür zu sorgen, dass ein Rechnungswesen geführt wird, das den Anforderungen des Unternehmens entspricht. Eine aufsichtsratspflichtige Genossenschaft (§ 24 Abs 1) hat ein den Anforderungen des Unternehmens entsprechendes internes Kontrollsystem einzurichten.

Mangels besonderer Bestimmung gelten für den Eintritt der Rechnungslegungspflicht gem §§ 190–216 UGB die Schwellenwerte des § 189 UGB.

> *Gem § 22 Abs 2 GenG hat der Vorstand in den ersten fünf Monaten eines jeden Geschäftsjahres für das vorangegangene Geschäftsjahr einen Abschluss (Jahresabschluss oder sonstiger Rechnungsabschluss) sowie einen Bericht zu erstellen, der Angaben über den Geschäftsverlauf und die Lage des Unternehmens, über die Entwicklung des Mitgliederstandes, der Geschäftsanteile und der darauf entfallenden Haftsummen und geleisteten Beträge enthält, und dem Aufsichtsrat der Genossenschaft, falls ein solcher besteht, zur Prüfung und Weiterleitung an die Generalversammlung vorzulegen. Im Bericht ist auch auf die Erfüllung des Genossenschaftszweckes einzugehen.*
>
> *Gemäß Abs 4 gelten für Genossenschaften, die mindestens zwei der in § 221 Abs 1 UGB bezeichneten Merkmale überschreiten, die ergänzenden Vorschriften des 2. Abschnittes des Dritten Buches des UGB (§§ 221–243) mit der Maßgabe, dass das Nennkapital iSd § 224 Abs 3 UGB als „Gesamtnennbetrag der Geschäftsanteile" zu bezeichnen ist. Von den in Abs 2 vorgesehenen Berichtsangaben sind jene über den Geschäftsverlauf und die Lage des Unternehmens in den Lagebericht, die übrigen in den Anhang aufzunehmen.*
>
> *Gem Abs 6 gelten für Genossenschaften, die mindestens zwei der in § 221 Abs 1 UGB bezeichneten Merkmale überschreiten, die Vorschriften des 4. Abschnittes (§§ 268–283) des 3. Buches des UGB über die Prüfung, Offenlegung, Veröffentlichung und Zwangsstrafen mit der Maßgabe, dass Abschlussprüfer die gem §§ 2 und 3 GenRevG 1997 bestellten Revisoren sind.*

2.142 Rechnungslegungsvorschriften für Vereine

Das Bundesgesetz über Vereine **(Vereinsgesetz 2002)** sieht für Vereine eine gestaffelte Rechnungslegungsverpflichtung vor:

Kleine Vereine

> *Gem § 21 Abs 1 hat das Leitungsorgan eines Vereins ein den Anforderungen des Vereins entsprechendes Rechnungswesen einzurichten und für die laufende Aufzeichnung der Einnahmen und Ausgaben zu sorgen. Zum Ende des Rechnungsjahres hat das Leitungsorgan innerhalb von fünf Monaten eine Einnahmen- und Ausgaben-Rechnung samt Vermögensübersicht zu erstellen. Die Prüfung durch die* ***Rechnungsprüfer*** *hat gemäß Abs 2 innerhalb von vier Monaten ab Erstellung zu erfolgen*
>
> *Das Rechnungsjahr muss nicht mit dem Kalenderjahr übereinstimmen, es darf zwölf Monate nicht überschreiten.*

Qualifizierte Rechnungslegung für große Vereine

§ 22 Abs 1:

*Auf einen **Verein**, dessen gewöhnliche Einnahmen oder gewöhnliche Ausgaben in zwei aufeinanderfolgenden Rechnungsjahren jeweils **höher als € 1 Mio** waren, sind ab dem folgenden Rechnungsjahr die unternehmensrechtlichen Rechnungslegungsvorschriften der §§ 190–193 Abs 1 und §§ 193 Abs 3–216 UGB sinngemäß anzuwenden. Das Leitungsorgan hat den Jahresabschluss innerhalb von fünf Monaten nach Ende des Rechnungsjahres aufzustellen. Die Prüfung durch die **Rechnungsprüfer** hat innerhalb von vier Monaten ab Erstellung zu erfolgen. Das Erfordernis der unternehmensrechtlichen Rechnungslegung fällt weg, sobald die Voraussetzungen durch zwei aufeinanderfolgende Rechnungsjahre nicht mehr zutreffen.*

§ 22 Abs 2:

Ein Verein, dessen gewöhnliche Einnahmen oder gewöhnliche Ausgaben in zwei aufeinanderfolgenden Rechnungsjahren jeweils höher als € 3 Mio waren oder dessen jährliches Aufkommen an im Publikum gesammelten Spenden in diesem Zeitraum den Betrag von € 1 Mio überstieg, hat einen erweiterten Jahresabschluss (Bilanz, Gewinn- und Verlustrechnung, Anhang) aufzustellen und überdies die §§ 222–226 Abs 1, §§ 226 Abs 3–234 und §§ 236–239 UGB sinngemäß anzuwenden. Im Anhang sind jedenfalls Mitgliedsbeiträge, öffentliche Subventionen, Spenden und sonstige Zuwendungen sowie Einkünfte aus wirtschaftlichen Tätigkeiten und die ihnen jeweils zugeordneten Aufwendungen auszuweisen.

Die Erfordernisse des § 22 Abs 2 fallen weg, sobald die Voraussetzungen durch zwei aufeinanderfolgende Rechnungsjahre nicht mehr zutreffen.

*Der Jahresabschluss ist von einem **Abschlussprüfer**, der die Aufgaben der **Rechnungsprüfer** übernimmt, innerhalb von vier Monaten ab Erstellung zu überprüfen.*

Abschlussprüfer können Beeidete Wirtschaftsprüfer oder Buchprüfer oder Revisoren iSd § 3 Genossenschaftsrevisionsgesetz sein. Soweit eine nach Art, Inhalt und Umfang gleichwertige Prüfung durch einen öffentlichen Subventionsgeber vorgenommen wird, übernimmt dieser die Funktion des Abschlussprüfers.

2.15 Steuerrechtliche Rechnungslegungsvorschriften gemäß Bundesabgabenordnung und Einkommensteuergesetz

2.151 Bundesabgabenordnung

> *§ 124.*
>
> *Wer nach dem Unternehmensgesetzbuch oder anderen gesetzlichen Vorschriften zur Führung und Aufbewahrung von Büchern oder Aufzeichnungen verpflichtet ist, hat diese Verpflichtung auch im Interesse der Abgabenerhebung zu erfüllen.*
>
> *§ 125.*
>
> *(1) Soweit sich eine Verpflichtung zur Buchführung nicht schon aus § 124 ergibt, sind* ***Unternehmer für einen land- und forstwirtschaftlichen Betrieb oder wirtschaftlichen Geschäftsbetrieb (§ 31)***
>
> *a) dessen Umsatz in zwei aufeinander folgenden Kalenderjahren jeweils 400.000 Euro überstiegen hat, oder*
>
> *b) dessen Wert zum 1. Jänner eines Jahres 150.000 Euro überstiegen hat,*
>
> *verpflichtet, für Zwecke der Erhebung der Abgaben vom Einkommen Bücher zu führen und auf Grund jährlicher Bestandsaufnahmen regelmäßig Abschlüsse zu machen. ...*

Auf Grund der Bestimmungen des § 124 BAO sind alle Unternehmer, die unternehmensrechtlich buchführungspflichtig sind, auch steuerrechtlich zur Buchführung verpflichtet.

§ 125 BAO erfasst jene Unternehmer, die nach Unternehmensrecht nicht zur Buchführung verpflichtet sind, dieser aber aus steuerrechtlichen Gründen unterliegen. Dies betrifft Unternehmer **für ihren land- und forstwirtschaftlichen Betrieb oder wirtschaftlichen Geschäftsbetrieb gem § 31 BAO**. Für diese bleibt die Umsatzschwelle bei € 400.000.

> *Ein wirtschaftlicher Geschäftsbetrieb gem § 31 BAO ist eine nachhaltige Betätigung, die ohne Gewinnabsicht unternommen wird, wenn durch die Betätigung Einnahmen oder andere wirtschaftliche Vorteile erzielt werden und die Betätigung über den Rahmen einer Vermögensverwaltung hinausgeht.*

2.152 Einkommensteuergesetz – Die Maßgeblichkeit der Unternehmensbilanz für die Steuerbilanz (§ 5 EStG) oder die Bilanzierung nach § 4 Abs 1

§ 5 Abs 1 in der bis 31.12.2006 gültigen Fassung machte die Anwendung der unternehmensrechtlichen Grundsätze ordnungsmäßiger Buchführung und damit die Maßgeblichkeit der Unternehmensbilanz für die Steuerbilanz von der Eintragung des Unternehmens in das Firmenbuch abhängig.

§ 5 Abs 1 in der seit 1.1.2007 geltenden Fassung löst sich völlig von der Eintragung in das Firmenbuch und macht die Anwendung der Grundsätze ordnungsmäßiger Buchführung von der gem § 189 UGB bestimmten Rechnungslegungspflicht des Unternehmens abhängig.

§ 5 Abs 1 EStG nF bestimmt, dass für die Gewinnermittlung jener Steuerpflichtigen, die nach § 189 UGB der Pflicht zur Rechnungslegung unterliegen und die Einkünfte aus Gewerbebetrieb beziehen, die unternehmensrechtlichen Grundsätze maßgebend sind, außer zwingende steuerliche Vorschriften verlangen abweichende Regelungen (Maßgeblichkeit der Unternehmensbilanz für die Steuerbilanz).

Fällt die Pflicht zur Rechnungslegung gem § 189 UGB weg, weil ein bisher rechnungslegungspflichtiger Gewerbetreibender den Schwellenwert nicht mehr erreicht, kann er gem § 5 Abs 2 EStG mit der Steuererklärung jenes Wirtschaftsjahres, für das erstmals keine Pflicht zur Gewinnermittlung nach Absatz 1 besteht, beantragen, weiterhin als rechnungslegungspflichtiger Gewerbetreibender zu gelten **(StruktAnpG 2006)**. Der Antrag bindet den Steuerpflichtigen so lange, bis er in einer späteren Einkommensteuererklärung widerrufen wird.

Durch die Anhebung des Schwellenwertes gem § 189 Abs 1 Z 2 UGB für die unternehmensrechtliche Rechnungslegungspflicht kommt es künftig für jene Unternehmer, die bisher Umsatzerlöse zwischen € 400.000 und € 700.000 erzielt haben, zu einem Entfall der verpflichtenden steuerlichen Gewinnermittlung nach § 5 Abs 1 EStG. Diese Unternehmen können ihren Gewinn mittels der Einnahmen-Ausgaben-Rechnung gem § 4 Abs 3 EStG oder **freiwillig nach § 4 Abs 1 EStG bzw auf Antrag auch weiterhin nach § 5 Abs 1 EStG ermitteln.**

Die **Gewinnermittlung gem § 4 Abs 1 EStG** wurde durch die Abkoppelung der Gewinnermittlung gem § 5 Abs 1 von der Eintragung in das Firmenbuch auf Unternehmen, die keine Einkünfte aus Gewerbebetrieb beziehen (land- und forstwirtschaftliche Betriebe, freie Berufe), auf wirtschaftliche Geschäftsbetriebe (§ 31 BAO) und auf solche gewerbliche Unternehmen reduziert, die freiwillig Bücher führen, ohne die Umsatzgrenze von € 700.000 zu erreichen.

2.2 Die gesetzlichen Ordnungsmäßigkeitsvorschriften

2.21 Verpflichtung zur Führung und Aufbewahrung der Bücher und Belege (§§ 190, 193, 212)

Gem § 190 Abs 1 hat der Unternehmer Bücher zu führen und in diesen seine unternehmensbezogenen Geschäfte und die Lage seines Vermögens nach den Grundsätzen ordnungsmäßiger Buchführung ersichtlich zu machen. Die Buchführung muss so beschaffen sein, dass sie einem sachverständigen Dritten innerhalb angemessener Zeit einen Überblick über die Geschäftsvorfälle und über die Lage des Unternehmens vermitteln kann. Die Geschäftsvorfälle müssen sich in ihrer Entstehung und Abwicklung verfolgen lassen.

Gem Abs 2 hat sich der Unternehmer bei der Führung der Bücher und den sonst erforderlichen Aufzeichnungen einer lebenden Sprache zu bedienen. Werden Abkürzungen, Zahlen, Buchstaben oder Symbole verwendet, so muss im Einzelfall deren Bedeutung eindeutig festliegen.

Gem Abs 3 müssen die Eintragungen in den Büchern und die sonst erforderlichen Aufzeichnungen vollständig, richtig, zeitgerecht und geordnet vorgenommen werden.

Abs 4 bestimmt, dass eine Eintragung oder eine Aufzeichnung nicht in einer Weise verändert werden darf, dass der ursprüngliche Inhalt nicht mehr feststellbar ist. Auch darf durch eine Veränderung keine Ungewissheit darüber entstehen, ob eine Eintragung oder Aufzeichnung ursprünglich oder zu einem späteren Zeitpunkt gemacht wurde.

Gem Abs 5 kann der Unternehmer zur ordnungsmäßigen Buchführung und zur Aufbewahrung seiner Geschäftsbriefe (§ 212 Abs 1) Datenträger benützen. Hiebei muss die inhaltsgleiche, vollständige und geordnete, hinsichtlich der in § 212 Abs 1 genannten Schriftstücke auch die urschriftgetreue Wiedergabe bis zum Ablauf der gesetzlichen Aufbewahrungsfrist jederzeit gewährleistet sein. Werden solche Schriftstücke auf elektronischem Weg übertragen, so muss ihre Lesbarkeit in geeigneter Form gesichert sein. Soweit die Schriftstücke nur auf Datenträgern vorliegen, entfällt das Erfordernis der urschriftgetreuen Wiedergabe.

Gem § 193 Abs 4 ist der Jahresabschluss in Eurowährung und in deutscher Sprache unbeschadet der volksgruppenrechtlichen Bestimmungen in der jeweils geltenden Fassung aufzustellen.

Bezüglich der Aufbewahrung bestimmt § 212:

> *(1) Der Unternehmer hat seine Bücher, Inventare, Eröffnungsbilanzen, Jahresabschlüsse samt den Lageberichten, Konzernabschlüsse samt den Konzernlageberichten, empfangene Geschäftsbriefe, Abschriften der abgesendeten Geschäftsbriefe und Belege für Buchungen in den von ihm gem § 189 Abs. 1 zu führenden Büchern (Buchungsbelege) sieben Jahre lang geordnet aufzubewahren; darüber hinaus noch solange, als sie für ein anhängiges gerichtliches oder behördliches Verfahren, in dem der Unternehmer Parteistellung hat, von Bedeutung sind.*
>
> *(2) Die Frist läuft vom Schluß des Kalenderjahres an, für das die letzte Bucheintragung vorgenommen, das Inventar aufgestellt, die Eröffnungsbilanz und der Jahresabschluß festgestellt, der Konzernabschluß aufgestellt oder der Geschäftsbrief empfangen oder abgesendet worden ist.*

2.22 Verpflichtung zur Aufstellung des Inventars, der Eröffnungsbilanz und des Jahresabschlusses

Gem § 191 Abs 1 hat der Unternehmer zu **Beginn** seines **Unternehmens** die diesem gewidmeten Vermögensgegenstände und Schulden genau zu verzeichnen und deren Wert anzugeben **(Inventar)**. Gem § 191 Abs 2 hat er ein solches Inventar für den **Schluss** eines jeden **Geschäftsjahres** aufzustellen.

Gem § 193 Abs 1 hat der Unternehmer zu Beginn seines Unternehmens eine **Eröffnungsbilanz** nach den Grundsätzen ordnungsmäßiger Buchführung aufzustellen.

Gem § 193 Abs 2 hat er sodann für den Schluss eines jeden Geschäftsjahres einen **Jahresabschluss** aufzustellen, der gem § 193 Abs 4 aus der **Bilanz** und der **Gewinn- und Verlustrechnung** besteht. Der Jahresabschluss ist in **Euro und deutscher Sprache** bzw in der Sprache einer Volksgruppe aufzustellen, wobei das **Geschäftsjahr** nicht mehr als zwölf Monate umfassen darf (§ 193 Abs 3).

Das **Geschäftsjahr** muss nicht mit dem **Kalenderjahr** übereinstimmen.

Gem § 193 Abs 2 ist der Jahresabschluss innerhalb von **neun Monaten** nach Beendigung des Geschäftsjahres aufzustellen.

Obwohl das UGB selbst keine **Strafsanktion** setzt, kann die Nichteinhaltung dieser Frist in anderen Fällen, wie beispielsweise bei Eintritt der Zahlungsunfähigkeit des Unternehmens, für den Unternehmer negative Folgen haben.

Bezüglich der Aufstellungsfristen des Jahresabschlusses für Kapitalgesellschaften siehe Abschnitt 3.4.

2.23 Die körperliche Bestandsaufnahme (Inventur) als Grundlage für die Erstellung des Inventars und des Jahresabschlusses

2.231 Überleitung von der Buchhaltung in den Jahresabschluss

§ 191 bestimmt:

> ***Abs 1:*** *Der Unternehmer hat zu Beginn seines Unternehmens die diesem gewidmeten Vermögensgegenstände und Schulden genau zu verzeichnen und deren Wert anzugeben (Inventar)*
>
> ***Abs 2:*** *Er hat für den Schluß eines jeden Geschäftsjahrs ein solches Inventar aufzustellen.*

Zur Erstellung des **Jahresabschlusses** sind alle Vermögensgegenstände und Schulden des Unternehmens auf ihren **materiellen Bestand** (Vollständigkeit, Bewertung) und **formalen Ausweis** (richtige Zuordnung) in der Buchhaltung zu überprüfen und, falls notwendig, durch die Vornahme von Um- und Nachbuchungen zu korrigieren. Gleiches gilt für die Aufwendungen und Erträge.

Die Überprüfung kann je nach Art der Vermögensgegenstände bzw der Schuldposten in Form einer **körperlichen Bestandsaufnahme (Inventur)**, eines Vergleiches mit **Bestandsbestätigungen** von dritter Seite (Saldenbestätigungen, Bankbrief, Depotbestätigungen, Lagerbestätigungen, Spediteursbescheinigungen), eines **Vergleiches mit öffentlichen Urkunden** (Grundbuchsauszug, Auszug aus dem Patent- bzw Markenregister) oder **intern erstellten Unterlagen** (Aufstellung aller in der laufenden Periode erhaltenen und geleisteten Zahlungen für Aufwendungen und Erträge der nächsten Periode und umgekehrt, Zusammenstellung aller schwebenden Risiken und deren Eintrittswahrscheinlichkeit) erfolgen.

Das Ergebnis findet seinen Niederschlag im **Inventar** als der **mengen- und wertmäßigen** Einzeldarstellung aller Vermögensgegenstände und Schulden und im **Jahresabschluss**, bestehend aus der **Bilanz** als der nach Kategorien geordneten und wertmäßig zusammengefassten Aufstellung des Vermögens und der Schulden des Unternehmens und der **Gewinn- und Verlustrechnung** als der nach unterschiedlichen Kriterien geordneten Darstellung der Erträge und der Aufwendungen der Periode.

Zahlen der Buchhaltung

|

Mengen- und wertmäßige Überprüfung der Bestände (Inventur)
und Aufzeichnung im Inventar

|

Um- und Nachbuchungen

|

Jahresabschluss

Bilanz — Gewinn- und Verlustrechnung

2.232 Inventurverfahren

§ 192 bestimmt:

(1) Die Vermögensgegenstände sind im Regelfall einer körperlichen Bestandsaufnahme zu erfassen.

(2) Bei der Inventur für den Schluß eines Geschäftsjahres bedarf es einer körperlichen Bestandsaufnahme der Vermögensgegenstände für diesen Zeitpunkt nicht, soweit durch Anwendung eines den Grundsätzen ordnungsmäßiger Buchführung entsprechend anderen Verfahrens gesichert ist, daß der Bestand der Vermögensgegenstände nach Art, Menge und Wert auch ohne die körperliche Bestandsaufnahme für diesen Zeitraum festgestellt werden kann.

(3) In dem Inventar für den Schluß eines Geschäftsjahres müssen Vermögensgegenstände nicht verzeichnet werden, wenn

1. *der Unternehmer ihren Bestand auf Grund einer körperlichen Bestandsaufnahme oder auf Grund eines gemäß Abs. 2 zulässigen anderen Verfahrens nach Art, Menge und Wert in einem besonderen Inventar verzeichnet hat, das für einen Tag innerhalb der letzten drei Monate vor oder der ersten beiden Monate nach dem Schluß des Geschäftsjahres aufgestellt ist, und*
2. *auf Grund des besonderen Inventars durch Anwendung eines den Grundsätzen ordnungsmäßiger Buchführung entsprechenden Fortschreibungs- oder Rückrechnungsverfahrens gesichert ist, dass der am Schluß des Geschäftsjahres vorhandene Bestand der Vermögensgegenstände für diesen Zeitpunkt ordnungsgemäß bewertet werden kann.*

(4) Bei der Inventur darf der Bestand von Vermögensgegenständen nach Art, Menge und Wert auch mit Hilfe anerkannter mathematisch-statistischer Methoden auf Grund von Stichproben ermittelt werden. Das Verfahren muß den Grundsätzen ordnungsmäßiger Buchführung entsprechen. Der Aussagewert des auf diese Weise aufgestellten Inventars muß dem Aussagewert eines auf Grund einer körperlichen Bestandsaufnahme aufgestellten Inventars gleichkommen.

Die Erfassung der Vermögensgegenstände erfolgt gem § 192 Abs 1 im Regelfall im Wege einer körperlichen **Bestandsaufnahme (Inventur)**.

Die körperliche Bestandsaufnahme kann erfolgen:

1. Im Wege einer körperlichen **Bestandsaufnahme** am Bilanzstichtag **(Stichtagsinventur)**. Diese kann durch eine vollständige körperliche Bestandsaufnahme und bei Vorliegen bestimmter Voraussetzungen durch eine **Stichprobeninventur** erfolgen (§ 192 Abs 4).
2. Im Wege einer **abweichenden Stichtagsinventur** gem § 192 Abs 3, wonach der Unternehmer die Inventur innerhalb von **drei Monaten vor oder inner-**

halb von zwei Monaten nach dem Schluss des Geschäftsjahres durchführen kann, wenn aufgrund eines den Grundsätzen ordnungsmäßiger Buchführung entsprechenden Fortschreibungs- oder Rückrechnungsverfahrens gesichert ist, dass der am Schluss des Geschäftsjahres vorhandene Bestand der Vermögensgegenstände für diesen Zeitpunkt ordnungsgemäß bewertet werden kann.
3. Im Wege eines den **Grundsätzen ordnungsmäßiger Buchführung** entsprechenden anderen Verfahrens gem § 192 Abs 2, bei welchem gesichert ist, dass der Bestand der Vermögensgegenstände zum Schluss des Geschäftsjahres nach Art, Menge und Wert auch ohne körperliche Bestandsaufnahme zum Abschlussstichtag festgestellt werden kann. Damit ist insbesondere die **permanente Inventur** gemeint.

Permanente Inventur

Anstelle einer **Stichtagsinventur** kann die Erfassung der Bestände in Form der **permanenten Inventur erfolgen**, bei der die körperliche Bestandsaufnahme über das ganze Jahr verteilt wird.

Voraussetzungen:

- Die Bestände des Bilanzstichtages sind durch Fortschreiben in einer **Beständekartei (Lagerkartei, Anlagenkartei)** erfasst. Für die Anwendung der **permanenten Inventur** ist daher die Existenz kontinuierlich geführter Unterlagen über die Bestandsbewegung notwendig.
- Es ist ein **Inventurplan** aufzustellen, der eine Verteilung der Inventur über das ganze Jahr vorsieht. Die Inventurarbeiten werden dann ohne Betriebsunterbrechung von eingearbeiteten Kräften durchgeführt, die nicht, wie bei der Stichtagsinventur, unter Zeitdruck stehen. Der **Inventurplan** muss sichern, dass die sich aus den Lagerbüchern ergebenden Bestände in jedem Geschäftsjahr mindestens einmal durch körperliche Bestandsaufnahme kontrolliert werden.
- Die Differenzen zwischen den **Sollbeständen** und **Istbeständen**, die auf Grund der körperlichen Bestandsaufnahme festgestellt werden, sind auszubuchen. Auch über die Ergebnisse der jeweiligen körperlichen Bestandsaufnahme sind **Aufzeichnungen** anzufertigen, die unter Angabe des Zeitpunktes von den verantwortlichen Personen zu unterzeichnen sind.

Die **permanente Inventur** bietet große betriebswirtschaftliche Vorteile gegenüber der **Stichtagsinventur**, da Letztere einen großen Arbeitsanfall innerhalb weniger Tage bedeutet, der bei vielen Betrieben zu **Betriebsunterbrechungen** führt.

Stichprobeninventur

Anstelle einer vollständigen körperlichen Bestandsaufnahme darf der Bestand von Vermögensgegenständen gem § 192 Abs 4 nach Art, Menge und Wert auch mit Hilfe anerkannter **mathematisch-statistischer Methoden** auf Grund von **Stichproben** ermittelt werden, wenn dieses Verfahren den Grundsätzen ordnungsmäßiger Buchführung entspricht und der Aussagewert des auf diese Weise aufgestellten Inventars dem Aussagewert eines aufgrund einer körperlichen Bestandsaufnahme aufgestellten Inventars gleichkommt. Bezüglich der **Anwendungsvoraussetzungen** siehe auch die steuerliche Regelung im Abschnitt 6.1.2.4, Rz 2116–2121 der **EStR 2000**.

Danach sind für die Stichprobeninventur folgende Voraussetzungen zu beachten (Rz 2117):

- Das Verfahren muss den **GoB** entsprechen.
- Das Verfahren muss zu einem einer vollständigen körperlichen Bestandsaufnahme hinsichtlich **Einzelnachweis** der Wirtschaftsgüter und Gesamtwert gleichwertigen Ergebnis führen (Aussageäquivalenz).
- Die **statistische Grundgesamtheit** ist aus dem Lagerkollektiv eindeutig zu definieren und abzugrenzen. Sie ist dazu neben dem Ausscheiden von Extremwerten (zB verhältnismäßig besonders wertvolle Güter) und schwer kontrollierbaren Positionen (auch bei Verderb, Schwund etc) insbesondere auch um Positionen mit buchmäßig negativem Bestand zu bereinigen.
- Die Aufnahme der Positionen in die **Stichprobe** hat durch eine Zufallsauswahl zu erfolgen.
- Als Maßstab dafür, ob eine Methode anerkannt ist, dient grundsätzlich die **statistische Methodenlehre**, wobei die Methode – in voller Übereinstimmung mit den GoB – gerade für Inventurzwecke geeignet sein muss.

Neben der Anforderung an die Aussageäquivalenz wird dem Grundsatz der Richtigkeit und Genauigkeit der Stichprobeninventur jedenfalls dann entsprochen, wenn

- der **Sicherheitsgrad** mit mindestens 95% und
- der **statistische Zufallsfehler** mit höchstens 1% in die Stichprobenberechnung

einfließen (Rz 2118).

Weiters wird auf die Ausführungen **HFA 1/1981, „Stichprobenverfahren für die Vorratsinventur“** (HFA 1/1981 idF 1990, WPg 1990, 649 ff) und **HFA 1/1990, „Zur körperlichen Bestandsaufnahme im Rahmen von Inventurverfahren“** (WPg 1990, 143 ff) verwiesen.

2.24 Die Ordnungsmäßigkeitsvorschriften der Bundesabgabenordnung

In ähnlicher Weise wie das UGB formuliert auch die **Bundesabgabenordnung** in den §§ 131 und 132 BAO Ordnungsmäßigkeitsvorschriften. In § 131 Abs 1 Z 2 wird präzisiert, dass die Vornahme von Eintragungen für einen Kalendermonat dann als zeitgerecht gilt, wenn diese spätestens einen Monat und 15 Tage nach Ablauf des Kalendermonats erfolgt. Ist für Abgabepflichtige das Kalendervierteljahr Umsatzsteuervoranmeldungszeitraum, tritt an die Stelle des Kalendermonats das Kalendervierteljahr.

Gem § 163 BAO haben Bücher und Aufzeichnungen, die iSd § 131 BAO geführt werden, die **Vermutung ordnungsmäßiger Buchführung** für sich. Sie sind der Erhebung der Abgaben zugrunde zu legen, es sei denn, dass ein begründeter Anlass besteht, an ihrer Richtigkeit zu zweifeln.

Einfluss auf die Durchsetzung der Grundsätze ordnungsmäßiger Buchführung und Bilanzierung können auch Bestimmungen der Insolvenzordnung haben. So kann das Insolvenzgericht **gem § 142 IO** einen Sanierungsplan nach Einvernehmung des Insolvenzverwalters und des Gläubigerausschusses zurückweisen,

1. *wenn über das Vermögen des Schuldners in den letzten fünf Jahren Insolvenz eröffnet worden ist oder wenn die Insolvenz nur mangels eines hinreichenden Vermögens nicht eröffnet worden ist;*
2. *wenn es infolge der **Beschaffenheit oder des Mangels geschäftlicher Aufzeichnungen** des Schuldners nicht möglich ist, einen hinreichenden Überblick über dessen Vermögenslage zu gewinnen;*
3. *wenn ein Sanierungsplan von den Gläubigern abgelehnt oder vom Schuldner nach der öffentlichen Bekanntmachung der Sanierungsplantagsatzung zurückgezogen oder wenn der Sanierungsplan vom Gericht nicht bestätigt worden ist.*

2.3 Die Generalnorm und die Grundsätze ordnungsmäßiger Buchführung

Der **Jahresabschluss** ist durch **zwei Kriterien** gekennzeichnet:

1. Vermittlung eines möglichst getreuen Bildes der Vermögens-, Finanz- und Ertragslage **(Generalnorm)**;
2. Grundsätze ordnungsmäßiger Buchführung.

2.31 Die Generalnorm gem §§ 195 und 222

2.311 Generalnorm für Einzelunternehmen und Personengesellschaften (§ 195)

Für **Einzelunternehmen** und **Personengesellschaften** verlangt § 195, dass

> *der Jahresabschluss den Grundsätzen ordnungsmäßiger Buchführung zu entsprechen hat und so klar und übersichtlich aufzustellen ist, dass er dem* ***Unternehmer*** *ein* ***möglichst getreues Bild der Vermögens- und Ertragslage*** *des Unternehmens vermittelt.*

Mit dieser Bestimmung wurde erstmals gesetzlich normiert, dass der Jahresabschluss nicht nur **Außenwirkung** haben soll, sondern ein **Informationsinstrument für den Unternehmer** zu sein hat, mit dessen Hilfe er sich über die Vermögens- und Ertragslage seines Unternehmens zu unterrichten hat.

Damit muss die in vielen Klein- und Mittelbetrieben bestehende Ansicht, die Bilanz sei eigentlich nur ein Instrument für die Finanzbehörde, allenfalls noch für die Bank als Kreditgeber, geändert und die Bilanz auch als ein **Managementinstrument** angesehen werden, wie dies etwa in den USA der Fall ist.

2.312 Generalnorm für Kapitalgesellschaften (§ 222)

Über die Generalnorm gem § 195 hinausgehend verlangt § 222 Abs 2 für Kapitalgesellschaften, dass

> *der Jahresabschluss ein* ***möglichst getreues Bild der Vermögens-, Finanz- und Ertragslage*** *des Unternehmens zu vermitteln hat, und ergänzt, dass für den Fall, dass dies nicht gelingt, im Anhang die erforderlichen zusätzlichen Angaben zu machen sind.*

Die für Kapitalgesellschaften geltende **Generalnorm** geht in zwei Punkten erheblich über jene für sonstige Unternehmer geltende Norm hinaus:

1. Sie wendet sich auch (bzw in erster Linie) an den **externen Bilanzleser**.
2. Sie erweitert die Sichtbarmachung des getreuen Bildes auf die **Finanzlage**.

Die gegenüber der Generalnorm gem § 195 zusätzlich angeführte Finanzlage bezieht sich insbesondere auf die vorgeschriebenen Fälligkeitsangaben zu den Forderungen und Verbindlichkeiten.

Um deutlich zu machen, dass **Anhang und Lagebericht** ein wirksames **Informationsinstrument** sein sollen, wird in den §§ 236 (Anhang) und 243 (Lagebericht) die Generalklausel jeweils wiederholt; die Bilanz und die Gewinn- und Verlustrechnung sowie die darauf angewandten Bilanzierungs- und Bewertungsmethoden sind so zu erläutern bzw der Geschäftsverlauf und die Lage des Unternehmens so darzustellen, dass ein **möglichst getreues Bild der Vermögens-, Finanz- und Ertragslage** des Unternehmens vermittelt wird.

Der englische Text des Artikel 2 Abs 3 (Generalklausel) der Bilanzrichtlinie lautet: „The annual accounts shall give a **true and fair view** of the company's assets, liabilities, financial position and profit or loss."

Während die deutsche Fassung der EG-Richtlinie den „true and fair view" mit „**ein den tatsächlichen Verhältnissen entsprechendes Bild**" gleichsetzt, hat sich der österreichische Gesetzgeber entschlossen, dem Begriff und den Intentionen des true and fair view durch die Übersetzung „**ein möglichst getreues Bild**" besser gerecht zu werden, als es mit der oben angeführten Übersetzung geschieht. In den Erläuterungen wird hierzu angeführt:

„Im Hinblick auf die Leistungsfähigkeit des nunmehr erweiterten Jahresabschlusses zur Darstellung der wirtschaftlichen Situation eines Unternehmens erscheint es jedoch angemessen, den international üblichen Begriff des ‚true and fair view' entsprechend zu übersetzen. Die Funktion der Generalnorm ist aber nicht bloß die Verankerung eines Willkürverbotes, sondern sie soll einen Maßstab für die Auslegung und die Grundsätze ordnungsmäßiger Buchführung sowie für deren Umsetzung im jeweiligen Einzelfall vorgeben. Um ein möglichst getreues Bild immer zu erreichen, sind im Anhang zusätzliche Angaben zu machen, wenn dieses der Jahresabschluß allein trotz Anwendung der Grundsätze ordnungsmäßiger Buchführung nicht vermitteln würde. Dies sieht auch Artikel 2 Abs 4 EG-RL und § 264 Abs 2 dHGB vor."

Wie schon hingewiesen, verlangt die nach außen gerichtete Generalnorm für Kapitalgesellschaften neben der Vermittlung des getreuen Bildes der **Vermögens- und Ertragslage** auch jene der **Finanzlage**. Hierzu meinen die Erläuterungen zur Regierungsvorlage, dass der

„nunmehr ausdrücklich geforderte Einblick in die **Finanzlage** die Bedeutung unterstreicht, die der Liquiditätssituation im Rahmen der Darstellung der wirtschaftlichen Lage beigemessen wird. Die neuen Ausweisvorschriften tragen diesem Umstand unmittelbar Rechnung, sodaß sich daraus im allgemeinen keine Verpflichtung für zusätzliche Angaben ableitet. Es ist daher zB nicht erforderlich, **Finanzpläne und prospektive Kapitalflußrechnungen** aufzustellen."

Hierzu ist allerdings anzumerken, dass die Aufstellung einer Kapitalflussrechnung durch die Änderung des § 250 Abs 1 ab 2005 für Konzernabschlüsse, nicht aber für Einzelabschlüsse zur Pflicht gemacht wurde.

2.313 Verhältnis von Generalnorm und Einzelvorschriften

Artikel 2 Abs 5 der Bilanzrichtlinie bestimmt, dass für den Fall, dass „in Ausnahmefällen die Anwendung einer Vorschrift dieser Richtlinie mit der in Abs 3 vorgesehenen Verpflichtung unvereinbar ist, von der betreffenden Vorschrift abgewichen werden [muß], um sicherzustellen, daß ein den tatsächlichen Verhältnissen entsprechendes Bild im Sinn des Abs 3 vermittelt wird. Die Abweichung ist im Anhang anzugeben und hinreichend zu begründen."

Sowohl der deutsche als auch der österreichische Gesetzgeber konnten sich dieser Bestimmung nicht voll anschließen. So bestimmt § 222 Abs 2 zweiter Satz UGB in Anlehnung an das dHGB, dass für den Fall, dass die Vermittlung eines möglichst getreuen Bildes der Vermögens-, Finanz- und Ertragslage des Unternehmens aus besonderen Umständen nicht gelingt, im Anhang die erforderlichen Angaben zu machen sind.

Es ist somit ausdrücklich darauf hinzuweisen, dass § 222 Abs 2 zweiter Satz eine nicht richtlinienkonforme Umsetzung bedeutet. Außerdem liegt nicht nur eine Abweichung von den Regelungen der 4. Richtlinie vor, sondern auch von international anerkannten Rechnungslegungsgrundsätzen, die ausdrücklich vorsehen, dass eine unzutreffende Darstellung in der Bilanz bzw Gewinn- und Verlustrechnung nicht durch zusätzliche Erläuterungen geheilt werden kann. So heißt es in IAS 1 Par 18: „Die Anwendung ungeeigneter Rechnungslegungsmethoden kann weder durch die Angabe der angewandten Methoden noch durch Anhangangaben oder zusätzliche Erläuterungen behoben werden."

Vor Anwendung des § 222 Abs 2 zweiter Satz müsste weiters untersucht werden, ob hier ein Anwendungsfall des § 201 Abs 2 letzter Satz („Ein Abweichen von diesen Grundsätzen ist [nur] bei Vorliegen besonderer Umstände zulässig") vorliegt. Wenn durch die Anwendung dieser Vorschrift der Mangel in der Darstellung des möglichst getreuen Bildes beseitigt werden kann – dies ist nach Ansicht der Verfasser vorrangig zu untersuchen –, ergibt sich kein Anwendungsbereich des § 222 Abs 2 zweiter Satz.

2.314 Beispiel für die Anwendung des § 222 Abs 2 zweiter Satz

Der Preis einer an der Londoner Warenbörse notierten Ware schwankt sehr stark. Der österreichische Händler hat sich Mitte Dezember mit einer erheblichen Menge dieser Ware zu einem Preis von 100 eingedeckt. Zum Bilanzstichtag ist der Preis auf 90 gefallen, um am 10. Jänner wieder die ursprüngliche Höhe von 100 zu erreichen und bis zum Bilanzerstellungstag nicht mehr zu sinken.

Die Berücksichtigung der Preissenkung in der Bilanz würde am 31. Dezember zu einem Verlust führen. Entsprechend der Bilanzrichtlinie müsste vom Niederstwertprinzip abgewichen und die Ware mit 100 bewertet werden. Dadurch käme es zu keiner Gewinnveränderung, dem true and fair view wäre Recht getan. Nach dem UGB muss trotz der Generalklausel die Abwertung vorgenommen werden, wodurch es anstatt des Gewinnausweises zu einem Verlustausweis kommt. Da hierdurch sowohl die Vermögens- als auch die Ertragslage nicht mehr getreu wiedergegeben werden, sind nunmehr im Anhang Angaben zur Aufklärung des Sachverhaltes zu machen.

Als weitere Beispiele können das Verbot der **Teilgewinnrealisierung** und das **Aktivierungsverbot für selbsterstellte immaterielle Vermögensgegenstände** genannt werden.

2.32 Die allgemeinen Grundsätze ordnungsmäßiger Buchführung und Bilanzierung (Jahresabschlusserstellung)

Bei den **Grundsätzen ordnungsmäßiger Buchführung** handelt es sich, worauf *Leffson* hinweist, um einen „Normbefehl in der Form eines unbestimmten Rechtsbegriffes" (*Leffson U.,* Die Grundsätze ordnungsmäßiger Buchführung[7] [1987] 21), der sich im Wesentlichen auf drei Grundlagen stützt:

1. Einschlägige gesetzliche Bestimmungen und die Behandlung einzelner diesbezüglicher Fragen durch die Rechtsprechung.
2. Zum Gewohnheitsrecht gewordene allgemein anerkannte Übungen der kaufmännischen Praxis (Kaufmannsbrauch).
3. Gutachten und Stellungnahmen internationaler und nationaler Berufsorganisationen; in Österreich sind dies beispielsweise die Kammer der Wirtschaftstreuhänder (KWT), das Institut der Wirtschaftsprüfer (IWP) sowie das AFRAC. Eine **Zusammenstellung aller gültigen Stellungnahmen, Fachgutachten und Richtlinie**n dieser drei Institutionen befindet sich im KODEX „Rechnungslegung und Prüfung", herausgegeben vom Linde Verlag.

Die Frage, ob die **GoB** zum gesatzten Recht im Widerspruch stehen können, kann grundsätzlich verneint werden, obwohl, wie *Leffson* ausführt, die **Loseblattbuchführung** der bekannteste Präzedenzfall hierfür war, eine Form der Buchführung, die gegen den Gesetzesbefehl, dass die Bücher gebunden sein müssten, allgemein Eingang in das Rechnungswesen gefunden hatte und damit gegen das Gesetz zum GoB wurde (*Leffson* 24).

In der Regel füllen aber die **GoB** Gesetzeslücken oder gesetzlich nicht geregelte Vorgänge aus. Sie werden von der Praxis angenommen und gelangen allgemein zur Anwendung, weil sie die Buchhaltung und den Jahresabschluss effizienter und sicherer gestalten. Derartige im Laufe der Zeit zu **GoB** gewordene Vorgänge werden häufig in der Folge zu **gesatztem Recht**. Es kommt jedoch auch vor, dass die Gesetzgebung in Voraussicht kommender Entwicklungen Normen schafft, die, sobald die technischen Voraussetzungen gegeben sind, durch allgemeine Anwendung zu GoB werden. Als Beispiel ist die im Jahre 1974 durch die im § 38 Abs 3 HGB aF geschaffene Möglichkeit der Führung von Büchern über

EDV zu nennen, als die **Speicherbuchführung** gerade begann, zögernd Eingang in die Praxis zu finden.

Die Grundsätze **ordnungsmäßiger Bilanzierung** hängen mit den Grundsätzen **ordnungsmäßiger Buchführung** insofern eng zusammen, als Grundlage der Bilanz die Aufzeichnungen in den Büchern sind. In weitem Maß gilt daher, dass eine Bilanz nur dann ordnungsmäßig sein kann, wenn die ihr vorgelagerte Buchhaltung ebenfalls ordnungsmäßig ist. Darüber hinaus wird der Jahresabschluss nicht nur durch die in der Buchhaltung festgehaltenen Vorgänge geprägt, es wirken auf ihn zusätzlich die **Gliederungs- und Bewertungsvorschriften** ein.

Die Betriebswirtschaftslehre hat, gesetzlichen Regelungen und der Rechtsprechung folgend sowie den kaufmännischen Brauch und die in Gutachten enthaltenen Auffassungen berücksichtigend, **Grundsätze ordnungsmäßiger Bilanzierung** entwickelt, die sich in der Literatur und in der Praxis des Rechnungswesens als leitende Postulate durchgesetzt und weitestgehend auch im UGB ihren Niederschlag gefunden haben.

Wesentliche Erfordernisse ordnungsmäßiger Bilanzierung sind erfüllt, wenn bei der Aufstellung des Jahresabschlusses folgende Grundsätze beachtet werden:

- Bilanzverknüpfung
- Bilanzvorsicht
- Bilanzwahrheit
- Bilanzklarheit

Diese Grundsätze betreffen – entgegen dem Wortlaut – nicht nur die Bilanz, sondern auch die G&V und den Anhang.

2.321 Grundsatz der Bilanzverknüpfung

Der Grundsatz der Bilanzverknüpfung findet sich in den Teilgrundsätzen der **Bilanzidentität** und der **Bilanzkontinuität**.

Die **Bilanzidentität** als die **zeitpunktbezogene Bilanzverknüpfung** verlangt die Identität der **Schlussbilanz** eines Geschäftsjahres mit der **Eröffnungsbilanz** des folgenden Geschäftsjahres. Die Forderungen nach Bilanzidentität bringt das UGB erstmals mit dem EU-GesRÄG im § 201 Abs 2 Z 6 zum Ausdruck, wonach

> *„die Eröffnungsbilanz des Geschäftsjahres mit der Schlußbilanz des vorhergehenden Geschäftsjahres übereinstimmen muß".*

Dieser an sich selbstverständliche Grundsatz soll verhindern, dass etwa Aufwands- bzw Ertragskorrekturen aus Vorjahren (zB auf Grund von Betriebsprüfungen) oder grobe Fehler unmittelbar in die Eröffnungsbilanz des laufenden Geschäftsjahres aufgenommen werden. Derartige Korrekturen sind über die Gewinn- und Verlustrechnung des laufenden Geschäftsjahres zu führen.

Die **Bilanzidentität** leitet sich aus der Forderung der Übereinstimmung der Summe der **Periodenerfolge** (als Ergebnis der Periodenerträge abzüglich der Periodenaufwendungen) mit dem **Totalerfolg** (als Ergebnis der Gesamteinnahmen abzüglich der Gesamtausgaben) eines Unternehmens ab. *Schmalenbach* bezeichnet diese Gleichung auch als **Bilanzkongruenz**.

Der Grundsatz der **Bilanzidentität** ist durch die Gesetzgebung des Öfteren durchbrochen worden. So hatten in Österreich Unternehmer, die zur Führung von Büchern verpflichtet waren, entweder für den Beginn des Geschäftsjahres 1954 oder für den Beginn des Geschäftsjahres 1955 **Schillingeröffnungsbilanzen** aufzustellen, in welchen die Vermögensgegenstände und Schulden neu bewertet wurden, die im Inventar(ium) für den Schluss des vorangegangenen Geschäftsjahres enthalten waren. Ähnliches galt für die **Goldschillingeröffnungsbilanz** im Jahre 1924.

Unter **Bilanzkontinuität** ist eine **zeitraumbezogene Bilanzverknüpfung** zu verstehen. Es muss ein organischer Zusammenhang zwischen der Schlussbilanz einer Periode und der Schlussbilanz der folgenden Periode gegeben sein.

Die Bilanzkontinuität ist formeller und materieller Art. Die **formelle Bilanzkontinuität** bezieht sich auf die **Beibehaltung** einmal angewendeter **Gliederungsgrundsätze und Kontenbezeichnungen**. Gem § 223 Abs 1 ist die einmal gewählte Form der Darstellung, insbesondere die Gliederung der aufeinanderfolgenden Bilanzen und Gewinn- und Verlustrechnungen, beizubehalten. Eine **Abweichung** von diesem Grundsatz ist nur unter besonderen Umständen zulässig. Obwohl § 223 Abs 1 zu den ergänzenden Vorschriften für Kapitalgesellschaften gehört, gilt dieser Grundsatz für **alle rechnungslegungspflichtigen Unternehmer**.

Die **materielle Bilanzkontinuität (Bewertungsstetigkeit)** besteht in der prinzipiellen Beibehaltung von Bewertungsgrundsätzen. So bestimmt § 201 Abs 2 Z 1, dass die im vorhergehenden Jahresabschluss angewendeten **Bewertungsmethoden** beizubehalten sind. Auch hier ist eine Abweichung nur bei Vorliegen besonderer Umstände zulässig (§ 201 Abs 2 letzter Satz).

Zusammenfassend kann der Grundsatz der Bilanzverknüpfung folgendermaßen dargestellt werden:

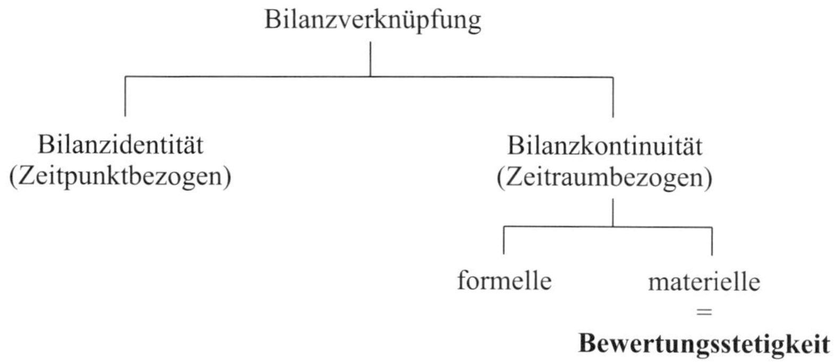

Zur Bewertungsstetigkeit siehe auch Abschnitt 2.441.

2.322 Grundsatz der Bilanzvorsicht

Gem § 201 Abs 2 Z 4

> *ist der Grundsatz der **Vorsicht** einzuhalten, wobei nur die am Abschlussstichtag verwirklichten **Gewinne** auszuweisen und erkennbare **Risiken** und drohende Verluste, die in dem Geschäftsjahr oder in einem früheren Geschäftsjahr entstanden sind, zu berücksichtigen sind, selbst wenn die Umstände erst zwischen dem Abschlussstichtag und dem Tag der Aufstellung des Jahresabschlusses bekannt geworden sind.*

Dieser als **imparitätisches Realisationsprinzip** bezeichnete Grundsatz findet in der Bilanz auf der Aktivseite durch das **Niederstwertprinzip** und auf der Passivseite durch das **Höchstwertprinzip** und die Verpflichtung zur Bildung von **Rückstellungen** seinen Niederschlag.

Der **Vorsichtsgrundsatz** gestattet es aber nicht, **willkürliche stille Reserven** zu bilden, weil deren stille Auflösung in schlechten wirtschaftlichen Zeiten eine Ertragslage vortäuschen könnte, die in Wirklichkeit nicht gegeben ist.

2.323 Grundsatz der Bilanzklarheit

Das Ziel der **Bilanzklarheit** liegt darin, im Jahresabschluss Vermögen und Kapital, Aufwendungen und Erträge, deutlich, das heißt klar und übersichtlich, zum Ausdruck zu bringen. Die Klarheit der Bilanz erfordert eine sachgerechte Bezeichnung der einzelnen Posten der Bilanz und der G&V, die klare Abgrenzung der Einzelposten voneinander und ein Verbot der Verrechnung von Posten der Aktivseite und Posten der Passivseite sowie von Erträgen und Aufwendungen.

Für die Durchsetzung der Klarheit sorgen neben der **Generalnorm** (§§ 195 und 222 Abs 2) vor allem die Bestimmungen der § 196 Abs 2 (**Verrechnungsverbot** – siehe Abschnitt 2.6.4), § 198 **(Bilanzinhalt)**, § 200 **(Inhalt der Gewinn- und Verlustrechnung)**, die §§ 223–234 **(Gliederung der Bilanz und der Gewinn- und Verlustrechnung)** sowie die §§ 236–242 **(Anhang)** und der § 243 **(Lagebericht)**.

In Verfolgung der Hinweise über die Klarheit der Bilanz gilt, dass eine **Bilanzverschleierung** vorliegt, wenn Vermögen und Schulden unklar und unübersichtlich deklariert oder die Bilanzposten irreführend bezeichnet sind, oder Verwischungen durch Zusammenfassungen und Saldierungen von gesondert auszuweisenden Bilanzposten vorkommen.

2.324 Grundsatz der Bilanzwahrheit

Der Grundsatz der Bilanzwahrheit findet seinen Niederschlag im Grundsatz der **Bilanzvollständigkeit** (§ 196 Abs 1) und im Grundsatz der **Einhaltung der gesetzlichen Bewertungsvorschriften** (§§ 201 ff).

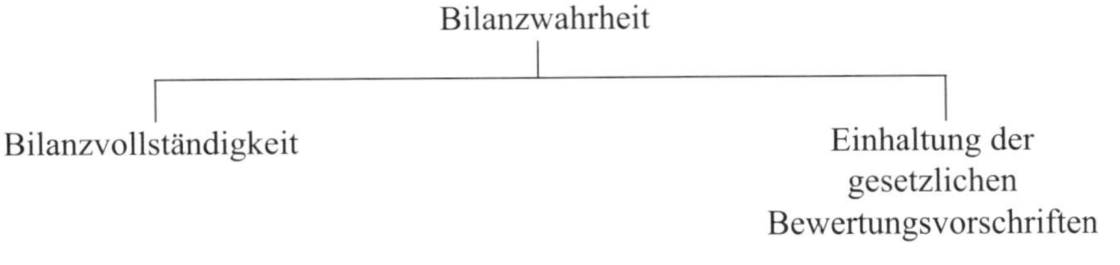

Es ist allerdings zu bemerken, dass es eine „wahre" Bilanz im Sinne des Wortes nicht gibt, da sich sowohl der **Bilanzinhalt** als auch die **Bewertung** der in eine Bilanz aufgenommenen Aktiva und Passiva nach den mit der Bilanzerstellung verfolgten Zwecken und den ihr zugrunde liegenden gesetzlichen Bestimmungen richten.

Ein **unternehmensrechtlicher Jahresabschluss** wird möglicherweise von der daraus abgeleiteten **Steuerbilanz** abweichen und in der Regel völlig unterschiedlich gegenüber einer **Liquidationsbilanz** sein.

Somit kann die Bilanz im Rahmen der gesetzlichen Vorschriften nur **folgerichtig** sein. **Bilanzwahrheit** kann also dann als gegeben angesehen werden, wenn die Rechenschaftslegung unter Beachtung der gesetzlichen Vorschriften und der GoB erfolgt.

Ein **Verstoß** gegen die **Bilanzwahrheit** führt zu einer unrichtigen Bilanz und wird, falls der Verstoß beabsichtigt ist, als **Bilanzfälschung** bezeichnet.

2.4 Die Grundsätze ordnungsmäßiger Buchführung im UGB

2.41 Grundsatz der Vollständigkeit gem § 196 Abs 1

Gem § 196 Abs 1

> *hat der **Jahresabschluss** sämtliche Vermögensgegenstände, Rückstellungen, Verbindlichkeiten, Rechnungsabgrenzungsposten, Aufwendungen und Erträge zu enthalten, soweit gesetzlich nichts anderes bestimmt ist.*

Der **Grundsatz der Vollständigkeit** als Teil der Bilanzwahrheit gehört zumindest im Hinblick auf die Bilanz seit langem zu den unbestrittenen Grundsätzen ordnungsmäßiger Buchführung.

Der Begriff der Vollständigkeit ist allerdings hinsichtlich der Rückstellungen nicht exakt definiert, sondern muss im Hinblick auf § 195, wonach der Jahresabschluss den Grundsätzen ordnungsmäßiger Buchführung zu entsprechen hat, ausgelegt werden. Man wird somit vor allem bei den Aufwandsrückstellungen **zwischen passivierungspflichtigen und passivierungsfähigen Rückstellungen** zu unterscheiden haben, wobei sich die Grenze zwischen diesen beiden Gruppen von Rückstellungen nach dem jeweiligen Stand der Grundsätze ordnungsmäßiger Buchführung richtet.

In Ergänzung des Grundsatzes der Vollständigkeit bestimmt § 190 Abs 1, dass

> *der Unternehmer Bücher zu führen und in diesen seine unternehmensbezogenen Geschäfte und die Lage seines Vermögens nach den Grundsätzen ordnungsmäßiger Buchführung ersichtlich zu machen hat. Die Buchführung muss so beschaffen sein, dass sie einem sachverständigen Dritten innerhalb angemessener Zeit einen Überblick über die Geschäftsvorfälle und über die **Lage des Unternehmens** vermitteln kann.*

Darüber hinaus besagt § 190 Abs 3, dass die

> ***Eintragungen** in Büchern und die sonst erforderlichen Aufzeichnungen **vollständig, richtig, zeitgerecht und geordnet** vorgenommen werden müssen.*

Auch in der Rechtsprechung des Verwaltungsgerichtshofes wird immer auf den Grundsatz der Vollständigkeit hingewiesen.

2.42 Aktivierungsverbote

2.421 Aufwendungen für die Gründung des Unternehmens und die Beschaffung des Eigenkapitals (§ 197 Abs 1)

Die Bestimmung des § 197 Abs 1, dass

> *„Aufwendungen für die Gründung des Unternehmens und für die Beschaffung des Eigenkapitals nicht als Aktivposten in die Bilanz eingestellt werden dürfen",*

stellt kein Aktivierungsverbot, sondern nur eine Klarstellung dar; da die genannten Aufwendungen keinen Vermögensgegenstand darstellen, könnten sie auch ohne spezielle gesetzliche Regelung nicht aktiviert werden. Vgl auch *Nowotny* in *Straube* (Hrsg), Wiener Kommentar zum Unternehmensgesetzbuch II: Rechnungslegung[3] (2012; im Folgenden als „*Straube*[3]" zitiert), Rz 2 zu § 197, wonach die Bedeutung dieser Bestimmung in der **Abgrenzung gegenüber den Ingangsetzungsaufwendungen** liegt, die gem § 198 Abs 3 bis zur Abschaffung durch das RÄG 2010 als Bilanzierungshilfe aktiviert werden konnten.

Im Einzelnen werden folgende von dieser Bestimmung erfasste Aufwendungen genannt: Gerichts- und Notariatsgebühren, Kapitalverkehrsteuern, Gebühren nach dem Gebührengesetz, Gründungsprüfung, Beratungshonorare, Kosten von Bekanntmachungen, Gründerbelohnungen, Kosten einer Aktienemission einschließlich Provisionen. Diese Aufwendungen konnten bis 1991 mit einem eventuellen Agio verrechnet werden. Das Agio ist seit Inkrafttreten des Rechnungslegungsgesetzes (1992) allerdings zur Gänze der gebundenen Kapitalrücklage zuzuführen, womit die Gründungskosten zur Gänze in die Gewinn- und Verlustrechnung fließen.

2.422 Nicht entgeltlich erworbene immaterielle Vermögensgegenstände des Anlagevermögens (§ 197 Abs 2)

§ 197 Abs 2 bestimmt, dass

> *für* ***immaterielle Gegenstände*** *des Anlagevermögens, die* ***nicht entgeltlich*** *erworben wurden, ein Aktivposten nicht angesetzt werden darf. (Eine analoge Vorschrift enthält § 4 Abs 1 fünfter Satz EStG: „Für* ***unkörperliche Wirtschaftsgüter*** *des Anlagevermögens darf ein Aktivposten nur angesetzt werden, wenn sie* ***entgeltlich erworben*** *worden sind.")*

Ein **immaterieller Gegenstand** des Anlagevermögens gilt dann als entgeltlich erworben, wenn dem **Erwerbsvorgang ein Anschaffungsgeschäft** zugrunde liegt. Vgl hierzu auch die Ausführungen *Nowotny* in *Straube*[3] § 197 Rz 16 ff.

Wird ein **immaterieller Gegenstand** des Anlagevermögens im Unternehmen selbst oder über Auftrag desselben von einem Dritten entwickelt oder hergestellt, gilt dieser nicht als entgeltlich erworben, es sei denn, das Risiko der Entwicklung bzw Herstellung geht voll zu Lasten des Auftragnehmers.

Beispiele:

1. *Ein* ***Softwareunternehmen*** *erhält den Auftrag zur* ***Entwicklung eines EDV-Programms****. Erfolgt die Bezahlung und Abnahme nur dann, wenn dieses Programm voll den Anforderungen entspricht, gilt das Programm für den Auftraggeber als entgeltlich erworben. Es ist mit seinen Anschaffungskosten zu aktivieren und über die Nutzungsdauer abzuschreiben.*
2. *Ein* ***technisches Büro*** *erhält den Auftrag, ein* ***neuartiges Produktionsverfahren zu entwickeln****, ohne dass bei Auftragserteilung sicher ist, dass dieses Verfahren tatsächlich eingesetzt werden kann. Die Bezahlung und Abnahme erfolgt nach geleisteten Auftragsstunden auch dann, wenn das Verfahren nicht eingesetzt werden kann. Das Verfahren gilt für den Auftraggeber, gleichgültig ob einsatzfähig oder nicht, als nicht entgeltlich erworben. Die Herstellungskosten dürfen nicht aktiviert werden.*
3. *Im Zuge der* ***Entwicklung eines Produktionsverfahrens*** *in der* ***eigenen Entwicklungsabteilung****, das später zu einem Patent führt, werden Fremdaufträge vergeben. Diese sind Bestandteil der nicht aktivierungsfähigen Herstellungskosten.*

Bezüglich der Problematik der Abgrenzung der aktivierungspflichtigen selbsterstellten immateriellen Gegenstände des Umlaufvermögens von den nicht aktivierungsfähigen Gegenständen des Anlagevermögens siehe Abschnitt 4.212.3.

2.43 Aktivierungswahlrechte

1. **§ 198 Abs 3:**
   Nach dieser Vorschrift **durften** die **Aufwendungen für das Ingangsetzen und Erweitern eines Betriebes** als Aktivposten ausgewiesen werden. Diese Bestimmung wurde im Zuge des RÄG 2010 **gestrichen**. Damit unterliegen Aufwendungen für das Ingangsetzen und Erweitern eines Betriebes ab dem 1.1.2010 einem **Aktivierungsverbot**, soweit sie nicht nach den allgemeinen Bestimmungen für die Aktivierung des Anlagevermögens aktivierungspflichtig sind.
2. **§ 198 Abs 7:**
   Diese Vorschrift regelt die Aktivierungsfähigkeit des **Disagios (Damnums)** als Unterschiedsbetrag zwischen dem **Rückzahlungsbetrag** einer Verbindlichkeit zum Zeitpunkt ihrer Begründung und dem **Ausgabebetrag**.
   Für Geldbeschaffungskosten besteht seit 1998 ein derartiges Wahlrecht im Rahmen des § 198 Abs 7 nicht. Sie sind nur dann aktivierungsfähig und gleichzeitig aktivierungspflichtig, wenn die Voraussetzungen für eine Aktivierung unter den Rechnungsabgrenzungen vorliegen (siehe hierzu auch den Abschnitt 2.552 Z 15).

Die Aktivierung von Geldbeschaffungskosten war bis zum EU-GesRÄG gem § 198 Abs 7 möglich. Aus diesem Grunde können zum 1. Jänner 1998 bestehende Bilanzansätze für aktivierte Geldbeschaffungskosten bis zum Ende des jeweiligen Abschreibungszeitraumes beibehalten, dh, wie bisher abgeschrieben werden. Gegen eine vorzeitige Vollabschreibung bestehen allerdings keine Bedenken.

§ 6 Z 3 EStG enthält sowohl für das Disagio als auch für die Geldbeschaffungskosten die Verpflichtung zur Aktivierung. Fällt kein aktivierungspflichtiges Disagio an, so besteht für Geldbeschaffungskosten bis zur Höhe von € 900 (EStR, Rz 2464) eine Freigrenze.

3. **§ 198 Abs 10:**
   Diese Vorschrift enthält ein **Aktivierungswahlrecht für aktive latente Steuern**.
   Bezüglich Details wird auf Abschnitt 4.5 verwiesen.
4. **§ 203 Abs 5:**
   Als Gegenstand des Anlagevermögens **durfte** der Geschäfts- oder Firmenwert bis zum Inkrafttreten des RÄG 2010 mit 1.1.2010 aktiviert und über die Zeitdauer der Nutzung planmäßig abgeschrieben werden. Nunmehr besteht eine **Aktivierungspflicht** mit einer planmäßigen Abschreibung über die Nutzungszeit.
5. **§ 226 Abs 3:**
   Behandlung von **geringwertigen Vermögensgegenständen des Anlagevermögens**. Danach dürfen im Jahre der Anschaffung voll abgeschriebene geringwertige Vermögensgegenstände des Anlagevermögens im **Anlagenspiegel** als Abgang behandelt werden und erscheinen demnach nicht mehr als **Vermögensgegenstand** (wenn diesbezüglich kein Ausweis einer **unversteuerten Rücklage** gem § 205 Abs 1 notwendig ist).

*Die unter 1.–3. angeführten Posten werden wegen des Fehlens einer Vermögenseigenschaft in der Fachliteratur auch als „**Bilanzierungshilfen**" bezeichnet.*

2.44 Die Bewertungsgrundsätze des UGB (§ 201)

§ 201 sagt einleitend in Abs 1, dass die Bewertung den Grundsätzen ordnungsmäßiger Buchführung zu entsprechen hat, und zählt anschließend in Abs 2 einige besondere Grundsätze ordnungsmäßiger Buchführung im Zusammenhang mit der Bewertung auf. Dies bedeutet, dass neben den speziell angeführten allgemeinen Bewertungsgrundsätzen auch noch weitere Bewertungs-GoBs bestehen können, zB der Grundsatz der **Einheitlichkeit der Bewertung** und der Grundsatz der **Willkürfreiheit**; diese Grundsätze sind bei der Bewertung ebenfalls zu beachten.

Zu den gesondert angeführten allgemeinen Grundsätzen der Bewertung gehören (§ 201 Abs 2 Z 1–6):

1. Der Grundsatz der Beibehaltung der Bewertungsmethoden (**Bewertungsstetigkeit**, materielle Bilanzkontinuität);
2. der Grundsatz der **Unternehmensfortführung** (Going-Concern-Prinzip);
3. der Grundsatz der **stichtagsbezogenen Bewertung und der Einzelbewertung**;
4. der Grundsatz der **Vorsicht**;
5. der Grundsatz, dass **Aufwendungen und Erträge** des Geschäftsjahres unabhängig vom Zeitpunkt der entsprechenden Zahlungen im Jahresabschluss zu berücksichtigen sind **(Accrual-Prinzip)**;
6. der Grundsatz, dass die **Eröffnungsbilanz** des Geschäftsjahres mit der **Schlussbilanz** des vorhergehenden Geschäftsjahres übereinstimmen muss **(Bilanzidentität)**.

Gem § 201 Abs 2 letzter Satz ist ein Abweichen von den in § 201 Abs 2 angeführten **Grundsätzen** nur bei Vorliegen **besonderer Umstände** zulässig.

2.441 Der Grundsatz der Bewertungsstetigkeit (§ 201 Abs 2 Z 1)

Gem § 201 Abs 2 Z 1

> *sind die auf den vorhergehenden Jahresabschluss angewendeten **Bewertungsmethoden** beizubehalten.*

Die Geltung dieses Grundsatzes ist nicht absolut, da gem § 201 Abs 2 letzter Satz ein Abweichen von diesem Grundsatz (nur) bei Vorliegen besonderer Umstände zulässig ist.

Die nachfolgende Darstellung hält sich an den Inhalt der im Jahre **2010 redaktionell überarbeiteten Richtlinie IWP/RL1** aus 1991 des Österreichischen Instituts der Wirtschaftsprüfer zum Grundsatz der **Bewertungsstetigkeit** (im Folgenden als „Richtlinie" bezeichnet).

2.441.1 Zielsetzung des Grundsatzes der Bewertungsstetigkeit

Dieser Grundsatz hat die **Vergleichbarkeit** aufeinander folgender Jahresabschlüsse zum Ziel. Wenn allerdings diese Zielsetzung im Einzelfall mit der **Generalnorm** der §§ 195 bzw 222 Abs 2 in Widerspruch stehen sollte, geht die Generalnorm vor.

Die Forderung nach **Vergleichbarkeit** führt dazu, dass art- und funktionsgleiche Vermögensgegenstände nach gleichen Methoden zu bewerten sind, wenn nicht sachliche Gründe eine andere Behandlung rechtfertigen; hier tritt ergänzend zum Grundsatz der **Bewertungsstetigkeit** der Grundsatz der **Einheitlichkeit der Bewertung** als nicht ausdrücklich erwähnter Bewertungsgrundsatz. Der Grundsatz der **Einheitlichkeit der Bewertung** muss als Voraussetzung für die Anwendung des Grundsatzes der **Bewertungsstetigkeit** angesehen werden, da ohne eine solche einheitliche Bewertung gar nicht festgestellt werden könnte, ob Bewertungsmethoden tatsächlich beibehalten wurden.

2.441.2 Der Begriff der Bewertungsmethode

„Unter **Bewertungsmethode** ist jedes Verfahren der Ermittlung von Wertansätzen zu verstehen, das einem bestimmten (festgelegten) Ablauf folgt und bestimmte (festgelegte) Bewertungselemente verwendet. Die für die Bilanzbewertung zulässigen **Bewertungsmethoden** sind in den **Bewertungsvorschriften der §§ 202 bis 211** geregelt. Jeder Wertansatz muss nach einer aus den gesetzlichen Vorschriften abgeleiteten Bewertungsmethode ermittelt werden."

Von den Bewertungsmethoden sind die in § 236 Z 1 erwähnten **Bilanzierungsmethoden** zu unterscheiden. Das **Stetigkeitsgebot** des § 201 Abs 2 Z 1 bezieht sich ausdrücklich nur auf die Beibehaltung der auf den vorhergehenden Jahresabschluss angewendeten Bewertungsmethoden, sodass die Ausübung von **Bilanzansatzwahlrechten** (§ 198 Abs 7 und 10) nicht unter das Stetigkeitsgebot fällt.

2.441.3 Anwendungsbereich des Grundsatzes der Bewertungsstetigkeit

Das Gesetz enthält eine Reihe eindeutig fixierter Wertansätze (zwingende Bewertungsvorschriften), wie zB den Zwang zur **Abwertung von Gegenständen des Anlagevermögens** auf den niedrigeren Wert des Abschlussstichtages, wenn solche Wertminderungen voraussichtlich von Dauer sind (§ 204 Abs 2), **Abwertungen von Gegenständen des Umlaufvermögens** auf den niedrigeren Wert des Abschlussstichtages (§ 207 Abs 1). In diesen Fällen ergibt sich für § 201 Abs 2 Z 1 kein Anwendungsbereich, da der Grundsatz der Bewertungsstetigkeit nur im Rahmen von bestehenden **Bewertungswahlrechten** wirksam werden kann.

In der „Richtlinie" werden **echte Wahlrechte** und **unechte Wahlrechte** unterschieden:

Echte Wahlrechte liegen vor, wenn das Gesetz alternative Bewertungsmethoden zur Verfügung stellt.

Zu diesen Wahlrechten gehören zB die **Abwertung von Gegenständen des Finanzanlagevermögens** auf den niedrigeren Wert des Abschlussstichtages, wenn keine dauernde Wertminderung anzunehmen ist (§ 204 Abs 2), die Möglichkeit der **Beibehaltung des niedrigeren Wertes**, wenn die Gründe für eine außerplanmäßige Abschreibung nicht mehr bestehen (§ 208 Abs 2), das Wahlrecht der **Einbeziehung angemessener Teile der Materialgemeinkosten und Fertigungsgemeinkosten** in die Herstellungskosten (§ 203 Abs 3 zweiter Satz), die Möglichkeit des **Ansatzes der Zinsen für Fremdkapital**, das zur Finanzierung der Herstellung eines Vermögensgegenstandes verwendet wird (§ 203 Abs 4), die **Aktivierungsmöglichkeit** angemessener Teile der **Verwaltungs- und Vertriebskosten** zusätzlich zu den Herstellungskosten bei Aufträgen, deren Ausführung sich über mehr als zwölf Monate erstreckt (§ 206 Abs 3), die Einrechnung von Aufwendungen für die Sozialeinrichtungen des Betriebes für freiwillige Sozialleistungen, für **betriebliche Altersversorgung und Abfertigungen** in die Herstellungskosten (§ 203 Abs 3) oder die Anwendung von **Bewertungsvereinfachungsverfahren** (§ 209).

Unechte Wahlrechte sind dann gegeben, wenn das Gesetz bei der Beschreibung von vorgeschriebenen oder zur Wahl gestellten Bewertungsmethoden unbestimmte Gesetzesbegriffe verwendet (angemessene Teile der Materialgemeinkosten und der Fertigungsgemeinkosten – § 203 Abs 3, angemessene Teile der Verwaltungs- und Vertriebskosten – § 206 Abs 3, vernünftige kaufmännische Beurteilung – § 211 Abs 1, versicherungsmathematische Grundsätze – § 211 Abs 2).

Im Falle des Vorliegens **echter Wahlrechte** muss die einmal **gewählte Bewertungsmethode** beibehalten werden.

Im Falle des Vorliegens **unechter Wahlrechte** besagt der **Grundsatz der Bewertungsstetigkeit**, dass die einmal gewählte Auslegung beizubehalten bzw einheitlich anzuwenden ist.

2.441.4 Reichweite der Beibehaltungspflicht der Bewertungsstetigkeit

In Abschnitt 2.441.1 wurde bereits auf die **Vergleichbarkeit** als Zielsetzung der **Bewertungsstetigkeit** hingewiesen; der Grundsatz der Bewertungsstetigkeit gilt sinnvollerweise nur bei der Beurteilung vergleichbarer Sachverhalte, dh wenn die zu bewertenden Vermögensgegenstände und Schulden vergleichbaren Nutzungs- und Risikobedingungen unterliegen.

Die Richtlinie sagt hierzu (Rz 20):

> *„Diese Verpflichtung bezieht sich nach dem Sinn der Vorschrift des § 201 Abs 2 Z 1 auch auf im laufenden Geschäftsjahr hinzugekommene Vermögensgegenstände und Schulden, wenn gleichartige Vermögensgegenstände und Schulden im vorhergehenden Jahresabschluss zu bewerten waren. Ein Ersetzen von Bewertungsobjekten durch ähnliche oder art- und funktionsgleiche, sowie ein vorübergehender Nullbestand an ähnlichen bzw gleichartigen Bewertungsobjekten unterbrechen die Beibehaltungspflicht daher nicht. Nur in mehrjährigem Abstand auftretende Bewertungsprobleme werden vom Stetigkeitsgebot in der Regel nicht erfaßt.“*

2.441.5 *Zulässige Abweichungen vom Grundsatz der Bewertungsstetigkeit*

§ 201 Abs 2 letzter Satz enthält die Bestimmung, dass ein Abweichen vom Grundsatz der **Bewertungsstetigkeit** (nur) bei Vorliegen besonderer Umstände zulässig ist.

Die EB zu § 201 sagen dazu nur, dass „besondere Umstände etwa dann vorliegen können, wenn die Aufsichtsbehörde zB bei Banken oder Versicherungsunternehmen anderer Meinung ist“. Eine Änderung der **Bewertungsmethoden** aus rein bilanzpolitischen Gründen sei hingegen nicht zulässig.

Es kann in diesem Zusammenhang nicht die gesamte einschlägige, sehr umfangreiche Fachliteratur zu diesem Gebiet wiedergegeben werden; im Folgenden werden die in der „Richtlinie“ des Österreichischen Instituts der Wirtschaftsprüfer genannten Beispiele für begründete Ausnahmefälle wiedergegeben. Dieser Katalog deckt sich im Wesentlichen mit den Ausnahmefällen, die in der einschlägigen Stellungnahme des SABI 2/1987 enthalten sind. (Sonderausschuss Bilanzrichtlinien-Gesetz des IdW, Stellungnahme SABI 2/1987: Zum Grundsatz der **Bewertungsstetigkeit** [§ 252 Abs 1 Nr 6 dHGB] und zu den Angaben bei Abweichungen von **Bilanzierungs- und Bewertungsmethoden** [§ 284 Abs 2 Nr 3 dHGB], in Die Wirtschaftsprüfung 1/2/1988):

- **Änderungen von Gesetzen** und der Rechtsprechung;
- Übergang oder Verzicht auf die Anwendung von **Bewertungsvereinfachungsverfahren**;
- Ereignisse, die zu **strukturellen Änderungen** des Unternehmens führen, wie:
  - wesentliche Veränderungen in der Gesellschafterstruktur, Einbeziehung in einen oder Ausscheiden aus einem Konzernverbund;
  - Änderungen der unternehmerischen Konzeption, wie bei Wechsel des Managements, Einleitung von Sanierungsmaßnahmen;
  - größere Produktions- und Sortimentsumstellungen;
  - technische Umwälzungen;
  - steuerliche Gründe, und zwar Ergebnisse einer Betriebsprüfung, Nutzung von sonst nicht ausnützbaren Verlustvorträgen, soweit dem nicht unternehmensrechtliche Vorschriften entgegenstehen.

Bezüglich der Angabe- und Begründungspflicht bei Änderungen von Bilanzierungs- und Bewertungsmethoden bei Kapitalgesellschaften (§ 236 UGB) wird auf Abschnitt 7.23 verwiesen.

2.442 Der Grundsatz der Unternehmensfortführung – going concern (§ 201 Abs 2 Z 2)

Gem § 201 Abs 2 Z 2

> *ist bei der Bewertung von der **Fortführung des Unternehmens** auszugehen, solang dem nicht tatsächliche oder rechtliche Gründe entgegenstehen.*

Auch der Grundsatz der Unternehmensfortführung wurde schon vor Aufnahme in das Gesetz zu den Grundsätzen ordnungsmäßiger Bewertung gerechnet. Steuerlich ist dieser Grundsatz ausdrücklich in der Teilwertdefinition des § 6 EStG verankert.

Es handelt sich hier nicht um einen Bewertungsgrundsatz im engeren Sinn, sondern um eine Prämisse, die der Anwendung der speziellen Bewertungsvorschriften der §§ 202–211 zugrunde liegt. Das Gesetz enthält jedoch keinerlei **Bewertungsmaßstäbe** für den Fall, dass der Grundsatz der Unternehmensfortführung keine gerechtfertigte Prämisse mehr darstellt.

Die Konsequenz der Annahme der **Unternehmensfortführung** liegt darin, dass bei der Bewertung von „einer planmäßigen Verwertung" der betreffenden Vermögensgegenstände im Rahmen des Unternehmens und innerhalb der Unternehmenstätigkeit auszugehen ist (siehe *Küting/Weber*[4] § 252 Rz 34).

Der Anwendungsbereich des § 201 Abs 2 letzter Satz (Möglichkeit der Abweichung von den allgemeinen Bewertungsgrundsätzen) ist hier schon durch den Wortlaut der Gesetzesvorschrift behandelt, wonach bei entgegenstehenden tatsächlichen und rechtlichen Gründen eine Bewertung unter der **Fortführungsprämisse** nicht mehr zulässig ist. Es ist hier nicht nur zulässig, sondern geboten, von dieser Prämisse abzuweichen.

2.442.1 *Der Zeithorizont*

Das Gesetz trifft keine Aussage darüber, für welchen Zeitraum die **Prämisse der Unternehmensfortführung** noch gegeben sein muss, damit die Anwendung dieses Grundsatzes begründbar ist. Die deutsche Fachliteratur geht dabei von einem Richtwert von zwölf Monaten aus (siehe *Küting/Weber*[4] § 252 Rz 36 unter Verweis auf andere Literaturstellen).

Auch international gelten ähnliche Regelungen. So bestimmt IAS 1/26 (Stand: Juli 2012), dass die Unternehmensleitung bei der Einschätzung, ob die Annahme der Unternehmensführung angemessen ist, sämtliche verfügbaren Informationen für die vorhersehbare Zukunft in Betracht zu ziehen hat, die mindestens zwölf Monate nach dem Bilanzstichtag zu liegen hat, aber nicht auf diesen Zeitraum beschränkt ist. Der Umfang der Berücksichtigung ist von den Gegebenheiten jedes einzelnen Falles abhängig.

Nach ISA 570 (International Standards on Auditing) Going-Concern-Fassung 2007, Par 2,3,13 beträgt dieser Zeitraum in Übereinstimmung mit IAS 1 zumindest zwölf Monate ab dem Bilanzstichtag.

2.442.2 *Tatsächliche oder rechtliche Gründe, die der Annahme der Unternehmensfortführung entgegenstehen*

In dem von der IFAC herausgegebenen Prüfungsstandard 570 (Going Concern – Unternehmensfortführung) werden folgende Indizien angeführt, die die Annahme der **Unternehmensfortführung** als zweifelhaft erscheinen lassen können und die daher zusätzliche Untersuchungen erfordern, ob die Annahme der Unternehmensfortführung noch aufrechterhalten werden kann (Par A 2):

Finanziell

- Die Schulden übersteigen das Vermögen oder die kurzfristigen Schulden übersteigen das Umlaufvermögen.
- Kreditaufnahmen zu festen Laufzeiten, die sich dem Fälligkeitsdatum nähern, ohne realistische Aussichten auf Verlängerung oder Rückzahlung, oder übermäßige Beanspruchung kurzfristiger Kreditlinien zur Finanzierung langfristiger Vermögenswerte.
- Anzeichen für den Entzug finanzieller Unterstützung durch Schuldner oder andere Gläubiger.
- Negative finanzielle Schlüsselkennzahlen.
- Erhebliche Betriebsverluste oder erhebliche Wertminderungen bei Vermögenswerten, die der Erzielung von Zahlungsströmen dienen.
- Dividendenrückstände oder Aussetzen der Dividende.
- Unfähigkeit, Zahlungen an Gläubiger fristgerecht zu leisten.
- Unfähigkeit, Darlehensverträge fristgerecht zu erfüllen.
- Änderung der Zahlungsmodalitäten mit Zulieferern von Kreditgewährung zur Zahlung bei Lieferung.
- Unmöglichkeit, Finanzmittel für wichtige neue Produktentwicklungen oder andere wichtige Investitionen zu beschaffen.

Betrieblich

- Ausscheiden von Führungskräften ohne Ersatz.
- Verlust eines Hauptabsatzmarktes, von Franchise-Verträgen, Lizenzen oder eines Hauptlieferanten.
- Schwierigkeiten mit der Belegschaft oder Engpässe bei wichtigen Vorräten.

Andere

- Verstöße gegen Eigenkapital- oder andere gesetzliche Vorschriften.
- Anhängige Gerichts- oder Aufsichtsverfahren gegen das Unternehmen, die, falls sie erfolgreich wären, zu Ansprüchen führen könnten, die wahrscheinlich nicht erfüllbar sind.
- Änderungen in der Gesetzgebung oder Regierungspolitik, von denen negative Folgen für das Unternehmen erwartet werden.

Als rechtliche Gründe für den **Wegfall der Going-Concern-Prämisse** können zB die **Einleitung des Insolvenzverfahrens**, das **Erlöschen von Konzessionen**, die erforderliche **Betriebseinstellung** aufgrund von Umweltschutzauflagen, die Auflösung der Gesellschaft aufgrund von Satzungsbestimmungen genannt werden (siehe auch *Küting/Weber*[4] § 252 Rz 37).

Die Problematik der Beurteilung liegt darin, dass im Einzelfall in der Regel schwer zu beurteilen sein wird, ob die Indizien, die gegen eine Unternehmensfortführung sprechen, tatsächlich so schwerwiegend sind, dass zwingend von dieser Prämisse abzugehen ist.

2.442.3 Konsequenzen für die Bewertung bei Abgehen von der Annahme der Unternehmensfortführung

Im Allgemeinen wird man davon ausgehen können, dass diesfalls eine Bewertung unter dem Gesichtspunkt der Veräußerung sämtlicher Vermögensgegenstände erforderlich ist, wobei die tatsächlichen Wertansätze wieder davon abhängig sein werden, ob eine Gesamtveräußerung und Weiterführung durch den Erwerber in Frage kommt oder ob **Einzelveräußerungswerte** anzusetzen sind. Auf der Passivseite sind **Abwicklungskosten** zu berücksichtigen und insbesondere die Tatsache, dass die **Abfertigungsrückstellung** mit 100% der fiktiven Ansprüche auszuweisen sein wird.

Die Problematik einer solchen Vorgangsweise, besonders bei offenlegungspflichtigen Unternehmen, besteht darin, dass dadurch wahrscheinlich die letzten, eventuell noch bestehenden Hoffnungen auf das Überstehen einer Krise zunichte gemacht werden.

2.443 Grundsatz der Stichtagsbewertung (Abs 2 Z 3)

Gem § 201 Abs 2 Z 3

> *sind die Vermögensgegenstände und Schulden **zum Abschlussstichtag einzeln** zu bewerten.*

Diese Vorschrift enthält somit zwei Grundsätze, nämlich den Grundsatz der **stichtagsbezogenen Bewertung** und den Grundsatz der **Einzelbewertung**.

Der Grundsatz der Stichtagsbewertung bedeutet, dass die **Wertansätze** aus den Verhältnissen des **Bilanzstichtages** abzuleiten sind, dass somit für die Beurteilung nur **wertaufhellende Tatbestände** (siehe § 201 Abs 2 Z 4 b) zu berücksichtigen sind, nicht jedoch Änderungen des Wertes, die erst nach dem Abschlussstichtag eintreten **(wertbeeinflussende Faktoren)**.

Der **Grundsatz der stichtagsbezogenen Bewertung** wird allerdings durch einige spezielle Bewertungsvorschriften aufgehoben; zu diesen Vorschriften gehören:

- **Bildung von Rückstellungen**
- **Verzicht auf das Wertaufholungsgebot des § 208 Abs 1 u**nter den Voraussetzungen des § 208 Abs 2:

> *„Von der Zuschreibung nach Abs. 1 darf abgesehen werden, wenn ein niedrigerer Wertansatz bei der steuerrechtlichen Gewinnermittlung unter der Voraussetzung beibehalten werden kann, daß er auch im Jahresabschluß beibehalten wird."*

Im österreichischen Steuerrecht gibt es einen Fall, bei dem eine Wiederaufwertung auch dann verlangt wird, wenn dies unternehmensrechtlich unterlassen werden würde:

So besagt § 6 Z 13 vorletzter und letzter Satz EStG:

> *Soweit nach Maßgabe der unternehmensrechtlichen Grundsätze ordnungsmäßiger Buchführung eine Zuschreibung zulässig ist, hat der Steuerpflichtige bei Anteilen an Körperschaften, die zum Anlagevermögen gehören, den höheren Teilwert anzusetzen. Dies hat nur insoweit zu erfolgen, als es sich um eine Beteiligung im Sinne des § 228 Abs. 1 UGB handelt.*

Es handelt sich hier um eine echte Umkehr des **Maßgeblichkeitsprinzips**. Durch die steuerliche Mussvorschrift der Wiederaufwertung entfällt das im § 208 Abs 2 enthaltene Recht zur Fortführung des niedrigeren Wertes auch unternehmensrechtlich.

Das Recht zur Fortführung des niedrigeren Wertes steht im Widerspruch zu den Art 35 und 39 der Bilanzrichtlinie, welche sowohl für das Anlagevermögen als auch für das Umlaufvermögen für die genannten Fälle eine Verpflichtung zur Aufwertung vorsehen **(„Wertaufholungsgebot")**.

2.444 Der Grundsatz der Einzelbewertung (Abs 2 Z 3)

Nach diesem Grundsatz ist jeder **Vermögensgegenstand** und jede **Schuld** für sich zu bewerten; ein Verzicht auf die Abwertung eines Vermögensgegenstandes im Hinblick darauf, dass Werte anderer Vermögensgegenstände gestiegen sind, ist danach ausgeschlossen. Eine **Gesamtbewertung** eines Bilanzpostens ohne Berücksichtigung von Wertbewegungen bei einzelnen Vermögensgegenständen, aus denen sich dieser Bilanzposten zusammensetzt, ist nicht zulässig. Insofern ist auch ein enger Zusammenhang mit dem **imparitätischen Realisationsprinzip** gegeben.

Das Gesetz selbst enthält **Spezialvorschriften**, die **Abweichungen** vom strengen Grundsatz der Einzelbewertung darstellen, nämlich die **Bewertungsvereinfachungsverfahren** in § 209 (Festwerte, Gruppenbewertung, Verbrauchsfolgefiktionen).

Es gibt **weitere Fälle**, bei denen es zweifelhaft sein kann, ob es sich um zulässige Abweichungen vom Grundsatz der Einzelbewertung im Rahmen allgemeiner Grundsätze ordnungsmäßiger Buchführung handelt, oder ob es sich nur um eine andere Abgrenzung der **Bewertungseinheit** handelt (**pauschale Gewährleistungsrückstellungen, Pauschalwertberichtigungen** zu Forderungen).

Im Falle der **Abfertigungsrückstellung** wird nicht die einzelne Abfertigungsverpflichtung gegenüber einem bestimmten Arbeiter oder Angestellten bewertet, sondern es wird die Summe der fiktiven Abfertigungsansprüche als Bewertungseinheit aufgefasst; das Gleiche gilt für **Pensionsrückstellungen** und für **Rückstellungen für nicht konsumierte Urlaube**.

Bei **Deckungsgeschäften** hat sich, zuletzt auch durch den Einfluss der Regelungen des IAS 39, die einheitliche Übung herausgebildet, dass Liefer- oder Leistungsgeschäfte und die dazugehörigen Deckungsgeschäfte, sobald die Voraussetzungen hierfür vorliegen, als eine Einheit behandelt werden. Dies bringen auch die Einkommensteuerrichtlinien 2000 (Rz 2136) zum Ausdruck, die eine gemeinsame Bewertung für **geschlossene Positionen** dann als geboten ansehen, wenn eine nachvollziehbare, sachliche und kausale Verknüpfung vorliegt.

Folgende Beispiele werden genannt:

- Zinsenabhängige Forderungen und Verbindlichkeiten (insbesondere bei Banken),
- (gleichartige) Fremdwährungsforderungen und -verbindlichkeiten, die der Kurssicherung dienen,
- durch Devisentermingeschäfte abgesicherte Fremdwährungsforderungen und -verbindlichkeiten,
- versicherte Forderungen,
- Verbindlichkeiten (zB aus Haftungsverhältnissen) mit vollwertigen Regressansprüchen und
- risikoausgleichende Optionsgeschäfte.

Zur Frage der **geschlossenen Positionen** siehe ua auch den Hinweis in der Stellungnahme KFS/RL 8 des Fachsenats für Unternehmensrecht und Revision der Kammer der Wirtschaftstreuhänder aus 1993 „Zur Behandlung von Optionen, Optionsentgelten und Risiken aus Optionen in den Jahresabschlüssen", dass „bei Sicherungsgeschäften der Grundsatz der **Bewertungseinheit** mit den gesicherten Vermögensgegenständen angewendet werden" kann (Punkt 6 letzter Absatz). Das Wort „**kann**" ist aus heutiger Sicht durch „**muss**" zu ersetzen.

Die voneinander unabhängige Bewertung von Aktivposten und Passivposten, die zu einer **Bewertungseinheit** gehören, kann dazu führen, dass die Anwendung des Grundsatzes der Einzelbewertung zu einer Verletzung des „true and fair view" führt; wenn ein solcher Sachverhalt vorliegt, ist von der Möglichkeit des § 201 Abs 2 letzter Satz Gebrauch zu machen. Dies steht auch in Einklang mit Art 2 Abs 5 der 4. Richtlinie, welcher der Einhaltung eines den tatsächlichen Verhältnissen entsprechenden Bildes der Vermögens-, Finanz- und Ertragslage den Vorrang einräumt. Dies kann im vorliegenden Fall auch ohne Verletzung von Einzelvorschriften durch die Ausweichklausel des § 201 Abs 2 letzter Satz erreicht werden. Siehe hierzu auch den Abschnitt 2.6.4.

2.445 Der Grundsatz der Vorsicht (Abs 2 Z 4)

§ 201 Abs 2 Z 4 sieht den Vorsichtsgrundsatz als übergeordneten Grundsatz und leitet folgende Einzelgrundsätze ab:

Insbesondere sind

> *a) nur die am Abschlussstichtag verwirklichten Gewinne auszuweisen,*
> *b) erkennbare Risikenund drohende Verluste, die in dem Geschäftsjahr oder einem früheren Geschäftsjahr entstanden sind, zu berücksichtigen, selbst wenn die Umstände erst zwischen dem Abschlussstichtag und dem Tag der Aufstellung des Jahresabschlusses bekannt geworden sind,*
> *c) Wertminderungen unabhängig davon zu berücksichtigen, ob das Geschäftsjahr mit einem Gewinn oder einem Verlust abschließt.*

2.445.1 Das Realisationsprinzip (Abs 2 Z 4a)

Aus lit a ergibt sich das **imparitätische Realisationsprinzip**, welches verlangt, dass noch nicht realisierte aber wahrscheinliche Verluste im Jahresabschluss auszuweisen sind, während nur die am Abschlussstichtag verwirklichten Gewinne ausgewiesen werden dürfen.

Auch das **Anschaffungskostenprinzip** ist aus lit a abzuleiten, da jede über die Anschaffungs- oder Herstellungskosten hinausgehende Bewertung zum Ausweis nicht realisierter Gewinne führt.

Im Zusammenhang mit **Veräußerungsvorgängen** ist das **Realisationsprinzip** eine Regelung für die zeitliche Zuordnung von Gewinnen, wobei das Gesetz nichts darüber aussagt, was im Einzelnen unter **Gewinnverwirklichung** zu verstehen ist.

Bei Lieferungen oder sonstigen Leistungen gilt danach der Gewinn als realisiert, wenn die **Lieferung oder sonstige Leistung** durchgeführt wurde.

Im Rahmen von **Dauerschuldverhältnissen** (Miet- und Pachtverhältnissen) ist ebenso wie bei **Zinserträgen** eine zeitanteilige Realisierung anzunehmen. (Dies gilt auch im Zusammenhang mit **Nullkuponanleihen**.)

Die Bilanzrichtlinie enthält in Art 31 ausdrücklich das Realisationsprinzip; allerdings hat sich in den EU-Staaten keine einheitliche Auslegung dieses Grundsatzes durchgesetzt. So wird zB in einer Reihe von Mitgliedstaaten die **Teilgewinnrealisierung** im Zusammenhang mit Fertigungsaufträgen und die **Währungsumrechnung mit dem Stichtagskurs** (auch wenn dies zu einer Erhöhung von Forderungen bzw zu einer Verminderung von Verbindlichkeiten führt) als durchaus vereinbar mit dem Realisationsgrundsatz betrachtet. Dies gilt auch für **österreichische Banken**.

2.445.2 Das Wertaufhellungsprinzip (Abs 2 Z 4b)

Das Gesetz regelt, dass bei der Bewertung alle Umstände zu berücksichtigen sind, die vor dem Bilanzstichtag eingetreten und bis zum Tag der Aufstellung des Jahresabschlusses bekannt geworden sind. „Als Zeitpunkt der Aufstellung des Jahresabschlusses ist grundsätzlich der Tag maßgeblich, von dem an der Kaufmann durch seine Unterschrift dokumentiert, dass er die Abschlussarbeiten in ihrer Gesamtheit beendet hat" (*Küting/Weber*[4] § 252 Rz 78).

Dies gilt sinngemäß auch für Kapitalgesellschaften und für die Unterschrift des Vorstandes bzw der Geschäftsführer. Bei prüfungspflichtigen Kapitalgesellschaften wird dies allerdings erst der Tag der **Feststellung des Jahresabschlusses** sein.

2.445.3 Grundsatz der Berücksichtigung von Wertminderungen unabhängig vom Bilanzergebnis (Abs 2 Z 4c)

In das Gesetz wurde mit § 201 Abs 2 Z 4c im Jahr 1996 der Satz,

> *dass Wertminderungen unabhängig davon zu berücksichtigen sind, ob das Geschäftsjahr mit einem Gewinn oder Verlust abschließt,*

eingefügt.

Diese Bestimmung gehört seit langem zu den unbestrittenen GoB.

2.446 Grundsatz der Aufwands-/Ertragsverrechnung unabhängig vom Zeitpunkt des Zahlungsanfalls (Abs 2 Z 5)

Diese Regelung ist ein derart selbstverständlicher Bestandteil unserer Grundsätze ordnungsmäßiger Buchführung, dass sie bis 1996 nicht ausdrücklich kodifiziert wurde. Ausnahmen von diesem Grundsatz ordnungsmäßiger Buchführung unter Hinweis auf die Vorschrift des § 201 Abs 2 letzter Satz (Abweichen bei Vorliegen besonderer Umstände) erscheinen deshalb unserem Rechnungslegungsrecht fremd.

2.5 Die Bewertungsvorschriften

Für das UGB gelten die **Anschaffungs- und Herstellungskosten** als die Obergrenze der Bewertung. Diese Vorschrift ergibt sich aus § 201 Abs 2 Z 4a, wonach nur die am Abschlussstichtag realisierten Gewinne auszuweisen sind.

2.51 Einlagen und Zuwendungen

> *Einlagen und Zuwendungen sowie Entnahmen sind mit dem Wert anzusetzen, der ihnen im Zeitpunkt ihrer Leistung beizulegen ist, soweit sich nicht aus der Nutzungsmöglichkeit im Unternehmen ein geringerer Wert ergibt.*

Einlagen sind somit grundsätzlich mit dem **Tageswert** des eingebrachten Gegenstandes anzusetzen. Zur Vermeidung einer überhöhten Bewertung wird der

Wertansatz nach oben mit der gegebenen Nutzungsmöglichkeit im Unternehmen begrenzt. Dies könnte beispielsweise dann sein, wenn eine nicht betriebsspezifische Anlage eingebracht wird, bei der die Leistungserstellung mit höheren Kosten verbunden ist als bei einer anderen, dem gleichen Zweck dienenden Anlage. Mit dieser Bestimmung wurden in die Bewertung von Einlagen **Ertragswertgesichtspunkte** eingeschlossen.

Mit ihrem Ansatz in der Bilanz bekommen die zu Tageswerten getätigten Einlagen und Zuwendungen den Charakter von Anschaffungswerten und werden in der Folge als solche behandelt.

Bezüglich der Bewertung eingebrachter Betriebe oder Teilbetriebe und Behandlung des bei Umgründungsvorgängen ausgewiesenen Umgründungsmehrwertes und Firmenwertes siehe den Abschnitt 4.222.

2.52 Anschaffungskosten

2.521 Anschaffungskosten im Sinne des Unternehmensrechtes

Zu den Anschaffungskosten gehören gem § 203 Abs 2 jene

> *„Aufwendungen, die geleistet werden, um einen Vermögensgegenstand zu erwerben und ihn in einen betriebsbereiten Zustand zu versetzen, soweit sie dem Vermögensgegenstand* ***einzeln zugeordnet*** *werden können. Zu den Anschaffungskosten gehören auch die Nebenkosten sowie die* ***nachträglichen Anschaffungskosten. Anschaffungspreisminderungen*** *sind abzusetzen.“*

Grundsätzlich gehören zu den Anschaffungskosten die tatsächlichen Ausgaben bzw Aufwendungen, die durch die Beschaffung des Gegenstandes entstanden sind.

Zu dem um eventuelle **Rabatte und sonstige Nachlässe** verminderten Rechnungspreis des Lieferanten kommen die **Anschaffungsnebenkosten**, wie Verpackung, Vertragserrichtungskosten, Vermittlungsprovision, Anwalts- und Notarhonorare, Reisekosten im Zusammenhang mit dem Abschluss des Erwerbsgeschäftes oder zur Begutachtung der Beschaffenheit des zu erwerbenden Gegenstandes, die Bezugskosten, wie Fracht, Zölle, und Zollnebengebühren, Grunderwerbsteuer, Normverbrauchsabgabe, Transportversicherung, Spediteurkosten, Kosten der behördlichen Genehmigung, Anschlusskosten und **Montagekosten** bis zur Herstellung der Betriebsbereitschaft der Anlage hinzu.

Bezüglich der **Zuwendungen**, die zur Anschaffung gewährt wurden, siehe Abschnitt 5.3.

Bei Grundstücken zählen zu den Anschaffungskosten auch die **Grunderwerbsteuer** und die **Eintragungsgebühren**.

Bei Erwerb eines Grundstückes, auf dem sich ein **abbruchreifes**, nicht mehr verwendbares Gebäude befindet, wurden die Abbruchkosten bis zur Entscheidung des VwGH vom 6. Juli 2005 zu den Anschaffungskosten von Grund und Boden gezählt. War ein Gebäude zum Zeitpunkt des Abbruches noch verwendbar, zählten ein eventuell vorhandener Restbuchwert und die Abbruchkosten zu den Herstellungskosten des anstelle des Altbaues errichteten Neubaues. Diese im Rahmen der Einkunftsart Vermietung und Verpachtung getroffene Entscheidung, wonach bei Ermittlung eines neu zu errichtenden Gebäudes die Kosten für den Abbruch des verbrauchten Altgebäudes nicht den Anschaffungskosten eines unbebauten Grundstückes zugerechnet werden, gilt analog für den Erwerb eines Betriebsgrundstückes. Wird das darauf befindliche (abbruchreife) Gebäude abgerissen, sind die Abbruchkosten Aufwand, jedoch nicht Bestandteil der Anschaffungskosten des Grundstückes oder der Herstellungskosten des darauf neu errichteten Gebäudes.

Werden im zeitlichen Zusammenhang mit dem Erwerb von Gebäuden Aufwendungen getätigt (sogenannter anschaffungsnaher Erhaltungsaufwand) und handelt es sich nicht um im Verhältnis zum Kaufpreis untergeordnete Aufwendungen, besteht nach der Rechtsprechung des VwGH Aktivierungspflicht, wobei allerdings zu prüfen ist, ob die Aufwendungen den bisherigen Zustand wesentlich verbessert haben; andernfalls besteht keine Aktivierungspflicht.

Finanzierungskosten (Zinsen, Geldbeschaffungskosten etc) sind nicht Bestandteil der Anschaffungskosten. In den Bereich der Finanzierungskosten gehören auch vom Lieferanten in den Rechnungspreis einkalkulierte **Skonti**, die bei Bezahlung des Rechnungspreises innerhalb einer bestimmten Frist (Kassenrespiro) vom Lieferanten als Abzug gewährt werden.

Zu den **nachträglichen Anschaffungskosten** gehören die **nachträgliche Erhöhung des Kaufpreises** im Prozesswege oder die Neufestsetzung der Grunderwerbsteuer, nicht aber Wertsicherungsvereinbarungen. **Wertsicherungsbeträge** sind als Aufwendungen zu behandeln. Später zu leistende **Aufschließungsgebühren** zählen zu den nachträglichen Anschaffungskosten.

2.522 Anschaffungskosten im Sinne des Steuerrechtes

Der Anschaffungskostenbegriff ist im Steuerrecht gesetzlich nicht definiert, entspricht aber gemäß den Einkommensteuerrichtlinien 2000, Rz 2164 und 2176–2193 den unternehmensrechtlichen Anschaffungskosten.

2.53 Herstellungskosten

Gem § 203 Abs 3 sind Herstellungskosten

> *„Aufwendungen, die für die Herstellung eines Vermögensgegenstandes, seine Erweiterung oder für eine über seinen ursprünglichen Zustand hinausgehende wesentliche Verbesserung entstehen.* ***Bei der Berechnung der Herstellungskosten dürfen auch angemessene Teile der Materialgemeinkosten und der Fertigungsgemeinkosten eingerechnet werden****. Sind die Gemeinkosten durch offenbare Unterbeschäftigung überhöht, so dürfen nur die einer durchschnittlichen Beschäftigung entsprechenden Teile dieser Kosten eingerechnet werden. Aufwendungen für Sozialeinrichtungen des Betriebes, für freiwillige Sozialleistungen, für betriebliche Altersversorgung und Abfertigungen dürfen eingerechnet werden. Kosten der allgemeinen Verwaltung und des Vertriebes dürfen nicht in die Herstellungskosten einbezogen werden."*

Gemäß Abs 4

> *dürfen* ***Zinsen*** *für Fremdkapital, das zur Finanzierung der Herstellung eines Vermögensgegenstandes verwendet wird, im Rahmen der Herstellungskosten angesetzt werden, soweit sie auf den Zeitraum der Herstellung entfallen.*

2.531 Begriff der Herstellkosten in der Kostenrechnung

Zur Feststellung des Umfanges der Herstellungskosten muss auf den Begriff der **Herstellkosten der Kostenrechnung** zurückgegriffen werden.

Zu den **Herstellkosten** gehören die

- **Einzelkosten**,
- **Sonderkosten** der Fertigung und Beschaffung,
- **Gemeinkosten**, soweit sie im Zusammenhang mit der Herstellung bzw Bearbeitung des Vermögensgegenstandes entstehen.

Einzelkosten sind jene Kosten, die mit der Leistungserstellung direkt im Zusammenhang stehen, die der Leistung (Kostenträger) daher auch direkt zugerechnet werden können. Zu den Einzelkosten gehören das **Fertigungsmaterial** und die **Fertigungslöhne**.

Einzelkosten sind durch die Tatsache gekennzeichnet, dass sie (in der Regel) in einer linearen Abhängigkeit zur Leistungserstellung stehen.

Sonderkosten sind jene Kosten, die man zwar dem einzelnen Kostenträger direkt zurechnen kann, die aber nicht bei allen gleichartigen Erzeugnissen entstehen. Zu den Herstellkosten zählen die **Sonderkosten der Beschaffung** der für die Herstellung des Gegenstandes benötigten Materialien (Zölle, Fracht, Bezugsprovision etc) und die **Sonderkosten der Fertigung** (Produktionslizenzen, Sonderanfertigungen). Auch für die Sonderkosten gilt, dass sie (in der Regel) in einer linearen Abhängigkeit zur Leistungserstellung stehen.

Gemeinkosten sind jene Kosten, die dem einzelnen Kostenträger nicht direkt zugerechnet werden bzw werden können, teils weil technologisch ein direkter Zusammenhang zwischen Herstellung des Gegenstandes und der Entstehung der Kosten nicht besteht, und teilweise deswegen, weil eine direkte Zurechnung aus wirtschaftlichen Gründen nicht vorgenommen wird.

Das wesentliche Problem der Ermittlung der Herstellkosten eines bestimmten Kostenträgers besteht darin, den Umfang der dem Gegenstand **zuzurechnenden Gemeinkosten** zu ermitteln. In diesem Zusammenhang sind folgende Fragen zu klären:

1) Welche Gemeinkosten gehören zum Herstellungsbereich?
2) Wie und in welchem Umfang werden diese Gemeinkosten der erbrachten Leistung zugerechnet?

Zu 1)

Die Frage der Zugehörigkeit der Gemeinkosten zum **Herstellungsbereich** richtet sich nach den Kostenstellen, denen diese Gemeinkosten zuzurechnen sind. Zum Herstellungsbereich gehören alle Kostenstellen des Materialbereiches (Einkauf, Materialübernahme-, Materiallager- und Materialverwaltungsstellen) sowie des Fertigungsbereiches, wobei zu Letzterem die Fertigungshauptstellen und Fertigungshilfsstellen zählen. Während die **Fertigungshauptstellen** der unmittelbaren Herstellung eines Gegenstandes (Kostenträgers) dienen, erbringen **Fertigungshilfsstellen** Leistungen für die **Hauptstellen**. Zu den **Hilfsstellen** gehören die Arbeitsvorbereitung, Betriebswerkstätten, der Werkzeugbau etc.

Nicht zu den **Kostenstellen des Herstellungsbereiches** gehören die Kosten der allgemeinen **Verwaltung** (Rechnungswesen, Organisation, Unternehmensleitung) und der **Vertriebsbereich** (Vertriebsleitung, Werbung, Fakturierung, Angebotsprojektierung, Vertriebslager, Versand- und Verpackungsstellen). Die Frage der Zugehörigkeit des Konstruktions- und Entwicklungsbereiches ist für den Einzelfall zu lösen.

Im **BAB (Betriebsabrechnungsbogen)** erfolgt die Aufteilung der **Gemeinkosten** auf die einzelnen Kostenstellen, wobei die Aufteilung der **Kostenstelleneinzelkosten** (jene Gemeinkosten, die einer Kostenstelle direkt zurechenbar sind) kaum Probleme verursacht. Schwierigkeiten können bei den **Kostenstellengemeinkosten** entstehen, da diese nach einem oder mehreren Schlüsseln auf die Kostenstellen aufzuteilen sind.

In gleicher Weise wie die **Kostenstellengemeinkosten** müssen auch jene **allgemeinen Kostenstellen**, wie Ausbildungswerkstätten, Gebäudeverwaltung, Energiestellen, Transportstellen und Instandhaltungswerkstätten entsprechend ihrer Inanspruchnahme auf die übrigen Kostenstellen umgelegt werden. Probleme entstehen dann, wenn die Inanspruchnahme nicht exakt messbar ist und daher ausreichend genaue Umlageschlüssel nicht vorliegen.

Zu 2)

Die **Zurechnung der Gemeinkosten** auf die einzelnen **Kostenträger** erfolgt je nach der Art der Leistungserstellung innerhalb des Unternehmens nach unterschiedlichen **Kalkulationsverfahren** (Divisionskalkulation, Äquivalenzzahlenrechnung, Zuschlagskalkulation etc), die von der Art der Fertigung und dem Organisationsgrad des Unternehmens bestimmt werden. Daraus ergeben sich auch vom Kalkulationsverfahren abhängige Schemata für die Ermittlung der Herstellungskosten.

Bei Anwendung der Zuschlagskalkulation ergibt sich folgende grundsätzliche Rechnung:

	Fertigungsmaterial
+	Fertigungslohn
+	Sonderkosten der Fertigung
=	**Einzelkosten**
+	Materialgemeinkosten
+	Fertigungsgemeinkosten
=	**Herstellkosten**

2.532 Herstellkosten und Herstellungskosten

Die unternehmensrechtlichen **Herstellungskosten** unterscheiden sich von den kalkulatorischen **Herstellkosten** vor allem durch Umfangs- und Wertdifferenzen. Umfangsdifferenzen liegen in Bezug auf die Zusatzkosten vor, wenn diesen keine (neutralen) Aufwendungen in gleicher Höhe gegenüberstehen. **Wertunterschiede** ergeben sich dann, wenn in der Unternehmensbilanz mit **pagatorischen**, in der Kostenrechnung mit **kalkulatorischen** Ansätzen gerechnet wird.

Zu den **Zusatzkosten** gehören vor allem **kalkulatorische Abschreibungen, kalkulatorische Wagnisse, kalkulatorische Zinsen** sowie der **kalkulatorische Unternehmerlohn**. Diesen Zusatzkosten stehen in der Buchhaltung die **neutralen Aufwendungen**, das sind die buchmäßigen Abschreibungen, die (in ungleichmäßiger Höhe anfallenden) Schadensfälle und die Zinsen auf das Fremdkapital gegenüber. Für den kalkulatorischen Unternehmerlohn gibt es kein Pendant in der Buchhaltung.

Die Aktivierung von **Zusatzkosten**, welchen niedrigere oder keine buchmäßigen Aufwendungen gegenüberstehen, führt zu **nichtrealisierten Erträgen** und ist daher unternehmensrechtlich unzulässig. Aus diesem Grund müssen bei der Feststellung der unternehmensrechtlichen Herstellungskosten die im BAB enthaltenen (kalkulatorischen) Kosten auf (pagatorische) Aufwendungen zurückgeführt werden.

Verfahrenstechnisch geschieht dies dadurch, dass die in den einzelnen Kostenstellen enthaltenen **Zusatzkosten** von der jeweiligen Kostenstellensumme abgezogen und durch die entsprechenden **neutralen Aufwendungen**, jedoch maximal bis zur Höhe der jeweiligen Zusatzkosten in der einzelnen Kostenstelle ersetzt werden. In gleicher Weise werden alle **kalkulatorischen Posten** (zB Materialverbrauch zu Wiederbeschaffungswerten) durch **pagatorische Posten** ersetzt.

2.533 Die Herstellungskosten in der Unternehmensbilanz

Mit dem EU-GesRÄG 1996 wurde der zweite Satz des § 203 Abs 3 dahingehend geändert, dass die Aussage:

> *„Dazu **gehören** auch angemessene Teile der Materialgemeinkosten und der Fertigungsgemeinkosten" durch die Aussage „Bei der Berechnung der Herstellungskosten **dürfen** auch angemessene Teile der Materialgemeinkosten und der Fertigungsgemeinkosten eingerechnet werden"*

ersetzt wurde.

Die Erläuterungen verweisen darauf, dass durch diese Änderung das in Artikel 35 Abs 3 Bilanz-RL vorgesehene Wahlrecht zur Einbeziehung der Material- und Fertigungsgemeinkosten übernommen wurde.

Die entsprechenden Vorschriften des **Artikel 35 Abs 3 Bilanz-RL** lauten wie folgt:

> ***Herstellungskosten** sind die Anschaffungskosten der Rohstoffe, Hilfs- und Betriebsstoffe und die sonstigen dem einzelnen Erzeugnis unmittelbaren zurechenbaren Kosten. Die Mitglieder gestatten oder schreiben vor, dass angemessene Teile dem einzelnen Erzeugnis nur mittelbarer fixer oder variabler Gemeinkosten in dem Maße berücksichtigt werden, wie sie auf den Zeitraum der Herstellung entfallen.*

Durch den geänderten Wortlaut des § 203 Abs 3 zweiter Satz, wurde mit dem EU-GesRÄG 1996 das **Aktivierungswahlrecht** auf alle Material- und Fertigungsgemeinkosten **ausgedehnt**, sodass sich die **Aktivierungspflicht** im Rahmen der Herstellungskosten nur auf die Einzelkosten (Fertigungsmaterial und

Fertigungslöhne) und die Sonderkosten der Fertigung beschränkt; damit wurde ein Zustand hergestellt, der bezüglich der Untergrenze der anzusetzenden Herstellungskosten dem § 133 AktG aF entspricht.

Als Begründung für die Ausdehnung des Wahlrechts verweisen die Erläuterungen insbesondere darauf,

„daß dadurch ein Nachteil für österreichische Unternehmen gegenüber Unternehmen mit Sitz in der Europäischen Union, insbesondere bei Börsengängen, vermieden werden kann".

Diese Begründung erscheint deshalb nicht verständlich, weil die Verwendung einer niedrigeren Untergrenze für die **Herstellungskosten** zu einer ungünstigeren Darstellung der Vermögenslage des Unternehmens führt, und daher die Aktivierung nur der Einzelkosten eher börsenschädlich ist. Außerdem verlangen die IFRS, nach deren Bestimmungen alle österreichischen Kapitalgesellschaften, die an einer Börse notieren, den Jahresabschluss zu erstellen haben, neben der Aktivierung der variablen Kosten auch die Aktivierung angemessener Teile der Fixkosten.

Betriebswirtschaftlich sind gegen diese Regelung erhebliche Bedenken anzumelden, weil bei Nichtaktivierung angemessener Gemeinkosten in den Beständen an unfertigen und fertigen Erzeugnissen sowie noch nicht abrechenbaren Leistungen **erhebliche stille Reserven** enthalten sein können.

Damit verstößt § 203 Abs 3 zweiter Satz, gegen die Forderung der §§ 195 und 222 Abs 2, wonach der Jahresabschluss ein möglichst getreues Bild der Vermögens-, Finanz- und Ertragslage zu vermitteln habe.

Abgesehen davon kann in der Neuregelung ein Widerspruch zu § 203 Abs 3 erster Satz, erblickt werden, wonach **Herstellungskosten** die Aufwendungen darstellen, die für die Herstellung eines Vermögensgegenstandes ... entstehen.

Wenn man an die **„Entstehung" der Herstellungskosten** anknüpft, müssten den Herstellungskosten jedenfalls jene Aufwendungen zugerechnet werden, die unmittelbar vom Umfang der Leistung abhängig sind (variable Kosten), die also erst durch die Leistungserstellung entstehen und die mit Wegfall der Leistungserstellung im Gegensatz zu den Bereitschaftskosten (fixe Kosten) entfallen würden.

Weiters widerspricht die Regelung der grundsätzlichen Tendenz des UGB, die Bildung **willkürlich stiller Reserven zu untersagen bzw offenzulegen** und im Interesse der Vergleichbarkeit **Bewertungswahlrechte** möglichst **einzuschränken**. Gerade diese Tendenz besteht verstärkt bei den IASs/IFRSs, die für die Konzernabschlüsse aller an einer EU-Börse notierenden österreichischen Kapitalgesellschaften verpflichtend anzuwenden sind.

Den Verfassern erscheint auch ein Verstoß gegen die Bestimmungen der **Bilanzrichtlinie** vorzuliegen, da diese im Artikel 2 Z 7 im Rahmen der Herstellungskosten jedenfalls die Aktivierung der (nicht zu den Einzelkosten gehörenden) Hilfs- und Betriebsstoffe verlangen.

Im **Entwurf zum Rechnungslegungsrechts-Änderungsgesetz 2010** war im Gegensatz zum endgültigen Gesetzeswortlaut noch vorgesehen, entsprechend den internationalen Regeln die verpflichtende Aktivierung angemessener Teile der Material- und Fertigungsgemeinkosten in das UGB aufzunehmen. Abgesehen davon wäre mit der Einführung dieser Bestimmung eine Angleichung der steuerrechtlichen und unternehmensrechtlichen Bewertungsbestimmungen herbeigeführt worden.

2.533.1 Fakultative Bestandteile der Herstellungskosten

Zinsen für Fremdkapital

Die **Fremdkapitalzinsen** sind grundsätzlich weder im Rahmen der **Anschaffungskosten** noch im Rahmen der **Herstellungskosten** aktivierungsfähig, dh sie sind zur Gänze aufwandsmäßig jener Periode zuzurechnen, in der sie anfallen.

Um zu vermeiden, dass insbesondere bei **längerer Herstellungszeit** eines Objektes, gleichgültig ob selbsterstellte Anlagen oder Umlaufvermögen (zB Bauwirtschaft, Anlagenbau), die Kosten des für die Errichtung dieser Objekte aufgenommenen Fremdkapitals während der Herstellungszeit die Erfolgsrechnung belasten, gestattet der Gesetzgeber in § 203 Abs 4, die auf den Zeitraum der Herstellung entfallenden Zinsen zu aktivieren. Diese Regelung dient ähnlich der Bestimmung des § 206 Abs 3 (Aktivierungsmöglichkeit **angemessener Teile der Verwaltungs- und Vertriebskosten** bei Aufträgen, deren Ausführung sich über mehr als zwölf Monate erstreckt), der Vermeidung zu großer Ergebnisschwankungen zwischen dem Zeitraum der Erzeugung und jenem der Realisierung.

Voraussetzung für die Aktivierung der Fremdkapitalzinsen ist die Erfüllung zweier Kriterien:

1. Das Objekt muss sich im **Zustand der Herstellung** befinden.
2. Die Zinsen müssen für **Fremdkapital** anfallen, das zur **Finanzierung der Herstellung** dieses Objektes verwendet wurde.

Anderer Meinung sind *Janschek/Jung* in *Hirschler K.* (Hrsg), Bilanzrecht, § 203 Rz 108 ff (2009), die die Aktivierungsfähigkeit von Fremdkapitalzinsen, die auf Basis einer während des Herstellungszeitraumes bestehenden durchschnittlichen, betriebswirtschaftlich plausiblen Fremdkapitalquote ermittelt werden, bejahen. Daraus folgt, dass beispielsweise **Zinsen für Kontokorrentkredite**, die der allgemeinen Produktionsfinanzierung eines Unternehmens dienen, aktiviert werden dürfen, ohne dass sie einem bestimmten Vermögensgegenstand zugeordnet werden können.

In gleicher Weise sprechen sich *Urnik/Urtz* in *Straube*[3] § 203 Rz 104 ff in Bezug auf *Janschek/Jung* und weitere Literatur auch dann für die Aktivierungsfähigkeit der Fremdkapitalzinsen aus, wenn kein unmittelbarer Bezug zwischen der Fremdfinanzierung einerseits und der Produktionsleistung des Unternehmens andererseits besteht, dieser Bezug aber durch betriebswirtschaftlich vertretbare Finanzierungsannahmen hergestellt werden kann.

Zur Feststellung der abzugsfähigen Fremdkapitalzinsen nennen *Urnik/Urtz* verschiedene in der Literatur verwendete Alternativen, zB Ermittlung der aktivierungsfähigen Fremdkapitalzinsen mithilfe des **Prinzips der Fristenkongruenz**, das darin besteht, dass langfristiges Vermögen vorrangig eigenfinanziert ist, während kurzfristiges Vermögen vorrangig fremdfinanziert ist oder Ermittlung der aktivierungsfähigen Fremdkapitalzinsen mithilfe der **Restkapitalstruktur,** bei der die Posten der ARA, die liquiden Mittel und -forderungen als fremdfinanziert gelten und die restlichen Posten als anteilig eigen- und fremdfinanziert angenommen werden. Auch die **quotenmäßige Zuordnung der Fremdkapitalzinsen** im Verhältnis der hergestellten Vermögensgegenstände zum Gesamtvermögen sei vertretbar.

Auf weitgehende Zustimmung stößt nach *Urnik/Urtz* die von *Selchert* (DB 1985, 2416 ff) entwickelte Zurechnungsformel:

$$FKZ = \frac{gebundenes\ Kapital * Fremdkapitalquote * Fremdkapitalzinsen * Tage}{365}$$

Hirschler/Jung sowie *Urnik/Urtz* und die von ihnen genannte Literatur verzichten auf die vom Gesetz verlangte unmittelbare Beziehung der Fremdfinanzierung zum herzustellenden Produkt, die aber nach Meinung der Verfasser dieser Arbeit notwendig ist, damit die Zinsen aktivierbar sind. Unterstützt wird diese Ansicht durch die Einkommensteuerrichtlinien, die in Auslegung des § 203 Abs 4 die Abzugsfähigkeit der Fremdkapitalzinsen folgendermaßen definieren (EStR Rz 2202):

> *Zinsen für Fremdkapital, das zur Finanzierung der Herstellung **eines Wirtschaftsgutes** verwendet wird, dürfen im Rahmen der Herstellungskosten angesetzt werden, soweit sie auf den Zeitraum der Herstellung entfallen (sogenannte **Bauzinsen**). Das Wahlrecht bezieht sich auf direkt zurechenbare Zinsen und auf Zinsen, die aus der gesamten Fremdfinanzierung des Unternehmens herausgeschlüsselt werden.*

Der **neuen EU-Rechnungslegungsrichtlinie** entsprechend dürfte die Zinsenaktivierung zukünftig jedenfalls auch für die allgemeine Produktionsfinanzierung gelten, soweit sie von einem Mitgliedstaat gestattet oder vorgeschrieben wird.

Artikel 12 Abs 8 (Richtl. 2013/34): „**Zinsen für Fremdkapital**, das zur Finanzierung der Herstellung von **Gegenständen** des Anlage- oder des Umlaufvermögens **gebraucht** wird, dürfen in die Herstellungskosten einbezogen werden, sofern sie auf den Zeitraum der Herstellung entfallen. Die Anwendung dieser Bestimmung ist im Anhang zu erwähnen".

Aufwendungen für Sozialeinrichtungen etc

Gem § 203 Abs 3 vorletzter Satz

> *dürfen Aufwendungen für Sozialeinrichtungen des Betriebes, für* ***freiwillige Sozialleistungen****, für* ***betriebliche Altersversorgung*** *und* ***Abfertigungen*** *in die Herstellungskosten eingerechnet werden.*

Der Gesetzgeber bringt jedoch nicht klar zum Ausdruck, ob die **Aktivierungsfähigkeit** für alle genannten Aufwendungen oder nur für jenen Teil gilt, der dem **Herstellungsbereich** zuzuordnen ist. Die Zuordnung ist relativ leicht für die Altersversorgung und für Abfertigungen festzustellen, da diese danach aufgeteilt werden können, wo die Bezugsberechtigten eingesetzt werden. Schwieriger wird dies bei **festen Einrichtungen**, wie Sportstätten, Betriebsarzt, Werksküche, Schulungsräumen, da diese **schlüsselmäßig** auf die einzelnen Bereiche des Unternehmens aufgeteilt werden müssen (zB nach der Kopfzahl). Trotz der genannten Schwierigkeiten ergibt sich aus der grundsätzlichen Definition der **Herstellungskosten**, dass **nur der auf den Herstellungsbereich** entfallende Teil der oben genannten Kosten aktivierungsfähig ist.

2.533.2 Berücksichtigung einer offensichtlichen Unterbeschäftigung

Die Bestimmung, wonach eine offensichtliche **Unterbeschäftigung** zu berücksichtigen ist, hat nur für den Fall der **Aktivierung fixer Gemeinkosten** Bedeutung.

Gem § 203 Abs 3

> *dürfen für den Fall, dass die Gemeinkosten durch offenbare Unterbeschäftigung überhöht sind, nur die einer* ***durchschnittlichen Beschäftigung*** *entsprechenden Teile dieser Kosten eingerechnet werden.*

Dieser Satz bedeutet, dass die durch Unterbeschäftigung nicht ausgelasteten Fixkosten **(Leerkosten)** nicht aktiviert werden dürfen, wobei allerdings darauf zu achten ist, dass die Ermittlung der Leerkosten nicht auf Basis der gegebenen Kapazität, sondern auf Basis der **durchschnittlichen Beschäftigung** erfolgt.

Vor Ermittlung der **Kostensätze** (Zuschlagsätze etc) für die Zurechnung der Gemeinkosten auf die Halb- und Fertigfabrikate ist daher jede **Material- und Fertigungsstelle** darauf zu untersuchen, ob diese in der Abrechnungsperiode gegenüber ihrer **Durchschnittsbeschäftigung** unterbeschäftigt war. Liegt eine **Unterbeschäftigung** vor, sind die **Leerkosten** aus den Gesamtkosten einer derartigen

Kostenstelle auszuscheiden. Erst dann sind die Kostensätze für die Zurechnung der Gemeinkosten festzustellen.

Welchen Einfluss übt die Unterbeschäftigung auf die Herstellungskosten aus?

Wenn der Ermittlung der Herstellungskosten **Vollkosten** (fixe und variable Kosten) zugrunde gelegt werden, tritt durch die Umlegung derselben auf einzelne Kostenträger (Erzeugnisse) eine künstliche (nicht den Tatsachen entsprechende) **Proportionalisierung** jener Kostenteile ein, die unabhängig vom **Beschäftigungsgrad** (Erzeugungsmenge) sind (fixe Kosten).

Die Abhängigkeit der Stückkosten vom **Beschäftigungsgrad** lässt sich wie folgt veranschaulichen:

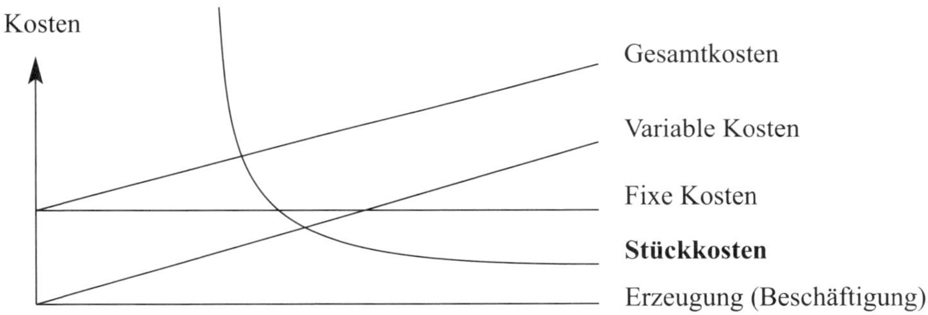

Aus dieser Abbildung geht deutlich hervor, dass sich, je geringer die tatsächliche Beschäftigung ist, desto höhere **Herstellungskosten** je Stück ergeben. Auf diese Weise besteht bei **Unterbeschäftigung** die Gefahr, dass die Herstellungskosten in den künftigen Verkaufserlösen (abzüglich aller noch entstehenden Aufwendungen) nicht mehr ihre Deckung finden.

Die Vorschrift, dass nur die einer durchschnittlichen Beschäftigung entsprechenden Teile der Kosten aktiviert werden dürfen, berührt ausschließlich die Aktivierungsfähigkeit der **Fixkosten**, da sich die **variablen Kosten** definitionsgemäß automatisch dem tatsächlichen Beschäftigungsgrad anpassen.

Die **Fixkosten** werden durch die Aufrechterhaltung einer bestimmten **Betriebsbereitschaft** verursacht und sind von der Inanspruchnahme der betrieblichen Produktionsfaktoren zumindest innerhalb gewisser Grenzen unabhängig. Wird die bereitgestellte Kapazität nur zum Teil genutzt, so entstehen auch für die nicht genutzten Teile der Kapazität fixe Kosten, die als **Leerkosten** bezeichnet werden. Dementsprechend wird für die auf die genutzte Kapazität entfallenden Teile der Fixkosten der Ausdruck **Nutzkosten** verwendet. Die bei einer **Unterbeschäftigung** auftretenden **Leerkosten** sind, wie bereits dargestellt, so weit **nicht aktivierungsfähig**, als sie sich auf die Unterschreitung der durchschnittlichen Beschäftigung beziehen.

Die Ermittlung der nicht aktivierungsfähigen **Leerkosten** stellt große Anforderungen an das Rechnungswesen, da die **Gemeinkosten** jedenfalls in **fixe** und **variable Kosten** zerlegt werden müssen. Sind die Voraussetzungen für die Zerlegung im Bereich des Rechnungswesens nicht gegeben, kann dieser Bestimmung des UGB bei einer wesentlichen **Unterbeschäftigung** nur durch einen mehr oder weniger pauschalen Abschlag von den **Herstellungskosten** Rechnung getragen werden, wobei allerdings darauf zu achten ist, ob nicht eine Verletzung der GoB vorliegt.

2.534 Die steuerrechtlichen Herstellungskosten

Das Einkommensteuergesetz definiert die **Herstellungskosten** in § 6 Z 2 lit a EStG folgendermaßen:

Zu den Herstellungskosten gehören auch angemessene Teile der Materialgemeinkosten und der Fertigungsgemeinkosten.

Die **Einkommensteuerrichtlinien 2000** erläutern im Abschnitt 5.4.2, Rz 2195 ff die Herstellungskosten näher:

Gem Rz 2197 ist „im Rahmen des § 5 EStG 1988 grundsätzlich der unternehmensrechtliche Begriff der Herstellungskosten maßgeblich (Maßgeblichkeit des unternehmensrechtlichen Ansatzes für den steuerrechtlichen Ansatz), mit der Ausnahme, dass gem. § 6 Z 2 lit. a EStG **angemessene Teile der Material- und Fertigungsgemeinkosten** in die Herstellungskosten eingerechnet werden **müssen**".

Folgt man dem Gesetzeswortlaut, gilt die **Aktivierungspflicht** der angemessenen Material- und Fertigungsgemeinkosten nur für das nicht abnutzbare Anlage- und das Umlaufvermögen (Aktivierungspflicht, § 6 Z 2 lit a EStG) und daher nicht für das abnutzbare Anlagevermögen.

Die Rz 2196 und 2226 stellen allerdings klar, dass die Aktivierungspflicht der angemessenen Material- und Fertigungsgemeinkosten auch für das abnutzbare Anlagevermögen gilt.

Allgemeine **Verwaltungskosten** und **Vertriebskosten** dürfen entsprechend den unternehmensrechtlichen Bestimmungen auch steuerlich nicht aktiviert werden, da sie nicht zu den **Herstellungskosten** gehören. Während allerdings gem § 206 Abs 3 UGB bei Aufträgen, deren Ausführung sich über mehr als zwölf Monate erstreckt, **angemessene Teile der Verwaltungs- und Vertriebskosten** angesetzt werden dürfen, falls eine verlässliche Kostenrechnung vorliegt und soweit aus der weiteren Auftragsabwicklung keine Verluste drohen, **entfällt diese Möglichkeit steuerrechtlich** mangels entsprechender gesetzlicher Bestimmung. Auf diese Tatsache wird in den Einkommensteuerrichtlinien ausdrücklich hingewiesen (Rz 2199).

2.54 Grundsätzliche Bewertungsvorschriften in der Unternehmensbilanz

In diesem Abschnitt werden die grundsätzlichen Bewertungsvorschriften des UGB behandelt. Die Bewertung der einzelnen Posten der Bilanz werden in den Kapiteln 4 und 5 dargestellt.

2.541 Bewertung des Anlagevermögens

Das Anlagevermögen ist zu Anschaffungs- oder Herstellungskosten vermindert um planmäßige und außerplanmäßige Abschreibungen zu bewerten (§ 203 Abs 1 iVm § 204).

Außerplanmäßige Abschreibungen auf den niedrigeren Wert, der den Anlagegegenständen am Abschlussstichtag unter Bedachtnahme auf die Nutzungsmöglichkeit im Unternehmen beizulegen ist, sind bei **voraussichtlich dauernder Wertminderung** ohne Rücksicht darauf, ob ihre Nutzung zeitlich begrenzt ist, vorzunehmen. Bei **Finanzanlagen** dürfen außerplanmäßige Abschreibungen auch vorgenommen werden, wenn die Wertminderung voraussichtlich nicht von Dauer ist (gemildertes Niederstwertprinzip). Der Betrag der außerplanmäßigen Abschreibung ist in der Gewinn- und Verlustrechnung gesondert auszuweisen (§ 232 Abs 5).

Zuschreibungen sind unter Berücksichtigung der Abschreibungen, die inzwischen vorzunehmen gewesen wären, durchzuführen, wenn die Gründe für die außerplanmäßige Abschreibung weggefallen sind (§ 208 Abs 1). Bei Kapitalgesellschaften darf der ausschüttbare Gewinn des Geschäftsjahres nicht um den Zuschreibungsbetrag auf Grund einer im Geschäftsjahr vorgenommenen Zuschreibung vermehrt werden (§ 235 Z 1).

Von der Zuschreibung nach § 208 Abs 1 darf abgesehen werden, wenn ein niedrigerer Wertansatz bei der steuerrechtlichen Gewinnermittlung nur unter der Voraussetzung beibehalten werden kann, dass er auch im Jahresabschluss beibehalten wird (§ 208 Abs 2). In diesem Fall sind die unterlassenen Zuschreibungen im Jahr der Unterlassung im Anhang anzugeben und hinreichend zu begründen. Ferner ist das Ausmaß erheblicher künftiger Steuerbelastungen, die sich aus einer solchen Bewertung ergeben, anzuführen (§ 208 Abs 3).

2.542 Bewertung des Umlaufvermögens

Das Umlaufvermögen ist zu **Anschaffungs- oder Herstellungskosten**, vermindert um die Abschreibung auf den **niedrigeren Tageswert** am Abschlussstichtag, zu bewerten (§ 206 Abs 1 iVm § 207).

Bei Aufträgen, deren Ausführung sich über mehr als zwölf Monate erstreckt, dürfen **angemessene Teile der Verwaltungs- und Vertriebskosten** angesetzt werden, falls verlässliche Kalkulationsgrundlagen vorliegen und aus der weiteren Auftragsabwicklung keine Verluste drohen (§ 206 Abs 3). Kapitalgesellschaften haben den Betrag, der im Geschäftsjahr und der insgesamt über die Herstellungskosten aktiviert worden ist, im Anhang anzugeben (§ 236 Z 4).

Abschreibungen auf den niedrigeren Börsenkurs oder Marktpreis am Abschlussstichtag bzw auf den Wert, der dem Vermögensgegenstand am Abschlussstichtag beizulegen ist, sind vorzunehmen (**strenges Niederstwertprinzip**).

Bezüglich der Verpflichtung zur Wiederaufwertung (Zuschreibung), wenn der Grund für die außerplanmäßige Abschreibung weggefallen ist, gelten dieselben Bestimmungen wie beim Anlagevermögen (§ 208 Abs 1–3).

2.543 Bewertung der Passiva

Verbindlichkeiten sind zu ihrem Rückzahlungsbetrag, Rentenverpflichtungen zum Barwert der zukünftigen Auszahlungen anzusetzen; Rückstellungen sind in Höhe des Betrages anzusetzen, der nach vernünftiger unternehmerischer Beurteilung notwendig ist (§ 211 Abs 1).

Rückstellungen für laufende Pensionen und Anwartschaften auf Pensionen sowie ähnliche Verpflichtungen sind mit dem sich nach versicherungsmathematischen Grundsätzen ergebenden Betrag anzusetzen. Anwartschaften auf Abfertigungen sind entsprechend zu bewerten, wobei jedoch vereinfachend auch ein bestimmter Prozentsatz der fiktiven Ansprüche zum jeweiligen Bilanzstichtag angesetzt werden darf, sofern dagegen im Einzelfall keine erheblichen Bedenken bestehen (§ 211 Abs 2 – siehe Abschnitt 5.441.1).

2.55 Die steuerrechtlichen Bewertungsvorschriften im Vergleich zum Unternehmensrecht

2.551 Maßgeblichkeit der Unternehmensbilanz für die Steuerbilanz

Die Wertansätze der **Unternehmensbilanz** sind für die **Steuerbilanz** maßgeblich, wenn nicht steuerrechtliche Normen andere Ansätze zwingend fordern. Durch die **Maßgeblichkeit der Unternehmensbilanz** für die Steuerbilanz kommt aber auch eine umgekehrte Abhängigkeit zustande, weil bei der Bestimmung der Wertansätze in der Unternehmensbilanz auf die Wirkungen Rücksicht genommen werden muss, die sich durch die Übernahme von Bilanzansätzen in die Steuerbilanz ergeben. Je größer die Steuerwirkung als Folge von Bewertungsakten in der Bilanz ist, desto stärker können sich Erfordernisse in der Steuerbilanz bei der Aufstellung der Unternehmensbilanz bemerkbar machen.

Es kann daher ein bestimmtes Maß von Abhängigkeit der Unternehmensbilanz von der Steuerbilanz nicht geleugnet werden. Dieser Umstand und die Scheu, aus der Unternehmensbilanz eine Steuerbilanz ableiten zu müssen, hat dazu geführt, dass sich nicht wenige Unternehmer mit einer einzigen Jahresbilanz begnügen, die sie nach steuerrechtlichen Vorschriften aufstellen und, da in der Regel ein Widerspruch zu unternehmensrechtlichen Bestimmungen nicht vorliegt, für jene Zwecke verwenden, für die die Unternehmensbilanz sonst aufgestellt werden würde.

Die nach der geltenden Rechtslage herrschenden Gegensätze zwischen unternehmens- und steuerrechtlichen Bewertungsbestimmungen werden dadurch aufgelöst, dass in der Steuerbilanz (die Bezeichnung „Steuerbilanz" ist terminologisch nicht ganz zutreffend, da sie lediglich eine von der Unternehmensbilanz aufgrund besonderer Bewertungsbestimmungen sich ergebende Ableitung ist) Folgendes gilt:

1) die Muss-Bestimmung des Steuerrechtes, wenn ihr eine Muss-Bestimmung des Unternehmensrechtes oder eine Kann-Bestimmung des Unternehmensrechtes gegenübersteht;
2) die Muss-Bestimmung des Unternehmensrechtes, wenn eine Kann-Bestimmung des Steuerrechtes vorliegt;
3) die Kann-Bestimmung des Unternehmensrechtes bei Vorliegen einer Kann-Bestimmung des Steuerrechtes.

Diese Übersicht kann durch die Formulierung auf den einfachen Nenner gebracht werden, dass nur dann von den **Wertansätzen der Unternehmensbilanz in der Steuerbilanz abzugehen ist**, wenn das Steuerrecht einen bestimmten Wertansatz zwingend vorschreibt; in allen anderen Fällen ist der Bilanzierende verhalten, in die Steuerbilanz die in der Unternehmensbilanz getroffenen Ansätze zu übernehmen. Hat sich der Bilanzierende für einen Ansatz in der Unternehmensbilanz entschieden, dann ist er, außer im Falle einer Muss-Bestimmung des Steuerrechtes, an diesen Ansatz in der Steuerbilanz auch dann gebunden, wenn steuerrechtliche Regelungen verschiedene Bilanzansätze zulassen. Dies bedeutet beispielsweise, dass eine steuerliche Bewertungsbegünstigung nur dann in Anspruch genommen werden kann, wenn sie auch in der Unternehmensbilanz zur Anwendung gebracht wird (zB Bewertungsreserve).

2.552 Vergleich verschiedener Einzelbestimmungen in der Unternehmens- und Steuerbilanz

Es gibt verschiedene Bewertungsvorschriften, die zu einem unterschiedlichen Ansatz in der Unternehmens- und Steuerbilanz führen können. Nachfolgend werden die wesentlichen Unterschiede bzw Gemeinsamkeiten dargestellt:

1. **Anschaffungskosten:**
   Der Begriff der Anschaffungskosten ist unternehmens- und steuerrechtlich im Wesentlichen gleich.
2. **Herstellungskosten:**
   Gem § 6 Z 2 lit a EStG gehören zu den **Herstellungskosten** (zwingend) auch angemessene Teile der Materialgemeinkosten und der Fertigungsgemeinkosten, wobei diese Bestimmung gemäß den Einkommensteuerrichtlinien 2000

sowohl für das abnutzbare und nicht abnutzbare Anlage- sowie das Umlaufvermögen gilt (Rz 2196 und 2226).

3. Das **Aktivierungsverbot** für nichtentgeltlich erworbene unkörperliche Wirtschaftsgüter des Anlagevermögens gem § 4 Abs 1 EStG gilt in gleicher Weise im Unternehmensrecht.
4. Steuerlich kann nur die **lineare Abschreibung** oder eine Substanzabschreibung in Anspruch genommen werden, unternehmensrechtlich auch eine degressive Abschreibung.
5. Für die Bewertung **langfristiger Aufträge** gibt es im Steuerrecht keine Regelung.
6. Die Bildung von **Pauschalwertberichtigungen** für Forderungen ist gem § 6 Z 2 lit a EStG mit steuerlicher Wirkung nicht möglich.
7. Eine **unternehmensrechtliche Zuschreibung** beim Anlagevermögen bedingt diese auch steuerlich. Für Beteiligungen iSd § 228 UGB besteht gem § 6 Z 13 EStG **ein Wertaufholungsgebot jedenfalls dann,** wenn nach Maßgabe der unternehmensrechtlichen Grundsätze ordnungsmäßiger Buchführung eine Zuschreibung zulässig ist. Dies bedeutet für die Unternehmensbilanz ebenfalls eine Aufwertungsverpflichtung, weil mit dieser steuerlichen Vorschrift der § 208 Abs 2 außer Kraft gesetzt wird. Damit tritt in diesem Fall eine echte **Umkehr des Maßgeblichkeitsprinzips** ein (§ 6 Z 13 EStG).
8. Steuerlich ist gem § 9 EStG die **Bildung von Rückstellungen** ausschließlich auf Anwartschaften für Abfertigungen, laufende Pensionen und Anwartschaften auf Pensionen, Zuwendungen anlässlich eines Dienstjubiläums, sonstige ungewisse Verbindlichkeiten und drohende Verluste aus schwebenden Geschäften beschränkt. Mit Ausnahme von Abfertigungs-, Pensions- und Jubiläumsrückstellungen sowie von Rückstellungen, die vom Bilanzstichtag an gerechnet mit hoher Wahrscheinlichkeit nur mehr weniger als 12 Monate weiter bestehen, dürfen Verbindlichkeits- und Drohverlustrückstellungen nur mit 80% des Teilwertes angesetzt werden.
   Pauschalrückstellungen dürfen mit steuerlicher Wirkung nicht gebildet werden.
9. **Geringwertige Vermögensgegenstände des Anlagevermögens** müssen unternehmensrechtlich auf die Nutzungsdauer verteilt werden, wenn die Abschreibung betragsmäßig von wesentlichem Umfang ist. Allerdings wird die Vollabschreibung über die Dotierung der unversteuerten Rücklagen erreicht. Steuerlich gilt die Möglichkeit der Vollabschreibung nicht für **geringwertige Wirtschaftsgüter**, die zur entgeltlichen Überlassung bestimmt sind.
10. **Bei Abfertigungsrückstellungen, Pensionsrückstellungen und Jubiläumsrückstellungen** kann es wegen der restriktiven Bestimmungen des § 14 EStG ebenfalls zu erheblichen Abweichungen gegenüber dem unternehmensrechtlichen Ansatz kommen. Vgl hierzu die Abschnitte 5.441, 5.442 und 5.443.

11. **Firmenwert bei Erwerb von Einzelunternehmen, allen Anteilen an Personengesellschaften und Betrieben oder Teilbetrieben von Kapitalgesellschaften.**
    In diesem Fall führt der Erwerb zum Ende des Einzelunternehmens bzw des Personenunternehmens und das Unternehmen geht mit allen Aktiv- und Passivposten in der Bilanz des Erwerbers auf. Nach Aufteilung der vorhandenen stillen Reserven auf die einzelnen Bilanzposten ist ein eventueller verbleibender Restwert als Firmen- oder Geschäftswert anzusetzen und steuerlich über 15 Jahre abzuschreiben. Das Gleiche gilt, wenn von einer bestehenden Kapitalgesellschaft ein Betrieb oder Teilbetrieb erworben wurde (Asset Deal). Verkäufer ist in diesem Fall nicht ein Gesellschafter, sondern die Gesellschaft.
    Unternehmensrechtlich ist der Firmenwert **planmäßig längstens auf die Geschäftsjahre**, in denen er voraussichtlich genutzt wird, zu verteilen.
    Wird lediglich ein Anteil an einer Personengesellschaft erworben, wird dieser unternehmensrechtlich wie der Anteil an einer Kapitalgesellschaft behandelt. Steuerrechtlich wird für einen eventuell erworbenen Firmenwert bei der Gesellschaft, an der der Anteil erworben wurde, eine Ergänzungsbilanz für den Erwerber des Anteils geführt, auf der ein eventueller Firmenwert erfasst und über einen Zeitraum von 15 Jahren abgeschrieben wird.
12. **Anteilserwerb einer Kapitalgesellschaft**
    Wird ein **Anteil an einer Kapitalgesellschaft** erworben, ist dieser als solcher mit seinen Anschaffungskosten in die Bilanz einzustellen. In der Folge unterliegt er der jährlichen Prüfung seiner Werthaltigkeit. Eine planmäßige Abschreibung ist weder unternehmensrechtlich noch steuerrechtlich möglich.
13. **Beteiligungserwerb von einer Unternehmensgruppe gem § 9 KStG**
    Wird eine Beteiligung (gem § 228 UGB) angeschafft und in eine neue oder bestehende **Unternehmensgruppe gem § 9 Körperschaftsteuergesetz (KStG) integriert**, kann der miterworbene Firmenwert über 15 Jahre abgeschrieben werden. Der Firmenwert ist aliquot zum Beteiligungsprozentsatz anzusetzen. Er darf jedenfalls 50% der Anschaffungskosten nicht überschreiten (gilt seit 2005).
    Ermittlung des Firmenwertes (bei Erwerb von 100% der Anteile) im Rahmen der Unternehmensgruppe:

    Steuerlich maßgebende Anschaffungskosten
    abzüglich unternehmensrechtliches Eigenkapital des erworbenen Unternehmens
    abzüglich stille Reserven im nicht abnutzbaren Anlagevermögen des erworbenen Unternehmens
    ---
    Firmenwert (darf 50% der Anschaffungskosten nicht übersteigen)

Werden weniger als 100% angeschafft, wird von den steuerlich maßgebenden Anschaffungskosten nur der aliquote Teil des unternehmensrechtlichen Eigenkapitals abgezogen.

Unternehmensrechtlich sind die Anschaffungskosten als Anteile an verbundenen Unternehmen, Beteiligungen bzw Wertpapiere und Wertrechte auszuweisen. Eine unternehmensrechtliche Firmenwertabschreibung gibt es in diesem Fall nicht. Die steuerliche Abschreibung ist daher über eine Mehr- oder Wenigerrechnung geltend zu machen. Ein negativer Firmenwert ist in Fünfzehntelbeträgen gewinnerhöhend aufzulösen. Unternehmensrechtlich werden lediglich die Anschaffungskosten aktiviert.

Die Firmenwertabschreibung gilt nur für die Dauer der Gruppenzugehörigkeit.

Bei der Gewinnermittlung im Rahmen der Gruppenbesteuerung sind Abschreibungen auf den niedrigeren Teilwert und Veräußerungsverluste hinsichtlich von Beteiligungen an Gruppenmitgliedern nicht abzugsfähig (§ 9 Abs 7 KStG).

Im Rahmen der Gruppenbesteuerung kann der erworbene Anteil an einem neuen Gruppenmitglied auf einen abschreibungsfähigen Firmenwert und einen nicht abnutzbaren Beteiligungswert aufgeteilt werden. Als Firmenwert gilt der dem Beteiligungsausmaß entsprechende Unterschiedsbetrag zwischen dem unternehmensrechtlichen Eigenkapital der Beteiligungskörperschaft zuzüglich stiller Reserven im nicht abnutzbaren Anlagevermögen und den steuerlich maßgebenden Anschaffungskosten, höchstens aber 50% dieser Anschaffungskosten. Der abzugsfähige Firmenwert ist gleichmäßig auf 15 Jahre verteilt abzusetzen.

14. **Disagio**

Der **Unterschiedsbetrag** zwischen Ausgabe- und Rückzahlungsbetrag einer Verbindlichkeit kann im Unternehmensrecht (unter den Rechnungsabgrenzungsposten) aktiviert und durch planmäßige jährliche Abschreibung getilgt werden (§ 198 Abs 7). Steuerlich ist er zu aktivieren und zwingend auf die gesamte Laufzeit der Verbindlichkeit zu verteilen. Der Darlehensgeber kann in der Höhe des Unterschiedsbetrages von Nennwert und Auszahlungsbetrag einen passiven Rechnungsabgrenzungsposten ausweisen, der planmäßig aufzulösen ist (EStR 2000 Rz 2459).

15. **Geldbeschaffungskosten**

Gem § 6 Z 3 EStG sind **Geldbeschaffungskosten**, die mit einer Verbindlichkeit unmittelbar zusammenhängen, im Jahr der Aufnahme der Verbindlichkeit zu aktivieren und zwingend auf die gesamte Laufzeit der Verbindlichkeit zu verteilen.

Unternehmensrechtlich ist eine Aktivierung unter bestimmten Umständen innerhalb der Rechnungsabgrenzungsposten verpflichtend. Solche Umstände liegen nach *Nowotny* (in *Straube*[3] § 198 Rz 87a) vor, wenn „ausnahmsweise unmittelbar zeitraumbezogene (dh laufzeitabhängige) Aufwendungen vorliegen (Bürgschafts- oder Verwaltungsgebühren)". Für alle übrigen im Zusammenhang mit der Geldbeschaffung entstandenen Aufwendungen (zB Einmalkosten, wie Vermittlungsprovisionen, Kreditgebühren, Druckkosten von Anleihen, aber auch Gebühren (Verkehrssteuern, Rechtsanwalts- und Notariatskosten, einmalige Bearbeitungsgebühren, Druckkosten, Prospekt- und Werbekosten) sieht *Nowotny* im Gegensatz zu Teilen des Fachschrifttums keine Aktivierungsmöglichkeit (*Nowotny* ebenda).

16. **Einlagen**

Unternehmensrechtlich sind **Einlagen** grundsätzlich mit dem Wert anzusetzen, der ihnen im Zeitpunkt ihrer Leistung beizulegen ist, soweit sich nicht aus der Nutzungsmöglichkeit im Unternehmen ein geringerer Wert ergibt.

Steuerrechtlich sind Einlagen wie folgt zu bewerten:

a) Wirtschaftsgüter und Derivate im Sinne des § 27 Abs 3 und 4 EStG sind mit den Anschaffungskosten anzusetzen, es sei denn, der Teilwert ist zum Zeitpunkt der Zuführung niedriger.
b) Grundstücke im Sinne des § 30 Abs 1 EStG *(nicht zu einem Betriebsvermögen gehörende Grundstücke)* sind mit den Anschaffungs- oder Herstellungskosten *(bei Einbringung)* anzusetzen. Sie sind um Herstellungsaufwendungen zu erhöhen, soweit diese nicht bei der Ermittlung von Einkünften zu berücksichtigen waren. Sie sind um Absetzungen für Abnutzung, soweit diese bei der Ermittlung der Einkünfte abgezogen worden sind, sowie um die in § 28 Abs 6 EStG genannten steuerfreien Beträge *(Zuwendungen aus öffentlichen Mitteln)* zu vermindern. Ist der Teilwert zum Zeitpunkt der Zuführung niedriger, ist dieser anzusetzen.

17. **Unterschiedsbetrag bei Umgründungsvorgängen (Verschmelzungen, Umwandlungen, Einbringungen, Zusammenschlüsse, Realteilungen und Spaltungen)**

Unternehmensrechtlich dürfen gem § 202 Abs 2 Z 1 die **Buchwerte** fortgeführt werden. War der Rechtsvorgänger (der Übertragende) zur Führung von Büchern nicht verpflichtet, dürfen die steuerrechtlichen Werte angesetzt werden.

Übersteigt der Gesamtbetrag der Gegenleistung die fortgeführten Werte nach Z 1, so darf der Unterschiedsbetrag unter die Posten des Anlagevermögens aufgenommen werden; der Gesamtbetrag der Gegenleistung ergibt sich aus dem Gesamtnennbetrag oder dem höheren Gesamtausgabebetrag der neuen Anteile, dem Buchwert eigener oder untergehender Anteile und den baren Zuzahlungen (Z 2). Jener Teil des **Unterschiedsbetrages**, der den Aktiven und Passiven des übertragenden Vermögens zugeordnet werden kann, ist als **Umgründungsmehrwert** gesondert auszuweisen; auf diesen Wert sind die für Vermögensgegenstände und Schulden geltenden Bestimmungen anzu-

wenden. Ein danach verbleibender Restbetrag darf als **Firmenwert** angesetzt werden.
Steuerlich muss der **Buchwert**, abgesehen von den in § 16 Abs 2–5 UmgrStG angeführten Ausnahmen, fortgeführt werden.
Buchgewinne und Buchverluste bleiben im Fall von Verschmelzungen gem § 3 UmgrStG bei der Gewinnermittlung, auch wenn sie einem erworbenen Firmenwert entsprechen, außer Ansatz. Somit ist eine steuerliche Abschreibung des Firmenwertes, der anlässlich von Verschmelzungen aufgedeckt wurde, nicht möglich.

18. Gem § 8 Abs 6 Z 1 EStG wird die **betriebsgewöhnliche Nutzungsdauer für PKW** mit 8 Jahren festgesetzt.
19. **AfA bei PKW-Leasing**
Übersteigen gem § 8 Abs 6 Z 2 EStG die auf die Anschaffungs- oder Herstellungskosten entfallenden Teile des Nutzungsentgeltes die Absetzung für Abnutzung des Vermieters, hat der Steuerpflichtige für den Unterschiedsbetrag einen Aktivposten anzusetzen. Der Aktivposten ist so abzuschreiben, dass der auf die Anschaffungs- oder Herstellungskosten entfallende Gesamtbetrag der Aufwendungen jeweils den Abschreibungssätzen einer 8-jährigen Nutzungsdauer entspricht.
20. **Verteilung des Veräußerungsverlustes einer Beteiligung auf 7 Jahre**
Kapitalgesellschaften haben gem § 12 Abs 3 Z 2 KStG (abzugsfähige) Abschreibungen auf den niedrigeren Teilwert oder Verluste anlässlich der Veräußerung oder eines sonstigen Ausscheidens einer zum Anlagevermögen gehörigen Beteiligung auf 7 Jahre verteilt zu berücksichtigen, es sei denn, diese werden über Antrag mit Zuschreibungen bzw mit einer steuerpflichtigen Auflösung stiller Reserven dieser oder anderer Beteiligungen gegenverrechnet.
21. **Unterschiedsbetrag gem § 6 Z 16 EStG**
Freiwilliger Ansatz des Unterschiedsbetrages zwischen dem Buchwert der vermieteten Anlagengegenstände und dem Barwert der Forderungen gegenüber den Leasingnehmern bei Unternehmen mit dem Schwerpunkt des Betriebes in der Vermietung von Wirtschaftsgütern.
Bei Inanspruchnahme des Wahlrechtes muss der erstmalige Ansatz für das Wirtschaftsjahr der Betriebseröffnung erfolgen und zwingend (für alle weiteren verleasten Gegenstände) in den folgenden Wirtschaftsjahren fortgesetzt werden (diese Regelung gilt ab dem Wirtschaftsjahr 2001 mit einer Übergangsvorschrift für bereits bestehende Leasinggesellschaften gem § 124b Z 46 EStG).
22. **Steuerfreie Auflösungsmöglichkeit der bisher ausgewiesenen Abfertigungsrückstellung**
Werden Abfertigungsansprüche bis zum gesetzlichen oder kollektivvertraglichen Ausmaß auf Betriebliche Vorsorgekassen (BV-Kassen) übertragen, ist

der Unterschiedsbetrag zwischen der steuerwirksam gebildeten Abfertigungsrückstellung und dem an die MV-Kasse zu leistenden Betrag gleichmäßig verteilt auf 5 Jahre abzusetzen. Bisher ausgewiesene Abfertigungsrückstellungen konnten in den Wirtschaftsjahren 2002 bzw 2003, soweit diese nicht ohnehin auf eine MV-Kasse übertragen oder ausbezahlt wurden, steuerfrei aufgelöst und dem Eigenkapital zugewiesen werden. Mit der Auflösung entfiel zugleich die Verpflichtung der Wertpapierdeckung. Allerdings kann in der Folge keine Abfertigungsrückstellung mehr gebildet werden. Die Aufwendungen für eine spätere Übertragung an eine MV-Kasse bzw Verpflichtungen zur Auszahlung von Abfertigungen sind gleichmäßig verteilt auf 5 Jahre abzusetzen.
Eine steuerbegünstigte Auflösung bestehender Abfertigungsverpflichtungen kann nur außerbücherlich erfolgen, da eine unternehmensrechtliche Auflösung nach den Grundsätzen ordnungsmäßiger Buchführung nicht möglich ist.

23. **Phasenkongruente Dividendenaktivierungen bei Gewinnausschüttungen der Tochtergesellschaft an die Muttergesellschaft**
Hier kann es zur zeitlich unterschiedlichen Behandlung der von der Tochtergesellschaft auszuschüttenden Dividende in der Unternehmens- und Steuerbilanz der Muttergesellschaft kommen (siehe hierzu Abschnitt 6.141.1).

2.6 Gliederung der Posten (Konten) der Buchhaltung und des Jahresabschlusses

Eine übersichtliche und systematisch geordnete Gliederung der Buchhaltungskonten und Jahresabschlussposten trägt erheblich zur Verwirklichung des Grundsatzes der Klarheit bei. Die Einhaltung der Gliederungsstetigkeit ist für das Erkennen der Unternehmensentwicklung in der Vergangenheit von erheblicher Bedeutung. Um auch einen Vergleich mit anderen Unternehmen zu ermöglichen, wurden 1947 einerseits der (österreichische) Kontenrahmen geschaffen und 1990 im Wege des Rechnungslegungsgesetzes entsprechende Gliederungsvorschriften in das HGB (nunmehr UGB) aufgenommen. 1999 wurde der österreichische Kontenrahmen vollständig an die Gliederungsvorschriften des UGB angepasst. Dieser soll 2014 neu gefasst werden.

2.61 Kontenrahmen und Kontenplan

Im **Kontenrahmen** werden Gliederungsvorschriften bzw -empfehlungen für die Ordnung der Konten entweder für alle oder für bestimmte Wirtschaftszweige dargestellt.

Ein **Kontenplan** ist das aus dem entsprechenden Kontenrahmen abgeleitete Gliederungsprinzip, das sich das einzelne Unternehmen nach den betrieblichen Notwendigkeiten für die Ordnung seiner Konten zurechtlegt.

Das Österreichische Kuratorium für Wirtschaftlichkeit (ÖKW) entwickelte nach längeren Vorarbeiten 1947 den „Einheitskontenrahmen“. Er wird als „ÖKW-Kontenrahmen“ bezeichnet. Der Einheitskontenrahmen ist in nahezu allen Wirtschaftszweigen verwendbar. Er hat sich, obwohl nicht verbindlich vorgeschrieben, sondern nur zur Anwendung empfohlen, in Österreich fast lückenlos durchgesetzt.

Eine Überarbeitung des Kontenrahmens erfolgte 1991 und 1999 durch den Fachsenat für Betriebswirtschaft der Kammer der Wirtschaftstreuhänder in Zusammenarbeit mit dem **Österreichischen Zentrum für Wirtschaftlichkeit und Produktivität** (ÖPWZ).

In der Anlage 3 dieses Buches befindet sich eine vollständige Darstellung des **Österreichischen Kontenrahmens**. Der in dieser Anlage angewandte dreiziffrige Aufbau kann jederzeit auf vier- und mehr Ziffern erweitert werden. Derzeit (2013) wird an einer Neufassung des Kontenrahmens gearbeitet.

Dem **Gliederungsschema** der Bilanz gem § 224 und der Gewinn- und Verlustrechnung gem § 231 folgend ist der Kontenrahmen klassenmäßig aufgebaut:

Gesamtkostenverfahren:

Klasse 0: Anlagevermögen

Klasse 1: Vorräte

Klasse 2: Sonstiges Umlaufvermögen und Aktive Rechnungsabgrenzungsposten

Klasse 3: Rückstellungen, Verbindlichkeiten und passive Rechnungsabgrenzungsposten

Klasse 4: Betriebliche Erträge

Klasse 5: Materialaufwand und Aufwendungen für bezogene Leistungen

Klasse 6: Personalaufwand

Klasse 7: Abschreibungen und sonstige betriebliche Aufwendungen

Klasse 8: Finanzerträge und Finanzaufwendungen ao Erträge und ao Aufwendungen Ertragsteuern Auflösung und Dotierung von Rücklagen

Klasse 9: Eigenkapital, unversteuerte Rücklagen, Einlagen Stiller Gesellschafter, Abschluss- und Evidenzkonten

Umsatzkostenverfahren:

In diesem Fall sind die Aufwendungen der Klassen 5–7 auf die in der Klasse 7 eingerichteten Aufwandsstellen mit der Mindestgliederung **Herstellungsbereich, Verwaltungsbereich und Vertriebsbereich** zu überwälzen. Um die Aufwandsarten nach wie vor betragsmäßig feststellen zu können, erfolgt die Überwälzung nicht durch eine Habenbuchung auf den entsprechenden Aufwandskonten, sondern auf einem zu jedem Aufwandskonto eingerichteten Parallelkonto bzw einem für sämtliche Aufwendungen einer Klasse eingerichteten Gegenkonto.

In der Klasse 7 werden die Herstellungskosten durch die Veränderung des Bestandes an fertigen und unfertigen Erzeugnissen (Gegenkonten: Vorratskonten) und die aktivierten Eigenleistungen (Gegenkonten: Anlagenkonten) korrigiert. Als Saldo verbleiben die „**Herstellungskosten der für den Umsatz erbrachten Leistungen**", die in gleicher Weise wie die Verwaltungs- und Vertriebskosten in die Gewinn- und Verlustrechnung übertragen werden.

2.62 Gliederung des Jahresabschlusses für Einzelunternehmen und Personengesellschaften, die nicht den Vorschriften der §§ 221–283 UGB unterliegen

2.621 Bilanzgliederung gem § 198

Im Gegensatz zur Regelung der Bilanzgliederung für Kapitalgesellschaften (§ 224) legt § 198 Abs 1 nur fest, welche **Hauptgruppen** auf der Aktiv- und Passivseite der Bilanz auszuweisen sind. Bezüglich der Untergliederung dieser Hauptgruppen (die mit der Grobgliederung für Kapitalgesellschaften übereinstimmt) wird auf die Grundsätze des § 195 hingewiesen, wonach der Jahresabschluss klar und übersichtlich aufzustellen ist und dem Unternehmer ein möglichst getreues Bild der Vermögens- und Ertragslage zu vermitteln hat.

Die Gliederung des § 198 Abs 1 ist noch um weitere an anderen Stellen enthaltene Bestimmungen zu ergänzen. In der Praxis wird sich bei der Darstellung der **Bilanzen von Einzelunternehmern und Personengesellschaften** die Untergliederung der Hauptgruppen an den detaillierten Gliederungsvorschriften für Kapitalgesellschaften (§ 224) orientieren. Andererseits sind auch einzelne **Gliederungsvorschriften**, die bereits im allgemeinen Teil geregelt sind, bei der Aufstellung der Jahresabschlüsse von Kapitalgesellschaften zu beachten.

Aus § 198 Abs 1 ergibt sich der nachfolgende strukturelle Aufbau der Bilanz.

2.621.1 Aktivseite

A **Anlagevermögen (§ 198 Abs 2)**
„Als Anlagevermögen sind die Gegenstände auszuweisen, die bestimmt sind, dauernd dem Geschäftsbetrieb zu dienen."

B **Umlaufvermögen (§ 198 Abs 4)**
„Als Umlaufvermögen sind die Gegenstände auszuweisen, die nicht bestimmt sind, dauernd dem Geschäftsbetrieb zu dienen."

C **Aktive Rechnungsabgrenzungsposten (§ 198 Abs 5, Abs 7 und Abs 10)**
Nach der Legaldefinition von **Abs 5** sind als **Rechnungsabgrenzungsposten** auf der Aktivseite Ausgaben vor dem Abschlussstichtag auszuweisen, soweit sie Aufwand für eine bestimmte Zeit nach diesem Tag sind. Damit wird klar-

gestellt, dass nur transitorische Posten als **aktive Rechnungsabgrenzungsposten** ausgewiesen werden dürfen.

Gemäß Abs 7 ist ein (fakultativ) **aktiviertes Disagio innerhalb der Rechnungsabgrenzungsposten gesondert auszuweisen** und durch planmäßige jährliche Abschreibung zu tilgen.

Nach § 198 Abs 10 ist der Aktivsaldo aus der Verrechnung aktiver mit passiven Steuerlatenzen gesondert auszuweisen; dies kann nach den Erläuterungen zur RV zum Rechnungslegungsgesetz 1990 im Rahmen des Postens „Forderungen und sonstige Vermögensgegenstände" oder bei den Rechnungsabgrenzungsposten erfolgen. Wegen der Nichtaktivierung von Einkommensteuerguthaben hat diese Vorschrift für **Nichtkapitalgesellschaften keinerlei** praktische **Bedeutung**.

2.621.2 Passivseite

A **Eigenkapital**

§ 198 Abs 1 verlangt auch einen gesonderten Ausweis des **Eigenkapitals**, ohne dieses allerdings zu definieren. Grundsätzlich ist das Eigenkapital der **Saldo aus dem Vermögen und dem Fremdkapital**, mit der Konsequenz, dass der buchmäßige Ausweis desselben von der Bewertung dieser beiden Größen abhängt. Das Eigenkapital ist somit eine variable Saldogröße, die sich in den einzelnen Perioden mit dem Ansatz des Vermögens und der Schulden ändert. Soweit Veränderungen nicht auf Einlagen und Entnahmen (Gewinnausschüttungen) des oder der Eigentümer zurückzuführen sind, wirken sie sich in positiver Richtung als **Gewinn** und in negativer Richtung als **Verlust** aus.

Wie schon dargelegt ist das Eigenkapital in seiner Gesamtheit eine Saldogröße aus den Aktiv- und Passivposten der Bilanz und entzieht sich damit grundsätzlich einer eigenständigen Bewertung. Je nach Rechtsform des Unternehmens ist die Zusammensetzung des Eigenkapitals höchst unterschiedlich. Dies ergibt sich vor allem aus der eigenen Rechtspersönlichkeit der Kapitalgesellschaften.

Gewinne bei Kapitalgesellschaften werden bei Entstehen von der Kapitalgesellschaft versteuert (**Körperschaftsteuer**) und unterliegen erst bei Ausschüttung der Einkommensteuer der Gesellschafter. Bei Personengesellschaften und bei Einzelunternehmen unterliegen entstehende Gewinne unmittelbar der Einkommensteuer der Gesellschafter oder des Eigentümers und sind daher auch diesen direkt zuzurechnen. Eine Ausnahme bilden auf Grund verschiedener steuerlicher Bestimmungen begünstigte Gewinne, die, solange sie nicht besteuert werden, einer nicht auf den einzelnen Gesellschafter bezogenen unversteuerten Rücklage zuzuweisen sind.

B **Unversteuerte Rücklagen (§ 205)**

I. **Bewertungsreserven** aus Sonderabschreibungen von Vermögensgegenständen des Anlagevermögens, die aufgrund steuerlicher Vorschriften vorgenommen worden sind.

II. **Sonstige unversteuerte Rücklagen**, jeweils unter Angabe der Vorschriften, nach denen sie gebildet sind.

C **Rückstellungen**

Einen Anhaltspunkt für eine zweckmäßige Untergliederung gibt § 198 Abs 8 Z 4, wonach Rückstellungen insbesondere zu bilden sind für

1. **Anwartschaften auf Abfertigungen,**
2. **laufende Pensionen und Anwartschaften auf Pensionen,**
3. **sonstige Rückstellungen**, insbesondere Rückstellungen für ungewisse Verbindlichkeiten und drohende Verluste aus schwebenden Geschäften (§ 198 Abs 8 Z 1 und 4) sowie (fakultativ, soweit es die GoB nicht zwingend verlangen) Aufwandsrückstellungen (§ 198 Abs 8 Z 2).

   Mit dem EU-GesRÄG 1996 wurde Abs 9 neu eingefügt, wonach eine auf Grund eines das steuerrechtliche Ergebnis übersteigenden unternehmensrechtlichen Ergebnisses in späteren Jahren **erwartete Steuerbelastung als Rückstellung** zu erfassen ist. Da Einkommensteuerschulden nicht passiviert werden, hat diese Vorschrift für Nichtkapitalgesellschaften keine praktische Bedeutung.

D **Verbindlichkeiten**

E **Passive Rechnungsabgrenzungsposten**

Gem § 198 Abs 6 sind hier nur Einnahmen vor dem Bilanzstichtag (transitorische Posten) auszuweisen, soweit sie Ertrag für eine bestimmte Zeit nach diesem Tag sind.

F **Unter der Bilanz auszuweisende Posten**

Dazu gehören die gem § 199 auszuweisenden **Haftungsverhältnisse**, wie Verbindlichkeiten aus der Begebung und Übertragung von Wechseln, Bürgschaften, Garantien sowie sonstige vertragliche Haftungsverhältnisse, soweit sie nicht auf der Passivseite auszuweisen sind.

Bezüglich Erläuterungen zu den einzelnen Posten der Bilanz siehe Kapitel 4 und 5.

2.622 Die Gliederung der Gewinn- und Verlustrechnung gem § 200

Für die Gliederung der Gewinn- und Verlustrechnung sieht § 200 vor, dass die Erträge und Aufwendungen unter Bedachtnahme auf die Grundsätze des § 195 aufzugliedern sind, dh, dass ein möglichst getreues Bild der **Ertragslage** des Unternehmens vermittelt werden soll.

Nichts wird dagegen über die Form der Darstellung ausgesagt, wie dies bei Kapitalgesellschaften bezüglich der Vorschrift über die Anwendung der **Staffelform** der Fall ist. Auch hier wird man davon ausgehen können, dass sich die

Gliederung der Gewinn- und Verlustrechnung bei Einzelunternehmen und Personengesellschaften an den Regelungen für Kapitalgesellschaften orientieren wird. Nach *Nowotny C.* (in *Straube*[3] § 200 Rz 3) ist durch die **Gliederungsvorschrift für Kapitalgesellschaften** (§ 231) vorgegeben, nach welchen Gesichtspunkten Aufwendungen und Erträge aufzugliedern sind, wobei das Gliederungsschema der Kapitalgesellschaften hinsichtlich der dort dargestellten Grundstruktur der **Erfolgsspaltung auch für die anderen rechnungslegungspflichtigen Unternehmer** bindend ist.

Jedenfalls ist aber § 196 Abs 2 zu beachten, wonach Aufwendungen nicht mit Erträgen verrechnet werden dürfen **(Saldierungsverbot)**.

Gem § 200 zweiter Satz sind der **Jahresüberschuss (Jahresfehlbetrag)** und der **Bilanzgewinn (Bilanzverlust)** gesondert auszuweisen. Die hier verwendeten Begriffe werden im allgemeinen Teil nicht definiert, aber in der G&V-Gliederung des § 231 verwendet. Der **Jahresüberschuss (Jahresfehlbetrag)** als Posten 22 in § 231 Abs 2 stellt das Gesamtergebnis, bestehend aus dem Ergebnis der gewöhnlichen Geschäftstätigkeit und dem außerordentlichen Ergebnis, abzüglich der Steuern vom Einkommen und Ertrag, vor Bildung und Auflösung von Rücklagen dar.

Da bei **Nichtkapitalgesellschaften** wohl nur die Posten **„Zuweisungen" und „Auflösungen unversteuerter Rücklagen"** eine Rolle spielen, ergibt sich zwischen **Jahresüberschuss (Jahresfehlbetrag) und Bilanzgewinn (Bilanzverlust)** folgende Überleitung:

Jahresüberschuss (Jahresfehlbetrag)
zuzüglich Auflösung unversteuerter Rücklagen
abzüglich Zuweisung zu unversteuerten Rücklagen

= Bilanzgewinn (Bilanzverlust)

Da es bei **Einzelunternehmen und Personengesellschaften** des Unternehmensrechtes keinen Gewinn- oder Verlustvortrag gibt (dieser ist bereits auf die entsprechenden Kapital- bzw Verrechnungskonten übertragen), entspricht der Posten **Bilanzgewinn (Bilanzverlust)** dem Jahresergebnis.

Auch diese Überleitung kann in **Staffelform** klarer und übersichtlicher als in Kontenform dargestellt werden.

2.63 Gliederung des Jahresabschlusses für Kapitalgesellschaften und Unternehmen, die den Vorschriften der §§ 221–283 UGB unterliegen

Unter diese Bestimmung fallen vor allem Kapitalgesellschaften, aber auch Personengesellschaften ohne natürliche Person als vollhaftender Gesellschafter, sonstige juristische Personen wie Genossenschaften, Vereine und Stiftungen.

Obwohl die Jahresabschlüsse von Einzelunternehmen und Personengesellschaften nicht unmittelbar von den Gliederungsvorschriften der Jahresabschlüsse für Kapitalgesellschaften betroffen sind, werden diese in der Regel freiwillig aus Gründen der Bilanzklarheit und Bilanzvergleichbarkeit mit dieser Gliederung aufgestellt. Hinzu kommt, dass der österreichische Einheitskontenrahmen weitgehend den nachstehend angeführten Gliederungsvorschriften entspricht.

2.631 Allgemeine Grundsätze für die Gliederung (§ 223)

§ 223 lautet:

(1) Die einmal gewählte Darstellung, insbesondere die Gliederung der aufeinanderfolgenden Bilanzen und Gewinn- und Verlustrechnungen, ist beizubehalten. Ein Abweichen von diesem Grundsatz ist nur unter Beachtung der im § 222 Abs. 2 umschriebenen Zielsetzung zulässig. Die Abweichungen sind im Anhang anzugeben und zu begründen.

(2) Im Jahresabschluß ist zu jedem Posten der entsprechende Betrag des vorangegangenen Geschäftsjahres zumindest in vollen 1 000 Euro anzugeben, dies gilt auch für die gesondert anzumerkenden Posten. Sind die Beträge nicht vergleichbar, so ist dies im Anhang anzugeben und zu erläutern. Wird der Vorjahresbetrag angepaßt, so ist auch dies im Anhang anzugeben und zu erläutern.

(3) Betreibt eine Gesellschaft mehrere Geschäftszweige und bedingt dies die Gliederung des Jahresabschlusses nach verschiedenen Gliederungsvorschriften, so hat die Gesellschaft den Jahresabschluß nach der für den wirtschaftlichen bedeutendsten Geschäftszweig vorgeschriebenen Gliederung aufzustellen und nach der für seine anderen Geschäftszweige jeweils vorgeschriebenen Gliederung zu ergänzen, dies ist zu begründen. Die Abweichung ist im Anhang anzugeben und zu begründen.

(4) Eine weitere Untergliederung der Posten ist zulässig; dabei ist jedoch die vorgeschriebene Gliederung zu beachten. Zusätzliche Posten dürfen hinzugefügt werden, wenn ihr Inhalt nicht von einem vorgeschriebenen Posten gedeckt wird. Die Aufnahme weiterer Posten ist geboten, soweit es zur Erreichung der im § 222 Abs. 2 umschriebenen Zielsetzung erforderlich ist. Die Postenbezeichnungen sind auf die tatsächlichen Inhalte zu verkürzen.

(5) Fällt ein Vermögensgegenstand oder eine Verbindlichkeit unter mehrere Posten der Bilanz, so ist die Zugehörigkeit auch zu anderen Posten bei dem Posten, unter dem der Ausweis erfolgt ist, zu vermerken oder im Anhang anzugeben, wenn dies zur Aufstellung eines klaren und übersichtlichen Jahresabschlusses erforderlich ist.

(6) Die mit arabischen Zahlen versehenen Posten der Bilanz und die mit Buchstaben gekennzeichneten Posten der Gewinn- und Verlustrechnung können zusammengefaßt werden, wenn

1. *sie einen Betrag enthalten, der für die Vermittlung eines möglichst getreuen Bildes der Vermögens-, Finanz- und Ertragslage der Gesellschaft nicht wesentlich ist, oder*
2. *dadurch die Klarheit der Darstellung verbessert wird, in diesem Fall müssen die zusammengefassten Posten jedoch im Anhang ausgewiesen werden.*

(7) Ein Posten der Bilanz oder der Gewinn- und Verlustrechnung, der keinen Betrag ausweist, braucht nicht angeführt werden, es sei denn, dass im vorangegangenen Geschäftsjahr unter diesem Posten ein Betrag ausgewiesen wurde.

(8) Gliederung und Bezeichnung der mit arabischen Zahlen versehenen Posten der Bilanz und der Gewinn- und Verlustrechnung sind zu ändern, wenn dies wegen Besonderheiten der Kapitalgesellschaft zur Aufstellung eines klaren und übersichtlichen Jahresabschlusses erforderlich ist. Der Bundesminister für Justiz kann im Einvernehmen mit dem in seinem Wirkungskreis berührten Bundesminister verbindliche Formblätter durch Verordnung festlegen.

Die im § 223 dargelegten Grundsätze für die Gliederung sind im Sinne eines möglichst getreuen Bildes der Vermögens- und Ertragslage auch von Einzelunternehmen und Personengesellschaften (freiwillig) anzuwenden.

Gem § **223 Abs 1** ist die einmal gewählte **Form der Darstellung**, insbesondere die Gliederung der aufeinanderfolgenden Bilanzen und Gewinn- und Verlustrechnungen beizubehalten.

Diese Vorschrift enthält also einmal den Grundsatz der „**formellen Bilanzkontinuität**“ (Stetigkeit der Gliederung), geht aber in der allgemeinen Formulierung weit darüber hinaus, da sich der Ausdruck „Form der Darstellung“ auch auf den **Aufbau des Anhanges** (zB Ausübung von Wahlrechten zur Darstellung in der Bilanz bzw Gewinn- und Verlustrechnung einerseits oder im Anhang andererseits), aber auch auf die **Struktur des Lageberichtes** bezieht. Dieser allgemeine Grundsatz der Stetigkeit der Darstellung steht auch mit anderen im § 223 enthaltenen Bestimmungen in engem Zusammenhang, zB mit den Vorschriften der Absätze 4–6 (Untergliederung von Posten, zusätzliche Posten, Mitzugehörigkeit, Zusammenfassung von Posten der Bilanz und der Gewinn- und Verlustrechnung).

Im Zusammenhang mit der Gewinn- und Verlustrechnung bezieht sich diese Vorschrift insbesondere auf die Beibehaltung des einmal gewählten **Gesamtkosten- oder Umsatzkostenverfahrens** und auf die Zuordnung von einzelnen Aufwands- und Ertragskonten zu Posten der G&V-Gliederung, wenn im Einzelfall mehrere Zuordnungsmöglichkeiten vertretbar erscheinen (zB bei der Abgrenzung zwischen Umsatzerlös und sonstigen betrieblichen Erträgen, Materialaufwand und sonstigen betrieblichen Aufwendungen).

Das Gesetz lässt ein Abweichen von diesem Grundsatz nur unter Beachtung der in § 222 Abs 2 umschriebenen Zielsetzung zu, dass nämlich der Jahresabschluss ein möglichst getreues Bild der Vermögens-, Finanz- und Ertragslage des Unternehmens zu vermitteln hat. Ein Abweichen von der einmal gewählten Form der Darstellung wird daher in der Regel als **zulässig** betrachtet werden müssen, wenn dies zu einer **Verbesserung der Darstellung** führt oder wenn eine **Änderung der betrieblichen Verhältnisse** eine Anpassung erforderlich macht.

Auch wenn eine Kapitalgesellschaft in einen Konzern eingegliedert wird und eine Anpassung der Gliederung der Bilanz und der Gewinn- und Verlustrechnung (zB Umstellung vom Umsatzkostenverfahren auf das Gesamtkostenverfahren oder umgekehrt) an das für den Konzernabschluss übliche Schema durchgeführt wird, wird dies als zulässig betrachtet werden müssen.

Die **Abweichungen** gegenüber dem Vorjahr sind im Anhang anzugeben und zu begründen.

Gem § **223 Abs 2** ist im Jahresabschluss zu jedem Posten der entsprechende Betrag des vorangegangenen Geschäftsjahres zumindest in vollen € 1.000 anzugeben (auch für die gesondert anzumerkenden Posten).

Siehe hierzu die AFRAC-Stellungnahme „Die Angaben von Vorjahreszahlen gemäß § 223 Abs 2 UGB“. Danach gilt diese Vorschrift auch für Betragsangaben und Aufgliederungen im Anhang, soweit **diese als Posten** anzusprechen sind. **Ein Posten** liegt gem Rz 4 (auch im Anhang) immer dann vor, wenn der betreffenden Angabe ein Betrag (in Euro) so unmittelbar zugeordnet ist, wie es bei den Posten in der Bilanz und in der Gewinn- und Verlustrechnung (einschließlich der Davon- und ähnlichen Vermerke) der Fall ist. Grundsätzlich zählen alle im Anhang verlangten betraglichen Angaben als **Posten.** Als Beispiele für solche Posten führt die Stellungnahme „Art und Umfang der Finanzinstrumente gem § 237a Abs 1 Z 1 lit a“ an.

Kein Posten liegt vor, wenn eine Betragsangabe lediglich erläutender Bestandteil einer verbalen Anhangangabe ist.

Für die Darstellung von Enwicklungen im Geschäftsjahr (Anlagenspiegel, Bewertungsreservenspiegel) genügt die Darstellung der Entwicklung, ausgehend vom Anfangsbestand des Vorjahres. **Vorjahreszahlen** zu dieser Entwicklung sind gem Rz 13 der Stellungnahme nicht erforderlich.

§ 223 Abs 3 behandelt den Sonderfall, dass für ein Unternehmen, das mehrere Geschäftszweige betreibt, verschiedene Gliederungsvorschriften bestehen.

§ 223 Abs 4 lässt eine weitere Untergliederung der Posten unter Beachtung der vorgeschriebenen Gliederung zu.

Weiters besagt § 223 Abs 4, dass „**zusätzliche Posten** hinzugefügt werden dürfen, wenn ihr Inhalt nicht von einem vorgeschriebenen Posten gedeckt wird". Diese Vorschrift ist unklar, da in diesem Fall eher der Zwang zur Aufnahme eines **zusätzlichen Postens** gemäß dem folgenden Satz des § 223 Abs 4 gegeben ist, da sonst die erforderliche Klarheit des Jahresabschlusses beeinträchtigt ist. Der nächste Satz verlangt nämlich die Aufnahme weiterer zusätzlicher Posten, soweit es zur Erreichung der in § 222 Abs 2 umschriebenen Zielsetzung erforderlich ist (zB Ergänzung der Gliederung um wirtschaftszweigspezifische Sonderposten, insbesondere beim Anlagevermögen).

Zu beachten ist auch, dass die Postenbezeichnungen auf die tatsächlichen Inhalte zu verkürzen sind (wenn zB der G&V-Posten „Erträge aus dem Abgang vom und der Zuschreibung zum Anlagevermögen" keine Zuschreibungen enthält).

Fällt ein Vermögensgegenstand oder eine Verbindlichkeit unter mehrere **Posten der Bilanz**, so ist gem **§ 223 Abs 5** die Zugehörigkeit auch zu anderen Posten bei dem Posten, unter dem der Ausweis erfolgt ist, zu vermerken oder im Anhang anzugeben, wenn dies zur Aufstellung eines klaren und übersichtlichen Jahresabschlusses erforderlich ist.

§ 223 Abs 6 regelt die Möglichkeit der **Zusammenfassung** der mit arabischen Zahlen versehenen Posten der Bilanz und der mit Buchstaben gekennzeichneten Posten der Gewinn- und Verlustrechnung.

Diese Posten können zusammengefasst werden,

a) wenn sie nicht wesentlich sind, wenn also ihre Zusammenfassung keine Verminderung der Aussagefähigkeit der Bilanz bzw der Gewinn- und Verlustrechnung mit sich bringt (wenn zB bei einer Untergliederung der sonstigen betrieblichen Erträge bei den Posten a–c nur geringfügige Beträge aufscheinen würden).

Eine Zusammenfassung ist aber auch möglich,

b) wenn dadurch die Klarheit der Darstellung verbessert wird (auch wenn es sich um wesentliche Beträge handeln sollte).

Im Fall b) müssen jedoch die **zusammengefassten Posten im Anhang aufgegliedert** ausgewiesen werden.

Die Verpflichtung des § 223 Abs 6 Z 2 **gilt jedoch nicht für kleine Gesellschaften mit beschränkter Haftung**, da diese nur die in § 242 Abs 2 angeführten Angaben in ihren Anhang aufzunehmen haben; § 223 Abs 6 ist unter diesen anhangpflichtigen Angaben nicht erwähnt.

§ 223 Abs 7 enthält die Klarstellung, dass Leerposten nicht ausgewiesen werden müssen, außer wenn es der Vergleich mit dem Vorjahr erfordert.

§ 223 Abs 8 verlangt eine abweichende Gliederung und Bezeichnung der mit arabischen Zahlen versehenen Posten der Bilanz und der Gewinn- und Verlustrechnung, wenn dies wegen der Besonderheiten der Kapitalgesellschaft zur Aufstellung eines klaren und übersichtlichen Jahresabschlusses erforderlich ist (zB Darstellung des Anlagevermögens in der Elektrizitätswirtschaft). Dieser Absatz enthält auch die Ermächtigung an den Bundesminister für Justiz, verbindliche **Formblätter** durch Verordnung festzulegen (vgl §§ 259 und 260 AktG, Sonderbestimmungen für öffentliche Verkehrsunternehmen, Unternehmen des Post- und Fernmeldewesens und gemeinnützige Bauvereinigungen).

2.632 Bilanzgliederung gem § 224

(2) Aktivseite

A. Anlagevermögen

I. Immaterielle Vermögensgegenstände:
  1. Konzessionen, gewerbliche Schutzrechte und ähnliche Rechte und Vorteile sowie daraus abgeleitete Lizenzen;
  2. Geschäfts(Firmen)wert;
  3. geleistete Anzahlungen;

II. Sachanlagen:
  1. Grundstücke, grundstücksgleiche Rechte und Bauten, einschließlich der Bauten auf fremdem Grund;
  2. technische Anlagen und Maschinen;
  3. andere Anlagen, Betriebs- und Geschäftsausstattung
  4. geleistete Anzahlungen und Anlagen in Bau;

III. Finanzanlagen:
  1. Anteile an verbundenen Unternehmen;
  2. Ausleihungen an verbundene Unternehmen;
  3. Beteiligungen;
  4. Ausleihungen an Unternehmen, mit denen ein Beteiligungsverhältnis besteht;
  5. Wertpapiere (Wertrechte) des Anlagevermögens;
  6. sonstige Ausleihungen. [eigene Anteile, Anteile an herrschenden oder mit Mehrheit beteiligten Unternehmen (§ 225 Abs 5)]

B. Umlaufvermögen:

I. Vorräte:
  1. Roh-, Hilfs- und Betriebstoffe;
  2. unfertige Erzeugnisse;
  3. fertige Erzeugnisse und Waren;
  4. noch nicht abrechenbare Leistungen;
  5. geleistete Anzahlungen;

II. Forderungen und sonstige Vermögensgegenstände:
  1. Forderungen aus Lieferungen und Leistungen;

2. Forderungen gegenüber verbundenen Unternehmen;
3. Forderungen gegenüber Unternehmen, mit denen ein Beteiligungsverhältnis besteht;
4. sonstige Forderungen und Vermögensgegenstände;

III. Wertpapiere und Anteile:
1. Anteile an verbundenen Unternehmen;
2. sonstige Wertpapiere und Anteile;
[eigene Anteile, Anteile an herrschenden oder mit Mehrheit beteiligten Unternehmen (§ 225 Abs 5)]

IV. Kassenbestand, Schecks, Guthaben bei Kreditinstituten.

C. Rechnungsabgrenzungsposten.

(3) Passivseite

A. Eigenkapital:
I. Nennkapital (Grund-, Stammkapital);
II. Kapitalrücklagen:
1. gebundene;
2. nicht gebundene;
[Rücklage für eigene Anteile, Anteile an herrschenden oder mit Mehrheit beteiligten Unternehmen (§ 225 Abs 5)]
III. Gewinnrücklagen:
1. gesetzliche Rücklage;
2. satzungsmäßige Rücklagen;
3. andere Rücklagen (freie Rücklagen);
[Rücklage für eigene Anteile, Anteile an herrschenden oder mit Mehrheit beteiligten Unternehmen (§ 225 Abs 5)]
IV. Bilanzgewinn (Bilanzverlust),
davon Gewinnvortrag/Verlustvortrag.

B. Unversteuerte Rücklagen:
1. Bewertungsreserve auf Grund von Sonderabschreibungen;
2. sonstige unversteuerte Rücklagen.

C. Rückstellungen:
1. Rückstellungen für Abfertigungen;
2. Rückstellungen für Pensionen;
3. Steuerrückstellungen;
4. sonstige Rückstellungen.

D. Verbindlichkeiten:
1. Anleihen, davon konvertibel;
2. Verbindlichkeiten gegenüber Kreditinstituten;
3. erhaltene Anzahlungen auf Bestellungen;
4. Verbindlichkeiten aus Lieferungen und Leistungen;
5. Verbindlichkeiten aus der Annahme gezogener Wechsel und der Ausstellung eigener Wechsel;
6. Verbindlichkeiten gegenüber verbundenen Unternehmen;
7. Verbindlichkeiten gegenüber Unternehmen, mit denen ein Beteiligungsverhältnis besteht;

8. sonstige Verbindlichkeiten,
   davon aus Steuern,
   davon im Rahmen der sozialen Sicherheit.

E. Rechnungsabgrenzungsposten.

2.633 Andere Darstellungsformen der Bilanz gemäß der Bilanzrichtlinie der EU und IAS 1

2.633.1 Darstellung in Staffelform

Artikel 10 der Bilanzrichtlinie (alt und neu) sieht neben der Kontenform als weitere Gliederungsmöglichkeit der Bilanz die Staffelform vor.

Zweck der Darstellung in **Staffelform** ist die gesonderte Darstellung des **Working Capital** als Saldo aus Umlaufvermögen und Verbindlichkeiten mit einer Restlaufzeit von bis zu einem Jahr. Kurzfristige Rückstellungen waren bis 2003 allerdings nicht in das Working Capital einbezogen, da die Richtlinien eine Trennung in lang- und kurzfristige Rückstellungen nicht vorsahen. Mit der Modernisierungsrichtlinie 2003 wurde den Mitgliedstaaten ermöglicht, den Gesellschaften zu gestatten oder vorschreiben, bei der Gliederung zwischen kurz- oder langfristigen Posten zu unterscheiden.

Die **Staffelform** dient auch der besseren Darstellung der **Finanzlage** des Unternehmens. In **Österreich** ist die Anwendung der Staffelform gesetzlich **nicht erlaubt**.

Artikel 10 lautet (verkürzte Darstellung nur der mit Großbuchstaben und römischen Zahlen bezeichneten Posten):

A. **Ausstehende Einlagen auf das gezeichnete Kapital**

B. **Aufwendungen für die Errichtung und Erweiterung des Unternehmens**

C. **Anlagevermögen**
   I. Immaterielle Anlagewerte
   II. Sachanlagen
   III. Finanzanlagen

D. **Umlaufvermögen**
   I. Vorräte
   II. Forderungen
   III. Wertpapiere
   IV. Guthaben bei Kreditinstituten, Postscheckguthaben, Schecks und Kassenbestand

E. **Rechnungsabgrenzungsposten**

F. **Verbindlichkeiten mit einer Restlaufzeit bis zu einem Jahr**

G. **Umlaufvermögen, das die Verbindlichkeiten mit einer Restlaufzeit von bis zu einem Jahr übersteigt (= C+D-E)**

H. **Gesamtbetrag des Vermögens nach Abzug der Verbindlichkeiten mit einer Restlaufzeit von bis zu einem Jahr (= A+B+F)**

I. **Verbindlichkeiten mit einer Restlaufzeit von über einem Jahr**

J. **Rückstellungen**
K. **Rechnungsabgrenzungsposten**
L. **Eigenkapital (= G-H-I-J)**
   I. Gezeichnetes Kapital abzüglich offen ausgewiesene nicht eingeforderte ausstehende Einlage
   II. Agio
   III. Neubewertungsrücklage
   IV. Rücklagen
   V. Ergebnisvortrag
   VI. Ergebnis des Geschäftsjahres

Die oben dargestellte Staffelform ist beispielsweise in Großbritannien gesetzlich erlaubt und wird auch angewendet.

Darstellung einer Bilanz nach der Staffelform (verkürzt)

A.	**Aufwendungen für die Errichtung und Erweiterung des Unternehmens**		
B.	**Anlagevermögen**		
I.	Immaterielle Anlagewerte	26,0	
II.	Sachanlagen	314,1	
III.	Finanzanlagen	20,0	**360,1**
C.	**Umlaufvermögen**		
I.	Vorräte	158,3	
II.	Forderungen	104,9	
III.	Wertpapiere	–	
IV.	Guthaben bei Kreditinstituten, Postscheckguthaben, Schecks und Kassenbestand	101,2	364,4
D.	**Rechnungsabgrenzungsposten**		0,1
	Umlaufvermögen und ARA		**364,5**
E.	**Verbindlichkeiten mit einer Restlaufzeit bis zu einem Jahr**		–186,0
F.	**Umlaufvermögen (inkl ARA), das die Verbindlichkeiten mit einer Restlaufzeit von bis zu einem Jahr übersteigt**		**178,5**
G.	**Gesamtbetrag des Vermögens nach Abzug der Verbindlichkeiten mit einer Restlaufzeit von bis zu einem Jahr**		**538,6**
H.	**Verbindlichkeiten mit einer Restlaufzeit von über einem Jahr**		– 201,1
I.	**Rückstellungen**		– 127,7
J.	**Unversteuerte Rücklagen**		– 18,1

K.	**Eigenkapital**		
I.	Gezeichnetes Kapital abzüglich offen ausgewiesene nicht eingeforderte ausstehende Einlage	80,0	
II.	Agio	32,6	
III.	Rücklagen	49,4	
IV.	Ergebnisvortrag	10,9	
V.	Ergebnis des Geschäftsjahres	18,8	**191,7**

2.633.2 Darstellung nach der Fristigkeit

Mit der Modernisierungsrichtlinie der EU vom Juni 2003 wurde in die 4. Richtlinie ein neuer Artikel 10a eingefügt:

> *„Anstelle der Gliederung der Bilanzposten nach den Art. 9 und 10 können die Mitgliedstaaten (...) gestatten oder vorschreiben, bei der Gliederung zwischen kurz- oder langfristigen Posten zu unterscheiden, sofern der vermittelte Informationsgehalt dem nach den Art. 9 und 10 geforderten mindestens gleichwertig ist. Diese Bestimmung wurde auch in Artikel 11 der Bilanzrichtlinie 2013 übernommen.*

Diese Vorschrift schuf in Anlehnung an die Bestimmungen des IAS 1.60 für die Mitgliedstaaten das Wahlrecht, eine Gliederung zu gestatten, die auf der Unterscheidung zwischen **current und non-current items** beruht. Voraussetzung ist allerdings, dass der Informationsgehalt der in den Art 9 und 10 vorgesehenen Gliederung mindestens **gleichwertig** ist.

In Österreich wurde dieser Teil der Modernisierungsrichtlinie allerdings nicht umgesetzt. Für den Konzernabschluss ist diese Gliederung bei Anwendung der IAS ohnehin auf Grund des IAS 1.60 vorgegeben.

2.633.3 Darstellung der Liquidität

Unter **Liquidität** eines Unternehmens versteht man dessen Fähigkeit, seinen **Zahlungsverpflichtungen** fristgerecht nachzukommen. Die Jahresbilanz ist nicht in der Lage, die kurzfristige (unmittelbare) Liquidität des Unternehmens zu zeigen, weil, abgesehen von der Unmöglichkeit, Vermögensgegenstände und Schulden auf Monate und Tage genau zu gliedern, der Zahlungsmittelfluss der dem Bilanzstichtag folgenden Zeit (dynamische Liquidität) nicht aus der Bilanz ersichtlich ist. Da dem (externen) Bilanzleser der Jahresabschluss in der Regel ohnehin frühestens nach drei bis fünf Monaten zur Verfügung steht, würde ihm diese Erkenntnis auch nichts nützen. Dem Leser geht es vor allem um die **„grundsätzliche“ Liquidität** des Unternehmens, das heißt, ob das Unternehmen aus seiner Vermögens- und Kapitalstruktur heraus in der Lage ist, längerfristig seinen Zahlungsverpflichtungen nachzukommen. Zu diesem Zweck verlangt das UGB in § 225 Abs 3 (Forderungen), Abs 6 (Verbindlichkeiten) und § 227 (Ausleihungen) **Fälligkeitsangaben** bei Forderungen und Verbindlichkeiten nach ihrer Restlaufzeit über und unter einem Jahr entweder in der Bilanz oder im Anhang. In § 237 Z 1 finden sich weitere zusätzliche Angaben im Zusammenhang mit der Fristigkeit.

Die Darstellung der **zeitlichen Bindung** fehlt allerdings bei allen übrigen Posten des Umlaufvermögens (Vorräte, sonstiges Vermögen und Wertpapiere) sowie bei den Rückstellungen.

Fälligkeitsangaben ermöglichen die Feststellung des langfristigen finanziellen Gleichgewichtes des Unternehmens und im Vergleich mit den vorhergehenden Jahresabschlüssen die positive oder negative Entwicklung desselben.

Die Erläuterung zu den einzelnen Posten des Gliederungsschemas und deren Bewertung erfolgt in den Kapiteln 4 und 5 dieses Buches.

2.634 Gliederung der Gewinn- und Verlustrechnung (§ 231)

Die Gewinn- und Verlustrechnung ist gem § 231 Abs 1 in **Staffelform** entweder nach dem **Gesamtkostenverfahren** (§ 231 Abs 2) oder dem **Umsatzkostenverfahren** (§ 231 Abs 3) aufzustellen. Die Staffelform ist dadurch gekennzeichnet, dass keine kontenförmige Gegenüberstellung von Aufwendungen und Erträgen durchgeführt wird, sondern ausgehend von den Umsatzerlösen die Erträge und Aufwendungen in einer Kolonne (Staffel) angeordnet werden, wobei zwischen einzelnen Ertrags- und Aufwandsgruppen Zwischensummen bzw Zwischendifferenzen gebildet werden, die für die Beurteilung der Ertragslage aussagefähig sein sollen. Dies gibt die Möglichkeit, in das Gliederungsschema eine **Erfolgsspaltung** einzubauen und erleichtert die Durchführung des Vergleiches mit den Vorjahreszahlen.

Damit sieht das UGB, den Gliederungsgrundsätzen der Bilanzrichtlinie folgend, eine weitgehende **betriebswirtschaftliche Aufgliederung** der Gewinn- und Verlustrechnung mit ergänzenden Daten im Anhang vor.

2.634.1 Gliederung der Gewinn- und Verlustrechnung nach § 231 Abs 2 (Gesamtkostenverfahren)

1. Umsatzerlöse;
2. Veränderung des Bestandes an fertigen und unfertigen Erzeugnissen sowie an noch nicht abrechenbaren Leistungen;
3. andere aktivierte Eigenleistungen;
4. sonstige betriebliche Erträge:
   a) Erträge aus dem Abgang vom und der Zuschreibung zum Anlagevermögen mit Ausnahme der Finanzanlagen,
   b) Erträge aus der Auflösung von Rückstellungen,
   c) übrige;

5. Aufwendungen für Material und sonstige bezogene Herstellungsleistungen:
   a) Materialaufwand
   b) Aufwendungen für bezogene Leistungen;
6. Personalaufwand:
   a) Löhne,
   b) Gehälter,
   c) Aufwendungen für Abfertigungen und Leistungen an betriebliche Mitarbeitervorsorgekassen[1)]
   d) Aufwendungen für Altersversorgung,
   e) Aufwendungen für gesetzlich vorgeschriebene Sozialabgaben sowie vom Entgelt abhängige Abgaben und Pflichtbeiträge,
   f) sonstige Sozialaufwendungen;
7. Abschreibungen:
   a) auf immaterielle Gegenstände des Anlagevermögens und Sachanlagen,
   b) auf Gegenstände des Umlaufvermögens, soweit diese die im Unternehmen üblichen Abschreibungen überschreiten;
8. sonstige betriebliche Aufwendungen:
   a) Steuern, soweit sie nicht unter Z 21 fallen,
   b) übrige;
9. Zwischensumme aus Z 1–8;
10. Erträge aus Beteiligungen, davon aus verbundenen Unternehmen;
11. Erträge aus anderen Wertpapieren und Ausleihungen des Finanzanlagevermögens, davon aus verbundenen Unternehmen;
12. sonstige Zinsen und ähnliche Erträge, davon aus verbundenen Unternehmen;
13. Erträge aus dem Abgang von und der Zuschreibung zu Finanzanlagen und Wertpapieren des Umlaufvermögens;
14. Aufwendungen aus Finanzanlagen und aus Wertpapieren des Umlaufvermögens, davon sind gesondert auszuweisen:
    a) Abschreibungen
    b) Aufwendungen aus verbundenen Unternehmen;
15. Zinsen und ähnliche Aufwendungen, davon betreffend verbundene Unternehmen;
16. Zwischensumme aus Z 10–15;
17. Ergebnis der gewöhnlichen Geschäftstätigkeit;
18. außerordentliche Erträge;
19. außerordentliche Aufwendungen;
20. außerordentliches Ergebnis;
21. Steuern vom Einkommen und vom Ertrag;
22. Jahresüberschuss/Jahresfehlbetrag;
23. Auflösung unversteuerter Rücklagen;
24. Auflösung von Kapitalrücklagen;
25. Auflösung von Gewinnrücklagen;
26. Zuweisung zu unversteuerten Rücklagen;
27. Zuweisung zu Gewinnrücklagen. Die Auflösungen und Zuweisungen gemäß Z 23–27 sind entsprechend den in der Bilanz ausgewiesenen Unterposten aufzugliedern;
28. Gewinnvortrag/Verlustvortrag aus dem Vorjahr;

29. Bilanzgewinn/Bilanzverlust.

[1] Auf Grund des BMSVG (Betriebliches Mitarbeiter- und Selbständigenvorsorgegesetz) wurde der Name „Mitarbeitervorsorgekassen" im Jahre 2008 in „Betriebliche Vorsorgekassen" geändert.

2.634.2 Gliederung der Gewinn- und Verlustrechnung nach § 231 Abs 3 (Umsatzkostenverfahren)

Das Umsatzkostenverfahren unterscheidet sich vom Gesamtkostenverfahren nur im betrieblichen Bereich (Z 1–8 des Gesamtkostenverfahrens entspricht Z 1–7 des Umsatzkostenverfahrens).

1. Umsatzerlöse;
2. Herstellungskosten der zur Erzielung der Umsatzerlöse erbrachten Leistungen;
3. Bruttoergebnis vom Umsatz;
4. sonstige betriebliche Erträge:
   a) Erträge aus dem Abgang vom und der Zuschreibung zum Anlagevermögen mit Ausnahme der Finanzanlagen,
   b) Erträge aus der Auflösung von Rückstellungen,
   c) übrige;
5. Vertriebskosten;
6. Verwaltungskosten;
7. sonstige betriebliche Aufwendungen;
8. Zwischensumme aus Z 1–7;

Ab Z 10 Gesamtkostenverfahren bzw Z 9 Umsatzkostenverfahren sind beide Verfahren ident.

Gem § 223 Abs 6 können die mit Buchstaben versehenen Posten der Gewinn- und Verlustrechnung zusammengefasst werden, wenn sie

1. nicht wesentlich sind oder
2. dadurch die Klarheit der Darstellung verbessert wird.

Im Fall 2 müssen die zusammengefassten Posten im Anhang einzeln angegeben werden.

2.634.3 Struktur der Gewinn- und Verlustrechnung

2.634.31 Gesamtkostenverfahren

Bei Anwendung des **Gesamtkostenverfahrens** kann die Summe der Posten 1–4 als „**Betriebliche Erträge**", die unter Z 9 dargestellte Zwischensumme als „**Betriebserfolg**" und die Zahl 16 (Zwischensumme aus Z 10–15) als der „**Finanzerfolg**" im Sinne der betriebswirtschaftlichen Erfolgsspaltung angesehen werden.

Die im Finanzerfolg zusammengefassten Posten haben ihre Entstehungsursache in unterschiedlichen Bereichen. Während die Posten 10–14 in der Regel dem **Investitionsbereich** zuzuordnen sind, stammt der Posten 15 aus dem **Finanzie-**

rungsbereich. Ausnahmen können allerdings dann auftreten, wenn etwa Fremdkapital vorübergehend in jederzeit fällige Bankguthaben und Wertpapiere angelegt (investiert) wird, weil die dazugehörige Investition noch nicht getätigt wurde. In diesem Fall können die aus der Veranlagung erfließenden Zinsenerträge zum Finanzierungsbereich gezählt und mit den Aufwandszinsen saldiert werden. Diese Unterscheidung ist im Rahmen der Jahresabschlussanalyse von erheblicher Bedeutung.

Daraus ergibt sich folgende Zusammenstellung:

1.–4.[1]	Betriebliche Erträge
– 5.–8.	Betriebliche Aufwendungen
9.	**„Betriebserfolg“** (Zwischensumme aus Z 1–8)
± 16.	**„Finanzerfolg“** (Zwischensumme Z 10–15)
	davon aus Investitionen (10–14)
	davon aus Finanzierung (15)
17.	**Ergebnis der gewöhnlichen Geschäftstätigkeit**
20.	**ao Ergebnis (Saldo aus 18 und 19)**
	Jahresüberschuss (Jahresfehlbetrag) vor Steuern
– 21.	Steuern vom Einkommen und vom Ertrag[2]
22.	**Jahresüberschuss (Jahresfehlbetrag)**
± 23., 26.	Auflösung und Zuweisung unversteuerter Rücklagen
	Jahresüberschuss (-fehlbetrag) nach Veränderung der unversteuerten Rücklagen
24., 25., 27.	Auflösung und Zuweisung versteuerter Rücklagen
28.	Gewinnvortrag (Verlustvortrag) aus dem Vorjahr
29.	**Bilanzgewinn/Bilanzverlust**

[1] Fortlaufende Nummer des gesetzlichen Gliederungsschemas gem § 231 Abs 2.

[2] Die Steuern vom Einkommen und vom Ertrag sind in ihrer Höhe durch die Dotierung und Auflösung der unversteuerten Rücklagen sowie die Bildung und Auflösung aktiver und passiver Steuerlatenzen beeinflusst.

2.634.32 Umsatzkostenverfahren

Schema

1.	Umsatzerlöse
2.	– Herstellungskosten der zur Erzielung der Umsatzerlöse erbrachten Leistungen
3.	**Bruttoergebnis vom Umsatz**
4.	+ Sonstige betriebliche Erträge
5.–7.	– Aufwendungen nach Funktionsbereichen und Restaufwand
8.	**„Betriebserfolg“ (Zwischensumme aus Z 1–7)** (identisch mit Zeile 9 des Gesamtkostenverfahrens)

Bei Anwendung des Umsatzkostenverfahrens zeigt der Posten 3 mit dem Bruttoergebnis vom Umsatz die „**Bruttogewinnspanne**" (bei Handelsbetrieben die „**Handelsspanne**"). Während bei Handelsbetrieben die Handelsspanne allerdings sehr klar dargestellt wird, ist bei **Erzeugungsbetrieben** zu bedenken, dass in den Herstellungskosten der zur Erzielung der Umsatzerlöse erbrachten Leistungen auch Fixkosten enthalten sind, die Spanne daher je nach Auslastung des Unternehmens unterschiedlich hoch sein wird. Auch Bestandsveränderungen können, je nach Bewertung der Halb- und Fertigfabrikate, die Spanne beeinflussen.

Da das **Umsatzkostenverfahren** im betrieblichen Bereich keine Aufwandsarten, sondern nur Aufwandsstellensummen zeigt, wird der **Betriebsabrechnungsbogen (Aufwandsverteilungsbogen)** bei Anwendung dieses Verfahrens zu einem Bestandteil des finanziellen Rechnungswesens.

Aufgabe des BAB

für das Gesamtkostenverfahren	**für das Umsatzkostenverfahren**
Grundlage der Bewertung der Halb- und Fertigfabrikate sowie der aktivierten Eigenleistungen. Keine weiteren Funktionen.	Grundlage der Bewertung der Halb- und Fertigfabrikate sowie der aktivierten Eigenleistungen. Übernahme der um Bestandsveränderungen und aktivierte Eigenleistungen veränderten Herstellungskosten der Periode sowie der Verwaltungs- und Vertriebskosten in die Gewinn- und Verlustrechnung. Der BAB wird damit zu einem Bindeglied zwischen den in der Buchhaltung zunächst artenmäßig erfassten Aufwendungen und den kostenstellenmäßig in der Gewinn- und Verlustrechnung ausgewiesenen Aufwendungen und somit zu einem Bestandteil der Finanzbuchführung.

Wegen des fehlenden Ausweises von Aufwandsarten im Umsatzkostenverfahren sind die im Rahmen des Gesamtkostenverfahrens unter den Posten 5 (Aufwendungen für Material und sonstige bezogene Herstellungsleistungen) und 6 (Personalaufwendungen) auszuweisenden Aufwendungen des Geschäftsjahres in gleicher Weise wie beim Gesamtkostenverfahren aufgegliedert im Anhang darzustellen (§ 237 Z 4). Die Darstellung im Anhang erfolgt, wie im Gesamtkostenverfahren, brutto, das heißt vor Saldierung mit den Bestandsveränderungen und aktivierten Eigenleistungen.

Diese Darstellung ist weder in der Bilanzrichtlinie vorgesehen noch international – wie etwa in den USA – üblich. Ihre Aufnahme in das Gesetz erfolgte – wie auch in Deutschland – deswegen, weil der Bilanzleser in Kontinentaleuropa bis zur Umsetzung der 4. Richtlinie gewohnt war, die Gewinn- und Verlustrechnung fast ausschließlich in **Aufwandskategorien** und nicht **Funktionskategorien** zu sehen. Sie bietet den Vorteil, dass bei Vorlage einer Gewinn- und Verlustrechnung nach dem Umsatzkostenverfahren eine Umrechnung auf die Gewinn- und Verlustrechnung nach dem Gesamtkostenverfahren ermöglicht wird.

2.634.33 Darstellung des Abschlusses nach dem Gesamtkosten- bzw Umsatzkostenverfahren

Gesamtkostenverfahren

Aufwands- bzw Ertragsposten	Gewinn- und Verlustkonto Aufwand	Gewinn- und Verlustkonto Ertrag
Materialaufwand		
Personalaufwand		
Abschreibungen		
Sonstige betriebliche Aufwendungen		
Bestandsveränderungen	[1]	
Aktivierte Eigenleistungen		

[1] Bei Bestandsminderungen erscheinen die Bestandsveränderungen als Aufwand.

Umsatzkostenverfahren

Aufwands- bzw Ertragsarten	Aufwandsverteilungsbogen				
	Herstel-lungs-kosten	Verwal-tungs-kosten	Vertriebs-kosten	sonst. betr. Aufwen-dungen	
Materialaufwand				1)	
Personalaufwand				1)	
Abschreibungen				1)	
sonstige betriebliche Aufwendungen					
	Σ	Σ	Σ	Σ	
Bestandsveränderungen	±				
Aktivierte Eigenleistungen	–				
	Σ	Σ	Σ	Σ	
					Herstellungskosten der abgesetzten Leistung Verwaltungskosten Vertriebskosten Sonstige betriebliche Aufwendungen

Im Kapitel 6 werden die im Gliederungsschema der Gewinn- und Verlustrechnung enthaltenen Posten eingehend erläutert.

2.64 Das Verrechnungsverbot gem § 196 Abs 2

Gem § 196 Abs 2

> *dürfen Posten der Aktivseite nicht mit Posten der Passivseite, Aufwendungen nicht mit Erträgen, Grundstücksrechte nicht mit Grundstückslasten verrechnet werden.*

Das Verrechnungsverbot stellt eine Konkretisierung der Grundsätze Bilanzklarheit und Bilanzvollständigkeit dar. Das **Verrechnungsverbot** betrifft sowohl die Bestands- als auch die Erfolgskonten. Für die Bilanz- und Erfolgsposten, aber auch für die Angaben im Anhang und im Lagebericht gilt grundsätzlich der **Bruttoausweis**.

Dennoch gibt es **Ausnahmen**, die entweder vom UGB oder aus sonstigen rechtlichen oder wirtschaftlichen Gründen vorgeschrieben bzw erlaubt sind:

So können Forderungen und Verbindlichkeiten dann **aufgerechnet** werden, wenn Gläubiger und Schuldner eine Person sind, Fristenkongruenz besteht und keine rechtlichen Unterschiede in der Einbringung wie beispielsweise unterschiedliche Besicherung bestehen. So können keine Wechselverbindlichkeiten mit Forderungen gegen dieselbe Person aufgerechnet werden. Eine Aufrechnung kann auch dann nicht erfolgen, wenn die Schuld vor der Forderung fällig ist.

Auch der wirtschaftlichen Bestimmung nach unterschiedliche Forderungen und Verbindlichkeiten können nicht aufgerechnet werden, wie zB Lieferforderungen mit erhaltenen Anzahlungen für eine Lieferung und Leistung.

Das UGB sieht verschiedene **Aufrechnungsmöglichkeiten** vor, die aber **zum Teil offen** zu erfolgen haben:

Offene Absetzung erhaltener Anzahlungen von den damit hergestellten oder erworbenen Vorräten.

Offene Absetzung noch nicht eingeforderter ausstehender Einlagen vom Nennkapital.

Nicht offene Aufrechnungen können in folgenden Fällen vorgenommen werden:

Steuervorauszahlungen mit den adäquaten Steuerrückstellungen;

Kontokorrentrechtsverhältnisse:

Zwingende Verrechnung von Forderungen mit Einzelwertberichtigungen und Pauschalwertberichtigungen, wobei Letztere jedoch bei Kapitalgesellschaften im Anhang angegeben werden müssen (§ 226 Abs 5).

Werden Aufrechnungen zwischen Schuldner und Gläubiger vereinbart, ist diesen Vereinbarungen in der Bilanz zu folgen. Das Gleiche gilt, wenn bei der Bilanzerstellung die Forderungen und Verbindlichkeiten bereits im Wege der Aufrechnung erloschen sind (vgl *Lüdenbach/Christian* in *Hirschler* [Hrsg], Bilanzrecht § 196 Abs 2 Rz 106);

Aktive und passive latente Steuern;

Schulden können mit zusammenhängenden Regressansprüchen aufgerechnet werden, wenn diese voll anerkannt und einbringlich sind.

Eine Reihe von **Aufrechnungsvorschriften und -möglichkeiten** besteht in der **Gewinn- und Verlustrechnung** gem § 231 UGB:

Aufrechnung von Umsatzerlösen mit Erlösminderungen wie Rabatte, Skonti, Umsatzvergütungen, nachträgliche Bonifikationen, Treueprämien, rückgewährte Entgelte für Retourwaren, Zuweisungen zu Rückstellungen für Preisnachlässe oder Warenrückvergütungen. Derartige Nachlässe für frühere Perioden werden nur dann mit den Umsatzerlösen saldiert, soweit diese üblicherweise anfallen. Darüber hinausgehende aperiodische Nachlässe kommen unter die sonstigen Aufwendungen;

Bestandsverminderungen mit Bestandserhöhungen bei den Vorräten;

Anlagenerlöse mit den entsprechenden Buchwerten:

Bei der Veröffentlichung des Jahresabschlusses kleiner und mittelgroßer AGs sowie mittelgroßer GmbHs erlaubt § 279 Z 2 UGB Umsatzerlöse, Bestandsveränderungen und aktivierte Eigenleistungen mit den Aufwendungen für Material und sonstige bezogene Herstellungsleistungen zu saldieren und unter der Bezeichnung **Rohergebnis** zusammenzufassen und dieses als Zeile 1 der G&V auszuweisen.

Schema:

1. Umsatzerlöse;
2. Veränderung des Bestandes an fertigen und unfertigen Erzeugnissen sowie an noch nicht abrechenbaren Leistungen;
3. andere aktivierte Eigenleistungen;
4 abz. Aufwand für Material und sonstige bezogene Herstellungsleistungen

5. Rohergebnis
Sonstige betriebliche Erträge
etc

Sonstige Aufrechnungsmöglichkeiten finden sich im Kommissionsgeschäft, bei Handelsvertretern, bei Glücksspielunternehmen und in Reisebüros.

3. Besondere Rechnungslegungsvorschriften für Kapitalgesellschaften

3.1 Geltungsbereich der besonderen Rechnungslegungsvorschriften

Nach **§ 221 Abs 5** gelten die ergänzenden Vorschriften auch für alle gesellschaftsrechtlichen Konstruktionen, bei denen kein persönlich haftender Gesellschafter eine natürliche Person ist. Wenn der persönlich haftende Gesellschafter keine Kapitalgesellschaft ist (zB eine Genossenschaft, ein Verein, eine GmbH & Co KG), gelten die Vorschriften für Gesellschaften mit beschränkter Haftung.

Eine solche gesellschaftsrechtliche Konstruktion unterliegt hinsichtlich folgender Tatbestände den der Rechtsform ihres geschäftsführenden Gesellschafters entsprechenden Rechtsvorschriften:

a) §§ 222–243 (Jahresabschluss und Lagebericht)
b) §§ 268–283 (Prüfung und Offenlegung)

In der überwiegenden Anzahl der Fälle wird es sich bei diesen Personengesellschaften um die GmbH & Co KG handeln.

„Sind sowohl eine AG als auch eine GmbH in der Stellung eines unbeschränkt haftenden Gesellschafters bei Fehlen einer natürlichen Person mit unbeschränkter Haftung in dieser Funktion beteiligt, so ist für die Rechtsfolgen zunächst maßgeblich, welche Komplementärgesellschaft vertretungsbefugt ist. Trifft Letzteres auf alle Komplementäre zu, so sind die für die AG als höher qualifizierte Rechtsform geltenden Rechtsfolgen maßgeblich" (*Nowotny* in *Straube*[3] § 221 Rz 10).

3.2 Bestandteile der Rechnungslegung der Kapitalgesellschaften

Gem § 222 Abs 1 haben die gesetzlichen Vertreter einer Kapitalgesellschaft in den ersten fünf Monaten des Geschäftsjahres für das vorangegangene Geschäftsjahr den um den Anhang erweiterten **Jahresabschluss**, einen **Lagebericht** sowie gegebenenfalls (§ 243b) einen **Corporate-Governance-Bericht** aufzustellen und den Mitgliedern des Aufsichtsrates vorzulegen. Der Jahresabschluss, der Lagebericht sowie der Corporate-Governance-Bericht sind von sämtlichen gesetzlichen Vertretern zu unterzeichnen.

Aus dieser Formulierung kann auch die Schlussfolgerung abgeleitet werden, dass es für die Anwendung der auf die Aufstellung des Jahresabschlusses anzuwendenden Rechtsvorschriften nicht auf die Rechtsform zum Bilanzstichtag, sondern auf die **Rechtsform zum Zeitpunkt der Aufstellung des Jahresabschlusses** ankommt (*Nowotny* in *Straube*[3] § 221 Rz 26).

Bezüglich des Corporate-Governance-Berichts siehe Abschnitt 8.5.

Im Zusammenhang mit Kapitalgesellschaften spricht der Gesetzgeber von einem „**erweiterten Jahresabschluss**", der folgende Bestandteile umfasst:

- **Bilanz**
- **Gewinn- und Verlustrechnung**
- **Anhang**

Die Rechnungslegung der Kapitalgesellschaften wird weiters um den **Lagebericht** und gegebenenfalls den Corporate Governance Bericht ergänzt, die keinen Bestandteil des Jahresabschlusses darstellen.

Für kleine GmbHs besteht keine Verpflichtung zur Aufstellung eines Lageberichtes (§ 243 Abs 4).

Bestandteile der Rechnungslegung gem § 222 Abs 1 iVm § 221 Abs 5.

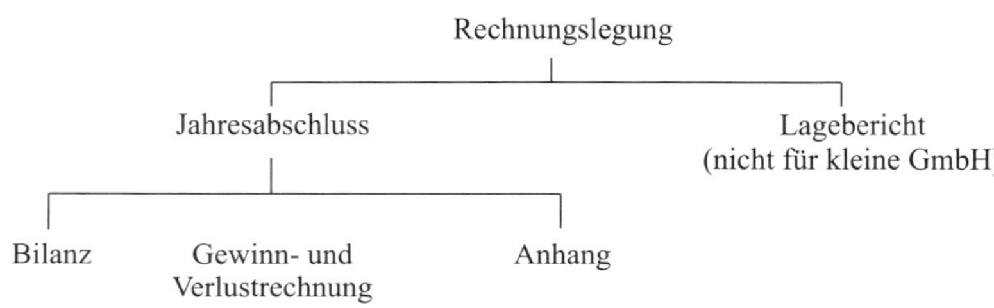

Mit dem Rechnungslegungsänderungsgesetz 2004 wurde für **Konzernabschlüsse** der Umfang erweitert. So bestimmt § 250 Abs 1, dass der **Konzernabschluss** aus der **Konzernbilanz**, der **Konzern-Gewinn- und Verlustrechnung**, dem **Konzernanhang**, der **Konzernkapitalflussrechnung** und einer Darstellung der Komponenten des Eigenkapitals und ihrer Entwicklung (**Eigenkapitalspiegel**) besteht. Er kann um die **Segmentberichterstattung** erweitert werden.

Da die **Kapitalflussrechnung (Geldflussrechnung)** jedoch bereits allgemein, vor allem international, als ein wesentlicher Bestandteil des Jahresabschlusses angesehen wird, wird diese in der Regel zumindest bei geprüften Kapitalgesellschaften entweder als Bestandteil des Anhanges oder Lageberichtes auch bei Erstellung des Einzelabschlusses aufgestellt.

3.3 Große, mittlere und kleine Kapitalgesellschaft (Größenklassen)

3.31 Die Größenklassen (§ 221 UGB gem URÄG 2008 ab 1. Juni 2008)

	Bilanzsumme	Umsatzerlöse*)	Arbeitnehmer
Kleine Kapitalgesellschaft Abs 1	bis € 4,84 Mio	bis € 9,68 Mio	bis 50
Mittlere Kapitalgesellschaft Abs 2	bis € 19,25 Mio	bis € 38,5 Mio	bis 250
Große Kapitalgesellschaft Abs 3			darüber hinaus

*) Die Umsatzerlöse beziehen sich auf die letzten 12 Monate vor dem Bilanzstichtag.

Abhängig von der Geldwertentwicklung werden die Schwellenwerte (Bilanzsumme und Umsatz), die einer Fünfjahresprüfung durch die EU-Kommission unterliegen, sporadisch durch das Gesetz angepasst.

Gem Erwägungsgrund 12 zur „Änderungsrichtlinie 2006/46/EG" kann neben der regulären Fünfjahresprüfung zur Anhebung der Schwellenwerte „eine zusätzliche einmalige Anhebung dieser Schwellenwerte für Bilanzsummen und Nettoumsatzerlöse ebenfalls zweckmäßig sein. Es gibt **keine Pflicht der Mitgliedstaaten,** diese angehobenen Schwellenwerte anzuwenden."

Österreich hat die Anhebung vorgenommen.

Mittlere Kapitalgesellschaften sind solche, die mindestens zwei der drei in Abs 1 bezeichneten Merkmale überschreiten. **Große Kapitalgesellschaften** sind solche, die mindestens zwei der drei in Abs 2 bezeichneten Merkmale überschreiten. **Eine Kapitalgesellschaft gilt stets als groß**, wenn Aktien oder andere von ihr ausgegebene Wertpapiere an einem geregelten Markt im Sinn des § 1 Abs 2 BörseG oder an einem anerkannten für das Publikum offenen, ordnungsgemäß funktionierenden Wertpapiermarkt in einem Vollmitgliedstaat der OECD zum Handel zugelassen sind.

Der Durchschnitt der Arbeitnehmeranzahl bestimmt sich nach der Arbeitnehmeranzahl an den jeweiligen Monatsletzten innerhalb des Geschäftsjahrs.

Bei der Bestimmung der Arbeitnehmerzahl ist nach *Nowotny* in *Straube*[3] § 221 Rz 20 f auf den allgemeinen Arbeitnehmerbegriff des Arbeitsrechtes und nicht des Arbeitsverfassungsrechtes abzustellen, sodass auch im Ausland beschäftigte Dienstnehmer, Lehrlinge, Heimarbeiter und leitende Angestellte, nicht hingegen Organmitglieder einzubeziehen sind. Außerdem ist zu beachten, dass das Gesetz ausdrücklich auf die Arbeitnehmeranzahl abstellt und keine gesonderte Regelung für Teilzeitbeschäftigte enthält, sodass auch diese voll in die Berechnung der Arbeitnehmeranzahl einzubeziehen sind.

3.32 Auswirkungen auf den Jahresabschluss, den Lagebericht, die Prüfungspflicht und die Offenlegung

3.321 Auswirkungen auf den Jahresabschluss und Lagebericht

Die Größe der Kapitalgesellschaft hat mit einer Ausnahme keine Auswirkungen auf die Anwendung der Bestimmungen über die **Bilanz und die Gewinn- und Verlustrechnung**: Die Vorschrift für die Bildung der gebundenen Rücklage (gebundene Kapitalrücklage und gesetzliche Rücklage) gilt nur für die Aktiengesellschaft und die große GmbH (§ 229 Abs 4).

Bezüglich des **Anhanges** ist die Vorschrift des § 242 über **größenabhängige Erleichterungen** zu beachten:

Von kleinen und mittelgroßen Aktiengesellschaften und mittelgroßen Gesellschaften mit beschränkter Haftung braucht die Vorschrift des § 237 Z 9 (Aufgliederung des Umsatzes) nicht angewendet zu werden (§ 242 Abs 1).

Bezüglich weiterer Erleichterungen für kleine und mittelgroße Aktiengesellschaften und mittelgroße Gesellschaften mbH siehe § 242 Abs 1 zweiter bis vierter Satz mit Erleichterungen zu § 237 Z 8a, 8b und 14.

Kleine Gesellschaften mit beschränkter Haftung brauchen in ihren Anhang nur die ausdrücklich in § 242 Abs 2 angeführten Angaben aufzunehmen; es besteht allerdings ein Minderheitsrecht auf Erstellung eines vollständigen Anhanges (bezüglich Details siehe Abschnitt 7.6).

Bezüglich des Lageberichtes gilt, dass die in § 243 Abs 5 geforderte Angabe der nichtfinanziellen Leistungsfaktoren einschließlich der Angabe von **Informationen über Umwelt- und Arbeitnehmerbelange** nur von großen Kapitalgesellschaften darzustellen ist.

Gem § 243 Abs 4 brauchen kleine GmbHs den **Lagebericht** nicht aufzustellen.

Nach dem Wortlaut des Gesetzes bezieht sich diese Erleichterungsvorschrift auch auf die aufsichtsratspflichtige und damit prüfungspflichtige kleine GmbH; es sollte überlegt werden, ob man nicht für diese Gruppe von GmbHs die Verpflichtung zur Aufstellung eines Lageberichtes vorsehen sollte.

3.322 Auswirkungen auf die Prüfungspflicht

Gem § 268 Abs 1 erstreckt sich die Verpflichtung zur Abschlussprüfung auf den Jahresabschluss und den Lagebericht von Aktiengesellschaften sowie mittleren und großen Gesellschaften mit beschränkter Haftung.

Prüfungspflichtig sind auch kleine Gesellschaften mit beschränkter Haftung, die aufgrund gesetzlicher Vorschriften einen Aufsichtsrat haben müssen (§ 268 Abs 1).

3.323 Auswirkungen auf die Offenlegung

Diesbezüglich wird auf die Darstellung in Kapitel 9 verwiesen.

3.33 Zeitliche Geltung der Vorschriften

Gem § 221 Abs 4 Z 1 treten die Rechtsfolgen der **Größenmerkmale**, wenn diese an den Abschlussstichtagen von zwei aufeinanderfolgenden Geschäftsjahren über- oder unterschritten werden, **ab dem folgenden Geschäftsjahr** ein.

Bei Umgründungen (Verschmelzung, Umwandlung, Einbringung, Zusammenschluss, Realteilung oder Spaltung) und Neugründungen treten die Rechtsfolgen **ab dem folgenden Geschäftsjahr** ein, **wenn die Merkmale am ersten Abschlussstichtag** nach der Umgründung oder Neugründung **vorliegen** (§ 221 Abs 4 Z 2), sowie bei der Aufgabe eines Betriebes oder eines Teilbetriebes, wenn die Größenmerkmale um mindestens die Hälfte unterschritten werden.

3.4 Fristen zur Aufstellung, Feststellung und Veröffentlichung des Jahresabschlusses

Gemäß § 222 Abs 1 haben die gesetzlichen Vertreter einer Kapitalgesellschaft in den ersten fünf Monaten des Geschäftsjahres für das vorangegangene Geschäftsjahr den um den Anhang erweiterten Jahresabschluss, einen Lagebericht sowie gegebenenfalls (§ 243b) einen Corporate Governance-Bericht aufzustellen und den Mitgliedern des Aufsichtsrats vorzulegen. Der Jahresabschluss, der Lagebericht sowie der Corporate Governance-Bericht sind von sämtlichen Vertretern zu unterzeichnen.

Bei prüfungspflichtigen Kapitalgesellschaften kann der Jahresabschluss nicht festgestellt werden, wenn die erforderliche Prüfung nicht stattgefunden hat (§ 268 Abs 1 dritter Satz).

3.41 Aktiengesellschaft

Gemäß § 96 AktG hat

(1) der Vorstand dem Aufsichtsrat, wenn der Jahresabschluss einen Bilanzgewinn ausweist, mit dem Jahresabschluss einen Vorschlag für die Gewinnverteilung vorzulegen. Der Aufsichtsrat hat diese Unterlagen innerhalb von zwei Monaten nach Vorlage zu prüfen, sich gegenüber dem Vorstand darüber zu erklären und einen Bericht an die Hauptversammlung zu erstatten.

(2) In dem Bericht hat der Aufsichtsrat mitzuteilen, in welcher Art und in welchem Umfang er die Geschäftsführung der Gesellschaft während des Geschäftsjahres geprüft hat, welche Stelle den Jahresabschluß und den Lagebericht sowie gegebenenfalls den Corporate Governance-Bericht geprüft hat und ob diese Prüfungen nach einem abschließenden Ergebnis zu wesentlichen Beanstandungen Anlaß gegeben haben.

(4) Billigt der Aufsichtsrat den Jahresabschluss, so ist dieser festgestellt, wenn sich nicht Vorstand und Aufsichtsrat für eine Feststellung durch die Hauptversammlung entscheiden.

§ 104 AktG

(1) Der Vorstand hat jährlich eine Hauptversammlung einzuberufen, die in den ersten acht Monaten des Geschäftsjahres stattzufinden hat, und ihr den Jahresabschluss samt Lagebericht und allfälligen Corporate Governance- Bericht, den allfälligen Konzernabschluss samt Konzernlagebericht, den Vorschlag für die Gewinnverwendung und den vom Aufsichtsrat erstatteten Bericht vorzulegen.

(2) Die Hauptversammlung beschließt über die Verwendung des Bilanzgewinnes und faßt den Beschluss über die Entlastung der Mitglieder des Vorstandes und der Mitglieder des Aufsichtsrates.

(3) Die Hauptversammlung stellt den Jahresabschluss fest, wenn der Aufsichtsrat den Jahresabschluss nicht gebilligt hat oder sich Vorstand und Aufsichtsrat für eine Feststellung durch die Hauptversammlung entschieden haben.

Gem § 277 Abs 1 UGB hat der Vorstand einer Aktiengesellschaft den Jahresabschluss und den Lagebericht sowie gegebenenfalls den Corporate-Governance-Bericht nach seiner Behandlung in der Hauptversammlung, spätestens aber bis Ablauf von neun Monaten nach dem Bilanzstichtag beim Firmenbuch einzureichen.

Der Vorstand einer großen Aktiengesellschaft hat die **Veröffentlichung** des Jahresabschlusses unmittelbar nach seiner Behandlung in der Hauptversammlung, jedoch spätestens neun Monate nach dem Bilanzstichtag, mit dem Bestätigungsvermerk oder dem Vermerk über dessen Versagung oder Einschränkung im „Amtsblatt zur Wiener Zeitung“ zu veranlassen (§ 277 Abs 2).

3.42 Gesellschaft mit beschränkter Haftung

Für die **Feststellung** des Jahresabschlusses **durch die Generalversammlung** und die Veröffentlichung bzw Einreichung zum Firmenbuch gelten für die GmbH sinngemäß die gleichen Fristen wie für die AG.

Gem § 35 Abs 1 Z 1 GmbHG haben die Gesellschafter in den ersten acht Monaten jedes Geschäftsjahres für das abgelaufene Geschäftsjahr die Prüfung und Feststellung des Jahresabschlusses, die Verteilung des Bilanzgewinnes, falls letzterer im Gesellschaftsvertrag einer besonderen Beschlussfassung von Jahr zu Jahr vorbehalten ist, und die Entlastung der Geschäftsführer sowie des etwa bestehenden Aufsichtsrates zu beschließen.

3.43 Personengesellschaften iSd § 221 Abs 5

Die für die Kapitalgesellschaften gem § 222 Abs 1 vorgesehene Frist von **fünf Monaten** für die Aufstellung des um den Anhang erweiterten Jahresabschlusses sowie des Lageberichtes gilt auch für **Personengesellschaften** iSd § 221 Abs 5. **Bezüglich der Veröffentlichung des Jahresabschlusses** unterliegen diese den der Rechtsform ihres unbeschränkt haftenden Gesellschafters entsprechenden Rechtsvorschriften; ist der Gesellschafter keine Kapitalgesellschaft, gelten die Vorschriften für die GmbH.

3.5 Sondervorschriften für börsennotierte Unternehmen – Umsetzung der „Transparenzrichtlinie“

Mit der Anpassung des **Börsegesetzes** (BGBl I 2007/19 vom 25.4.2007) wurde die **Transparenzrichtlinie** (2004/109/EG, 15.12. 2004) zur Harmonisierung der

Transparenzanforderungen in Bezug auf Informationen über Emittenten, deren Wertpapiere zum Handel auf einem geregelten Markt zugelassen sind, in Österreich umgesetzt.

Diese Bestimmungen **finden sich nicht im UGB, sondern im Börsegesetz**.

3.51 Jahresfinanzbericht – § 82 Abs 4 BörseG

Gem **§ 82 Börsegesetz** (Allgemeine Pflichten der Emittenten) **Abs 4** hat ein Emittent einen **Jahresfinanzbericht** spätestens **vier Monate** nach Ablauf jedes Geschäftsjahres zu veröffentlichen und sicherzustellen, dass er mindestens fünf Jahre lang öffentlich zugänglich bleibt.

Der Jahresfinanzbericht umfasst:

1. den **geprüften Jahresabschluss**;
2. den **Lagebericht**;
3. **Erklärungen**, in denen die gesetzlichen Vertreter des Emittenten unter Angabe ihres Namens und ihrer Stellung bestätigen,
   a) **dass der** im Einklang mit den maßgebenden Rechnungslegungsstandards aufgestellte **Jahresabschluss ihres Wissens ein möglichst getreues Bild der Vermögens-, Finanz- und Ertragslage** des Emittenten oder der Gesamtheit der in die Konsolidierung einbezogenen Unternehmen **vermittelt**;
   b) **dass der Lagebericht** den Geschäftsverlauf, das Geschäftsergebnis oder die Lage der Gesamtheit der in die Konsolidierung einbezogenen Unternehmen so darstellt, dass ein **möglichst getreues Bild der Vermögens-, Finanz- und Ertragslage** entsteht, und dass er die **wesentlichen Risiken und Ungewissheiten**, denen sie ausgesetzt sind, beschreibt.

Ist der Emittent verpflichtet, einen Konzernabschluss aufzustellen, so hat der geprüfte Jahresabschluss den Konzernabschluss und den Jahresabschluss des Emittenten als Mutterunternehmen zu umfassen.

Aufgrund der in obiger Vorschrift enthaltenen **Frist von vier Monaten** sind **für börsennotierte Unternehmen** die im UGB enthaltenen sonstigen Fristen für die Aufstellung des Jahresabschlusses nicht anwendbar.

Infolge der Verpflichtung der gesetzlichen Vertreter des Unternehmens, eine **förmliche Erklärung zum Jahresabschluss und zum Lagebericht** abzugeben, wird hier der Zusammenhang mit den Strafbestimmungen des § 255 AktG stark betont.

Diese dem bisherigen Recht fremde Verpflichtung der gesetzlichen Vertreter soll deren **besondere Verantwortung** für die Information der Öffentlichkeit betonen und wird deswegen gelegentlich, wenn auch nicht ganz zutreffend – als „**Bilanzeid**“ bezeichnet. Zu bemerken ist weiters, dass die Erklärung, soweit sie den Lagebericht betrifft, sich nicht auf den gesamten Inhalt des Lageberichtes bezieht, sondern insbesondere die Verpflichtung der gesetzlichen Vertreter zur vollständigen Darstellung der Risiken und Ungewissheiten hervorhebt. Die Erklärung im Zusammenhang mit dem Halbjahresfinanzbericht enthält noch weitere Präzisierungen zu dessen Inhalt, zB die Offenlegung von bestimmten Geschäften mit nahestehenden Unternehmen und Personen (siehe dazu die AFRAC-Stellungnahme „Erkärung der gesetzlichen Vertreter gem § 82 Abs 4 und § 87 Abs 1 BörseG“; Bilanzeid, Juni 2008).

3.52 Zwischenberichte – § 87 BörseG

3.521 Halbjahresfinanzbericht

§ 87 Abs 1 BörseG:

*„Ein **Emittent von Aktien oder Schuldtiteln** hat einen **Halbjahresfinanzbericht** über die ersten sechs Monate des Geschäftsjahres unverzüglich, spätestens jedoch **zwei Monate nach Ablauf des Berichtszeitraums** zu veröffentlichen und sicherzustellen, dass dieser Bericht mindestens fünf Jahre lang öffentlich zugänglich bleibt. Der Halbjahresfinanzbericht umfasst:*

1. *einen **verkürzten Abschluss**;*
2. *einen **Halbjahreslagebericht**;*
3. ***Erklärungen**, in denen die gesetzlichen Vertreter des Emittenten unter Angabe ihres Namens und ihrer Stellung versichern,*
   a) *dass der in Einklang mit den maßgebenden Rechnungslegungsstandards aufgestellte verkürzte Abschluss **nach bestem Wissen ein möglichst getreues Bild der Vermögens-, Finanz- und Ertragslage** des Emittenten oder der Gesamtheit der in die Konsolidierung einbezogenen Unternehmen **vermittelt**;*
   b) *dass der **Halbjahreslagebericht** ein **möglichst getreues Bild der Vermögens-, Finanz- und Ertragslage bezüglich der nach Abs 4 geforderten Informationen vermittelt**.“*

Der **Inhalt des Halbjahresberichts** wird im Einzelnen in § 87 Abs 4 BörseG umschrieben:

*„Der Halbjahreslagebericht hat zumindest **wichtige Ereignisse während der ersten sechs Monate** des Geschäftsjahres und ihre Auswirkungen auf den verkürzten Abschluss anzugeben; er hat ferner die **wesentlichen Risiken und Ungewissheiten in den restlichen sechs Monaten des Geschäftsjahres** zu beschreiben. In den Halbjahreslageberichten haben die Emittenten von Aktien **zumindest die folgenden Geschäfte** als wesentliche Geschäfte **mit nahe stehenden Unternehmen und Personen** offen zu legen:*

> *1. Geschäfte mit nahe stehenden Unternehmen und Personen, die während der ersten sechs Monate des aktuellen Geschäftsjahres stattgefunden haben und die die Finanzlage oder das Geschäftsergebnis des Unternehmens während dieses Zeitraums wesentlich beeinflusst haben;*
> *2. alle Veränderungen bei den Geschäften mit nahe stehenden Unternehmen und Personen, die im letzten Jahresfinanzbericht dargelegt wurden und die die Finanzlage oder das Geschäftsergebnis des Unternehmens während der ersten sechs Monate des aktuellen Geschäftsjahres wesentlich beeinflusst haben könnten.“*

3.522 Zwischenmitteilungen – § 87 Abs 6 BörseG

„Für den Fall, dass ein Emittent von Aktien keine Quartalsberichte nach Maßgabe der gemäß der VO 1606/2002/EG übernommenen IFRS erstellt, hat er **Zwischenmitteilungen** des Vorstandes **über das erste und das dritte Quartal** des Geschäftsjahres unverzüglich zu veröffentlichen, spätestens jedoch **sechs Wochen** nach Ablauf des Berichtszeitraumes.“

Der Inhalt der Zwischenmitteilung wird im Gesetz wie folgt umschrieben:

> *„1. eine Erläuterung der **wesentlichen Ereignisse und Transaktionen**, die in dem betreffenden Zeitraum stattgefunden haben, und ihre **Auswirkungen auf die Finanzlage** des Emittenten und der von ihm kontrollierten Unternehmen; insbesondere ist hier, soweit für das Unternehmen wesentlich, auf **Auftragslage, Entwicklung der Kosten und Preise, Zahl der Arbeitnehmer** sowie **Investitionen** einzugehen;*
> *2. eine allgemeine **Beschreibung der Finanzlage und des Geschäftsergebnisses** des Emittenten und der von ihm kontrollierten Unternehmen im betreffenden Zeitraum sowie die **Aussichten der Gesellschaft für das laufende Geschäftsjahr**.“*

§ 82 Abs 4 und § 87 BörseG mussten erstmals auf **Jahresfinanzberichte und Zwischenberichte** angewendet werden, die für einen Zeitraum erstellt werden, der frühestens am 30. Juni 2007 endet.

Wenn die Erklärung im Jahresfinanzbericht oder im Halbjahresfinanzbericht fehlt oder nicht rechtzeitig abgegeben wird, kann dies von der FMA mit einer Geldstrafe bis zu € 60.000 bestraft werden (§ 48 Abs 1 Z 6 BörseG).

Im Juni 2008 hat das AFRAC eine Stellungnahme „**Erklärung der gesetzlichen Vertreter gemäß § 82 Abs. 4 und § 87 Abs. 1 BörseG (Bilanzeid)**“ abgegeben und darin Mustererklärungen zum Jahresfinanzbericht und Halbjahresfinanzbericht veröffentlicht.

3.523 Richtlinie zur Änderung der Transparenzrichtlinie (Juni 2013)

Die Erwägungsgründe:

„**4a)** Member States should not be allowed to impose the requirements to puplish periodic financial information on a more frequent basis than annual financial reports and **half yearly reports** in their national legislation.

4b) In order to provide additional flexibility and thereby reduce administrative burdens, the deadline to publish half yearly financial reports should be extended to three months after the end of the reporting period.“

Die Umsetzungsfrist beträgt 24 Monate nach Inkrafttreten.

Mit dieser Änderung können börsennotierte Unternehmen ihre Zwischenberichterstattung auf **halbjährlich** umstellen. Diese müssen jeweils innerhalb von **drei Monaten nach Stichtag** veröffentlicht werden.

4. Die Aktivposten der Bilanz gem § 224 Abs 2

Das für Kapitalgesellschaften in § 224 vorgeschriebene Bilanzgliederungsschema wurde, ebenso wie die Bewertungsvorschriften des UGB, bereits in den Abschnitten 2.5 und 2.6 dargestellt.

Der vorliegende Abschnitt beschäftigt sich mit dem Ansatz und der Bewertung der einzelnen Bilanzposten. Obwohl das Gliederungsschema des § 224 nur für **Kapitalgesellschaften** vorgeschrieben ist, wird es in der Regel auch von **Einzelunternehmen** und **Personengesellschaften** eingehalten, so dass die Ausführungen in diesem Abschnitt für alle Rechtsformen gelten, soweit die behandelten Posten nicht rechtsformabhängig sind.

4.1 Aufwendungen für das Ingangsetzen und Erweitern eines Betriebes

Dieser Posten kann gemäß dem RÄG 2010 **ab 1.1.2010 nicht mehr gebildet werden**.

Bestehende Bilanzposten sind über ihre Restnutzungszeit (gesamt 5 Jahre) abzuschreiben.

Für Aufwendungen für das Ingangsetzen und Erweitern eines Betriebes, die in den Geschäftsjahren, die vor dem 1.1.2010 begonnen haben, aktiviert worden sind, sind die § 198 Abs 3 (Bilanzausweis), § 210 (Abschreibung), § 226 Abs 1 (Darstellung im Anlagenspiegel) und Abs 2 (Erläuterung im Anhang, Verbot der Gewinnausschüttung) sowie § 231 Abs 2 Z 7 lit a (Ausweis der Abschreibungen in der Gewinn- und Erfolgsrechnung) in der bis dahin geltenden Fassung weiter anzuwenden (§ 906 Abs 21).

Die entsprechenden Bestimmungen des UGB lauteten:

§ 198 Abs 3:

Die Aufwendungen für das Ingangsetzen und Erweitern eines Betriebes dürfen als Aktivposten ausgewiesen werden. Der Posten ist in der Bilanz vor dem Posten „Anlagevermögen" unter der Bezeichnung „Aufwendungen für das Ingangsetzen und Erweitern" auszuweisen.

§ 210:

Die für das Ingangsetzen und Erweitern eines Betriebes ***aktivierten Beträge sind für jedes Geschäftsjahr zu mindestens einem Fünftel abzuschreiben****. Bei der Bemessung des Abschreibungszeitraumes ist auf den Grundsatz der Vorsicht (§ 201 Abs. 2 Z 4) Bedacht zu nehmen.*

§ 226 Abs 1 erster Satz:

In der Bilanz oder im Anhang ist die Entwicklung der einzelnen Posten des Anlagevermögens und des Postens „Aufwendungen für das Ingangsetzen und Erweitern eines Betriebes" (§ 210) darzustellen.

§ 226 Abs 2:

Werden Aufwendungen für das Ingangsetzen und Erweitern eines Betriebes in der Bilanz ausgewiesen, so sind diese im Anhang zu erläutern. Gewinne dürfen im Fall der Aktivierung von Aufwendungen für das Ingangsetzen und Erweitern eines Betriebs oder eines Abgrenzungspostens gem § 198 Abs. 10 nur ausgeschüttet werden, soweit die danach verbleibenden jederzeit auflösbaren Rücklagen zuzüglich eines Gewinnvortrags und abzüglich eines Verlustvortrags dem ausgewiesenen Betrag mindestens entsprechen.

§ 231 Abs 2 Z 7 lit a:

Abschreibungen auf immaterielle Gegenstände des Anlagevermögens und Sachanlagen ***sowie auf aktivierte Aufwendungen für das Ingangsetzen und Erweitern eines Betriebes****.*

Nachstehende Aufwendungen für das Ingangsetzen und Erweitern eines Betriebes kamen für die Aktivierung in Frage:

Aufwendungen für das Ingangsetzen eines Betriebes:

Diese umfassen „vor allem den Aufbau der Unternehmensorganisation, die Auswahl und Einarbeitung von Mitarbeitern, die organisatorische Festlegung der Beschaffungs- und Vertriebskanäle sowie die Einführungswerbung für die angebotenen Produkte bzw Leistungen" (*Küting/Weber*[4] § 269 Rz 26).

Aufwendungen für das Erweitern des Geschäftsbetriebes:

Darunter fallen „solche Maßnahmen, die zeitlich abgrenzbar, von außerordentlicher Art und zudem von wesentlicher Bedeutung sind. Es müssen sprunghafte

Erweiterungen vorliegen, die eine Diskontinuität in der Entwicklung des Unternehmens darstellen und daher ein entsprechendes Aktivierungsbedürfnis begründen" (*Hofians*, aaO 117 mit Hinweis auf weitere Fachliteratur).

In *Küting/Weber*[4] (§ 269 Rz 33) werden dafür folgende Beispiele angeführt:

- bei Filialbetrieben Errichtung neuer Filialen,
- die Aufnahme neuer Produkte bzw Produktgruppen,
- die Erschließung neuer Märkte oder auch neuer Marktsegmente,
- die wesentliche Erweiterung der Fertigungskapazität,
- die wesentliche Erweiterung des Absatzsystems,
- aber auch die Beseitigung wesentlicher Engpasssituationen im bestehenden Beschaffungs-, Verwaltungs- oder Vertriebsbereich.

Als Beispiele für Aufwandsarten, die häufig einer Ingangsetzung oder Erweiterung zuzurechnen sind, werden in *Küting/Weber*[4] (§ 269 Rz 49) genannt:

- Aufwendungen für die Beschaffung von Arbeitskräften,
- Aufwendungen für das Anlernen, Umschulen bzw Einarbeiten von Arbeitskräften,
- Aufwendungen für die Auswahl der Lieferanten und Vertriebspartner,
- Aufwendungen für den Aufbau bzw Ausbau der Unternehmensorganisation,
- Aufwendungen für die Inbetriebnahme (Test- und Probeläufe von Fertigungsanlagen),
- Aufwendungen für selbsterstellte immaterielle Vermögensgegenstände, insbesondere für EDV-Programme,
- Aufwendungen für Marktanalysen,
- Aufwendungen für das Erschließen neuer Märkte,
- Aufwendungen für Einführungswerbung auf neuen Märkten oder für neue Produkte.

Die oben genannten Aufwendungen sind, soweit sie nicht aus anderen Gründen (zB Anschaffungsnebenkosten oder Teil der Herstellungskosten) seit 2010 unmittelbar der Gewinn- und Verlustrechnung zuzuführen.

4.2 Anlagevermögen

Was als **Anlagevermögen** auszuweisen ist, richtet sich nach der **Definition des § 198 Abs 2**. Danach sind als

> *Anlagevermögen die Gegenstände auszuweisen, die bestimmt sind, dauernd dem Geschäftsbetrieb zu dienen.*

In der Regel wird sich aus der Art des Vermögensgegenstandes schon die Zugehörigkeit zum Anlagevermögen oder zum Umlaufvermögen ableiten lassen; wenn dies jedoch nicht möglich ist, muss die Zugehörigkeit aufgrund dieser allgemeinen Definition geklärt werden (so zB bei Wertpapieren oder bei von einem Bauunternehmen erworbenen Grundstücken: sind diese Grundstücke zur Bebauung und Weiterveräußerung bestimmt, gehören sie nicht zum Anlagevermögen).

Bei der Darstellung des Anlagevemögens sind auch die in § 223 enthaltenen allgemeinen Grundsätze für die Gliederung zu beachten.

§ 224 Abs 2 UGB enthält für die Vermögensgruppe A, Anlagevermögen, folgende Grobgliederung:

I. Immaterielle Vermögensgegenstände

II. Sachanlagen

III. Finanzanlagen

Im Abschnitt 2.631 wurde bereits auf die Möglichkeit des § 223 Abs 6 hingewiesen, dass die mit arabischen Zahlen versehenen Posten der Bilanz zusammengefasst werden können, wenn dadurch die Klarheit der Darstellung verbessert wird.

In der Bilanz selbst würde es unter dieser Voraussetzung ausreichen, nur die Vermögensgruppen I bis III jeweils in Summe zu zeigen, wobei bei Aktiengesellschaften und mittleren und großen Gesellschaften mit beschränkter Haftung die zusammengefassten Posten jedoch im Anhang ausgewiesen werden müssten.

4.21 Immaterielle Vermögensgegenstände

Gem § 224 Abs 2 A I UGB werden die immateriellen Vermögensgegenstände folgendermaßen gegliedert:

1. Konzessionen, gewerbliche Schutzrechte und ähnliche Rechte und Vorteile sowie daraus abgeleitete Lizenzen;
2. Geschäfts(Firmen)wert;
3. geleistete Anzahlungen;

4.211 Konzessionen, gewerbliche Schutzrechte und ähnliche Rechte und Vorteile sowie daraus abgeleitete Lizenzen

Konzessionen werden von *Dusemond/Knop* (in *Küting/Weber*[4] § 266 Rz 14) wie folgt definiert: „Befristete behördliche Genehmigungen zur Ausübung eines bestimmten Gewerbes und/oder Handels" (zB Güterfernverkehrsgenehmigung). Als weitere Beispiele werden von *Wagenhofer* (in *Bertl R./Mandl D.,* Handbuch zum Rechnungslegungsgesetz I [Abschn B 11/22] 9) aufgezählt: Betriebs- und Versorgungsrechte von Energieversorgungsunternehmen, Verkehrskonzessionen, sonstige Gewerbeberechtigungen sowie bestimmte behördlich erteilte Bewilligungen und Rechte.

Zu den **gewerblichen Schutzrechten** gehören zB Patente, Marken, Warenzeichen, Gebrauchsmuster, Geschmacksmuster, Urheberrechte und Verlagsrechte (siehe *Wagenhofer,* aaO 9).

Zu den **ähnlichen Rechten und Vorteilen** gehören „ungeschützte Erfindungen, EDV-Software, Geheimverfahren, Film- und Tonaufzeichnungen, Belieferungsrechte" (*Dusemond/Knop* in *Küting/Weber*[4] § 266 Rz 14), weiters „Wohnrechte, Belegungsrechte, Rechte zur Ausbeutung von Bodenschätzen, Warenbezugsrechte, Wettbewerbsrechte, Syndikatsquoten, Zuteilungsrechte, Baurechte, Durchleitungsrechte, Brau- und Brennrechte sowie Nießbrauch, Rezepte, Know-how, Fabrikationsverfahren, Kundenkarteien, Kundenstämme, Geschäftsbeziehungen, Anschriftenmaterial, Archive, durch Zuschüsse erworbene Vorteile (zB zur Sicherung der Stromversorgung)" (siehe *Wagenhofer* 9).

Nach dem Gesetzeswortlaut gehören dazu auch aus den vorstehend aufgezählten Rechten abgeleitete **Lizenzen.**

4.212 Die Bewertung immaterieller Vermögensgegenstände

4.212.1 Aktivierungsverbot für nicht entgeltlich erworbene immaterielle Vermögensgegenstände

Infolge des Bilanzierungsverbotes dürfen gem § 197 Abs 2 keine selbsterstellten immateriellen Vermögensgegenstände des Anlagevermögens aktiviert werden. Dies bedeutet, dass selbsterstellte immaterielle Vermögensgegenstände des Anlagevermögens im Zeitraum der Herstellung aufwandsmäßig erfasst werden.

In der Frage der Abgrenzung zwischen „entgeltlich erworben" und „nicht entgeltlich erworben" spielt die Tragung des Herstellungsrisikos eine wesentliche Rolle. Wird das Herstellungsrisiko vom Auftraggeber getragen, gilt der immaterielle Vermögensgegenstand als erworben, wird dieses von Hersteller selbst getragen gilt der immaterielle Vermögensgegenstand als nicht entgeltlich erworben. Einzelne Teilleistungen, die von Dritten im Rahmen eines Herstellungsprozesses gegen Entgelt erbracht werden, teilen das Schicksal der Gesamtleistung.

4.212.2 Entgeltlich erworbene immaterielle Vermögensgegenstände

Zu den entgeltlichen Erwerben gehören in der Regel Kauf, Tausch oder Sacheinlagen und, wie oben dargestellt, auch die Auftragsfertigung, für deren Erfolg der Auftraggeber das Risiko trägt. Nach überwiegender Auffassung ist auch der **Erwerb durch Einlage ein entgeltlicher Erwerb**, da das Erfordernis des Erwerbs von einem Dritten auch durch gesellschaftsrechtliche Sachverhalte erfüllt werden kann (vgl *Urnik/Urtz* in *Straube*[3] § 202 Rz 7).

Gem § 238 Z 1 sind im Anhang „in der Bilanz ausgewiesene immaterielle Vermögensgegenstände, die von einem verbundenen Unternehmen oder von einem Gesellschafter, dessen Anteil den zehnten Teil des Nennkapitals erreicht, erworben wurden", anzugeben (gilt gem § 242 Abs 2 nicht für die kleine GmbH).

Entgeltlich erworbene immaterielle Vermögensgegenstände des Anlagevermögens sind mit ihren Anschaffungskosten anzusetzen und gem § 204 Abs 1 über den voraussichtlichen Zeitraum ihrer wirtschaftlichen Nutzung planmäßig abzuschreiben. Die wirtschaftliche Nutzungsdauer bei Rechten wird entweder mit der vertraglichen oder der gesetzlichen Ablauffrist übereinstimmen, in vielen Fällen aber kürzer angenommen werden (Patente, Lizenzen, auf befristete Zeit gewährte Konzessionen).

Ist die Nutzung eines immateriellen Vermögensgegenstandes zeitlich nicht begrenzt, unterliegt dieser keiner planmäßigen Abschreibung, sondern ist gem § 204 Abs 2 bei voraussichtlich dauernder Wertminderung außerplanmäßig auf den niedrigeren Wert, der ihm am Abschlussstichtag beizulegen ist, abzuschreiben. Der Fall einer nicht begrenzten zeitlichen Nutzung wird im UGB sehr selten angenommen werden. Möglich wäre dies beispielsweise bei einem Markenrecht oder bei behördlichen Konzessionen, wie etwa einer Rauchfangkehrer- oder Apothekerkonzession.

Das Steuerrecht macht die Absetzung für Abnutzung (planmäßige Abschreibung) bei entgeltlich erworbenen immateriellen Vermögensgegenständen, die einem Firmenwert ähnlich sind, davon abhängig, ob sie nach den allgemeinen Bewertungsregeln abnutzbar sind oder nicht, gestattet aber, „ein in ein Betriebsvermögen entgeltlich erworbenes Markenrecht" wie einen Firmenwert über 15 Jahre abzuschreiben (EStR Rz 3195). Gleiches gilt für einen entgeltlich erworbenen Kundenstock (EStR Rz 2291). Letzterer gilt allerdings dann nicht als abnutzbar, wenn der Rechtsvorgänger weiterhin einen entscheidenden Einfluss auf das Unternehmen ausübt oder als Geschäftsführer weiterhin tätig ist (Rz 2296).

4.212.3 Problem der Zuordnung selbsterstellter Software zum Anlage- oder Umlaufvermögen

Das Aktivierungsverbot bzw die Aktivierungspflicht für selbsterstellte Software hängt von der Zuordnung zum Anlage- bzw Umlaufvermögen ab. Aus diesem Grund ist die Beantwortung der Frage der Zugehörigkeit zum Anlage- bzw Umlaufvermögen für den Bilanzausweis selbsterstellter Software von ausschlaggebender Bedeutung.

Gem § 198 Abs 2 sind als Anlagevermögen jene Gegenstände auszuweisen, die bestimmt sind, dauernd dem Geschäftsbetrieb zu dienen. Zum Verkauf bestimmte Gegenstände gehören zum Umlaufvermögen. Als wesentliches Kriterium der Zuordnung zum Anlage- bzw Umlaufvermögen wird von den meisten Autoren die Zweckbestimmung bzw die Funktion des Gegenstandes im Geschäftsbetrieb angesehen.

Im Hinblick auf die Zweckbestimmung besteht bei EDV-Software insoweit ein Problem, als beispielsweise selbsterstellte Programme auf einem Trägerelement gespeichert und beliebig oft verkauft bzw in Lizenz vergeben, aber auch selbst benutzt werden können. Hierzu bemerken *Baetge/Fey/Weber* (in *Küting/Weber*[4]

§ 248 Rz 24): „Werden die Herstellungskosten des (eines) Programmes den zu verkaufenden lagernden Software-Disketten zugerechnet, besteht ein Aktivierungsgebot; werden die Herstellungskosten des Programmes dagegen einer tatsächlich vorhandenen Masterdiskette zugerechnet, von der die zu verkaufenden Disketten jeweils kopiert werden, dann besteht für die Herstellungskosten des Programmes ein Aktivierungsverbot. Das Aktivierungsverbot für selbsterstellte immaterielle Anlagegüter läßt sich also durch Sachverhaltsgestaltungen relativ leicht umgehen."

Dieser Abgrenzungsversuch der vorgenannten Autoren befriedigt deswegen nicht, weil das jeweilige Trägerelement vom Kostenstandpunkt im Vergleich zum Wert des erstellten Programmes völlig vernachlässigt werden kann und die Zuordnung zum Anlage- bzw Umlaufvermögen nicht davon abhängig gemacht werden darf, ob das Programm bereits auf die zum Verkauf bestimmten Disketten kopiert wurde oder nicht.

Unabhängig von der Art der Speicherung fordert das WP-Handbuch 1992 (Rz 53) für zur Veräußerung bestimmte EDV-Programme eine Aktivierung unter den Vorräten nach den allgemeinen Bewertungsgrundsätzen, wobei allerdings bei der Bewertung der Grundsatz der Vorsicht in besonderem Maße zu beachten ist.

Österreichische Kommentare nehmen bis jetzt nur peripher zur Frage der Zurechnung von EDV-Software zum Anlage- oder Umlaufvermögen Stellung. Zu erwähnen ist Hofians (*Hofians R.,* Immaterielle Werte im Jahresabschluß, Steuerbilanz und Einheitswertermittlung [1992]), der bezüglich der Zuordnung immaterieller Gegenstände zum Anlage- bzw Umlaufvermögen die gleiche Meinung wie das WP-Handbuch vertritt.

Fraberger/Petritz in *Hirschler* (Hrsg), *Bilanzrecht* § 197 Rz 35, ordnen erzeugte Software, die zum Verkauf bestimmt ist, in Anlehnung an *Pirker* und *Hirschböck* nach der Art der Vermarktung dem Anlage- oder Umlaufvermögen zu: „ Die zur anonymen Vermarktung bestimmten Softwarearten (Standard- und Systemsoftware) sind auf Grund der überragenden Bedeutung des Quellprogramms und der damit zusammenhängenden dauerhaften Nutzungsmöglichkeiten dem Anlagevermögen zuzurechnen. Individualsoftware, die im Auftrag eines Dritten entwickelt wurde, ist dem Umlaufvermögen zuzuordnen. Wenn die Quellcodes beim Hersteller zurückbleiben, kann uU im Einzelfall bei geplanter Verwendung dieser auch eine Zurechnung zum Anlagevermögen geboten sein"

Hiergegen ist einzuwenden, dass die Frage der Zuordnung nicht dadurch gelöst werden kann, ob es sich um anonyme oder individuelle Vermarktung handelt. Die Zuordnung hängt ausschließlich von der Zweckbestimmung der Software ab, nämlich Eigenverwendung oder entgeltliche Übertragung an Dritte, wobei es grundsätzlich gleich ist, ob die Übertragung im Wege des Verkaufes oder einer Lizenzvergabe erfolgt, soweit diese mit einem Fixbetrag und einer zeitlich unbeschränkten Nutzung verbunden ist.

Ausgehend von der bisher in den Kommentaren zum Bilanzrecht nach allgemeinen betriebswirtschaftlichen und unternehmensrechtlichen Grundsätzen vorgenommenen Interpretation des Begriffes „... bestimmt sind, dauernd dem Geschäftsbetrieb zu dienen" (Anlagevermögen) bzw des Begriffes „... nicht bestimmt sind, dauernd dem Geschäftsbetrieb zu dienen", wird von den Autoren dieses Buches bezüglich der **Zuordnung von EDV-Software zum Anlage- bzw Umlaufvermögen** folgender Schluss gezogen, der teilweise den oben geäußerten Ansichten widerspricht:

a) Für die Zuordnung selbsterstellter EDV-Software zum Anlage- bzw Umlaufvermögen ist ausschließlich die Zweckbestimmung, nämlich die Nutzung im Geschäftsbetrieb einerseits bzw zum Verkauf andererseits, maßgebend.
b) Die Frage der Speicherung des Programmes, sei es auf einer Masterdiskette bzw auf einer Mehrzahl von zum Verkauf bestimmten Disketten, ist für die Frage der Zuordnung des Programmes belanglos.
c) Eine Nutzung des Programmes im eigenen Geschäftsbetrieb stört die Zuordnung des Programmes zum Umlaufvermögen dann nicht, wenn die Eigennutzung im Vergleich zum Verkauf unbedeutend ist.
d) Soweit Software lediglich mietweise überlassen wird, zählt sie entsprechend dem Erkenntnis des VwGH (25.6.1998, 96/15/0251) zum Anlagevermögen, wobei jedoch einschränkend bemerkt wird, dass einmalige Lizenzgebühren, die zu unbeschränkter Nutzung berechtigen, nicht als mietweise Überlassung anzusehen sind.

Ist die **Software im Umlaufvermögen** (noch nicht abrechenbare Leistungen) aktiviert, erfolgt die Auflösung im Verhältnis der tatsächlich verkauften Einzelprogramme zum erwarteten Gesamtabsatz. Es ist daher jedenfalls erforderlich, nach Fertigstellung eines Programmes die Menge der zu verkaufenden Einzelprogramme (vorsichtig) zu schätzen, den gesamten aktivierten Betrag durch diese Mengen zu dividieren, um auf diese Weise den Einsatz pro verkauftem Einzelprogramm zu erhalten.

4.213 Geschäfts(Firmen)wert

Als **Geschäfts(Firmen)wert** ist gem § 203 Abs 5

> *der Unterschiedsbetrag anzusetzen, um den die Gegenleistung für die Übernahme eines Betriebes die Werte der einzelnen Vermögensgegenstände abzüglich der Schulden im Zeitpunkt der Übernahme übersteigt. Die* ***Abschreibung des Geschäfts(Firmen)wertes*** *ist planmäßig auf die Geschäftsjahre, in denen er voraussichtlich genutzt wird, zu verteilen.*

Der **Geschäfts- oder Firmenwert** ist der Unterschiedsbetrag zwischen dem Gesamtwert und dem Substanzwert eines Unternehmens. Der Substanzwert ergibt sich aus dem Eigenkapital laut Bilanz, bereinigt um die stillen Reserven und um eventuelle Überbewertungen.

Der im Unternehmen allmählich entstandene Firmenwert (**originärer oder ursprünglicher Firmenwert**) darf in der Bilanz nicht ausgewiesen werden. Hingegen muss der **derivative oder abgeleitete Firmenwert** aktiviert werden. Dieser ergibt sich aus folgender Rechnung:

Gegenleistung für die Übernahme des Unternehmens

abzüglich Werte der einzelnen Vermögensgegenstände des Unternehmens im Zeitpunkt der Übernahme, vermindert um die Schulden

---

Firmenwert

Stellt man den Werten der einzelnen Vermögensgegenstände und Schulden die jeweiligen Buchwerte gegenüber, erhält man die stillen Reserven. Während die durch den Verkauf des Unternehmens realisierten (offen gelegten) stillen Reserven unmittelbar den einzelnen Aktivposten zugeschrieben bzw von den einzelnen Passivposten abgezogen werden, wird der **Firmenwert** als gesonderter Posten unter den immateriellen Vermögensgegenständen ausgewiesen.

Folgende Fälle können beim erwerbenden Unternehmen zum **Ausweis des Firmenwertes** führen:

1. Erwerb eines Einzelunternehmens

Vermögen und Schulden des erworbenen Unternehmens gehen in den Aktiven und Passiven des erwerbenden Unternehmens auf.

2. Erwerb aller Anteile einer Personengesellschaft

Auch in diesem Fall gehen Vermögen und Schulden des erworbenen Unternehmens in den Aktiven und Passiven des erwerbenden Unternehmens auf.

3. Erwerb des Betriebes oder Teilbetriebes einer Kapitalgesellschaft oder Personengesellschaft (asset deal)

Vermögen und Schulden des erworbenen Betriebes oder Teilbetriebes gehen in den Aktiven und Passiven des erwerbenden Unternehmens auf.

Der Erwerb von Gesellschaftsanteilen (share deal) führt dagegen nicht zum bilanzmäßigen Ausweis eines Firmenwertes. Für den Fall des Erwerbes eines Anteiles an einer **Personengesellschaft** werden die Anschaffungskosten desselben beim erwerbenden Unternehmen unter den **Beteiligungen bzw Wertpapieren (Wertrechten) des Anlagevermögens** ausgewiesen. Steuerlich kann jedoch in der **Personengesellschaft**, deren Anteil erworben wurde, für den Anteil des Erwerbers, sofern stille Reserven und ein Firmenwert realisiert wurden, eine **Ergän-**

zungsbilanz eingerichtet werden. Die stillen Reserven werden im Verhältnis jener Vermögensgegenstände abgeschrieben, bei denen sie realisiert wurden; der **Firmenwert** ist entsprechend den steuerrechtlichen Bestimmungen abzuschreiben.

Auch der Erwerb eines Anteiles an einer **Kapitalgesellschaft** kann, außer im Rahmen eines Konzernabschlusses, nicht zum Ausweis eines Firmenwertes führen, da nicht einzelne Vermögensgegenstände und Schulden anteilig erworben werden, sondern ein einziger Vermögensgegenstand **„Anteil"**, der mit den Anschaffungskosten **unter Beteiligungen** bzw **unter den Wertpapieren (Wertrechten) des Anlagevermögens** aktiviert wird.

Eine Ausnahme zu dieser Regelung bildet das Körperschaftsteuergesetz, welches im Rahmen der Gruppenbesteuerung zulässt, dass der erworbene Anteil an einem neuen Gruppenmitglied auf einen abschreibungsfähigen Firmenwert und einen nicht abnutzbaren Beteiligungswert aufgeteilt wird. Als Firmenwert gilt der dem Beteiligungsausmaß entsprechende Unterschiedsbetrag zwischen dem unternehmensrechtlichen Eigenkapital der Beteiligungskörperschaft zuzüglich stiller Reserven im nicht abnutzbaren Anlagevermögen und den steuerlich maßgebenden Anschaffungskosten, höchstens aber 50% dieser Anschaffungskosten. Der abzugsfähige Firmenwert ist gleichmäßig verteilt auf 15 Jahre verteilt abzusetzen.

Unternehmensrechtlich gibt es dafür keine Rechtsgrundlage, sodass die Firmenwertabschreibung im Zuge der Mehr- oder Wenigerrechnung zu erfolgen hat.

Während der **Firmenwert** gem § 203 Abs 5 planmäßig auf die Geschäftsjahre, in denen er voraussichtlich genutzt wird, zu verteilen ist, verlangt § 8 Abs 3 EStG die Absetzung der Anschaffungskosten eines Firmenwertes bei land- und forstwirtschaftlichen Betrieben und bei Gewerbebetrieben gleichmäßig verteilt auf 15 Jahre.

Da die voraussichtliche Nutzung eines Firmenwertes relativ schwer festzustellen ist, wird in der Praxis die unternehmensrechtliche Abschreibungsdauer oft jener des Steuerrechtes angepasst werden.

Außerplanmäßige Abschreibungen (Unternehmensrecht) sowie Abschreibungen auf den niedrigeren Teilwert (Steuerrecht) sind bei Eintreten der Voraussetzungen (zB nachhaltig zu erwartende Verluste) zwingend.

Für außerplanmäßig abgeschriebene Firmenwerte gilt jedenfalls ein Zuschreibungsverbot, weil der wieder eingetretene Wertzuwachs nunmehr als originär entstandener Firmenwert gilt.

Der negative Firmenwert

Ein negativer Firmenwert entsteht, wenn der Kaufpreis für das Unternehmen niedriger ist als der Substanzwert. Diese Konstellation ist zB dann denkbar, wenn für das Unternehmen negative Ertragsaussichten bestehen oder befürchtet wird, dass nicht bilanzierungsfähige Garantien und Haftungszusagen schlagend werden. Möglich ist auch ein sogenannter „lucky buy“, der dann vorliegt, wenn der Kaufpreis aus unterschiedlichen Gründen, die in der Regel nicht im Unternehmen liegen, unter dem Wert des Unternehmens liegt.

Fraglich ist, ob eine Bilanzierung eines negativen Firmenwertes (Bad Will) unter dem Blickwinkel des Anschaffungskostenprinzips unternehmensrechtlich zulässig ist. Das Passivieren eines Bad Will sollte (analog zum Good Will) zu einem Ergebnisausgleich führen, dh mit der ertragswirksamen Auflösung des zu passivierenden Ausgleichsposten werden in der Zukunft negative Ereignisse, die jetzt schon absehbar sind und zum niedrigeren Kaufpreis geführt haben, kompensiert.

Orientiert man sich jedoch am Wortlaut des § 203 Abs 5 UGB, so ist eine Bilanzierung eines negativen Firmenwertes nicht möglich. Vielmehr sind die unternehmensrechtlichen Anschaffungskosten der übernommenen Vermögensgegenstände entsprechend zu vermindern (Abstockung). Dies wird jedoch dann unmöglich sein, wenn auf der Aktivseite nur mehr Nominalwerte vorhanden sind. In diesem Fall, aber auch dann, wenn negative Ertragsaussichten nachvollziehbar den Kaufpreis unter den Substanzwert gedrückt haben, erscheint es zulässig, einen unternehmensrechtlichen Ausgleichsposten (Bad Will) im Jahresabschluss einzustellen.

Der Ansatz eines **negativen Firmenwertes** kommt steuerlich nicht in Betracht (EStR Rz 2288).

Ein Sonderfall des Firmenwertes ist jener Teil des **Unterschiedsbetrages gem § 202 Abs 2 Z 3**, der nicht den Aktiven und Passiven des übertragenen Vermögens zugeordnet werden kann. Bezüglich dieses Sonderfalls und der Behandlung des **Umgründungsmehrwertes** wird auf Abschnitt 4.222 verwiesen.

Gem § 236 Z 3 sind für einen gem § 203 Abs 5 letzter Satz aktivierten Firmenwert im Anhang die **Gründe für** die gewählte **Abschreibungsdauer** und die **Abschreibungsmethode** anzugeben. Diese Erläuterungspflicht gilt gem § 242 Abs 2 auch für die kleine GmbH.

4.22 Einlagenbewertung

4.221 Einlagenbewertung gem § 202 Abs 1

Gem § 202 Abs 1 sind

> *„Einlagen ... mit dem Wert anzusetzen, der ihnen im Zeitpunkt ihrer Leistung beizulegen ist, soweit sich nicht aus der Nutzungsmöglichkeit im Unternehmen ein geringerer Wert ergibt. Werden Betriebe oder Teilbetriebe eingelegt ..., so gilt § 203 Abs 5 sinngemäß.“*

Gem § 203 Abs 5 ist als Geschäftswert der Unterschiedsbetrag anzusetzen, um den die **Gegenleistung** für die Übernahme eines Betriebes die Werte der einzelnen Vermögensgegenstände abzüglich der Schulden im Zeitpunkt der Übernahme übersteigt.

In diesem Zusammenhang sind zwei Konstellationen zu unterscheiden:

a) Die Einlage erfolgt durch den **Alleingesellschafter oder durch die bisherigen Gesellschafter im gleichen Verhältnis**. In diesem Fall besteht kein Interessengegensatz, wie er zwischen dritten Personen bei der Festlegung der Gegenleistung für die Einlage bestehen würde.
b) Es wird eine Einlage in eine **bestehende Gesellschaft** durchgeführt, wodurch der Einleger erst Gesellschafterstellung erwirbt. Bei der Festlegung der Gegenleistung für die Einlage besteht hier ein natürlicher Interessengegensatz zwischen dem einbringenden (Neu-)Gesellschafter und den bisherigen Gesellschaftern, sodass von der Annahme der Angemessenheit der Gegenleistung ausgegangen werden kann, während dies im Fall a) nicht unbedingt von vornherein angenommen werden kann und der Ansatz der Höhe des Geschäftswertes im Fall a) entsprechend kritisch betrachtet werden muss.

Die Gegenleistung wird in diesem Fall durch den Wert der Einlage fixiert und es darf der Nennwert bzw der höhere Ausgabewert der neuen Geschäftsanteile nicht höher festgelegt werden, als dieser dem Wert der Einlage nach den Vorschriften des § 202 Abs 1 entspricht.

Eine Einlage nach den Vorschriften des § 202 Abs 1 ist jedenfalls mit einer **Neubewertung** der Vermögensgegenstände und Verpflichtungen des eingelegten Betriebes oder Teilbetriebes verbunden.

In diesem Zusammenhang weist die Stellungnahme des Fachsenats für Unternehmensrecht und Revision zur Rechnungslegung bei Abspaltungen darauf hin, dass es auch bei Abspaltungen zu Bewertungsdifferenzen kommen kann.

Die **(spaltungsrechtliche) Eröffnungsbilanz** der übernehmenden Gesellschaft dient nach Ansicht des Fachsenats der Feststellung der am Spaltungsstichtag der übernehmenden Gesellschaft zuzuordnenden Vermögensteile und (insbesondere) des abzuspaltenden buchmäßigen Reinvermögens. Diese spaltungsrechtliche Eröffnungsbilanz bildet auch die Grundlage für die gem § 33 AktG vorgeschriebene **unternehmensrechtliche Eröffnungsbilanz** bei Gründung einer Aktiengesellschaft. In die auf den Tag der Errichtung der Gesellschaft zu erstellende Eröffnungsbilanz sind die am Spaltungsstichtag dem abzuspaltenden Betrieb zugeordneten Vermögensteile aufzunehmen und nach den Vorschriften des § 202 UGB zu bewerten.

4.222 Die Buchwertfortführung gem § 202 Abs 2

Veranlasst wurde diese mit dem Gesellschaftsrechtsänderungsgesetz 1993 eingeführte Vorschrift durch das Umgründungssteuergesetz. Da in diesem Gesetz grundsätzlich die Fortführung der (steuerlichen) Buchwerte ausdrücklich vorgeschrieben ist, wurde ein Weg gesucht, um auch unternehmensrechtlich – im Gegensatz zu den Bewertungsvorschriften der alten Fassung des § 202 – eine Möglichkeit zu schaffen, die Buchwerte fortzuführen.

Dies wird durch § 202 Abs 2 Z 1 bewirkt:

> *„Bei Umgründungen (Verschmelzungen, Umwandlungen, Einbringungen, Zusammenschlüssen, Realteilungen und Spaltungen) gilt folgendes:*
>
> *1. Abweichend von Abs 1 dürfen die Buchwerte aus dem letzten Jahresabschluß oder einer Zwischenbilanz, die nach den auf den letzten Jahresabschluß angewandten Bilanzierungs- und Bewertungsmethoden zu erstellen ist, fortgeführt werden."*

Damit ergibt sich sofort die Frage, was zu geschehen hat, wenn die Gegenleistung für die Einlage in Höhe der tatsächlichen Werte festgelegt wird und die Buchwerte des eingebrachten Vermögens übersteigt.

Diese Frage wird in Z 2 und 3 behandelt:

§ 202 Abs 2 Z 2:

> *„**Übersteigt der Gesamtbetrag der Gegenleistung die fortgeführten Werte nach Z 1**, so darf der **Unterschiedsbetrag** unter die Posten des Anlagevermögens aufgenommen werden; der **Gesamtbetrag der Gegenleistung** ergibt sich aus dem Gesamtausgabebetrag der neuen Anteile, dem Buchwert eigener oder untergehender Anteile und den baren Zuzahlungen."*

§ 202 Abs 2 Z 3:

> *„Jener Teil des Unterschiedsbetrages, der den Aktiven und Passiven des übertragenen Vermögens zugeordnet werden kann, ist als **Umgründungsmehrwert** gesondert auszuweisen, auf diesen Wert sind die für Vermögensgegenstände und Schulden geltenden Bestimmungen anzuwenden. Ein danach verbleibender Restbetrag darf als **Firmenwert** angesetzt werden."*

Obwohl die Aktivierung des Firmenwertes gem § 203 Abs 5 nunmehr Pflicht ist, gilt gem § 202 Abs 2 Z 3 nach wie vor das Wahlrecht zur Firmenwertaktivierung. Möglicherweise liegt hier ein Versehen des Gesetzgebers vor.

Die Anwendung dieser Gesetzesvorschriften soll anhand des folgenden Beispiels erläutert werden.

Dieses **Beispiel** ist auf folgende Fälle sinngemäß anwendbar:

a) Der Betrieb eines Einzelunternehmers wird gegen Gewährung neuer Anteile in eine Kapitalgesellschaft (entweder in eine neu gegründete oder eine bestehende) eingebracht;
b) der Betrieb einer Personengesellschaft wird von deren Gesellschaftern gegen Gewährung neuer Anteile in eine Kapitalgesellschaft (entweder in eine neu gegründete oder eine bestehende) eingebracht;
c) das Vermögen einer Kapitalgesellschaft wird auf eine andere Kapitalgesellschaft gegen die Gewährung neuer Gesellschaftsanteile durch die aufnehmende Kapitalgesellschaft übertragen;
d) eine Kapitalgesellschaft ist an einer anderen Kapitalgesellschaft bereits mit 100% beteiligt, und es wird eine Verschmelzung dieser beiden Kapitalgesellschaften durchgeführt; in diesem Fall ergibt sich der Gesamtbetrag der Gegenleistung aus dem Buchwert der untergehenden Anteile;
e) Kombination von c) und d), wenn die bestehende Beteiligung unter 100% liegt.

In den Fällen a) bis c) besteht der Gesamtbetrag der Gegenleistung aus dem Gesamtausgabebetrag der neuen Anteile (zusätzlich eventuell gewährter barer Zuzahlungen und dem Buchwert eigener Anteile der aufnehmenden Kapitalgesellschaft, die den „Einlegern“ als Gegenleistung gewährt werden).

Angaben (in Mio €):

Buchwert des übertragenen Vermögens	55
abzüglich Buchwert der Verpflichtungen	– 39
abzüglich Buchwert unversteuerter Rücklagen	– 1
= Buchwert des Eigenkapitals	15

Die Gegenleistung für die Übertragung besteht in neuen Gesellschaftsanteilen im Nominale von 10 Millionen zu einem Ausgabekurs von 250%, dh in einem Gesamtausgabebetrag von 25 Millionen.

Der Unterschiedsbetrag gem § 202 Abs 2 Z 1 beträgt somit 10 Millionen, der gemäß Z 3 primär den Aktiven und Passiven des übertragenen Vermögens zuzuordnen ist. Dieser zuzuordnende Betrag ist der **Umgründungsmehrwert**; wenn danach noch ein Unterschiedsbetrag verbleibt, darf dieser als **Firmenwert** angesetzt werden.

Es ist zu beachten, dass der Wert der Gegenleistung nicht in willkürlicher Höhe festgesetzt werden kann, sondern dass als Obergrenze für die Festlegung des Gesamtausgabebetrages der neuen Anteile der Wert gem § 202 Abs 1 angesehen werden muss. Im Falle einer bereits bestehenden 100 %igen Beteiligung ist die Gegenleistung ohnedies durch den Buchwert der untergehenden Anteile fixiert; dabei kann man von der Annahme ausgehen, dass dem Erwerb der Beteiligung ein objektiver Preisbildungsprozess vorausgegangen ist. Es muss allerdings untersucht werden, ob sich nicht gegenüber dem Zeitpunkt des Erwerbs der Beteiligung die Verhältnisse so geändert haben, dass der Buchwert der untergehenden Anteile in der Zwischenzeit höher ist, als dem Wert des eingebrachten Betriebes oder Teilbetriebes gem § 202 Abs 1 entspricht. Sollte dies der Fall sein, so ist der Unterschiedsbetrag aufgrund des niedrigeren tatsächlichen Wertes gem § 202 Abs 1 zu ermitteln, da sonst die Einlagen im Sinne des Unternehmensrechtes überbewertet wären.

Bei der Zuordnung des Unterschiedsbetrages ergibt sich folgendes Bild:

Zuordnung	Variante 1	Variante 2
immaterielle Vermögensgegenstände – Rechte	2	2
Sachanlagen	5	3
Finanzanlagen	1	1
andere Aktiven (Vorräte)	0	3
Verpflichtungen (Pensionsrückstellung)	0	– 1
Umgründungsmehrwert	8	8
Firmenwert	2	2
	10	10

Erläuterungen zu Variante 1:

Im vorliegenden Fall ist die volle Aufnahme des Unterschiedsbetrages unter die Posten des Anlagevermögens entsprechend § 202 Abs 2 Z 1 zutreffend; es ergibt sich allerdings die Frage, an welcher Stelle innerhalb des Anlagevermögens der Ausweis durchgeführt werden soll.

Für den Firmenwert von 2 Mio ist die Zuordnung zum Bilanzposten „Firmenwert" eindeutig. Für die übrigen Posten ergeben sich theoretisch folgende Möglichkeiten:

a) Gesonderter Ausweis eines Umgründungsmehrwertes jeweils bei den immateriellen Vermögensgegenständen, Sachanlagen und Finanzanlagen;
b) Ausweis des gesamten Umgründungsmehrwertes als eigene Postengruppe innerhalb des Anlagevermögens (als § 224 Abs 2 A IV) mit einer Aufteilung nach einzelnen Anlagengruppen in einer Vorkolonne;
c) wie b), allerdings ohne Aufteilung in der Bilanz, sondern mit einer Aufteilung im Anhang, und zwar im Anlagenspiegel; dies ist ohnedies für die Zuordnung der Fortschreibung des Unterschiedsbetrages in der Gewinn- und Verlustrechnung erforderlich.

In diesem Zusammenhang ist § 202 Abs 2 Z 3 erster Satz, letzter Halbsatz, zu beachten, wonach auf den Umgründungsmehrwert die für Vermögensgegenstände und Schulden geltenden Bestimmungen anzuwenden sind. Im vorliegenden Fall sind zB die Abschreibungsbeträge für immaterielle Vermögensgegenstände und abnutzbare Sachanlagen als Abschreibungen innerhalb des „Betriebserfolges“ auszuweisen, eventuelle außerplanmäßige Abschreibungen auf die stillen Reserven des Finanzanlagevermögens innerhalb des „Finanzerfolges“. Bei einer Veräußerung von Anlagegegenständen müssten gegebenenfalls die darauf entfallenden Restbuchwerte den zutreffenden Posten der Gewinn- und Verlustrechnung zugeordnet werden.

Erläuterungen zu Variante 2:

Hier fällt sofort auf, dass die Behandlung des Betrages von 8 Millionen als Umgründungsmehrwert und Ausweis innerhalb des Anlagevermögens gegen bestehende sonstige Bilanzierungsvorschriften verstößt:

a) Es kommt im vorliegenden Fall zu einer Saldierung von Aktiven und Passiven, somit zu einem Verstoß gegen das Saldierungsverbot des § 196 Abs 2;
b) stille Reserven bei den Vorräten würden hier als Bestandteil des Anlagevermögens ausgewiesen werden. Dadurch ist ein Verstoß gegen Gliederungsvorschriften gegeben.

Da einerseits lt ausdrücklicher gesetzlicher Anordnung der **Umgründungsmehrwert im Anlagevermögen auszuweisen ist**, andererseits die Fortschreibung der stillen Reserven der Vorräte in der Gewinn- und Verlustrechnung im Posten „Materialaufwand“ auszuweisen wäre, ergeben sich Inkonsequenzen bei der Gestaltung des Anlagespiegels. Dies führt zum Schluss, dass in derartigen Fällen die Vorschriften über die Buchwertfortführung nicht anwendbar sind.

4.223 Latente Steuerbelastung auf Aufwertungsbeträge

In Zusammenhang mit Vorgängen nach dem Umgründungssteuergesetz stellen die aus dem Umgründungsmehrwert entstehenden Aufwendungen keine steuerlich abzugsfähigen Betriebsausgaben dar (dies gilt in gleicher Weise für die aus den Mehrbeträgen infolge einer Neubewertung gem § 202 Abs 1 entstehenden Aufwendungen). Obwohl es sich eindeutig um zeitliche Differenzen handelt und die später aus dem Umgründungsmehrwert entstehenden Aufwendungen (zB Abschreibungen) steuerlich nicht abzugsfähig sind, darf eine latente Steuerschuld nicht bilanziert werden, weil das UGB diese nur für einen der Periode oder früheren Perioden zurechenbaren Steueraufwand, der in späteren Jahren schlagend wird, zulässt. Siehe hierzu die näheren Ausführungen in Abschnitt 4.57.

4.23 Sachanlagen

Untergliederung gem § 224 Abs 2 A II

1. Grundstücke, grundstücksgleiche Rechte und Bauten, einschließlich der Bauten auf fremdem Grund;
2. technische Anlagen und Maschinen;

3. andere Anlagen, Betriebs- und Geschäftsausstattung;
4. geleistete Anzahlungen und Anlagen in Bau;

4.231 Grundstücke, grundstücksgleiche Rechte und Bauten einschließlich der Bauten auf fremdem Grund

Die Entwicklung dieses Postens ist durch zunehmende Zusammenfassung gekennzeichnet: Während nach dem Aktiengesetz bei den bebauten Grundstücken noch eine Trennung zwischen Wohngebäuden einerseits und Geschäfts- oder Fabriksgebäuden oder anderen Baulichkeiten andererseits, dazu noch der getrennte Ausweis von Grundwert und Gebäudewert vorgeschrieben war, sowie nach dem UGB in der Fassung des RLG 1990 „unbebaute Grundstücke" noch gesondert auszuweisen waren, ist nunmehr die Gliederung weitgehend vereinfacht. Dies führt einerseits zur Vermeidung von Abgrenzungsproblemen, andererseits aber auch zu einem Informationsverlust zB dadurch, dass durch den Wegfall des gesonderten Ausweises von unbebauten Grundstücken dem Bilanzleser das Vorhandensein von Reservegrundstücken nicht mehr offen gelegt wird. Es erhebt sich hier die Frage, ob nicht im Interesse der Bilanzklarheit weiterhin von der Möglichkeit des § 223 Abs 4 nach einer weiteren Untergliederung Gebrauch gemacht werden sollte, zumindest im Anhang.

Für diesen Posten ist als einzige Zusatzinformation die Angabe lt § 225 Abs 7 gefordert, wonach bei „Grundstücken der Grundwert in der Bilanz anzumerken oder im Anhang anzugeben ist", dies gilt gem § 242 Abs 2 UGB nicht für kleine Gesellschaften mit beschränkter Haftung.

Zu den grundstücksgleichen Rechten gehört auch das Baurecht.

Zu den Bauten gehören auch alle Vermögensgegenstände, die der Benutzung von Gebäuden dienen, wie zB Heizungsanlagen und Beleuchtungsanlagen (*Dusemond/Knop* in *Küting/Weber*[4] § 266 Rz 25), Elektro- und Wasserinstallationen, Klimaanlagen, Nachrichtenanlagen, Fahrstühle (HBA[2] § 131 A II 2 Rz 6).

In diesem Zusammenhang kann sich auch die Frage der Abgrenzung zu technischen Anlagen ergeben. Sobald jedoch der Nutzungs- und Funktionszusammenhang zum Betriebsprozess dominiert, hat ein Ausweis unter dem Posten „technische Anlagen und Maschinen" zu erfolgen (zB spezielle Kühlanlagen in Schlächtereien, Schornsteine, Kühltürme, Trafohäuser etc – vgl *Dusemond/Knop* in *Küting/Weber*[4] § 266 Rz 25). Analog dazu werden auch folgende Bauten zu beurteilen sein: Eisenbahnanlagen, Hafenanlagen, Kanalbauten, Flussregulierungen, Wasserbauten, Brücken, Kühltürme, Ziegeleiöfen, Parkplätze, Straßen, Schachtanlagen und Bauten unter Tage (*Dusemond/Knop* in *Küting/Weber*[4] § 266 Rz 26).

Zum Posten „Grundstücke, grundstücksgleiche Rechte und Bauten" gehören auch die Erschließungskosten, zB die Kosten von Anlagen außerhalb des Grundstücks zum Anschluss des Grundstücks an das Versorgungs- und Verkehrsnetz und Grundstückseinrichtungen wie zB Zäune, Bodenbefestigungen uÄ. Einbauten in fremden Gebäuden, die nicht den Charakter von Bauten auf fremdem Grund haben, werden dem Sachanlagenposten Nr 3 „andere Anlagen" zuzuordnen sein.

Innerhalb des **Rechnungswesens** empfiehlt sich folgende Aufgliederung:

- Unbebaute Grundstücke
- Bebaute Grundstücke (Grundwert)
- Betriebs- und Geschäftsgebäude auf eigenem Grund
- Wohn- und Sozialgebäude auf eigenem Grund
- Betriebs- und Geschäftsgebäude auf fremdem Grund
- Wohn- und Sozialgebäude auf fremdem Grund
- Bauliche Investitionen in fremden Betriebs- und Geschäftsgebäuden
- Bauliche Investitionen in fremden Wohn- und Sozialgebäuden
- Grundstückseinrichtungen auf eigenen Grundstücken
- Grundstückseinrichtungen auf fremden Grundstücken
- Grundstücksgleiche Rechte

4.232 Technische Anlagen und Maschinen

Die Bezeichnung dieses Postens ermöglicht es dem Bilanzierenden, auch solche Tatbestände unter diesem Bilanzposten zu erfassen, die in einem engen Nutzungs- und Funktionszusammenhang mit dem Prozess der betrieblichen Leistungserstellung stehen, mit einer Maschine jedoch wenig gemein haben (*Dusemond/Knop* in *Küting/Weber*[4] § 266 Rz 29). Hierzu zählen beispielsweise Maschinenwerkzeuge, sonstige im Produktionsprozess eingesetzte Werkzeuge, Vorrichtungen, Formen und Modelle, andere Erzeugungshilfsmittel, Hebezeuge und Montageanlagen. Im Falle eines Nutzungs- und Funktionszusammenhanges mit Gebäuden ist dagegen der Ausweis unter dem Posten 1 vorzunehmen (siehe auch die Erläuterungen im vorhergehenden Abschnitt). Zu den Maschinen gehören nach vorherrschender Auffassung auch Spezialreserveteile und die Erstausstattung mit Ersatzteilen (vgl *Denk,* § 224 Abs 2 A II Z 2 – Technische Anlagen und Maschinen, Rz 9, in HBA[3].

Es empfiehlt sich, den Posten „Technische Anlagen und Maschinen" innerhalb des **Rechnungswesens** nach folgenden Kriterien zu gliedern:

- Fertigungsmaschinen
- Antriebsmaschinen
- Energieversorgungsanlagen
- Transportanlagen
- sonstige Maschinen und maschinelle Anlagen

- Maschinenwerkzeuge
- allgemeine Werkzeuge und Handwerkzeuge, soweit im Produktionsprozess
- verwendet
- Vorrichtungen, Formen und Modelle
- andere Erzeugungshilfsmittel
- Hebezeuge und Montageanlagen
- geringwertige Vermögensgegenstände

4.233 Andere Anlagen, Betriebs- und Geschäftsausstattung

Durch die Bezeichnung „andere Anlagen, Betriebs- und Geschäftsausstattung" wird dieser Bilanzposten zu einem Sammelposten für Anlagegegenstände, die nicht einem anderen Bilanzposten zuzuordnen sind; beim Auftreten von Abgrenzungsproblemen wird man daher, wenn die Zuordnung zu anderen Bilanzposten nicht eindeutig ist, den Ausweis unter diesem Posten vorzunehmen haben.

Folgende Untergliederung empfiehlt sich:

- Beheizungs- und Beleuchtungsanlagen
- Nachrichten- und Kontrollanlagen
- Sonstige Betriebsausstattung
- Büroeinrichtung
- Einrichtung von Verkaufsräumen
- Büromaschinen, EDV-Anlagen
- PKW
- LKW
- Andere Beförderungsmittel
- Gebinde
- Geringwertige Vermögensgegenstände

Bei „Beheizungs- und Beleuchtungsanlagen" ist zu untersuchen, ob diese der Gebäudenutzung dienen und somit dem Gliederungsposten 1 zuzuordnen sind.

4.234 Geleistete Anzahlungen und Anlagen in Bau

Mit dem RLG 1990 wurden im Gegensatz zum nach dem Aktiengesetz erforderlichen gesonderten Ausweis „**geleistete Anzahlungen und Anlagen in Bau**" zu einem einzigen Posten zusammengefasst; dies war aus Praktikabilitätsgründen zweckmäßig, da besonders bei der Errichtung von Gebäuden eine Trennung nach „Anzahlungen" und „Anlagen in Bau" zu Schwierigkeiten führen konnte.

Auch in betriebswirtschaftlicher Betrachtung kommt beiden Tatbeständen bei der Beurteilung der Bilanzstruktur die gleiche Bedeutung zu. In beiden Fällen handelt es sich um eine Kapitalbindung in Gegenständen des Sachanlagevermögens, die noch nicht im aktiven Betriebsprozess eingesetzt sind.

Bezüglich der Behandlung des **Bestellobligos** aus Anlagen wird auf Abschnitt 5.93 verwiesen.

4.235 Die Bedeutung des § 223 Abs 4 UGB für den Ausweis des Anlagevermögens

Nach dieser Vorschrift ist eine **weitere Untergliederung** der Posten zulässig; dabei ist jedoch die vorgeschriebene Gliederung zu beachten. **Zusätzliche Posten** dürfen hinzugefügt werden, wenn ihr Inhalt nicht von einem vorgeschriebenen Posten gedeckt wird. Die Aufnahme weiterer zusätzlicher Posten ist geboten, soweit es zur Erreichung der in § 222 Abs 2 umschriebenen Zielsetzung erforderlich ist.

Diese Vorschrift ist besonders für das **Sachanlagevermögen**, dessen Zusammensetzung von der Eigenart des jeweiligen Unternehmens bzw Wirtschaftszweiges abhängig ist, von besonderer Bedeutung. In der Praxis wird daher von der Möglichkeit des Ausweises zusätzlicher Posten verhältnismäßig häufig Gebrauch gemacht.

4.236 Bewertung des Sachanlagevermögens

§ 204 lautet:

> *(1) Die **Anschaffungs- oder Herstellungskosten** sind bei den Gegenständen des Anlagevermögens, deren Nutzung zeitlich begrenzt ist, um planmäßige Abschreibungen zu vermindern. Der Plan muss die Anschaffungs- oder Herstellungskosten auf die Geschäftsjahre verteilen, in denen der Vermögensgegenstand voraussichtlich wirtschaftlich genutzt werden kann.*
>
> *(2) Gegenstände des Anlagevermögens sind bei voraussichtlich dauernder Wertminderung ohne Rücksicht darauf, ob die Nutzung zeitlich begrenzt ist, außerplanmäßig auf den niedrigeren Wert abzuschreiben, der ihnen am Abschlussstichtag unter Bedachtnahme auf die Nutzungsmöglichkeit im Unternehmen beizulegen ist. Bei Finanzanlagen dürfen solche Abschreibungen auch vorgenommen werden, wenn die Wertminderung voraussichtlich nicht von Dauer ist.*

4.236.1 Planmäßige Abschreibungen

Nur solche Gegenstände des Anlagevermögens, deren Nutzung zeitlich begrenzt ist (abnutzbare Gegenstände des Anlagevermögens), müssen **planmäßig** abgeschrieben werden. Mit dem Begriff „planmäßig" bringt das Gesetz (§ 204 Abs 1) zum Ausdruck, dass die Abschreibung aufgrund eines vor oder mit Beginn der Nutzung aufgestellten Planes zu erfolgen hat.

> *„Der Plan muß die Anschaffungs- oder Herstellungskosten auf die Geschäftsjahre verteilen, in denen der Vermögensgegenstand voraussichtlich wirtschaftlich genutzt werden kann."*

Die **Abschreibungsbemessung** hat somit nicht nach der technischen oder rechtlichen Lebensdauer, also jener Zeitspanne, in der ein Vermögensgegenstand, vom technischen oder rechtlichen Standpunkt aus betrachtet, überhaupt Leistungen abgeben kann, sondern nach jenem Zeitraum zu erfolgen, in dem die **Nutzung eines Gutes** vom wirtschaftlichen Standpunkt aus als vertretbar gilt. Die wirtschaftliche Nutzungsdauer kann die Lebensdauer oft beträchtlich unterschreiten.

Die wirtschaftliche **Nutzungsdauer** kann auf unterschiedliche Kriterien zurückzuführen sein:

1. **Verbrauchsbedingte (technische) Abnutzung**, die unter anderem durch die Beanspruchung (einschichtig, mehrschichtig, gefahrene Kilometer eines LKW), oder die Beanspruchungsintensität (Drehzahl einer Maschine, Geschwindigkeit eines LKW, Härte des zu bearbeitenden Materials), durch die Art der Bedienung (Fachkenntnis, Sorgfalt) und durch die Anlagenpflege (Wartung) beeinflusst wird.
2. **Natürlicher Verschleiß** durch äußere Einflüsse (klimatische Bedingungen, Standortbedingungen, Anfälligkeit der Anlage [Rost] und Verschleißschutz).
3. **Substanzverringerung** in Gewinnungsbetrieben (Bergbau, Steinbruch, Sandgruben etc).

4.236.11 Methoden der planmäßigen Abschreibung

1. Zeitlich bedingte Abschreibung
2. Leistungsbedingte Abschreibung
3. Gewinnungsbedingte Abschreibung (Substanzabschreibung)

Zu 1. **Zeitlich bedingte Abschreibung**

Die **Verteilung der Gesamtabschreibung** auf die gesamte Nutzungsdauer kann **linear, degressiv** oder **progressiv** erfolgen.

Die Festsetzung der Abschreibungsquote erfolgt entweder für jeden einzelnen Gegenstand gesondert oder sie wird für artähnliche Gegenstände in pauschaler Form festgelegt (zB planmäßige Abschreibung von Büromaschinen über einen Zeitraum von fünf Jahren oder der Büroeinrichtung von zehn Jahren). Letztere auch als **konventionelle Nutzungsdauer** bezeichnete Annahme des Abschreibungszeitraumes findet sich im Steuerrecht in Form der **Absetzung für Abnutzung (AfA)**, die auf der sogenannten **betriebsgewöhnlichen Nutzungsdauer** aufbaut.

Für den Fall, dass ein Anlagegegenstand nicht das gesamte Geschäftsjahr genutzt wird, sieht § 204 UGB (Abschreibungen im Anlagevermögen) keine besondere Regelung vor. Dies bedeutet, dass für die unterjährige Nutzung grundsätzlich die Abschreibung **pro rata temporis** gilt. Durch die Bestimmung des § 7 Abs 2 EStG (siehe Abschnitt 4.236.13) hat sich jedoch auch im der Unternehmensbilanz die Übung herausgebildet, bei einer Nutzung von weniger als sechs Monaten die Halbjahresabschreibung und bei einer Nutzung von mehr als sechs Monaten die volle Jahresabschreibung anzusetzen.

Lineare (konstante) Abschreibung

Die **lineare (konstante) Abschreibung** geht von der Voraussetzung aus, dass die Gebrauchsfähigkeit eines Anlagegegenstandes während der Nutzungsdauer konstant bleibt, dass keine oder zumindest gleichmäßige jährliche Reparaturen anfallen und dass die Beschäftigung konstant bleibt; weiters werden keine Wertminderungen berücksichtigt, die sich durch den technischen Fortschritt oder durch Bedarfsverschiebungen am Markt ergeben.

Degressive Abschreibung

Die **Abschreibungen sinken** mit zunehmender Nutzungsdauer, dh die Abschreibungsquote ist im ersten Jahr am höchsten, im letzten Nutzungsjahr am niedrigsten.

Betriebswirtschaftlich wird die degressive Abschreibung folgendermaßen begründet:

Bei vielen Anlagegegenständen ist die Leistungsfähigkeit in den ersten Nutzungsjahren am höchsten; diese können daher auch mit den höchsten Abschreibungsquoten belastet werden. In den späteren Nutzungsjahren sinkt die Leistungsfähigkeit der Anlagengegenstände infolge stärkerer Reparaturanfälligkeit, durch die ungenauere Arbeit der Anlagen und die höheren Betriebskosten. Es treten sogenannte **Alterungskosten** auf, also Kosten, die mit zunehmendem Anlagenalter progressiv ansteigen.

Außerdem wird durch die Anwendung dieses Verfahrens eine **gleichmäßige Aufwandsbelastung** erreicht, da die Verringerung der Abschreibungsquote durch die Zunahme des **Reparaturaufwandes** kompensiert wird.

Durch die **degressive Abschreibung** wird die **Gefahr der technischen oder wirtschaftlichen Überholung** berücksichtigt. Tritt eine Wertminderung des Anlagegegenstandes durch den technischen Fortschritt oder durch Bedarfsverschiebungen ein, ist es in diesem Fall nicht mehr erforderlich, zusätzliche Abschreibungen vorzunehmen. Die degressive Abschreibung berücksichtigt damit besonders den **Vorsichtsgrundsatz**.

Formen der degressiven Abschreibung sind die **arithmetisch degressive Abschreibung** und die **geometrisch degressive Abschreibung**.

Die arithmetisch degressive Abschreibung kann in der Form der **gleichmäßig fallenden Abschreibungssätze** auf den Anschaffungswert oder in Form der **digitalen Abschreibung** angesetzt werden.

Arithmetisch degressive Abschreibung mit gleichmäßig fallenden Abschreibungssätzen auf den Anschaffungswert:

a1 = Abschreibungsquote des 1. Jahres

d = gleich bleibende Differenz zwischen den einzelnen Abschreibungsquoten

an = Abschreibungsquote des letzten Jahres = $a1 - (n - 1)d$

Summe der Abschreibungsquoten = 100%

Summenformel:

$$100 = (a1 + an)\frac{n}{2} = \left[a1 + a1 - (n-1)d\right]\frac{n}{2} = \left[2a1 - (n-1)d\right]\frac{n}{2}$$

Beispiel:

Eine Maschine mit Anschaffungskosten von € 90.000 und einer Nutzungsdauer von zehn Jahren soll in fallenden Prozentsätzen vom Anschaffungswert abgeschrieben werden, wobei die Abschreibungsdifferenz zwischen den Abschreibungsquoten der einzelnen Jahre 2% beträgt.

Wie hoch sind die Abschreibungssätze des ersten und letzten Jahres?

$$\begin{aligned} 100 &= [2a1 - (9 \times 2)]5 \\ 100 &= 10a1 - 90 \\ 10a1 &= 190 \\ a1 &= 19 \\ an &= 19 - (9 \times 2) = 1 \end{aligned}$$

Digitale Abschreibung

Die Abschreibungsquote des letzten Jahres entspricht der Abnahme der jährlichen Abschreibungsquoten. Die Abschreibungsquote des letzten Jahres ergibt sich daher aus der Division der Gesamtabschreibung durch die Summe der Abschreibungsquoten:

$$\frac{Gesamtabschreibung}{1+2+3+4+.......+n}$$

n = Nutzungsdauer des Gegenstandes

Beispiel:

Die im vorliegenden Beispiel angeführte Maschine soll digital über zehn Jahre abgeschrieben werden:

$$Abschreibungsquote\ des\ letzten\ Jahres = \frac{Gesamtabschreibung}{1+2+3+.......+10} = \frac{90.000}{55}$$

Die Abschreibungsquote des letzten Jahres beträgt € 1.636,36 oder 1,818%.

Wenn der Abschreibungsprozentsatz des letzten Jahres direkt errechnet werden soll, lautet die Rechnung:

$$\frac{100}{1+2+3+.....+10} = \frac{100}{55} = 1{,}818\%$$

Geometrisch degressive Abschreibung

In diesem Fall wird der gleich bleibende Abschreibungssatz auf den jeweiligen Restbuchwert angewendet.

Dieses Abschreibungsverfahren kann nie zum Wert null führen; es muss daher immer ein Restwert festgesetzt werden, der mit Ablauf des letzten Nutzungsjahres erreicht werden soll. Wenn dieser Restwert niedrig ist, ist ein sehr hoher Abschreibungsprozentsatz erforderlich. Dieser kann dabei nach folgender Formel errechnet werden:

$$p = 100\left(1 - \sqrt[n]{\frac{Rn}{A}}\right)$$

Die Symbole dieser Formel bedeuten:

p = Abschreibungssatz
Rn = Restwert nach n Jahren
n = Nutzungsdauer
A = Anschaffungs -oder Herstellungskosten.

Progressive Abschreibung

Die **progressive Abschreibung** hat kaum praktische Bedeutung. Sie ist dann berechtigt, wenn im Hinblick auf die künftige Entwicklung überdimensionierte Anlagen erst langsam in ihre volle Ausnutzung hineinwachsen, wie dies zum Beispiel bei Verkehrsunternehmen und Kraftwerken der Fall sein kann.

Der **Haupteinwand** gegen die progressive Abschreibung liegt im Widerspruch zum Vorsichtsgrundsatz (Gefahr der technischen Überholung, plötzliche Nachfrage- oder Preisänderungen bei noch relativ hohen Buchwerten).

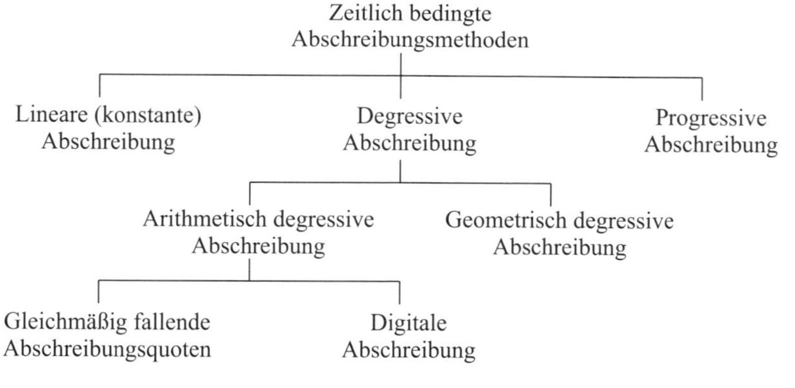

Zu 2. **Leistungsbedingte Abschreibung**

Bei diesem Verfahren wird nicht die Nutzungsdauer, sondern die mögliche Leistungsabgabe geschätzt. Es wird ein Abschreibungsbetrag je Leistungseinheit ermittelt. Grundlagen dafür sind die Anschaffungs- oder Herstellungskosten, dividiert durch die Anzahl der mutmaßlichen Leistungseinheiten (zB mögliche Gesamtkilometerzahl bei einem LKW) oder durch die Stunden, die ein Gegenstand genutzt werden kann, bis er nicht mehr verwendungsfähig ist.

Zu 3. **Gewinnungsbedingte Abschreibung**

Die Abschreibung auf Basis der **Substanzverringerung** erfordert bei der Aufstellung des Abschreibungsplanes die Feststellung der gesamten vorhandenen Substanz (Schätzung oder Messung). Die planmäßige Abschreibung pro abgebauter (gewonnener) Substanzeinheit (t, kg, m^3) ergibt sich aus folgender Rechnung:

Abschreibung pro abgebaute (gewonnene) Substanzeinheit =

$$\frac{\text{Anschaffungskosten (bzw Gesamtabschreibung)}^{1)}}{\text{Abbaufähige (gewinnungsfähige) Substanzeinheiten}}$$

Jahresabschreibung = Abgebaute (gewonnene) Substanzeinheiten × Abschreibung pro Substanzeinheit

1) Die Gesamtabschreibung wird dann von den Anschaffungskosten abweichen, wenn ein nicht abschreibungsfähiger Restwert (Schrottwert, Wert des Grund und Bodens nach Ausbeutung) verbleibt.

4.236.12 Sonderformen der Anlagenabschreibung

4.236.121 Geringwertige Vermögensgegenstände

Gem § 205 Abs 1 können geringwertige Vermögensgegenstände des Anlagevermögens im Jahr der Anschaffung vollständig abgeschrieben werden, wenn die Abschreibung betragsmäßig nicht von wesentlichem Umfang ist.

Gemäß den ErlRV (zum RLG) ist der Begriff der Wesentlichkeit bei der Vollabschreibung geringwertiger Vermögensgegenstände im Hinblick auf ihre Bedeutung im Rahmen der Gesamtabschreibungen zu interpretieren.

Im Einkommensteuergesetz werden die **geringwertigen Vermögensgegenstände als geringwertige Wirtschaftsgüter** bezeichnet. Der Begriff der geringwertigen Wirtschaftsgüter findet sich im § 13 EStG, wonach „die Anschaffungs- oder Herstellungskosten (…) von abnutzbaren Anlagegütern als Betriebsausgaben abgesetzt werden [können], wenn diese Kosten für das einzelne Anlagegut 400 Euro nicht übersteigen (geringwertige Wirtschaftsgüter)“.

4.236.122 Abschreibung (Aufwandserfassung) auf Basis von Festwerten

Gegenstände des Sachanlagevermögens sowie Roh-, Hilfs- und Betriebsstoffe können gem § 209 Abs 1, „wenn sie regelmäßig ersetzt werden und ihr Gesamtwert von untergeordneter Bedeutung ist, mit einem gleichbleibenden Wert angesetzt werden, sofern ihr Bestand voraussichtlich in seiner Größe, seinem Wert und seiner Zusammensetzung nur geringen Veränderungen unterliegt. Jedoch ist mindestens alle fünf Jahre eine Bestandsaufnahme durchzuführen. Ergibt sich dabei eine wesentliche Änderung des ***mengenmäßigen Bestandes****, so ist insoweit dieser Wert anzupassen.“*

An die Stelle der Abschreibungen treten bei Anwendung des Festwertverfahrens die jährlichen Zugänge, die **unmittelbar als Aufwand**, allerdings **nicht unter den Abschreibungen**, sondern unter dem Materialaufwand gem § 231 Abs 2 Z 5a erfasst werden.

Die EStR 2000 nennen verschiedene Gruppen von **Vermögensgegenständen**, für die **Festwerte** in Betracht kommen (Rz 2279):

- Bahn- und Gleisanlagen
- Beleuchtungsanlagen
- Feuerlöschgeräte
- Flaschen
- Flaschenkästen
- Formen
- Gerüstteile
- Hotelgeschirr und Wäsche
- Kanaldielen
- Laboratoriumseinrichtungen
- Leergebinde
- Mess- und Prüfgeräte
- Modelle
- Rechen- und Schreibmaschinen
- Stromleitungen
- Werkzeugsätze

4.236.13 Absetzung für Abnutzung nach dem Steuerrecht

> *Gem § 7 Abs 1 EStG sind „bei Wirtschaftsgütern, deren Verwendung oder Nutzung durch den Steuerpflichtigen zur Erzielung von Einkünften sich erfahrungsgemäß auf einen Zeitraum von mehr als einem Jahr erstreckt (abnutzbares Anlagevermögen), die Anschaffungs- oder Herstellungskosten* ***gleichmäßig verteilt*** *auf die* ***betriebsgewöhnliche Nutzungsdauer*** *abzusetzen".*
>
> *Abs 2 Wird das Wirtschaftsgut im Wirtschaftsjahr mehr als 6 Monate genutzt, dann ist der gesamte auf ein Jahr entfallende Betrag abzusetzen, sonst die Hälfte dieses Betrages.*

Mit der Forderung nach gleichmäßiger Verteilung der Abschreibungen auf die betriebsgewöhnliche Nutzungsdauer ist **steuerrechtlich** seit 1989 bei allen abnutzbaren Anlagegegenständen, die einer zeitlich beschränkten Nutzung unterliegen, nur noch die **lineare Abschreibung** möglich. Dies gilt nicht für die Abschreibung wegen Substanzverringerung. In gleicher Weise sind die Vollabschreibung geringwertiger Wirtschaftsgüter (§ 13 EStG) sowie die Anwendung des Festwertverfahrens steuerlich zulässig.

Das Einkommensteuergesetz verlangt im § 7 Abs 2 im Gegensatz zum UGB zwingend, bei einer Nutzung von weniger als 6 Monate die halbe und bei einer Nutzung von mehr als 6 Monate die volle Jahresabschreibung anzusetzen. Maßgebend für die Feststellung der Nutzungszeit ist nicht das Datum der Anschaffung oder Herstellung, sondern das Datum des Beginns oder des Endes der Nutzung.

4.236.14 Änderung der Abschreibungsmethode

Die Bestimmung in § 201 Abs 2 letzter Satz, wonach unter anderem ein Abweichen von den **im Vorjahr angewendeten Bewertungsmethoden** nur bei Vorliegen besonderer Umstände zulässig ist, trifft auch auf die Frage des Überganges von einer auf eine andere Abschreibungsmethode (zB von der linearen auf die degressive Abschreibung) zu.

Stellt sich allerdings während der Nutzung eines Anlagegegenstandes heraus, dass die Nutzungsdauer zu kurz oder zu lang angenommen worden war, wird gegen eine **Anpassung des Abschreibungssatzes** für die Zukunft kein Einwand erhoben werden können.

Eine **Zuschreibung** ist für den Fall, dass die planmäßige Abschreibung zu hoch angenommen wurde, **nicht** möglich, da Zuschreibungen gem § 208 Abs 1 nur zur Rückgängigmachung **außerplanmäßiger Abschreibungen** vorgenommen werden können.

4.236.2 *Außerplanmäßige Abschreibungen*

Können einem Vermögensgegenstand unmittelbar Erträge und Aufwendungen zugeordnet werden und kann somit ein Barwert des zukünftigen Nutzens ermittelt werden, kann bei entsprechend negativer Entwicklung die Notwendigkeit einer außerplanmäßigen Abschreibung festgestellt werden. Untergrenze ist hier, wie bei allen anderen Fällen der außerplanmäßigen Abschreibung, der Liquidations(verkehrs)wert.

Im Einzelnen können nachstehende Ereignisse zur Durchführung außerplanmäßiger Abschreibungen führen:

Wirtschaftlich bedingte Wertminderung

Diese ergibt sich aus der Wertminderung infolge des technischen Fortschrittes; werden Anlagen und Produktionsverfahren entwickelt, die mit geringeren Kosten als die alten Anlagen arbeiten, so wirkt sich das als Wertminderung der alten Anlagen aus.

Nachfrageverschiebungen

Infolge von Verschiebungen in der Bedarfsstruktur ändert der Betrieb zwangsläufig sein Produktionsprogramm. Die dadurch hervorgerufene Umstellung in der Fertigung kann dazu führen, dass die vorhandenen Anlagen nicht mehr voll geeignet sind und damit auch nicht mehr voll genutzt werden können. Der technisch noch vorhandene Leistungsvorrat ist also wirtschaftlich nicht mehr voll verwertbar.

Fehlinvestitionen

Infolge falscher Einschätzung der wirtschaftlichen Entwicklung kann der technische Leistungsvorrat in Form von Anlagen überhaupt nicht ausgenützt werden.

Sinken der Wiederbeschaffungskosten

Kann der in den vorhandenen Anlagen enthaltene Nutzungsvorrat am Markt billiger wiederbeschafft werden, so vermindert sich der Wert der vorhandenen Anlagen.

Ist die **Wertminderung** voraussichtlich **von Dauer**, muss gem § 204 Abs 2 eine außerplanmäßige Abschreibung vorgenommen werden; gilt sie als **vorübergehend**, darf diese nur bei **Gegenständen des Finanzanlagevermögens** vorgenommen werden (gemildertes Niederstwertprinzip).

Der Betrag der außerplanmäßigen Abschreibung ist in der Gewinn- und Verlustrechnung gesondert auszuweisen (§ 232 Abs 5).

4.236.3 *Zuschreibungen*

Gem § 208 Abs 1 besteht ein striktes **Wertaufholungsgebot**, wenn sich in einem späteren Geschäftsjahr herausstellt, dass die Gründe für eine vorgenommene außerplanmäßige Abschreibung nicht mehr bestehen. Die Zuschreibung ist im Umfang der Werterhöhung unter Berücksichtigung der Abschreibungen, die inzwischen vorzunehmen gewesen wären, durchzuführen.

Der von *Eberhartinger/Plassak* (in *Hirschler*, § 208 Rz 17), in Anlehnung an mehrere Literaturstellen zum Ausdruck gebrachten Meinung, dass für die Zuschreibung „genau jene Gründe weggefallen sein müssen, die zu einer außerplanmäßigen Abschreibung geführt haben" kann nicht gefolgt werden. Da die Wiederaufwertung der Vermittlung des möglichst getreuen Bildes der Vermögens-, Finanz- und Ertragslage dient, hat die Zuschreibung jedenfalls bis zur Höhe des aus welchen Gründen immer gestiegenen Wertes des Vermögensgegenstandes zu erfolgen. Ansatzhöchstgrenze sind die Anschaffungs- oder Herstellungskosten abzüglich der bisherigen (fiktiven) planmäßigen Abschreibungen.

Die Unabhängigkeit der Gründe für die Zuschreibung von jenen, die zur Abschreibung geführt haben, wird auch vom VwGH in einem Erkenntnis vom 22. April 2009, 2007/15/0074 wie folgt, bestätigt:

„Eine Zuschreibung nach einer früheren außerplanmäßigen Abschreibung (Teilwertabschreibung) ist gem § 208 Abs 1 HGB dann vorzunehmen, wenn die Gründe dafür nicht mehr bestehen. Eine Identität der Gründe ist allerdings nicht Voraussetzung; maßgeblich sind nicht die einzelnen Ursachen des Wertverlustes, sondern der Wertverlust an sich, weil die Bewertung an den Vermögensgegenstand in seiner Gesamtheit anschließt".

Beispiel:

Eine Anlage (Anschaffungsdatum: 2.1.2007) mit Anschaffungskosten von 400.000, einer zehnjährigen Nutzungsdauer und einem Buchwert am 1.1.2012 von 200.000 wird wegen fortschreitender Verluste der Marktanteile des darauf erzeugten Produktes, die zu einer Produktionseinschränkung geführt haben, neben der planmäßigen Abschreibung im Jahre 2012 außerplanmäßig auf einen Restwert von 90.000 abgeschrieben. Da die Gesamtnutzungsdauer der Anlage gleich bleibt, führt die außerplanmäßige Abschreibung zu einer Verringerung der planmäßigen Abschreibung von 40.000 auf 22.500 (90.000/4). Bei Erstellung des Jahresabschlusses für 2014 wird festgestellt, dass das Produkt wieder normal verkauft werden kann.

Lösung

Buchwert 1.1.2012	*200.000*
Planmäßige Abschreibung	*– 40.000*
Außerplanmäßige Abschreibung	*– 70.000*
Restwert 31.12.2012	*90.000*
Planmäßige Abschreibung 2013 (RND = 4 Jahre)	*– 22.500*
Buchwert 31.12.2013	*67.500*

Planmäßige Abschreibung 2014	– 22.500
Zuschreibung 2014	+ 35.000
Buchwert 31.12.2014 ohne außerplanmäßige Abschreibung	80.000

Das Wertaufholungsgebot wird im UGB (§ 208 Abs 2) dahin gehend relativiert, dass insoweit von den Zuschreibungen abgesehen werden kann, als der niedrigere Wertansatz bei der steuerrechtlichen Gewinnermittlung unter der Voraussetzung beibehalten werden kann, dass der niedrigere Wertansatz auch im Jahresabschluss beibehalten wird.

Da wegen der Maßgeblichkeit der Unternehmensbilanz für die Steuerbilanz derzeit kaum Beispiele existieren, in denen eine Zuschreibung im Jahresabschluss nicht mit einer Erhöhung des steuerrechtlichen Gewinnes (Verminderung des steuerrechtlichen Verlustes) verbunden wäre, kann von einer Zuschreibung jedenfalls abgesehen werden. Damit gilt in der Tat ein (EU-widriges) Wertbeibehaltungsrecht.

Eine Ausnahme für dieses Wertbeibehaltungsrecht besteht lediglich bei Beteiligungen an Kapitalgesellschaften. Gem § 6 Z 13 EStG hat der Steuerpflichtige bei Anteilen an Körperschaften, die zum Anlagevermögen gehören und eine Beteiligung gem § 228 Abs 1 UGB darstellen, den höheren Teilwert anzusetzen, soweit nach Maßgabe der unternehmensrechtlichen Grundsätze ordnungsmäßiger Buchführung eine Zuschreibung zulässig ist.

Wurde eine **Zuschreibung** aus steuerrechtlichen Gründen unterlassen, ist gem § 208 Abs 3 der Betrag der im Geschäftsjahr unterlassenen Zuschreibung im Anhang anzugeben und hinreichend zu begründen. Ferner ist das Ausmaß erheblicher künftiger steuerlicher Belastungen, die sich aus einer solchen Bewertung ergeben, anzuführen.

Für den Leser des Jahresabschlusses ergibt sich allerdings die Informationslücke, dass die unterlassene Zuschreibung ebenso wie die daraus entstehende künftige Steuerbelastung nur im Jahr des Unterlassens im Anhang anzuführen sind.

Die gleichartige Bestimmung des § 280 Abs 2 dHGB, die erlaubte, von der Zuschreibung abzusehen, wenn der niedrigere Wertansatz bei der steuerrechtlichen Gewinnermittlung beibehalten werden konnte, wurde mit dem Inkrafttreten des BilMoG gestrichen.

4.237 Die Bilanzierung von Leasingverhältnissen

4.237.1 Die Situation im EU-Bereich

Das beratende Forum für Rechnungslegung der Europäischen Kommission hat in seiner Ausarbeitung „Die Behandlung von Leasingverträgen in der Rechnungslegung" (Amt für amtliche Veröffentlichungen der europäischen Gemeinschaften, Luxemburg 1995, 7) die Situation im EU-Bereich wie folgt charakterisiert:

„Hinsichtlich der Behandlung der Leasingverträge in der Rechnungslegung können innerhalb der Europäischen Union zwei Schulen festgestellt werden. So ist zum einen in einigen Ländern der **Ansatz des zivilrechtlichen Eigentümers** ausschlaggebend. Diesem Konzept zufolge sollte ein Leasingobjekt nicht vom Leasingnehmer bilanziert werden, da der Leasinggeber der rechtliche Eigentümer des Objekts bleibt. In anderen Ländern wird hingegen das **Prinzip des wirtschaftlichen Eigentümers** bevorzugt … Dieser Auffassung zufolge bestimmt eher der Inhalt des Vertrages und nicht das zivilrechtliche Eigentumsverhältnis die Behandlung der Leasingverträge in der Rechnungslegung. Dabei kann nach **finance lease** und **operating lease** unterschieden werden. Gemäß dem Ansatz des wirtschaftlichen Eigentümers sollte ein **finance lease** vom Leasingnehmer bilanziert werden, wenn grundsätzlich alle an das Eigentumsverhältnis geknüpften Risiken und Erträge übertragen wurden."

In der Schlussfolgerung heißt es:

„Aus der hier wiedergegebenen Forumsdiskussion geht hervor, daß man sich derzeit nur schwer auf eine einheitliche Behandlung der Leasingverträge in der Rechnungslegung einigen kann, da hierzu unterschiedliche Meinungen bestehen, die sich auf wirtschaftliche, zivilrechtliche oder steuerliche Erwägungen gründen. Aus diesem Grunde wird in diesem Dokument **keiner bestimmten Methode der Vorzug gegeben**, und zwar weder für den Jahresabschluß noch für den konsolidierten Abschluß.

… Um wenigstens ein Minimum an **Vergleichbarkeit** zu schaffen, hält das Forum es für notwendig, vom Leasingnehmer zusätzliche Informationen über **finance lease** im Anhang zu den Abschlüssen zu fordern, in denen diese Arten von **finance lease** von ihm nicht bilanziert worden sind.

… Der Hauptunterschied zwischen IAS 17 (International Accounting Standard, ‚Rechnungslegung bei Leasingverträgen' – **‚Accounting for Leases'**) und diesem Forumsdokument besteht darin, **daß IAS 17 vom Ansatz beim wirtschaftlichen Eigentümer ausgeht** und man im Forumsdokument zu dem Schluß kommt, dass in einem gesamteuropäischen Kontext sowohl die dem Ansatz des zivilrechtlichen Eigentümers den Vorzug gebende Methode als auch alternativ die Methode zuzulassen ist, die den Schwerpunkt auf den wirtschaftlichen Eigentümer legt."

In der Ausarbeitung (S 9 des Dokuments) wird sodann auf Artikel 43 Abs 1 Z 7 der Bilanzrichtlinie hingewiesen, wonach die Berichterstattung über Leasingverhältnisse im Rahmen der Darstellung des **Gesamtbetrages der finanziellen Verpflichtungen**, die nicht in der Bilanz erscheinen, durchzuführen ist.

4.237.2 Die Situation in Österreich

Im österreichischen Bilanzrecht ist grundsätzlich das **Konzept des wirtschaftlichen Eigentums** maßgebend. Mit dem wirtschaftlichen Begriff der Vermögenslage stellt das Gesetz nicht so sehr auf die Eigentumsverhältnisse als darauf ab, ob Gegenstände des Rechtsverkehrs wirtschaftlich dem Unternehmen gewidmet sind.

„... Es besteht somit unternehmensrechtlich eine weitgehende Übereinstimmung mit dem vornehmlich zum Steuerrecht entwickelten Begriff des wirtschaftlichen Eigentums" (*Torggler H./Torggler U.* in *Straube*[2] § 189 Rz 9). Auch nach *Nowotny* (in *Straube*[3] § 196 Rz 51) kommt es für die Zurechnung der geleasten Gegenstände nicht auf die zivilrechtliche Qualifikation des Vertrages an, sondern „die bilanzielle Zurechnung hat danach zu erfolgen, wem die **eigentümertypische Position** zukommt".

Dies ist dann der Fall, „wenn die durch den Leasingvertrag bewirkte Übertragung von Rechten und Verpflichtungen auf den Leasingnehmer soweit geht, daß letzterer Risiken übernimmt und Ertragsrechte erhält, die denen ähneln, die bei einem regulären Kauf des fraglichen Vermögenswertes eintreten würden ... – wobei es unerheblich ist, ob es zu einer Übertragung des zivilrechtlichen Eigentums kommt oder nicht" (Beratendes Forum für Rechnungslegung, aaO, Abschn 8, 2. Absatz).

Genaue unternehmensrechtliche Grundsätze, welche Kriterien gegeben sein müssen, damit der Leasinggegenstand dem Leasingnehmer zuzurechnen ist, bestehen weder in gesetzlicher Form noch gibt es dazu Stellungnahmen zuständiger Gremien. Dagegen hat sich das **Steuerrecht** mit der Aufstellung von **Richtlinien** beschäftigt, unter welchen Voraussetzungen der Leasinggegenstand dem Leasingnehmer als dem wirtschaftlichen Eigentümer zuzurechnen ist; diese Bestimmungen sind erstmals in Abschn 4 der Einkommensteuerrichtlinien 1984 festgehalten und dienen auch als Vorbild für die Behandlung von Leasingverhältnissen in der Unternehmensbilanz.

Gemäß EStR 2000 Rz 135 stellt sich

> *die Abgrenzungsfrage in erster Linie bei den Finanzierungsleasingverträgen. Diese ersetzen die herkömmliche Form der Investitionsfinanzierung. Für die Finanzierungsleasingverträge ist weiters typisch die für beide Seiten grundsätzlich **unkündbare Grundmietzeit** und die **Verlagerung der Gefahr** des zufälligen Unterganges und der zufälligen Beschädigung des Gegenstandes auf den Leasingnehmer. Finanzierungsleasingverträge sind entweder **Vollamortisationsverträge** (Full-Pay-Out-Leasing), das heißt während der Mietdauer (**Grundmietzeit**) hat der **Leasingnehmer** für die Investitionskosten und einen Gewinn des Leasinggebers aufzukommen, oder **Teilamortisationsverträge** (Non-Full-Pay-Out-Leasing oder Restwertleasing), das heißt während der **Grundmietzeit** hat der Leasingnehmer nicht die gesamten Aufwendungen des Leasinggebers abzudecken.*

Gemäß Rz 137 sind bei einem **Vollamortisationsvertrag** insbesondere in folgenden Fällen die **Leasinggüter** von Anfang an dem Leasingnehmer zuzurechnen:

a) Grundmietzeit und betriebsgewöhnliche Nutzungsdauer stimmen annähernd überein. Dies kann angenommen werden, wenn die Grundmietzeit mehr als 90 vH der betriebsgewöhnlichen Nutzungsdauer beträgt.
b) Die Grundmietzeit beträgt weniger als 40 vH der betriebsgewöhnlichen Nutzungsdauer.
c) Der Leasingnehmer hat bei einer Grundmietzeit von mindestens 40 vH und höchstens 90 vH der betriebsgewöhnlichen Nutzungsdauer nach Ablauf der Grundmietzeit das **Optionsrecht**, gegen Leistung eines **wirtschaftlich nicht angemessenen Entgeltes** den Gegenstand zu erwerben oder den Leasingvertrag zu verlängern (siehe Rz 3223, 2. Absatz). Zum Begriff **wirtschaftlich angemessen** siehe die EStR 2000 Rz 3224.
d) Das Leasinggut ist speziell auf die individuellen Bedürfnisse des Leasingnehmers zugeschnitten und kann nach Ablauf der Vertragsdauer nur noch bei diesem eine wirtschaftlich sinnvolle Verwendung finden **(Spezialleasing)**. Eine nur beim Leasingnehmer wirtschaftlich sinnvolle Verwendung kann angenommen werden, wenn die Verwertung oder Nutzung des Leasinggegenstandes aus tatsächlichen oder rechtlichen Gründen nur dem Leasingnehmer möglich ist. Liegt Spezialleasing vor, dann sind das Verhältnis der Mietdauer zur betriebsgewöhnlichen Nutzungsdauer sowie eine Kauf- oder Mietverlängerungsoption für die Zurechnung unerheblich.

Ein **Vollamortisationsvertrag** liegt vor, wenn während der Grundmietzeit der Leasingnehmer für die Investitionskosten und einen Gewinn des Leasinggebers aufzukommen hat – unter Investitionskosten werden in den EStR die Anschaffungskosten des Leasinggegenstandes und die Refinanzierungskosten verstanden.

Beim **Teilamortisationsvertrag (Restwertleasing)** werden innerhalb der Grundmietzeit nicht die Gesamtkosten des Leasinggebers amortisiert; der kalkulierte Restwert (die Restamortisation) ist der während der Grundmietzeit nicht amortisierte Teil der Gesamtkosten des Leasinggebers. Bei einem Teilamortisationsvertrag sind die Leasinggüter insbesondere in folgenden Fällen dem Leasingnehmer von Anfang an zuzurechnen (EStR 2000 Rz 141):

a) Grundmietzeit und betriebsgewöhnliche Nutzungsdauer stimmen annähernd überein.
b) Der Leasingnehmer hat sowohl das Risiko der Wertminderung als auch die Chance der Wertsteigerung; dies kann ua angenommen werden, wenn bei Veräußerung des Leasinggegenstandes der Leasingnehmer einerseits für die Differenz zwischen Restwert und niedrigerem Veräußerungserlös aufzukommen hat und andererseits mehr als 75 vH des den Restwert übersteigenden Teiles des Veräußerungserlöses erhält (Rz 141).
c) Der Leasingnehmer hat eine Kaufoption zum Restwert, der niedriger ist als der voraussichtliche Verkehrswert. Bezüglich der Höhe des voraussichtlichen Restwertes siehe Rz 3225.
d) Bei Vorliegen eines Spezialleasings.

Beim **Sale-and-lease-back-Vertrag** (EStR 2000, Rz 147) ist das Wirtschaftsgut insbesondere dann dem **Verkäufer und Leasingnehmer** zuzurechnen, wenn einer der folgenden Fälle vorliegt:

a) In den Zurechnungsfällen der Rz 137 ff. Bei bereits genutzten Wirtschaftsgütern ist zur Berechnung des Prozentsatzes die neu zu ermittelnde Restnutzungsdauer der Grundmietzeit gegenüberzustellen.
b) Der Kaufpreis weicht erheblich vom gemeinen Wert des Wirtschaftsgutes ab.
c) Es liegt ein Missbrauch gem § 22 BAO vor (vgl VwGH 4.10.1983, 82/14/0317; 24.3.1983, 2721/79).

Wird beim **Sale and lease back** wie in den beispielhaft angeführten Fällen das Wirtschaftsgut dem Verkäufer und Leasingnehmer zugerechnet, so sind der Verkauf und die Rückmiete wirtschaftlich betrachtet ein Darlehensvertrag, zu dessen Sicherung das Wirtschaftsgut dem Leasinggeber übereignet wird.

Die vorherrschende Auffassung betrachtet diese Regelungen der Einkommensteuerrichtlinien als in Einklang mit der unternehmensrechtlichen Beurteilung (siehe *Nowotny* in *Straube*[3] § 196 Rz 51). Dies führt zur Konsequenz, dass die im Rahmen eines Leasingverhältnisses jeweils gewünschte Zurechnung des Leasinggegenstandes zum Leasinggeber oder Leasingnehmer durch eine den steuerlichen Kriterien entsprechende Gestaltung der Leasingverträge bewirkt werden kann.

Zum überwiegenden Teil wurden bisher die Verträge so gestaltet, dass der Leasinggegenstand dem Leasinggeber zugerechnet werden konnte (Ausnahme: Spezialleasing) und deswegen keine Bilanzierung der Leasinggegenstände und der daraus resultierenden Leasingverpflichtungen beim Leasingnehmer durchgeführt wurde.

4.237.3 Bilanzierung bei Zurechnung des Leasinggegenstandes zum Leasinggeber

Bilanzierung beim Leasinggeber

Beim **Leasinggeber** gehören die verleasten Gegenstände in der Regel zum Anlagevermögen, wobei die vermieteten Gegenstände in der Gliederung des Anlagevermögens gesondert ausgewiesen werden sollten. Der Ausweis der Leasinggegenstände in der Bilanz kann entweder in einer einzigen Summe mit Aufgliederung nach Gruppen von Anlagegegenständen entsprechend der Bilanzgliederung im Anhang erfolgen oder in der Weise, dass die entsprechende Aufgliederung der Leasinggegenstände schon in der Bilanz durchgeführt wird (siehe auch HFA 1/1989: Zur Bilanzierung beim Leasinggeber, Die Wirtschaftsprüfung, Heft 21/1989, 625 f).

Die Leasingzahlungen sind, evtl unter entsprechender Periodisierung, in der Gewinn- und Verlustrechnung als Ertrag auszuweisen. Wenn das Leasinggeschäft einen wesentlichen Geschäftszweig innerhalb des Unternehmens darstellt, wird der Ausweis unter Umsatzerlösen zu erfolgen haben.

Bilanzierung beim Leasingnehmer

Bei diesem sind die **Leasingzahlungen als sonstiger betrieblicher Aufwand** zu erfassen.

Gesondert zu beachten ist hier die Vorschrift des **§ 237 Z 8** (gilt nicht für die kleine GmbH), wonach

> *im **Anhang der Gesamtbetrag** der **sonstigen finanziellen Verpflichtungen**, die nicht in der Bilanz ausgewiesen und auch nicht nach § 199 anzugeben sind, sofern diese Angabe für die Beurteilung der Finanzlage wesentlich ist, auszuweisen sind, davon sind gesondert auszuweisen*
>
> *a) Verpflichtungen gegenüber verbundenen Unternehmen.*
>
> *b) **Verpflichtungen aus der Nutzung von in der Bilanz nicht ausgewiesenen Sachanlagen (§ 224 Abs 2 II),** wobei der Betrag der Verpflichtungen des folgenden Geschäftsjahrs und der Gesamtbetrag der folgenden fünf Jahre anzugeben ist.*

Diese Angabepflicht bezieht sich nicht nur auf Verpflichtungen aus **Finanzierungsleasingverträgen**, sondern auch aus normalen **Mietverträgen**. Zu beachten ist, dass auch eventuelle Auswirkungen von **Wertsicherungsklauseln, laufende Betriebskosten, wenn sie Teil des Mietzinses sind,** und Aufwendungen aus der Geltendmachung von **Kaufoptionen und Andienungsrechten** für die am Stichtag bereits abgeschlossenen Verträge anzugeben sind (vgl *Nowotny* in *Straube*[3] § 237 Rz 40 ff).

Zusätzliche Angabepflichten können aus **Sale-and-lease-back-Transaktionen** resultieren, dies nicht nur unter dem Titel des § 237 Z 8, sondern auch des § 222

Abs 2 zweiter Satz. „Da internationale Standards gerade in diesem Bereich zu beachten sind, wird bei einer wesentlichen Bedeutung von **Leasingfinanzierungen** im Anlagevermögen über § 237 Z 8 und 8a hinaus eine Angabepflicht (betroffene Vermögensgruppe, Laufzeit) bestehen." (*Nowotny* in *Straube*[3] § 222 Rz 35).

4.237.4 Bilanzierung bei Zurechnung des Leasinggegenstandes zum Leasingnehmer

Bilanzierung beim Leasinggeber

Beim **Leasinggeber** ist eine Forderung gegenüber dem Leasingnehmer auszuweisen, die je nach der Laufzeit des Leasingverhältnisses im Anlagevermögen als Ausleihung oder unter den Forderungen des Umlaufvermögens, zweckmäßigerweise als gesonderter Posten, zu erfassen ist. Die vom Leasingnehmer geleisteten Zahlungen sind in eine **Zinsenertragskomponente** und eine **Rückzahlungskomponente** aufzuspalten, und zwar in der Weise, dass sich eine gleich bleibende Verzinsung des ausstehenden Darlehensbetrages ergibt.

In ähnlicher Weise bestimmt **§ 59 Abs 6 des Bankwesengesetzes**,

> *„daß dem Leasing dienendes Anlagevermögen von Leasingunternehmen in der Konzernbilanz den einzelnen Forderungskategorien mit dem Barwert der diskontierten Leasingforderungen zuzuordnen ist".*

Bilanzierung beim Leasingnehmer

Der Leasinggegenstand ist (in der Regel) als Bestandteil des Anlagevermögens zu aktivieren und die Leasingverpflichtung zu passivieren.

> *Gemäß Rz 149 der EStR 2000 können als* ***Anschaffungs- oder Herstellungskosten*** *jene des* ***Leasinggebers*** *angesetzt werden.*

Dies setzt allerdings voraus, dass sie dem Leasingnehmer bekannt sind, und berücksichtigt nicht den Fall des Produzenten- oder Händlerleasing, bei welchem noch eine entsprechende Spanne anfallen kann.

Betriebswirtschaftlich richtiger ist zweifellos die Aktivierung des Barwertes der Leasingzahlungen als Anschaffungskosten und eine Passivierung in gleicher Höhe (siehe auch *Nowotny* in *Straube*[3] § 196 Rz 52). Hier ergibt sich allerdings die Frage, mit welchem Diskontierungssatz zu rechnen ist.

IAS 17 „Leasingverhältnisse" sieht dabei in Par 20 folgende Möglichkeiten vor:

a) Sofern die Ermittlung in praktikabler Weise geschehen kann, wird für die Berechnung des **Barwertes der (Mindest-)Leasingzahlungen** der dem **Leasingverhältnis zugrunde liegende Zinssatz** herangezogen.
b) Ist dies nicht der Fall, wird der **Grenzfremdkapitalsatz** des Leasingnehmers herangezogen.

Par 4 definiert den **dem Leasingverhältnis zugrunde liegenden Zinssatz** als jenen Abzinsungssatz, bei dem zu Beginn des Leasingverhältnisses die Summe des Barwertes der Mindestleasingzahlungen und des nicht garantierten Restwertes der Summe des beizulegenden Zeitwertes und der anfänglichen Kosten des Leasinggebers entspricht.

Der **Grenzfremdkapitalzinssatz** des Leasingnehmers ist derjenige Zinssatz, den der Leasingnehmer bei einem vergleichbaren Leasingverhältnis zahlen müsste, oder, wenn dieser nicht ermittelt werden kann, derjenige Zinssatz, den der Leasingnehmer zu Beginn des Leasingverhältnisses vereinbaren müsste, wenn er für den Kauf des Vermögenswertes Fremdkapital für die gleiche Dauer und mit der gleichen Sicherheit aufnehmen würde.

Wenn der Verkehrswert des Leasinggegenstandes allerdings niedriger ist, darf nur der niedrigere Betrag als Anschaffungskosten bilanziert werden. Der Unterschiedsbetrag zwischen dem niedrigeren Anschaffungswert des Leasinggegenstandes und dem höheren passivierten Betrag könnte als aktive Rechnungsabgrenzung behandelt und auf die Laufzeit des Leasingvertrages verteilt abgeschrieben werden.

Die Zahlungen an den Leasinggeber sind jeweils in eine **Zinsenaufwandskomponente** und eine **Rückzahlungskomponente** aufzuspalten, und zwar in der Weise, dass sich für die Verzinsung der ausstehenden Verbindlichkeit ein gleich bleibender Satz ergibt.

4.24 Finanzanlagen

Finanzanlagen sind ein Teil der Finanzinstrumente, eine Sammelbezeichnung für **originäre und derivative finanzielle Vermögenswerte und finanzielle Verbindlichkeiten**.

Zu den **finanziellen Vermögenswerten** zählen das **Finanzanlagevermögen** gem § 224 Abs 2 III und das **Finanzumlaufvermögen** mit den Posten § 224 Abs 2 B II, III und IV.

Die Umsetzung der Fair-Value-Richtlinie brachte mit dem Fair-Value-Bewertungsgesetz erstmals den Begriff **Finanzinstrumente** in das UGB (§ 237a). Nähere Ausführungen zu den Finanzinstrumenten finden sich im Abschnitt 7.335.1 (Anhang).

Im Gegensatz zu den **immateriellen Vermögensgegenständen und Sachanlagen**, die unmittelbar dem Geschäftsbetrieb des eigenen Unternehmens dienen und durch deren Einsatz der betriebliche Erfolg erwirtschaftet wird (*Coenenberg A.,* Jahresabschluss und Jahresabschlussanalyse[20] 227) sind **Finanzanlagen** dadurch gekennzeichnet, dass das in ihnen gebundene Vermögen langfristig in andere Unternehmen als Eigenkapital (Anteile, Beteiligungen) oder Fremdkapital (Ausleihungen) investiert wurde.

Untergliederung gem § 224 Abs 2 A III

1. Anteile an verbundenen Unternehmen;
2. Ausleihungen an verbundene Unternehmen;
3. Beteiligungen;
4. Ausleihungen an Unternehmen, mit denen ein Beteiligungsverhältnis besteht;
5. Wertpapiere (Wertrechte) des Anlagevermögens;
6. sonstige Ausleihungen.

[eigene Anteile, Anteile an herrschenden oder mit Mehrheit beteiligten Unternehmen gem § 225 Abs 5]

4.241 Beteiligungen, Anteile an verbundenen Unternehmen

4.241.1 Beteiligungen (§ 224 Abs 2 A III 3.)

§ 228 Abs 1 definiert Beteiligungen wie folgt:

> *„Beteiligungen sind Anteile an anderen Unternehmen, die bestimmt sind, dem eigenen Geschäftsbetrieb durch eine dauernde Verbindung zu diesen Unternehmen zu dienen. Dabei ist es unerheblich, ob die Anteile in Wertpapieren verbrieft sind oder nicht."*

Weiters enthält § 228 Abs 1, dritter Satz eine, allerdings widerlegbare, Beteiligungsvermutung:

> *„Als Beteiligungen gelten im Zweifel Anteile an einer Kapitalgesellschaft oder an einer Genossenschaft, die insgesamt den fünften Teil des Nennkapitals dieser Gesellschaft erreichen."*

Die Merkmale der Definition des § 228 Abs 1 können selbstverständlich auch schon bei einem geringeren Anteilsbesitz erfüllt sein; ab einer Beteiligung von 20% müsste dagegen eine Begründung vorliegen, warum diese Anteile nicht dazu bestimmt sind, dem eigenen Geschäftsbetrieb durch eine dauernde Verbindung zu diesem Unternehmen zu dienen.

§ 228 Abs 2 enthält Sonderregelungen für Beteiligungen an Personengesellschaften:

> 1. *Die Beteiligung als unbeschränkt haftender Gesellschafter an einer unternehmerisch tätigen eingetragenen Personengesellschaft gilt stets als Beteiligung.*
> 2. *Für andere Beteiligungen an unternehmerisch tätigen eingetragenen Personengesellschaften gilt Abs 1 sinngemäß.*

Gem § 228 Abs 1 muss mit dem Erwerb der Anteile an anderen Unternehmen eine dauernde Verbindung bezweckt werden, sodass **Anteile an Gelegenheitsgesellschaften**, zB im Baugewerbe, nicht als Beteiligung in Frage kommen (siehe *Nowotny* in *Straube*[2] § 228 Rz 25 f). Die Bezugnahme auf die Verbindung mit dem eigenen Geschäftsbetrieb deutet darauf hin, dass die Zielsetzung über eine reine Kapitalveranlagung hinausgehen muss. Die Absicht und die Möglichkeit der aktiven Einflussnahme auf die Geschäftsführung des Beteiligungsunternehmens ist dagegen nicht erforderlich (*Nowotny* in *Straube*[3] § 228 Rz 28 und Erläuternde Bemerkungen zu § 228 Abs 2).

4.241.2 Hierarchie der Beteiligungen und sonstiger Anteile im UGB und ihr Bilanzausweis

Nach dem Ausmaß und den Einflussmöglichkeiten der jeweiligen Obergesellschaft unterscheidet das UGB folgende Beteiligungen:

- **Verbundene Unternehmen (§ 228 Abs 3)** sind solche, über die das Mutterunternehmen (bzw oberste Mutterunternehmen) die einheitliche Leitung oder einen **beherrschenden Einfluss** ausübt. Ein derartiges Unternehmen ist, falls nicht ein Verzicht gem § 249 auf die Einbeziehung vorliegt, in einen aufzustellenden Konzernabschluss im Wege der Vollkonsolidierung einzubeziehen. Lässt man andere Gründe für den beherrschenden Einfluss außer Acht, liegt dieser bei einer Beteiligung von mehr als 50%.
- **Sonstige Beteiligungen** sind solche, für die wohl die Kriterien des Beteiligungsbegriffs vorliegen, die aber kein verbundenes Unternehmen sind. Die in der Konzernrechnungslegung gesondert behandelten **Gemeinschaftsunternehmen** bzw **assoziierte Unternehmen** werden in der Einzelbilanz als sonstige Beteiligungen angesehen.
- **Sonstige Anteile an Kapital- oder Personengesellschaften**

Anhand des nachfolgenden Beteiligungsdiagramms soll die Art des Anteiles und des Ausweises gem § 224 Abs 2 A III erläutert werden:

In dieser Darstellung ist jeweils der Anteil der Stimmrechte gleich dem Prozentsatz des Anteilbesitzes und für die Frage der Beherrschung ausschlaggebend. Dies ist in der Praxis auch der häufigste Fall des Entstehens eines Konzernverhältnisses.

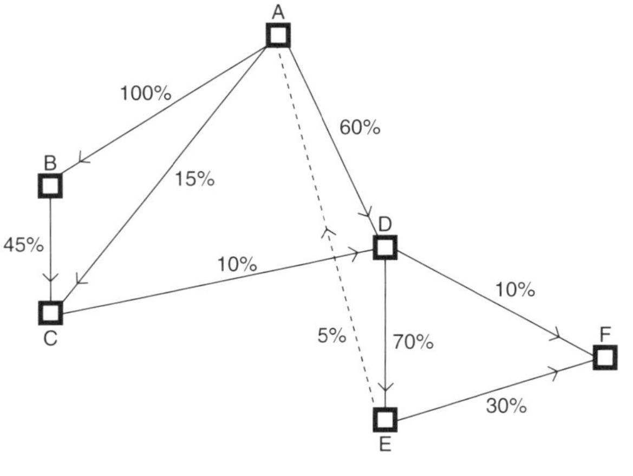

Im Bilanzausweis geht grundsätzlich der Ausweis als **„Anteile an verbundenen Unternehmen“** dem Ausweis als **„Beteiligungen“** oder **„Wertpapiere (Wertrechte) des Anlagevermögens“** vor.

- **Bei A werden ausgewiesen**: B, C, und D als **Anteile an verbundenen Unternehmen**
- **Bei B werden ausgewiesen**: C als **Anteile an verbundenen Unternehmen**
- **Bei C wird ausgewiesen**: D als **Anteile an verbundenen Unternehmen**
- **Bei D werden ausgewiesen**: E als **Anteile an verbundenen Unternehmen, F** als **Beteiligung**, da über E ein maßgeblicher Einfluss vorliegt
- **Bei E werden ausgewiesen**: F als **Beteiligung**, A als **Anteile an herrschenden oder mit Mehrheit beteiligten Unternehmen**

Erläuterung:

A als Mutterunternehmen besitzt direkt die Mehrheit der Stimmrechte an B und D.

Unter Berücksichtigung des § 244 Abs 4, wonach als Rechte, die einem Mutterunternehmen zustehen, auch die einem Tochterunternehmen zustehenden Rechte (und die für Rechnung des Mutterunternehmens oder der Tochterunternehmen anderen Personen zustehenden Rechte) gelten, besteht auch gegenüber den Gesellschaften C (indirekt 45%, direkt 15%) und E (indirekt 70%) die Mehrheit der Stimmrechte. Allerdings wird im Abschluss von A mangels direkter Beteiligung keine Beteiligung an E ausgewiesen

An der Gesellschaft F hat das Mutterunternehmen über die Tochterunternehmen D und E nur 40% der Stimmrechte; alle Unternehmen mit Ausnahme F sind daher iSd § 228 Abs 3 iVm § 244 verbundene Unternehmen und der Anteilsbesitz jedes der verbundenen Unternehmen an anderen verbundenen Unternehmen ist somit als „Anteil an verbundenen Unternehmen“ auszuweisen.

Dies bedeutet jedoch noch nicht, dass alle diese Anteile an verbundenen Unternehmen unter diesem Posten auszuweisen sind, da zusätzlich die Bestimmung des § 225 Abs 5 zu beachten ist:

> *„Eigene Anteile, **Anteile an herrschenden oder mit Mehrheit beteiligten Unternehmen sind** je nach ihrer Zweckbestimmung im Anlagevermögen oder im Umlaufvermögen **in einem gesonderten Posten** ‚Eigene Anteile, Anteile an herrschenden oder mit Mehrheit beteiligten Unternehmen‘ **auszuweisen**.“*

Im vorliegenden Fall ist daher der 5%ige Anteil der Gesellschaft E am Mutterunternehmen A nicht hier, sondern unter dem gesonderten Posten lt § 225 Abs 5 zu zeigen.

Der Anteil D an F (10%) ist gem § 228 mangels eines Gegenbeweises als Beteiligung auszuweisen, da D über E einen weiteren indirekten Anteil von 21%

(70% von 30), das sind zusammen 31%, besitzt. In gleicher Weise ist der Anteil von E an F als Beteiligung auszuweisen; der Anteil von C an D (10%) gehört zu den Anteilen an verbundenen Unternehmen.

Wenn das Unternehmen E aufgrund der 30%igen Beteiligung an F auf diese Unternehmen einen maßgeblichen Einfluss auf die Geschäfts- und Finanzpolitik ausübt, so wäre das Unternehmen F nach den Vorschriften über die Konzernrechnungslegung ein sogenanntes assoziiertes (angeschlossenes) Unternehmen.

4.242 Wertpapiere (Wertrechte) des Anlagevermögens

Zu den Wertpapieren des Anlagevermögens gehören **Eigentumspapiere**, wie Aktien und Partizipationsscheine und **Gläubigerpapiere**, wie Anleihen bzw Obligationen oder Schuldverschreibungen. Dazu gehören Gewinnschuldverschreibungen und Wandelschuldverschreibungen.

Der Klammerausdruck „**Wertrechte**" gibt die Möglichkeit, in diesem Posten auch Gesellschaftsanteile auszuweisen, die nicht Beteiligungen iSd § 228 Abs 1 bzw 2 sind und auch nicht in Wertpapieren verbrieft sind; so sind hier unter anderem auch **GmbH-Anteile, Genossenschaftsanteile, Kommanditanteile** auszuweisen, die wohl unter die Definition für das Anlagevermögen fallen, nicht aber zu den Beteiligungen iSd § 228 Abs 1 und 2 gehören.

Auch **stille Gesellschaftsanteile** sind hier auszuweisen. Hat der Vertrag über die stille Gesellschaft den Charakter eines Darlehens mit einer bestimmten zeitlichen Rückzahlungsverpflichtung, ist der Anteil unter den Ausleihungen auszuweisen. Beim **Geschäftsherrn** erfolgt der Ausweis (gesondert) dann im Eigenkapital, wenn der **Eigenkapitalcharakter** aus dem Vertrag eindeutig hervorgeht. In der Regel ist dies dann der Fall, wenn der stille Gesellschaftsvertrag auf unbestimmte Zeit abgefasst ist und der Vertrag nicht ohne weiteres vom stillen Gesellschafter gekündigt werden kann. Ein weiteres Indiz für die Zugehörigkeit zum Eigenkapital ist die Beteiligung des stillen Gesellschafters am Verlust, an den stillen Reserven, am Firmenwert und der Besitz zusätzlicher Kontrollrechte. Ist der Fremdkapitalcharakter überwiegend, erfolgt der Ausweis der stillen Einlage im Fremdkapital.

Anteile an **offenen Gesellschaften** sind gem § 228 Abs 2 grundsätzlich den Beteiligungen zuzuzählen und auch dort auszuweisen.

Allen hier ausgewiesenen Werten ist die Bestimmung, dauernd dem Geschäftsbetrieb zu dienen, gemeinsam.

Auch Ansprüche aus **Rückdeckungsversicherungen** (vgl Abschnitt 4.244.3 wie zB für Abfertigungen und Pensionen, wird man als „**Wertrechte**" in diesen Posten einbeziehen können, wenn nicht eventuell aufgrund der betragsmäßigen Bedeutung ein gesonderter Ausweis iSd § 223 Abs 4 geboten erscheint; zumindest sollte die Einbeziehung wesentlicher Beträge an Rückdeckungsversicherungen im Anhang beschrieben werden. Ein Ausweis als „Ausleihung" ist dagegen nicht zutreffend (vgl *Küting/Weber*[4] § 266 Rz 61).

4.243 Ausleihungen

§ 224 verlangt den Ausweis von **Ausleihungen** unter Abs 2 A III als

Z 2. Ausleihungen an verbundene Unternehmen,

Z 4. Ausleihungen an Unternehmen, mit denen ein Beteiligungsverhältnis besteht und

Z 6. Sonstige Ausleihungen.

Die Zugehörigkeit zu einem der oben genannten Posten richtet sich nach dem **Empfänger** der Ausleihungen. Ist der Empfänger ein **verbundenes Unternehmen**, erfolgt der Ausweis bei diesem im Bilanzposten „Verbindlichkeiten gegenüber verbundenen Unternehmen", im Falle der Z 4 „Verbindlichkeiten gegenüber Unternehmen, mit denen ein Beteiligungsverhältnis besteht", und im Fall Z 6 unter „sonstigen Verbindlichkeiten". Ein Ausweis unter den Verbindlichkeiten aus Lieferungen und Leistungen ist möglich, wenn die Ausleihung auf einer Lieferung oder Leistung basiert.

Ausleihungen müssen nicht **nur hingegebene Darlehen** sein, sondern können beispielsweise auch auf einer besonderen Vereinbarung über die **übliche Frist hinausgehender Forderungen** aus Lieferungen und Leistungen beruhen.

Auch **stille Gesellschaftsanteile** werden unter Ausleihungen ausgewiesen, wenn der Fremdkapitalcharakter den Eigenkapitalcharakter überwiegt.

§ 227 schreibt vor, dass **Forderungen** mit einer Laufzeit von mindestens fünf Jahren jedenfalls als **Ausleihungen** auszuweisen sind, lässt aber die Frage offen, ab welcher Mindestlaufzeit ein solcher Ausweis zulässig ist. Bei Forderungen mit einer geringeren Laufzeit als fünf Jahre und mindestens von mehr als einem Jahr wird man ein Wahlrecht zwischen Ausweis im Anlagevermögen und im Umlaufvermögen annehmen können.

Zu beachten ist, dass **„Ausleihungen mit einer Restlaufzeit bis zu einem Jahr"** gem § 227 im Anhang anzugeben sind. Die Formulierung des Gesetzes ist missverständlich, da davon abgeleitet werden könnte, dass nur jene Ausleihungen, die jeweils insgesamt nur mehr eine Restlaufzeit bis zu einem Jahr haben, im Anhang anzugeben sind. Dem Sinn des Gesetzes entspricht es, dass für jede einzelne Ausleihung festzustellen ist, welcher Teilbetrag innerhalb eines Jahres fällig ist und dass die Summe sämtlicher Teilbeträge im Anhang anzugeben ist. Nicht verständlich erscheint, warum nicht auch hier (wie in § 225 Abs 3) vorgesehen ist, diesen Betrag entweder in der Bilanz anzumerken oder im Anhang anzugeben.

Die **Angabepflicht für den Anhang** gilt nicht für die kleine Gesellschaft mit beschränkter Haftung, da in § 242 Abs 2 bei der Abgrenzung des Inhalts des Anhanges für die kleine GmbH kein Hinweis auf diese Gesetzesvorschrift enthalten ist.

4.244 Die Bewertung des Finanzanlagevermögens

Die Bewertung des Finanzanlagevermögens erfolgt grundsätzlich zu **Anschaffungs**kosten.

Das Finanzanlagevermögen unterliegt keiner planmäßigen Abschreibung.

Bei voraussichtlich **dauernder Wertminderung sind** Gegenstände des Finanzanlagevermögens gem § 204 Abs 2 auf den niedrigeren Wert abzuschreiben, der ihnen am Abschlussstichtag beizulegen ist. Ist die Wertminderung voraussichtlich **nicht von Dauer, darf** im Gegensatz zum Sachanlagevermögen bzw zum immateriellen Vermögen eine außerplanmäßige Abschreibung vorgenommen werden **(gemildertes Niederstwertprinzip)**.

Gem § 237a Abs 1 Z 2 sind für den Fall der Nichtabwertung bei vorübergehender Wertminderung im Anhang

> *a) der Buchwert und der beizulegende Zeitwert der einzelnen Vermögensgegenstände oder angemessener Gruppierungen sowie*
> *b) die Gründe für das Unterlassen einer Abschreibung gem § 204 Abs. 2 und jene Anhaltspunkte, die darauf hindeuten, dass die Wertminderung voraussichtlich nicht von Dauer ist,*

anzugeben.

Gem § 208 Abs 1 ist für den Fall, dass in einem späteren Geschäftsjahr die Gründe für eine außerplanmäßige Abschreibung nicht mehr bestehen, der Betrag dieser Abschreibung im Umfang der Werterhöhung zuzuschreiben. Diese Bestimmung wird allerdings im Abs 2 dadurch relativiert, dass von der Zuschreibung abgesehen werden kann, wenn ein niedriger Wertansatz bei der steuerrechtlichen Gewinnermittlung unter der Voraussetzung beibehalten werden kann, dass er auch im Jahresabschluss beibehalten werden kann.

4.244.1 Bewertung von Beteiligungen

4.244.11 Bewertung von Beteiligungen an Kapitalgesellschaften

Die Bewertung von **Beteiligungen** erfolgt grundsätzlich zu **Anschaffungskosten**. Dazu zählen neben dem Erwerbspreis die Gesellschaftssteuer Rechtsanwalts- und Notarkosten, Maklerkosten, Vermittlungsprovision. Bei **Neugründungen** bestehen die Anschaffungskosten aus der Einlage, einem eventuellen Agio und mit dem Erwerb zusammenhängenden Kosten.

Die **Folgebewertung** erfolgt grundsätzlich zu den **Anschaffungskosten**, wenn nicht eine **dauernde oder vorübergehende Wertminderung** eingetreten ist, wobei die Abwertung in letzterem Fall nicht verpflichtend ist. Basis für die Bewertung ist der **Markt- oder Börsepreis**, bei Fehlen eines solchen der **Ertrags-**

wert, wobei dieser häufig nach dem Fachgutachten des Fachsenats für Betriebswirtschaft und Organisation der Kammer der Wirtschaftstreuhänder (KFS/BW 1) ermittelt wird.

Bezüglich des **Zeitpunktes der Realisierung** der Erträge aus Beteiligungen aus Kapitalgesellschaften siehe Abschnitt 6.141.11. Dabei ist zu beachten, dass bei **Ergebnisabführungsverträgen** die Erfassung bei der Mutter- und Tochtergesellschaft immer periodengleich erfolgt.

Die Ursachen für außerplanmäßige Abschreibungen bei Beteiligungen sind im Abschnitt 6.145 dargelegt.

Eine **funktionale Bewertung** wird vor allem bei Beteiligungen angewendet, die aus Gründen gegenseitiger Förderung und intensiverer Zusammenarbeit, besserer Beschaffungs- oder Absatzmöglichkeiten, der Auslagerung von Kapazitäten oder der Schaffung von Möglichkeiten, bestimmte Arbeitsgänge der Fertigung außer Haus durchzuführen, erworben wurden. Die **Höhe des funktionalen Wertes** hängt vom Ausmaß der Erfüllung der mit dem Erwerb dieser Anteile gesetzten Ziele ab.

Wie schon dargelegt, ist gem § 208 Abs 1 für den Fall, dass in einem späteren Geschäftsjahr die Gründe für eine außerplanmäßige Abschreibung nicht mehr bestehen, der Betrag einer vorgenommenen Abschreibung im Umfang der Werterhöhung zuzuschreiben.

Da **Beteiligungen iSd § 228 UGB** gem § 6 Z 13 EStG für den Fall, dass in einem späteren Wirtschaftsjahr die Gründe für eine außerplanmäßige Abschreibung nicht mehr bestehen, mit dem höheren Teilwert angesetzt werden müssen, gilt für diese nicht die Bestimmung des § 208 Abs 2 UGB. Sie müssen auch unternehmensrechtlich aufgewertet werden.

Steuerlich ist zu beachten, dass gem § 12 Abs 3 Körperschaftsteuergesetz (KStG) außerplanmäßige Abschreibungen bzw Veräußerungsverluste bei Beteiligungen gem § 228 über **sieben Jahre verteilt** werden müssen, soweit nicht eine Zuschreibung erfolgt bzw stille Reserven anlässlich der Veräußerung oder eines sonstigen Ausscheidens der Beteiligung steuerwirksam aufgedeckt werden.

Im Rahmen der **Gruppenbesteuerung** gem § 9 KStG sind Abschreibungen auf den niedrigeren Teilwert (außerplanmäßige Abschreibungen) und Veräußerungsverluste hinsichtlich Beteiligungen an Gruppenmitgliedern **nicht abzugsfähig**.

4.244.12 Bewertung und Ansatz von Beteiligungen an Personengesellschaften

Wie schon dargelegt, **gilt jeder Anteil als vollhaftender Gesellschafter** an einer Personengesellschaft als Beteiligung. Für beschränkt haftende Gesellschafter

(Kommanditist, atypisch stiller Gesellschafter) gelten für die Frage, ob eine Beteiligung vorliegt oder nicht, die Regeln des § 228 UGB. Zwischen einer Beteiligung bzw einem Anteil an einer Personengesellschaft und einem Anteil an einer Kapitalgesellschaft besteht sowohl unternehmensrechtlich als auch steuerrechtlich ein wesentlicher Unterschied.

Während das Eigenkapital einer Personengesellschaft unmittelbar und namentlich den jeweiligen Gesellschaftern zugerechnet wird, sind Kapitalgesellschaften juristische Personen, womit das Eigenkapital diesen und nicht den Gesellschaftern zugerechnet wird. Die Zuordnung an die Gesellschafter kann daher bei Kapitalgesellschaften nur auf Beschluss der Gesellschafter (Generalversammlung, Hauptversammlung, Umlaufbeschluss der Gesellschafter) bzw bei der der GmbH auch gesellschaftsvertraglich erfolgen. Für die Bewertung von Anteilen an einer Kapitalgesellschaft gelten somit die vorne dargelegten Grundsätze.

Für die Bewertung und den Ansatz von Anteilen an einer Personengesellschaft haben sich in der Praxis zwei Verfahren herausgebildet:

4.244.121 Anschaffungskostenverfahren

4.244.121.1 Unternehmensrechtliche Behandlung

Der Anteil an der Personengesellschaft wird wie jener an einer Kapitalgesellschaft behandelt. Der Anteil wird zu **Anschaffungskosten bewertet**. Bei Wertverlust des Anteils (Verluste bei der Untergesellschaft) ist dieser bei dauernder Wertminderung auf den niedrigeren Wert abzuschreiben. Nicht jeder Verlust bei der Untergesellschaft führt automatisch zu einer Abwertung des Beteiligungsansatzes. Bei vorübergehender Abwertung kann eine außerplanmäßige Abschreibung vorgenommen werden, wobei im Falle einer unterlassenen Abschreibung Kapitalgesellschaften eine entsprechende Angabe im Anhang zu tätigen haben. Eine Wertaufholung bei Wegfall der Gründe für eine außerplanmäßige Abschreibung kann gem § 208 Abs 2 UGB unterbleiben.

Ist die vereinbarte Einlage nicht voll einbezahlt, wird die Differenz auf die volle Einlage, soweit sie noch nicht eingefordert ist, von der vereinbarten Einlage abgesetzt. Ist die **ausstehende Einlage eingefordert**, wird sie in der Bilanz gesondert unter den sonstigen Verbindlichkeiten ausgewiesen.

Gewinnanteile werden in der Regel bei **tatsächlichem Zufluss** beim Anteilsinhaber buchmäßig erfasst und **in der Bilanz** als **Forderungen aus Beteiligungserträgen** ausgewiesen. In der Gewinn- und Verlustrechnung erfolgt der Ausweis unter Beteiligungserträge. Eine **phasengleiche Erfassung** ist allerdings nicht **unüblich**.

Der Gewinnzufluss berührt den Anteil nicht, sondern wird über Beteiligungserträge als Forderung eingebucht. Erhöhungen des Beteiligungsansatzes erfolgen bei Einzahlungen bzw bei Beschluss der Gesellschafter, die Anteile durch Umwidmung entstandener Gewinne zu erhöhen.

Bei der bilanzmäßigen Behandlung der Anteile ist zwischen Anteilen als offener Gesellschafter bzw Komplementär einerseits und Anteilen als Kommanditist andererseits zu unterscheiden. **Der offene Gesellschafter und der Komplementär** haften solidarisch mit ihrem gesamten Vermögen für alle Schulden der Untergesellschaft, also im Insolvenzfalle unter Umständen weit über den in der Bilanz ausgewiesenen Anteil hinaus.

Der Kommanditist haftet bis zur im Firmenbuch eingetragenen Hafteinlage, die in der Regel mit der bedungenen (vertraglich festgesetzten) Einlage übereinstimmt. Ist diese einmal voll einbezahlt und nicht durch Entnahmen vertmindert, erlischt die Haftung des Kommanditisten. Er trägt nur mehr das Risiko auf Verlust seiner Einlage. Ist die Hafteinlage durch vorhergegangene Verluste vermindert, trägt der Kommanditist daher nur mehr das verbleibende Restrisiko. Es erscheint daher wesentlich, in der Bilanz des Kommanditisten die durch Verluste verminderte Kommanditeinlage korrekt auszuweisen. Bei Auseinanderfallen von Haft- und bedungener Einlage wird die (um den Verlust verminderte) Hafteinlage in der Regel in der Vorkolonne und bei Kapitalgesellschaften im Anhang ausgewiesen.

Solange die Einlage durch Verluste vermindert ist, sind spätere Gewinne zwingend der um Verluste verminderten Einlage zuzuführen. Werden diese Gewinne entnommen, lebt die Haftung des Kommanditisten insoweit wieder auf.

Zusammenfassend werden bei der Beteiligungsgesellschaft folgende Konten geführt:

1. Beteiligung: Das Beteiligungskonto enthält die vereinbarte bzw bei Fehlen einer Vereinbarung die einbezahlte Einlage. Erhöhungen erfolgen durch Einzahlungen, Verminderungen durch Herabsetzung der Beteiligung.
2. Noch nicht geleistete Einlagen werden in der Buchhaltung auf einem Verbindlichkeitenkonto erfasst und in der Bilanz mit der Beteiligung saldiert, solange die fehlenden Einlagen noch nicht eingefordert sind.
   Sind sie eingefordert, werden die Beteiligung in der Bilanz voll und die noch nicht bezahlte Einlage unter sonstigen Verbindlichkeiten ausgewiesen.
3. Gewinnanteile werden bei voll einbezahlter Einlage in der Bilanz unter den sonstigen Forderungen und in der Gewinn- und Verlustrechnung unter Beteiligungserträge erfasst.
   Soweit ausstehende Einlagen vorhanden sind, werden Gewinnanteile, soweit diese Einlagen nicht eingefordert sind, unter den sonstigen Forderungen erfasst. Sind die Einlagen eingefordert, werden die Gewinnanteile insoweit mit den ausstehenden Einlagen saldiert. In der G&V erfolgt der Ausweis unter den Beteiligungserträgen.

Ist die Beteiligung durch Verluste vermindert, werden nachfolgende Gewinnanteile der Beteiligung zugebucht. In der G&V erfolgt der Ausweis unter den Beteiligungserträgen.

4.244.121.2 Steuerrechtliche Behandlung

Die Beteiligungsgesellschaft ist **steuerlich Mitunternehmer** (Offener Gesellschafter, Kommanditist, atypisch stiller Gesellschafter) der Personengesellschaft, an der die Beteiligung besteht. Damit werden Gewinne und Verluste bei ihrem Entstehen unmittelbar den Gesellschaftern zugewiesen und auch versteuert. Die Höhe des bei der Beteiligungsgesellschaft **in der Steuerbilanz geführten Anteilkontos** variiert entsprechend der Veränderung des bei der Untergesellschaft ausgewiesenen Eigenkapitals. Gewinn und Einlagen erhöhen das Eigenkapital und damit das Beteiligungskonto, Verluste und Entnahmen führen zu einer Verminderung des Eigenkapitals und des Beteiligungskontos. Das **Beteiligungskonto in der Steuerbilanz** der Beteiligungsgesellschaft stellt ein **Spiegelkonto des Eigenkapitals der Untergesellschaft dar.**

Steuerrechtlich ist daher das **Anschaffungskostenverfahren bei Beteiligungen** an Personengesellschaften als Mitunternehmer nicht möglich. Es gibt steuerlich somit auch keine außerplanmäßigen Abschreibungen vom Beteiligungskonto, da dieses automatisch allen Bewegungen des Eigenkapitalkontos bei der Untergesellschaft folgt.

4.244.122 Die Spiegelbildmethode in der Unternehmensbilanz

Aus der Tatsache der auch im Unternehmensrecht bestehenden direkten Zurechnung der Ergebnisse der Untergesellschaft auf die Gesellschafter wird häufig auch in der Unternehmensbilanz die **Spiegelbildmethode** angewendet. Einlagen und Gewinnanteile erhöhen den ausgewiesenen Anteil. Ist dieser gesellschaftsvertraglich fixiert, werden Gewinnanteile automatisch (phasengleich) unter sonstigen Forderungen ausgewiesen. Verlustanteile vermindern den ausgewiesenen Anteil. Gewinnentnahmen vermindern die ausgewiesenen Forderungen, darüber hinausgehende Entnahmen vermindern den in der Bilanz ausgewiesenen Anteil.

Alle Konten werden phasen- und spiegelbildgleich gleich bei der Ober- und Untergeslleschaft geführt.

Die **Spiegelbildmethode** verstößt nach überwiegender Ansicht des Schrifttums allerdings wegen der Verletzung des Anschaffungskostenprinzips gegen die Bewertungsvorschriften des UGB. Erst der Zufluss des Gewinnanteiles an die Beteiligungsgesellschaft würde zur Realisation des Gewinnanteiles führen. Dagegen lassen sich allerdings mehrere Einwendungen vorbringen:

Gem § 122 UGB hat jeder Gesellschafter **(Offener Gesellschafter, Komplementär, Kommanditist**) Anspruch auf Auszahlung seines Gewinnanteiles, es sei denn, die Auszahlung gereicht der Gesellschaft zum offenbaren Schaden, die Gesellschafter beschließen ein Anderes oder der Gesellschafter hat vereinbarungswidrig seine Einlage nicht geleistet. Gem § 168 kann der **Kommanditist** die Auszahlung seines Gewinnanteiles nicht verlangen, soweit die bedungene Einlage nicht geleistet oder durch vorhergehende Verlust unter den vereinbarten Betrag gesunken ist oder durch die Auszahlung sinken würde. Bezüglich eines eventuellen Schadens für die Gesellschaft gilt § 122. Siehe zur Gewinnausschüttung bei Personengesellschaften auch die Ausführungen zu 6.141.12.

Es bedarf somit für die **Auszahlung** des anteiligen Gewinnes keines **Gesellschafterbeschlusses,** womit unter normalen Umständen der Gewinnanteil mit dem Ausweis in der Bilanz als realisiert gilt. Diese Aussage wird dadurch verstärkt, dass gem der Stellungnahme der AFRAC vom März 2012 für die Zurückhaltung von Gewinnen zur Bildung einer Rücklage entweder eine gesellschaftsvertragliche Regelung oder ein Widmungsbeschluss der Gesellschafter vorhanden sein muss.

Auch *Coenenberg* (*Coenenberg*[22] [2012] 250) vertritt den Standpunkt, dass „mit Ablauf des Geschäftsjahres einer Personenhandelsgesellschaft der Anteil am Gewinn dieser Gesellschaft beim beteiligten Unternehmen regelmäßig bilanzierungspflichtig ist, da der Gewinn den Gesellschaftern unmittelbar zusteht … Eine Nichtausschüttung von Gewinnen bei Personenhandelsgesellschaften stellt demnach eine Kapitalerhöhung aus Gewinnen dar; die Anschaffungskosten der Beteiligung erhöhen sich nachträglich entsprechend, weshalb eine Aktivierung des anteiligen Gewinnes auch keinen Verstoß gegen das Anschaffungskostenprinzip darstellt."

Ein weiteres Indiz für die unternehmensrechtliche Zulassung der Spiegelbildmethode findet sich im § 264 UGB, bezüglich der Anwendung der Equitymethode in der Konzernrechnungslegung. Der Konzern gilt für die Rechnungslegung als ein einziges Unternehmen (§ 250 Abs 3). Obwohl das UGB im § 251 ausdrücklich auf die Anwendung der unternehmensrechtlichen Bewertungsvorschriften hinweist und § 260 sinngemäß ein Überschreiten der Anschaffungskosten untersagt, wird im § 264 UGB für alle Beteiligungen, auf die ein maßgeblicher Einfluss ausgeübt wird, die Equitymethode, die der Spiegelbildmethode entspricht, vorgeschrieben.

Aus allen vorigen Ausführungen lässt sich die Anwendung der **Spiegelbildmethode** rechtfertigen.

4.244.2 Bewertung von Wertpapieren (Wertrechten) des Anlagevermögens

Die Bewertung erfolgt zum **gemilderten Niederstwertprinzip**. Bezüglich einer Wiederaufwertung nach Wegfall der Gründe für eine außerplanmäßigen Abschreibung gilt die Bestimmung des § 208 Abs 2, wonach eine Wiederaufwertung unterbleiben kann, wenn ein niedrigerer Wertansatz bei der steuerrechtlichen Gewinnermittlung unter der Voraussetzung beibehalten werden kann, dass er auch im Jahresabschluss beibehalten wird.

Die Ursachen für außerplanmäßige Abschreibungen bei Beteiligungen und Wertpapieren sind im Abschnitt 6.145 dargelegt.

Gruppenbewertung

Gem § 209 Abs 2 können ***gleichartige Gegenstände des Finanzanlage- und des Vorratsvermögens, Wertpapiere (Wertrechte)*** *sowie andere gleichartige oder annähernd gleichwertige Vermögensgegenstände jeweils zu einer* ***Gruppe*** *zusammengefasst und mit dem* ***gewogenen Durchschnittswert*** *angesetzt werden.*

Diese Gruppenbewertung kann vor allem für Aktien, Anleihen und andere gleichartige fungible Wertpapiere angewendet werden. Sie gilt für das gesamte Finanzanlagevermögen, wenn die zu einer Gruppe zusammengefassten Gegenstände der gleichen Gattung angehören oder der gleichen Verwendung dienen und die Einzelwerte annähernd gleich hoch sind. *Fröhlich* nennt einen Spielraum von 20% (*Fröhlich* in *Hirschler,* Bilanzrecht § 209 Rz 18).

4.244.3 Bewertung von Rückdeckungsversicherungen

Unter **Rückdeckungsversicherung** versteht man eine Lebens- oder Berufsunfähigkeitsversicherung, die ein Unternehmen im Zusammenhang mit Pensionsverpflichtungen als **Versicherungsnehmer und Begünstigter aus dem Vertrag** abschließt. Diese Versicherung dient dazu, Verpflichtungen aus Pensionszusagen im Eintrittsfalle abzudecken, wobei der Eintrittsfall das Erreichen eines bestimmten Alters, der geplante Eintritt in den Ruhestand oder aber auch der vorzeitige Austritt des Mitarbeiters aus dem Dienstverhältnis sein kann.

Eine gegenseitige Aufrechnung des Anspruches des Unternehmens aus der Rückdeckungsversicherung mit der Verpflichtung gegenüber dem Pensionsberechtigten ist in der Bilanz nicht möglich, da es sich um zwei **voneinander unabhängige Rechtsbeziehungen handelt**.

Die **Verpflichtungen aus der Pensionszusage** sind daher nach den Regeln der Pensionsrückstellungen zu bilanzieren, während die Ansprüche aus der **Rückdeckungsversicherung** unter den Wertrechten im Finanzanlagevermögen auszuweisen sind. Wegen der unterschiedlichen Bilanzierungsregeln kann es durchaus zu unterschiedlichen Ansätzen kommen.

Für die **Bewertung der Ansprüche** aus der Rückdeckungsversicherung in der Bilanz kommen während der Anwartschaftszeit der **Rückkaufswert** oder das **Deckungskapital** in Frage. Der **Rückkaufswert** ist jener Betrag, der von der Versicherungsgesellschaft bei vorzeitiger Auflösung des Vertrages während der

Anwartschaftszeit ausbezahlt wird. Er ist zunächst kleiner als das Deckungskapital, wobei die Differenz mit zunehmender Dauer des Vertrages immer kleiner wird. Das **Deckungskapital** ist die angesammelte **Sparkomponente inkl der bereits gutgeschriebenen Gewinnanteile**.

Da es sich beim Deckungskapital um **Finanzanlagevermögen** handelt, welches dazu bestimmt ist, bis zum Ende der Laufzeit (Erlebenszeitpunkt oder früherer Todeszeitpunkt) im Unternehmen zu bleiben, ist die Mehrheit der Literatur und Praxis der Ansicht, dass die Bewertung in der Anwartschaftszeit mit dem **Deckungskapital** erfolgen sollte.

Bei Absicht eines **Rückkaufes**, was in der Regel **bei vorzeitigem Ausscheiden** des Pensionsberechtigten aus dem Unternehmen der Fall ist, hat die Bewertung zum **Rückkaufswert** zu erfolgen. In diesem Fall sind die Ansprüche im Posten „sonstige Forderungen und Vermögensgegenstände" als sonstiger Vermögensgegenstand auszuweisen.

Erfolgsmäßig werden die geleisteten Prämien grundsätzlich mit der Veränderung der aktivierten Ansprüche aus der Rückdeckungsversicherung aufgerechnet, wobei in den ersten Jahren der Vertragslaufzeit in der Regel ein **Aufwandssaldo** und später ein **Ertragssaldo** übrigbleibt. Dieser Saldo kann, allenfalls nach Ausscheiden der Zinsenkomponente, die im Finanzergebnis ihren Niederschlag findet, im Pensionsaufwand oder in den sonstigen betrieblichen Aufwendungen bzw Erträgen erfasst werden (siehe auch KFS/RL 23).

4.244.4 Bewertung von Ausleihungen

Ausleihungen sind grundsätzlich zum **Nennbetrag**, welcher in der Regel den Anschaffungskosten entspricht, zu bewerten. Als Bestandteil des Finanzanlagevermögens unterliegen diese dem gemilderten Niederstwertprinzip, womit ein Abwertungszwang wegen fehlender oder verringerter Einbringungsmöglichkeit nur bei dauernder Wertminderung besteht. Ist die Abwertung nicht von Dauer, darf eine außerplanmäßige Abschreibung vorgenommen werden. Wird auf diese verzichtet, haben Kapitalgesellschaften darüber gem § 237a im Anhang zu berichten.

Nicht oder unter dem marktüblichen Zinssatz verzinsliche Ausleihungen sind durch eine **außerplanmäßige Abschreibung** auf den Barwert am Bilanzstichtag abzuwerten. Die jährlichen Zinsen sind periodisch zuzuschreiben (siehe auch 6.145).

Handelt es sich bei der unverzinslichen oder niedrig verzinslichen Forderung um eine langfristige Forderung aus Lieferungen und Leistungen, sind die Forderung und der damit verbundene Umsatzerlös bereits mit der Lieferung bzw sonstigen Leistung zum Barwert zu bewerten. Der in der Forderung enthaltene Zinsertrag wird während der Laufzeit der Forderung durch **Aufzinsung des Barwertes realisiert** (vgl *Baetge/Kirsch/Thiele*[12] 329 [2012]).

Eine andere Möglichkeit der Darstellung ergibt sich in Form der Bruttomethode, wonach die Forderung im vollen Betrag und der Zinsenanteil als **Passive Rechnungsabgrenzung** ausgewiesen werden. Die passive Rechnungsabgrenzung wird jährlich anteilig in Form der periodisierten Zinserträge aufgelöst.

4.245 Eigene Anteile, Anteile an herrschenden oder mit Mehrheit beteiligten Unternehmen

§ 225 Abs 5 enthält dazu folgende Vorschrift:

> *„Eigene Anteile, Anteile an herrschenden oder mit Mehrheit beteiligten Unternehmen sind je nach ihrer Zweckbestimmung im Anlagevermögen oder im Umlaufvermögen in einem gesonderten Posten auszuweisen."*

Eigene Anteile

Wie schon dargelegt, sind eigene Anteile bei entsprechender Zweckbestimmung im Anlagevermögen auszuweisen; „vorausgesetzt ist, daß es gesellschaftsrechtlich zulässig ist, die eigenen Anteile, die dazu bestimmt sind, dauernd dem Geschäftsbetrieb zu dienen, auf Dauer zu halten (Art 20, Abs 2 Kapitalrichtlinie). Die aktienrechtliche Regelung, wonach nur unter bestimmten Voraussetzungen eine Veräußerungspflicht eigener Aktien besteht (§ 65a AktG), läßt dies grundsätzlich zu" (Erläuterungen RV zu § 225 Abs 5).

In der Mehrzahl der Fälle sind die „eigenen Anteile", soweit deren Erwerb überhaupt zulässig ist, nach ihrer Zweckbestimmung dem Umlaufvermögen zuzurechnen.

Anteile an herrschenden oder mit Mehrheit beteiligten Unternehmen

Bezüglich ihrer Zurechnung zum Anlage- oder Umlaufvermögen gelten sinngemäß die Erläuterungen zu den „eigenen Anteilen".

Da, wie bereits im Abschnitt 4.241.2 angeführt, „Anteile an herrschenden oder mit Mehrheit beteiligten Unternehmen" in der Regel auch Anteile an verbundenen Unternehmen darstellen, erscheint hier ein Vermerk der Mitzugehörigkeit gem § 223 Abs 5 erforderlich. Der Begriff der „Anteile an herrschenden oder mit Mehrheit beteiligten Unternehmen", soll anhand folgenden Diagramms erörtert werden (vgl auch Abschnitt 4.241.2):

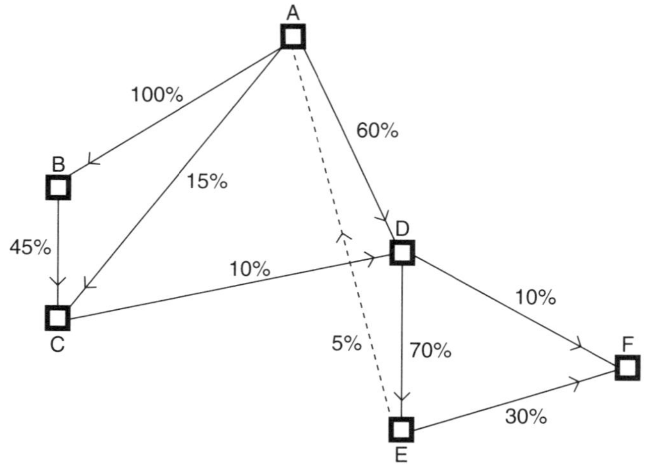

a) Eventuelle Anteile der Gesellschaften B, C, D und E an der Gesellschaft A stellen Anteile an der herrschenden Gesellschaft dar. Anteile der Gesellschaften B und D an der Gesellschaft A sind gleichzeitig Anteile an einem mit Mehrheit beteiligten Unternehmen; sie nehmen daher eine Doppelstellung ein.

b) Ein eventueller Anteil der Gesellschaft E an der Gesellschaft D wäre ein Anteil an einem mit Mehrheit beteiligten Unternehmen.

c) Die Beteiligung der Gesellschaft C an der Gesellschaft D laut obigem Beteiligungsdiagramm fällt dagegen nur unter die Kategorie der Anteile an verbundenen Unternehmen.

Weitere Erläuterungen zu den „Anteilen an herrschenden oder mit Mehrheit beteiligten Unternehmen" finden sich im Abschnitt 4.335 bei den Erläuterungen zum Umlaufvermögen.

Bezüglich der erforderlichen Bildung der „**Rücklage für eigene Anteile**" siehe Abschnitt 4.338.

4.246 Das Finanzanlagevermögen betreffende Erläuterungsvorschriften im Anhang

Siehe hierzu die Ausführungen im Kapitel 7 zum Anhang.

4.247 Wechselseitige Beteiligungen

> *Bei **Aktiengesellschaften** sind im Anhang Angaben über das **Bestehen einer wechselseitigen Beteiligung** (§ 228 Abs 1) unter Angabe des beteiligten Unternehmens zu machen.*

Der **Begriff der wechselseitigen Beteiligung** ist im österreichischen Gesellschaftsrecht nicht definiert. Gemäß *Nowotny* (in *Bertl/Mandl* [Hrsg], Handbuch RLG, 5. Lieferung, B III/42 D) hat die Pflicht zur Angabe wechselseitiger Beteiligungen offensichtlich ihr Vorbild im deutschen Aktiengesetz, sodass bei der Auslegung dieser Vorschrift auch dessen Vorschriften herangezogen werden können. Die Vorschrift über die Angabepflicht einer wechselseitigen Beteiligung im Anhang ist in § 160 Abs 1 Z 7 dAktG enthalten.

Gem § 19 Abs 1 dAktG sind wechselseitig beteiligte Unternehmen solche, die dadurch verbunden sind, dass jedem Unternehmen mehr als der vierte Teil der Anteile des anderen Unternehmens gehört. Für die Feststellung des Beteiligungsprozentsatzes wird dabei unter anderem auch auf § 16 Abs 4 dAktG hingewiesen, wonach als Anteile, die einem Unternehmen gehören, auch die Anteile gelten, die einem von ihm abhängigen Unternehmen gehören, dh, dass bei der Feststellung wechselseitiger Beteiligungen nicht nur unmittelbare Beteiligungen des berichtspflichtigen Unternehmens, sondern **mittelbare Beteiligungen** iSd § 244 Abs 4 **einzubeziehen sind**.

Der Begriff der **wechselseitigen Beteiligung** bedeutet, dass auf beiden Seiten die Voraussetzungen des § 228 Abs 1 erster Satz gegeben sein müssen, dass nämlich die Anteile am jeweils anderen Unternehmen dazu bestimmt sind, dem eigenen Geschäftsbetrieb durch eine dauernde Verbindung zum jeweils anderen Unternehmen zu dienen, wobei als Indiz für das Vorliegen einer Beteiligung die 20%-Grenze heranzuziehen ist. Wenn auf der Gegenseite keine Beteiligung iSd § 228 gegeben ist, kann auch keine wechselseitige Beteiligung vorliegen. *Nowotny* weist darauf hin, dass es nicht auszuschließen sei, „daß der Gesellschaft selbst das Bestehen von Rückbeteiligungen unbekannt ist, wobei allerdings für amtlich notierte Gesellschaften Meldepflichten gem § 91 Börsengesetz bestehen" (in *Bertl/Mandl,* Lieferung B III/42 D 22).

Beispiel für eine unmittelbare wechselseitige Beteiligung:

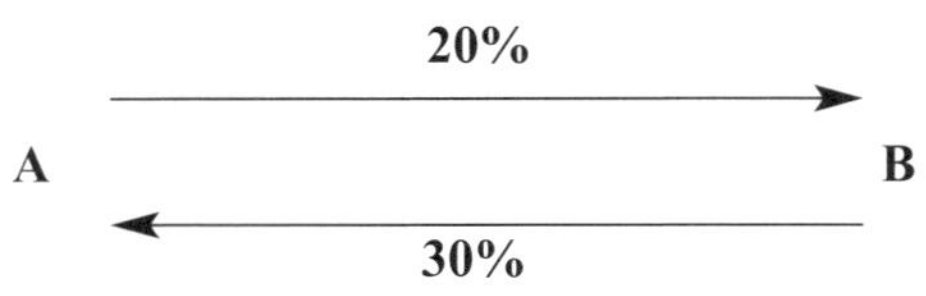

Beispiel für eine mittelbare wechselseitige Beteiligung:

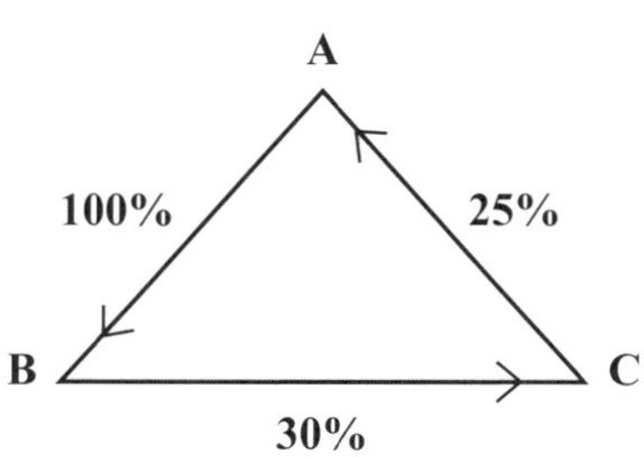

In diesem Zusammenhang ist darauf hinzuweisen, dass für den Fall, dass auf einer Seite die wechselseitige Beteiligung zu einer Mehrheitsbeteiligung anwächst, die Vorschriften über das Halten von Anteilen an einer herrschenden Gesellschaft zu beachten sind (vgl Abschnitt 4.245). In diesem Fall müsste die Gesellschaft, welche eine Beteiligung an der herrschenden Gesellschaft hält, ihre Anteile veräußern, um nicht gegen die Vorschriften der §§ 65 ff AktG zu verstoßen.

Die Angabepflicht des § 240 Z 9 beruht auf der Gefahr der **Kapitalverwässerung** bzw der Möglichkeit des Machtzuwachses der Verwaltung der Unternehmen. „Betriebswirtschaftlich gefährdet die wechselseitige Beteiligung die Aufbringung und Erhaltung des Grundkapitals; sie ermöglicht es ferne, den Verwaltungen, wechselseitig Einfluß zu nehmen“ (*Küting/Weber*[4] §§ 284–288 Rz 341).

4.25 Die horizontale Gliederung des Anlagevermögens (Anlagenspiegel)

Gem § 226 Abs 1 ist die **Entwicklung der einzelnen Posten des Anlagevermögens** darzustellen.

> *„Dabei sind, ausgehend von den gesamten Anschaffungs- und Herstellungskosten, die Zugänge, Abgänge, Umbuchungen und Zuschreibungen des Geschäftsjahrs sowie die Abschreibungen in ihrer gesamten Höhe gesondert aufzuführen.“*

4.251 Aufbau des Anlagenspiegels ohne Darstellung der Entwicklung der kumulierten Abschreibung

Das Gesetz verlangt ausdrücklich den Ausweis der unverminderten **Anschaffungs-** bzw **Herstellungskosten**, dh des gesamten im Anlagevermögen ursprünglich investierten Betrages, weiters den Ausweis der „**Abschreibungen in ihrer gesamten Höhe**“, dh der vom Zeitpunkt der Anschaffung oder Herstellung bis zum jeweiligen Bilanzstichtag **kumulierten Abschreibungen**. Durch diese Darstellung **(„direkte Bruttomethode“)** soll dem Bilanzleser ein Einblick in die Altersstruktur des Anlagevermögens ermöglicht werden.

Die Darstellung des RLG verbindet somit die Informationen des **direkten und des indirekten Abschreibungsverfahrens**. Aus der Vorschrift des § 205 ergibt sich weiters, dass **steuerliche Sonderabschreibungen** nicht in die kumulierten Abschreibungen eingehen dürfen.

Die Entwicklung der einzelnen Posten des Anlagevermögens stellt sich daher schematisch wie folgt dar (aus drucktechnischen Gründen nicht horizontal, sondern vertikal dargestellt ohne Umbuchungen und Zuschreibungen, die in gesonderten Abschnitten behandelt werden):

1. Anschaffungs- bzw Herstellungskosten des Anlagevermögens zum Jahresanfang
2. + Zugänge
3. – Abgänge (zu Anschaffungs- bzw Herstellungskosten)

Anschaffungs- bzw Herstellungskosten des Anlagevermögens zum Jahresende (im § 226 nicht direkt erwähnt)

4. – Gesamtbetrag der Abschreibungen (kumulierte Abschreibungen)
5. = **Buchwert des Anlagevermögens zum Jahresende**
6. Buchwert zum Ende des vorangegangenen Geschäftsjahres
7. Abschreibungen des Geschäftsjahres (§ 226 Abs 1 letzter Satz)

Beispiel:

Eine Maschine wurde im ersten Halbjahr 2009 angeschafft (1,000.000) und mit 10% pa abgeschrieben.

Die kumulierten Abschreibungen zum 1.1.2012 betragen

3 × 100.000	*300.000*
und erhöhen sich durch die Jahresabschreibungen von	*100.000*
per 31.12.2012 auf	*400.000*

Darstellung gem § 226 Abs 1:

Anschaffungs- bzw Herstellungskosten zu Beginn des Geschäftsjahres	Zugänge	Abgänge	Umbuchungen	AK/HK zum Ende des Geschäftsjahres	Kumulierte Abschreibungen	Buchwert zum Jahresende	Buchwert Vorjahr	Jahresabschreibung
1,000.000	–	–	–	1,000.000	400.000	600.000	700.000	100.000

Darstellung in der Buchhaltung:

Maschinen

Soll		Haben
1.1.2012	1,000.000	

kumulierte Abschreibungen

Soll	Haben	
	1.1.2012	300.000
	Jahresabchreibung	100.000
		400.000

Abschreibungen

Soll	
an kum Abschr	100.000

In der Finanzbuchhaltung können die Abschreibungen auch nach der direkten Methode durchgeführt werden.

Beispiel 2:

Wie 1), weiters wird die Maschine im zweiten Halbjahr 2012 um 650.000 verkauft. Der Anschaffungswert der Maschine ist in der Abgangsspalte auszuweisen; kumulierte Abschreibungen können nur für einen noch im Bestand befindlichen Anlagegegenstand ausgewiesen werden. Der Veräußerungsgewinn (bei der Gliederung nach dem Gesamtkostenverfahren unter 4a auszuweisen) ergibt sich wie folgt:

Anschaffungswert	*1,000.000*
abzüglich kumulierte Abschreibungen im Zeitpunkt der Veräußerung	*400.000*
Buchwert	*600.000*
Erlös	*650.000*
Ertrag aus Anlagenabgang	*50.000*

Darstellung gem § 226 Abs 1:

Anschaffungs- bzw Herstellungskosten zu Beginn des Geschäftsjahres	Zugänge	Abgänge	Umbuchungen	AK/HK zum Ende des Geschäftsjahres	Kumulierte Abschreibungen	Buchwert zum Jahresende	Buchwert Vorjahr	Jahresabschreibung
1,000.000	–	1,000.000	–	–	–	–	700.000	100.000

Darstellung in der Buchhaltung:

Maschinen

1.1.2012	1,000.000	2 Konten	1,000.000

kumulierte Abschreibungen

Maschinen	400.000	1.1.2012	300.000
		Jahresabschreibung	100.000

Abschreibungen

Kum Abschr	100.000		

Ertrag aus Anlagenabgang

Maschinen	600.000	Erlös	650.000

Daraus folgt, dass in der Bilanz selbst nur der Buchwert zum Jahresende in Gegenüberstellung zum Vorjahresbetrag angegeben werden muss.

Umbuchungen

Die im Gesetz genannten „**Umbuchungen**" betreffen in erster Linie die Verrechnung des Postens „in Bau befindliche Anlagen und Anzahlungen für Anlagen", aber auch erforderliche **Umgliederungen** zwischen den Posten des Anlagevermögens; soweit es sich um Abweichungen von der formellen Bilanzkontinuität handelt, ist § 223 Abs 1 zu beachten. Es wird aber auch als zulässig zu betrachten sein, wenn Umgliederungen und Umbuchungen im engeren Sinn in getrennten Spalten erfasst werden.

Zuschreibungen

Gem § 226 Abs 1 sind die … Zuschreibungen des Geschäftsjahres … gesondert aufzuführen.

Der Begriff Zuschreibungen ist sowohl in § 208 Abs 1 als auch in § 231 Abs 2 und 3 erwähnt:

§ 208 Abs 1 regelt den Fall, dass in einem späteren Geschäftsjahr die Gründe für eine **außerplanmäßige Abschreibung** nicht mehr bestehen:

> *„Der Betrag dieser Abschreibung ist im Umfang der Werterhöhung unter Berücksichtigung der Abschreibungen, die inzwischen vorzunehmen gewesen wären, zuzuschreiben."*

Dieses „**Wertaufholungsgebot**" wird allerdings durch § 208 Abs 2 relativiert,

> *wonach von der Zuschreibung nach Abs 1 abgesehen werden darf, wenn ein niedrigerer Wertansatz bei der steuerrechtlichen Gewinnermittlung unter der Voraussetzung beibehalten werden kann, dass er auch im Jahresabschluss beibehalten wird.*

In § 231 werden unter Z 4 a) „Erträge aus … der Zuschreibung zum Anlagevermögen mit Ausnahme der Finanzanlagen", unter Z 13 (Gesamtkostenverfahren) bzw Z 12 (Umsatzkostenverfahren) „Erträge aus … der Zuschreibung zu Finanzanlagen" angeführt.

Da der Betrag der in einer früheren Periode durchgeführten außerplanmäßigen Abschreibung in den kumulierten Abschreibungen des Vorjahres enthalten ist, wirkt sich die **Zuschreibung** in einer Reduktion der kumulierten Abschreibungen aus. Die kumulierten Abschreibungen (zum Jahresende) sind daher bereits um den Betrag der Zuschreibungen des Geschäftsjahres verringert. Wenn man daher die Entwicklung der einzelnen Posten des Anlagevermögens in der im Gesetz angegebenen Reihenfolge darstellt, müsste man bei der Querprobe den Betrag der Zuschreibungen des Geschäftsjahres weglassen.

Will man diese Unklarheit vermeiden, muss man die Zuschreibungen in gleicher Weise wie die Abschreibungen des Geschäftsjahres im Anlagenspiegel in einer Spalte nach dem Buchwert des Vorjahres anführen.

Beispiel:

Im Bilanzposten „Wertpapiere des Anlagevermögens" sind folgende Wertpapiere enthalten:

a) Anschaffung 2010, Nominale 1,000.000 festverzinsliche Wertpapiere; Anschaffungskurs 95%; im Jahr 2011 ist der Kurs auf 90% gefallen, und es wurde eine Abschreibung auf den niedrigeren Kurswert durchgeführt.

b) Anschaffung Ende 2011, Nominale 100.000 Aktien zum Kurs von 700; Ende 2012 ist der Kurs der festverzinslichen Wertpapiere 97%; das Unternehmen möchte die höchstmögliche Bilanzbewertung durchführen. Der Aktienkurs ist auf 500 zurückgegangen; es liegt voraussichtlich eine dauernde Wertminderung vor.

	Anschaffungskosten	Buchwert 1.1.2012
festverzinsliche Wertpapiere	950.000	900.000
Aktien	700.000	700.000
	1,650.000	1,600.000
kumulierte Abschreibungen:		
1.1.2012: 5% von 1,000.000		50.000
Zuschreibung wegen Erhöhung des Kurswertes		– 50.000
außerplanmäßige Abschreibung der Aktien		200.000
Stand der kumulierten Abschreibungen zum 31.12.2012		200.000

Darstellung gem § 226 Abs 1:

Anschaffungs- bzw Herstellungskosten zu Beginn des Geschäftsjahres	Zugänge	Abgänge	Umbuchungen	AK/HK zum Ende des Geschäftsjahres	Kumulierte Abschreibungen	Buchwert zum Jahresende	Buchwert Vorjahr	Jahresabschreibung (Zuschreibungen)
1,650.000	–	–	–	1,650.000	200.000	1.450.000	1.600.000	200.000 (50.000)

Darstellung in der Buchhaltung:

Wertpapiere des Anlagevermögens

Soll	Haben
1,650.000	

kumulierte Abschreibungen

Erträge aus Zuschreibungen 50.000		1.1.	50.000
		außerplanmäßige Abschreibung	200.000

Erträge aus Zuschreibungen

		kum Abschr	50.000

Abschreibung Wertpapiere

kum Abschr	200.000		

In diesem Zusammenhang sei noch darauf hingewiesen, dass das Gesetz nur die Rückgängigmachung von **außerplanmäßigen Abschreibungen** vorsieht, nicht jedoch eine Berichtigung von in den Vorjahren überhöht durchgeführten planmäßigen Abschreibungen gem § 204 Abs 1. Dies bedeutet aber, dass es aufgrund der Gesetzeslage nicht möglich ist, bei abnutzbaren Gegenständen des Anlagevermögens Anpassungen an Betriebsprüfungsergebnisse durchzuführen. Es könnte wohl zulässig sein, im Ergebnis der Betriebsprüfung einen besonderen Umstand zu erblicken, der es erlaubt, von den auf den vorhergehenden Jahresabschluss angewendeten Bewertungsmethoden abzuweichen (§ 201 Abs 2 letzter Satz); aber die Änderung des in § 204 Abs 1 erwähnten Abschreibungsplanes wirkt nur pro futuro, nicht jedoch zurück auf die vorangegangenen Geschäftsjahre.

Das einschlägige Beispiel hierzu inklusive der sich daraus ergebenden aktiven Steuerabgrenzung findet sich im Abschnitt 4.5.

Nachaktivierungen

Keine Zuschreibungen im Sinne der angeführten Gesetzesstellen sind dagegen Berichtigungen von in Vorjahren zu niedrig ausgewiesenen Anschaffungs- bzw Herstellungskosten, zB wenn aktivierungspflichtige Vermögensgegenstände des Anlagevermögens in Vorperioden überhaupt nicht oder nicht in der gesetzlich vorgesehenen Höhe erfasst wurden (irrtümliche Verrechnung von Anschaffungsnebenkosten als Aufwand, Auslassung von aktivierungspflichtigen Kosten bei der Ermittlung der Herstellungskosten von selbsterstellten Anlagen). Fraglich ist, wie solche Berichtigungen (zB im Anschluss an eine steuerliche Betriebsprüfung) im Anlagenspiegel ausgewiesen werden sollen. Die Regelung des § 226 Abs 1 bezieht sich nach dem Wortlaut nur auf die Zugänge des Geschäftsjahres, nicht aber auf Berichtigungen von Vorjahreszugängen. Wenn es sich nicht um unwesentliche Posten handelt, wird man solche Nachaktivierungen im Anlagenspiegel gesondert angeben müssen (in einer eigenen Spalte vor oder nach den Zugängen oder in der Spalte Zugänge mit jeweils gesonderter Kennzeichnung).

Diese **Nachaktivierungen** wirken sich auf den Betrag der „gesamten Anschaffungs- und Herstellungskosten" aus; wenn es sich um Nachaktivierungen für abnutzbare Gegenstände des Anlagevermögens handelt, ist selbstverständlich darauf zu achten, dass die auf die Nachaktivierung entfallenden kumulierten Abschreibungen berücksichtigt werden. Der Nettobetrag der Nachaktivierungen ist in der Gewinn- und Verlustrechnung gem § 231 Abs 2 bzw Abs 3 unter dem Posten 4 c, **übrige sonstige betriebliche Erträge**, auszuweisen.

Dabei ist § 233 letzter Satz zu beachten, wonach Erträge (und Aufwendungen), die einem anderen Geschäftsjahr zuzurechnen sind, hinsichtlich ihres Betrages und ihrer Art im Anhang zu erläutern sind, wenn diese Beträge für die Beurteilung der Ertragslage nicht von untergeordneter Bedeutung sind.

Beispiel:

Anlässlich des Jahresabschlusses für 2013 werden aufgrund einer Außenprüfung des Finanzamtes für das Jahr 2009 Anschaffungskosten nachaktiviert. Der Betrag der 2009 angefallenen Anschaffungsnebenkosten beträgt € 100.000, die Jahresabschreibung des entsprechenden Gegenstandes beträgt 10%.

Vorgangsweise

Anschaffungsnebenkosten 2009 (erste Jahreshälfte)	*€ 100.000*
Bisherige (fiktive) Abschreibung 4 × 10%	*€ 40.000*
(Fiktiver) Restwert per 1.1.2013	*€ 60.000*

Während das Anlagenkonto um € 100.000 zu erhöhen ist, sind die kumulierten Abschreibungen (Stand zum Jahresbeginn) um € 40.000 zu erhöhen.

Buchungssatz:

Anlagen	*100.000*	
an kumulierte Abschreibungen (Wertberichtigungen zum Anlagevermögen)		*40.000*
an sonstige betriebliche Erträge (4 c)		*60.000*

Die auf das laufende Geschäftsjahr entfallende Jahresabschreibung von € 10.000 wird normal durchgeführt, womit die kumulierte Abschreibung für den zusätzlich aktivierten Betrag am Jahresende auf € 50.000 anwächst.

Erläuterungen zur unternehmensrechtlichen Vorgangsweise:

Die von der Außenprüfung im Jahre 2013 für das Jahr 2009 gewinnerhöhend aktivierten Anschaffungsnebenkosten in Höhe von 100.000 können steuerlich in den Jahren 2009–2018 mit je 10.000 abgeschrieben werden.

Im Rechnungswesen werden im Jahre 2013 die Anschaffungsnebenkosten in Höhe von 100.000 und die bis zum 1. Jänner 2013 seit 2009 kumulierten Abschreibungen in Höhe von 40.000 nachgebucht. Die Differenz von 60.000 wird unter sonstigen betrieblichen Erträgen eingebucht.

In den Jahren 2014–2018 werden jeweils 10.000 (zusammen 60.000) als Abschreibungen erfasst.

Mehr- oder Wenigerrechnung:

	Unternehmens-rechtliche Erfassung	Steuerliche Erfassung	Mehr- oder Wenigerrechnung
für 2009		+ 100.000 –10.000	+90,000
für 2010		–10.000	–10.000
für 2011		–10.000	–10.000
für 2012		–10.000	–10.000
2013	+60.000 –10.000	–10.000	–60.000
2014–2018 je	–50.000	–50.000	0

Durch die Einbuchung der Betriebsprüfungsergebnisse 2009 im Jahre 2013 verlaufen die Ergebnisse in der Unternehmensrechnung wieder parallel zum steuerlichen Ergebnis.

Von den **Nachaktivierungen** sind die **nachträglichen Anschaffungskosten** (§ 203 Abs 2) zu unterscheiden; diese sind im Jahr des Anfalls als Zugang auszuweisen.

4.252 Aufbau des Anlagenspiegels mit Darstellung der Entwicklung der Abschreibung

In vielen Fällen wird auch die Entwicklung des Betrages der kumulierten Abschreibungen, ausgehend vom Stand zum Jahresanfang über Zugänge (= Jahresabschreibung), Abgänge, Zuschreibungen und Umbuchungen zum Stand des Jahresendes dargestellt.

Eine diesbezügliche Empfehlung wurde im „Arbeitsbehelf zum Aufbau und Inhalt des Anhanges der kleinen GmbH“ (ausgearbeitet vom Institut Österreichischer Wirtschaftsprüfer) gegeben; für die Darstellung ergibt sich dabei folgendes (fakultativ anzuwendendes) Schema:

Entwicklung der Gesamtabschreibung

Vermögens-kategorie	Stand Beginn des Geschäfts-jahres	Zugang (= Jahres-abschrei-bung)	Abgang	Umbuchungen	Zuschrei-bungen des Geschäfts-jahres	Stand Ende des Ge-schäfts-jahres

Beispiel: Anlagenspiegel der XY AG

Entwicklung des Anlagevermögens (in Mio €)

	Anschaffungs-/Herstellungskosten				Abschreibungen				Restbuchwerte	
	Anschaffungs- u. Herstellungskosten 1.1.2012	Zugänge (Abgänge) 2012	Umbuchungen 2012	AK + HK 31.12.2012	Stand 1.1.2012	Zugänge 2012	Abgänge 2012	Stand 31.12.2012	Stand 31.12.2012	Stand 1.1.2012
I. **Immaterielle Vermögensgegenstände**										
Firmenwert	39,0	–	–	39,0	10,4	2,6	–	13,0	26,0	28,6
II. **Sachanlagen**										
1. Grundstücke	337,0	0,6	–	337,6	158,6	9,9	–	168,5	169,1	178,4
2. Technische Anlagen und Maschinen	203,4	22,5 (0,5)	15,3	240,7	82	36,9	0,5	118,4	122,3	121,4
3. andere Anlagen, Betriebs- u. Geschäftsausstattung	120,2	13,3 (4,3)	6,0	135,2	110,3	18,2	4,2	124,3	10,9	9,9
4. Geleistete Anzahlungen und Anlagen in Bau	11,4	21,7	(21,3)	11,8	–	–	–	–	11,8	11,4
	672,0	58,1 (4,8)	–	725,3	350,9	65,0	4,7	411,2	314,1	321,1
III. **Finanzanlagen**										
Wertpapiere	17,9	2,6 (0,5)	–	20,0	–	–	–	–	20,0	17,9
	728,9	60,7 (5,3)	–	784,3	355,4	67,6	4,7	424,2	360,1	367,6

4.253 Die Behandlung geringwertiger Vermögensgegenstände des Anlagevermögens im Anlagenspiegel (§ 226 Abs 3)

Wenn diesbezüglich kein Ausweis einer unversteuerten Rücklage gem § 205 Abs 1 notwendig ist, sieht § 226 Abs 3 für die bilanzmäßige Behandlung folgende Wahlrechte vor:

1. *Die **Vermögensgegenstände** dürfen im Jahr des Zuganges sofort als **Abgang** behandelt werden, dh der gleiche Betrag erscheint sowohl in der Spalte Zugang als auch in der Spalte Abgang und in der Spalte Abschreibungen des Geschäftsjahres; für als Abgang behandelte Vermögensgegenstände sind selbstverständlich keine kumulierten Abschreibungen auszuweisen.*
2. *Die angeschafften **geringwertigen Vermögensgegenstände** des Anlagevermögens werden erst nach Ablauf ihrer Nutzungsdauer (die in der Regel nur geschätzt bzw einheitlich mit einer bestimmten Zahl von Jahren angenommen werden kann) als Abgang behandelt, dh im Jahr der Anschaffung wird der jeweils gleiche Betrag in der Spalte Zugang und Abschreibung des Geschäftsjahres und kumulierte Abschreibungen ausgewiesen; **nach Ablauf der (geschätzten) Nutzungsdauer** wird der entsprechende Betrag sowohl aus den Anschaffungs- bzw Herstellungskosten als auch aus den kumulierten Abschreibungen ausgeschieden.*

Für den Fall, dass gem § 205 Abs 1 der Ausweis einer unversteuerten Rücklage notwendig ist, siehe Abschnitt 5.212 Beispiel 2.

Beispiel:

Im Jahr 1 angeschafften Vermögensgegenstände des Anlagevermögens sollen im Hinblick auf ihre Geringwertigkeit im Jahr der Anschaffung voll abgeschrieben werden (Betrag 300.000, Zugang im 2. Halbjahr). Der Ausweis einer unversteuerten Rücklage gem § 205 Abs 1 erscheint nicht erforderlich. Die durchschnittliche Nutzungsdauer wird mit drei Jahren geschätzt.

Die Darstellung soll nach beiden beschriebenen Varianten durchgeführt werden. Aus Gründen der Vereinfachung ist davon auszugehen, dass weder in den Vorjahren noch in den Folgejahren geringwertige Vermögensgegenstände im Zugang enthalten sind.

Variante 1:

Darstellung gem § 226 Abs 1:

Anschaffungs- bzw Herstellungskosten zu Beginn des Geschäftsjahres	Zugänge	Abgänge	Umbuchungen	AK/HK zum Ende des Geschäftsjahres	Kumulierte Abschreibungen	Buchwert zum Jahresende	Buchwert Vorjahr	Jahresabschreibung
	300.000	300.000	–	–	–	–	–	300.000

Variante 2

Darstellung gem § 226 Abs 1:

Jahr	Anschaffungs- bzw Herstellungskosten zu Beginn des Geschäftsjahres	Zugänge	Abgänge	Umbuchungen	AK/HK zum Ende des Geschäftsjahres	Kumulierte Abschreibungen	Buchwert zum Jahresende	Buchwert Vorjahr	Jahresabschreibung (Zuschreibungen)
1		300.000			300.000	300.000			300.000
2	300.000				300.000	300.000			–
3	300.000				300.000	300.000			–
4	300.000		300.000		–	–			–

4.254 Geschäfts(Firmen)wert im Anlagenspiegel

Gem § 226 Abs 4 ist ein Geschäftswert in die Darstellung der Entwicklung des Anlagevermögens aufzunehmen. Ein voll abgeschriebener Geschäftswert ist als Abgang zu behandeln.

Das **Ausscheiden** aus dem Anlagevermögen in dem Jahr, in dem der Posten zu 100% abgeschrieben ist, kann auch bei anderen Anlageposten geboten sein, und zwar in den Fällen, in denen die tatsächliche Existenz bzw die weitere Wirksamkeit nicht feststellbar ist (zB **Mietrechte, Investitionen in fremden Gebäuden** und Ähnliches).

4.255 Gegenstände des Anlagevermögens bei Umgründungen

Bei den im Zuge eines Vorganges gem § 202 Abs 2 eingebrachten Gegenständen des Anlagevermögens (entweder nach Neubewertung gem § 202 Abs 1 oder bei Fortführung der Buchwerte gem § 202 Abs 2) ergibt sich die Frage, ob diese übernommenen Werte als Anschaffungs- bzw Herstellungskosten iSd § 203 Abs 2 bzw 3 zu behandeln sind, oder ob es zulässig ist, die seinerzeitigen Anschaffungs- bzw Herstellungskosten des eingebrachten Betriebes oder Teilbetriebes und die bis zum Einbringungsvorgang entstandenen kumulierten Abschreibungen zu übernehmen. Dies wird bei **Weiterführung der Buchwerte** gem § 202 Abs 2 **bejaht werden können**, nicht jedoch bei einer Neubewertung.

Die **Stellungnahme des Fachsenats für Unternehmensrecht** und Revision KFS/ RL25 aus 2010 lautet im Punkt 6.1.3. hierzu:

Anlagenspiegel

(76) Das übertragene Anlagevermögen ist bei der übernehmenden Gesellschaft in der Entwicklung des Anlagevermögens gemäß § 226 Abs 1 UGB als Zugang zu erfassen. Bei wesentlichen Zugängen sollten diese im Sinne der Generalnorm in einer gesonderten Spalte dargestellt werden.

(77) Bei Fortführung der Buchwerte des übertragenen Vermögens gemäß § 202 Abs 2 UGB sollten auch die historischen Anschaffungs-/Herstellungskosten und die kumulierte Abschreibung aus dem Anlagenspiegel des Rechtsvorgängers übernommen werden.

4.256 Ausweis des Anlagevermögens bei anderen Rechtsformen

Für unternehmerisch tätige eingetragene **Personengesellschaften iSd § 221 Abs 5** (insbesondere GmbH & Co KG) sind die Rechnungslegungsvorschriften für Kapitalgesellschaften anzuwenden.

Für andere Personengesellschaften und für Einzelunternehmer enthält das Gesetz nur folgende Vorschriften:

Gem § 198 Abs 1 ist in der Bilanz das Anlagevermögen gesondert auszuweisen und unter Bedachtnahme auf die Grundsätze des § 195 aufzugliedern.

§ 205 über die unversteuerten Rücklagen gilt für alle Unternehmer im Sinne des

§ 189 ungeachtet ihrer Rechtsform, dh die Bewertungsreserven sind auf der Passivseite auszuweisen.

Keinerlei Vorschriften bestehen für die Darstellung der Entwicklung der einzelnen Posten des Anlagevermögens.

Grundsätzlich besteht die Übung, dass die für die Kapitalgesellschaften geltenden Vorschriften auch bei der Bilanzierung anderer Unternehmer angewendet werden; dies ergibt sich zB bei Erstellung der Jahresabschlüsse durch Wirtschaftstreuhänder aus den Notwendigkeiten einer einheitlichen Kanzleiorganisation.

4.3 Umlaufvermögen

Gem § 198 Abs 4 sind als **Umlaufvermögen** jene Gegenstände auszuweisen, die nicht bestimmt sind, dauernd dem Geschäftsbetrieb zu dienen. Das Umlaufvermögen ist durch die laufende Veränderung seiner konkreten Bestände gekennzeichnet und ist im Gegensatz zum gebrauchsbestimmten Anlagevermögen verbrauchsbestimmt.

4.31 Vorräte

Untergliederung gem § 224 Abs 2 B I

I. Vorräte:

1. Roh-, Hilfs- und Betriebsstoffe;
2. unfertige Erzeugnisse;
3. fertige Erzeugnisse und Waren;
4. noch nicht abrechenbare Leistungen;
5. geleistete Anzahlungen;

Im Zusammenhang mit den Vorräten enthält § 225 Abs 6 zweiter Satz folgende Regelung:

„Erhaltene Anzahlungen auf Bestellungen sind, soweit Anzahlungen auf Vorräte nicht von einzelnen Posten der ‚Vorräte' offen abgesetzt werden, unter den Verbindlichkeiten gesondert auszuweisen."

4.311 Arten der Vorräte

4.311.1 Roh-, Hilfs- und Betriebsstoffe

Rohstoffe „sind im Betrieb noch nicht be- oder verarbeitete Stoffe, die dazu bestimmt sind, unmittelbar in das zu fertigende Erzeugnis einzugehen und wesentliche Bestandteile (Hauptbestandteile) des fertigen Erzeugnisses zu werden" (siehe HBA[2] Erläuterung zu § 131 A III 1–3 Rz 9).

Die Abgrenzung ist nicht nach volkswirtschaftlichen Kriterien, sondern bezogen auf die Verhältnisse des einzelnen Unternehmens durchzuführen, wobei sich bei mehrstufigen Unternehmen durchaus bei der Zuordnung Schwierigkeiten ergeben können. In diesem Zusammenhang ist auf den Grundsatz der Stetigkeit der Gliederung (§ 223 Abs 1) zu achten. Sinngemäß gehören zu dieser Gruppe auch fertig bezogene Teile, die im Unternehmen keiner weiteren technologischen Veränderung unterzogen werden, sondern in ein zu fertigendes Erzeugnis montiert werden (vgl HBA[3] § 224 Abs 2 B I Z 1 Rz 2).

Hilfsstoffe gehen ebenfalls in das Erzeugnis ein, sind aber nur untergeordnete Bestandteile des fertigen Produktes, wobei allerdings die Abgrenzung fließend sein kann und auch vielfach von der Behandlung in der Kostenrechnung des Unternehmens abhängig gemacht wird (Verrechnung als Fertigungsmaterial oder Gemeinkostenmaterial).

Betriebsstoffe sind Materialien, die mittelbar oder unmittelbar bei der Erzeugung oder der Erstellung von Dienstleistungen verbraucht werden, aber nicht in das Produkt selbst eingehen (zB Treibstoffe, Schmiermittel, Reinigungsmaterial und Ähnliches). Auch die Bestände an noch nicht ausgegebenem Büromaterial, Vorräte der Werksküche und Bestände an Werbematerial können dieser Gruppe zugerechnet werden (vgl HBA[3] § 224 Abs 2 B I Z 1 Rz 4).

Im Einzelfall können zur Gruppe der **Roh-, Hilfs- und Betriebsstoffe** Materialien gehören, die nicht von Dritten bezogen, sondern **vom Unternehmen selbst hergestellt wurden**, aber die Funktion zB von Hilfsstoffen haben (Paletten und sonstige Verpackungseinheiten, die von der Betriebstischlerei hergestellt werden, Verbrauchswerkzeuge und Ersatzteile, die von Nebenbetrieben des Unternehmens hergestellt werden und nicht zur Veräußerung bestimmt sind).

4.311.2 Unfertige Erzeugnisse

Dazu gehören **Vermögensgegenstände, die bereits im Betrieb einer Be- oder Verarbeitung** unterzogen worden sind, aber noch nicht zu den auslieferungsfähigen fertigen Erzeugnissen zählen, da sie noch einer weiteren Be- oder Verarbeitung bedürfen (siehe HBA[2] Erläuterung zu § 131 A III 1–3 Rz 13).

„Mit dem Beginn des Zeitraumes der Herstellung hat eine Umgliederung des Vermögensgegenstandes von den Rohstoffen zu den unfertigen Erzeugnissen zu erfolgen" (*Dusemond/Knop* in *Küting/Weber*[4] § 266 Rz 71).

Auch in diesem Bereich können sich bei mehrstufigen Industrieunternehmen Schwierigkeiten in der Zuordnung ergeben, wenn Zwischenerzeugnisse bereits veräußerungsfähig sind und als solche veräußert werden. Auch hier ist die Zuordnung zu unfertigen Erzeugnissen bzw fertigen Erzeugnissen unter Beachtung des Grundsatzes der Stetigkeit gem § 223 Abs 1 vorzunehmen.

4.311.3 Fertige Erzeugnisse und Waren

Ein gesonderter Ausweis von Fertigerzeugnissen einerseits und Waren andererseits ist nach den gesetzlichen Vorschriften nicht erforderlich, obwohl der getrennte Ausweis dieser beiden Gruppen bei gemischten Unternehmen einen besseren Einblick in die Vermögenslage des Unternehmens verschaffen würde. Gemeinsames Kennzeichen ist, dass diese Vermögensgegenstände ohne jede weitere Veränderung zum Verkauf bereitstehen.

4.311.4 Noch nicht abrechenbare Leistungen

Der Ausweis eines solchen Postens findet sich weder in der Bilanzrichtlinie noch im dHGB. Der gesonderte Ausweis dient jedoch zweifellos der Bilanzklarheit und kommt den Bedürfnissen des bilanztechnischen Ausweises bestimmter Wirtschaftszweige entgegen.

Gemäß den EB zu § 224 soll dadurch klargestellt werden, dass, „solange kein rechtsgültiger Anspruch aus einer abrechenbaren Leistung entstanden ist, der Ausweis unter den **noch nicht abrechenbaren Leistungen** im Vorratsvermögen vorzunehmen ist" und dass keinesfalls ein Ausweis als Forderung in Frage kommt.

Der im Gesetz nicht näher definierte Begriff der „**noch nicht abrechenbaren Leistung**" setzt voraus, dass ein rechtsgültig abgeschlossener Vertrag über die Lieferung eines herzustellenden Gegenstandes oder die Durchführung einer Leistung besteht.

Inhalt dieses Bilanzpostens können somit die bereits angefallenen Aufwendungen für körperliche Vermögensgegenstände (zB zur Errichtung eines Bauwerkes, einer Industrieanlage etc) oder für zu erbringende sonstige Leistungen (zB für Reparaturarbeiten, Lohnbearbeitung von zur Verfügung gestellten Fremdmaterialien, Aufträge zur Durchführung technischer Entwicklungsarbeiten, zur Entwicklung von EDV-Software, Aufträge zur Durchführung von Abschlussprüfungen oder Erstellung von Jahresabschlüssen) sein.

Bei körperlichen Vermögensgegenständen können sich (neue) Abgrenzungsfragen gegenüber dem Posten „unfertige Erzeugnisse" ergeben. Wenn zB der Herstellung einer Serie von Eisenbahnwaggons, die zum Bilanzstichtag noch in unfertigem Zustand sind, ein Fixauftrag zugrunde liegt, ist eine mögliche Überschneidung zwischen den beiden Bilanzposten gegeben.

Wenn ein Bauunternehmen im Auftrag eines Bauherrn einen Bau errichtet, der zum Bilanzstichtag noch nicht fertig gestellt ist, liegt zweifellos **eine „noch nicht abrechenbare Leistung"** im Sinne des Gesetzes vor. Wenn dagegen das Bauunternehmen zB ein Bürogebäude in der Absicht errichtet, es nach Fertigstellung zu veräußern, ist ein Ausweis im gleichen Bilanzposten nicht zulässig. In diesem Fall hat der Ausweis im Posten **„unfertige Erzeugnisse"** zu erfolgen.

Aufträge mit einer Ausführungszeit von mehr als zwölf Monaten

§ 206 Abs 3 enthält ein **spezielles Bewertungswahlrecht** für „Aufträge, deren Ausführung sich über mehr als zwölf Monate erstreckt" (siehe Abschnitt 4.313.4). Der Begriff des „Auftrages" in dieser Vorschrift kann mit dem Begriff der „noch nicht abrechenbaren Leistungen" gleichgesetzt werden, da sich die Bewertungsfrage des § 206 Abs 3 nur so lange stellt, wie der (bereits erteilte) Auftrag noch nicht fertig gestellt wurde, also auch noch nicht abrechenbar ist.

Bei der **Abgrenzung der Zwölfmonatsfrist** können sich allerdings aus der Verwendung des Auftragsbegriffes Auslegungsprobleme ergeben; es soll dabei an das obige Beispiel des Eisenbahnwaggons angeknüpft werden: Der Auftrag zur Herstellung einer Serie von Eisenbahnwaggons verteilt sich infolge der Seriengröße auf einen Zeitraum von insgesamt zwei Jahren, wobei die jeweils fertig gestellten Waggons (Herstellungsdauer im Einzelfall unter zwölf Monaten) sofort ausgeliefert werden. Worauf bezieht sich hier die Zwölfmonatsfrist: auf den Gesamtbetrag oder auf die Teilleistung innerhalb des Gesamtauftrages? Weder der Gesetzestext noch die EB enthalten Lösungsansätze zu diesen Fragen, die hier nur angeschnitten werden können. Für den Fall, dass es sich bei den Eisenbahnwaggons um Spezialanfertigungen handelt, kann davon ausgegangen werden, dass sich die Zwölfmonatsfrist auf den Gesamtauftrag bezieht.

4.311.5 Noch nicht abgerechnete Leistungen

Im Gegensatz zu den noch nicht abrechenbaren Leistungen soll durch den Ausweis der **noch nicht abgerechneten Leistungen** klargestellt werden, dass bereits ein rechtsgültiger Anspruch aus einer abrechenbaren Leistung entstanden ist.

Das Gesetz behandelt diesen Fall von bereits abgeschlossenen, aber noch nicht abgerechneten Dienstleistungen nicht. Im juristischen Sinn handelt es sich dabei bereits um Forderungen. Ein Ausweis noch nicht abgerechneter Dienstleistungen im Vorratsvermögen wird nach hM für zulässig erachtet, wobei allerdings zu untersuchen ist, ob diesfalls nicht schon eine Gewinnrealisation gegeben ist; in diesem Fall müsste ein Ausweis unter „Forderungen aus Lieferungen und Leistungen" vorgenommen werden.

4.311.6 Geleistete Anzahlungen

Bei den **geleisteten Anzahlungen** unter Z 5 muss es sich um Anzahlungen auf Roh-, Hilfs- und Betriebsstoffe, Waren oder Anzahlungen an Subunternehmer handeln, **Anzahlungen**, die andere Leistungen betreffen, zB Anzahlungen für Beratungsleistungen und Ähnliches, die nicht im Zusammenhang mit dem Vorratsvermögen aktivierbar werden, sind nicht hier auszuweisen, sondern unter dem Posten B II/4 „Sonstige Forderungen und Vermögensgegenstände". Gleiches gilt für Anzahlungen auf das Anlagevermögen, die unter A I/3 bzw unter A II/4 auszuweisen sind.

4.312 Die Möglichkeit der Verrechnung von Vorräten mit erhaltenen Anzahlungen für Bestellungen

§ 225 Abs 6 zweiter Satz:

> *„Erhaltene Anzahlungen auf Bestellungen sind, soweit Anzahlungen auf Vorräte nicht von einzelnen Posten der Vorräte offen abgesetzt werden, unter den Verbindlichkeiten (D 3.) gesondert auszuweisen."*

Als Vorteile der **offenen Absetzung** können angeführt werden:

Nach § 195 UGB ist der Jahresabschluss klar und übersichtlich aufzustellen. Die offene Verrechnung in der Vorspalte erfüllt diese Grundsätze besser als der ungeteilte Ausweis der „erhaltenen Anzahlungen auf Bestellungen" auf der Passivseite.

Auch die Generalnorm, nämlich die Herstellung eines möglichst getreuen Bildes der Vermögens-, Finanz- und Ertragslage (§ 222 Abs 2), erscheint durch die Verrechnung in der Vorspalte wesentlich besser gewahrt als bei einem vollständig getrennten Ausweis auf der Passivseite. Ein derartiger Ausweis kann die Bilanzrelationen in aufeinanderfolgenden Jahren sehr stark beeinflussen und zu einem nicht zutreffenden Bild der Eigenkapitalquote des Unternehmens führen.

Weiters wird der Bilanzleser durch die offene Absetzung der erhaltenen Anzahlungen darüber informiert, dass diese insoweit bereits für den Auftrag verwendet wurden, wodurch ihm ein besseres Bild der finanziellen Lage des Unternehmens vermittelt wird.

Zusammenfassend kann festgestellt werden, dass grundsätzlich eine **offene Verrechnung von Anzahlungen** gegen den jeweiligen Vorratsposten zu empfehlen ist.

Als Voraussetzungen dieser Verrechnung sind anzuführen:

a) Eine **Absetzung** darf nur so weit erfolgen, als bereits entsprechende Aufwendungen angefallen sind, die zum Bilanzstichtag ihren Niederschlag in den Vorräten (Aktivseite B I, 1–5) gefunden haben. Eine darüber hinausgehende Absetzung ist nicht zulässig, da sie nicht mit der Generalklausel des § 222 Abs 2 vereinbar ist.

Erläuterungen zur RV (EU-GesRÄG 1996)

„Erhaltene Anzahlungen dürfen entweder offen von den Vorräten abgesetzt oder gesondert unter den Verbindlichkeiten ausgewiesen werden. Die Unterscheidung zwischen **Anzahlungen auf Bestellungen und Anzahlungen auf Vorräte** soll klarstellen, daß eine offene Absetzung von den Vorräten nur insoweit vorgenommen werden darf, als für den Auftrag, auf den sich die erhaltene Anzahlung bezieht, bereits Gegenstände des Vorratsvermögens angeschafft bzw hergestellt worden sind. Soweit dies nicht der Fall ist, liegt keine Anzahlung auf Vorräte vor.“

b) Die **Absetzung** ist von dem Vorratsposten, in dem die bereits erbrachte (Teil-)Leistung enthalten ist, durchzuführen. Wenn zB Teile der erhaltenen Anzahlungen als geleistete Anzahlungen (Aktivseite B 1, Z 5) weitergegeben wurden, ist die Absetzung insoweit von diesem Posten durchzuführen.

Es erscheint auch zulässig, in der Bilanz die offene Verrechnung in einem einzigen Betrag von der Summe der Vorräte vorzunehmen und die Zuordnung dieses Betrages zu den entsprechenden Vorratsposten im Anhang darzustellen.

Beispiel aus dem Jahresabschluss einer Kapitalgesellschaft

B. Umlaufvermögen		*Geschäftsjahr*	*Vorjahr*
I. Vorräte			
1. Roh-, Hilfs- und Betriebsstoffe		*2.084*	*2.313*
2. Noch nicht abrechenbare Leistungen	*1,769.581*		
abzüglich erhaltener Anzahlungen auf Bestellungen	*– 1,472.378*	*297.203*	*293.995*

3. Geleistete Anzahlungen (davon an verbundene Unternehmen 54.860)	*189.036*		
abzüglich erhaltene Anzahlungen auf Bestellungen	*– 137.572*	*51.464*	*98.002*
		350.751	***394.310***

Vgl hierzu auch Abschnitt 5.533.

4.313 Bewertung der Vorräte

Das UGB enthält bezüglich der Vorratsbewertung folgende Bestimmungen:

***§ 206 Abs 1**. Gegenstände des Umlaufvermögens sind mit den Anschaffungs- oder Herstellungskosten, vermindert um die Abschreibungen gem § 207, anzusetzen.*

***Abs 2**. Auf die Feststellung der Anschaffungs- und Herstellungskosten ist § 203 Abs. 2 bis 4 sinngemäß anzuwenden.*

***Abs 3**. Bei Aufträgen, deren Ausführung sich über mehr als zwölf Monate erstreckt, dürfen angemessene Teile der Verwaltungs- und Vertriebskosten angesetzt werden, falls eine verläßliche Kostenrechnung vorliegt und soweit aus der weiteren Auftragsabwicklung keine Verluste drohen.*

***§ 207**. Bei Gegenständen des Umlaufvermögens sind Abschreibungen vorzunehmen, um diese mit dem Wert anzusetzen, der sich aus einem niedrigeren Börsenkurs oder Marktpreis am Abschlußstichtag ergibt. Ist ein Börsenkurs oder Marktpreis nicht festzustellen und übersteigen die Anschaffungs- oder Herstellungskosten den Wert, der dem Vermögensgegenstand am Abschlußstichtag beizulegen ist, so ist der Vermögensgegenstand auf diesen Wert abzuschreiben.*

***§ 208**. …*

***§ 209 Abs 1**. Gegenstände des Sachanlagevermögens sowie Roh-, Hilfs- und Betriebsstoffe können, wenn sie regelmäßig ersetzt werden und ihr Gesamtwert von untergeordneter Bedeutung ist, mit einem gleichbleibenden Wert angesetzt werden, sofern ihr Bestand voraussichtlich in seiner Größe, seinem Wert und seiner Zusammensetzung nur geringen Veränderungen unterliegt. Jedoch ist mindestens alle fünf Jahre eine Bestandsaufnahme durchzuführen. Ergibt sich dabei eine wesentliche Änderung des mengenmäßigen Bestandes, so ist insoweit der Wert anzupassen.*

***Abs 2**. Gleichartige Gegenstände des Finanzanlage- und des Vorratsvermögens, Wertpapiere (Wertrechte) sowie andere gleichartige oder annähernd gleichwertige Vermögensgegenstände können jeweils zu einer Gruppe zusammengefaßt und mit dem gewogenen Durchschnittswert angesetzt werden. Soweit es den Grundsätzen ordnungsmäßiger Buchführung entspricht, kann für den Wertansatz gleichartiger Vermögensgegenstände des Vorratsvermögens unterstellt werden, daß die zuerst oder die zuletzt angeschafften oder hergestellten Vermögensgegenstände zuerst oder in einer sonstigen bestimmten Folge verbraucht oder veräußert worden sind.*

Für das **Umlaufvermögen und daher auch für die Vorräte** gilt das strenge Niederstwertprinzip, das heißt, Vorräte sind mit dem niedrigeren der beiden Werte, **Anschaffungs- bzw Herstellungskosten** oder **niedrigerer Tagespreis** anzusetzen.

Für die Bewertung des **Umlaufvermögens** ist mit dem niedrigeren Tagespreis eine **Bewertungsuntergrenze** gesetzt. Ein geringerer Wert als der niedrigere Tageswert **darf** am Abschlussstichtag nur dann angesetzt werden, wenn im Falle einer neuerlichen Wertsteigerung nach einer außerplanmäßigen Abschreibung von der Bestimmung des § 208 Abs 2 Gebrauch gemacht und auf eine Wiederaufwertung verzichtet wurde.

4.313.1 Roh-, Hilfs- und Betriebsstoffe

Unter dem Gesichtspunkt des **strengen Niederstwertprinzips** sind Roh-, Hilfs- und Betriebsstoffe sowie bezogene Teile mit ihrem Einstandswert (Anschaffungskosten), dessen Ermittlung nach den in der Folge dargestellten verschiedenen Bewertungsverfahren erfolgen kann, zu bewerten.

Der Vergleichswert (Tagespreis) am Abschlussstichtag wird bei Roh-, Hilfs- und Betriebsstoffen in der Regel aus dem **Beschaffungsmarkt** abgeleitet werden. In jenen Fällen, in denen infolge von Produktionsumstellungen, Änderungen des aus den vorhandenen Rohstoffen zu erzeugenden Produktes, Preisverfall des Fertigproduktes oder bei Überbeständen eine normale Verwendung der Roh-, Hilfs- und Betriebsstoffe nicht mehr möglich erscheint, richtet sich die Ermittlung des Tagespreises nicht nach dem Beschaffungsmarkt, sondern **nach den weiteren Verwendungs- bzw Verwertungsmöglichkeiten** dieser Materialien.

4.313.2 Unfertige und fertige Erzeugnisse

Die vom Unternehmen selbsterstellten unfertigen (in Arbeit befindlichen) Erzeugnisse sowie Fertigerzeugnisse sind in der Bilanz zu den Herstellungskosten zu bewerten.

Auch für die **unfertigen und fertigen Erzeugnisse** gilt das strenge Niederstwertprinzip, wobei als Vergleichswerte jedoch nicht die Werte des **Beschaf-**

fungsmarktes, sondern jene des **Absatzmarktes** maßgeblich sind. Es ist daher grundsätzlich zu prüfen, ob der zu erwartende Veräußerungserlös die bisher entstandenen Herstellungskosten zuzüglich aller noch zu erwartenden Kosten deckt. Dazu gehören etwa noch anfallende Herstellungskosten, Verwaltungs- und Vertriebskosten. Ist dies nicht der Fall, ist insoweit eine Abwertung vorzunehmen.

Die **retrograde Bewertung** der unfertigen und fertigen Erzeugnisse ist im Sinne einer **verlustfreien Bewertung** folgendermaßen vorzunehmen:

	Erzielbare Verkaufserlöse
–	Erlösschmälerungen
–	Vertriebssonderkosten
–	noch zu erwartende Vertriebsgemeinkosten
–	noch zu erwartende Verwaltungsgemeinkosten
–	etwaige noch anfallende Erzeugungs- bzw Verarbeitungskosten
	Wert, der den Gegenständen am Abschlussstichtag beizulegen ist

Sind die nach § 203 Abs 3 ermittelten Herstellungskosten höher als der aufgrund der retrograden Rechnung ermittelte Wert, ist Letzterer anzusetzen.

Durch die verlustfreie Bewertung soll gewährleistet werden, dass eventuelle Verluste aus den hergestellten Produkten nicht jene Periode belasten, in der diese Produkte verkauft, sondern jene, in der sie hergestellt werden.

Daher wird die oben dargestellte Rechnung nur dann auf Vollkostenbasis angewendet werden, wenn die vorliegenden Aufträge in den kommenden Perioden die Annahme preisgünstigerer Aufträge, die die Fixkosten dieser Periode tragen würden, verhindern. Ist dies nicht der Fall, ist zu untersuchen, ob eine Nichtdurchführung des Auftrages einen Abbau der Fixkosten der kommenden Periode(n) ermöglichen würde. Können Fixkosten nicht abgebaut werden, würden sie also jedenfalls anfallen, haben sie jene Periode zu belasten, in der sie tatsächlich anfallen. In diesem Fall ist der voraussichtliche Höchstansatz auf Teilkostenbasis zu ermitteln:

	Erzielbare Verkaufserlöse
–	Erlösschmälerungen
–	Vertriebssonderkosten
–	noch zu erwartende variable Vertriebsgemeinkosten
–	noch zu erwartende variable Verwaltungsgemeinkosten
–	etwaige noch anfallende variable Erzeugungs- bzw Verarbeitungskosten
	Höchstwert am Bilanzstichtag

Für die **steuerliche Bewertung** sind die Herstellungskosten gem § 6 Z 2 lit a EStG heranzuziehen. Eine gesonderte retrograde Bewertung der Halb- und Fertigerzeugnisse ist steuerlich nicht durchzuführen; es ist jedoch zu beachten, dass für den Fall, als bei retrograder Bewertung der unternehmensrechtliche Bilanzansatz unter die steuerlichen Herstellungskosten fällt, Letztere abzuwerten sind (Maßgeblichkeit der Unternehmensbilanz für die Steuerbilanz).

Die retrograde Wertermittlung zur Durchführung einer verlustfreien Bewertung hat mit der Bewertungsmethode, nach der die Anschaffungskosten von Warenbeständen zum Bilanzstichtag retrograd vom Verkaufspreis ermittelt werden, nichts zu tun. Diese Bewertungsmethode wird gelegentlich dann angewendet, wenn die Handelsspanne für die zu bewertenden Produkte prozentuell gleich hoch ist. Im Gegensatz zur verlustfreien Bewertung muss in diesem Fall auch eine etwaige Gewinnspanne abgesetzt werden.

4.313.3 Noch nicht abrechenbare Leistungen

Hierbei handelt es sich vor allem um Auftragsleistungen der Bauwirtschaft, im Anlagenbau und um Dienstleistungen, wie etwa die Bearbeitung beigestellten Materials bzw beigestellter Teile, noch nicht vollendete Werbe-, Architektur-, Gutachter- und Generalunternehmerleistungen.

Die Bewertung der noch nicht abrechenbaren Leistungen erfolgt gleich den unfertigen und fertigen Erzeugnissen. Bezüglich der Ausnahmevorschrift für **langfristige Aufträge** siehe den folgenden Abschnitt.

4.313.4 Langfristige (Fertigungs-)Aufträge

Gem § 206 Abs 3 dürfen bei Aufträgen, deren Ausführung sich über mehr als zwölf Monate erstreckt, angemessene Teile der Verwaltungs- und Vertriebskosten angesetzt werden, falls **eine verlässliche Kostenrechnung** vorliegt und **soweit aus der weiteren Auftragsabwicklung** keine Verluste drohen.

Bezüglich des Umfanges der angemessenen Verwaltungs- und Vertriebskosten vgl *Wagenhofer A.,* Mehrjährige Aufträge, in *Bertl/Mandl* (Hrsg), Handbuch RLG, 2. Lieferung.

Mit dieser Bestimmung wird zunächst klargemacht, dass eine **Teilgewinnrealisierung** nicht in Frage kommt, dass aber andererseits eine vollständige Neutralisierung der während der Herstellungszeit angefallenen Kosten ermöglicht werden soll. Voraussetzung ist allerdings eine „Ausführungszeit", die über zwölf Monate hinausgeht, und dass es sich um die Ausführung eines **festen Kundenauftrages** handelt.

Schwierigkeiten können sich in der Frage der Auslegung des Beginnes der Ausführung der Leistung ergeben, da regelmäßig Planungs- und Konstruktionsarbeiten durchzuführen sind, die sich vielfach über mehrere Monate und länger hinweg erstrecken. Wegen der an sich kurzen Frist von „mehr als zwölf Monaten" ist der Beginn der Ausführung eher **restriktiv** auszulegen.

Aufträge, die durch Ausführungsverzögerungen zu einer Ausführungszeit von mehr als zwölf Monaten kommen, dürfen ebenfalls nicht zur Kategorie der langfristigen Aufträge gezählt werden.

Eine gleichartige Regelung wie im UGB gibt es weder im **österreichischen Steuerrecht** noch im **dHGB**.

Die **Einkommensteuerrichtlinien** ließen (wenn auch einkommensteuergesetzwidrig) für alle Herstellungsvorgänge, deren Ausführung sich über mehr als zwölf Monate erstreckte, bis 2005 die Aktivierung angemessener Teile der Verwaltungs- und Vertriebskosten zu, haben sich aber für alle Herstellungsvorgänge, die nach 2004 begonnen wurden auf § 6 EStG zurückgezogen (Rz 2199):

> *Kosten der allgemeinen Verwaltung und des Vertriebes dürfen nicht in die Herstellungskosten einbezogen werden. Da der steuerliche Herstellungskostenbegriff Verwaltungs- und Vertriebskosten nicht umfasst, besteht zum Unterschied vom Unternehmensrecht für langfristige Aufträge steuerlich keine Möglichkeit zur Aktivierung von Verwaltungs- und Vertriebskosten bzw zum Ausweis der Selbstkosten*

Im Zusammenhang mit der Auftragsfertigung stellen die Einkommensteuerrichtlinien allerdings für Geschäftsanbahnungskosten fest, dass es sich bei diesen, soweit sie im Preis des Auftrages Deckung finden, bei wirtschaftlicher Betrachtung nicht um Vertriebskosten handelt, die einem unternehmens- und steuerrechtlichen Aktivierungsverbot unterliegen. Sie sind daher bis zur Rechnungserstellung zu aktivieren (Rz 2154).

4.313.5 Abgrenzbare Teilleistungen, Teilgewinnrealisierung

Teilgewinnrealisierungen, insbesondere in jenen Fällen, in denen Teilleistungen abgrenzbar sind, sind sowohl im Unternehmensrecht als auch im Steuerrecht zulässig.

Nach Rz 2154 der Einkommensteuerrichtlinien „wird bei Erbringung abgrenzbarer Teilleistungen mit dem Abschluss jeder einzelnen Teilleistung der darauf entfallende Gewinnanteil verwirklicht". Dies gilt beispielsweise, wenn von mehreren herzustellenden Reihenhäusern eines fertiggestellt ist.

Gemäß der in Rz 2154 zitierten Entscheidung des VwGH vom 1.12.1981, 81/14/0017, „stellen die besorgte laufende Führung von Büchern, die Lohnverrechnung und die Errechnung monatlich abzuführender Abgaben abgrenzbare Teilleistungen dar, selbst dann, wenn sich an diese Teilleistungen die Erstellung des

Jahresabschlusses und die Ausfertigung der Abgabenerklärungen anschließen. Der auf die genannten Teilleistungen entfallende Gewinnanteil ist bei buchführenden Wirtschaftstreuhändern ungeachtet des Zeitpunktes der Ausstellung der Honorarnote jeweils am Ende des betreffenden Kalenderjahres zu aktivieren".

Abgrenzbare und abrechenbare Teilleistungen sind gemäß Rz 2154 auch bei „Wiederkehrschuldverhältnissen, Sukzessivlieferungsverträgen und Dauerwartungsverträgen anzunehmen".

Deutsche Kommentatoren des dHGB sehen auf Grund des Problems, dass für Unternehmen der Auftragsfertigung mit über einem Jahr hinausgehenden Fertigungszeiten eine mit den Herstellungskosten begrenzte Aktivierung der unfertigen und fertigen Erzeugnisse zu beträchtlichen Verlusten während der Herstellungsphase führen kann, trotz der fehlenden gesetzlichen Regelung in der **Teilgewinnrealisierung** „einen generell anerkannten GoB bei der Bilanzierung langfristiger auftragsgebundener Fertigung bzw Leistungserstellung", sofern verlässliche Kalkulationsgrundlagen vorliegen und aus der weiteren Auftragsabwicklung keine Verluste drohen (vgl *Küting/Weber*[4] § 252 Rz 88 ff und die dort angeführte Literatur, insbesondere *Adler/Düring/Schmaltz*).

Im angloamerikanischen sowie im internationalen Bereich ist der Grundsatz der **Teilgewinnrealisierung** allgemein anerkannt. Der International Accounting Standard (IAS) Nr 11 „Fertigungsaufträge" des IASB sieht vor, dass, wenn die im IAS definierten Voraussetzungen gegeben sind, das Verfahren der Teilgewinnrealisierung **(„percentage of completion method")** zwingend anzuwenden ist (IAS 11/22).

4.313.6 Waren

Unter **Waren** versteht man jene Produkte, die vom Unternehmen erworben und ohne weitere Be- und Verarbeitung verkauft werden sollen. Verschiedene Manipulationen, wie Sortimentsgestaltung, Sortiervorgänge, Verpackungsmaßnahmen, zählen nicht zur Be- und Verarbeitung.

Waren sind in gleicher Weise wie Roh-, Hilfs- und Betriebsstoffe zu bewerten, wobei als **Vergleichswert der Wiederbeschaffungswert** heranzuziehen ist. Für die Bewertung der Waren gilt allerdings die **Maßgeblichkeit des Absatzmarktes** insoweit, als der um die Vertriebskosten verminderte voraussichtliche Verkaufserlös die Anschaffungskosten der Waren nicht unterschreiten darf; in diesem Fall wäre ebenfalls eine Abwertung erforderlich.

In **Einzelhandelsbetrieben** ist es wegen der großen Menge an verschiedenen Waren häufig schwierig, die Anschaffungskosten der einzelnen Gegenstände aus den Unterlagen zu entnehmen. In diesem Fall erscheint es zulässig, die **Anschaffungskosten** durch die **Vornahme eines Abschlages in der Höhe der Brutto-**

gewinnspanne vom Verkaufspreis zu ermitteln. Diese Methode erfordert aber für die einzelnen Warengruppen einheitliche Bruttogewinnspannen. Sind die verwendeten Handelsspannen innerhalb einzelner Warengruppen unterschiedlich, ist diese Methode nur dann anwendbar, wenn aus den **ausgezeichneten Verkaufspreisen** der einzelnen Waren die **verrechnete Handelsspanne** (verschlüsselt) unmittelbar ersehen werden kann.

4.314 Ermittlung des mengen- und wertmäßigen Verbrauches und Bestandes

4.314.1 Indirekte Verbrauchsermittlung

Eine **indirekte Verbrauchsermittlung** liegt vor, wenn der Verbrauch über den Umweg der Inventur festgestellt wird:

	Anfangsbestand laut Inventur
+	Zugang
–	Endbestand laut Inventur
	Verbrauch

Die **indirekte Verbrauchsermittlung** stellt eine Vermengung von mengen- und wertmäßiger Einsatzermittlung dar.

4.314.2 Direkte Verbrauchsermittlung

Die **direkte Verbrauchsermittlung** besteht in der unmittelbaren Erfassung jedes einzelnen Verbrauchsvorganges. Die Summe der karteimäßig erfassten Abfassungen gibt die Möglichkeit der rechnerischen Ermittlung des Sollendbestandes, dessen Vergleich mit dem Endbestand laut Inventur als Differenz Schwund oder Überschuss zeigt.

	Anfangsbestand
+	Zugang
–	direkt erfasster Verbrauch
	Soll-Endbestand
–	Ist-Endbestand laut Inventur
	Schwund oder Überschuss

Als **Erfordernis der direkten Verbrauchsermittlung** bedarf es der Führung einer Material- oder Warenkartei, mit dem Vorteil der Möglichkeit der Feststellung von eventuellen Abgängen und einer besseren laufenden Kontrolle der Bestände.

4.315 Bewertungsmethoden

Vermögensgegenstände unterliegen gem § 201 Abs 2 Z 3 grundsätzlich der **Einzelbewertung**. Schwierigkeiten können allerdings insbesondere bei der Feststellung der Anschaffungskosten von Roh-, Hilfs- und Betriebsstoffen sowie bei bezogenen Teilen und Handelswaren, aber auch bei Gegenständen des Anlagevermögens (zB Ersatzteile, Wertpapiere) entstehen, die als gleichartige Gegenstände zu verschiedenen Preisen beschafft, gemischt, gelagert und abgefasst (verbraucht) werden. Für diese Fälle sieht das UGB in § 209 **Bewertungsvereinfachungsverfahren** vor.

Folgende Verbrauchs- und daraus resultierende Bestandsbewertungen (bzw vice versa) kommen in Frage.

4.315.1 Identitätspreisverfahren

Dieses entspricht voll dem Grundsatz der **Einzelbewertung**, da bei seiner Anwendung die verbrauchten Gegenstände und der Endbestand mit ihren jeweiligen **Anschaffungskosten** (Einstandspreisen) bewertet werden.

Die Anwendung des **Identitätspreisverfahrens** hat zur Voraussetzung, dass die einzelnen Gegenstände, soweit es sich um gleichartige Güter mit unterschiedlichen Anschaffungs- oder Herstellungskosten handelt, entweder **getrennt gelagert oder durch besondere Merkmale** (zB Motornummer, Gerätenummer) gekennzeichnet werden.

Bei der Gegenüberstellung der für die einzelnen Gegenstände festgestellten (unterschiedlichen) Anschaffungs-(Herstellungs-)kosten mit dem Tageswert am Bilanzstichtag ist jeder einzelne Posten mit dem (einheitlichen) Tageswert zu vergleichen; soweit die Anschaffungs-(Herstellungs-)kosten einzelner Gegenstände über dem Tageswert liegen, sind sie abzuwerten, während die zu einem Preis unter dem Tageswert angeschafften Gegenstände unverändert bleiben.

Die Bewertung nach dem Identitätspreisverfahren bringt sowohl in der **Abfassungsbewertung** als auch in der **Schlussbestandsbewertung** erhebliche Mehrarbeit mit sich, wird also nur dort angewendet werden, wo es sich um Gegenstände mit relativ hohen Anschaffungs-(Herstellungs-)kosten handelt.

Eine zulässige Vereinfachung des Identitätspreisverfahrens besteht darin, dass aus den am Bilanzstichtag lagernden Gegenständen, die zu verschiedenen Preisen erworben wurden, ein durchschnittlicher (gewogener) Anschaffungs-(Herstellungs-) preis ermittelt wird, der dem Vergleichspreis (= Tagespreis am Abschlussstichtag) gegenübergestellt wird. Diese Methode hat den Vorteil, dass man mit einem einheitlichen Preis in die neue Periode geht. Es kann allerdings durch diese Methode zu einer anderen Bewertung als bei der Einzelbewertung kommen, wie nachstehendes **Beispiel** zeigt:

Ein Gegenstand zeigt folgende mengenmäßige Entwicklung:

Einkauf am 27.8.	*3.000 kg zu € 100*
Einkauf am 15.12.	*3.000 kg zu € 70*
Abfassung am 15.11.	*1.500 kg (aus Einkauf vom 27.8.)*

Der Preis am Bilanzstichtag beträgt € 75

Methode 1 ***(Einzelbewertung)***

Endbestand	*Anschaffungskosten*	*Abwertung*	*Bewertung zum Abschlussstichtag*
1.500 kg à € 100	*€ 150.000*	*€ 25/kg = € 37.500*	*€ 112.500*
3.000 kg à € 70	*€ 210.000*		*€ 210.000*
	€ 360.000	*€ 37.500*	*€ 322.500*

Methode 2 ***(Durchschnittspreis)***

Endbestand	*Anschaffungskosten*	*Abwertung*	*Bewertung zum Abschlussstichtag*
1.500 kg à € 100	*€ 150.000*		
3.000 kg à € 70	*€ 210.000*		
4.500 kg à € 80	*€ 360.000*	*€ 5/kg = € 22.500*	*€ 337.500*

Folgende **Bewertungsvereinfachungsverfahren** können gem § 209 Abs 2 UGB angewendet werden:

1. *Gewogenes Durchschnittspreisverfahren*
2. *Annahme einer bestimmten Verbrauchsfolge (Kunstbewertungsverfahren)*

4.315.2 Gewogenes Durchschnittspreisverfahren

Infolge der beim Identitätspreisverfahren auftretenden Schwierigkeiten bei der individuellen Ermittlung der Anschaffungskosten tritt an dessen Stelle das **Durchschnittspreisverfahren** als das am häufigsten angewendete Verfahren der Verbrauchsbewertung.

Gem § 209 Abs 2 können gleichartige Gegenstände des Finanzanlagevermögens und des Vorratsvermögens, zB Wertpapiere, Rohstoffe, Waren oder annähernd gleichwertige bewegliche Vermögensgegenstände jeweils zu einer Gruppe zusammengefasst und mit dem **gewogenen Durchschnittswert** angesetzt werden.

Je nach der Abfassungsmethode (direkt oder indirekt) wird das gewogene Durchschnittspreisverfahren entweder als gleitendes Durchschnittspreisverfahren (direkte Abfassungsmethode) oder als einfaches gewogenes Durchschnittspreisverfahren (indirekte Abfassungsmethode) angewendet.

Bei dem **gleitenden Durchschnittspreisverfahren** wird nach jedem Zugang ein neuer Durchschnittspreis ermittelt, mit dem die folgenden Abfassungen und der sich ergebende Bestand bewertet werden.

Beispiel wie oben:

Anfangsbestand	*– kg*		
Einkauf am 27.8.	*3.000 kg zu*	*€ 100 =*	*€ 300.000*
Abfassung am 15.11.	*1.500 kg zu*	*€ 100 =*	*€ 150.000*
	1.500 kg zu	*€ 100 =*	*€ 150.000*
Einkauf am 15.12.	*3.000 kg zu*	*€ 70 =*	*€ 210.000*
Endbestand zu Anschaffungswerten	*4.500 kg zu*	*€ 80 =*	*€ 360.000*
Abwertung	*4.500 kg zu*	*€ 5 =*	*€ 22.500*
Endbestand zum niedrigeren Tagespreis	*4.500 kg zu*	*€ 75 =*	*€ 337.500*

Die Anwendung des **gleitenden Durchschnittspreisverfahrens** ist nur bei **direkter mengenmäßiger Verbrauchsermittlung** möglich, da ohne diese die zeitliche Reihenfolge der Zugänge und Abfassungen nicht festgestellt werden kann. Durch den weit verbreiteten EDV-Einsatz stellt das gleitende Durchschnittspreisverfahren heute die am häufigsten angewendete Methode der Praxis dar.

Das **gewogene Durchschnittspreisverfahren** ermittelt am Bilanzstichtag den nach Mengen gewichteten Durchschnittspreis gleichartiger Gegenstände aus den Preisen des Anfangsbestandes und sämtlicher Zugänge der Periode und legt diesen Preis der Bewertung sowohl des Verbrauches als auch des Endbestandes zugrunde.

Beispiel wie oben:

Anfangsbestand	*– kg*		
Einkauf am 27.8.	*3.000 kg zu*	*€ 100 =*	*€ 300.000*
Einkauf am 15.12.	*3.000 kg zu*	*€ 70 =*	*€ 210.000*
Gesamteinkauf	*6.000 kg zu*	*€ 85 =*	*€ 510.000*
Abfassung	*1.500 kg zu*	*€ 85 =*	*€ 127.500*
Endbestand zu Anschaffungswerten	*4.500 kg zu*	*€ 85 =*	*€ 382.500*
Abwertung	*4.500 kg zu*	*€ 10 =*	*€ 45.000*
Endbestand zum niedrigeren Tagespreis	*4.500 kg zu*	*€ 75 =*	*€ 337.500*

Das (einfache) **gewogene Durchschnittspreisverfahren** geht von der **indirekten mengenmäßigen** Erfassung der Lagerabgänge aus. Die Problematik dieses

Verfahrens liegt darin, dass Abfassungen einer Ware, die etwa im März erfolgen, mit Preisen bewertet werden, die von Zugängen in späteren Monaten beeinflusst werden. Ein grundsätzlicher Einwand gegen diese Methode besteht jedoch nicht.

4.315.3 Bewertung zu Festwerten (Festwertverfahren) gem § 209 Abs 1

Gem § 209 Abs 1 können Gegenstände des Sachanlagevermögens sowie Roh-, Hilfs- und Betriebsstoffe, wenn sie regelmäßig ersetzt werden und ihr Gesamtwert von untergeordneter Bedeutung ist, mit einem gleich bleibenden Wert angesetzt werden, sofern ihr Bestand voraussichtlich in seiner Größe, seinem Wert und seiner Zusammensetzung nur geringen Veränderungen unterliegt. Jedoch ist mindestens alle fünf Jahre eine **Bestandsaufnahme** durchzuführen. Ergibt sich dabei eine wesentliche Änderung des **mengenmäßigen Bestandes**, so ist insoweit der Wert anzupassen.

Bei diesen Vorratsgegenständen handelt es sich in der Regel um Hilfs- und Betriebsstoffe geringen Ausmaßes mit regelmäßigem Verbrauch, die nach dem jeweiligen Mindestbestand bestellt werden, der sich hinsichtlich Größe, Wert und Zusammensetzung nur wenig verändert. Die **Anschaffung** dieser Gegenstände wird sofort als **Materialverbrauch** erfasst. Siehe hierzu auch den Abschnitt 4.236.122, in dem eine Reihe solcher Gegenstände aufgelistet ist.

Der Gesamtwert der zu Festwerten bewerteten Gegenstände (Anlage- und Umlaufvermögen) muss von untergeordneter Bedeutung sein, wobei nach allgemeiner Ansicht als Vergleichsgröße das Gesamtvermögen anzusehen ist und ein Prozentsatz zwischen 2 bis etwa 3% nicht überschritten werden sollte (*Egger* in HBA § 209 Abs 1 Rz 5).

4.315.4 Kunstbewertungsverfahren gem § 209 Abs 2

Gem § 209 Abs 2 kann, soweit dies den Grundsätzen ordnungsmäßiger Buchführung entspricht, für den Wertansatz gleichartiger Vermögensgegenstände des Vorratsvermögens unterstellt werden, dass die zuerst oder zuletzt angeschafften oder hergestellten Vermögensgegenstände zuerst oder in einer sonstigen bestimmten Folge verbraucht oder veräußert worden sind.

Die am häufigsten angewendeten Methoden sind:

1. **FIFO**-Verfahren
2. **LIFO**-Verfahren
3. **HIFO**-Verfahren

4.315.41 FIFO-Verfahren

Nach dem **FIFO-Verfahren** (first in – first out) werden die zuerst eingegangenen oder hergestellten Bestände rechnerisch zuerst verbraucht (veräußert). Diese Methode unterstellt daher, dass die am Bilanzstichtag vorhandenen Mengen aus den jeweils letzten Zugängen stammen. Beispiel wie oben:

Anfangsbestand	*– kg*
Zugang am 20.8.	*3.000 kg à € 100*
Abfassung am 15.11.	*1.500 kg*
Zugang am 15.12.	*3.000 kg à € 70*

Da die Abfassung vom 15.11. nach dem FIFO-Verfahren zu bewerten ist, ergibt sich am 31.12. folgender Endbestand:

Endbestand	*Anschaffungskosten*	*Abwertung*	*Bewertung zum Abschlussstichtag*
1.500 kg à € 100	*€ 150.000*	*€ 25/kg = € 37.500*	*€ 112.500*
3.000 kg à € 70	*€ 210.000*		*€ 210.000*
	€ 360.000	*€ 37.500*	*€ 322.500*

Wie bereits oben zum Identitätspreisverfahren ausgeführt, empfiehlt es sich auch hier, für den Endbestand einen Durchschnittspreis zu ermitteln, der dann dem Tagespreis gegenübergestellt wird. Die Anwendung dieser Methode kann allerdings, wie bereits gezeigt, zu einem anderen Ergebnis führen:

Endbestand		*Anschaffungskosten*	*Abwertung*	*Bewertung zum Abschlussstichtag*
1.500 kg à	*€ 100 €*	*€ 150.000 €*		
3.000 kg à	*€ 70 €*	*€ 210.000 €*		
4.500 kg à	*€ 80 €*	*€ 360.000 €*	*€ 5/kg = € 22.500*	*€ 337.500*

Der Vorteil dieser Methode liegt allerdings darin, dass der Endbestand zu einem einheitlichen Preis bewertet wird, der in die neue Periode übernommen wird.

Die Anwendung des **FIFO-Verfahrens** kann zu einer Verletzung des unternehmensrechtlichen Höchstansatzes führen, wenn die Preise der zu bewertenden Vermögensgegenstände steigende Tendenz aufweisen und die tatsächlichen Abfassungen nicht der Reihenfolge der Eingänge entsprechen. Allerdings ist die Feststellung dieser Tatsache in der Regel nicht möglich. Dennoch ist die Anwendung des Fifo-Verfahrens gerade in Zeiten **hoher Preissteigerungen** insoweit problematisch, als in der Erfolgsbilanz ein Materialverbrauch ausgewiesen wird, der weit unter den Tageswerten, wie sie am Bilanzstichtag gegeben sind, liegt.

Es kommt dadurch zu einem Ausweis von unter Umständen erheblichen **Scheingewinnen**, da der den Erlösen gegenübergestellte Materialeinsatz unter jenen Beträgen liegt, die erforderlich sind, um die gleiche Menge an Material, Rohstoffen usw nachzukaufen.

4.315.42 LIFO-Verfahren

Das **LIFO-Verfahren** (last in – first out) geht von der Annahme aus, dass die zuletzt eingegangenen oder hergestellten Bestände zuerst verbraucht werden, der Endbestand also dem rechnerisch ältesten Eingang entspricht. Je nach Art der mengenmäßigen Verbrauchsermittlung ergeben sich allerdings unterschiedliche Bewertungen.

Wird der Verbrauch indirekt ermittelt, wird es bei gleich bleibenden Anfangs- und Endbeständen, sofern nicht der Preis am Bilanzstichtag niedriger ist als der Preis, zu dem der Anfangsbestand bewertet wurde, zu einer Art **Festbewertung** kommen. Bei steigenden Beständen kommen zum Anfangsbestand noch die jeweils ersten Zugänge der Abrechnungsperiode, die rechnerisch dem Mehrbestand entsprechen, hinzu. Bei abnehmenden Beständen müssen vom Anfangsbestand die jeweils jüngsten Zugänge der Vorperiode abgezogen werden. Da es im letzten Fall allerdings zu erheblichen Rechenarbeiten kommen kann, erscheint es durchaus möglich und empfehlenswert, aus dem jeweiligen Endbestand (= Anfangsbestand der nächsten Periode) einen Durchschnittspreis zu ermitteln, der dann als einheitlicher Preis in die nächste Periode vorgetragen wird.

Wird der Verbrauch direkt ermittelt, kann es gegenüber der indirekten Verbrauchsermittlung zu einer anderen Bewertung sowohl des Verbrauches als auch des Endbestandes kommen, weil die Bewertung vom jeweiligen Bestand am Tage des Verbrauches und nicht global von den gesamten Zugängen der Abrechnungsperiode ausgeht.

Beispiel:

Anfangsbestand	*1.000 kg à € 10*
Abfassung 10.1.	*500 kg*
Zugang 20.1.	*800 kg à € 11*
Abfassung 25.1.	*500 kg*
Endbestand 31.1.	*800 kg*

Methode 1 (indirekte Verbrauchsermittlung)

		Bestand	*Abfassung*
Anfangsbestand	*1.000 kg à € 10*	*€ 10.000*	
Zugang 20.1.	*800 kg à € 11*	*€ 8.800*	
Gesamtbestand	*1.800 kg*	*€ 18.800*	

Abfassung Jänner	*800 kg à € 11*		*€ 8.800*
	200 kg à € 10		*€ 2.000*
Endbestand	***800 kg à € 10***	***€ 8.000***	***€ 10.800***

Methode 2 (direkte Verbrauchsermittlung)

			Bestand	*Abfassung*
Anfangsbestand	*1.000 kg à*	*€ 10*	*€ 10.000*	
Abfassung 10.1.	*500 kg à*	*€ 10*		*€ 5.000*
Bestand	*500 kg à*	*€ 10*	*€ 5.000*	
Zugang 20.1.	*800 kg à*	*€ 11*	*€ 8.800*	
Bestand	*1.300 kg*		*€ 13.800*	
Abfassung 25.1.	*500 kg à*	*€ 11*		*€ 5.500*
Endbestand	*500 kg à*	*€ 10*	*€ 5.000*	
	300 kg à	*€ 11*	*€ 3.300*	
	800 kg		***€ 8.300***	***€ 10.500***

Es ist zulässig, für den Endbestand einen Durchschnittspreis zu bilden und diesen unter Berücksichtigung des Niederstwertprinzips in die nächste Periode vorzutragen.

Durchschnittspreis = € 8.300 : 800 kg = € 10,38/kg

Das **LIFO-Verfahren** entspricht bei steigender Preistendenz voll dem **Vorsichtsprinzip**, da der Bestand mit den historisch niedrigeren Preisen und die Abfassungen bzw Veräußerungen mit den aktuellen höheren Preisen bewertet werden. Es wird dadurch auch möglich, den Ausweis von **Scheingewinnen** stark einzuschränken. Die Folge ist allerdings ein unrealistisch niedriger Ausweis des Sachumlaufvermögens, da dieses mit Werten eingesetzt ist, die unter Umständen über mehrere Perioden zurückreichen.

Die **österreichischen Finanzbehörden verweigern** der Anwendung des **LIFO-Verfahrens** aus den oben angeführten Gründen ihre Zustimmung, begründen ihre Ablehnung aber auch damit, dass es nicht den normalen Gegebenheiten entspräche, dass grundsätzlich die zuletzt angeschafften Bestände zuerst abgefasst werden. Dort, wo dies nachgewiesen werden könne bzw dem normalen Ablauf entspräche, bestünde gegen die Anwendung des LIFO-Verfahrens kein Einwand. Die Einkommensteuerrichtlinien führen als mögliches Beispiel für die Anwendung des LIFO-Verfahrens die Lagerhaltung eines Kohlenhändlers an (Rz 2320).

4.315.43 HIFO-Verfahren

Das **HIFO-Verfahren** (highest in – first out) unterstellt einen übervorsichtigen Unternehmer, der grundsätzlich die Bestände mit dem höchsten Anschaffungspreis zuerst verbraucht bzw veräußert und somit am Bilanzstichtag die Bestände mit dem jeweils niedrigsten Einstandspreis auf Lager hat. Die Anwendung des HIFO-Verfahrens hat praktisch keine Bedeutung, es entspricht aber dem unternehmensrechtlichen Vorsichtsprinzip.

Auf weitere, gelegentlich in der Fachliteratur angeführte Verbrauchsfolgeverfahren (KIFO = Konzern in – first out; KILO = Konzern in – last out; LOFO = lowest in – first out) soll hier nicht weiter eingegangen werden.

4.315.44 Angabe gem § 237 Z 11 (Börsenkurs und Marktpreis)

Gem § 237 Z 11 sind bei Anwendung einer Bewertungsmethode nach § 209 Abs 2 die Unterschiedsbeträge im Vergleich zu einer Bewertung auf der Grundlage des letzten vor dem Abschlussstichtag bekannten Börsenkurses oder Marktpreises anzugeben, wenn sie erheblich sind.

Da auf Grund der Bestimmungen des § 207 für den Fall, dass der Börsenkurs oder Marktpreis niedriger ist, eine Abschreibung auf diesen Preis zu erfolgen hat, gilt die Bestimmung des § 237 Z 11 nur für den Fall, dass der Markt- und Börsenkurs höher ist. Damit soll dem Bilanzleser die Möglichkeit gegeben werden, etwaige **erhebliche stille Reserven** festzustellen.

Diese Bestimmung kommt vor allem bei Anwendung des LIFO-Verfahrens zum Zuge, da in diesem Fall der Bestand zum Abschlussstichtag bei steigendem Preisniveau vielfach Festwertcharakter hat.

4.315.5 Bewertung zu Verrechnungspreisen

Dieses unternehmensrechtlich nicht geregelte Verfahren ergibt sich aus Erfordernissen einer besseren innerbetrieblichen Abrechnung der Leistungserstellung. Beim **Verrechnungspreisverfahren** werden für die einzelnen Gegenstände im Vorhinein Verrechnungspreise festgesetzt. Treten bei Einkauf der Gegenstände Abweichungen zwischen **Verrechnungspreisen** und tatsächlichen **Einstandspreisen** auf, so werden diese Differenzen auf einem **Preisabweichungskonto** verbucht, während die einzelnen Gegenstände mit ihren Verrechnungspreisen in den Bestand bzw den Verbrauch eingehen.

Schwierigkeiten können zum Bilanzstichtag bei der Bewertung der Endbestände auftreten, da diese zu Verrechnungspreisen verbucht sind und ein Vergleich mit den jeweiligen Tagespreisen zum Bilanzstichtag nicht einfach durchgeführt werden kann, da die Verrechnungspreise grundsätzlich über oder unter den tatsächlichen Einstandspreisen liegen können. Es müssen daher zum Vergleich mit den

Tageswerten zunächst die tatsächlichen Einstandspreise der lagernden Bestände festgestellt und die Differenz zum Verrechnungspreis dem Bestandskonto zu- bzw abgebucht werden (Gegenbuchung = Preisabweichungskonto). Der auf dem **Preisabweichungskonto** verbleibende Saldo wird gegen das Verbrauchskonto ausgebucht.

4.316 Angaben zu den Vorräten im Anhang

Das UGB enthält dazu folgende Vorschriften:

1. Aus § 208 – Wertaufholung

Wenn bei Vorräten eine Abschreibung nach § 207 (nach dem strengen Niederstwertprinzip) vorgenommen wurde und sich in einem späteren Geschäftsjahr herausstellt, dass die Gründe dafür nicht mehr bestehen, so ist der Betrag dieser Abschreibung im Umfang der Werterhöhung zuzuschreiben, wobei gem § 208 Abs 2 von der Zuschreibung abgesehen werden kann, wenn die Beibehaltung des niedrigeren Wertansatzes eine Voraussetzung für dessen steuerliche Anerkennung ist.

Gem § 208 Abs 3 ist im Anhang der ***Betrag der im Geschäftsjahr aus steuerrechtlichen Gründen unterlassenen Zuschreibungen*** *anzugeben und hinreichend zu begründen. Ferner ist das Ausmaß erheblicher künftiger steuerlicher Belastungen, die sich aus einer solchen Bewertung ergeben, anzuführen (gilt nicht für die kleine GmbH).*

2. § 223 Abs 6

Wenn in der Bilanz die Vorräte zu einem einzigen Posten zusammengezogen werden, ist im Anhang eine Aufgliederung nach den arabischen Zahlen des Gliederungsschemas in § 224 Abs 2 vorzunehmen (gilt nicht für die kleine GmbH).

3. Aus § 236

a) Angabe der Bilanzierungs- und Bewertungsmethoden, insbesondere
b) Z 1 – Abweichungen von Bilanzierungs- und Bewertungsmethoden; diese sind zu begründen und ihr Einfluss auf die Vermögens-, Finanz- und Ertragslage ist gesondert darzustellen.
c) Z 2 – Angabe des Gesamtbetrages der Zinsen und ähnlicher Aufwendungen, die gem § 203 Abs 4 im Rahmen der Herstellungskosten aktiviert sind.
d) Z 4 – bei Inanspruchnahme von § 206 Abs 3 der im Geschäftsjahr und der insgesamt über die Herstellungskosten hinaus angesetzte Betrag.

4. § 237 Z 11

> *Bei der Anwendung einer Bewertungsmethode gemäß § 209 Abs 2 (Anwendung des Durchschnittspreisverfahrens bzw von Verbrauchsfolgeverfahren) sind die Unterschiedsbeträge für die jeweilige Gruppe anzugeben, wenn die Bewertung im Vergleich zu einer Bewertung auf der Grundlage des letzten vor dem Abschlussstichtag bekannten Börsenkurses oder Marktpreises einen* ***erheblichen Unterschied*** *aufweist (gilt nicht für die kleine GmbH).*

Solche erheblichen Unterschiede ergeben sich insbesondere bei der Anwendung des LIFO-Verfahrens und bei steigendem Preisniveau. Vgl hierzu Abschnitt 4.315.42.

4.32 Forderungen und sonstige Vermögensgegenstände

Untergliederung gem § 224 Abs 2 B II

1. Forderungen aus Lieferungen und Leistungen;
2. Forderungen gegenüber verbundenen Unternehmen;
3. Forderungen gegenüber Unternehmen, mit denen ein Beteiligungsverhältnis besteht;
4. sonstige Forderungen und Vermögensgegenstände;

4.321 Erläuterungen – gemeinsame Vorschriften

Gem § **226 Abs 5** ist der Betrag einer **Pauschalwertberichtigung** zu Forderungen für den entsprechenden Posten der Bilanz im Anhang anzugeben (gilt nicht für die kleine GmbH). **Einzelwertberichtigungen** sind vom entsprechenden Aktivposten abzusetzen, ohne dass es diesfalls einer zusätzlichen Angabe bedarf. Keinesfalls können jedoch **Wertberichtigungen als gesonderte Posten** auf der Passivseite der Bilanz ausgewiesen werden.

Gem § **225 Abs 3** ist der Betrag der **Forderungen mit einer Restlaufzeit von mehr als einem Jahr** bei jedem gesondert ausgewiesenen Posten in der Bilanz anzumerken oder im Anhang anzugeben. Die Verpflichtung zu einer entsprechenden Angabe im Anhang besteht nach dem Wortlaut des Gesetzes nicht für die kleine GmbH.

4.322 Forderungen aus Lieferungen und Leistungen

Bei der Abgrenzung gegenüber dem Posten „sonstige Forderungen" ist davon auszugehen, dass ein enger sachlicher Zusammenhang zwischen dem Posten „Umsatzerlöse" in der Gewinn- und Verlustrechnung und den **Forderungen aus Lieferungen und Leistungen** besteht. Nach § 232 sind Umsatzerlöse die für die gewöhnliche Geschäftstätigkeit des Unternehmens typischen Erlöse aus dem Verkauf und der Nutzungsüberlassung von Erzeugnissen und Waren sowie aus Dienstleistungen nach Abzug von Erlösschmälerungen und Umsatzsteuer. Nur

Forderungen, die aus den in dieser Weise definierten Umsatzerlösen entstanden sind, bilden den Inhalt dieses Postens (siehe auch *Küting/Weber*[4] § 266 Rz 83 und ADS, Anmerkung 102 zu Rz 266).

Dies gilt jedoch nicht für aus Lieferungen und Leistungen entstandene Forderungen gegenüber verbundenen Unternehmen und gegenüber Unternehmen, mit denen ein Beteiligungsverhältnis besteht (siehe hierzu die folgenden Abschnitte).

Forderungen aus Lieferungen und Leistungen, die aufgrund gesonderter Vereinbarung langfristig gestundet werden (Novation), sind aus diesem Posten auszuscheiden und je nach der Fristigkeit auf Ausleihungen oder sonstige Forderungen zu übertragen.

Der **Zeitpunkt des Entstehens** der Forderung ist dafür entscheidend, wann eine **Gewinnrealisation** vorliegt. Es ist davon auszugehen, dass ein **klagbarer Anspruch** gegenüber dem Abnehmer und damit Gewinnrealisierung vorliegt, sobald bei Liefergeschäften der Liefergegenstand „einschließlich der Gefahr des zufälligen Unterganges und der zufälligen Verschlechterung auf den Käufer übergegangen ist" (siehe HBA[2] Erläuterung zu § 131 A III 8 Rz 7). Dieser Zeitpunkt hängt im Wesentlichen von der dem jeweiligen Kaufvertrag zugrunde liegenden Risikoverteilungsklausel (zB Lieferung ab Werk oder frei Haus des Käufers) ab. Zum **Bilanzstichtag** ist daher jeweils sorgfältig zu untersuchen, ob bei durchgeführten Lieferungen der **Gefahrenübergang** auf den Käufer bereits vorliegt; sollte das nicht der Fall sein, wäre der Liefergegenstand noch unter den Vorräten auszuweisen und keine Forderung zu bilanzieren. „Verträge über Dienstleistungen führen erst dann zum Entstehen einer buchmäßigen Forderung, wenn die Gesamtleistung bzw ein selbständig abrechnungsfähiger Teil derselben erbracht wurde" (siehe hierzu die Ausführungen im Abschnitt 4.313.5 – Abgrenzbare Teilleistungen). Zu beachten ist in diesem Zusammenhang die Vorschrift des § 223 Abs 4 letzter Satz, dass die Postenbezeichnung auf die tatsächlichen Inhalte zu verkürzen ist, sodass zB bei reinen Dienstleistungsunternehmen die Bezeichnung dieses Postens nur „**Forderungen aus Leistungen**" zu lauten hat. Bei Unternehmen, die nur Lieferungen von Waren oder Erzeugnissen durchführen, ist eine Verkürzung auf „Forderungen aus Lieferungen" vorzunehmen.

4.322.1 Wechselforderungen

Wenn dem Unternehmen **die der Ausstellung des Wechsels zugrunde liegende Forderung** zusteht, sind **Wechselforderungen** nicht als solche auszuweisen, sondern es ist nur die wechselmäßige Verbriefung des jeweiligen Forderungspostens im Anhang anzugeben **(§ 225 Abs 4)**. Wenn zB vom bilanzierenden Unternehmen auf einen Kunden ein Wechsel zur Abdeckung einer Lieferforderung gezogen wurde und dieser Wechsel sich zum Bilanzstichtag noch im Portefeuille befindet, ist der Sachverhalt gegeben, dass dem Unternehmen die der Ausstellung zugrunde liegende Forderung, nämlich die Lieferforderung, zusteht; im Anhang ist sodann anzugeben, welcher Betrag der Lieferforderung wechselmäßig verbrieft ist. Die Angabepflicht über die wechselmäßige Verbriefung besteht nicht für die kleine GmbH.

Wenn dem Unternehmen dagegen **nicht die der Ausstellung zugrunde liegende Forderung** zusteht (das Unternehmen hat zB zur Abdeckung einer Lieferforderung einen Wechsel hereingenommen, den ein Kunde auf einen seiner Kunden gezogen und an das bilanzierende Unternehmen weitergegeben hat), ist der Wechsel, wenn er sich zum Bilanzstichtag noch im Portefeuille des Unternehmens befindet, als Wertpapier auszuweisen.

Die Unterscheidung zwischen den beiden Wechseln ist deswegen von Bedeutung, weil im zweiten Fall die Haftungsbasis vergrößert ist und außerdem der Bezogene keine Einwendung auf das Grundgeschäft erheben kann.

4.323 Forderungen gegenüber verbundenen Unternehmen

Zum Begriff der verbundenen Unternehmen siehe die Erläuterungen im Abschnitt 4.241.2.

Im Folgenden wird nochmals das Beteiligungsdiagramm aus Abschnitt 4.241.2 wiedergegeben und auf die Erläuterungen dazu im zitierten Abschnitt verwiesen.

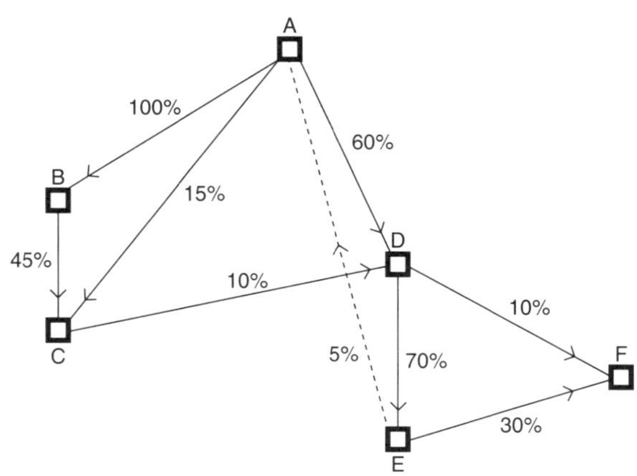

Daraus ergibt sich, dass folgende Unternehmen zueinander im Verhältnis verbundener Unternehmen stehen: A, B, C, D, E, wobei darauf hinzuweisen ist, dass der Begriff des **verbundenen Unternehmens** Vorrang vor jenem des **Beteiligungsunternehmens bzw des Beteiligungsverhältnisses** hat.

Aus dem Beteiligungsdiagramm ist ersichtlich, dass zwischen mehreren der oben angeführten verbundenen Unternehmen auch ein **Beteiligungsverhältnis** besteht; dies wird allerdings durch die Beziehung als verbundenes Unternehmen überlagert.

Ein **Beteiligungsverhältnis** (ohne Überlagerung durch das Verhältnis als verbundenes Unternehmen) besteht nur zwischen den Unternehmen E und F, gegebenenfalls auch zwischen den Unternehmen D und F, wenn auf den 10 %igen Anteil von D an F auch die Definition des § 228 Abs 1 für eine Beteiligung zutreffen sollte. Dies ist allerdings wahrscheinlich, da die Tochtergesellschaft von D zu 30% an F beteiligt ist.

Sämtliche Forderungen (bzw Verbindlichkeiten) gegenüber den oben angeführten **verbundenen Unternehmen** sind somit unter dem Posten Forderungen (Verbindlichkeiten) gegenüber verbundenen Unternehmen auszuweisen.

Der Ausweis der **Forderungen gegenüber verbundenen Unternehmen** richtet sich nicht nach dem wirtschaftlichen Inhalt der Forderung, sondern nach der **Person des Schuldners**; in diesem Posten können also dem wirtschaftlichen Inhalt nach sowohl Forderungen aus Lieferungen und Leistungen als auch Forderungen aus anderen Schuldverhältnissen, Darlehensgewährungen, Organschaftsverhältnissen etc enthalten sein.

4.324 Forderungen gegenüber Unternehmen, mit denen ein Beteiligungsverhältnis besteht

Ein **Beteiligungsverhältnis** wird grundsätzlich durch die Bestimmung des § 228 Abs 1 und 2 definiert, soweit es nicht durch das Verhältnis zwischen verbundenen Unternehmen iSd § 228 Abs 3 überlagert wird.

Außerdem setzt das **Beteiligungsverhältnis** eine **direkte Beteiligung** zwischen zwei Unternehmen voraus, wie es nach dem Beteiligungsdiagramm in Abschnitt 4.241.2 zwischen Unternehmen E und F, eventuell auch zwischen den Unternehmen D und F gegeben ist.

Wenn man von der **Beteiligungsvermutung** des § 228 Abs 1 ausgeht, kann man vereinfacht sagen, dass ein Beteiligungsverhältnis im Sinne dieser Vorschrift bei einem Anteil bis 50% gegeben ist, soweit keine Überlagerung durch den Begriff des verbundenen Unternehmens eingreift. Wenn aufgrund einer solchen Beteiligung ein **maßgeblicher Einfluss** auf die Geschäfts- und Finanzpolitik ausgeübt wird, kann dies im Sinne der Vorschriften über die Konzernrechnungslegung (§ 263 Abs 1) zu einem Verhältnis als **angeschlossenes (assoziiertes) Unternehmen** und damit bei Aufstellung eines Konzernabschlusses zur Einbeziehung der Beteiligung im Wege der **Equity-Bilanzierung** führen.

Bezüglich des Inhaltes der Forderungen gegen Unternehmen, mit denen ein Beteiligungsverhältnis besteht, gelten die Ausführungen des Abschnitts 4.323, dass sich nämlich der Ausweis nicht nach dem wirtschaftlichen Inhalt der Forderung, sondern nach der Person des Schuldners richtet.

4.324.1 Bilanzierung von Forderungen und Verbindlichkeiten im Zusammenhang mit der Gruppenbesteuerung

In Österreich wurde im Jahr 2005 die sogenannte **Gruppenbesteuerung** eingeführt. Damit besteht die Möglichkeit, steuerliche Gewinne und Verluste unbeschränkt steuerpflichtiger Körperschaften (in bestimmtem Ausmaß auch nicht unbeschränkt steuerpflichtige ausländische Körperschaften) miteinander zu verrechnen. Die **Körperschaftsteuer** der gesamten Gruppe wird auf Ebene des **Gruppenträgers** festgestellt und dem Gruppenträger vorgeschrieben. Voraussetzung für die Bildung einer Gruppe ist neben Regelungen über die Beteiligungen bzw Stimmrechte vor allem ein **Gruppenantrag**, in dem zu erklären ist, dass zwischen den finanziell verbundenen inländischen Körperschaften jeweils eine Regelung über den Steuerausgleich vereinbart worden ist. Durch den Steuerausgleich wird eine betriebswirtschaftlich angemessene Verteilung des beim Gruppenträger insgesamt für die Gruppe ermittelten und erhobenen Steueraufwandes für jedes einzelne inländische Mitglied der Gruppe erreicht. Zur Bilanzierung dieser aus **den Steueraausgleichsvereinbarungen** resultierenden Steuerumlagen hat der Fachsenat für Unternehmensrecht und Revision der Kammer der Wirtschaftstreuhänder im März 2008 ein Fachgutachten publiziert. Folgende Methoden der **Steuerumlage** werden dabei als zulässig und in der Praxis üblich anerkannt (KFS/RL 22, Pkt. 5.1):

a) **Belastungsmethode** („Stand-alone"-Methode)
Die Belastungsmethode geht von der steuerlichen Selbständigkeit des einzelnen Gruppenmitgliedes aus. Daher richtet sich die Höhe der Steuerumlage danach, welchen Betrag an Körperschaftsteuer das **Gruppenmitglied** zu zahlen gehabt hätte, wenn sein steuerliches Ergebnis nicht dem Gruppenträger zugerechnet worden wäre (Fiktion des Nichtbestehens der Steuergruppe).
Daraus folgt für die Bilanzierung: Weist ein Gruppenmitglied ein positives steuerliches Ergebnis aus, dann ist eine positive Steuerumlage von 25% an den Gruppenträger abzuführen. Bei einem steuerlichen Verlust erteilt der Gruppenträger entweder eine Gutschrift von 25% oder merkt den überrechneten steuerlichen Verlust als **„internen Verlustvortrag"** vor, der mit künftigen positiven steuerlichen Umlagen verrechnet wird.

b) **Verteilungsmethode**
Bei der Verteilungsmethode wird die vom Gruppenträger tatsächlich geschuldete Körperschaftsteuer nach betriebswirtschaftlich als vernünftig angesehenen Schlüsseln (zB im Verhältnis der körperschaftsteuerlichen Ergebnisse der Gruppenmitglieder zueinander) auf die Gruppenmitglieder verteilt. Fällt auf Grund der vollständigen Verrechnung von steuerlichen Gewinnen und

Verlusten keine Körperschaftsteuer an, so ist nach der Verteilungsmethode auch keine Steuerumlage zu verrechnen. Bei einem steuerlichen Verlust eines Gruppenmitgliedes sehen Umlagevereinbarungen nach dieser Methode häufig keine Gutschrift, sondern einen „internen Verlustvortrag“ vor.

c) **Periodenabrechnungsmethode**
Bei der Periodenabrechnungsmethode wird ein **fester Umlagesatz** vereinbart, durch den der erwartete Vorteil der geringeren Steuerbelastung in der Gruppe an die einzelnen **Gruppenmitglieder** weitergegeben wird. Im Unterschied zur Verteilungsmethode hat die tatsächlich geschuldete Körperschaftsteuer einer abgerechneten Periode keine unmittelbare Auswirkung auf die Steuerumlagen.

d) **Ergebnisabführungsvertrag**
Besteht zwischen dem Gruppenträger und dem Gruppenmitglied ein gesellschaftsrechtlicher **Ergebnisabführungsvertrag**, ist eine Umlagenvereinbarung nicht erforderlich, weil das gesamte unternehmensrechtliche Ergebnis des Gruppenmitgliedes an den Gruppenträger zu verrechnen ist.

Ist der Steuerausgleich betriebswirtschaftlich sinnvoll bzw erfolgt eine angemessene Verteilung des beim Gruppenträger insgesamt für die Gruppe ermittelten und erhobenen Steueraufwandes auf die einzelnen der Gruppe angehörenden inländischen Körperschaften, sind die aus der Umlagevereinbarungen resultierenden Salden vom Gruppenträger und vom Gruppenmitglied in der Bilanz als **Forderung bzw Verbindlichkeit („Forderung/Verbindlichkeit gegenüber verbundenen Unternehmen“)** zu erfassen.

4.324.2 Gemeinsame Vorschriften für Forderungen gegenüber verbundenen Unternehmen und gegenüber Unternehmen, mit denen ein Beteiligungsverhältnis besteht – Vermerk der Mitzugehörigkeit

§ 225 Abs 2 enthält folgende Vorschrift:

> *„Forderungen und Verbindlichkeiten gegenüber verbundenen Unternehmen und gegenüber Unternehmen, mit denen ein Beteiligungsverhältnis besteht, sind* ***in der Regel als solche jeweils gesondert auszuweisen****; werden sie unter anderen Posten ausgewiesen, so ist dies zu vermerken.“*

Der „Regelfall“ wird vorliegen, wenn es sich um Forderungen handelt, die bei Fehlen einer gesonderten Ausweispflicht als „Forderungen aus Lieferungen und Leistungen“ oder als „sonstige Forderungen“ auszuweisen wären. Der Begriff „Forderungen“ bezieht sich in diesem Zusammenhang aber auf **Forderungen jeglicher Art**; er umfasst daher zB auch geleistete Anzahlungen für Anlagen (§ 224 Abs 2 A I 3, II 4), geleistete Anzahlungen für Vorräte (§ 224 Abs 2 B I 5), Guthaben bei Kreditinstituten (§ 224 Abs 2 B IV). In diesen Fällen wäre ein

Ausweis unter § 224 Abs 2 B II 2 bzw 3 unrichtig. Der Ausweis unter **„anderen Posten“** führt zwingend zum **Vermerk der Mitzugehörigkeit** gem § 225 Abs 2.

In Ergänzung zu dieser Spezialvorschrift des § 225 Abs 2 ist aber auch **§ 223 Abs 5** aus den allgemeinen Grundsätzen für die Gliederung zu beachten, wonach, wenn ein Vermögensgegenstand oder eine Verbindlichkeit unter mehrere Posten der Bilanz fällt, die Zugehörigkeit auch zu anderen Posten bei dem Posten, unter dem der Ausweis erfolgt ist, zu vermerken oder im **Anhang** anzugeben ist, wenn dies zur Aufstellung eines klaren und übersichtlichen Jahresabschlusses erforderlich ist.

Wenn daher in den **Forderungen gegenüber verbundenen Unternehmen** bzw gegen Unternehmen, mit denen ein Beteiligungsverhältnis besteht, **Forderungen aus Lieferungen und Leistungen** enthalten sind, wird dies ebenfalls anzugeben sein, da die **Mitzugehörigkeit** zu diesem Posten der Klarheit des Jahresabschlusses dient.

Zu beachten ist, dass § 225 Abs 2 den Vermerk der Mitzugehörigkeit in der **Bilanz** verlangt, während § 223 Abs 5 ein **Wahlrecht** zwischen **Vermerk in der Bilanz und Angabe im Anhang** einräumt.

Bezüglich Details wird auf die Richtlinie des Instituts österreichischer Wirtschaftsprüfer IWP/RL 5, **„Der Vermerk der Mitzugehörigkeit gem § 225 Abs 2 und § 223 Abs 5 UGB beim Ausweis von Forderungen und Verbindlichkeiten gegenüber verbundenen Unternehmen und gegenüber Unternehmen, mit denen ein Beteiligungsverhältnis besteht“**, verwiesen.

4.325 Sonstige Forderungen und Vermögensgegenstände

Hier handelt es sich um einen **Sammelposten** für alle nicht gesondert ausweispflichtigen Forderungen; in Abschnitt 4.311.6 wurde bereits darauf hingewiesen, dass hier auch Anzahlungen auszuweisen sind, die weder Gegenstände des Anlagevermögens noch Vorräte betreffen. Über hier enthaltene Forderungen gem § 80 AktG bzw Forderungen an Aufsichtsratsmitglieder müsste gem § 239 Abs 1 Z 2 im Anhang berichtet werden („Pflichtangaben über Organe und Arbeitnehmer“).

Beispiele für weitere unter diesen Posten fallende Forderungen sind Verrechnungen mit **Abgabenbehörden und Sozialversicherungsanstalten, Darlehen und Vorschüsse an Dienstnehmer, Forderungen aus der Abgrenzung von Erträgen** („Erträge, die erst nach dem Abschlußstichtag zahlungswirksam werden“ – § 225 Abs 3), **Guthaben bei Lieferanten** (soweit sie nicht gegebene Anzahlungen betreffen), **Ansprüche aus Versicherungsschäden**.

Zu beachten ist weiters die **Erläuterungsvorschrift für den Anhang** gem § 225 Abs 3 zweiter Satz:

> *„Sind unter dem Posten ‚Sonstige Forderungen und Vermögensgegenstände' Erträge enthalten, die erst nach dem Abschlußstichtag zahlungswirksam werden, so müssen diese Beträge, soweit sie wesentlich sind, im Anhang erläutert werden (diese Erläuterungspflicht gilt nicht für die kleine GmbH)."*

4.325.1 CO_2-Emissionszertifikate

Zur Schaffung eines kostengünstigen und wirtschaftlich effizienten Systems zur Verringerung von Treibhausgasemissionen wurde die Richtlinie der EU 2003/87 EG vom 25.10.2003 herausgegeben, die mit dem Bundesgesetz über ein System für den Handel mit Treibhausgasemissionszertifikaten (Emissionszertifikategesetz) in österreichisches Recht umgesetzt wurde. Danach teilt das BM für Land- und Forstwirtschaft, Umwelt und Wasserwirtschaft **kontingentmäßig** für jeweils ein **Kalenderjahr** den CO_2-Emittenten sogenannte **Emissionszertifikate**, die jeweils die Erlaubnis der Emission von einer Tonne **CO_2-Treibhausgase verbriefen**, zu.

Laut Verordnung vom 12. Oktober 2007 werden in der Periode 2008 bis 2012 insgesamt 150,1 Mio Emissionszertifikate kostenlos an bestehende Anlagen zugeteilt. 2 Mio Emissionszertifikate werden versteigert und 1,5 Mio als fixe Reserve für neue Marktteilnehmer aufgebracht. Dies entspricht einer Gesamtzahl von Emissionszertifikaten für 2008 bis 2012 von 153,6 Mio. Die Zuteilung und Verrechnung der Zertifikate sowie der Handel mit denselben erfolgt ausschließlich auf elektronischem Wege durch die Registerstelle des Bundesministeriums. Die Zertifikate sind nicht verbrieft. Ab dem Zeitpunkt der Zuteilung besitzt der Emittent die Verfügungsmacht über die ihm zugeteilten Zertifikate. Bis zum 30. März des Folgejahres sind die ausgestoßenen **CO_2**-Mengen für jede Produktionsanlage dem Bundesministerium zu melden und die adäquate Menge an Emissionszertifikaten bis 30.4. bei der Registerstelle anzugeben. **Nicht verbrauchte Zertifikate** können jederzeit, auch schon während des Abrechnungsjahres, **frei auf dem Markt veräußert** werden. Sie haben Rechtscharakter und können an Warenbörsen gehandelt werden. Hat ein Unternehmen nicht genügend Zertifikate, können diese jederzeit auf dem freien Markt erworben werden. Ein **Einkauf von Zertifikaten** auf Vorrat für einen erwarteten Mehrverbrauch zukünftiger Perioden ist ebenfalls möglich.

Werden am 30. April von einem Unternehmen zu wenig **Emissionszertifikate** abgegeben, ist an das Bundesministerium eine Strafzahlung zu leisten, deren Höhe sich nach der Menge des durch Zertifikate nicht gedeckten **CO_2**-Ausstoßes richtet, die aber nicht von der Verpflichtung zur Abgabe der fehlenden Emissionszertifikate entbindet. Gem § 28 EZG betrug die zum 30.4. zu leistende Strafzahlung in den Jahren 2006 bis 2008 € 40 für jede Tonne Kohlenstoffdioxidäquivalent, für die der Inhaber keine Emissionszertifikate abgegeben hat. In den Jahren ab 2009 beträgt die **Sanktionszahlung € 100 pro Tonne**.

Mit dem Emissionszertifikategesetz 2011 wurde die nunmehr dritte Handelsperiode 2013–2020 für Emissionszertifikate gesetzlich geregelt. In dieser Periode soll die bisher unentgeltliche Zuteilung der Zertifikate allmählich einem Versteigerungssystem weichen, dessen Erlös dem Bund zufällt. Alle übrigen Bestimmungen bleiben im Wesentlichen gleich.

Da Emissionszertifikate nur für die Handelsperiode gültig sind, für die sie vergeben werden, hat der Bundesminister für Land- und Forstwirtschaft, Umwelt und Wasserwirtschaft Zertifikate, die nicht verbraucht wurden, zu löschen. Als Ersatz sind Emissionszertifikate für die laufende Handelsperiode zu vergeben.

Das **AFRAC** (Austrian Financial Reporting and Auditing Committee) hat sich in einer Stellungnahme vom Februar 2006 zur **buchmäßigen und bilanziellen Behandlung** dieser **CO_2**-Emissionszertifikate geäußert. Die nachfolgende Darstellung hält sich mit einer Ausnahme (siehe Fußnote 1, 2 dieser Tabelle) an die Stellungnahme des AFRAC.

Vorgang	**Bewertung**	**Verbuchung (Ausweis)**	
		Soll	**Haben**
A. Unentgeltlich zur Verfügung gestellte Emissionszertifikate			
Unentgeltliche Emission	Marktwert zum Verfügungszeitpunkt	Emissionszertifikate (Sonstige Vermögensgegenstände)	Sonderposten für Emissionszertifikate[1] *(mit Rückstellungscharakter)*
Verbrauch (**CO_2**-Ausstoß)	Buchwert wie oben	Sonderposten für Emissionszertifikate	Sonstige Verbindlichkeiten gegenüber der Registerstelle[2]
Abgabe der verbrauchten Emissionszertifikate an die Registerstelle	Buchwert	Sonstige Verbindlichkeiten[2]	Emissionszertifikate (Sonstige Vermögensgegenstände)
Verkauf überschüssiger Zertifikate		Lieferforderungen	Sonstige betriebliche Erträge
Buchwert der verkauften Zertifikate		Sonderposten für Emissionszertifikate[1]	Emissionszertifikate

B. Entgeltlich erworbene Emissionszertifikate			
Erwerb	Anschaffungskosten	Erworbene Emissionszertifikate	Lieferverbindlichkeiten
Verbrauch (gemessen am CO_2-Ausstoß)	Buchwert der verbrauchten Zertifikate	Materialaufwand (Sonstiger betrieblicher Aufwand)[3]	Sonstige Verbindlichkeiten
Abgabe an die Registerstelle am Fälligkeitstag	Buchwert	Sonstige Verbindlichkeiten	Emissionszertifikate
Verkauf von Zertifikaten		Lieferforderungen	Sonstige betriebliche Erträge
Buchwert der verkauften Zertifikate	Buchwert der verkauften Zertifikate	Materialaufwand (Sonstiger betrieblicher Aufwand)[3]	Emissionszertifikate

C. Bilanzierung	
• **unentgeltlich erworbene Emissionszertifikate**	
Emissionszertifikate	Marktwert zum Erwerbsstichtag oder niedrigerer Marktwert
Sonderposten für Emissionszertifikate	Marktwert der Zertifikate zum Erwerbsstichtag oder niedrigerer Marktwert
Sonst. Verbindlichkeiten aus der Umbuchung des Sonderpostens	Marktwert der Zertifikate zum Erwerbsstichtag oder niedrigerer Marktwert
• **entgeltlich erworbene Emissionszertifikate**	
Emissionszertifikate	Strenges Niederstwertprinzip unter Anwendung aller im UGB gem § 209 erlaubten Verbrauchsfolgeverfahren in Übereinstimmung mit dem Verfahren zur Ermittlung des Materialverbrauches
• **Ansatz und Bewertung eines Passivpostens für die Verpflichtung zur Abgabe von Emissionszertifikaten**	
Bei kalendergleichem Geschäftsjahr	Ergibt sich der Passivposten aus dem Verbrauch vorhandener Zertifikate, ist dieser als **sonstige Verbindlichkeit** anzusetzen. Die Bewertung ist ident mit der Bewertung der vorhandenen Zertifikate. Müssen die Zertifikate erst erworben werden, ist eine Rückstellung zum Marktpreis anzusetzen.

Bei abweichendem Geschäftsjahr	Soweit sich der Passivposten aus dem Verbrauch vorhandener erworbener Zertifikate ergibt, ist dieser als **sonstige Verbindlichkeit** anzusetzen. Die Bewertung ist ident mit der Bewertung der vorhandenen Zertifikate. Müssen die Zertifikate erst erworben werden, ist eine Rückstellung zum Marktpreis anzusetzen. Für einen noch nicht genau abzuschätzenden Überbedarf ist eine Rückstellung zum Marktpreis anzusetzen.	Soweit sich der Passivposten aus dem Verbrauch vorhandener erworbener Zertifikate ergibt, ist dieser als **sonstige Verbindlichkeit** anzusetzen. Die Bewertung ist ident mit der Bewertung der vorhandenen Zertifikate. Müssen die Zertifikate erst erworben werden, ist eine Rückstellung zum Marktpreis anzusetzen. Für einen noch nicht genau abzuschätzenden Überbedarf ist eine Rückstellung zum Marktpreis anzusetzen.
D. Ansatz und Bewertung eines Passivpostens für Sanktionszahlungen zum Rückgabezeitpunkt		
Sanktionszahlung	Sonstige betriebliche Aufwendungen	Sonstige Verbindlichkeiten

1), 2) Der Sonderposten für Emissionszertifikate ist der gleich bewertete und somit betragsgleiche Gegenposten zu den unentgeltlich erworbenen Zertifikaten. Er wird in der Bilanz nach den unversteuerten Rücklagen ausgewiesen und hat in der Regel Rückstellungscharakter. Der Sonderposten ist grundsätzlich gemäß dem tatsächlichen CO_2-Ausstoß aufzulösen. Er wird entsprechend der Emissionsmenge an CO_2-Treibhausgasen auf ein Konto sonstige Verbindlichkeiten gegenüber der Registerstelle umgebucht. Hat die verbrauchte CO_2-Menge die Höhe der dem Unternehmen zugeteilten Zertifikate erreicht, ist das Konto Sonderposten leer.

Werden überschüssige Zertifikate verkauft, wird der **Sonderposten insoweit gegen das Zertifikatekonto** aufgelöst. Ein Ausweis des Sonderpostens als sonstiger betrieblicher Ertrag, **wie dies vom AFRAC vorgeschlagen wird**, erscheint nicht richtig, da in diesem Fall der Buchwert der unentgeltlich erhaltenen und nunmehr verkauften Zertifikate über Materialaufwand ausgebucht werden müsste. Damit würden in der Gewinn- und Verlustrechnung Aufwendungen und Erträge ausgewiesen werden, die nicht existieren. Der tatsächliche Gewinn aus dem Verkauf unentgeltlich zugeteilter Zertifikate ist der dafür erzielte Erlös.

Mit der am 30.4. des Folgejahres erfolgenden Angabe der verwendeten Zertifikate an die Registerstelle wird das Konto sonstige Verbindlichkeiten gegenüber der Registerstelle in gleicher Höhe gegen das Zertifikatekonto aufgelöst. Sind zu wenige Zertifikate vorhanden, um die Verbindlichkeit gegen die Registerstelle abzudecken, wird insoweit die Strafzahlung fällig.

Bei der buchmäßigen Behandlung der **unentgeltlich erworbenen Zertifikate** ist zu beachten, dass das Konto Emissionszertifikate einerseits und die Konten Sonderposten und sonstige Verbindlichkeiten gegenüber der Registerstelle (soweit Letzteres aus Umbuchungen vom Sonderposten entstanden ist) **betragsmäßig immer gleich sein müssen**.

3) Der Materialaufwand (sonstiger betrieblicher Aufwand) ergibt sich nur bei entgeltlich erworbenen Emissionszertifikaten. Er entsteht

- sobald die unentgeltlich zugeteilten Zertifikate verbraucht sind entsprechend der weiteren emittierten **CO_2**-Menge durch die Buchung Materialaufwand (sonstiger betrieblicher Aufwand) an sonstige Verbindlichkeiten;
- bei Verkauf entgeltlich erworbener Zertifikate als Buchwert der verkauften Zertifikate;
- bei Abwertung entgeltlich erworbener Zertifikate, wenn der Tagespreis am Bilanzstichtag unter den Anschaffungspreis sinkt (strenges Niederstwertprinzip).

Beispiel (Jahr 2012):

1. Die Firma A erhält erstmals im Jahre 2012 200.000 Emissionszertifikate zugeteilt. Der Marktpreis bei der Übernahme betrug € 14.

2. *Am 15.11. werden 20.000 Zertifikate auf dem freien Markt um € 11 zugekauft.*
3. *10.000 Stück der erworbenen Zertifikate werden am 10.12. um € 9,50 verkauft.*
4. *20.000 Stück der unentgeltlich zugeteilten Zertifikate werden am 20.12. um € 10 verkauft.*
5. *Der Marktpreis am 31.12.2012 (Bilanzstichtag) betrug € 10,5.*
6. *Es wurden 2012 insgesamt 150.000 Zertifikate aus der Zuteilung 2012 verbraucht und im April 2013 mit der Registerstelle abgerechnet.*

Buchungssätze

Die Emissionszertifikate sollten jedenfalls getrennt nach erworben und zugeteilten erfasst werden.

Nr.	Text	Stück	Einheitspreis	Gesamt **Preis (T €)**	Konto **Soll (T €)**	Konto **Haben (T €)**
1	Unentgeltliche Zuteilung	200.000	14,00 Markt preis	2.800	Emissionszertifikate (zugeteilt)	Sonderposten für Emissionszertifikate
2	Kauf von Zertifikaten	20.000	11	220	Emissionszertifikate (erworben)	Sonst. Verbindlichk.
3	Verkauf erworbener Zertifikate	10.000	9,50	95	Sonst. Forderungen	Sonst. Erträge
3a	Buchwert verkaufter Zertifikate	10.000	11	110	Buchwert verkaufter Emissionszertifikate	Emissionszertifikate (erworben)
4	Verkauf zugeteilter Zertif.	20.000	10	200	Sonstige Forderungen	Erlöse
4a	Ausbuchung verkaufter Zertifikate		14	280	Sonderposten für Emissionszertifikate	Emissionszertifikate (zugeteilt)
5	Abwertung Endbestand erworbener Z.	10.000	0,50	–5	Materialaufwand	Emissionszertifikate (erworben)

5	Abwertung Endbestand unentgeltlich zugeteilter Z.	180.000	–3,50	–630	Sonderposten für Emissionszertifikate	Emissionszertifikate (zugeteilt)
6	Verbrauchte Zertifikate	150.000	10,50	1575	Sonderposten für Emissionszertifikate	Sonst. Verbindlichkeiten Registerstelle

Kontenmäßig ergibt sich folgende Darstellung

Emissionszertifikate (entgeltlich erworben)

Nr.	Gegenkonto	Text	Menge	Einheitswert	Soll (in T)	Haben (in T)
2	Verbindl.	Zukauf	20.000	11,00	220	
3a	Materialaufw.	Verkauf	–10.000	11,00		110
5	Materialaufw.	Abwertung Endbestand Zukauf		0,50		5
	Schlussbilanz	Endbestand	10.000	10,50		105

Emissionszertifikate (zugeteilt)

Nr.	Gegenkonto	Text	Menge	Einheitswert	Soll (in T)	Haben (in T)
1	Sonderposten Emissionszert.	Zuteilung	200.000	14,00	2.800	
4a	Sonderposten Emissionszert.	Verkauf	–20.000	14,00		280
5	Emissionszertifikate	Abwertung Endbestand	(180.000)	3,50		630
	Schlussbilanz	Endbestand	180.000	10,50		1890

Sonderposten Emissionszertifikate

Nr.	Gegenkonto	Text	Menge	Einheitswert	Soll (in T)	Haben (in T)
1	Emissionszertifikate	Zuteilung	200.000	14,00		2.800

4a	Emissions-zertifikate	Verkauf	-20.000	14,00	280	
5	Emissions-zertifikate	Abwertung Endbestand	(180.000)	3,50	630	
6	Verbindlichkeit Bundesminist.	Verbrauch	–150.000	10,50	1575	
	Schlussbilanz	Endbestand	30.000	10,50	315	

Verbindlichkeiten Registrierstelle Bundesministerium

Nr.	Gegenkonto	Text	Menge	Einheitswert	Soll (in T)	Haben (in T)
6	Sonderposten Emissionszert.	Verbrauch 2012	150.000	10,50		1575
	Schlussbilanz	Stand 31. 12.	150.000		1575	

Endbestand Zertifikate am Abschlussstichtag

Unentgeltlich zugeteilte Zertifikate		*180.000 zu € 10,50*	*€ 1.890.000*
	Davon überschüssige Zertifikate	*30.000 zu € 10,50*	*€ 315.000*
	davon abrechnungs-pflichtige Zertif.	*150.000 zu € 10,50*	*€ 1.575.000*
Erworbene Zertifikate		*10.000 zu € 10,50*	*€ 105.000*
			€ 1.995.000

Bei der endgültigen Abrechnung der Zertifikate Ende April des Folgejahres wird das Konto „Sonstige Verbindlichkeiten Registerstelle" gegen das Konto „Emissionszertifikate (zugeteilt)" aufgelöst.

Sind zum Abschlussstichtag zu wenige Zertifikate vorhanden und müssen daher solche für die Abrechnung mit der Registerstelle noch erworben werden, ist hierfür eine Rückstellung zu bilden.

Für den Fall, dass der Marktwert der Zertifikate unter den Buchwert der Emissionszertifikate gesunken ist, ist dieser Wert durch die Buchung „Sonderposten für Emissionszertifikate an Emissionszertifikate" auf den niedrigeren Marktwert herabzusetzen.

Der Endbestand der unentgeltlich zugeeigneten Zertifikate am Ende des Abrechnungsjahres entspricht dem Konto „Sonderposten für Emissionszertifikate". Soweit diese Zertifikate verbraucht und abrechnungspflichtig sind, wird deren Buchwert vom Konto „Sonderposten für Emissionszertifikate" auf das Konto

„Sonstige Verbindlicheiten Registerstelle" umgebucht. Auf dem Sonderposten für Emissionszertifikate verbleiben die nicht verbrauchten Zertifikate. Der Sonderposten für Emissionszertifikate hat Rückstellungscharakter und kann unter Berücksichtigung latenter Steuern nur soweit dem Eigenkapital zugerechnet werden, als er Überschusszertifikate betrifft.

Für erworbene Zertifikate gilt in der Schlussbilanz das strenge Niederstwertprinzip.

4.325.2 Forderungen und Verbindlichkeiten gegenüber den Gesellschaftern einer GmbH

Soweit es sich bei den Gesellschaftern um Unternehmen handelt, kann bereits eine gesonderte Ausweispflicht (verbundene Unternehmen, Beteiligungsunternehmen) gegeben sein. Wenn dies nicht der Fall ist, müsste im Einzelfall untersucht werden, ob aus der Generalklausel eine Verpflichtung zum gesonderten Ausweis abzuleiten ist. Eine ausdrückliche Regelung dafür besteht in Österreich im Gegensatz zu Deutschland nicht:

Gem § **42 Abs 3 dGmbHG** sind

> „Ausleihungen, Forderungen und Verbindlichkeiten gegenüber Gesellschaftern in der Regel als solche jeweils gesondert auszuweisen oder im Anhang anzugeben; werden sie unter anderen Posten ausgewiesen, so muß diese Eigenschaft vermerkt werden."

Nach *Nowotny* (in *Straube*[3] § 236 Rz 9) sind vor allem bei personenbezogenen Gesellschaften regelmäßig Kredite an oder von Gesellschaftern oder diesen nahestehenden Personen oder Unternehmen gesondert anzugeben.

4.325.3 Eingeforderte ausstehende Einlagen

§ 229 Abs 1 enthält die Vorschrift, dass nicht eingeforderte ausstehende Einlagen offen vom Nennkapital abzusetzen sind, während „**der eingeforderte, aber noch nicht eingezahlte Betrag** unter den Forderungen gesondert auszuweisen und entsprechend zu bezeichnen" ist. Diese Vorschrift führt daher zu einer **Erweiterung der Gliederung**.

4.326 Aktive Steuerabgrenzung

Nach den Erläuterungen zur RV zum GesRÄG 1996 kann auch die **aktive Steuerabgrenzung** gesondert unter den Forderungen ausgewiesen werden (siehe auch Abschnitt 4.5).

4.33 Wertpapiere und Anteile

Untergliederung gem § 224 Abs 2 B III

1. Anteile an verbundenen Unternehmen;
2. sonstige Wertpapiere und Anteile;

Gem § 225 Abs 5:

1. eigene Anteile
2. Anteile an herrschenden oder mit Mehrheit beteiligten Unternehmen

4.331 Anteile an verbundenen Unternehmen

Bezüglich des Begriffes des **verbundenen Unternehmens** bzw der Anteile an verbundenen Unternehmen wird auf die Erläuterungen in Abschnitt 4.241.2 verwiesen. Bei diesem Posten muss es sich um Anteile handeln, die nach der Definition des § 198 Abs 4 dem Umlaufvermögen zuzurechnen sind.

4.332 Sonstige Wertpapiere und Anteile

Darunter fallen zB Aktien, festverzinsliche Wertpapiere, Investmentzertifikate, Genussscheine, Optionsscheine, Partizipationsscheine, GmbH-Anteile, Genossenschaftsanteile, Anteile an Personengesellschaften, sofern auf sie nicht die Definition des § 198 Abs 2 für das Anlagevermögen zutrifft und sie nicht unter 4.331 und 4.333 fallen.

Gem § 225 Abs 4 gehören zu diesem Posten aber auch Wechsel, wenn dem Unternehmen nicht die der Ausstellung zugrunde liegende Forderung zusteht.

4.333 Eigene Anteile und Anteile an herrschenden oder mit Mehrheit beteiligten Unternehmen

Bezüglich der besonderen Ausweisvorschrift des § 225 Abs 5 für diese Anteile wird auf die Abschnitte 4.245 und 4.246 verwiesen.

4.334 Eigene Anteile

Eigene Aktien

Im Zusammenhang mit eigenen Aktien sind folgende Vorschriften zu beachten:

Gem § **51 Abs 1 AktG** darf die Gesellschaft keine eigenen Aktien **zeichnen**.

Gem § **65 Abs 1 AktG** darf die Gesellschaft eigene Aktien nur **erwerben**:

1. *wenn es zur Abwendung eines schweren, unmittelbar bevorstehenden Schadens notwendig ist;*
2. *wenn der Erwerb unentgeltlich oder in Ausführung einer Einkaufskommission durch ein Kreditinstitut erfolgt;*
3. *durch Gesamtrechtsnachfolge;*
4. *auf Grund einer höchstens 18 Monate geltenden Ermächtigung der Hauptversammlung, wenn die Aktien Arbeitnehmern, leitenden Angestellten und Mitgliedern des Vorstands oder Aufsichtsrats der Gesellschaft oder eines mit ihr verbundenen Unternehmens zum Erwerb angeboten werden sollen (in der Fassung des Aktienoptionsgesetzes, BGBl I 2001/42);*

> *5. zur Entschädigung von Minderheitsaktionären, soweit dies gesetzlich vorgesehen ist;*
> *6. aufgrund eines Beschlusses der Hauptversammlung zur Einziehung nach den Vorschriften über die Herabsetzung des Grundkapitals;*
> *7. wenn sie ein Kreditinstitut ist, aufgrund einer Genehmigung der Hauptversammlung zum Zweck des Wertpapierhandels; der Beschluss über die Genehmigung muss bestimmen, dass der Handelsbestand der zu diesem Zweck zu erwerbenden Aktien fünf vom Hundert des Grundkapitals am Ende jeden Tages nicht übersteigen darf und muss den niedrigsten und den höchsten Gegenwert festlegen. Die Ermächtigung darf höchstens 18 Monate gelten;*
> *8. auf Grund einer höchstens 18 Monate geltenden Ermächtigung der Hauptversammlung, wenn die Aktien der Gesellschaft an einem geregelten Markt iSd § 2 Z 37 BWG oder an einem anerkannten, für das Publikum offenen, ordnungsgemäß funktionierenden Wertpapiermarkt in einem Vollmitgliedstaat der OECD zugelassen sind. Der Handel in eigenen Aktien ist als Zweck des Erwerbs ausgeschlossen. Die Hauptversammlung kann den Vorstand auch ermächtigen, die eigenen Aktien ohne weiteren Hauptversammlungsbeschluss einzuziehen.*
>
> *§ 65 Abs 1a: Der Beschluss der Hauptversammlung nach Abs 1 Z 4 und Z 8 hat den Anteil der zu erwerbenden Aktien am Grundkapital, die Geltungsdauer der Ermächtigung sowie den niedrigsten und den höchsten Gegenwert festzulegen. Börsenotierte Gesellschaften im Sinne von Abs 1 Z 8 haben einen Beschluss gemäß Abs 1 Z 4, 6 und 8 sowie unmittelbar vor der Durchführung das darauf beruhende* ***Rückkaufprogramm****, insbesondere dessen Dauer, zu veröffentlichen; dasselbe gilt sinngemäß für die Veräußerung eigener Aktien mit Ausnahme von Veräußerungen nach Abs 1 Z 7.*

Z 8 wurde mit dem **Aktienrückerwerbsgesetz (AReG)** vom 19. August 1999 angefügt und mit BGBl I 2001/42 geändert.

Das Ziel dieser Bestimmung wird in den Erläuterungen wie folgt definiert:

> *„**Eine liberalere Regelung des Rückkaufs eigener Aktien**, unabhängig von einem bestimmten Zweck oder einer bestimmten Erwerbsart, kann zur Belebung des Börsehandels, zur Steigerung der Akzeptanz der Aktien als Anlageform und damit letztlich zu einer erhöhten Emissionsneigung führen. Börsenotierten österreichischen Aktiengesellschaften **soll ein in der internationalen Praxis anerkanntes Instrumentarium** zur Steuerung ihrer Kapitalstruktur zur Verfügung gestellt werden.“*

Durch das AReG wurde eine **Erweiterung des § 229 Abs 1 UGB** durchgeführt, wonach für zum Zweck der Einziehung erworbene eigene Aktien eine Saldierungsmöglichkeit gegen das Grundkapital und nicht gebundene Rücklagen eingeführt wird, sodass diese Aktien nach der Saldierung auf der Aktivseite der Bilanz nicht mehr aufscheinen.

Gem § 65 Abs 2 AktG sind beim Erwerb eigener Aktien folgende Beschränkungen einzuhalten:

Der Gesamtnennbetrag der von der Gesellschaft gemäß Abs 1 Z 1, 4, 7 und 8 erworbenen Aktien darf zusammen mit dem Betrag anderer eigener Aktien, welche die Gesellschaft bereits erworben hat und noch besitzt, **zehn vom Hundert** des Grundkapitals nicht übersteigen. In den Fällen des Abs 1 Z 1, 4, 5, 7 und 8 ist der Erwerb ferner nur zulässig, **wenn die Gesellschaft die gem § 225 Abs 5 UGB vorgeschriebene Rücklage für eigene Anteile bilden kann, ohne dass das Nettoaktivvermögen das Grundkapital und eine nach Gesetz oder Satzung gebundene Rücklage unterschreitet**. In den Fällen des Abs 1 Z 1, 2, 4, 5, 7 und 8 ist der Erwerb überdies nur zulässig, wenn auf die Aktien der Nennbetrag oder der höhere Ausgabe betrag voll geleistet ist.

Die Vorschrift über die **Rücklagenbildung** bedeutet, dass durch den Erwerb eigener Aktien das „Nettoaktivvermögen" nicht das Grundkapital samt den durch Gesetz oder Satzung gebundenen Rücklagen unterschreiten darf.

Aus den Erläuterungen zum AReG 1999:

„Dabei besteht jedoch diese **Kapitalgrenze** als Voraussetzung der Zulässigkeit des Erwerbs eigener Aktien unabhängig von der Verpflichtung zur Bildung einer Rücklage …. Die Kapitalgrenze bedeutet für den entgeltlichen Erwerb eigener Aktien, daß dieser nur dann zulässig ist, wenn er aus Gewinnen der Gesellschaft finanziert werden kann.

Die **Kapitalgrenze bezieht sich auf den Zeitpunkt des Erwerbs der eigenen Aktien**, weil nur die Wahl dieses Zeitpunkts hinreichend Gewähr dafür bietet, daß Schwankungen im Vermögensbestand der Gesellschaft vom Vorstand berücksichtigt werden müssen und können, und die Zulässigkeit des Erwerbs an einer unrichtigen Prognose über den zukünftigen Geschäftsgang der Gesellschaft bis zum nächsten ordentlichen Jahresabschluß nicht scheitern soll."

Zum Zeitpunkt des geplanten Erwerbs eigener Aktien müsste daher vom Vorstand beurteilt werden, ob die Kapitalgrenze eingehalten ist. Wenn zum vorhergehenden Bilanzstichtag **ausreichende nicht gebundene Rücklagen vorhanden** sind und das Ergebnis des Geschäftsjahres bis zum Zeitpunkt des Erwerbs nicht zu einer Verminderung oder zum Verschwinden der ungebundenen Rücklagen geführt hat, ist der Erwerb zulässig.

Wenn dagegen zum letzten Bilanzstichtag **keine ausreichenden ungebundenen Rücklagen vorhanden** waren und der Vorstand nicht durch eine Zwischenerfolgsrechnung nachweisen kann, dass seither ausreichendes zusätzliches Eigenkapital entstanden ist, muss der Erwerb als unzulässig betrachtet werden. Verluste, die nach dem Zeitpunkt des Erwerbs eintreten und die zu einer unzureichenden Kapitalgrenze führen, verhindern dagegen nicht den Erwerb eigener Aktien.

Die Erläuterungen sprechen allerdings nur von einer unrichtigen Prognose und behandeln nicht den Fall, dass der Vorstand für den Rest des Geschäftsjahres schon mit einer ungünstigen Entwicklung rechnet; in diesem Fall müsste der Erwerb eigener Aktien ebenfalls als unzulässig betrachtet werden, und es treten die Rechtsfolgen des § 65a AktG ein.

§ 65a AktG enthält folgende Vorschriften, wenn beim Erwerb eigener Aktien die in § 65 AktG enthaltenen Beschränkungen nicht eingehalten wurden:

1. *Hat die Gesellschaft eigene Aktien entgegen § 65 Abs 1, 1a, 1 b oder 2 erworben, so müssen sie innerhalb eines Jahres nach ihrem Erwerb veräußert werden.*
2. *Entfallen auf die zulässigerweise erworbenen Aktien mehr als zehn vom Hundert des Grundkapitals, so ist der übersteigende Anteil innerhalb von drei Jahren nach dem Erwerb zu veräußern.*
3. *Sind eigene Aktien innerhalb der in Abs 1 und 2 vorgesehenen Fristen nicht veräußert worden, so sind sie gem § 192 einzuziehen.*

§ 65b AktG über die **Inpfandnahme eigener Aktien** enthält folgende Regelungen:

1. *Dem Erwerb eigener Aktien steht es gleich, wenn eigene Aktien als Pfand genommen werden. Jedoch darf ein Kreditinstitut im Rahmen des gewöhnlichen Betriebs eigene Aktien bis zu dem in § 65 Abs 2, erster Satz, bestimmten Gesamtnennbetrag als Pfand nehmen.*
2. *Ein Verstoß gegen Abs 1 macht die Verpfändung eigener Aktien nicht rechtsunwirksam. Das schuldrechtliche Geschäft über die Verpfändung ist rechtsunwirksam, soweit die Verpfändung gegen Abs 1 verstößt.*

Weitere Vorschriften im Zusammenhang mit **eigenen Aktien** sind in **§ 66 AktG** (Erwerb eigener Aktien durch Dritte) und **§ 66a** (Finanzierung des Erwerbs eigener Aktien) enthalten.

Erwerb eigener Geschäftsanteile

Strenger als die Vorschriften des Aktiengesetzes sind die Vorschriften des GmbH-Gesetzes über den Erwerb eigener Geschäftsanteile. Gem § 81 GmbH-Gesetz

ist der Erwerb und die Pfandnahme eigener Geschäftsanteile durch die Gesellschaft verboten und wirkungslos. Zulässig ist der Erwerb im Exekutionswege zur Hereinbringung eigener Forderungen der Gesellschaft.

Die Einschränkungen beim **Erwerb eigener Anteile** und die **Verpflichtung zur Bildung der Rücklage für eigene Anteile** erklären sich daraus, dass dies wirtschaftlich eine Rückzahlung des Nennkapitals an die Gesellschafter bedeutet, also eine Verminderung des Haftungsfonds gegenüber den Gläubigern der Gesellschaft. In die gleiche Richtung gehen auch die Vorschriften des § 52 AktG über das Verbot der Einlagenrückgewähr.

4.335 Anteile an herrschenden oder mit Mehrheit beteiligten Unternehmen

Bezüglich des Begriffes **Anteile an herrschenden und mit Mehrheit beteiligten Unternehmen** wird auf Abschnitt 4.245 verwiesen. Infolge der Überschneidung mit dem Posten „Anteile an verbundenen Unternehmen" erscheint auch hier wie beim Anlagevermögen ein **Mitzugehörigkeitsvermerk** gem § 223 Abs 5 erforderlich.

Aktien von herrschenden Unternehmen

Hier sind die Vorschriften des § 66 Abs 1 AktG (Erwerb eigener Aktien durch Dritte) idF des EU-GesRÄG zu beachten, wonach

> *„ein **Tochterunternehmen** (§ 228 Abs 3 UGB) an **Aktien der Gesellschaft** (des Mutterunternehmens, Anm der Verfasser) **nur nach den Vorschriften des** § 65 AktG (Erwerb eigener Aktien), des § 65a AktG (Veräußerung und Einziehung eigener Aktien) und des § 65b AktG (Inpfandnahme eigener Aktien) **Eigentum oder Pfandrecht erwerben darf**".*
>
> *„Gleiches gilt für den Erwerb und die Inpfandnahme durch einen anderen, der im eigenen Namen jedoch für Rechnung der Gesellschaft oder eines Tochterunternehmens handelt. Bei der Berechnung des Anteils am Grundkapital gem § 65 Abs 2, 1. Satz und § 65a Abs 2 gelten diese Aktien als Aktien der Gesellschaft. Im Übrigen gelten § 65 Abs 3 und 4, §§ 65a, 65b und 66a (Finanzierung des Erwerbs eigener Aktien) sinngemäß" (§ 66 Abs 1 AktG).*

§ 66 Abs 2 AktG regelt die Wirksamkeit von Rechtsgeschäften zwischen der Gesellschaft oder einem Tochterunternehmen (§ 228 Abs 3 UGB) und einem anderen, wonach dieser berechtigt oder verpflichtet sein soll, eigene Aktien der Gesellschaft für Rechnung der Gesellschaft oder des Tochterunternehmens (§ 228 Abs 3) zu erwerben oder als Pfand zu nehmen (Rechtsunwirksamkeit des Erwerbs, soweit der Erwerb des Eigentums oder des Pfandrechts an den Aktien durch die Gesellschaft oder das Tochterunternehmen gegen § 66 Abs 1, § 65 Abs 1, 1a, 1b oder 2 verstößt).

GmbH-Anteile an herrschenden Unternehmen

Dieser Fall ist im GmbH-Gesetz nicht ausdrücklich geregelt; nach Kommentarmeinung (*Reich-Rohrwig,* Das österreichische GmbH-Recht [1983] 623; ähnlich

Koppensteiner, GmbH-Gesetz-Kommentar [1994] § 81 Rz 14 ff) ist aber der Erwerb von Geschäftsanteilen an der herrschenden Gesellschaft genauso zu beurteilen wie der Erwerb **eigener Geschäftsanteile**, daher **verboten und wirkungslos** (§ 81 GmbHG).

Auch der Erwerb von **Anteilen an einer herrschenden Gesellschaft** oder einer mit **Mehrheit beteiligten Gesellschaft** bedeutet indirekt eine Rückzahlung des Eigenkapitals des Unternehmensverbundes, führt also wirtschaftlich zu den gleichen Auswirkungen wie der Erwerb eigener Anteile.

4.336 Eigene Anteile zur Erfüllung von Verpflichtungen aus anteilsbasierten Vergütungen

Eigene Anteile, die zur Erfüllung von Verpflichtungen aus **anteilsbasierten Vergütungen** erworben werden, sind im Umlaufvermögen auszuweisen.

Werden eigene Anteile im Zeitraum zwischen der Gewährung der anteilsbasierten Vergütungen und dem Ausübungszeitpunkt erworben, sind sie nach den Bewertungsvorschriften für **Wertpapiere des Umlaufvermögens** zu den Anschaffungskosten oder zum niedrigeren beizulegenden Wert zu bewerten.

Die Abschreibung der eigenen Anteile auf einen niedrigeren Ausübungspreis des Bezugsrechts ist nur dann erforderlich, wenn feststeht, dass die eigenen Anteile zur Erfüllung des Bezugsrechts verwendet werden. Der beizulegende Wert der eigenen Anteile entspricht jedenfalls dann deren **Marktwert**, wenn die Unternehmensleitung noch keine Entscheidung für eine Verwendung dieser Anteile zur Erfüllung des Bezugsrechts getroffen hat und die rechtlichen Voraussetzungen für eine Kapitalerhöhung vorliegen, sodass die Unternehmensleitung auch den Verkauf der eigenen Anteile zum Marktpreis beschließen kann.

Werden **eigene Anteile** erst im Zeitpunkt der Ausübung des Bezugsrechts erworben, ist der von den Begünstigten bezahlte Ausübungspreis für diese Anteile in der Regel niedriger als der Anschaffungswert der Anteile, sodass sich aus der Differenz ein Verlust für das Unternehmen ergibt. Dieser Verlust ist unter den **Personalaufwendungen** auszuweisen.

Wertänderungen und **Erfolge aus der Veräußerung eigener Anteile** sind in der Gewinn- und Verlustrechnung in den Posten „Erträge aus dem Abgang von und der Zuschreibung zu Finanzanlagen und Wertpapieren des Umlaufvermögens“ bzw „Aufwendungen aus Finanzanlagen und aus Wertpapieren des Umlaufvermögens“ auszuweisen.

4.337 Anhangangaben zu den eigenen Aktien

§ 240 Z 3 UGB verlangt umfangreiche Angaben über den Bestand an eigenen Aktien der Gesellschaft, die sie, ein abhängiges oder im Mehrheitsbesitz der Gesellschaft stehendes Unternehmen oder eine andere Person für Rechnung der Gesellschaft oder eines abhängigen oder eines im Mehrheitsbesitz der Gesellschaft stehenden Unternehmens erworben oder als Pfand genommen hat. Anzugeben ist die Zahl dieser Aktien, der auf sie entfallende Betrag des Grundkapitals sowie ihr Anteil am Grundkapital; für erworbene Aktien der Zeitpunkt des Erwerbs und die Gründe für den Erwerb.

Sind solche Aktien im Geschäftsjahr erworben oder veräußert worden, so ist darüber unter Angabe ihrer Zahl, des auf sie entfallenden Betrags des Grundkapitals, des Anteils am Grundkapital und des Erwerbs- und Veräußerungspreises sowie über die Verwendung des Erlöses zu berichten.

Besonders wird auch über Vorgänge nach dem **Aktienrückerwerbsgesetz** zu berichten sein. Bezüglich der Publizitätspflichten in Zusammenhang mit dem Aktienrückerwerb wird auf § 80 Abs 9 BörseG verwiesen.

4.338 Rücklage für eigene Anteile

Bezüglich der zwingend auszuweisenden Rücklage für eigene Anteile siehe den Abschnitt 5.115.

4.34 Liquide Mittel

IV. Kassenbestand, Schecks, Guthaben bei Kreditinstituten

Der **Kassenbestand** umfasst in- und ausländische Zahlungsmittel. Nach überwiegender Auffassung sind in diesem Posten auch Bestände an **Briefmarken, Stempelmarken** uÄ zu erfassen (siehe *Hofians* in *Straube*[3] § 224 Rz 49). Nach Meinung der Verfasser ist es ebenso vertretbar, Letztere unter B II 4 „Sonstige Forderungen und Vermögensgegenstände“ als sonstige Vermögensgegenstände auszuweisen.

Der Begriff der Kreditinstitute (Guthaben bei Kreditinstituten) ist in § 1 Bankwesengesetz definiert. Zur Klarstellung sei erwähnt, dass es sich um Forderungen aus dem Bankverkehr handeln muss, dass dagegen andere Forderungen gegenüber einem Kreditinstitut nicht darunter fallen. Weiters muss es sich um Guthaben handeln, die dem Berechtigten aus dem Guthaben beim Kreditinstitut unmittelbar und uneingeschränkt zur Verfügung stehen; jedenfalls sind Beschränkungen der Verfügbarkeit zumindest im Anhang kenntlich zu machen.

Bei Beständen auf **Akkreditivdeckungskonten** wird von *Küting/Weber*[4] § 266 Rz 102) die Auffassung vertreten, dass diese in jedem Fall bilanziell gesondert angeführt werden sollten, da sie als Deckung schwebender Geschäfte nicht frei verfügbar sind. Ebenso wird hier die Meinung vertreten, dass **Guthaben bei Bausparkassen** unter den sonstigen Vermögensgegenständen auszuweisen sind, ebenso **Guthaben bei notleidenden Banken**.

„Unterhält ein Unternehmen bei einem Kreditinstitut mehrere Konten, so ist eine **Saldierung** der Guthaben und Verbindlichkeiten zulässig, sofern sie fristenkongruent sind" (*Küting/Weber*[4] § 266 Rz 103).

Bezüglich des eventuellen Vermerkes der Mitzugehörigkeit zu Forderungen gegenüber verbundenen Unternehmen bzw Unternehmen, mit denen ein Beteiligungsverhältnis besteht, siehe Abschnitt 4.324.2.

4.35 Bewertung des Finanzumlaufvermögens

4.351 Anschaffungskosten des Finanzumlaufvermögens

Für das Finanzumlaufvermögen gelten, soweit die Anschaffungskosten nicht nach den allgemeinen Grundsätzen zu ermitteln sind, die Nominalwerte als Anschaffungskosten. Die **Anschaffungsnebenkosten** sind hinzuzuzählen, Anschaffungspreisminderungen sind abzuziehen.

Kassenbestände in Euro werden nicht bewertet, sondern lediglich gezählt.

Bei **Valuten** (Geldbeträge in ausländischer Währung) gelten als Anschaffungskosten grundsätzlich die tatsächlich hierfür bezahlten Eurobeträge (einschließlich Anschaffungsnebenkosten).

Bei **Auslandsforderungen (Währungsforderungen)**, deren **Nominalwert** in ausländischer Währung ausgedrückt ist, ergeben sich die Anschaffungskosten in heimischer Währung aus der Umrechnung des Nominalwertes in ausländischer Währung mit dem Fremdwährungskurs am Tag des Entstehens der Forderung, wobei im Falle der Notierung der Fremdwährung an der Börse die Umrechnung zum Devisengeldkurs erfolgt. **Nicht notierte Währungen** sind zu den am Tag des Entstehens der Forderung von den Banken gehandelten Kursen umzurechnen.

Treten starke **Kursschwankungen** auf, bestehen keine Einwendungen, zur Ermittlung der Anschaffungskosten die vom Bundesministerium für Finanzen verlautbarten Umrechnungskurse zwecks Umrechnung der Fremdwährung heranzuziehen. Eine abweichende Regelung ist dann möglich, wenn ein Kunde seine Schulden in Teilbeträgen abzahlt, wobei die Zahlung den Gesamtsaldo, nicht aber einzelne Forderungen betrifft. In diesem Fall kommt das Fifo-Verfahren zur Anwendung, wobei jedoch eine Mischkursbildung des Forderungsendbestandes zulässig erscheint.

Innerbetriebliche Verrechnungskurse dürfen nicht als Anschaffungskurse angesehen werden.

Als Anschaffungskosten für **Wertpapiere** gilt grundsätzlich der hierfür bezahlte Betrag, in der Regel der Börsenkurs zuzüglich eventuelle Transaktionskosten. Für gleichartige Wertpapiere ist eine **Durchschnittspreisermittlung** zulässig (§ 209 Abs 2).

Die Bewertung des Finanzumlaufvermögens erfolgt zum **strengen Niederstwertprinzip**.

4.352 Bewertung der Forderungen

Fremdwährungsforderungen wie auch Fremdwährungswertpapiere sind jedenfalls zum niedrigeren **Devisengeldkurs** zu bewerten, auch dann, wenn dieser nach dem **Bilanzstichtag** wieder angestiegen ist. Das Gleiche gilt für Valuten, die zum niedrigeren **Valutengeldkurs** zu bewerten sind.

Die Bewertung der Forderungen erfolgt zum Nennwert (Anschaffungskosten) unter Berücksichtigung ihrer **Einbringlichkeit**. Ist bei einer Forderung die Einbringlichkeit zweifelhaft, so ist dies bilanzmäßig zu berücksichtigen (Niederstwertprinzip), wobei für zweifelhafte Forderungen eine **Wertberichtigung** gebildet wird, während gänzlich uneinbringliche Forderungen direkt abgeschrieben werden.

Die Höhe einer **Wertberichtigung zu Forderungen** kann auf Grund einer **Einzelbewertung** oder aber auf Grund einer **Pauschalbewertung** festgestellt werden. Während im ersten Fall jede einzelne Forderung auf ihre Einbringlichkeit überprüft wird, wird im zweiten Fall der voraussichtliche Forderungsausfall auf Grund der bisherigen Erfahrungen festgestellt und in Form der **Wertberichtigung zu Forderungen** berücksichtigt. Der Pauschalsatz wird in der Regel einen bestimmten Prozentsatz der zum Bilanzstichtag bestehenden Forderungen betragen.

Es ist durchaus möglich, die **Einzel- und Pauschalbewertung** nebeneinander durchzuführen.

Bezüglich der bilanzmäßigen Behandlung ist zu beachten, dass Wertberichtigungen in der Bilanz nicht ausgewiesen werden dürfen. Wertberichtigungen sind gem § 226 Abs 5 von den Forderungen abzusetzen. Der Betrag einer **Pauschalwertberichtigung** zu Forderungen ist jedoch für den entsprechenden Posten der Bilanz im **Anhang** anzugeben.

Forderungsbewertung im Steuerrecht

Auf Grund des Steuerreformgesetzes 1993 dürfen gem § 6 Z 2 lit a EStG in Jahresabschlüssen, die ab 1.1.1994 enden, mit steuerlicher Wirkung keine Pauschalwertberichtigungen zu Forderungen gebildet werden. In Vorjahren gebildete Pauschalwertberichtigungen waren steuerlich im Jahre 1994 aufzulösen.

Die Einkommensteuerrichtlinien 2000 (Rz 2372–2378) präzisieren die Rechtsansicht des BMF zu den Pauschal- und Einzelwertberichtigungen folgendermaßen:

Pauschalwertberichtigungen zu Forderungen

Rz 2372: Unter **Pauschalwertberichtigungen** sind solche Wertberichtigungen zu verstehen, die einem allgemeinen Forderungsrisiko Rechnung tragen, ohne dass eine Risikozuordnung zu bestimmten Forderungen vorgenommen werden kann. Eine solche Schätzung des niedrigeren Teilwertes aufgrund von Erfahrungswerten aus der Vergangenheit (allgemeines Forderungsrisiko, allgemeines Branchenrisiko, allgemeines Ausfalls- und Verzögerungsrisiko) oder aufgrund einer allgemeinen Konjunkturschwäche bzw einer allgemeinen schlechten Schuldnerbonität ist nicht zulässig.

Rz 2373: Eine **unzulässige Pauschalwertberichtigung** liegt nicht vor, wenn lediglich die Höhe einer Einzelwertberichtigung aufgrund von Erfahrungswerten aus der Vergangenheit geschätzt wird. Ebenso ist es zulässig, eine größere Anzahl von Forderungen aufgrund konkret zuordenbarer, bis zum Bilanzstichtag eingetretener Umstände gruppenweise nach bestimmten Kriterien (Art der Forderung oder Grad der Gefährdung) einheitlich mit einem niedrigeren Ansatz zu bewerten (siehe Rz 2376 f).

Keine unzulässige Pauschalwertberichtigung liegt vor, wenn eine Einzelwertberichtigung von verschiedenen Forderungen bei tatsächlich gleich gelagertem Sachverhalt im Wege einer Schätzung in gleichem Ausmaß vorgenommen wird; es müssen aber gleichartige Ausfallkriterien bestehen (VwGH 27.8.1998, 96/13/0165).

Einzelwertberichtigung zu Forderungen

Rz 2374: **Wertberichtigungen** sind steuerlich nur mehr anzuerkennen, wenn zum Bilanzstichtag konkrete Risikenbestehen, die einzelnen Forderungen zugerechnet werden können (zB Nichteinhalten einer Ratenvereinbarung, vorübergehende oder dauernde Einstellung von Kreditrückzahlungen, Überziehen eines Kreditrahmens ohne entsprechende Vereinbarung, sonstiges vertragswidriges Verhalten, schlechte Vermögens- und Liquiditätslage des Schuldners, Währungsverlust). Es müssen somit am Bilanzstichtag Umstände vorliegen, nach denen damit zu rechnen ist, dass bestimmte Forderungen nicht mit dem vollen Nennbetrag eingehen werden. Das konkrete Forderungsrisiko orientiert sich daher ausschließlich an der individuellen Bonität des Schuldners oder an besonderen Absprachen zwischen Gläubiger und Schuldner im Zusammenhang mit dem Forderungseingang (zB betreffend Skonti).

Rz 2375: Weder bei einem Tilgungsrückstand noch bei einer Kontoüberziehung muss eine vorübergehende oder dauernde Einstellung von Kreditrückzahlungen vorliegen, die eine Einzelwertberichtigung rechtfertigen würde. Diese Umstände zeigen für sich alleine noch keine über das allgemeine Ausfallrisiko hinausgehende Gefährdung an, sondern könnten durchaus auch saisonbedingt sein (VwGH vom 19.2.1991). Eine Einzelwertberichtigung kann daher nur vorgenommen werden, wenn qualifizierte Gefährdungsgründe oder besondere Absprachen hinsichtlich des Forderungseingangs vorliegen.

Einzelfälle

Rz 2376: Gefährdungsfälle

Eine pauschale Einzelwertberichtigung ist insbesondere in jenen Fällen zulässig, in denen ein vereinbarter Überziehungsrahmen überschritten wird, ohne dass mit dem Kontoinhaber eine entsprechende Kreditvereinbarung geschlossen wurde, oder wenn ein Rückstand von mehr als drei Kreditraten besteht und der Rückstand bei schriftlicher Krediteinräumung mehr als 15% des eingeräumten Kreditrahmens beträgt, ohne dass ausreichende Sicherheiten vorhanden sind. In diesen Fällen bestehen keine Bedenken, eine pauschale Berichtigung in Höhe von 2,5% der jeweiligen unter den Gefährdungstatbestand fallenden Gruppensummen anzusetzen, sofern die Summe der gruppenweisen Einzelwertberichtigung den durchschnittlichen Jahresbedarf an tatsächlichen Einzelwertberichtigungen in der einzelnen Gruppe innerhalb der letzten fünf Jahre nicht übersteigt. Weiters ist eine pauschale Einzelwertberichtigung im Falle eines Zahlungsverzugs zulässig (1% pro Monat für Zinsen und Spesenabgeltung).

Rz 2377: Fälle besonderer Absprachen

Eine gruppenweise Vornahme von Einzelwertberichtigungen ist insbesondere in folgenden Fällen zulässig:

- Bei Skontoinanspruchnahme: um den in Anspruch genommenen Skonto.
- Bei mittelfristig nicht fälligen unverzinslichen oder ungewöhnlich niedrig verzinsten Forderungen: für Abzinsung bis zur Fälligkeit (zB 1% pro Monat).
- Bei langfristigen Ratenvereinbarungen: Wertberichtigung für Zinsendifferenz, soweit der Kunde nicht die vollen Aufwandszinsen vergütet.

Rz 2378: Auslandsforderungen

Es bestehen keine Bedenken, Wertberichtigungen von Auslandsforderungen zu bilden, wenn die Gefährdung der Einbringlichkeit aller Forderungen gegenüber einem bestimmten Land gleichartig ist (politisches oder wirtschaftliches Länderrisiko).

4.353 Die Fair-Value-Richtlinie und ihre Anwendung in Österreich

Mit der Fair-Value-Richtlinie vom 27. September 2001 (Richtlinie 2001/65/EG) wurde in die 4. RL ein Artikel 42 a mit folgendem Wortlaut eingefügt:

> *Abweichend vom Artikel 32 und vorbehaltlich der Bedingungen der Absätze 2–4 des vorliegenden Artikels gestatten die Mitgliedstaaten allen Gesellschaften oder einzelnen Gruppen von Gesellschaften, Finanzinstrumente einschließlich derivativer Finanzinstrumente mit dem beizulegenden Zeitwert zu bewerten, oder schreiben dies vor. Eine derartige Erlaubnis oder Verpflichtung kann auf konsolidierte Jahresabschlüsse im Sinne der Richtlinie 83/349/EWG beschränkt werden.*

Die österreichische Umsetzung erfolgte mit dem Fair-Value-Bewertungsgesetz vom November 2003.

Österreich hat von der Möglichkeit Gebrauch gemacht, die Fair-Value-Bewertung auf Konzernabschlüsse, die nach IAS/IFRS aufgestellt werden, zu beschränken.

Dies bedeutet, dass die bilanziellen Bewertungsvorschriften des UGB unverändert auf dem Anschaffungspreisverfahren basieren.

Für Einzelabschlüsse und für Konzernabschlüsse nach den Vorschriften des UGB wurden die von der Fair-Value-Richtlinie zusätzlich geforderten Anhangangaben in den § 237a und § 266 Z 9 und 10 sowie in den ergänzenden Vorschriften für den Lagebericht (§ 243 Abs 2 Z 5 und § 266 Z 9 und 10) umgesetzt.

Bezüglich des Inhaltes dieser Anhangbestimmungen siehe Abschnitt 7.335.

4.4 Aktive Rechnungsabgrenzungsposten

Gem § 198 Abs 5 sind

> *als **Rechnungsabgrenzungsposten** auf der Aktivseite Ausgaben vor dem Abschlussstichtag auszuweisen, soweit sie Aufwand für eine bestimmte Zeit nach diesem Tag sind.*

Die Definition in § 198 Abs 5 schließt den Ausweis von sogenannten **antizipativen Posten** aus; sie enthält zwei nachfolgend angeführte erforderliche Komponenten:

4.41 Ausgaben vor und Aufwand für eine bestimmte Zeit nach dem Abschlussstichtag

Der **Begriff Ausgabe** ist allerdings nicht nur im Sinne von Zahlungsvorgängen (Geldbewegungen) zu verstehen, sondern umfasst auch zB die Entstehung einer Verbindlichkeit. Wenn zB ein Exportförderungskreditwechsel zum Eskont gegeben wird, ergibt sich zunächst folgende Buchung:

Bank

Diskontaufwand

an Verbindlichkeiten.

Wird der Diskontaufwand in der Folge abgegrenzt, weil sich der Zeitraum, für den er entstanden ist, über die Abrechnungsperiode hinwegzieht, lautet die Buchung:

ARA an Diskontaufwand.

Das Hauptproblem beim Ansatz von Rechnungsabgrenzungen ist die **Ermittlung der bestimmten Zeit**, auf die der Aufwand (bei aktiven Rechnungsabgrenzungsposten) bzw der Ertrag (bei passiven Rechnungsabgrenzungsposten) zu verteilen ist. Durch den Grundsatz der Erfolgsverteilung auf einen bestimmten Zeitraum sollen Gewinnmanipulationen verhindert werden. Die Aktivierbarkeit der aktiven Rechnungsabgrenzung ist außerdem unter Beachtung des Vorsichtsprinzips zu beurteilen. Im Zweifel ist daher von einer Nichtaktivierung von Aufwendungen und damit sofortiger Erfolgswirksamkeit auszugehen, wenn der Erhalt der Gegenleistung in der Zukunft noch zweifelhaft ist. Das Merkmal der bestimmten Zeit ist demnach imparitätisch auszulegen, das heißt streng auf der Aktivseite und moderat auf der Passivseite.

Der Zeitmaßstab für den **bestimmten Zeitraum** sollte zweifelsfrei sein, was zB dann gegeben ist, wenn die Gegenleistung für einen kalendermäßig bestimmten Zeitraum geschuldet wird. Es genügt jedoch auch, wenn der Zeitraum objektiv bestimmbar ist. Dies wird dann der Fall sein, wenn Schätzungen über den Zeitraum aufgrund allgemein anerkannter und allgemein gültiger Maßstäbe erfolgen (zB gewöhnliche Nutzungsdauer, statistische Lebenserwartung oder Anwendung von Methoden der Versicherungsmathematik).

4.42 Die aktiven Rechnungsabgrenzungsposten im Einzelnen

Ähnlich wie bei den Rückstellungen wird man davon ausgehen können, dass **Abgrenzungsposten von untergeordneter Bedeutung** nicht gebildet werden müssen.

4.421 Vorauszahlungen im Rahmen bestehender periodenübergreifender Leistungsbeziehungen

- Vorauszahlungen auf laufende Dienstleistungs- und Nutzungsverträge, wie Mietverträge und Versicherungsverträge
- Zinsenvorauszahlungen
- Bereitstellungsprovisionen für eine über den Bilanzstichtag hinausgehende Bereitstellungszeit
- Avalprovisionen aus Bürgschaften für übergreifende Perioden

4.422 Sonstige Vorauszahlungen, kommende Perioden betreffend

- Unter bestimmten Voraussetzungen geleistete Abstandszahlungen an Mieter für eine vorzeitige Vertragsauflösung, zB dann, wenn feststeht, dass die Räumlichkeiten für einen bestimmten Zeitraum anderweitig vermietet werden können.
- Im Voraus in Anspruch genommene Urlaube.
- Gehaltsvorauszahlungen:

Gehaltsvorschüsse und -vorauszahlungen, die auf Basis eines Darlehensvertrages gewährt werden, sind **Forderungen**. Bei Gehaltszahlungen, die üblicherweise am letzten Tag des Vormonats an die Arbeitnehmer geleistet werden, tritt nicht die Forderung in den Vordergrund, sondern die Periodenabgrenzung, weswegen der Ausweis in diesem Fall unter den **Rechnungsabgrenzungen** erfolgt. Wieweit die Tatsache, dass Vorschüsse auf Grund des Vertrages jedenfalls zurückgezahlt werden müssen, während für das am letzten Tag des Vormonats ausbezahlte Gehalt der nächsten Periode in der Regel bei Nichterbringung der Dienstnehmerleistung (zB wegen Krankheit) keine Rückzahlungsverpflichtung besteht, für die Frage RAP oder Forderung eine Rolle spielt, wird unterschiedlich beantwortet, ist aber eher zu verneinen.

- Geldbeschaffungskosten:
  Die im UGB zusammen mit dem Disagio als aktivierungsfähiger Aufwand angeführten Geldbeschaffungskosten wurden mit dem EU-GesRÄG 1996 aus dem Gesetz herausgenommen. Der von manchen Autoren gezogene Schluss, dass damit ein Aktivierungsverbot für die Geldbeschaffungskosten eingetreten sei, ist jedoch nicht zwingend (vgl hierzu Abschnitt 2.552 Z 5).

4.43 Rechnungsabgrenzungsposten auf Grund besonderer gesetzlicher Vorschriften

4.431 Disagio gem § 198 Abs 7 UGB

Von einem Disagio wird dann gesprochen, wenn die Rückzahlung der Verbindlichkeit mit einem höheren Betrag erfolgt als die Auszahlung an den Kreditnehmer. Das Gleiche gilt für die Unterpari-Ausgabe einer Anleihe, die zum Nominalwert oder über pari zurückgezahlt wird. Die Differenz kann unter den Posten der aktiven Rechnungsabgrenzung aktiviert und über die Zeitdauer des Kredites abgeschrieben werden. Die Frage, wie weit dieser Rechnungsabgrenzungsposten der Legaldefinition im Hinblick auf die Vorausleistung entspricht, kann nur so beantwortet werden, dass der Kreditnehmer fiktiv den gesamten Kreditbetrag erhält und sofort eine Vorleistung auf die künftigen Zinsen in der Höhe des Disagiobetrages leistet. Diese Vorleistung ist nunmehr der ARAP.

4.432 Unterschiedsbetrag gem Abschn XII Pensionskassengesetz

Hier handelt es sich um den Übertrag von Anwartschaften und Leistungsverpflichtungen aus direkten Leistungszusagen von einem Arbeitgeber auf eine Pensionskasse. In diesem Fall hat die Pensionskasse das nach versicherungsmathematischen Grundsätzen samt Rechnungszinsen ermittelte Deckungserfordernis vom Arbeitgeber zu fordern. Dieser hat das Deckungserfordernis in voller Höhe als Verbindlichkeit in die Bilanz einzustellen. Der Unterschiedsbetrag zwischen der in der Bilanz zum Zeitpunkt der Übertragung ausgewiesenen Pensionsrückstellung und dem Deckungserfordernis kann in der Bilanz unter den aktiven Rechnungsabgrenzungsposten ausgewiesen werden und ist über längstens 10 Jahre verteilt aufzulösen.

In allen vom Gesetzgeber initiierten Sonderfällen handelt es sich um Periodenabgrenzungen im weiteren Sinne, die aber erheblich über die sehr enge Legaldefinition hinausgehen. Das Gleiche gilt auch für die nachstehend (4.5) angeführte aktive Abgrenzung für latente Steuern. Diese erfüllt zwar die Bedingung der Vorleistung, aber keinesfalls die der „bestimmten Zeit" nach dem Bilanzstichtag, weil die Auflösung derselben von der zukünftigen Ertragslage des Unternehmens abhängig ist.

Es wäre durchaus zu überlegen, als Rechnungsabgrenzung weiterhin nur Transitorien zuzulassen, aber die Abgrenzung auf den „**Aufwand für eine bestimmte Zeit nach dem Bilanzstichtag**" in sinnvoller Weise abzuändern. Durch die Änderung wäre der Spielraum für den Bilanzierenden größer und er müsste nicht auf andere Vermögensposten, wie etwa Forderungen und sonstige Vermögensgegenstände und Vorräte, ausweichen.

4.5 Aktive und passive latente Steuern

4.51 Gesetzliche Vorschriften

Mit der Einfügung der Bestimmungen des § 198 Abs 9 und 10 UGB durch das EU-GesRÄG wurde analog zum Konzernabschluss auch für den Einzelabschluss die Steuerabgrenzung eingeführt, wobei für **aktive Steuerabgrenzungen** (im Gegensatz zu den Vorschriften für die Konzernrechnungslegung in § 258) nur ein **Aktivierungswahlrecht, für passive Steuerabgrenzungen** (§ 198 Abs 9) dagegen eine **Passivierungspflicht** besteht.

Die Bestimmung über die Steuerabgrenzung hat für Einzelunternehmen und Personengesellschaften keine Bedeutung, weil die persönliche Einkommensteuer im Unternehmen nicht erfasst wird und somit auch die Bilanz nicht berührt. Sie betrifft jedoch alle juristische Personen als Unternehmer, da diese der Körperschaftsteuer unterliegen.

Die Bestimmungen des UGB zur Steuerabgrenzung lauten:

> *§ 198 (9): Ist der dem Geschäftsjahr und früheren Geschäftsjahren zuzurechnende Steueraufwand zu niedrig, weil der nach den steuerrechtlichen Vorschriften zu versteuernde Gewinn niedriger als das unternehmensrechtliche Ergebnis ist, und gleicht sich der zu niedrige Steueraufwand in späteren Geschäftsjahren voraussichtlich aus, so ist in Höhe der voraussichtlichen Steuerbelastung nachfolgender Geschäftsjahre eine Rückstellung zu bilden und in der Bilanz gesondert auszuweisen oder im Anhang gesondert anzugeben. Soweit eine unversteuerte Rücklage (§ 205) ausgewiesen ist, bedarf es einer solchen Rückstellung nicht. Die Rückstellung ist aufzulösen, sobald die höhere Steuerbelastung eintritt oder mit ihr voraussichtlich nicht mehr zu rechnen ist.*
>
> *(10): Ist der dem Geschäftsjahr und früheren Geschäftsjahren zuzurechnende Steueraufwand zu hoch, weil der nach den steuerrechtlichen Vorschriften zu versteuernde Gewinn höher als das unternehmensrechtliche Ergebnis ist, und gleicht sich der zu hohe Steueraufwand in späteren Geschäftsjahren voraussichtlich aus, so darf in Höhe der voraussichtlichen Steuerentlastung nachfolgender Geschäftsjahre ein Abgrenzungsposten auf der Aktivseite der Bilanz gebildet werden. Der Betrag ist aufzulösen, sobald die Steuerentlastung eintritt oder mit ihr voraussichtlich nicht mehr zu rechnen ist.*

Voraussetzungen für die Steuerabgrenzung gem § 198 Abs 9 und 10

- Das in der Unternehmensbilanz ausgewiesene Jahresergebnis ist höher oder niedriger als jenes der Steuerbilanz
- Der sich daraus ergebende zu hohe oder zu niedrige Steueraufwand muss sich in späteren Geschäftsjahren voraussichtlich ausgleichen.

§ 198 Abs 9 und 10 gehen von einer **Gesamtbetrachtung** aus. Alle auf einzelnen Sachverhalten beruhenden zeitlichen Ergebnisunterschiede werden zu einer Saldogröße zusammengefasst; es **ergibt sich demnach nur ein Aktiv- oder ein Passivposten für latente Steuern**" (Erläuterungen zur RV zum EU-GesRÄG), da auf den dem Geschäftsjahr oder früheren Geschäftsjahren zuzurechnenden zu hohen oder zu niedrigen Steueraufwand abgestellt wird.

Allerdings ist nur ein Passivsaldo zwingend zu passivieren. Ein Aktivsaldo kann, muss aber nicht aktiviert werden. Darüberhinaus ist die Aktivierung einer positiven Steuerabgrenzung gem § 226 Abs 2 mit einer **Ausschüttungssperre** verbunden:

> *„Gewinne dürfen im Fall der Aktivierung ... eines Abgrenzungspostens gem § 198 Abs 10 nur ausgeschüttet werden, soweit die danach verbleibenden jederzeit auflösbaren Rücklagen zuzüglich eines Gewinnvortrags und abzüglich eines Verlustvortrags dem ausgewiesenen Betrag mindestens entsprechen."*

Wenn eine Aktivierung nicht durchgeführt wird, so ist bei Kapitalgesellschaften gem § 237 Z 6c der gem § 198 Abs 10 aktivierbare Betrag anzugeben (gilt nicht für die kleine GmbH).

Bezüglich des **Ausweises in der Bilanz** wird in den **Erläuterungen zur RV** angeführt, dass der gesonderte Ausweis der aktiven Steuerabgrenzung im Rahmen des Postens „Forderungen und sonstige Vermögensgegenstände" oder bei den „Rechnungsabgrenzungsposten" erfolgen kann. Nach Meinung der Verfasser ist ein Ausweis unter „Forderungen und sonstige Vermögensgegenstände" jedoch abzulehnen; die Verfasser schließen sich hier der herrschenden Auffassung in der deutschen Fachliteratur an, wonach ein solcher Ausweis wegen der mangelnden Eigenschaft des latenten Steueranspruches als Vermögensgegenstand nicht in Frage kommt (zB *Küting/Weber*[4] § 266 Rz 106; ADS § 266 Rz 165 und § 274 Rz 50).

Wenn auch die aktive Steuerabgrenzung die Definition des § 198 Abs 5 für **aktive Rechnungsabgrenzungsposten** nicht erfüllt, so ist dennoch der gesonderte Ausweis unter diesem Posten vorzuziehen.

4.52 Zweck und Berechnung der Steuerabgrenzung

Der Zweck dieser Vorschrift besteht darin, den im unternehmensrechtlichen Abschluss ausgewiesenen Steueraufwand in Übereinstimmung mit dem unternehmensrechtlichen Ergebnis zu bringen, auch wenn der nach den steuerlichen Vorschriften auf dieses Geschäftsjahr entfallende Steuerbetrag aufgrund abweichender steuerlicher Gewinnermittlungsvorschriften von dem auf das unternehmensrechtliche Ergebnis entfallenden Steuerbetrag abweicht.

*Die sich dabei ergebenden Fragen sollen anhand des folgenden **Beispiels zur Firmenwertabschreibung** erörtert werden.*

Angaben:

Eine Kapitalgesellschaft erwirbt zu Beginn eines Geschäftsjahres den Betrieb eines Einzelunternehmers (welcher damit zur Betriebsstätte der Kapitalgesellschaft wird). Auf Grund des vereinbarten Kaufpreises ergibt sich ein Geschäftswert iSd § 203 Abs 5 im Betrag von € 1,500.000. Dieser wird über einen Zeitraum von fünf Jahren abgeschrieben.

Gem § 8 Abs 3 EStG sind jedoch die Anschaffungskosten eines Firmenwertes bei Gewerbebetrieben gleichmäßig verteilt auf 15 Jahre abzusetzen. In den ersten fünf Jahren ist daher der steuerliche Gewinn höher als das unternehmensrechtliche Ergebnis.

Durch die Bildung einer aktiven Steuerabgrenzung kann der Aufwand für Steuern vom Einkommen und Ertrag an das niedrigere unternehmensrechtliche Ergebnis des Jahres unter folgenden Voraussetzungen angepasst werden:

a) ***Voraussichtlicher Ausgleich des zu hohen Steueraufwands in späteren Geschäftsjahren****. Wenn die Kapitalgesellschaft auch für die Zukunft mit ausreichenden Gewinnen rechnen kann, ist diese Voraussetzung erfüllt.*

b) *Die aktive Steuerabgrenzung darf* ***in Höhe der voraussichtlichen Steuerentlastung nachfolgender Geschäftsjahre*** *gebildet werden. Unter der Voraussetzung eines gleich bleibenden Steuersatzes ergibt sich die in nachfolgender Tabelle dargestellte Entwicklung der aktiven Steuerabgrenzung und deren Auswirkung auf den Steueraufwand:*

Jahr	Unternehmensrechtlicher Aufwand	Betriebsausgabe	Unterschied	Unterschied kumuliert	Aktive Steuerabgrenzung 25%	Auswirkung auf Steueraufwand
1	300.000	100.000	+ 200.000	200.000	50.000	– 50.000
2	300.000	100.000	+ 200.000	400.000	100.000	– 50.000
3	300.000	100.000	+ 200.000	600.000	150.000	– 50.000
4	300.000	100.000	+ 200.000	800.000	200.000	– 50.000
5	300.000	100.000	+ 200.000	1.000.000	250.000	– 50.000
6	–	100.000	– 100.000	900.000	225.000	+ 25.000
7	–	100.000	– 100.000	800.000	200.000	+ 25.000
8	–	100.000	– 100.000	700.000	175.000	+ 25.000
9	–	100.000	– 100.000	600.000	150.000	+ 25.000
10	–	100.000	– 100.000	500.000	125.000	+ 25.000
11	–	100.000	– 100.000	400.000	100.000	+ 25.000
12	–	100.000	– 100.000	300.000	75.000	+ 25.000
13	–	100.000	– 100.000	200.000	50.000	+ 25.000
14	–	100.000	– 100.000	100.000	25.000	+ 25.000
15	–	100.000	– 100.000	–	–	+ 25.000

Übertrag von Pensionsansprüchen auf Pensionskassen

Im Falle des Übertrages von Anwartschaften auf Leistungsverpflichtungen aus direkten Leistungszusagen von einem Arbeitgeber auf eine Pensionskasse (siehe Abschnitt 4.432) hat die Letztere das nach versicherungsmathematischen Grundsätzen samt Rechnungszinsen ermittelte Deckungserfordernis vom Arbeitgeber zu fordern. Dieser hat das Deckungserfordernis in voller Höhe als Verbindlichkeit in die Bilanz einzustellen.

Abschnitt XII des Pensionskassengesetzes gestattet dem Unternehmer für den Fall, dass die bilanzmäßig ausgewiesene Pensionsrückstellung zur Abstattung des Deckungserfordernisses nicht ausreicht, den Unterschiedsbetrag zwischen der in der Bilanz zum Zeitpunkt der Übertragung ausgewiesenen Pensionsrückstellung und dem Deckungserfordernis unter den aktiven Rechnungsabgrenzungsposten auszuweisen und längstens über 10 Jahre verteilt, aufzulösen. § 124 Z 2 EStG verlangt zwingend, den Unterschiedsbetrag zwischen dem Deckungserfordernis und der steuerwirksam gebildeten Pensionsrückstellung gleichmäßig verteilt auf 10 Jahre abzusetzen.

Beispiel zum Übertrag von Leistungsansprüchen an die Pensionskassa

Ein Unternehmen überträgt sämtliche Anwartschaften aus Leistungsverpflichtungen aus einer direkten Pensionszusage an eine Pensionskasse.

Der Stand der unternehmens- und steuerrechtlichen Pensionsrückstellung zum Zeitpunkt der Übertragung beträgt	*€ 1.000.000*
Das Deckungserfordernis (Verbindlichkeit gegenüber Pensionskassa) beträgt	*€ 1.050.000*
Unterschiedsbetrag	*€ 50.000*

Nach unternehmensrechtlichen Grundsätzen kann der Unternehmer den Betrag von € 50.000 sofort als Aufwand absetzen oder gem Artikel XII Pensionsgesetz über einen Zeitraum bis zu 10 Jahren verteilen. Steuerrechtlich ist die Auflösung des Unterschiedsbetrages gleichmäßig auf 5 Jahre zu verteilen.

Annahmen:

Unternehmensrechtlich:

a) der Betrag wird unternehmensrechtlich im ersten Jahr als Aufwand erfasst;
b) der Betrag wird unternehmensrechtlich auf 5 Jahre verteilt;
c) der Betrag wird unternehmensrechtlich auf 10 Jahre verteilt.

Steuerrechtlich:

Steuerrechtlich ist der Betrag in allen drei Fällen auf 5 Jahre aufzuteilen.

					Buchmäßige Darstellung		
1	2	3	4	5	6	7	8
	Pensions-aufwands-vertei-lung unternehmens-rechtlich	**Pensions-aufwands-vertei-lung** steuer-rechtlich 10 Jahre	**Auf-wands-differenz** = 2–3	**Verände-rung Steuerab-grenzung** = 25% von 4	**ARA** Gem Art XII PK-Gesetz	**Aktive** Steuerab-grenzung	**Rückst. latente Steuern**
Fall a							
1	50.000	5.000	+45.000	+11.250	0	11.250	0
2	0	5.000	–5.000	–1.250	0	10.000	0
3	0	5.000	–5.000	–1.250	0	8.750	0
4	0	5.000	–5.000	–1.250	0	7.500	0
5	0	5.000	–5.000	–1.250	0	6.250	0
10	0	5.000	–5000	–1.250	0	0	0
Fall b							
1	10.000	5.000	5.000	1.250	40.000	1.250	0
2	10.000	5.000	5.000	1.250	30.000	2.500	0
3	10.000	5.000	5.000	1.250	20.000	3.750	0
4	10.000	5.000	5.000	1.250	10.000	5.000	0
5	10.000	5.000	5.000	1.250	0	6.250	0
6		5.000	–5.000	–1.250		5.000	0
7		5.000	–5.000	–1.250		3.750	0
8		5.000	–5.000	–1.250		2.500	0
9		5.000	–5.000	–1.250		1.250	0
10		5.000	–5.000	–1.250		0	0
Fall c							
1	5.000	5.000	–5.000		45.000	0	0
2	5.000	5.000	–5.000		40.000	0	0
3	5.000	5.000	–5.000		35.000	0	0
10	5,000	5.000	0	0	0	0	0

Der Zeitpunkt, zu dem der Unterdeckungsbetrag von 50.000 an die Pensionskasse bezahlt wird, ist von der oben dargestellten buchmäßigen Behandlung desselben unabhängig.

Auswirkungen von Änderungen des Steuersatzes

Das Gesetz sieht vor, dass in Höhe der voraussichtlichen Steuerentlastung nachfolgender Geschäftsjahre ein Abgrenzungsposten gebildet werden kann. Diese voraussichtliche Steuerentlastung wird von Änderungen des Steuersatzes beeinflusst. Tritt eine Änderung des Steuersatzes ein, ist der neue Steuersatz auf die Berechnungsgrundlage für die Steuerentlastung anzuwenden. Je nach Richtung der Veränderung des Steuersatzes ergibt sich eine Erhöhung oder eine Verminderung der aktiven oder passiven Steuerabgrenzung. Der Unterschiedsbetrag gegenüber dem sich aus dem ursprünglichen Steuersatz ergebenden Auflösungsbetrag führt zu einer **(aperiodischen) Erhöhung oder Verminderung des auszuweisenden Steueraufwandes.**

Wenn die Entwicklung der Steuersätze für einige Jahre bekannt sein sollte, ist durch eine genaue Rechnung festzustellen, in welchem Geschäftsjahr sich welche Änderungen der Berechnungsgrundlage der Steuerabgrenzung ergeben werden; diesfalls ist eine **Einzelfortschreibung der Berechnungsgrundlage des Steuerabgrenzungspostens** durchzuführen.

Diesbezüglich muss § 233 beachtet werden, wonach **Erträge und Aufwendungen**, die einem **anderen Geschäftsjahr** zuzurechnen sind, hinsichtlich ihres Betrages und ihrer Art zu erläutern sind, wenn der Betrag für die Beurteilung der Ertragslage nicht von untergeordneter Bedeutung ist.

Aus § 234 könnte abgeleitet werden, dass die sich aus Steuerabgrenzungen ergebenden Beträge gesondert ausgewiesen werden müssen, da nach § 234 erster Satz im Posten „Steuern vom Einkommen und vom Ertrag" die Beträge auszuweisen sind, **die das Unternehmen als Steuerschuldner** vom Einkommen und Ertrag **zu entrichten hat**. Dies ist aber nicht der Fall, wenn die Auswirkungen der aktiven bzw passiven Steuerabgrenzung mit den Beträgen zusammengefasst werden, die das Unternehmen als Steuerschuldner zu entrichten hat.

Behandlung der aktiven Steuerabgrenzung in Verlustjahren

In diesem Zusammenhang ist zu untersuchen, ob nach wie vor in den nachfolgenden Geschäftsjahren eine Steuerentlastung voraussichtlich eintritt oder ob mit einer künftigen Steuerentlastung voraussichtlich nicht mehr zu rechnen ist.

Die folgenden Erläuterungen knüpfen an die Tabelle zum Beispiel **Firmenwertabschreibung** (vorvoriges Beispiel) an.

a) Die Kapitalgesellschaft erleidet im Jahr 6 aufgrund außerordentlicher, sich nicht wiederholender Ereignisse einen Verlust, der durch den Gewinn des Jahres 7 überkompensiert wird. Auch für die nachfolgenden Jahre ist wiederum mit positiven Ergebnissen zu rechnen.
   Im Jahr 6 tritt infolge des Verlustes keine Steuerentlastung ein, sodass die Voraussetzung für eine Auflösung nicht gegeben ist. Die Steuerentlastung tritt erst im Jahr 7 ein; es ist

daher so vorzugehen, dass im Jahr 6 die aktive Steuerabgrenzung unverändert bleibt und im Jahr 7 eine Auflösung in Höhe der auf die Jahre 6 und 7 entfallenden Beträge durchzuführen ist.

Es ist jedoch **keinesfalls zulässig,** in die Berechnungsgrundlage für die aktive Steuerabgrenzung den **Verlust** des Jahres 6 einzubeziehen, weil es sich hier nicht um einen Unterschiedsbetrag zwischen dem steuerlichen und dem unternehmensrechtlichen Ergebnis handelt.

Eine aktive Steuerabgrenzung kann auch für in **Verlustjahren** entstehende Unterschiedsbeträge zwischen unternehmensrechtlicher und steuerlicher Gewinnermittlung gebildet werden, wenn in späteren Jahren daraus eine Steuerentlastung zu erwarten ist Dies kann dazu führen, dass aufgrund einer im Verlustjahr neu gebildeten aktiven Steuerabgrenzung insoweit ein negativer Steueraufwand ausgewiesen wird.

b) Eine länger andauernde Verlustperiode gibt jedoch Anlass zu Überlegungen, ob überhaupt noch mit dem Eintritt einer Steuerentlastung gerechnet werden kann. Nur bei Vorliegen plausibler mittelfristiger Planungsrechnungen kann der unter a) angeführte Weg weiter beschritten werden. Der Vorsichtsgrundsatz ist bei Weiterführung der aktiven Steuerabgrenzung in mehreren aufeinanderfolgenden Verlustperioden zu beachten. Wenn Zweifel daran bestehen, dass es tatsächlich noch zu einer Steuerentlastung kommen könnte, ist die aktive Steuerabgrenzung, soweit angesichts der Zusammensetzung der Berechnungsgrundlage das Zustandekommen einer Steuerentlastung zweifelhaft erscheint, aufzulösen, dh als Aufwand zu verrechnen.

   Diese Situation wurde allerdings durch die Aufhebung der zeitlichen Begrenzung (Siebenjahresfrist) des steuerlichen Verlustvortrages durch das Strukturanpassungsgesetz 1996 entschärft.

4.53 Permanente und zeitliche Differenzen zwischen unternehmensrechtlichem und steuerrechtlichem Ergebnis

Permanente Differenzen, das sind Abweichungen zwischen unternehmensrechtlichem und steuerlichem Ergebnis, bei denen **keine Umkehrung** in zukünftigen Jahren eintritt, können nicht zu einer Steuerabgrenzung führen (zB **nicht abzugsfähige Repräsentationsaufwendungen, Spenden** und Ähnliches).

Sogenannte **quasi-permanente Abweichungen**, dh wenn sich Ergebnisse erst in ferner nicht bestimmbarer Zukunft oder überhaupt erst bei Liquidation des Unternehmens umkehren (zB unternehmensrechtlich durchgeführte, aber steuerlich nicht anerkannte Abschreibungen von Beteiligungen oder Grund und Boden), werden in die Berechnungsgrundlage für die Steuerabgrenzung nicht einbezogen.

Das Fachgutachten KFS/RL 15 (Stellungnahme des Fachsenats für Unternehmensrecht und Revision zur Steuerabgrenzung im Einzelabschluss und im Konzernabschluss) führt dazu im Abschnitt 1.31 aus:

„Bei Unterschieden zwischen dem unternehmensrechtlichen und steuerrechtlichen Wertansatz von **Beteiligungen und Grund und Boden**, für die keine Veräußerungsabsicht besteht, fehlt die für eine Steuerabgrenzung gesetzlich geforderte Voraussetzung, dass sich der zu hohe (zu niedrige) Steueraufwand in späteren Geschäftsjahren voraussichtlich ausgleicht; wenn es erst im Zuge der Auflösung des Unternehmens zu einem Ausgleich der Wertunterschiede kommt, ist die Wahrscheinlichkeit dieses Ausgleichs nicht anzunehmen.

Ergebnisunterschiede, die nicht berücksichtigt wurden, weil ihr Ausgleich in der Zukunft nicht absehbar war, sind in dem Zeitpunkt zu berücksichtigen, in dem auf Grund gesetzlicher Regelungen, geänderter Verhältnisse oder unternehmerischer Entscheidungen (zB Veräußerungsabsicht für Grundstücke und Beteiligungen oder Änderung steuerrechtlicher Vorschriften) der künftige Ausgleich absehbar ist.“

Im Zusammenhang mit der Berechnung der Steuerabgrenzung ergibt sich auch die Frage, ob bei längerfristigen Abgrenzungen eine **Abzinsung erforderlich** bzw zulässig ist. Aus dem Gesetz lässt sich dies nicht ableiten, da hier auf die Höhe der voraussichtlichen Steuerentlastung nachfolgender Geschäftsjahre abgestellt wird. Außerdem hat die Steuerabgrenzung den Charakter eines Abgrenzungspostens, bei dem keine Abzinsung in Frage kommt (siehe auch *Schnicke/Fischer* in Beck'scher Bilanzkommentar[3] § 274 Rz 17).

4.531 Differenzen, die zu einer aktiven Steuerabgrenzung führen

- Unterschiede im Ansatz der Herstellungskosten bei selbsterstellten Anlagen, unfertigen und fertigen Erzeugnissen, noch nicht abrechenbaren Leistungen;
- Unterschiedsbeträge aus der Bewertung des Firmenwertes – § 203 Abs 5;
- Forderungsbewertung – steuerliche Nichtanerkennung von Pauschalwertberichtigungen – § 6 Z 2 lit a EStG;
- Unterschiedsbeträge aus unternehmensrechtlich nicht aktivierungsfähigen, steuerlich dagegen aktivierungspflichtigen Geldbeschaffungskosten – § 198 Abs 7 bzw § 6 Z 3 EStG;
- Unterschiede auf Grund steuerlich nicht zulässiger Abschreibungsmethoden – gem § 7 Abs 1 EStG ist nur eine lineare Absetzung für Abnutzung zulässig;
- eventuelle Unterschiedsbeträge aus steuerlich nicht anerkannten Bewertungsvereinfachungsverfahren, zB Anwendung des Hifo- oder Lifo-Verfahrens;
- Unterschiedsbeträge aus steuerlich nicht oder nicht in gleicher Höhe anerkannten Rückstellungen:
  - pauschal gebildete Rückstellungen iSd § 9 Abs 3 EStG
  - Aufwandsrückstellungen iSd § 198 Abs 8 Z 2
  - Unterschiedsbeträge aus dem Wertansatz von Rückstellungen für Abfertigungen, Pensionen und Jubiläumsgelder

- 20% Abschlag bei Rückstellungen mit einer Laufzeit von zwölf Monaten und mehr
- Abschreibungsdifferenzen bei PKW gem Strukturanpassungsgesetz
- Unterschiedsbeträge bei Abschreibungen und Verlusten anlässlich des Ausscheidens von Beteiligungen, da diese Beträge gem § 12 Abs 3 Z 2 KStG idF des Art 111 Strukturanpassungsgesetz 1996 nicht sofort, sondern nur verteilt auf sieben Jahre, steuerlich geltend gemacht werden können
- gleichmäßige Verteilung des Unterschiedsbetrages zwischen der steuerwirksam gebildeten Abfertigungsrückstellung und dem an die Mitarbeitervorsorgekasse zu leistenden Betrag auf fünf Jahre gem § 124b Z 66 EStG.
- Werden nach einer Übertragung der Abfertigungsansprüche auf eine als versteuert geltende Rücklage Abfertigungsansprüche ausbezahlt oder an eine BV-Kasse übertragen, sind die entstehenden Aufwendungen ebenfalls auf fünf Jahre zu verteilen (§ 124b Z 68 lit c EStG).
- Übertrag von Anwartschaften und Leistungsverpflichtungen aus Pensionszusagen an eine Pensionskasse: gleichmäßige Verteilung des Unterschiedsbetrages zwischen der steuerwirksam gebildeten Pensionsrückstellung und dem an die Pensionskasse zu leistenden Betrag auf zehn Jahre gem § 124 Z 2 EStG. Der unternehmensrechtliche Unterschiedsbetrag kann gem Artikel XII Pensionskassengesetz ebenfalls auf 10 Jahre aufgeteilt werden.

Beispiel:

Die mit 500 zu Buche stehende Abfertigungsrückstellung wird an eine Mitarbeitervorsorgekasse übertragen. An die Mitarbeitervorsorgekasse sind 600 zu leisten. Der Unterschiedsbetrag von 100 ist unternehmensrechtlich sofort und steuerrechtlich über fünf Jahre verteilt aufwandsmäßig anzusetzen. Die aktive Steuerabgrenzung entwickelt sich folgendermaßen (KöSt-Satz: 25%):

Jahr	*Aufwand Unternehmens-recht*	*Aufwand Steuer-recht*	*Differenz*	*Bildung bzw Auflösung Aktive Steuerabgrenzug*	*Aktive Steuer-abgr.*
1	*100*	*20*	*80*	*20*	*20*
2		*20*	*– 20*	*– 5*	*15*
3		*20*	*– 20*	*– 5*	*10*
4		*20*	*– 20*	*– 5*	*5*
5		*20*	*– 20*	*– 5*	*0*

Beispiel einer Änderung der Abschreibungsquote durch eine Betriebsprüfung, der unternehmensrechtlichen Anpassung, der außerbücherlichen Berücksichtigung der geänderten Steuerbemessungsgrundlage und der Bildung und Auflösung der aktiven Steuerlatenz

Es handelt sich um eine Kapitalgesellschaft. Eine Anlage mit Anschaffungskosten von 100.000 wird unternehmensrechtlich und steuerrechtlich über fünf Jahre abgeschrieben. Der Restwert am Ende des dritten Jahres beträgt 40.000. Die Betriebsprüfung stellt eine Gesamtnutzungsdauer von zehn Jahren fest und berichtigt die ersten drei Jahre. Der Jahresabschluss des 4. Jahres ist noch nicht festgestellt. Der Steuerpflichtige schließt sich

a) der verlängerten Nutzungsdauer unternehmensrechtlich nicht an;
b) auch unternehmensrechtlich der verlängerten Nutzungsdauer an und verteilt den zum 1.1. des vierten Jahres bestehenden Buchwert von 40.000 auf die restlichen sieben Jahre, woraus sich ab dem vierten Jahre eine unternehmensrechtliche Abschreibung von 5.714 ergibt.

In beiden Fällen kann die steuerliche Abschreibung nur noch außerbücherlich in Form einer Mehr- oder Wenigerrechnung steuerlich geltend gemacht werden.

Die Möglichkeit einer ***außerplanmäßigen Zuschreibung*** *für den Fall, dass sich der Unternehmer der verlängerten Nutzungsdauer anschließt, ist entsprechend den Bestimmungen des § 208 Abs 1 nicht möglich. Einer Zuschreibung muss in den vorhergegangenen Geschäftsjahren eine außerplanmäßige Abschreibung vorausgegangen sein. In diesem Fall gäbe es für die weiteren Abschreibungen keine Steuerabgrenzung, da die unternehmensrechtliche und steuerrechtliche Abschreibung weiterhin gleich verlaufen. Die Zuschreibung selbst führt ebenso zu keiner Steuerabgrenzung, da der Zuschreibung der entsprechende Mehrbetrag an Körperschaftsteuer gegenübersteht.*

Zu a)

Der Steuerpflichtige verändert die Nutzungsdauer unternehmensrechtlich nicht.

Körperschaftsteuermehraufwand im 4. Jahr:	
für das 1.–3. Jahr 25% von 30.000	*7.500*
für das 4. Jahr 25% von 10.000	*2.500*
Körperschaftsteuermehraufwand im 5. Jahr: 25% von 10.000	*2.500*
Körperschaftsteuerminderaufwand des 6.–10. Jahres:	
25% von jeweils 10.000	*– 2.500*

Aktive Steuerabgrenzung

Jahr	*Abschreibung unternehmensrechtlich*	*Abschreibung steuerrechtl.*	*Abschreibungsdifferenz*	*KöSt-Aufwandsdifferenz*	*Dotierung aktive Steuerabgr.*	*Auflösung aktive Steuerabgr.*	*Stand Aktive Steuerabgr.*
1	*20.000*	*20.000*		*0*	*0*		
2	*20.000*	*20.000*		*0*	*0*		
3	*20.000*	*20.000*		*0*	*0*		
4	*20.000*	*10.000* *Kürzung 1–3 um jeweils 10.000*		*+2.500* *+7.500*	*2.500* *7.500*		*10.000*
5	*20.000*	*10.000*		*+2.500*	*2.500*		*12.500*
6		*10.000*		*– 2.500*		*2.500*	*10.000*
7		*10.000*		*– 2.500*		*2.500*	*7.500*
8		*10.000*		*– 2.500*		*2.500*	*5.000*
9		*10.000*		*– 2.500*		*2.500*	*2.500*
10		*10.000*		*– 2.500*		*2.500*	*0*

Zu b)

Das Unternehmen ändert auch unternehmensrechtlich die Nutzungsdauer von fünf auf zehn Jahre und schreibt vom vierten bis zum zehnten Jahr jeweils 5.714 ab.

Mehr- oder Wenigerrechnung vom vierten bis zum zehnten Jahr: 10.000 – 5.714 = 4.286

Sollte die Anlage vor Ende des zehnten Jahres ausscheiden oder stillgelegt werden, ist der steuerliche Buchverlust ebenfalls außerbücherlich zu erfassen.

Sowohl im Falle a) als auch im Falle b) besteht nach § 198 Abs 10 die Möglichkeit einer aktiven Steuerabgrenzung.

Aktive Steuerabgrenzung

Jahr	*Abschreibung unternehmensrechtlich*	*Abschreibung steuerrechtl.*	*Abschreibungsdifferenz*	*KöSt-Aufwandsdifferenz*	*Dotierung aktive Steuerabgr.*	*Auflösung aktive Steuerabgr.*	*Stand aktive Steuerabgr.*
1	*20.000*	*20.000*		*0*	*0*		
2	*20.000*	*20.000*		*0*	*0*		
3	*20.000*	*20.000*		*0*	*0*		
4	*5.714*	*10.000* *Abschr. verk. 1–3* *30.000*	*4.286* *–30.000*	*–1.071* *+7.500*	*–1.071* *+7.500*		*6.429*
5	*5.714*	*10.000*	*4.286*	*– 1.071*		*1.071*	*5.358*
6	*5.714*	*10.000*	*4.286*	*– 1.071*		*– 1.071*	*4.287*
7	*5.714*	*10.000*	*4.286*	*– 1.071*		*– 1.071*	*3.216*
8	*5.714*	*10.000*	*4.286*	*– 1.072*		*– 1.072*	*2.144*
9	*5.714*	*10.000*	*4.286*	*– 1.072*		*– 1.072*	*1.072*
10	*5.716*	*10.000*	*4.284*	*– 1.072*		*– 1.072*	*0*

Die abzugrenzende Körperschaftsteuer beträgt jeweils 25% der Körperschaftsteueraufwandsdifferenz.

4.532 Differenzen, die zu einer passiven Steuerabgrenzung führen

- Unterschiedsbeträge aus der Übernahme von Verlustanteilen aus Beteiligungen an Personengesellschaften, wenn der der Kapitalgesellschaft steuerlich zugerechnete Verlust unternehmensrechtlich nicht zu einer Abschreibung der Beteiligung führt.
- Eventuelle Unterschiedsbeträge bei den Abschreibungen, wenn unternehmensrechtlich die planmäßige Abschreibung zeitaliquot und nicht nach der im Steuerrecht vorgeschriebenen Halbjahresregelung durchgeführt wird.

Für **passive Steuerabgrenzungen** (bzw einen Passivsaldo der Steuerabgrenzung) gilt § 198 Abs 9. Für eine passive Steuerabgrenzung ist nach dieser Vorschrift eine Rückstellung zu bilden, die **in der Bilanz gesondert auszuweisen oder im Anhang gesondert anzugeben** ist. Soweit eine unversteuerte Rücklage (§ 205) ausgewiesen ist, bedarf es einer solchen Rückstellung nicht. Diese Rückstellung ist aufzulösen, sobald die höhere Steuerbelastung eintritt oder mit ihr voraussichtlich nicht mehr zu rechnen ist.

4.54 Die Bilanzierung latenter Steueransprüche und Schulden im Zusammenhang mit der Gruppenbesteuerung

Die Auswirkungen der **Gruppenbesteuerung** auf die Bilanzierung latenter Steuern ergeben sich gem Fachsenat für Unternehmensrecht und Revision (KFS/RL 22, Pkt. 5.2, 2. Absatz, März 2008) wie folgt:

> *„Da die einzelnen **Gruppenmitglieder** weiterhin unbeschränkt steuerpflichtige Steuersubjekte bleiben, sind die Bestimmungen über latente **Steueransprüche und -schulden** von den einzelnen Gruppenmitgliedern ungeachtet der bestehenden Steuergruppe anzuwenden. In diesem Zusammenhang stellt sich die Frage, mit welchem Steuersatz die latenten Steuern zu ermitteln sind, wenn bei Anwendung der Verteilungsmethode oder der Periodenabrechnungsmethode zwischen **Gruppenträger und Gruppenmitglied** ein geringerer als der aktuell (bzw künftig) gültige Körperschaftsteuersatz vereinbart wird. Der Fachsenat ist der Ansicht, dass in diesem Fall für die Bemessung der **latenten Steueransprüche und -schulden** der nach der Umlagevereinbarung erwartete Steuersatz heranzuziehen ist, weil dieser die Höhe der voraussichtlichen Steuerbe- bzw -entlastung aus Sicht des Gruppenmitgliedes abbildet. Ist der nach der **Umlagevereinbarung** erwartete Steuersatz nicht abschätzbar, ist der aktuell (bzw künftig) gültige Körperschaftsteuersatz zu verwenden. Der angewendete Steuersatz ist im Anhang anzugeben.*
>
> *Auf Grund der Gruppenvereinbarung ist der **Gruppenträger** verpflichtet, die latente Steuerlast des **Gruppenmitgliedes** im Zeitpunkt der **Umkehr** zu tragen. Daher hat der Gruppenträger für latente Steuerschulden eines Gruppenmitgliedes insoweit eine Rückstellung zu bilden, als dies – bspw auf Grund der Anwendung eines im Vergleich zum gültigen Steuersatz **geringeren Umlagesatzes** – noch nicht beim Gruppenmitglied erfolgt ist. Die Höhe der Rückstellung ergibt sich dabei aus dem Unterschiedsbetrag zwischen der passiven Steuerlatenz, berechnet mit dem Steuersatz, der im Zeitpunkt der Umkehr der zeitlich begrenzten Ergebnisunterschiede voraussichtlich Gültigkeit haben wird, und dem Betrag, den das Gruppenmitglied in seinem Jahresabschluss rückgestellt hat. Für latente Steuerguthaben besteht sinngemäß ein Wahlrecht zum Ansatz einer zusätzlichen **aktiven Steuerabgrenzung**."*

Zur Frage der Berücksichtigung des **Steuervorteils aus einer Firmenwertabschreibung** gem § 9 Abs 2 KStG vertritt der Fachsenat (Pkt. 5.4) die Ansicht,

> *„dass weder zum Zeitpunkt des Unternehmenserwerbs noch zum Zeitpunkt des Abschlusses des Gruppenvertrags für den künftigen steuerlichen Vorteil aus der Firmenwertabschreibung eine aktive latente Steuerabgrenzung angesetzt werden kann. Dies ergibt sich aus § 198 Abs 10 UGB, weil gemäß dieser Vorschrift eine aktive latente Steuerabgrenzung nur dann gebildet werden darf, wenn der nach*

> *steuerrechtlichen Vorschriften zu versteuernde Gewinn höher als das unternehmensrechtliche Ergebnis ist'. Da der Abschluss des* ***Gruppenvertrags*** *weder steuerrechtlich noch unternehmensrechtlich die Gewinn- und Verlustrechnung tangiert, ist ein Ansatz nicht möglich.*

4.55 Saldierung aktiver und passiver Steuerabgrenzungen in der Bilanz

Wie bereits angeführt, geht das Gesetz von einer Gesamtbetrachtung aus, dass nämlich (entsprechend den Erläuterungen zur RV zum GesRÄG 1996) alle auf einzelnen Sachverhalten beruhenden zeitlichen Ergebnisunterschiede zu einer **Saldengröße** zusammengefasst werden und sich daher nur **entweder ein Aktiv- oder ein Passivposten** für latente Steuern ergibt. Dies bedeutet aber, dass bei Bestehen von Unterschiedsbeträgen, die in isolierter Betrachtung zu einer passiven Steuerabgrenzung führen würden, untersucht werden müsste, ob sich nicht aus anderen Einzelposten als Ausgleich eine aktive Steuerabgrenzung ergibt. Soweit dies der Fall ist, kann auch keine passive Steuerabgrenzung angesetzt werden. Das Aktivierungsrecht setzt erst ab dem Punkt ein, ab welchem die einzelnen aktiven Steuerabgrenzungen die passiven Steuerabgrenzungen übersteigen.

Hoyos/Fischer in Beck'scher Bilanzkommentar[4] § 274 Rz 11 halten auch einen gesonderten Ausweis der aktiven und der passiven Steuerabgrenzung für zulässig:

> „Soweit hierbei die aktive die passive Steuerabgrenzung nicht übersteigt, besteht für den aktiven Abgrenzungsposten Aktivierungspflicht; das für einen aktiven Steuerabgrenzungsposten gem Abs 2 geregelte Ansatzwahlrecht erstreckt sich auch bei unsaldiertem Ausweis nur auf den Betrag, um den die voraussichtliche Steuerentlastung die voraussichtliche Steuerbelastung übersteigt."

4.56 Unversteuerte Rücklagen und latente Steuern

Im Zusammenhang mit der **passiven Steuerabgrenzung** enthält das Gesetz eine Klarstellung, dass es in Verbindung mit einer **unversteuerten Rücklage nach § 205** einer solchen Rückstellung nicht bedarf. Diese Klarstellung wird sinngemäß auch auf die auf der Passivseite ausgewiesenen Investitionszuschüsse aus öffentlichen Mitteln anzuwenden sein.

4.57 Bewertungsmaßnahmen bei Umgründungen und Steuerlatenz

Im Rahmen von Umgründungen werden durch die Aufdeckung stiller Reserven erfolgsneutrale Aufwertungen von Vermögensgegenständen und Schulden vorgenommen. Der Abbau dieser Wertdifferenzen führt, wie schon in Abschnitt 4.223 ausgeführt, in der Zukunft zu steuerlich nicht abzugsfähigen Aufwendungen und damit im Verhältnis zum Jahresergebnis zu einem höheren Steueraufwand als dem Unternehmensergebnis entspricht, sodass diesbezüglich die Voraussetzungen für eine passive Steuerabgrenzung bzw Rückstellung für latente Steuern gegeben wären.

Da gem § 198 Abs 8 Z 3 andere Rückstellungen als die gesetzlich vorgesehenen nicht gebildet werden dürfen, besteht allerdings keine gesetzliche Grundlage für die Bildung einer Rückstellung für latente Steuern. Dies führt aber nach Meinung der Fachliteratur zu einem falschen Vermögensausweis und in den Folgejahren zu falschen Erfolgszahlen.

Die höhere Steuerbelastung verhindert aber, wenn sie im Jahresabschluss nicht dargestellt wird, die Vermittlung eines möglichst getreuen Bildes der Vermögens-, Finanz- und Ertragslage. Damit liegt hier ein Fall des § 222 Abs 2 zweiter Satz vor, der in solchen Fällen zusätzliche Angaben im Anhang verlangt.

Dies bedeutet, dass im Anhang Angaben über die Unterschiede der Wertansätze, gegebenenfalls über den zeitlichen Anfall dieser Unterschiedsbeträge und die sich daraus ergebenden steuerlichen Auswirkungen zu machen sind.

Diesbezüglich wird auch auf die „**Stellungnahme** des Fachsenates für Unternehmensrecht und Revision der Kammer der Wirtschaftstreuhänder **zur Steuerabgrenzung im Einzelabschluss und im Konzernabschluss**" (KFS/RL 15, 12/99) verwiesen. Darin wird die Auffassung vertreten, **dass die Bildung entsprechender Rückstellungen im Hinblick auf Art 2 Abs 5 der 4. EG-Richtlinie nicht zu beanstanden ist**, da in dieser Vorschrift verlangt wird, dass von konkreten Vorschriften abzuweichen ist, wenn bei deren Einhaltung ein den tatsächlichen Verhältnissen entsprechendes Bild der Vermögens-, Finanz- und Ertragslage nicht vermittelt wird.

Auf diese Tatsache wurde bereits in früheren Auflagen dieses Buches aber auch in der Literatur hingewiesen. So hat bspw *Fröhlich* in „Konzernrechnungslegung kompakt"[2] (2012) 266 im Hinblick auf die aktuelle Literatur hierfür die Bildung einer Steuerrückstellung nach den allgemeinen **Kriterien der Rückstellungsbildung** als verpflichtend angesehen, aber auch die Möglichkeit in Erwägung gezogen, die zukünftige Steuerbelastung unmittelbar bei der Bewertung des Vermögensgegenstandes zu berücksichtigen, woraus sich eine Nettodarstellung ergäbe.

Die Bildung einer Rückstellung bedeutet allerdings ein Abgehen von dem im § 198 Abs 9 geltenden erfolgsorientierten Ansatz der Berücksichtigung latenter Steuern hin zu dem international und seit 2009 auch in Deutschland geltenden bilanzorientierten Ansatz.

Der bilanzorientierte Ansatz berücksichtigt die in Zukunft voraussichtlich anfallenden Mehrsteuern, während sich der im UGB angewendete erfolgsorientierte Ansatz lediglich auf den Ausgleich zu hoher oder niedriger Steuern im laufenden oder in vergangenen Geschäftsjahren bezieht.

Aus den allgemeinen Grundsätzen der Rückstellungsbildung heraus erscheint es jedenfalls richtig, die latente Steuerschuld auf Aufwertungsbeträge bei Umgründungen in der Unternehmensbilanz auszuweisen, wobei es durchaus zulässig scheint, eine zeitliche Realisierungsgrenze zu setzen.

Keinesfalls sollten die Vermögenswerte um die Steuerlatenz verkürzt angesetzt werden.

Beispiel: Berücksichtigung latenter Steuern durch die Aufwertung von Vermögensgegenständen bei Umgründungsvorgängen.

Umgründungsvorgang

Bei der Einbringung werden folgende Vermögensgegenstände durch Offenlegung der stillen Reserven aufgewertet:

nichtabnutzbares Anlagevermögen um	*350*
abnutzbares Anlagevermögen (ND 5 Jahre) um	*200*

Variante 1: Keine latente Steuer

Buchungen:

nicht abnutzbares Anlagevermögen	*350*
abnutzbares Anlagevermögen	*200*
an Eigenkapital	*550*

Das abnutzbare Anlagevermögen wird in den Folgejahren mit jeweils € 40 abgeschrieben, woraus sich eine Steuerminderung von 10 (25%) ergeben würde. Nimmt man ein jährliches Unternehmensergebnis von 100 vor dem Ansatz der Abschreibungen von den Aufwertungsbeträgen an, ergibt sich folgendes Bild:

Unternehmensergebnis vor Abschreibungen von den Aufwertungsbeträgen	*100*	
Tatsächliche Körperschaftsteuerbelastung 25%		*25*
Abzüglich Jahresabschreibung von den Aufwertungsbeträgen	***–40***	
Unternehmensergebnis nach Abschreibungen von den Aufwertungsbeträgen	*60*	
fiktive Körperschaftsteuer entsprechend dem Unternehmensergebnis		***15***
Steuermehrbelastung pro Jahr		***10***
Steuermehrbelastung in 5 Jahren (Nutzungsdauer der abnutzbaren Anlagen)		***50***

Variante 2a:
Berücksichtigung der latenten Steuer auf die Abschreibungsbeträge von den Aufwertungsbeträgen anlässlich der Einbringung
Die Körperschaftsteuer auf die stillen Reserven des Anlagevermögens wird mit 25% von 200, ist gleich 50 abgegrenzt und jährlich analog zur Abschreibung aufgelöst.

Buchungssätze:

Buchungssätze		Soll	Haben
Bei Einbringung	nicht abnutzbares Anlagevermögen	350	
	abnutzbares Anlagevermögen	200	
	an Eigenkapital		550
	Eigenkapital	50	
	an Rückstellung für latente Steuern		50
Jahresabschluss			
Abschreibungen von der Aufwertung	Abschreibungen	40	
	Abnutzbares Anlagevermögen		40
Verbleibender Unternehmensgewinn 100–40 = 60			
Steuer vom steuerlichen Gewinn (100)	Körperschaftsteuer	25	
	an Rückstellungen Körperschaftsteuer		25
Anteilige Auflösung der Rückstellung	Rückstellung für latente Steuern	10	
	an Körperschaftsteuer		10

Die Rückstellung wird für die stillen Reserven im abnutzbaren Anlagevermögen jährlich mit 25% der Abschreibung (= 25% von 40) gegen das Konto Körperschaftsteuer aufgelöst.

Auf die Bildung einer Steuerrückstellung für die stillen Reserven im nicht abnutzbaren Anlagevermögen wird in der Regel verzichtet, weil es sich um eine quasi permanente Differenz handelt. Dies gilt vor allem dann, wenn es sich bei dem Vermögensgegenstand um betriebsnotwendiges Vermögen handelt, das zur Aufrechterhaltung des Unternehmens erforderlich ist (bspw Betriebsgrundstück, auf dem die Betriebsgebäude stehen).

Nur dann, wenn eine Realisierung in absehbarer Zeit wahrscheinlich ist, wird eine Rückstellung für latente Steuern gebildet werden.

Auf Grund der derzeitigen Bestrebungen des Justizministeriums (Stand: Juni 2013) ist in absehbarer Zeit mit einer Angleichung der Bestimmungen über die Behandlung latenter Steuern im Jahresabschluss an die internationalen Regelungen zu rechnen.

Variante 2b:

Die latente Steuer wird direkt von den stillen Reserven abgezogen, wodurch es zu folgender Nettodarstellung kommt. Es wird angenommen, dass eine Realisierung der stillen Reserven im nicht abnutzbaren Anlagevermögen unwahrscheinlich ist.

stille Reserven im abnutzbaren Anlagevermögen (ND 5 Jahre)	
vermindert um die latente Steuer = Buchwert	*150*

Buchungen

nicht abnutzbares AV	*350*	
abnutzbares AV 200 abzüglich 25%	*150*	
an Eigenkapital		*500*

Die jährliche Abschreibung von den stillen Reserven beträgt 30 (= 40 abz. Steueranteil)

Von den angeführten Methoden ist der Methode 2a (Bildung einer Rückstellung für latente Steuern) sowohl wegen der richtigen Vermögensdarstellung als auch wegen ihres Informationsgehaltes der Vorzug zu geben.

4.6 Bilanzierung von Sicherungsgeschäften (Hedging)

Für den Bereich IAS/IFRS finden sich einschlägige Regelungen des **Hedge Accounting** in IAS 39 (Financial Instruments).

Mit der Richtlinie 2001/65/EG des Europäischen Parlaments und des Rates vom 27. September 2001 zur Änderung der Richtlinien 78/660/EWG, 83/349/EWG und 86/635/EWG des Rates im Hinblick auf die im Jahresabschluss bzw im konsolidierten Abschluss von Kapitalgesellschaften, Banken und anderen Finanzinstituten zulässigen Wertansätze wurden die EU-Rechnungslegungsvorschriften durch Einführung der **Fair-Value-Methode** (Bewertung zum beizulegenden Zeitwert) modernisiert. Die Vorschriften wurden damit der zunehmenden Verbreitung der Finanzderivate angepasst. Die Vorschriften sind allerdings sehr weit bzw allgemein gefasst. Die Kommission argumentiert diesbezüglich, dass es derzeit so vielfältige Ansätze zur **Bilanzierung von Sicherungsbeziehungen** gibt, dass diese Ansätze als noch nicht ausgereift bezeichnet werden können. Der flexible Ansatz in der Richtlinie soll die Notwendigkeit von baldigen Änderungen der Richtlinie durch zukünftige Entwicklungen auf dem Gebiet des **Hedge Accounting** vermeiden.

Die **Fair-Value-Richtlinie** ermöglicht die Bewertung von bestimmten originären und allen derivativen Finanzinstrumenten zum beizulegenden Zeitwert. Weiters gestattet sie den Mitgliedstaaten, dass Aktiv- oder Passivposten, die im Rahmen der Zeitwertbilanzierung von Absicherungszusammenhängen als gesichertes Grundgeschäft gelten (oder auch nur ein bestimmter Anteil an solchen Aktiv- und Passivposten), zum beizulegenden Zeitwert (anstelle der normalerweise fortgeführten Anschaffungs- bzw Herstellungskosten) bilanziert werden.

Der österreichische Gesetzgeber setzte diese Richtlinie weder im unternehmensrechtlichen Einzel- noch im unternehmensrechtlichen Konzernabschluss bei der Bewertung der Vermögensgegenstände, Schulden und schwebenden Geschäfte um. Es wurden lediglich die EU-verpflichtenden **Anhangangaben** (§ 237a bzw § 266 Z 9 und Z 10) sowie Angaben im **Lagebericht** (§ 243 bzw § 267) vorgesehen. Dennoch spielt das **Hedge-Accounting** im unternehmensrechtlichen Einzel- und Konzernabschluss eine große Rolle.

Unter **Hedge Accounting (Hedging)** versteht man die Bilanzierung von Geschäften, bei denen ein Grundgeschäft und ein Sicherungsgeschäft einander gegenüberstehen und eine Sicherungsbeziehung bilden (vgl zB *Wagenhofer,* Internationale Rechnungslegungsstandards – IAS/IFRS[6] [2009] 348 ff; *Christian/ Schiebel* in *Hirschler,* § 201 Rz 60 ff; *Barckow,* Die Bilanzierung von derivativen Finanzinstrumenten und Sicherungsbeziehungen [2004]). Das Sicherungsgeschäft ist in der Regel ein Derivat, von dem erwartet wird, dass es Änderungen des beizulegenden Zeitwerts oder der Cashflows des Grundgeschäfts ausgleicht.

Abgesichert wird ein **Grundgeschäft (Hedged Item)**. Grundgeschäft kann ein Vermögensgegenstand, ein Schuldposten bzw eine feste Verpflichtung oder ein geplanter (vorhersehbarer) Geschäftsvorfall (Forecast future transaction) sein. Das Grundgeschäft muss einem **Zins-, Währungs- oder sonstigen Preisrisiko** ausgesetzt sein, wofür ein Sicherungsbedarf besteht. Die Bewertung dieser Risiken hat einzeln zu erfolgen, wobei die Erfassung und Quantifizierung ein umfangreiches **Risikomanagement** erforderlich macht, das die Einzelrisiken der Positionen berücksichtigt. Die nicht realisierten Gewinne und Verluste sind jedenfalls einzeln zu quantifizieren.

4.61 Sicherungsstrategien

Im Rahmen von Sicherungsbeziehungen werden verschiedene Sicherungsstrategien unterschieden. Einerseits steht die **Bestandssicherung** der **antizipativen Sicherung** gegenüber: Während bei der Bestandssicherung Vermögensgegenstände, Schulden oder schwebende Geschäfte als Grundgeschäfte gesichert werden, dienen **antizipative Sicherungen** der Absicherung von erwarteten und somit noch nicht kontrahierten Grundgeschäften. Andererseits unterscheiden sich Mikro, Portfolio und Makro Hedges hinsichtlich der Zuordenbarkeit vom Sicherungsgeschäft zum Grundgeschäft.

4.611 Micro Hedges

Als **Micro Hedge** wird die Absicherung eines Grundgeschäfts durch ein Sicherungsgeschäft bezeichnet. Die unmittelbare Zuordnung des Sicherungsgeschäfts zum Grundgeschäft ist Voraussetzung für einen Mikro Hedge. Aus diesem Grund versteht man unter einem Mikro Hedge auch den Fall, dass das Grund- und Sicherungsgeschäft aus einer identifizierbaren Gruppe von gleichartigen bzw annähernd gleichwertigen Geschäften besteht.

4.612 Portfolio Hedges

Portfolio Hedges finden vorwiegend im Rahmen der **Handelsaktivitäten von Kreditinstituten** Anwendung, wobei Handelsbestände in homogene Portfolios zusammengefasst und gemeinsam auf Portfolio-Ebene bewertet werden.

Die Bildung von **Portfolios** kann entweder **produktbezogen** (dh Zusammenfassung von Handelspositionen einer Gattung mit gleichem Basiswert) oder **risikobezogen** (dh Zusammenfassung verschiedenartiger Produkte innerhalb der gleichen Risikoklasse) erfolgen. Das **Portfolio Hedging** ist Teil des **Zinsrisikomanagements**. Im Gegensatz zu Micro und Macro Hedges ist ein zweckartiger Zusammenhang mit dem Sicherungsgeschäft nicht feststellbar. Es wird unterstellt, dass alle zu einem Handelsportfolio zusammengefassten Geschäfte aufgrund der Vorgaben des Risikomanagements bzw aufgrund von dokumentierten Strategien in einem gewollten wirtschaftlichen Zusammenhang stehen.

4.613 Macro Hedges

Für **Sicherungsgeschäfte** auf Gesamtunternehmensebene hat sich der Begriff **Macro Hedging** etabliert. Unter **Macro Hedging** versteht man die unternehmensinterne Aufrechnung gegenläufiger Risikopositionen im Rahmen globaler

Sicherungsstrategien. Sie dienen in der Regel zur Absicherung potentieller **Zinsänderungen**. Dabei werden einer nicht näher bestimmten Anzahl von eingegangenen Einzelgeschäften entsprechende gegenläufige Terminkontraktpositionen gegenübergestellt. Insbesondere bei international tätigen Unternehmen werden Geschäfte, die demselben Risikofaktor unterliegen, global abgesichert.

Im Gegensatz zu **Micro Hedges** ist daher bei **Macro Hedges** eine konkrete Verknüpfung bzw Zuordnung von einzelnen Grund- und Sicherungsgeschäften aufgrund des dynamischen Sicherungsvorganges nicht mehr möglich.

Außerhalb des Zinsrisikobereiches werden **Macro Hedges** dazu verwendet, Aktienportfolios durch Aktienindex-Futures abzusichern.

4.62 Bilanzierung von Sicherungsbeziehungen

4.621 Bestandssicherung

Bestandssicherung bedeutet die Absicherung von Vermögensgegenständen, Verbindlichkeiten und schwebenden Geschäften durch Derivate, für deren Bewertung grundsätzlich Einzelbewertung heranzuziehen ist.

Bei enger Auslegung des **Einzelbewertungsprinzips** kommt es allerdings bei **Bestandssicherungen** zu einem Verlustausweis aus der Bewertung eines Vermögensgegenstands, einer Schuld oder eines schwebenden Geschäfts, obwohl der ausgewiesene Verlust durch einen nicht ausgewiesenen Gewinn innerhalb der Sicherungsbeziehung (über- oder unter-)kompensiert wird und zwischen unrealisierter Gewinn- und realisierter Verlusterwartung eine konditionale Verknüpfung besteht.

Aus diesem Grunde ist in solchen Fällen die Bildung einer Bewertungseinheit zulässig. Eine **Bewertungseinheit** liegt dann vor, wenn zweifelsfrei einzelbewertbare Vermögensgegenstände, Schulden oder schwebende Geschäfte miteinander wirtschaftlich so verknüpft sind, dass sie faktisch eine Einheit bilden. Für ein **Sicherungsgeschäft** bedeutet dies, dass das abzusichernde Grundgeschäft mit dem zur Absicherung geschlossenen Sicherungsgeschäft eine **Risikoeinheit** bildet. Diesfalls ist eine **kompensatorische Bewertung** geboten, wenn die positiven bzw negativen Erfolgsbeiträge ursachenidentisch und kausal verbunden, aber auch hinreichend konkretisierbar sind. Diese **kompensatorische Bewertung** gewährleistet einen objektiven Einblick in die Vermögens- und Ertragslage eines Unternehmens, da durch das Sicherungsgeschäft ein tatsächlicher Verlust, der bei strenger Auslegung des Einzelbewertungsprinzips auszuweisen wäre, nicht eintritt.

Das AFRAC knüpft in seiner Stellungnahme vom Dezember 2011 („Die unternehmensrechtliche Bilanzierung von Derivaten und Sicherungsinstrumenten") an die Zulässigkeit der Bildung von Bewertungseinheiten enge **formale und materielle Bedingungen:**

In **formeller Hinsicht** setzt die Bildung einer **Bewertungseinheit** eine dokumentierte Widmung zu Beginn der Sicherungsbeziehung voraus: Das abzusichernde Risiko ist zu identifizieren, der Beginn der Sicherungsbeziehung ist festzulegen und das Vorliegen aller materiellen Voraussetzungen ist nachvollziehbar zu begründen. In **materieller Hinsicht** setzt die Bildung einer **Bewertungseinheit** die qualitative Eignung des abgesicherten Grundgeschäfts, das Vorliegen eines Absicherungsbedarfs, das Bestehen einer Absicherungsstrategie und die qualitative Eignung des Sicherungsgeschäfts voraus (Rz 30 f).

Die wertmäßig gegenläufigen Geschäfte einer Sicherungsbeziehung werden zwar einzeln zum beizulegenden Zeitwert bewertet, es erfolgt jedoch eine **Aufrechnung** der unrealisierten Bewertungsverluste bis zur Höhe der unrealisierten Bewertungsgewinne im Rahmen der Bewertungseinheit. Keinesfalls dürfen Gewinnüberhänge realisiert werden. Das **imparitätische Realisationsprinzip** gilt auch für die Bewertungseinheit.

Verlustüberhänge der Bewertungseinheit führen im Rahmen der Grundsätze ordnungsmäßiger Bilanzierung entweder zu einer Abschreibung eines Vermögensgegenstands, zu einer Zuschreibung einer Schuld oder zu einer Drohverlustrückstellung aus der Bewertung eines schwebenden Geschäfts (siehe zu den Methoden der bilanziellen Abbildung etwa *Christian/Schiebel* in *Hirschler,* § 201 Rz 54 ff mit weiteren Literaturangaben).

Die Bilanzierung von Bewertungseinheiten auf Basis von **Micro Hedges** ist in der Literatur allgemein anerkannt. Die bilanzrechtliche Zulässigkeit der kompensatorischen Bewertung von **Macro Hedges** ist umstritten, da das abzusichernde Grundgeschäft nicht eindeutig bestimmbar ist.

Das AFRAC lehnt die kompensatorische Bewertung von **Macro Hedges** ab (Rz 77, Stellungnahme vom Dez. 2011) grundsätzlich ab: „... Da sich der Gesamtbestand der Finanzinstrumente des Unternehmens und seine Risikostruktur laufend verändern, sind die Voraussetzungen für die Bildung einer Bewertungseinheit nicht erfüllt. Im Gegensatz zum Micro- und Portfolio-Hedge sind die abzusichernden Finanzinstrumente nicht eindeutig bestimmt, sondern ergeben sich aus einer übergreifenden Betrachtung einer größeren Anzahl von Finanzinstrumenten, die demselben Risiko unterliegen. Daher ist grundsätzlich eine Einzelbewertung erforderlich; hat ein Derivat einen negativen beizulegenden Wert, ist auf Grund von § 198 Abs 8 Z 1 UGB eine Rückstellung zu bilden".

Die Schließung unternehmensweiter Festzinslücken kann allerdings nach Ansicht des AFRAC eine **Besonderheit des Bankgeschäfts** iSv § 57 Abs 1 letzter Satz BWG darstellen: In diesem Fall dürfen gegenläufige, zinsinduzierte Ertragseffekte oder Wertsteigerungen bei der Bewertung einer Drohverlustrückstellung in Abzug gebracht werden. Auf Grund ihres Ausnahmecharakters ist die Anwendung dieser Bewertungsmethode allerdings an die Einhaltung formeller und materieller Kriterien geknüpft (AFRAC-Stellungnahme, Rz 79).

4.622 Antizipative Sicherung = Absicherung zukünftiger Zahlungsströme

Durch den Abschluss eines Derivates soll ein variabler Zahlungsfluss nach dem Abschlussstichtag abgesichert werden.

Da die Bildung einer **Bewertungseinheit** in der Regel ausscheidet, muss das Derivat für sich bewertet werden, was bedeutet, dass ein negativer beizulegender Wert durch eine Drohverlustrückstellung zu erfassen ist. Bei der Bemessung der Drohverlustrückstellung kann allerdings nach Rz 57 der oben genannten Stellungnahme ein Ertrag (aus dem Grundgeschäft) berücksichtigt werden, der mit dem drohenden Verlust des Sicherungsgeschäfts konditional verknüpft ist und mit einer an Sicherheit grenzenden Wahrscheinlichkeit zum Fälligkeitstermin eingeht. Zusätzlich sind nach Ansicht des AFRAC bei **Abschluss des Sicherungsgeschäfts** die formellen und materiellen Kriterien für die Bildung einer **Bewertungseinheit** analog anzuwenden.

> ***Beispiel** zur Absicherung eines zukünftigen Zahlungsstromes, dargestellt in der Stellungnahme des AFRAC, Rz 65:*
>
> *Absicherung eines schwebenden Verkaufsgeschäftes von 15 Mio $ in die USA. Der vereinbarte Zahlungstermin ist der 15. Oktober des folgenden Geschäftsjahres. Zur Sicherung des Wechselkurses wird für diesen Tag ein Devisentermingeschäft (Umtausch von $ in €) zum Kurs des Tages der Warenlieferung (€ 0,77 pro $) abgeschlossen.*
>
> *Ein vor Bilanzfertigstellung über 0,77 gestiegener $-Kurs auf beispielsweise 0,80 würde in einer Einzelbewertung zu einer Drohverlustrückstellung von € 450.000 führen. Wenn allerdings dem Devisentermingeschäft ein gegenläufiger mit an Sicherheit grenzender Wahrscheinlichkeit zu erwartender ertragswirksamer Cashflow gegenübersteht, kann auf eine Drohverlustrückstellung verzichtet werden.*
>
> *Es wird erwartet, dass der Kurs bei 0,8 bleibt.*
>
> *Wie schon erwähnt, müsste bei **Einzelbewertung** des Devisentermingeschäftes eine Drohverlustrückstellung gebildet werden:*
>
> *Jahresabschlussbuchung: Kursverluste an Drohverlustrückstellung 450.000*
> *$ 15 Mio à 0,03*

Berücksichtigung des zu erwartenden Forderungseinganges bei der Bildung der Drohverlustrückstellung:

Der Verlust von € 450.000 im Termingeschäft würde entstehen, wenn der für den Umtausch benötigte Dollarbetrag zunächst durch die Hingabe von Euro erworben werden müsste. Dies ist nicht der Fall, da der Betrag von 15 Mio $ für den Umtausch zur Verfügung steht. Damit ist keine Drohverlustrückstellung erforderlich.

Dem möglichen Einwand, dass durch die Kurssteigerung des $ ein Kursgewinn realisiert hätte werden können, ist entgegenzuhalten, dass in gleicher Weise ein Kursverlust, dessen Absicherung mit dem Termingeschäft beabsichtigt war, hätte auftreten können. Für den das Termingeschäft abschließenden Unternehmer war es wichtig, den zum Zeitpunkt der Warenlieferung geltenden Kurs von 0,77 abzusichern.

5. Die Passivposten der Bilanz gem § 224 Abs 3

5.1 Die Posten des Eigenkapitals

5.11 Eigenkapital der Kapitalgesellschaft

Untergliederung

A. Eigenkapital:

I. Nennkapital (Grund-, Stammkapital);
II. Kapitalrücklagen:
  1. gebundene;
  2. nicht gebundene;
III. Gewinnrücklagen:
  1. gesetzliche Rücklage;
  2. satzungsmäßige Rücklagen;
  3. andere Rücklagen (freie Rücklagen);
  [Rücklage für eigene Anteile, Anteile an herrschenden oder mit Mehrheit beteiligten Unternehmen gem § 225 Abs 5]
IV. Bilanzgewinn (Bilanzverlust),
  davon Gewinnvortrag/Verlustvortrag.

5.111 Allgemeines

Eine ausdrückliche **Definition** des Eigenkapitals ist im Gesetz nicht enthalten. Aus § 198 Abs 1 ergibt sich, dass das Eigenkapital eine **Saldogröße** aus den Posten der Aktivseite (Anlage- und Umlaufvermögen, aktive Rechnungsabgrenzungen, sonstige aktivierungsfähige Posten wie zB aktive Steuerabgrenzung und den unversteuerten Rücklagen, Rückstellungen, Verbindlichkeiten und passiven Rechnungsabgrenzungen darstellt. Auch für das Eigenkapital gilt die Vorschrift des § 198 Abs 1, letzter Halbsatz, dass es „unter Bedachtnahme auf die Grundsätze des § 195 aufzugliedern" ist. Für Kapitalgesellschaften ist die Aufgliederung des Eigenkapitals in § 224 Abs 3 A ausdrücklich vorgeschrieben.

Der unternehmensrechtliche Begriff des **Eigenkapitals** deckt sich nur zum Teil mit betriebswirtschaftlichen Eigenkapitalbegriffen; so gehören zB bei einer analytischen Betrachtung die **unversteuerten Rücklagen** abzüglich einer eventuell darauf entfallenden Steuerbelastung zum Eigenkapital, andererseits müsste zB der Posten **„Bilanzgewinn"**, soweit er zur Ausschüttung bestimmt ist, als Bestandteil des Fremdkapitals (Verbindlichkeiten gegenüber den Gesellschaftern) betrachtet werden. Auch der **Bindungscharakter** oder die **Eigenkapitalqualität** der gem § 224 auszuweisenden Posten ist unterschiedlich. Die stärkste Bindung an das Unternehmen ergibt sich beim **Nennkapital** und den **gebundenen Rücklagen**, die nur unter ganz bestimmten Voraussetzungen aufgelöst werden können. Eine ähnliche Bindung ergibt sich, wenn auch zeitlich befristet, bei

Rücklagen, die einer **Ausschüttungssperre** unterliegen, zB im Zusammenhang mit einer aktiven Steuerabgrenzung (siehe § 226 Abs 2); weiterhin ist eine ähnliche Bindung in Zusammenhang mit der „**Rücklage für eigene Anteile, Anteile an herrschenden oder mit Mehrheit beteiligten Unternehmen**“ gegeben. Die **freien Rücklagen** unterliegen jedoch der Disposition der Geschäftsführung bzw der Hauptversammlung/Generalversammlung, da sie rechtlich ausschüttungsfähig sind.

Der Posten „Eigenkapital“ kann auch nicht mit **„haftendem Kapital“** gleichgesetzt werden, da auch unter „Verbindlichkeiten“ ausgewiesene Posten unter bestimmten Voraussetzungen haftendes Kapital darstellen können, so zB am Verlust beteiligtes als Verbindlichkeiten zu erfassendes **Genussscheinkapital, die Einlagen** am Verlust beteiligter **stiller Gesellschafter, eigenkapitalersetzende Gesellschafterdarlehen**, sonstige **nachrangige Verbindlichkeiten**. Insbesondere beim Genussscheinkapital ist aufgrund der konkreten Ausgestaltung zu klären, ob es sich um Eigenkapital oder um Verbindlichkeiten des Unternehmens handelt (siehe Abschnitt 5.12).

5.112 Nennkapital (Grund-, Stammkapital) und ausstehende Einlagen

5.112.1 Nennkapital

Gem § 229 Abs 1 ist das Nennkapital auf der Passivseite mit dem Betrag der übernommenen Einlagen anzusetzen.

Das Nennkapital ist in Höhe des im **Firmenbuch** zum Bilanzstichtag eingetragenen Betrages auszuweisen. Eine Änderung des Nennbetrages kann nur durch die in §§ 149 ff AktG und §§ 52 ff GmbH-Gesetz vorgesehenen Maßnahmen erfolgen.

5.112.2 Ausstehende Einlagen (§ 229 Abs 1)

Nicht eingeforderte ausstehende Einlagen sind (in der Vorspalte) vom Nennkapital offen abzusetzen, sodass in der Bilanz insgesamt das eingeforderte Nennkapital ausgewiesen wird.

Eingeforderte, aber noch nicht eingezahlte Einlagen sind unter den Forderungen gesondert auszuweisen und entsprechend zu bezeichnen; aus dieser Vorschrift ergibt sich eine Erweiterung der Gliederung in Gruppe B II auf der Aktivseite (vgl Abschnitt 4.325.3).

5.112.3 Nennkapitalausweis bei Erwerb eigener Aktien

Gem § 229 Abs 1 kann eine **offene Saldierung** (in der Vorspalte) mit dem Nennbetrag oder, falls ein solcher nicht vorhanden ist, mit dem rechnerischen Wert eigener Aktien **in folgenden Fällen** durchgeführt werden:

a) wenn Aktien zur Einziehung gem § 65 Abs 1 Z 6 oder 8 AktG erworben werden;
b) wenn die Hauptversammlung in der Ermächtigung zum Rückkauf eigener Aktien den Vorstand ermächtigt hat, die eigenen Aktien ohne weiteren Hauptversammlungsbeschluss einzuziehen (Z 8);
c) wenn der Erwerb nicht zur Einziehung erfolgt ist, aber in dem Beschluss über den Rückkauf die spätere Veräußerung von einem Beschluss der Hauptversammlung abhängig gemacht worden ist.

Im Falle der Absetzung des Nennbetrages oder des rechnerischen Wertes dieser eigenen Aktien in der Vorspalte ist der Unterschiedsbetrag zwischen den Anschaffungskosten der eigenen Aktien und dem Nennbetrag oder dem rechnerischen Wert mit den nicht gebundenen Kapitalrücklagen bzw den freien Gewinnrücklagen zu verrechnen.

Die offene Saldierung gegen das Nennkapital und die Verrechnung mit nicht gebundenen Rücklagen führt dazu, dass das Eigenkapital insgesamt um die Anschaffungskosten der erworbenen eigenen Aktien verringert wird. Da die Saldierung gegen das Nennkapital zu einer **Verringerung des gebundenen Kapitals** führt (was mit den Kapitalerhaltungsvorschriften der 2. gesellschaftsrechtlichen Richtlinie nicht vereinbar wäre) schreibt das Gesetz die Anwendung des § 192 Abs 5 AktG vor; dies bedeutet, dass in Höhe der Verminderung des Nennkapitals **zusätzlich gebundene Rücklagen** zu bilden sind.

5.112.4 Kapitalerhöhung

5.112.41 Ordentliche Kapitalerhöhung

Gem § 149 AktG erfordert dies einen Hauptversammlungsbeschluss mit mindestens drei Viertel des bei der Beschlussfassung vertretenen Grundkapitals. Der **Beschluss über die Erhöhung** des Grundkapitals ist zur Eintragung in das Firmenbuch anzumelden (§ 151 AktG). Nach Zeichnung der Aktien und Leistung der festgesetzten Einzahlungen bzw Erbringung der Sacheinlagen, haben der Vorstand und der Vorsitzende des Aufsichtsrats die **Durchführung der Erhöhung des Grundkapitals** zur Eintragung in das Firmenbuch anzumelden (§ 155 AktG).

Gem § 156 AktG ist mit der **Eintragung der Durchführung der Erhöhung des Grundkapitals** das Grundkapital erhöht. Erst ab diesem Zeitpunkt darf in der Bilanz das geänderte Grundkapital ausgewiesen werden. Bis dahin liegt ein schwebendes Geschäft vor, welches im Anhang anzuführen ist (*Förschle/Hoffmann* in Beck'scher Bilanzkommentar[7] § 272 Rz 51).

Vor dem Bilanzstichtag aber nach dem Kapitalerhöhungsbeschluss einbezahlte Beträge werden vor der Eintragung der Durchführung der Erhöhung des Grundkapitals in das Firmenbuch unterschiedlich behandelt. Die überwiegende Meinung geht dahin, dass die einbezahlten Beträge nach dem Eigenkapital als gesonderter Posten ausgewiesen werden sollten, zB unter der Bezeichnung **„Einzahlungen auf beschlossene aber noch nicht eingetragene Kapitalerhöhung“** (vgl *Hofians/Riessler* in *Straube*[3] § 229 Rz 5 und die dort angeführte Literatur). Nach *Förschle/Hoffmann* in Beck'scher Bilanzkommentar[7] § 272 Rz 51 darf dieser Posten **zumindest nach Eintragung des Erhöhungsbeschlusses** auch **gesondert innerhalb des Eigenkapitals gezeigt** werden. Dieser Ansicht schließen sich die Verfasser an; dies ist insbesondere im Hinblick darauf vertretbar, dass in der Regel bis zur Bilanzerstellung die Eintragung der Durchführung der **Erhöhung des Grundkapitals** bereits erfolgt sein wird.

Dieser Sonderposten innerhalb des Eigenkapitals umfasst die gesamten geleisteten Einzahlungen, dh **Nennbetrag zuzüglich Agio**; eine Zuordnung zum Nennbetrag und zu den Kapitalrücklagen darf erst nach Eintragung der Durchführung der Kapitalerhöhung vorgenommen werden.

5.112.42 Bedingte Kapitalerhöhung

Gem § 159 Abs 1 AktG kann die Hauptversammlung eine Erhöhung des Grundkapitals beschließen, die nur so weit durchgeführt werden soll, als von einem unentziehbaren **Umtausch- oder Bezugsrecht** Gebrauch gemacht wird, das die Gesellschaft auf die neuen Aktien (Bezugsaktien) einräumt (bedingte Kapitalerhöhung).

Die bedingte Kapitalerhöhung darf nur zu folgenden Zwecken beschlossen werden:

1. Zur Gewährung von Umtausch- oder Bezugsrechten an Gläubiger von Wandelschuldverschreibungen;
2. zur Vorbereitung des Zusammenschlusses mehrerer Unternehmungen;
3. **zur Einräumung von Aktienoptionen** an Arbeitnehmer, leitende Angestellte und Mitglieder des Vorstandes und des Aufsichtsrats der Gesellschaft oder eines mit ihr verbundenen Unternehmens.
   Im Zusammenhang mit der bedingten Kapitalerhöhung bei der Einräumung von Aktienoptionen hat der Vorstand der Hauptversammlung einen schriftlichen Bericht zu erstatten, der zumindest folgende Punkte enthalten muss:
   1. die der Gestaltung der Aktienoptionen zugrunde liegenden Grundsätze und Leistungsanreize;
   2. Anzahl und Aufteilung der einzuräumenden und bereits eingeräumten Optionen für Arbeitnehmer, leitende Angestellte und für die einzelnen Organmitglieder unter Angabe der jeweils beziehbaren Anzahl von Aktien;
   3. die wesentlichen Bedingungen der Aktienoptionsverträge, insbesondere Ausübungspreis oder die Grundlagen oder die Formel seiner Berechnung;
   4. Laufzeit sowie zeitliche Ausübungsfristen, Übertragbarkeit der Optionen und allfällige Behaltefrist für bezogene Aktien.

Im Falle der Gewährung von Aktienoptionen an Vorstandsmitglieder ist der Bericht vom Aufsichtsrat zu erstatten.

Zu einer bedingten Kapitalerhöhung für die Einräumung von Aktienoptionen an Arbeitnehmer, leitende Angestellte und Mitglieder des Vorstandes kann die Hauptversammlung den Vorstand bis zu einem bestimmten Nennbetrag auch ermächtigen; die Entscheidung des Vorstands bedarf der Zustimmung des Aufsichtsrats (**genehmigte bedingte Kapitalerhöhung**, § 159 Abs 3 AktG).

Für die bedingte Kapitalerhöhung bestehen folgende Begrenzungen:

- Der Nennbetrag des bedingten Kapitals darf insgesamt die Hälfte, der Nennbetrag, der zur Einräumung von Optionen bestimmt ist, dabei den zehnten Teil des zur Zeit des Beschlusses über die bedingte Kapitalerhöhung vorhandenen Grundkapitals nicht übersteigen (§ 159 Abs 4 AktG).
- Das Gesamtausmaß der aufgrund von Optionen der Arbeitnehmer, der leitenden Angestellten und der Vorstands- und Aufsichtsratsmitglieder der Gesellschaft oder eines verbundenen Unternehmens beziehbaren Aktien der Gesellschaft darf 20 von 100 des vorhandenen Grundkapitals nicht übersteigen (§ 159 Abs 5 AktG).

Wenn die Bezugsberechtigten, zB die Inhaber von Wandelschuldverschreibungen, von ihrem Umtausch- oder Bezugsrecht Gebrauch machen, **ist mit der Ausgabe der Bezugsaktien das Grundkapital erhöht** (§ 167 AktG). Der Vorstand hat spätestens innerhalb eines Monats nach Ablauf des Geschäftsjahres zur Eintragung in das Firmenbuch anzumelden, in welchem Umfang im abgelaufenen Geschäftsjahr Bezugsaktien ausgegeben worden sind (§ 168 Abs 1 AktG). Die Eintragung der **Erhöhung des Grundkapitals** hat in diesem Fall nur **deklaratorische** Bedeutung.

5112.43 Genehmigtes Kapital

Gem § 169 AktG kann die Satzung den Vorstand (begrenzt auf fünf Jahre) ermächtigen, das Grundkapital bis zu einem bestimmten Nennbetrag durch Ausgabe neuer Aktien gegen Einlagen zu erhöhen (**genehmigtes Kapital**). Der Nennbetrag des **genehmigten Kapitals** darf nicht höher sein als die Hälfte des zur Zeit der Ermächtigung vorhandenen Grundkapitals. Die neuen Aktien dürfen nur mit Zustimmung des Aufsichtsrats ausgegeben werden.

Die Erhöhung des Grundkapitals tritt wie im Falle der ordentlichen Kapitalerhöhung erst mit der **Eintragung der Durchführung der Erhöhung des Grundkapitals** in das Firmenbuch ein.

Zu den mit dem **bedingten und genehmigten Kapital** verbundenen Anhangangaben siehe § 240 UGB in Abschnitt 7.42.

5.112.44 Kapitalerhöhung aus Gesellschaftsmitteln (Kapitalberichtigungsgesetz vom 19. Mai 1967, BGBl 171, idF BGBl I 2009/71 [Aktienrechtsänderungsgesetz])

Gem § 2 Abs 2 KapBG kann die Kapitalerhöhung aus Gesellschaftsmitteln nur mit Rückwirkung zum Beginn eines Geschäftsjahres in einer solchen Hauptversammlung (Generalversammlung) beschlossen werden, der der vorausgehende festgestellte Jahresabschluss vorliegt oder die über diesen beschlossen hat. Die Gewinnbeteiligung der neuen Anteilsrechte beginnt, falls nicht anders beschlossen wird, mit dem Beginn des Geschäftsjahres, in dem die Kapitalerhöhung aus Gesellschaftsmitteln beschlossen worden ist.

Gem § 2 Abs 4 KapBG muss der der Kapitalerhöhung aus Gesellschaftsmitteln zugrunde gelegte Jahresabschluss zu einem Stichtag aufgestellt sein, der nicht mehr als neun Monate vor der Anmeldung des Beschlusses über diese Kapitalerhöhung zur Eintragung in das Firmenbuch liegt.

Gem § 3 Abs 3 KapBG ist mit der Eintragung des Beschlusses über die Kapitalerhöhung aus Gesellschaftsmitteln in das Firmenbuch das Nennkapital mit Rückwirkung gem § 2 Abs 2 KapBG erhöht und diese Kapitalerhöhung durchgeführt.

Da sich diese Rückwirkung auf den Beginn des Geschäftsjahres bezieht, wird faktisch das erhöhte Nennkapital erstmals zum Bilanzstichtag ausgewiesen, der der Eintragung des Beschlusses über die Kapitalerhöhung aus Gesellschaftsmitteln folgt.

5.112.5 Kapitalherabsetzung

5.112.51 Ordentliche Kapitalherabsetzung

Gem § 177 AktG (**Wirksamwerden der Kapitalherabsetzung**) ist mit der Eintragung des Beschlusses über die Herabsetzung des Grundkapitals das Grundkapital herabgesetzt, wobei gem § 178 AktG Zahlungen an die Aktionäre aufgrund der Herabsetzung des Grundkapitals erst geleistet werden dürfen, nachdem seit der Bekanntmachung der Eintragung sechs Monate verstrichen sind und nachdem den Gläubigern, die sich rechtzeitig gemeldet haben, Befriedigung oder Sicherheit gewährt worden ist.

5.112.52 Vereinfachte Kapitalherabsetzung

Gem § 182 AktG kann eine Herabsetzung des Grundkapitals, die dazu dienen soll, einen sonst auszuweisenden Bilanzverlust zu decken und allenfalls Beträge in die gebundene Kapitalrücklage einzustellen, in vereinfachter Form vorgenommen werden. Zahlungen an Aktionäre sind gem § 184 AktG anlässlich einer vereinfachten Kapitalherabsetzung nicht zulässig.

Gem § 188 AktG ist eine **Rückwirkung** der Kapitalherabsetzung vorgesehen: „Im Jahresabschluss für das letzte vor der Beschlussfassung über die Kapitalherabsetzung abgelaufene Geschäftsjahr können Grundkapital und Rücklagen in der Höhe ausgewiesen werden, wie sie nach der Kapitalherabsetzung bestehen sollen.“ Wenn zugleich mit der Kapitalherabsetzung eine Erhöhung des Grundkapitals beschlossen wird, so kann gem § 189 AktG auch die Kapitalerhöhung in dem Jahresabschluss (dh dem vorhergehenden Jahresabschluss) als vollzogen berücksichtigt werden. Die Beschlüsse über die Kapitalherabsetzung und die Kapitalerhöhung und die Durchführung der Erhöhung müssen bei sonstiger Nichtigkeit innerhalb von drei Monaten nach der Beschlussfassung in das Firmenbuch eingetragen worden sein.

Diese Vorschriften sind eine Ausnahme vom Grundsatz, dass die Änderung des Grundkapitals erst mit der Eintragung der Durchführung der Erhöhung eintritt.

5.112.6 Veränderung des Nennkapitals bei der GmbH

5.112.61 Erhöhung des Stammkapitals

Bei der GmbH gibt es weder eine bedingte noch eine genehmigte Kapitalerhöhung. Gem § 52 GmbHG setzt die Erhöhung des Stammkapitals einen Beschluss auf Abänderung des Gesellschaftsvertrages voraus. Der Beschluss auf Erhöhung des Stammkapitals ist zum Firmenbuch anzumelden, sobald das erhöhte Stammkapital durch Übernahme der Stammeinlagen gedeckt und deren Einzahlung erfolgt ist (§ 53 GmbHG).

Wie bei der ordentlichen Kapitalerhöhung der AG ist davon auszugehen, dass die Erhöhung des Stammkapitals mit der Eintragung des Beschlusses auf Erhöhung des Stammkapitals zum Firmenbuch wirksam wird.

Für die **Erhöhung des Stammkapitals aus Gesellschaftsmitteln** gelten analoge Vorschriften wie bei der AG.

5.112.62 Herabsetzung des Stammkapitals

Die **Herabsetzung des Stammkapitals** ist in den §§ 54–58 GmbHG geregelt.

Sie bedarf eines Beschlusses der Gesellschafter auf Abänderung des Gesellschaftsvertrages und eines Aufgebotsverfahrens, wonach die Gesellschaft allen Gläubigern auf deren Verlangen Befriedigung oder Sicherstellung zu leisten bereit sei (Dreimonatsfrist).

Zahlungen an die Gesellschafter auf Grund der Herabsetzung des Stammkapitals sind erst nach Ablauf der Frist des Aufgebotsverfahrens und nach Eintragung der betreffenden Abänderung des Gesellschaftsvertrages in das Firmenbuch zulässig.

Eine Herabsetzung des Stammkapitals unter den Mindestnennbetrag von € 10.000 ist nur zulässig, wenn gleichzeitig eine Erhöhung des Stammkapitals auf diesen beschlossen wird, wobei allerdings Sacheinlagen nicht bedungen sein dürfen.

Eine **vereinfachte Kapitalherabsetzung** analog zur AG ist im § 59 GmbHG geregelt.

5.113 Kapitalrücklagen

Begriff

Kapitalrücklagen sind Rücklagen, die nicht aus dem Gewinn gebildet wurden, sondern **durch Kapitaleinzahlung** (Bareinlagen und Sacheinlagen) **entstanden** sind.

Was im Einzelnen als Kapitalrücklage auszuweisen ist, wird in § 229 Abs 2 Z 1–5 wie folgt bestimmt:

1. *der Betrag, der bei der ersten oder einer späteren Ausgabe von Anteilen für einen höheren Betrag als den Nennbetrag oder den dem anteiligen Betrag des Grundkapitals entsprechenden Betrag über diesen hinaus erzielt wird;*
2. *der Betrag, der bei der Ausgabe von Schuldverschreibungen für Wandlungsrechte und Optionsrechte zum Erwerb von Anteilen erzielt wird;*
3. *der Betrag von Zuzahlungen, die Gesellschafter gegen Gewährung eines Vorzugs für ihre Anteile leisten;*
4. *die Beträge, die bei der Kapitalherabsetzung gemäß den §§ 185, 192 Abs 5 AktG zu binden sind;*
5. *der Betrag von sonstigen Zuzahlungen, die durch gesellschaftsrechtliche Verbindungen veranlasst sind.*

5.113.1 Gebundene Kapitalrücklagen

§ 229 Abs 4 bestimmt, dass Aktiengesellschaften und große Gesellschaften mit beschränkter Haftung (221 Abs 3) gebundene Rücklagen auszuweisen haben, die aus der gebundenen Kapitalrücklage und der gesetzlichen Rücklage bestehen.

Gem § 129 Abs 5 sind in die **gebundene Kapitalrücklage** die in § 229 Abs 2 Z 1–4 genannten Beträge einzustellen. Der Gesamtbetrag der gebundenen Teile der Kapitalrücklage ist in dieser gesondert auszuweisen.

Bezüglich der gesetzlichen Rücklage siehe Abschnitt 5.114.1.

Gem § 129 Abs 7 dürfen die gebundenen Rücklagen nur zum Ausgleich eines ansonsten auszuweisenden Bilanzverlustes aufgelöst werden. Während die **Verwendung der gesetzlichen Rücklage** nicht ausschließt, dass freie, zum Ausgleich von Wertminderungen und zur Deckung von sonstigen Verlusten bestimmte Rücklagen vorhanden sind, ist dies bei der **gebundenen Kapitalrücklage** der Fall; diese darf erst herangezogen werden, wenn vorher freie zum Ausgleich von Wertminderungen und zur Deckung von sonstigen Verlusten bestimmte Rücklagen aufgelöst wurden.

Zu den einzelnen Bestandteilen der gebundenen Kapitalrücklage:

§ 229 Abs 2 Z 1 – der Betrag, der bei der ersten oder einer späteren Ausgabe von Anteilen für einen höheren Betrag als den Nennbetrag oder den dem anteiligen Betrag des Grundkapitals entsprechenden Betrag über diesen hinaus erzielt wird.

Danach ist das **Agio,** dh der Mehrbetrag des Ausgabebetrages über den Nennbetrag in die gebundene Kapitalrücklage einzustellen. Dazu gehören auch Beträge aus der Ausgabe von **Wandelanleihen** (siehe auch Abschnitt 5.461.2), wenn der Betrag der durch den Umtausch untergehenden Wandelschuldverschreibungen höher ist als der Nennwert der Bezugsaktien. Wenn zB die Hingabe von zwei Anleihestücken im Nennwert von je 1.000 erforderlich ist, um eine Bezugsaktie zum Nennwert von 1.000 zu erhalten, ist ein Betrag von 1.000 der gebundenen Kapitalrücklage zuzuführen.

§ 229 Abs 2 Z 2 – der Betrag, der bei der Ausgabe von Schuldverschreibungen für Wandlungsrechte und Optionsrechte zum Erwerb von Anteilen erzielt wird.

Wenn bei der Ausgabe von Wandelanleihen und Optionsschuldverschreibungen höhere Einzahlungen eingehoben werden als dem Rückzahlungsbetrag entspricht, ist der Mehrbetrag der gebundenen Kapitalrücklage zuzuführen, dies unabhängig davon, ob vom Umtauschrecht bzw Bezugsrecht tatsächlich Gebrauch gemacht wird.

Besonders im Fall von Optionsanleihen liegt öfters das vom Anleihezeichner geleistete **Entgelt für den Erwerb von Bezugsrechten auf Aktien** nicht in einem über den Rückzahlungsbetrag der Anleihe hinausgehenden Einzahlungsbetrag, sondern darin, dass die Optionsanleihe mit einem unter dem Kapitalmarktzinssatz liegenden Zinssatz ausgestattet ist. In diesem Fall erwirbt der Zeichner der Anleihe **zwei selbständige Vermögensgegenstände**, nämlich die **Anleihe** mit vereinbartem Nominalzins und gegebener Laufzeit und das **Optionsrecht**, das durch den **Optionsschein** verbrieft ist (*Hofians/Ressler* in *Straube*[3] § 229 Rz 17 und die dort angegebene Literatur). Zwecks Erfassung des in die Kapitalrücklage einzustellenden Betrages ist daher die für den Erwerb der Optionsanleihe insgesamt geleistete Zahlung aufzuspalten in einen Betrag, den der Zeichner für eine „einfache“ Anleihe mit der für die Optionsanleihe vorgesehenen Nominalverzinsung zahlen würde, und das Entgelt für das Optionsrecht als Unterschiedsbetrag zwischen dem Preis für eine „einfache“ Schuldverschreibung und dem Zeichnungsbetrag (*Küting/Weber*[4] § 272 Rz 68 ff; ADS § 272 Rz 84).

Die **Aufspaltung des Zeichnungsbetrages** kann nach einer Kapitalwertmethode in der Weise erfolgen, dass der Rückzahlungsbetrag der Optionsanleihe und die laufenden Zinsenzahlungen mit dem marktüblichen Zinssatz auf den Zeitpunkt der Ausgabe diskontiert werden, um auf den Ausgabekurs der „einfachen“ Schuldverschreibung zu kommen. Wenn dies möglich ist, wird der Zeichnungsbetrag aufgrund von Börsennotierungen für die Optionsanleihe einerseits und für den Optionsschein andererseits aufgespalten, wobei in der Regel die Börsennotierung der Schuldverschreibung der geeignetere Ansatzpunkt sein dürfte.

In beiden Fällen ist der Unterschiedsbetrag zwischen dem Zeichnungsbetrag und dem für die reine Schuldverschreibung ermittelten Betrag als **Entgelt für das Optionsrecht auf Aktien** zu betrachten und daher der gebundenen Kapitalrücklage zuzuführen (siehe das Beispiel in *Küting/Weber*[4] § 272 Rz 76).

Nach den Bewertungsvorschriften für Verbindlichkeiten muss der **Rückzahlungsbetrag der Optionsschuldverschreibung** auf der Passivseite ausgewiesen werden; der Unterschiedsbetrag zwischen Rückzahlungsbetrag und dem rechnerisch ermittelten Wert der reinen Schuldverschreibung kann als Disagio aktiviert und auf die Laufzeit der Anleihe verteilt abgeschrieben werden. Aus der Summe von nomineller Verzinsung und dem Abschreibungsbetrag des Disagios ergibt sich eine den Marktverhältnissen zum Ausgabezeitpunkt entsprechende Verzinsung der Optionsanleihe.

Wenn innerhalb von Konzernen eigene Finanzierungsgesellschaften bestehen und die Finanzierungsgesellschaft **Schuldverschreibungen** ausgibt, die **mit einem Bezugsrecht auf Aktien der Muttergesellschaft** verbunden sind, kommt es zur Trennung zwischen Finanzierungstochtergesellschaft als anleiheemittierendem Unternehmen und dem Mutterunternehmen als Bezugsrechtsgesellschaft (siehe *Küting/Weber*[4] § 272 Rz 79; ADS § 272 Rz 103 f). „Die Muttergesellschaft hat das von der Tochtergesellschaft gewährte Entgelt für die Verschaffung der Optionsrechte (auf Aktien der Muttergesellschaft) in die Kapitalrücklage einzustellen.“ Solche Anleihen werden auch als **Warrant-Anleihen** bezeichnet. Für die Bilanzierung wird in *Küting/Weber*[4] § 272 Rz 82 folgende Vorgangsweise beschrieben: Wenn eine Vereinbarung zwischen Mutter- und Tochtergesellschaft besteht, dass die Tochtergesellschaft für die Zurverfügungstellung der Bezugsrechte auf Aktien der Muttergesellschaft dieser ein Entgelt in Höhe der Optionsprämie abzuführen hat, stellt dies bei der Tochtergesellschaft eine Verbindlichkeit gegenüber der Muttergesellschaft dar; diese hat den Anspruch als Forderung gegenüber der Tochtergesellschaft zu behandeln und den Betrag in die Kapitalrücklage einzustellen. Als rechtlich zulässig wird es bei Verzicht auf die Abführung einer Optionsprämie durch das Tochterunternehmen auch angesehen, wenn der Betrag bei der Tochtergesellschaft den Kapitalrücklagen zugeführt wird und bei der Muttergesellschaft der Beteiligungsbuchwert des Tochterunternehmens um den Betrag der Optionsprämie als zusätzliche Anschaffungskosten für die Beteiligung erhöht und die Gegenbuchung bei den gebundenen Rücklagen durchgeführt wird.

§ 229 Abs 2 Z 3 – der Betrag von Zuzahlungen, die Gesellschafter gegen Gewährung eines Vorzugs für ihre Anteile leisten.

Der Vorzug kann darin bestehen, dass den **Vorzugsaktien** für den Fall der Liquidation ein Vorrang bei der Verteilung des Liquidationserlöses eingeräumt wird bzw dass Aktien mit einem Vorzug bei der Verteilung des Gewinnes ausgestattet werden. In der Praxis dürfte nur der letztere Fall eine Rolle spielen.

Gem § 12a AktG kann für diese Aktien (Vorzug bei der Verteilung des Gewinns) das Stimmrecht ausgeschlossen werden **(Vorzugsaktien ohne Stimmrecht)**. Vorzugsaktien ohne Stimmrecht dürfen nur bis zu einem Drittel des Grundkapitals der anderen Aktien ausgegeben werden. § 12a Abs 2 AktG sieht vor, dass Vorzugsaktionäre ein Stimmrecht erhalten, wenn der Vorzugsbetrag bei der Verteilung des Gewinnes in einem Jahr nicht oder nicht vollständig gezahlt und der Rückstand im darauf folgenden Jahr nicht neben dem vollen Vorzug dieses Jahres nachgezahlt wird; das Stimmrecht besteht so lange, bis die Rückstände nachgezahlt sind.

§ 229 Abs 2 Z 4 – die Beträge, die bei der Kapitalherabsetzung gemäß den §§ 185, 192 Abs 5 AktG und § 59 GmbHG zu binden sind.

Hier handelt es sich um Sondervorschriften in Zusammenhang mit der **vereinfachten Kapitalherabsetzung** nach §§ 182 ff bzw in Zusammenhang mit der **Kapitalherabsetzung durch Einziehung von Aktien**, wenn diese nicht mit einer Rückzahlung an die Aktionäre verbunden ist. Die vereinfachte Kapitalherabsetzung gilt auch für die GmbH.

Zu den Kapitalrücklagen gehören auch jene **Rücklagen, die im Zusammenhang mit Umgründungsvorgängen** entstehen; ob es sich dabei um gebundene Rücklagen iSd § 229 Abs 2 handelt, richtet sich nach der Rechtsform bzw der Größe der übernehmenden Gesellschaft gem § 221.

Dies gilt nicht für eine Rücklage, die im Zusammenhang mit einem **Abspaltungsvorgang** entsteht. Bei Abspaltung eines zu Buchwerten negativen Reinvermögenssaldos, der zu einer Erhöhung des buchmäßigen Reinvermögens der übertragenden Gesellschaft führt, werden im Zuge der Abspaltung stille Reserven dieser Gesellschaft realisiert. Der sich ergebende Saldo ist in der GuV-Rechnung erfolgsneutral nach dem Posten Jahresüberschuss/Jahresfehlbetrag mit der Bezeichnung **„Erhöhung des buchmäßigen Reinvermögens durch Abspal-**

tung" auszuweisen (Stellungnahme des Fachsenats für Unternehmensrecht und Revision zur Rechnungslegung bei Abspaltungen 2006, KFS/RL 25, Rz 46).

5.113.2 Nicht gebundene Kapitalrücklagen

Nach § 229 Abs 2 Z 5 handelt es sich hier um den **Betrag von sonstigen Zuzahlungen, die durch gesellschaftsrechtliche Verbindungen veranlasst sind**.

Damit soll klargestellt werden, dass darunter nur Zuzahlungen fallen, die aus dem direkten oder indirekten Gesellschafterbereich stammen, so zB Zuzahlungen von Großmuttergesellschaften oder anderen verbundenen Unternehmen, die diese Zuschüsse aus gesellschaftlichen Gründen gewähren.

Aus den **Erläuterungen zur RV**:

Solche Zuzahlungen dürfen laut der ausdrücklichen Gesetzesvorschrift nicht unter den Erträgen ausgewiesen werden, um zB einen ausschüttungsfähigen Gewinn ausweisen zu können. Allerdings besteht kein Einwand dagegen, wenn die nicht gebundene Kapitalrücklage aus Zuzahlungen noch im gleichen Geschäftsjahr wieder aufgelöst wird (siehe Posten 24 des G&V-Gliederungsschemas gem § 231 Abs 2 und EB zur RV § 229 Abs 2).

5.113.3 Optionsrücklage

Die AFRAC-Stellungnahme „Die **Behandlung anteilsbasierter Vergütungen in UGB-Abschlüssen**" aus dem Jahr 2007 unterscheidet anteilsbasierte Vergütungen durch Ausgabe von neuen **Eigenkapitalinstrumenten** (Aktien, Anteile) und solche mit **Barausgleich**.

Bei Vergütungen durch Ausgabe bzw Übertragung von Eigenkapitalinstrumenten wird den Begünstigten meist das Recht zur Zeichnung von **Eigenkapitalinstrumenten (in der Regel Aktien)** zu einem im Vorhinein bestimmten Preis eingeräumt. Das Recht kann auf Eigenkapitalinstrumente des Unternehmens selbst oder eines verbundenen Unternehmens gerichtet sein.

Die Höhe der **Verpflichtung** ist während des Erdienungszeitraumes das Produkt aus dem bei Gewährung ermittelten beizulegenden Zeitwert des Bezugsrechtes pro Anteil mit der Anzahl der Anteile. Diese Verpflichtung ist während des Erdienungszeitraums in gleichen Raten als Aufwand zu verrechnen. Die durch den Aufwand in der Gewinn- und Verlustrechnung verursachte Verminderung des Eigenkapitals wird durch die Bildung einer **Optionsrücklage** ausgeglichen:

{(Personal)aufwand für anteilsbasierte Vergütungen/Optionsrücklage}

Die Optionsrücklage hat zwar den wirtschaftlichen Charakter einer Kapitalrücklage, sollte aber auf Grund der abschließenden Aufzählung der gesetzlich normierten Kapitalrücklagen im § 229 Abs 2 UGB und ihrer besonderen Bedeutung als eigener Eigenkapitalposten nach den Kapitalrücklagen ausgewiesen werden, sofern der Betrag wesentlich ist. Ein Ausweis als Gewinnrücklage ist auf Grund von § 229 Abs 2 UGB ausgeschlossen.

Wird vom **Bezugsrecht** Gebrauch gemacht, wird die **Optionsrücklage auf die Kapitalrücklage** umgebucht. Wird vom Bezugsrecht nicht Gebrauch gemacht, wird die Optionsrücklage über die Gewinn- und Verlustrechnung auf die Gewinnrücklage umgebucht:

1. Auflösung der Optionsrücklage/Optionsrücklage
2 Zuweisung zur Gewinnrücklage/Gewinnrücklage

Für den Fall der vorzeitigen Auflösung während des Erdienungszeitraumes vermindert die Auflösung der Optionsrücklage den Aufwand für anteilsbasierte Vergütungen.

5.114 Gewinnrücklagen

Durch die Trennung zwischen Kapitalrücklagen und Gewinnrücklagen soll die **Ertragskraft** des Unternehmens besser dargestellt werden. Grundsätzlich wird dieser Zweck durch den gesonderten Ausweis erreicht; in der Praxis ergeben sich aber eine Reihe von **Einschränkungen für die Aussagekraft**. Wenn zB eine Holdinggesellschaft den von der Tochtergesellschaft ausgeschütteten Gewinn an diese in Form von Gesellschafterzuschüssen oder Kapitalerhöhungen zurückführt, erscheinen Teile des Eigenkapitals, die wirtschaftlich aus dem Gewinn gebildet wurden, entweder als Bestandteil des Nennkapitals oder der Kapitalrücklagen. Ein ähnlicher Effekt tritt ein, wenn aus dem Gewinn gebildete Rücklagen für eine **Kapitalerhöhung aus Gesellschaftsmitteln** verwendet werden.

5.114.1 Gesetzliche Rücklagen (Geltung für die AG und große GmbH)

Wie bereits im Abschnitt 5.113.1 angeführt, gehören zu den gebundenen Rücklagen iSd § 229 Abs 4 die gebundene Kapitalrücklage und die gesetzliche Rücklage.

Gem § 229 Abs 6

> *ist in die gesetzliche Rücklage ein Betrag einzustellen, der mindestens dem zwanzigsten Teil des um einen Verlustvortrag geminderten Jahresüberschusses* ***nach Berücksichtigung der Veränderung unversteuerter Rücklagen*** *entspricht, bis der Betrag der* ***gebundenen Rücklagen*** *insgesamt den zehnten oder den in der Satzung bestimmten höheren Teil des Nennkapitals erreicht hat.*

Die Wortfolge „nach Berücksichtigung der Veränderung unversteuerter Rücklagen“ wurde erst mit Artikel II des EU-GesRÄG eingefügt. „Dadurch soll klargestellt werden, daß Veränderungen unversteuerter Rücklagen bei der Ermittlung der Bemessungsgrundlage für die Zuweisung zur gesetzlichen Rücklage zu berücksichtigen sind“ (aus den Erläuterungen zur RV).

Vorher konnte theoretisch der Fall eintreten, dass die Bildung unversteuerter Rücklagen höher war als der Jahresüberschuss und dadurch ein Bilanzverlust entstand. Die Berechnung der gesetzlichen Rücklage vom Jahresüberschuss hat in diesem Fall zu einer Erhöhung des Bilanzverlustes geführt; grundsätzlich können aber Rücklagen – wenn man vom Sonderfall der unversteuerten Rücklagen absieht – nur aus einem positiven Ergebnis gebildet werden. Durch die Neufassung des Gesetzes wurde dieses Problem beseitigt.

Gem § 229 Abs 7 dürfen die gebundenen Rücklagen nur zum Ausgleich eines ansonsten auszuweisenden Bilanzverlustes aufgelöst werden, wobei der Verwendung der gesetzlichen Rücklage allerdings nicht entgegensteht, dass freie zum Ausgleich von Wertminderungen und zur Deckung von sonstigen Verlusten bestimmte Rücklagen vorhanden sind (im Gegensatz zur Verwendungsmöglichkeit für die gebundene Kapitalrücklage – siehe Abschnitt 5.113.1).

5.114.2 Andere Gewinnrücklagen (satzungsmäßige Rücklagen und freie Rücklagen)

> *Gem § 229 Abs 3 dürfen als Gewinnrücklagen nur Beträge ausgewiesen werden, die im Geschäftsjahr oder in einem früheren Geschäftsjahr aus dem Jahresüberschuss* ***nach Berücksichtigung der Veränderung unversteuerter Rücklagen*** *gebildet worden sind.*

5.115 Rücklage für eigene Anteile, Anteile an herrschenden oder mit Mehrheit beteiligten Unternehmen

Gem § 225 Abs 5 ist

> *in* ***Höhe der eigenen Anteile und der Anteile an herrschenden oder mit Mehrheit beteiligten Unternehmen****, ohne Rücksicht darauf, ob es sich um Anteile des Anlagevermögens oder des Umlaufvermögens handelt, auf der Passivseite eine* ***Rücklage gesondert auszuweisen****, die aus vorhandenen Rücklagen gebildet werden darf, soweit diese frei verfügbar sind und einen Verlustvortrag übersteigen. Diese* ***Sonderrücklage*** *ist insoweit aufzulösen, „als diese Anteile aus dem Vermögen ausgeschieden werden oder für diese ein niedrigerer Betrag angesetzt wird".*

Dies gilt jedoch nicht im Falle eines unentgeltlichen Erwerbes oder eines Erwerbes in Ausführung einer Einkaufskommission durch ein Kreditinstitut, bei Erwerb durch Gesamtrechtsnachfolge und Erwerb aufgrund eines Beschlusses der Hauptversammlung zur Einziehung nach den Vorschriften über die Herabsetzung des Grundkapitals.

Die Einführung dieser Bestimmung war aufgrund der Vorschriften der Bilanzrichtlinie erforderlich. Da wirtschaftlich der Erwerb eigener Anteile, von Anteilen an herrschenden oder mit Mehrheit beteiligten Unternehmen die Rückzahlung von Eigenkapital an die Gesellschafter des Unternehmens darstellt, soll die dadurch bewirkte Verminderung des Eigenkapitals durch die Bildung einer

Rücklage in entsprechender Höhe ausgeglichen werden. Da die ursprüngliche Haftungsbasis gegenüber den Gläubigern einer Gesellschaft aber nur verringert wird, wenn durch den Erwerb solcher Anteile Bestandteile des Nominalkapitals und gebundene Kapitalrücklagen zurückgezahlt würden, sieht der Gesetzgeber vor, dass diese spezielle Rücklage aus vorhandenen Rücklagen gebildet werden darf, allerdings mit der Einschränkung, dass diese **frei verfügbar** sind. Die Bildung dieser Rücklage kann somit nur aus nicht gebundenen Kapitalrücklagen und anderen Gewinnrücklagen durchgeführt werden, nicht jedoch aus gebundenen Kapitalrücklagen, der gesetzlichen Rücklage und satzungsmäßigen Gewinnrücklagen.

Aus den Erläuterungen zur RV:

„Art 22 Abs 1 lit b Kapital-Richtlinie fordert für den Fall der Aktivierung der eigenen Anteile die Einstellung einer gebundenen Rücklage auf der Passivseite der Bilanz. Die Rücklage soll verhindern, daß durch den entgeltlichen Erwerb materiell Einlagen ohne Beachtung der Schutzregelung der Kapitalherabsetzung zurückgewährt werden (vgl *Kalss* in *Koppensteiner,* Österreichisches und europäisches Wirtschaftsprivatrecht 251). Es ist daher in gleicher Höhe zum aktivierten Betrag eine Rücklage für eigene Anteile auf der Passivseite auszuweisen, die auch aus vorhandenen freien Rücklagen oder aus einem Gewinnvortrag gebildet werden kann. Je nach Herkunft der Beträge ist eine entsprechende Zuordnung unter die Gewinn- oder die Kapitalrücklage vorzunehmen."

Soweit diese Rücklage durch **Umwidmung frei verfügbarer Kapital- und Gewinnrücklagen** gebildet wird, erscheint die Bildung nicht in der Gewinn- und Verlustrechnung, sondern es handelt sich um eine bloße Umbuchung von den genannten Rücklagen auf den gesondert auszuweisenden Posten. Wenn die **Umwidmung von** frei verfügbaren **Kapitalrücklagen** erfolgt, ist sie unter den Kapitalrücklagen als gesonderter Posten auszuweisen, wenn die **Umwidmung** zu Lasten **von** frei verfügbaren **Gewinnrücklagen** durchgeführt wird, erfolgt der Ausweis innerhalb der Gewinnrücklagen.

Wenn der Umwidmungsbetrag beiden Gruppen von Rücklagen entnommen wird, erscheint es zweckmäßig, den Ausweis als eigene Gruppe des Eigenkapitals zB unter IV mit einer Untergliederung in Kapital- und Gewinnrücklagen durchzuführen. In der Regel wird allerdings die Bildung durch Umwidmung frei verfügbarer Gewinnrücklagen erfolgen, da bei Aktiengesellschaften der Fall nicht gebundener Kapitalrücklagen sehr selten auftreten dürfte.

In diesem Zusammenhang ist auch § 223 Abs 4 letzter Satz zu beachten, wonach die Postenbezeichnungen auf die tatsächlichen Inhalte zu verkürzen sind.

Wenn diese Rücklage durch Umwidmung gebildet wurde und wegen Ausscheidens der entsprechenden Anteile oder deren Abwertung aufzulösen ist, erfolgt eine **Rückübertragung** auf die entsprechenden Rücklagen und keine Auflösung über die Gewinn- und Verlustrechnung. Wenn die Bildung dieser Rücklage dagegen nicht durch Umwidmung erfolgt, sondern durch Dotierung zu Lasten der Gewinn- und Verlustrechnung (Zuweisung zu Gewinnrücklagen), so kann die Auflösung über die Gewinn- und Verlustrechnung oder unmittelbar gegen eine (freie) Gewinnrücklage erfolgen.

Wenn es zum Zeitpunkt des Erwerbs der eigenen Aktien möglich gewesen wäre, die nach § 225 Abs 5 vorgeschriebene Rücklage zu bilden, infolge einer unerwarteten ungünstigen Entwicklung nach dem Zeitpunkt des Erwerbs das Geschäftsjahr jedoch mit einem Verlust in der Höhe abschließt, dass keine ausreichenden ungebundenen Rücklagen mehr vorhanden sind, besteht nach dem Wortlaut des Gesetzes dennoch die Verpflichtung zur Bildung einer Rücklage für eigene Anteile. Die Dotierung hat in diesem Fall nach Rz 50 der im Juli 2010 überarbeiteten Stellungnahme KFS/RL 11 des Fachsenats für Unternehmensrecht und Revision über die G&V-Rechnung zu erfolgen. „Ein Bilanzverlust, der in diesem Fall durch die Dotierung der Rücklage gem § 225 Abs 5 UGB zu Lasten des Jahresergebnisses verursacht wird, darf im Hinblick auf die Zielsetzung des § 65 Abs 2 AktG nicht durch Auflösung von gebundenen Rücklagen ausgeglichen werden.

Aus der Dotierungsvorschrift für die gesetzliche Rücklage in § 229 Abs 6 kann auch abgeleitet werden, dass die Bildung der gesetzlichen Rücklage den Vorrang vor der Bildung der Rücklage für eigene Anteile hat. Dies bedeutet, dass im Falle eines Gewinnes zuerst die gesetzliche Rücklage und dann aus dem verbleibenden Gewinn bzw zu Lasten des daraus entstehenden Verlustes die Rücklage für eigene Anteile zu bilden ist.

Die Verpflichtung zur Bildung der Rücklage für eigene Anteile bewirkt gleichzeitig eine **Ausschüttungssperre**.

Für die Bilanzierung eigener Aktien gibt es zwei Varianten.

Variante 1: **Ausweis der eigenen Anteile** auf der Aktivseite, wobei dem ausgewiesenen Betrag auf der Passivseite eine Rücklage für eigene Aktien gegenüberstehen muss.

Variante 2: Saldierung der eigenen Aktien gem § 229 Abs 1 ab vierter Satz UGB **in den dort genannten Fällen** (Erwerb erfolgt zur Einziehung; im Hauptversammlungsbeschluss wird der Vorstand ermächtigt, die eigenen Aktien ohne weiteren Hauptversammlungsbeschluss einzuziehen; im Beschluss über den Rückkauf ist die spätere Veräußerung von einem Beschluss der Hauptversammlung abhängig gemacht worden) mit dem Nennkapital.

Diese eigenen Aktien werden mit ihrem Nennbetrag bzw ihrem rechnerischen Wert offen mit dem Nennkapital saldiert und der Unterschiedsbetrag gegenüber den Anschaffungskosten mit nicht gebundenen Kapitalrücklagen oder freien Gewinnrücklagen verrechnet. In Höhe der Verminderung des Grundkapitals ist in Anwendung des § 192 Abs 5 AktG eine zusätzliche gebundene Rücklage zu bilden, um dadurch die Reduktion des Grundkapitals auszugleichen.

§ 192 AktG sieht im Zusammenhang mit der Einziehung von Aktien folgende Regelungen vor.

Nach **§ 192 Abs 2** erster Satz AktG sind grundsätzlich bei der Einziehung die Vorschriften über die ordentliche Kapitalherabsetzung zu befolgen. Bei Anwendung des AReG (Aktienrückerwerbsgesetz) handelt es sich jedoch nicht um eine Form der ordentlichen Kapitalherabsetzung, sondern es sind die Sondervorschriften des § 192 Abs 3–5 AktG anzuwenden:

Nach **§ 192 Abs 3 AktG** brauchen die Vorschriften über die ordentliche Kapitalherabsetzung nicht befolgt zu werden, wenn Aktien, auf die der Ausgabebetrag voll geleistet ist,

1. der Gesellschaft unentgeltlich zu Verfügung gestellt oder
2. zu Lasten des aus der Jahresbilanz sich ergebenden Bilanzgewinnes, einer freien Rücklage oder einer Rücklage gem § 225 Abs 5, 2. Satz UGB eingezogen werden.

Entsprechend Abs 5 ist in den Fällen des Abs 3 Z 1 und 2 in die gebundenen Rücklagen ein Betrag einzustellen, der dem auf die eingezogenen Aktien entfallenden Betrag entspricht.

Nach den EB (Punkt 3 des allgemeinen Teiles) zum AReG stellt die Anordnung der Anwendung des § 192 Abs 5 AktG sicher, dass die Vorgaben der 2. (Kapital)Richtlinie eingehalten werden.

„Dadurch wird bewirkt, dass die Verminderung des Grundkapitals infolge Einziehung durch eine entsprechende Erhöhung der gebundenen Rücklagen ausgeglichen wird ... Es kann daher auch davon ausgegangen werden, dass die Bildung einer gebundenen Rücklage zum Ausgleich der Reduktion des Grundkapitals analog zu § 225 Abs 5, dritter Satz UGB auch durch ***Umwidmung frei verfügbarer Kapital- und Gewinnrücklagen*** *möglich ist, soweit diese einen Verlustvortrag übersteigen."*

Durch diese Regelungen wird per Saldo das gleiche Ergebnis erreicht, wie wenn die eigenen Aktien auf der Aktivseite ausgewiesen werden und dazu eine gebundene Rücklage gebildet wird.

Gleichzeitig wurde durch eine Änderung in § 192 Abs 3 AktG klargestellt, dass eigene Aktien, die bisher nur zu Lasten des aus der Jahresbilanz sich ergebenden Bilanzgewinnes oder einer freien Rücklage eingezogen werden konnten, nunmehr auch zu Lasten einer Rücklage gem § 225 Abs 5 zweiter Satz UGB eingezogen werden können.

5.116 Behandlung von Nachschüssen bei der GmbH

Für die Behandlung von Nachschüssen gelten die Vorschriften der §§ 72–74 GmbHG. Auf die Behandlung in der Bilanz bezieht sich allerdings nur der letzte Absatz des § 74 Abs 6: „In der Bilanz muß den in den Aktiven aufgenommenen **Nachschußansprüchen** ein gleicher Kapitalsbetrag in den Passiven gegenübergestellt werden."

Auf die Behandlung der **Nachschüsse** wird man sinngemäß die Vorschriften des § 229 Abs 1 anzuwenden haben. Dies würde bedeuten, dass die Bilanzierungspflicht der Nachschüsse mit der Einforderung beginnt, dass also auf der Passivseite der Gesamtbetrag der eingeforderten Nachschüsse auszuweisen ist und dass ein eingeforderter, aber noch nicht eingezahlter Teil der Nachschüsse unter den Forderungen gesondert auszuweisen und entsprechend zu bezeichnen ist. Wo der Ausweis auf der Passivseite erfolgen soll, ist gesetzlich nicht geregelt; man wird sich hier der Regelung des dGmbHG anschließen können, das in § 42 Abs 2 Folgendes vorsieht: „Ein dem Aktivposten entsprechender Betrag ist auf der Passivseite **in dem Posten ‚Kapitalrücklage' gesondert auszuweisen**."

5.117 Bilanzgewinn (Bilanzverlust)

Der Bilanzgewinn entspricht der letzten Zeile der Gewinn- und Verlustrechnung.

Der Gewinn- und Verlustvortrag aus dem Vorjahr ist zu vermerken. Dies kann dadurch geschehen, dass in der Vorspalte zunächst der Jahresgewinn (nach Rücklagenbewegung) und darunter der Gewinn- oder Verlustvortrag angegeben wird. Die in die Hauptspalte der Bilanz übertragene Summe der beiden Beträge ergibt den Bilanzgewinn.

5.118 Negatives Eigenkapital

Wenn der Posten A IV Bilanzverlust so hoch ist, dass er die Summe der Posten A I–III übersteigt, ist die Vorschrift des § 225 Abs 1 zu beachten:

> *„Ist das Eigenkapital durch Verlust aufgebraucht, so lautet dieser Posten ‚**negatives Eigenkapital**'. Im Anhang ist zu erläutern, ob eine **Überschuldung im Sinne des Insolvenzrechts** vorliegt."*

Die Bezeichnung der Postengruppe des § 224 Abs 3 A „Eigenkapital" als „negatives Eigenkapital" erfolgt gem § 225 Abs 1 bei **bilanzmäßiger Überschuldung**, dh wenn der Bilanzverlust so hoch ist, dass er die Summe aus Nennkapital und allen sonstigen unter A. ausgewiesenen Eigenkapitalbestandteilen übersteigt. In diesem Fall muss im Einzelnen die Frage des Vorhandenseins **stiller Reserven** auf Basis von Liquidationswerten bzw die Frage einer negativen oder positiven **Fortführungsprognose** untersucht werden. Im Falle einer positiven Fortführungsprognose und begründeter Aussichten, dass die Überschuldung durch zukünftige Gewinne beseitigt werden kann, ist im Sinne der Rechtsprechung des OGH zum Begriff der **dynamischen Überschuldung** davon auszugehen, dass kein insolvenzrechtlicher Tatbestand gegeben ist.

Der OGH sagt in seiner Entscheidung vom 3.12.1986, 1 Ob 655/86 dazu:

„Selbst eine unter Verwendung von Liquidationswerten sich ergebende (rechnerische) Überschuldung verpflichtet noch nicht zur Eröffnung des Konkurses über eine Kapitalgesellschaft. Die **rechnerische Überschuldung** bildet zwar eine notwendige, aber noch keine hinreichende Bedingung für die Einleitung des Insolvenzverfahrens, weil in dieser Phase der Überschuldungsprüfung noch keine Aussage darüber möglich ist, ob eine Kapitalgesellschaft ihren Verpflichtungen nicht im Rahmen ihrer laufenden Betriebstätigkeit wird nachkommen können. Die Überschuldungsprüfung ist daher durch eine **Fortbestehensprognose** zu ergänzen, in deren Rahmen mit Hilfe sorgfältiger Analysen von Verlustursachen, eines Finanzierungsplanes sowie der Zukunftsaussichten der Gesellschaft die Wahrscheinlichkeit der künftigen Zahlungsunfähigkeit und damit der Liquidation der Gesellschaft zu prüfen ist. ... Eine **insolvenzrechtlich bedeutsame Überschuldung** liegt demnach nur vor, wenn die Fortbestehensprognose ungünstig, dh die Liquidation oder Zahlungsunfähigkeit wahrscheinlich und das nicht nach Fortführungs- sondern nach Liquidationswerten zu bewertende Vermögen zur Befriedigung der Gläubiger im Liquidationsfall unzureichend ist."

Der OGH hat somit in seiner Rechtsprechung die **modifizierte zweistufige Prüfungsmethode** verankert, wonach zwischen **rechnerischer Überschuldung** (Überschuldung aufgrund eines Status auf Basis von Liquidationswerten) und der rechtlichen, dh **insolvenzrechtlich bedeutsamen Überschuldung** (rechnerische Überschuldung und negative Fortführungsprognose) unterschieden wird (siehe *Chalupsky* in *Bertl/Mandl* (Hrsg), Handbuch der Rechnungslegung, Abschnitt Eigenkapital B III/3.2.e, 66 ff; *Doralt P./Nowotny C.,* Abschied von der Überschuldungsbilanz, RdW 1987/5, 146 ff).

Aus dieser Entscheidung des OGH kann auch abgeleitet werden, dass bei positiver Fortbestehensprognose keine eigene Überschuldungsbilanz zu Liquidationswerten aufgestellt werden muss (siehe *Doralt/Nowotny,* RdW 1987, 164 f).

Gem § 225 Abs 1 letzter Satz ist im Anhang zu erläutern, ob eine Überschuldung im Sinne des Insolvenzrechts vorliegt. Bezüglich des Inhaltes und des Umfanges der Erläuterungspflicht im Anhang wird auf die Darstellung von *Chalupsky* in *Bertl/Mandl* (Hrsg), Handbuch der Rechnungslegung, Beitrag B III/3.2.e, 69 ff, hingewiesen.

„Die Erläuterung, warum eine insolvenzrechtliche Überschuldung nicht vorliegt, setzt damit ... die Erstellung einer Fortbestehensprognose und damit auch die Aufstellung eines Finanzplanes voraus“ (70).

Im Interesse der Geschäftsführung liegt es dabei, die im Anhang angegebenen Erklärungen sorgfältig zu dokumentieren, da dies bei einem späteren Insolvenzverfahren ausschlaggebend für die Beurteilung der Kridahaftung sein kann. Vorsätzlich falsche Angaben unterliegen dabei den Strafvorschriften des § 122 GmbHG bzw des § 255 AktG.

Bezüglich der Behandlung von **Gesellschafterdarlehen bei Feststellung der Überschuldung** wird auf Abschnitt 5.621 verwiesen.

5.12 Die Behandlung von Genussrechtskapital

Gemäß der Stellungnahme des Fachsenats für Unternehmensrecht und Revision 1997 (überarbeitet 2010) Rz 1 sind Genussscheine Vermögensrechte, die der Genussscheinemittent dem Genussscheininhaber als Gegenleistung für die Überlassung von Kapital (Kapitalzufuhr oder Forderungsverzicht) oder zur Abgeltung sonstiger Ansprüche einräumt. Sie sehen in der Regel eine zeitlich begrenzte oder unbegrenzte Beteiligung am Gesamtergebnis oder einem Teilergebnis und/oder an Vermögensänderungen bzw am Liquidationserlös des Genussscheinemittenten vor. **Genussrechte** beruhen stets auf einem schuldrechtlichen Vertrag und gewähren keine Mitgliedschaftsrechte. Je nach Sachverhalt (Rz 6)

- sind sie in das Eigenkapital einzustellen,
- als Fremdkapital zu passivieren oder
- erfolgswirksam einzuordnen.

Erfolgswirksam eingeordnete Genussrechte werden nicht bilanziert. Dazu gehören beispielsweise Genussrechte auf in späteren Jahren enfallende Anteile an eventuell entstehenden Jahresüberschüssen, die gegen **Forderungsverzicht im Zuge von Sanierungsmaßnahmen** eingeräumt werden. Passiviert werden lediglich die im Zeitpunkt des Entstehens anfallenden Gewinnansprüche.

Das Gleiche gilt, wenn der Berechtigte das Genussrecht auf Grund einer für das Unternehmen erbrachten besonderen Leistung, zB als Gründerlohn, erhalten hat.

Genussrechte können verbrieft (sogenannter **Genussschein) oder nicht verbrieft** sein, Genussscheine können als Inhaber-, Order- oder Namenspapier gegeben werden.

Je nach der Ausgestaltung kann die Kapitalzuführung als Gegenleistung für die Gewährung von Genussrechten **Eigenkapital oder Fremdkapital** darstellen.

Nach dem oben erwähnten Fachgutachten ist Genussrechtskapital nur dann als bilanzielles Eigenkapital auszuweisen, wenn kumulativ die folgenden Kriterien erfüllt sind:

- Nachrangigkeit
- Erfolgsabhängigkeit der Vergütung sowie Teilnahme am Verlust bis zur vollen Höhe
- Keine Befristung der Kapitalüberlassung

Nachrangigkeit bedeutet, dass im Falle einer Liquidation oder Insolvenz ein Rückzahlungsanspruch erst nach Befriedigung aller Gläubiger geltend gemacht werden kann. **Erfolgsabhängigkeit** bedeutet einen im gesetzlichen und gesellschaftsvertraglichen Sinne vorhandenen ausschüttbaren Gewinn. Das Kriterium eines **Fehlens der Befristung** ist nach Rz 16 auch dann erfüllt, wenn das Kapital dem Unternehmen nicht zeitlich begrenzt überlassen wird und das überlassene Kapital nur dann vorzeitig zurückgezahlt werden darf, wenn besondere Vorkehrungen zum Schutz der Gläubiger beachtet werden (zB Bedingungen wie bei einer ordentlichen Kapitalherabsetzung.)

ADS zählen Genussrechte auch dann zum Eigenkapital, wenn diese langfristig gewährt werden und danach ein Kündigungsrecht nur seitens des Genussrechtsemittenten besteht. Solange die Kündigung nicht erfolgt ist, stellen die Genussrechte aus Sicht des Unternehmens Eigenkapital dar“ (ADS[5] § 266 Rz 186).

Je nachdem, ob das Genussscheinkapital den Charakter von Eigenkapital oder von Fremdkapital hat, ist es beim Genussrechtsemittenten dementsprechend auszuweisen.

- Im Falle des Eigenkapitalcharakters erfolgt der Ausweis in der Regel als letzter Posten des Eigenkapitals nach den Rücklagen).
- Genussrechtskapital ohne Eigenkapitalqualität ist grundsätzlich als Verbindlichkeit auszuweisen, wobei innerhalb der Verbindlichkeiten ein neuer Posten „Genussrechtskapital“ oder „Genussrechtskapital mit Nachrang“ hinzugefügt werden sollte,
- nachrangiges Genussrechtskapital, das nur wegen einer vereinbarten Rückzahlungsverpflichtung die Kriterien für einen Eigenkapitalausweis nicht erreicht, kann unter bestimmten Voraussetzungen nach dem Hauptposten „unversteuerte Rücklagen“ in einem **gesonderten Hauptposten** mit der Bezeichnung „Nachrangiges Genussrechtskapital mit Beteiligung am Verlust“ ausgewiesen werden.

Bezüglich der Behandlung der Vergütungen für das Genussscheinkapital unterscheidet die Stellungnahme KFS/RL 13 Rz 42–53) folgende Variationen:

Genussschein **mit Eigenkapitalcharakter**

a) Ausweis der Vergütungen
b) Ausweis der Verlustanteile
c) Rückkauf

Genussschein **ohne Eigenkapitalcharakter**

a) Ausweis der Vergütungen

Gem § 240, „Pflichtangaben bei Aktiengesellschaften", Z 7 sind im **Anhang** auch Angaben zu machen über **Genussrechte, Rechte aus Besserungsscheinen und ähnliche Rechte, unter Angabe der Art und Zahl der jeweiligen Rechte, sowie der im Geschäftsjahr neu entstandenen Rechte**. Nach *Nowotny* in *Straube*[3] § 240 Rz 15 ist über die zu Beginn des Geschäftsjahres bestehenden und im Geschäftsjahr neu ausgegebenen Genussrechte zu berichten, das damit aufgebrachte Kapital und die wesentlichen Bedingungen, insbesondere über Zeitpunkt und Konditionen der Rückzahlung, sowie über die Beteiligung am Gewinn und Liquidationserlös. Dies ist unabhängig davon, ob das Genussscheinkapital unter den Verbindlichkeiten oder als Bestandteil des Eigenkapitals ausgewiesen ist.

5.13 Partizipationskapital, Ergänzungskapital und Hybridkapital

Diese drei Kapitalarten sind Kapitalinstrumente, die von Kreditinstrumenten und Versicherungsunternehmen genutzt werden (KFS/RL 13 Rz 71–83).

5.131 Patizipationskapital

Gem § 23 Abs 4 BWG ist **Partizipationskapital** Kapital,

1. *das eingezahlt ist und auf Unternehmensdauer unter Verzicht auf die ordentliche und außerordentliche Kündigung zur Verfügung gestellt wird,*
2. *das nur unter analoger Anwendung der aktienrechtlichen Kapitalherabsetzungsvorschriften herabgesetzt oder gemäß den Bestimmungen des § 102a BWG eingezogen werden kann,*
3. *dessen Erträge gewinnabhängig sind, wobei als Gewinn das Ergebnis des Geschäftsjahres (Jahresgewinn) nach Rücklagenbewegung anzusehen ist,*
4. *das wie Aktienkapital bis zur vollen Höhe am Verlust teilnimmt,*
5. *das mit dem Recht auf Beteiligung am Liquidationserlös zumindest im Ausmaß des Nominales verbunden ist und erst nach Befriedigung oder Sicherstellung aller anderen Gläubiger zurückgezahlt werden darf.*

Partizipationskapital ist Genussrechtskapital mit Eigenkapitalcharakter und wird unter dem Eigenkapital ausgewiesen.

5.132 Ergänzungskapital

Ergänzungskapital wird mit fester oder ohne bestimmte Laufzeit zur Verfügung gestellt und gewährt keinen Gewinnanteil sondern Zinsen mit der Einschränkung, dass diese in den ausschüttungsfähigen Gewinnen des Emittenten Deckung finden. Ergänzungskapital ist gegenüber allen anderen Gläubigern nachrangig und darf bei Liquidation erst nach Befriedigung aller anderen Gläubiger zurückbezahlt werden. Bei Rückzahlung vor Liquidation des Unternehmens ist der Nennbetrag um den Anteil an den kumulierten Nettoverlusten während der Laufzeit des Ergänzungskapitals zu kürzen.

Ergänzungskapital, das den obigen Bedingungen entspricht, wird auf das Eigenmittelerfordernis der Banken und Versicherungsunternehmen angerechnet. Der Ausweis erfolgt in einem eigenen Posten nach den unversteuerten Rücklagen.

5.133 Hybridkapital

Hybridkapital ist langfristig zur Verfügung stehendes nachrangiges Kapital, das wegen einer vereinbarten Rückzahlungsverpflichtung die Kriterien für einen Eigenkapitalausweis nicht erfüllt. Es nimmt in angemessenem Umfang an Verlusten teil. Vergütungen müssen in den ausschüttungsfähigen Gewinnen des Emittenten Deckung finden.

Es wird unmittelbar nach dem Eigenkapital in einem eigenen Hauptposten als Hybridkapital ausgewiesen.

5.14 Eigenkapital des Einzelunternehmens und der Personengesellschaft

5.141 Eigenkapital des Einzelunternehmens

In der Darstellung des Eigenkapitalkontos des Einzelunternehmers tritt der Saldocharakter dieses Kontos klar hervor. In der Regel wird für das Eigenkapital ein einziges Konto geführt, das sich aus dem Saldo

	Vermögen
–	Fremdkapital
	Eigenkapital

ergibt. Das Eigenkapitalkonto wird durch Privateinlagen und Privatentnahmen sowie durch Gewinne und Verluste verändert.

5.142 Eigenkapital der Personengesellschaft

Im UGB sind folgende Personengesellschaften geregelt:

Eingetragene Personengesellschaft

- Offene Gesellschaft – bis 31.12.2006: Offene Handelsgesellschaft (§§ 105–160)
- Kommanditgesellschaft (§§ 161–177)

Nicht eingetragene Personengesellschaft

- Gesellschaft bürgerlichen Rechts (§§ 1175 ff ABGB und Sonderbestimmungen für eine unternehmerisch tätige Gesellschaft bürgerlichen Rechts im UGB (§§ 8 und 178 UGB)
- **Stille Gesellschaft (§§ 179–188)**

5.142.1 Eigenkapital der offenen Gesellschaft

Begriff, Entstehung und Errichtung der offenen Gesellschaft

> *Gem § 105 UGB ist eine **offene Gesellschaft** eine unter eigener Firma geführte Gesellschaft, bei der die Gesellschafter gesamthandschaftlich verbunden sind und bei keinem der Gesellschafter die Haftung gegenüber den Gesellschaftsgläubigern beschränkt ist. Die offene Gesellschaft ist rechtsfähig. Sie kann jeden erlaubten Zweck einschließlich freiberuflicher und land- und forstwirtschaftlicher Tätigkeit haben. Ihr gehören mindestens zwei Gesellschafter an.*
>
> *Gem § 123 Abs 1 **entsteht die offene Gesellschaft** mit der **Eintragung in das Firmenbuch**.*
>
> *Handeln Gesellschafter oder zur Vertretung der Gesellschaft bestellte Personen nach Errichtung (Abschluss des Gesellschaftsvertrages), aber vor Entstehung der Gesellschaft (Eintragung in das Firmenbuch) in deren Namen, so werden gem § 123 Abs 2 alle Gesellschafter daraus berechtigt und verpflichtet. Dies gilt auch dann, wenn ein handelnder Gesellschafter nicht, nicht allein oder nur beschränkt vertretungsbefugt ist, der Dritte den Mangel der Vertretungsmacht aber weder kannte noch kennen musste. Die Gesellschaft tritt mit der Eintragung in das Firmenbuch in die Rechtsverhältnisse ein.*

Bezüglich der Kapitalkonten sind folgende Bestimmungen zu beachten:

> ***Einlagen***
>
> *§ 109. (1) Soweit die Gesellschafter nichts anderes vereinbart haben, bestimmt sich ihre Beteiligung an der Gesellschaft nach dem Verhältnis des Wertes der **vereinbarten Einlagen (Kapitalanteil).** Im Zweifel sind die Gesellschafter zu gleichen Teilen beteiligt.*
>
> ***Gewinn und Verlust***
>
> *§ 120. Am Schluß jedes Geschäftsjahrs wird auf Grund des Jahresabschlusses oder, wenn nach den Vorschriften des Dritten Buches [§§ 189 f] keine Pflicht zur Rechnungslegung besteht, nach den Ergebnissen einer sonstigen Abrechnung der Gewinn oder der Verlust des Jahres ermittelt und für jeden Gesellschafter sein Anteil daran berechnet.*

> *§ 121. (1) Sind Gesellschafter zur Leistung von Diensten verpflichtet, so ist ihnen, sofern ihnen für die Dienste nicht eine Beteiligung an der Gesellschaft gewährt wird, ist mangels anderer Vereinbarung ein den Umständen nach angemessener Betrag des Jahresgewinnes zuzuweisen.*
>
> *(2) Der diesen Betrag übersteigende Teil des Jahresgewinnes oder der Verlust eines Geschäftsjahres wird sodann den Gesellschaftern im Verhältnis ihrer Beteiligung (§ 109 Abs. 1) zugewiesen.*

Gem § 109 richten sich die Rechtsverhältnisse der Gesellschafter untereinander zuerst nach dem Gesellschaftsvertrag und erst in zweiter Linie nach den Vorschriften dieses Gesetzes.

Für den Fall, dass keine abweichenden vertraglichen Regelungen gegenüber den oben geführten Bestimmungen bestehen, wird die Führung folgender **Gesellschafterkonten** empfohlen (die hinter dem Kontonamen angefügten Buchstaben A, B repräsentieren die einzelnen Gesellschafter):

1. **Kapitaleinlage (A, B, …)**: Das fixe Kapitalkonto enthält den Betrag der vereinbarten Einlage. Eine Veränderung dieses Konto geschieht nur im Falle der Veränderung des Beteiligungsverhältnisses.
2. **Ausstehende Einlage**: Gewinne werden solange auf diesem Konto erfasst, bis die Einlage zur Gänze geleistet ist, es sei denn, es besteht ein Gesellschafterbeschluss, wonach die ausstehende Einlage zu einem späteren Zeitpunkt aufzufüllen ist. Dieses Konto stellt im **Innenverhältnis einen Anspruch der Gesellschaft gegenüber dem Gesellschafter** auf Auffüllung seiner Kapitaleinlage und Dritten gegenüber eine **Wertberichtigung zum Kapitaleinlagekonto** dar. Die ausstehende Einlage wird, soweit sie noch nicht eingefordert ist, offen von der vereinbarten Einlage abgesetzt. Ist die ausstehende Einlage eingefordert, wird sie in der Bilanz gesondert unter den sonstigen Forderungen ausgewiesen.
3. **Gewinnverrechnung (A, B, …)**: Ist die vereinbarte Einlage voll einbezahlt oder erst zu einem späteren Zeitpunkt aufzufüllen, werden die Gewinnanteile diesem Konto zugebucht. Dabei ist wesentlich, dass, soferne keine andere Regelung im Gesellschaftsvertrag besteht oder kein anderer Gesellschafterbeschluss vorhanden ist, diese Gewinnanteile unter dem Vorbehalt des § 122 Abs 1 unmittelbar vom Gesellschafter bezogen werden können.
4. **Verlustverrechnung (A, B, ...)**: Dieses Konto erfasst jene Verluste, die zu einer Verminderung der Einlage führen. Folgegewinne sind jedenfalls zur Abdeckung dieses Kontos zu verwenden. Beträge aus früheren Gewinnanteilen auf dem Gewinnverrechnungskonto, die noch nicht entnommen wurden, müssen nur dann zur Abdeckung späterer Verluste herangezogen werden, wenn dies ausdrücklich im Gesellschaftsvertrag vorgesehen ist oder von den Gesellschaftern beschlossen wurde.

5. **Gewinnrücklage:** Fassen die Gesellschafter den Beschluss oder sieht der Gesellschaftsvertrag vor, dass zur Abdeckung eventueller zukünftiger Verluste ein Polster in ähnlicher Form wie bei einer Kapitalgesellschaft gebildet wird, kann dies in Gestalt einer Gewinnrücklage erfolgen. Danach wird ein bestimmter Teil des Gewinnes so lange einer Gewinnrücklage zugebucht, bis diese eine bestimmte Höhe (zB 10% der vereinbarten Einlagen) erreicht hat. Obwohl diese **Gewinnrücklage in der Bilanz für alle Gesellschafter in einem Betrag** ausgewiesen wird, ist sie buchhaltungsmäßig (intern) **den einzelnen Gesellschaften zuzurechnen.** Ob und wie weit dieses Konto im Falle eines Verlustes wieder aufgefüllt werden muss, ist eine Frage des Gesellschaftsvertrages oder eines Gesellschafterbeschlusses.
6. **Kapitalrücklage:** Diese kommt dann in Frage, wenn der unter 5. erwähnte Polster nicht durch stehengebliebene Gewinne, sondern durch Einzahlung der Gesellschafter gebildet wird. Auch hier ist buchhaltungsmäßig die Aufteilung dieser Rücklage auf die Gesellschafter zu führen.

Bezüglich der Gewinnausschüttungen und Entnahmen bestimmt § 122:

(1) Jeder Gesellschafter hat Anspruch auf Auszahlung seines Gewinnanteils. Der Anspruch kann jedoch nicht geltend gemacht werden, soweit die Auszahlung zum offenbaren Schaden der Gesellschaft gereicht, die Gesellschafter ein anderes beschließen oder der Gesellschafter vereinbarungswidrig seine Einlage nicht geleistet hat.

(2) Im Übrigen ist ein Gesellschafter nicht befugt, ohne Einwilligung der anderen Gesellschafter Entnahmen zu tätigen

Der Gewinnauszahlungsanspruch entsteht mit „verbindlicher Feststellung der Berechnungsgrundlage für den Gewinn- bzw Verlustanteil und der Zuweisung an die Gesellschafter, also mit Feststellung des Jahresabschlusses“ (vgl *Kraus* in *Torggler* [Hrsg], Unternehmensgesetzbuch [2013] § 122).

Da allerdings mit der Erstellung der Bilanz keine rechtlichen Fragen etwa bezüglich der Ausschüttung, sondern lediglich die Ergebnisaufteilung zu klären sind und die Auszahlung von keinem weiteren rechtlichen Ereignis abhängig ist, entsteht der Auszahlungsanspruch bei Fehlen gesellschaftsvertraglicher Regelungen mit der Gewinnentstehung, ist also phasengleich beim Gesellschafter zu erfassen.

Unversteuerte Rücklagen sind auf Grund verschiedener steuerlicher Begünstigungen noch nicht versteuerte Gewinne, die grundsätzlich erst nach Auflösung dem einzelnen Gesellschafter zuzurechnen und entsprechend der gesetzlichen Bestimmung zu versteuern bzw steuerfrei zu belassen sind.

Werden von einem Gesellschafter oder der Gesellschaft Leistungen erbracht, die nicht aus dem Gesellschaftsverhältnis stammen, wie etwa Warenlieferungen,

Gewährung von Darlehen, Leistungen aus Bestandsverträgen, tritt also der Gesellschafter wie ein Dritter in Rechtsbeziehungen zur Gesellschaft, stellen die daraus resultierenden Beträge echte Forderungen bzw Verbindlichkeiten dar und sind auch als solche zu verbuchen. Nach **herrschender Rechtsauffassung** hat der **Gesellschafter** für diese Fälle bei **Konkurs der Gesellschaft die gleiche Stellung wie die übrigen Gesellschaftsgläubiger bzw -schuldner**. Die Gläubigerstellung des Gesellschafters erfährt allerdings insofern eine Einschränkung, als er bei Inanspruchnahme der Mitgesellschafter den auf ihn fallenden Verlustanteil nicht geltend machen kann.

5.142.2 Eigenkapital der Kommanditgesellschaft (§§ 161–177 UGB)

Gem § 161 ist

> *(1) eine Kommanditgesellschaft eine unter eigener Firma geführte Gesellschaft, bei der die Haftung gegenüber den Gesellschaftsgläubigern bei einem Teil der Gesellschafter auf einen bestimmten Betrag (Haftsumme) beschränkt ist (Kommanditisten), beim anderen Teil dagegen unbeschränkt ist (Komplementäre).*
>
> *(2) Soweit dieser Abschnitt nichts anderes bestimmt, finden auf die Kommanditgesellschaft die für die offene Gesellschaft geltenden Vorschriften Anwendung.*

Für die Errichtung und Entstehung der Kommanditgesellschaft gelten die gleichen Bestimmungen wie für die offene Gesellschaft.

Während für die Stellung des **unbeschränkt haftenden Gesellschafters** (Komplementärs) die Bestimmungen der OG gelten, sind die Stellung des Kommanditisten und das Verhältnis der Gesellschafter zueinander mangels abweichender Bestimmung des Gesellschaftsvertrages in den besonderen Vorschriften über die Kommanditgesellschaft geregelt.

Gem § 164 sind die Kommanditisten von der Führung der Geschäfte ausgeschlossen; sie können allerdings Handlungen, die über den gewöhnlichen Geschäftsbetrieb des Unternehmens hinausgehen, widersprechen. Der Kommanditist ist darüber hinaus berechtigt, „die abschriftliche Mitteilung des Jahresabschlusses …, zu verlangen und dessen Richtigkeit unter Einsicht der Bücher und Schriften zu prüfen“ (§ 166). Auf Grund eines Urteils des deutschen BGH II ZR 263/94 gehören zu den Handlungen, die über den gewöhnlichen Geschäftsbetrieb hinausgehen auch die Feststellung des Jahresabschluss, womit diese auch der Zustimmung des Kommanditisten bedürfen, sofern im Gesellschaftsvertrag keine andere Regelung getroffen wurde.

Der Kommanditist ist als solcher nicht befugt, die Gesellschaft zu vertreten (§ 170); er kann jedoch, wie andere Personen auch, mit Vertretungsmacht ausgestattet werden (zB Prokurist, Spezialvollmacht).

Haftung des Kommanditisten

Hinsichtlich der Haftung des Kommanditisten sind die **bedungene Einlage** und die **Haftsumme** zu unterscheiden. Während die bedungene Einlage eine im Innenverhältnis der Gesellschafter vereinbarte Kapitaleinlage darstellt, haftet der Kommanditist gem § 171 den Gläubigern der Gesellschaft bis zur Höhe der im Firmenbuch eingetragenen Haftsumme unmittelbar; die Haftung ist ausgeschlossen, soweit die Einlage in Höhe der Haftsumme geleistet ist.

> *Für Geschäfte, die zwischen der Errichtung (Abschluss des Gesellschaftsvertrages) und der Entstehung (Eintragung in das Firmenbuch) der Kommanditgesellschaft abgeschlossen werden, haftet der Kommanditist bis zur Höhe seiner Haftsumme (§ 176 Abs 1). Diese Bestimmung steht im Gegensatz zur Regelung bis 31.12.2006, nach der der Kommanditist während dieser Zeit mit seinem ganzen Vermögen haftete.*

Dem Kommanditisten zugewiesene Verluste vermindern in entsprechender Höhe die Haftsumme.

Wird die Einlage ganz oder teilweise zurückgezahlt oder werden vom Kommanditisten Gewinnanteile entnommen, obwohl frühere Verlustzuweisungen noch nicht durch spätere Gewinne ausgeglichen wurden, lebt die Haftung insoweit wieder auf (§ 172).

Die Haftsumme ist in aller Regel identisch mit der bedungenen Einlage; sie kann aber von ihr nach oben oder unten abweichen. In den folgenden Ausführungen wird davon ausgegangen, dass Haftsumme und bedungene Einlage identisch sind.

Berechnung von Gewinn und Verlust, Gewinnausschüttung

> *§ 167. Soweit der Gesellschaftsvertrag nichts anderes vorsieht, ist den unbeschränkt haftenden Gesellschaftern zunächst ein ihrer Haftung angemessener Betrag des Jahresgewinnes zuzuweisen. Im Übrigen ist für den diesen Betrag übersteigenden Teil des Jahresgewinnes sowie für den Verlust eines Geschäftsjahres § 121 (Gewinnverteilung bei der OG) anzuwenden.*
>
> *§ 168. (1) Der Kommanditist kann die Auszahlung des Gewinnes nicht verlangen, soweit die bedungene Einlage nicht geleistet ist oder durch dem Kommanditisten zugewiesene Verluste oder die Auszahlung des Gewinnes unter den auf sie geleisteten Betrag gemindert würde. Im Übrigen findet § 122 (Gewinnausschüttung und Entnahmen) Anwendung.*
>
> *(2) Der Kommanditist ist nicht verpflichtet, den bezogenen Gewinn wegen späterer Verluste zurückzuzahlen.*

Gem § 169 hat der Kommanditist, der die bedungene Einlage geleistet hat und dessen Kapitaleinlagekonto durch zugewiesene Verluste negativ geworden ist, den Negativbetrag weder bei seinem Ausscheiden (§ 137 Abs 4) noch im Falle der Liquidation (§ 155 Abs 4) zurückzuzahlen.

Bezüglich der steuerlichen Behandlung des negativen Kapitalkontos des Kommanditisten siehe § 24 Abs 2 EStG.

Führung der Kapitalkonten (Gesellschafterkonten)

Die **Kapitalkonten des Komplementärs** sind ident mit jenen des offenen Gesellschafters.

Für den Komplementär werden somit ein **(festes) Kapitaleinlagekonto**, ein Konto **ausstehende Komplementäreinlagen** und ein **Verrechnungskonto** zur Erfassung der Gewinn- und Verlustanteile sowie von Einlagen und Entnahmen, soweit diese nicht eine Veränderung des Beteiligungsanteils herbeiführen sollen, geführt.

Die Kapitalkonten des Kommanditisten bestehen aus dem **(festen) Kommanditeinlagekonto (bedungene Einlage)**. Eine eventuell **abweichende Haftsumme** könnte in der Vorspalte der Bilanz (davon ...) ausgewiesen werden.

Die **ausstehende Kommanditeinlage** stellt eine Forderung der Gesellschaft gegenüber dem Kommanditisten für die noch nicht eingezahlte oder durch Entnahmen verminderte Kommanditeinlage dar. Ist sie noch nicht eingefordert, wird sie offen von der Kapitaleinlage abgesetzt. Ist sie eingefordert, wird sie gesondert unter den sonstigen Forderungen ausgewiesen. Im Falle einer **Insolvenz** der Gesellschaft kann sie durch den **Masseverwalter** eingefordert werden.

Das **Verlustverrechnungskonto** dient der Erfassung der Verlustanteile des Kommanditisten. Es kann die Kommanditeinlage übersteigen, womit das Gesamtkapital des Kommanditisten negativ wird. Solange das Verlustverrechnungskonto nicht ausgeglichen ist, dürfen nachfolgende Gewinne nicht ausgeschüttet werden, sondern sind mit dem Verlustverrechnungskonto zu verrechnen. Die Ausschüttung würde einer Rückzahlung der Kommanditeinlage gleichkommen und insoweit die Haftung des Kommanditisten wieder aufleben lassen. Im Gegensatz zur **ausstehenden Kommanditeinlage**, die eine Forderung der Gesellschaft darstellt, ist das **Verlustverrechnungskonto** eine Wertberichtigung zur Kommanditeinlage.

In der Bilanz kann das Verlustverrechnungskonto ebenso wie die nicht eingeforderte ausstehende Kommanditeinlage offen vom Kommanditeinlagenkonto abgesetzt werden.

Das **Gewinnverrechnungskonto** dient der Erfassung der dem Kommanditisten zugewiesenen Gewinnanteile, soweit die Kommanditeinlage **weder** durch **aus-**

stehende Kommanditeinlagen noch durch einen **Verlustvortrag** vermindert ist. Mangels anderer Vereinbarung gelten die auf dem Gewinnverrechnungskonto befindlichen Beträge als bezogener Gewinn und brauchen nicht gegen einen späteren Verlustanteil des Kommanditisten aufgerechnet werden.

Der Kommanditist hat, wenn nichts anderes vereinbart, einen Anspruch auf **Auszahlung seines Gewinnanteiles**, soweit die bedungene Einlage voll einbezahlt und nicht durch Verluste vermindert ist. Der Saldo auf dem Gewinnverrechnungskonto ist daher eine **echte Verbindlichkeit der Gesellschaft** gegenüber dem Kommanditisten und stellt im Falle der Insolvenz der Gesellschaft eine Forderung des Kommanditisten gegenüber der Gesellschaft dar. *Hirschler/Sulz/Schaffer* (in *Hirschler* § 224 Rz 62) sind dementsprechend der Meinung, dass entnehmbare Gewinnzuweisungen dem Kommanditisten auf ein Konto unter den Verbindlichkeiten gutzuschreiben sind. Am Verbindlichkeitencharakter des Gewinnverrechnungskonto ändert allerdings die Bestimmung des auch für den Kommanditisten geltenden § 122 nichts, wonach der Auszahlungsanspruch nicht geltend gemacht werden kann, soweit die Auszahlung zum offenbaren Schaden der Gesellschaft reicht.

Soweit zwischen der Gesellschaft und dem Kommanditisten gegenseitige Leistungen erbracht werden, die nicht der Gesellschaftersphäre entstammen (Forderungen aus Lieferungen und Leistungen, Gewährung von Darlehen etc), stellen diese Beträge normale Forderungen bzw Verbindlichkeiten dar, die auch im Falle des Konkurses der Gesellschaft als solche zu behandeln sind.

Nachfolgend findet sich die Gliederung des Eigenkapitals Kommanditgesellschaft, wie sie in der ausführlichen Stellungnahme des AFRAC vom März 2012, „Die Darstellung des Eigenkapitals im Jahresabschluss der GmbH und CO KG“ 2. Abschnitt, dargestellt wird. Die Darstellung der AFRAC gilt nicht nur für die GmbH & Co KG, sondern sinngemäß für alle Kommanditgesellschaften.

Danach stellt sich der Ausweis des Eigenkapitals wie folgt dar:

A.	Eigenkapital
I.	Komplementärkapital
1.	Vereinbarte Einlagen
2.	Abzüglich nicht eingeforderte ausstehende Einlagen/genehmigte Entnahmen
3.	Verlustanteil aus Vorjahren
II.	Kommanditkapital
1.	Bedungene Einlage
2.	Abzüglich nicht eingeforderte ausstehende Einlagen/genehmigte Entnahmen
3.	Verlustanteil aus Vorjahren
III.	Kapitalrücklagen

IV.	Gewinnrücklagen
V.	Den Gesellschaftern zuzurechnender Gewinn/Verlust (davon Gewinnvortrag)

Gibt es eine Mehrzahl von Komplementären bzw Kommanditisten, kann die Aufgliederung der Kapitalkonten auch in einer Beilage zur Bilanz (bei Kommanditgesellschaften iSd § 221 Abs 5 UGB im Anhang) erfolgen.

5.142.3 Eigenkapital der Gesellschaft bürgerlichen Rechts

Gem § 1175 ABGB entsteht eine ***Gesellschaft bürgerlichen Rechts*** *durch einen Vertrag, vermöge dessen zwei oder mehrere Personen einwilligen, ihre Mühe allein, oder auch ihre Sachen zum gemeinschaftlichen Nutzen zu vereinigen.*

Bezüglich der unternehmerisch tätigen Gesellschaft bürgerlichen Rechts gelten folgende unternehmensrechtliche Bestimmungen:

Haftungsmäßig sind die Gesellschafter jenen der OG gleichgestellt, wenn die Gesellschaft unter einem eigenen Namen auftritt (§ 178 UGB).

Eine auf eine unternehmerische Tätigkeit auf Dauer ausgerichtete Gesellschaft bürgerlichen Rechts ist in der Regel nicht rechnungslegungspflichtig, da sie den Schwellenwert von € 700.000 Umsatz nicht erreicht. Für den Fall des Erreichens des Schwellenwertes treten die Rechtsfolgen des § 8 UGB ein, die lauten:

§ 8. (3) Betreiben mehrere Personen ein Unternehmen in der Rechtsform einer Gesellschaft bürgerlichen Rechts (§§ 1175 ff. ABGB) und überschreitet die Gesellschaft den Schwellenwert des § 189, so sind sie zur Eintragung der Gesellschaft als offene Gesellschaft oder als Kommanditgesellschaft verpflichtet.

Mit dem Überschreiten des Schwellenwertes gem § 189 werden sie nicht nur in das Firmenbuch eintragungspflichtig, sondern auch iSd § 189 UGB rechnungslegungspflichtig, falls sie nicht Angehörige der freien Berufe, Land- und Forstwirte sowie Unternehmer, deren Einkünfte iSd § 2 Abs 4 Z 2 EStG im Überschuss der **Einnahmen über die Werbungskosten** liegen (zB Einkünfte aus Vermietung und Verpachtung), sind. Für den Fall, dass eine Gesellschaft bürgerlichen Rechts freiwillig bilanziert, gelten für die Führung der Kapitalkonten die gleichen Regeln wie für die OG.

5.143 Eigenkapital bei der GmbH und Co KG (als häufigster Fall des § 221 Abs 5)

Die GmbH und Co KG ist eine Kommanditgesellschaft, bei welcher der Komplementär keine natürliche, sondern eine juristische Person, im vorliegenden Fall eine GmbH ist ist. In gleicher Weise kann der Komplementär eine AG, eine

Genossenschaft, ein Verein oder eine Kapitalgesellschaft und Co sein. Die Kommanditisten können natürliche oder juristische Personen sein.

Die GmbH & Co KG ist somit formal eine **Kommanditgesellschaft**, weswegen für sie auch die Bestimmungen der §§ 161–177 UGB gelten. Wenn jedoch bei dieser Gesellschaft kein unbeschränkt haftender Gesellschafter (Komplementär) eine natürliche Person ist, unterliegt sie gem § 221 Abs 5 hinsichtlich der §§ 222–243 (Jahresabschluss und Lagebericht) und §§ 268–283 (Prüfung und Offenlegung) den der Rechtsform ihres unbeschränkt haftenden Gesellschafters entsprechenden Rechtsvorschriften. Ist der unbeschränkt haftende Gesellschafter keine Kapitalgesellschaft (sondern zB eine GmbH und Co KG oder ein Verein und Co KG), gelten die Vorschriften für die Gesellschaft mit beschränkter Haftung.

Die Gliederungsvorschrift des § 224 Abs 3 für die Darstellung des **Eigenkapitals** ist nur auf **Kapitalgesellschaften** abgestellt und nimmt auf die abweichenden Verhältnisse bei der GmbH und Co KG nicht Bedacht; auch ein Hinweis auf die sinngemäße Anwendung der Gliederungsvorschriften für das Eigenkapital findet sich nicht im Gesetz. Es ist daher erforderlich, dass bei der Darstellung des **Eigenkapitals der GmbH und Co KG** auf die Generalnorm des § 222 Abs 1 zurückgegriffen wird.

Aus den verschiedenen Rechtsstellungen des **Komplementärs** und der **Kommanditisten** ergibt sich, dass jedenfalls die Kapitalanteile der unbeschränkt haftenden Gesellschafter und der Kommanditisten gesondert ausgewiesen werden müssen.

Für den Ausweis des **Kapitalanteils** des **Komplementärs** sind dabei die gleichen Grundsätze anzuwenden, wie sie für den offenen Gesellschafter gelten.

Der Kapitalanteil des **Kommanditisten** ist auf der Passivseite mit dem Betrag der bedungenen Einlage anzusetzen. Die nicht eingeforderte ausstehende Einlage ist davon offen abzusetzen, während der eingeforderte, aber noch nicht eingezahlte Betrag unter den Forderungen gesondert auszuweisen und entsprechend zu bezeichnen ist.

Die Gewinnanteile der Gesellschafter werden gleich behandelt wie bei der normalen Kommanditgesellschaft.

Gliederung des Eigenkapitals der GmbH & Co KG entsprechend der Stellungnahme des AFRAC vom März 2012.

A.	Eigenkapital
I.	Komplementärkapital
1.	Vereinbarte Einlagen
2.	Abzüglich nicht eingeforderte ausstehende Einlagen/genehmigte Entnahmen

3.	Verlustanteil aus Vorjahren
II.	Kommanditkapital
1.	Bedungene Einlage
2.	Abzüglich nicht eingeforderte ausstehende Einlagen/genehmigte Entnahmen
3.	Verlustanteil aus Vorjahren
III.	Kapitalrücklagen
IV.	Gewinnrücklagen
V.	Den Gesellschaftern zuzurechnender Gewinn/Verlust (davon Gewinnvortrag)

Grundsätzlich ist darauf hinzuweisen, dass sämtliche Eigenkapitalkonten in der Buchführung, aber auch im Anhang getrennt nach den Komplementären und den Kommanditisten aufzugliedern sind. Dies ergibt sich nicht nur aus den steuerlichen Bedingungen, sondern insbesondere auch aus dem UGB, wonach die Einlagen gesondert zu erfassen sind und das Jahresergebnis dem Anteil des Gesellschafters entsprechend unmittelbar diesem zuzurechnen ist.

Wenn die oben angeführten Posten in der Bilanz für alle Gesellschafter (getrennt nach Komplementären und Kommanditisten) jeweils zusammengefasst ausgewiesen werden, hat die Aufteilung in den Büchern der Gesellschaft, aber auch im Anhang zu erfolgen.

Zu Punkt III. Kapitalrücklagen: Kapitalrücklagen ergeben sich aus gesellschaftsvertraglich oder beschlussmäßig vereinbarten Zuzahlungen oder einem vereinbarten Aufgeld der Gesellschafter. Keinesfalls entspricht die unter Rz 15 der Stellungnahme genannten Einstellung von als **Einlage gewidmeten Gewinnen in die Kapitalrücklage den gesetzlichen Vorschriften**, da aus der Umwidmung nicht ausgeschütteter Gewinne keine Einzahlung wird. Die dazu genannte Analogie zu § 229 Abs 2 Z 5 trifft ebenfalls nicht das Problem, da sich Z 5 ausschließlich auf Zuzahlungen bezieht. Auch die Definition der Gewinnrücklage drückt dies klar aus, wenn § 229 Abs 3 normiert, „dass als Gewinnrücklage nur Beträge ausgewiesen werden dürfen, die im Geschäftsjahr oder in einem früheren Geschäftsjahr aus dem Jahresüberschuss … gebildet worden sind.

Der in der Stellungnahme unter Rz 14 getroffenen Aussage, wonach eine Aufgliederung nach Komplementär und Kommanditist nicht erforderlich ist, kann ebenfalls nicht zugestimmt werden, da zumindest im Falle der Insolvenz der Kommanditist bei voll einbezahlter bedungener Einlage einen Forderungsanspruch aus seinem Anteil an der Kapitalrücklage hat, während der Anteil des Komplementärs in die Masse eingeht.

Zu Punkt IV. Gewinnrücklagen: Nach Rz 16 der AFRAC-Stellungnahme ist eine Gewinnrücklage dann auszuweisen, wenn von den Gesellschaftern eine Thesaurierung des gesamten oder von Teilen des Gewinnes beschlossen wurde oder dies im Gesellschaftsvertrag vorgesehen ist. Bezüglich der Aufgliederung auf den Komplementär und die Kommanditisten gilt das bei der Kapitalrücklage Gesagte.

5.2 Eigenkapitalposten mit Fremdkapitalanteil

Eigenkapitalposten mit Fremdkapitalanteil sind in der Regel Gewinnanteile, deren Ertragsbesteuerung auf Grund gesetzlicher Bestimmungen entweder in eine spätere Periode verschoben wurde oder bei Eintritt einer bestimmten Bedingung überhaupt entfällt. Hierzu gehören die unversteuerten Rücklagen. Der Fremdkapitalanteil ist die in den Rücklagen enthaltene Steuerlatenz.

Weitere Eigenkapitalposten mit Fremdkapitalanteil sind in der Bilanz ausgewiesene Investitionszuschüsse von Dritten, die parallel zur planmäßigen Abschreibung aufgelöst und der Besteuerung unterzogen werden.

5.21 Unversteuerte Rücklagen

> *§ 205. (1) Sonderabschreibungen von Vermögensgegenständen des Anlagevermögens, die auf Grund steuerlicher Vorschriften vorgenommen worden sind (Bewertungsreserve), und sonstige unversteuerte Rücklagen sind unter Angabe der Vorschriften, nach denen sie gebildet sind, auf der Passivseite auszuweisen. Bei Vollabschreibung geringwertiger Vermögensgegenstände des Anlagevermögens ist nur dann entsprechend diesen Bestimmungen eine Rücklage zu bilden, wenn die Abschreibung betragsmäßig von wesentlichem Umfang ist.*
>
> *(2) Die Bewertungsreserve ist insoweit aufzulösen, als die Vermögensgegenstände, für die sie gebildet wurde, aus dem Vermögen ausscheiden oder die steuerliche Wertminderung durch unternehmensrechtliche Abschreibungen zu ersetzen ist.*

Gem § 224 Abs 3 B

sind die unversteuerten Rücklagen folgendermaßen zu untergliedern:

1. Bewertungsreserve aufgrund von Sonderabschreibungen
2. Sonstige unversteuerte Rücklagen

> *§ 230. (1) Die Bewertungsreserve auf Grund steuerlicher Sonderabschreibungen ist entsprechend den Posten des Anlagevermögens aufzugliedern.*
>
> *(2) In der Bilanz oder im Anhang sind die Zuweisung und die Auflösung entsprechend den Posten des Anlagevermögens gesondert anzuführen*

5.211 Erläuterungen – allgemein

Die **Bewertungsreserve auf Grund von Sonderabschreibung** erfasst die steuerlich vorgezogenen Abschreibungen und führt erst bei ihrer Auflösung zu einer späteren Besteuerung einer angeschafften Anlage. Der Steuerspareffekt liegt in der Zinsenersparnis infolge der aufgeschobenen Steuerzahlung.

Beispiel

Anschaffungskosten einer Anlage 100.000, 5 Jahre Nutzungsdauer, vorzeitige Abschreibung 30%

Jahr	*Jahres-abschr. unterneh-mens-rechtlich*	*Restwert am Jahres-ende*	*Vorz Abschr.*	*Auflösung Bewer-tungs-reserve*	*Bewer-tungs-reserve*	*Steuerbe-messung ohne vorz. Abschr.1*	*Steuer-bemes-sung mit vorz. Abschr.*
1	*20.000*	*80.000*	*30.000*		*30.000*	*–20.000*	*–50.000*
2	*20.000*	*60.000*			*30.000*	*–20.000*	*–20.000*
3	*20.000*	*40.000*			*30.000*	*–20.000*	*–20.000*
4	*20.000*	*20.000*		*10.000*	*20.000*	*–20.000*	*–10.000*
5	*20.000*	*0*		*20.000*	*0*	*–20.000*	*0*

Andere unversteuerte Rücklagen, wie der 2000 letztmalig anwendbare Investitionsfreibetrag, der es ermöglichte, den steuerlichen Gewinn um einen bestimmten Prozentsatz der getätigten Investitionen unter der Voraussetzung, dass diese einen Mindestzeitraum im Unternehmen verblieben, zu kürzen, führen zu einer echten Steuerersparnis.

Der Investitionsfreibetrag, der im 1. Jahr steuermindernd gebildet wird, wird nach Zeitablauf steuerneutral aufgelöst.

Während somit die Bewertungsreserve und andere steuerliche Rücklagen, die entweder in Höhe vorgezogener Abschreibungen oder sonstiger später schlagend werdender stiller Reserven (Rücklage für übertragene stille Reserven) gebildet werden und die bei der Auflösung der Ertragsteuer unterliegen, führt die Auflösung der sonstigen unversteuerten Rücklagen bei Einhaltung der vom Gesetzgeber gesetzten Bedingung zu keiner Steuerbelastung. Für Kapitalgesellschaften gibt es derartige Gewinnbegünstigungen seit 2001 nicht mehr. Für natürliche Personen gibt es seit 2007 den sogenannten investitionsbedingten Gewinnfreibetrag, der bei Einhaltung der gesetzlichen Bedingungen steuerfrei aufgelöst wird (siehe Abschnitt 5.213).

Gem § 205 Abs 1 sind **Bewertungsreserven** und sonstige **unversteuerte Rücklagen** unter Angabe der Vorschriften, nach denen sie gebildet sind, auf der Passivseite auszuweisen, bzw bei Kapitalgesellschaften im Anhang die erforderlichen Angaben zu machen.

5.212 Die Bewertungsreserve auf Grund steuerlicher Sonderabschreibungen

Einer der beliebtesten und seit Jahrzehnten in unterschiedlicher Form angewendeter Investitionsanreiz ist die sogenannte vorzeitige Abschreibung, die darin besteht, dass der Gesetzgeber dem Steuerpflichtigen die Möglichkeit gibt, Wirtschaftsgüter (steuerlicher Ausdruck für Vermögensgegenstände) des Anlagevermögens bereits im Jahr der Anschaffung über die Absetzung für Abnutzung *(AfA = steuerlicher Ausdruck für planmäßige Abschreibung)* hinaus vorzeitig abzuschreiben. Diese vorzeitige Abschreibung wird immer wieder aus verschiedenen Gründen, wie beispielsweise Konjunkturbelebung oder Behebung von Katastrophenschäden für eine bestimmte Zeit gewährt. So konnten beispielsweise Anschaffungen beweglicher Wirtschaftsgüter des Anlagevermögens in den 70iger Jahren des vorigen Jahrhunderts bis zu 75% vorzeitig abgeschrieben werden.

In den ersten 10 Jahren dieses Jahrhunderts konnte in den Jahren 2002 und 2003 für die Herstellung von Gebäuden eine vorzeitige Abschreibung von 7% vorgenommen werden. Für die notwendige Ersatzbeschaffung nach Katastrophenschäden war bis Ende 2004 im Sinne von § 10c eine vorzeitige Abschreibung in Höhe von 12% bei Gebäuden bzw 20% bei beweglichen abnutzbaren Wirtschaftsgütern des Anlagevermögens möglich. 2005 und 2006 gab es eine befristete Sonderregelung für die hochwasserbedingte Ersatzbeschaffung von Gebäuden in Form einer 12 %igen vorzeitigen Abschreibung und von 20% für sonstige Wirtschaftsgüter des Anlagevermögens. Das Konjunkturbelebungsgesetz 2009 gab die Möglichkeit einer vorzeitigen Abschreibung, die zusammen mit der AfA maximal 30% für die Anschaffung oder Herstellung von abnutzbaren körperlichen Wirtschaftsgütern des Anlagevermögens, die in den Jahren 2009 und 2010 angeschafft oder hergestellt wurden, betragen durfte.

Wie schon dargelegt, liegt der Vorteil der vorzeitigen Abschreibung in der Zinsersparnis, bewirkt durch die Steuerverminderung im Jahr der Anschaffung der Anlage. Die Zinsersparnis ergibt sich somit grundsätzlich aus der verkürzten steuerlichen Nutzungsdauer der Anlage.

Abgesehen von den nachfolgend angeführten Abschreibungsbegünstigungen gibt es derzeit (Juli 2013) keine Möglichkeit der Inanspruchnahme einer vorzeitigen Abschreibung.

1. Vorzeitige Abschreibung geringwertiger Vermögensgegenstände des Anlagevermögens (§ 13 EStG)

Gem § 13 EStG können geringwertige Wirtschaftsgüter bis zu einem Anschaffungswert von € 400 aus Vereinfachungsgründen im Jahr der Anschaffung zu 100% abgeschrieben werden. Es bedarf steuerlich auch keiner Aufnahme in das Anlagenverzeichnis. Das Unternehmensrecht folgt dieser Möglichkeit verlangt aber für den Fall, dass die Abschreibung aller in diesem Jahr angeschafften geringwertigen Vermögensgegenständen betragsmäßig von wesentlichem Umfang ist, die Aufteilung der Abschreibung auf die Nutzungsdauer und die Bildung einer entsprechenden Bewertungsreserve.

Bezüglich der Frage des wesentlichen Umfanges wird nach dem Wortlaut des Gesetzes auf das Verhältnis zwischen den planmäßigen Abschreibungen im Sinne des § 204 Abs 1 und den Abschreibungen der geringwertigen Vermögensgegenstände des Anlagevermögens abzustellen sein. Keine Differenzierung trifft das Gesetz hingegen, ob die Wesentlichkeit des Abschreibungsbetrages langfristig gegeben sein muss, oder ob die Wesentlichkeit auf den stoßweisen Anfall solcher Vollabschreibungsbeträge zurückzuführen ist.

Beispiel:

*Im Jahr 1 angeschaffte Vermögensgegenstände des Anlagevermögens sollen im Hinblick auf ihre **Geringwertigkeit** im Jahr der Anschaffung (mit steuerlicher Wirkung) voll abgeschrieben werden (Betrag: 1,000.000 Zugang im zweiten Halbjahr). Der Ausweis einer unversteuerten Rücklage gem § 205 Abs 1 erscheint erforderlich, da die Abschreibung betragsmäßig von **wesentlichem Umfang** ist. Die durchschnittliche Nutzungsdauer wird mit vier Jahren geschätzt. Aus Gründen der Vereinfachung ist davon auszugehen, dass weder in den Vorjahren noch in den Folgejahren geringwertige Vermögensgegenstände im Zugang enthalten sind.*

Unternehmensrechtlich sind entsprechend der geschätzten Nutzungsdauer planmäßige Abschreibungen durchzuführen, der Begriff der „Vollabschreibung" bezieht sich hier nur auf die steuerliche Wirkung.

Darstellung gem § 226 Abs 1 (Beträge in € 1000):

	Anschaffungs- bzw Herstellungskosten zu Beginn des Geschäftsjahres	*Zugänge*	*Abgänge*	*Umbuchungen*	*kumulierte Abschreibungen*	*Buchwert zum Jahresende*	*Buchwert Vorjahr*	*Abschreibungen des Geschäftsjahres*
1. Jahr	–	*1.000*	–	–	*125*	*875*	–	*125*
2. Jahr	*1.000*	–			*375*	*625*	*875*	*250*
3. Jahr	*1.000*	–			*625*	*375*	*625*	*250*
4. Jahr	*1.000*	–		–	*875*	*125*	*375*	*250*
5. Jahr	*1.000*		*1.000*)*		–	–	*125*	*125*

*) Annahme, dass die Gegenstände tatsächlich ausscheiden, oder dass mangels entsprechender Aufzeichnungen ein Ausscheiden angenommen wird (Regelfall).

*Darstellung der **Bewertungsreserve** gem § 230:*

Bewertungs-reserve zum Bilanzposten	*Stand zu Beginn des Geschäftsjahres*	*Zuweisung*	*Auflösung*	*Stand zum Jahresende*	*Vorjahres-betrag*
1. Jahr	–	*875*	–	*875*	–
2. Jahr	*875*		*250*	*625*	*875*
3. Jahr	*625*		*250*	*375*	*625*
4. Jahr	*375*		*250*	*125*	*375*
5. Jahr	*125*		*125*	–	*125*

Durch diese Bilanzierung der geringwertigen Vermögensgegenstände des Anlagevermögens wird erreicht, dass der Betriebserfolg richtig dargestellt wird, da im G&V-Posten „Abschreibungen" nur der „zeitlich abgegrenzte" Betrag der Jahresabschreibung erfasst wird.

Durch die vollständige steuerliche Abschreibung im ersten Jahr entspricht die Auflösung der Bewertungsreserve genau der unternehmensrechtlichen Abschreibung.

2. Gem § 8 Abs 2 EStG können denkmalgeschützte Gebäude über einen Zeitraum von 10 Jahren abgeschrieben werden. Da die tatsächliche Nutzungsdauer in der Regel erheblich länger ist, wird aus der Differenz zwischen steuerlicher und unternehmensrechtlicher Abschreibung eine unversteuerte Bewertungsreserve aufgebaut, die ab dem 11. Jahr bis zum Ende der unternehmensrechtlichen Nutzungsdauer abgebaut wird.

Beispiel:

Im Jahr 2009 sind Herstellungskosten für ein denkmalgeschütztes Betriebsgebäude im Interesse der Denkmalpflege in der Höhe von € 10 Mio angefallen. Das Unternehmen verwendet für ähnliche Gebäude einen Satz der planmäßigen Abschreibung von 2%.

Steuerlich absetzbarer Betrag 10%	*1,000.000*
planmäßige Abschreibung 2%	*200.000*
Unterschiedsbetrag	*800.000*

Dieser Unterschiedsbetrag ist jährlich als Zuweisung zu einer Bewertungsreserve zu Gebäuden zu behandeln; dies hat zur Folge, dass in den ersten zehn Jahren die Bewertungsreserve jährlich um 0,8 Mio auf insgesamt 8 Mio aufgestockt wird und in den anschließenden 40 Jahren, in denen die planmäßige Abschreibung mit jeweils 0,2 Mio verrechnet wird, die Bewertungsreserve mit jeweils 0,2 Mio aufgelöst wird.

3. § 7a EStG erlaubte bei abnutzbaren körperlichen Wirtschaftsgütern des Anlagevermögens, für die nach dem 31. Dezember 2008 und vor dem 1. Jänner 2011 Anschaffungs- oder Herstellungskosten angefallen sind , im Jahr der Anschaffung oder Herstellung eine vorzeitige Absetzung für Abnutzung von 30%, die allerdings auch die normale AfA gem § 7 EStG umfasste. Für die Differenz zur normalen Abschreibung konnte eine unversteuerte Rücklage aufgebaut werden, die nach dem Ende der vorzeitigen Absetzung über die Restnutzungsdauer aufgelöst wird.

Beispiel:

Eine Maschine mit einer Nutzungsdauer von fünf Jahren wird im März 2010 um 50.000 angeschafft. Die vorzeitige Absetzung für Abnutzung gem § 7a EStG wird in Anspruch genommen.

Bemerkt wird, dass die ***Abschreibungen gem § 7a EStG*** *nur für Anschaffungen oder Herstellungen der Jahre 2009 und 2010 in Anspruch genommen werden konnten. Die damals gebildete Bewertungsreserve wird in den Folgejahren bis zu ihrer völligen Auflösung entsprechend der Höhe der normalen Abschreibung aufgelöst:*

Anschaffungskosten 50.000, Vorzeitige AfA 15.000, davon normale AfA gem § 7 10.000.

Buchungen 2010

Datum	*Konto*	*Soll*	*Haben*
31. 3. 2010	*Maschinen*	*50.000*	
	Verbindlichkeiten		*50.000*
31. 12. 2010	*Abschreibungen*	*10.000*	
	Maschinen		*10.000*
31. 12. 2010	*Dotierung Bewertungsreserve*	*5.000*	
	Bewertungsreserve		*5.000*

Buchungen 2011

Datum	*Konto*	*Soll*	*Haben*
31. 12. 2011	*Abschreibungen*	*10.000*	
	Maschinen		*10.000*

Buchungen 2012

Datum	*Konto*	*Soll*	*Haben*
31. 12. 2012	*Abschreibungen*	*10.000*	
	Maschinen		*10.000*

Buchungen 2013

Datum	*Konto*	*Soll*	*Haben*
31. 12. 2013	*Abschreibungen*	*10.000*	
	Maschinen		*10.000*

Buchungen 2014

Datum	*Konto*	*Soll*	*Haben*
31. 12. 2014	*Abschreibungen*	*10.000*	
	Maschinen		*10.000*
31.12. 2014	*Bewertungsreserve*	*5.000*	
	Auflösung Bewertungsreserve		*5.000*

Entwicklung des Buchwertes der Anlage und der Bewertungsreserve

	Planmäßige Abschreibung	*Buchwert Anlage 31.12.*	*Dotierung/ Auflösung Bewertungs-reserve*	*Steuerlicher Absetzungs-betrag*	*Stand Bewer-tungsreserve 31. 12.*
2010	*10.000*	*40.000*	*5.000*	*15.000*	*5.000*
2011	*10.000*	*30.000*		*10.000*	*5.000*
2012	*10.000*	*20.000*		*10.000*	*5.000*
2013	*10.000*	*10.000*		*10.000*	*5.000*
2014	*10.000*	*0*	*–5.000*	*5.000*	*0*

Die Auflösung der unversteuerten Rücklage führt steuerlich zu einer Verkürzung der Abschreibung, so dass 2014 der steuerliche Kürzungsbetrag nur 5.000 beträgt.

5.213 Sonstige unversteuerte Rücklagen

1. Die klassische unversteuerte Rücklage war der Investitionsfreibetrag gem § 10 EStG, der letztmalig im Jahre 2000 zur Anwendung kam. Dieser Investitionsfreibetrag diente der Investitionsförderung. Danach konnte das Unternehmen den steuerpflichtigen Gewinn um einen bestimmten Prozentsatz der geförderten Investition kürzen und einer unversteuerten Rücklage zuführen. Die unversteuerte Rücklage konnte nach einer bestimmten Behaltedauer des geförderten Gegenstandes den (versteuerten) Gewinnrücklagen zugeführt werden. Dotierung und Auflösung der unversteuerten Rücklage erfolgten in der Gewinn- und Verlustrechnung gem § 231 Abs 2 Z 26 und 23, also nach der Z 22 (Jahresüberschuss/Jahresfehlbetrag) und vor der Z 29 (Bilanzgewinn/Bilanzverlust).

2. Die **Übertragungsrücklage gem § 12 EStG** für die Übertragung stiller Rücklagen einer ausgeschiedenen auf eine neu angeschaffte Anlage, hat im Gegensatz zum klassischen Investitionsfreibetrag durch die Verminderung der steuerlichen Anschaffungskosten und damit verkürzten Abschreibung des neu angeschafften Anlagegegenstandes die Wirkung einer Bewertungsreserve. Die Bildung und Verwendung ist seit 2005 überdies auf natürliche Personen beschränkt.

Werden Wirtschaftsgüter des Anlagevermögens veräußert, so können die stillen Reserven, die sich als Unterschiedsbetrag zwischen den Veräußerungserlösen und den Buchwerten ergeben, von den Anschaffungs- oder Herstellungskosten der im Wirtschaftsjahr der Veräußerung angeschafften oder hergestellten Wirtschaftsgüter des Anlagevermögens abgesetzt werden (Übertragung stiller Reserven nach § 12 EStG). Bei Wirtschaftsgütern des Anlagevermögens, deren Herstellung sich über einen Zeitraum von mehr als zwölf Monaten erstreckt, können die stillen Reserven von dem auf das Jahr, in dem die Veräußerung erfolgt, entfallenden Teilbetrag der Herstellungskosten abgesetzt werden.

Die Übertragung der stillen Reserven kann nur auf gleichartige Wirtschaftsgüter, das heißt von körperlichen auf körperliche und von unkörperlichen auf unkörperliche Wirtschaftsgüter erfolgen. Die Möglichkeiten zur Übertragung stiller Reserven wurden durch das Strukturanpassungsgesetz 1996 (BGBl 1996/201) stark eingeschränkt. Das Steuerreformgesetz 2005 (BGBl I 2004/57) bestimmt, dass diese Steuerbegünstigung seit 2005 **nur noch von natürlichen Personen** in Anspruch genommen werden kann. Für Körperschaften war die Übertragung stiller Reserven letztmalig für 2004 anwendbar, die Übertragungsrücklage war demzufolge 2005 oder gegebenenfalls 2006 bestimmungsgemäß zu verwenden oder andernfalls nachzuversteuern.

Die Übertragung stiller Reserven auf die Anschaffungskosten von Grund und Boden ist nur zulässig, wenn die stillen Reserven ebenfalls aus der Veräußerung von Grund und Boden stammen. Nicht zulässig ist die Übertragung von stillen Reserven auf die Anschaffungskosten von (Teil-)Betrieben, von Beteiligungen an Personengesellschaften und von Finanzanlagen sowie die Übertragung stiller Reserven, die aus der Veräußerung von (Teil-)Betrieben oder von Beteiligungen an Personengesellschaften (Mitunternehmeranteilen) stammen.

Eine Übertragung der stillen Reserven ist generell nur zulässig, wenn das veräußerte Wirtschaftsgut (beweglich und unbeweglich) im Zeitpunkt der Veräußerung mindestens sieben Jahre zum Anlagevermögen dieses Betriebes gehört hat. Bei Grundstücken, auf die stille Reserven übertragen wurden, und bei denkmalgeschützten Gebäuden, die nach § 8 Abs 2 beschleunigt abgeschrieben wurden, verlängert sich die Frist auf fünfzehn Jahre. Sinngemäß ist vorzugehen, wenn Wirtschaftsgüter des Anlagevermögens infolge höherer Gewalt, durch behördlichen Eingriff oder zur Vermeidung eines solchen nachweisbar unmittelbar drohenden Eingriffs gegen Entschädigung aus dem Betriebsvermögen ausscheiden. Die sieben- bzw 15-jährige Frist gilt in diesem Fall jedoch nicht.

§ 12 wurde mit dem AbgÄG 2004 insoweit erweitert, als **gem § 12 Abs 7** die Hälfte **der Einkünfte aus Waldnutzungen infolge höherer Gewalt** (insbesondere Eis-, Schnee-, Windbruch, Insektenfraß, Hochwasser oder Brand) seit dem 1.1.2005 entweder von den Anschaffungs- oder Herstellungskosten des im Wirtschaftsjahr des Anfalles dieser Einkünfte angeschafften oder hergestellten Anlagevermögens abgesetzt werden oder einer Übertragungsrücklage zugeführt werden kann.

Bilanzierende Steuerpflichtige können die stillen Reserven entweder im Jahr ihrer Aufdeckung verwenden oder sie in der Schlussbilanz des Wirtschaftsjahres, in dem die Wirtschaftsgüter des Anlagevermögens veräußert wurden bzw aus dem Betriebsvermögen ausgeschieden sind, einer gesondert auszuweisenden Rücklage (Übertragungsrücklage) zuführen, soweit im Jahre der Veräußerung bzw des Ausscheidens eine Übertragung der stillen Reserven nicht erfolgte. Diese Rücklage kann innerhalb von zwölf Monaten ab dem Ausscheiden des Wirtschaftsgutes gegen die Anschaffungs- oder Herstellungskosten (bzw entsprechende Teilbeträge) der in diesem Jahr angeschafften oder hergestellten Wirtschaftsgüter des Anlagevermögens aufgelöst werden. Diese Frist verlängert sich auf 24 Monate, wenn höhere Gewalt vorliegt bzw wenn Rücklagen auf Herstellungskosten (Teilbeträge) von Gebäuden übertragen werden sollen und mit der tatsächlichen Bauausführung innerhalb der Frist von zwölf Monaten begonnen worden ist. Rücklagen, die nicht bis zum Ablauf der Verwendungsfrist übertragen wurden, sind im betreffenden Wirtschaftsjahr gewinnerhöhend aufzulösen.

Beispiel:

Im ersten Halbjahr 2001 wurde die Herstellung eines Fabriksgebäudes (Herstellungskosten 5,000.000) abgeschlossen. Bei der Erstellung des Jahresabschlusses 2001 wurden auf das Fabriksgebäude stille Reserven gem § 12 EStG im Betrag von 3,000.000 übertragen, Abschreibung 4% pa.

Der Jahresabschluss 2012 ist zu erstellen:

Entwicklung des Buchwertes des Fabriksgebäudes

Herstellungskosten	*5,000.000*
Abschreibung für 2001–2012: 12 Jahre, 4% pa von 5,000.000	*2,400.000*
Buchwert 31.12.2012 gem § 226 Abs 1	*2,600.000*

Darstellung gem § 226 Abs 1:

				2001–2012	2012	2011	2012
Anschaffungs- bzw Herstellungskosten zu Beginn des Geschäftsjahres	Zugänge	Abgänge	Umbuchungen	kumulierte Abschreibungen	Buchwert zum Jahresende	Buchwert Vorjahr	Abschreibungen des Geschäftsjahres
5,000.000	–	–	–	2,400.000	2,600.000	2,800.000	200.000

Darstellung der Bewertungsreserve gem § 205 Abs 2 iVm § 230:

	2012		2012	2012
Bewertungsreserve zum Bilanzposten Fabriksgebäude	Stand zu Beginn des Geschäftsjahres	Zuweisung	Auflösung	Stand zum Jahresende
aus Übertrag gem § 12 EStG	1,680.000[1)]	–	120.000	1,560.000

1)	Übertrag stiller Reserven 2001	3,000.000
	Auflösung	1,320.000
	2001–2011: 11 × 4% von 3,000.000	1,680.000

Die Bewertungsreserve ist auch in den Folgejahren mit je 120.000 aufzulösen, sodass die vollständige Auflösung bis zur Beendigung der Abschreibungsdauer des Gebäudes durchgeführt ist. Durch diese Vorgangsweise wird erreicht, dass einerseits die planmäßigen Abschreibungen in wirtschaftlich richtiger Höhe ausgewiesen werden und dass andererseits das steuerliche Ergebnis insoweit – unter Berücksichtigung der Auflösung der Bewertungsreserve – aus der Gewinn- und Verlustrechnung abgeleitet werden kann.

Beispiel eines Einzelunternehmers:

Von den im nachstehenden Anlagenverzeichnis angeführten Anlagen wurde die Anlage 3 in der 2. Hälfte 2012 veräußert. Auf diese Anlage wurde bei Anschaffung gem § 12 EStG eine stille Reserve von 6.000 übertragen. Auf die Anlage 4 wurden stille Reserven im Ausmaß von 10.000 übertragen.

Entwicklung des Buchwertes und der Bewertungsreserve der Anlagen A3 und A4 im Jahre 2012.

Anlagenverzeichnis

Gegenstand	*Ansch. datum*	*Anschaffungskosten*	*Nutzungsdauer*	*Buchwert 1.1.2012*	*Zugang 2012*	*Planmäßige Abschr. A=Abgang*	*Buchwert 31.12.2012*
A1	*Sep 06*	*30.000*	*10*	*13.500*		*3.000*	*10.500*
A2	*Mär 07*	*45.000*	*10*	*22.500*		*4.500*	*18.000*
A3	*Jul 08*	*10.000*	*5*	*3.000*		*2.000* *A 1.000*	*0*
A4	*Feb 10*	*15.000*	*10*	*12.000*		*1.500*	*10.500*
A5	*Apr 12*		*5*		*13.000*	*2.600*	*10.400*
		100.000		***51.000***	***13.000***	***13.600*** ***A 1.000***	***49.400***

Anlage	*Jahr*	*Anschaffungskosten*	*Abschreibung 5 J.*	*Restwert 31.12.*	*Bewertungsreserve*	*Verbrauch*	*Stand 31.12.*
A3	*Aug. 08*	*10.000*	*1. 000*	*9.000*	*6.000*	*600*	*5.400*
	09		*2.000*	*7.000*		*1.200*	*4.200*
	10		*2.000*	*5.000*		*1.200*	*3.000*
	11		*2.000*	*3.000*		*1.200*	*1.800*
	12		*2.000*			*1.800*	
		Buchwertabg.	*1.000*				

Anlage	*Jahr*	*Anschaffungskosten*	*Abschreibung 10 Jahre*	*Restwert 31.12.*	*Bewertungsreserve*	*Verbrauch*	*Stand 31.12.*
A 4	*Feb. 10*	*15.000*	*1.500*	*13.500*	*10.000*	*1.000*	*9.000*
	11		*1.500*	*12.000*		*1.000*	*8.000*
	12		*1.500*	*10.500*		*1.000*	*7.000*

Anlagenspiegel gem § 226

(verpflichtend nur für Kapitalgesellschaften)

	Ansch. kosten 1.1.12	*Zugang Abgang =A*	*Ansch. kosten 31.12.12*	*Abschr. kumuliert*	*Restwert 31.12.12*	*Restwert 31.12.11*	*Jahresabschreibung*
Sachanlagen	***100.000***	***13.000*** ***A 10.000***	***103.000***	***53.600***	***49.400***	***51.000***	***13.600*** ***A 1.000***

Entwicklung der Bewertungsreserve gem § 230

Anlage	*Stand 1.1.12*	*Zugang 2012*	*Verbrauch =Auflösung*	*Stand 31.12.12*
A3	*1.800*		*1.800*	*0*
A4	*8.000*		*1.000*	*7.000*
	9.800		*2.800*	*7.000*

Die Auflösung der Bewertungsreserve erfolgt in der Zeile § 231 Abs 2 Z 23 nach dem Jahresüberschuss.

3. Der investitionsbedingte Gewinnfreibetrag (bedingt steuerfrei)

Erstmals eingeführt mit dem KMU-Förderungsgesetz 2006 wurde die Förderung der Eigenkapitalbildung bei natürlichen Personen mit dem Stabilitätsgesetz 2012 durch Änderung des § 10 EStG neu gefasst:

Gem § 10 Abs 1 kann von natürlichen Personen bei der Gewinnermittlung eines Betriebes ein Gewinnfreibetrag nach Maßgabe der folgenden Bestimmungen geltend gemacht werden.

1. Bemessungsgrundlage ist der Gewinn mit der Ausnahme von Veräußerungsgewinnen, und Gewinnen, die nach § 27a Abs 1 (Einkünfte aus Kapitalvermögen) und § 30a Abs 1 (Grundstücke) einem gesonderten Steuersatz von 25% unterliegen.

2. Der Gewinnfreibetrag beträgt:

- für die ersten € 175.000 13% der Bemessungsgrundlage,
- für die nächsten € 230.000 7% der Bemessungsgrundlage,
- für die nächsten € 230.000 4,5% der Bemessungsgrundlage,

3. Bis zu einer Bemessungsgrundlage von € 30.000, höchstens daher mit € 3.900 steht der Gewinnfreibetrag dem Steuerpflichtigen für jedes Veranlagungsjahr einmal ohne Investitionserfordernis zu (Grundfreibetrag).

4. Übersteigt die Bemessungsgrundlage € 30.000, steht ein investitionsbedingter Gewinnfreibetrag insoweit zu, als er durch Anschaffungs- oder Herstellungskosten begünstigter Wirtschaftsgüter gem Abs 3 gedeckt ist. Begünstigt sind bestimmte abnutzbare Wirtschaftsgüter des Anlagevermögens mit einer betriebsgewöhnlichen Nutzungsdauer von mindestens vier Jahren, die einer inländischen Betriebsstätte zuzuordnen sind. Nicht begünstigt sind gem Abs 4 beispielsweise Personenkraftfahrzeuge und Luftfahrzeuge.

Im Falle des vorzeitigen Ausscheidens eines begünstigten Wirtschaftsgutes ist der Gewinnfreibetrag insoweit gewinnerhöhend anzusetzen. Die Versteuerung unterbleibt, wenn das Ausscheiden auf Grund höherer Gewalt oder eines behördlichen Eingriffes erfolgt.

Feststellung des gewinnbedingten Investitionsfreibetrages

Grundfreibetrag 13% von 30.000 = 3.900		3.900
Investitionsbedingter Gewinnfreibetrag 13% von 145.000	18.850	
Investitionsbedingter Gewinnfreibetrag 7% von 175.000	12.250	
Investitionsbedingter Gewinnfreibetrag 4,5% von 230.000	10.350	41.450
Gesamt		45.350

Die Höhe des in Anspruch genommenen Freibetrages hängt einerseits vom Gewinn und andererseits von der Höhe der Investitionen ab. Die Inanspruchnahme hat jedenfalls der oben dargestellten Reihenfolge zu entsprechen. Der Betrag von 3.900 bleibt auch bei vorzeitigem Ausscheiden aller Investitionen jedenfalls erhalten.

Beispiel:

Der Einzelunternehmer weist einen Jahresüberschuss von € 700.000 aus, die er mit € 550.000 im Unternehmen investiert. Da die Investitionen € 550.000 (höchstmöglicher Betrag) betragen, kann der Unternehmer neben dem Grundfreibetrag den restlichen Freibetrag von € 41.450 in Anspruch nehmen.

Er dotiert einen gewinnbedingten Investitionsfreibetrag von 41.450, die er entweder nach 4 Jahren Behaltedauer gewinnneutral auflöst oder im Fall des vorzeitigen Ausscheidens insoweit dem steuerlichen Gewinn zuschlägt.

Buchungen:

a) die Investitionen werden jedenfalls bis zum Ende der Behaltedauer gehalten

b) eine Investition von 90.000 wird im 3. Jahr aus dem Betrieb genommen

a) 1. Jahr

Dotierung des investitionsbedingten Gewinnfreibetrages (Zeile 26 gem § 231 Abs 2)

an Gewinnfreibetrag 41.450

Der Gewinn wird um 45.350 inkl Grundfreibetrag gekürzt. Der Grundfreibetrag in Höhe von 3.900 braucht keiner unversteuerten Rücklage zugeführt werden, da er keiner Behaltefrist unterliegt.

Nach Ablauf der Behaltedauer

Auflösung des investitionsbedingten Gewinnfreibetrages (Zeile 23 gem § 231 Abs 2) 41.450

Der Betrag ist nicht steuergewinnerhöhend.

b) 1. Jahr

Dotierung des investitionsbedingten Gewinnfreibetrages (Zeile 26 gem § 231 Abs 2) 41.450

Der Gewinn wird um 45.390 gekürzt.

Ende des dritten Jahres

Auflösung des anteiligen investitionsbedingten Gewinnfreibetrages (Zeile 23 gem § 231 Abs 2)

in Höhe von 4,5% von 90.000 = € 4.050. Der Betrag von 4.050 wird im Jahr des Ausscheidens der Besteuerung unterzogen.

5.3 Zuwendungen aus öffentlichen Mitteln

5.31 (Nicht rückzahlbare) Zuwendungen aus öffentlichen Mitteln zur Anschaffung oder Herstellung von Wirtschaftsgütern des Anlagevermögens (§ 3 Z 6 EStG iVm § 6 Z 10 EStG)

Das Einkommensteuergesetz enthält bezüglich der nicht rückzahlbaren Zuwendungen aus öffentlichen Mitteln folgende Bestimmungen:

§ 3 Abs 1, Z 6:

Zuwendungen aus öffentlichen Mitteln (einschließlich Zinsenzuschüsse) zur Anschaffung oder Herstellung von Wirtschaftsgütern des Anlagevermögens oder zu ihrer Instandsetzung (§ 4 Abs. 7) sind von der Einkommensteuer befreit.

§ 6 Z 10:

Bei Wirtschaftsgütern, die unter Verwendung von entsprechend gewidmeten steuerfreien Subventionen aus öffentlichen Mitteln (§ 3 Abs. 1 Z 3, § 3 Abs. 1 Z 5 lit. d und e, § 3 Abs. 1 Z 6) oder Zuwendungen im Sinne des § 3 Abs. 1 Z 16 angeschafft oder hergestellt wurden, gelten als Anschaffungs- oder Herstellungskosten nur die vom Empfänger der Zuwendungen aus anderen Mitteln geleisteten Aufwendungen.

Z 11: *Soweit die Vorsteuer abgezogen werden kann, gehört sie nicht zu den Anschaffungs- oder Herstellungskosten des Wirtschaftsgutes, auf dessen Anschaffung oder Herstellung sie entfällt, und ist als Forderung auszuweisen. Soweit die Vorsteuer nicht abgezogen werden kann, gehört sie den Anschaffungs- oder Herstellungskosten.*

Z 12: *Wird die Vorsteuer berichtigt, so sind auch die Anschaffungs- oder Herstellungskosten zu berichtigen. Dies gilt nicht, wenn die Vorsteuer nach § 12 Abs. 10 und 11des Umsatzsteuergesetzes 1994 berichtigt wird; in diesem Fall sind die Mehrbeträge als Betriebseinnahmen und die Minderbeträge als Betriebsausgaben zu behandeln.*

„Die Frage der unternehmensrechtlichen Behandlung der Zuschüsse wird in der Bilanzierungspraxis nicht einheitlich beurteilt, wobei in der Regel zwischen der Bruttomethode und der Nettomethode unterschieden wird.

Bei Anwendung der Nettomethode werden die Anschaffungs- oder Herstellungskosten direkt durch die Zuschüsse vermindert und der verbleibende Betrag auf die Nutzungsdauer aufgeteilt. Bei der Bruttomethode wird der Zuschuss auf einem eigenen Passivkonto mit dem Charakter eines Rechnungsabgrenzungsposten erfasst und über die Nutzungdauer des subventionierten Gegenstandes erfolgsmäßig aufgelöst. Ertragsmäßig ergibt sich bei beiden Methoden dasselbe Ergebnis.

Zur Frage der Behandlung als Minderung der Anschaffungskosten

Die steuerlichen Vorschriften des § 6 Z 10 EStG, wonach bei Wirtschaftsgütern, die unter Verwendung von entsprechend gewidmeten steuerfreien Subventionen aus öffentlichen Mitteln angeschafft oder hergestellt wurden, als Anschaffungskosten oder Herstellungskosten nur die vom Empfänger der Zuwendungen aus anderen Mitteln geleisteten Aufwendungen gelten, würden zur Anwendung der Nettomethode führen

Dagegen könnte allerdings vorgebracht werden, dass infolge der dadurch bewirkten Minderung der Anschaffungs- bzw Herstellungskosten der Anlagenzugänge, durch den niedrigeren Ausweis der Abschreibungen und den zu niedrigen Ansatz des Anlagevermögens gegen die Generalklausel verstoßen wird, weswegen aus diesem Grund der Bruttomethode der Vorzug zu geben ist.

Bei Anwendung der Bruttomethode stellt sich die ‚Frage, ob die Investitionszuschüsse als eine Bewertungsreserve iSd § 205 Abs 1 abgesehen werden können.

Aus der Formulierung des § 205 „Sonderabschreibungen von Vermögensgegenständen des Anlagevermögens, die aufgrund steuerlicher Vorschriften vorgenommen worden sind (Bewertungsreserve)“ und unter Berücksichtigung der steuerlichen Regelung hinsichtlich der (steuerlichen) Anschaffungs- bzw Herstellungskosten kann abgeleitet werden, dass die Investitionszuschüsse nicht unter § 205 zu subsumieren sind. Auch in der beispielsweisen Aufzählung der Bewertungsreserven in den EB zu § 205 werden die Investitionszuschüsse nicht angeführt. Dazu kommt, dass es sich bei der Bewertungsreserve iSd § 205 um Passivposten handelt, die zu Lasten des unversteuerten Ergebnisses gebildet wurden, daher einen Bestandteil der Innenfinanzierung des Unternehmens darstellen (vergleichbar den Gewinnrücklagen im Eigenkapital), während es sich bei den Investitionszuschüssen um dem Unternehmen von außen her zugeführte Mittel handelt (vergleichbar den Kapitalrücklagen im Eigenkapital); der betriebswirtschaftliche Charakter der Bewertungsreserve aus vorzeitigen Abschreibungen und der Übertragung stiller Rücklagen ist daher ein anderer als der von Investitionszuschüssen der öffentlichen Hand.

Auch die Vorschriften über die Darstellung der Entwicklung der unversteuerten Rücklagen in § 230 Abs 2 sprechen gegen eine Gleichsetzung:

Bei der Bewertungsreserve muss danach die Zuweisung und die Auflösung dargestellt werden, wobei die Zuweisung unter den G&V-Posten § 231 Abs 2 Nr 26 (Zuweisungen zu unversteuerten Rücklagen) fällt. Wenn aber die Bildung eines Bilanzpostens „Bewertungsreserve aus Investitionszuschüssen" hier auszuweisen wäre, würde dies voraussetzen, dass der Investitionszuschuss als Ertrag gebucht wurde, wobei noch zu klären wäre, ob ein solcher Posten einen sonstigen betrieblichen Ertrag (§ 231 Abs 2 Z 4 c) oder einen außerordentlichen Ertrag darstellt. Bei Erfassung des Investitionszuschusses als sonstiger betrieblicher Ertrag würde sich im Rahmen des Betriebserfolges aber kein getreues Bild der Ertragslage mehr ergeben.

Stellungnahme des AFRAC

Das **AFRAC** hat im Juni 2008 eine Stellungnahme zur **Bilanzierung von Zuschüssen** bei Betrieben und sonstigen ausgegliederten Rechtsträgern im öffentlichen Sektor herausgegeben. Die dargestellten Grundsätze gelten auch für Betriebe außerhalb des öffentlichen Sektors. Für die Darstellung der Investitionszuschüsse im Jahresabschluss gelten nach **AFRAC** folgende Regeln:

(a) Methoden

Der Ausweis von Investitionszuschüssen kann nach den nationalen und internationalen Rechnungslegungsvorschriften wahlweise nach der **Brutto- oder der Nettomethode** erfolgen.

(b) Bruttomethode

Nach der **Bruttomethode** wird der erhaltene Zuschuss ohne Berührung der Gewinn- und Verlustrechnung (und somit erfolgsneutral) in einem gesonderten Passivposten (zB „Investitionszuschüsse zum Anlagevermögen", „Investitionszuschüsse") nach der Gruppe der „unversteuerten Rücklagen" ausgewiesen. Der Sonderposten hat den Charakter eines **Rechnungsabgrenzungspostens** und ist nach Maßgabe der Abschreibung bzw. des Abgangs des Vermögensgegenstandes, für den der Zuschuss gewährt worden ist, **ertragswirksam aufzulösen**.

Ein Ausweis als **Bewertungsreserve** in der Postengruppe **„Unversteuerte Rücklagen"** ist nicht zulässig. Eine Bewertungsreserve iSd § 205 Abs 1 UGB wird aufgrund von steuerlichen Vorschriften gebildet und vermindert das zu versteuernde Ergebnis. Die Bildung ist ein Vorgang der **Innenfinanzierung**, wohingegen im Falle von **Investitionszuschüssen** eine Finanzierung von außen vorliegt.

Im Anhang sind in analoger Anwendung des § 230 UGB die Aufgliederung der Investitionszuschüsse nach den einzelnen Posten des Anlagevermögens sowie die Entwicklung während des Geschäftsjahrs darzustellen.

In der Gewinn- und Verlustrechnung ist der Verbrauch des Sonderpostens entweder im Posten **„Übrige sonstige betriebliche Erträge"** oder als offener Korrekturposten zu den Abschreibungen auszuweisen. Der Vorteil der letzteren Variante liegt darin, dass die ergebniswirksamen Einflüsse aus nicht durch Zuschüsse gedeckten Investitionen offen gezeigt werden und damit eine Verbesserung der Information für den Adressaten des Abschlusses darstellen. Eine Kürzung des durch Zuschuss **gedeckten Aufwands** ist aufgrund des Saldierungsverbots gem § 196 Abs 2 UGB nicht zulässig.

(c) Nettomethode

Nach der **Nettomethode** werden die gewährten Zuschüsse direkt von den Anschaffungs- und Herstellungskosten abgesetzt, wodurch es zu einer Kürzung der Zugänge im Anlagenspiegel und einer Verminderung der Abschreibungen kommt.

(d) Würdigung

Die Mitglieder der Arbeitsgruppe sind sich einig, dass nach herrschender Lehre der **Bruttomethode** für die Bilanzierung von Investitionszuschüssen der Vorzug gegenüber der Nettomethode zu geben ist. Insbesondere bei Rechtsträgern und Betrieben im öffentlichen Sektor, deren Fortbestand wesentlich von den Zuschüssen abhängig ist, ist dies wie folgt zu begründen:

- Die **Nettomethode** führt zu einer verkürzten Darstellung des Vermögens und damit verbunden zu einer Verzerrung der Aufwandsstruktur.
- Die Bedeutung und das Erfordernis der erfolgten **Finanzierungen** werden durch die verkürzte Darstellung der Vermögens- und Ertragslage nicht offen gelegt.
- Ein Vergleich mit anderen Unternehmungen gleicher Art, die keine **Investitionszuschüsse** erhalten haben, ist bei Anwendung der Nettomethode nur schwer möglich.

5.32 Behandlung von Zuschüssen mit bedingter Rückzahlungsverpflichtung

Gemäß der AFRAC-Stellungnahme über die Bilanzierung von Zuschüssen vom Juni 2008 sind bedingt rückzahlbare Zuschüsse als **Verbindlichkeiten** auszuweisen, wenn zum Bilanzstichtag von einer Rückzahlungsverpflichtung auszugehen ist.

Im Falle von Zuschüssen mit einer **aufschiebend bedingten Rückzahlungsverpflichtung** tritt die Rückzahlungsverpflichtung mit dem Eintritt der definierten Bedingung(en) ein. Bis zum Eintritt der Bedingung(en) ist der Zuschuss als nicht rückzahlbar einzustufen und entsprechend den allgemeinen Grundsätzen auszuweisen. Nach Meinung der Verfasser ist hier jedenfalls die **Bruttomethode** anzuwenden.

Tritt die **Rückzahlungsverpflichtung** ein, ist der Rückzahlungsbetrag unter Verwendung des noch nicht erfolgswirksam erfassten Teiles des Zuschusses als Verbindlichkeit anzusetzen bzw umzugliedern.

Im Falle einer **auflösend bedingten Rückzahlungsverpflichtung** ist der Sachverhalt umgekehrt zu beurteilen und zunächst eine Verbindlichkeit auszuweisen, bis die Rückzahlungsverpflichtung (durch Eintritt der definierten Bedingung[en], zB Schaffung einer bestimmten Anzahl von Arbeitsplätzen) entfällt. Mit dem Entfall der Rückzahlungsverpflichtung ist der Zuschuss entsprechend den allgemeinen Grundsätzen zu bilanzieren bzw umzugliedern.

5.4 Rückstellungen

Rückstellungen sind Kapitalbereitstellungen für ungewisse Verbindlichkeiten, drohende Verluste aus schwebenden Geschäften, und nachzuholende Aufwendungen, die ihre Ursache in Ereignissen vor dem Bilanzstichtag haben.

5.41 Betriebswirtschaftliche Grundlagen für die Bildung von Rückstellungen

Die Begründung für die Bildung von Rückstellungen kann aus mehreren betriebswirtschaftlichen Grundsätzen abgeleitet werden:

1. Richtige Darstellung bestehender Verpflichtungen
2. Imparitätsprinzip
3. Herstellung der Periodenreinheit

zu 1.: Eine **Verpflichtung** (Schuld) ist bereits gegeben, wenn sie **wirtschaftlich begründet** ist, ohne dass dem Gläubiger bereits ein Rechtsanspruch zustehen muss. Diese Begründung basiert vor allem auf der statischen Bilanztheorie.

Zu 2.: Das **Imparitätsprinzip** verlangt den bilanzmäßigen Ausweis aller noch nicht realisierten Verluste bzw die Antizipation jener Beträge, um die sich das Ergebnis der Folgeperioden voraussichtlich verschlechtert, soweit die Ursache in der vergangenen Periode liegt.

zu 3.: Die einzelnen **Aufwendungen und Erträge** sind denjenigen Perioden zuzurechnen, in denen sie **verursacht** werden. Dieser in erster Linie auf die dynamische Bilanzauffassung zurückzuführende Grundsatz verlangt auch die **Periodisierung** stoßweise anfallender Ausgaben und damit die Bildung von Rückstellungen **für Großreparaturen** und für **in zeitlichen Abständen wiederkehrende Wartungsarbeiten**.

Während die ersten beiden Grundsätze schon vor dem EU-GesRÄG 1996 in Form der **Rückstellungen für ungewisse Verbindlichkeiten und für drohende Verluste aus schwebenden Geschäften** ihren gesetzlichen Niederschlag gefunden haben, wurde dem dritten Grundsatz erstmals mit den Bestimmungen des

§ 198 Abs 8 Z 2 in Form der **Aufwandsrückstellungen** Rechnung getragen, wobei das Gesetz im Gegensatz zu den zwingend zu bildenden Rückstellungen für ungewisse Schulden und drohende Verluste aus schwebenden Geschäften die Bildung von Aufwandsrückstellungen so lange freistellt, als sie nicht Bestandteil der GoB sind.

5.42 Rückstellungen gem §§ 198 Abs 8, 9 und 224 Abs 3, C

1. *Rückstellungen* ***sind*** *für ungewisse Verbindlichkeiten und für drohende Verluste aus schwebenden Geschäften zu bilden, die am Abschlussstichtag wahrscheinlich oder sicher, aber hinsichtlich ihrer Höhe oder des Zeitpunktes ihre Eintrittes unbestimmt sind.*
2. *Rückstellungen* ***dürfen*** *außerdem für ihrer Eigenart nach genau umschriebene, dem Geschäftsjahr oder einem früheren Geschäftsjahr zuzuordnende Aufwendungen gebildet werden, die am Abschlussstichtag wahrscheinlich oder sicher, aber hinsichtlich ihrer Höhe oder des Zeitpunktes ihres Eintrittes unbestimmt sind. Derartige Rückstellungen sind zu bilden, soweit dies den Grundsätzen ordnungsmäßiger Buchführung entspricht.*
3. *Andere Rückstellungen als die gesetzlich vorgesehenen dürfen nicht gebildet werden. Eine Verpflichtung zur Rückstellungsbildung besteht nicht, soweit es sich um Beträge von untergeordneter Bedeutung handelt.*
4. *Rückstellungen sind insbesondere zu bilden für*
   a) Anwartschaften auf Abfertigungen
   b) laufende Pensionen und Anwartschaften auf Pensionen
   c) Kulanzen; nicht konsumierten Urlaub; Jubiläumsgelder; Heimfalllasten; und Produkthaftungsrisken.
   d) auf Gesetz oder Verordnung beruhende Verpflichtungen zur Rücknahme und Verwertung von Erzeugnissen

Abs 9 Rückstellungen sind ebenfalls für latente Steuern zu bilden.

In Ergänzung zu § 198 verlangt § 224 Abs 3 C den gesonderten Ausweis folgender Rückstellungen:

1. *Rückstellungen für Pensionen*
2. *Rückstellungen für Abfertigungen*
3. *Steuerrückstellungen*
4. *Sonstige Rückstellungen*

§ 237 Z 7 verlangt folgende Anhangangabe:

Rückstellungen, die in der Bilanz nicht gesondert ausgewiesen werden, wenn sie einen erheblichen Umfang haben; diese Rückstellungen sind zu erläutern.

Eine Verpflichtung zur zahlenmäßigen Angabe besteht nicht, ist aber im Sinne der Generalnorm wünschenswert. Grundsätzlich genügt die Angabe des wesentlichen Inhaltes.

Das UGB unterscheidet **passivierungspflichtige** Rückstellungen für ungewisse Verbindlichkeiten und schwebende Geschäfte und **passivierungsfähige** Aufwandsrückstellungen. Letztere werden allerdings passivierungspflichtig, sobald es die Grundsätze ordnungsmäßiger Buchführung verlangen. Hierzu gehören beispielsweise Kulanzrückstellungen.

Ebenfalls passivierungsfähig, aber nicht passivierungspflichtig sind **Rückstellungen von untergeordneter Bedeutung**. Rückstellungen sind dann von untergeordneter Bedeutung, wenn ihre Nichtaufnahme in die Bilanz zu keiner Veränderung des möglichst getreuen Bildes der Vermögens-, Finanz- und Ertragslage führt. Man wird somit die Bedeutung einer Rückstellung an der Höhe der anderen Passiva messen.

5.421 Ansatz und Bewertung der Rückstellungen gem § 211 Abs 1 UGB

*Gem § 211 Abs 1 sind Rückstellungen in der Höhe anzusetzen, die **nach vernünftiger unternehmerischer Beurteilung** notwendig ist, wobei im Rahmen der Bewertung auf den Grundsatz der Vorsicht gem § 201 Abs 2 Z 4 Bedacht zu nehmen ist.*

Hiebei ist bei Rückstellungen insbesondere § 201 Abs 2 Z 4 b zu beachten, wonach erkennbare Risiken und drohende Verluste, die in dem Geschäftsjahr oder einem früheren Geschäftsjahr entstanden sind, zu berücksichtigen sind, selbst wenn diese Umstände erst zwischen dem Abschlussstichtag und dem Tag der Aufstellung des Jahresabschlusses bekannt geworden sind.

Im Hinblick auf die **Ungewissheit** über die Höhe einer zukünftigen Ausgabe bzw eines zukünftigen Verlustes wird der Unternehmer mit Bezug auf § 201 Abs 2 Z 4 eine eher strenge Auslegung des Vorsichtsgrundsatzes vornehmen müssen, wobei aber zu beachten ist, dass eine Rückstellungsbildung ohne wirtschaftlich vertretbare Begründung oder mit offenbar unrichtigen und den tatsächlichen wirtschaftlichen Verhältnissen nicht entsprechenden Begründungen in gleicher Weise wie die Unterlassung der Bildung von Rückstellungen gegen die Grundsätze ordnungsmäßiger Buchführung verstößt.

5.422 Rückstellungen für ungewisse Verbindlichkeiten und für drohende Verluste aus schwebenden Geschäften (§ 198 Abs 8 Z 1)

Kennzeichnend für Rückstellungen für ungewisse Verbindlichkeiten und für drohende Verluste aus schwebenden Geschäften, die am Abschlussstichtag wahrscheinlich oder sicher, aber hinsichtlich ihrer Höhe oder dem Zeitpunkt ihres Eintretens unbestimmt sind, ist

1. das Bestehen einer **ungewissen Schuld** oder
2. die Erwartung eines **Verlustes aus einem schwebenden Geschäft**.

zu 1.: Der Schuldcharakter kann sich sowohl aus dem Bestehen eines **Geldschuldverhältnisses** als auch aus **Leistungsverpflichtungen** ergeben. Er kann auf einer privatrechtlichen, einer öffentlich-rechtlichen oder einer wirtschaftlichen Verpflichtung beruhen. Die Ungewissheit kann sich auf das **Bestehen oder Entstehen** (Rechtsgrund), auf die Höhe, nicht aber auf die Fälligkeit beziehen. Schulden, deren Höhe und Rechtsgrund gegeben sind, bei denen jedoch die Fälligkeit ungewiss ist, sind als Verbindlichkeiten zu bilanzieren.

zu 2.: Die Ursache des **Verlustes** muss in einem Zeitraum vor dem Bilanzstichtag gelegen sein, wie dies etwa bei Rückstellungen infolge eingetretener **Preisänderungen** bei schwebenden Geschäften der Fall ist.

Zu den **Rückstellungen für ungewisse Verbindlichkeiten** sind, abgesehen von den gesondert auszuweisenden Rückstellungen für Anwartschaften auf Abfertigungen, Rückstellungen für laufende Pensionen und Anwartschaften auf Pensionen und Rückstellungen für Steuern, im Wesentlichen folgende, unter dem Posten **sonstige Rückstellungen** erfasste Rückstellungen zu zählen:

Rückstellungen für Verpflichtungen gegenüber Arbeitnehmern

1. Gewinnbeteiligungen, Jahresabschlussprämien, Bilanzgelder
2. Urlaubsrückstellung
3. Jubiläumsrückstellungen
4. Lehrlingsausbildung

Andere Rückstellungen für ungewisse Verbindlichkeiten

1. Heimfallrechte
2. Produkthaftung
3. Garantien und Gewährleistungen
4. Wechselobligo
5. Bürgschaften
6. Unterlassene Instandhaltungen, soweit für die Nachholung der Instandhaltungen eine rechtliche Verpflichtung besteht
7. Behördliche Auflagen (Gesetz, Verordnung, Bescheid)
8. Jahresabschlusskosten und sonstige Rechts- und Beratungskosten
9. Patentverletzungen
10. Prozesskosten
11. Noch nicht abgerechnete Fremdleistungen
12. Rabatte, Boni
13. Kursrisiko

14. Skonti
15. Absiedlungsbeihilfen
16. Altfahrzeuge, Rücknahme und Verwertung
17. Baustellenräumung
18. Erdölbevorratung
19. Einsatzverpflichtung für gegen Einsatz überlassene Vermögensgegenstände
20. Schadenersatzansprüche
21. Werbeaufwendungen
22. Rückstellung wegen fortbestehender Betreuungsleistungen
23. Rückstellung für Kontoauszugserstellung
24. Rückstellungsbildung für Kosten der Aufbewahrung von Geschäftsunterlagen
25. Rückstellung für überhöhten CO_2-Ausstoß
26. GSVG-Beträge
27. Rückstellung für die Rückverrechnung von Provisionen bei Versicherungsvermittlern
28. Rückstellung für anteilsbasierte Vergütungen

Erläuterungen zu den oben genannten Rückstellungen finden sich im Abschnitt 5.444.2.

Rückstellungen für **drohende Verluste aus schwebenden Geschäften**, die ebenfalls unter den sonstigen Rückstellungen ausgewiesen werden, sind dann zu bilden, wenn am Bilanzstichtag der **Wert der Leistungsverpflichtung** aus einem Vertragsverhältnis den **Wert der Gegenleistung** übersteigt und damit aus dem Geschäft ein Verlust droht. Dieser Verlust ist im Wege einer Rückstellung jener Periode zuzuweisen, in welcher sich die Unausgewogenheit von Leistung und Gegenleistung einstellt (VwGH 15.7.1998, 97/13/0190).

Für die Rückstellung für schwebende Geschäfte gilt der Grundsatz der Einzelbewertung, das heißt, es ist keine Saldierung mit Gewinn bringenden gleichartigen schwebenden Geschäften vorzunehmen.

Erfolgsmäßig verknüpfte Geschäfte sind als Einheit zu bewerten. Die Einkommensteuerrichtlinien bringen hierfür folgendes Beispiel (Rz 3322):

Mietet ein Apotheker Ordinationsräume, um sie einem Arzt verbilligt weiterzuvermieten, dann kann für den Mietverlust keine Rückstellung gebildet werden, soweit nach wirtschaftlichen Gesichtspunkten der Fehlbetrag durch andere mit dem Leistungsaustausch zusammenhängende Erträge (Einkäufe der Patienten des Arztes) ausgeglichen wird.

Rückstellungen für schwebende Geschäfte sind vor allem für folgende Geschäfte zu bilden:

- Verluste aus schwebenden Beschaffungsgeschäften
- Verluste aus schwebenden Absatzgeschäften
- Verluste aus Dauer-Vertragsverhältnissen, wie beispielsweise Überverzinsung
- Verluste aus Fremdwährungsforderungen und -verbindlichkeiten
- Verluste aus Optionsgeschäften
- Verluste aus Koppelungsgeschäften

Erläuterungen zu den oben genannten Rückstellungen finden sich im Abschnitt 5.444.3.

5.423 Aufwandsrückstellungen (§ 198 Abs 8 Z 2)

> *„Rückstellungen dürfen außerdem für ihrer Eigenart nach genau umschriebene, dem Geschäftsjahr oder einem früheren Geschäftsjahr zuzuordnende Aufwendungen gebildet werden, die am Abschlußstichtag wahrscheinlich oder sicher, aber hinsichtlich ihrer Höhe oder dem Zeitpunkt ihres Eintritts unbestimmt sind. Derartige Rückstellungen sind zu bilden, soweit dies den Grundsätzen ordnungsmäßiger Buchführung entspricht."*

Die Bestimmung des § 198 Abs 8 Z 2 basiert auf Artikel 20 der Bilanzrichtlinie, wonach die Mitgliedstaaten die Bildung von Rückstellungen für ihrer Eigenart nach genau umschriebene, dem Geschäftsjahr oder einem früheren Geschäftsjahr zuzuordnende Aufwendungen zulassen können, die am Bilanzstichtag als wahrscheinlich oder sicher, aber hinsichtlich der **Höhe oder des Zeitpunkts ihres Eintrittes unbestimmt** sind.

Diese zunächst in Österreich nicht in das Gesetz (RLG) aufgenommene Möglichkeit der Bildung von **Aufwandsrückstellungen** wurde in Deutschland mit § 249 Abs 1 dHGB (in der Fassung BilMoG) für zwei spezielle Fälle umgesetzt. § 249 Abs 1 Z 1 dHGB verlangt die Bildung von **Rückstellungen für unterlassene Aufwendungen für Instandhaltungen**, die im folgenden Geschäftsjahr innerhalb von drei Monaten (für Abraumbeseitigung im gesamten Geschäftsjahr) nachgeholt werden.

Die **Bildung von Aufwandsrückstellungen** ist, abgesehen von der fehlenden Verpflichtung Dritten gegenüber, vor allem wegen der schwierigen Objektivierung derselben nach wie vor **umstritten**. So meint der Beck'sche Bilanzkommentar[5] (§ 249 aF Rz 302), dass „die besondere Problematik der Aufwandsrückstellungen in der Bestimmung der Sachverhalte liegt, für die künftige Ausgaben passiviert werden dürfen, ohne daß eine Verpflichtung gegenüber einem anderen besteht". Auch *Nowotny* steht der Bildung von Aufwandsrückstellungen eher restriktiv gegenüber (*Nowotny* in *Straube*[3] § 198 Rz 155): „Da Aufwandsrückstellungen für reine Innenverbindlichkeiten gebildet werden, haben sie auch den Charakter eines Selbstfinanzierungsinstruments. Aufgrund dieser Affinität zum Eigenkapital, der Ausschüttungssperrwirkung und der erforderlichen Abgrenzung zur Vorsorge durch Rücklagenbildung, für die gesellschaftsrechtlich andere Organe zuständig sein können, ist eine enge Auslegung der Passivierungsvoraussetzungen erforderlich. Insbesondere kann allein der Gesichtspunkt des periodengerechteren Erfolgsausweises, wonach den Erträgnissen einer Periode alle Aufwendungen zuzurechnen wären, die diese Erträge alimentiert haben, zu keiner Aufwandsrückstellung führen."

Aus der Schwierigkeit der Feststellung heraus, wie weit **Aufwandsrückstellungen** den GoB entsprechen, gestalten sowohl die Bilanzrichtlinie als auch das UGB die Bestimmung zur Bildung von **Aufwandsrückstellungen fakultativ**, wobei aber das UGB der zukünftigen Entwicklung der Grundsätze ordnungsmäßiger Buchführung insoweit Rechnung trägt, als **Aufwandsrückstellungen** dann **zu bilden** sind, **wenn diese den Grundsätzen ordnungsmäßiger Buchführung entsprechen**.

Zu den Aufwandsrückstellungen zählen etwa

- Kulanzrückstellung
- Rückstellungen für Großreparaturen und in mehrjährigen Abständen anfallende Wartungsarbeiten
- Rückstellungen für unterlassene Instandhaltungen, soweit nicht eine rechtliche oder wirtschaftliche Verpflichtung besteht
- Freiwillige Entsorgung und Rekultivierung
- Freiwillige Umweltschutzmaßnahmen
- Unterlassener Forschungs- und Reklameaufwand
- Freiwillige Abraumbeseitigung.

Die genannten Beispiele für Aufwandsrückstellungen sind unterschiedlich von den GoB erfasst. Während die Kulanzrückstellungen gem § 198 Abs 8 Z 4 c Bestandteil der GoB sind und daher verpflichtend gebildet werden müssen, sind Rückstellungen für unterlassene Instandhaltungen, ohne rechtliche Verpflichtung, diese nachzuholen, im Gegensatz zum dHGB (Nachholung innerhalb von drei Monaten) noch umstritten und kein Bestandteil der GoB.

Die Bildung von Rückstellungen für Großreparaturen und in **mehrjährigen Abständen anfallende Wartungsarbeiten** ist nach herrschender Auffassung kein Bestandteil der GoB.

5.424 Bildung und Auflösung (Verwendung) der Rückstellungen

Rückstellungen sind grundsätzlich **zu Lasten eines konkreten Aufwandspostens** zu bilden.

Eine Rückstellung aus dem Gewinn bzw aus einem allgemeinen Aufwandsposten, etwa **„Dotierung der Rückstellung“**, entspricht nicht dem Rückstellungsbegriff. Aus diesem Grund können auch keine Rückstellungen zur Bedeckung eines allgemeinen Unternehmensrisikos gebildet werden, da diesem die Merkmale von Rückstellungen fehlen.

Rückstellungen können in Ausnahmefällen auch **zu Lasten eines Vermögenspostens** (zB Eintragungsgebühren bei Grundstücken; noch offene Notariatsgebühren bei Grundstückserwerb; Prozesskosten wegen eines Streites um die Anschaffungskosten) gebildet werden.

Die **Ausbuchung** von bestimmungsgemäß verwendeten Rückstellungen erfolgt, soweit es sich um solche für ungewisse Verbindlichkeiten handelt, grundsätzlich direkt **gegen das entsprechende Zahlungskonto** oder gegen das entsprechende **Verbindlichkeitenkonto**. Letzterer Fall tritt dann ein, wenn die Ungewissheit über die Höhe bzw über das Entstehen (Rechtsgrundlage) weggefallen ist, aber noch keine Zahlung erfolgt. In diesem Fall wird aus der Rückstellung eine Verbindlichkeit.

Eine häufig anzutreffende Vorgangsweise der Behandlung einer verwendeten Rückstellung besteht darin, dass bei Anfall die Zahlung gegen ein Aufwandskonto verbucht und die Rückstellung im Zuge der Erstellung des Jahresabschlusses gegen dieses Aufwandskonto aufgelöst wird. Dies geschieht etwa bei Garantierückstellungen, wenn die Garantieleistungen über Auftrag des Unternehmens von Dritten erbracht werden. Die anfallenden Garantieaufwendungen werden während des Jahres über das Aufwandskonto verbucht und die Rückstellung in Höhe des verwendeten Betrages gegen dieses Konto aufgelöst.

Werden die Garantieleistungen in Form von Eigenleistungen erbracht, sind davon verschiedene Aufwandsarten betroffen (Material, Personalaufwendungen, Abschreibungen, sonstige Aufwendungen). In solchen Fällen wird das Konto Garantierückstellung in der Regel während des Jahres nicht bewegt. Am Jahresende wird die Garantierückstellung neu berechnet und der Saldo gegenüber dem bisherigen Stand entweder über Garantieaufwand eingebucht oder über Erträge aus der Auflösung von Rückstellungen ausgebucht.

Den Verfassern erscheint es allerdings richtiger, Garantieleistungen in Form von Eigenleistungen zu kalkulieren und die Garantierückstellung in der Höhe der festgestellten Selbstkosten der Garantieleistungen gegen sonstige Erträge (Posten 4 c) aufzulösen. Eine Auflösung gegen die Erträge aus der Auflösung von Rückstellungen (Posten 4 b) darf nur für die nicht verwendete Rückstellung erfolgen.

Nicht verwendete (zu hoch gebildete) Rückstellungen werden grundsätzlich gegen das Konto Erträge aus der Auflösung von Rückstellungen aufgelöst. Ausnahmen ergeben sich bei der Auflösung nicht bestimmungsgemäß verwendeter Ertragsteuerrückstellungen, die unter dem Posten 21, Steuern vom Einkommen und vom Ertrag, ausgewiesen sind. Über ao Aufwand gebildete Rückstellungen sind bei Nichtinanspruchnahme über ao Erträge aufzulösen.

5.425 Veränderung von Rückstellungen während der Laufzeit

Soweit Rückstellungen **zu niedrig** gebildet wurden, weil beispielsweise anlässlich der Bildung derselben mit einer geringeren Inanspruchnahme gerechnet wurde bzw die nötigen Informationen noch nicht vorhanden waren, ist der Differenzbetrag zwischen der zu niedrig gebildeten Rückstellung und dem (voraussichtlichen) tatsächlichen Anfall schon bei Erlangung der Erkenntnis und nicht erst bei tatsächlicher Zahlung (Inanspruchnahme) nachzuholen. Dies ergibt sich aus § 201 Abs 2 Z 4 lit b, wonach erkennbare Risikenund drohende Verluste, die in dem Geschäftsjahr **oder einem früheren Geschäftsjahr** entstanden sind, zu berücksichtigen sind. Wegen der **Maßgeblichkeit** der Handelsbilanz für die Steuerbilanz gilt dies auch für die Rückstellungsbildung in der **Steuerbilanz**.

Stellt sich in einem späteren Jahr heraus, dass eine Rückstellung offensichtlich **zu hoch** gebildet wurde, hat eine Herabsetzung im Jahr der Erkenntnis auch dann zu erfolgen, wenn die Rückstellung, wenn auch in einem geringerem Ausmaß, noch weiterhin besteht. Die Anpassung in der Rückstellungshöhe hat aus Gründen der Darstellung eines möglichst getreuen Bildes der Vermögenslage zu erfolgen. Eine andere Vorgangsweise würde der Bildung einer unzulässigen stillen Reserve gleichkommen.

Bezüglich der Bildung und Auflösung von Pensions- und Abfertigungsrückstellungen hält es das Fachgutachten KFS/RL3 für richtig, alle **Verminderungen der Rückstellungen für Abfertigungen und Pensionen im Posten 6 c bzw 6 d** der Gewinn- und Verlustrechnung gegen die Zahlungen und die Zuweisungen an die Rückstellungen aufzurechnen.

5.426 Abzinsung langfristiger Rückstellungen

Grundsätzlich sehen weder die vierte Richtlinie noch das UGB eine Abzinsung von Rückstellungen vor, soweit dies nicht ausdrücklich vorgesehen ist, wie dies beispielsweise bei Pensions- und Abfertigungsrückstellungen der Fall ist.

Allerdings hat die Kommission in ihrer Empfehlung vom 30. Mai 2001 (Amtsblatt Nr L 156 vom 13.6.2001) dargelegt, dass bei „umweltschutzbedingten Verbindlichkeiten, die nicht in naher Zukunft abzugelten sind, die Bewertung zum Barwert zulässig, aber nicht vorgeschrieben ist, wenn die **Verpflichtung und die Höhe und der Zeitpunkt der Zahlungen** feststehen oder verlässlich ermittelt werden können. Hat der Zinseffekt eine wesentliche Wirkung, muss die Bewertung zukünftiger Umweltverbindlichkeiten zum Barwert als angemessene Lösung gelten."

Damit hat die EU-Kommission ein Wahlrecht geschaffen, bei der Bewertung von Rückstellungen eine Abzinsung vorzunehmen oder keine Abzinsung zu berücksichtigen. Da der österreichische Gesetzgeber keine Beschränkung bezüglich der Abzinsung ausgesprochen hat, kann davon ausgegangen werden, dass unter Berücksichtigung der oben genannten Bedingungen eine **Abzinsung von Rückstellungen möglich ist**.

Der deutsche Gesetzgeber ist entgegen der ursprünglichen Regelung im § 253 dHGB vom Abzinsungsverbot für Rückstellungen abgegangen und verlangt mit dem im BilMoG neu gefassten § 253 Abs 2 für Rückstellungen mit einer Restlaufzeit von mehr als einem Jahr eine verpflichtende Abzinsung mit dem ihrer Restlaufzeit entsprechenden durchschnittlichen Marktzinssatz der vergangenen sieben Geschäftsjahre (monatliche Bekanntgabe durch die Bundesbank).

Der österreichische **Steuergesetzgeber** hat mit der Bestimmung in § 9 Abs 5 EStG, wonach Rückstellungen, deren Laufzeit am Bilanzstichtag mindestens zwölf Monate beträgt, **nur mit 80% ihres Teilwertes** angesetzt werden dürfen, eine – wenn auch grob vereinfachende – Regelung für das Problem der Abzinsung von Rückstellungen geschaffen.

5.43 Rückstellungen im Einkommensteuerrecht

5.431 Allgemeines

Steuerrechtlich besteht die Passivierungspflicht auf Grund der **Maßgeblichkeit der Unternehmensbilanz** für alle der Rechnungslegungspflicht unterliegenden Unternehmer. Insoweit jedoch eine Rückstellung in der Unternehmensbilanz über die nach den Grundsätzen ordnungsmäßiger Buchführung notwendige Höhe hinausgeht, steht die Finanzverwaltung, durch die Rechtsprechung des Verwaltungsgerichtshofes unterstützt, auf dem Standpunkt, dass die Maßgeblichkeit der Unternehmensbilanz nur bis zu jener Höhe gilt, die den Grundsätzen ordnungsmäßiger Buchführung entspricht.

Um eine Rückstellung **steuerlich zu rechtfertigen**, muss „auf Grund der bisherigen Erfahrung ernsthaft (mit einer gewissen Wahrscheinlichkeit) mit dem Entstehen einer Schuld (bzw des aus der Schuld erwachsenden Aufwandes) auf Grund eines im abgelaufenen Wirtschaftsjahr liegenden Sachverhalts (Betriebsvorganges) gerechnet werden" (*Schubert/Pokorny/Schuch*, 253 f). „Die Rückstellung kann nur in der Höhe gebildet werden, in der der Erfolg – ernstlich, mit größter Wahrscheinlichkeit – mit künftigen Ausgaben belastet wird." (VwGH 16.10.1959, 862/59, und 20.11.1959, 540/59).

Bei **Aufwandsrückstellungen** steht die Finanzverwaltung auf dem Standpunkt, dass (zumindest bis zum EU-GesRÄG) keine GoB für die Bildung von Aufwandsrückstellungen bestanden haben, „wofür auch die nicht namentliche Erwähnung dieser Rückstellungen in § 198 Abs 8 aF spricht". Auch hier hat der VwGH der Finanzverwaltung Recht gegeben und die Möglichkeit der Bildung von Aufwandsrückstellungen ausdrücklich verneint und als Voraussetzung für die Bildung von Rückstellungen eine Verpflichtung zum Bilanzstichtag angesehen.

5.432 Gesetzliche Regelung

Um der für die Finanzverwaltung nicht immer nachvollziehbaren Entwicklung der GoB im Hinblick auf die Rückstellungsbildung steuerlich nicht folgen zu müssen, hat der Gesetzgeber versucht, die Bildung von Rückstellungen im Einkommensteuergesetz umfassend zu regeln:

So finden sich im

§ 14 Abs 1–6 EStG die Rückstellungen für Anwartschaften auf Abfertigungen,

§ 14 Abs 7–11 EStG die Rückstellungen für laufende Pensionen und Anwartschaften auf Pensionen,

§ 9 die sonstigen Rückstellungen. Diese Bestimmung wurde mit dem Steuerreformgesetz 1993 (Einkommensteuerreform 1994) in das Einkommensteuergesetz aufgenommen und mit dem Steuerreformgesetz 2000 ergänzt.

Gem § 9 Abs 1 dürfen Rückstellungen mit steuerlicher Wirkung nur für

1. Anwartschaften auf Abfertigungen,
2. laufende Pensionen und Anwartschaften auf Pensionen,
3. sonstige ungewisse Verbindlichkeiten, wenn die Rückstellungen nicht Abfertigungen, Pensionen oder Jubiläumsgelder betreffen,
4. drohende Verluste aus schwebenden Geschäften

gebildet werden.

Rückstellungen im Sinne der Zahlen 3 und 4 dürfen **nicht pauschal** gebildet werden. Die Bildung von **Rückstellungen** ist nur dann zulässig, wenn konkrete Umstände nachgewiesen werden können, nach denen im jeweiligen Einzelfall mit dem Vorliegen oder dem Entstehen einer Verbindlichkeit (eines Verlustes) ernsthaft zu rechnen ist (§ 9 Abs 3).

Zur Frage der Pauschalrückstellungen ist zu bemerken, dass die steuergesetzliche Regelung keinen Einfluss auf die unternehmensrechtliche Bildung haben darf; mit anderen Worten: Pauschalrückstellungen sind unternehmensrechtlich jedenfalls zu bilden, wenn es die GoB verlangen.

Rückstellungen für die Verpflichtung zu einer **Zuwendung anlässlich eines Firmenjubiläums** dürfen nicht gebildet werden (§ 9 Abs 4), wohl aber solche für **Dienstjubiläen**.

Rückstellungen für sonstige ungewisse Verbindlichkeiten und für drohende Verluste aus schwebenden Geschäften, deren Laufzeit am Bilanzstichtag **mehr als zwölf Monate** beträgt, sind mit **80% des Teilwertes** anzusetzen, wobei der maßgebliche Teilwert ohne Abzinsung zu ermitteln ist (§ 9 Abs 5).

Aufwandsrückstellungen werden steuerlich nicht anerkannt.

5.433 Rückstellungen gemäß den Einkommensteuerrichtlinien 2000

Nähere Erläuterungen zu den Rückstellungen finden sich in den Einkommensteuerrichtlinien 2000, Abschnitt 8, Rz 3301–3532:

Gem Rz 3304 gilt grundsätzlich das **Maßgeblichkeitsprinzip** der Unternehmensbilanz, soweit sich nicht aus der taxativen Aufzählung des § 9 ein Passivierungsverbot ergibt.

Rz 3308 weist darauf hin, dass eine Rückstellung nur im Jahr des wirtschaftlichen Entstehens des Schuldgrundes zu bilden ist. Eine **unterlassene Rückstellung** darf in späteren Jahren nicht nachgeholt werden. Gebildete Rückstellungen sind in den Folgebilanzen fortzuführen, solange die Gründe für die Bildung der Rückstellung nicht weggefallen sind; sie sind jedoch in jedem Folgejahr neu zu bewerten.

5.433.1 Rückstellungen für ungewisse Verbindlichkeiten

Um eine **Rückstellung für ungewisse Verbindlichkeiten** zu bilden, bedarf es einer Verpflichtung gegenüber Dritten, die sich entweder als privatrechtliche, öffentlich-rechtliche oder wirtschaftliche Verpflichtung darstellen kann (Rz 3313). **Privatrechtliche Verpflichtungen** können auf vertraglicher oder deliktischer Grundlage (zB Rechts- und Beratungskosten, Pfandverbindlichkeiten, drohende Inanspruchnahme aus Bürgschaften, vertraglich vereinbarte Miet- oder Pachterneuerungskosten, Gewährleistungsansprüche) basieren. **Öffentlich-rechtliche Verpflichtungen** gehen zB auf Gesetz, Verordnung oder Bescheid zurück (zB Rückstellung für Umzugsräumungskosten, Baustellenräumungskosten, sonstige Räumungs- und Entsorgungspflichten). **Wirtschaftliche Verpflichtungen** sind beispielsweise Rückstellungen für nicht einklagbare Kulanzfälle oder für freiwillig gewährte zusätzliche Arbeitsentgelte.

Gemäß Rz 3315 f dürfen **Rückstellungen für ungewisse Verbindlichkeiten** somit nur gebildet werden, wenn folgende Voraussetzungen erfüllt werden:

- Es müssen konkrete Umstände nachgewiesen werden können (dh Nachweis darüber, dass ein „Schaden“ bis zum Bilanzstichtag tatsächlich entstanden ist; keine bloße Vermutung),

- nach denen im jeweiligen Einzelfall
- mit dem Vorliegen oder dem Entstehen einer Verbindlichkeit (eines Verlustes) ernsthaft zu rechnen ist. Gemäß Rz 3316 reicht die bloße Möglichkeit der Inanspruchnahme somit nicht aus. Der Abgabepflichtige muss vielmehr entweder ausdrücklich mit einer Inanspruchnahme konfrontiert werden (zB schriftliche Inanspruchnahme einer Gewährleistungs- oder Garantieverpflichtung, behördlicher Auftrag zur Beseitigung eines Umweltschadens) oder selbst Schritte zur Sanierung eines eingetretenen Schadens gesetzt haben, die eine schriftliche Inanspruchnahme im Einzelfall erübrigen (zB Bekanntgabe einer Rückholaktion in den Medien, Nachweis einer innerbetrieblichen Beschlussfassung über eine durchzuführende Rückholaktion).

  Bei diesen Voraussetzungen handelt es sich um Beurteilungskriterien, die dem Grunde nach bereits zum Bilanzstichtag vorliegen müssen. Gemäß Rz 3318 bestehen jedoch keine Bedenken, in jenen Fällen mit steuerlicher Wirksamkeit Rückstellungen zu bilden, in denen der Abgabepflichtige innerhalb von drei Monaten nach dem Bilanzstichtag, jedenfalls aber vor dem Bilanzerstellungstag, vom Vorliegen dieser Umstände zum Bilanzstichtag Kenntnis erlangt hat. Derjenige, der den Anspruch geltend macht, muss nachweislich bis zum Bilanzstichtag des Abgabepflichtigen Kenntnis von den Umständen erlangt haben, auf die er seinen Anspruch gründet (Rz 3318).

Die in den Richtlinien zum Ausdruck gebrachte Meinung bezüglich der Wertaufhellung innerhalb von drei Monaten ist gesetzeswidrig, da § 201 Abs 2 Z 4 b eindeutig zum Ausdruck bringt, dass „erkennbare Risiken und drohende Verluste, die in dem Geschäftsjahr oder einem früheren Geschäftsjahr entstanden sind, zu berücksichtigen sind, selbst wenn diese Umstände erst zwischen dem Abschlußstichtag und dem **Tag der Aufstellung** des Jahresabschlusses bekannt geworden sind".

Ebenfalls gesetzeswidrig und geradezu sinnwidrig ist die Aussage, dass derjenige, der den Anspruch geltend macht, nachweislich bis zum Bilanzstichtag des Abgabepflichtigen Kenntnis von den Umständen erlangt haben muss, auf die er seinen Anspruch gründet.

Folgender Fall ist tatsächlich eingetreten: Bei einem nachweislich im September des Wirtschaftsjahres 19… erzeugten und in die USA exportierten Produkt traten infolge der Verwendung eines falschen Kunststoffes, der zu einem vorzeitigen Alterungsprozess führte, im April des Folgejahres zahlreiche Bruchschäden auf, die als Serienschäden zu qualifizieren waren. Die ersten Reklamationen wurden noch im April des Folgejahres gestellt, die in der Folge (Ende Mai) zu einer Rückholaktion führten. Die Bilanz des Wirtschaftsjahres 19… wurde auf Grund der bekannt gewordenen Schäden erst im August des Folgejahres fertig gestellt und auch geprüft. Das Unternehmen war unternehmensrechtlich und steuerrechtlich (entgegen der Aussage der Einkommensteuerrichtlinien) verpflichtet, eine Rückstellung für alle bereits gestellten und noch zu erwartenden Reklamationen zu bilden.

5.433.2 Rückstellungen für vorbelastete Einnahmen

Gemäß Rz 3303 sind Rückstellungen auch im Zusammenhang mit „**vorbelasteten Einnahmen**" zu bilden: Sind mit bestimmten Einnahmen eines Wirtschaftsjahres bestimmte künftige Ausgaben zwangsläufig in einer Weise verbunden, dass sie wirtschaftlich betrachtet bereits das Jahr der Einnahmen treffen, dann sind diese künftigen Ausgaben bereits für das Jahr, in dem die Einnahmen erzielt werden, zu passivieren (Rückstellungen für Rekultivierungsaufwendungen, Deponierückstellung, Wiederaufforstungskosten).

5.433.3 Hohe Wahrscheinlichkeit eines Vermögensabflusses

Gemäß Rz 3313 ist gemeinsames Merkmal aller Rückstellungen, dass gegenüber Dritten eine Leistungsverpflichtung besteht, die mit **hoher Wahrscheinlichkeit** zu einem **Vermögensabfluss** in der Zukunft führt. Daher muss es sich um **sofort abziehbare Ausgaben** und nicht um vorweggenommene Anschaffungs- oder Herstellungskosten handeln.

Der Begriff „**hohe Wahrscheinlichkeit**" wird in Rz 3317 näher erklärt: Die Gründe für eine künftige Inanspruchnahme müssen gewichtiger sein als jene Gründe, die dagegen sprechen. Dies ist nach objektiven Kriterien zu beurteilen.

5.433.4 Einzel- und Pauschalrückstellungen

Gemäß Rz 3315 ist die Bildung von Verbindlichkeitsrückstellungen nur zulässig, wenn konkrete Umstände nachgewiesen werden können, nach denen im jeweiligen Einzelfall mit dem Vorliegen oder dem Entstehen einer Verbindlichkeit ernsthaft zu rechnen ist **(Einzelrückstellungen)**.

Gemäß Rz 3319 sind steuerlich unzulässige **Pauschalrückstellungen** solche, bei denen die Wahrscheinlichkeit der Inanspruchnahme durch Dritte gegeben ist, ohne dass bereits konkrete Umstände im jeweiligen Einzelfall eine Verbindlichkeit (Verpflichtung) erwarten lassen. Dazu zählen bestimmte Arten dem Grunde nach pauschal gebildeter Verbindlichkeitenrückstellungen (zB vom Umsatz abgeleitete Rückstellungen für Gewährleistungen, Garantieverpflichtungen, Kulanzfälle, Produkthaftung, Umwelthaftung).

So ist beispielsweise eine Gewährleistungsrückstellung von 10% des Umsatzes der verkauften Neuwagen auch dann unzulässig, wenn entsprechende Erfahrungswerte vorliegen. Ist jedoch ein bestimmtes Modell eines Autoherstellers von einem Serienmangel betroffen, für den bereits zum Teil Gewährleistungsansprüche geltend gemacht wurden, und wird in den Medien eine Rückholaktion bekannt gegeben, kann eine Rückstellung für alle zu erwartenden Ansprüche gebildet werden (**pauschal berechnete steuerlich zulässige Einzelrückstellung**).

5.433.5 Rückstellungen für drohende Verluste aus schwebenden Geschäften

Wenn gem Rz 3320 am Bilanzstichtag der Wert der Leistungsverpflichtung aus einem Vertragsverhältnis den Wert der Gegenleistung übersteigt, also aus dem Geschäft ein Verlust droht, so ist dieser im Wege einer Rückstellung jener Periode zuzuweisen, in welcher sich die Unausgewogenheit von Leistung und Gegenleistung einstellt.

Voraussetzung einer Rückstellung für drohende Verluste aus schwebenden Geschäften ist, dass der Vertrag bereits abgeschlossen oder zumindest ein verbindliches Vertragsangebot vom Rückstellungsbildenden gestellt worden ist.

Gem Rz 3321 ergibt sich aus dem Grundsatz der **Einzelbewertung** die Verpflichtung, jedes einzelne schwebende Geschäft für sich daraufhin zu prüfen, ob daraus ein Verlust droht.

Rz 3322 weist darauf hin, dass keine Saldierung mit gewinnbringenden gleichartigen Geschäften vorzunehmen ist. **Erfolgsmäßig miteinander verknüpfte Geschäfte sind aber als Einheit zu bewerten**.

Ansatz von Verbindlichkeits- und Drohverlustrückstellungen mit 80% des Teilwertes

Mit Ausnahme von Abfertigungs-, Pensions- und Jubiläumsrückstellungen sowie von Rückstellungen, die vom Bilanzstichtag an gerechnet mit hoher Wahrscheinlichkeit **nur mehr weniger als zwölf Monate** weiter bestehen, dürfen Verbindlichkeits- und Drohverlustrückstellungen nur mit 80% des Teilwertes angesetzt werden.

Gemäß Rz 3309b ist für die Beurteilung der **Zwölfmonatsfrist** der Zeitpunkt des Wegfallens des Rückstellungsgrundes (regelmäßig der Zeitpunkt der Entstehung der Verbindlichkeit, nicht aber der Zeitpunkt des aus der Verbindlichkeit resultierenden Geldflusses) maßgebend. Es bestehen keine Bedenken, Rückstellungen für Verbindlichkeiten aus **nicht konsumierten Urlauben** generell ungekürzt anzusetzen.

Die Beurteilung, ob eine Rückstellung gekürzt oder ungekürzt anzusetzen ist, ist für jede einzelne Rückstellung insgesamt anzustellen; eine Aufteilung in **eine lang- und eine kurzfristige Rückstellung** ist gesetzlich nicht vorgesehen und hat daher zu unterbleiben. Eine Kürzung auf 80% des gesamten Teilwertes ist daher auch dann vorzunehmen, wenn ein (erheblicher) Teilbetrag schon innerhalb von zwölf Monaten nach Bilanzstichtag geleistet wird (Rz 3309c).

Eine auf Grund **falscher Einschätzung** gekürzt oder ungekürzt angesetzte Rückstellung ist nach Entdeckung nicht zu berichtigen, wenn die Einschätzung mit der Sorgfalt eines ordentlichen Unternehmers erfolgt ist (Rz 3309d).

Soweit eine in der Unternehmensbilanz vorgenommene Abzinsungung einer Rückstellung zu einem Betrag von weniger als 80% des Teilwertes (vor Kürzung) führt, ist eine weitere steuerliche Kürzung desselben nicht vorzunehmen (Rz 3309e).

5.433.6 (Steuerlich nicht ansatzfähige) Aufwandsrückstellungen

Aufwandsrückstellungen sind Rückstellungen, die für künftigen Aufwand, der seine Ursache in der vergangenen Periode hat, gebildet werden, wobei aber **keine Verpflichtung gegenüber Dritten** gegeben ist (zB Rückstellungen für unterlassene Instandhaltungen).

Rz 3328 zählt folgende Aufwandsrückstellungen auf:

- Unterlassene Instandhaltungen, soferne Dritten gegenüber keine Instandhaltungsverpflichtung gegeben ist
- Entsorgungsmaßnahmen, soferne keine Entsorgungsverpflichtung gegeben ist
- Aufräumungsarbeiten nach Katastrophenschäden
- Freiwillige Rekultivierung
- Unterlassener Forschungs- und Reklameaufwand
- Substanzerhaltung bei steigenden Wiederbeschaffungskosten
- Freiwillige Abraumbeseitigung
- Selbstversicherung bei nicht versicherten Schadensfällen.

5.44 Die Rückstellungen im Einzelnen

5.441 Rückstellungen für Abfertigungen

Im Jahre 2002 erfolgte eine völlige Neuordnung der Abfertigungsbestimmungen, weswegen nachfolgend beide Systeme dargestellt werden sollen. Dies ist auch deswegen erforderlich, weil für alle Arbeitnehmer eines Unternehmens, deren Dienstverhältnis bis zum 31.12.2002 begründet wurde und die nicht auf das neue System umsteigen wollen, das bisherige System weiterhin gilt (Näheres siehe unter Abschnitt 5.441.42, Übergangsregelungen).

System Abfertigung alt

Bereits im Jahre 1921 sah das Angestelltengesetz Abfertigungen an jene Angestellten vor, die vom Unternehmen gekündigt wurden. Die Höhe der Abfertigung richtete sich nach der Höhe der Bezüge und der Dauer der Betriebszugehörigkeit. In den Jahren nach 1945 wurde das System so weit ausgebaut, dass jeder Arbeitnehmer (soweit er nicht pragmatisierter Beamter einer öffentlich-rechtlichen Körperschaft war) im Falle der Kündigung durch den Arbeitgeber, im Falle der einvernehmlichen Auflösung des Dienstverhältnisses und im Falle des Ausscheidens wegen Pensionsantrittes Anspruch auf Abfertigung hatte, die sich nach der Dauer der Betriebszugehörigkeit richtete. Der Unternehmer war somit verpflichtet, für die voraussichtlich entstehenden Abfertigungsansprüche Rückstellungen zu bilden. Diese Bestimmung gilt heute noch immer für jene Arbeitnehmer, deren Dienstverhältnis bis zum 31. Dezember 2002 begründet wurde und die nicht für das System „Abfertigung neu" optiert haben. Für diese gelten auch die **nachfolgenden Ausführungen.**

5.441.1 Bewertung der Abfertigungsrückstellungen im UGB

Den nicht optiert habenden Arbeitnehmern gebührt gem § 23 Abs 1 des Angestelltengesetzes bei Auflösung des Dienstverhätnisses eine Abfertigung, wenn das Dienstverhältnis ununterbrochen drei Jahre gedauert hat. Die Abfertigung beträgt das Zweifache des dem Angestellten für den letzten Monat des Dienstverhältnisses gebührenden Entgelts und erhöht ich stufenweis, bis nach 25 Dienstjahren das Zwölffache des monatlichen Entgelts erreicht ist. Gem § 2 Arbeiter-Abfertigungsgesetz ist § 23 Angestelltengesetz sinngemäß auf die Abfertigung von Arbeitern anzuwenden.

Unternehmensrechtlich sind nach § 211 Abs 2 UGB für alle nicht auf das neue System umgestiegenen Mitarbeiter Anwartschaften auf Abfertigungen mit dem sich nach versicherungsmathematischen Grundsätzen ergebenden Betrag anzusetzen. Vereinfachend kann ein bestimmter Prozentsatz der fiktiven Ansprüche zum jeweiligen Bilanzstichtag angesetzt werden, sofern dagegen im Einzelfall keine erheblichen Bedenken bestehen. Die Verwendung eines bestimmten Prozentsatzes hatte seinen Ursprung in der steuerlich vorgeschriebenen Berechnung gem § 14 EStG. In der Frage, wann erhebliche Bedenken zur Verwendung eines bestimmten Prozentsatzes bestehen, gibt das Gesetz selbst keine Antwort. Die Formulierung in § 211 Abs 2 UGB ist jedenfalls nicht so zu verstehen, dass an jedem Bilanzstichtag eine auf versicherungsmathematischen Grundsätzen basierende Kontrollrechnung zu erfolgen hat, da in diesem Fall ohnehin die Ergebnisse der Kontrollrechnung für die Rückstellungsbildung herangezogen werden könnten. Eine entsprechende Kontrollrechnung in regelmäßigen Abständen bzw dann, wenn es besondere Umstände verlangen, wird als ausreichend angesehen. So wird bei einer völlig atypischen Altersstruktur bzw bei einer geplanten Kündigungswelle oder Betriebseinstellung eine Bewertung nach versicherungsmathematischen Grundsätzen erforderlich sein. Dabei ist allerdings darauf zu achten, wie konkret derartige Überlegungen gediehen sind bzw wie fix der geplante Stichtag der Kündigung bereits ist.

Man kann jedoch davon ausgehen, dass erhebliche Bedenken dann auftreten, wenn die Abweichung zur versicherungs- bzw finanzmathematischen Berechnung 5–10% übersteigt. Der noch tragbare Abweichungsprozentsatz wird auch durch das Verhältnis von Abfertigungsrückstellung zum Eigenkapital des Unternehmens bestimmt. Je höher das Eigenkapital ist, desto größer kann die Abweichung sein.

5.441.2 Bewertung der Abfertigungsrückstellungen gem § 14 EStG

Gem § 14 EStG hatte der Arbeitgeber eine Vorsorge für künftige Abfertigungen bis zu einem Ausmaß von 80% (später 50%) des Betrages, der den Arbeitnehmern bei der Auflösung des Dienstverhältnisses am Bilanzstichtag als Abfertigung auf Grund gesetzlicher Anordnung oder auf Grund eines Kollektivvertrages bezahlt werden müsste, zu Lasten des Gewinnes zu bilden.

Beginnend ab 1994 konnte die Vorsorge für Abfertigungen für Arbeitnehmer, die am Bilanzstichtag das 50. Lebensjahr vollendet haben, in fünf Jahresraten von 50% auf 60% der Ansprüche aufgestockt werden. Das Höchstmaß von 60% für diesen Personenkreis konnte somit erst ab 1998 erreicht werden.

Spätestens am Schluss jedes Wirtschaftsjahres mussten österreichische festverzinsliche Wertpapiere, Daueremissionen inländischer Schuldner oder Forderungen aus Schuldscheindarlehen an die Republik Österreich im Nennbetrag von mindestens 50% des am Schluss des vorangegangenen Wirtschaftsjahres in der Bilanz ausgewiesenen Vorsorgebetrages für künftige Abfertigungen im Betriebsvermögen vorhanden sein.

In § 14 Abs 1 EStG wird bestimmt, dass für Wirtschaftsjahre, die nach dem 31.12.2001 enden, nur mehr bis zu 47,5% der fiktiven Abfertigungsansprüche und in den danach folgenden Jahren nur mehr bis zu 45% der fiktiven Ansprüche als Rückstellung ausgewiesen werden können. Nur für Arbeitnehmer, die bis zum Bilanzstichtag das 50. Lebensjahr vollendet haben, bleibt das Ausmaß von 60% bestehen.

Gem § 124b Z 69 EStG konnte die Wertpapierdeckung in dem nach dem 31.12.2002 endenden Wirtschaftsjahr (2003) auf 40%, im darauf folgenden Jahr (2004) auf 30%, im nächstfolgenden Wirtschaftsjahr (2005) auf 20% und schließlich (2006) auf 10% des am Schluss des vorangegangenen Wirtschaftsjahres ausgewiesenen Rückstellungsbetrages vermindert werden. Ab 2007 ist keine Wertpapierdeckung mehr erforderlich.

Steuerpflichtige, die ihren Gewinn gem § 4 Abs 3 EStG ermitteln, können in der Steuererklärung gem § 14 Abs 5 EStG beantragen, dass ein gleich hoher Betrag wie bei bilanzierenden Unternehmen steuerfrei bleibt.

5.441.3 Fachgutachten KFS/RL 2 zur Abfertigungsrückstellung in der Fassung 2004

Da das UGB keine näheren Vorschriften darüber enthält, wie der sich nach versicherungsmathematischen bzw finanzmathematischen Grundsätzen ergebende Betrag zu ermitteln ist, hat der Fachsenat für Unternehmensrecht und Revision der KWT im Jahre 1992 im Fachgutachten KFS/RL 2 „Grundsätze ordnungsgemäßer Bilanzierung von Abfertigungsverpflichtungen nach den Vorschriften des Rechnungslegungsgesetzes“ zur Frage Stellung genommen, welche Grundsätze bei der Berechnung betriebswirtschaftlich begründeter Rückstellungen für Abfertigungsverpflichtungen zu beachten sind und wie diese Rückstellungen zu berechnen sind. Im Jahr 2004 wurde das FG teilweise abgeändert und ergänzt.

Das FG geht einleitend auf Wesen und Grenzen der Anwendung versicherungsmathematischer Grundsätze im Rahmen der Bewertung der Anwartschaften auf Abfertigungen ein und führt aus, dass eine **versicherungsmathematische Berechnung** der Abfertigungsrückstellung die Wahrscheinlichkeit jeder möglichen Beendigung des Dienstverhältnisses (Übertritt in den Ruhestand, Tod des Dienstnehmers ohne bzw unter Hinterlassung gesetzlicher Erben, zu deren Erhaltung der Verstorbene gesetzlich verpflichtet war, Ausscheiden von Frauen nach Geburt eines Kindes, Kündigung durch den Dienstgeber vor Erreichen des Pensionsalters) und der dabei anfallenden Abfertigungszahlungen berücksichtigen müsste. Die versicherungsmathematische Berechnung führe daher zu einem Ergebnis, das auch bei Wirksamkeit des Gesetzes der großen Zahl mit erheblicher Ungewissheit behaftet sei. Aus diesem Grund wird die Eignung eines **vereinfachten Berechnungsverfahrens nach finanzmathematischen Grundsätzen**, das im Ergebnis dem einer versicherungsmathematischen Berechnung nahe kommt, für die Berechnung der Abfertigungsrückstellung untersucht.

Dabei wird nach den vorliegenden Erfahrungen davon ausgegangen, dass der Übertritt von Mitarbeitern in den Ruhestand in der Regel den wichtigsten Anlassfall für die Bezahlung von gesetzlichen und kollektivvertraglichen Abfertigungen darstelle:

„Für diesen Anlaßfall ist es wirtschaftlich richtig, die bis zum Zeitpunkt des Übertrittes in den Ruhestand entstehende Abfertigungsverpflichtung in ähnlicher Weise wie den Barwert der Pensionszahlungen (im Zeitpunkt des Erreichens des Pensionsalters) während der aktiven Dienstzeit unter Anwendung finanzmathematischer Berechnungsmethoden anzusammeln."

Aus der weiteren Untersuchung wird die Schlussfolgerung gezogen, dass bei Vernachlässigung der Auflösungsgründe

- Kündigung des Dienstnehmers durch den Dienstgeber vor Übertritt in den Ruhestand (Anfall der vollen Abfertigung) und
- Ausscheiden von Dienstnehmern ohne Abfertigung (Fluktuation),

sich das Ergebnis einer finanzmathematischen Berechnung der Abfertigungsrückstellung in der Regel nicht wesentlich vom Ergebnis einer versicherungsmathematischen Berechnung unterscheide, bei der die beiden vorgenannten Auflösungsgründe gleichfalls nicht berücksichtigt werden könnten.

Wenn damit gerechnet werden könne, dass diese beiden vorgenannten Auflösungsgründe in Zukunft von geringer Bedeutung sein werden, sei die Annahme vertretbar, dass sich die positiven und negativen Auswirkungen aller vom Pensionierungsfall abweichenden Auflösungsgründe weitgehend ausgleichen und daher vernachlässigt werden können. Bei größerem Gewicht der vorgenannten

Auflösungsgründe müssen sie bei der finanzmathematischen Berechnung durch Zuschläge und Abschläge berücksichtigt werden.

Grundlagen der Berechnung der Deckungsrückstellung für den Pensionierungsfall (Abschnitt 3.2. des FG)

Bei der Berechnung der Rückstellung für Anwartschaften auf Abfertigungen ist davon auszugehen, dass die im Zeitpunkt des Übertritts in den Ruhestand anfallende Abfertigung eine zusätzliche Vergütung für die Dienstleistung während der aktiven Dienstzeit darstellt. Die im Zeitpunkt des Übertritts in den Ruhestand anfallende Abfertigung ist daher während der aktiven Dienstzeit anzusammeln. Eine betriebswirtschaftlich richtige und den allgemeinen Grundsätzen ordnungsmäßiger Bilanzierung entsprechende Ansammlung erfolgt in der Weise, dass die jährliche Erhöhung der Rückstellung – unter der theoretischen Annahme eines gleichbleibenden Bezugs – der Summe aus einem gleichbleibenden Prämienbetrag und der Verzinsung der angesammelten Rückstellung entspricht (**Anwartschaftsdeckungsverfahren**).

Bei der Berechnung der Rückstellung für einen bestimmten Bilanzstichtag sind für jeden Dienstnehmer die folgenden Faktoren zu berücksichtigen:

a) der Zeitpunkt des Eintritts in das Unternehmen;
b) der Zeitpunkt des Übertritts in den Ruhestand;
   aus a) ergibt sich für den jeweiligen Bilanzstichtag die bisherige Dienstzeit,
   aus a) und b) ergibt sich die gesamte Dienstzeit (Zeitraum zwischen Eintritt in das Unternehmen und Übertritt in den Ruhestand);
c) der Abfertigungsanspruch im Zeitpunkt des Übertritts in den Ruhestand als Produkt aus dem für die Berechnung maßgebenden Monatsentgelt und dem von der tatsächlichen bzw der vertraglich anrechenbaren Dienstzeit abhängigen Vervielfacher;
d) der Rechnungszinssatz.

Die finanzmathematische Berechnung kann mit Hilfe der Tabellenwerte für den Endwert einer vorschüssigen Rente nach folgender Formel durchgeführt werden:

$$\textbf{Maßgebender Abfertigungsanspruch} \times \frac{\textbf{Renten-Endwertfaktor für die bisherige Dienstzeit}}{\textbf{Renten-Endwertfaktor für die gesamte Dienstzeit}}$$

Der in der Berechnung anzusetzende maßgebende Abfertigungsanspruch ergibt sich als Produkt aus dem am Bilanzstichtag maßgebenden Monatsentgelt und dem für die tatsächliche bzw die vertraglich anrechenbare Dienstzeit im Pensionierungsfall gültigen Vervielfacher.

Zu den einzelnen Berechnungsfaktoren (Abschnitt 3.3 des FG)

Der Zeitpunkt des Übertritts in den Ruhestand

Als Zeitpunkt des Übertritts in den Ruhestand kommt grundsätzlich die Erreichung folgender Altersgrenzen durch den Dienstnehmer in Betracht:

a) das normale Pensionsalter gemäß der derzeitigen Rechtslage (65 bzw 60 Jahre),

b) das durchschnittliche Pensionsalter nach den statistischen Unterlagen des Unternehmens,
c) das durchschnittliche Pensionsalter nach den statistischen Unterlagen der Pensionsversicherungsanstalten,
d) das frühestmögliche Pensionsalter nach den gesetzlichen Vorschriften
e) bei einzelvertraglicher Regelung – insbesondere bei Personen, deren Übertritt in den Ruhestand von der gesetzlichen Regelung für die Inanspruchnahme einer Sozialversicherungspension nicht abhängig ist – der vertragliche Zeitpunkt.

Künftige Änderungen des Pensionsrechts können bei der Entscheidung über das zugrunde zu legende Pensionsalter nur berücksichtigt werden, wenn sie ausreichend konkretisiert sind.

Die Auswirkung des der Berechnung zugrunde gelegten Pensionsalters auf die Höhe der Abfertigungsrückstellung wird in Abschnitt 3.3.4 des FG behandelt. Auf Grund der dort getroffenen Feststellungen ergibt sich, dass dem Grundsatz der Vorsicht entsprochen wird, wenn bei der Berechnung der Deckungsrückstellung vom Alter bei frühestmöglicher Beanspruchung der Alterspension ausgegangen wird.

Es bestehen keine Einwendungen gegen den Ansatz des durchschnittlichen Pensionsalters nach den statistischen Unterlagen des Unternehmens, falls diese für die Zukunft repräsentativ sind.

Der Abfertigungsanspruch im Zeitpunkt des Übertritts in den Ruhestand

a) **Der Anspruch bei nominell gleichbleibenden Bezügen**
Bei nominell gleichbleibenden Bezügen bleibt der Abfertigungsanspruch im Zeitpunkt des Übertritts in den Ruhestand während der gesamten aktiven Dienstzeit unverändert. Bei der Berechnung der Deckungsrückstellung für zwei aufeinanderfolgende Bilanzstichtage erhöht sich bei nominell unveränderten Bezügen lediglich der Renten-Endwertfaktor für die bisherige Dienstzeit (vgl das Berechnungsbeispiel in Beilage II des FG).
b) **Die Berücksichtigung von Veränderungen der Bezüge**
Veränderungen (in der Regel Erhöhungen) der Bezüge verändern das für den (neuen) Berechnungsstichtag maßgebende Monatsentgelt und damit den Abfertigungsanspruch im Zeitpunkt des Übertritts in den Ruhestand. Die Berechnung nach der in Abschnitt 3.2 des FG dargestellten Formel führt im Jahr der Änderung des Bezugs zu einer Berichtigung des Abfertigungsaufwandes für die bisherige Dienstzeit. Dies entspricht im Ergebnis dem Teilwertverfahren bei Berechnung der Pensionsrückstellung (vgl das Berechnungsverfahren in Beilage III des FG).

Bei der Beurteilung der betriebswirtschaftlichen Richtigkeit dieser Vorgangsweise sind die Ursachen der Bezugsänderungen zu beachten; diese können sein:

- Anpassungen der Bezüge an Veränderungen des Geldwerts,
- zusätzliche Änderungen bei unveränderter Qualifikation auf Grund einer Änderung des realen Lohn- und Gehaltsniveaus,
- im Voraus feststehende Erhöhungen der Bezüge, die von der Dienstzeit im Unternehmen abhängig sind (zB Biennalerhöhungen), oder
- qualifikationsbedingte Bezugsänderungen.

Eine betriebswirtschaftlich richtige Behandlung der Änderungen von Bezügen und der daraus resultierenden Änderungen der Abfertigungsverpflichtungen hätte nach folgenden Grundsätzen zu erfolgen:

Änderungen der Abfertigungsverpflichtungen, die auf Bezugsänderungen zur Anpassung an Geldwertänderungen zurückzuführen sind, sind auf die gesamte aktive Dienstzeit zu verteilen; die in der Vergangenheit gebildeten Rückstellungen sind an die geänderten (erhöhten) Abfertigungsansprüche anzupassen. Die Abfertigungsrückstellung stellt sich demnach als eine wertgesicherte Verpflichtung dar.

Änderungen der Abfertigungsverpflichtungen, die auf qualifikationsbedingte Bezugsänderungen zurückzuführen sind, sind auf die restliche Dienstzeit zu verteilen; dasselbe gilt für Änderungen der Abfertigungsverpflichtungen, die auf die Veränderung des realen Lohn- und Gehaltsniveaus zurückzuführen sind.

Im Voraus feststehende dienstzeitabhängige Erhöhungen wären auf die restliche Dienstzeit zu verteilen, wenn man unterstellen kann, dass sie ein Äquivalent für Qualifikationserhöhungen darstellen; sie wären dagegen auf die gesamte Dienstzeit zu verteilen (dh bei der Berechnung von Anfang an zu berücksichtigen), wenn sie unabhängig von künftigen Qualifikationserhöhungen eingeräumt werden.

Eine differenzierte Behandlung der Bezugsänderungen bei der Berechnung der Deckungsrückstellung ist nicht praktikabel, da eine eindeutige Aufgliederung von Bezugsänderungen nach den obigen theoretischen Komponenten vielfach nicht möglich ist; im Hinblick auf die sonstigen mit der Berechnung der Abfertigungsrückstellung verbundenen Unsicherheitsfaktoren würde eine diesbezügliche Verfeinerung der Berechnung auch zu keiner wesentlichen Erhöhung der Genauigkeit des Ergebnisses führen. Es ist daher zu empfehlen, die im Abschnitt 3.2 des FG angeführte Berechnungsformel für jede Art von Bezugsänderungen anzuwenden; der Umstand, dass diese Berechnungsmethode bei bestimmten Bezugserhöhungen zu einer höheren als der wirtschaftlich gebotenen Rückstellung führt, kann bei der Bemessung des Rechnungszinssatzes berücksichtigt werden.

Das für die Höhe des Abfertigungsanspruchs maßgebende Entgelt umfasst auch die in den letzten zwölf Monaten im Durchschnitt bezahlten variablen Entgeltsteile (einschl regelmäßiger Überstundenentgelte). Wenn diese variablen Entgeltsteile besonders hoch sind und wenn anzunehmen ist, dass ihr Ausmaß im Pensionierungszeitpunkt vom Ausmaß im Zeitpunkt der Berechnung der Rückstellung erheblich abweicht, kann es angezeigt sein, diesen Umstand bei der Berechnung der Deckungsrückstellung zu berücksichtigen.

Der Rechnungszinssatz

(Die nachfolgenden Ausführungen zum Rechnungszinssatz gelten auch für die Pensions- und Jubiläumsrückstellung.)

Da Geldwertänderungen in den Bezügen der Dienstnehmer ihren Niederschlag finden und die Abfertigungsverpflichtungen daher wertgesicherte Verpflichtungen darstellen, ist der Berechnung nicht ein nomineller Zinssatz, sondern der **langfristig erzielbare Realzinssatz** (das ist der Unterschied zwischen dem nominellen Kapitalmarktzinssatz und der Geldentwertungsrate) zugrunde zu legen; dieser beträgt nach den Erfahrungen der letzten Jahrzehnte höchstens 3,0 bis 4,0% pa (Änderung und Ergänzung des FG KFS/RL 2 und 3 vom Mai 2004). Im Dezember 2012 stellt der Fachsenat in seiner Sitzung fest, dass unter den gegebenen wirtschaftlichen Rahmenbedingungen derzeit ein längerfristig (im Durchschnitt der letzten Jahre) erzielbarer Realzinssatz in der Regel in einem Bereich bis zur Untergrenze der in der Änderung und Ergänzung vom Mai 2004 genannten 3–4% pa oder darunter angenommen werden kann.

Der **Realzinssatz** kommt bei der Ermittlung des Deckungskapitals für die künftigen Abfertigungszahlungen insbesondere dann zur Anwendung, wenn die Berechnung nach einem vereinfachten Verfahren erfolgt, bei dem die Bezüge am Bilanzstichtag der Berechnung zugrunde gelegt werden und weder die in der Vergangenheit eingetretenen Bezugsänderungen nach geldwert- und dienstzeitabhängigen und nach leistungsabhängigen Komponenten differenziert werden, noch die künftigen (auch geldwertbedingten) Bezugsänderungen berücksichtigt werden.

Werden die künftigen **geldwertbedingten Bezugserhöhungen** bei der Berechnung der künftigen Abfertigungszahlungen berücksichtigt (eingerechnet), soll nach Ansicht des Fachenats der **Nominalzinssatz von Industrieanleihen** der Barwertberechnung zugrunde gelegt werden (Änderung und Ergänzung des Fachgutachtens KFS/RL 2 und 3 vom 5. Mai 2004).

Der **Einbezug** künftiger geldwertbedingter Bezugserhöhungen bedeutet eine kompoundmäßige Erhöhung der Bezüge von jährlich zwei bis drei Prozent, ausgehend von den gegenwärtigen Bezügen. Der auf diese Weise ermittelte Endbezug ist die Bemessungsgrundlage für die Berechnung der Abfertigungsrückstellung.

Beispiel

Der Monatsbezug im Jahre 2010 beträgt inklusive Einrechnung des 13. und 14. Gehaltes € 6.000.

Der Angestellte ist im 54. Lebensjahr, die bisherige Dienstzeit im Unternehmen beträgt 18 Jahre. Der voraussichtliche Pensionsantritt erfolgt 2022.

Als Realzinssatz wird ein Zinssatz von 3% angenommen.

Berechnung der Abfertigungsrückstellung nach steuerlichen Grundsätzen:

Fiktiver Abfertigungsanspruch zum 31.12.2010 für 18 Jahre = 6 Monate	*€ 36.000*
davon 60%	***€ 21.600***

Berechnung nach finanzmathematischen Grundsätzen:

Eintrittsjahr		*1992*
Geburtsjahr		*1957*
voraussichtliches Pensionsalter		*2022*
gesamte Aktivitätszeit im Unternehmen:		*30 Jahre*
bisherige Aktivitätszeit		*18 Jahre*
maßgebender Bezug (inkl. anteiliger Sonderzahlungen)		*6.000*
Abfertigung nach 30 Dienstjahren 12 Monate	*12 × 6.000*	*= 72.000*
fiktiver Abfertigungsanspruch nach 18 Jahren 6 Monate	*6 × 6.000*	*= 36.000*
Rentenendwertfaktor:	*3%; n = 30*	*47,5744*
Rentenendwertfaktor:	*3%; n = 18*	*23,4144*
Abfertigungsrückstellung, finanzmathematisch: $\frac{72.000 \times 23{,}4144}{47{,}5744}$		*35.435*
Berechnung gem § 14 EStG (60% von 36.000)		*21.600*
Unterdeckung		*13.835*
(13.835 bezogen auf 35.435)		*39%*

Die Unterdeckung von 39% ist erheblich, womit die vereinfachte steuerliche Formel nicht zur Anwendung kommen kann.

Da steuerlich nur ein Betrag von 21.600 angesetzt wird, ergibt sich daraus ein überhängender Steueraufwand von (13.835 × 25%) = 3.458. Dieser Steueraufwand kann aktiv abgegrenzt werden. Infolge der Veränderung des Barwertes der Abfertigungsrückstellung, aber auch des steuerlichen Wertes infolge von Veränderungen der Gehaltshöhe wird die Steuerabgrenzung jährlich schwanken. Die Auflösung der Steuerabgrenzung erfolgt mit der tatsächlichen Auszahlung der Abfertigung.

Aufgrund der dargestellten Vorgangsweise könnte bei einer Durchrechnung für den gesamten Personalstand (die aufgrund eines einfachen Rechenprogrammes verhältnismäßig einfach durchzuführen ist) das Steuerabgrenzungserfordernis, aber auch die Tatsache festgestellt werden, ob erhebliche Bedenken gegenüber der Berechnung nach steuerlichen Grundsätzen (§ 14 EStG) bestehen.

Der Fachsenat vertritt auch die Meinung, dass Rückstellungen, die nach den Regeln des IAS 19 berechnet werden, im Einklang mit den Vorschriften des UGB stehen und dass insbesondere die in IAS 19 (2011) definierte Methode der laufenden Einmalprämien (auch als Anwartschaftsansammlungs- oder Anwartschaftsbarwertverfahren bezeichnet) als eine anerkannte versicherungsmathematische Methode iSd § 211 Abs 2 UGB anzusehen ist. Daher sind die nach dieser Methode berechneten Abfertigungsrückstellungen auch in nach österreichischen unternehmensrechtlichen Vorschriften erstellten Abschlüssen anzuerkennen, wenn die Berechnungsmethode im Anhang offengelegt wird. Dieselbe Meinung vertritt auch das AFRAC (Stellungnahme vom März 2013).

5.441.4 Das System Abfertigung neu

Mit dem Bundesgesetz über die betriebliche Mitarbeitervorsorge (BMSVG; BGBl I 2002/100) wurden die Voraussetzungen für ein neues System von Abfertigungsansprüchen geschaffen.

Im neuen Abfertigungssystem wird der Abfertigungsanspruch an eine rechtlich selbständige **Mitarbeitervorsorgekasse** (hierfür ist eine Konzession nach dem Bankwesengesetz erforderlich) nach dem Prinzip der Kapitaldeckung übertragen.

Mit Wirkung vom 1. Jänner 2008 wurde die bis dahin geltende Bezeichnung des Gesetzes in Betriebliches Mitarbeiter- und Selbständigenvorsorgegesetz (**BMSVG**) geändert und der Wirkungsbereich von ASVG-versicherten Personen auf GSVG-, FSVG- sowie BSVG-versicherte Personen ausgedehnt, wobei der Beitritt der freiberuflich Selbständigen und der Land- und Forstwirte freiwillig ist. Die bisher als Mitarbeitervorsorgekassen bezeichneten Sammel- und Veranlagungsstellen werden nunmehr als **Betriebliche Vorsorgekassen (BV-Kassen)** geführt.

Die nachfolgenden Ausführungen betreffen ausschließlich Arbeitnehmer, die in einem privatrechtlichen Arbeitsverhältnis stehen.

5.441.41 Wirkungsweise

Der Arbeitgeber hat eine **BV-Kasse** auszuwählen und mit dieser einen Beitrittsvertrag abzuschließen. **Monatlich** überweist er an diese BV-Kasse über die örtlich zuständige Gebietskrankenkasse bzw Betriebskrankenkasse einen **Beitrag** in Höhe von derzeit **1,53%** der Lohn- und Gehaltssumme. Dieser Betrag wird jedem einzelnen Arbeitnehmer auf seinem bei der BV-Kasse geführten Konto gutgeschrieben.

Die BV-Kasse verwaltet das Vermögen treuhändig. Sie veranlagt diese Mittel ertragbringend, finanziert daraus ihre Verwaltungskosten und Gewinnerwartungen und hat im Bedarfsfall jenen Betrag, der dem Arbeitnehmer als Abfertigung zusteht, auszuzahlen. Die Höhe der Abfertigungszahlungen richtet sich nach dem Erfolg der Veranlagungen. Bei Gründung der BV-Kassen ging man von einem Jahresertrag von etwa 6% aus. Die BV-Kasse muss für die ihr zufließenden Beträge eine 100-prozentige Kapitalgarantie abgeben.

Die Anwartschaftsberechtigten sind jährlich über die Höhe des erworbenen Abfertigungsanspruches und über die Grundzüge der Veranlagungspolitik schriftlich zu informieren. Eine Veranlagung in Aktien darf nur im Ausmaß von höchstens 40% der Beiträge erfolgen. Das beitragspflichtige Entgelt umfasst den Monatsbezug sowie aliquote Anteile am 13. und 14. Monatsbezug, am regelmäßigen Überstundenbezug, am Bezug regelmäßig wiederkehrender Provisionen, an Prämien und an sonstigen Leistungsentgelten. Für das Inkasso und die Kontrolle verrechnet die Gebietskrankenkasse 0,3% der Beiträge, 99,7% leitet sie an die BV-Kasse weiter.

Der Abfertigungsanspruch entsteht grundsätzlich bei jeder Beendigung eines Arbeitsverhältnisses (§ 14 Abs 1 BMSVG). Eine Barauszahlung dieses Abfertigungsanspruches kann jedoch nur erfolgen, wenn seit der ersten Beitragszahlung bzw seit der letzten Auszahlung einer Abfertigung mindestens drei Einzahlungsjahre erworben wurden und weiters keine Kündigung durch den Arbeitnehmer bzw keine verschuldete Entlassung oder kein unberechtigter vorzeitiger Austritt aus dem Unternehmen vorliegt. Der Anspruch bleibt aber jedenfalls erhalten.

Der Vorteil des Abfertigungssystems neu liegt darin, dass der Arbeitnehmer auch bei mehrmaligem Wechsel des Arbeitsplatzes seinen Anspruch nicht verliert, weil dieser mit ihm mitgeht. Für den Arbeitgeber besteht zunächst der Vorteil in der Tatsache, dass die Abfertigungszahlungen über die gesamte Arbeitszeit des Arbeitnehmers verteilt sind. Dies ist insbesondere bei kleinen und mittleren Unternehmen von Bedeutung, wenn gleichzeitig mehrere Arbeitnehmer mit langen Dienstzeiten aus dem Unternehmen ausscheiden oder wenn der Arbeitgeber aus welchen Gründen immer (in der Regel Altersgründe) sein Unternehmen zusperren will und nicht die Mittel aufbringt, die hohen Abfertigungen zu bezahlen.

Für große Unternehmen ist das System Abfertigung neu im Hinblick auf die Finanzierung langfristiger Investitionen eher nachteilig, weil sie Mittel, die sie bis zur Fälligkeit der Abfertigung im Unternehmen oder anderweitig veranlagen könnten, an die BV-Kassen abgeben müssen.

5.441.42 Übergangsregelungen

Grundsätzlich gilt das Gesetz für alle Arbeitsverhältnisse, die nach dem 31.12.2002 begonnen haben.

Arbeitnehmer, deren Arbeitsverhältnis schon vor dem 1.1.2003 bestand, können in das neue System optieren oder im alten System verbleiben.

Folgende Übergangsmöglichkeiten bieten sich an:

- Der Arbeitnehmer bleibt zur Gänze im alten System

- Arbeitgeber und Arbeitnehmer können durch eine schriftliche Einzelvereinbarung einen Übertritt des Arbeitnehmers in das System neu vorsehen. Hierfür stehen zwei Varianten zur Auswahl (§ 47 BMSVG)
  - Teil-Übertritt
  - Voll-Übertritt

Unabhängig von der Art der Übergangsregelungen gibt es nach dem 31.12.2002 keinen Neuzugang zum alten System. Jeder neu eintretende Arbeitnehmer wird verpflichtend im Abfertigungssystem „neu" erfasst.

Für Arbeitnehmer, die schon einmal vor dem 31. Dezember 2002 im Unternehmen beschäftigt waren, gilt gem § 46 Abs 3 Z 1 BMSVG eine Ausnahme, wenn das unterbrochene Arbeitsverhältnis auf Grund einer Wiedereinstellungszusage unter Anrechnung von Vordienstzeiten bei demselben Arbeitgeber fortgesetzt wird. Ebenso zählt ein Arbeitsplatzwechsel innerhalb verschiedener Unternehmen eines Konzerns gem § 15 AktG oder § 115 GmbHG nicht als Neueintritt (§ 46 Abs 3 Z 2 BMSVG).

5.441.421 Der Arbeitnehmer verbleibt im alten System

Es ändert sich nichts an der bisherigen Situation. Der Abfertigungsanspruch steigt in derselben Art und Weise wie bisher (Abfertigungssprünge auf Grundlage der bisherigen Dienstzeit, laufende Anpassung der Ansprüche an das sich verändernde Entgelt).

5.441.422 Teil-Übertritt

Beim „**Teil-Übertritt**" werden die bis zum Übertrittstag im System „Abfertigung alt" erworbenen Abfertigungsansprüche beim Arbeitgeber „**eingefroren**". Ab dem Tag des Übertritts befindet sich der Arbeitnehmer bezüglich des Erwerbs neuer Abfertigungsansprüche im System „Abfertigung neu"; hierfür werden Beitragsleistungen im Ausmaß von 1,53% der vorne angeführten Entgelte an die BV-Kasse entrichtet.

Das Einfrieren der Altansprüche bedeutet, dass das erworbene Anspruchsniveau (zB vier Monatsgehälter) erhalten bleibt und keine Erhöhung durch längere Dienstzeiten (sogenannte „Abfertigungssprünge") mehr möglich ist. Hingegen werden Gehaltssteigerungen bis zum Tag der Abfertigung berücksichtigt. Mit dem Teil-Übertritt hat der Arbeitnehmer neben den Ansprüchen im „System alt" gegenüber dem Arbeitgeber auch Ansprüche aus dem System „Abfertigung neu" gegenüber der BV-Kassa.

Für den **Teil-Übertritt** gibt es keine zeitliche Begrenzung. Dies gibt dem Arbeitnehmer die Möglichkeit, nach 25-jähriger Dienstzeit einen Teil-Übertritt vorzunehmen, der ihm einerseits die vollen Ansprüche bei seinem Arbeitgeber bewahrt und andererseits ermöglicht, im neuen System neuerlich Ansprüche zu erwerben. Diese Regelung geht allerdings zu Lasten des Arbeitgebers, da dieser mit dem Teil-Übertritt monatlich 1,53% der Bezüge des übergetretenen Arbeitnehmers an die BV-Kasse zu entrichten hat. Es entsteht damit die Frage, ob er der erforderlichen schriftlichen Vereinbarung zustimmt.

5.441.423 Voll-Übertritt

Beim „**Voll-Übertritt**" wechselt der Arbeitnehmer zur Gänze in das System „Abfertigung neu". Für diesen Fall bedarf es einer individuellen Vereinbarung zwischen Arbeitgeber und Arbeitnehmer, wie viel der Arbeitgeber für die vom Arbeitnehmer im alten System erworbenen Ansprüche in die BV-Kasse einzubezahlen hat.

Die Überweisung des vereinbarten Übertragungsbetrages an die BV-Kasse hat ab dem Zeitpunkt der Übertragung binnen längstens fünf Jahren in gleichbleibenden Raten zu erfolgen. Höhere Zahlungen bzw vorzeitige Tilgung sind möglich. Der jeweils noch aushaftende Übertragungsbetrag ist mit 6% pro anno zu verzinsen.

5.441.43 Auswirkungen der Neugestaltung des Abfertigungssystems auf das Rechnungswesen des Unternehmens

5.441.431 Regelung für alle am 31.12.2002 beschäftigten Arbeitnehmer, die im alten System bleiben

Für alle nicht in das neue Abfertigungssystem übergetretenen Arbeitnehmer gelten unternehmensrechtlich die unter Abschnitt 5.441.1 dargelegten Regeln der finanzmathematisch errechneten Abfertigungsrückstellung.

Die steuerliche Behandlung hängt davon ab, ob das Unternehmen in den Jahren 2002 bzw 2003 von der Möglichkeit des § 124b Z 68 EStG Gebrauch gemacht hat.

Hat das Unternehmen **nicht vom § 124b Z 68 EStG Gebrauch gemacht**, gelten nach wie vor die Bestimmungen des § 14 EStG.

Nach § 14 EStG können, wie schon unter Abschnitt 5.441.1 dargelegt, für Arbeitnehmer, die am Bilanzstichtag das 50. Lebensjahr vollendet hatten, bis zu 60% der am Bilanzstichtag bestehenden fiktiven Abfertigungsansprüche, für Arbeitnehmer vor Vollendung des 50. Lebensjahres maximal 45% der Abfertigungsansprüche rückgestellt werden. Die bis 2002 erforderliche 50 %ige Wertpapierdeckung wurde bis 2006 um jährlich 10% gesenkt und ist 2007 weggefallen.

Bei Zahlung der Abfertigung an den Arbeitnehmer wird die Abfertigungsrückstellung in der entsprechenden Höhe aufgelöst.

Gemäß § 124b Z 68 EStG konnte die bestehende (steuerliche) Abfertigungsrückstellung mit 31.12.2002 (bei abweichendem Wirtschaftsjahr mit Ende des 2002 endenden Wirtschaftsjahres) bzw am Ende des nachfolgenden Wirtschaftsjahres (2003) auf das Kapitalkonto oder auf eine als versteuert geltende Rücklage steuerfrei übertragen werden.

Da die unternehmensrechtliche Abfertigungsrückstellung **jedenfalls weitergeführt** werden musste, fand die Übertragung nur außerbücherlich in der Steuerbilanz statt.

Die steuerfreie Auflösung war daher gemäß Rz 3351a EStR in einer Beilage zur Einkommensteuer- bzw Körperschaftsteuererklärung des Jahres 2002 (bzw 2003) zu dokumentieren. Wurde die Rückstellung aufgelöst, darf ab dem Wirtschaftsjahr der Übertragung steuerlich keine Abfertigungsrückstellung mehr gebildet werden; andererseits gelten alle in der Folge geleisteten Übertragungen von Abfertigungsansprüchen an die BV-Kasse sowie geleistete Abfertigungszahlungen an die Arbeitnehmer als Betriebsausgaben, mit der Einschränkung, dass diese gleichmäßig verteilt auf fünf Jahre abzusetzen sind.

Die **Konsequenz der steuerfreien Auflösung der Abfertigungsrückstellung** liegt in der doppelten steuerlichen Absetzbarkeit aller bis zur Auflösung der Abfertigungsrückstellung angesammelten Rückstellungsbeträge. Die erstmalige Absetzung erfolgte bei Bildung und weiterem Aufbau der Abfertigungsrückstellung, die zweite Absetzung bei Übertrag der Rückstellung auf eine BV-Kasse bzw soweit nicht übertragen, anlässlich der Zahlung der Abfertigungsansprüche an die Berechtigten, **beides allerdings verteilt auf jeweils fünf Jahre**, beginnend mit dem Jahr der Zahlung. Es kann davon ausgegangen werden, dass in der Regel von der Auflösung der steuerlichen Abfertigungsrückstellung Gebrauch gemacht wurde.

Buchmäßige Erfassung der oben angeführten Vorgänge:

- Die steuerliche Auflösung der Abfertigungsrückstellung erfolgt ertragsneutral und findet im Jahresabschluss keinen Niederschlag.
- Alle in der Folge auftretenden Veränderungen der unternehmensrechtlichen Abfertigungsrückstellung, sei es durch Neudotierung, Verringerung oder Auflösung, sind steuerlich neutral und werden, soweit sie über die Gewinn- und Verlustrechnung laufen, in der Mehr- /Weniger- Rechnung ausgeglichen. Eine Neudotierung auf Grund eines Neueintrittes ist ab 1. Jänner 2003 nicht mehr möglich, da alle ab 1. Jänner 2003 eingetretenen Mitarbeiter zwangsweise in das neue Abfertigungssystem fallen. Neudotierungen können somit nur durch Entgeltserhöhungen oder Anspruchserhöhung durch entsprechende Dienstzeit erfolgen.
- Alle gesetzlichen bzw kollektivvertraglichen Abfertigungszahlungen sind auf fünf Jahre verteilt steuerlich voll absetzbar. Unternehmensrechtlich sind sie so weit absetzbar, als sie über die im Zusammenhang mit der Zahlung aufzulösende Abfertigungsrückstellung hinausgehen.

- Freiwillige Abfertigungen sind im Jahr der Zahlung voll absetzbar.

Problem der aktiven Steuerabgrenzung im Zusammenhang mit der Auflösung der steuerlichen Abfertigungsrückstellung

§ 198 Abs 10 UGB besagt: „Ist der dem Geschäftsjahr und früheren Geschäftsjahren zuzurechnende Steueraufwand zu hoch, weil der nach den steuerrechtlichen Vorschriften zu versteuernde Gewinn höher als das ‚unternehmensrechtliche' Ergebnis ist, und gleicht sich der zu hohe Steueraufwand in späteren Geschäftsjahren voraussichtlich aus, so darf in Höhe der voraussichtlichen Steuerentlastung nachfolgender Geschäftsjahre ein Abgrenzungsposten auf der Aktivseite der Bilanz gebildet werden, der gesondert auszuweisen ist. Der Betrag ist aufzulösen, sobald die Steuerentlastung eintritt oder mit ihr voraussichtlich nicht mehr zu rechnen ist."

Wird von der Aktivierung nicht Gebrauch gemacht, so ist der gem § 198 Abs 10 aktivierbare Betrag gem § 237 Z 6 lit c im Anhang anzugeben.

Auf Grund dieser Regelung im § 198 Abs 10 (eingeführt mit dem EUGesRÄG 1996) konnte bzw kann seit diesem Zeitpunkt für die Differenz zwischen der unternehmensrechtlichen und steuerrechtlichen Abfertigungsrückstellung, welche durch die Obergrenze von 45 bzw 60% der fiktiven Ansprüche in der Regel erheblich unter der unternehmensrechtlichen Abfertigungsrückstellung lag, eine 25-prozentige (KöSt-Satz) aktive Steuerabgrenzung gebildet werden, die jährlich entsprechend der Schwankungen dieser Differenz anzupassen ist und sich in der Regel mit der Zahlung der Abfertigung an den Anspruchsberechtigten auflöst.

Mit der Auflösung der steuerlichen Abfertigungsrückstellung gem § 124b Z 68 EStG trat nun der Fall ein, dass der unternehmensrechtlichen Abfertigungsrückstellung keine steuerliche Abfertigungsrückstellung gegenübersteht, womit die aktive Steuerlatenz sofort um das Ausmaß von 25% der aufgelösten steuerlichen Abfertigungsrückstellung steigt. Trotzdem darf bei strenger Auslegung des Gesetzeswortlauts hierfür keine Steuerabgrenzung gebildet werden, weil für die Bildung der Steuerabgrenzung ein entsprechender Steueraufwand im Geschäftsjahr oder in früheren Geschäftsjahren fehlt.

Nun ist zu berücksichtigen, dass die Auflösung der steuerlichen Abfertigungsrückstellung ein einmaliger Fall einer Steuerentlastung durch den Gesetzgeber war, um die Eigenkapitalsituation der Unternehmen zu verbessern. Allerdings findet diese Entlastung bei fehlendem Ausweis der aktiven Steuerabgrenzung keinerlei Niederschlag in den Bilanzen. Der Ausweis der aktiven Steuerabgrenzung würde in erheblichem Ausmaß zur Darstellung eines möglichst getreuen Bildes der Vermögenslage beitragen, da damit eine entsprechende Steigerung des Eigenkapitals verbunden wäre. Sind beispielsweise das Eigenkapital und die steuerliche Abfertigungsrückstellung vor deren Auflösung gleich groß, würde die nach Auflösung der steuerlichen Abfertigungsrückstellung ausgewiesene Steuerabgrenzung das Eigenkapital um 25% erhöhen.

Dem Einwand, dass bei erstmaliger Bildung der Steuerabgrenzung in der Gewinn- und Verlustrechnung der Steueraufwand um die neu gebildete Steuerabgrenzung verkürzt und damit nicht mehr dem unternehmensrechtlichen Ergebnis entsprechen würde (Buchungssatz: Aktive Steuerabgrenzung an Steueraufwand), kann entgegnet werden, dass im Fall der Nichtdotierung die **Steuerverzerrung** im Jahr der Übertragung auf die betriebliche Vorsorgekasse oder bei Zahlung der Abfertigung an den Begünstigten (allerdings verteilt auf fünf Jahre) eintritt.

Wie schon hingewiesen, hatten Kapitalgesellschaften bereits in den Jahren vor dem Übergang auf das neue Abfertigungssystem die Möglichkeit der Bildung einer aktiven Steuerabgrenzung, berechnet aus der Differenz zwischen der unternehmensrechtlichen und steuerlichen Abfertigungsrückstellung, die jährlich angepasst wurde. Wurde von dieser Möglichkeit nicht Gebrauch gemacht, musste zumindest im Anhang die Höhe der aktiven Steuerabgrenzung angegeben werden. An dieser Vorgangsweise änderte sich nichts, soweit die bisherigen Arbeiter und Angestellten nicht in das neue System übergetreten sind und auch keine Auflösung der steuerlichen Abfertigungsrückstellung vorgenommen wurde.

5.441.432 Regelung für Arbeitnehmer, die vom Teil-Übertritt Gebrauch machen

Es erfolgt ein Einfrieren der gemäß der Dienstzeit bis zum Übertritt in das neue System erworbenen Abfertigungsansprüche. Gehaltsveränderungen, die sich auf die Abfertigungshöhe auswirken, werden bis zum Tag der tatsächlichen Abfertigung berücksichtigt und sind auch in der Abfertigungsrückstellung der folgenden Jahre zu erfassen.

Die unternehmungsrechtliche Anpassung erfolgt nach finanzmathematischen Grundsätzen. Steuerlich werden ab 2003 45% und nach Vollendung des 50. Lebensjahr 60% der nach der Höhe der Bezüge angepassten fiktiven Abfertigung rückgestellt.

Ab dem Tag des (Teil-)Übertritts werden monatlich 1,53% der Bemessungsgrundlage an die BV-Kasse abgeführt.

Am Tage des Ausscheidens aus dem Dienste werden vom Unternehmen die eingefrorene jedoch gehaltsmäßig angepasste Abfertigung und von der BV-Kasse die seit Eintritt angesammelten Beträge samt Gewinn ausbezahlt.

Beispiel:

Der Arbeitnehmer, geboren am 14.4.1956, hat sich mit Wirkung vom 1. Jänner 2005 für einen Teil-Übertritt in die Abfertigung neu entschieden. Zum Zeitpunkt der Entscheidung war der Arbeitnehmer zwölf Jahre im Unternehmen tätig, sein Monatsgehalt betrug € 4.000. Sein fiktiver Abfertigungsanspruch beträgt vier Monatsgehälter. Die unternehmensrechtliche Abferti-

gungsrückstellung entspricht der steuerlichen und wird nach der gleichen Methode ermittelt.

Der Arbeitnehmer erhält 2013 ein Gehalt von monatlich 4.800. Da er das 50. Lebensjahr vollendet hat, erhöht sich die Abfertigungsrückstellung am 31.12.2006 auf 60%. Der ***Abfertigungsumfang*** *bleibt bis zum Ausscheiden des Arbeitnehmers vier Monate, jeweils basierend auf dem aktuellen Gehalt.*

Die steuerliche und unternehmensrechtliche Abfertigungsrückstellung zum 31.12.2013 beträgt somit 60% von 4 × (4.800 + 800) = 22.400.

Hat das Unternehmen (GmbH) von der steuerfreien ***Auflösung der steuerlichen Abfertigungsrückstellung*** *am 31.12.2002 Gebrauch gemacht, bleibt lediglich die unternehmensrechtliche Abfertigungsrückstellung bestehen:*

Jede Erhöhung der (unternehmensrechtlichen) Abfertigungsrückstellung ist steuerlich nicht abziehbarer Personalaufwand. Wird die Abfertigung bei Fälligkeit ausbezahlt, ist der gesamte Abfertigungsbetrag steuerlicher Aufwand, der über fünf Jahre zu verteilen ist.

5.441.433 Regelung für Arbeitnehmer, die vom Voll-Übertritt Gebrauch machen

Nach Einigung mit dem Arbeitgeber über den zu übertragenden Abfertigungsbetrag entsteht für das Unternehmen dadurch ein Aufwand, dass der vereinbarte Abfertigungsbetrag an die BV-Kasse überwiesen werden muss. Andererseits wird die Abfertigungsrückstellung (unternehmens- und steuerrechtlich) aufgelöst. Der Differenzbetrag zwischen Auflösungsertrag und Aufwand aus der Übertragung an die BV-Kasse ist steuerlich auf fünf Jahre verteilt zu berücksichtigen. Unternehmensrechtlich erfolgt die Berücksichtigung im Jahr der Übertragung.

Hat der Unternehmer vorher die steuerliche Abfertigungsrückstellung steuerfrei aufgelöst, ist der gesamte zu übertragende Betrag auf fünf Jahre verteilt absetzbar. Unternehmensrechtlich ist der Differenzbetrag zwischen (unternehmensrechtlichem) Rückstellungsbetrag und übertragendem Betrag im Jahr des Übertrages als Aufwand bzw Ertrag anzusetzen.

5.442 Rückstellungen für Pensionen

Aufgrund rechtsverbindlicher und unwiderruflicher Pensions- bzw Versorgungszusagen an Arbeitnehmer, die keine Vorbehalte wie

1. *freiwillig und kein Rechtsanspruch,*
2. *jederzeitiger Widerruf vorbehalten,*
3. *Rechtsansprüche auf Leistungen bestehen nicht,*
4. *die Leistungen sind unverbindlich,*

enthalten, ist das Unternehmen gem § 211 Abs 2 UGB verpflichtet, Rückstellungen für Pensionen zu bilden. Da die unternehmensrechtliche Passivierungspflicht auch freiwillige und widerrufliche Pensionszusagen umfasst, geht die unternehmensrechtliche Passivierungspflicht weiter, als die ertragsteuerliche Passivierungspflicht.

Die Pensionsrückstellung muss nach versicherungsmathematischen Grundsätzen gebildet werden, wobei allerdings das Gesetz sowohl den Rechnungszinsfuß als auch das Berechnungsverfahren, **Teilwert- oder Gegenwartswertverfahren**, offenlässt.

Der Unterschied zwischen den beiden Verfahren liegt in der Ansammlung der Rückstellungsbeträge und damit in der unterschiedlichen Belastung insbesondere der letzten Jahre vor Pensionsantritt. Während das Teilwertverfahren von der Fiktion der Rückwirkung auf den Beginn des Ansammlungszeitraumes (Zeitpunkt des Dienstantrittes des Begünstigten bzw Zeitpunkt der Zusage) ausgeht, werden die Rückstellungsbeträge im Rahmen des Gegenwartswertverfahrens vom Beginn der Zusage bzw der jeweiligen Erhöhung angesammelt. Dadurch kommt es beim Teilwertverfahren zunächst zu wesentlich höheren Rückstellungsbeträgen und beim Gegenwartswertverfahren zu einer wesentlich größeren Belastung späterer Jahre.

Der Fachsenat für Unternehmensrecht und Revision nimmt im Fachgutachten KFS/RL 3 zur ordnungsmäßigen Bilanzierung der Pensionsverpflichtungen eingehend Stellung und kommt im Wesentlichen zu folgendem Ergebnis:

Der Ansammlungszeitraum für den Aufbau der Pensionsrückstellung beginnt frühestens in dem Geschäftsjahr, in dem das Dienstverhältnis beginnt und spätestens in dem Geschäftsjahr, in dem die Pensionszusage erteilt wird, und zwar auch dann, wenn in der Pensionszusage eine Wartezeit vorgesehen ist.

Bei Pensionserhöhungen hängt es von der Ursache der Erhöhung ab, ob die daraus resultierende Erhöhung des anzusammelnden Deckungskapitals auf den gesamten Zeitraum zwischen dem Beginn der Ansammlung (Dienstbeginn oder Pensionszusage) und dem Zeitpunkt der voraussichtlichen Beendigung der Arbeitstätigkeit (Teilwertverfahren) oder lediglich auf die restliche Arbeitszeit (Gegenwartswertverfahren) zu verteilen ist. Während das Teilwertverfahren für geldwertbedingte und andere nicht auf die Qualifikation des Pensionsberechtigten zurückzuführende Bezugserhöhungen zur Anwendungen kommen sollte, ist das Gegenwartswertverfahren für qualifikationsbedingte Bezugserhöhungen, aber auch bei Anpassung der Bezüge und damit der Pensionen an erhöhte Produktivität anzuwenden.

Rechnungszinssatz und Beurteilung der Angemessenheit der in der Bilanz eines Unternehmens ausgewiesenen Pensionsrückstellung

Sowohl für die Frage der Angemessenheit des Rechnungszinssatzes als auch für die Angemessenheit der in der Bilanz eines Unternehmens ausgewiesenen Pensionsrückstellung gelten die unter der Abfertigungsrückstellung getätigten Ausführungen.

Pensionsverträge und Rückdeckungsversicherung

Oftmals werden Pensionsverträge abgeschlossen, für die vom Unternehmen eine sogenannte Rückdeckungsversicherung abgeschlossen wird (siehe Abschnitt 4.242). Wird die Höhe der Pension vom Veranlagungserfolg derselben abhängig gemacht, lässt die Finanzverwaltung ab 2010 bei neuen Verträgen keine Rückstellungsbildung mehr zu, wenn das dahinter stehende Finanzierungsinstrument (Rückdeckungsversicherung) keine garantierte Leistung gewährt. Alte Verträge waren bis 30. Juni 2010 anzupassen.

Die Aktivierungspflicht des Deckungskapitals bleibt auf jeden Fall aufrecht.

5.442.1 Einkommensteuerliche Behandlung der Pensionsrückstellung

Mit der Einkommensteuerreform 1988 wurde auch die steuerrechtliche Bildung von Pensionsrückstellungen im Sinne der Regeln der Versicherungsmathematik neu geordnet.

Danach dürfen gem § 14 Abs 7 EStG Steuerpflichtige, die ihren Gewinn gem § 4 Abs 1 EStG oder § 5 EStG ermitteln, für schriftliche, rechtsverbindliche und unwiderrufliche Pensionszusagen Pensionsrückstellungen bilden. Für die Bildung gilt Folgendes:

1. Die Pensionsrückstellung ist nach den anerkannten Regeln der Versicherungsmathematik zu bilden.
2. Die Pensionsrückstellung ist erstmals im Wirtschaftsjahr der Pensionszusage zu bilden, wobei Veränderungen der Pensionszusage wie neue Zusagen zu behandeln sind. Als neue Zusagen gelten auch Änderungen der Pensionsbemessungsgrundlage und Indexanpassungen von Pensionszusagen.
3. Der Rückstellung ist im jeweiligen Wirtschaftsjahr so viel zuzuführen, als bei Verteilung des Gesamtaufwandes auf die Zeit zwischen Pensionszusage und dem vorgesehenen Zeitpunkt der Beendigung der aktiven Arbeits- oder Werkleistung auf das einzelne Wirtschaftsjahr entfällt (Gegenwartsverfahren).
4. Soweit durch ordnungsmäßige Zuweisungen an die Pensionsrückstellung das zulässige Ausmaß der Rückstellung nicht erreicht wird, ist in dem Wirtschaftsjahr, in dem der Pensionsfall eintritt, eine erhöhte Zuweisung vorzunehmen.
5. Die zugesagte Pension darf 80% des letzten laufenden Aktivbezugs nicht übersteigen. Auf diese Obergrenze sind zugesagte Leistungen aus Pensionskassen anzurechnen, soweit die Leistungen nicht vom Leistungsberechtigten getragen werden.
6. Der Bildung der Pensionsrückstellung ist ein Rechnungszinsfuß von 6% zugrunde zu legen.
7. Für Pensionsrückstellungen besteht gem § 14 Abs 7 EStG ein Erfordernis der Wertpapierdeckung: Am Schluss jedes Wirtschaftsjahres müssen Wertpapiere im Nennbetrag von mindestens 50% des am Schluss des vorangegangenen in der Bilanz ausgewiesenen Rückstellungsbetrages im Betriebsvermögen vorhanden sein. Zur Wertpapierdeckung kommen nur die in § 14 Abs 7 Z 4 genannten Wertpapiere in Frage. Beträgt die Wertpapierdeckung auch nur vorübergehend weniger als 50% der maßgebenden Rückstellung,

ist gem § 14 Abs 7 Z 2 der Gewinn um 30% der Wertpapierdeckung zu erhöhen. Die Fortführung der Rückstellung wird durch die Gewinnerhöhung nicht berührt.

Steuerlich sind Pensionszusagen an geschäftsführende Gesellschafter von Kapitalgesellschaften bei Angemessenheit ebenso abzugsfähig wie bei anderen Angestellten. Pensionszusagen an geschäftsführende Gesellschafter von Personengesellschaften gelten voll als Gewinnverteilungsabrede. Sie werden daher im Jahr der Bildung beim Begünstigten besteuert und im Jahr des Bezuges als Privatentnahme desselben behandelt.

5.443 Steuerrückstellungen

Soweit Steuern selbst berechnet werden (**Umsatzsteuer, Dienstgeberbeitrag, Kommunalabgabe**), liegen sie sowohl ihrer Höhe als auch ihrem Rechtsgrund nach fest und sind daher als **Verbindlichkeiten** auszuweisen. **Veranlagte Steuern** sind, soweit es sich nicht um Privatsteuern (Einkommensteuer) handelt, als **Rückstellungen** auszuweisen, da sie der Höhe nach wohl regelmäßig bekannt sind, jedoch der Rechtsgrund (Steuerbescheid) noch nicht gegeben ist. **Kapitalgesellschaften** haben sämtliche veranlagten Steuern als Rückstellungen auszuweisen, soweit die errechnete Höhe die geleisteten Vorauszahlungen übersteigt.

Mit der zunehmenden Anzahl von Durchbrechungen der Maßgeblichkeit der Unternehmensbilanz für die Steuerbilanz bekommt die **Abgrenzung latenter Steuern** immer mehr Bedeutung. Deshalb bestimmen § 198 Abs 9 und 10 UGB, dass bei unterschiedlichen Wertansätzen in Unternehmens- und Steuerbilanz, die zu abweichenden Ergebnissen führen, welche sich in einem späteren Geschäftsjahr wieder ausgleichen, entweder eine Rückstellung für latente Steuern oder eine aktive Abgrenzung für latente Steuern zu bilden ist, die im Jahre des Ausgleichs wieder aufzulösen ist. Auf eine aktive Steuerabgrenzung kann allerdings verzichtet werden, wenn der latente Steuerbetrag im Anhang angegeben wird.

Zur Abgrenzung latenter Steuern siehe Abschnitt 4.5.

Beispiel für eine latente Steuerrückstellung:

Im Dezember 2009 wird von einer GmbH ein Großwerkzeug mit Anschaffungskosten von € 27.000 angeschafft. Die Nutzungsdauer beträgt drei Jahre. Die Abschreibung im ersten Jahr wird nach Unternehmensrecht pro rata temporis und steuerrechtlich nach den Bestimmungen des § 7 EStG (Halbjahresabschreibung) vorgenommen:

Jahr	*Jahresabschreibung*		*Abschreibungs- und Gewinndifferenz*	*Rückstellung für latente Steuern*	
	Unternehmensr.	*Steuerr.*	*Dot/Aufl*	*Stand*	
2009	*750*	*4.500*	*3.750*	*938*	*938*
2010	*9.000*	*9.000*	*0*	*0*	*938*
2011	*9.000*	*9.000*	*0*	*0*	*938*
2012	*8.250*	*4.500*	*– 3.750*	*– 938*	*0*
	27.000	*27.000*	*0*	*0*	*0*

Da der unternehmensrechtliche Gewinn 2009 um € 3.750 größer ist als der steuerrechtliche, ist für die Körperschaftsteuer, die erst 2010 schlagend wird, eine Rückstellung für latente Steuern zu bilden. Diese beträgt 25% von € 3.750.

5.444 Sonstige Rückstellungen

Unter diesen werden alle nicht vorher genannten Rückstellungen erfasst.

5.444.1 Rückstellungen für Verpflichtungen gegenüber Arbeitnehmern

5.444.11 Rückstellungen für Gewinnbeteiligungen, Jahresabschlussprämien, Bilanzgelder

Steuerlich kann eine Rückstellung nur dann gebildet werden, wenn die Verpflichtung am Bilanzstichtag dem Grunde nach bereits besteht, dh wenn die Zusage bereits vor dem Bilanzstichtag verpflichtend gemacht wurde. Der erstmalige Beschluss nach dem Bilanzstichtag, Gratifikationen auszuzahlen, berechtigt nicht zur Bildung einer Rückstellung. Werden derartige Gratifikationen allerdings wiederholt ausbezahlt, so geht die Freiwilligkeit verloren und die Rückstellung ist in diesem Fall jedenfalls zu bilden. Unternehmensrechtlich sollte die Rückstellung auch dann gebildet werden, wenn die Zusage nach dem Bilanzstichtag, aber vor dem Bilanzerstellungstag erfolgt.

Für die Behandlung anteilsbasierter Vergütungen an Mitarbeiter wird auf die **AFRAC-Stellungnahme 2007** „Behandlung anteilsbasierter Vergütungen an Aufsichtsräte, Führungskräfte und Mitarbeiter gem. UGB" verwiesen.

5.444.12 Rückstellungen für noch nicht konsumierte Urlaube

Wenn zum Bilanzstichtag offene Urlaubsansprüche von Dienstnehmern bestehen, die erst nach dem Bilanzstichtag konsumiert werden, ist für den anteiligen, auf das Abschlussjahr entfallenden Anspruch eine Rückstellung zu bilden; bei Bildung dieser Rückstellung spielt weniger der Gedanke einer ungewissen Verbindlichkeit eine Rolle als der Gedanke der richtigen **Periodenabgrenzung**. Bei der Bildung der Rückstellung sind die anteiligen Personalnebenkosten ebenfalls zu berücksichtigen. Urlaubsvorgriffe von Dienstnehmern werden dabei gegen rückständige Urlaubsansprüche aufgerechnet, da die Rückstellung für nicht konsumierte Urlaube einheitlich für den gesamten Personalstand berechnet wird; wenn sich dabei ein Überschuss der Urlaubsvorgriffe ergibt, ist dieser nach den EB zu § 198 als **aktive Rechnungsabgrenzung** auszuweisen:

> *„Vorweg in Anspruch genommene Urlaube sind mit Rückstellungen für nicht in Anspruch genommene Urlaube zu verrechnen und ein Aktivsaldo ist als aktive Rechnungsabgrenzung auszuweisen.“*

5.444.13 Rückstellungen für Jubiläumsgelder

Diese **sind** dann zu bilden, wenn **Kollektivvertragsbestimmungen, Betriebsvereinbarungen** oder die **Übung** bestehen, dass das Unternehmen nach einer bestimmten Dienstzeit an die diese Bedingungen erfüllenden Arbeitnehmer **Jubiläumsgelder** entweder in einer bestimmten Betragshöhe oder in einem bestimmten Prozentsatz des jeweiligen Monatsgehaltes auszahlt. Für den Fall des Fehlens von **Kollektivvertragsbestimmungen bzw Betriebsvereinbarungen** verlangen die Einkommensteuerrichtlinien jeweils eine schriftliche, rechtsverbindliche und unwiderrufliche Zusage. Eine Rückstellung darf im Gegensatz zum Unternehmensrecht (verpflichtende Bildung) mit steuerlicher Wirkung auch dann nicht gebildet werden, wenn der Charakter der Freiwilligkeit durch lange Übung verloren gegangen ist (Rz 3422 f).

Die Bildung einer Jubiläumsrückstellung kann nach versicherungsmathematischen oder finanzmathematischen Grundsätzen erfolgen. Bei finanzmathematischer Ermittlung ist auch die zu erwartende Fluktuation der Belegschaft (inkl Verlust von Arbeitnehmern durch Invalidität und Todesfälle) durch einen **Fluktuationsabschlag** zu berücksichtigen. Dieser richtet sich nach den Erfahrungen der Vergangenheit, wobei steuerlich ohne Nachweis ein Abschlag von 25% anerkannt wird.

Der Rechnungszinssatz beträgt unternehmensrechtlich 3–5%, steuerrechtlich 6%. Dem unternehmensrechtlichen Teilwertverfahren steht steuerlich das Gegenwartswertverfahren gegenüber (siehe auch den Abschnitt Pensionsrückstellung). Wird unternehmensrechtlich das Teilwertverfahren mit einem 6%igen Zinssatz angewendet, kann aus Vereinfachungsgründen die steuerliche Rückstellung durch einen gleich bleibenden Abschlag in Höhe von 10% abgeleitet werden (Rz 3431).

5.444.2 Andere Rückstellungen für ungewisse Verbindlichkeiten

1. Heimfalllasten

Grundsätzlich liegt ein Heimfallrecht dann vor, wenn ein Unternehmen oder sonstiges Vermögen auf Basis eines Gesetzes (zB Verstaatlichungsgesetz 1947) oder eines Vertrages nach Ablauf einer bestimmten Zeit entschädigungslos oder gegen eine Entschädigung, die unter dem Wert des heimfallenden Vermögens liegt, einem Dritten anheimfällt.

Der Nutzer des Vermögens (des Unternehmens) hat durch Rückstellungen für alle Aufwendungen, die noch im Zusammenhang mit dem Heimfall entstehen, vorzusorgen (zB für die Herstellung des vereinbarten Zustandes des dem Dritten anheimfallenden Gutes, zu leistende Abfertigungszahlungen an Dritte). Auch vereinbarte Zahlungen, die an die ausscheidenden Gesellschafter zu leisten sind, sind rückzustellen.

2. Produkthaftung nach dem Produkthaftungsgesetz

Das am 1. Juli 1988 in Kraft getretene **Produkthaftungsgesetz** verpflichtet den Unternehmer, der ein Produkt herstellt, in Umlauf gebracht oder eingeführt hat, Schadenersatz zu leisten, wenn durch den Fehler dieses Produktes ein Mensch getötet, verletzt oder in seiner Gesundheit geschädigt oder eine vom Produkt verschiedene körperliche Sache beschädigt wird.

Gem § 16 des **Produkthaftungsgesetzes** sind Hersteller und Importeure von Produkten verpflichtet, in einer Art und in einem Ausmaß, wie sie im redlichen Geschäftsverkehr üblich sind, durch das Eingehen einer Versicherung oder in anderer geeigneter Weise dafür Vorsorge zu treffen, dass **Schadenersatzverpflichtungen** nach diesem Gesetz befriedigt werden können.

Steuerlich sind **pauschal** vorgenommene **Rückstellungen für Produkthaftung** nicht zulässig.

3. Garantien und Gewährleistungen

Garantierückstellungen sind verpflichtend, wenn bereits am Bilanzstichtag eine Verpflichtung besteht, für später hervorkommende Mängel von Lieferungen oder Leistungen aufkommen zu müssen. Die Höhe der **Garantierückstellung** ergibt sich in der Regel aufgrund der Erfahrung. Eine höhere Rückstellung, als sie der durchschnittlichen Inanspruchnahme des Unternehmers in den Vorjahren entspricht, wird dann erforderlich sein, wenn sie durch geeignete Unterlagen bzw Tatsachen zu belegen ist. Die Höhe der Garantierückstellung richtet sich auch nach der Dauer der **Garantieverpflichtung**. Garantierückstellungen können pauschal für sämtliche Geschäftsfälle, für einzelne Geschäftsfälle oder gemischt gebildet werden.

Steuerlich ist die Bildung **pauschaler Garantierückstellungen** nicht zulässig.

4. Wechselobligo

Sofern ein Wechsel nicht mit der **Obligoklausel** weitergegeben bzw mit einem **Blankoakzept** empfangen und ohne eigene Unterschrift weitergegeben wurde, erlischt das Obligo erst mit der Einlösung des Wechsels durch den Bezogenen. Solange der Bezogene noch nicht bezahlt hat, besteht grundsätzlich die Möglichkeit, eine Rückstellung für voraussichtlich nicht eingelöste Wechsel zu bilden. Die Dotierung der Rückstellung muss allerdings in der tatsächlichen oder voraussichtlichen **Zahlungsunfähigkeit des Bezogenen** begründet sein. Eine auf Grundlage der bisherigen Ausfälle gebildete Pauschalrückstellung ist ebenfalls möglich.

Infolge des imparitätischen Realisationsprinzips darf ein eventueller **Regressanspruch** erst dann aktiviert werden, wenn der Regressanspruch selbst geltend gemacht wurde und realisierbar erscheint.

5. Bürgschaftsverluste

Für Bürgschaftsverluste können dann Rückstellungen gebildet werden, wenn es sich um betrieblich eingegangene Bürgschaftsverpflichtungen handelt, mit deren Inanspruchnahme ernsthaft zu rechnen ist, wenn beispielsweise der Hauptschuldner zahlungsunfähig geworden ist, sich unbekannten Aufenthaltes befindet oder gestorben ist. Eine Rückstellung kann keinesfalls gebildet werden, wenn der zahlungsfähige Hauptschuldner rechtzeitige Erfüllung zugesichert hat.

Der **Regressanspruch** gegen den Hauptschuldner darf wegen des imparitätischen Realisationsprinzips erst dann und insoweit aktiviert werden, als der Bürge tatsächlich in Anspruch genommen wurde, der Regressanspruch gegen den Hauptschuldner ausgesprochen wurde und auch tatsächlich realisierbar erscheint.

6. Unterlassene Instandhaltungen, zu deren Nachholung eine rechtliche Verpflichtung besteht

Bei der Bildung von Rückstellungen für **unterlassene Instandhaltungen** ist zu unterscheiden, ob eine rechtliche Verpflichtung zur Durchführung der Instandhaltungsarbeiten besteht oder nicht.

Für den Fall einer rechtlichen Verpflichtung zur Wiederherstellung des Objektes, wie etwa bei gemieteten oder gepachteten Vermögensgegenständen, ist die Dotierung einer Rückstellung für die durchzuführende Instandhaltung bzw Reparatur unternehmensrechtlich zwingend und steuerrechtlich anerkannt.

7. Rückstellungen auf Grund öffentlich-rechtlicher Verpflichtungen (behördliche Auflagen), Rekultivierungsrückstellungen

Öffentlich-rechtliche Verpflichtungen können durch Gesetze, Verordnungen und Bescheide entstehen, die entweder neue Umweltauflagen schaffen oder die Beseitigung von Umweltschäden verlangen. Zu derartigen Verpflichtungen gehört auch die Wiederherstellung des ursprünglichen oder zumindest eines rekultivierten Zustandes nach Beendigung des Nutzungszweckes.

Rekultivierungsrückstellungen sind vor allem bei Unternehmen der Bodenausbeutung zu bilden, wie Bergbauunternehmen, Schottergewinnung, Erdöl- oder Erdgasförderung. Die Rückstellung ist in Höhe der geschätzten Rekultivierungskosten zu bilden bzw während der Ausbeutung (jährlich) **aufzubauen**. Die Auflösung erfolgt über die Zeit des **Anfalles der Rekultivierungskosten**.

Erfolgt die Rekultivierung durch das eigene Unternehmen, sind darin unterschiedliche Kosten wie Personalkosten, Materialkosten und sonstige Kosten enthalten. In diesem Falle erfolgt die Auflösung der Rekultivierungsrückstellung gegen den Posten 4 c) der Gewinn- und Verlustrechnung.

In den Bereich der öffentlich-rechtlichen Verpflichtungen, die dem Umweltschutz dienen, gehören vor allem:

- Rückstellungen auf Grund von **Deponieverordnungen** (Nachsorge, Rekultivierung),
- Wiederaufforstungsnotwendigkeiten,
- Abraumbeseitigung,
- Baustellenräumungskosten,
- sonstige Entfernungs- und Entsorgungspflichten,
- Kosten für die Herstellung einer bestimmten Trinkwasserqualität (Nitratverordnung),
- Kosten für die Herstellung einer bestimmten Wassergüte in öffentlichen Gewässern,
- Kosten für die Beseitigung der Schäden, die aus der Verletzung von Umweltschutzgesetzen entstanden sind,
- Kosten für die Beseitigung von Altlasten, die gegen (verschärfte) Umweltschutzmaßnahmen verstoßen.

Bei Erlass neuer Umweltschutzgesetze bzw -verordnungen, die häufig dem gerade erzielten Stand der Technik entsprechen oder diesem sogar vorauseilen, werden in der Regel Übergangsfristen gewährt, während derer die betroffenen Unternehmen die Möglichkeit haben, die verlangte Norm zu erreichen. Bis zur Durchführung der notwendigen Arbeiten sind die erwarteten Kosten hierfür zurückzustellen.

Mangels Erfahrungen mit neuen Technologien ist es vielfach äußerst schwierig, die Höhe der erforderlichen Rückstellung festzustellen, weswegen in diesen Fällen besondere Vorsicht eingehalten werden muss.

Wartungsintervalle: Kosten für in regelmäßigen Zeitabständen notwendige öffentlich-rechtliche Kontrollen, sind als künftiger Aufwand nicht rückstellungsfähig. Gegenstand der Prüfung ist nicht die Funktionsfähigkeit im abgelaufenen Wirtschaftsjahr, sondern die Funktionsfähigkeit im Zeitpunkt der Kontrolle. Ist allerdings die gesetzte Frist abgelaufen, ohne dass die Anlage geprüft wurde, dann wird eine Rückstellung zu bilden sein.

Von Gebietskörperschaften auf Grund einer öffentlich-rechtlichen Verpflichtung an Bestandnehmer geleistete Beihilfen für die vorzeitige Aufgabe von Bestandrechten (**Absiedlungsbeihilfen**) sind als vorbelastete Einnahmen rückstellungsmäßig zu erfassen. Die Höhe der Rückstellung umfasst auch die Umsiedlungskosten.

Wird allerdings durch eine behördliche Auflage der Unternehmer verpflichtet, einen selbständigen Vermögensgegenstand herzustellen, so darf (zumindest aufgrund des Urteiles des BFH vom 19.8.1998) keine Verbindlichkeitenrückstellung gebildet werden. Zwar konnte sich im gegenständlichen Fall der Unternehmer der behördlichen Auflage nicht entziehen (Errichtung einer Kläranlage) und wäre daher verpflichtet gewesen, diese öffentlich-rechtliche Verpflichtung wie jede andere voll zu bilanzieren. Dagegen sprach jedoch, dass der Vermögensgegenstand durch seine Aktivierung in Zukunft (dem Realisationsprinzip entsprechend) aufwandswirksam wird. Es wurde daher ein wirtschaftlicher Zusammenhang mit zukünftigen Erträgen hergestellt.

Handelt es sich dabei jedoch um eine für die Beurteilung der Finanzlage bedeutsame Größe, so hat bei Kapitalgesellschaften (mit Ausnahme der kleinen GmbH) eine entsprechende Angabe im Anhang zu erfolgen (§ 237 Z 8 UGB).

8. Umzugskosten

Verpflichtet sich der Veräußerer eines Grundstückes bis zu einem vereinbarten Termin zu dessen Räumung, sind die zu erwartenden Umzugskosten im Jahre der Grundstücksveräußerung rückstellungsfähig (Rz 3521 EStR).

9. Jahresabschlusskosten und sonstige Rechts- und Beratungskosten

Dazu gehören insbesondere die voraussichtlichen Honorare des Wirtschaftstreuhänders für die Beratung anlässlich der Erstellung des Jahresabschlusses sowie die Kosten des Abschlussprüfers für die Durchführung der Jahresabschlussprüfung. Die sonstigen Rechts- und Beratungskosten umfassen alle im Abschlussjahr erbrachten Beratungsleistungen und Rechtskosten, die noch nicht abrechenbar sind. Rückzustellen sind auch Aufwendungen, die zwar erst nach dem Bilanzstichtag anfallen, ihre Ursachen aber in einer Zeit vor diesem haben (zB laufende Rechtsfälle).

10. Patentverletzungen

Diese sind dann zu bilden, wenn in hohem Ausmaße die Wahrscheinlichkeit besteht, dass der Unternehmer eine **Patentverletzung** begangen hat. In diesem Fall kann für jenes Jahr, in das das schädigende Ereignis fällt, eine Rückstellung für diesbezügliche Schadenersatzforderungen gebildet werden.

Das Gleiche gilt, wenn das Unternehmen ein Produkt herstellt und verkauft, das das Patent eines Dritten verletzt, wofür Lizenzforderungen mit hoher Wahrscheinlichkeit erwartet werden. In diesem Fall kann die Rückstellung jährlich, abhängig von der Verkaufsmenge, aufgestockt werden.

11. Prozesskostenrückstellungen

Die Voraussetzung für die Dotierung einer Prozesskostenrückstellung ist dann gegeben, wenn es sich

1. um einen bereits laufenden oder drohenden Prozess handelt und
2. ernsthaft besondere Aufwendungen dafür erwartet werden, die

a) Gerichtskosten,
b) Rechtsanwaltskosten und
c) Kosten aus dem zu erwartenden Verlust des Prozesses oder Kosten eines zu erwartenden Vergleiches

sein können.

12. Noch nicht abgerechnete Fremdleistungen

Zu erwartende **Rechnungsbeträge aus Fremdleistungen**, deren Höhe anlässlich der Erstellung des Jahresabschlusses noch nicht feststeht, sind als Rückstellungen auszuweisen.

Derartige Rückstellungen werden vor allem dann zu bilden sein, wenn der Bilanzerstellungstag nur kurze Zeit nach dem Bilanzstichtag liegt und eine Reihe von Eingangsrechnungen noch ausständig ist.

13. Boni und Rabatte

Nachträglich gewährte **Boni** und **Rabatte**, soweit sie bei der Bilanzerstellung in ihrer Höhe noch nicht feststehen, sind in voraussichtlicher Höhe als Rückstellungen auszuweisen.

14. Kursrisiko

Wenn im Falle des Bestehens einer **Fremdwährungsverbindlichkeit** ernstlich die Gefahr einer Kurssteigerung besteht, etwa, wenn zwischen Bilanzstichtag und Bilanzerstellungstag die Fremdwährung aufgewertet wurde und dadurch mit einer erhöhten Zahlung zu rechnen ist, ist eine **Rückstellung** zu bilden.

15. Skonti

Hierbei handelt es sich um **Skonti** für unmittelbar nach dem Abschlussstichtag innerhalb des Kassenrespiros eingehende Forderungen. Allerdings handelt es sich hier eher um Wertberichtigungen zu Forderungen, da Letztere innerhalb des Kassenrespiros um den darin enthaltenen Skonto weniger wert sind.

16. Altfahrzeuge, Rücknahme und Verwertung

Auf Grund der Verpflichtung der Hersteller oder Importeure zur Rücknahme und Verwertung von Altfahrzeugen ist für die hierfür anfallenden Kosten eine Rückstellung zu bilden. Das Jahr der Rückstellungsbildung ist regelmäßig jenes Jahr, in dem der Tatbestand erfüllt wird, der zur späteren Rücknahme bzw Kostenübernahmeverpflichtung führt. Dies ist in der Regel der Zeitpunkt, in dem die Fahrzeuge gegen Entgelt in den Verkehr gebracht werden.

17. Baustellenräumung

Für die Verpflichtung der Baustellenräumung nach Beendigung der Fertigstellung ist im Ausmaß der voraussichtlichen Räumungskosten eine Rückstellung zu bilden.

18. Erdölbevorratung

Für die allfälligen Kosten der Erdölbevorratung auf Grund des Erdölbevorratungsgesetzes sind gem § 3 Abs 1 Erdölbevorratungsgesetz Rückstellungen zu bilden. Davon ausgeschlossen sind die Anschaffungskosten der Vorräte selbst.

19. Einsatzverpflichtung

Für die Verpflichtung, gegen Einsatz überlassene Vermögensgegenstände (Paletten, Gebinde, Flaschen usw) wieder zurückzulösen, sind Rückstellungen in der Höhe zu bilden, in der die Inanspruchnahme tatsächlich droht.

20. Schadenersatzansprüche

Wenn eine deliktische oder vertragliche Schadenersatzpflicht konkret droht, ist hierfür eine Rückstellung zu bilden. Besteht ein Versicherungsschutz, ist insoweit keine Rückstellung zu bilden.

21. Werbeaufwendungen

Unterlassene bzw rückständige Werbeaufwendungen auf Grund von Franchise- oder Lizenzvertragsverpflichtungen sind rückstellungspflichtig.

22. Fortbestehende Betreuungsleistungen

Erhält ein Versicherungsmakler für die Vermittlung und Betreuung eines Lebensversicherungskunden ein Entgelt ausbezahlt, mit dem nicht nur die Vermittlungsleistung, sondern auch die zukünftige Betreuung des Kunden bis zur Auszahlung der Lebensversicherung abgegolten wird, ist vom bilanzierenden Versicherungsmakler entsprechend einer Entscheidung des deutschen Bundesfinanzhofes aus 2004 für den auf die zukünftige Betreuungsleistung entfallenden Entgeltsteil eine Rückstellung zu bilden (*Bertl/Hirschler,* Rückstellungsbildung wegen fortbestehender Betreuungsleistungen, RWZ 2/2005, 38 f).

23. Kontoauszugserstellung

Ist die Bausparkasse verpflichtet, jedem Bausparer im Laufe des Folgejahres einen Kontoauszug über die Zahlungen und Zinsgutschriften für das abgelaufene Kalenderjahr auszustellen, hat sie für die Erstellung und Versendung derselben durch Bildung einer Rückstellung vorzusorgen (*Bertl/Hirschler,* Rückstellungsbildung für Kontoauszugserstellung, RWZ 8/2002, 238 f).

24. Kosten der Aufbewahrung von Geschäftsunterlagen

Für die zukünftig anfallenden Ausgaben im Zusammenhang mit der gem § 249 dHGB (§ 212 UGB) verpflichtenden Aufbewahrung der Geschäftsunterlagen ist gem einer Entscheidung des deutschen Bundesfinanzhofes aus 2002 eine Verbindlichkeitsrückstellung zu bilden (*Bertl/Hirschler,* Rückstellungsbildung für Kosten der Aufbewahrung von Geschäftsunterlagen, RWZ 1/2003, 7 f).

25. Überhöhter CO_2-Ausstoß

Bezüglich der Rückstellung für den zusätzlichen Bedarf an Emissionszertifikaten zur Abdeckung eines überhöhten **CO_2**-Ausstoßes siehe Abschnitt 4.325.1.

26. GSVG-Beiträge (Einzelunternehmen und Personengesellschaften)

Für Sozialversicherungsbeiträge gemäß GSVG besteht seit 1998 die Regelung, dass sich diese Beiträge aufgrund der jeweiligen Einkünfte des **laufenden** Wirtschaftsjahres bemessen. Dies hat zur Folge, dass im Falle geringerer Vorauszahlungen eine Verpflichtung zur Nachzahlung dieser noch nicht entrichteten Beitragsschuld besteht. Der Unternehmer hat entsprechend dem Grundsatz der periodengerechten Gewinnermittlung daher die Verpflichtung zur Bildung einer Verbindlichkeitsrückstellung für die in der Zukunft zu erwartende Nachzahlung.

Die Sozialversicherungsbeiträge dienen der persönlichen Absicherung des Unternehmers. Da sich die Sozialversicherungspflicht zwangsweise aus der unternehmerischen Tätigkeit ergibt, stellen die Sozialversicherungsbeiträge betrieblichen Aufwand (Betriebsausgabe) dar, weswegen auch die Bildung einer Rückstellung dem Grunde nach gerechtfertigt ist.

Die Berechnung der GSVG-Rückstellung ergibt sich nach folgender Formel (vgl *Bertl/Hirschler,* Rückstellung für GSVG-Beiträge, RWZ 12/1999, 358):

$$R = \frac{SV\text{-}Satz \times (EK + VZ + NZ\ [bzw - GS]) - VZ}{(1 + SV\text{-}Satz)}$$

Legende:

R	erforderliche Rückstellung für SV-Beiträge
SV-Satz	kumulierter Beitragssatz für Sozialversicherung
EK	steuerpflichtige Einkünfte des laufenden Jahres exklusive Rückstellung für SV-Beiträge
VZ	Vorauszahlungen für Sozialversicherung des laufenden Jahres
NZ	Nachzahlung für Sozialversicherung für frühere Wirtschaftsjahre
GS	Gutschrift für Sozialversicherung für frühere Wirtschaftsjahre

27. Rückverrechnung von Provisionen bei Versicherungsvermittlern

Mit Inkrafttreten des § 176 Abs 5 und 6 VersVG idF VersRÄG 2006 wurde für kapitalbildende Lebensversicherungsverträge, die nach dem 31.12.2006 geschlossen werden, eine neue Regelung für den Fall des Stornos oder Rückkaufes eines Vertrages geschaffen. § 176 Abs 5 VersVG regelt das Verhältnis zwischen Versicherungsnehmer und Versicherer durch Einführung von Bestimmungen über die Verteilung von Abschluss kosten bei der Berechnung des Rückkaufwertes. Versicherer dürfen demnach bei Ermittlung des Rückkaufwertes ihre kalkulierten Abschluss kosten über fünf Jahre verteilt in abnehmenden Fünfteln zum Abzug bringen.

Parallel dazu wird eine Regelung über die Rückverrechnung von Provisionen bei vorzeitiger Beendigung des Vertrages eingeführt. Dieser Rückerstattungsanspruch gem § 176 Abs 6 VersVG regelt in den Fällen des Abs 5 das Rechtsverhältnis zwischen Versicherer und dem Vermittler, wonach der Vermittler im Falle des Stornos oder Rückkaufs in den ersten fünf Jahren seine tatsächliche Provision samt Nebengebühren aliquot dem Versicherer zurückzuerstatten hat. Der Anspruch reduziert sich im Falle des Stornos oder des Rückkaufs auf das zeitanteilige Ausmaß, in welchem der Vertrag innerhalb der fünf Jahre aufrecht blieb. Für kürzere Verträge gilt Entsprechendes sinngemäß. Das AFRAC hat in einer Stellungnahme 2007 ausgeführt, dass es sowohl nach UGB als auch nach IFRS geboten ist, eine sofortige Gewinnrealisation bei gleichzeitiger wahrscheinlichkeitsgewichteter Bevorsorgung (= Rückstellung) des Storno- oder Rückkauffalles vorzunehmen. Im UGB ist die wahrscheinlichkeitsgewichtete Bevorsorgung als Minimum zu verstehen. Das Vorsichtsprinzip erfordert im Falle unzureichender Schätzungsgrundlagen eine entsprechende vorsichtige Vorgangsweise. Die Anwendung der „Fünftelung" des Provisionsanspruches über die ersten fünf Jahres entspricht in jenen Fällen, in denen eine entsprechende Schätzung nicht vorgenommen werden kann, jedenfalls dem Vorsichtsprinzip nach UGB.

28. Anteilsbasierte Vergütungen

Anteilsbasierte Vergütungen, die an Aufsichtsräte, Führungskräfte oder Mitarbeiter erfolgen, sind in einer Optionsrücklage (vgl Abschnitt 5.113.3) zu erfassen, wenn deren Ausgabe durch **Eigenkapitalinstrumente** erfüllt wird. Für anteilsbasierte Vergütungstransaktionen mit Barausgleich ist jedoch eine Rückstellung zu bilden (vgl AFRAC 2007: „Behandlung anteilsbasierter Vergütungen an Aufsichtsräte, Führungskräfte und Mitarbeiter gem. UGB").

Es handelt sich dabei um Ansprüche auf künftige Barvergütungen, die vom Anstieg des Kurses der Aktien oder sonstiger Eigenkapitalinstrumente des Unternehmens oder eines verbundenen Unternehmens über einen bestimmten Zeitraum im Vergleich zu einem bestimmten Basiskurs abhängig sind.

Die Verpflichtungen des Unternehmens für derartige Vergütungen (**Wertsteigerungsrechte**) sind (analog IFRS 2) bei der erstmaligen Erfassung und an jedem Abschlussstichtag bis zu ihrer Begleichung bzw bis zu ihrem Verfall mit dem jeweils aktuellen **beizulegenden Zeitwert** anzusetzen. Bei der Ermittlung des beizulegenden Zeitwertes ist ein **Optionspreismodell** anzuwenden, das die Bedingungen der Wertsteigerungsrechte und die Dauer der vom Berechtigten bereits abgeleisteten und der bis zur Erfüllung noch abzuleistenden Dienstzeit berücksichtigt.

IFRS 2 unterstellt (und das wird gem AFRAC auch für das UGB angenommen), dass das Unternehmen die von den Berechtigten als Gegenleistung für die **Wertsteigerungsrechte** zu erbringenden Leistungen bereits erhalten hat, sofern kein deutlicher gegenteiliger Hinweis vorliegt. Der daraus resultierende Aufwand ist daher durch Bildung einer Rückstellung unmittelbar zu erfassen.

5.444.3 Rückstellungen für drohende Verluste aus schwebenden Geschäften

5.444.31 Begriff und Abgrenzung schwebender Geschäfte

Schwebende Geschäfte sind zweiseitig verbindliche Rechtsgeschäfte vom Zeitpunkt des Vertragsabschlusses bis zur Erfüllung durch den zur Lieferung und Leistung verpflichteten Partner. Die Erfüllung durch den zur Gegenleistung verpflichteten Partner ist ein gesondertes schwebendes Geschäft.

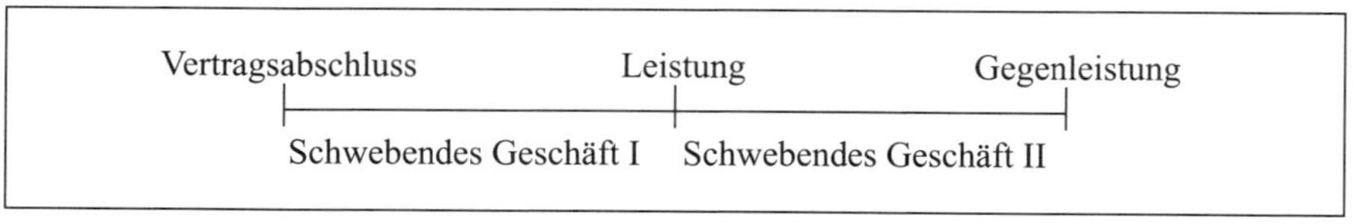

Für schwebende Geschäfte gilt der Grundsatz, dass Leistung und Gegenleistung einander ausgleichen; aus diesem Grund erfolgt so lange, als noch kein Partner eine Leistung erbracht hat, keine Verbuchung. Das **Imparitätsprinzip** erfordert jedoch insoweit eine Berücksichtigung schwebender Geschäfte, als am Bilanzstichtag bereits ersichtlich ist, dass das Ergebnis der Folgeperiode durch die Auswirkungen eines abgeschlossenen Vertrages verschlechtert wird. In diesem Fall ist der Betrag, um den sich die Folgeperiode voraussichtlich verschlechtert, zu antizipieren, da die Folgeperiode andernfalls Verluste, die die Vorperiode verursacht hat, übernimmt.

Für die Erfassung schwebender Geschäfte gilt, dass eigene Vorleistungen bis zur Erfüllung zu Anschaffungs- oder Herstellungskosten zu aktivieren sind. Soweit es sich bei Vorleistungen des Partners um Einmalgeschäfte (zB Anzahlungen) handelt, sind diese als Verbindlichkeit zu passivieren. Bei langfristigen schwebenden Geschäften (etwa Pensionszusagen für noch aktive Arbeitnehmer) ist für die später anfallenden möglichen Ausgaben (**aufschiebend bedingte Schuld**) eine Rückstellung zu bilden (vgl den Abschnitt über Pensionsrückstellungen).

5.444.32 Risiken aus schwebenden Geschäften

Risiko aus der Nichterfüllung des Vertragsverhältnisses

Wird der vereinbarte Vertrag vom eigenen Unternehmen nicht eingehalten, ist mit **Schadenersatzansprüchen** bzw mit den sich aus dem Vertrag ergebenden Konsequenzen des Partners zu rechnen. Für diese Ansprüche sind, sofern eine Inanspruchnahme durch den Partner noch nicht vorliegt, entsprechende Rückstellungen zu bilden.

Das **Risiko der Nichterfüllung** des Vertrages durch den Partner besteht entweder in der Verweigerung der Leistung oder Verweigerung der Abnahme.

Im Falle der **Leistungsverweigerung** durch den Partner können die Aufträge an andere Lieferanten vergeben werden, wobei unter Umständen höhere Preise bezahlt werden müssen, oder es kann zu einer verspäteten oder überhaupt unterlassenen Vertragserfüllung durch das Unternehmen selbst gegenüber den anderen Partnern kommen. Auf Grund des **imparitätischen Realisationsprinzips** sind für daraus zu erwartende Verluste Rückstellungen zu bilden, während eigene Regressansprüche erst mit der Geltendmachung und sicheren Einbringlichkeit zu aktivieren sind.

Nimmt der Partner die **vereinbarte Leistung** des Unternehmens nicht ab, muss diese Leistung unter Umständen zu ungünstigen Preisen an andere Abnehmer abgegeben werden. Leistet der Partner nicht die vereinbarten Anzahlungen zur Vorfinanzierung des abzuwickelnden Geschäftes, müssen diese Mittel von anderen Kreditgebern (Bank) aufgenommen werden, wo durch es zu einer Erhöhung der Finanzierungskosten kommt, für die mittels Rückstellung vorzusorgen ist.

Risiken aus der Erfüllung des Vertragsverhältnisses

Preisänderungen innerhalb der Erfüllungszeit

Risiken aus der Erfüllung des Vertragsverhältnisses können sich aus **Preisänderungen** ergeben, wenn der Vertrag zu festen Preisen abgeschlossen wurde und in der Folge Änderungen in den Marktpreisen auftreten. Derartige Änderungen können sowohl bei **schwebenden Einkaufsgeschäften** als auch bei **schwebenden Verkaufsgeschäften** zu Verlusten führen.

Sinkende Marktpreise auf der **Beschaffungsseite** führen insoweit zu Verlusten, als die Ware zu den höher vereinbarten Preisen angeschafft werden muss. Darüber hinaus können sich auch **negative Erfolgsbeiträge** ergeben, wenn ein korrespondierendes Absatzgeschäft nicht mehr kostendeckend ausgeführt werden kann, weil auch auf der Absatzseite Preissenkungen eingetreten sind. Derartige negative Erfolgsbeiträge sind jedoch im Rahmen der Bilanzierung schwebender Geschäfte nur insoweit zu erfassen, als tatsächliche Verluste und nicht nur eine Minderung des Gewinnes aus dem korrespondierenden Geschäft zu erwarten sind.

Bei **schwebenden Absatzgeschäften** haben Preisänderungen in der Regel keinen Einfluss auf die Bilanzierung. Sinken die Preise, ist man durch den Vertrag abgesichert; steigen die Preise, hätte man wohl ein besseres Ergebnis erzielen können, erleidet aber durch die Preisänderung selbst keinen Verlust.

Kosten- und Mengenänderungen

Diese können durch Konstruktionsmängel, Kalkulationsfehler, unrationelle Herstellung usw entstehen. Gemeinsam ist diesen Vorfällen, dass der Aufwand höher als geplant ist.

Haftung für Termine

Bei Nichteinhaltung von Terminen kann es zur Vorschreibung von **Konventionalstrafen** kommen.

Haftung für zugesicherte Eigenschaften

Zum Unterschied zur **Garantierückstellung**, die für bereits erfolgte Leistungen gebildet wird, ist hier bereits vor der Leistung erkennbar, dass eine Verpflichtung zu **Nacharbeiten zwecks Mängelbeseitigung** oder zur **Neuanfertigung** zu erwarten ist und damit die Kosten nicht mehr durch den vereinbarten Preis gedeckt sind.

Rückstellung für Überverzinsung

Im Falle eines als nachhaltig angesehenen Rückganges des **marktüblichen Zinssatzes** für gleichartige Kredite steht der Schuldner eines zu festen Zinsen aufgenommenen langfristigen Kredites vor der Tatsache, einen wesentlich höheren Zinssatz leisten zu müssen, als dies für andere Schuldner der Fall ist.

Für diesen Fall steht eine Reihe von Autoren (vgl Beck'scher Bilanzkommentar[5] § 253 Rz 60) auf dem Standpunkt, dass die Differenz zwischen dem zum Zeitpunkt der Bilanzierung bestehenden marktüblichen und dem tatsächlichen Zinssatz in Höhe des Barwertes der Zinsendifferenz aufwandswirksam als Rückstellung zu verbuchen sei. Steht dieser **Zinsendifferenz** allerdings eine einmalige Leistung (zB geringere Anschaffungskosten) gegenüber, ist der Barwert der Zinsdifferenz zu aktivieren. Aufwandmäßig teilt der aktivierte Betrag das Schicksal dieser Leistung.

Optionsgeschäfte

Für den Stillhalter eines Optionsgeschäftes ist eine Rückstellung für drohende Verluste aus schwebenden Geschäften zu bilden,

- wenn und soweit bei einer Call-Option der Kurs des Optionsgegenstandes am Bilanzstichtag über dem Basispreis liegt (Stillhalter verpflichtet sich, gegen eine Optionsprämie an den Optionsberechtigten zum vereinbarten Basispreis zu liefern),
- wenn und soweit bei der Put-Option der Kurs des Optionsgegenstandes am Bilanzstichtag unter dem Basispreis liegt (Stillhalter verpflichtet sich, gegen eine Optionsprämie vom Optionsberechtigten zum vereinbarten Basispreis zu kaufen).

Die Höhe der Rückstellung bemisst sich als Unterschiedsbetrag zwischen Basispreis und Tagespreis abzüglich der Optionsprämie. Liegen Deckungsgeschäfte oder geschlossene Positionen vor, ist die Bildung einer Rückstellung nicht zulässig.

Koppelungsgeschäfte

Für drohende Verluste aus Koppelungsgeschäften ist dann eine Rückstellung anzusetzen, wenn aus dem Koppelungsgeschäft ein Verlust droht. Dasselbe gilt für Verluste aus Kompensationsgeschäften.

5.444.33 Arten der schwebenden Geschäfte und die Bewertung der daraus resultierenden Verluste

Schwebende Beschaffungsgeschäfte

Die Beendigung des **Schwebezustandes** tritt, wie bereits hingewiesen, mit Übernahme der Leistung ein. Zu diesem Zeitpunkt erfolgt daher normalerweise auch die Aktivierung. Bei Versandgeschäften hängt der Ort und die Zeit der Übernahme von der Lieferklausel (ab Werk, franko Bestimmungsort, cif, fob usw) ab. Ist die Ware übernommen, besteht für die Rückstellung keine Veranlassung mehr, da eingetretene Wertminderungen direkt vom Warenkonto abgebucht werden können.

Bei **Anlagegegenständen** sind Risiken aus dem Eintritt einer wirtschaftlichen oder technischen Überholung, sei es durch die Entwicklung besserer Maschinen oder durch plötzliche Nachfrageverschiebungen, die die bestellte Maschine nicht mehr ausnützen lassen, denkbar. **Fehlinvestitionen** durch falsche Einschätzung der wirtschaftlichen Entwicklung und Sinken des Marktwertes, wie dies beispielsweise bei EDV-Geräten in extremem Ausmaß geschah, gehören zu den Risiken bei der Anlagenbeschaffung.

Ist die Maschine bei Eintritt eines der oben genannten Fälle bereits im Unternehmen, ist unternehmensrechtlich eine **außerplanmäßige Abschreibung** und steuerrechtlich eine **Abschreibung auf den niedrigeren Teilwert** vorzunehmen. Ist die Maschine bestellt, aber noch nicht geliefert, ist eine **Rückstellung für die voraussichtliche Abschreibung** vorzunehmen.

In gleicher Weise wie bei Anlagen ist im Falle des gesunkenen Wiederbeschaffungspreises für zu festen Preisen bestellte Gegenstände des Umlaufvermögens am Abschlussstichtag eine **Rückstellung in Höhe der Differenz zwischen Einkaufspreis und gesunkenem Wiederbeschaffungspreis** vorzunehmen. Steigt der Tagespreis allerdings wieder bis zum Tage der Lieferung bzw bis zu dem vor dem Liefertag liegenden Bilanzerstellungstag, ist eine Rückstellung nur in der Höhe vor zunehmen, in der der Wiederbeschaffungswert am Tage der Lieferung oder am Tage der Bilanzerstellung unter dem vereinbarten Kaufpreis liegt.

Treten bei Gütern des Umlaufvermögens innerhalb der Lieferzeit Änderungen in den Absatzverhältnissen auf, so werden diese bei **Roh-, Hilfs- und Betriebsstoffen** überhaupt nicht berücksichtigt, da deren Bewertung beschaffungsorientiert und nicht absatzorientiert erfolgt.

Bei **Handelswaren** kann es bei Änderungen der Absatzverhältnisse auch dann zur Bildung von Rückstellungen kommen, wenn innerhalb der Lieferzeit durch ein Sinken der Verkaufspreise die Spanne zwischen dem fixen Einkaufspreis und dem gesunkenen Verkaufspreis so gering oder sogar negativ wird, dass ein Verlust bei Veräußerung der Ware nicht zu vermeiden ist.

Schwebende Absatzgeschäfte

Schwebende Absatzgeschäfte bei Handelswaren

Bei **schwebenden Absatzgeschäften** aus Handelswaren ergibt sich nach Vertragsabschluss zu Fixpreisen aus der Veränderung des Marktpreises grundsätzlich kein Bilanzierungsvorgang. Der veränderte Marktpreis führt zu keiner Erfolgsänderung.

Ist eine fix verkaufte Handelsware am Abschlussstichtag noch nicht bestellt, so ist zu unterscheiden, ob die Ware, wenn auch zu einem höheren Preis, beschafft werden kann oder gar nicht erhältlich ist. Im ersten Fall ist der am Bilanzstichtag gültige Tagesanschaffungspreis mit dem vereinbarten Verkaufspreis abzüglich entstandener oder noch entstehender Verkaufskosten zu vergleichen und eine eventuelle negative Differenz als **Rückstellung für Verluste aus schwebenden Geschäften** zu bilanzieren. Kann die Ware aus irgendwelchen Gründen nicht beschafft werden, ist eine Rückstellung in Höhe der voraussichtlichen Schadenersatzleistungen zu bilden.

Schwebende Absatzgeschäfte für Eigenleistungen

Der Vertragsabschluss über den Verkauf selbsterstellter Leistungen (Fertigerzeugnisse) führt grundsätzlich zu keinem Buchungs- bzw Bilanzierungsvorgang. Soweit jedoch Verluste vorhersehbar sind, sind diese zu berücksichtigen. Solche Verluste können daraus entstehen, dass noch anfallende Produktions-, Vertriebs- und Verwaltungskosten im Verkaufspreis nicht mehr abgedeckt werden können. Die Ermittlung des voraussichtlichen Verlustes kann sowohl auf **Vollkostenbasis** als auch auf **Teilkostenbasis** erfolgen.

Bezüglich der Frage, wann die Rückstellungsermittlung auf Vollkostenbasis und wann auf Teilkostenbasis zu erfolgen hat, siehe Abschnitt 4.313.2.

5.45 Aufwandsrückstellungen

1. Kulanzrückstellungen

Besteht die Übung, dass das Unternehmen über die gesetzlichen bzw vertraglichen Garantieverpflichtungen hinaus Kulanzen gewährt, so ist auch hierfür eine entsprechende Rückstellung zu bilden. **Kulanzen** sind Gewährleistungen ohne rechtliche Verpflichtung, die der Unternehmer im Interesse seines Unternehmens erbringt (zB Erbringung von Garantieleistungen nach Ablauf der gesetzlichen bzw vertraglichen Garantiefrist). Kulanzleistungen, denen keine Zusage zugrunde liegt, gehören zu den Aufwandsrückstellungen.

Gem § 198 Abs 8 Z 4c sind Rückstellungen für Kulanzen verpflichtend zu bilden. Sie sind auch **steuerrechtlich** anerkannt.

2. Rückstellungen für unterlassene Instandhaltungen, für deren Nachholung keine rechtliche Verpflichtung besteht

Hierbei handelt es sich in der Regel um unterlassene Instandhaltungen an eigenen Vermögensgegenständen (Gebäude, technische Anlagen und Maschinen), deren Nachholung aus betriebswirtschaftlichen Gründen erforderlich erscheint. Wenn beispielsweise wegen eines hohen Auftragsbestandes erhöhte Arbeitsleistungen erbracht werden, wodurch die notwendigen Wartungs- und Instandhaltungsarbeiten unterbleiben, gleichzeitig aber Erträge für die zusätzlich erbrachten Leistungen realisiert werden, ist für die nachzuholenden Instandhaltungsarbeiten eine Rückstellung zu bilden, da andernfalls nachfolgende Perioden mit Kosten belastet würden, die sie nicht betreffen.

Im Gegensatz zur fehlenden Regelung im UGB normiert das dHGB in § 249 Abs 1 die Pflicht zur Bildung einer Rückstellung für im Geschäftsjahr **unterlassene Aufwendungen für Instandhaltung**, die im folgenden Jahr innerhalb von drei Monaten, oder für **Abraumbeseitigung**, die im folgenden Geschäftsjahr nachgeholt werden.

3. Rückstellungen für Großreparaturen und in mehrjährigen Abständen anfallende Wartungsarbeiten

Diese auf dem Gedanken der dynamischen Bilanztheorie basierenden Rückstellungen sind nach herrschender Auffassung weder in Österreich noch in Deutschland Bestandteil der GoB. Allerdings sind derartige Rückstellungen unternehmensrechtlich möglich, wobei die Rückstellung im Sinne einer periodengerechten Gewinnermittlung nur in dem das einzelne Geschäftsjahr betreffenden Ausmaß (aufbauend bis zum Wartungszeitpunkt) gebildet werden darf. Liegen Wartungsintervalle auf Grund einer öffentlich-rechtlichen Verpflichtung vor, ohne deren Einhaltung die Betriebsgenehmigung nicht verlängert werden würde, entspricht die Bildung der Rückstellung den GoB, wird aber steuerrechtlich nicht anerkannt, da die Betriebsgenehmigung für die Zukunft und nicht für die Vergangenheit gilt.

4. Sonstige Aufwandsrückstellungen

Sonstige Aufwandsrückstellungen, wie freiwillige Entsorgung und Rekultivierung, freiwillige Umweltschutzmaßnahmen, unterlassene Forschungs- und Werbeaufwendungen, freiwillige Abraumbeseitigung, gehören nicht zu den Grundsätzen ordnungsmäßiger Buchführung, sind daher unernehmensrechtlich auch nicht verpflichtend zu dotieren. Es ist allerdings davon auszugehen, dass eine einmal dotierte Aufwandsrückstellung nach dem Grundsatz der Bewertungsstetigkeit fortgeführt werden muss.

Steuerlich sind die hier angeführten Aufwandsrückstellungen nicht absetzbar.

5.5 Verbindlichkeiten

Untergliederung gem § 224 Abs 3 D

D. **Verbindlichkeiten:**

1. Anleihen, davon konvertibel;
2. Verbindlichkeiten gegenüber Kreditinstituten;
3. erhaltene Anzahlungen auf Bestellungen [soweit nicht gegen Vorräte verrechnet];
4. Verbindlichkeiten aus Lieferungen und Leistungen;
5. Verbindlichkeiten aus der Annahme gezogener Wechsel und der Ausstellung eigener Wechsel;
6. Verbindlichkeiten gegenüber verbundenen Unternehmen;
7. Verbindlichkeiten gegenüber Unternehmen, mit denen ein Beteiligungsverhältnis besteht;
8. sonstige Verbindlichkeiten,
   davon aus Steuern,
   davon im Rahmen der sozialen Sicherheit.

5.51 Erläuterungen allgemein

5.511 Fälligkeitsangaben, Angabe von Besicherungen

*Gem § 225 Abs 6 ist der **Betrag der Verbindlichkeiten mit einer Restlaufzeit bis zu einem Jahr** bei jedem gesondert ausgewiesenen Posten in der Bilanz anzumerken oder im Anhang anzugeben.*

Es muss somit jeder Posten der Verbindlichkeiten hinsichtlich der Fälligkeit untersucht werden. Dies wird insbesondere die Posten „Anleihen" (Angabe des im nächsten Jahr fälligen Betrages), die „Verbindlichkeiten gegenüber Kreditinstituten", die „Verbindlichkeiten gegenüber verbundenen Unternehmen", Verbindlichkeiten gegenüber Unternehmen, mit denen ein Beteiligungsverhältnis besteht, und die „Sonstigen Verbindlichkeiten" betreffen.

Nicht anwendbar ist diese Vorschrift dagegen auf die **„Erhaltenen Anzahlungen auf Bestellungen“**, da dieser Posten keine Zahlungsverpflichtung, sondern eine Verpflichtung zur Erbringung von Lieferungen und Leistungen ausdrückt. Nur wenn aufgrund von Leistungsstörungen sich eine Verpflichtung zur Rückzahlung einer erhaltenen Anzahlung ergibt, ist die Vorschrift über die Fälligkeitsangabe wieder anwendbar. Allerdings ist diese Rückzahlungsverpflichtung nicht mehr im Posten „Erhaltene Anzahlungen auf Bestellungen“, sondern unter den sonstigen Verbindlichkeiten (evtl auch in den Verbindlichkeiten gegenüber verbundenen Unternehmen oder Unternehmen, mit denen ein Beteiligungsverhältnis besteht) auszuweisen. Außerdem ist darauf hinzuweisen, dass die erhaltenen Anzahlungen auf Bestellungen nicht in voller Höhe auf der Passivseite aufscheinen, soweit sie offen gegen Vorräte verrechnet wurden.

Zusätzliche Erläuterungen zu Verbindlichkeiten werden in **§ 237 Z 1** verlangt:

§ 237. Im Anhang sind ferner anzugeben:

1. zu den in der Bilanz ausgewiesenen Verbindlichkeiten
a) der Gesamtbetrag der Verbindlichkeiten mit einer Restlaufzeit von mehr als fünf Jahren,
b) der Gesamtbetrag der Verbindlichkeiten mit einer Restlaufzeit von mehr als einem Jahr,
c) der Gesamtbetrag der Verbindlichkeiten, für die dingliche Sicherheiten bestellt sind, unter Angabe von Art und Form der Sicherheiten;
die in lit. a bis c verlangten Angaben sind jeweils für jeden Posten der Verbindlichkeiten nach dem vorgeschriebenen Gliederungsschema zu machen, sofern sich diese Angaben nicht aus der Bilanz ergeben;

5.512 Darstellung der Verbindlichkeiten in der Bilanz, Verbindlichkeitenspiegel

Für die **Darstellung der Verbindlichkeiten in der Bilanz** ergeben sich folgende Möglichkeiten:

a) Zusammenfassung sämtlicher Verbindlichkeiten zu einem einzigen Betrag gem § 223 Abs 6 Z 2 und Ausweis der zusammengefassten Posten im Anhang in Form des sogenannten Verbindlichkeitenspiegels.
b) Ausweis der einzelnen Posten der Verbindlichkeiten gem § 224 Abs 3 D 1–8 mit Angabe des Betrages der Verbindlichkeiten mit einer Restlaufzeit bis zu einem Jahr bei jedem gesondert ausgewiesenen Posten und Angabe der in § 237 Z 1 a–c verlangten Informationen im Anhang.
c) Ausweis der einzelnen Posten der Verbindlichkeiten wie unter b und Verlagerung sämtlicher Zusatzangaben einschließlich der Fälligkeitsangaben in den Anhang in Form eines Verbindlichkeitenspiegels.

In der Praxis scheint sich die Variante c) durchzusetzen, da dies infolge der Zusammenfassung sämtlicher Zusatzinformationen zu den Verbindlichkeiten dem Grundsatz der Klarheit am ehesten zu entsprechen erscheint.

Aufbau des Verbindlichkeitenspiegels (zu c):

		1	2	3	4	5	6	7	8
		davon							
		Restlaufzeit bis zu einem Jahr	Restlaufzeit von mehr als einem Jahr	Restlaufzeit zwischen einem und fünf Jahren	Restlaufzeit von mehr als fünf Jahren	Gesamtbetrag	davon durch dingliche Sicherheiten besichert	Art und Form der dinglichen Sicherheiten	Sonstige Angabe[1)]
1.	Anleihen davon konvertibel								
2.	Verbindlichkeiten gegenüber Kreditinstituten								
3.	erhaltene Anzahlungen auf Bestellungen								
4.	Verbindlichkeiten aus Lieferungen und Leistungen								
5.	Verbindlichkeiten aus der Annahme gezogener Wechsel und der Ausstellung eigener Wechsel								
6.	Verbindlichkeiten gegenüber verbundenen Unternehmen								
7.	Verbindlichkeiten gegenüber Unternehmen, mit denen ein Beteiligungsverhältnis besteht								
8.	Sonstige Verbindlichkeiten davon aus Steuern davon im Rahmen der sozialen Sicherheit								
9.	Gesamtsumme								

[1)] zB nachrangige Verbindlichkeiten

Ein weiteres formales Darstellungsproblem bietet die **Angabe der Vorjahreszahlen**. Gem § 223 Abs 2 gilt die Verpflichtung zur Angabe des Vorjahresbetrages auch für die gesondert anzumerkenden Posten und, da § 223 sich auf den gesamten Jahresabschluss, also auch auf den Anhang bezieht, auch auf die Zusatzangaben des § 237 Z 1. Dabei zeigen sich folgende Möglichkeiten:

1. Im Anhang wird nicht nur der Verbindlichkeitenspiegel des laufenden Jahres, sondern auch der des Vorjahres ausgewiesen.
2. Für jeden Posten der Verbindlichkeiten sind zwei Zeilen vorgesehen; die erste Zeile für den Betrag des laufenden Jahres und die zweite Zeile für den Betrag des Vorjahres.
3. Die Einführung von zusätzlichen Spalten für die Angabe der Vorjahresinformation.

Dem Grundsatz der Praktikabilität dürfte am ehesten die Variante 2 entsprechen.

Im Gesetz enthaltene Angabepflichten beziehen sich nicht nur auf die im § 224 ausdrücklich angegebenen Posten, sondern auch auf iSd § 223 Abs 4 ausgewiesene Untergliederungen oder zusätzliche Posten.

5.513 Vermerk der Mitzugehörigkeit

Gem § 223 Abs 5 ist, wenn eine Verbindlichkeit unter mehrere Posten der Bilanz fällt, die Zugehörigkeit auch zu anderen Posten bei dem Posten, unter dem der Ausweis erfolgt ist, zu vermerken oder im Anhang anzugeben, wenn dies zur Vermittlung eines klaren und übersichtlichen Jahresabschlusses erforderlich ist. Diese Frage wäre jeweils im Einzelfall zu klären.

Beispiel:

*Über Banken gewährte **Exportförderungskredite** und **ERP-Kredite** werden in der Regel auf Wechselbasis abgewickelt. Es liegt also eine Überschneidung zwischen den Posten **Wechselverbindlichkeiten** und **Verbindlichkeiten gegenüber Kreditinstituten** vor. In der Regel erfolgt hier ein Ausweis unter Verbindlichkeiten gegen über Kreditinstituten; ein Vermerk der Mitzugehörigkeit zu Wechselverbindlichkeiten erscheint in diesem Fall aber nicht erforderlich, da die Klarheit und Übersichtlichkeit des Jahresabschlusses durch die Unterlassung eines solchen Vermerkes nicht leidet.*

Gem § 225 Abs 2 sind Verbindlichkeiten gegenüber **verbundenen Unternehmen** und gegenüber Unternehmen, mit denen ein **Beteiligungsverhältnis** besteht, in der Regel als solche jeweils gesondert auszuweisen. Werden sie unter anderen Posten ausgewiesen, so ist dies zu vermerken. Im Falle dieser Verbindlichkeiten besteht nicht die Einschränkung, dass ein Vermerk der Mitzugehörigkeit nur erforderlich ist, wenn dies zur Aufstellung eines klaren und übersichtlichen Jahresabschlusses erforderlich ist. Hier kommen zB folgende Überschneidungen in Frage:

Unter den Verbindlichkeiten gegenüber Kreditinstituten sind solche gegenüber Banken ausgewiesen, die verbundene Unternehmen oder Beteiligungsunternehmen darstellen.

In den erhaltenen Anzahlungen auf Bestellungen sind Anzahlungen von verbundenen Unternehmen oder Beteiligungsunternehmen ausgewiesen.

In den Wechselverbindlichkeiten sind Beträge für Wechsel enthalten, die sich im Portefeuille von verbundenen Unternehmen oder Beteiligungsunternehmen befinden.

Nach § 225 Abs 2 ist hier ein **Vermerk der Mitzugehörigkeit** erforderlich, da es in den dargestellten Beispielsfällen nicht dem Regelfall entspricht, diese Beträge als Verbindlichkeit gegenüber verbundenen Unternehmen oder Beteiligungsunternehmen auszuweisen. Es müsste umgekehrt, wenn der Ausweis als Verbindlichkeiten gegenüber verbundenen Unternehmen und Beteiligungsunternehmen durchgeführt wird, untersucht werden, ob in den geschilderten Fällen nicht aufgrund des § 223 Abs 5 ein Vermerk der Mitzugehörigkeit zu Verbindlichkeiten gegenüber Kreditinstituten, Anzahlungen auf Bestellungen, Wechselverbindlichkeiten erforderlich wäre, da dies zur Aufstellung eines klaren und übersichtlichen Jahresabschlusses erforderlich erscheint. Dies gilt auch für den Vermerk der Mitzugehörigkeit zu den Verbindlichkeiten aus Lieferungen und Leistungen. Im Übrigen wird auf Abschnitt 4.324.2 verwiesen.

5.52 Bewertung der Verbindlichkeiten

5.521 Allgemeine Vorschriften

Der in § 211 Abs 1 genannte **Rückzahlungsbetrag** umfasst nicht nur den Rückzahlungsbetrag für ein Darlehen, sondern auch die vereinbarte Gegenleistung für eine vom Gläubiger erbrachte Leistung (Verbindlichkeiten für Lieferungen und Leistungen). Er kann sich auch auf eine Sachleistung oder Vorleistung (erhaltene Anzahlungen auf Bestellungen) beziehen.

Zu passivieren ist grundsätzlich der vereinbarte **Rückzahlungsbetrag**, und zwar auch dann, wenn dieser niedriger ist als der erhaltene Betrag bzw die erbrachte Leistung. Dies gilt auch für den Fall, dass zwischen dem Schuldner und dem Gläubiger während der Laufzeit der Verbindlichkeit eine Herabsetzung des Rückzahlungsbetrages vereinbart wurde. Dieser Fall kann beispielsweise durch einen nachträglichen Bonus oder sonstigen Nachlass seitens des Lieferanten, aber auch durch einen vom Gläubiger anerkannten Schuldennachlass bei Durchführung eines Ausgleiches eintreten.

Wurde der **Rückzahlungsbetrag** einer Verbindlichkeit jedoch schon von vornherein niedriger als der **Ausgabebetrag** festgesetzt, ist die Differenz zwischen höherem Ausgabebetrag und Rückzahlungsbetrag unter die **Passiven Rechnungsabgrenzungsposten** einzustellen und während der Laufzeit der Verbindlichkeit ertragswirksam zu tilgen (*Küting/Weber*[4] § 253 Rz 83).

Für Wertschwankungen einer Verbindlichkeit, die nicht auf eine ausdrückliche Neufestsetzung eines Rückzahlungsbetrages zum Fälligkeitstag zurückzuführen sind (zB Währungsverbindlichkeiten), gilt das **Vorsichtsprinzip** gem § 201 Abs 2 Z 4, welches zum uneingeschränkten **Höchstwertprinzip** führt. Allerdings vertritt eine Reihe von Autoren die Meinung, dass analog zum Umlaufvermögen bei den kurzfristigen Verbindlichkeiten das strenge und bei den langfristigen Verbindlichkeiten analog zum Anlagevermögen das gemilderte Höchstwertprinzip gilt (vgl *Küting/Weber*[4] § 253 Rz 90 und die dort angeführte Literatur).

5.522 Wertsicherungsvereinbarungen

Führen **Wertsicherungsvereinbarungen** zu einer Erhöhung der Verbindlichkeit, sind diese mit ihrem Stand am Bilanzstichtag zu berücksichtigen.

Tritt die Erhöhung nur nach Erreichen einer bestimmten Steigerungsgrenze (zB Anpassung des Rückzahlungsbetrages jeweils nach einer **Indexsteigerung** von 10%) ein und ist diese Grenze am Bilanzstichtag nicht erreicht, ist nach *Bertl/ Hirschler* im Ausmaß der im abgelaufenen Geschäftsjahr verursachten zukünftigen betraglichen Erhöhung der offenen Verpflichtungen aus zukünftigen Wertanpassungen eine Rückstellung für ungewisse Verbindlichkeiten zu bilden (RWZ 2004, 3).

Indexsenkungen, die zu einer **Verminderung des ursprünglichen Schuldbetrages** führen, dürfen während der Laufzeit nach allgemeiner Ansicht wegen des Vorsichtsprinzips nicht berücksichtigt werden.

5.523 Besserungsvereinbarungen

Eine Besserungsvereinbarung liegt vor, wenn der Gläubiger aus verschiedenen Gründen, insbesondere aufgrund wirtschaftlicher Schwierigkeiten beim Schuldner, auf die Bezahlung seiner Forderung verzichtet. Die Forderung lebt erst dann wieder auf, wenn bestimmte Besserungsbedingungen eintreten.

Beim Schuldner kommt es aufgrund des Wegfalls der Verbindlichkeit zu einer erfolgswirksamen Auflösung derselben. Es liegt eine aufschiebend bedingte Schuld vor, die nicht bilanzierungspflichtig bzw bilanzierungsfähig ist. Mit dem Eintritt der Besserungsbedingung lebt die Schuld wieder auf und ist erfolgswirksam zu passivieren.

Besserungsvereinbarungen kommen aber auch dann vor, wenn sich der Käufer eines Unternehmens oder von sonstigen ertragsbringenden Vermögenseinheiten verpflichtet, zusätzlich zum vereinbarten Kaufpreis Nachzahlungen in bestimmter Höhe zu leisten, wenn sich die Ertragslage über ein bestimmtes Ausmaß hinaus besser entwickelt. Auch hier liegt eine aufschiebend bedingte Schuld vor, die nach Eintritt der Bedingung zu bilanzieren ist.

5.524 Unter- bzw Überverzinsung

Unterverzinsung liegt vor, wenn entweder keine Zinsen in Rechnung gestellt werden oder die vereinbarten Zinsen vom marktüblichen Zinssatz erheblich nach unten abweichen. In einem solchen Fall ist eine Abzinsung der Verbindlichkeit wegen des Verbotes des Ausweises nichtrealisierter Gewinne nicht mit den GoB vereinbar.

Wurde die niedrigere bzw fehlende Verzinsung durch einen **niedrigeren Ausgabebetrag** berücksichtigt, **kann** der Schuldner die Differenz zwischen Ausgabe- und Rückzahlungsbetrag unternehmensrechtlich im Jahr der Schuldaufnahme entweder zur Gänze als Aufwand verrechnen oder als **Disagio** in die Aktive Rechnungsabgrenzung aufnehmen und durch planmäßige jährliche Abschreibungen tilgen (§ 198 Abs 7). Steuerlich muss das Disagio aktiviert und über die Laufzeit der Verbindlichkeit verteilt abgeschrieben werden.

Überverzinsung liegt dann vor, wenn der Schuldner eine über den marktüblichen Zinssatz hinausgehende Verzinsung seiner Schuld zu leisten hat.

Wurde die Überverzinsung bereits bei Vertragsabschluss **ohne eine entsprechende Gegenleistung** bzw ohne einen anderen Vorteil vereinbart, ist die Schuld mit dem höheren Barwert, der sich aus der Überverzinsung ergibt, zu bilanzieren.

Für den Fall, dass diese Überverzinsung nicht auf eine **kompensatorische Gegenleistung** zurückzuführen ist (etwa begünstigte Bezugsquelle), sondern beispielsweise durch eine während der Laufzeit der Schuld (nachhaltige) **Senkung des Kapitalmarktzinssatzes** zustande gekommen ist, steht eine Reihe von Autoren (vgl *Bertl/Hirschler,* RWZ 2003, 34; *Leitner/Urnik/Urtz* in *Straube*[3] § 211 Rz 12) auf dem Standpunkt, dass für die Zinsendifferenz eine Rückstellung für drohende Verluste aus schwebenden Geschäften zu bilden sei. Als Rückstellung ist der Barwert der Zinsendifferenz zu passivieren.

Buchungssätze:

Zinsaufwendungen an Rückstellungen (Im Jahr der Entstehung: Barwert der Zinsdifferenz)

Rückstellungen an Zinsaufwendungen (jährliche Auflösung: in Höhe der Zinsdifferenz)

Steht dem hohen **Zinssatz** ein **einmaliger Vorteil** gegenüber (zB geringere Anschaffungskosten für die Gegenleistung), ist dieser Vorteil in Höhe des Barwertes der Zinsendifferenz zu aktivieren (im Beispielfall unter Anschaffungskosten) und in gleicher Höhe eine Zinsenrückstellung zu bilden, die über die Laufzeit der Verbindlichkeit zum Ausgleich der jeweiligen erhöhten Zinsenzahlungen ertragswirksam aufzulösen ist (vgl *Küting/Weber*[4] § 253 Rz 58).

Besteht der Vorteil in einer **begünstigten Dauerleistung**, hat dies keinen Einfluss auf die Periodisierung der Zinsen. Diese sind in diesem Fall Mehraufwand der Jahre, in denen sie anfallen.

5.525 Ratenvereinbarungen

Bei **Ratengeschäften** stellen die vereinbarten Monats- bzw Jahresraten in der Regel fixe **Annuitäten** eines einmalig gewährten Kredites dar. In diesem Fall ist die **Ratenschuld**, wenn es sich nicht um eine kurzfristige Verbindlichkeit handelt, mit dem Barwert einzubuchen. Die nach Tilgungsquote und Zinsenanteil zu trennenden Annuitäten sind einerseits schuldvermindernd und andererseits als Zinsenaufwand zu verbuchen.

Diese Aussage gilt sowohl für **Ratenvereinbarungen aus Warengeschäften** als auch für die **Rückzahlung** eines aufgenommenen **Finanzkredites in Raten**.

5.526 Fremdwährungskredite

Fremdwährungskredite sind grundsätzlich mit dem Devisenwarenkurs zum Tag des Entstehens der Schuld zu verbuchen. Veränderungen des Fremdwährungskurses während der Laufzeit sind dem Vorsichtsprinzip entsprechend nach dem Höchstwertprinzip zu berücksichtigen. Eine Wiederabwertung auf den Anschaffungskurs ist bei Sinken des Fremdwährungskurses zum Bilanzstichtag in sinngemäßer Auslegung des § 208 möglich. Nach dem Wortlaut des Gesetzes wäre zur Vermeidung der Bildung stiller Reserven eine Wiederabwertung jedenfalls erforderlich, da sich § 208 Abs 2 nur auf die Aktivseite bezieht.

Ist eine Fremdwährungsverbindlichkeit durch ein **Devisentermingeschäft** abgesichert, hat eine Aufwertung maximal bis zu dem für das Devisentermingeschäft vereinbarten Kurs zu erfolgen. Es muss jedoch sichergestellt sein, dass die Laufzeit von Fremdwährungsverbindlichkeit und Kurssicherung ident ist. Fraglich ist noch, ob die im **Devisentermingeschäft** berücksichtigten Zinsen nicht abgegrenzt werden sollten, wodurch eine Aufwertung nur bis zur Höhe der bis zum Bilanzstichtag aufgelaufenen Zinsen des Termingeschäftes notwendig wäre.

5.527 Bewertung der Rentenverpflichtungen

Die Bewertung von **Rentenverpflichtungen**, für die eine Gegenleistung nicht mehr zu erwarten ist, erfolgt zum **Barwert** der künftigen **Auszahlungen**. Die Höhe des Barwertes hängt vom angenommenen **Kapitalisierungszinssatz** ab; je höher dieser ist, desto geringer ist der Barwert. Bei wertgesicherten Renten ist der **Rechnungszinssatz** niedriger anzusetzen, da in Zukunft mit (zum Zeitpunkt der Bilanzierung nicht feststellbaren) höheren **Rentenbeträgen** zu rechnen sein wird.

Wurde für eine Rente eine **Gegenleistung** gewährt (Hingabe eines Darlehens, Erwerb eines Gegenstandes), ist der Barwert der Rente grundsätzlich mit dem empfangenen Geldbetrag bzw dem Wert der Gegenleistung ident. Daraus kann man durch Rückrechnung den Kapitalisierungszinssatz ermitteln.

5.53 Die einzelnen Posten der Verbindlichkeiten

5.531 Anleihen, davon konvertibel

5.531.1 Nicht konvertible Anleihen

„Anleihen sind die unter **Inanspruchnahme des öffentlichen Kapitalmarktes** aufgenommenen langfristigen Darlehen“ (HBA[3] § 224 Abs 3 D 1 Rz 1). Wenn langfristige Darlehen auf dem nicht organisierten (nicht öffentlichen) Kapitalmarkt aufgenommen wurden, gehören diese entweder zu den sonstigen Verbindlichkeiten oder sind, wenn die Generalklausel dies erfordert, als gesonderter Posten auszuweisen.

Hofians (in *Straube*[3] § 224 Rz 70) rechnet zu den Anleihen auch **passivierungspflichtige Genussscheine**, „sofern nicht im Einzelfall aufgrund der konkreten rechtlichen Ausgestaltung ein eigenkapitalähnliches Genussscheinkapital anzunehmen ist". Passivierungspflichtige Genussscheine sind als besondere Posten unter den Anleihen auszuweisen, wenn den Inhabern der Genussscheine mit Rücksicht auf die für die Genussrechte geleisteten Einzahlungen Forderungen zustehen, die nicht nur aus dem Gewinn oder dem Liquidationsüberschuss zu leisten sind". Im letzteren Fall handelt es sich um **„eigenkapitalähnliches Genussscheinkapital"**.

Gem § 211 Abs 1 erster Satz sind Anleihen – wie auch alle übrigen Verbindlichkeiten – mit ihrem Rückzahlungsbetrag anzusetzen. Gem § 198 Abs 7 darf der Unterschiedsbetrag zwischen dem höheren Rückzahlungsbetrag und dem niedrigeren Ausgabebetrag als Rechnungsabgrenzungsposten gesondert ausgewiesen werden; der eingesetzte Betrag ist durch planmäßige jährliche Abschreibungen zu tilgen. Eine Aktivierung der Geldbeschaffungskosten ist nicht zulässig (siehe allerdings Abschnitt 2.552, Z 16).

Wenn eine Anleihe wegen einer höheren als der marktüblichen Verzinsung mit Aufgeld ausgegeben wird, aber nur zum Nennbetrag rückzahlbar ist, wird im HBA die Auffassung vertreten, dass die Ausgabekosten aus dem Aufgeld gedeckt werden können. Ein noch verbleibender Betrag „kann auch als besonderer Passivposten eingesetzt und während der Laufzeit der Anleihe gewinnerhöhend aufgelöst werden" (HBA[3] § 224 Abs 3 D 1 Rz 8). Nach der Gliederung des § 224 kommt der Ausweis unter den passiven Rechnungsabgrenzungen in Frage, wenn auch der Unterschiedsbetrag nicht voll der Definition des § 198 Abs 6 entspricht: Es liegen hier wohl Einnahmen vor dem Abschlussstichtag vor, die aber keinen Ertrag für eine bestimmte Zeit nach diesem Tag darstellen, sondern Berichtigungen des Zinsenaufwands.

„Zurückerworbene Anleihen können erst dann vom Anleihebetrag abgesetzt werden, wenn ein neuerliches In-den-Verkehr-Bringen beispielsweise durch Vernichtung endgültig ausgeschlossen ist" (*Küting/Weber*[4] § 266 Rz 147).

Zero Bonds (Nullkuponanleihen)

Im Falle der Ausgabe von **Zero Bonds** wird der Ausgabebetrag durch **Abzinsung** eines für den Rückzahlungstag festgelegten Rückzahlungsbetrages ermittelt. Im Falle einer vorzeitigen Rückzahlung (zB bei Kündigungsmöglichkeit) hat der Schuldner nur den Ausgabebetrag und die bis zur Rückzahlung aufgelaufenen Zinsen zu bezahlen.

Sowohl die Literatur als auch die Praxis vertreten einhellig die Ansicht, dass in diesem Fall nicht die **Bruttomethode**, wonach auf der Passivseite der Rückzahlungsbetrag und auf der Aktivseite unter den Rechnungsabgrenzungsposten das Disagio verbucht werden, sondern die **Nettomethode** zur Anwendung kommen solle. In letzterem Fall werden dem ursprünglich verbuchten Ausgabebetrag jährlich die aufgelaufenen Zinsen zugebucht.

Diese Meinung wird dadurch unterstützt, dass es sich nicht um ein Disagio im üblichen Sinne handelt, sondern um die Tatsache, dass die Zinsen für einen aufgenommenen Kredit nicht jährlich ausbezahlt werden, sondern bis zum Ende der Laufzeit dem Schuldner zur Verfügung stehen. Wirtschaftlich gesehen stellt somit der Zero Bond einen durch die Nichtauszahlung der aufgelaufenen Zinsen von Jahr zu Jahr steigenden Kredit dar.

Vgl hierzu auch die **HFA-Stellungnahme 1986/1**, „Zur Bilanzierung von Zero-Bonds", Die Wirtschaftsprüfung 1986, 248 f.

5.531.2 Konvertible Anleihen

Gem § 174 Abs 1 AktG ist die Ausgabe von Schuldverschreibungen, bei denen den Gläubigern ein **Umtausch- oder Bezugsrecht auf Aktien** eingeräumt wird (**Wandelschuldverschreibungen**) oder von Schuldverschreibungen, bei denen die Rechte der Gläubiger mit Gewinnanteilen von Aktionären in Verbindung gebracht werden **(Gewinnschuldverschreibungen)** nur aufgrund eines Beschlusses der Hauptversammlung zulässig (mangels einer entgegenstehenden Regelung mit einer Mehrheit von mindestens 75% des bei der Beschlussfassung vertretenen Grundkapitals).

Der Begriff Wandelschuldverschreibungen des Aktienrechts umfasst definitionsgemäß sowohl Schuldverschreibungen, die in Aktien umgetauscht werden können (**Wandelanleihen**), als auch Schuldverschreibungen, die mit einem Bezugsrecht auf Aktien ausgestattet sind (**Optionsschuldverschreibungen**).

Wandelanleihen (Wandelschuldverschreibungen) und Optionsanleihen

Da das Umtauschverhältnis zwischen Aktien und Wandelschuldverschreibungen unter anderem vom Aktienkurs zum Zeitpunkt der Emission bestimmt wird, ist der Nennwert bzw der dem anteiligen Betrag des Grundkapitals entsprechende Betrag der für den Umtausch zu gewährenden Aktien stets niedriger als der Nennwert der anlässlich des Umtausches untergehenden Wandelschuldverschreibungen (andernfalls würde eine unzulässige Unterpari-Emission vorliegen). Der Unterschiedsbetrag zwischen dem Aktiennennwert und dem Nennwert der durch Umtausch untergehenden Schuldverschreibungen ist gem § 229 Abs 2 Z 1 als (gebundene) **Kapitalrücklage** auszuweisen.

Es besteht jedoch auch die Möglichkeit, dass das Umtauschrecht durch Einzahlung eines höheren Betrages als des Rückzahlungsbetrages (für den Fall der Nichtausübung des Umtauschrechtes) erworben wird; diesfalls entsteht zum Zeitpunkt der Einzahlung eine Kapitalrücklage nach § 229 Abs 2 Z 2.

Bei der Ausgabe von **Optionsschuldverschreibungen** ist einerseits eine Rückzahlung der **Anleiheverbindlichkeiten** vorgesehen, andererseits haben die Inhaber eine Option auf den Erwerb neu emittierter Aktien zu einem im Vorhinein bestimmten oder bestimmbaren Kurs. Für das ihnen eingeräumte Optionsrecht wird bei der Ausgabe der Schuldverschreibungen ein Mehrbetrag gegenüber dem Nennwert eingehoben. Auch dieser Betrag ist gem § 229 Abs 2 Z 2 der **Kapitalrücklage** zu zuweisen. Die entsprechende Vorschrift lautet:

§ 229 Abs 2 – Als Kapitalrücklage sind auszuweisen

> *1. ...*
> *2. Der Betrag, der bei der Ausgabe von Schuldverschreibungen für Wandlungsrechte und Optionsrechte zum Erwerb von Anteilen erzielt wird.*

Bei **Wandelschuldverschreibungen** im engeren Sinn kommt es in der Regel erst dann zum Entstehen einer Kapitalrücklage, wenn die Inhaber der Schuldverschreibungen von ihrem Umwandlungsrecht Gebrauch machen; bei **Optionsschuldverschreibungen** entsteht sofort mit deren Ausgabe eine Kapitalrücklage.

Für die **Sicherung des Bezugsrechtes** auf neue Aktien wird anlässlich der Ausgabe der Schuldverschreibungen eine **bedingte Kapitalerhöhung** beschlossen (siehe §§ 159 ff AktG).

Mit den **Wandelschuldverschreibungen** sind gem § 240 Abs 6 folgende Pflichtangaben bei Aktiengesellschaften verbunden: Anführung der Zahl der Wandelschuldverschreibungen und vergleichbaren Wertpapiere unter Angabe der Rechte, die sie verbriefen.

5.532 Verbindlichkeiten gegenüber Kreditinstituten

Gem § 1 Abs 1 BWG

> *ist ein Kreditinstitut, wer aufgrund der §§ 4 oder 103 Z 5 dieses Bundesgesetzes oder besonderer bundesgesetzlicher Regelungen* ***berechtigt ist, Bankgeschäfte zu betreiben****.*

Im § 1 BWG werden die als Bankgeschäfte geltenden Tätigkeiten aufgezählt.

Dies gilt auch für vergleichbare ausländische Kreditinstitute; für Kreditinstitute aus EU-Mitgliedstaaten gelten dabei die Vorschriften des Abschn III Niederlassungs- und Dienstleistungsfreiheit §§ 9 ff BWG.

Die Verbindlichkeiten gegenüber Kreditinstituten werden dabei ohne Differenzierung nach Gesamt- bzw Restlaufzeit zusammengefasst; die Aufgliederung nach Fristen ist entsprechend den Vorschriften lt Abschnitt 5.512 darzustellen.

Auszuweisen ist der tatsächlich in Anspruch genommene Betrag; eingeräumte, aber nicht in Anspruch genommene Kreditteile dürfen in der Bilanz nicht ausgewiesen werden. Dem Unternehmen zur Verfügung stehende Kreditpromessen können jedoch bei der Darstellung der Finanzlage im Anhang beschrieben werden.

5.533 Erhaltene Anzahlungen auf Bestellungen (soweit nicht gegen Vorräte verrechnet)

Aufgrund der Bezeichnung ist davon auszugehen, dass „Anzahlungen auf Bestellungen" nur vorliegen, soweit es sich um Aufträge handelt, deren Erlöse als Umsatzerlöse auszuweisen sind. „Dagegen sind beispielsweise Anzahlungen für die Veräußerung eines Grundstückes des Anlagevermögens den sonstigen Verbindlichkeiten zuzurechnen" (*Hofians* in *Straube*[3] § 224 Rz 72 unter Hinweis auf ADS[6] § 266 Rz 223).

Im Zusammenhang mit der bei der Vereinnahmung von Anzahlungen anfallenden Umsatzsteuer (§ 19 Abs 2 Z 1a UStG – Umsatzsteuergesetz 1994) stellt sich die Frage, ob die Anzahlungen auf Bestellungen **brutto** (einschließlich Umsatzsteuer) oder **netto** (ohne Umsatzsteuer) auszuweisen sind.

Aus Gründen der Evidenzhaltung erscheint es nach Auffassung der Verfasser richtig, die vereinnahmte Anzahlung in ihrer vollen Höhe auf dem **Personenkonto** auszuweisen und die zu bezahlende Umsatzsteuer auf einem dem Kunden zurechenbaren Umsatzsteuer-Evidenzkonto mit dem Gegenkonto „Verbindlichkeiten Finanzamt" zu erfassen. Bei der Endabrechnung des Auftrages wird die vorausbezahlte Umsatzsteuer vom Evidenzkonto abgebucht. In der Bilanz sollte der **Nettobetrag** ausgewiesen werden.

Beispiel:

Der Kunde leistet im Dezember eine Anzahlung von 100 + 20 (Umsatzsteuer). Die Umsatzsteuer wird bei Fälligkeit an die Finanzbehörde abgeführt. Im März des folgenden Geschäftsjahres wird der Auftrag erfüllt und vom Kunden übernommen. Die Gesamtabrechnung beträgt 200 ohne Umsatzsteuer. Der Kunde bezahlt im April.

Es ergeben sich folgende Buchungen:

Dezember: Bank an Erhaltene Anzahlungen 120

USt-Evidenzkonto Kunde an Verbindlichkeiten Finanzamt 20

In der Bilanz werden das Konto „erhaltene Anzahlungen" mit dem Umsatzsteuer-Evidenzkonto saldiert und der ***Nettobetrag*** *entweder auf der* ***Passivseite*** *als erhaltene Anzahlungen auf Bestellungen ausgewiesen oder, falls bereits entsprechende Leistungen erbracht wurden,* ***offen mit den Vorräten saldiert****.*

Darstellung in der Bilanz

Erhaltene Anzahlung auf Bestellungen 100

Umsatzsteuerverbindlichkeit FA 20

Im folgenden Jahr ergeben sich auf den relevanten Konten folgende Buchungen:

Eröffnung 1.1.:	USt-Evidenzkonto Kunde an Eröffnungsbilanz	20
	Eröffnungsbilanz an erhaltene Anzahlungen	120
	Eröffnungsbilanz an Verbindlichkeit Finanzamt	20
Februar	Verbindlichkeiten Finanzamt an Bank	20
März:	Kunde	240
	an Erlöse	200
	Verbindlichkeiten Finanzamt	20
	USt-Evidenzkonto Kunde	20
	Erhaltene Anzahlungen an Kunde	120
April:	Bank an Kunde	120
Mai:	Verbindlichkeiten Finanzamt an Bank	20

Wird die erhaltene Anzahlung im Gegensatz zur obigen Darstellung in der Bilanz brutto ausgewiesen, wird der vom Kunden bezahlte und an das Finanzamt verrechnete Umsatzsteuerbetrag als Forderung gegen das Finanzamt, die anlässlich der Endabrechnung über den Auftrag geltend gemacht wird, unter den sonstigen Forderungen ausgewiesen.

In diesem Fall sollten die in den sonstigen Forderungen erfassten und bei Endabrechnung rückzurechnenden Beträge zumindest im Anhang gesondert angegeben werden, wenn es sich um wesentliche Beträge handelt.

Auch *Küting/Weber*[4] (§ 268 Rz 215) betrachten den Nettoausweis der erhaltenen Anzahlungen als sachgerecht, „da ein Ausweis unter dem Bilanzposten ‚erhaltene Anzahlungen' insoweit mit einer nicht zu erwartenden Rückzahlungsverpflichtung gleichgesetzt werden kann".

Bezüglich der Verrechnung gegen Vorräte wird auch auf Abschnitt 4.312 verwiesen. Da die Vorräte jedoch keine Umsatzsteuerbeträge enthalten, dürfen die erhaltenen Anzahlungen auf Bestellungen nur mit ihren Nettobeträgen offen saldiert werden, nicht jedoch die Bruttowerte der erhaltenen Anzahlungen auf Bestellungen.

Unabhängig von der Höhe der Anzahlungen und unabhängig von der Absetzung der Anzahlung von den Vorräten unterliegen die zu erstellenden Sach- und Dienstleistungen einer eigenen Bewertung.

Buchungen beim Kunden

Anzahlung im Dezember	
Geleistete Anzahlung (Vorräte Z 5) an Bank	120
Forderungen gegen das Finanzamt an USt-Evidenzkonto Lieferant	20

In der Bilanz zum 31.12. wird das Konto geleistete Anzahlungen mit dem USt-Evidenzkonto saldiert und netto mit 100 ausgewiesen.

Buchungen im neuen Geschäftsjahr

Eröffnung 1.1.:	Eröffnungsbilanz an USt-Evidenzkonto Lieferant	20
	Geleistete Anzahlungen an Eröffnungsbilanz	120
	Forderung Finanzamt an Eröffnungsbilanz	20
Februar	Bank an Forderung Finanzamt	20
März:	Vorräte	200
	Forderungen Finanzamt	20
	USt-Evidenzkonto Kunde	20
	an geleistete Anzahlungen	120
	Lieferant	120
April:	Lieferant an Bank	120
Mai:	Bank an Forderungen Finanzamt	20

5.534 Verbindlichkeiten aus Lieferungen und Leistungen

„Grundlage der Verbindlichkeiten aus Lieferungen und Leistungen sind zweiseitig verbindliche Verträge (insbesondere Kaufverträge, Dienstleistungsverträge, Werkverträge, Tauschverträge). Diese sind erst dann auszuweisen, wenn der Vertragspartner die vereinbarte Leistung erbracht hat, und zwar dann, wenn das Risiko des Zugrundegehens oder der Verschlechterung auf den Käufer übergegangen ist.“

Es kommt dabei nicht darauf an, ob die Lieferung oder Leistung vom „Lieferanten“ bereits abgerechnet wurde; auch noch nicht fakturierte Lieferungen und Leistungen sind unter diesem Posten zu erfassen. Wenn der noch nicht verrechnete Betrag nicht eindeutig feststeht (zB bei Reparaturleistungen, wenn deren Umfang dem Empfänger der Leistung nicht genau bekannt ist), ist die Verpflichtung durch Bildung einer Rückstellung zu berücksichtigen.

Wesentlich ist die Übertragung des wirtschaftlichen Eigentums, wie zB bei Lieferungen unter Eigentumsvorbehalt; sowohl der entsprechende Vorratsposten als auch die Lieferverbindlichkeit sind hier im Rechnungswesen zu erfassen.

Der Begriff der **Lieferung** umfasst die Lieferung aller Arten von Vermögensgütern (außer Geld), gleichgültig ob Umlaufvermögen oder Anlagevermögen. Unter **Leistungen** sind empfangene Dienstleistungen oder Nutzungsüberlassungen, die nicht von eigenen Dienstnehmern erbracht worden sind, zu verstehen.

Die Verbindlichkeiten aus Lieferungen und Leistungen stehen daher (wenn man von der Lieferung von Gegenständen des Anlagevermögens absieht) mit folgenden Posten der Gewinn- und Verlustrechnung in engem Zusammenhang:

§ 231 Abs 2 Z 5 – Aufwendungen für Material und für sonstige bezogene Herstellungsleistungen

§ 231 Abs 2 Z 8b – Sonstige betriebliche Aufwendungen. Diese umfassen zum überwiegenden Teil Fremdleistungen, deren Beanspruchung zu Verbindlichkeiten aus Leistungen führt.

Wenn die in den Verbindlichkeiten aus Lieferungen enthaltenen Verbindlichkeiten aus der **Lieferung von Gegenständen des Anlagevermögens** von wesentlicher Bedeutung sind, sollte dies im Anhang angegeben werden.

Der Begriff der **Verbindlichkeiten aus Leistungen** ist weit zu fassen: Dazu gehören zB auch Verbindlichkeiten aus Miete oder Pacht, Verbindlichkeiten aus Versicherungsverträgen, Honorarverbindlichkeiten, Verbindlichkeiten aus Beratungsleistungen, Verbindlichkeiten aus Informationsübermittlung, Verbindlichkeiten aus Provisionen (soweit nicht das eigene Personal betreffend).

Nicht zutreffend wäre, wie in der Praxis noch vielfach anzutreffen, der Ausweis solcher Posten als „sonstige Verbindlichkeiten“.

5.535 Verbindlichkeiten aus der Annahme gezogener Wechsel und der Ausstellung eigener Wechsel

Die häufigste Ursache für die Entstehung von Wechselverbindlichkeiten ist die Abdeckung von Verbindlichkeiten aus Lieferungen und Leistungen.

Weiters können Wechselverbindlichkeiten im Zusammenhang mit der Gewährung von Finanzkrediten entstehen (zB Darlehensgewährung auf Wechselbasis).

Soweit Exportfinanzierungskredite auf Wechselbasis von Kreditinstituten aufgenommen werden, wird der Ausweis in der Regel unter „Verbindlichkeiten gegenüber Kreditinstituten“ erfolgen.

Im Zusammenhang mit der Aufnahme von Bankkrediten ausgestellte Kautions- bzw Depotwechsel stellen, solange diese Wechsel noch nicht in den Verkehr gebracht wurden, keine Wechselverbindlichkeiten dar. Falls sie zur Mobilisierung von Bankkrediten in den Verkehr gebracht werden, wird der Ausweis ebenfalls unter Verbindlichkeiten gegenüber Kreditinstituten durchzuführen sein. Wechselbürgschaften gehören zu den gem § 199 auszuweisenden Haftungsverhältnissen.

Bei **Wechselverbindlichkeiten gegenüber verbundenen Unternehmen** oder Unternehmen, mit denen ein Beteiligungsverhältnis besteht, kann der Ausweis entweder unter diesen Verbindlichkeitenposten oder unter Wechselverbindlichkeiten mit jeweiliger Angabe der Mitzugehörigkeit durchgeführt werden. Bei Ausweis unter Wechselverbindlichkeiten mit Vermerk der Mitzugehörigkeit ist allerdings darauf zu achten, ob das berechtigte Unternehmen den Wechsel noch in seinem Portefeuille hat oder diesen zB bei einem Kreditinstitut zum Diskont eingereicht hat; im letzteren Fall liegt nicht mehr eine Verbindlichkeit gegenüber einem verbundenen Unternehmen vor.

5.536 Verbindlichkeiten gegenüber verbundenen Unternehmen und Verbindlichkeiten gegenüber Unternehmen, mit denen ein Beteiligungsverhältnis besteht.

Wie bei den entsprechenden Forderungsposten wird hier nicht auf den wirtschaftlichen Inhalt der Verbindlichkeit, sondern auf die Person des Gläubigers abgestellt. Es können in diesem Posten daher sowohl Verbindlichkeiten aus Lieferungen und Leistungen und aus anderen Rechtsverhältnissen (aufgenommene Kredite, Verrechnung aus Unternehmensverträgen) enthalten sein.

Diesbezüglich wird auf die Erläuterung zu den Forderungsposten „Forderungen gegenüber verbundenen Unternehmen“ und „Forderungen gegenüber Unternehmen, mit denen ein Beteiligungsverhältnis besteht“, verwiesen (4.323 und 4.324). Bezüglich des Vermerkes der Mitzugehörigkeit siehe Abschnitt 4.324.2.

5.537 Sonstige Verbindlichkeiten, davon aus Steuern, davon im Rahmen der sozialen Sicherheit

Wie bei den sonstigen Forderungen handelt es sich hier um einen Sammelposten für sämtliche Verbindlichkeiten, die nicht unter 1–7 bzw in Erweiterung der Gliederung gem § 223 Abs 4 ausgewiesen werden. Entsprechend den gesetzlichen Vorschriften sind zu diesem Posten nunmehr Zusatzangaben zu machen bzw bestimmte Gruppen von Verbindlichkeiten zusätzlich anzugeben.

Zu den **Verbindlichkeiten aus Steuern** gehören zB:

- Verbindlichkeiten aus veranlagten Steuern
- Verbindlichkeiten aus Umsatzsteuerabrechnung
- Verbindlichkeiten aus einbehaltener Lohnsteuer
- Verbindlichkeiten aus Kommunalsteuer
- Verbindlichkeiten aus sonstigen monatlich abzurechnenden Steuern (Beitrag zum Familienbeihilfenausgleichsfonds, Dienstgeberabgabe und Ähnliches)

Zu den **Verbindlichkeiten im Rahmen der sozialen Sicherheit** gehören:

- Verbindlichkeiten gegenüber Sozialversicherungsinstituten (Dienstgeber- und Dienstnehmeranteil)
- Beiträge nach dem Insolvenzentgeltsicherungsgesetz
- Verbindlichkeiten aus Zusagen im Rahmen der betrieblichen Altersversorgung und gegenüber betrieblichen Sozialeinrichtungen (Unterstützungs- und Pensionskassen)
- Verbindlichkeiten aus Sozialplänen
- Verbindlichkeiten gegenüber Mitarbeitervorsorgekassen (§ 18 Betriebliches Mitarbeitervorsorgegesetz)

Andere sonstige Verbindlichkeiten (beispielsweise Aufzählung):

- Verbindlichkeiten aus rückständigen Löhnen und Gehältern, aus Aufsichtsrats- und Beiratsvergütungen
- Verbindlichkeiten gegenüber Kunden (Habensalden, soweit sie nicht Anzahlungen auf Bestellungen darstellen, zB aus Überzahlungen, Guthaben aus Gutschriften für Jahresrabatte, Gutschriften aufgrund von Reklamationen uÄ)
- Darlehensverbindlichkeiten (soweit nicht unter anderen Posten auszuweisen)
- Zinsenabgrenzung für solche Darlehen
- Verbindlichkeiten aus nicht behobenen Dividenden
- Verbindlichkeiten aus Schadenersatzverpflichtungen

Im Zusammenhang mit den sonstigen Verbindlichkeiten ist darauf zu achten, dass nicht Verbindlichkeiten aus Leistungen **unzutreffend als sonstige Verbindlichkeiten** ausgewiesen werden.

Im Zusammenhang mit den sonstigen Verbindlichkeiten ist § 225 Abs 6 dritter Satz zu beachten:

> *„Sind unter dem Posten ‚sonstige Verbindlichkeiten' Aufwendungen enthalten, die erst nach dem Abschlußstichtag zahlungswirksam werden, so sind sie, wenn sie wesentlich sind, im Anhang zu erläutern." (gilt nicht für die kleine GmbH).*

Bei den Steuern gilt dies allerdings nicht für Verbindlichkeiten aus Umsatzsteuerabrechnung, da die Gegenbuchung dazu nicht auf einem Aufwandskonto durchgeführt wird, sondern erfolgsneutral erfolgt.

5.6 Sonderposten der Verbindlichkeiten

5.61 Einlagen stiller Gesellschafter

5.611 Vorschriften des UGB über die stille Gesellschaft (§§ 179–188)

Begriff und Wesen der stillen Gesellschaft

§ 179 (1) Wer sich als stiller Gesellschafter an dem Unternehmen, das ein anderer betreibt, mit einer Vermögenseinlage beteiligt, hat die Einlage so zu leisten, daß sie in das Vermögen des Inhabers des Unternehmens übergeht.

(2) Der Inhaber wird aus den in dem Betrieb geschlossenen Geschäften allein berechtigt und verpflichtet.

Einlage des stillen Gesellschafters

§ 180 Zur Erhöhung der vereinbarten oder zur Ergänzung der durch Verlust verminderten Einlage ist der stille Gesellschafter nicht verpflichtet.

Gewinn und Verlust

§ 181 (1) Ist der Anteil des stillen Gesellschafters am Gewinn und Verlust nicht bestimmt, so gilt ein den Umständen nach angemessener Teil als bedungen.

(2) Im Gesellschaftsvertrag kann bestimmt werden, dass der stille Gesellschafter nicht am Verlust beteiligt sein soll; seine Beteiligung am Gewinn kann nicht ausgeschlossen werden.

(3) Ist im Gesellschaftsvertrag nur der Anteil am Gewinn oder am Verlust bestimmt, so gilt die Bestimmung im Zweifel für Gewinn und Verlust.

Gewinn- oder Verlustberechnung

§ 182 (1) Am Schluß jedes Geschäftsjahres ist der Gewinn oder Verlust zu berechnen und der auf den stillen Gesellschafter fallende Gewinn auszuzahlen.

(2) Der stille Gesellschafter nimmt an dem Verlust nur bis zum Betrag seiner eingezahlten oder rückständigen Einlage teil. Er ist nicht verpflichtet, den bezogenen Gewinn wegen späterer Verluste zurückzuzahlen; jedoch wird, solange seine Einlage durch Verlust vermindert ist, der jährliche Gewinn zur Deckung des Verlustes verwendet.

(3) Der Gewinn, der von dem stillen Gesellschafter nicht behoben wird, vermehrt dessen Einlage nicht, sofern nichts anderes vereinbart ist.

Kontrollrecht des stillen Gesellschafters

§ 183 (1) *Der stille Gesellschafter ist berechtigt, die abschriftliche Mitteilung des Jahresabschlusses, oder, wenn nach den Vorschriften des Dritten Buches (Rechnungslegung) keine Pflicht zur Rechnungslegung besteht, einer sonstigen Abrechnung zu verlangen und dessen Richtigkeit unter Einsicht der Bücher und Schriften zu prüfen.*

(2, 3) …

Kündigung der Gesellschaft und andere Auflösungsgründe, Auseinandersetzung

§ 184 (1) …

(2) *Durch den Tod des stillen Gesellschafters wird die Gesellschaft nicht aufgelöst.*

§§ 185–186 …

Konkurs des Inhabers (Insolvenz des Inhabers)

§ 187 (1) *Wird über das Vermögen des Inhabers des Unternehmens das Konkursverfahren eröffnet, so kann der stille Gesellschafter wegen der Einlage, soweit sie den Betrag des auf ihn fallenden Anteils am Verlust übersteigt, seine Forderung als Insolvenzgläubiger geltend machen.*

(2) *Ist die Einlage zum Zeitpunkt der Eröffnung des Konkursverfahrens noch nicht zur Gänze geleistet worden, so hat sie der stille Gesellschafter bis zu dem Betrag, welcher zur Deckung seines Anteils am Verlust erforderlich ist, zur Insolvenzmasse einzuzahlen.*

Die Beteiligung als **stiller Gesellschafter** ist auf Grund der gesetzlichen Definition grundsätzlich an jedem Unternehmen und damit an jeder unternehmensrechtlich geregelten Unternehmensform (Einzelunternehmen, OG, GmbH, AG, Gesellschaft bürgerlichen Rechts), soweit sie ein Unternehmen betreibt, möglich.

5.612 Die Kapitalkonten des stillen Gesellschafters

Für den stillen Gesellschafter werden, ähnlich wie beim Kommanditisten, folgende Konten geführt:

Stille Einlage (bedungene Einlage)

Auf diesem Konto wird die vertraglich bedungene Einlage erfasst. Dieses Konto wird in der Regel als festes Konto geführt.

Verlustverrechnungskonto

Verlustanteile werden auf einem eigenen **Verlustverrechnungskonto** verbucht. Im Gegensatz zur ausstehenden Einlage ist das Verlustverrechnungskonto eine Wertberichtigung zur Einlage. Daher werden alternativ **Verluste** häufig unmittelbar vom Einlagenkonto abgebucht. In diesem Fall wirkt das Einlagenkonto als **Höchstwertkonto**.

In der **Bilanz** wird das Einlagenkonto grundsätzlich saldiert mit dem Verlustverrechnungskonto ausgewiesen, da der stille Gesellschafter nicht verpflichtet ist, erlittene Verluste auszugleichen.

Das **Verlustverrechnungskonto** entfällt, wenn der stille Gesellschafter nicht am Verlust beteiligt ist.

Wesentlich ist, dass der stille Gesellschafter seine Verlustanteile nicht durch vergangene Gewinne abdecken muss, gleichgültig, ob diese bereits ausbezahlt sind oder nicht. Allerdings hat er so lange keinen Anspruch auf die Auszahlung zukünftiger Gewinne, bis das Verlustverrechnungskonto ausgeglichen bzw das Einlagenkonto wieder den bedungenen Anteil erreicht hat.

Ausstehende Einlage

Auf diesem Konto wird die noch nicht einbezahlte Einlage des stillen Gesellschafters erfasst. Die **Ausstehende Einlage** wird in der Bilanz unter den sonstigen Forderungen erfasst. Ob sie zu den langfristigen oder kurzfristigen Forderungen gezählt wird, hängt von der Einzahlungsfrist ab.

Gewinnverrechnungskonto

Der stille Gesellschafter hat Anspruch auf Auszahlung seines Gewinnanteiles. Behebt er diesen nicht, vermehrt der stehen gebliebene Gewinnanteil nicht seine Einlage, es sei denn, es ist etwas anderes vereinbart. Das **Gewinnverrechnungskonto** ist in der Bilanz jedenfalls abgesondert von der Einlage unter den sonstigen Verbindlichkeiten zu erfassen, da es sich hier um eine **kurzfristige Verbindlichkeit** des Unternehmens gegenüber dem stillen Gesellschafter handelt.

5.613 Echter (typischer) und unechter (atypischer) stiller Gesellschafter

Die Unterscheidung in **echten und unechten stillen Gesellschafter** stammt aus dem Steuerrecht. Sie bestimmt, ob der stille Gesellschafter Einkünfte aus **Kapitalvermögen oder aus Gewerbebetrieb** bezieht.

Echte stille Gesellschaft

Die Einlage des **echten** stillen Gesellschafters gilt grundsätzlich als **Nominaleinlage**, die im Falle seines Ausscheidens mit dem vereinbarten Nominalbetrag zurückzuzahlen ist. An der **echten** stillen Gesellschaft ändert sich auch dann nichts, wenn gesellschaftsvertraglich vereinbart wird, dass die Einlage des stillen Gesellschafters (nach einem bestimmten Index) wertgesichert ist oder dass der stille Gesellschafter im Falle des Ausscheidens an jenen stillen Reserven beteiligt sein soll, deren Bildung zur Zurückhaltung von Gewinnen geführt hat und die somit den Gewinnanteil des stillen Gesellschafters in den vergangenen Jahren geschmälert haben.

Steuerlich bezieht der **echte stille Gesellschafter Einkünfte aus Kapitalvermögen**. Der Gewinnanteil des stillen Gesellschafters ist bei diesem daher nicht im Jahr des Entstehens, **sondern im Jahr des Zufließens** zu versteuern, wobei vom zufließenden Gewinn die **Kapitalertragsteuer** in **Höhe von 25%** einbehalten wird. Im Gegensatz zur Endbesteuerung bei Zinsen und Dividenden ist die Kapitalertragsteuer lediglich ein Steuerabzug auf den ausbezahlten Gewinnanteil des stillen Gesellschafters, der in der Einkommensteuerveranlagung des Empfängers auf die endgültige Einkommensteuer angerechnet wird.

Der **Gewinnanteil** des stillen Gesellschafters mindert im Jahre der Entstehung gleich einer Betriebsausgabe den Gewinn des Unternehmens. Der Aufwand hierfür wird beim leistenden Unternehmen in § 231 Abs 2 Z 15 verbucht. Die daraus entstehende Verbindlichkeit wird, vermindert um die Kapitalertragsteuer, auf dem **Gewinnverrechnungskonto** des stillen Gesellschafters in der Schlussbilanz jenes Jahres ausgewiesen, für das der Gewinnanteil bezahlt wird. Die einbehaltene **Kapitalertragsteuer** wird auf einem Verbindlichkeitenkonto gegenüber dem Finanzamt ausgewiesen und ist an dieses abzuführen.

Unechte stille Gesellschaft

Ist der stille Gesellschafter auf Grund des Gesellschaftsvertrages für den Fall seines Ausscheidens neben den stillen Reserven auch am **Firmenwert** beteiligt, liegt eine **unechte (atypische)** stille Gesellschaft vor. Der stille Gesellschafter wird in diesem Fall steuerlich zum Mitunternehmer und bezieht **Einkünfte aus Gewerbebetrieb**. Es findet eine einheitliche und gesonderte Gewinnfeststellung statt; die Besteuerung des Gewinnanteiles erfolgt im Jahre der Gewinnerzielung (und nicht der Ausschüttung) beim stillen Gesellschafter ohne Vorabzug einer Kapitalertragsteuer.

Der Gewinnanteil wird beim Unternehmen auf dem **Gewinnverrechnungskonto** des stillen Gesellschafters verbucht. In der Gewinn- und Verlustrechnung wird der Gewinnanteil entweder unter **§ 231 Abs 2 Z 15** (wenn die Einlage **Fremdkapitalcharakter** hat) oder nach dem Jahresüberschuss in der gleichen Weise wie der Gewinnanteil des Kommanditisten (wenn die Einlage **Eigenkapitalcharakter** hat) erfasst.

5.614 Der Ausweis der Einlagen stiller Gesellschafter als Eigen- oder Fremdkapital?

Aus der Stellung des stillen Gesellschafters im Konkursfall ergibt sich, ob seine Einlage eine **Verbindlichkeit** darstellt. Entsprechend § 237 Z 10, wonach im Anhang der in der Bilanz nicht gesondert ausgewiesene Betrag der Einlagen von stillen Gesellschaftern anzugeben ist, könnte die Einlage des stillen Gesellschafters Bestandteil der „sonstigen Verbindlichkeiten“ sein. Ein solcher Ausweis kann jedoch nur vertreten werden, wenn gem § 181 Abs 2 der **stille Gesellschaf-**

ter nicht am Verlust beteiligt ist, seine gesamte Einlage daher ohne Rücksicht auf die Ertragslage des Geschäftsinhabers rückerstattet werden muss. **Im Fall einer Verlustbeteiligung** entspricht der Ausweis der Einlage des stillen Gesellschafters als „sonstige Verbindlichkeit" zweifellos nicht der Generalnorm. Auf Grund des besonderen Charakters dieses Postens bei Verlustbeteiligung ist ein Anwendungsfall des § 223 Abs 4 gegeben, wonach die Aufnahme weiterer zusätzlicher Posten geboten ist, wenn es zur Erreichung der im § 222 Abs 2 umschriebenen Zielsetzung erforderlich ist. In diesem Fall ist die Einlage des stillen Gesellschafters als eigener Posten innerhalb der Verbindlichkeiten auszuweisen. Nach *Küting/Weber*[4] § 272 Rz 223 sollte die stille Einlage im **Zweifelsfall** den Verbindlichkeiten zugerechnet werden: „Dies gilt insbesondere für den gesetzlichen Typus der stillen Gesellschaft, wenn die Beteiligung des stillen Gesellschafters am Verlust ausgeschlossen ist, sodaß dieser im Fall des Konkurses des Unternehmens die Stellung eines Konkursgläubigers einnehmen würde." Ähnlich *Hofians/Ressler* in *Straube*[3] § 229 Rz 9, wonach im Zweifel eine Zuordnung zu den Verbindlichkeiten vorzuziehen ist.

Bei stark vom gesetzlichen Grundtypus der stillen Gesellschaft abweichenden Vereinbarungen kann sich jedoch die Frage ergeben, ob die Einlage des stillen Gesellschafters ohne weiters den Verbindlichkeiten zugerechnet werden kann. In diesem Zusammenhang werden die Bezeichnungen **„atypische stille Gesellschaft"** bzw im Steuerrecht der Begriff der **„unechten stillen Gesellschaft"** verwendet. Die Vorschläge in der Fachliteratur reichen hier vom Ausweis als Posten des Eigenkapitals bis zum Ausweis als gesonderte Gruppe auf der Passivseite:

Nach ADS[6] (§ 266 Rz 179) kann, wenn die Stellung des stillen Gesellschafters der eines Eigenkapitalgebers stark angenähert ist – zB durch Beteiligung an den stillen Reserven und am Geschäftswert bzw Liquidationserlös, Rangrücktritt im Konkursfall, Verknüpfung mit Gesellschafterstellung, ein **Ausweis als Eigenkapital** geboten sein. „Sprechen wesentliche Kriterien für eine Zuordnung der stillen Einlage zum Eigenkapital, zB wenn künftige Verluste mit ihr in voller Höhe zu verrechnen sind, wenn sie im Falle eines Konkurses der Gesellschaft nicht als Konkursforderung geltend gemacht werden könnte, oder wenn sie bei einer Liquidation der Gesellschaft erst nach Befriedigung der Gesellschaftsgläubiger auszugleichen ist, so empfiehlt sich auf Grund des besonderen Charakters der stillen Einlage ein **Ausweis unmittelbar nach dem Hauptposten ‚Eigenkapital'**, also vor den Verbindlichkeiten und vor einem ggf auszuweisenden Sonderposten mit Rücklageanteil" (*Küting/Weber*[4] § 272 Rz 225). Ähnlich *Förschle/Kofahl* in Beck'scher Bilanzkommentar[4] § 266 Rz 187 und *Hofians/Ressler* in *Straube*[3] § 229 Rz 9: „Falls die Stellung des stillen Gesellschafters aber dem eines Eigenkapitalgebers stark angenähert ist, wird der gesonderte Ausweis auf der Passivseite nach dem Eigenkapital und vor den unversteuerten Rücklagen für möglich gehalten .... Ein Ausweis innerhalb der Postengruppe Eigenkapital sollte jedenfalls nicht erfolgen."

Schlussfolgerung

Da in der Regel in den Gesellschaftsverträgen Kündigungsmöglichkeiten und Regelungen über die Rückzahlung vorgesehen sind, ohne dass ähnliche Bestimmungen wie bei einer ordentlichen Kapitalherabsetzung vorgesehen sind, sind kaum Situationen denkbar, in denen die **stille Einlage Eigenkapitalcharakter** hat. Überwiegend wird daher der zutreffende Ausweis durch einen gesonderten Posten innerhalb der Postengruppe „Verbindlichkeiten", evtl mit Zusätzen, die den besonderen Charakter zum Ausdruck bringen (zB Hinweis auf die Nachrangigkeit), erreicht werden. Vertretbar erscheint ein Ausweis nach Passiva C Rückstellungen als eigene Postengruppe; ein solcher Ausweis müsste jedoch durch ausführliche Angaben im Anhang gerechtfertigt werden. Bei Aktiengesellschaften ist gem § 240 Z 8 ohnedies die Angabe des Betrages des unter den Verbindlichkeiten ausgewiesenen nachrangigen Kapitals vorgesehen; diese Angabe sollte auch auf die GmbH ausgedehnt werden. Auch die unter § 237 Z 1 zu den Verbindlichkeiten verlangten Angaben sind bezüglich der Einlagen stiller Gesellschafter zu machen.

Sollten **stille Einlagen im Einzelfall analogen Bedingungen unterliegen, wie Partizipationskapital** gem § 23 Abs 4 BWG, haben sie jedoch den Charakter von Eigenkapital und sind als gesonderter Posten innerhalb des Eigenkapitals auszuweisen.

Weiters müssen in diesem Zusammenhang auch die Bestimmungen des **Eigenkapitalersatzgesetzes** (EKEG) beachtet werden (siehe hierzu den nächsten Abschnitt 5.621).

§ 10 enthält für die stille Gesellschaft folgende Vorschrift:

(1) Beteiligt sich ein erfasster Gesellschafter (§ 5 EKEG) in einem Zeitpunkt, in dem eine Kreditgewährung Eigenkapital ersetzend wäre, zusätzlich als stiller Gesellschafter, so wird seine stille Einlage einem Kredit gleichgehalten.

(2) Ein stiller Gesellschafter ist einem erfassten Gesellschafter gleichgestellt, wenn der Inhaber des Handelsgewerbes (Unternehmens) eine Gesellschaft im Sinne des § 4 (Kapitalgesellschaft, Genossenschaft mit beschränkter Haftung, Kapitalgesellschaft & Co) ist und der stille Gesellschafter

1. *mit zumindest 25% schuldrechtlich am Unternehmenswert beteiligt ist und ihm zumindest einem Kommanditisten vergleichbare Mitbestimmungsrechte zustehen oder*
2. *einen beherrschenden Einfluss ausübt.*

5.62 Verbindlichkeiten gegenüber Gesellschaftern

Gesellschafterdarlehen sollten gesondert unter den Verbindlichkeiten ausgewiesen werden. Dies gilt auch bei Vorliegen von **Rangrücktrittsvereinbarungen** und für den Fall, dass **eigenkapitalersetzende Gesellschafterdarlehen** vorliegen. Ein Ausweis der eigenkapitalersetzenden Gesellschafterdarlehen als Bestandteil des Eigenkapitals wird richtigerweise schon deswegen abgelehnt, „da hier die Zuordnung von einer unter Umständen schwierigen rechtlichen Qualifikation abhängt" (*Nowotny* in Handbuch RLG, 5. Lieferung B III/4.2.d, 19, ähnlich *Hofians/Ressler* in *Straube*[3] § 229 Rz 12 und Beck'scher Bilanzkommentar[5] § 266 Rz 255).

In diesem Zusammenhang ergibt sich auch die Frage, wie **Gesellschafterdarlehen bei der Feststellung der insolvenzrechtlichen Überschuldung** nach § 225 Abs 1 zu behandeln sind. Nach *Müller Michael* (Eigenkapitalersatz und Insolvenzdiagnose [1996] 67) kann ein Kredit ohne Rangrücktrittserklärung – im Unterschied zu einem Kredit mit Rangrücktrittserklärung, der bei der Überschuldungsprüfung auf der Passivseite nicht zu berücksichtigen ist – eine Überschuldung nicht ausgleichen. Nach *Schmidt Karsten* (Eigenkapitalersatz und seine Behandlung in Österreich, GesRZ 1993/16) kann das Darlehen bei der Überschuldungsfeststellung nur vernachlässigt werden, „wenn der kreditgebende Gesellschafter eine Rangrücktrittserklärung abgegeben oder jedenfalls sein Einverständnis mit einem entsprechenden Vermerk bei der Jahresrechnungslegung erklärt hat." All dies ändert jedoch nichts am Ausweis des Gesellschafterdarlehens unter den „Verbindlichkeiten".

Die Problematik wird von *Schmidt Karsten* (aaO 16) wie folgt beschrieben:

„Ein Geschäftsführer, der nach Dienstschluß, sorgenvoll über den Akten brütend, über seine Pflicht zur Konkursantragstellung nachdenkt, soll nicht Spekulationen darüber anstellen, welche Forderungen der Gesellschafter er aus dem Überschuldungsstatus weglassen darf, sondern er soll die Gesellschafter zu Rangrücktrittserklärungen auffordern und ihnen zu verstehen geben, daß anderenfalls Grund zu einem Konkursantrag besteht."

5.621 Eigenkapitalersatzgesetz

Die Frage von Eigenkapital ersetzenden Gesellschafterleistungen, insbesondere von Eigenkapital ersetzenden Gesellschafterdarlehen, war bis Ende 2003 nur durch die Rechtsprechung geregelt. Eine gesetzliche Regelung wurde mit dem Eigenkapitalersatzgesetz (in Geltung ab 1. Jänner 2004) durchgeführt und im Jahre 2010 novelliert.

Gem § 1 EKEG ist ein **Kredit, den eine Gesellschafterin oder ein Gesellschafter der Gesellschaft in der Krise gewährt**, Eigenkapital ersetzend.

§ 2 EKEG regelt, dass sich eine Gesellschaft in der Krise befindet, wenn sie

> 1. *zahlungsunfähig (§ 66 IO) oder*
> 2. *überschuldet (§ 67 IO) ist oder wenn*
> 3. *die Eigenmittelquote (§ 23 URG) der Gesellschaft weniger als 8% und die fiktive Schuldentilgungsdauer (§ 24 URG) mehr als 15 Jahre betragen, es sei denn, die Gesellschaft bedarf nicht der Reorganisation.*

§ 2 Abs 2 enthält weitere Präzisierungen, wenn ein Kredit Eigenkapital ersetzend ist und in § 3, wann Kredite iSd § 1 nicht vorliegen (wenn Geldkredite nicht mehr als 60 Tage oder ein Waren- oder sonstiger Kredit für nicht mehr als 6 Monate zur Verfügung gestellt wird oder ein vor der Krise gewährter Kredit verlängert oder dessen Rückzahlung gestundet wird).

§ 14 EKEG regelt die Konsequenzen, wenn ein Kredit als Eigenkapital ersetzend zu betrachten ist, nämlich die **Rückzahlungssperre**.

> *Gem § 14 Abs 1 EKEG kann der Gesellschafter einen Eigenkapital ersetzenden Kredit samt den darauf entfallenden Zinsen nicht zurückfordern,* ***solange die Gesellschaft nicht saniert ist*** *und, wenn das Insolvenzverfahren nach einem bestätigten Sanierungsplan aufgehoben ist, soweit der Rückzahlungsanspruch die Sanierungsplanquote übersteigt; die Gesellschaft ist nicht saniert, solange sie zahlungsunfähig oder überschuldet ist oder Reorganisationsbedarf besteht oder einer dieser Umstände durch Rückzahlung des Eigenkapital ersetzenden Kredits eintreten würde. Dennoch geleistete Zahlungen hat der Gesellschafter der Gesellschaft rückzuerstatten.*

Vorschriften über den **bilanzmäßigen Ausweis eines Eigenkapital ersetzenden Gesellschafterdarlehens** enthält das EKEG nicht.

Man wird davon ausgehen können, dass Eigenkapital ersetzende Gesellschafterdarlehen in der Bilanz gesondert ausgewiesen werden müssen und im Anhang ausführliche Erläuterungen zur Ermittlung des in der Bilanz ausgewiesenen Betrages erforderlich sind; insbesondere ist darauf hinzuweisen, welche Ungewissheiten bei der Ermittlung des bilanzmäßig ausgewiesenen Betrages zu beachten wären.

In diesem Zusammenhang wird auf die Ausführungen von *Schummer,* EKEG- und Insolvenzrecht, (insbesondere Abschn 6: Eigenkapitalersetzende Gesellschafterleistungen in der Überschuldungsbilanz), in *Dellinger/Keppert,* Eigenkapitalersatzrecht 160 ff verwiesen.

5.63 Genussrechtskapital mit Fremdkapitalcharakter

Auf die Erläuterungen in Abschnitt 5.12 wird verwiesen.

5.64 Nachrangige Verbindlichkeiten

Gem § 240 ist im Anhang von Aktiengesellschaften der Betrag des unter den Verbindlichkeiten ausgewiesenen nachrangigen Kapitals anzugeben.

Gem § 45 Abs 4 BWG sind verbriefte und unverbriefte Vermögensgegenstände nachrangig, wenn die Forderungen im Falle der Liquidation oder der Insolvenz erst nach den Forderungen der anderen nicht nachrangigen Gläubiger befriedigt werden können. „Durch die Angabe der nachrangigen Verbindlichkeiten soll darüber informiert werden, welche Teile des Fremdkapitals ein gewisses **Naheverhältnis zum echten Eigenkapital** haben" (*Nowotny* in Handbuch RLG, 5. Lieferung, B III/4.2.d, 19). Sonderregelungen über nachrangiges Kapital sind auch in § 23 Abs 7 (Ergänzungskapital) und § 23 Abs 8 (nachrangiges Kapital) BWG enthalten.

Nachrangigkeitsvereinbarungen werden zB in Zusammenhang mit Gesellschafterdarlehen, Einlagen stiller Gesellschafter und mit anderen Gläubigern, zB Kreditinstituten, in Zusammenhang mit Sanierungsmaßnahmen, getroffen. § 14 Abs 2 Beteiligungsfondsgesetz sieht vor, dass stille Gesellschafter ihre Forderung als Konkursgläubiger **nicht** gem § 187 UGB geltend machen können.

Nachrangigkeitsvereinbarungen können für die **Beurteilung nach § 225 Abs 1, ob bei „negativem Eigenkapital"** eine Überschuldung im Sinne des Insolvenzrechts vorliegt, von Bedeutung sein.

Wenn auch die Angabe des unter den Verbindlichkeiten ausgewiesenen nachrangigen Kapitals nur für Aktiengesellschaften ausdrücklich vorgeschrieben ist, sollten diese Angaben dennoch auch von anderen Unternehmen in den Anhang aufgenommen werden.

5.7 Passive Rechnungsabgrenzung

Gem § 198 Abs 6 sind als Rechnungsabgrenzungsposten auf der Passivseite Einnahmen vor dem Abschlussstichtag auszuweisen, soweit sie Ertrag für eine bestimmte Zeit nach diesem Tag sind. Auch hier gilt das für die aktiven Rechnungsabgrenzungsposten bereits Gesagte, dass nämlich nach dieser Definition der Ausweis von **antizipativen Posten** nicht zulässig ist.

5.71 Einnahmen vor dem Abschlussstichtag

Eine passive Rechnungsabgrenzung liegt dann vor, wenn eine Zahlung (Einnahme) vor dem Bilanzstichtag mit einem zukünftigen Ertrag verbunden werden kann.

Der dabei verwendete Begriff der Einnahme ist nicht nur im Sinne von Zahlungsvorgängen auszulegen, sondern bezieht sich auch auf Im Voraus belastete

Beträge. Wenn zB ein Teilzahlungs-Finanzierungsinstitut dem Kreditnehmer die Kreditgebühren für die gesamte Laufzeit von vornherein anlastet und den auf die Folgejahre entfallenden Betrag als passiven Rechnungsabgrenzungsposten ausweist, erscheint dieser Ausweis durch die Definition des Gesetzes gedeckt.

Die Verbindung mit einem zukünftigen Ertrag verlangt in der Regel ein Dauerschuldverhältnis bzw eine zukünftige Gegenleistung des Zahlungsempfängers. Diese besteht nicht in der Lieferung eines Vermögensgegenstandes, sondern in einer Leistung oder auch in der Unterlassung einer Leistung. Diese Gegenleistung muss sich daher in weiterer Folge auf einen bestimmten Zeitraum beziehen.

Wird jedoch durch die Vorauszahlung ein bestimmtes Werk bzw eine konkrete Leistung – somit ein zeitpunktbezogenes Ereignis, nicht aber ein zeitraumbezogenes Dauerschuldverhältnis – geschuldet, so liegt **eine Anzahlung für eine zukünftige Leistung** und keine passive Rechnungsabgrenzung vor.

5.72 Ertrag für eine bestimmte Zeit nach dem Abschlussstichtag

Rechnungsabgrenzungen betreffen Leistungen, die für einen bestimmten Zeitraum erbracht werden. Hinsichtlich der bestimmten Zeit nach dem Bilanzstichtag werden auf der Passivseite nicht so strenge Anforderungen gestellt, wie bei den aktiven Rechnungsabgrenzungen. Der Zeitraum ist auch dann bestimmt, wenn er nicht kalendermäßig errechenbar, sondern durch eine objektivierte Schätzung (Berechnung) bestimmbar ist.

5.73 Nicht rückzahlbare Zuschüsse von Dritten

Zuschüsse sind Zahlungen Dritter, die, sofern sie **rückzahlbar** sind, entweder **Verbindlichkeiten oder Rückstellungen** darstellen.

Bei **nicht rückzahlbaren Zuschüssen** ist zwischen **Investitionszuschüssen** einerseits und **Aufwands-/Ertragszuschüssen** andererseits zu unterscheiden.

5.731 Nicht rückzahlbare Investitionszuschüsse

Zu den nicht rückzahlbaren Investitionszuschüssen gehören auch **Bierlieferungsübereinkommen**, bei denen die Brauerei die Gasthauseinrichtung zur Verfügung stellt, mit der Verpflichtung des Gastwirtes, während der Dauer des Vertrages nur Bier von dieser Brauerei zu beziehen. In diesem Fall wird die Einrichtung mit ihrem Verkehrswert aktiviert und in gleicher Höhe ein passiver Rechnungsabgrenzungsposten gebildet, der über die Vertragszeit jährlich anteilig aufzulösen ist (vgl hierzu *Bertl/Fraberger,* Rechnungsabgrenzungen, RWZ 1/1999, 18 ff).

Bei empfangenen **Baukostenzuschüssen** wird man bei der Bestimmung der Zeit auf die voraussichtliche Nutzungsdauer der Anlagen abstellen können, für welche die Baukostenzuschüsse geleistet wurden. Bei wesentlicher Bedeutung dieser Posten wird aufgrund des § 223 Abs 4 ein gesonderter Ausweis in der Bilanz erforderlich sein (vgl die Bilanzierung solcher Posten in der E-Wirtschaft).

Im Übrigen wird auf die Darstellung im Abschnitt 5.3 verwiesen.

5.732 Nicht rückzahlbare Aufwands-/Ertragszuschüsse

Zuschüsse zur Abdeckung von Aufwendungen sind nach Maßgabe des Aufwandsanfalles ergebniswirksam zu erfassen, wobei entweder ein Ausweis als „übrige sonstige betriebliche Erträge" oder eine offene Absetzung vom jeweiligen Aufwand (in einer Vorspalte) zulässig sind. Eine Kürzung des durch Zuschuss gedeckten Aufwandes ist auf Grund des Saldierungsverbotes gem § 196 Abs 2 UGB nicht zulässig (AFRAC 2008).

Zuschüsse zur **Deckung von Finanzierungsaufwendungen** sind in der Gewinn- und Verlustrechnung im Finanzbereich entweder als gesonderter Posten oder offen abgesetzt vom betroffenen Aufwandsposten auszuweisen.

Bei **Aufwands- und Ertragszuschüssen** ist ein Rechnungsabgrenzungsposten so weit zu bilden, als die Aufwendungen bzw Erträge erst in der (oder den) kommenden Periode(n) anfallen. Zu beachten ist auch hier das Prinzip der Feststellung des bestimmten Zeitraums. Ist dies nicht möglich oder erfolgt die Leistung zu einem bestimmten Zeitpunkt liegt eine **erhaltene Anzahlung** vor.

5.74 Erträge aus Servitutsverträgen

Gewährt ein Elektrizitätsunternehmen, das Hochspannungsmasten über die Liegenschaften von Betroffenen führt, diesen für die **Duldung der Überleitung einen einmaligen Zuschuss**, so ist dieser auf die Dauer der Duldungsleistung über einen passiven Rechnungsabgrenzungsposten als sonstige Erträge zu vereinnahmen. Ist die Dauer der Duldungsleistung zeitlich unbefristet, so ist nach den Grundsätzen der Rechnung über ewige Renten ein Mindestzeitraum zu bilden, über den der Ertrag verteilt wird.

Wird das Entgelt für die Duldungsleistung jährlich ausbezahlt, wird der Duldungserlös unmittelbar auf dem Ertragskonto verbucht. Periodenübergreifende Zahlungen sind abzugrenzen.

5.8 Haftungsverhältnisse

5.81 Gesetzliche Vorschriften

§ 199

Unter der Bilanz sind Verbindlichkeiten aus der Begebung und Übertragung von Wechseln, Bürgschaften und Garantien sowie sonstigen vertraglichen Haftungsverhältnissen, soweit sie nicht auf der Passivseite auszuweisen sind, zu vermerken, auch wenn ihnen gleichwertige Rückgriffsforderungen gegenüberstehen.

§ 237 Z 3

Im Anhang sind ferner anzugeben:

Die gemäß § 199 ausgewiesenen Haftungsverhältnisse **unter Angabe der Pfandrechte und sonstigen dinglichen Sicherheiten**; diese Haftungsverhältnisse sind aufzugliedern und zu erläutern; Haftungen gegenüber verbundenen Unternehmen sind jeweils gesondert anzugeben. (Gilt auch für die kleine GmbH.)

5.82 Erläuterungen – allgemein

Die Vorschrift des § 199 gilt für alle Rechtsformen. Es sind daher **Haftungsverhältnisse** auch bei Einzelkaufleuten und Personengesellschaften auszuweisen.

§ 199 sieht keine Aufgliederung unter der Bilanz nach den im Gesetzestext angeführten Arten von Haftungsverhältnissen vor.

Für Kapitalgesellschaften verlangt § 237 Z 3 die Aufgliederung und Erläuterung der Haftungsverhältnisse unter **Angabe der Pfandrechte und sonstigen dinglichen Sicherungen**, wobei Haftungen gegenüber **verbundenen Unternehmen** jeweils gesondert anzugeben sind. Gemäß EB zu § 237 ist der Mindestumfang der Aufgliederung durch § 199 vorgegeben, wobei allerdings unklar ist, ob Garantien und sonstige vertragliche Haftungsverhältnisse zwei unterschiedliche Gruppen oder eine einheitliche Gruppe darstellen.

Da § 199 den Vermerk unter der Bilanz erfordert, wird man daraus ableiten können, dass auch für Haftungsverhältnisse gem § 223 Abs 2 der Vorjahresbetrag anzugeben ist; die Angabe des Vorjahresbetrages bezieht sich dabei auch auf die Aufgliederung im Anhang gem § 237 Z 3.

5.83 Verbindlichkeiten aus der Begebung und Übertragung von Wechseln

In das **Wechselobligo** sind sämtliche Wechsel einzubeziehen, aufgrund deren die Gesellschaft als Aussteller oder als Indossant haftet; dies betrifft alle Wechsel, die bis zum Bilanzstichtag weitergegeben wurden, aber noch nicht eingelöst waren.

Wenn für bestehende Verbindlichkeiten (zB zur Besicherung eines Bankkredites) **Kautionswechsel** begeben wurden, fallen diese nicht unter die Ausweispflicht für Haftungsverhältnisse, da die entsprechende Verbindlichkeit in der Bilanz erfasst ist.

Bei drohender Inanspruchnahme im Regressweg ist die Einbringlichkeit der durch die Rücklösung des Wechsels entstehenden Regressforderung zu untersuchen und gegebenenfalls für einen drohenden Ausfall eine **Rückstellung** zu bilden; bei umfangreichem Wechselverkehr wird zu überlegen sein, ob eine **„Pauschalrückstellung"** für Risiken aus dem **Wechselobligo** in Würdigung des unternehmensrechtlichen Vorsichtsgrundsatzes gebildet werden sollte.

5.84 Bürgschaften

Dazu gehören auch die **Wechsel- und Scheckbürgschaften**. Da eine Bürgschaftsverpflichtung das Bestehen einer **Hauptschuld** voraussetzt, sind in der Bilanz Haftungsverhältnisse aus Bürgschaften nur zu vermerken, wenn zum Bilanzstichtag eine Hauptschuld besteht, es ist allerdings zu überlegen, ob nicht dennoch die Angabe des vollen Betrages der übernommenen Bürgschaft das Haftungsrisiko des Unternehmens besser wiedergibt, als der eventuell zum Bilanzstichtag zufällig sehr niedrige Betrag (bei Übernahme einer Bürgschaft für eine in ihrer Höhe schwankende Schuld).

Ein spezieller Fall einer Bürgschaft liegt nach § 15 EKEG vor: „Bürgt ein Gesellschafter in einem Zeitpunkt, in dem eine Kreditgewährung Eigenkapital ersetzend wäre, für die Rückzahlung des Kredites eines Dritten, bestellt er ein Pfand oder leistet er eine vergleichbare Sicherheit, so kann sich der Dritte bis zur Sanierung der Gesellschaft trotz entgegenstehender Vereinbarung wegen der Rückzahlung des Kredits aus der Sicherheit befriedigen, ohne zuerst gegen die Gesellschaft vorgehen zu müssen. …“

5.85 Garantien und sonstige vertragliche Haftungsverhältnisse

„Zu den sonstigen Haftungsverhältnissen zählen zunächst alle Vereinbarungen, mit denen eine Haftung für fremde Schulden übernommen wird und die nicht als Bürgschaft qualifizierbar sind. Dazu gehören Garantien jeder Art für fremde Leistungen, die Einräumung dinglicher Sicherungsrechte für fremde Schulden, die Hinterlegung von Kautionswechsel für fremde Schulden“ (*Nowotny* in *Straube*[3] § 199 Rz 21). Diese Vereinbarungen werden auch als Gewährleistungsveträge bezeichnet.

Zu dieser Gruppe gehören auch die sogenannten **Patronatserklärungen**, bei denen ein Mutterunternehmen einem Kreditgeber eines ihrer Tochterunternehmen gegenüber Erklärungen abgibt, die die Kreditfähigkeit bzw Kreditwürdigkeit der Tochter erhalten oder positiv beeinflussen sollen.

Der Fachsenat für Unternehmensrecht unterscheidet im Fachgutachten KFS/RL24 vom Dezember 2008 **weiche und harte Patronatserklärungen**.

Weiche Patronatserklärungen stellen eine bloße Auskunftserklärung über die Geschäftspolitik dar und stellen in der Regel eine Verwendungszusage ohne rechtliche Verpflichtung dar.

„**Die harte Patronatserklärung** wird in Judikatur und Lehre mit einer Garantieerklärung oder Bürgschaft verglichen und begründet im Konkursfall eine gleichrangige Haftung“ (*Nowotny C.*, RdW 1992, 198).

Eine **Vermerkpflicht** sieht das Fachgutachten dann als gegeben an, wenn ein Dritter gegenüber dem Erklärenden einen rechtlich durchsetzbaren Anspruch erwirbt, falls der Anspruch des Dritten aus einem Vertrag nicht ordnungsgemäß erfüllt oder die zugesagte Ausstattungsverpflichtung schlagend wird. Eine rechtlich nicht durchsetzbare Verpflichtung kann dann ausweispflichtig sein, wenn sich der Erklärende dieser aus wirtschaftlichen Gründen nicht entziehen kann.

Siehe auch KFS/RL24 „Zur Behandlung von Patronatserklärungen im Zusammenhang mit der unternehmensrechtlichen Rechnungslegung“ vom Dezember 2008.

Fraglich ist, ob bei einer GmbH und Co KG der Teil der Verpflichtungen der GmbH und Co KG, der durch ihr Vermögen nicht gedeckt ist, in der Bilanz der Komplementär-GmbH als Haftungsverhältnis vermerkt werden muss: Die Haftung für die nicht gedeckten Verpflichtungen der Personengesellschaft beruht einerseits auf dem Gesellschaftsrecht, wurde aber unmittelbar herbeigeführt durch den Gesellschaftsvertrag und könnte dadurch als sonstiges vertragliches Haftungsverhältnis betrachtet werden.

In § 239 Abs 1 Z 2 ist zusätzlich zu den in § 237 Z 3 vorgeschriebenen Angaben die Berichterstattung über die **zugunsten von Mitgliedern des Vorstandes und des Aufsichtsrates** eingegangenen Haftungsverhältnisse vorgesehen (gilt auch für die kleine GmbH).

5.9 Der „Gesamtbetrag der sonstigen finanziellen Verpflichtungen“ gem § 237 Z 8

Hier handelt es sich um eine Angabeverpflichtung im Anhang.

5.91 Gesetzeswortlaut

§ 237 Z 8: Im Anhang sind ferner anzugeben:

8. der Gesamtbetrag der sonstigen finanziellen Verpflichtungen, die nicht in der Bilanz ausgewiesen und auch nicht gemäß § 199 anzugeben sind, sofern diese Angabe für die Beurteilung der Finanzlage wesentlich ist, davon sind gesondert auszuweisen;
   - *a) Verpflichtungen gegenüber verbundenen Unternehmen,*
   - *b) Verpflichtungen aus der Nutzung von in der Bilanz nicht ausgewiesenen Sachanlagen (§ 224 Abs. 2 A II), wobei der Betrag der Verpflichtungen des folgenden Geschäftsjahrs und der Gesamtbetrag der folgenden fünf Jahre anzugeben ist;*

Nach dem Gesetzeswortlaut ist nur der **Gesamtbetrag** der sonstigen finanziellen Verpflichtungen (mit den vorgesehenen Vermerken) anzugeben, was in vielen Fällen für die bessere Beurteilung der Finanzlage nicht ausreichend sein wird, da die „sonstigen finanziellen Verpflichtungen“ sowohl hinsichtlich ihrer Art, ihrer

Fälligkeit und hinsichtlich ihrer Auswirkung auf die Ertragslage von ganz unterschiedlicher Bedeutung sein können, sodass in der Regel zur Sicherung des „true and fair view" weitere, auch betragsmäßige **Angaben über die Zusammensetzung dieses Gesamtbetrages** erforderlich sein können.

„Anzugeben sind nicht die einzelnen Verpflichtungen, sondern nur der Gesamtbetrag. Daraus sollte aber nicht geschlossen werden, daß gesonderte Angaben in keinem Fall gefordert werden können. Wenn der Einblick in die tatsächlichen Verhältnisse der Finanzlage anders nicht vermittelt werden kann, werden nach dem zu § 264 Abs 2 zweiter Satz dargelegten Grundsätzen zusätzliche Angaben zu machen sein" (*Küting/Weber*[4] §§ 284–288 Rz 164, ähnlich Beck'scher Bilanzkommentar[3] § 285 Rz 27).

Da die EB zum EU-GesRÄG keinerlei Anhaltspunkte enthalten, wie der (erstmals im UGB auftretende) Begriff der „sonstigen finanziellen Verpflichtungen" ausgelegt werden soll und andererseits in den Erläuterungen zum EU-GesRÄG ein Hinweis auf die Regelung des dHGB gegeben wird, kann davon ausgegangen werden, dass die Erläuterungen der deutschen Fachliteratur zu diesem Begriff auch im Wesentlichen in Österreich anwendbar sind.

Bezüglich der Verpflichtungen aus der Nutzung von in der Bilanz nicht ausgewiesenen Sachanlagen wird auf Abschnitt 4.237 „Leasingverhältnisse" verwiesen.

Die Erläuterungspflicht des § 237 Z 8 **gilt nicht für die kleine GmbH**.

5.92 Begriff der „sonstigen finanziellen Verpflichtungen"

§ 237 Z 8 stellt auf die Bedeutung für die Beurteilung der Finanzlage des Unternehmens ab. „Für die Beurteilung der Finanzlage können Belastungen von Bedeutung sein, die entweder von ihrer Höhe erheblich oder aufgrund des Zeitpunktes bzw Zeitraumes ihres Eintritts ungewöhnlich sind. Es kommt hierbei darauf an, die Erläuterung der Finanzlage nicht durch die Einbeziehung von Leistungsverpflichtungen zu belasten, die sich kontinuierlich aus dem fortgeführten Betrieb des Unternehmens ergeben" (ADS[6] § 285 Rz 76, ähnlich Beck'scher Bilanzkommentar[5] § 285 Rz 27).

Die Wesentlichkeit der sonstigen finanziellen Verpflichtungen hängt unter anderem auch von der Finanzierung und Liquiditätslage des Unternehmens ab (Vorhandensein von Liquiditätsreserven oder Bestehen von finanziellen Engpässen, nicht ausgenützte Bankkredite, Sicherung großer Investitionsvorhaben durch bereits zugesagte langfristige Investitionskredite, vgl ADS[6] § 285 Rz 78; Beck'scher Bilanzkommentar[5] § 285 Rz 27).

In der Fachliteratur werden regelmäßig folgende Beispiele angeführt:

- mehrjährige Verpflichtungen aus Miet- oder Leasingverträgen
- Verpflichtungen aus begonnenen Investitionsvorhaben
- Verpflichtungen aus künftigen Großreparaturen
- Verpflichtungen aus notwendig werdenden Umweltschutzmaßnahmen
- sonstige Haftungsverhältnisse (soweit sie nicht unter § 251 dHGB fallen).

5.93 Arten der „sonstigen finanziellen Verpflichtungen“

ADS geben in § 285 Rz 44 ff folgende **Systematisierung der sonstigen finanziellen Verpflichtungen**:

1. Verpflichtungen aus abgeschlossenen Verträgen

Hier handelt es sich um die Angabe aus Verpflichtungen aus schwebenden Geschäften, soweit sie die vorstehend angeführten Voraussetzungen erfüllen.

Dazu gehören zB:

- mehrjährige Verpflichtungen aus Miet- und Leasingverträgen (in § 237 Z 8 gesondert geregelt);
- andere Dauerschuldverhältnisse, die aufgrund mehrjähriger Vertragsdauer eine wesentliche Bedeutung haben;
- Verpflichtungen aus begonnenen Investitionsvorhaben (Angabe des **Bestellobligos aus Großinvestitionen)**,
- **langfristige Lieferkontrakte** zB über Rohstoffe;
- Termingeschäfte, Pensionsgeschäfte.

2. Verpflichtung aus öffentlich-rechtlichen Rechtsverhältnissen (Auflagen)

Soweit es sich um rückstellungspflichtige Sachverhalte handelt, sind diese Verpflichtungen bereits in der Bilanz erfasst, fallen daher nicht mehr unter die Angabepflicht des § 237 Z 8. ADS charakterisieren diese als gesetzliche Verpflichtungen, „aufgrund derer das Unternehmen zukünftig bestimmte Maßnahmen zu ergreifen hat“ (§ 285 Rz 52), wobei das Vorliegen einer behördlichen Verfügung nicht erforderlich ist, sondern nur das Bestehen entsprechender gesetzlicher Vorschriften.

Zu dieser Gruppe von Verpflichtungen fallen insbesondere **Verpflichtungen aus Umweltschutzmaßnahmen**. Für die Beurteilung der Auswirkung auf die Finanz- aber auch auf die Ertragslage wird hier von besonderer Bedeutung sein, ob es sich um zukünftig anfallende Verpflichtungen handelt, die zur Gänze im Jahr ihres Anfalls die Gewinn- und Verlustrechnung belasten oder ob es sich um Verpflichtungen zur Durchführung von (aktivierungspflichtigen) **Umweltschutzinvestitionen** handelt, deren ertragsmäßige Auswirkung sich auf einen längeren Zeitraum verteilt. Im Einzelnen wird es hier auch auf die Abgrenzung von rückstellungspflichtigen Sachverhalten gegenüber nur angabepflichtigen Umständen ankommen.

3. Andere Verpflichtungen zu künftigen Aufwendungen

„Aufwendungen für andere Leistungen, für die zum Abschlußstichtag keine vertraglich oder gesetzlich konkretisierte Leistungspflicht besteht, sind somit grundsätzlich nur bei Hinzutreten besonderer Umstände (vgl Rz 33) angabepflichtig“ (ADS[6] § 285 Rz 56).

Dazu gehören insbesondere „**Folgeinvestitionen begonnener Investitionsvorhaben**, die zur Fertigstellung unabweisbar notwendig sind und die noch nicht als schwebendes Rechtsverhältnis zu erfassen waren“ (ADS[6] § 285 Rz 57; ähnlich *Küting/Weber*[4] § 284–288 Rz 158).

Dazu gehören weiters **Verpflichtungen zu Großreparaturen**, die nicht jährlich, sondern in regelmäßigen größeren Abständen anfallen (zB Hochöfen, Flugzeuge), sofern dafür nicht durch Bildung einer Aufwandsrückstellung Vorsorge getroffen wurde. ADS betrachten „die durch das dHGB abstrakt zugelassene Bildung einer entsprechenden Rückstellung als Indiz für den Verpflichtungscharakter des zukünftigen Aufwandes“ (§ 285 Rz 57; in gleicher Weise Beck'scher Bilanz-Kommentar[3] § 285 Rz 23).

4. Gesellschaftsrechtliche Verpflichtungen

Dazu gehört zB die Verpflichtung zur Leistung noch ausstehender Einlagen, Nachschussverpflichtungen gem §§ 72–74 GmbHG und ähnliche Verpflichtungen.

5. Haftung für fremde Verbindlichkeiten

(Soweit nicht gem § 199 als Haftungsverhältnis zu erfassen). Als Beispiele dafür werden von ADS (§ 285 Rz 65 ff) angeführt:

- gesamtschuldnerische Haftung des Gesellschafters einer Personengesellschaft;
- die im Außenverhältnis gegenüber dem Innenverhältnis weitergehende Haftung im Rahmen von Arbeitsgemeinschaften;
- die mögliche, aber rechtlich nicht erzwingbare Inanspruchnahme aus einer sogenannten „weichen“ Patronatserklärung, die das Unternehmen jedoch im Interesse des begünstigten Unternehmens erfüllen wird (ADS[6] § 285 Rz 57).

6. Andere sonstige Verpflichtungen

Dazu gehören zB Konventionalstrafen für Terminüberschreitungen, allerdings nur wenn es sich um Vereinbarungen handelt, die den branchenüblichen Rahmen überschreiten und infolge ihres Umfanges für die Beurteilung der Finanz- und Ertragslage von Bedeutung sind (ADS[6] § 285 Rz 68 ff).

7. Bewertungsfragen bei den sonstigen Verpflichtungen

Im Entwurf einer Ausarbeitung des beratenden Forums für Rechnungslegung („Berücksichtigung von Umweltfragen in der Rechnungslegung“) wird die Auffassung vertreten, dass im Falle von Ansammlungsrückstellungen (zB Rekultivierungsrückstellung, die auf den Zeitraum des Abbaues angesammelt wird) als sonstige finanzielle Verpflichtungen der Unterschiedsbetrag zwischen dem voraussichtlich in der Zukunft anfallenden Gesamtbetrag und dem bereits rückgestellten Betrag anzugeben ist.

„Erstreckt sich ein Dauerschuldverhältnis in die Zukunft, so wird es in der Regel ausreichen, wenn die Verpflichtung hieraus für das nächste Jahr angegeben wird … Die Angabe der Summe der Leistungsraten, die bis zum Vertragsende anfallen, würde die Stichtagsbezogenheit der Angabe (vgl Rz 82) nicht berücksichtigen“ (ADS[6] § 285 Rz 84).

Im Zusammenhang mit der Angabepflicht nach § 237 Z 8 b „Verpflichtungen aus der Nutzung von in der Bilanz nicht ausgewiesenen Sachanlagen“ sind jedoch die dafür bestehenden Spezialvorschriften zu beachten.

Vom Gesetz werden **grundsätzlich betragsmäßige Angaben** gefordert. Es gibt allerdings finanzielle Verpflichtungen, die betragsmäßig noch nicht ausreichend konkretisiert sind (zB bei Gesamtschuldverhältnissen, Verpflichtungen aus öffentlich-rechtlichen Bestimmungen uÄ). Hier werden nur **verbale Angaben** möglich sein. „Ist eine Schätzung des Zeitraumes oder der Höhe der Verpflichtung nicht möglich, ist ein Merkposten in den Gesamtbetrag aufzunehmen und ggf verbal zu erläutern, damit der Adressat des Anhanges über die Tragweite der finanziellen Verpflichtungen informiert wird (zB Ausgaben für Umweltschutz, Entsorgung von Bodenflächen, die zwar auf jeden Fall erforderlich werden, deren Ausgabenhöhe jedoch noch völlig ungewiß ist)“ (Beck'scher Bilanzkommentar[3] § 285 Rz 31).

Nach ADS (§ 285 Rz 82) können Verpflichtungen aus Dauerschuldverhältnissen, die erst in späteren Perioden fällig werden, mit dem abgezinsten Rückzahlungsbetrag angesetzt werden, während nach *Ellrott* in Beck'scher Bilanzkommentar[5] § 285 Rz 30 (unter Hinweis auf weitere Fachliteratur) eine **Abzinsung nicht zulässig** ist, da bei einer Abzinsung die tatsächlichen Ausgabenbeträge um nicht realisierte Zinserträge gekürzt würden.

Die Verfasser schließen sich dieser Ansicht an, auch unter Hinblick darauf, dass die Angabepflicht nach § 237 Z 8b ebenfalls auf zukünftige Zahlungen abstellt und keine Abzinsung auf den Bewertungsstichtag vorsieht.

6. Die Posten der Gewinn- und Verlustrechnung gem § 231

Der Gesamtaufbau der Gewinn- und Verlustrechnung wurde bereits im Abschnitt 2.634 behandelt; anschließend werden die einzelnen Posten nach dem Gesamtkosten- und Umsatzkostenverfahren erläutert.

Zu bemerken ist, dass das Gliederungsschema gem § 231 zwar nur für Kapitalgesellschaften vorgeschrieben ist, jedoch in der Regel auch von Einzelunternehmen und Personengesellschaften eingehalten wird.

6.1 Gewinn- und Verlustrechnung nach dem Gesamtkostenverfahren gem § 231 Abs 2

6.11 Die Ertragsposten (Z 1–4)

1. Umsatzerlöse;
2. Veränderung des Bestands an fertigen und unfertigen Erzeugnissen sowie an noch nicht abrechenbaren Leistungen;
3. andere aktivierte Eigenleistungen;
4. sonstige betriebliche Erträge:
   a) Erträge aus dem Abgang vom und der Zuschreibung zum Anlagevermögen mit Ausnahme der Finanzanlagen,
   b) Erträge aus der Auflösung von Rückstellungen,
   c) übrige;

6.111 Umsatzerlöse (Z 1)

Gem § 232 Abs 1 sind als **Umsatzerlöse** die für die gewöhnliche Geschäftstätigkeit des Unternehmens typischen Erlöse aus dem Verkauf und der Nutzungsüberlassung von Erzeugnissen und Waren sowie aus Dienstleistungen nach Abzug von Erlösschmälerungen und Umsatzsteuer auszuweisen.

Zu den **Umsatzerlösen** gehören im Einzelnen:

Erlöse, die die eigentliche Betriebsleistung des Unternehmens betreffen.

Branchenübliche Erlöse aus dem Verkauf von Schrott, Abfallprodukten und nicht mehr benötigten Roh-, Hilfs- und Betriebsstoffen.

Branchenübliche Erlöse aus dem Verkauf von Kuppelprodukten und Zwischenerzeugnissen.

Erlöse aus der Vermietung und Verpachtung sowie Dienstleistungen (Service, Reparatur), wenn diese Leistungen betriebstypisch sind.

Versicherungsentschädigungen für bereits verkaufte Waren. Vereinnahmung passivierter Baukostenzuschüsse bei Energieversorgungsunternehmen.

Erträge aus Bauarbeitsgemeinschaften, für die die Gesellschaft eigene Leistungen erbringt (WP-Handbuch 1992, Rz 279).

Auch **aperiodische** Umsatzerlöse sind unter der Zahl 1 auszuweisen, wobei diese allerdings gem § 233 hinsichtlich ihres Betrages und ihrer Art im Anhang zu erläutern sind, soweit sie für die Beurteilung der Ertragslage nicht von untergeordneter Bedeutung sind.

Grundsätzlich ist zu beachten, dass bestimmte Erträge je nach Branche und dem Absatz- oder Fertigungsprogramm des Unternehmens unter 1 oder 4 fallen können, wie beispielsweise **Miet- und Pachteinnahmen, Patent- und Lizenzeinnahmen**, Entgelte aus anderen Dienstleistungen (WP-Handbuch 1992, Rz 280).

Die Umsatzerlöse sind um die **Erlösschmälerungen** zu kürzen.

Zu den Erlösschmälerungen gehören:

Skonti, Umsatzvergütungen, Mengenrabatte, nachträgliche Bonifikationen, Treueprämien, rückgewährte Entgelte für Retourwaren und Mängel, Preisdifferenzen.

Soweit derartige Nachlässe und Abzüge frühere Perioden betreffen, können sie dann von den Umsätzen abgezogen werden, wenn diese Vorgangsweise laufend zur Anwendung kommt. Anderenfalls erfolgt der Ausweis unter „sonstige Aufwendungen".

Zuweisungen zu Rückstellungen für Preisnachlässe oder Warenrückvergütungen sind ebenfalls von den Umsatzerlösen abzusetzen.

Ein besonderes Problem bilden umsatzabhängige **Verbrauchsteuern** (zB Mineralölsteuer). Eine Saldierung mit dem Umsatzerlös ist mangels Eigenschaft als Erlösschmälerung nicht möglich, ein Ausweis unter dem Posten 8 a (Steuern) würde die Umsatz- und Aufwandslage verzerren. Ein Ausweg besteht in der offenen Absetzung dieser Steuern von den Umsatzerlösen.

So zeigt die Konzerngewinn- und -verlustrechnung der OMV-AG für 2005 folgendes Bild (Mio Euro):

	2005	2004
Umsatzerlöse inklusive Mineralölsteuer	19.850	13.319
Weiterverrechnete Mineralölsteuer	4.270	3.490
Umsatzerlöse	15.580	9.829

Entgegen den obigen Ausführungen zeigt allerdings die OMV ab dem Geschäftsjahr 2007 in ihrem Konzernabschluss nicht mehr die weiterverrechnete Mineralölsteuer, sondern lediglich die mit der Mineralölsteuer saldierten Umsatzerlöse. Hierzu ist allerdings zu bemerken, dass der Konzernabschluss nach den Bestimmungen der IFRS erstellt wird.

An Dritte geleistete **Vertriebssonderkosten** wie Ausgangsfrachten, Provisionen und Lizenzen sind unter 8b (Sonstige betriebliche Aufwendungen) auszuweisen.

Gem § 237 Z 9 sind bei großen Aktiengesellschaften und großen Gesellschaften mit beschränkter Haftung anzugeben:

> *die Aufgliederung der Umsatzerlöse nach Tätigkeitsbereichen sowie nach geographisch bestimmten Märkten, soweit sich, unter Berücksichtigung der Organisation des Verkaufs von für die gewöhnliche Geschäftstätigkeit des Unternehmens typischen Erzeugnissen und der für die gewöhnliche Geschäftstätigkeit des Unternehmens typischen Dienstleistungen, die Tätigkeitsbereiche und geographisch bestimmten Märkte untereinander erheblich unterscheiden; die Umsatzerlöse brauchen jedoch nicht aufgegliedert werden, soweit die Aufgliederung nach vernünftiger unternehmerischer Beurteilung geeignet ist, dem Unternehmen oder einem Unternehmen, von dem das Unternehmen mindestens den fünften Teil der Anteile besitzt einen erheblichen Nachteil zuzufügen; die Anwendung dieser Ausnahme ist im Anhang anzugeben.*

Dies könnte beispielsweise dann der Fall sein, wenn ein einziger österreichischer Erzeuger eines bestimmten Produktes seine Umsätze nach Inland und Ausland aufgliedern müsste und die ausländische Konkurrenz aus der Umsatzhöhe den Marktanteil des Unternehmens in Österreich errechnen könnte.

6.112 Veränderung des Bestandes an fertigen und unfertigen Erzeugnissen sowie an noch nicht abrechenbaren Leistungen (Z 2)

Die **Bestandsveränderungen** ergeben sich grundsätzlich aus der Differenz der Anfangs- und Endbestände an unfertigen und fertigen Erzeugnissen sowie noch nicht abrechenbaren Leistungen; dabei ist es, wie schon dargelegt, unbeachtlich, ob eine derartige Änderung aus einer Veränderung der **Kalkulationssätze**, einer Abwertung einzelner Gegenstände oder aus einer Mengenänderung resultiert.

Gem § 232 Abs 2 sind als **Bestandsveränderungen** außer Änderungen der Menge auch solche des Wertes zu berücksichtigen; Letztere jedoch nur, soweit sie nicht gem § 233 als außerordentliche Aufwendungen oder Erträge auszuweisen sind.

Soweit **Abwertungen** von unfertigen und fertigen Erzeugnissen sowie noch nicht abrechenbaren Leistungen die im Unternehmen auf diese Gegenstände üblichen Abschreibungen überschreiten, sind sie unter Z 7b auszuweisen.

Abwertungen, die nicht aus der gewöhnlichen Geschäftstätigkeit resultieren (zB im Zusammenhang mit Betriebsstilllegungen), sind als außerordentliche Aufwendungen (Z 19) zu erfassen.

Nicht unter den Bestandsveränderungen dürfen Veränderungen des Bestandes an Handelswaren ausgewiesen werden, obwohl ihr Ausweis in der Bilanz gemeinsam mit den fertigen Erzeugnissen erfolgt. Der **Handelswarenverbrauch** ist unter dem Posten 5a (Materialaufwand) auszuweisen.

6.113 Andere aktivierte Eigenleistungen (Z 3)

Selbsterstellte Anlagen sind mit ihren **Herstellungskosten** zu aktivieren und in der Gewinn- und Verlustrechnung als Korrekturposten zu den entsprechenden Aufwendungen (Materialaufwendungen, Personalaufwand, Sonstige Aufwendungen) unter diesem Posten auszuweisen. Direkt auf den betreffenden Anlagenkonten verbuchte Zulieferungen sind nicht unter 3. zu erfassen, da ihnen keine entsprechenden Aufwendungen gegenüberstehen.

Zu den **anderen aktivierten Eigenleistungen** gehören auch **aktivierte Großreparaturen**.

6.114 Sonstige betriebliche Erträge (Z 4a–4c)

Ihrer heterogenen Zusammensetzung wegen werden die sonstigen betrieblichen Erträge in drei Gruppen eingeteilt:

a) Erträge aus dem Abgang vom und der Zuschreibung zum Anlagevermögen mit Ausnahme der Finanzanlagen

Erträge aus dem Abgang vom Anlagevermögen ergeben sich aus der Gegenüberstellung des Veräußerungs**erlöses** bzw eines Versicherungsersatzes und dem **Buchwert** der abgegangenen Anlagen. **Verluste aus dem Abgang** von Anlagevermögen sind unter 8 b) (übrige betriebliche Aufwendungen) auszuweisen.

Abgänge außerhalb der gewöhnlichen Geschäftstätigkeit gehören in den außerordentlichen Bereich. Hierzu gehört beispielsweise eine einmalige Sale-and-lease-back-Aktion von erheblichem Umfang.

Zuschreibungen zum Anlagevermögen können gem § 208 Abs 1 nur zur **Rückgängigmachung außerplanmäßiger Abschreibungen** erfolgen. Gem § 235 darf der Zuschreibungsbetrag den ausschüttungsfähigen Gewinn des Jahres der Zuschreibung nicht vermehren.

b) Erträge aus der Auflösung von Rückstellungen

Unter diesem Posten wird die erfolgswirksame Auflösung von Rückstellungen ausgewiesen. Eine derartige Auflösung kann aus mehreren Ursachen erfolgen:

1. Eine Rückstellung wurde zu hoch gebildet.
2. Die Rückstellungsdotierung für gewisse Posten, etwa für Garantien, erfolgt aus der Differenz der jeweils zum Jahresende errechneten pauschalen Rückstellung. Rückstellungserhöhungen werden unter den sonstigen Aufwendungen bzw dem entsprechenden Posten, Rückstellungsherabsetzungen unter dem Posten 4 b) verbucht.

Erträge aus der Auflösung nicht bestimmungsgemäß verwendeter **Rückstellungen für Ertragsteuern** sind in den Posten 21, Steuern vom Einkommen und vom Ertrag, aufzunehmen. Sie sind gem § 234 gesondert auszuweisen, soweit sie für die Beurteilung der Ertragslage **nicht von untergeordneter Bedeutung** sind.

Rückstellungen, die über ao Aufwand gebildet wurden, sind bei Nichtinanspruchnahme über ao Erträge aufzulösen.

Bezüglich der Bildung und Auflösung von **Rückstellungen für Abfertigungen und Pensionen** siehe die nachfolgenden Ausführungen zu Z 6c und 6d.

c) Übrige

Hier sind alle Umsätze und sonstige betriebliche Erträge zu erfassen, die nicht unmittelbar aus der für das Unternehmen **typischen Geschäftstätigkeit** resultieren. Insbesondere sind zu nennen:

- Kantinen- und Küchenerlöse und Erträge aus sonstigen Sozialeinrichtungen;
- Zahlungseingänge aus in früheren Jahren ausgebuchten Forderungen;
- Fremdwährungskursgewinne;
- Erträge aus Schadenersatzleistungen, soweit sie nicht aus verkauften Erzeugnissen resultieren;
- Nicht als Umsatzerlöse auszuweisende Miet- und Pachteinnahmen;
- Ausbuchung unbezahlter und verjährter Verbindlichkeiten und Schuldnachlässe;
- Gestionsgebühren von Tochtergesellschaften;
- Nachlässe eigener Schulden;
- Erträge aus der Herabsetzung von Pauschalwertberichtigungen;
- Rückvergütungen für in den Vorjahren zu hoch bezahlte Sozialabgaben;
- Auflösung des Postens Investitionszuschüsse zum Anlagevermögen, soweit die Auflösung nicht als ein gesonderter Posten als Absetzung von den Abschreibungen erfolgt (siehe Abschnitt 5.31);
- Nicht rückzahlbare Aufwandszuschüsse;
- Unter bestimmten Umständen die Auflösung verwendeter Rückstellungen (siehe nächster Absatz).

Die **Auflösung verwendeter Rückstellungen** kann ausnahmsweise unter diesem Posten erfolgen, wenn sich die Verwendung in einer Reihe verschiedener Aufwandsposten niederschlägt, wie beispielsweise nachgeholte Instandhaltungen oder Rekultivierungen durch das eigene Personal. In diesen Fällen werde verschiedene Aufwandsposten unter den Personalaufwendungen, Materialaufwendungen und sonstigen Aufwendungen berührt.

6.12 Die Aufwandsposten (Z 5–8)

5. Aufwendungen für Material und sonstige bezogene Herstellungsleistungen:
   a) Materialaufwand,
   b) Aufwendungen für bezogene Leistungen,

6. Personalaufwand:
   a) Löhne,
   b) Gehälter,
   c) Aufwendungen für Abfertigungen und Leistungen an betriebliche Mitarbeitervorsorgekassen[1)]
   d) Aufwendungen für Altersversorgung,
   e) Aufwendungen für gesetzlich vorgeschriebene Sozialabgaben sowie vom Entgelt abhängige Abgaben und Pflichtbeiträge,
   f) sonstige Sozialaufwendungen;
7. Abschreibungen:
   a) auf immaterielle Gegenstände des Anlagevermögens und Sachanlagen sowie auf aktivierte Aufwendungen für das Ingangsetzen und Erweitern eines Betriebes,
   b) auf Gegenstände des Umlaufvermögens, soweit diese die im Unternehmen üblichen Abschreibungen überschreiten;
8. sonstige betriebliche Aufwendungen:
   a) Steuern, soweit sie nicht unter Z 21 fallen,
   b) übrige;
9. Zwischensumme aus Z 1–8;

1) Die Bezeichnung lautet richtig Betriebliche Vorsorgekassen.

6.121 Aufwendungen für Material und sonstige bezogene Herstellungsleistungen (Z 5a–5b)

5a) Materialaufwand

Dieser Posten betrifft alle **Materialaufwendungen**, die in den Leistungsbereich des Unternehmens einfließen, wie der Roh-, Hilfs- und Betriebsstoffverbrauch, Reparaturmaterial, Reinigungsmaterial, Handelswareneinsatz(-verbrauch), Verpackungsmaterial, Energieverbrauch im Fertigungsbetrieb (zB Strom und Gas).

Bezüglich des Ausweises von **Fremdstrom und Gas** vertreten manche Kommentatoren die Meinung, dass dieser unter 5b zu erfolgen habe. Die Verfasser stehen allerdings im Einklang mit der überwiegenden Zahl der Fachliteratur auf dem Standpunkt, dass Fremdstrom und Gas wie Kohle, deren Verbrauch unter 5a auszuweisen ist, zu behandeln sind. Der einzige Unterschied besteht darin, dass Gas nur beschränkt (abhängig von bestehenden Lagermöglichkeiten) und Strom nicht lagerfähig ist.

Auch Ersatzbeschaffungen von Materialien (Ersatzteile), für die ein Festwert gebildet wurde, kommen hierher. In gleicher Weise sind hier alle Materialaufwendungen für Forschung und Entwicklung und zur Erstellung sonstiger Leistungen zu erfassen. **Büromaterial** sollte im sonstigen Aufwand erfasst werden, wird aber häufig unter dem Materialaufwand ausgewiesen.

5b) Sonstige bezogene Leistungen

Grundsätzlich können zu den bezogenen Leistungen bzw sonstigen externen Aufwendungen sämtliche von außen an das Unternehmen herangetragene Leistungen gezählt werden. Da der Gesetzgeber jedoch den Umfang auf **bezogene Herstellungsleistungen** einschränkt, sind darunter jene Leistungen zu verstehen, „die mit **materialähnlichem Charakter** in den eigenen Leistungsbereich einfließen". Dazu gehören **Materialbearbeitung, Materialveredelung durch Dritte, Leihpersonal**, soweit es in der Fertigung eingesetzt ist.

Fremdreparaturen und Fremdinstandhaltungen sind unter dem Posten **übrige betriebliche Aufwendungen** (8b) auszuweisen.

Gem WP-Handbuch 1992 des IDW, Rz 302, können Mietaufwendungen, die in den Umsatzerlösen weiterverrechnet werden, unter 5b ausgewiesen werden.

Lieferantenskontoerträge zählen weder zu den sonstigen betrieblichen Erträgen noch zu den Zinsenerträgen. Sie vermindern entweder die Anschaffungskosten der angeschafften Gegenstände des Anlage- bzw Umlaufvermögens oder jene Aufwendungen, für die ein Skontoertrag erzielt werden konnte, sind daher jeweils bei diesen Posten zu verrechnen. Es empfiehlt sich daher, bereits in der Finanzbuchhaltung dafür zu sorgen, dass der Skontoertrag entsprechend seiner Zugehörigkeit zu den einzelnen Kategorien getrennt erfasst wird.

Wird allerdings, wie es theoretisch richtig ist, der vom Lieferanten in Rechnung gestellte (im Lieferpreis enthaltene) Skonto bei Verbuchung der jeweiligen Rechnung zum Barwert zunächst als **Lieferantenskontoaufwand** erfasst und ein in Anspruch genommener **Skontoertrag** mit diesem saldiert, wird der verbleibende Lieferantenskontoaufwand als echter **Zinsenaufwand** unter den Finanzierungskosten zu verbuchen sein.

*Ein **Beispiel** möge dies verdeutlichen:*

Rechnung. A:

Anschaffung von Materialien über € 1.000, Zahlungskondition 3% Skonto bei Bezahlung innerhalb von zehn Tagen. Die Zahlung der Rechnung erfolgt später, der Skonto wird nicht in Anspruch genommen.

Rechnung B:

Kauf von Materialien über € 500, bei Bezahlung innerhalb von zehn Tagen 3% Skonto, der tatsächlich in Anspruch genommen wird.

1. *Skontoberechnung bei Erhalt der Rechnung*
2. *Skontoberechnung bei Zahlung der Rechnung*

zu 1. Üblicherweise praktizierte Methode:

Materialaufwand			
A 1)	1,000		
B 1)	500		

Verbindlichkeiten			
A 2)	1,000	A 1)	1,000
B 2)	500	B 1)	500

Bank			
		A 2)	1.000
		B 2)	485

Skontoertrag			
		B 2)	15

Der Skontoertrag von € 15 ist bei Aufstellung der Gewinn- und Verlustrechnung mit den Materialaufwendungen zu saldieren.

zu 2. Theoretisch richtige Methode:

Materialaufwand			
A 1)	970		
B 1)	485		

Verbindlichkeiten			
A 2)	1,000	A 1)	1,000
B 2)	500	B 2)	500

Lieferantenskontoaufwand			
A 1)	30	B 2)	15
B 1)	15		

Bank			
		A 2)	1,000
		B 2)	485

Lieferantenskontoaufwand von 30 wird mit den anderen nicht ausgenützten Lieferantenskonti im Rahmen der Gewinn- und Verlustrechnung gem § 231 Abs 2 unter dem Posten Z 15 (Zinsen …) erfasst, da der nicht in Anspruch genommene Lieferantenskonto tatsächlich eine (wenn auch sehr hohe) Zinsenbelastung darstellt.

6.122 Personalaufwand (Z 6)

Untergliederung

a) Löhne,
b) Gehälter,
c) Aufwendungen für Abfertigungen und Leistungen an betriebliche Mitarbeitervorsorgekassen[1])
d) Aufwendungen für Altersversorgung,
e) Aufwendungen für gesetzlich vorgeschriebene Sozialabgaben sowie vom Entgelt abhängige Abgaben und Pflichtbeiträge,
f) sonstige Sozialaufwendungen;

[1]) Richtig: Betriebliche Vorsorgekassen (BV-Kassen).

Eine Aufgliederung in der G&V-Rechnung darf nur dann unterbleiben, wenn diese im Anhang erfolgt bzw wenn es sich um unwesentliche Beträge handelt. Im letzteren Fall ist eine Aufgliederung im Anhang nicht erforderlich.

Zu den gemäß Z 6a auszuweisenden **Löhnen** gehören neben den Grundlöhnen auch Zulagen, Provisionen, Prämien, Nichtleistungslöhne, Sonderzahlungen, Jubiläumszahlungen, freiwillige Fahrtkosten- und Verpflegungszuschüsse und Sachbezüge.

Unter 6b werden die analog zu 6a anfallenden **Gehaltsaufwendungen** erfasst.

Die Aufteilung in **Aufwendungen für Abfertigungen und Leistungen an betriebliche Mitarbeitervorsorgekassen (BV-Kassen) einerseits, sowie Aufwendungen für Altersversorgung andererseits** gem 6c und 6d erfolgte zur Herstellung der Richtlinienkonformität, da die Bilanzrichtlinie einen gesonderten Ausweis der Aufwendungen für Altersversorgung vorsieht. Damit wurde auch die aufwandsmäßige Darstellung der Aufwendungen für Pensionen und Abfertigungen, die bis 2004 in einem Posten stattfand, auf 2 Posten verteilt. Alle die Abfertigungen betreffende Aufwendungen finden ihren Niederschlag nunmehr im Posten 6c und die Pensionen betreffende Aufwendungen im Posten 6d.

Zur Frage der Abfertigungsrückstellung nimmt der Fachsenat für Unternehmenssrecht und Revision im Fachgutachten KFS/RL3 (Pkt 7) aus 1992 wie folgt Stellung (dabei ist zu beachten, **dass Abfertigungen und Pensionen noch in einem Posten** dargestellt wurden):

„Gemäß § 231 Abs 2 Z 6 lit c) des Handelsgesetzbuches (nunmehr Unternehmensgesetzbuch) ist der Aufwand für Abfertigungen und Pensionen in der Gewinn- und Verlustrechnung gesondert auszuweisen. Der Aufwand für Abfertigungen und Pensionen umfaßt sowohl die Auszahlungen von Abfertigungen und Pensionen als auch die **Veränderungen der Rückstellungen für Abfertigungen** und Pensionen.

Da bei der Bewertung der Rückstellungen für Abfertigungen und Pensionen nicht nur der Wegfall von Verpflichtungen aus biometrischen Gründen, sondern implizit in der Regel auch der Wegfall der Verpflichtungen aus anderen Gründen (insbesondere aufgrund der Fluktuation) berücksichtigt wird, ist es wirtschaftlich richtig, alle Verminderungen der Rückstellungen für Abfertigungen im Posten 6c der Gewinn- und Verlustrechnung gegen die Zahlungen und die Zuweisungen an die Rückstellungen aufzurechnen; diesem Ausweis ist gegenüber dem Ausweis im Posten 4b der Gewinn- und Verlustrechnung (Erträge aus der Auflösung von Rückstellungen) der Vorzug zu geben.

Nur in Sonderfällen (zB bei umfangreichen Kündigungen im Zusammenhang mit Betriebsstillegungen) können Abfertigungszahlungen oder Zuweisungen an die Abfertigungsrückstellung einen Vorgang außerhalb der gewöhnlichen Geschäftstätigkeit darstellen. Derartige Aufwendungen können zu den außerordentlichen Aufwendungen gehören (§ 233 Abs 1 des Handelsgesetzbuchs)."

Unter 6d werden die **Aufwendungen für Alterversorgung** ausgewiesen.

Die Aufwendungen für Altersversorgung gehen über die reinen Pensionsaufwendungen hinaus, da zu diesen Aufwendungen auch sonstige Aufwendungen des Unternehmens, die im Zusammenhang mit der Altersversorgung der Mitarbeiter getätigt werden, gehören und damit gemeinsam mit den Pensionen unter 6d auszuweisen sind. Zu nennen sind beispielsweise der Abschluss von Lebens- bzw Rentenversicherungen für einzelne Arbeitnehmer, Beiträge an Pensions- und sonstige Unterstützungskassen.

Im Hinblick auf die erfolgsbilanzmäßige Darstellung der Bildung und Auflösung von Pensionsrückstellungen gelten sinngemäß die Aussagen des Fachsenats für Unternehmensrecht und Revision zur Abfertigungsrückstellung, dass heißt, Bildung und Auflösung der Pensionsrückstellung erfolgt im Posten 6d.

Die unter 6e) angeführten **Aufwendungen für gesetzlich vorgeschriebene Sozialabgaben sowie vom Entgelt abhängige Abgaben und Pflichtbeiträge** enthalten die Kommunalsteuer, den Dienstgeberbeitrag zum Familienlastenausgleichsfonds sowie den damit einzuhebenden Dienstgeberzuschlag, die U-Bahnabgabe in Wien, die gesetzlichen Pflichtbeiträge zur Sozialversicherung und die Behindertenausgleichstaxe.

Da die Kommunalsteuer auch eine „nicht vom Einkommen und Ertrag abhängige Steuer" ist, wird diese Steuer verschiedentlich nicht unter 6e, sondern unter 8a ausgewiesen. Allerdings erscheint den Verfassern ein solcher Ausweis nicht dem Sinn des Gesetzes entsprechend.

Die unter 6f auszuweisenden **sonstigen Sozialaufwendungen** umfassen freiwillige Sozialaufwendungen, die nicht unmittelbar an den einzelnen Arbeitnehmer zur Auszahlung gelangen, wie zB **Zuwendungen an den Betriebsratsfonds**, freiwillige Krankenversicherung, Aufwendungen **für Betriebsausflüge, Weihnachtsgeschenke** an die Arbeitnehmer, Kosten von **Betriebsveranstaltungen** für die Belegschaft.

Sozialeinrichtungen verursachte Aufwendungen (Abschreibungen, Lebensmittelverbrauch in der Werksküche, Personalaufwendungen des Küchenpersonals und sonstiger Sozialeinrichtungen) werden unter den entsprechenden Aufwandsarten (Materialverbrauch, Abschreibungen, Personalaufwendungen) erfasst. Erträge aus Sozialeinrichtungen werden unter den sonstigen betrieblichen Erträgen (4c) erfasst.

6.123 Abschreibungen (Z 7a–Z 7b)

a) Abschreibungen auf immaterielle Vermögensgegenstände und Sachanlagen

Unter diesem Posten werden sowohl **planmäßige** als auch **außerplanmäßige Abschreibungen** iSd § 204 Abs 1 und 2 ausgewiesen. Dabei sind **außerplanmäßige** Abschreibungen gesondert auszuweisen (§ 232 Abs 5). Spätere **Zu-**

schreibungen, die wegen des Wegfallens des Grundes für eine außerplanmäßige Abschreibung durchgeführt werden (§ 208 Abs 1), sind unter dem Posten 4a), sonstige betriebliche Erträge, auszuweisen. Unterlässt eine Kapitalgesellschaft die Zuschreibung aus steuerlichen Gründen, hat sie dies betragsmäßig im **Anhang** anzugeben. Ferner ist das Ausmaß erheblicher künftiger steuerlicher Belastungen, die sich aus einer solchen Bewertung ergeben, anzuführen (§ 208 Abs 3).

Außerplanmäßige Abschreibungen können unter bestimmten Umständen (zB bei Betriebsstilllegungen) unter den ao Aufwendungen ausgewiesen werden. Die gesonderte Ausweispflicht gem § 232 Abs 5 bleibt auch in diesem Fall erhalten.

Aus **steuerlichen Sonderbestimmungen** resultierende vorzeitige Abschreibungen, Abschreibungen von geringwertigen Vermögensgegenständen gem § 205 Abs 1 zweiter Satz sowie Abschreibungen auf Grund der Übertragung stiller Reserven gem § 12 EStG, werden nicht unter dem Posten 7, sondern zwingend unter dem Posten 26, Zuweisung zu unversteuerten Rücklagen, ausgewiesen.

b) Abschreibungen auf Gegenstände des Umlaufvermögens, soweit diese die im Unternehmen üblichen Abschreibungen überschreiten

Die gesonderte Darstellung des das Ausmaß der üblichen Abschreibungen auf Gegenstände des Umlaufvermögens übersteigenden Betrages zwingt zu einer Trennung der üblicherweise anfallenden von den darüber hinausgehenden Abschreibungsbeträgen.

Abschreibungen auf das Umlaufvermögen (mit Ausnahme der Wertpapiere des Umlaufvermögens) sind, sofern sie **„üblich"** sind, folgendermaßen in der Erfolgsrechnung zu erfassen (vgl hierzu auch *Biener/Berneke* 1986):

Abschreibungen auf:	**zu erfassen unter (§ 231 Abs 2)**
Roh-, Hilfs- und Betriebsstoffe	Z 5a
Unfertige und fertige Erzeugnisse sowie noch nicht abrechenbare Leistungen	Z 2
Waren	Z 5a
Forderungen und sonstige Vermögensgegenstände	Z 8b
Fremdwährungsbestände	Z 8b
Wertpapiere des Umlaufvermögens	Z 14a

Der Ausweis der üblichen Abschreibungen von fertigen und unfertigen Erzeugnissen unter den Bestandsveränderungen ergibt sich aus § 232 Abs 2, wonach als Bestandsveränderungen außer der Änderung der Menge auch solche des Wertes zu berücksichtigen sind; letztere jedoch nur, soweit sie nicht unter § 233 fallen (ao Aufwand).

Bei den Abschreibungen auf die oben genannten Gegenstände des Umlaufvermögens handelt es sich grundsätzlich um außerplanmäßige Abschreibungen, die sich jährlich in unterschiedlicher Höhe ergeben. Die Frage der „Üblichkeit" solcher Abschreibungen kann somit nicht anhand der Abschreibungen **eines** Jahres gemessen werden. Außerdem kann bei der Feststellung, welche Abschreibungen üblich und welche nicht üblich sind, nicht jeder einzelne Gegenstand für sich betrachtet werden, da es der lebende Betrieb mit sich bringt, dass manche Gegenstände zur Gänze, manche nur geringfügig und der Großteil der Gegenstände gar nicht abgeschrieben werden. Die Frage der Feststellung der über das übliche Ausmaß hinausgehenden Abschreibung kann sich somit nur auf die Gesamtheit der in einem Posten enthaltenen Gegenstände beziehen.

Unübliche Abschreibungen liegen beispielsweise dann vor, wenn auf Grund eines Konjunktureinbruches hohe, die Vorjahre überschreitende Abschreibungen bei Halb- und Fertigfabrikaten vorzunehmen sind, oder Forderungsausfälle gehäuft auftreten. *Biener/Berneke* führen hierzu aus (213), dass „die Üblichkeit der Abschreibungen an den Abschreibungen der Vorjahre zu messen ist. Nach dem Grundsatz der Wesentlichkeit sind nur solche Abschreibungen zu berücksichtigen, die den bisher üblichen Rahmen deutlich überschreiten, und zwar nur der überschießende Betrag und nicht der Gesamtbetrag."

Ergänzend kann hierzu ausgeführt werden, dass bei schwankenden Beständen das übliche Ausmaß der Abschreibung auch in Prozenten der jeweiligen Gesamtbestände gemessen werden kann.

Streng zu unterscheiden sind die über das **übliche Ausmaß** hinausgehenden Abschreibungen von den zu den **ao Aufwendungen** gehörenden Abschreibungen. Gem § 233 sind ao Aufwendungen nur solche, die außerhalb der gewöhnlichen Geschäftstätigkeit des Unternehmens anfallen und den Going-concern-Umfang berühren.

Im Hinblick auf die Abschreibungen vom Umlaufvermögen gehören hierzu beispielsweise die Abschreibung von nicht mehr verwertbaren Vorräten im Zusammenhang mit der Auflassung einer Erzeugnisgruppe, die bisher wesentlichen Anteil am Umsatz des Unternehmens hatte; der Ausfall eines wesentlichen Kunden, der das Unternehmen in ernste Schwierigkeiten bringt.

Liegt ein **außerordentlicher Aufwand** vor, hat der Ausweis unter dem Posten außerordentliche Aufwendungen und nicht unter Z 7b zu erfolgen.

Abschreibungen auf Wertpapiere des Umlaufvermögens werden keinesfalls unter dem Posten 7b erfasst, da hierfür der Posten § 231 Abs 2 Z 14 bzw Abs 3 Z 13 (Aufwendungen aus Finanzanlagen und aus Wertpapieren des Umlaufvermögens) vorgesehen ist. Dies gilt auch für den Fall, dass die Abschreibung aus Wertpapieren des Umlaufvermögens über das übliche Maß hinausgehen sollte. Ein gesonderter Ausweis analog zu 7b ist gesetzlich nicht gefordert.

6.124 Sonstige betriebliche Aufwendungen (Z 8a–Z 8b)

a) Steuern, soweit sie nicht unter Z 21 fallen

Unter diesem Posten werden alle **Steuern** erfasst, die nicht zu den Steuern vom Einkommen und Ertrag und zu den personalabhängigen Steuern gehören. Trotz der irreführenden Bezeichnung dieses Postens werden in der Regel lohnabhängige Abgaben, wie etwa die **Kommunalabgabe**, nicht hier, sondern unter dem Posten 6e ausgewiesen.

Unter diesem Posten kommen vor allem **Steuern vom Vermögen** (Grundsteuer), **Verkehrsteuern**, wie Börsenumsatzsteuer, Gesellschaftsteuer, KFZ-Steuer, Vergnügungssteuer etc, Gebühren nach dem Gebührengesetz und **Verbrauchsteuern**, wie Bier-, Branntwein- und Getränkesteuer, Mineralölsteuer, Tabaksteuer etc, zum Ausweis.

Soweit Unternehmen **Steuerschuldner** von Verbrauchsteuern sind (zB Mineralöl-, Bier-, Tabak-, Branntweinsteuer), besteht kein Einwand dagegen, diese von den Umsatzerlösen offen abzusetzen (vgl hierzu: Beck'scher Bilanzkommentar[3] § 275 Rz 25 1).

Nicht hier, sondern unter 8b sind **Gebühren für direkte Gegenleistungen** (Müllabfuhr-, Kanalgebühren etc) auszuweisen.

b) Übrige betriebliche Aufwendungen

Dieser Posten bildet das Sammelbecken für **alle nicht gesondert ausweispflichtigen** bzw unter anderen Posten zu erfassenden betrieblichen Aufwendungen, die aus der gewöhnlichen Geschäftstätigkeit stammen.

Insbesondere sind folgende Aufwendungen zu diesem Posten zu rechnen:

- Aufwendungen für Aus- und Fortbildung, Fachliteratur,
- Ausgangsfrachten und sonstige Transporte durch Dritte, die nicht zu den Anschaffungsnebenkosten gehören,
- Bankspesen und sonstige Spesen des Geldverkehrs,
- Beiträge an gesetzliche und freiwillige Berufsvertretungen,
- Büromaterial,
- Diäten,
- Druckkosten,
- Fahrt- und Reisespesen,
- Forderungsausfälle,
- fremde Dienstleistungen, soweit sie nicht materialähnlichen Charakter haben,
- Fremdreinigung,
- Gewährleistungsaufwand, soweit dieser nicht unter die Erlösschmälerungen fällt,
- Inserate,

- Instandhaltungen durch Dritte,
- Kraftfahrzeugkosten,
- Kursverluste,
- Lizenzen,
- Mietaufwand,
- Müllabfuhr und Kanalgebühren,
- Patentgebühren,
- Postgebühren,
- Provisionen,
- Rechts-, Prüfungs- und Beratungskosten,
- Schadensfälle, die betrieblich bedingt sind,
- Spenden,
- Telefongebühren, Versicherungen,
- Trinkgelder,
- Verluste aus dem Abgang von Gegenständen des Anlagevermögens,
- Werbeaufwand.

6.13 Zwischensumme aus Z 1–8 (Z 9)

Diese Summe stellt den (nicht im Gesetz genannten) **Betriebserfolg** des Unternehmens dar. Es ist allerdings zu beachten, dass darin auch **aperiodische Beträge** enthalten sind. Letztere sind allerdings, soweit sie für die Beurteilung der Ertragslage nicht von **untergeordneter Bedeutung** sind, hinsichtlich des Betrages und ihrer Art im Anhang zu erläutern (§ 233).

Auch jährlich in unterschiedlicher Höhe anfallende **Schadensfälle** sind, wenn sie unter die gewöhnliche Geschäftstätigkeit fallen, im Betriebserfolg enthalten.

6.14 Die Ertrags- und Aufwandsposten (Z 10–15)

10. Erträge aus Beteiligungen, davon aus verbundenen Unternehmen;
11. Erträge aus anderen Wertpapieren und Ausleihungen des Finanzanlagevermögens, davon aus verbundenen Unternehmen;
12. sonstige Zinsen und ähnliche Er träge, davon aus verbundenen Unternehmen;
13. Erträge aus dem Abgang von und der Zuschreibung zu Finanzanlagen und Wertpapieren des Umlaufvermögens;
14. Aufwendungen aus Finanzanlagen und aus Wertpapieren des Umlaufvermögens, davon sind gesondert auszuweisen:
    a) Abschreibungen
    b) Aufwendungen aus verbundenen Unternehmen;
15. Zinsen und ähnliche Aufwendungen, davon betreffend verbundene Unternehmen;
16. **Zwischensumme aus Z 10–15 („Finanzerfolg“).**

Der Begriff „Finanzerfolg“ ist im Gesetz nicht genannt, wird aber häufig gebraucht, obwohl die Bezeichnung nicht völlig korrekt ist, da hier Erfolge aus dem Investitionsbereich einerseits und Erfolge aus dem Finanzierungsbereich andererseits vermischt werden.

6.141 Erträge aus Beteiligungen, davon aus verbundenen Unternehmen (Z 10)

Hier werden alle Erträge, die aus den Bilanzposten A. III.1. (Anteile an verbundenen Unternehmen, soweit diese Beteiligungen darstellen) und A. III.3. (Beteiligungen) resultieren, erfasst. Dazu gehören Gewinnausschüttungen aus Beteiligungen an Kapitalgesellschaften, Gewinnanteile an Personengesellschaften, Gewinnüberrechnungen verbundener Unternehmen aus Ergebnisabführungsverträgen, Abschlagszahlungen auf den Bilanzgewinn (§ 54a AktG).

Die Behandlung von **Ergebnisüberrechnungen** bei der **Tochtergesellschaft** (§ 232 Abs 3)

> *„Ist die Gesellschaft vertraglich verpflichtet, ihren Gewinn oder Verlust ganz oder teilweise an andere Personen zu überrechnen, so ist der überrechnete Betrag unter entsprechender Bezeichnung vor dem Posten gem § 231 Abs 2 Z 28 oder § 231 Abs 3 Z 27 gesondert auszuweisen."*

Bei der Obergesellschaft ist ein überrechneter Gewinn unter **„Erträge aus Beteiligungen"**, ein überrechneter Verlust unter **„Aufwendungen aus Finanzanlagen und aus Wertpapieren des Umlaufvermögens"** auszuweisen.

Soweit die **Erträge aus Gewinngemeinschaften** resultieren, sind sie gem § 238 Z 4 im Anhang anzugeben.

Erträge aus Beteiligungen werden grundsätzlich brutto ausgewiesen. Eine einbehaltene Kapitalertragsteuer wird, falls sie in der Folge erstattet wird, unter den sonstigen Forderungen erfasst. Ist sie vom Unternehmen zu tragen, erfolgt der Ausweis unter den Steuern vom Einkommen und vom Ertrag.

Die Herkunftsangabe (davon aus verbundenen Unternehmen) kann entweder in Form eines Davon-Vermerkes oder in einem eigenen Unterposten erfolgen.

6.141.1 Die (zeitliche) Realisierung von Beteiligungserträgen

6.141.11 Beteiligungserträge von Kapitalgesellschaften

6.141.111 Unternehmensrechtliche Regelung

Beteiligungserträge gelten grundsätzlich zum Zeitpunkt der Ausschüttung als realisiert.

Unter bestimmten Voraussetzungen muss die Muttergesellschaft den Beteiligungsertrag schon im Entstehungsjahr desselben, dh vor der Ausschüttung der Tochtergesellschaft, realisieren (= **phasenkongruente Dividendenaktivierung**).

Für die **unternehmensrechtliche phasenkongruente Dividendenaktivierung** ist die **„Tomberger"-Entscheidung** des EuGH maßgeblich (27. Juni 1996, Rs C-234/94, WPg 1996, 524 f; siehe auch BGH 12.1.1998, Der Betrieb 1998, 567 ff), die auch der Stellungnahme des österreichischen Rechnungslegungsbeirates (AFRAC) vom Dezember 2007 (ergänzt durch die Stellungnahme vom März 2013) zugrundeliegt.

Eine phasenkongruente Dividendenaktivierung hat laut AFRAC zu erfolgen, wenn die folgenden Kriterien kumulativ erfüllt sind; anderenfalls ist sie unzulässig.

1. Höhe des **erforderlichen Anteilsbesitzes bzw der Stimmrechte** zur Herbeiführung des Ausschüttungsbeschlusses.
2. **Zusammenfallen bzw zeitliche Lage der Anschlussstichtage** der betroffenen Unternehmen. Der Abschlussstichtag des ausschüttenden Unternehmens muss zeitgleich mit oder vor dem Abschlussstichtag des empfangenen Unternehmens liegen.
3. **Beschlusslage zur Dividendenausschüttung.**
   a) Die Aufstellung des Abschlusses des ausschüttenden Unternehmens muss vor jener des empfangenen Unternehmens erfolgt sein.
   b) Das empfangende Unternehmen muss vor dem Abschlussstichtag einen dokumentierten Beschluss fassen, dass ein bestimmter Betrag zur Ausschüttung vorgesehen ist und auf Grund der Ausübung der Stimmrechte alle Maßnahmen gesetzt werden, damit dieser Betrag dem empfangenen Unternehmen auch tatsächlich zufließen wird.
   c) Zum Zeitpunkt der Feststellung des Abschlusses des empfangenen Unternehme muss entweder der Abschluss des ausschüttenden Unternehmens festgestellt oder die Prüfung des aufgestellten Abschlusses – sofern eine solche erfolgt – materiell so weit abgeschlossen sein, dass mit keinen Änderungen des zur Ausschüttung vorgesehenen Gewinns mehr zu rechnen ist und zumindest die Höhe des auszuschüttenden Betrages gewährleistet sein (zB durch eine vom Wirtschaftsprüfer des ausschüttenden Unternehmens ausgestellte Bestätigung).
4. Dem **Vollzug des Ausschüttungsbeschlusses** dürfen keine sonstigen Hindernisse entgegenstehen. Der Vollzug der Ausschüttung an das empfangende Unternehmen muss deshalb insbesondere frei von Einspruchsmöglichkeiten und Genehmigungserfordernissen von Behörden etc sein.

Für die Ermittlung des Betrages der Dividendenaktivierung ist insbesondere bei Auslandsbeziehungen zu beachten, ob nicht oder nur teilweise anrechenbare Kapitalertragsteuern einbehalten werden oder Übertragungs- bzw Transfergebühren etc anfallen können. Ist dies der Fall, so ist die Aktivierung nur in Höhe des als gesichert anzusehenden Dividendenzuflusses vorzunehmen. Allfällige Ertragsteuerbelastungen beim empfangenden Unternehmen sind als (laufende) Ertragsteuern zu berücksichtigen.

Der Umstand, dass Ansprüche auf Dividendenausschüttung unverzinslich sind, ist nach den allgemeinen Bewertungsvorschriften zu berücksichtigen.

Ansprüche auf Vorzugsdividenden sind wie Ansprüche auf normale Dividenden zu behandeln, weil ihre Ausschüttung zwar vor allfälligen anderen Ausschüttungen erfolgt, jedoch ebenso von der Aufstellung eines mit entsprechenden ausschüttungsfähigen Beträgen ausgestatteten Abschlusses abhängt.

6.141.112 Steuerrechtliche Regelung

Restriktiver als das Unternehmensrecht behandelt das **Steuerrecht die phasengleiche Dividendenaktivierung.**

Bei Vorliegen eines **Ergebnisabführungsvertrages** erfolgt die Ergebnisverrechnung jedenfalls zwingend am Bilanzstichtag bei der Muttergesellschaft.

Die Köperschaftsteuerrichtlinien 2013 regeln in Rz 1169 im Zusammenhang mit Rz 2339 der EStR und dem Erkenntnis des VwGH vom 13.9.2006, 2002/13/0129 die phasengleiche Dividendenaktivierung, folgendermaßen:

Demnach richtet sich

der Zeitpunkt der Erfassung des Beteiligungertrages nach dem Tag des Gewinnverteilungsbeschlusses; zu einer Aktivierungspflicht der Forderung bereits vor dem Zustandekommen des Gewinnbeteiligungsanspruches kann es nur dann kommen, wenn zum Bilanzstichtag die Ausschüttung eines bestimmten Gewinnanteiles bei vernünftiger kaufmännischer Beurteilung bereits festgestanden ist. Eine solche phasengleiche Bilanzierung kann aber nur ausnahmsweise erfolgen

- *wenn an Hand objektiver, nachprüfbarer und nach außen in Erscheinung tretender Kriterien festgestellt werden kann, dass die Gesellschafter endgültig entschlossen sind, eine bestimmte Gewinnausschüttung künftig zu beschließen und*
- *insoweit, als der (mindestens) ausschüttungsfähige Bilanzgewinn am Bilanzstichtag bekannt ist. Haben Mutter- und Tochtergesellschaft denselben Bilanzstichtag, liegt eine solche gesicherte Position der Muttergesellschaft auf einen in seiner Höhe bestimmten Gewinn nicht vor.*

6.141.12 Beteiligungserträge von Personengesellschaften

6.141.121 Unternehmensrechtliche Regelung

Für die Ausschüttung der Beteiligungserträge von Personengesellschaften gelten **unternehmensrechtlich** grundsätzlich die Bestimmungen des § 122 UGB die sowohl für die vollhaftenden Gesellschafter (Offene Gesellschafter oder Komplementäre) als auch für die Kommanditisten anzuwenden sind (§ 161 UGB):

§ 122 (1) Jeder Gesellschafter hat Anspruch auf die Auszahlung seines Gewinnanteils. Der Anspruch kann jedoch nicht geltend gemacht werden, soweit die Auszahlung zum offenbaren Schaden der Gesellschafter gereicht, die Gesellschafter ein anderes beschließen oder der Gesellschafter vereinbarungswidrig seine Einlage nicht geleistet hat.

(2) Im Übrigen ist ein Gesellschafter nicht befugt, ohne Einwilligung der anderen Gesellschafter Entnahmen zu tätigen.

Im Hinblick auf die Realisierung der Beteiligungserträge gibt es zwei grundlegende Unterschiede zwischen den Kapitalgesellschaften und den Personengesellschaften.

Kapitalgesellschaften sind **juristische Personen**, was bedeutet, dass Gewinne und Verluste (abgesehen vom Bestehen eines Ergebnisabführungsvertrages oder einer Gruppenbesteuerung) grundsätzlich zunächst der Gesellschaft zufließen und auch bei der Gesellschaft besteuert werden. Die Zuweisung der Gewinnanteile an die Gesellschafter und deren Ausschüttung ist an einen Gesellschafterbeschluss gebunden.

Personengesellschaften sind sogenannte Mitunternehmerschaften bei denen, falls nicht der Gesellschaftsvertrag anderes bestimmt, Gewinne und Verluste sofort, das heißt bei Aufstellung des Jahresabschlusses den Gesellschaftern zugerechnet werden. Die Gesellschafter haben, abgesehen von den Einschränkungen des § 122 Abs 1, sofortigen Anspruch auf Ausschüttung des ihnen zugewiesenen Gewinnes, wenn im Gesellschaftsvertrag nichts anderes geregelt ist. Gesellschaftsvertraglich kann beispielsweise die Ausschüttung auch an einen Gesellschafterbeschluss gebunden sein.

§ 122 Abs 2 UGB, der Entnahmen von der Einwilligung anderer Gesellschafter abhängig macht, gilt nicht für die Entnahmen von Gewinnanteilen. Er dient dem Verbot der Kapitalanteilsverminderung (siehe *Kraus* in *Torggler* [Hrsg], Unternehmensgesetzbuch § 122 [2013]).

Die Konsequenzen für Gesellschafter einer Personengesellschaft bestehen darin, dass ihr Gewinnanteil bereits im Jahresabschluss ihren Personenkonten zugewiesen wird und sie abgesehen von den gesetzlichen Einschränkungen des § 122 Abs 1 sowie von anderslautenden Gesellschaftsverträgen jederzeit Anspruch auf die Ausschüttung ihres Gewinnanteiles haben.

In der Bilanz des Gesellschafters werden die Gewinnanteile phasengleich als Forderungen aus Gewinnanteilen ausgewiesen oder aber, bei Anwendung des **Spiegelbildverfahrens** dem Beteiligungskonto zugebucht und bei Ausschüttung abgebucht.

6.141.122 Steuerrechtliche Regelung

Gem § 23 Z 2 EStG zählen Gewinnanteile von Gesellschaften, bei denen die Gesellschafter als Mitunternehmer anzusehen sind, wie insbesondere **offene Gesellschaften und Kommanditgesellschaften**, zu den Einkünften aus Gewerbetrieb. Das gleiche gilt gem § 22 Z 3 EStG für Einkünfte aus selbständiger Tätigkeit.

Damit stellt das Einkommensteuergesetz von vornherein klar, dass Gewinnanteile von Personengesellschaften, ob sie nun ausgeschüttet werden oder nicht, phasengleich direkt den Gesellschaftern zuzurechnen sind und auch von ihnen versteuert werden müssen.

6.142 Erträge aus anderen Wertpapieren und Ausleihungen des Finanzanlagevermögens, davon aus verbundenen Unternehmen (Z 11)

Hierher kommen alle Erträge aus den Posten A. III.1. (Anteile an verbundenen Unternehmen, soweit diese nicht Beteiligungen darstellen), A. III.2. (Ausleihungen an verbundene Unternehmen), A. III.4. (Ausleihungen an Unternehmen, mit denen ein Beteiligungsverhältnis besteht), A. III.5. (Wertpapiere – Wertrechte des Anlagevermögens) sowie A. III.6. (sonstige Ausleihungen).

Durch die unzureichende Definition der Ausleihungen durch den Gesetzgeber (vgl Abschnitt 4.243) können Zinsenerträge aus gewährten Finanzdarlehen mit einer Gesamtlaufzeit von ein bis fünf Jahren je nach Einstufung durch das Unternehmen im Anlage- oder Umlaufvermögen unter Z 11 oder Z 12 ausgewiesen werden.

Im Wesentlichen handelt es sich bei den unter diesem Posten ausgewiesenen Erträgen um Zinsenerträge aus festverzinslichen Wertpapieren des Anlagevermögens und Ausleihungen, sowie Erträge aus Dividendenpapieren und Unternehmensanteilen, soweit deren Erträge nicht als Beteiligungserträge zu erfassen sind.

Unter diesem Posten werden auch die Zuschreibungen auf Zero-Bonds des Anlagevermögens und Erträge aus Genossenschaftsanteilen erfasst.

Das Gleiche gilt für die unter den Ausleihungen des Anlagevermögens ausgewiesenen unverzinslichen oder niedrig verzinslichen Forderungen.

Bezüglich einer einbehaltenen Kapitalertragsteuer gilt das oben Gesagte.

Wird bei einer Leasingfinanzierung der Leasinggegenstand dem Leasinggeber zugerechnet (Finanzierungsleasing), werden beim Leasinggeber die vom Leasingnehmer geleisteten Zahlungen in eine Zinsenertragskomponente und eine Rückzahlungskomponente aufgespalten; die Aufspaltung erfolgt in der Regel in der Weise, dass sich eine gleich bleibende Verzinsung des ausstehenden Darlehensbetrages ergibt.

6.143 Sonstige Zinsen und ähnliche Erträge, davon aus verbundenen Unternehmen (Z 12)

Hier werden grundsätzlich alle Zinsen und ähnliche Erträge aus Gegenständen des Umlaufvermögens erfasst. Hierzu gehören Zinsenerträge jeder Art aus Bankguthaben und gewährten Finanzdarlehen, soweit diese nicht zu den Ausleihungen des Finanzanlagevermögens gehören, Zinsenerträge aus Wertpapieren des Umlaufvermögens, weiterverrechnete Diskonte auf Kundenwechsel und den Kunden berechnete Verzugszinsen. Auch Erträge aus dem Agio gewährter Kredite sind hier zu erfassen.

Hier werden auch Erträge aus Dividendenpapieren und Unternehmensanteilen von unter B. III. ausgewiesenen Posten erfasst.

Bezüglich der Zinsenbehandlung der unverzinslichen und niedrig verzinslichen Forderungen des Umlaufvermögens gelten dieselben Aussagen wie zu den Ausleihungen des Anlagevermögens.

Lieferantenskontoerträge sind keinesfalls als Zinsenerträge auszuweisen. Sie sind, wie bereits dargelegt, mit der jeweiligen **Aufwandsgruppe** bzw den **Anschaffungskosten** zu verrechnen.

6.144 Erträge aus dem Abgang von und der Zuschreibung zu Finanzanlagen und Wertpapieren des Umlaufvermögens (Z 13)

Für diesen Posten gelten die gleichen Kriterien wie für das Sach- und das immaterielle Anlagevermögen gemäß Z 4a.

Die Zuschreibung zu den Finanzanlagen und den Wertpapieren des Umlaufvermögens hat in jenem Jahr zu erfolgen, in dem der Grund für eine in Vorjahren vorgenommene außerplanmäßige Abschreibung weggefallen ist (§ 208 Abs 1). Eine Ausnahme von der Zuschreibung gibt es nur unter der Bedingung des § 208 Abs 2. Durch die Bestimmung des § 6 Z 13 EStG, wonach Beteiligungen iSd § 228 Abs 1 UGB bei Wegfall der Gründe für eine früher vorgenommene außerplanmäßige Abschreibung steuerlich wieder aufzuwerten sind, ist für diesen Fall auch die Bestimmung des § 208 Abs 2 obsolet geworden, das heißt, die Zuschreibung hat bei Vorliegen des Tatbestandes des § 208 Abs 1 jedenfalls auch unternehmensrechtlich zu erfolgen.

Eine gesonderte Angabe im Anhang, wie weit diese Erträge verbundene Unternehmen betreffen, ist gesetzlich nicht vorgesehen.

Zuschreibungen zu sonstigen Nominalwerten des Umlaufvermögens, wie Forderungen jeder Art, werden gem § 231 Abs 2 im Posten 4c (sonstige betriebliche Erträge) erfasst.

Zuschreibungen zum Sachumlaufvermögen (Vorräte) werden mit dem Materialaufwand saldiert, es sei denn, die vorhergehende Abschreibung wurde im Posten 231 Abs 2 7b („Abschreibungen auf Gegenstände des Umlaufvermögen, soweit diese die im Unternehmen üblichen Abschreibungen überschreiten“) erfasst. In diesem Fall erfolgt die Zuschreibung über 4c) übrige sonstige betriebliche Erträge.

6.145 Aufwendungen aus Finanzanlagen und aus Wertpapieren des Umlaufvermögens, davon sind gesondert auszuweisen (Z 14)

a) **Abschreibungen**

b) **Aufwendungen aus verbundenen Unternehmen**

Folgende Aufwendungen werden unter diesem Posten erfasst:

- Aufwendungen aus Beteiligungen
- Aufwendungen aus sonstigen Finanzanlagen und aus Wertpapieren des Umlaufvermögens

Aufwendungen aus Beteiligungen

Dazu gehören **Verlustübernahmen** aufgrund entsprechender Verträge mit verbundenen Unternehmen, **Beteiligungsabschreibungen**, Zuschüsse zur **Verlustabdeckung**, soweit sie ergebniswirksam sind (EB zu § 231), **Verlustanteile aus Personengesellschaften und Veräußerungsverluste**. Auch hier ist zu beachten, dass gem § 238 Z 4 die auf **Gewinngemeinschaften** entfallenden Aufwendungen im Anhang anzugeben sind. Bei Aufwendungen aus Beteiligungen ist allerdings zusätzlich zu beachten, ob diese im Rahmen der gewöhnlichen Geschäftstätigkeit anfallen oder in den außerordentlichen Bereich gehören.

Aufwendungen aus sonstigen Finanzanlagen und aus Wertpapieren des Umlaufvermögens

Hierzu gehören Abschreibungen und Veräußerungsverluste aus nicht zu den Beteiligungen gehörenden Anteilen an anderen Unternehmen, aus sonstigen Wertpapieren des Anlagevermögens, aus Ausleihungen und aus Wertpapieren des Umlaufvermögens. Sinngemäß müsste man hierher auch die Abschreibungen aus gewährten Darlehen des Umlaufvermögens zählen. Ein Ausweis derselben unter den sonstigen betrieblichen Aufwendungen könnte bei erheblichem Ausmaß zu einer Verfälschung des möglichst getreuen Bildes der Ertragslage führen. Dies gilt umso mehr, als es der Gesetzgeber im § 227 unterlassen hat, Ausleihungen ausreichend zu definieren, sodass zB Darlehensforderungen mit einer Gesamtlaufzeit von weniger als fünf, aber mehr als einem Jahr, sowohl im Anlagevermögen als Ausleihungen als auch im Umlaufvermögen als sonstige Forderungen ausgewiesen werden können.

Da es bei Finanzanlagen und **Wertpapieren des Umlaufvermögens** planmäßige Abschreibungen nicht gibt, sind hier die **außerplanmäßigen Abschreibungen** gem § 204 Abs 2 (Finanzanlagen einschließlich der zu diesen zählenden Ausleihungen) und die Abschreibungen gem § 207 (Wertpapiere des Umlaufvermögens) zu erfassen. Während eine außerplanmäßige Abschreibung bei Finanzanlagen nur dann vorgenommen werden **muss**, wenn die zugrunde liegende Wertminderung voraussichtlich von Dauer ist, ist die Abschreibung bei Wertpapieren des Umlaufvermögens auch bei vorübergehender Wertminderung zwingend vorzunehmen.

Folgende **Wertminderungen** können Ursache für die Abschreibung von Finanzanlagen bzw Wertpapieren des Umlaufvermögens sein:

Wertminderung einer Beteiligung wegen auftretender Verluste bei der Tochtergesellschaft. Dabei ist darauf zu achten, dass diese Verluste nicht aus der Inanspruchnahme steuerlicher Begünstigungen entstanden sind. Verliert eine Beteiligung wegen Vermögensverfalls der Tochter und nachfolgender Betriebseinstellung zur Gänze ihren Wert, kann eine Erfassung unter außerordentlichen Aufwendungen (Z 19) erforderlich sein.

Sinken des Kurses von Wertpapieren des Anlagevermögens infolge einer Steigerung des Kapitalmarktzinssatzes.

Ein Problem, das im Zusammenhang mit der Frage, ob eine eventuelle Abwertungspflicht besteht, zu lösen ist, liegt darin, wann und ob überhaupt eine dauernde Wertminderung anzunehmen ist, wenn der vertragliche Einlöse- bzw Rücknahmebetrag den niedrigeren Tageswert übersteigt. Man wird hier darauf zurückgreifen können, in welcher zeitlichen Entfernung sich der Einlösetermin befindet. Je kürzer dieser Zeitraum ist, desto weniger wird eine Abwertungspflicht angenommen werden können.

Kursverluste von an der Börse notierten Aktien.

Abwertung eines Wechsels (als Wertpapier) infolge Unverzinslichkeit.

Eine Verrechnung des in den Wechselbetrag eingerechneten und dem Bezogenen bzw Indossanten angelasteten Wechseldiskonts mit dem Abzinsungsbetrag ist möglich, da insoweit keine unter das Verrechnungsverbot fallenden Aufwendungen und Erträge vorliegen (Beck'scher Bilanzkommentar[3] § 275 Rz 203).

Hinsichtlich der gesonderten Ausweispflicht von Abschreibungen und Aufwendungen aus verbundenen Unternehmen können insoweit Überschneidungen entstehen, als zu den Aufwendungen aus verbundenen Unternehmen auch Abschreibungen gehören. Die Frage ist nach Meinung der Verfasser so zu lösen, dass die in den Aufwendungen aus verbundenen Unternehmen enthaltenen Abschreibungen bei diesem Posten gesondert ausgewiesen werden (zB „Davon-Vermerk").

6.146 Zinsen und ähnliche Aufwendungen, davon betreffend verbundene Unternehmen (Z 14)

Unter diesem Posten werden erfasst:

- Zinsen für Bankkredite, Darlehen, Hypotheken.
  Hierher gehört auch die Zuzählungs- sowie Bereitstellungsprovision für einen in Anspruch genommenen Kredit bzw Kreditrahmen. Gleiches gilt für Überziehungsprovisionen, Frachtstundungsgebühren etc.
- Abschreibungen auf das aktivierte Disagio.
- Wechseldiskont, sofern diesem kein verrechnungsfähiger Diskontertrag gegen übersteht.
- Ausschüttungen auf Genussscheine, wenn nach den Genussscheinbedingungen der Fremdkapitalcharakter im Vordergrund steht.
- Gewinnanteile stiller Gesellschafter, wenn die Einlage **Fremdkapitalcharakter** hat.

Auch Zinsen für Lieferantenkredite kommen hier zur Verrechnung. Gleiches gilt für **Lieferantenskontoaufwendungen**, da sie Entgelt für die Zielgewährung des Lieferanten darstellen. Daran ändert auch nichts die Tatsache, dass Lieferantenskonti zeitbezogen extrem hoch sind (20–60% pa), weil dieser Zinssatz eine sehr hohe Risikoprämie für die Einbringlichkeit der Beträge enthält. (Zu dieser Frage siehe auch Abschnitt 6.121 Punkt 5 b.)

6.15 Ergebnis der gewöhnlichen Geschäftstätigkeit (Z 17)

Dieses ergibt sich aus der Summe des Betriebs- und Finanzerfolges und repräsentiert den **betriebswirtschaftlichen Erfolg** des Unternehmens. Es gelten die zum Betriebserfolg angestellten Überlegungen (siehe Abschnitt 6.13).

6.16 Außerordentliches Ergebnis (Z 18–20)

Die betriebswirtschaftliche Gliederung bedingt eine klare Abgrenzung des **ao Ergebnisses vom Ergebnis der gewöhnlichen Geschäftstätigkeit**. § 233 bestimmt, dass unter den Posten „Außerordentliche Erträge" und „Außerordentliche Aufwendungen" nur solche Erträge und Aufwendungen auszuweisen sind, die **außerhalb der gewöhnlichen Geschäftstätigkeit** anfallen. Sind solche Beträge wesentlich, so sind sie im Anhang einzeln zu erläutern.

Aperiodische Erträge und Aufwendungen zählen nicht zu den außerordentlichen Aufwendungen und Erträgen, es sei denn, dass sie außerhalb der gewöhnlichen Geschäftstätigkeit angefallen sind. Im Rahmen der gewöhnlichen Geschäftstätigkeit anfallende außerordentliche Aufwendungen (Schadensfälle) und Erträge werden im Bereich der betrieblichen Erträge und Aufwendungen erfasst.

Der außerordentliche Bereich ist damit eng begrenzt und erstreckt sich vor allem auf Auswirkungen der Änderung des going concern (zB Betriebsstillegungen) sowie auf sonstige Ereignisse, die mit der eigentlichen Unternehmenstätigkeit nicht unmittelbar verbunden sind (Erfolge aus umfangreichen Sale- und-lease-back-Geschäften bei Industrieunternehmen)."

Adler/Düring/Schmaltz (§ 277 Rz 80) nennen folgende Beispiele für **außerordentliche Aufwendungen und Erträge**:

- Außerplanmäßige Abschreibungen aus Anlass eines außergewöhnlichen Ereignisses (zB Enteignung, Zerstörung von Betrieben durch Katastrophen);
- außergewöhnliche Schadensfälle aufgrund betrügerischer Machenschaften, Unterschlagungen und dergleichen;
- Erträge oder Aufwendungen aufgrund des Ausgangs eines für das Unternehmen existentiellen Prozesses;
- Erträge aufgrund eines allgemeinen Forderungsverzichts der Gläubiger (Sanierungsgewinn);
- Entlassungsentschädigungen bei Massenentlassungen oder ähnlichen Aktionen (Sozialpläne);
- einmalige Zuschüsse der öffentlichen Hand zur Umstrukturierung von Branchen.

Nicht zu den ao Aufwendungen und Erträgen gehören alle mit der gewöhnlichen Geschäftstätigkeit zusammenhängenden, wenn auch in ungleichmäßiger Höhe anfallenden Aufwendungen und Erträge, wie:

- Forderungsausfälle,
- Materialschwund,
- Maschinenbruch,
- Kursdifferenzen,
- Gewährleistungsansprüche,
- periodenfremde Aufwendungen und Erträge.

Wie schon dargelegt, sind **periodenfremde Aufwendungen und Erträge**, falls sie nicht ihrer Ungewöhnlichkeit wegen dem ao Ergebnis zuzuweisen sind, unter den betrieblichen Aufwendungen bzw. Erträgen auszuweisen. Gem § 233 sind sie hinsichtlich des Betrages und ihrer Art im Anhang zu erläutern, soweit sie für die Beurteilung der Ertragslage nicht von untergeordneter Bedeutung sind.

Kosten der Gründung und Kapitalbeschaffung (Kapitalerhöhung) werden häufig unter den ao Aufwendungen ausgewiesen, da die Meinung vertreten wird, dass diese Aufwendungen nicht aus der gewöhnlichen Geschäftstätigkeit entstehen. Obwohl diese Auffassung nicht unumstritten ist, wird man davon ausgehen können, dass ein Ausweis unter den ao Aufwendungen jedenfalls dann zu erfolgen hat, wenn diese Kosten nicht unerheblich sind.

6.17 Steuern vom Einkommen und vom Ertrag (Z 17)

6.171 Allgemeines

Zu den Steuern vom Einkommen und Ertrag gehört bei Kapitalgesellschaften in der Regel nur die **Körperschaftsteuer**. Unter diesem Posten sind auch etwaige **nicht abzugsfähige Kapitalertragsteuern**, die beispielsweise bei Schachtelbegünstigungen über die Grenze vom Staat des Sitzes der Tochtergesellschaft eingehoben werden, zu erfassen.

Im Zusammenhang mit den Steuern vom Einkommen und vom Ertrag ist § 234 zu beachten:

> *Im Posten „Steuern vom Einkommen und vom Ertrag" sind die Beträge auszuweisen, die das Unternehmen als Steuerschuldner vom Einkommen und Ertrag zu entrichten hat. Dabei sind Erträge aus Steuergutschriften sowie aus der Auflösung von nicht bestimmungsgemäß verwendeten Rückstellungen gesondert auszuweisen, soweit sie für die Beurteilung der Ertragslage nicht von untergeordneter Bedeutung sind.*

Bei der Darstellung der Steuern vom Einkommen und vom Ertrag ist grundsätzlich zu beachten, dass hier nicht nur der Steuerbetrag des laufenden Jahres, sondern auch **Steuernachzahlungen** und **Steuergutschriften** aus früheren Jahren auszuweisen sind.

In gleicher Weise ist sowohl die **Bildung** als auch die **Auflösung** nicht bestimmungsgemäß verwendeter **Ertragsteuerrückstellungen** unter diesem Posten auszuweisen.

Wie oben angeführt, sieht § 234 erster Satz, vor, dass im Posten „Steuern vom Einkommen und vom Ertrag" die Beträge auszuweisen sind, **die das Unternehmen als Steuerschuldner** vom Einkommen und vom Ertrag **zu entrichten hat**. Diese Bestimmung würde den Ausweis der Bildung und Auflösung von Steuerabgrenzungsposten in diesem Posten ausschließen. Es ist jedoch anzunehmen, dass vom Gesetzgeber eine Anpassung des Gesetzestextes im Zusammenhang mit der Einführung der Steuerabgrenzung im Einzelabschluss übersehen wurde, weswegen auch **Steuerbeträge aus der Anwendung des § 198 Abs 9 und 10** unter den Steuern vom Einkommen und vom Ertrag auszuweisen sind; dies entspricht nach Ansicht der Verfasser auch einer richtlinienkonformen Auslegung, da nach der Bilanzrichtlinie eine solche Einschränkung des Inhaltes der Steuern vom Ergebnis nicht vorgenommen wurde.

Die Bilanzrichtlinie sieht grundsätzlich in Art 23–26 einen getrennten Ausweis der „Steuern auf das Ergebnis der normalen Geschäftstätigkeit" und der „Steuern auf das außerordentliche Ergebnis" vor. Nach Art 23 (G&V-Gliederung in Staffelform nach dem Gesamtkostenverfahren) ergibt sich danach bei der Darstellung folgendes Bild:

…	……
…	
14.	**Steuern auf das Ergebnis der normalen Geschäftstätigkeit**
15.	Ergebnis der normalen Geschäftstätigkeit nach Abzug der Steuern
16.	Außerordentliche Erträge
17.	Außerordentliche Aufwendungen
18.	Außerordentliches Ergebnis
19.	**Steuern auf das außerordentliche Ergebnis**
…	……
…	
21.	Ergebnis des Geschäftsjahres

Art 30 gestattet jedoch den Mitgliedstaaten zuzulassen, dass die Steuern vom Ergebnis zu einem einzigen Posten zusammengefasst werden und ordnet für diesen Fall Folgendes an:

„Wird diese Ausnahmeregelung angewandt, so müssen die Gesellschaften im Anhang angeben, in welchem Umfang die Steuern auf das Ergebnis das Ergebnis der normalen Geschäftstätigkeit und das außerordentliche Ergebnis belasten.“

Die Bilanzrichtlinie enthält jedoch keine Vorschriften darüber, wie zum Beispiel vorzugehen ist, wenn ein Ergebnisbereich positiv, der andere jedoch negativ ist und wie die Auswirkung von Verlustvorträgen auf den Steueraufwand darzustellen ist.

Da in der G&V-Gliederung der Bilanzrichtlinie eine **betragsmäßige Zuordnung zu den Ergebnisbereichen** vorgesehen ist, wird man bei einer richtlinienkonformen Auslegung davon auszugehen haben, dass auch die Angabe im Anhang die entsprechenden Beträge enthalten muss (vgl hierzu [zweifelnd] *Küting/Weber*[4] §§ 284–288 Rz 223 und die dort angegebene Literatur).

Der österreichische Gesetzgeber hat von der Ausnahmeregelung des Art 30 Bilanzrichtlinie Gebrauch gemacht und schreibt in § 237 Z 6 zum Posten „Steuern vom Einkommen und vom Ertrag“ eine Reihe von Anhangangaben vor.

6.172 Die Angaben im Anhang

§ 237 Z 6: Im Anhang sind anzugeben

> a) *„die Auswirkung der Veränderung der unversteuerten Rücklagen auf den Posten ‚Steuern vom* **Einkommen und vom Ertrag***' des Geschäftsjahres,*
> b) *in welchem Umfang die Steuern vom Einkommen und vom Ertrag das Ergebnis der gewöhnlichen Geschäftstätigkeit und das außerordentliche Ergebnis belasten,*
> c) *der gem § 198 Abs 10 aktivierbare Betrag, wenn er in der Bilanz nicht gesondert ausgewiesen wird."*

zu § 237 Z 6a

Aufgrund des engen Zusammenhanges mit der Bestimmung des § 237 Z 6b erscheint auch hier eine betragsmäßige Angabe erforderlich. Die **Steuerwirkung der Veränderung der unversteuerten Rücklagen** leitet sich vom Unterschiedsbetrag zwischen der steuerwirksamen Zuweisung und der steuerwirksamen Auflösung von unversteuerten Rücklagen ab.

Wenn insgesamt ein positives steuerliches Gesamtergebnis entstanden ist, ergibt sich die Auswirkung aus der Anwendung des Körperschaftsteuersatzes auf den Unterschiedsbetrag. Wenn aber der Abzug des Unterschiedsbetrages (höhere Zuweisungen als Auflösungen) vom Jahresüberschuss zu einem negativen steuerlichen Gesamtergebnis führt, daher kein Ertragsteueraufwand anfällt, ist die steuerliche Auswirkung der Steuerbetrag, der bei Anwendung des Körperschaftsteuersatzes auf das steuerliche Ergebnis (vor Abzug des negativen Unterschiedsbetrages) entfallen würde.

Wenn umgekehrt aus einem (auch steuerlichen) Fehlbetrag (vor Abzug der Steuern vom Einkommen und Ertrag) durch steuerpflichtige Auflösungen von unversteuerten Rücklagen ein positives steuerliches Gesamtergebnis entsteht, ist die Auswirkung der Veränderung der unversteuerten Rücklagen der gesamte ausgewiesene Steuerbetrag.

zu § 237 Z 6b

Wenn kein außerordentliches Ergebnis in der Gewinn- und Verlustrechnung aufscheint, erübrigt sich die Angabe zu 6b.

Wenn in der Gewinn- und Verlustrechnung dagegen ein außerordentliches Ergebnis ausgewiesen wird, ergeben sich folgende Möglichkeiten:

a) Geht man zunächst vom Fall eines (steuerlich) positiven Ergebnisses der gewöhnlichen Geschäftstätigkeit und eines (steuerlichen) positiven außerordentlichen Ergebnisses und der Annahme aus, dass ein positives Gesamtergebnis auch nach Zuweisung von Beträgen zu den unversteuerten Rücklagen verbleibt, ergibt sich für die Berechnung folgendes Schema (unter Vernachlässigung von Erträgen aus Steuergutschriften sowie aus der Auflösung einer nicht bestimmungsgemäß verwendeten Steuerrückstellung):

	Ertragsteuern vom Ergebnis der gewöhnlichen Geschäftstätigkeit
+	Ertragsteuern vom außerordentlichen Ergebnis
±	Auswirkung der Veränderung der unversteuerten Rücklagen
=	Steuern vom Einkommen und Ertrag lt Gewinn- und Verlustrechnung

b) Bei einem sich aufgrund einer Zuweisung zu unversteuerten Rücklagen ergebenden negativen steuerlichen Ergebnis ist die Auswirkung der Veränderung der unversteuerten Rücklagen höchstens in Höhe der durch die Veränderung entfallenden Steuerbelastung anzusetzen.

Beispiel:

Ergebnis der gewöhnlichen Geschäftstätigkeit	*1.000*
ao Ergebnis	*1.000*
Jahresüberschuss	*2.000*
Zuweisung zu unversteuerten Rücklagen	*– 3.000*
Gewinnvortrag	*500*
Bilanzverlust	*– 500*

Ohne Dotierung der unversteuerten Rücklagen würde der gesamte Steuerbetrag 25% von 2.000, das sind 500, betragen. Als Auswirkung der Veränderung der unversteuerten Rücklagen auf den Posten „Steuern vom Einkommen und vom Ertrag" sind damit 500 anzugeben.

c) Ein Ergebnisbereich ist positiv, der andere negativ, insgesamt ergibt sich ein positives (steuerliches) Gesamtergebnis (vor Berücksichtigung unversteuerter Rücklagen).
Die logische Lösung besteht darin, dass für den positiven Bereich die darauf entfallende fiktive Steuerbelastung berechnet wird und davon die fiktive Steuerentlastung aus dem negativen Bereich abgezogen wird, wobei zusätzlich noch die Auswirkung der unversteuerten Rücklagen zwecks Überleitung auf den ausgewiesenen Steueraufwand zu beachten ist. ADS vertreten in diesem Zusammenhang (§ 285 Rz 139) allerdings die Auffassung, dass eine betragsmäßige Gutschrift der Steuerentlastung durch den Verlustbereich nicht erforderlich ist, sodass der (gekürzte) Steueraufwand dem positiven Bereich zuzuordnen ist.

Beispiel:

Ergebnis der gewöhnlichen Geschäftstätigkeit	*– 1.000*
ao Ergebnis	*1.500*
Jahresüberschuss	*500*
Zuweisung zu unversteuerten Rücklagen	*– 1.000*
Gewinnvortrag	*0*
Bilanzverlust	*– 500*

Lösung a):

Steuern vom Einkommen und Ertrag vom ao Ergebnis	*375*
abzüglich Steuerentlastung vom Ergebnis der gewöhnlichen Geschäftstätigkeit	*– 250*
	125
abzüglich Auswirkung der Zuführung zu unversteuerten Rücklagen	*– 125*
Steuern vom Einkommen und vom Ertrag	*0*

Lösung b) (ADS):

Steuern vom Einkommen und Ertrag vom ao Ergebnis	*125*
abzüglich Auswirkung der Dotierung unversteuerter Rücklagen	*– 125*
Steuern vom Einkommen und vom Ertrag	*0*

Eine weitere Frage ergibt sich aus der **Behandlung steuerlicher Verlustvorträge**:

Wenn der **steuerliche Verlustvortrag** niedriger als das positive steuerliche Jahresergebnis ist, ist vorerst die fiktive Steuerbelastung der Ergebnisbereiche zu ermitteln und davon die steuerliche Entlastung aus dem Verlustvortrag abzuziehen. Wenn der Verlustvortrag höher ist als das positive steuerliche Jahresergebnis, so wird durch die steuerliche Wirkung des Verlustvortrages die fiktive Steuerbelastung der Ergebnisbereiche kompensiert.

Eine **Zurechnung des Verlustvortrages** an die Ergebnisbereiche, aus denen er in den Vorjahren entstanden ist, erscheint weder erforderlich noch zweckmäßig. In ADS (§ 285 Rz 141) wird dagegen folgende Auffassung vertreten:

„Ergibt sich jedoch, daß und in welchem Verhältnis der Verlustvortrag den Ergebnisbereichen zuzuordnen ist (zum Beispiel wegen Verluste aus Werkstillegung), so wird der Verlustvortrag bei dem Ergebnisteil berücksichtigt, bei dem er entstanden war.“

Zusammenfassend ergibt sich aus den Anhangsbestimmungen gem § 237 Z 6a und b folgende **Kontrollrechnung**:

± Ertragsteuern vom Ergebnis der gewöhnlichen Geschäftstätigkeit
± Ertragsteuern vom außerordentlichen Ergebnis
± Auswirkung der Veränderung der unversteuerten Rücklagen
± Steuergutschriften, Rückstellungsauflösung aus Vorjahren
– Steuerabzug aus Verlustvortrag

Steuern vom Einkommen und vom Ertrag lt Gewinn- und Verlustrechnung

6.173 Gruppenbesteuerung

Durch die **Gruppenbesteuerung** wird die **Körperschaftsteuer** einer gesamten Unternehmensgruppe auf Ebene des Gruppenträgers festgestellt und dem Gruppenträger vorgeschrieben. In weiterer Folge kommt es zu einem Steuerausgleich mit den beteiligten Körperschaften.

Die verrechneten Salden sind in der Gewinn- und Verlustrechnung im Posten „Steuern vom Einkommen und Ertrag" zu erfassen.

Der Posten „Steuern vom Einkommen und vom Ertrag" ist entweder in der Gewinn- und Verlustrechnung in einer Vorspalte oder im Anhang aufzugliedern. Der Gruppenträger hat einerseits den gesamten Körperschaftsteueraufwand und andererseits den Saldo aus positiven und negativen Steuerumlagen auszuweisen. Wenn beim Gruppenmitglied im Posten „Steuern vom Einkommen und Ertrag keine anderen Komponenten (zB latente Steuern) enthalten sind, ist die Bezeichnung dieses Postens mit dem Zusatz („aus Steuerumlage") zu ergänzen (vgl dazu Fachsenat für Unternehmensrecht und Revision, Stellungnahme KFS/RL22 vom März 2008, Pkt 5.1.d).

6.18 Jahresüberschuss/Jahresfehlbetrag (Z 22).

Dieser ergibt sich aus den Komponenten

± Betriebserfolg
± Finanzerfolg

± **Ergebnis der gewöhnlichen Geschäftstätigkeit**
± ao Ergebnis

Unternehmenserfolg vor Steuern
– Steuern vom Einkommen und vom Ertrag

Jahresüberschuss/Jahresfehlbetrag

Da die Bildung und Auflösung versteuerter und unversteuerter Rücklagen erst nach dem Jahresüberschuss bzw -fehlbetrag erfolgt, ist das Ergebnis dadurch nicht verzerrt. Zu beachten ist allerdings, dass Steuerersparnisse aus der Dotierung unversteuerter Rücklagen ihren Niederschlag in den Steuern vom Einkommen und vom Ertrag finden und insoweit den Jahresüberschuss bzw -fehlbetrag beeinflussen. Siehe hierzu die Ausführungen zu den Steuern vom Einkommen und Ertrag (Abschnitt 6.17).

6.2 Rücklagenbewegung, Gewinnvortrag und Bilanzgewinn (Z 23–29)

Dieser Teil der Gewinn- und Verlustrechnung dient nicht der Gewinnermittlung, sondern ist ein Teil der Gewinnverwendung.

6.21 Bildung und Auflösung von Rücklagen (Z 23–27)

23. Auflösung unversteuerter Rücklagen;
24. Auflösung von Kapitalrücklagen;
25. Auflösung von Gewinnrücklagen;
26. Zuweisung zu unversteuerten Rücklagen;
27. Zuweisung zu Gewinnrücklagen. Die Auflösungen und Zuweisungen gemäß Z 23–27 sind entsprechend den in der Bilanz ausgewiesenen Unterposten aufzugliedern;

Da die Auflösung der und die Zuweisung zu den versteuerten und unversteuerten Rücklagen Maßnahmen der Gewinnverwendung und nicht Gewinnentstehung darstellen, wurden sie aus dem Bereich der Ergebnisbildung herausgenommen.

Gem Z 27, zweiter Satz, sind sowohl Zuweisungen zu den Rücklagen als auch deren Auflösung entsprechend den in der Bilanz ausgewiesenen Unterposten aufzugliedern. Diese Bestimmung bedeutet, dass gem den Zahlen 23–27 folgende Aufgliederungen vorzunehmen sind:

Z 23 **Auflösung unversteuerter Rücklagen**: Bewertungsreserve auf Grund von Sonderabschreibungen, sonstige unversteuerte Rücklagen;

Z 24 **Auflösung von Kapitalrücklagen**: gebundene, nicht gebundene Rücklagen;

Z 25 **Auflösung von Gewinnrücklagen**: gesetzliche, satzungsmäßige, andere (freie) Rücklagen, Rücklagen für eigene Anteile und Anteile an herrschenden und mit Mehrheit beteiligten Unternehmen;

Z 26 **Zuweisung zu unversteuerten Rücklagen**: Bewertungsreserve auf Grund von Sonderabschreibungen, sonstige unversteuerte Rücklagen;

Z 27 **Zuweisung zu Gewinnrücklagen**: gesetzliche, satzungsmäßige, andere (freie) Rücklagen, Rücklagen für eigene Anteile und Anteile an herrschenden und mit Mehrheit beteiligten Unternehmen.

Soweit eine Aufgliederung der Rücklagenbewegung nicht bereits in einem anderen Zusammenhang gefordert und für diesen Fall in der Gewinn- und Verlustrechnung unterbleiben kann (§ 232 Abs 4), kann die geforderte Aufgliederung im Sinne von § 223 Abs 6 im Anhang statt in der G&V-Rechnung erfolgen.

6.211 Unversteuerte Rücklagen (Z 23 und 26)

Die Bildung der unversteuerten Rücklagen erfolgt über den Posten 26 der Gewinn- und Verlustrechnung, die Auflösung erfolgt über den Posten 23.

Die im Posten 27 geforderte Aufgliederung entsprechend den in der Bilanz ausgewiesenen Unterposten wird für die unversteuerten Rücklagen üblicherweise in der G&V-Rechnung unterlassen, da diese Aufgliederung gem § 232 Abs 4 ohnehin in der Regel im Anhang erfolgt. Diese Vorgangsweise entspricht allerdings nicht dem Gesetz, da Z 27 einerseits eine zwingende Vorschrift darstellt und § 232 Abs 4 an sich nur die Angabe der steuerlichen Rechtsgrundlage fordert.

Folgende Bestimmungen regeln die **Bildung und Auflösung** sowie den **Ausweis der unversteuerten Rücklagen** im Jahresabschluss:

§ 205		***Unversteuerte Rücklagen***
	Abs 1	*Sonderabschreibungen von Vermögensgegenständen des Anlagevermögens, die auf Grund steuerlicher Vorschriften vorgenommen worden sind (Bewertungsreserve), und sonstige unversteuerte Rücklagen sind unter Angabe der Vorschriften, nach denen sie gebildet sind, auf der Passivseite aus zuweisen. Bei Vollabschreibung geringwertiger Vermögensgegenstände des Anlagevermögens ist nur dann entsprechend diesen Bestimmungen eine Rücklage zu bilden, wenn die Abschreibung betragsmäßig von wesentlichem Umfang ist.*
	Abs 2	*Die Bewertungsreserve ist insoweit aufzulösen, als die Vermögensgegenstände, für die sie gebildet wurde, aus dem Vermögen ausscheiden oder die steuerliche Wertminderung durch unternehmensrechtliche Abschreibungen zu ersetzen ist.*
§ 230		***Ausweis unversteuerter Rücklagen***
	Abs 1	*Die Bewertungsreserve auf Grund steuerlicher Sonderabschreibungen ist entsprechend den Posten des Anlagevermögens aufzugliedern.*
	Abs 2	*In der Bilanz oder im Anhang sind die Zuweisung und die Auflösung gesondert anzuführen.*
§ 232		***Rechtsgrundlagen der Zuführung und Auflösung, Umgliederungen***
	Abs 4	*In der Gewinn- und Verlustrechnung oder im Anhang sind die gem § 205 Abs 1 notwendigen Zuführungen zu unversteuerten Rücklagen sowie die Erträge aus deren Auflösung unter Hinweis auf die maßgebliche steuerliche Rechtsgrundlage gesondert anzuführen. Umgliederungen innerhalb der unversteuerten Rücklagen dürfen verrechnet werden.*

§ 237	*Z 6a*	***Auswirkung der Veränderung auf die Ertragsteuern*** *Im Anhang ist die Auswirkung der Veränderung der unversteuerten Rücklagen auf den Posten „Steuern vom Einkommen und vom Ertrag" des Geschäftsjahres anzugeben.*

Aus den dargestellten gesetzlichen Bestimmungen ergeben sich folgende Vorgangsweisen:

1. Die Bewertungsreserve und die sonstigen unversteuerten Rücklagen sind in der Bilanz nach den Vorschriften, nach denen sie gebildet sind, auszuweisen. (Bezüglich der Auslegung dieser Bestimmung siehe Abschnitt 5.211)
2. Die Bewertungsreserve ist entsprechend den Posten des Anlagevermögens in der Bilanz aufzugliedern.
3. Die für die Bewertungsreserve vorgeschriebene Darstellung der Entwicklung nach Anfangsbestand, Zuweisung, Auflösung und Endbestand (Rücklagenspiegel) sollte freiwillig im Anhang auch für die sonstigen unversteuerten Rücklagen erfolgen, da hiermit gleichzeitig die Forderung des § 232 Abs 4 erfüllt wird.
4. Die Zuweisung der unversteuerten Rücklagen erfolgt unter dem Posten 26 der Gewinn- und Verlustrechnung (§ 231 Abs 2). Die gemäß Z 27 geforderte Aufgliederung nach den in der Bilanz ausgewiesenen Unterposten wird bezüglich der unversteuerten Rücklagen in der Praxis häufig in den Anhang (Spiegel der unversteuerten Rücklagen) verlegt.
5. Die Auflösung der unversteuerten Rücklagen, gleichgültig, ob steuerpflichtig oder nicht, erfolgt über den Posten 23 der Gewinn- und Verlustrechnung, auch dann, wenn eine unversteuerte Rücklage in eine versteuerte Rücklage überführt wird.
6. Eine Umgliederung von einer unversteuerten Rücklage zu einer anderen **kann** direkt ohne Zwischenschaltung der Gewinn- und Verlustrechnung erfolgen. Derzeit sind von dieser Regelung folgende Vorgänge betroffen:
   Überrechnung der Übertragungsrücklage gem § 12 Abs 7 EStG auf die Bewertungsreserve gem § 12 Abs 1 EStG im Falle natürlicher Personen
7. Im Anhang ist die Auswirkung der Veränderung der unversteuerten Rücklagen auf die Steuern vom Einkommen und vom Ertrag anzugeben.

6.212 Gewinnrücklagen (Z 25 und 27)

6.212.1 Allgemeines

Die Zuweisung zu Gewinnrücklagen und damit auch zur gesetzlichen Rücklage erfolgt im Posten 27 (bei Anwendung des Umsatzkostenverfahrens im Posten 26).

Als Gewinnrücklagen dürfen nur Beträge ausgewiesen werden, die im Geschäftsjahr oder in einem früheren Geschäftsjahr aus dem Jahresüberschuss nach Berücksichtigung der Veränderung unversteuerter Rücklagen gebildet worden sind.

Beispiel:

Der Jahresüberschuss beträgt 50.000; unversteuerte Rücklagen werden a) in Höhe von 90.000 und b) in Höhe von 45.000 gebildet. Der Gewinnvortrag aus dem Vorjahr ist null.

In welcher Höhe kann eine Gewinnrücklage gebildet werden?

	a	*b*
Jahresüberschuss	*50.000*	*50.000*
Zuweisung zu unversteuerten Rücklagen	*(90.000)*	*(45.000)*
Zuweisung zur Gewinnrücklage	*(0)*	*(5.000)*
Bilanzgewinn/-verlust	*(40.000)*	*(0)*

6.212.2 Gesetzliche Rücklage

Gem § 229 Abs 6 ist in die gesetzliche Rücklage ein Betrag einzustellen, **der mindestens dem zwanzigsten Teil des um einen Verlustvortrag geminderten Jahresüberschusses nach Berücksichtigung der Veränderungen unversteuerter Rücklagen entspricht**, bis der Betrag der gebundenen Rücklagen insgesamt den zehnten oder den in der Satzung bestimmten höheren Teil des Nennkapitals erreicht hat.

Diese Bestimmung gilt für alle Aktiengesellschaften und für große, nicht aber für mittelgroße und kleine GmbHs.

Beispiel (in € 1.000):

Grundkapital 1. 1.	*10.000*
Gebundene Kapitalrücklagen 1. 1.	*800*
Gesetzliche Rücklage 1. 1.	*100*
Jahresüberschuss 1. 1.–31. 12.	*2.700*
Auflösung unversteuerter Rücklagen	*300*
Dotierung unversteuerter Rücklagen	*600*
Verlustvortrag 1. 1.	*300*

Welcher Betrag ist der gesetzlichen Rücklage zuzuführen?

Jahresüberschuss		*2.700*
Auflösung unversteuerter Rücklagen		*300*
Zuweisung zu unversteuerten Rücklagen	–	*600*
Zuweisung zur gesetzlichen Rücklage (laut nachfolgender Berechnung)	–	***100***
Verlustvortrag	–	*300*
Bilanzgewinn		*2.000*

Berechnung der gesetzlichen Rücklage

Jahresüberschuss	*2.700*
Veränderung der unversteuerten Rücklagen	*– 300*
Verlustvortrag	*– 300*
Bemessungsgrundlage für die gesetzliche Rücklage	*2.100*
Zuführung	***100***

Da zur Aufstockung der gebundenen Rücklagen (Stand 1.1.) auf 10% des Grundkapitals von 10.000 nur mehr ein Betrag von 100 erforderlich ist, braucht nicht mehr der volle Satz von 5% der Bemessungsgrundlage von 2.100 (= 105) zugeführt werden.

*Zu beachten ist, dass die Bildung von **Kapitalrücklagen** definitionsgemäß nicht über die Gewinn- und Verlustrechnung erfolgen kann. **Zuzahlungen von Gesellschaftern** sind daher stets direkt durch die Buchung: Zahlungskonto an Kapitalrücklage zu erfassen.*

6.212.3 Andere (freie) Rücklagen und satzungsmäßige Rücklagen

Auf Grund des Aktiengesetzes steht es dem Vorstand einer AG (nicht aber dem Geschäftsführer einer GmbH), soweit dem nicht satzungsmäßige Bestimmungen entgegenstehen, frei, den gesamten oder einen Teil des positiven Differenzbetrages aus dem

Jahresüberschuss/-fehlbetrag
± Auflösung (Dotierung) unversteuerter Rücklagen
– Dotierung der gesetzlichen Rücklage
\+ Gewinnvortrag
– Verlustvortrag

verbleibender Differenzbetrag

einer (freien) Gewinnrücklage zuzuführen. Das Ergebnis ist der Bilanzgewinn/Bilanzverlust:

verbleibender Differenzbetrag
+/– **Auflösung (Dotierung von sonstigen Gewinnrücklagen)**

Bilanzgewinn/Bilanzverlust

Die Auflösung und Dotierung und Auflösung freier Rücklagen kann in der Regel bei der AG nur durch den Vorstand erfolgen.

Die **Dotierung** erfolgt durch den Buchungssatz: **„Dotierung von Gewinnrücklagen (Z 26) an Gewinnrücklagen“, die Auflösung durch den Buchungssatz: „freie Gewinnrücklagen an Auflösung von Gewinnrücklagen (Z 24)“**. Z 24 und Z 27 befinden sich im Gewinnverwendungsbereich der Gewinn- und Verlustrechnung. Damit erfolgt eine automatische Erhöhung oder Minderung des Bilanzgewinnes.

Die Hauptversammlung beschließt auf Grund des Vorschlages des Vorstandes lediglich über die Gewinnverteilung. Sie kann jedoch den Bilanzgewinn ganz oder teilweise von der Verteilung ausschließen, soweit sie auf Grund der Satzung hierzu ermächtigt ist. Weist die Hauptversammlung Teile des Bilanzgewinnes einer (freien) Gewinnrücklage zu, erfolgt die Zuführung unmittelbar durch die Buchung: **„Bilanzgewinn an Gewinnrücklage"**.

Billigt der Aufsichtsrat den vom Vorstand erstellten Jahresabschluss nicht oder einigen sich Vorstand und Aufsichtsrat auf eine Feststellung durch die Hauptversammlung, kann auch die Dotierung und Auflösung freier Rücklagen durch die Hauptversammlung erfolgen.

In der GmbH wird der Jahresabschluss grundsätzlich durch die Generalversammlung geprüft und festgestellt (§ 35 Abs 1 Z 1 GmbHG) und über die Verteilung des Bilanzgewinnes beschlossen, falls dieser einer besonderen Beschlussfassung von Jahr zu Jahr vorbehalten ist.

Obwohl die Veröffentlichung des GmbH-Jahresabschlusses erst nach der Feststellung durch die Generalversammlung erfolgt, ist die beschlossene Gewinnausschüttung des festgestellten Jahresabschlusses noch im Bilanzgewinn enthalten. Der Gewinnausschüttungsbeschluss ist allerdings im Anhang anzugeben. Allerdings ist der auszuschüttende Gewinn unmittelbar nach Veröffentlichung durch die Buchung Bilanzgewinn an Verbindlichkeiten gegenüber Gesellschafter vom Bilanzgewinn abzubuchen.

Hinsichtlich der Bildung und Auflösung **satzungsmäßiger Rücklagen**, die über die Posten 25 und 27 erfolgt, gelten die Bestimmungen des Gesellschaftsvertrages.

6.22 Gewinnvortrag/Verlustvortrag aus dem Vorjahr

Der Gewinnvortrag/Verlustvortrag aus dem Vorjahr ergibt sich aus folgender Rechnung:

Bilanzgewinn/Bilanzverlust des Vorjahresabschlusses
abzüglich Gewinnausschüttung

Gewinnvortrag/Verlustvortrag aus dem Vorjahr

Beispiel:

Der vom Aufsichtsrat gebilligte und damit festgestellte Jahresabschluss des ***Geschäftsjahres 2012*** *hat, soweit es die Gewinnverwendung betrifft, folgendes Bild:*

Jahresüberschuss	*2.000*
Dotierung der freien Gewinnrücklage	*500*
Gewinnvortrag aus dem Vorjahr	*400*
Bilanzgewinn	*1.900*

Über Vorschlag des Vorstandes beschließt die Hauptversammlung, im Mai 2013 1.000 auszuschütten.

Welches Bild zeigt die Gewinnverwendung nach Erstellung und Billigung des ***Jahresabschlusses 2013****, wenn der Jahresüberschuss 2200 beträgt, der Vorstand 700 der freien Gewinnrücklage zugewiesen hat und der Hauptversammlung eine Gewinnausschüttung von 1100 vorschlägt?*

Bilanzgewinn des Vorjahres	*1.900*
abzüglich Gewinnausschüttung	*– 1.000*
Gewinnvortrag	*900*
zuzüglich Jahresüberschuss 2013	*2.200*
abzüglich Dotierung der freien Rücklage	*– 700*
Bilanzgewinn	*2.400*

Die Gewinnausschüttung aus dem Bilanzgewinn 2012 in Höhe von 1.100 wird nach dem Gewinnverteilungsbeschluss der Hauptversammlung direkt vom Bilanzgewinn abgebucht.

Buchung: ***„Bilanzgewinn an Verbindlichkeiten gegenüber Aktionären“***

6.23 Bilanzgewinn (Z 29)

Der Bilanzgewinn ist jener Teil des laufenden Jahresüberschusses bzw des Gewinnes aus Vorperioden, über dessen Verwendung die Haupt- (bzw General-) versammlung noch nicht entschieden hat. Er hat den Charakter einer Gewinnrücklage und kann in der Regel jederzeit ausgeschüttet werden. Soll mehr ausgeschüttet werden, müssen in der AG vorhandene freie Gewinnrücklagen oder nicht gebundene Kapitalrücklagen in entsprechender Höhe aufgelöst und dadurch der Bilanzgewinn vermehrt werden.

6.24 Vertragliche Gewinnüberrechnung gem § 232 Abs 3

> *Ist die Gesellschaft vertraglich verpflichtet, ihren Gewinn oder Verlust ganz oder teilweise an andere Personen zu überrechnen, so ist der überrechnete Betrag unter entsprechender Bezeichnung vor dem Posten § 231 Abs 2 Z 28 oder § 231 Abs 3 Z 27 (Bilanzgewinn/Bilanzverlust) auszuweisen.*

Auszuweisen sind Gewinne oder Verluste, die auf Grund vertraglicher Verpflichtungen an andere Personen zu überrechnen sind.

Hier sind nach Meinung der Verfasser nicht nur Gewinnanteile aus Gewinnabführungsverträgen, sondern auch Gewinnanteile stiller Gesellschafter auszuweisen (siehe ADS[5] § 277 Rz 58; Beck'scher Bilanzkommentar[5] § 277 Rz 10); Letztere allerdings nur, wenn sie Eigenkapitalcharakter haben.

Auch bezüglich der Gewinn- und Verlustanteile, die auf das Genussrechtskapital mit Eigenkapitalcharakter entfallen, vertreten die Autoren dieser Arbeit die Ansicht, dass der Ausweis derselben hier zu erfolgen hat.

Nicht im Gewinnverwendungsbereich (§ 231 Abs 2 Z 29), sondem unter dem Posten 15, Zinsen und ähnliche Aufwendungen, sind Gewinnanteile aus stillen Gesellschaftsverträgen und Genussrechtskapital auszuweisen, bei denen der Gewinnanteil den Charakter variabler Zinsen hat (zB 10% vom Gewinn, mindestens aber 5% und höchstens 15% des hingegebenen Betrages).

Dieser Ausweis gilt grundsätzlich für alle Vergütungen, die für Genussrechtskapital ohne Eigenkapitalcharakter geleistet werden.

6.3 Ausschüttungssperren

Bei der Feststellung einer möglichen Ausschüttung des Bilanzgewinnes unter Berücksichtigung vorhandener Rücklagen ist auf die Ausschüttungssperren des § 235 und sonstige Ausschüttungssperren zu achten.

6.31 Ausschüttungssperren gem § 235 UGB

§ 235 bestimmt:

Der ausschüttbare Gewinn eines Geschäftsjahres darf nicht vermehrt werden:

1. *um einen Zuschreibungsbetrag auf Grund einer im Geschäftsjahr vorgenommenen Zuschreibung gemäß § 208 Abs. 1 in Verbindung mit § 204 Abs. 2,*
2. *um Erträge auf Grund einer im Geschäftsjahr vorgenommenen Auflösung der Bewertungsreserve aus anderen als den in § 205 Abs. 2 genannten Gründen,*
3. *um Erträge auf Grund der Auflösung von Kapitalrücklagen, die durch Umgründungen unter Ansatz des beizulegenden Wertes gemäß § 202 Abs. 2 Z 1 in Höhe des Unterschiedsbetrags zwischen dem Buchwert und dem höheren beizulegenden Wert entstanden sind.*

Die Ausschüttungssperre gem § 235 Z 3 wurde erst mit dem **Abänderungsantrag zur Regierungsvorlage zum EU-GesRÄG 1996** in das Gesetz aufgenommen und unter anderem folgendermaßen begründet: „Da für die Eigenschaft einer Kapitalrückzahlung das Eigenkapital laut dem jeweiligen Jahresabschluß maßgebend ist (Nennkapital und Kapitalrücklagen), besteht eine Gestaltungsmöglichkeit dahingehend, bei jeder Umgründung das übernommene Vermögen unternehmensrechtlich neu zu bewerten, ohne daß dies steuerliche Auswirkungen hat, und dadurch die Kapitalrücklage entsprechend zu erhöhen."

Z 3 stellt nicht darauf ab, dass es sich um Erträge aufgrund der **im Geschäftsjahr** vorgenommenen Auflösung von Kapitalrücklagen handelt, sondern lässt den Zeitraum der Auflösung der Kapitalrücklagen offen. Es liegt daher die Auslegung nahe, dass diese Ausschüttungssperre auch gilt, wenn in einem früheren Jahr eine derartige Kapitalrücklage aufgelöst wurde, die in Gewinnvorträgen der Folgejahre noch enthalten ist. Allerdings widerspricht dem der Einleitungssatz des § 235: „Der ausschüttbare Gewinn **eines Geschäftsjahres** darf nicht vermehrt werden." Die zuerst gezogene Schlussfolgerung kann jedoch aus der Begründung abgeleitet werden, wenn diese sich allerdings auch nicht durch besondere Klarheit auszeichnet.

Auch der Verweis in Z 3, dass es sich um die Auflösung von Kapitalrücklagen handelt, die durch Umgründungen unter Ansatz des beizulegenden Wertes gem § 202 Abs 2 Z 1 entstanden sind, erscheint nicht verständlich, da der Ansatz des beizulegenden Wertes für Einlagen in § 202 Abs 1 geregelt ist und nicht in § 202 Abs 2 Z 1; die letztere Vorschrift bezieht sich im Gegenteil auf die Weiterführung der Buchwerte aus dem letzten Jahresabschluss.

Allerdings können in diesem Fall Kapitalrücklagen nach § 202 Abs 2 Z 2 entstehen, wenn nämlich der Gesamtbetrag der Gegenleistung die fortgeführten Werte übersteigt und es dadurch zum Ausweis eines Umgründungsmehrwertes bzw darüber hinaus eines Firmenwertes kommt.

Trotz des unklaren Gesetzestextes ist § 235 Z 3 nach Meinung der Verfasser letztlich so auszulegen, dass die **Ausschüttungssperre** nicht nur für das Jahr der Rücklagenauflösung, sondern auch für die aus der Auflösung in früheren Jahren resultierenden Gewinnvorträge gilt.

In Artikel XVII Abs 3 Z 2 EU-GesRÄG ist folgende **Übergangsbestimmung** enthalten:

„§ 235 Z 3 HGB (numehr UGB) in der Fassung dieses Bundesgesetzes ist auf die Auflösung von Rücklagen anzuwenden, die für ein Geschäftsjahr vorgenommen wird, welches nach dem 30. Juni 1996 beginnt. Von der Anwendbarkeit des § 235 Z 3 HGB in der Fassung dieses Bundesgesetzes ausgenommen sind Kapitalrücklagen aus Umgründungen, die in Geschäftsjahren gebildet worden sind, die vor dem 1. Jänner 1992 geendet haben."

Zu dieser Frage ist eine Entscheidung des OGH (11.9.2003, 6 Ob 103/03w) ergangen, worin der Leitsatz aufgestellt wird, dass für den Fall der Sachgründung einer GmbH durch Einbringung eines Einzelunternehmens als Sacheinlage die bei Buchwertfortführung entstehende Kapitalrücklage von der Norm des § 235 Z 3 UGB erfasst wird und damit einer Ausschüttungssperre unterliegt. Weiters zieht der OGH die Schlussfolgerung, dass unter Vernachlässigung des irrigen Gesetzesverweises auf § 202 Abs 2 Z 1 UGB der Gesetzeswortlaut des § 235

Z 3 UGB doch so weit verständlich ist, dass alle im Zuge von Umgründungen hervorgerufenen Rücklagen unter die Ausschüttungssperre fallen (siehe dazu *Michaeler C.*, RWZ 2004, 193 ff).

6.32 Sonstige Ausschüttungssperren

Eigene Anteile und Anteile an herrschenden oder mit Mehrheit beteiligten Unternehmen sind durch Umwidmung frei verfügbarer Kapital- und Gewinnrücklagen, soweit diese einen Verlustvortrag übersteigen, zu decken (§ 225 Abs 5), womit de facto eine Ausschüttungssperre verbunden ist.

Im Falle eines **Abgrenzungspostens gem § 198 Abs 10 (aktive Steuerabgrenzung)** sowie noch bestehender aktivierter Ingangsetzungskosten dürfen Gewinne nur ausgeschüttet werde, soweit die danach verbleibenden jederzeit auflösbaren Rücklagen zuzüglich eines Gewinnvortrages und abzüglich eines Verlustvortrages dem ausgewiesenen Betrag mindestens entsprechen (§ 226 Abs 2).

6.4 Die Gewinn- und Verlustrechnung nach dem Umsatzkostenverfahren gem § 231 Abs 3

6.41 Die Posten Z 1–7

1. Umsatzerlöse;
2. Herstellungskosten der zur Erzielung der Umsatzerlöse erbrachten Leistungen;
3. **Bruttoergebnis vom Umsatz;**
4. sonstige betriebliche Erträge:
   a) Erträge aus dem Abgang vom und der Zuschreibung zum Anlagevermögen mit Ausnahme der Finanzanlagen,
   b) Erträge aus der Auflösung von Rückstellungen,
   c) übrige;
5. Vertriebskosten;
6. Verwaltungskosten;
7. sonstige betriebliche Aufwendungen;
8. **Zwischensumme aus Z 1–7.**

6.411 Umsatzerlöse (Z 1)

Diese sind ident mit den Umsatzerlösen nach dem Gesamtkostenverfahren.

6.412 Herstellungskosten der zur Erzielung der Umsatzerlöse erbrachten Leistungen (Z 2)

Vorgangsweise zur Ermittlung der Herstellungskosten der zur Erzielung der Umsatzerlöse erbrachten Leistungen:

1. Ermittlung der betrieblichen Aufwendungen lt Posten 5–8 des Gesamtkostenverfahrens
2. Aufteilung dieser Aufwandsarten auf die Kostenstellen mit folgender Mindestgliederung (Betriebsabrechnungsbogen bzw Aufwandsverteilungsbogen):
   - Material- und Fertigungsstellen = Herstellungskosten
   - Verwaltung
   - Vertrieb
   - Kostenstelle für die Erfassung der den vorhergehenden Bereichen nicht zuordenbaren Aufwendungen

Weitere Untergliederungen sind möglich, für die Erstellung der G&V aber nicht notwendig. Eine derartige Erweiterung der Untergliederung findet sich beispielsweise in der entsprechend dem UGB aufgestellten Gewinn- und Verlustrechnung 2005 der OMV: Neben den vorgeschriebenen Posten finden sich noch der Posten Forschungs- und Entwicklungsaufwendungen sowie der Posten Explorationsaufwendungen. Als Begründung hierfür wurde bei den Explorationsaufwendungen ihr branchenspezifischer Charakter angegeben.

3. Summierung der Herstellungskosten inklusive der Einzelkosten (Fertigungsmaterial und Fertigungslöhne) sowie des Einstandspreises verkaufter Waren

   abzüglich aktivierter Eigenleistungen der Abrechnungsperiode
   abzüglich Bestandserhöhungen an unfertigen und fertigen Erzeugnissen
   zuzüglich Bestandsverminderungen an unfertigen und fertigen Erzeugnissen

   Herstellungskosten der zur Erzielung der Umsatzerlöse erbrachten Leistungen

Entsprechend den Erläuternden Bemerkungen zur Regierungsvorlage zum RLG sind die Herstellungskosten für erbrachte Leistungen ohne Rücksicht auf die **Bewertungsmethode** in die Gewinn- und Verlustrechnung aufzunehmen. Das heißt, dass auch nicht aktivierungsfähige Teile der Herstellungskosten einzubeziehen sind (zB der nicht aktivierungsfähige Anteil der Fixkosten bei Unterbeschäftigung), womit die Summe der Herstellungskosten der zur Erzielung der Umsatzerlöse erbrachten Leistungen immer größer ist, als die tatsächlich den Leistungen kalkulatorisch zugerechneten Kosten.

Das Gleiche gilt auch für die angelsächsische Praxis, die fast ausschließlich vom **Umsatzkostenverfahren** beherrscht wird, und auch für die Bilanzrichtlinie.

In Handelsbetrieben tritt an die Stelle der Herstellungskosten der zur Erzielung der Umsatzerlöse erbrachten Leistungen der **Handelswarenverbrauch**, wobei im Interesse der Information die Postenbezeichnung entsprechend anzupassen ist (§ 223 Abs 8).

Hinsichtlich der Bildung und Auflösung **satzungsmäßiger Rücklagen**, die über die Posten 25 und 27 erfolgt, gelten die Bestimmungen des Gesellschaftsvertrages.

6.413 Bruttoergebnis vom Umsatz (Z 3)

Das **Bruttoergebnis vom Umsatz** zeigt, bezogen auf die Umsatzerlöse, die **Bruttogewinnspanne**. Im Handelsbetrieb wird diese Größe auch als **Rohgewinn** bezeichnet.

6.414 Sonstige betriebliche Erträge (Z 4)

Diese sind ident mit den sonstigen betrieblichen Erträgen nach dem Gesamtkostenverfahren.

6.415 Verwaltungskosten und Vertriebskosten (Z 5 und 6)

Diese ergeben sich aus dem **Aufwandsverteilungsbogen**.

6.416 Sonstige betriebliche Aufwendungen (Z 7)

In diesem Posten werden jene **Restaufwendungen** gesammelt, die nicht in den Posten 2, 5 und 6 unterzubringen sind. Hier könnten beispielsweise **Verluste aus dem Verkauf von Anlagegegenständen, Aufwendungen für Grundlagenforschung** oder nicht einzelnen Kostenstellen **zuordnungsfähige Verluste aus Schadensfällen, Abschreibung des Firmenwertes**, ausgewiesen werden. Da die sonstigen betrieblichen Aufwendungen einen Restposten darstellen, ist dieser Posten so gering wie möglich zu halten. Sind die in diesem Posten ausgewiesenen Beträge nicht unerheblich, sind sie im Interesse der Generalnorm jedenfalls im Anhang zu erläutern.

Aufwendungen für Grundlagenforschung bzw die Entwicklung neuer Produkte werden in der deutschen und US-Praxis vielfach gesondert als **Forschungs- und Entwicklungskosten** ausgewiesen, da diese Aufwendungen weder Herstellungskosten noch Verwaltungs- oder Vertriebskosten darstellen und der gesonderte Ausweis außerhalb der sonstigen betrieblichen Aufwendungen dem Grundsatz der Klarheit besser entspricht.

6.417 Zwischensumme aus Z 1–7 (Z 8)

Die Zwischensumme stellt den **Betriebserfolg** des Unternehmens dar und ist üblicherweise ident mit dem Posten 9 des Gesamtkostenverfahrens. Ein Unterschied wird jedoch dann auftreten, wenn Teile der **Zinsenaufwendungen** gem § 203 Abs 4 aktiviert werden. Im Rahmen des Gesamtkostenverfahrens verbleiben die gesamten Zinsenaufwendungen auch bei Aktivierung eines Teiles derselben unter den Finanzierungsaufwendungen, während im Rahmen des Umsatzkostenverfahrens nur die nicht aktivierten Zinsen unter dem Finanzierungsaufwand ausgewiesen werden.

Ein Beispiel soll dies verdeutlichen:

		Herstellungskosten (Fertigung)		*Verwaltung*	*Vertrieb*
		EK	*GK*		
Umsatzerlöse	*1.000*				
Materialaufwendungen	*200*	*150*	*50*		
Personalaufwendungen	*300*	*120*	*100*	*35*	*45*
sonstige betriebliche Aufwendungen	*300*		*210*	*50*	*40*
Summe Aufwendungen	*800*	*270*	*360*	*85*	*85*
Zinsenaufwendungen	*80*				

1. Die Fertigungsgemeinkosten werden nach einem Fertigungslohnzuschlag den Kostenträgern zugerechnet.
2. Zum Bilanzstichtag befindet sich ein Auftrag in Arbeit, zu dessen Finanzierung ein Kredit von 500 aufgenommen wurde. Die darauf entfallenden Zinsen (während der Herstellungszeit des Projektes) betragen 30.
3. Der Endbestand enthält Fertigungsmaterial in Höhe von 50, Fertigungslohn in Höhe von 70. Die Bewertung des Endbestandes erfolgt alternativ mit und ohne Aktivierung der Zinsen gem § 203 Abs 4.
4. Der Anfangsbestand an unfertigen Erzeugnissen betrug 300.

Aufgabe:

Ermitteln Sie das Ergebnis der gewöhnlichen Geschäftstätigkeit nach dem Gesamtkostenverfahren und dem Umsatzkostenverfahren.

Lösung:

Ermittlung des Fertigungszuschlages in der Fertigungsstelle:

Gemeinkosten	*360*
Fertigungslöhne	*120*
Fertigungszuschlag	*300 %*

Ermittlung der Herstellungskosten des unfertigen Auftrages:

Fertigungsmaterial		*50*
Fertigungslohn	*70*	
Fertigungsgemeinkosten 300%	*210*	*280*
Herstellungskosten ohne Aktivierung der Zinsen		*330*
+ Aktivierung der Zinsen		*30*
Herstellungskosten mit Aktivierung der Zinsen		*360*

Stellt man nunmehr die ***Herstellungskosten*** *des Endbestandes dem Anfangsbestand von 300 gegenüber, ergibt sich bei Nichtaktivierung der Zinsen eine* ***Bestandsveränderung*** *von 30 und bei Aktivierung der Zinsen eine solche von 60. Daraus lassen sich die Herstellungskosten der zur Erzielung der Umsatzerlöse erbrachten Leistungen folgendermaßen ermitteln, wobei allerdings zu beachten ist, dass jene Zinsenaufwendungen, die aktiviert werden, auch die Herstellungskosten der Periode vermehren:*

	ohne Aktivierung der Zinsen	mit Aktivierung der Zinsen
Herstellungskosten der Periode laut Aufwandsverteilung (270+360)	630	630
zuzüglich aktivierte Zinsen		30
	630	660
abzüglich Bestandserhöhungen	30	60
Herstellungskosten der zur Erzielung der Umsatzerlöse erbrachten Leistungen	600	600

Die Darstellung zeigt, dass die Aktivierung der Zinsen im Jahr der Aktivierung zu keiner Veränderung der **Herstellungskosten der abgesetzten Leistungen** führt. Werden die aktivierten Herstellungskosten in den Folgejahren in Form der Anlagenabschreibung bzw der Bestandsveränderungen zu Aufwendungen, werden diese durch die in den Vorjahren aktivierten Zinsen erhöht.

Ermittlung des Ergebnisses der gewöhnlichen Geschäftstätigkeit nach dem Gesamtkostenverfahren:

	ohne Aktivierung der Zinsen	mit Aktivierung der Zinsen
Erlöse	1.000	1.000
Bestandsveränderungen	30	60
Betriebsleistung	1.030	1.060
Materialaufwendungen	200	200
Personalaufwendungen	300	300
Sonstige betriebliche Aufwendungen	300	300
Zwischensumme (Betriebserfolg)	230	260
Zinsenaufwand	80	80
Ergebnis der gewöhnlichen Geschäftstätigkeit	150	180

Ermittlung des Ergebnisses der gewöhnlichen Geschäftstätigkeit nach dem Umsatzkostenverfahren:

	ohne Aktivierung der Zinsen		mit Aktivierung der Zinsen
Umsatzerlöse	1.000		1.000
Herstellungskosten der zur Erzielung der Umsatzerlöse erbrachten Leistungen	600		600
Bruttoergebnis vom Umsatz	400		400
Vertriebskosten	85		85
Verwaltungskosten	85		85
Zwischensumme (Betriebserfolg)	230		230
		80	
Zinsenaufwand	80	–30*)	50
Ergebnis der gewöhnlichen Geschäftstätigkeit	150		180

*) In den Herstellungskosten des Endbestandes aktivierte Zinsen.

Wie das Ergebnis im Vergleich der beiden Verfahren zeigt, sind Betriebserfolg und die Ergebnisse der gewöhnlichen Geschäftstätigkeit im Falle der Nichtaktivierung der Zinsen identisch. Erfolgt jedoch eine Aktivierung der Zinsen, tritt beim Umsatzkostenverfahren insofern ein Problem auf, als die Höhe der in der Gewinn- und Verlustrechnung ausgewiesenen Zinsen um den aktivierten Betrag gesenkt wird, weil der aktivierte Betrag in den Beständen enthalten ist. Beim Gesamtkostenverfahren wirkt sich die Aktivierung lediglich durch eine Erhöhung der Bestandsveränderungen aus.

Obwohl gem § 236 Z 2 im Anhang nur der Gesamtbetrag der aktivierten Zinsen anzugeben ist, erscheint es bei Anwendung des Umsatzkostenverfahrens notwendig, die im Abschlussjahr aktivierten Zinsen entweder zusätzlich im Anhang anzugeben oder in der Gewinn- und Verlustrechnung offen von den Zinsen abzusetzen. Letztere Vorgangsweise ist auch in den US-amerikanischen Jahresabschlüssen üblich.

Ähnliche Probleme wie bei der Aktivierung von Zinsen ergeben sich im Rahmen des Umsatzkostenverfahrens bei der **Aktivierung von Verwaltungs- und Vertriebskosten im Falle von Aufträgen, deren Ausführung sich über einen Zeitraum von mehr als zwölf Monaten erstreckt**.

Beispiel (unter Verwendung der Zahlen des vorhergehenden Beispiels): Bewertung einschl Verwaltungs- und Vertriebskosten (§ 206 Abs 3)

Herstellungskosten ohne Zinsen			*630*
Verwaltungskosten	*85 = 13,5%*		
Vertriebskosten	*85[1]= 13,5%*		
Kostenträgerrechnung			
Materialaufwand			*50*
Fertigungslohn		*70*	
Fertigungsgemeinkosten 300%		*210*	*280*
Herstellungskosten ohne aktivierte Zinsen			*330*
aktivierte Zinsen			*30*
anteilige Verwaltungskosten 13,5% von 330			*44,5*
anteilige Vertriebskosten 13,5% von 330			*44,5*
Endbestand			*449*
Bestandsveränderungen (449–300)			*149*

[1] Häufig werden als Bemessungsgrundlage für den Vertriebskostenzuschlag die Herstellungskosten der verkauften Produkte herangezogen.

Es wird davon ausgegangen, dass im Vorjahr weder langfristige Aufträge noch Fremdkapital, das zur Finanzierung der Herstellung eines Gegenstandes verwendet worden war, vorhanden waren. Beim Umsatzkostenverfahren werden nunmehr nicht nur die Zinsenaufwendungen, sondern auch die Verwaltungs- und Vertriebskosten gekürzt.

Ermittlung des Betriebserfolges sowie des Ergebnisses der gewöhnlichen Geschäftstätigkeit nach dem Gesamtkostenverfahren:

Umsatzerlöse	*1.000*
Bestandsveränderungen	*149*
betriebliche Erträge	*1.149*
Materialaufwendungen	*200*
Personalaufwendungen	*300*
sonstige betriebliche Aufwendungen	*300*
Betriebserfolg	*349*
Zinsenaufwendungen	*80*
Ergebnis der gewöhnlichen Geschäftstätigkeit	*269*

Ermittlung des Betriebserfolges und des Ergebnisses der gewöhnlichen Geschäftstätigkeit nach dem Umsatzkostenverfahren:

Umsatzerlöse	*1.000*
Herstellungskosten der zur Erzielung des Umsatzes erbrachten Leistungen	*600*
Bruttoergebnis vom Umsatz	*400*
Vertriebskosten (85–44,5)	*40,5*
Verwaltungskosten (85–44,5)	*40,5*
Betriebserfolg	*319*
Zinsenaufwand	*50*
Ergebnis der gewöhnlichen Geschäftstätigkeit	*269*

Werden nur Verwaltungs- und Vertriebskosten, nicht aber Zinsen aktiviert, bleibt der im Gesamtkosten- und Umsatzkostenverfahren errechnete Betriebserfolg in beiden Fällen ident, da sich die Kürzung der Verwaltungs- und Vertriebskosten innerhalb des Betriebserfolges abspielt. Wird der Auftrag im (in den) Folgejahr(-en) abgerechnet, erhöht die daraus resultierende **Bestandsverminderung** die Verwaltungs- und Vertriebskosten.

6.42 Die Posten Z 9–28

Die Unterschiede zwischen Gesamtkostenverfahren (GKV) und Umsatzkostenverfahren (UKV) reichen nur bis zur Zwischensumme 9 (GKV) bzw Zwischensumme 8 (UKV). Der Inhalt der übrigen Posten stimmt bei beiden Verfahren überein; der mögliche betragsmäßige Unterschied im Falle der Aktivierung von Zinsen wurde bereits im vorigen Abschnitt behandelt. Für die übrigen Posten der Gewinn- und Verlustrechnung nach dem UKV wird daher auf die Erläuterungen zu den entsprechenden Posten des GKV verwiesen.

6.5 Musterbeispiel zur Gewinn- und Verlustrechnung nach dem Gesamtkostenverfahren gem § 231 Abs 2

6.51 Angabe

Die nach dem österreichischen Einheitskontenrahmen gegliederten Aufwands- und Ertragskonten einer Kapitalgesellschaft zeigen für das Geschäftsjahr 2013 nachstehendes Bild (in € 1.000):

Kontenklasse 4	**Soll**	**Haben**
Erzeugniserlöse		600 000
Altmaterialverkäufe		500
Erlöse Werksküche		800

Lizenzerträge		6 000	1)
Mieterträge		200	
Provisionserträge		100	
Kursgewinne		700	
Kundenskonti	12 000		2)
Periodenfremde Erlösberichtigungen (Erzeugniserlöse)	1 000		
Aktivierte Eigenleistungen		1 000	3)
Bestandsveränderung Halb- und Fertigerzeugnisse		4 000	4)
Zinsenerträge		2 000	
Erträge aus Beteiligungen		300	
Erträge aus der Auflösung von Rückstellungen		400	6)
Erlöse aus der Veräußerung von Sachanlagen		5 000	7)
Erträge aus der Zuschreibung zu Wertpapieren des Anlagevermögens		50	
Kontenklassen 5–8			
Verbrauch von Rohstoffen	215 000		
Verbrauch von Hilfsstoffen	26 000		
Brenn- und Treibstoffe, Energie	8 000		
Fremdbearbeitung	7 000		
Skontoerträge		4 000	5)
Löhne	100 000		8)
Gehälter	70 000		8)
Sozialversicherungsbeiträge	32 000		8)
FBAF	7 500		8)
Kommunalabgabe	3 000		8)
Freiwilliger Sozialaufwand	2 500		
Abfertigung	3 600		
BV-Kassa	2 600		
Zuweisung Abfertigungsrückstellung	2 000		
Pensionszahlungen	3 500		
Zuweisung Pensionsrückstellung	1 000		
Instandhaltung Mieten, Transporte, Büromaterial Werbe- und Repräsentationsaufwand Sonstiger Sachaufwand	65 800		
Zinsenaufwand	5 000		

Planmäßige Abschreibungen Sachanlagen	20 000		
Außerplanmäßige Abschreibungen Sachanlagen	1 000		9)
Abschreibung Beteiligung	1 200		10)
Abwertung Roh-, Hilfs- und Betriebsstoffe	2 300		11)
Abschreibungen Lieferforderungen	1 700		12)
Außerplanmäßige Abschreibungen auf Wertpapiere des Umlaufvermögens	150		
Körperschaftsteuer	7 550		
Grundsteuer	1 200		
Beiträge an Berufsvertretungen	250		
Sonstige Steuern	200		
Kursverluste	350		
Buchwert verkaufter Sachanlagen	5 400		7)
Verlust aus Beteiligungen an Personengesellschaften	250		
Erträge aus der Auflösung der Bewertungsreserve		3 080	
	609 050	628 130	
Jahresgewinn	19 080		
	628 130	**628 130**	

Unter Berücksichtigung der nachfolgenden Angaben wird die Gewinn- und Verlustrechnung nach § 231 Abs 2 (Gesamtkostenverfahren) erstellt:

1) **Lizenzerträge**
   Das Unternehmen stellt im Rahmen einer dauernden Geschäftsbeziehung mit einem ausländischen Erzeugungsunternehmen seine Patente gegen entsprechende Lizenzgebühren zur Verfügung: es besteht die Verpflichtung, den ausländischen Geschäftspartner über die in der Entwicklungsabteilung des Unternehmens erarbeiteten Verbesserungen zu informieren (Z 1).
2) **Kundenskonti**
   Stehen ausschließlich mit den Erzeugungserlösen im Zusammenhang (Z 1).
3) **Aktivierte Eigenleistungen**
   Die aktivierten Herstellungskosten setzen sich wie folgt zusammen:

Materialkosten	400	(Z 3)
Fertigungskosten	600	(Z 3)
	1.000	

4) **Bestandsveränderungen**
Bei der Ermittlung der Bestandsveränderungen wurden berücksichtigt:
a) Abwertungen im Zusammenhang mit der Einstellung eines Teilbetriebes wegen der damit verbundenen Verschlechterung der Absatzmöglichkeit (2.000). Diese sind Bestandteil des ao. Aufwandes und gehören aus den Bestandsveränderungen hinaus (Z 18).
b) Abwertungen wegen üblicher Wertminderungen von Beständen aus dem laufenden Produktionsprogramm (500) (Z 4).

5) **Skontoerträge**
Diese betreffen nur den Einkauf von Roh-, Hilfs- und Betriebsstoffen (Z 5).

6) **Erträge aus der Auflösung von Rückstellungen**
Zusammensetzung:

Körperschaftsteuerrückstellung	300
sonstige Rückstellungen	100
	400

Die Erträge aus der Auflösung der Körperschaftsteuerrückstellung werden mit dem Körperschaftsteueraufwand saldiert (Z 20), die Erträge aus der Auflösung der sonstigen Rückstellungen werden unter 4b ausgewiesen.

7) **Veräußerung von Sachanlagen**
Zusammensetzung von Erlös und Buchwert:

	Erlös	Buchwert	Zuordnung § 231 (2)
Anlage 1	1.200	300	Z 4a
Anlage 2	500	600	Z 8b
Anlage 3	3.300	4.500	Z 18
	5.000	5.400	

Anlage 3 betrifft den stillgelegten Teilbetrieb; die übrigen Verkäufe wurden im Rahmen des Investitionsplanes für Ersatz- und Rationalisierungsinvestitionen durchgeführt.

8) **Personalaufwand**
Das Unternehmen hat im Abschlussjahr erstmals eine Rückstellung für nicht konsumierte Urlaube im Betrag von 4.510 gebildet. Der Betrag ist in folgenden Aufwandsposten enthalten:

	Abschluss-jahr	erforderlicher, aber nicht rückgestellter Betrag am Jahresanfang
Löhne	1.500	1.000
Gehälter	2.000	1.200

Sozialversicherungsbeiträge	800	500
DB	150	100
Kommunalabgabe	60	40
	4.510	2.840

Der Anfang des Jahres nicht rückgestellte Betrag von 2840 wird nicht gesondert erfasst; er ist in den rückzustellenden Beträgen des Abschlussjahres enthalten.

9) **Außerplanmäßige Abschreibungen Sachanlagen**
Sonderabschreibung wegen wirtschaftlicher Überholung von noch genutzten Anlagen.

10) **Abschreibung Beteiligungen**
Betrifft den Verlust aus der Liquidation einer Tochtergesellschaft (GmbH); diese hatte die Aufgabe, die Erzeugnisse des stillgelegten Teilbetriebes zu vermarkten. Die Liquidation ist bereits abgeschlossen (Löschung im Firmenbuch) (Z 18).

11) **Abwertung Roh-, Hilfs- und Betriebsstoffe**
Davon entfallen 1.500 auf Bestände des stillgelegten Teilbetriebes (Z 18), der Rest entfällt auf übliche Wertminderungen (Z 5).

12) **Abschreibungen Lieferforderungen**
Diese überschreiten nicht das bei diesem Unternehmen übliche Ausmaß (Z 8b).

6.52 Gewinn- und Verlustrechnung gem § 231 Abs 2 laut Angabe 6.41

Die in Rahmen dargestellten Beträge unterliegen nicht der Veröffentlichung.

1. Umsatzerlöse 594 500

Erzeugniserlöse	600 000
Altmaterialverkauf	500
Lizenzerträge	6 000
Kundenskonti	(12 000)

2. Veränderung des Bestandes an fertigen und unfertigen Erzeugnissen (4 000+2 000)		6000
3. andere aktivierte Eigenleistungen		1 000
4. sonstige betriebliche Erträge		
a) aus dem Abgang vom Anlagevermögen	900	
b) aus der Auflösung von Rückstellungen	100	
c) übrige	1 800	2 800

Werksküche	800
Mieterträge	200
Provisionserträge	100
Kursdifferenzen	700

Betriebliche Erträge		**604 300**
5. Aufwendungen für Material und sonstige bezogene Herstellungsleistungen		
a) Materialaufwand		245 800

Rohstoffverbrauch	215 000
Hilfsstoffverbrauch	26 000
Brenn- und Treibstoffe, Energie	8 000
Abwertung Roh-, Hilfs- und Betriebsstoffe	800
Skontoerträge	(4 000)

b) Aufwendungen für bezogene Leistungen		7 000
6. Personalaufwand		
a) Löhne		100 000
b) Gehälter		70 000
c) Aufwendungen für Abfertigungen und Leistungen an betriebliche Mitarbeitervorsorgekassen		8 200
d) Aufwendungen für Altersversorgung		4 500
e) Aufwendungen für gesetzlich vorgeschriebene Sozialabgaben sowie vom Entgelt abhängige Abgaben und Pflichtbeiträge		42 500
f) Sonstige Sozialaufwendungen		2 500
7. Abschreibungen auf Sachanlagen		
planmäßig	20 000	
außerplanmäßig	1 000	21 000
8. Sonstige betriebliche Aufwendungen		
a) Steuern, soweit sie nicht unter Z 21 fallen		1 400

Grundsteuer	1 200
Sonstige Steuern	200

b) Übrige	69 200

Verschiedene Aufwendungen	65 800
Abschreibungen Lieferforderungen	1 700

Berufsbeiträge	250
Kursverluste	350
Verlust aus Anlagenveräußerung	100
Periodenfremde Erlösberichtigungen	1 000

9.	**Zwischensumme aus Z 1–8 (Betriebserfolg)**		**32 200**
10.	Erträge aus Beteiligungen		300
11.	Sonstige Zinsen und ähnliche Erträge		2 000
12.	Erträge aus der Zuschreibung zu Finanzanlagen		50
13.	Aufwendungen aus Finanzanlagen und aus Wertpapieren des Umlaufvermögens		(400)
	davon Abschreibungen	150	
14.	Zinsenaufwand		(5 000)
15.	**Zwischensumme aus Z 10–14 (Finanzerfolg)**		**(3 050)**
16.	**Ergebnis der gewöhnlichen Geschäftstätigkeit**		**29 150**
17.	außerordentliche Erträge		–
18.	außerordentliche Aufwendungen		(5 900)

Auflösung Teilbetrieb:	
Beständeabwertungen	2 000
Anlagenveräußerung	1 200
Abschreibung Beteiligung	1 200
Abwertung Rohstoffe	1 500

19.	**außerordentliches Ergebnis**	**(5 900)**
20.	Steuern vom Einkommen und vom Ertrag	7 250

KöSt	7 550
Auflösung KöSt-Rückstellung	(300)

21.	**Jahresüberschuss**	**16 000**
22.	Auflösung unversteuerter Rücklagen:	3 080

Bewertungsreserve	3 080

23.	**Bilanzgewinn**	**19 080**

6.53 Gewinn- und Verlustrechnung alternativ nach den Bestimmungen des § 231 Abs 2 und 3

Die interne Gewinn- und Verlustrechnung (Aufwandsverteilung) zeigt folgendes Bild.

	Erträge	Aufwendungen	Kostenstellen		
			Material und Fertigung	Verwaltung	Vertrieb
Erlöse	98 000				
Erlösschmälerungen		2 300			2 300
Vertriebssonderkosten 5 600		5 600	3)		5 600
Bestandsveränderungen	1 800				
Anlagenerlöse	12 500	2)			
Zinsenerträge	100				
Materialverbrauch		21 000	21 000		
Löhne		19 000	15 000	1 000	3 000
Gehälter		9 000	2 000	4 000	3 000
Abfertigungen und BV-Kasse		2 000	1 000	400	600
Personalnebenkosten		9 100	6 525	1 300	1 275
Energiekosten		2 500	2 200	200	100
Werbekosten		5 000			5 000
Rechts- und Beratungskosten		900		900	
Grundsteuer		200	120	20	60
Abschreibungen		5 200	4 200	200	800
– Auflösung Bewertungsreserve		– 1 100[1]	– 1 100		
Buchwert der verkauften Anlagen[2]		10 500			
Zinsenaufwand		3 000	2 100	400	500
Forderungsausfälle		600			600
Materialschwund		300	300		
Sonstige betriebliche Aufwendungen		10 200	4 600	2 500	3 100
		105 300	57 945	10 920	25 935
Körperschaftsteuer		1 814			

1) Betrifft ausschließlich in der Fertigungsstelle eingesetzte Anlagen.

2) In den Anlagenerlösen befindet sich ein Betrag von 10.000 und im Buchwert der verkauften Anlagen ein Betrag von 7.000, die sich aus der Anlagenveräußerung anlässlich der Auflösung eines Teilbetriebes ergeben. Bei den restlichen Anlagenerlösen handelt es sich um den üblicherweise anfallenden Verkauf gebrauchter Maschinen.

3) Provisionen und Lizenzen.

a) Gewinn- und Verlustrechnung nach dem Gesamtkostenverfahren (§ 231 Abs 2)

1.	Umsatzerlöse (98 000 – 2 300)	95 700
2.	Veränderung des Bestandes an fertigen und unfertigen Erzeugnissen	1 800
3.	Aufwendungen für Material und sonstige bezogene Herstellungsleistungen	
	a) Materialaufwand (21 000 + 2 500 + 300)	23 800
4.	Personalaufwand:	
	a) Löhne	19 000
	b) Gehälter	9 000
	c) Aufwendungen für Abfertigungen und Leistungen an betriebliche Mitarbeitervorsorgekassen	2 000
	d) Personalnebenkosten	9 100
5.	Abschreibungen auf Sachanlagen	5 200
6.	Sonstige betriebliche Aufwendungen:	
	a) Steuern	200
	b) übrige	23 300
7.	Zwischensumme aus Z 1–6	**5 900**
8.	Zinsenerträge	100
9.	Zinsenaufwendungen	(3 000)
10.	Zwischensumme aus Z 8 und 9	(2 900)
11.	**Ergebnis der gewöhnlichen Geschäftstätigkeit**	**3 000**
12.	außerordentliche Erträge	3 000
13.	**außerordentliches Ergebnis**	**3 000**
14.	Steuern vom Einkommen und vom Ertrag	1 814
15.	**Jahresüberschuss**	**4 186**
16.	Auflösung unversteuerter Rücklagen	1 100
17.	**Bilanzgewinn/Bilanzverlust**	**5 286**

Aufgliederung Z 6b:

Werbekosten	5 000
Rechts- und Beratungskosten	900
Forderungsausfälle	600
sonstige betriebliche Aufwendungen	10 200
Verlust aus Anlagenabgang	1 000
Vertriebssonderkosten	5 600
	23 300

b) Gewinn- und Verlustrechnung nach dem Umsatzkostenverfahren (§ 231 Abs 3)

1.	Umsatzerlöse	95 700
2.	Herstellungskosten der zur Erzielung der Umsatzerlöse erbrachten Leistungen	55 145
3.	**Bruttoergebnis vom Umsatz**	**40 555**
4.	Vertriebskosten	23 135
5.	Verwaltungskosten	10 520
6.	sonstige betriebliche Aufwendungen (Anlagenabgang):	1 000
7.	Zwischensumme aus Z 1–6	**5 900**

Ab Punkt 7 ist das Umsatzkostenverfahren identisch mit dem Gesamtkostenverfahren.

Nebenrechnung: Aufwandsverteilung

	Material und Fertigung	Verwaltung	Vertrieb
Summe laut BAB	57 945	10 920	25 935
abzüglich gesondert auszuweisende Zinsenaufwendungen	(2 100)	(400)	(500)
zuzüglich fehlende planmäßige Abschreibungen	1 100		
abzüglich Erlösschmälerungen (werden unmittelbar vom Umsatz abgezogen)			(2 300)
	56 945	10 520	23 135
abzüglich Bestandserhöhungen an fertigen und unfertigen Erzeugnissen	(1 800)		
Herstellungskosten der zur Erzielung der Umsatzerlöse erbrachten Leistungen	55 145		

7. Der Anhang

7.1 Der Anhang gem §§ 236–242

7.11 Funktion des Anhanges

Der Anhang stellt eine notwendige **Ergänzung der Bilanz und der Gewinn- und Verlustrechnung** dar, um insgesamt ein möglichst getreues Bild der Vermögens-, Finanz- und Ertragslage des Unternehmens zu vermitteln. Dabei ist besonders auf § 222 Abs 2, zweiter Satz, hinzuweisen, der vorsieht, dass dann, wenn dies aus besonderen Umständen nicht gelingt, im Anhang die erforderlichen zusätzlichen Angaben zu machen sind.

Im Einzelnen spricht die Kommentierung von folgenden Funktionen des Anhanges:

Interpretationsfunktion	–	zB Auslegung der Generalklausel
Erläuterungsfunktion		
Begründungsfunktion	–	zB Änderung von Bewertungsmethoden
Korrekturfunktion	–	zusätzliche Angaben iSd § 222 Abs 2, 2. Satz
Entlastungsfunktion	–	wahlweise Aufnahme von Angaben in die Bilanz/ Gewinn- und Verlustrechnung oder in den Anhang
Ergänzungsfunktion		

(Siehe dazu *Nowotny* in *Straube*[3] § 236 Rz 3 ff und *Bertl/Mandl,* Handbuch der Rechnungslegung – Erläuterungen zu § 236).

7.12 Die Vorschriften über den Anhang – Checklist

Die §§ 236–242 beschäftigen sich ausschließlich mit dem Inhalt des Anhanges; in den vorhergehenden Abschnitten wurde des Öfteren auf Einzelvorschriften hingewiesen, die ebenfalls den Anhang betreffen.

In folgender **Checklist** sind sämtliche den Anhang betreffende Vorschriften in aufsteigender Reihenfolge der Paragraphen zusammengefasst:

		Gesetzesstelle	
lfd. Nr.		AG, mittelgroße und große GmbH	kleine GmbH § 242 (2). Alle mit x versehenen Gesetzesstellen sind auch von der kleinen GmbH in den Anhang aufzunehmen
1	Gesonderte Angabe einer passiven Steuerabgrenzung in der Bilanz oder im Anhang	198 (9)	
2	Im Anhang ist der Betrag der im Geschäftsjahr aus steuerrechtlichen Gründen unterlassenen Zuschreibungen anzugeben und hinreichend zu begründen. Ferner ist das Ausmaß erheblicher künftiger steuerlicher Belastungen, die sich aus einer solchen Bewertung ergeben, anzuführen	208 (3)	
3	Zusätzliche Angaben, wenn (sonst) der Jahresabschluss kein möglichst getreues Bild der Vermögens-, Finanz- und Ertragslage des Unternehmens vermittelt	222 (2)	x
4	Angabe und Begründung, wenn die einmal gewählte Form der Darstellung nicht beibehalten wird	223 (1)	x
5	Angabe und Erläuterung, wenn Vorjahresbeträge nicht vergleichbar sind oder der Vorjahresbetrag angepasst wird	223 (2)	x
6	Angaben, wenn die Gesellschaft mehrere Geschäftszweige mit verschiedenen Gliederungsvorschriften betreibt	223 (3)	x
7	Angabe der Mitzugehörigkeit von Vermögensgegenständen oder Verbindlichkeiten zu mehreren Posten der Bilanz, wenn kein entsprechender Vermerk in der Bilanz durchgeführt wurde und dies zur Aufstellung eines klaren und übersichtlichen Jahresabschlusses erforderlich ist	223 (5)	x
8	Aufgliederung von gem § 223 (6) Z 2 zusammengefassten Posten der Bilanz und der Gewinn- und Verlustrechnung	223 (6)	
9	Erläuterung, ob bei Ausweis eines Postens „negatives Eigenkapital" eine Überschuldung im Sinne des Insolvenzrechts vorliegt	225 (1)	x

10	Angabe des Betrages der Forderungen mit einer Restlaufzeit von mehr als einem Jahr für jeden gesondert ausgewiesenen Posten, wenn dies nicht in der Bilanz angemerkt ist	225 (3)	
11	Erläuterung, wenn im Posten „Sonstige Forderungen und Vermögensgegenstände" Erträge enthalten sind, die erst nach Abschlussstichtag zahlungswirksam werden, soweit es sich um wesentliche Beträge handelt	225 (3)	
12	Angabe der wechselmäßigen Verbriefung von Forderungen	225 (4)	
13	Angabe des Betrages der Verbindlichkeiten mit einer Restlaufzeit bis zu einem Jahr bei jedem gesondert ausgewiesenen Posten, wenn dies nicht in der Bilanz angemerkt ist	225 (6)	
14	Erläuterung, wenn im Posten „Sonstige Verbindlichkeiten" Aufwendungen enthalten sind, die erst nach dem Abschlussstichtag zahlungswirksam werden, soweit es sich um wesentliche Beträge handelt	225 (6)	
15	Angabe des Grundwertes bei Grundstücken, wenn dies nicht in der Bilanz angemerkt ist	225 (7)	
16	Darstellung der Entwicklung der einzelnen Posten des Anlagevermögens, wenn nicht in der Bilanz ausgewiesen	226 (1)	x
17	Angabe der Abschreibungen des Geschäftsjahres entsprechend der Gliederung des Anlagevermögens, wenn nicht in der Bilanz vermerkt	226 (1)	x
18	Angabe einer Pauschalwertberichtigung zu Forderungen für den entsprechenden Posten der Bilanz	226 (5)	
19	Angabe der Ausleihungen mit einer Restlaufzeit bis zu einem Jahr	227	
20	Angabe der Zuweisung und der Auflösung der Bewertungsreserve entsprechend den Posten des Anlagevermögens, wenn dies nicht in der Bilanz durchgeführt wurde	230 (2)	x
21	Aufgliederung der Zuführung und der Auflösung von unversteuerten Rücklagen unter Hinweis auf die maßgebliche steuerliche Rechtsgrundlage, wenn nicht in der G&V-Rechnung durchgeführt	232 (4)	

22	Erläuterung der ao Aufwendungen und ao Erträge hinsichtlich ihres Betrages und ihrer Art, wenn nicht von untergeordneter Bedeutung	233	
23	Erläuterung von Erträgen und Aufwendungen, die einem anderen Geschäftsjahr zuzurechnen sind, hinsichtlich ihres Betrages und ihrer Art (wenn nicht für die Beurteilung der Ertragslage von untergeordneter Bedeutung)	233	
§ 236	**Erläuterung der Bilanz und der Gewinn- und Verlustrechnung**		
24	Erläuterung der Bilanz und der Gewinn- und Verlustrechnung sowie der darauf angewandten Bilanzierungs- und Bewertungsmethoden, unter Beachtung der Generalklausel	236	x
25	Abweichungen von Bilanzierungs- und Bewertungsmethoden (einschließlich Begründung und gesonderter Darstellung des Einflusses auf die Vermögens-, Finanz- und Ertragslage)	236 Z 1	x
26	bei Inanspruchnahme von § 203 Abs 4 Angabe des insgesamt nach dieser Vorschrift aktivierten Betrages	236 Z 2	x
27	Gründe für die Abschreibungsdauer und Abschreibungsmethode gem § 203 Abs 5 letzter Satz (Abschreibung des Firmenwertes)	236 Z 3	x
28	Bei Inanspruchnahme von § 206 Abs 3 der im Geschäftsjahr und der insgesamt über die Herstellungskosten hinaus angesetzte Betrag	236 Z 4	x
§ 237	**Ergänzende Angaben zur Erläuterung der Bilanz und der Gewinn- und Verlustrechnung**		
29	Der Gesamtbetrag der Verbindlichkeiten mit einer Restlaufzeit von mehr als fünf Jahren	237 Z 1 a)	
30	Der Gesamtbetrag der Verbindlichkeiten mit einer Restlaufzeit von mehr als einem Jahr	237 Z 1 b)	
31	Der Gesamtbetrag der Verbindlichkeiten, für die dingliche Sicherheiten bestellt sind, unter Angabe von Art und Form der Sicherheiten; die in § **237 Z 1 lit a–c** verlangten Angaben sind jeweils für jeden Posten der Verbindlichkeiten nach dem vorgeschriebenen Gliederungsschema zu machen, sofern sich diese Angaben nicht aus der Bilanz ergeben	237 Z 1 c)	die Angaben gem § 237 Z 1 lit a–c sind zusammengefasst für alle betroffenen Posten zu machen

32	Bei Fremdwährungsbeträgen die Grundlagen für die Umrechnung in Euro	237 Z 2	x
33	Die gem § 199 ausgewiesenen Haftungsverhältnisse sind unter Angabe der Pfandrechte und sonstigen dinglichen Sicherheiten aufzugliedern und zu erläutern; Haftungen gegenüber verbundenen Unternehmen sind jeweils gesondert anzugeben	237 Z 3	x
34	Bei Anwendungen des Umsatzkostenverfahrens: Angabe der Material- und Personalaufwendungen analog zum Gesamtkostenverfahren	237 Z 4	x
35	Wesentliche Verluste aus dem Abgang von Vermögensgegenständen des Anlagevermögens	237 Z 5	
36	Zum in der Gewinn- und Verlustrechnung ausgewiesenen Posten „Steuern vom Einkommen und Ertrag" a) die Auswirkung der Veränderung der unversteuerten Rücklagen auf den Posten „Steuern vom Einkommen und vom Ertrag" des Geschäftsjahres; b) in welchem Umfang die Steuern vom Einkommen und vom Ertrag das Ergebnis der gewöhnlichen Geschäftstätigkeit und das außerordentliche Ergebnis belasten; c) der gem § 198 Abs 10 aktivierbare Betrag, wenn in der Bilanz nicht gesondert ausgewiesen wird	237 Z 6	
37	Erläuterung der in der Bilanz nicht gesondert ausgewiesenen Rückstellungen, wenn sie einen erheblichen Umfang haben	237 Z 7	
38	Der Gesamtbetrag der sonstigen finanziellen Verpflichtungen, die nicht in der Bilanz ausgewiesen und auch nicht nach § 199 anzugeben sind, sofern diese Angabe für die Beurteilung der Finanzlage von Bedeutung ist; davon sind gesondert auszuweisen a) Verpflichtungen gegenüber verbundenen Unternehmen b) Verpflichtungen aus der Nutzung von in der Bilanz nicht ausgewiesenen Sachanlagen (§ 224 Abs 2 A II), wobei der Betrag der Verpflichtungen des folgenden Geschäftsjahres und der Gesamtbetrag der folgenden fünf Jahre anzugeben ist	237 Z 8	

39	Art und Zweck der Geschäfte der Gesellschaft, die nicht in der Bilanz enthalten und auch nicht gemäß Z 8 oder § 199 anzugeben sind und ihre finanziellen Auswirkungen auf die Gesellschaft, vorausgesetzt, dass die Risiken und Vorteile, die aus solchen Geschäften entstehen, wesentlich sind, und sofern die Offenlegung derartiger Risiken und Vorteile für die Beurteilung der Finanzlage der Gesellschaft notwendig ist; Gem § 242 Abs 1 können diese Angaben bei kleinen und mittelgroßen AGs sowie mittelgroßen GesmbHs auf Art und Zweck der Geschäfte beschränkt werden (siehe auch Abschnitt 7.432.1).	§ 237 8a)	
40	Geschäfte der Gesellschaft mit nahe stehenden Unternehmen und Personen im Sinn der gemäß Verordnung (EG) Nr. 1606/2002 übernommenen internationalen Rechnungslegungsstandards Bezüglich des ausführlichen Wortlautes dieser Bestimmung wird auf den Gesetzestext bzw auf Abschnitt 7.432.2 verwiesen. Gem § 242 Abs 1 können diese Angaben bei mittelgroßen GesmbHs unterbleiben; bei kleinen und mittelgroßen AGs gelten weitere Einschränkungen des Inhaltes; auch hier wird auf den genauen Gesetzestext bzw auf Abschnitt 7.432.2 verwiesen.	§ 237 8b)	
41	Die Aufgliederung der Umsatzerlöse nach Tätigkeitsbereichen sowie nach geographisch bestimmten Märkten, soweit sich unter Berücksichtigung der Organisation des Verkaufs von für die gewöhnliche Geschäftstätigkeit des Unternehmens typischen Erzeugnissen und der für die gewöhnliche Geschäftstätigkeit des Unternehmens typischen Dienstleistungen die Tätigkeitsbereiche und geographisch bestimmten Märkte untereinander erheblich unterscheiden. Die Umsatzerlöse brauchen jedoch nicht aufgegliedert zu werden, soweit die Aufgliederung nach vernünftiger unternehmerischer Beurteilung geeignet ist, dem Unternehmen oder einem Unternehmen, von dem das Unternehmen mindestens den fünften Teil der Anteile besitzt, einen erheblichen Nachteil zuzufügen; die Anwendung dieser Ausnahme ist im Anhang anzugeben.	237 Z 9	Braucht von der kleinen AG, der mittelgroßen und kleinen GmbH nicht angewendet werden, gilt also nur für die mittelgroße und große AG und die große GmbH (§ 242 Abs 1).

42	Der in der Bilanz nicht gesondert ausgewiesene Betrag der Einlagen von stillen Gesellschaftern	237 Z 10	x
43	Bei der Anwendung einer Bewertungsmethode nach § 209 Abs 2 die Unterschiedsbeträge für die jeweilige Gruppe, wenn die Bewertung im Vergleich zu einer Bewertung auf der Grundlage des letzten vor dem Abschlussstichtag bekannten Börsenkurses oder Marktpreises einen erheblichen Unterschied aufweist	237 Z 11	
44	Name und Sitz des Mutterunternehmens der Gesellschaft, das den Konzernabschluss für den größten Kreis von Unternehmen aufstellt, und ihres Mutterunternehmens, das den Konzernabschluss für den kleinsten Kreis von Unternehmen aufstellt, sowie im Fall der Offenlegung der von diesem Mutteruntemehmen aufgestellten Konzernabschlüsse der Ort, wo diese erhältlich sind	237 Z 12	x
45	Die im Posten § 231 Abs 2 Z 6 lit c enthaltenen Aufwendungen für Abfertigungen oder ein Hinweis, dass der Posten nur mehr aus Leistungen an betriebliche Mitarbeitervorsorgekassen besteht	237 Z 13	
46	Das Entgelt, das der Abschlussprüfer für das Geschäftsjahr erhalten hat, aufgeschlüsselt nach dem Entgelt für die Prüfung des Jahresabschlusses, dem Entgelt für andere Bestätigungsleistungen, dem Entgelt für Steuerberatungsleistungen und dem Entgelt für sonstige Leistungen. Diese Angabe kann unterbleiben, wenn das Unternehmen in einen Konzernabschluss einbezogen und eine derartige Information darin enthalten ist. Weiters können nach § 242 Abs 1 diese Angaben bei kleinen AGs unterbleiben.	§ 237 Z 14	
47	Für jede Kategorie derivativer Finanzinstrumente: a) Art und Umfang der Finanzinstrumente, b) der beizulegende Zeitwert der betreffenden Finanzinstrumente, soweit sich dieser gemäß Abs 3 verlässlich ermitteln lässt, unter Angabe der angewandten Bewertungsmethoden sowie eines gegebenenfalls vorhandenen Buchwertes und des Bilanzpostens, in welchem der Buchwert erfasst ist	237a Abs 1 Z 1	

48	Für zum Finanzanlagevermögen gehörende Finanzinstrumente, die über ihrem beizulegenden Zeitwert ausgewiesen werden, wenn eine außerplanmäßige Abschreibung gem § 204 Abs 2 zweiter Satz unterblieben ist: a) der Buchwert und der beizulegende Zeitwert der einzelnen Vermögensgegenstände oder angemessener Gruppierungen sowie b) die Gründe für das Unterlassen einer Abschreibung gem § 204 Abs 2 und jene Anhaltspunkte, die darauf hindeuten, dass die Wertminderung voraussichtlich nicht von Dauer ist	§ 237a Abs 1 Z 2	x
§ 238	**Weitere Angaben im Anhang**		
49	In der Bilanz ausgewiesene immaterielle Vermögensgegenstände, die von einem verbundenen Unternehmen oder von einem Gesellschafter, dessen Anteil den zehnten Teil des Nennkapitals erreicht, erworben wurden	238 Z 1	
50	Angaben über Beteiligungsunternehmen (bezüglich Details siehe Gesetzestext)	238 Z 2	x
51	Beziehungen zu verbundenen Unternehmen (bezüglich Details siehe Gesetzestext)	238 Z 3	
52	In Beteiligungserträgen enthaltene Erträge aus Gewinngemeinschaften bzw analoge in den „Aufwendungen aus Finanzanlagen und aus Wertpapieren des Umlaufvermögens“ enthaltene Posten	238 Z 4	
§ 239	**Pflichtangaben über Organe und Arbeitnehmer**		
53	Durchschnittliche Zahl der Arbeitnehmer während des Geschäftsjahres, getrennt nach Arbeitern und Angestellten	239 (1) Z 1	x
54	Vorschüsse, Kredite, Haftungen für Vorstand und Aufsichtsrat (bezüglich Details siehe Gesetzestext)	239 (1) Z 2	x
55	Aufgliederung der Aufwendungen für Abfertigungen und Pensionen nach Vorstandsmitgliedern/leitenden Angestellten und anderen Arbeitnehmern	239 (1) Z 3	
56	Bezüge Vorstand und Aufsichtsrat (bezüglich Details siehe Gesetzestext)	239 (1) Z 4	

57	Angabe der Mitglieder des Vorstandes und Aufsichtsrates	239 (2)	x
§ 240	**Pflichtangaben bei Aktiengesellschaften** (bezüglich Details siehe Gesetzestext)	240	
§ 241	**Unterlassen von Angaben** Enthält zulässige Ausnahmen von Berichterstattungspflichten im Anhang (bezüglich Details siehe Gesetzestext)		§ 241 Abs 2 letzter Satz

7.13 Der Aufbau des Anhanges

Gem § 236 sind im **Anhang** die Bilanz und die Gewinn- und Verlustrechnung sowie die darauf angewandten Bilanzierungs- und Bewertungsmethoden so zu erläutern, dass ein möglichst getreues Bild der Vermögens-, Finanz- und Ertragslage des Unternehmens vermittelt wird.

Aufgrund dieser Vorschrift und den in den §§ 236–241 sowie in anderen Gesetzesstellen angeführten Einzelvorschriften erscheint für die Anwendung in der Praxis folgender Aufbau des Anhanges zweckmäßig:

1. Erläuterung der **Bilanzierungs-** und **Bewertungsmethoden**
   Es wäre durchaus denkbar, dass keinerlei **Einzelvorschriften** anzuwenden sind und dass die Bilanz und die Gewinn- und Verlustrechnung so übersichtlich gestaltet sind, dass dazu keine zusätzlichen Erläuterungen in Erfüllung der Generalklausel erforderlich erscheinen. Dagegen sind aus der Bilanz die angewandten **Bilanzierungs- und Bewertungsmethoden** nicht ersichtlich, sodass dieser Abschnitt in jedem Fall als Pflichtbestandteil eines Anhanges anzusehen ist.
2. Erläuterungen, die sowohl die Bilanz als auch die Gewinn- und Verlustrechnung betreffen.
3. Erläuterungen zur **Bilanz**
4. Erläuterungen zur **Gewinn- und Verlustrechnung**
   In den Abschnitten 2–4 sind sowohl die in den gesetzlichen Vorschriften enthaltenen **Einzelvorschriften** als auch die Angaben, die sich aufgrund der **Generalklausel** als erforderlich erweisen, zu beachten.
5. **Sonstige Angaben**

In den folgenden Abschnitten wird versucht, die im Gesetz angeführten Einzelvorschriften über den Anhang diesen vorgeschlagenen Abschnitten des Anhanges zuzuordnen.

7.2 Erläuterung der Bilanzierungs- und Bewertungsmethoden

7.21 Bilanzierungsmethoden

Unter **Bilanzierungsmethoden** ist die Ausübung von **Bilanzansatzwahlrechten** iSd § 198 Abs 7 und 10 (Aktivierung des Disagios, aktive Steuerabgrenzung), die Ausübung von eventuellen **Passivierungswahlrechten** zu verstehen.

Im Gegensatz zu den Bewertungsmethoden fällt die Ausübung von **Bilanzierungswahlrechten** nicht unter das **Stetigkeitsgebot**; ob allerdings der für die Bewertung geltende Grundsatz der Einheitlichkeit im Hinblick auf das Willkürverbot auch auf die Ausübung von Ansatzwahlrechten auszudehnen ist, muss im Einzelfall entschieden werden (wie zB bei der Bildung von **Aufwandsrückstellungen**).

Durch die Ausübung oder Nichtausübung eines **Ansatzwahlrechtes** wird das Vollständigkeitsgebot des § 196 Abs 1 nicht verletzt.

7.22 Bewertungsmethoden

Bezüglich des Begriffes der **Bewertungsmethode** siehe Abschnitt 2.441.2, allgemeine Grundsätze der Bewertung/Stetigkeitsgebot. Gemäß den EB zu § 236 sind die **Abschreibungsmethoden** Bestandteil der Bewertungsmethoden.

Zu beschreibende Sachverhalte

In diesem Abschnitt ist in erster Linie auf die Ausübung von **Bewertungswahlrechten** einzugehen; dass zwingende unternehmensrechtliche Bewertungsvorschriften beachtet wurden, braucht selbstverständlich nicht im Einzelnen angegeben werden. Gemäß den EB zu § 236 soll die Ausübung der von Gesetz und den Grundsätzen ordnungsmäßiger Buchführung offen gelassenen Wahlmöglichkeiten und Ermessensspielräume offen gelegt werden.

Im Folgenden werden beispielsweise die bei der Darstellung der **Bewertungsmethoden** in Frage kommenden Sachverhalte genannt:

Immaterielle Vermögensgegenstände und Sachanlagevermögen

Abschreibungsmethode (zB linear, degressiv).

Rahmen der Abschreibungssätze bzw der Nutzungsdauer bei den wichtigsten Anlagengruppen.

Vorgangsweise bei außerplanmäßigen Abschreibungen und Zuschreibungen. Ermittlung der Herstellungskosten von selbsterstellten Anlagen.

Finanzanlagevermögen

Insbesondere Berücksichtigung außerplanmäßiger Abschreibungen, Durchführung und Unterlassung von Zuschreibungen.

Vorräte

Bei Roh-, Hilfs-, Betriebsstoffen und Waren die Art der Ermittlung der Anschaffungskosten (Einzelfeststellung, Anwendung von Bewertungsvereinfachungsverfahren gem § 209 Abs 2, Ansatz von Festwerten).

Bei unfertigen und fertigen Erzeugnissen die Art der Ermittlung der Herstellungskosten.

Bei noch nicht abrechenbaren Leistungen die Art der Ermittlung der Herstellungskosten und die Vorgangsweise bei der Ausübung des Bewertungswahlrechtes hinsichtlich angemessener Teile der Verwaltungs- und Vertriebskosten.

Forderungen

Vorgangsweise beim Ansatz von Einzel- und Pauschalwertberichtigungen.

Rückstellungen

Vorgangsweise bei Ermittlung der Abfertigungsrückstellung und der Pensionsrückstellung (zB Rechnungszinssatz, Anwendung des Teilwertverfahrens oder des Gegenwartswertverfahrens, Anwendung der Übergangsbestimmungen gemäß Artikel X), Vorgangsweise bei der Berechnung sonstiger wesentlicher Rückstellungen.

Angaben, die keinen bestimmten Bilanzposten zuordenbar sind:

Vorgangsweise bei der **Währungsumrechnung** (§ 237 Z 2), Berücksichtigung von Kurssicherungsgeschäften;

Angabe des Betrages der im Geschäftsjahr aus steuerrechtlichen Gründen unterlassenen Zuschreibungen und das Ausmaß erheblicher künftiger steuerlicher Belastungen, die sich aus einer solchen Bewertung ergeben (§ 208 Abs 3);

Angabe der **Unterschiedsbeträge** bei der Anwendung der **Bewertungsmethode nach § 209 Abs 2** bei erheblichem Unterschied gegenüber dem Börsenkurs oder Marktpreis (§ 237 Z 11).

7.23 Abweichungen von Bilanzierungs- und Bewertungsmethoden

Gem § 236 Z 1 sind im Anhang insbesondere anzugeben „**Abweichungen von Bilanzierungs- und Bewertungsmethoden**; diese sind zu begründen und ihr Einfluss auf die Vermögens-, Finanz- und Ertragslage ist gesondert darzustellen“.

Abweichungen von Bilanzierungsmethoden

Da sich das Stetigkeitsgebot nur auf Bewertungsmethoden bezieht, erscheint im Falle der Änderung von Bilanzierungsmethoden nur eine Berichterstattung, nicht jedoch eine ausdrückliche Begründung erforderlich.

Abweichungen von Bewertungsmethoden

Die Berichterstattungspflicht im Zusammenhang mit Abweichungen von **Bewertungsmethoden** bezieht sich auf den jeweiligen Bilanzposten und die Beschreibung der Abweichungen gegenüber der Bewertungsmethode des Vorjahres; das Vorliegen eines besonderen Umstandes iSd § 201 Abs 2 muss sich aus der Begründung ergeben (hinsichtlich der besonderen Umstände siehe Ausführungen im Abschnitt 2.441.5).

Der Einfluss von Änderungen der Bilanzierungs- und Bewertungsmethoden auf die **Vermögens-, Finanz- und Ertragslage** ist gesondert darzustellen. Dies erfordert in der Regel zahlenmäßige Angaben über die Auswirkungen, da sonst die Höhe des Einflusses auf die Vermögens-, Finanz- und insbesondere auf die Ertragslage nicht ausreichend erkennbar ist, wobei allerdings auch hier das **Wesentlichkeitsprinzip** zu beachten ist.

7.3 Erläuterungen zur Bilanz und zur Gewinn- und Verlustrechnung

7.31 Die Generalklausel

Art und Umfang der Berichterstattung zur Bilanz und Gewinn- und Verlustrechnung werden einerseits durch die **Generalklausel**, andererseits durch die **Einzelvorschriften** des Gesetzes bestimmt. Wenn für einen bestimmten Sachverhalt keine gesonderten Vorschriften bestehen, ist zu entscheiden, ob seine Darstellung für die Vermittlung eines möglichst getreuen Bildes der Vermögens-, Finanz- und Ertragslage erforderlich ist. Die Berücksichtigung im Anhang ist somit von den Umständen des konkreten Einzelfalles abhängig; die Entscheidung darüber obliegt den für die Aufstellung des Jahresabschlusses jeweils verantwortlichen Personen. Bei prüfungspflichtigen Gesellschaften hat der Abschlussprüfer zu beurteilen, ob der Inhalt des Anhanges den gesetzlichen Anforderungen entspricht.

Die EB zu § 236 geben dazu folgende Erläuterung: „Abweichend von der Bilanzrichtlinie und dem dHGB enthält Abs 1 eine **Generalklausel** auch für den Anhang. Daraus können sich zusätzlich Erläuterungspflichten ergeben, insbesondere wenn sich eine Position gegenüber dem Vorjahr wesentlich verändert hat."

In den folgenden Abschnitten werden die einzelnen Gesetzesbestimmungen besprochen, soweit sie sich auf die Erläuterung der Bilanz und der Gewinn- und Verlustrechnung beziehen (vgl Abschnitt 7.13, Aufbau des Anhanges), wobei gleichzeitig soweit wie möglich eine Zuordnung entsprechend der Bilanzgliederung (§ 224) vorgenommen werden wird.

7.32 Erläuterungen, die sowohl die Bilanz als auch die Gewinn- und Verlustrechnung betreffen

Zu diesen Angaben können gerechnet werden:

1) § 222 Abs 2 zweiter Satz: „Wenn dies (nämlich die Vermittlung eines möglichst getreuen Bildes der Vermögens-, Finanz- und Ertragslage des Unternehmens) aus besonderen Umständen nicht gelingt, sind im **Anhang** die erforderlichen zusätzlichen Angaben zu machen."
Diese Vorschrift wird nur relativ seltene Einzelfälle betreffen. Es wäre zB denkbar, dass solche zusätzlichen Angaben erforderlich sind, wenn ein Unternehmen in größerem Umfang **nicht aktivierungsfähige Vermögensgegenstände** des Anlagevermögens herstellt, aus deren Verwertung in Folgejahren hohe Erträge erwartet werden können, deren Nichtaktivierbarkeit aber im Abschlussjahr zu erheblichen Verlusten führt, sodass bei einer Gesamtbetrachtung die Ertragslage des Unternehmens unzutreffend dargestellt wird.
Die Bilanzrichtlinie geht in Artikel 2 Abs 5 über diese zusätzliche Erläuterungspflicht weit hinaus und schreibt vor, dass dann, wenn in Ausnahmefällen die Anwendung einer Vorschrift dieser Richtlinie mit der in Abs 3 vorgesehenen Verpflichtung (ein den tatsächlichen Verhältnissen entsprechendes Bild der Vermögens-, Finanz- und Ertragslage der Gesellschaft zu vermitteln) unvereinbar ist, von der **betreffenden Vorschrift abgewichen werden muss**, um sicherzustellen, dass ein den tatsächlichen Verhältnissen entsprechendes Bild entsteht (Vorrang des **„true and fair view"** vor den Einzelvorschriften).
2) Gem § 223 Abs 1 sind Abweichungen von der einmal gewählten **Form der Darstellung**, insbesondere der Gliederung der aufeinanderfolgenden Bilanzen und Gewinn- und Verlustrechnungen, im Anhang anzugeben und zu begründen.
3) Gem § 223 Abs 2 ist anzugeben und zu erläutern, wenn eine **Vergleichbarkeit mit Vorjahresbeträgen** nicht gegeben ist, oder wenn der Vorjahresbetrag angepasst wurde.
4) § 223 Abs 3 enthält Angabepflichten für den Fall, dass die Gesellschaft **mehrere Geschäftszweige** mit verschiedenen Gliederungsvorschriften betreibt.
5) Zu den Vorschriften, die das gesamte Rechenwerk betreffen, wird man auch den § 225 Abs 1 rechnen können, wonach zu erläutern ist, ob bei Ausweis eines Postens **„negatives Eigenkapital" eine Überschuldung im Sinne des Insolvenzrechts vorliegt**. Bei der Beurteilung dieses Postens sind ua zu beachten:
Die Aussichten für das Weiterbestehen des Unternehmens, die vorwiegend von den Ertragsaussichten abhängen werden; davon hängt es auch ab, ob eine Bewertung nach dem Grundsatz der **Unternehmensfortführung** noch zulässig ist, oder ob auf **Liquidationswerte** übergegangen werden muss.

Das Bestehen von Ausgleichsposten zum ausgewiesenen Fehlkapital, wie zB der Eigenkapitalanteil in den unversteuerten Rücklagen, bestehende stille Reserven, Rückstehungserklärungen im Zusammenhang mit Gesellschafterdarlehen, nicht eingeforderte ausstehende Einlagen, Patronatserklärungen.

7.33 Erläuterungen zur Bilanz

In diesem Abschnitt werden die entsprechenden Vorschriften über den Anhang nach Möglichkeit nach Bilanzposten geordnet dargestellt.

7.331 Allgemeine Vorschriften

1) § 223 Abs 6:
   Wenn von der **Zusammenfassungsmöglichkeit** des § 223 Abs 6 Z 2 Gebrauch gemacht wird, müssen die zusammengefassten Posten im Anhang aufgegliedert werden.
2) § 223 Abs 5:
   Angabe der **Mitzugehörigkeit** von Vermögensgegenständen oder Verbindlichkeiten zu mehreren Posten der Bilanz, wenn kein entsprechender Vermerk in der Bilanz durchgeführt wurde und dies zur Aufstellung eines klaren und übersichtlichen Jahresabschlusses erforderlich ist.

7.332 Aktivseite der Bilanz

7.332.1 Anlagevermögen

1) Darstellung der **Entwicklung** der einzelnen Posten des Anlagevermögens gem § 226 Abs 1, wenn nicht in der Bilanz durchgeführt.
2) Angabe der **Abschreibungen des Geschäftsjahres** entsprechend der Gliederung des Anlagevermögens, wenn nicht in der Bilanz vermerkt; es erscheint zweckmäßig, diese Aufgliederung im Zusammenhang mit dem Anlagevermögen durchzuführen und nicht als Aufgliederung zu den entsprechenden Posten der Gewinn- und Verlustrechnung (§ 226 Abs 1).
3) Angabe des **Grundwertes** bei Grundstücken, wenn nicht in der Bilanz vermerkt (§ 225 Abs 7).
4) Angabe des Gesamtbetrages der eventuell gem § 203 Abs 4 im Rahmen der Herstellungskosten **aktivierten Zinsen** und ähnlicher Aufwendungen (§ 236 Z 2).
5) Beim **Geschäftswert** die Gründe für die gewählte Abschreibungsdauer und Abschreibungsmethode (§ 236 Z 3).
6) Gem § 227 sind **Ausleihungen** mit einer Restlaufzeit bis zu einem Jahr im Anhang anzugeben.
7) Gem § 208 Abs 3 ist der Betrag der im Geschäftsjahr aus steuerrechtlichen Gründen unterlassenen Zuschreibungen anzugeben und das Ausmaß erhebli-

cher künftiger steuerlicher Belastungen, die sich aus einer solchen Bewertung ergeben, anzuführen.

8) Gem § 238 Z 1 sind in der Bilanz ausgewiesene **immaterielle Vermögensgegenstände** anzugeben, die von einem verbundenen Unternehmen oder von einem Gesellschafter, dessen Anteil den zehnten Teil des Nennkapitals erreicht, erworben wurden.

7.332.2 Vorräte

1) Gem § 236 Z 2 sind eventuell im Rahmen der Herstellungskosten **aktivierte Zinsen** und ähnliche Aufwendungen anzugeben.
2) Bei **Aufträgen gem § 206 Abs 3**, deren Ausführung sich über mehr als 12 Monate erstreckt, ist der Betrag anzugeben, der im Abschlussjahr und der insgesamt über die Herstellungskosten angesetzt worden ist (§ 236 Z 4).
3) Angabe eines Unterschiedsbetrages nach § 237 Z 11.

7.332.3 Forderungen und sonstige Vermögensgegenstände

1) Gem § 225 Abs 3 ist der Betrag der Forderungen mit einer **Restlaufzeit von mehr als einem Jahr** bei jedem gesondert ausgewiesenen Posten in der Bilanz anzumerken oder im Anhang anzugeben.
2) Sind unter dem Posten **„Sonstige Forderungen und Vermögensgegenstände“** Erträge enthalten, die erst nach dem Abschlussstichtag zahlungswirksam werden, so müssen diese Beträge, soweit sie wesentlich sind, im Anhang erläutert werden (§ 225 Abs 3).
3) Gem § 225 Abs 4 ist bei Forderungen die **wechselmäßige Verbriefung** im Anhang anzugeben.
4) Gem § 226 Abs 5 ist der Betrag einer **Pauschalwertberichtigung** zu Forderungen für den entsprechenden Posten der Bilanz im Anhang anzugeben.

Besonders wenn von der Zusammenfassungsmöglichkeit des § 223 Abs 6 Z 2 Gebrauch gemacht wurde, kann es zweckmäßig sein, alle geforderten Angaben in einer gesonderten Aufstellung, dem **„Forderungsspiegel“**, zusammenzufassen, zB in folgender Form:

	Bezeichnung der Forderung	Abschlussjahr	Vorjahr
1.	Gesamtbetrag		
	davon Restlaufzeit von mehr als einem Jahr		
	davon wechselmäßig verbrieft		
	abgezogene Pauschalwertberichtigung		

7.332.4 Wertpapiere und ähnliche Rechte

Angaben über die **eigenen Aktien** der Gesellschaft (§ 240 Z 3); bezüglich Details wird auf den Gesetzestext verwiesen.

7.333 Passivseite der Bilanz

7.333.1 Eigenkapital

1) Auf die Erläuterungspflicht des **„negativen Eigenkapitals"** wurde bereits im Abschnitt 5.118 hingewiesen.
2) AGs haben gem § 240 bestimmte Pflichtangaben zu machen; bezüglich Details wird auf den Gesetzestext verwiesen.

Zusätzliche Erläuterungspflichten könnten sich im Zusammenhang mit der Darstellung des Eigenkapitals der GmbH & Co KG ergeben. Diesbezüglich wird auf Abschnitt 5.143 verwiesen.

7.333.2 Unversteuerte Rücklagen

Gem § 230 Abs 2 ist die Zuweisung zur und die Auflösung der **Bewertungsreserve** entsprechend den Posten des Anlagevermögens gesondert anzuführen, wenn dies nicht bereits in der Bilanz durchgeführt wurde.

7.333.3 Rückstellungen

1) Gem § 237 Z 7 sind in der Bilanz nicht gesondert ausgewiesene Rückstellungen, wenn sie einen **erheblichen Umfang** haben, anzugeben und zu erläutern.
2) Gesonderte Angabe einer passiven Steuerabgrenzung, wenn nicht in der Bilanz angeführt (§ 198 Abs 9).

7.333.4 Verbindlichkeiten

1) Gem § 225 Abs 6 ist der Betrag der Verbindlichkeiten mit einer **Restlaufzeit bis zu einem Jahr** bei jedem gesondert ausgewiesenen Posten in der Bilanz anzumerken oder im Anhang anzugeben.
2) Sind unter dem Posten **„Sonstige Verbindlichkeiten"** Aufwendungen enthalten, die erst nach dem Abschlussstichtag zahlungswirksam werden, so sind sie, wenn sie wesentlich sind, im Anhang zu erläutern (§ 225 Abs 6, letzter Satz).
3) Gem § 237 Z 1 sind im Anhang zu den Verbindlichkeiten anzugeben:
   a) Der Gesamtbetrag der Verbindlichkeiten mit einer **Restlaufzeit von mehr als 5 Jahren**.
   b) Der Gesamtbetrag der Verbindlichkeiten mit einer Restlaufzeit von mehr als einem Jahr.
   c) Der Gesamtbetrag der Verbindlichkeiten, für die dingliche Sicherheiten bestellt sind, unter Angabe von Art und Form der Sicherheiten.

   Die zu a) bis c) verlangten Angaben sind jeweils für jeden Posten der Verbindlichkeiten nach dem vorgeschriebenen Gliederungsschema zu machen, sofern sich diese Angaben nicht aus der Bilanz ergeben.

4) Anzugeben ist gem § 237 Z 10 der in der Bilanz nicht gesondert ausgewiesene Betrag der Einlagen von stillen Gesellschaftern.
5) Zu den Pflichtangaben bei **Aktiengesellschaften** (§ 240) gehören auch Angaben zu den **Wandelschuldverschreibungen** (Z 6) und die Angabe des Betrages des unter den Verbindlichkeiten ausgewiesenen **nachrangigen Kapitals** (Z 8).

Besonders wenn von der **Zusammenfassungsmöglichkeit** des § 223 Abs 6 Z 2 Gebrauch gemacht wurde, kann es zweckmäßig sein, alle diese Angaben in einer gesonderten Aufstellung, dem **„Verbindlichkeitenspiegel"**, zusammenzufassen, siehe dazu Abschnitt 5.512.

7.334 Haftungsverhältnisse, sonstige Verpflichtungen

1) Gem § 237 Z 3 sind die gem § 199 ausgewiesenen Haftungsverhältnisse unter Angabe der Pfandrechte und sonstigen dinglichen Sicherheiten aufzugliedern und zu erläutern, wobei Haftungen gegenüber verbundenen Unternehmen jeweils gesondert anzugeben sind.
2) Gem § 237 Z 8 ist der Gesamtbetrag der sonstigen finanziellen Verpflichtungen, die nicht in der Bilanz ausgewiesen und auch nicht nach § 199 anzugeben sind, darzustellen, sofern diese Angabe für die Beurteilung der Finanzlage von Bedeutung ist. Dabei sind gesondert auszuweisen:
   a) Verpflichtungen gegenüber verbundenen Unternehmen
   b) Verpflichtungen aus der Nutzung von in der Bilanz nicht ausgewiesenen Sachanlagen (§ 224 Abs 2 A II), wobei der Betrag der Verpflichtungen des folgenden Geschäftsjahres und der Gesamtbetrag der folgenden fünf Jahre anzugeben ist.

7.335 Angaben über derivative Finanzinstrumente und über dem beizulegenden Zeitwert ausgewiesene Finanzinstrumente des Finanzanlagevermögens (§ 237a)

Aufgrund der europarechtlichen Verpflichtung erfolgte die Umsetzung der Fair-Value-Richtlinie mit dem Fair Value-Bewertungsgesetz (FVBG), mit dem das UGB durch Einfügung der §§ 237a, 266 Z 9 und 10 und § 267 Abs 3 Z 4 geändert wurde. Österreich hat zwar das Wahlrecht in Anspruch genommen, den Anwendungsbereich der Fair-Value-Richtlinie auf den nach IAS/IFRS aufgestellten Konzernabschluss zu beschränken, musste jedoch unabhängig davon Angaben über Finanzinstrumente in den Anhang des Einzelabschlusses aufnehmen.

§ 237a lautet:

> *(1) Im Anhang sind weiters anzugeben*
>
> *1. Für* ***jede Kategorie derivativer Finanzinstrumente****:*
>
> *a)* ***Art und Umfang*** *der Finanzinstrumente,*
>
> *b) der* ***beizulegende Zeitwert*** *der betreffenden Finanzinstrumente, soweit sich dieser gemäß Abs. 3 verlässlich ermitteln lässt, unter Angabe der angewandten Bewertungsmethoden sowie eines gegebenenfalls vorhandenen Buchwertes und des Bilanzpostens, in welchem der Buchwert erfasst ist;*
>
> *2. für zum Finanzanlagevermögen gehörigen Finanzinstrumente, die über ihrem* ***beizulegenden Zeitwert*** *ausgewiesen werden, wenn eine außerplanmäßige Abschreibung gem § 204 Abs. 2 zweiter Satz unterblieben ist:*
>
> *a) der Buchwert und der beizulegende Zeitwert der einzelnen Vermögensgegenstände oder angemessener Gruppierungen sowie*
>
> *b) die Gründe für das Unterlassen einer Abschreibung gem § 204 Abs. 2 und jene Anhaltspunkte, die darauf hindeuten, dass die Wertminderung voraussichtlich nicht von Dauer ist.*
>
> *(2) Als* ***derivative Finanzinstrumente*** *gelten auch Verträge über den Erwerb oder die Veräußerung von Waren, bei denen jeder der Vertragsparteien zur Abgeltung in bar oder durch ein anderes Finanzinstrument berechtigt ist, es sei denn, der Vertrag wurde geschlossen, um einen für den Erwerb, die Veräußerung oder den eigenen Gebrauch erwarteten Bedarf abzusichern, sofern diese Zweckwidmung von Anfang an bestand und nach wie vor besteht und der Vertrag mit der Lieferung der Ware als erfüllt gilt.*
>
> *(3) Der beizulegende Zeitwert entspricht dem Marktwert, sofern ein solcher feststellbar ist. Hat ein Finanzinstrument keinen Marktwert, so ist der beizulegende Zeitwert, sofern dies möglich ist, aus den Marktwerten der einzelnen Bestandteile des Finanzinstruments oder aus dem Marktwert eines gleichartigen Finanzinstruments abzuleiten, anderenfalls mit Hilfe allgemein anerkannter Bewertungsmodelle und -methoden zu bestimmen, sofern diese eine angemessene Annäherung an den Marktwert gewährleisten. Bei der Anwendung allgemein anerkannter Bewertungsmodelle und -methoden sind die zentralen Annahmen anzugeben, die jeweils der Bestimmung des beizulegenden Zeitwertes zugrunde gelegt wurden.*

§ 237a behandelt zwei in keinem Zusammenhang stehende Angabevorschriften, und zwar Angaben über **derivative Finanzinstrumente** einerseits (Abs 1 Z 1, Abs 2 und 3) und Angaben über **Finanzanlagen**, bei deren Bewertung von der Möglichkeit des **gemilderten Niederstwertprinzips** nicht Gebrauch gemacht wurde (Abs 1 Z 2), andererseits.

7.335.1 Begriff der Finanzinstrumente im Allgemeinen

Die Umsetzung der Fair-Value-Richtlinie brachte mit dem Fair-Value-Bewertungsgesetz erstmals den Begriff **Finanzinstrumente** in das UGB.

Finanzinstrumente sind eine Sammelbezeichnung für **originäre und derivative finanzielle Vermögenswerte und finanzielle Verbindlichkeiten**, die im IAS 32, Par 11 folgendermaßen definiert werden:

> *Ein Finanzinstrument ist ein Vertrag, der gleichzeitig bei dem einen Unternehmen zu einem **finanziellen Vermögenswert** und bei dem anderen Unternehmen zu einer **finanziellen Verbindlichkeit** oder zu einem **Eigenkapitalinstrument** führt.*

7.335.11 Finanzielle Vermögenswerte

IAS 32 macht bei der Aufzählung der Finanzinstrumente grundsätzlich keinen Unterschied zwischen Anlage- und Umlaufvermögen. Die Zuordnung der finanziellen Vermögenswerte zum Anlage- oder Umlaufvermögen hängt von deren Funktion ab. Sind sie dazu bestimmt, dauernd dem Geschäftsbetrieb des Unternehmens zu dienen, zählen sie zum **Finanzanlagevermögen, andernfalls zum Finanzumlaufvermögen**.

Zu den **finanziellen Vermögenswerten** zählen das **Finanzanlagevermögen** gem § 224 Abs 2 III und das **Finanzumlaufvermögen** mit den Posten § 224 Abs 2 B II, III und IV, wobei gem den Bestimmungen des IAS 32 die Posten unter B II nur dann zu den finanziellen Vermögenswerten gehören, wenn sie auf vertraglicher Basis beruhen und nicht auf öffentlich rechtliche Bestimmungen, wie beispielsweise Steuerforderungen.

7.335.12 Finanzielle Verbindlichkeiten

Zu den **finanziellen Verbindlichkeiten** gehören im Wesentlichen die Verbindlichkeiten gem § 224 Abs 2 D wenn sie auf einer vertraglichen Verpflichtung basieren, flüssige Mittel oder einen anderen finanziellen Vermögenswert an ein anderes Unternehmen abzugeben. **Steuerschulden und sonstige öffentlich-rechtliche Abgaben** sind, ebenso wie **erhaltene Anzahlungen auf Bestellungen**, keine finanziellen Verbindlichkeiten.

Für Rückstellungen gilt die gleiche Kategorisierung wie für Verbindlichkeiten.

7.335.13 Eigenkapitalinstrumente

sind Anteile jeder Art an Unternehmen (Beteiligungen, eigene und fremde Aktien, GmbH-Anteile, Anteile als „Stiller Gesellschafter“, derivative Finanzinstrumente auf das Eigenkapital etc).

7335.14 Derivative Finanzinstrumente

Ein **derivatives Finanzinstrument** ist gemäß IAS 39/9 ein Finanzinstrument mit folgenden drei Merkmalen:

a) seine Wertentwicklung ist an einen bestimmten Zinssatz, den Preis eines Finanzinstruments, einen Rohstoffpreis, Wechselkurs, Preis oder Zinsindex, ein Bonitätsrating oder einen Kreditindex oder eine ähnliche Variable gekoppelt, sofern bei einer nichtfinanziellen Variablen diese nicht spezifisch für eine der Vertragsparteien ist (auch „Basis" genannt);
b) es erfordert keine Anfangsauszahlung oder eine, die im Vergleich zu anderen Vertragsformen, von denen zu erwarten ist, dass sie in ähnlicher Weise auf Änderungen der Marktbedingungen reagieren, geringer ist; und
c) es wird zu einem späteren Zeitpunkt beglichen.

7.335.2 Angaben für jede Kategorie derivativer Finanzinstrumente

7.335.21 Angabe von Art und Umfang

§ 237a verlangt die Berichterstattung nach einzelnen Kategorien derivativer Finanzinstrumente ohne Definition, was unter „Kategorien" zu verstehen ist. Auch IAS 39 spricht in Abschnitt 9 nicht von Kategorien derivativer Finanzinstrumente, sondern von Kategorien von Finanzinstrumenten insgesamt.

Grundsätzlich sollten die derivativen Finanzinstrumente entsprechend den ihnen zugrunde liegenden Risiken zumindest in folgende Kategorien untergliedert werden:

- zinsbezogene Geschäfte
- währungsbezogene Geschäfte
- aktien-/indexbezogene Geschäfte
- sonstige Geschäfte

Mehreren Kategorien zuzuordnende derivative Finanzinstrumente (zB cross currency Zinsswaps) könnten unter einer eigenen Kategorie oder gesondert unter den sonstigen Geschäften erfasst werden.

Als Arten derivativer Finanzinstrumente sind Optionen, Futures, Swaps und Forwards zu nennen.

In der AFRAC-Stellungnahme „Die unternehmensrechtliche Bilanzierung von Derivaten und Sicherungsinstrumenten" (Dezember 2011) wird zwischen **symmetrischen Derivaten** (Rz 3) und **asymmetrischen Derivaten** unterschieden.

Symmetrische Derivate sind solche, bei denen die Vertragspartner bei Vertragsabschluss gleichwertige Rechte und Pflichten eingehen. Dazu gehören lt Rz 3 Kauf- und Verkaufsverträge auf Termin, die entweder an Terminbörsen

(„Futures") oder im „over-the-counter"-Handel mit Banken abgeschlossen werden („Forwards") sowie Zinsgeschäfte, bei denen Zahlungen von Unterschieden zwischen festen und variablen Zinsen abhängen (zB „Forward Rate Agreements", die sich nur auf eine Zinsperiode beziehen und „Zinsswaps", die sich auf mehrere Zinsperioden beziehen.

Bei den **asymmetrischen Derivaten** handelt es sich gem Rz 4 um Derivate, bei denen der Käufer ein Recht erwirbt und dafür eine Gegenleistung (meist in Form einer Prämie) erbringt. Der Stillhalter geht eine entsprechende Verpflichtung ein. Solche Finanzinstrumente sind beispielsweise Optionen oder Zinsbegrenzungsvereinbarungen (Caps oder Floors).

> ***Beispiele:*** *Erwerb einer Option, zu einer bestimmten Zeit eine Aktie zu einem bestimmten Preis zubeziehen.*
>
> *Wenn Derivate von mehreren Risikoparametern abhängig sind (zB Cross Currency Zinsswap) spricht Rz 4 von „mehrdimensionalen Derivaten".*

7.335.22 Angabe des beizulegenden Zeitwertes

§ 237a Abs 3 setzt den beizulegenden Zeitwert gleich mit dem **Marktwert**, sofern ein solcher feststellbar ist. Hat ein Finanzinstrument keinen Marktwert, so ist der beizulegende Zeitwert, sofern dies möglich ist, **aus den Marktwerten** der einzelnen Bestandteile des Finanzinstruments oder aus dem Marktwert eines gleichartigen Finanzinstruments **abzuleiten**, andernfalls mit Hilfe **allgemein anerkannter Bewertungsmodelle und -methoden** zu bestimmen, sofern diese eine angemessene Annäherung an den Marktwert gewährleisten. Bei der Anwendung allgemein anerkannter Bewertungsmodelle und -methoden sind die zentralen Annahmen anzugeben, die jeweils der Bestimmung des beizulegenden Zeitwertes zugrunde gelegt wurden.

Anzugeben sind **Art, Umfang und beizulegender Zeitwert** aller **Kategorien** der Finanzinstrumente, gleichgültig, ob diese bilanziert sind oder nicht.

Für den Umfang der dazu notwendigen Berichtspflichten können die Bestimmungen von IFRS 7 und IAS 39 herangezogen werden, die ebenfalls für Finanzinstrumente umfassende Angaben über die Bilanzierungs- und Bewertungsmethoden vorsehen.

Für **kleine GmbHs** entfällt diese Berichtspflicht.

7.335.3 Angaben zu den über ihrem beizulegenden Zeitwert ausgewiesenen Finanzinstrumenten des Finanzanlagevermögens

Grundsätzlich gehören **alle Posten** des Finanzanlagevermögens zu den **Finanzinstrumenten**.

Gem § 204 Abs 2 sind Gegenstände des Anlagevermögens bei voraussichtlich dauernder Wertminderung ohne Rücksicht darauf, ob ihre Nutzung zeitlich begrenzt ist, außerplanmäßig auf den niedrigeren Wert abzuschreiben, der ihnen am Abschlussstichtag unter Bedachtnahme auf die Nutzungsmöglichkeit im Unternehmen beizulegen ist. Bei Finanzanlagen **dürfen** solche Abschreibungen auch vorgenommen werden, wenn die **Wertminderung voraussichtlich nicht von Dauer** ist.

Die Bestimmung des § 204 Abs 2 zweiter Satz gibt den Unternehmen das **Wahlrecht**, eingetretene Wertverluste, die voraussichtlich nicht von Dauer sind, entweder durch eine außerplanmäßige Abschreibung zu berücksichtigen oder auf die außerplanmäßige Abschreibung zu verzichten. Im letzteren Fall wird in der Bilanz der entsprechende Posten solange zu einem **über dem beizulegenden Zeitwert liegenden Bilanzwert** ausgewiesen, bis die Wertminderung wieder weggefallen ist. Solche Fälle finden sich häufig bei **Wertpapieren, insbes Anleihen und Aktien, aber auch bei Anteilen an anderen Unternehmen**.

Zur Verhinderung von Missbräuchen, die insbesondere dann auftreten werden, wenn es dem Unternehmen ohnehin schlecht geht, und zur besseren **Information der Bilanzadressaten**, in welchem Ausmaß auf eine Abschreibung verzichtet wurde, verlangt der Gesetzgeber nunmehr die Angabe des **Buchwertes** und des **beizulegenden Zeitwertes** und die Angabe jener **Anhaltspunkte**, die darauf hindeuten, dass die **Wertminderung nicht von Dauer** ist.

Die Offenlegung hat entweder für einzelne Vermögensgegenstände oder für angemessene Gruppierungen zu erfolgen.

7.34 Erläuterungen zur Gewinn- und Verlustrechnung

Hier sind folgende Vorschriften anzuführen:

1) § 223 Abs 6 Z 2; **Aufgliederung** von in der Gewinn- und Verlustrechnung zulässigerweise **zusammengefassten Posten**. In der Gewinn- und Verlustrechnung könnten davon nur die Materialaufwendungen, Personalaufwendungen, die sonstigen betrieblichen Erträge und die sonstigen betrieblichen Aufwendungen betroffen sein.
2) Gem § 232 Abs 4 sind „die gemäß § 205 Abs 1 notwendigen Zuführungen zu **unversteuerten Rücklagen**, sowie die Erträge aus deren Auflösung unter Hinweis auf die maßgebliche **steuerliche Rechtsgrundlage** gesondert anzuführen“ (Wahlrecht zwischen Angabe im Anhang oder in der Gewinn- und Verlustrechnung).
3) Gem § 233 sind **außerordentliche Erträge und außerordentliche Aufwendungen** sowie **Erträge und Aufwendungen, die einem anderen Geschäftsjahr zuzuordnen sind**, zu erläutern, soweit sie für die Beurteilung der Ertragslage nicht von untergeordneter Bedeutung sind.

4) § 237 Z 4 sieht bei Anwendung des **Umsatzkostenverfahrens** die Angabe von Aufwandsposten vor, die beim Umsatzkostenverfahren nicht gesondert ausgewiesen sind (Materialaufwand, Personalaufwand).
5) Gem § 237 Z 5 sind wesentliche Verluste aus dem Abgang von Gegenständen des Anlagevermögens anzugeben.
6) In Zusammenhang mit dem Posten **„Steuern vom Einkommen und vom Ertrag"** sind folgende Erläuterungen vorgesehen (§ 237 Z 6):
   a) die Auswirkung der Veränderung der unversteuerten Rücklagen auf den Posten „Steuern vom Einkommen und vom Ertrag" des Geschäftsjahres;
   b) in welchem Umfang die Steuern vom Einkommen und vom Ertrag das Ergebnis der gewöhnlichen Geschäftstätigkeit und das außerordentliche Ergebnis belasten;
   c) der Unterschied zwischen dem Steueraufwand, der dem Geschäftsjahr und den früheren Geschäftsjahren zugerechnet wird, und den für diese Geschäftsjahre gezahlten oder zu zahlenden Steuern, sofern dieser Unterschied für den künftigen Steueraufwand von Bedeutung ist.
7) § 237 Z 9 sieht die Aufgliederung der Umsatzerlöse nach Tätigkeitsbereichen sowie nach geographisch bestimmten Märkten vor, wobei hier allerdings eine besondere Schutzklausel eingreifen kann. Die zusätzlichen Angaben zum Umsatz sind nur für die mittelgroße AG und für die große AG und GmbH erforderlich.
8) Gem § 237 Z 13 sind die im Posten § 231 Abs 2 Z 6 lit c enthaltenen Aufwendungen für Abfertigungen anzugeben bzw ist darauf zu verweisen, dass der Posten nur mehr aus Leistungen an betriebliche Mitarbeitervorsorgekassen besteht.
9) Gem § 238 Z 4 sind die in den **Beteiligungserträgen** und in den **Aufwendungen aus Finanzanlagen und aus Wertpapieren des Umlaufvermögens** enthaltenen Erträge und Aufwendungen aus Gewinngemeinschaften anzugeben.
10) Gem § 239 Abs 1 Z 3 sind die Aufwendungen für **Abfertigungen und Pensionen** getrennt nach solchen für Vorstandsmitglieder und leitende Angestellte gem § 80 Abs 1 AktG und für andere Arbeitnehmer anzugeben.

7.4 Sonstige Angaben im Anhang

In diesem Abschnitt werden jene Angaben des Anhanges behandelt, die nicht unmittelbar mit einzelnen Posten der Bilanz und der Gewinn- und Verlustrechnung in Zusammenhang stehen.

7.41 Nicht rechtsformspezifische Angaben

Aus § 238 (weitere Angaben im Anhang)

1) Gem § 238 Z 2 sind eine Reihe von **Angaben über Beteiligungsunternehmen** anzuführen, und zwar:

Namen und Sitz anderer Unternehmen, von denen das Unternehmen oder für dessen Rechnung eine andere Person mindestens den fünften Teil der Anteile besitzt.

Außerdem sind die Höhe des Anteils am Kapital, das Eigenkapital und das Ergebnis des letzten Geschäftsjahres dieser Unternehmen anzugeben, für das ein Jahresabschluss vorliegt, wobei § 244 Abs 4 und 5 über die Berechnung der Anteile entsprechend anzuwenden ist. Ferner Name, Sitz und Rechtsform der Unternehmen, deren unbeschränkt haftender Gesellschafter die Gesellschaft ist.

Unter den in § 241 Abs 2 angeführten Voraussetzungen (untergeordnete Bedeutung für die Darstellung der Vermögens-, Finanz- und Ertragslage des Unternehmens, Eignung, dem Unternehmen oder dem anderen Unternehmen einen erheblichen Nachteil zuzufügen) können diese Angaben unterbleiben. Weiters kann die Angabe des Eigenkapitals und des Jahresergebnisses unterbleiben, wenn das Unternehmen, über das zu berichten ist, seinen Jahresabschluss nicht offen zu legen hat und das berichtende Unternehmen weniger als die Hälfte der Anteile besitzt.

Die Anwendung der Ausnahmeregelung gem § 241 Abs 2 Z 2 (Eignung, dem Unternehmen oder dem anderen Unternehmen einen erheblichen Nachteil zuzufügen) ist im Anhang anzugeben.

2) Gem § 238 Z 3 sind die **Beziehungen zu verbundenen Unternehmen** anzugeben; „hierbei ist auch über Verträge zu berichten, die die Gesellschaft verpflichten, ihren Gewinn oder Verlust ganz oder teilweise an andere Personen zu überrechnen, oder von anderen Personen zu übernehmen“.

3) **Erforderliche Anhangangaben über die Gruppenbesteuerung gemäß KFS/RL 22, Abschnitt 5.6.**

   Im Anhang sind beim Gruppenträger und beim Gruppenmitglied folgende Sachverhalte anzugeben:
   - wesentliche Grundzüge des Gruppenvertrags und die gewählte Umlagemethode (§ 238 Z 3 UGB);
   - finanzielle Verpflichtungen aus einem Steuerschlussausgleich;
   - nicht als Rückstellung für latente Steuern angesetzte quasi permanente Differenzen (wie zB aus eingefrorenen Verlusten).

Auch dazu gibt es in § 241 Abs 3 eine spezielle Schutzklausel, wonach bei der Berichterstattung nach § 238 Z 3 unter bestimmten Voraussetzungen Einzelheiten nicht angegeben werden müssen. Auch die Anwendung dieser Ausnahmeregelung muss im Anhang angeführt werden.

Aus § 239 (Pflichtangaben über Organe und Arbeitnehmer)

1) Angabe der durchschnittlichen Zahl der Arbeitnehmer während des Geschäftsjahres und die Aufgliederung der durchschnittlichen Zahl der Arbeitnehmer getrennt nach Arbeitern und Angestellten (§ 239 Abs 1 Z 1).

2) Angaben über ***Vorschüsse und Kredite*** *an Mitglieder des Vorstandes und des Aufsichtsrates und die zugunsten dieser Personen eingegangenen Haftungsverhältnisse (§ 239 Abs 1 Z 2).*

3) Die Aufwendungen für Abfertigungen und Pensionen getrennt nach solchen für Vorstandsmitglieder und leitende Angestellte gem § 80 Abs 1 AktG und für andere Arbeitnehmer.

4a) Die ***Bezüge*** *der Mitglieder des* ***Vorstandes****, des* ***Aufsichtsrates*** *oder ähnlicher Einrichtungen gesondert für jede Personengruppe; das Gesetz sieht in § 239 Abs 1 Z 4 sehr detaillierte Angaben vor.*
Wenn diese Aufschlüsselung jedoch weniger als drei Personen betrifft, so kann sie unterbleiben (§ 241 Abs 4).

4b) Die Bezüge der früheren Mitglieder der bezeichneten Organe.

5a–c) Angaben zur Anzahl und Aufteilung der im Geschäftsjahr eingeräumten und ausgeübten Aktienoptionen auf Arbeitnehmer und leitende Angestellte sowie auf die namentlich anzuführenden Organmitglieder. Bei börsennotierten Gesellschaften ist auch der Schätzwert der eingeräumten Optionen (am Bilanzstichtag) und ausgeübten Optionen (zum Zeitpunkt der Ausübung) anzugeben.

6) Angabe der Mitglieder des Vorstandes und des Aufsichtsrates nach den in § 239 Abs 2 im Einzelnen enthaltenen Vorschriften.

Die AFRAC-Stellungnahme „**Die Behandlung anteilsbasierter Vergütungen in UGB-Abschlüssen**“ vom September 2007 gibt im Abschnitt 7.3 eine Übersicht über die in § 239 Abs 1 Z 5 UGB vorgeschriebenen Angaben:

- für die insgesamt und die im Geschäftsjahr eingeräumten Rechte:
  - die Anzahl der Rechte
  - die jeweils beziehbare Anzahl der Aktien
  - der Ausübungspreis oder die Grundlagen oder die Formel zu seiner Berechnung
  - die Laufzeit
  - das zeitliche Ausübungsfenster (der Ausübungszeitraum)
  - die Übertragbarkeit der Rechte
  - eine allfällige Behaltefrist für bezogene Aktien
  - die Art der Bedienung der Rechte
- für die im Geschäftsjahr ausgeübten Rechte:
  - deren Anzahl
  - der Ausübungspreis

Alle Angaben sind getrennt für Arbeitnehmer(innen) und leitende Angestellte sowie für die namentlich anzuführenden Organmitglieder zu machen.

Von börsennotierten Gesellschaften sind überdies anzugeben:

- der Schätzwert bzw die Bandbreite des Schätzwertes der eingeräumten Rechte zum Bilanzstichtag
- der Wert der im Geschäftsjahr ausgeübten Rechte zum Zeitpunkt der Ausübung

Weitere Erläuterungen **zu den Aktienoptionen** siehe Abschnitte 5.113.3 und 4.336 dieses Buches.

7.42 Pflichtangaben bei Aktiengesellschaften

Neben den bereits vorne genannten Angaben verbleiben für die AG noch die Bestimmungen unter § 240 Z 1, 2, 4, 5, 6. Diesbezüglich wird auf die Erläuterungen im Abschnitt 5.112 verwiesen.

Z 3 (Angaben zu eigenen Aktien): diesbezüglich wird auf die Erläuterungen im Abschnitt 4.334 verwiesen.

Z 7: Genussrechte, Rechte aus Besserungsscheinen und ähnliche Rechte unter Angabe der Art und Zahl der jeweiligen Rechte, sowie der im Geschäftsjahr neu entstandenen Rechte (siehe Abschnitt 5.12).

Z 8: Betrag des unter den Verbindlichkeiten ausgewiesenen nachrangigen Kapitals.

Z 9: Das Bestehen einer wechselseitigen Beteiligung (§ 228 Abs 1) unter Angabe des beteiligten Unternehmens.

7.43 Anhangangaben aufgrund der „Abschlussprüfungsrichtlinie“ und der „Änderungsrichtlinie“

7.431 Abschlussprüfungsrichtlinie (URÄG 2008, § 237 Z 14)

Die **Abschlussprüfungsrichtlinie** sieht in Art 49 „Änderungen der 4. und 7. Richtlinie“ vor, dass „die Gesamthonorare, die von dem Abschlussprüfer oder der Prüfungsgesellschaft dem geprüften Unternehmen für das Geschäftsjahr berechnet wurden, aufgeschlüsselt nach der **Gesamthonorarsumme für die Abschlussprüfung** des Jahresabschlusses, der Gesamthonorarsumme für andere Bestätigungsleistungen, der Gesamthonorarsumme für Steuerberatungsleistungen und der Gesamthonorarsumme für sonstige Leistungen anzugeben sind.“ Die Mitgliedstaaten können dabei festlegen, dass diese Bestimmung nicht angewandt wird, wenn das Unternehmen in einen konsolidierten Abschluss einbezogen wird, vorausgesetzt, eine derartige Information ist in dem konsolidierten Abschluss enthalten.

Die Umsetzung im URÄG 2008 erfolgte durch Anfügung einer neuen **Z 14 in § 237**:

„Die auf das Geschäftsjahr entfallenden ***Aufwendungen für den Abschlussprüfer****, aufgeschlüsselt nach den Aufwendungen für die Prüfung des Jahresabschlusses, für andere Bestätigungsleistungen, für Steuerberatungsleistungen und für sonstige Leistungen. Diese Angabe kann unterbleiben, wenn das Unternehmen in einen Konzernabschluss einbezogen und eine derartige Information darin enthalten ist."*

Gem **§ 242 Abs 1** kann diese Angabe jedoch bei kleinen Aktiengesellschaften unterbleiben.

Bei aufsichtsratspflichtigen und deshalb prüfungspflichtigen kleinen GesmbHs entfällt diese Verpflichtung mangels Aufzählung des § 237 Z 14 in § 242 Abs 2.

7.432 Änderungsrichtlinie 2006

7.432.1 Außerbilanzielle Geschäfte (§ 237 Z 8a UGB)

Siehe hiezu den Abschnitt 7.5.

7.432.2 Geschäfte der Gesellschaft mit nahestehende Unternehmen und Personen (§ 237 Z 8b)

In der 4. Richtlinie war bisher nur die Offenlegung von Geschäften zwischen der Gesellschaft und den mit ihr verbundenen Unternehmen vorgeschrieben. Im Interesse einer Gleichstellung mit Unternehmen, „die ihren konsolidierten Abschluss nach internationalen Rechnungslegungsstandards aufstellen, soll die Offenlegungspflicht erweitert werden, um auch andere Arten von **nahestehenden Unternehmen und Personen,** zB Angehörige des Managements in Schlüsselpositionen des Managements und Ehegatten von Organmitgliedern, zu erfassen, allerdings nur, wenn es sich dabei um wesentliche zu **marktunüblichen** Bedingungen durchgeführte Geschäfte handelt." (Erwägungsgrund 6 zur Änderungsrichtlinie)

„Die Definition des Begriffes **„nahestehende Unternehmen und Personen"** im Sinne der internationalen Rechnungslegungsstandards ... soll dabei auf die 4. und 7. Richtlinie angewandt werden" (Erwägungsgrund 7).

§ 237 Z 8b lautet wie folgt:

„8b. Geschäfte der Gesellschaft mit nahe stehenden Unternehmen und Personen im Sinn der gemäß der Verordnung (EG) Nr. 1606/2002 übernommenen internationalen Rechnungslegungsstandards, einschließlich Angaben zu deren Wertumfang, zu der Art der Beziehung mit den nahe stehenden Unternehmen und Personen sowie weiterer Angaben zu den Geschäften, die für die Beurteilung der Finanzlage der Gesellschaft notwendig sind, ***sofern diese Geschäfte wesentlich und unter marktunüblichen Bedingungen abgeschlossen worden sind****. Angaben über Einzelgeschäfte können nach Geschäftsarten zusammengefasst werden, sofern für die Beurteilung der Auswirkungen dieser Geschäfte auf die Finanzlage der Gesellschaft keine getrennten Angaben benötigt werden.* ***Geschäfte zwischen verbundenen Unternehmen*** *iSd § 228 Abs 3 sind ausgenommen, wenn die an den Geschäften beteiligten Tochterunternehmen unmittelbar und mittelbar in hundertprozentigem Anteilsbesitz ihres Mutterunternehmens stehen."*

Gem **§ 242 Abs 1 können bei kleinen und mittelgroßen Aktiengesellschaften** (§ 221 Abs 1 und 2) die Angaben nach § 237 Z 8b auf diejenigen Geschäfte beschränkt werden, die direkt oder indirekt zwischen der Gesellschaft und ihren Hauptgesellschaftern oder der Gesellschaft und den Mitgliedern des Vorstands oder des Aufsichtsrats geschlossen werden. Als Hauptgesellschafter gilt, wer direkt oder indirekt in Höhe von zumindest 10 von Hundert am Kapital der Gesellschaft beteiligt ist.

Bei **mittelgroßen Gesellschaften mit beschränkter Haftung** können die Angaben nach § 237 Z 8b unterbleiben (§ 242 Abs 1).

Aus den **Erläuternden Bemerkungen** zu § 237 Z 8b:

„Art. 43 Abs 1 Z 7b der 4. EG-RL … sieht unter bestimmten Voraussetzungen eine Berichtspflicht für Geschäfte mit nahe stehenden Unternehmen oder Personen im Anhang zum Jahresabschluss vor. Diese Berichtspflicht – die vor allem dem **Schutz von Minderheitsaktionären** dient – wird im § 237 Z 8b umgesetzt …

Die Begriffsfolge **„nahe stehende Unternehmen und Personen"** („related parties") ist im Sinne der von der Europäischen Gemeinschaft übernommenen internationalen Rechnungslegungsstandards zu verstehen (derzeit **IAS 24** – Angaben über Beziehungen zu nahe stehenden Unternehmen und Personen – VO(EG) Nr. 2238/2004 …).

Die Begriffsfolge „nahe stehende Unternehmen und Personen" (related parties) ist weiter als der Begriff des „verbundenen Unternehmens" gem § 228 Abs 3. Während „verbundene Unternehmen" nur Gesellschaften sein können, sind mit „nahe stehenden Personen" auch natürliche Personen gemeint, was der Erwägungsgrund 6 sowie IAS 24.9 deutlich machen. Nach dem Erwägungsgrund 6 **soll die Offenlegungspflicht erweitert werden**, um auch andere Arten von nahe stehenden Personen, wie Angehörige des Managements in Schlüsselpositionen oder Ehegatten von Organmitgliedern zu erfassen, allerdings nur, wenn es sich dabei **um wesentliche, zu marktunüblichen Bedingungen durchgeführte Geschäfte** handelt …

Der Umfang der Angabepflicht für Geschäfte der Gesellschaft mit nahe stehenden Unternehmen und Personen ist allerdings gegenüber IAS 24 folgendermaßen eingeschränkt:

Die Geschäfte müssen **für die Beurteilung der Finanzlage der Gesellschaft notwendig** sein, sofern diese **wesentlich** und **unter marktunüblichen Bedingungen abgeschlossen** worden sind.

Eine **weitere Einschränkung** bezieht sich auf Geschäfte zwischen verbundenen Unternehmen iSd § 228 Abs 3, die von der Angabepflicht ausgenommen sind, wenn die an den Geschäften beteiligten Tochterunternehmen unmittelbar oder mittelbar in hundertprozentigem Anteilsbesitz ihres Mutterunternehmens stehen.

Die Angabepflicht bezieht sich unter den angegebenen Einschränkungen auf den **Wertumfang**, die **Art der Beziehung** mit den nahe stehenden Unternehmen und Personen, sowie auf zusätzliche Angaben zu den Geschäften, die für die Beurteilung der Finanzlage notwendig sind.

Exkurs aus IAS 24 (in der ab 1. Jänner 2011 geltenden Neufassung, die in der Accounting-Regulatory-Committee[ARC]-Sitzung vom 4.3.2010 in den Rechtsbestand der EU übernommen wurde):

Nach IAS 24/1 soll dieser Standard sicherstellen, dass die Abschlüsse eines Unternehmens alle Angaben enthalten, die notwendig sind, um auf die Möglichkeit hinzuweisen, dass die Vermögens- und Finanzlage und der Gewinn oder Verlust des Unternehmens unter Umständen durch die Existenz nahe stehender Unternehmen und Personen sowie durch Geschäftsvorfälle und ausstehende Salden (einschließlich Verpflichtungen) mit diesen beeinflusst worden sind.

Die folgenden Begriffe werden in diesem Standard mit der angegebenen Bedeutung verwendet:

Nahe stehende Unternehmen und Personen sind Personen oder Unternehmen, die dem abschlusserstellenden Unternehmen (in diesem Standard „berichtendes Unternehmen“ genannt) nahe stehen.

a) Eine Person oder ein naher Familienangehöriger dieser Person steht einem berichtenden Unternehmen nahe, wenn sie/er
   i) das berichtende Unternehmen beherrscht oder an dessen gemeinschaftlicher Führung beteiligt ist,

ii) maßgeblichen Einfluss auf das berichtende Unternehmen hat oder
iii) im Management des berichtenden Unternehmens oder eines Mutterunternehmens des berichtenden Unternehmens eine Schlüsselposition bekleidet.

b) Ein Unternehmen steht einem berichtenden Unternehmen nahe, wenn eine der folgenden Bedingungen erfüllt ist:
   i) Das Unternehmen und das berichtende Unternehmen gehören derselben Unternehmensgruppe an (was bedeutet, dass alle Mutterunternehmen, Tochterunternehmen und Schwestergesellschaften einander nahe stehen).
   ii) Eines der beiden Unternehmen ist ein assoziiertes Unternehmen oder ein Gemeinschaftsunternehmen des anderen (oder ein assoziiertes Unternehmen oder Gemeinschaftsunternehmen eines Unternehmens einer Gruppe, der auch das andere Unternehmen angehört).
   iii) Beide Unternehmen sind Gemeinschaftsunternehmen desselben Dritten.
   iv) Eines der beiden Unternehmen ist ein Gemeinschaftsunternehmen eines dritten Unternehmens und das andere ist assoziiertes Unternehmen dieses dritten Unternehmens.
   v) Das Unternehmen ist ein Plan (eine Versorgungskasse) für Leistungen nach Beendigung des Arbeitsverhältnisses zugunsten der Arbeitnehmer entweder des berichtenden Unternehmens oder eines dem berichtenden Unternehmen nahe stehenden Unternehmens. Handelt es sich bei dem berichtenden Unternehmen selbst um einen solchen Plan (solche Versorgungskasse), sind auch die in diesen Plan (diese Versorgungskasse) einzahlenden Arbeitgeber als dem berichtenden Unternehmen nahe stehend zu betrachten.
   vi) Das Unternehmen wird von einer unter Buchstabe a genannten Person beherrscht oder steht unter gemeinschaftlicher Führung, an der eine unter Buchstabe a) genannte Person beteiligt ist.
   vii) Eine unter Buchstabe a) Ziffer i genannte Person hat maßgeblichen Einfluss auf das Unternehmen oder bekleidet im Management des Unternehmens (oder eines Mutterunternehmens) eine Schlüsselposition.

Weitere Definitionen in IAS 24.9 beziehen sich auf:

- Geschäftsvorfälle mit nahe stehenden Unternehmen und Personen,
- nahe Familienangehörige einer Person,
- Vergütungen (in Zusammenhang mit Personen in Schlüsselpositionen des Unternehmens),
- Beherrschung, gemeinschaftliche Führung,
- Mitglieder des Managements in Schlüsselpositionen,
- maßgeblicher Einfluss,
- öffentliche Stellen, ihnen nahe stehende Unternehmen.

Unter Beachtung der einschränkenden Voraussetzungen in § 237 Z 8b hat zB gem IAS 24.17 das Unternehmen die **Vergütungen für Mitglieder des Managements in Schlüsselpositionen** insgesamt und für jede der an dieser Stelle genannten Kategorien anzugeben.

IAS 24.21 nennt **Beispiele von Geschäftsvorfällen**, die anzugeben sind, falls sie sich auf nahe stehende Unternehmen und Personen beziehen:

a) Käufe und Verkäufe von (fertigen oder unfertigen) Gütern;

b) Käufe oder Verkäufe von Grundstücken, Bauten und anderen Vermögenswerten;
c) geleistete oder bezogene Dienstleistungen;
d) Leasingverhältnisse;
e) Transfers von Dienstleistungen im Bereich Forschung und Entwicklung;
f) Transfers auf Grund von Lizenzvereinbarungen;
g) Finanzierungen (einschließlich Darlehen und Kapitaleinlagen in Form von Bar- oder Sacheinlagen);
h) Gewährung von Bürgschaften oder Sicherheiten;
i) Verpflichtungen, bei künftigem Eintritt oder Ausbleiben eines bestimmten Ereignisses etwas Bestimmtes zu tun, worunter auch (erfasste und nicht erfasste) erfüllungsbedürftige Verträge fallen); und
j) die Erfüllung von Verbindlichkeiten für Rechnung des Unternehmens oder durch das Unternehmen für Rechnung dieses nahe stehenden Unternehmens.

Für die Angabepflicht nach § 237 Z 8b sind wieder die dort genannten Voraussetzungen zu beachten.

Soweit es sich um Beziehungen zu Vorstands- und Aufsichtsratsmitgliedern handelt, können sich hier **Überschneidungen mit § 239 Abs 1** ergeben.

Mit Einzelfragen beschäftigt sich die AFRAC-Stellungnahme aus September 2009, „Anhangangaben zu Geschäften mit nahe stehenden Unternehmen und Personen gemäß § 237 Z 8 b und § 266 Z 2 b UGB“ (zB Angabe von Vorjahreszahlen, ab und bis zu welchem Zeitpunkt sind Geschäfte anzugeben, wie werden Geschäfte mit nahe stehenden Unternehmen und Personen vom berichtenden Unternehmen festgestellt, Einholung der erforderlichen Angaben von den nahe stehenden Unternehmen und Personen).

7.5 Außerbilanzielle Geschäfte (§ 237 Z 8a UGB)

Erwägungsgrund 8 u 9 zur „Änderungsrichtlinie“ enthalten folgende Ausführungen zu diesen außerbilanziellen Geschäften.

„Außerbilanzielle Geschäften können Unternehmen Risiken aussetzen und ihnen Vorteile bringen, die für eine Einschätzung der Finanzlage des Unternehmens … bzw. der Finanzlage der gesamten Unternehmensgruppe wesentlich sind.“

„Solche außerbilanziellen Geschäfte können mit der Errichtung oder Nutzung von **Zweckgesellschaften** und mit **Offshore-Geschäften** verbunden sein, die unter anderem wirtschaftliche, rechtliche, steuerliche und bilanzielle Ziele verfolgen. Zu solchen außerbilanziellen Geschäften zählen beispielsweise **Risiko- und Gewinnteilungsvereinbarungen** oder **Verpflichtungen aus Verträgen, wie zB**. Factoring, Pensionsgeschäfte, Konsignationslagervereinbarungen, Verträge mit unbedingter Zahlungsverpflichtung („take or pay“-Verträge), Forderungsverbriefung über gesonderte Gesellschaften oder nicht rechtsfähige Einrichtungen, Verpfändung von Aktiva, Leasingverträge, Auslagerung von Tätigkeiten u.ä. …“

Aus diesen Überlegungen ergibt sich die in **Art 43 Abs 1 Nr 7a** der 4. Richtlinie enthaltene und in § 237 Z 8a UGB wie folgt übernommene Vorschrift:

§ 237 Z 8a

„Art, Zweck und finanzielle Auswirkungen der nicht in der Bilanz ausgewiesenen und auch nicht gemäß Z 8 oder § 199 anzugebenden Geschäfte, sofern ***die Risiken und Vorteile****, die aus solchen Geschäften entstehen,* ***wesentlich*** *sind und die* ***Offenlegung*** *derartiger Risiken und Vorteile* ***für die Beurteilung der Finanzlage der Gesellschaft notwendig*** *ist."*

„Der § 237 Z 8 enthält zwar eine Berichtspflicht für nicht in der Bilanz enthaltene finanzielle Verpflichtungen, erfüllt aber die **erweiterten Berichtspflichten der Änderungs-RL** nicht. Deshalb wird die von der RL vorgesehene Verpflichtung zur Berichterstattung über außerbilanzielle Geschäfte („Off-Balance-Sheet-Geschäfte") in einer neuen Z 8a geregelt." (EB zu § 237 Z 8a)

Allerdings sind jeweils die Einschränkungen laut Gesetzestext zu beachten (**Wesentlichkeit der Risiken und Vorteile** aus solchen Geschäftsbeziehungen, **Notwendigkeit der Offenlegung** für die Beurteilung der Finanzlage der Gesellschaft).

Die EB verweisen insbesondere auf die Bedeutung der Änderungs-RL in Zusammenhang mit **Zweckgesellschaften** (Special Purpose Entities, SPE): „Durch diese wird oftmals versucht, Schulden in eine eigens dafür gegründete Zweckgesellschaft auszulagern und durch Vermeidung ihrer Konsolidierung die tatsächliche Lage des Unternehmens zu verschleiern." (EB zu § 237 Z 8a)

Allerdings wird dies für Konzernabschlüsse nur dann erreicht, wenn die jeweilige Zweckgesellschaft nicht ohnedies unter die Konsolidierungspflicht für Tochterunternehmen fällt.

Für Österreich ergibt sich als Sonderfrage, wieweit **Privatstiftungen** zum Zweck der Vermeidung einer Konsolidierungspflicht verwendet werden können; gerade in diesem Zusammenhang ist die Berichtspflicht nach § 237 Z 8a von besonderer Bedeutung.

Bezüglich weiterer Fragen wird auf den Beitrag *Nowotny/Platzer/Auer* im WP-Jahrbuch 2007 verwiesen; „Änderung der 4. und 7. EG-Richtlinie betreffend die gemeinsame Verantwortung des Vorstandes, verstärkte Offenlegung von außerbilanziellen Geschäften und zur Corporate Governance", insbesondere zur (gerechtfertigten) Kritik an den Richtlinienbestimmungen: „Die Unbestimmtheit des Begriffs des außerbilanziellen Geschäfts sowie das nur schwer abgrenzbare Kriterium der Wesentlichkeit führen zu erheblichen Rechtsunsicherheiten der Richtlinienbestimmungen. Die Wirtschaftsprüfer stehen vor dem Problem, dass die Vollständigkeit des Anhangs geprüft werden muss." (aaO 229)

Gem § 242 Abs 1 können bei kleinen und mittelgroßen Aktiengesellschaften sowie mittelgroßen GmbHs die Angaben auf Art und Zweck der Geschäfte beschränkt werden.

Mit diesem Themenkreis beschäftigt sich auch die AFRAC-Stellungnahme (Juni 2009) „Anhangangaben über außerbilanzielle Geschäfte gemäß § 237 Z 8 a und § 266 Z 2 a UGB" und behandelt im Einzelnen folgende außerbilanzielle Geschäfte (Abschnitt 5 der AFRAC-Stellungnahme):

- weiche Patronatserklärungen,
- vertragliche Risiken aus verbuchten und realisierten Geschäften,
- derivative Finanzinstrumente mit positivem Marktwert,
- Exklusivlieferverträge,
- Vertragserfüllungsgarantien,
- vertragliche Haftungsverhältnisse.

An einer Stelle der Stellungnahme wird auch auf sogenannte Zweckgesellschaften hingewiesen, ohne dass diese aber ausführlicher behandelt werden.

7.6 Der Anhang der kleinen GmbH (bzw GmbH & Co Personengesellschaft iSd § 221 Abs 5)

7.61 Die gesetzliche Regelung (§ 242 Abs 2)

In der geltenden Fassung **des § 242 Abs 2** sind die für die kleine GmbH geltenden Anhangangaben im Einzelnen angeführt:

Kleine Gesellschaften mit beschränkter Haftung (§ 221 Abs 1) brauchen in ihren Anhang nur die Angaben gemäß

> *§ 222 Abs 2, § 223 Abs 1–3 sowie Abs 5, § 225 Abs 1, § 226 Abs 1, § 230 Abs 2, § 236, § 237 Z 2–4, 10 und 12, § 237a Abs 1 Z 2, § 238 Z 2, § 239 Abs 1 Z 1 und 2, § 239 Abs 2 sowie § 241 Abs 2 letzter Satz aufzunehmen; die Angaben gemäß § 237 Z 1 sind zusammengefasst für alle betroffenen Posten zu machen.*

Der Inhalt dieser Vorschriften ist aus der in Abschnitt 7.12 angeführten Checklist ersichtlich; die anhangpflichtigen Angaben für die kleine GmbH sind dort gesondert gekennzeichnet.

Als einzige Schwierigkeit bei der Abgrenzung des Inhaltes des Anhanges der kleinen GmbH bleibt gegebenenfalls die in § 236 erster Satz enthaltene Generalklausel, da danach der Inhalt des Anhanges von den Verhältnissen des konkreten Einzelfalles abhängig ist: „Im Anhang sind die Bilanz und die Gewinn- und Verlustrechnung, sowie die darauf angewandten Bilanzierungs- und Bewertungsmethoden so zu erläutern, daß ein möglichst getreues Bild der Vermögens-, Finanz- und Ertragslage des Unternehmens vermittelt wird."

Allerdings besteht ein **Minderheitsrecht auf Erstattung eines vollständigen Anhanges**:

> *„Auf schriftliches Verlangen einer Minderheit, deren Anteile den zehnten Teil des Nennkapitals oder den anteiligen Betrag von 1,4 Mio Euro erreichen, ist ein vollständiger Anhang zu erstellen. Dieses Verlangen muß vor Ablauf des Geschäftsjahres bei der Gesellschaft einlangen."*

Das Gesetz enthält hier eine Lücke insofern, als das **Minderheitsrecht** für die Personengesellschaft iSd § 221 Abs 5 nicht geregelt ist. Es muss jedoch davon ausgegangen werden, dass es der Absicht des Gesetzgebers entspricht, auch für diese Gesellschaftsform ein solches Minderheitsrecht einzuräumen, sodass diese Vorschrift sinngemäß auch auf solche Konstruktionen anwendbar ist. Anderer Ansicht *Nowotny* (in *Straube*[3] § 242 Rz 16), der diese Bestimmung über das Minderheitsrecht nicht sinngemäß übertragbar auf Personengesellschaften ansieht; Ersatz dafür sei das Bucheinsichtsrecht jedes Gesellschafters gem § 166 Abs 1, das Auskunftsrecht gegenüber den geschäftsführenden Gesellschaftern, das Recht, die Mitteilung einer Bilanz und eine Sonderprüfung zu verlangen (§ 166 Abs 3).

7.62 Die Adressaten des Anhanges der kleinen GmbH

Wenn auch im Falle der kleinen GmbH der Jahresabschluss nur einer eingeschränkten Offenlegung unterliegt (siehe Abschnitt 9.64), dient der Anhang nicht nur der Selbstinformation der Geschäftsführung, sondern der Information weiterer Personenkreise, zB nichtgeschäftsführende Gesellschafter, Kommanditisten bei der GmbH & Co KG, Banken, Finanzbehörden, Personalvertreter, sodass der ordnungsmäßigen Aufstellung große Bedeutung zukommt.

7.63 Strafvorschriften für GmbHs

„Mit Freiheitsstrafe bis zu einem Jahr oder mit Geldstrafe bis zu 360 Tagessätzen ist gem § 122 GmbHG vom Gericht zu bestrafen, wer als Geschäftsführer, Mitglied des Aufsichtsrates, Beauftragter oder Liquidator in Berichten, Darstellungen und Übersichten (…), die (…) an die Gesellschafter gerichtet sind, wie insbesondere Jahresabschluss – dazu gehört auch der Anhang – und Lagebericht (von dessen Aufstellung die kleine GmbH allerdings befreit ist) die Verhältnisse der Gesellschaft (…) oder erhebliche Umstände, auch wenn sie nur einzelne Geschäftsfälle betreffen, unrichtig wiedergibt, verschleiert oder verschweigt."

8. Der Lagebericht gem § 243

8.1 Entwicklung des Lageberichtes bis 2010

Im Zuge der Umsetzung der Fair-Value-Richtlinie und der Modernisierungsrichtlinie wurden die in § 243 geregelten Vorschriften über den Lagebericht wesentlich erweitert und ergänzt. Diese Ergänzung betrifft unter anderem die **Risikoberichterstattung** mit der Beschreibung jener wesentlichen **Risiken und Unsicherheiten**, denen das Unternehmen ausgesetzt ist.

Eine weitere Ergänzung erfolgte 2006 durch die Hinzufügung des § 243a. Weitere Änderungen ergaben sich durch das URÄG 2008 und das AktRÄG 2009 mit dem § 243a Abs 2 und § 243b. Diese betreffen die Beschreibung der wichtigsten Merkmale des internen Kontrollsystems und das Risikomanagementsystem im Hinblick auf den Rechnungslegungsprozess, den Corporate Governance-Bericht und die Einführung eines Zwischenlageberichtes gem § 87 Abs 1 Börsegesetz.

8.2 Gesetzliche Vorschriften zum Lagebericht

§ 243 Abs 1:

Im Lagebericht sind der Geschäftsverlauf, einschließlich des Geschäftsergebnisses, und die Lage des Unternehmens so darzustellen, dass ein möglichst getreues Bild der Vermögens-, Finanz- und Ertragslage vermittelt wird, und die wesentlichen Risiken und Ungewissheiten, denen das Unternehmen ausgesetzt ist, zu beschreiben.

Abs 2:

Der Lagebericht hat eine ausgewogene und umfassende, dem Umfang und der Komplexität der Geschäftstätigkeit angemessene Analyse des Geschäftsverlaufs, einschließlich des Geschäftsergebnisses, und der Lage des Unternehmens zu enthalten.

Abhängig von der Größe des Unternehmens und von der Komplexität des Geschäftsbetriebs hat die Analyse auf die für die jeweilige Geschäftstätigkeit wichtigsten finanziellen Leistungsindikatoren einzugehen und sie unter Bezugnahme auf die im Jahresabschluss ausgewiesenen Beträge und Angaben zu erläutern.

Abs 3:

Der Lagebericht hat auch einzugehen auf

1. *Vorgänge von besonderer Bedeutung, die nach dem Schluss des Geschäftsjahres eingetreten sind;*
2. *die voraussichtliche Entwicklung des Unternehmens;*
3. *den Bereich Forschung und Entwicklung*
4. *bestehende Zweigniederlassungen der Gesellschaft;*

5. *die Verwendung von Finanzinstrumenten; sofern dies für die Beurteilung der Vermögens-, Finanz- und Ertragslage von Bedeutung ist; diesfalls sind anzugeben*
   a) *die Risikomanagementziele und -methoden, einschließlich der Methoden zur Absicherung aller wichtigen Arten geplanter Transaktionen, die im Rahmen der Bilanzierung von Sicherungsgeschäften angewandt werden, und*
   b) *bestehende Preisänderungs-, Ausfall-, Liquiditäts- und Cashflow-Risiken.*

Abs 4:

Kleine Gesellschaften mit beschränkter Haftung (§ 221 Abs 1) brauchen den Lagebericht nicht aufzustellen.

Abs 5:

Für große Kapitalgesellschaften umfasst die Analyse nach Abs 2 letzter Satz auch die wichtigsten nichtfinanziellen Leistungsindikatoren, einschließlich Informationen über Umwelt- und Arbeitnehmerbelange, Abs 3 bleibt unberührt.

§ 243a Abs 1:

Eine Aktiengesellschaft, deren Aktien zum Handel auf einem geregelten Markt im Sinn des § 1 Abs. 2 BörseG zugelassen sind oder die ausschließlich andere Wertpapiere als Aktien auf einem solchen Markt emittiert und deren Aktien mit Wissen der Gesellschaft über ein multilaterales Handelssystem im Sinn des § 1 Z 9 WAG 2007 gehandelt werden, hat im Lagebericht überdies anzugeben:

1. *die Zusammensetzung des Kapitals einschließlich der Aktien, die nicht auf einem geregelten Markt im Sinne des § 1 Abs. 2 BörseG gehandelt werden, sowie gegebenenfalls die Angabe der verschiedenen Aktiengattungen und zu jeder Aktiengattung die Angabe der mit dieser Gattung verbundenen Rechte und Pflichten sowie des Anteils dieser Gattung am Gesellschaftskapital;*
2. *alle Beschränkungen, die Stimmrechte oder die Übertragung von Aktien betreffen, auch wenn sie in Vereinbarungen zwischen Gesellschaftern enthalten sind, soweit sie dem Vorstand der Gesellschaft bekannt sind;*
3. *direkte oder indirekte Beteiligungen am Kapital, die zumindest 10 vom Hundert betragen;*
4. *die Inhaber von Aktien mit besonderen Kontrollrechten und eine Beschreibung dieser Rechte;*
5. *die Art der Stimmrechtskontrolle bei einer Kapitalbeteiligung der Arbeitnehmer, wenn sie das Stimmrecht nicht unmittelbar ausüben;*
6. *die sich nicht unmittelbar aus dem Gesetz ergebenden Bestimmungen über die Ernennung und Abberufung der Mitglieder des Vorstands und des Aufsichtsrats und über die Änderungen der Satzung der Gesellschaft;*
7. *die sich nicht unmittelbar aus dem Gesetz ergebenden Befugnisse der Mitglieder des Vorstands, insbesondere hinsichtlich der Möglichkeit, Aktien auszugeben oder zurückzukaufen;*

8. *alle bedeutenden Vereinbarungen, an denen die Gesellschaft beteiligt ist und die bei einem Kontrollwechsel in der Gesellschaft infolge eines Übernahmeangebots wirksam werden, sich ändern oder enden, sowie ihre Wirkungen; ausgenommen hiervon sind Vereinbarungen, deren Bekanntmachung der Gesellschaft erheblich schaden würde, es sei denn, die Gesellschaft ist zur Bekanntgabe derartiger Informationen aufgrund anderer Rechtsvorschriften ausdrücklich verpflichtet;*
9. *Bestand und wesentlicher Inhalt von Entschädigungsvereinbarungen zwischen der Gesellschaft und ihren Vorstands- und Aufsichtsratsmitgliedern oder Arbeitnehmern für den Fall eines öffentlichen Übernahmeangebots.*

§ 243a Abs 2:

Eine Gesellschaft, deren Aktien oder andere von ihr ausgegebene Wertpapiere zum Handel auf einem geregelten Markt im Sinn des § 1 Abs. 2 BörseG zugelassen sind, hat im Lagebericht darüber hinaus die wichtigsten Merkmale des internen Kontroll- und des Risikomanagementsystems im Hinblick auf den Rechnungslegungsprozess zu beschreiben.

§ 243b:

Abs 1:

Eine Aktiengesellschaft, deren Aktien zum Handel auf einem geregelten Markt im Sinne des § 1 Abs 2 BörseG zugelassen sind oder die ausschließlich andere Wertpapiere als Aktien auf einem solchen Markt emittiert und deren Aktien mit Wissen der Gesellschaft über ein multilaterales Handelssystem im Sinne des § 1 Z 9 WAG 2007 gehandelt werden, hat einen ***Corporate Governance-Bericht*** *aufzustellen, der zumindest folgende Angaben enthält:*

1. *die Nennung eines in Österreich oder am jeweiligen Börseplatz allgemein anerkannten Corporate Governance Kodex;*
2. *die Angabe, wo dieser öffentlich zugänglich ist;*
3. *soweit sie von diesem abweicht, eine Erklärung, in welchen Punkten und aus welchen Gründen diese Abweichung erfolgt;*
4. *wenn sie beschließt, keinem Kodex im Sinne der Z 1 zu entsprechen, eine Begründung hiefür.*

Abs 2:

In diesem Bericht sind anzugeben:

1. *die Zusammensetzung und die Arbeitsweise des Vorstands und des Aufsichtsrats sowie seiner Ausschüsse;*
2. *welche Maßnahmen zur Förderung von Frauen im Vorstand, im Aufsichtsrat und in leitenden Stellungen (§ 80 AktG) der Gesellschaft gesetzt wurden;*
3. *die Gesamtbezüge der einzelnen Vorstandsmitglieder ...*

Österreich hält sich nach wie vor an die Bestimmung, dass die Mitgliedstaaten die in Art 11 der 4. Richtlinie bezeichneten Gesellschaften (kleine GmbHs) von der Verpflichtung zur Aufstellung eines Lageberichtes ausnehmen können. Während gem § 242 Abs 2 (gültig für kleine GmbHs) auf ein schriftliches Verlangen einer Minderheit, deren Anteile den zehnten Teil des Nennkapitals erreichen, ein vollständiger **Anhang** erstellt werden muss, besteht **für den Lagebericht allerdings kein solches Minderheitsrecht**.

Allerdings wäre es wünschenswert, dass kleine GmbHs (zB Holding-Gesellschaften), die infolge Bestehens eines Aufsichtsrates prüfungspflichtig sind, zur Aufstellung eines Lageberichtes verpflichtet werden.

8.3 Allgemeines zum Lagebericht

8.31 Stellung des Lageberichtes in der Rechnungslegung

„Der Lagebericht hat sowohl eine **Informationsfunktion**, als auch eine **Rechenschaftsfunktion** ... Der Jahresabschluss soll um wichtige Informationen, die sich nicht aus der Bilanz, der Gewinn- und Verlustrechnung oder dem Anhang erkennen lassen, ergänzt werden“ (*Küting/Weber*[4] § 289 Rz 9).

„Im Lagebericht geben die Gesellschaftsorgane auch ihr persönliches Werturteil über die Lage und Entwicklung der Kapitalgesellschaft ab, das betriebswirtschaftliche, technische, rechtliche, sozialpolitische und volkswirtschaftliche Aspekte gleichermaßen umfasst“ (Beck'scher Bilanzkommentar[5] § 289 Rz 3).

„Bei der inhaltlichen Ausgestaltung ist auf die Adressaten und deren Informationsbedürfnisse Bedacht zu nehmen. Ein Unternehmen mit externen Anlegern erfordert eine intensivere Information, als ein solches mit weniger Gesellschaftern, die untereinander und dem Unternehmen eng verbunden sind; ...“ (*Nowotny* in *Straube*[3] § 243 Rz 15).

Die Bedeutung des Lageberichts und der Adressatenkreis hängen somit stark davon ab, ob es sich um veröffentlichungspflichtige Kapitalgesellschaften oder um Kapitalgesellschaften handelt, die nur eingeschränkten Publizitätsvorschriften unterliegen.

Aber auch bei den veröffentlichungspflichtigen Kapitalgesellschaften wird die Ausgestaltung des Lageberichts stark vom **Interesse** des jeweiligen Unternehmens an der Publizität abhängig sein: Die **kapitalmarktorientierte Publikums-AG** wird bestrebt sein, den Lagebericht auch als Instrument der Werbung für das Unternehmen einzusetzen.

Weitere Faktoren, die Inhalt und Umfang des Lageberichtes beeinflussen können, sind zB

- **Überschneidungen mit dem Inhalt des Anhanges**
  - So sind zB die in § 237 Z 9 geforderten Angaben zur Aufgliederung des Umsatzes bereits ein Bestandteil der Erläuterungen der Ertragslage des Unternehmens (siehe *Nowotny* in *Straube*[2] § 242 Rz 25).
  - Angaben zur Forschungs- und Entwicklungstätigkeit in den Anhangerläuterungen der GuV (siehe *Nowotny* in *Straube*[2] § 243 Rz 21).
  - Im Zusammenhang mit den Erläuterungen zur Stellung von Unternehmen innerhalb eines Konzerns (im allgemeinen Teil der Angaben über die Gesellschaft) sind die Angaben gem § 238 Z 2–4 von wesentlicher Bedeutung (Angabe über Unternehmen, von denen das Unternehmen mindestens den fünften Teil der Anteile besitzt, Beziehungen zu verbundenen Unternehmen, Erläuterungen zu damit in Zusammenhang stehenden Posten der Gewinn- und Verlustrechnung).

  In solchen Fällen von Überschneidungen ist bei den entsprechenden Abschnitten des Lageberichtes auf die einschlägigen Abschnitte des Anhanges zu verweisen. Ein solcher Hinweis ist jedenfalls erforderlich, da sonst der Inhalt des Lageberichtes nicht als vollständig betrachtet werden kann, wobei jedenfalls in den Lagebericht eine Kurzfassung der eventuell umfangreicheren Erläuterungen im Anhang aufzunehmen ist.
- **Lagebericht von kleinen und mittelgroßen AGs und mittelgroßen GmbHs**

  Für den Lagebericht dürfen keine Angaben verlangt werden, die zu Offenlegungserleichterungen in Widerspruch stehen. Dies betrifft zB die Vorschrift des § 242 Abs 1, wonach die Vorschriften des § 237 Z 9 für die Aufgliederung des Umsatzes für kleine Aktiengesellschaften und mittelgroße Gesellschaften mit beschränkter Haftung nicht gelten, bzw die Vorschrift des § 279 Z 2, wonach in der offen zu legenden G&V-Rechnung kleiner und mittelgroßer Aktiengesellschaften und mittelgroßer Gesellschaften mit beschränkter Haftung die Umsatzerlöse nicht gesondert ausgewiesen werden müssen, sondern eine Zusammenfassung bestimmter Posten zum „Rohergebnis" (bei Gliederung der G&V nach dem Gesamtkostenverfahren) bzw zum „Bruttoergebnis vom Umsatz" (bei Gliederung der G&V nach dem Umsatzkostenverfahren) zulässig ist.

  Diese Sondervorschriften sind von wesentlicher Bedeutung für die Darstellung der Ertragslage und für bestimmte von den Umsatzerlösen abgeleitete Kennzahlen.
- **Verhältnis zwischen dem Konzernlagebericht und den Lageberichten der in den Konzernabschluss einbezogenen Unternehmen**

  Ein weiterer Einflussfaktor ist das **Verhältnis zwischen dem Konzernlagebericht und den Lageberichten** der in den Konzernabschluss einbezogenen Unternehmen (Mutter- und Tochterunternehmen).

Wenn man davon ausgeht, dass aufgrund der Einheitstheorie der Konzernabschluss eine Gesamtdarstellung der Vermögens-, Finanz- und Ertragslage der einbezogenen Unternehmen als einheitliches Unternehmen (§ 250 Abs 3) darstellt, muss man dem Konzernlagebericht eine größere Aussagefähigkeit als der Summe der Einzelabschlüsse bzw den dazu aufgestellten Lageberichten zubilligen. Dies kann Einfluss auf den Inhalt der Lageberichte für das Mutterunternehmen und die einbezogenen Tochterunternehmen haben; beim Mutterunternehmen ist weiters von Bedeutung, ob es sich vorwiegend um eine Holdinggesellschaft oder eine Gesellschaft mit einem wesentlichen operativen Bereich handelt.
Bei den einbezogenen Tochterunternehmen hängt der Inhalt des Lageberichtes vom Adressatenkreis und deren Informationsbedarf ab; wenn es sich um 100 %ige Tochterunternehmen handelt, ist der vorwiegende Adressatenkreis das Mutterunternehmen und infolgedessen der Informationsbedarf durch den Lagebericht sehr gering. Wenn jedoch an den Tochterunternehmen konzernfremde Gesellschafter beteiligt sind bzw wenn im Einzelfall ein Tochterunternehmen auch börsennotiert ist, werden sehr unterschiedliche Anforderungen an den Inhalt des Lageberichtes bestehen.

8.32 Fachliche Stellungnahmen und Ausarbeitungen zum Lagebericht

Gem § 273 Abs 1 hat der Abschlussprüfer im Prüfungsbericht insbesondere festzustellen, „ob … der Lagebericht … den gesetzlichen Vorschriften entspricht."

Da die gesetzlichen Vorschriften in § 243 sehr allgemein und knapp gehalten sind, ergibt sich der Bedarf nach Orientierungshilfen für den Inhalt des Lageberichtes, dh nach Ausarbeitungen (Stellungnahmen) von Institutionen, die sich mit Fragen der Rechnungslegung beschäftigen.

Im Juni 2009 wurde die **Stellungnahme „Lageberichterstattung gem. §§ 243, 243a und 267 UGB"** einer **Arbeitsgruppe des AFRAC** veröffentlicht (im Folgenden kurz als AFRAC-Stellungnahme bezeichnet).

Am 27. November 2007 wurde ein Fachgutachten betreffend die „Empfehlung zur Ausgestaltung finanzieller Leistungsindikatoren im Lagebericht bzw Konzernlagebericht" (KFS-BW 3) vom Fachsenat für Betriebswirtschaft und Organisation der Kammer der Wirtschaftstreuhänder zu einem Teilaspekt der Lageberichterstattung verabschiedet.

An ausländischen Ausarbeitungen, die als weitere Grundlage bzw als Orientierungshilfe herangezogen werden können, sind folgende fachliche Stellungnahmen zu nennen:

Der deutsche Rechnungslegungsstandard Nr. 20 (DRS 20 „Konzernlagebericht", verabschiedet durch das DRSC im November 2012) ersetzt den bisherigen DRS 15 „Lageberichterstattung" sowie den DRS 5 „Risikoberichterstattung". Er ist erstmals für nach dem 31. 12. 2012 beginnende Geschäftsjahre zu beachten.

Obwohl der Standard auf den Konzernlagebericht abstellt, wird dessen allgemeine Anwendung empfohlen.

Das **IASB** hat sich in der Zwischenzeit mit Fragen der Lageberichtserstattung beschäftigt und hat im Dezember 2010 ein IFRS Practice Statement „Management Commentary – A Framework for presentation veröffentlicht (siehe *Jekel/Kirsch*, IRZ 6/2011, 289 ff).

8.33 Grundsätze der Lageberichterstattung

8.331 Stellungnahmen von AFRAC und DRSC

Sowohl das AFRAC als auch das DRSC haben sich in ihren Stellungnahmen mit den Grundsätzen der Lageberichterstattung beschäftigt.

Die **AFRAC-Stellungnahme** nennt als Grundsätze „Vollständigkeit, Verlässlichkeit, Klarheit und Übersichtlichkeit sowie Vergleichbarkeit."

Das DRS 20 nennt als Grundsätze:

- Vollständigkeit
- Verlässlichkeit und Ausgewogenheit
- Klarheit und Übersichtlichkeit
- Vermittlung aus der Sicht der Konzernleitung
- Wesentlichkeit
- Informationsabstufung

8.332 Berichtsgrundsätze nach § 243 Abs 2

Gem Abs 1 ist die Lage des Unternehmens so darzustellen, dass ein möglichst getreues Bild der Vermögens-, Finanz- und Ertragslage vermittelt wird.

Nach § 243 Abs 2 hat der Lagebericht „eine **ausgewogene** und **umfassende** dem **Umfang** und der **Komplexität** der Geschäftstätigkeit angemessene Analyse … zu enthalten."

Die Begriffe „ausgewogen" und „umfassend" entsprechen den Begriffen „Richtigkeit" und „Vollständigkeit"; ebenso die Forderung nach Berücksichtigung des Umfanges der Geschäftstätigkeit, wobei allerdings in einigen gesetzlichen Vorschriften die Forderungen nach Berücksichtigung des Umfanges bereits enthalten sind, so zB die Einschränkungen der Offenlegungsverpflichtungen für die kleine und mittlere Aktiengesellschaft und die mittelgroße Gesellschaft mit beschränkter Haftung. Auch der Grundsatz der Berücksichtigung der Komplexität lässt sich aus den anderen allgemeinen Berichtsgrundsätzen ableiten.

Der Gesetzgeber verwendet wohl die „**Komplexität der Geschäftstätigkeit**" als Kriterium für die angemessene Analyse des Geschäftsverlaufes, unterlässt aber eine Definition dieses Begriffes. Darunter kann **sowohl die Komplexität einzelner Geschäftsvorfälle** verstanden werden (zB die Verwendung derivativer Finanzinstrumente) als auch eine **stark differenzierte Unternehmenstätigkeit**; eine darauf bezügliche Vorschrift im Anhang ist die Verpflichtung zur Aufgliederung der Umsatzerlöse nach Tätigkeitsbereichen sowie nach geographisch bestimmten Märkten unter den dort genannten Voraussetzungen.

Für die Gestaltung des Lageberichtes lässt sich daraus möglicherweise auch die Forderung nach einer **Segmentberichterstattung** auch hinsichtlich anderer Unternehmensdaten ableiten (siehe Verpflichtung zur Segmentberichterstattung für börsennotierte Unternehmen nach IAS/IFRS bzw der Hinweis in § 250 Abs 1 UGB, wonach der Konzernabschluss um die Segmentberichterstattung erweitert werden kann. Vielfach wird hier auch eine Verbindung mit dem Kriterium „Umfang der Geschäftstätigkeit" bestehen).

Anmerkung:

In der englischen Fassung der Richtlinie ist nicht die Rede von einer Vermittlung des möglichst getreuen Bildes der Vermögens-, Finanz- und Ertragslage (true and fair view), sondern die entsprechende Stelle lautet:

"The annual report shall include at least a ***fair review*** *of the development and performance of the company's business and of its position."*

Es ist davon auszugehen, dass der Begriff „fair review" bereits in Kurzform die allgemeinen oben beschriebenen Berichtsgrundsätze enthält.

8.4 Gliederung des Lageberichtes

In diesem Zusammenhang ergibt sich die Frage, ob es sinnvoll ist bzw geboten erscheint, den Lagebericht entsprechend der Reihenfolge der im Gesetz genannten Angaben aufzubauen.

Dabei ist zu beachten, dass die ursprüngliche Fassung des § 243 durch mehrmalige Änderungen der Bilanzrichtlinie und deren Umsetzung geändert wurde. So wurde zB die Angabe des § 243 Abs 3 Z 4 erst später in das Gesetz aufgenommen; im Zusammenhang mit der Fair-Value-Richtlinie wurde die Angabe des Abs 3 Z 5 neu eingefügt und durch die Modernisierungsrichtlinie wurden zusätzlich die Angabepflicht über die wesentlichen Risiken und Ungewissheiten und die Berichterstattungspflichten gem Abs 5 (nichtfinanzielle Leistungsindikatoren einschließlich Informationen über Umwelt- und Arbeitnehmerbelange) in das Gesetz aufgenommen.

Alle diese Änderungen haben dazu geführt, dass eine systematische Gliederung des Lageberichtes sich nicht unbedingt am Gesetzestext orientieren kann.

Nach *Nowotny* (in *Straube*[3] § 243 Rz 19) bestehen „für den inhaltlichen Aufbau des Lageberichtes keine Regeln, sondern jede Gliederung darf gewählt werden, die dem Gebot der Klarheit entspricht … Insbesondere ist es nicht erforderlich, dass die im zweiten Absatz (jetzt dritter Absatz) geregelte Berichterstattung über wesentliche Ereignisse nach dem Stichtag, über die künftige Entwicklung sowie über den Bereich Forschung und Entwicklung in eigenen Abschnitten besonders hervorgehoben wird, sondern es kann auch hier der jeweilige Berichtspunkt in die Darstellung des Geschäftsverlaufs und der Lage hinein verwoben werden." (Ähnlich die Erläuterung im Abschn 28)

8.41 Gliederungsvorschlag des AFRAC

Gem Abschnitt 24 der **AFRAC-Stellungnahme** wird für den Aufbau des Lageberichtes folgende Struktur empfohlen:

- **Bericht über den Geschäftsverlauf und die wirtschaftliche Lage**
  - Geschäftsverlauf
  - Bericht über die Zweigniederlassungen
  - Finanzielle und nichtfinanzielle Leistungsindikatoren
  - Ereignisse von besonderer Bedeutung nach dem Bilanzstichtag
- **Bericht über die voraussichtliche Entwicklung und die Risiken des Unternehmens**
  - Voraussichtliche Entwicklung des Unternehmens
  - Wesentliche Risiken und Ungewissheiten
- **Bericht über die Forschung und Entwicklung**
- **Berichterstattung über wesentliche Merkmale des internen Kontroll- und des Risikomanagementsystems im Hinblick auf den Rechnungslegungsprozess**
- **Angaben zu Kapital-, Anteils-, Stimm- und Kontrollrechten und damit verbundenen Verpflichtungen**

8.42 Gliederung nach systematischen Gesichtspunkten

8.421 Begründung für die vorgeschlagene Gliederung

Nach Meinung der Verfasser entspricht der Aufbau des AFRAC nicht allen logischen Bedingungen, weswegen sie folgenden systematisch geordneten Aufbau vorschlagen: Wie schon dargelegt, entspricht dieser Aufbau nicht der Reihenfolge im Gesetz, da dieses in mehreren Etappen über die letzten 21 Jahre immer wieder erweitert wurde. Es soll nachstehend versucht werden, auch unter Heranziehung der Vorschläge des AFRAC und des deutschen DRSC eine systematische Gliederung darzulegen:

1. Beschreibung des Unternehmens

(Solche Angaben werden im Gesetz nicht verlangt, dienen aber der [umfassenden] Information des Berichtslesers.)

2. Bericht über den Geschäftsverlauf und die wirtschaftliche Lage

In den **Bericht über das abgelaufene Geschäftsjahr** (Geschäftsverlauf einschließlich Geschäftsergebnis, Vermögens-, Finanz- und Ertragslage des Unternehmens) nach § 243 Abs 1 könnten sinnvollerweise auch Angaben nach § 243 Abs 3 Z 3 über den **Bereich Forschung und Entwicklung** eingebaut werden, insbesondere Angaben über die **Höhe der Forschungs- und Entwicklungsaufwendungen** im Zusammenhang mit der Darstellung der Ertragslage.

Unter diesen Punkt fällt auch die Analyse der Vermögens-, Finanz- und Ertragslage unter Berücksichtigung der „für die jeweilige Geschäftstätigkeit wichtigsten **finanziellen Leistungsindikatoren** und deren Erläuterung unter Bezugnahme auf die im Jahresabschluss ausgewiesenen Beträge und Angaben".

Wesentlich ist besonders die Darstellung von Änderungen gegenüber dem Vorjahr bzw unter Umständen auch gegenüber mehreren Vorjahren (Mehrjahresdarstellungen).

Die Angaben über wesentliche **Risiken** und **Ungewissheiten**, denen das Unternehmen ausgesetzt ist, gehören systematisch allerdings nicht in diesen Punkt, sondern wären im Zusammenhang mit § 243 Abs 3 Z 2 im Punkt vier über die **voraussichtliche Entwicklung des Unternehmens** zu behandeln.

Wesentliche Risiken könnten sich im **Bericht über das abgelaufene Geschäftsjahr** nur auf schlagend gewordene Risiken und deren Auswirkung auf das Geschäftsergebnis und die Lage des Unternehmens zum Bilanzstichtag beziehen. In diesem Punkt würden auch wesentliche Änderungen bei Zweigniederlassungen zu behandeln sein.

3. Ereignisse von besonderer Bedeutung, die nach dem Schluss des Geschäftsjahres eingetreten sind

Die Erläuterung nach § 243 Abs 3 Z 1 über **Vorgänge von besonderer Bedeutung, die nach dem Schluss des Geschäftsjahres eingetreten sind**, kann auch als Anhängsel zum Punkt 2 betrachtet werden. Während die Berichterstattung nach Punkt 2 sich auf die Entwicklung bis zum Bilanzstichtag bezieht, ist Abs 3 Z 1 eine Fortsetzung der Berichterstattung über den Bilanzstichtag hinaus bis zum Zeitpunkt der Fertigstellung des Jahresabschlusses und des Lageberichtes durch die Geschäftsführung.

4. Bericht über die voraussichtliche Entwicklung unter Angabe der wesentlichen Risiken und Chancen des Unternehmens

Die Berichterstattung über die voraussichtliche Entwicklung des Unternehmens steht im Zusammenhang mit der **Berichterstattung des Vorstandes an den Aufsichtsrat gem § 81 AktG** (bzw § 28a GmbHG), da der Vorstand (Geschäftsführer)

> *nach § 81 Abs 1 AktG (§ 28a GmbHG) dem Aufsichtsrat mindestens einmal jährlich über grundsätzliche Fragen der künftigen Geschäftspolitik des Unternehmens zu berichten sowie die* ***künftige Entwicklung der Vermögens-, Finanz- und Ertragslage anhand einer Vorschaurechnung*** *darzustellen hat (Jahresbericht).*

Nach den gesetzlichen Vorschriften müssten also im Unternehmen entsprechende Grundlagen für die Berichterstattung im Lagebericht über die voraussichtliche Entwicklung vorhanden sein (mindestens für ein Folgejahr), die in gleicher Weise für den Lagebericht verwendet werden können.

Die Berichterstattung über die **voraussichtliche Entwicklung** müsste auch auf die **wesentlichen Risiken und Ungewissheiten, denen das Unternehmen ausgesetzt** ist, eingehen.

Das Gesetz enthält in § 243 Abs 3 Z 5 noch einen speziellen Bestandteil der Risikoberichterstattung, nämlich die Angabe von Risikomanagementzielen und -methoden und bestehende Preisänderungs-, Ausfall-, Liquiditäts- und Cashflow-Risiken, die hier einzubauen wären.

Bei der Beschreibung der voraussichtlichen Entwicklung des Unternehmens könnte auch auf die **geplanten Forschungs- und Entwicklungsaktivitäten** eingegangen werden.

> ***Anmerkung:***
>
> *Der enge Zusammenhang zwischen der voraussichtlichen Entwicklung des Unternehmens und den Risiken wurde vom deutschen Gesetzgeber in der Form berücksichtigt, dass in § 289 Abs 1 dHGB die Bestimmung aufgenommen wurde: „Ferner ist im Lagebericht die* ***voraussichtliche Entwicklung mit ihren wesentlichen Chancen und Risiken*** *zu beurteilen und zu erläutern; zugrunde liegende Annahmen sind anzugeben.“*
>
> *Hier wird auch deutlich darauf verwiesen, dass* ***nicht nur eine Beurteilung der Risiken*** *(negative Entwicklung) anzugeben ist, sondern dass auch die* ***wesentlichen Chancen des Unternehmens*** *zu beurteilen sind („ausgewogene“ Analyse).*

5. Analyse der nichtfinanziellen Leistungsindikatoren

§ 243 Abs 5: „Für große Kapitalgesellschaften umfasst die Analyse nach § 243 Abs. 2 letzter Satz auch die wichtigsten nichtfinanziellen Leistungsindikatoren, einschließlich Informationen über Umwelt- und Arbeitnehmerbelange, Absatz 3 bleibt unberührt."

Die Verfasser empfehlen, die nichtfinanziellen Leistungsindikatoren wegen ihres von den finanziellen Leistungsfaktoren grundlegend abweichenden Inhalts und der unterschiedlichen Messung ihrer Bedeutung für das Unternehmen, gesondert darzustellen.

6. und 7. Berichterstattung über Sachverhalte des § 243a bei Vorliegen der dort genannten Voraussetzung (nur bestimmte Gesellschaften)

8.422 Detaillierte Darstellung der Gliederung nach systematischen Gesichtspunkten

	Korrespondierende gesetzliche Bestimmung
Für alle Gesellschaften, die einen Lagebericht aufstellen müssen	
1. Beschreibung des Unternehmens	
a) Allgemeine Beschreibung und Unternehmensstruktur	
b) Bericht über Zweigniederlassungen	§ 243 Abs 3 Z 4
2. Bericht über den Geschäftsverlauf und die wirtschaftliche Lage	
a) Geschäftsverlauf des abgelaufenen Geschäftsjahres	§ 243 Abs 1
b) Darstellung der Ertrags-, Finanz- und Vermögenslage des an Hand finanzieller Leistungsindikatoren	§ 243 Abs 2
c) Bericht über Forschung und Entwicklung, wobei der Inhalt und der von der Art des Unternehmens abhängt.	§ 243 Abs 3 Z 3
3. Ereignisse von besonderer Bedeutung, die nach dem Schluss des Geschäftsjahres eingetreten sind	§ 243 Abs 3 Z 1
4. Bericht über die voraussichtliche Entwicklung unter Angabe der wesentlichen Risiken und Chancen des Unternehmens	
a) Voraussichtliche Entwicklung des Unternehmens – Prognosebericht	§ 243 Abs 3 Z 2
b) Wesentliche Risiken und Ungewissheiten – Risikobericht	§ 243 Abs 1
c) Verwendung von Finanzinstrumenten	§ 243 Abs 3 Z 5a und 5b

Besondere Berichtspflichten für bestimmte Gesellschaften

5. Analyse der nichtfinanziellen Leistungsindikatoren; Große Kapitalgesellschaften	§ 243 Abs 5
6. Berichterstattung über wesentliche Merkmale des internen Kontroll- und des Risikomanagementsystems im Hinblick auf den Rechnungslegungsprozess; Gesellschaften, deren Aktien oder andere Wertpapiere an Börsen gehandelt werden (AGs, GmbHs)	§ 243a Abs 2
7. Angaben zu Kapital-, Anteils-, Stimm- und Kontrollrechten und damit verbundenen Verpflichtungen; AGs, deren Aktien oder andere Wertpapiere an Börsen gehandelt werden	§ 243a Abs 1
Corporate Governance Kodex	
Corporate-Governance-Bericht; AGs, deren Aktien oder andere Wertpapiere an Börsen gehandelt werden	§ 243b

Erläuterung und Inhalt der einzelnen Berichtspunkte

Beschreibung des Unternehmens (1)

Wie schon dargelegt, ist diese gesetzlich nicht vorgesehen, verbessert aber das Informationsausmaß des Bilanzadressaten.

a) Allgemeine Beschreibung und Unternehmensstruktur

In diesem Zusammenhang werden beispielsweise in **DRS 20 Abschn 37** in Bezug auf den Konzern nachstehende Angaben vorgeschlagen, die aber auch für das einzelne Unternehmen gelten:

a) Organisatorische Struktur des Konzerns
b) Segmente
c) Standorte
d) Produkte und Dienstleistungen
e) Geschäftsprozesse
f) Absatzmarkt
g) externe Einflussfaktoren für das Geschäft.

b) Zweigniederlassungen

Nach *Nowotny* in *Straube*[3] § 243 Rz 46 sind die Zahl und der Ort der Niederlassungen sowie wesentliche Veränderungen, wie Neueröffnung, Sitzverlegung, Umwandlung in eine Tochtergesellschaft oder Schließungen anzugeben; weitergehende Angaben wie Umsatz, Zahl der Mitarbeiter ua sind dagegen nicht erforderlich. Anderer Ansicht *Ellrot* in Beck'scher Bilanzkommentar § 289 Rz 44, wonach vielmehr eine Berichterstattung über wesentliche wirtschaftliche Eckdaten der einzelnen Zweigniederlassungen geboten ist, zB Umsätze, Vertriebsprogramme, wesentliche Investitionsvorhaben, beschäftigte Mitarbeiter.

Die **AFRAC-Stellungnahme** regelt die Berichterstattung über Zweigniederlassungen in Abschnitt 6.1.3.

Danach sind „weiterführende Angaben, wie Umsatz oder Mitarbeiterzahl grundsätzlich nicht erforderlich; allerdings muss die Angabe dieser Informationen als verpflichtend angesehen werden, wenn ohne deren Darlegung die Darstellung der wirtschaftlichen Lage des Gesamtunternehmens nicht möglich wäre".

Bericht über den Geschäftsverlauf und die wirtschaftliche Lage (2)

a) Geschäftsverlauf des abgelaufenen Geschäftsjahres

„Es handelt sich um einen im wesentlichen vergangenheitsorientierten, zeitraumbezogenen Bericht. Die Darstellung soll erkennen lassen, ob nach der Auffassung der Geschäftsleitung die Geschäftsentwicklung günstig oder ungünstig verlaufen ist" (ADS § 289 Rz 72).

Für die Darstellung des Geschäftsverlaufes wird in *Küting/Weber*[A] (§ 289 Rz 31) folgende Gliederung vorgeschlagen:

- Überblick (Erläuterungen der wirtschaftlichen und gesellschaftlichen Rahmenbedingungen, „kleine und mittelgroße Unternehmen sollten auf spezifische Fragen und Probleme des Geschäftszweiges eingehen");
- Entwicklung des Ergebnisses (Angaben zur Entwicklung der mengen- und wertmäßigen Umsätze, der Aufwendungen und Erträge);
- Beschaffungsbereich;
- Produktions- und Leistungsbereich;
- Absatzbereich;
- Investitions- und Finanzierungsbereich;
- Personal- und Sozialwesen;
- Wichtige Ereignisse während des Geschäftsjahres (wichtige Verträge, Erwerb und Veräußerung von Beteiligungen, Kooperationsvorhaben) (ähnlich ADS § 289 Rz 72).

Analoge Ausführungen finden sich insbesondere im Abschnitt 29 der **AFRAC-Stellungnahme**: „Die Struktur der Berichterstattung hat sich nach den Funktionen bzw. Sparten des einzelnen Unternehmens zu richten. Einzugehen ist jeweils auf den Verlauf des Geschäftsjahres, den am Ende des Geschäftsjahres erreichten Stand und Unterschiede zu Vorperioden. Zu den **Themenbereichen** zählen beispielsweise die Absatzentwicklung/-Lage, der Produktions- und Leistungsbereich, der Beschaffungsbereich, wesentliche Investitionen und Umgründungen sowie die Entwicklung des Geschäftsergebnisses."

b) Darstellung der Ertrags-, Finanz- und Vermögenslage des Unternehmens anhand finanzieller Leistungsindikatoren

§ 243 Abs 1 spricht von der Vermittlung eines möglichst getreuen Bildes der Vermögens-, Finanz- und Ertragslage. Die in der Überschrift zu diesem Abschnitt verwendete Reihenfolge **Ertrags-, Finanz- und Vermögenslage** wurde bewusst gewählt, weil sich diese Reihenfolge der Darstellung in der Praxis der Lageberichterstattung großer Unternehmen und Konzerne überwiegend durchgesetzt hat. Darüber hinaus stellt die Berichterstattung in den Lageberichten die Ertragslage in den Vordergrund.

Gem § 243 Abs 2 hat die Analyse des Geschäftsverlaufs, einschließlich des Geschäftsergebnisses, und der Lage des Unternehmens auf die für die jeweilige Geschäftstätigkeit wichtigsten **finanziellen Leistungsindikatoren** einzugehen, und sie unter Bezugnahme auf die im Jahresabschluss ausgewiesenen Beträge und Angaben zu erläutern. Sowohl das **AFRAC** als auch die **Fachsenate für Betriebswirtschaft und Organisation und für Unternehmensrecht** der Kammer der Wirtschaftstreuhänder haben zur Frage der **finanziellen** Leistungsindikatoren im Lagebericht Stellung genommen:

Das AFRAC bezeichnet in seiner Stellungnahme „Lageberichterstattung“ gem §§ 243, 243a und 267 vom Juni 2009 mangels Fehlens einer Definition des Begriffes **„Leistungsindikatoren“** diese entsprechend dem englischen Begriff **„key performance indicators“** als die **wesentlichen Erfolgsmaßstäbe des Unternehmens** (Rz 34).

Finanzielle Leistungsindikatoren sind im Gegensatz zu **nichtfinanziellen Leistungsindikatoren** als die gängigen Kennzahlen (Zahlen oder Zahlenverhältnisse) der finanzwirtschaftlichen und erfolgswirtschaftlichen Analyse zu verstehen.

Unter **nichtfinanziellen Leistungsindikatoren** versteht das AFRAC „alle Belange, Umstände und Faktoren, die über die finanziellen Leistungsindikatoren hinaus für das Verständnis von Geschäftsverlauf, Geschäftsergebnis oder Lage von Bedeutung sind und/oder die voraussichtliche Entwicklung wesentlich beeinflussen können“ (Siehe (5)).

Der **Fachsenat für Unternehmensrecht und Revision** definiert die **finanziellen Leistungsindikatoren** in Anlehnung an vergleichbare internationale Regelungen (UK Reporting Standard Nr 1 The Operating and Financial Review) als Faktoren, „auf Grund derer die Entwicklung, das Ergebnis und die Lage des Unternehmens wirksam gemessen werden können; sie sind die quantifizierte Maßgröße, die die kritischen Ergebnisfaktoren des Unternehmens abbilden und den

Fortschritt zur Erreichung eines bestimmten Ziels oder bestimmter Ziele offen legen“.

Zu den **finanziellen Leistungsindikatoren** gehören neben Verhältniszahlen auch „**absolute Zahlen** wie zB die Umsatzerlöse und andere vielfach verwendete Zwischensummen aus der Gewinn- und Verlustrechnung (zB Betriebsergebnis, Finanzergebnis usw). Aus diesen absoluten Zahlen werden **Verhältniszahlen** abgeleitet, die für die Darstellung der Unternehmensstruktur den Vorteil größerer Anschaulichkeit auch im Vergleich mit anderen Unternehmen besitzen“.

Der Fachsenat für **Betriebswirtschaft und Organisation** definiert in seinem Fachgutachten KFS/BW 3 in Anlehnung an das AFRAC **finanzielle Leistungsindikatoren** als wesentliche Erfolgsmaßstäbe eines Unternehmens, die eine effektive Messung von Entwicklung, Performance und Geschäftstätigkeit ermöglichen und quantifizierbar sind.

Die Ableitung der finanziellen Leistungsindikatoren (Kennzahlen) aus den Zahlen des Jahresabschlusses

Die im § 243 niedergelegte Bestimmung, wonach die finanziellen Leistungsindikatoren **unter Bezugnahme** auf die im Jahresabschluss ausgewiesenen Beträge und Angaben zu erläutern sind, führt laut **AFRAC** zum Schluss (Rz 36), dass im Lagebericht lediglich **direkt aus dem Jahresabschluss ableitbare** Kennzahlen als **finanzielle Leistungsindikatoren** anzugeben sind. Allerdings sieht das AFRAC auch die Möglichkeit, dass es in Einzelfällen sinnvoll sein kann, unter Darstellung einer **zahlenmäßigen Überleitung** auch nicht direkt aus dem Jahresabschluss ableitbare Kennzahlen anzugeben.

Auch der **Fachsenat für Unternehmensrecht** verlangt die unmittelbare Ableitung der finanziellen Leistungsindikatoren aus den im Jahresabschluss ausgewiesenen Beträgen und Angaben, erachtet es aber in Übereinstimmung mit dem **Fachgutachten KFS/BW 3** als zulässig, „zum Zweck einer wesentlichen und betriebswirtschaftlich begründeten Verbesserung der Aussagefähigkeit finanzieller Leistungsindikatoren bei deren Berechnung Beträge heranzuziehen, die dem Jahres- bzw Konzernabschluss einschließlich des Anhanges bzw Konzernanhanges nicht unmittelbar entnommen werden können.“

Wesentlich erscheint es, **dass im Lagebericht zumindest in einem Annex die Berechnung der Kennzahlen** dargestellt wird, damit die Ableitung aus dem Jahresabschluss nachvollziehbar ist. Wenn der Berechnung Zahlen zugrunde gelegt werden, die nicht direkt aus dem Jahresabschluss ersichtlich sind, sind die entsprechenden Beträge ausgehend von den Zahlen des Jahresabschlusses in einer Überleitungsrechnung darzustellen.

Dies erscheint auch deswegen von Bedeutung, weil es bei der Berechnung von Kennzahlen in vielen Fällen Varianten gibt, die die Vergleichbarkeit der Berechnung der Kennzahlen zwischen den Unternehmen stören. Sinnvoll wäre es, wenn man sich in der Praxis auf eine einheitliche Vorgangsweise bei der Berechnung der Kennzahlen einigen könnte.

Gemäß dem Fachgutachten KFS/BW3 sollen zur Darstellung des Geschäftsverlaufes die **Kennzahlen zumindest für das Geschäftsjahr und das Vorjahr** angegeben werden, wobei Änderungen gegenüber dem Vorjahr, die auf Änderungen der Berechnung oder wesentliche Änderungen der Unternehmensstruktur zurückzuführen sind, zu erläutern sind. Wenn sich die Unternehmensstruktur nicht wesentlich verändert hat, wird der Einblick in die Entwicklung des Unternehmens verbessert, wenn ausgewählte Kennzahlen von **drei bis fünf Jahren** dargestellt werden.

Empfehlungen im KFS/BW3 zur Heranziehung angemessener finanzieller Leistungsindikatoren

Im Sinne des § 243 empfiehlt das Fachgutachten die Heranziehung folgender **angemessener finanzieller Leistungsindikatoren**, wobei allerdings zu bemerken ist, dass die nachfolgend genannten Kennzahlen eher als **Mindeststandard** denn als **angemessen** anzusehen sind.

1. **Kennzahlen zur Ertragslage**
   - Umsatzerlöse (Sales)
   - Ergebnis vor Zinsen und Steuern (Earnings before Interest and Tax – EBIT)
   - Umsatzrentabilität (Return on Sales – ROS)
     - Kapitalrentabilität
     - Gesamtkapitalrentabilität (Return on Investment – ROI)
     - Eigenkapitalrentabilität (Return on Equity – ROE)
2. **Kennzahlen zur Vermögens- und Finanzlage**
   - Eigenkapitalquote (Equity Ratio)
   - Nettoumlaufvermögen (Working Capital)
   - Nettoverschuldung (Net Debt)
   - Nettoverschuldungsgrad (Gearing)
3. **Cashflow-Kennzahlen**

Zu 1. Kennzahlen der Ertragslage

Die nachfolgende Darstellung der Kennzahlen wurde unmittelbar den Abschnitten 4–6 des Fachgutachtens des Fachsenats für Betriebswirtschaft und Organisation, betreffend die Empfehlung zur Ausgestaltung finanzieller Leistungsindikatoren im Lagebericht bzw Konzernlagebericht entnommen.

Weitere Kennzahlen mit ausführlichen Erläuterungen finden sich im Band 3 des Jahresabschlusses nach dem Unternehmensgesetzbuch.

Ergebnis vor Zinsen und Steuern (EBIT = Earnings before Interest and Tax)

Dieses entspricht dem um den Zinsaufwand korrigierten Ergebnis der gewöhnlichen Geschäftstätigkeit. Das Ergebnis der gewöhnlichen Geschäftstätigkeit wird auch als **EBT = Earnings before Tax** bezeichnet.

	Ergebnis der gewöhnlichen Geschäftstätigkeit
+	Zinsen und ähnliche Aufwendungen gem § 231 Abs 2 Z 15 bzw Abs 3 Z 16
	Ergebnis vor Zinsen und Steuern

Umsatzrentabilität (ROS = Return on Sales)

Die Umsatzrentabilität entspricht dem Verhältnis aus Ergebnis vor Zinsen und Steuern und den Umsatzerlösen. Wie auch die nachfolgend dargestellte Gesamtkapitalrentabilität betrifft diese Kennzahl das gesamte Unternehmen unabhängig von der Finanzierung desselben.

Umsatzrentabilität = Ergebnis vor Zinsen und Steuern/Umsatzerlöse

Gesamtkapitalrentabilität (ROI = Return on Investment)

Die **Gesamtkapitalrentabilität** zeigt die Ertragskraft des Unternehmens unabhängig von der Finanzierung desselben. Verglichen mit den Sätzen für Fremdfinanzierung zeigt diese Kennzahl an, ob das Unternehmen in der Lage ist, über die Zinsen hinaus Gewinne zu erzielen.

Grundsätzlich sollte die Basis für die Ermittlung der Kapitalrentabilität das Kapital zum Anfang des Geschäftsjahres sein. Wird dadurch die Aussage der Kennzahl eingeschränkt (zB durch hohe Kapitalschwankungen) ist eine entsprechende Durchschnittszahl zu ermitteln und zu erläutern.

Gesamtkapitalrentabilität = Ergebnis vor Zinsen und Steuern/ Gesamtkapital

Eigenkapitalrentabilität (ROE = Return on Equity)

Die Eigenkapitalrentabilität ergibt sich aus dem Verhältnis des Ergebnisses der gewöhnlichen Geschäftstätigkeit zum Eigenkapital. Sie zeigt die Rentabilität des Kapitaleinsatzes der Eigentümer nach Abzug der Fremkapitalkosten.

Eigenkapitalrentabilität = Ergebnis der gewöhnlichen Geschäftstätigkeit/ Eigenkapital

Für die Feststellung des Eigenkapitals als Basis gilt das zum Gesamtkapital Gesagte.

Eigenkapitalrentabilität nach Körperschaftsteuer = Jahresüberschuss/ Eigenkapital

Bei börsennotierten Kapitalgesellschaften wird die Rentabilität des Ergebnisses nach Körperschaftsteuer in der Regel nicht auf das buchmäßige Eigenkapital, sondern auf den Marktwert desselben bezogen. Der Marktwert des Eigenkapitals ergibt sich aus der Multiplikation der Anteile mit deren Börsenkurs. Diese Kennzahl ist auch als KGV = Kurs-Gewinnverhältnis bekannt. Das KGV ist der reziproke Wert zum Rentabilitätssatz. Ein KGV von 12,5 entspricht beispielsweise einer Rentabilität von 8% = 100/12,5.

Kurs-Gewinn-Verhältnis = Marktwert des Eigenkapitals/ Jahresüberschuss (Börsekapitalisierung)

Zu 2. Kennzahlen der Vermögens- und Finanzlage

Nettoverschuldung (Net Debt)

- Die Nettoverschuldung ergibt sich aus dem Saldo des verzinslichen Fremdkapitals und der flüssigen Mittel.

	Verzinsliches Fremdkapital
–	flüssige Mittel
=	**Nettoverschuldung**

Das verzinsliche Fremdkapital setzt sich jedenfalls aus folgenden Posten zusammen:

- Anleihen
- Verbindlichkeiten gegenüber Kreditinstituten
- Rückstellungen für Abfertigungen
- Rückstellungen für Pensionen
- Rückstellungen für Jubiläumsgelder

Alle anderen Posten des Fremdkapitals sind auf ihre Zuordnung zum verzinslichen Fremdkapital zu untersuchen.

Die flüssigen Mittel bestehen aus dem Bilanzposen „Kassenbestand, Schecks, Guthaben bei Kreditinstituten“ (§ 224 Abs 2 B IV), aus den Wertpapieren des Umlaufvermögens, die jeder Zeit in Geld umgewandelt werden können und nur einem geringen Wertschwankungsrisiko unterliegen sowie aus sonstigem Finanzvermögen, das in direktem Zusammenhang mit verzinslichem Fremdkapital steht.

Nettoumlaufvermögen (Working Capital)

Das Nettoumlaufvermögen ergibt sich als Differenz des kurzfristigen Umlaufvermögens und des kurzfristigen Fremdkapitals. Das Umlaufvermögen ist um die langfristig gebundenen Bestandteile zu kürzen. Zu diesen zählen etwa Forderungen mit einer Restlaufzeit von mehr als einem Jahr. Sowohl in das kurzfristige Umlaufvermögen als auch in das kurzfristige Fremdkapital sind die kurzfristigen Rechnungsabgrenzungsposten einzubeziehen.

	Umlaufvermögen
–	langfristiges Umlaufvermögen
=	kurzfristiges Umlaufvermöge
–	kurzfristiges Fremdkapital
=	**Nettoumlaufvermögen**

Eigenkapitalquote (Equity Ratio)

Die Eigenkapitalquote stellt den Anteil des Eigenkapitals am Gesamtkapital dar.

Eigenkapitalquote = Eigenkapital/Gesamtkapital

Nettoverschuldungsgrad (Gearing)

Der Nettoverschuldungsgrad entspricht dem Verhältnis der Nettoverschuldung zum Eigenkapital.

Nettoverschuldungsgrad = Nettoverschuldung/Eigenkapital

Zu 3. Cashflow-Kennzahlen

Die Geldflussrechnung ist im Rahmen des Jahresabschluss der einzelnen Gesellschaft freiwillig, im Rahmen des Konzernabschlusses verpflichtend zu erstellen. Ihrer Bedeutung wegen empfiehlt das AFRAC zumindest Teilergebnisse und zwar den Geldfluss aus der operativen Tätigkeit, den Geldfluss aus der Investitionstätigkeit und den Geldfluss aus der Finanzierungstätigkeit zu veröffentlichen.

Die Geldflussrechnung ist eine reine Geldbewegung. Sie wird in ihrer gebräuchlichen Form (indirekte Methode der Ermittlung des Cashflows aus der operativen Tätigkeit) wie folgt, dargestellt.

Schema der nach der indirekten Methode aufgestellten Geldflussrechnung entsprechend dem Fachgutachten KFS/BW2 vom 27. Mai 2008

1	Ergebnis der gewöhnlichen Geschäftstätigkeit
2	Überleitung auf den Netto-Geldfluss aus der gewöhnlichen Geschäftstätigkeit

	a) +/–	Abschreibungen/Zuschreibungen auf Vermögensgegenstände des Investitionsbereichs
	b) –/+	Gewinn/Verlust aus dem Abgang von Vermögensgegenständen des Investitionsbereichs
	c) +/–	sonstige zahlungsunwirksame Aufwendungen/Erträge, soweit nicht Posten aus 2d) bis 2f) betreffend
3	**Geldfluss aus dem Ergebnis**	
	a) –/+	Zunahme/Abnahme der Vorräte, der Forderungen aus Lieferungen und Leistungen sowie anderer Aktiva[1)]
	b) +/–	Zunahme/Abnahme von Rückstellungen[1)]
	c) +/–	Zunahme/Abnahme der Verbindlichkeiten aus Lieferungen und Leistungen sowie anderer Passiva[1)]
4		**Netto-Geldfluss aus der gewöhnlichen Geschäftstätigkeit**
5	+/–	Netto-Geldfluss aus außerordentlichen Posten
6	–	Zahlungen für Ertragsteuern
7		**Netto-Geldfluss aus laufender Geschäftstätigkeit**
8		Einzahlungen aus Anlagenabgang (ohne Finanzanlagen)
9	+	Einzahlungen aus Finanzanlagenabgang und sonstigen Finanzinvestitionen
10	–	Auszahlungen für Anlagenzugang (ohne Finanzanlagen)
11	–	Auszahlungen für Finanzanlagenzugang und sonstige Finanzinvestitionen
12		**Netto-Geldfluss aus der Investitionstätigkeit**
13		Einzahlungen von Eigenkapital
14	–	Rückzahlungen von Eigenkapital
15	–	Auszahlungen zur Bedienung des Eigenkapitals
16	+	Einzahlungen aus der Begebung von Anleihen und der Aufnahme von Finanzkrediten
17	–	Auszahlungen für die Tilgung von Anleihen und Finanzkrediten
18		**Netto-Geldfluss aus der Finanzierungstätigkeit**
19		**zahlungswirksame Veränderung des Finanzmittelbestands (Z 6+11+17)**
20	+/–	wechselkursbedingte und sonstige Wertänderungen des Finanzmittelbestands
21	+	Finanzmittelbestand am Beginn der Periode
22		**Finanzmittelbestand am Ende der Periode**

c) Bericht über die Forschung und Entwicklung

Aussagen über **Forschungs- und Entwicklungsaktivitäten** waren schon in vielen Geschäftsberichten nach § 128 AktG zu finden. Die Berichterstattung darüber ist nach dem UGB verpflichtend.

„Eine Berichterstattung über den Bereich Forschung und Entwicklung ist nur bei solchen Kapitalgesellschaften sinnvoll, die tatsächlich Forschung und Entwicklung in erheblichem Ausmaß betreiben“ (*Küting/Weber*[4] § 289 Rz 68).

Die Pflicht zur Berichterstattung wird eingeschränkt durch das Risiko, dass dem Unternehmen aus detaillierten Angaben Wettbewerbsnachteile erwachsen könnten.

Das **AFRAC** bemerkt hierzu in Rz (73) seiner Stellungnahme zur Lageberichterstattung:

(73) Die Angaben über die Forschungs- und Entwicklungsaktivitäten des Unternehmens stellen einen Kompromiss zwischen den Informationsinteressen der Außenstehenden und dem schutzwürdigen Interesse des Unternehmens (Geschäftsgeheimnisse) dar.

Ellrott in Beck'scher Bilanzkommentar[5] (§ 289 Rz 40) stellt hierzu fest:

„Wenn eine Kapitalgesellschaft allerdings die branchenübliche notwendige Forschungs- und Entwicklungstätigkeit unterlässt oder aussetzt, hat sie wegen der großen Auswirkung auf ihre wirtschaftliche Lage und voraussichtliche Entwicklung im Lagebericht darauf hinzuweisen und ihr Verhalten zu begründen“

Als zweckmäßige Angaben werden in *Küting/Weber*[4] (§ 289 Rz 71) folgende Angaben angeführt:

- Zahl der in den Entwicklungsabteilungen tätigen Mitarbeiter und Veränderungen dieser Zahl gegenüber dem Vorjahr;
- Einrichtungen, die für Forschungs- und Entwicklungszwecke unterhalten werden;
- Gesamthöhe und Entwicklung der Forschungs- und Entwicklungsaufwendungen;
- Globalziele, die bei den Forschungs- und Entwicklungstätigkeiten verfolgt werden;
- Umfang der Investitionen im Bereich Forschung und Entwicklung;
- Restriktionen, zB Umweltschutz;
- laufende und geplante Forschungsprogramme.

Ereignisse von besonderer Bedeutung, die nach dem Schluss des Geschäftsjahres eingetreten (3)

„Darunter sind einmal bedeutsame Entwicklungen und Tendenzen im neuen Geschäftsjahr zu verstehen, insbesondere, wenn sie von der im Jahresabschluss vorgezeichneten Linie abweichen“ (Beck'scher Bilanzkommentar[5] § 289 Rz 32).

Die Berichterstattung bezieht sich auch auf einzelne **bedeutsame Geschäftsvorfälle**, wobei sowohl positive als auch negative Vorgänge in Frage kommen. „Je negativer nach dem **Abschlussstichtag** eingetretene Ereignisse sich für die Gesellschaft auswirken, desto schärfere Anforderungen sind an die Berichterstattungspflicht zu stellen“ (WP-Handbuch 1996, Band I, 492).

Beispiele (siehe Zusammenstellung in Küting/Weber[4] § 289 Rz 51):

- *Die Branche betreffende wirtschaftliche oder politische Ereignisse (zB verschärfte Exportvorschriften, Auf- und Abwertungseinflüsse, Wettbewerbsverzerrungen);*
- *Abweichungen von der vom Jahresabschluss vorgezeichneten zukünftigen Entwicklung (zB Marktumschwung, unvorhersehbare Kostensteigerungen, Umsatzrückgänge, schwerwiegende Verluste, stark rückläufige Marktpreise); Erwerb oder Veräußerung von Beteiligungen;*
- *Kapitalerhöhungs- oder Kapitalherabsetzungsmaßnahmen;*
- *Gründung oder Auflösung von Niederlassungen;*
- *Begründung von Konzern- oder Abhängigkeitsverhältnissen, Beitritt zu Interessengemeinschaften oder Kartellen, Abschluss außerordentlicher Verträge;*
- *Ausgang wichtiger Prozesse;*
- *besondere Ereignisse im personellen Bereich, wie zB Kurzarbeit oder Streiks;*
- *Zusammenbrüche großer Kunden.*

In diesem Zusammenhang wird auch auf IAS 10 „Subsequent Events“ verwiesen.

Bericht über die voraussichtliche Entwicklung unter Angabe der wesentlichen Risiken und Chancen des Unternehmens (4)

a) Voraussichtliche Entwicklung des Unternehmens („Prognosebericht“)

Es war auch nach dem AktG schon üblich, dass in den Geschäftsberichten (zB unter der Bezeichnung „Ausblick, Vorschau, Zukunftsaussichten“) auf die voraussichtliche Entwicklung eingegangen wurde.

„Was und wie über die zukünftige Entwicklung zu berichten ist, sagt das dHGB nicht; es hält sich bewusst allgemein. Daraus ist zu schließen, dass Inhalt und Umfang des Prognoseberichts sich in engen Grenzen halten können. Das bedeutet, dass eine kürzere verbale Darstellung der zukünftigen Entwicklung als ausreichend betrachtet werden kann. Zahlenmäßige Prognosen sind entbehrlich“ (Beck'scher Bilanzkommentar[5] § 289 Rz 35).

„Die Anforderungen an die gesetzlich geforderten Prognoseaussagen dürfen nicht zu hoch angesetzt werden. Die Prognosen müssen vorsichtig sein, damit nicht falsche Erwartungen entstehen. Die Erläuterungen werden vor allem in verbalen Angaben bestehen“ (WP-Handbuch 1996, Band I, 493).

Nach *Küting/Weber*[4] (§ 289 Rz 58) dagegen sollte die Unternehmensleitung nach Möglichkeit **zahlenmäßige Prognosen** zur Darstellung der voraussichtlichen Entwicklung verwenden, „wenn die Herleitung der Prognosen zumutbar und die Willkürfreiheit gewährleistet ist".

„Bezüglich des zeitlichen Umfanges der Prognose wird … eine Bezugsperiode von zwei Jahren als sinnvoll angesehen. Ein einjähriger Prognosezeitraum ist als zu kurz zu betrachten, zumal bei Veröffentlichung der Prognose bereits mehrere Monate vergangen sind" (Beck'scher Bilanzkommentar[5] § 289 Rz 35). In *Küting/Weber*[4] (§ 289 Rz 57) wird dieser Zweijahreszeitraum als der herrschenden Meinung entsprechend bezeichnet.

DRS 20, herausgegeben 2013, fordert einen Prognosezeitraum von mindestens einem Jahr (Tz 127), während das Vorgängerstatement DRS 15 noch zwei Jahre gefordert hatte.

„Letztlich liegt es im pflichtgemäßen Ermessen der Unternehmensleitung, den **Umfang der Zukunftsaussagen** zur Darlegung der zukünftigen Entwicklung im Lagebericht festzulegen. Zum Umfang einer angemessenen Berichterstattung über die zukünftige Entwicklung gehören sicherlich Angaben

1. zur allgemeinen volkswirtschaftlichen Entwicklung,
2. zur wesentlichen Änderung in den Bereichen
   - Beschaffung,
   - Produktion,
   - Personal,
   - Investition und Finanzierung,
3. zur Marktstellung in den wichtigsten Tätigkeitsbereichen,
4. zur tendenziellen Entwicklung der Ergebnisse."

Die Auffassungen der Fachliteratur zum Inhalt des Prognoseberichtes decken sich aber, nach stichprobenweiser Durchsicht von Veröffentlichungen, kaum mit der **Rechnungslegungspraxis**; Prognosen werden, soweit festgestellt, nur verbal, nicht betragsmäßig formuliert, und die Prognoseangaben beziehen sich höchstens auf allgemein gehaltene Erwartungen über die Entwicklung des Umsatzes und des Ergebnisses des Folgejahres.

Allerdings muss darauf hingewiesen werden, dass aufgrund der Vorschriften des § 81 AktG bzw § 28a GmbHG für aufsichtsratspflichtige Unternehmen die Verpflichtung besteht, dass der Vorstand dem Aufsichtsrat mindestens einmal jährlich „über grundsätzliche Fragen der Geschäftspolitik des Unternehmens zu berichten, **sowie die künftige Entwicklung der Vermögens-, Finanz- und Ertragslage anhand einer Vorschaurechnung darzustellen hat** (Jahresbericht)". Für die Darstellung der voraussichtlichen Entwicklung des Unternehmens müssten daher zumindest für aufsichtsratspflichtige Unternehmen entsprechende Unterlagen vorhanden sein.

Die **AFRAC-Stellungnahme** ist hinsichtlich der Anforderungen an die Darstellung der voraussichtlichen Entwicklung des Unternehmens eher zurückhaltend und enthält dazu (nur) folgende Ausführungen (Abschnitt 55–57):

(55) „Dieser Abschnitt des Lageberichtes soll die für das Unternehmen **relevante Entwicklung der gesamtwirtschaftlichen und sonstigen Rahmenbedingungen**, die Entwicklung der Branchensituation sowie deren Auswirkungen auf die Vermögens-, Finanz- und Ertragslage des Unternehmens darstellen. Anzugeben sind weiters die wesentlichen geschäftspolitischen Vorhaben und deren Auswirkung auf die Lage des Unternehmens. In beiden Fällen sind die getroffenen Annahmen zu erläutern und zu begründen."

(56) „Es ist zulässig, wenn die **Darstellungen** zur voraussichtlichen Entwicklung des Unternehmens **in qualitativer Form** erfolgen. Daher ist es für die Darstellung der voraussichtlichen Entwicklung nicht erforderlich, die im Bericht über den Geschäftsverlauf und die wirtschaftliche Lage angeführten Leistungsindikatoren zu prognostizieren oder Planzahlen anzugeben.

(57) Der in den Ausführungen im Lagebericht abgedeckte **Zeithorizont** ist unter Berücksichtigung der unternehmensspezifischen Geschäftszyklen und Risiken festzulegen und hat jedenfalls das nachfolgende Geschäftsjahr zu umfassen."

DRS 20 enthält dazu in nachstehenden Tz unter anderem folgende Ausführungen:

120. Die wesentlichen Annahmen, auf denen die Prognosen beruhen, sind anzugeben. Die Annahmen müssen mit den Prämissen, die dem Konzernabschluss zugrunde liegen, im Einklang stehen.

122. Annahmen können zB sein: Wirtschafts- und Branchenentwicklungen, Wechselkurse, Inflation, regulatorische Maßnahmen, technischer Fortschritt, erwartete Sondereinflüsse für den Konzern; Realisierung von Synergiepotenzialen, Abschluss von Entwicklungsprojekten und Inbetriebnahme neuer Anlagen.

126. Prognosen sind zu den bedeutsamsten finanziellen und nicht finanziellen Leistungsindikatoren abzugeben, die nach Tz 102 und 106 berichtet werden. Sie müssen so ermittelt werden, dass Prognose- und Istwerte für denselben Berichtszeitraum vergleichbar sind. (Die Tz 102 und 106 beschäftigen sich mit jenen Leistungsindikatoren, die zur internen Steuerung herangezogen werden.

127. Als Prognosezeitraum ist mindestens ein Jahr, gerechnet vom letzten Konzernabschlussstichtag, zugrunde zu legen. Der Zeitraum, auf den sich die Prognosen beziehen, ist anzugeben. Absehbare Sondereinflüsse auf die wirtschaftliche Lage des Konzerns nach dem Prognosezeitraum sind darzustellen und zu analysieren.

128. Die Prognosen müssen Aussagen zur erwarteten Veränderung der prognostizierten Leistungsindikatoren gegenüber dem entsprechenden Istwert des Berichtsjahres enthalten und dabei die Richtung und Intensität der Veränderung verdeutlichen. Abweichende Bezugspunkte der Prognosen sind anzugeben.

133. Diese Tz geht auf den Fall ein, dass besondere Umstände dazu führen, „dass in Bezug auf die zukünftige Entwicklung aufgrund gesamtwirtschaftlicher Rahmenbedingungen außergewöhnlich hohe Unsicherheit besteht und daher die Prognosefähigkeit der Unternehmen wesentlich beeinträchtigt ist."

b) Wesentliche Risiken und Ungewissheiten – Risikobericht

Die AFRAC-Stellungnahme (Abschnitt 58–63):

„(58) Gemäß § 243 Abs 1 UGB sind im Lagebericht die wesentlichen Risiken und Ungewissheiten, denen das Unternehmen ausgesetzt ist, zu beschreiben. Der Ausdruck „wesentliche Risiken und Ungewissheiten" ist im Sinne von **„geschäftstypische bzw. unternehmenstypische Unsicherheiten"** zu verstehen. Dies bedeutet, dass allgemeine, versicherte Risiken nicht gesondert angeführt werden müssen; **Die Angabe der Absicherungsstrategie** für die beschriebenen Risiken wird empfohlen.

(59) Die Darstellungen im Lagebericht haben gem § 243 Abs 2 UGB in ausgewogener und umfassender Form zu erfolgen, woraus abzuleiten ist, dass **sowohl Risiken als auch Chancen** aufgenommen werden sollten.

(60) Zur **Definition** der Begriffe **„Risiko" und „Chancen"** wird empfohlen, auf internationale Vorbilder, insbesondere das „Enterprise Risk Management – Integrated Framework" des „Committee of Sponsoring Organizations of the Treadway Commission" (COSO) zurückzugreifen; demzufolge können Risiko und Chance als die Möglichkeit des negativen und positiven Abweichens von einem erwarteten Ereignis definiert werden.

(61) Hinsichtlich der **Kategorisierung der Risiken**, über die neben den gesondert darzustellenden finanziellen Risiken gegebenenfalls zu berichten ist, wird folgende Unterscheidung angeregt:

- **Personalrisiken** (betriebliche Altersvorsorge, Fluktuation, Krankheit etc),
- **Operative Risiken** (Technologie, EDV, Umwelt, Management, Reputation etc) sowie
- **Geschäftsrisiken** (Beschaffung, Vertrieb, Produkte, Kundenbindung etc) unter zusätzlicher Berücksichtigung des Fortbestandes

In den oben genannten Risikobereichen können auch rechtliche Risiken enthalten sein.

(62) Die Beschreibung der Risiken und Chancen hat **zumindest in qualitativer Form** zu erfolgen. Wenn Zahlenangaben gemacht werden, dann sind die zugrunde liegenden Annahmen und ihre Berechnungsweise zu erläutern.

(63) Eine **Verpflichtung zur Beschreibung des Risikomanagements kann aus § 243 Abs 1 UGB nicht abgeleitet werden**. Lediglich im Zusammenhang mit finanziellen Risiken verlangt § 243 Abs 3 Z 5 lit a UGB (im Falle der Verwendung von Finanzinstrumenten) eine Angabe der Risikomanagementziele und -methoden."

Dazu kommen die Angabepflichten gem § 243a Abs 2 UGB (vgl Abschnitt 6.4 der AFRAC-Stellungnahme).

Der deutsche Rechnungslegungsstandard 20 des DRSC definiert Risiko wie folgt:

„Mögliche künftige Entwicklungen oder Ereignisse, die zu einer für das Unternehmen negativen Prognose- bzw Zielabweichung führen können".

Gemäß Tz 135 umfasst die Risikoberichterstattung Angaben

- Zum Risikomanagementsystem
- Zu den einzelnen Risiken
- Zur zusammenfassenden Darstellung der Risikolage

Die Angaben zum Risikomanagementsystem in Tz 137–145 werden allerdings ausdrücklich nur für kapitalmarktorientierte Mutterunternehmen gefordert, da dies aufgrund der „Informationsbedürfnisse des Kapitalmarktes" (Zusammenfassung von DRS 20) erforderlich ist.

Darstellung der wesentlichen Aussagen zum „Risiko" in den Abschnitten Tz 146–164:

146. Zu berichten ist über Risiken, welche die Entscheidungen eines verständigen Adressaten beeinflussen können.

148. Ein Risiko, dessen Eintritt den Bestand des Konzerns oder eines wesentlichen Konzernunternehmens voraussichtlich gefährden würde, ist als solches zu bezeichnen.

149. Die wesentlichen Risiken sind einzeln darzustellen. Die bei ihrem Eintritt zu erwartenden Konsequenzen sind zu analysieren und zu beurteilen.

156. Für die Beurteilung der einzelnen Risiken ist ein jeweils adäquater Zeitraum zugrunde zu legen. Dieser hat mindestens dem verwendeten Prognosezeitraum zu entsprechen. Der Zeitraum für die Beurteilung, ob bestandsgefährdende Risiken vorliegen, beträgt mindestens ein Jahr, gerechnet vom Konzernabschlussstichtag.

159. Wesentliche Veränderungen der Risiken gegenüber dem Vorjahr sind darzustellen und zu erläutern.

162. Um die Klarheit und Übersichtlichkeit des Risikoberichts zu erhöhen, sind die einzelnen Risiken entweder in einer Rangfolge zu ordnen oder zu Kategorien gleichartiger Risiken zusammenzufassen. Die Ausführungen können auch segmentspezifisch differenziert werden.

164. Bei der Zusammenfassung gleichartiger Risiken zu Kategorien kann sich das Unternehmen an der für Zwecke des Risikomanagements intern vorgegebenen Kategorisierung von Risiken orientieren. Alternativ kann zB folgende Kategorisierung gewählt werden:

(1) Umfeldrisiken

(2) Branchenrisiken

(3) leistungswirtschaftliche Risiken

(4) finanzwirtschaftliche Risiken

(5) sonstige Risiken

c) Die Verwendung von Finanzinstrumenten

Diese Vorschrift wurde im Zusammenhang mit der **Umsetzung der „Fair-Value-Richtlinie"** eingeführt; diese Richtlinie hatte ihrerseits das Ziel, die Regelungen von IAS 39 in die 4. u 7. Richtlinie einzuführen.

Auf diese Weise wurden in das EU-Recht und damit das österreichische Bilanzrecht Begriffe eingeführt, die weder in den Bilanzrichtlinien noch im UGB definiert sind; bei der Auslegung vieler Vorschriften muss deshalb auf die IAS bzw IFRS zurückgegriffen werden. So wird zB der **Begriff des Finanzinstruments** aus IAS 32 bzw 39 (bzw IFRS 9, welcher IAS 39 ersetzen wird) zu entnehmen sein, ebenso wie die in § 243 Abs 3 Z 5b angeführten **Preisänderungs-, Ausfalls-, Liquiditäts- und Cashflow-Risiken**, die in IFRS 7 definiert werden.

Der Begriff der **„Verwendung von Finanzinstrumenten"** ist eher schwammig, da es jedes Unternehmen bei seiner Tätigkeit mit Finanzinstrumenten zu tun hat; jedes Industrie- oder Handelsunternehmen weist in seiner Bilanz Lieferforderungen oder Lieferverbindlichkeiten aus, die unter die Definition des Finanzinstruments fallen; nur handelt es sich in diesem Fall um einen automatisch mit der sonstigen Betriebstätigkeit verbundenen Anfall von Finanzinstrumenten, während zB mit dem Einsatz von **derivativen Finanzinstrumenten** ganz andere Zwecke verbunden seien können. In manchen Wirtschaftszweigen, wie zB bei Banken, besteht praktisch die gesamte Bilanzsumme nur aus (primären) Finanzinstrumenten und im Rahmen der bankbetrieblichen Tätigkeit werden für die verschiedensten Zwecke derivative Finanzinstrumente eingesetzt. Es ist daher in jedem Einzelfall zu untersuchen, ob aufgrund des Wirtschaftszweiges oder der konkreten Verhältnisse des Unternehmens die **„Verwendung von Finanzinstrumenten"** für die Beurteilung der Vermögens-, Finanz- und Ertragslage von Bedeutung ist.

In diesem Zusammenhang sei ausdrücklich darauf verwiesen, dass sich § 243 Abs 3 Z 5 auf sämtliche Finanzinstrumente, also „primäre" und „derivative" Finanzinstrumente bezieht, während sich die Erläuterungsvorschriften des § 237a Abs 1 Z 1 nur auf derivative Finanzinstrumente beziehen, wobei sich aus dem Einsatz dieser dort zu erläuternden derivativen Finanzinstrumente wesentliche Auswirkungen auf die in § 243 Abs 3 Z 5b genannten Risiken, das sind **Preisänderungs-, Ausfalls-, Liquiditäts- und Cashflow-Risiken** ergeben können. Diese Risiken sollen nachfolgend kurz besprochen werden und zwar entsprechend den **Definitionen in IFRS 7** (früher IAS 32 Par 52 a–d).

- **Marktrisiko** (IAS 32, der Vorgängerstandard von IFRS 7, bezeichnete dieses Risiko ursprünglich als **Preisänderungsrisiko**, eine Bezeichnung, die auch in das UGB übernommen wurde).

IFRS 7, Anhang A unterschied drei Arten von Marktrisiken (Preisänderungsrisiko im Sinne des UGB):

- **Währungsrisiko** – besteht darin, dass sich der Wert eines Finanzinstrumentes aufgrund von Änderungen von Wechselkursen verändern kann.
  Dieses Risiko tritt zB in Zusammenhang mit den „Finanzinstrumenten" Lieferforderungen und Lieferverbindlichkeiten in Fremdwährung auf, aber auch in Zusammenhang mit allen anderen Forderungen und Verbindlichkeiten in Fremdwährung. Eine Absicherung im Rahmen des Risikomanagements geschieht zB durch den Abschluss von Termingeschäften.
- **Zinsänderungsrisiko** – besteht darin, dass sich der Wert eines Finanzinstrumentes aufgrund von Schwankungen des Marktzinssatzes verändern kann (zB Kursschwankungen bei festverzinslichen Wertpapieren infolge Änderungen des Marktzinssatzes).
- **Sonstige Preisrisiken** – bestehen darin, dass sich der Wert eines Finanzinstrumentes aufgrund von Schwankungen der Marktpreise verändern kann; dabei können solche Fluktuationen sowohl auf Faktoren zurückzuführen sein, die für ein individuelles Wertpapier oder seinen Emittenten charakteristisch sind, als auch auf solche, die alle im Markt gehandelten Wertpapiere betreffen (Kursschwankungen bei Aktien).
  Der Begriff des Preisrisikos umfasst dabei nicht nur mögliche Verluste, sondern auch mögliche Gewinnchancen.

- **Ausfallrisiko** (IFRS 7, Anhang A)
  Dieses ergibt sich aus der Gefahr, dass ein Vertragspartner bei einem Geschäft über ein Finanzinstrument seinen Verpflichtungen nicht nachkommen kann und dadurch bei dem anderen Partner finanzielle Verluste verursacht.
  Diesem Risiko unterliegen sämtliche Forderungen, wobei im Rahmen des Risikomanagements Vorsorge zB durch **Kreditrisikoversicherungen** oder durch die Bestellung von Sicherheiten getroffen werden kann.
- **Liquiditätsrisiko** (IFRS 7, Anhang A)
  Dieses auch als **Refinanzierungsrisiko** bezeichnete Risiko besteht darin, dass ein Unternehmen möglicherweise nicht in der Lage ist, die **Finanzmittel** zu beschaffen, die zur Begleichung der im Zusammenhang mit Finanzinstrumenten eingegangenen Verpflichtungen notwendig sind. **Liquiditätsrisiken** können auch dadurch entstehen, dass ein finanzieller Vermögenswert nicht jederzeit innerhalb kurzer Frist zu seinem beizulegenden Zeitwert verkauft werden kann.
  Die Vermeidung eines solchen Refinanzierungsrisikos setzt entsprechende Maßnahmen zur Beschaffung der Anschlussfinanzierung im Rahmen des Risikomanagements voraus.
- (Zinsbedingtes) **Cashflow-Risiko** (in § 289 dHGB als „Risiko aus Zahlungsstromschwankungen" bezeichnet)

Dieses ursprünglich in IAS 32.52 d angeführte, jedoch nicht mehr in IFRS 7 gesondert erwähnte Risiko resultiert daraus, dass sich die künftigen Cashflows eines Finanzinstrumentes auf Grund von Schwankungen des Marktzinssatzes verändern können. Beispielsweise können sich im Fall von variabel verzinslichen Fremdkapitalinstrumenten solche Schwankungen auf Grund von Veränderungen der effektiven Verzinsung des Finanzinstruments ergeben, ohne dass damit korrespondierende Veränderungen des entsprechenden beizulegenden Zeitwertes eintreten.

Es ist jeweils aufgrund der konkreten Verhältnisse des Unternehmens zu untersuchen, ob eine diesbezügliche Berichterstattung insbesondere in Zusammenhang mit den Anhangangaben über derivative Finanzinstrumente erforderlich ist.

Es ergibt sich in diesem Zusammenhang die Frage, ob diesbezügliche Angaben nicht zweckmäßiger bei der Erläuterung einzelner Bilanzposten im Anhang gemacht werden sollten und im Lagebericht in diesem Fall nur auf die entsprechenden Anhangangaben zu verweisen ist. Weiters stellt sich die Frage, ob die hier besprochenen Angaben nicht ohnedies unter die Risikoberichterstattung nach § 243 Abs 1 fallen.

Im Zusammenhang mit der Verwendung von Finanzinstrumenten sind auch die Risikomanagement-Ziele und -Methoden anzugeben, einschließlich der Methoden zur Absicherung aller wichtigen Arten geplanter Transaktionen, die im Rahmen der Bilanzierung von Sicherungsgeschäften angewandt werden.

Im Abschnitt „Risikoberichterstattung in Bezug auf die Verwendung von **Finanzinstrumenten**" (Tz 179–187) enthält DRS 20 Ausführungen zu den **Risiken** (Angaben zu Art und Ausmaß, Beschreibung zB durch Sensitivitätsanalysen oder Kennzahlen, wie Value at Risk), zu den **Risikomanagementzielen** (zB grundsätzliche Vermeidung, Bereitschaft oder Notwendigkeit zur Risikoübernahme) und zu den **Risikomanagementmethoden** (Risikoreduktion und Risikoversicherung bzw -überwälzung).

Zur Berichterstattung über Risikomanagementmethoden gehören „ auch die Systematik sowie die Art und Kategorien der vom Unternehmen eingegangenen Sicherungsgeschäfte". Dabei ist gemäß Tz 138 einzugehen auf

a) die Art der Risiken, die gesichert werden,
b) die Art der Sicherungsbeziehung (hierbei ist zu unterscheiden zwischen der Absicherung von einzelnen Posten und Postengruppen sowie der Absicherung von Nettopositionen),
c) Maßnahmen zur Sicherstellung der beabsichtigten Effektivität der Risikoabsicherungen (darunter sind zB die kontinuierliche Beobachtung von Risikolimits und ggf Anpassungen des Sicherungsumfanges zu verstehen),
d) antizipative Sicherungsbeziehungen.

Analyse der nicht finanziellen Leistungsindikatoren, zu berichten von großen Kapitalgesellschaften (5)

Unter **nichtfinanziellen Leistungsindikatoren** versteht das AFRAC „alle Belange, Umstände und Faktoren, die über die finanziellen Leistungsindikatoren hinaus für das Verständnis von Geschäftsverlauf, Geschäftsergebnis oder Lage von Bedeutung sind und/oder die voraussichtliche Entwicklung wesentlich beeinflussen können".

Die Darstellung nichtfinanzieller Leistungsindikatoren ist eine Sondervorschrift für große Kapitalgesellschaften

§ 243 Abs 5 enthält folgende Vorschriften:

> *„Für große Kapitalgesellschaften umfasst die Analyse nach Abs 2 letzter Satz auch die wichtigsten nichtfinanziellen Leistungsindikatoren, einschließlich Informationen über Umwelt- und Arbeitnehmerbelange, Absatz 3 bleibt unberührt."*

Unter **nichtfinanziellen Leistungsindikatoren** versteht der Fachsenat im Einklang mit den erläuternden Bemerkungen zum Gesetz „eine Analyse der ökologischen und sozialen Aspekte, die für das Verständnis des Geschäftsverlaufes, des Geschäftsergebnisses und der Lage des Unternehmens erforderlich ist."

Der Verweis auf Absatz 2 letzter Satz bezieht sich auf die Berücksichtigung der Größe des Unternehmens und der Komplexität des Geschäftsbetriebes; weiters sind, wie bei den finanziellen Leistungsindikatoren vorgesehen, auch die nichtfinanziellen Leistungsindikatoren **unter Bezugnahme auf die im Jahresabschluss ausgewiesenen Beträge und Angaben zu erläutern**.

Dies bedeutet aber, dass auch die **nichtfinanziellen Leistungsindikatoren** von den Beträgen und Angaben des Jahresabschlusses ableitbar sein müssen und dass die Erläuterung insbesondere auf die Veränderung der nichtfinanziellen Leistungsindikatoren gegenüber dem Vorjahr (den Vorjahren) einzugehen hat; dies führt aber gleichzeitig zu einer entsprechenden Einschränkung des Inhaltes der gegebenenfalls anzugebenden nichtfinanziellen Leistungsindikatoren bzw Informationen.

Eine weitere Einschränkung ergibt sich aus folgender Überlegung zum Inhalt des Lageberichtes:

Der Lagebericht ist vom Vorstand der Kapitalgesellschaft – unter Wahrung der Interessen des Unternehmens – aufzustellen, dies bedeutet aber, dass, wenn eine Angabe die Interessen des Unternehmens (zB gegenüber der Konkurrenz) beeinträchtigen könnte, dies zu berücksichtigen ist. „Auch muss die Berichterstattung dort ihre Grenzen finden, wo damit zu rechnen ist, dass die Preisgabe von Informationen zum Nachteil für die berichtende Gesellschaft führt." (*Küting/Weber*[4] § 289 Rz 27).

In diesem Zusammenhang erscheint es zweckmäßig, einen Überblick über die Entwicklung dieser Gesetzesstelle von der Richtlinie zur Umsetzung in österreichisches Recht bzw auch zur Umsetzung im dHGB zu geben.

Im **Erwägungsgrund 9 zur Modernisierungsrichtlinie** heißt es im Zusammenhang mit der Neufassung der Vorschriften über den Lagebericht: „Die Informationen sollten nicht auf die finanziellen Aspekte des Geschäftes des Unternehmens beschränkt sein. Dies sollte gegebenenfalls zur **Analyse ökologischer und sozialer Aspekte** führen, die für das Verständnis des Geschäftsverlaufs, des Geschäftsergebnisses oder der Lage des Unternehmens erforderlich sind."

An dieser Stelle **wird** im Zusammenhang mit den **nichtfinanziellen Leistungsindikatoren nur auf Umwelt- und Arbeitnehmerbelange**, nicht jedoch auf andere nichtfinanzielle Leistungsindikatoren **hingewiesen**.

Artikel 46 der 4. Richtlinie enthält in Abs 1 b folgenden Wortlaut: „**Soweit dies** für das Verständnis des Geschäftsverlaufs, des Geschäftsergebnisses oder der Lage der Gesellschaft **erforderlich** ist, umfasst die Analyse die wichtigsten finanziellen und – **soweit angebracht** – nichtfinanziellen Leistungsindikatoren, die für die betreffende Geschäftstätigkeit von Bedeutung sind, einschließlich Informationen in Bezug auf Umwelt- und Arbeitnehmerbelange."

Hier wird einerseits der Begriff der **„nichtfinanziellen Leistungsindikatoren"** über ökologische und soziale Aspekte hinaus ausgedehnt, andererseits aber eingeschränkt durch die Worte „soweit … erforderlich" und „soweit angebracht". Dies lässt also dem Verfasser des Lageberichtes einen weiten Spielraum für die Aufnahme nicht die Umwelt und die Arbeitnehmer betreffender nichtfinanzieller Leistungsindikatoren. (Die Möglichkeit der Einschränkung der Angabe „nichtfinanzieller Leistungsindikatoren" auf große Kapitalgesellschaften ist in Art 46 Abs 4 vorgesehen).

Die dem § 243 Abs 5 UGB entsprechende Vorschrift des **§ 289 Abs 3 dHGB** lautet wie folgt:

> *„Bei einer großen Kapitalgesellschaft … gilt Abs 1 Satz 3 entsprechend für nichtfinanzielle Leistungsindikatoren, wie Informationen über Umwelt- und Arbeitnehmerbelange, **soweit sie für das Verständnis des Geschäftsverlaufes und der Lage von Bedeutung sind**."*

Die Einschränkung des letzten Halbsatzes räumt dem Vorstand des Unternehmens sehr großen Spielraum für die Aufnahme nichtfinanzieller Leistungsindikatoren ein, soweit es sich nicht um Umwelt- und Arbeitnehmerbelange handelt.

Die österreichische Umsetzung geht in ihrer Strenge daher weit über die Richtlinie bzw die vergleichbare Umsetzung im dHGB hinaus; dies sollte allerdings bei der Auslegung der österreichischen Vorschriften entsprechend berücksichtigt werden. Die Ansatzpunkte dafür wurden bereits oben angeführt.

Daraus lässt sich wohl ableiten, dass der Schwerpunkt im Zusammenhang mit nichtfinanziellen Leistungsindikatoren bei der Darstellung der Umwelt- und Arbeitnehmerbelange liegt. (aA Stellungnahme AFRAC, Abschnitt 45/46)

Angaben in Zusammenhang mit Umweltaspekten

Die Erläuternden Bemerkungen zum ReLÄG 2004 weisen auf die **Empfehlung der EU-Kommission vom 30.5.2001** hin, wonach im Lagebericht im Hinblick auf die Umweltberichterstattung auf folgende Aspekte eingegangen werden soll:

1. *Darstellung der allgemeinen Umweltstrategie des Unternehmens und der von ihm beschlossenen Umweltschutzprogramme, insbesondere hinsichtlich spezifischer Maßnahmen zur Verhütung von Umweltschäden.*
2. *Darstellung der auf dem Gebiet des Umweltschutzes erzielten Fortschritte des Unternehmens.*
3. *Hinweis auf die durchgeführten Umweltschutzmaßnahmen, die aufgrund gesetzlicher bestehender Vorschriften oder im Wesentlichen bereits verabschiedeter rechtlicher Bestimmungen vorgenommen wurden.*
4. *Information über Emissionen, Abfallentsorgung, Energieverbrauch.*
5. *Gegebenenfalls Hinweis auf einen vom Unternehmen herausgegebenen Umweltbericht.*

Die AFRAC-Stellungnahme erwähnt im Abschnitt 45

- Wasser- und Energieverbrauch,
- Abfall,
- Emissionen.

Informationen über „Arbeitnehmerbelange“

§ 239 Abs 1 Z 1 enthält schon folgende Vorschrift für Angaben im Anhang: „Die durchschnittliche Zahl der Arbeitnehmer während des Geschäftsjahres und die Aufgliederung der durchschnittlichen Zahl der Arbeitnehmer getrennt nach Arbeitern und Angestellten“.

Die für den Lagebericht geforderten weiteren Angaben können aus folgenden Informationen bestehen:

AFRAC-Stellungnahme Abschn 45:

- Einstellung und Fluktuation
- Aus- und WBeispieleiterbildung
- Moral/Motivation
- Performance der Mitarbeiter

- Soziales Umfeld, betriebliche Sozialleistungen, Gesundheits- und Arbeitsschutz
- Gewinnbeteiligungen sowie besondere Betriebsvereinbarungen

In den Facharbeiten angeführte sonstige nichtfinanzielle Leistungsindikatoren

Hier wird deutlich, dass die bereits angeführten Einschränkungen (Verbindung mit den im Jahresabschluss ausgewiesenen Beträgen und Angaben, Beeinträchtigung der Interessen des Unternehmens gegenüber der Konkurrenz, aber auch das Problem der Objektivierbarkeit und Transparenz als Voraussetzungen für die Forderung nach Darstellung im Lagebericht) nur zum geringen Teil beachtet werden. Bei den im Folgenden angeführten Beispielen aus der Fachliteratur für nichtfinanzielle Leistungsindikatoren sind deswegen auch mögliche Einwendungen vermerkt.

AFRAC-Stellungnahme Rz 46:

- Entwicklung des Kundenstamms (Problem der Ermittlung und Überprüfbarkeit)
- Durchschnittlicher Umsatz pro Kunde
- Durchschnittlicher Umsatz, bezogen auf die Verkaufsfläche
- Verkaufte Produkte pro Kunde (in all diesen Fällen ergibt sich das Problem der aussagefähigen statistischen Erfassung; eine zwischenbetriebliche Vergleichbarkeit wird in der Regel nicht gegeben sein)
- Produktentwicklungen (gehört zu Forschung und Entwicklung)
- Marktanteil (gehört zur Berichterstattung über Stellung des Unternehmens im Markt bzw zur Umsatzentwicklung)
- Produktionsauslastung (wird das Unternehmen kaum bereit sein, anzugeben)
- Auftragslage (gehört eher zur voraussichtlichen Entwicklung des Unternehmens)

In DRS 20 werden, ohne weitere Untergliederung nach Gruppen, folgende Beispiele für nichtfinanzielle Leistungsindikatoren angeführt:

Tz 107.

a) Kundenbelange (Indikatoren zum Kundenstamm, Kundenzufriedenheit etc),
b) Umweltbelange (Emissionswerte, Energieverbrauch etc),
c) Arbeitnehmerbelange (Indikatoren zur Mitarbeiterfluktuation, Mitarbeiterzufriedenheit, Betriebszugehörigkeit, Fortbildungsmaßnahmen etc),
d) Indikatoren zu Forschung und Entwicklung (sofern diese Angaben nicht im Forschungs- und Entwicklungsbericht gemäß Tz 46–51 gemacht werden) und
e) die gesellschaftliche Reputation des Konzerns (Indikatoren zum sozialen und kulturellen Engagement, Wahrnehmung gesellschaftlicher Verantwortung etc).

Berichterstattung über wesentliche Merkmale des internen Kontroll- und des Risikomanagementsystems im Hinblick auf den Rechnungslegungsprozess (6)

Gem **§ 243a Abs 2**

> *hat eine Gesellschaft, deren Aktien oder andere von ihr ausgegebene Wertpapiere zum Handel auf einem geregelten Markt iSd § 1 Abs 2 Börsegesetz zugelassen sind, im Lagebericht die* ***wichtigsten Merkmale des internen Kontroll- und des Risikomanagementsystems im Hinblick auf den Rechnungslegungsprozess*** *zu beschreiben.*

Im **Bestätigungsvermerk** ist anzugeben, ob diese Beschreibung zutrifft; dies bedeutet weiters, dass der Inhalt der Beschreibung unter die Prüfungspflicht gem § 269 fällt und auch die Berichtspflicht des § 273 Abs 1 anzuwenden ist.

Regelungen zum internen Kontrollsystem und zum Risikomanagement

§ 82 AktG (bzw § 22 Abs 1 GmbHG)

> *„Der Vorstand hat dafür zu sorgen, dass ein* ***Rechnungswesen*** *und ein* ***internes Kontrollsystem*** *geführt werden, die den Anforderungen des Unternehmens entsprechen.“*

Im Gegensatz zu internationalen Regelungen wird hier ein Unterschied zwischen „Rechnungswesen“ und dem „internen Kontrollsystem“ gemacht; in ISA 315 wird zB das Rechungswesen als Bestandteil des internen Kontrollsystems betrachtet.

Betrachtet man das **Risikomanagement als Bestandteil des IKS**, bedeutet die Vorschrift des § 82 AktG auch, dass bei Vorliegen entsprechender Anforderungen des Unternehmens ein adäquates **Risikomanagementsystem** einzuführen ist.

Darüber hinaus ist in diesem Zusammenhang darauf hinzuweisen, dass der Begriff des „internen Kontrollsystems“ auf das gesamte Unternehmen bezogen ist und nicht auf das Rechnungswesen allein („rechnungslegungsbezogenes IKS“, siehe KFS/PG 1, Abschnitt 11.2.2).

Der Begriff „Rechnungswesen“ des § 82 AktG geht über die Buchführung iSd § 190 Abs 1 UGB hinaus. Es ist dabei im Einzelfall zu klären, welche anderen Bereiche des Rechnungswesens **nach den Anforderungen des Unternehmens** erforderlich sind (zB Kostenrechnung, Bestandsaufzeichnungen für Anlagevermögen und Vorräte).

„Es sollen nunmehr nicht nur die vom Gesetz geforderten Bücher und Aufzeichnungen (HGB), sondern jene Daten systematisch ermittelt werden, die aufgrund von Größe und Umfang des Unternehmens nach moderner betriebswirtschaftlicher Auffassung geboten sind.“ (*Doralt/Nowotny/Kalss*, Kommentar zum Aktiengesetz § 82 Rz 1)

Aus den Bestimmungen des § 81 AktG, dass der Vorstand zur Aufstellung einer **Vorschaurechnung** verpflichtet ist, aus der die Entwicklung der Vermögens-, Finanz- und Ertragslage für das anschließende Geschäftsjahr ersichtlich ist, lässt sich die Schlussfolgerung ziehen, dass zu einem ordnungsmäßigen Rechnungswesen bei einem aufsichtsratspflichtigen Unternehmen auch eine entsprechende **Planungsrechnung** gehört.

Die „Anforderungen des Unternehmens" sind nicht nur inhaltlich zu sehen, sondern es ist auch jeweils festzustellen, welche organisatorischen Anforderungen zu stellen sind (zB Anforderungen an die angemessene Ausstattung mit Verfahren der elektronischen Datenverarbeitung).

Die Bestimmungen hinsichtlich der Buchführung im UGB stellen allerdings die Mindestanforderungen an das Rechnungswesen dar und eine Beschreibung der damit verbundenen Systeme gehört somit zum Inhalt des § 243a Abs 2.

Gem § 92 Abs 4a AktG gehören zu den Aufgaben des Prüfungsausschusses:

1. die Überwachung des Rechnungslegungsprozesses;
*2 die Überwachung der Wirksamkeit des **interne Kontrollsystems**, gegebenenfalls des **internen Revisionssystems**, und des **Risikomanagementsystems** der Gesellschaft; ...*
3–7 ...

Unbestritten ist das interne Revisionssystem (die Abteilung „Innenrevision") ein Bestandteil des internen Kontrollsystems. Da im Anschluss an das „interne Revisionssystem" als Bestandteil des internen Kontrollsystems auch das Risikomanagementsystem genannt wird, lässt dies den Schluss zu, dass auch das Risikomanagementsystem als Bestandteil des internen Kontrollsystems betrachtet wird.

Punkt 2 in der Aufzählung der Aufgaben des **Prüfungsausschusses** kann daher so aufgefasst werden, dass das „interne Kontrollsystem" den Oberbegriff darstellt, innerhalb dessen zwei Subsysteme, nämlich das interne Revisionssystem und das Risikomanagementsystem der Gesellschaft existieren können. Wieweit solche ausgeprägten Subsysteme erforderlich sind, richtet sich nach der allgemeinen Regelung in § 82 AktG.

UGB

Der Begriff des „**internen Kontrollsystems**" wird im UGB nicht verwendet; wenn man jedoch entsprechend der internationalen Praxis (siehe Punkt 1) das Rechnungslegungssystem als Bestandteil des „internen Kontrollsystems" betrachtet, dann sind die Vorschriften der §§ 190 ff über die „Führung der Bücher" als Regelungen zu Bestandteilen des internen Kontrollsystems anzusehen.

So muss nach **§ 190 Abs 1** „die Buchführung so beschaffen sein, dass sie einem sachverständigen Dritten innerhalb angemessener Zeit einen Überblick über die Geschäftsvorfälle und über die Lage des Unternehmens vermitteln kann. Die Geschäftsvorfälle müssen sich in ihrer Entstehung und Abwicklung verfolgen lassen."

Nach **§ 190 Abs 3** müssen die Eintragungen in Büchern und die sonst erforderlichen Aufzeichnungen **vollständig, richtig, zeitgerecht und geordnet** vorgenommen werden.

§ 190 Abs 5 regelt die **Verwendung von Datenträgern** als Organisationsmittel einer ordnungsmäßigen Buchführung.

Die hier im Kern enthaltenen Ordnungsvorschriften für einen wesentlichen Bestandteil des Rechnungswesens, nämlich die Buchhaltung, finden sich auch in internationalen Prüfungsstandards; eine begriffliche Problematik entsteht vielfach daraus, dass im Gegensatz zu Österreich und Deutschland in vielen Ländern keine gesetzlichen Vorschriften zur Buchführung bestehen. Dies hat zB dazu geführt, dass im Diskussionspapier „Riskmanagement and internal control in the EU" der FEE im Abschnitt 1.3 (key proposals) folgende Forderung aufgestellt wird:

> *„It would be appropriate to reflect existing Member States requirements by introducing a basic EU requirement for all companies to maintain accounting records that support information included in published financial statements."*

Der Begriff des **„Risikomanagements"** erscheint im UGB nur in § 243 Abs 3 Z 5, wonach bei der Verwendung von Finanzinstrumenten anzugeben sind:

> *„die **Risikomanagementziele und -methoden**, einschließlich der Methoden zur Absicherung aller wichtigen Arten geplanter Transaktionen, die im Rahmen der Bilanzierung von Sicherungsgeschäften angewandt werden."*

Prüfungsbericht

§ 273 Abs 2 letzter Satz regelt, dass der Abschlussprüfer unverzüglich über wesentliche Schwächen bei **der internen Kontrolle des Rechnungslegungsprozesses** zu berichten hat.

Auch hier beschränkt sich die Redepflicht über wesentliche Schwächen bei der internen Kontrolle auf Mängel des Rechnungslegungsprozesses, analog zur Beschreibung bezüglich der „wichtigsten Merkmale des internen Kontroll- und des Risikomanagementsystems **im Hinblick auf den Rechnungslegungsprozess**" durch den Vorstand.

Mit der Frage der „Deficiencies in Internal Control“ (früher material weaknesses) und der Mitteilungspflicht an die Organe des Unternehmens beschäftigt sich ISA 265.

Zu beachten ist hier, dass diese Vorschrift für a**lle prüfungspflichtigen Unternehmen** gilt und nicht nur für Unternehmen, die zur Beschreibung des internen Kontroll- und des Risikomanagementsystems verpflichtet sind. Für Unternehmen, die zur Einrichtung eines Prüfungsausschusses verpflichtet sind, müsste diese Redepflicht eher geringe Bedeutung haben, da der Prüfungsausschuss ohnedies zur Überwachung der Wirksamkeit des internen Kontrollsystems verpflichtet ist – wenn trotzdem noch erhebliche Mängel bestehen, müsste die Tätigkeit des Prüfungsausschusses kritisch beurteilt werden.

Behandlung des IKS in Standards/Fachgutachten

KFS/PG 1 (Fachgutachten über die Durchführung von Abschlussprüfungen):

Gemäß **Abschnitt 11.2.2.des Fachgutachtens** wird

„unter dem **internen Kontrollsystem** der von den mit der Unternehmensleitung und der Unternehmensüberwachung betrauten Personen und anderen Personen entworfene und ausgeführte Prozess verstanden, durch den

- die Wirksamkeit und Wirtschaftlichkeit der betrieblichen Tätigkeit (hierzu gehört auch der Schutz des Vermögens vor Verlusten durch Schäden und Malversationen),
- die Zuverlässigkeit der Finanzberichterstattung und
- die Einhaltung der für das Unternehmen maßgeblichen gesetzlichen Vorschriften überwacht und kontrolliert wird, um zu verhindern, dass das Erreichen des Unternehmensziels durch den Eintritt geschäftlicher Risiken beeinträchtigt wird.“

Das **interne Kontrollsystem** besteht aus folgenden **Komponenten** (*entspricht ISA 315, Appendix I):*

- dem Kontrollumfeld,
- dem Risikobeurteilungsprozess,
- dem betrieblichen Informations- und Kommunikationssystem einschließlich der Unternehmensabläufe, die sich mit der Finanzberichterstattung beschäftigen,
- den Kontrollmaßnahmen und
- der Überwachung der Kontrollmaßnahmen.

„Der **Risikobeurteilungsprozess** des Unternehmens ist die Vorgangsweise, wie die Unternehmensleitung Geschäftsrisiken, die für das Unternehmensrisiko wesentlich sind, **erkennt**, wie sie deren **Bedeutung** und die **Wahrscheinlichkeit ihres Eintritts** einschätzt und wie sie über Maßnahmen zu deren **Behandlung** entscheidet.“

In dieser Darstellung entspricht der **Risikobeurteilungsprozess** weitgehend dem **Risikomanagement**, sodass auch aus KFS/PG 1 abgeleitet werden kann, dass das Risikomanagement ein Bestandteil des IKS ist.

Entsprechend ISA 315 wird hier auch ausdrücklich festgehalten, dass zum betrieblichen Informations- und Kommunikationssystem auch das Rechnungslegungssystem gehört.

„Die Beschäftigung des Abschlussprüfers mit dem internen Kontrollsystem bezieht sich insbesondere auf die Regelungen, welche die Ordnungsmäßigkeit und Verlässlichkeit der Rechnungslegung betreffen“ („**rechnungslegungsbezogenes internes Kontrollsystem**“ [KFS/PG 1 Abschnitt 11.2.2]).

IDW

Auch im **IDW Prüfungsstandard** (PS) 260 (ISA 400) Abschnitt 10 wird ausdrücklich festgehalten, dass das Risikomanagementsystem einen Teilbereich des internen Kontrollsystems darstellt. Die gleiche Meinung wird im WP-Handbuch 2006, Band I, Abschnitt P, 1601 bezüglich des „Risikofrüherkennungssystems“ vertreten.

COSO Unternehmensweites Risikomanagement

In den Erläuternden Bemerkungen zu § 92 AktG, Anmerkung zu Z 2, wird auf abweichende Meinungen bezüglich des Verhältnisses zwischen den Begriffen „internes Kontrollsystem“ und „Risikomanagementsystem“ eingegangen: „… dass im Rahmen des sogenannten Integrated Framework des COSO ERM, einem international anerkannten Rahmenkonzept zur Ausgestaltung von Risikomanagementsystemen, das IKS (Internal Control) als ein Bestandteil des Risikomanagementsystems (Risk Management) angesehen werde.“

Allerdings wird im Vorwort zu **COSO – „Unternehmensweites Risikomanagement – Übergreifendes Rahmenwerk“**, folgende Aussage getroffen: „Die Veröffentlichung **Unternehmensweites Risikomanagement – Übergreifendes Rahmenwerk** stellt eine Ergänzung dar, indem es im stärkeren Maße den Schwerpunkt im Bereich des allgemeinen unternehmensweiten Risikomanagements setzt. **Da es nicht als Ersatz des internen Kontrollmodells vorgesehen und geeignet ist, sondern auf diesem aufbaut**, können Unternehmen das vorliegende unternehmensweite Risikomanagementmodell nutzen, um ihre Internen Kontrollsysteme zu gestalten und hin zu einem umfassenderen Risikomanagementsystem zu entwickeln.“

Aus diesem Text kann nicht abgeleitet werden, das Risikomanagement als übergeordneten Begriff anzusehen.

Inhalt der Beschreibung des internen Kontroll- und Risikomanagementsystems im Lagebericht

Der wesentliche Inhalt der Beschreibung der „wichtigsten Merkmale des internen Kontroll- und des Risikomanagementsystems im Hinblick auf den Rechnungslegungsprozess“ kann somit wie folgt dargestellt werden:

- Die **Organisation des Rechnungswesens** des Unternehmens und zwar sowohl der **Finanzbuchhaltung** (§§ 190 ff) und auch der sonstigen wesentlichen Bestandteile des Rechnungswesens (§ 92 AktG), insbesondere des **Controllings**. Dabei wird insbesondere auf die **Organisation des Datenverarbeitungssystems** einzugehen sein (siehe zB KFS/DV1 „Die Ordnungsmäßigkeit von EDV-Buchführungen").
- Darstellung der wesentlichen Bestandteile des Management-Informationssystems, Berichterstattung an den Aufsichtsrat und die Gesellschafter uÄ.
- Die wesentlichen organisatorischen **Maßnahmen zur Sicherung der Richtigkeit und der Vollständigkeit** der an das Rechnungswesen zur Verarbeitung übergebenen Daten. Dazu können zB auch in einem besonderen Risikomanagementsystem vorgesehene Verfahren zur Erfassung von Risiken gehören, die sich auf die Rechnungslegung auswirken können (zB in Zusammenhang mit derivativen Finanzinstrumenten).
- Darstellung der **Aufgaben des internen Revisionssystems** im Zusammenhang mit der Rechnungslegung.

Die AFRAC-Stellungnahme definiert (Abschnitt 81) den Rechnungslegungsprozess als „alle Abläufe in der Buchhaltung und Bilanzierung, dh von der Entstehung eines Geschäftsvorfalles bis zu seiner Verbuchung im Jahresabschluss" (beispielsweise alle Transaktionen und Abläufe innerhalb des Beschaffungs-, Produktions- und Vertriebsprozesses, soweit sie für die Rechnungslegung und Berichterstattung relevant sind), und schlägt für die Darstellung (Abschnitt 84) eine Struktur vor, die den fünf Komponenten des COSO-Rahmenwerkes folgt, nämlich

- Kontrollumfeld
- Risikobeurteilung
- Kontrollmaßnahmen
- Information und Kommunikation
- Überwachung

Diese fünf Komponenten sind inhaltlich übereinstimmend mit den Bestandteilen des internen Kontrollsystems laut ISA 315, A 51 (Division of Internal Control into Components).

A 51 teilt das IKS in folgende Komponenten:

a) das Kontrollumfeld
b) der Risikobeurteilungsprozess der Einheit
c) das rechnungsbezogene Informationssystem einschließlich der damit verbundenen Geschäftsprozesse sowie Kommunikation,
d) Kontrollaktivitäten sowie
e) Überwachung von Kontrollen

Angaben zu Kapital-, Anteils-, Stimm- und Kontrollrechten und damit verbundenen Verpflichtungen (7)

Diese Bestimmungen gelten für **Aktiengesellschaften, „deren Aktien zum Handel auf einem geregelten Markt iSd § 1 Abs 2 Börsegesetz** zugelassen sind oder die ausschließlich andere Wertpapiere als Aktien auf einem solchen Markt emittiert und deren Aktien mit Wissen der Gesellschaft über ein multilaterales Handelssystem iSd § 1 Z 9 WAG (Wertpapieraufsichtsgesetz) 2007 gehandelt werden".

Für diese Gruppe von Unternehmen müssen die in **§ 243a Abs 1** angeführten neun Punkte in den Lagebericht aufgenommen werden; bezüglich des Inhaltes wird auf den Gesetzestext verwiesen. Damit haben kapitalmarktorientierte Gesellschaften bestimmte Angaben über die Gesellschaft zu machen, die für Übernahmeangebote von Bedeutung sein können (siehe hierzu den Abschnitt 6.5 der AFRAC-Stellungnahme zum Lagebericht.

Entsprechend § 273 Abs 1 ist im Prüfungsbericht darauf einzugehen, ob der Lagebericht den gesetzlichen Vorschriften entspricht; dies bedeutet, dass der Abschlussprüfer auch die Richtigkeit der Angaben gem § 243a Abs 1 zu kontrollieren hat; weiters ist im **Bestätigungsvermerk** darauf Bezug zu nehmen, ob diese Angaben zutreffend sind.

8.5 Corporate-Governance-Bericht gem § 243b

Der Inhalt des „Corporate-Governance-Berichtes" ergibt sich aus der Umsetzung des Artikels 46a der 4. Richtlinie (Fassung der Änderungsrichtlinie 2006) durch das URÄG 2008.

Die Angaben nach § 243b sind nicht Bestandteil des Lageberichts, sondern stellen einen gesonderten Bericht in Anwendung des Wahlrechts des Artikels 46a Abs 2 der 4. Richtlinie dar.

§ 46a Abs 2 lautet: Die Mitgliedstaaten können gestatten, dass die nach diesem Artikel vorzulegenden Angaben in einem gesonderten Bericht enthalten sind, der zusammen mit dem Lagebericht nach Maßgabe des Artikels 47 oder durch eine Bezugnahme im Lagebericht offen gelegt wird, falls dieses Dokument auf der Internetseite der Gesellschaft öffentlich zugängig ist.

§ 243b lautet:

*„(1) Eine Aktiengesellschaft, deren Aktien zum Handel auf einem geregelten Markt im Sinn des § 1 Abs. 2 BörseG zugelassen sind oder die ausschließlich andere Wertpapiere als Aktien auf einem solchen Markt emittiert und deren Aktien mit Wissen der Gesellschaft über ein multilaterales Handelssystem im Sinn des § 1 Z 9 WAG 2007 gehandelt werden, hat einen **Corporate Governance-Bericht** aufzustellen, **der zumindest die folgenden Angaben enthält**:*

1. *die Nennung eines in Österreich oder am jeweiligen Börseplatz allgemein anerkannten Corporate Governance Kodex;*

> 2. *die Angabe, wo dieser öffentlich zugänglich ist;*
> 3. *soweit sie von diesem abweicht, eine Erklärung, in welchen Punkten und aus welchen Gründen diese Abweichung erfolgt;*
> 4. *wenn sie beschließt, keinem Kodex im Sinn der Z 1 zu entsprechen, eine Begründung hiefür.*
>
> *(2) In diesem Bericht sind anzugeben:*
>
> 1. *die Zusammensetzung und die Arbeitsweise des Vorstands und des Aufsichtsrats sowie seiner Ausschüsse;*
> 2. *welche Maßnahmen zur Förderung von Frauen im Vorstand, im Aufsichtsrat und in leitenden Stellungen (§ 80 AktG) der Gesellschaft gesetzt wurden; ...*

Mit Fragen des Corporate-Governance-Berichtes beschäftigt sich die AFRAC-Stellungnahme 12/2008 „Corporate Governance Bericht gemäß § 243b UGB".

Eine inhaltliche Prüfung durch den Abschlussprüfer ist nicht vorgesehen, jedoch enthält § 269 Abs 1 folgende Bestimmung:

> *„Gegenstand der Abschlussprüfung ist auch, ob der Corporate-Governance-Bericht aufgestellt worden ist; dies ist ebenfalls im Prüfungsbericht gem § 273 Abs 1 ausdrücklich festzustellen."*

Siehe dazu auch die AFRAC-Stellungnahme „Prüfung des Corporate Governance Berichts aus 6/2011".

Der für Österreich gültige **Corporate-Governance-Kodex (ÖCGK)** wurde vom Österreichischen Arbeitskreis Corporate Governance herausgegeben und spricht in der Präambel von einem **„Ordnungsrahmen für die Leitung und Überwachung des Unternehmens"**. „Dieser Kodex richtet sich vorrangig an **österreichische börsennotierte Aktiengesellschaften einschließlich in Österreich eingetragener börsennotierter Europäischer Aktiengesellschaften**. Grundlage sind die Vorschriften des österreichischen Aktien-, Börse- und Kapitalmarktrechts, die **EU-Empfehlungen** zu den Aufgaben der Aufsichtsratsmitglieder und zu der Vergütung von Direktoren sowie in ihren Grundsätzen die **OECD-Richtlinien** für Corporate Governance."

Aus der Formulierung von Punkt 1 ist abzuleiten, dass in Österreich notierte Aktiengesellschaften sich jeweils auf den österreichischen Corporate-Governance-Kodex beziehen werden, während an einem anderen Börseplatz notierte Aktiengesellschaften den dort geltenden Kodex heranziehen werden.

Nach den Erläuterungen zum Kodex umfasst dieser folgende „Regelkategorien":

1. Legal Requirements (L):
   Die Regel beruht auf zwingenden Rechtsvorschriften

2. Comply or explain (C):
   Regel soll eingehalten werden; eine Abweichung muss erklärt und begründet werden, um ein kodexkonformes Verhalten zu erreichen
3. Recommendation (R):
   Regel mit Empfehlungscharakter; Nichteinhaltung ist weder offenzulegen noch zu begründen
   Die Verpflichtung zu 2. ergibt sich nunmehr direkt aus dem Wortlaut des § 243b.

Laut der Präambel zum ÖCGK sind die börsennotierten Gesellschaften aufgerufen „… die Einhaltung der einzelnen Regelungen regelmäßig und freiwillig durch eine externe Institution evaluieren zu lassen und darüber öffentlich zu berichten."

Der **ÖCGK** ist wie folgt aufgebaut:

- Präambel
- Aktionäre und Hauptversammlung
- Zusammenwirken von Aufsichtsrat und Vorstand
- Vorstand
- Aufsichtsrat
- Transparenz und Prüfung

Gemäß Präambel wird der Kodex „in der Regel einmal jährlich vor dem Hintergrund nationaler und internationaler Entwicklungen überprüft und bei Bedarf angepasst". Die derzeit letzte Fassung des ÖCGK stammt aus dem Juli 2012.

9. Prüfung und Offenlegung gem §§ 268–283

9.1 Grundlagen der Abschlussprüfung

Die durch die Abschlussprüfungsrichtlinie 2006 und deren Umsetzung in österreichisches Recht eingetretenen Änderungen im UGB und Gesellschaftsrecht wurden in der 13. Auflage ausführlich dargestellt.

Im Anschluss an das „**Grünbuch**" der EU-Kommission aus 2011 „Weiteres Vorgehen im Bereich der Abschlussprüfung: „Lehren aus der Krise" (2010) wurden von der europäischen Kommission ein Vorschlag zur Änderung der Abschlussprüfungsrichtlinie und ein Vorschlag für eine „Verordnung ... über spezielle Anforderungen an die Abschlussprüfung bei Unternehmen von öffentlichem Interesse" vorgelegt. Über diese Entwürfe wird in den zuständigen Gremien seit Beginn des Jahres 2012 verhandelt.

Die Entwürfe enthalten strengere Regelungen für den Bereich der Abschlussprüfung (Anforderungen an Abschlussprüfer und Prüfungsgesellschaften insbesondere in Zusammenhang mit deren Unabhängigkeit, strengere Regelungen für den Prüfungsausschuss und den Bereich der öffentlichen Aufsicht) insbesondere für die Abschlussprüfung bei Unternehmen von öffentlichem Interesse (Public Interest Entities). Die für diese vorgesehenen Sondervorschriften sollen gesondert in einer direkt in den Mitgliedstaaten anzuwendenden Verordnung geregelt werden (und nicht in einer Richtlinie; die einer gesonderten Umsetzung in das Recht der Mitgliedstaaten bedarf). Hier handelt es sich unterer anderen um

- die Frage, welche Leistungen der Abschlussprüfer zusätzlich zu seiner gesetzlichen Prüfungstätigkeit gegenüber den geprüften Unternehmen erbringen darf (prohibited services)
- in welchem Verhältnis das Honorar aus der Tätigkeit als Abschlussprüfer zum Honorar seiner sonstigen zulässigen Leistungen stehen darf
- die Frage, ob eine „externe" Rotation der Prüfungsgesellschaft durchgeführt werden muss (oder ob es bei der bisherigen „internen" Rotation bleiben kann)
- die Regelung des Inhaltes des Bestätigungsvermerks (zusätzliche Anforderungen bei Unternehmen von öffentlichem Interessen gegenüber der allgemeinen Regelung in der Richtlinie)
- die Regelung des Inhaltes des vorgesehenen zusätzlichen Berichtes an den Prüfungsausschuss
- die Regelung der EU-rechtlich vorgesehenen Aufsicht über Abschlussprüfer und Prüfungsgesellschaften.

Unternehmen von öffentlichem Interesse (Public Interest Entities – PIEs) sind nach dem derzeitigen Stand der Verhandlungen

- Börsennotierte Unternehmen
- Banken und Versicherungen (mit definierten Ausnahmen)

- Unternehmen, die von den Mitgliedstaaten zu PIE erklärt werden, weil sie zB auf Grund der Art ihrer Geschäftstätigkeit, ihrer Größe oder ihrer Beschäftigtenzahl von besonderer öffentlicher Bedeutung sind.

Es ist jedenfalls zu erwarten, dass es nach Ablauf der (ungewissen) restlichen Verhandlungen (erforderliche Abstimmung zwischen Rat, Europäischem Parlament und EU Kommission) und der Umsetzungs- bzw Übergangsfristen zu erheblichen Änderungen des **Bereiches der Abschlussprüfung** kommen wird.

9.2 Prüfungspflicht (§ 268)

Gem § 268 Abs 1 sind „der Jahresabschluss und der Lagebericht von Kapitalgesellschaften durch einen Abschlussprüfer zu prüfen. Dies gilt nicht für kleine Gesellschaften mit beschränkter Haftung (§ 221 Abs 1), sofern diese nicht aufgrund gesetzlicher Vorschriften einen Aufsichtsrat haben müssen".

Aufgrund dieser Vorschrift in Zusammenhang mit der Regelung des § 221 Abs 5 für unternehmerisch tätige eingetragene Personengesellschaften des Unternehmensrechts ohne unbeschränkt haftenden Gesellschafter unterliegen somit die Abschlüsse folgender Unternehmen der Prüfungspflicht:

- Aktiengesellschaft;
- große und mittlere GmbH iSd § 221 Abs 2 und 3;
- kleine GmbH, die aufgrund von gesetzlichen Vorschriften einen Aufsichtsrat haben muss;
- Aktiengesellschaft und Co-Personengesellschaft (§ 221 Abs 5);
- sonstige große und mittlere unternehmerisch tätige eingetragene Personengesellschaften im
- Sinne des § 221 Abs 5.
- (Für die Prüfung von Genossenschaften siehe § 22 Abs 6 GenG).

Außerdem enthält § 268 Abs 1 die Regelung, dass der Jahresabschluss nicht festgestellt werden kann, wenn keine Prüfung stattgefunden hat. § 202 Abs 1 Z 4 AktG enthält dazu die Vorschrift, dass ein vom Vorstand mit Billigung des Aufsichtsrates festgestellter Jahresabschluss nichtig ist, wenn keine Prüfung gem § 268 stattgefunden hat.

Jahresabschluss, Lagebericht und gegebenenfalls der Corporate-Governance-Bericht sind innerhalb von fünf Monaten nach Ende des Geschäftsjahres (§ 222 Abs 1) dem Aufsichtsrat vorzulegen. Die Feststellung des Jahresabschlusses kann allerdings erst erfolgen, nachdem die Jahresabschlussprüfung durchgeführt wurde.

Es gibt jedoch Fälle, in denen laut Gesetz überhaupt keine **Aufsichtsratspflicht** gegeben ist (wenn zB bei der GmbH nur die Größenmerkmale „Bilanzsumme" und „Umsatzerlöse" überschritten sind) oder bei denen kein formeller Feststellungsakt vorgesehen ist (Personengesellschaften im Sinne § 221 Abs 5). Das Gesetz enthält für diese Fälle keine Regelung.

Weiters enthält § 268 Abs 1 letzter Satz folgende Vorschrift:

> *„Umstände, die in einem Verfahren nach § 270 Abs. 3 geltend gemacht werden können, hindern die Gültigkeit der Prüfung nur, wenn ein solches Verfahren zur Bestellung eines anderen Abschlussprüfers geführt hat."*

Diese Vorschrift soll verhindern, dass bei einem Verstoß gegen die Unabhängigkeitsbestimmungen in § 271 Abs 2–5 bzw § 271a sofort Nichtigkeit des Jahresabschlusses eintritt (siehe Erläuternde Bemerkungen [GesRÄG 2005] zu § 270 Abs 3: „Die Prüfung von Befangenheit und Ausgeschlossenheit – § 271 und § 271a – des Abschlussprüfers soll ausschließlich im außerstreitigen Ersetzungsverfahren möglich sein. Ohne Ersetzungsverfahren kann der Jahresabschluss festgestellt werden, eine Nichtigkeit des Jahresabschlusses liegt dann nicht mehr vor").

§ 268 Abs 3 regelt den Fall, dass der Jahresabschluss bzw der Lagebericht nach Vorlage des Prüfungsberichtes geändert werden; diese Änderungen sind dem Abschlussprüfer bekannt zu geben, der sie mit ihren Auswirkungen zu prüfen hat. Über das Ergebnis dieser **Nachtragsprüfung** ist ein Bericht zu erstatten und der Bestätigungsvermerk entsprechend zu ergänzen bzw in anderer Weise zu ändern.

Prüfungsvorschriften nach anderen Gesetzen (zB BWG, VAG, Privatstiftungsgesetz) werden hier nicht behandelt.

9.21 Bestellung – Abberufung – Auswahl – Verantwortlichkeit der Abschlussprüfer

9.211 Bestellung und Abberufung des Abschlussprüfers (§ 270)

Unter Berücksichtigung der Empfehlung zur Unabhängigkeit des Abschlussprüfers und unter Beachtung der Abschlussprüfungsrichtlinie enthält § 270 folgende Fassung.

> ***(1)*** *Der Abschlussprüfer des Jahresabschlusses wird von den Gesellschaftern gewählt; den Abschlussprüfer des Konzernabschlusses wählen die Gesellschafter des Mutterunternehmens.* ***Wenn ein Aufsichtsrat besteht, hat dieser einen Vorschlag für die Wahl des Abschlussprüfers zu erstatten.*** *Die Aufsichtsratsmitglieder sind zur Teilnahme an der Hauptversammlung (Generalversammlung), die über die Bestellung des Abschlussprüfers zu entscheiden hat, einzuladen. Der Abschlussprüfer soll jeweils vor Ablauf des Geschäftsjahres gewählt werden, auf das sich seine Prüfungstätigkeit erstreckt. Der Aufsichtsrat hat unverzüglich nach der*

Wahl mit dem gewählten Prüfer den ***Vertrag über die Durchführung der Abschlussprüfung*** *abzuschließen und das Entgelt zu vereinbaren. Falls kein Aufsichtsrat besteht, wird die Gesellschaft durch ihre gesetzlichen Vertreter vertreten.* ***Das Entgelt hat*** *in einem angemessenen Verhältnis zu den Aufgaben des Prüfers und dem voraussichtlichen Umfang der Prüfung zu stehen. Der Prüfungsvertrag und die Höhe des vereinbarten Entgelts dürfen an keinerlei Voraussetzungen oder Bedingungen geknüpft werden und nicht davon abhängen, ob der Prüfer neben der Prüfungstätigkeit zusätzliche Leistungen für die geprüfte Gesellschaft erbringt.*

(1a) *Ein Wirtschaftsprüfer oder eine Wirtschaftsprüfungsgesellschaft, der oder die in einen Wahlvorschlag aufgenommen werden soll, hat vor Erstattung dieses Wahlvorschlags durch den Aufsichtsrat beziehungsweise vor der Wahl durch die Gesellschafter eine nach Leistungskategorien gegliederte* ***Aufstellung über das für das vorangegangene Geschäftsjahr von der Gesellschaft erhaltene Entgelt*** *vorzulegen und über seine (ihre)* ***Einbeziehung in ein gesetzliches Qualitätssicherungssystem*** *zu berichten. Darüber hinaus hat er (sie) alle Umstände darzulegen und zu dokumentieren, die seine (ihre)* ***Befangenheit oder Ausgeschlossenheit*** *begründen könnten sowie jene* ***Schutzmaßnahmen****, die getroffen worden sind, um eine unabhängige und unbefangene Prüfung sicherzustellen. Sofern aufgrund gesetzlicher Verpflichtung ein* ***Prüfungsausschuss*** *besteht, ist diesem schriftlich zu berichten.*

Gegenüber der bis 2008 gültigen Fassung enthält der aktuelle Gesetzeswortlaut eine genauere Anpassung an die Vorschriften der **Abschlussprüfungsrichtlinie**.

In diesem Zusammenhang ist auch **§ 92 Abs 4a AktG** zu beachten, der folgende Regelung trifft:

(4a) In Gesellschaften mit den Merkmalen des ***§ 271a Abs. 1 UGB*** *ist ein* ***Prüfungsausschuss*** *zu bestellen. Unmittelbar oder mittelbar in hundertprozentigem Anteilsbesitz stehende Unternehmen müssen keinen Prüfungsausschuss bestellen, sofern das Mutterunternehmen einen solchen bestellt hat. Der Prüfungsausschuss hat zumindest zwei Sitzungen im Geschäftsjahr abzuhalten. Der* ***Abschlussprüfer*** *ist den Sitzungen des Prüfungsausschusses, die sich mit der Vorbereitung der Feststellung des Jahresabschlusses (Konzernabschlusses) und dessen Prüfung beschäftigen, zuzuziehen und* ***hat über die Abschlussprüfung zu berichten****. Dem Prüfungsausschuss muss eine Person angehören, die über die Anforderungen des Unternehmens entsprechende Kenntnisse und praktische Erfahrung im Finanz- und Rechnungswesen und in der Berichterstattung verfügt (****Finanzexperte****). Vorsitzender des Prüfungsausschusses oder Finanzexperte darf nicht sein, wer in den letzten drei Jahren Vorstandsmitglied, leitender Angestellter (§ 80) oder Abschlussprüfer der Gesellschaft war oder den Bestätigungsvermerk unterfertigt hat oder aus anderen Gründen nicht unabhängig und unbefangen ist.*

*Zu den **Aufgaben des Prüfungsausschusses** gehören:* *1. die Überwachung des Rechnungslegungsprozesses;* *2. die Überwachung der Wirksamkeit des internen Kontrollsystems, gegebenenfalls des internen Revisionssystems, und des Risikomanagementsystems der Gesellschaft;* *3. die Überwachung der Abschlussprüfung und der Konzernabschlussprüfung;* *4. die Prüfung und Überwachung der Unabhängigkeit des Abschlussprüfers (Konzernabschlussprüfers), insbesondere im Hinblick auf die für die geprüfte Gesellschaft erbrachten zusätzlichen Leistungen;* *5. die Prüfung des Jahresabschlusses und die Vorbereitung seiner Feststellung, die Prüfung des Vorschlags für die Gewinnverteilung, des Lageberichts und gegebenenfalls des Corporate Governance-Berichts sowie die Erstattung des Berichts über die Prüfungsergebnisse an den Aufsichtsrat;* *6. gegebenenfalls die Prüfung des Konzernabschlusses und des Konzernlageberichtes sowie die Erstattung des Berichtes über die Prüfungsergebnisse an den Aufsichtsrat des Mutterunternehmens;* *7. die Vorbereitung des Vorschlags des Aufsichtsrats für die Auswahl des Abschlussprüfers (Konzernabschlussprüfers).*

Analoge Vorschriften enthält **§ 30g Abs 4a GmbHG**.

Die **Punkte 1–4** in der Aufzählung der Aufgaben des Prüfungsausschusses sind unmittelbar **der Abschlussprüfungsrichtlinie** entnommen.

§ 270 Abs 3 sieht vor,

*dass auf Antrag der gesetzlichen Vertreter, des Aufsichtsrats oder von Gesellschaftern, deren Anteile zusammen den zwanzigsten Teil des Nennkapitals oder den anteiligen Betrag von 350.000 Euro erreichen, der zur Ausübung der Gerichtsbarkeit in Handelssachen berufene Gerichtshof erster Instanz im Verfahren außer Streitsachen nach Anhörung der Beteiligten und des gewählten Prüfers **einen anderen Abschlussprüfer zu bestellen** hat, **wenn** dies aus einem in der Person des gewählten Prüfers liegenden wichtigen Grund geboten erscheint, **insbesondere wenn ein Ausschlussgrund vorliegt oder sonst die Besorgnis der Befangenheit besteht** (Sicherung der Unabhängigkeit des Abschlussprüfers). „Wegen eines Verstoßes gegen § 271 Abs. 1–5 oder § 271a oder 271b kann weder eine Nichtigkeits- noch eine Anfechtungsklage erhoben werden“,*

Der letzte Satz bedeutet, dass bei einer Prüfung durch einen ausgeschlossenen Prüfer der Jahresabschluss trotzdem gültig bleibt; es treten aber entsprechende Rechtsfolgen für den Prüfer ein.

9.212 Befangenheit und Ausgeschlossenheit (§§ 271 und 271a–c)

9.212.1 Allgemeines

> *Gem § 271 Abs 1 „darf ein Wirtschaftsprüfer die Abschlussprüfung nicht durchführen, wenn Gründe, insbesondere Beziehungen geschäftlicher, finanzieller oder persönlicher Art* ***vorliegen, nach denen die Besorgnis der Befangenheit besteht****."*

§ 271 Abs 2 und 3 enthalten **allgemeine Ausschlussgründe**, also Sachverhalte, bei deren Zutreffen ein bestimmter Prüfer oder eine bestimmte Prüfungsgesellschaft nicht berechtigt ist, die Abschlussprüfung durchzuführen. Diese Vorschriften haben den Zweck, die Unabhängigkeit des Abschlussprüfers zu sichern und beziehen sich zB auf finanzielle Beteiligungen an der Gesellschaft, auf die Übernahme bestimmter Funktionen bei der zu prüfenden Gesellschaft, weiters auf die **Unvereinbarkeit bestimmter Tätigkeiten** mit der Funktion des Abschlussprüfers.

Die letzteren Fälle sind in Abs 2 Z 4 geregelt und zwar:

> *Ein Wirtschaftsprüfer ist als* ***Abschlussprüfer ausgeschlossen****, wenn er*
>
> *a) bei der* ***Führung der Bücher*** *oder der* ***Aufstellung des zu prüfenden Jahresabschlusses*** *der Gesellschaft über die Prüfungstätigkeit hinaus mitgewirkt hat,*
> *b) bei der* ***internen Revision*** *der zu prüfenden Gesellschaft mitgewirkt hat,*
> *c)* ***Managementaufgaben*** *für die zu prüfende Kapitalgesellschaft übernommen hat oder in das Treffen von Entscheidungen insbesondere über die Auswahl der gesetzlichen Vertreter oder der im Bereich der Rechnungslegung leitenden Angestellten der geprüften Gesellschaft einbezogen war,*
> *d)* ***Bewertungsleistungen*** *oder* ***versicherungsmathematische Dienstleistungen*** *erbracht hat, die sich auf den zu prüfenden Jahresabschluss nicht nur unwesentlich auswirken,*

Die **wirtschaftliche Abhängigkeit** von der geprüften Gesellschaft soll gem Abs 2 Z 7 dadurch berücksichtigt werden, dass von der Prüfung ausgeschlossen ist, wer in den letzten fünf Jahren mindestens 30% der Gesamteinnahmen aus seiner beruflichen Tätigkeit aus der Prüfung und Beratung der zu prüfenden Gesellschaft (…) oder von verbundenen Unternehmen oder von Unternehmen, an denen die zu prüfende Gesellschaft mindestens 20% der Anteile besitzt, bezogen hat und dies auch im laufenden Geschäftsjahr zu erwarten ist.

Von der Prüfung ist ebenfalls ausgeschlossen, wer keine Bescheinigung gem § 15 A-QSG verfügt (§ 271 Abs 2 Z 3).

§ 271 Abs 4 enthält Regelungen für die **Befangenheit und Ausgeschlossenheit von Wirtschaftsprüfungsgesellschaften**.

Eine Wirtschaftsprüfungsgesellschaft gilt zB als befangen, wenn der den Bestätigungsvermerk unterzeichnende Wirtschaftsprüfer oder eine für ihn tätige Person, die eine maßgeblich leitende Funktion bei der Prüfung ausübt, nach § 271 Abs 1 befangen ist.

§ 271 Abs 6 enthält eine wirtschaftliche Sanktion für den Abschlussprüfer, der dennoch die Prüfung durchführt:

> *Weiß der Abschlussprüfer, dass er ausgeschlossen oder befangen ist, so gebührt ihm gemäß § 271 Abs 6 für dennoch erbrachte Leistungen kein Entgelt. Dies gilt auch, wenn er seine Ausgeschlossenheit erkennen hätte müssen oder wenn er grob fahrlässig seine Befangenheit nicht erkannt hat.*

Die Regelungen für Befangenheit und Ausgeschlossenheit sind sinngemäß auf den **Konzernabschlussprüfer** anzuwenden.

9.212.2 Ausschlussgründe in besonderen Fällen – § 271a

Zusätzliche Ausschlussgründe ergeben sich aus § 271a für Prüfungen von

a. Gesellschaften iSd § 221 Abs 3 zweiter Satz (börsennotierte Gesellschaften) und
b. Gesellschaften, bei denen das Fünffache eines der in Euro ausgedrückten Größenmerkmale einer großen Gesellschaft (§ 221 Abs 3 erster Satz iVm Absatz 4–6) überschritten wird.

Nach § 271a Abs 1 ist als Abschlussprüfer einer solchen Gesellschaft neben den in § 271 Abs 2 genannten Gründen ausgeschlossen, wer

1. in den letzten fünf Jahren jeweils mindestens **15% der Gesamteinnahmen** (gegenüber 30% nach § 271 Abs 2 Z 7) aus der Prüfung und Beratung der zu prüfenden Gesellschaft oder von verbundenen Unternehmen oder von Unternehmen, an denen die zu prüfende Gesellschaft mindestens 20% der Anteile besitzt, bezogen hat und dies auch im laufenden Geschäftsjahr zu erwarten ist;
2. in dem zu prüfenden Geschäftsjahr über die Prüfungstätigkeit hinaus für die zu prüfende Gesellschaft **Rechts- oder Steuerberatungsleistungen** erbracht hat, die über das Aufzeigen von Gestaltungsalternativen hinaus gehen und die sich auf den Jahresabschluss nicht nur unwesentlich auswirken,
3. in dem zu prüfenden Geschäftsjahr bei der zu prüfenden Gesellschaft bei der **Entwicklung, Installation und Einführung von Rechnungslegungsinformationssystemen** mitgewirkt hat,
4. einen Bestätigungsvermerk gem § 274 über die Prüfung des Jahresabschlusses der Gesellschaft bereits in fünf Fällen gezeichnet hat; dies gilt nicht nach einer Unterbrechung der Prüfungstätigkeit für zumindest zwei aufeinander folgende Geschäftsjahre.

Die Z 2–4 stellen besonders auf **die Gefahr der Selbstprüfung** ab, wenn der Abschlussprüfer Sachverhalte zu überprüfen hätte, bei denen er selbst wesentlich mitgewirkt hat.

Für Wirtschaftsprüfungsgesellschaften ist Z 4 des § 271a Abs 1 mit der Maßgabe anzuwenden, dass von der Prüfung der den Bestätigungsvermerk unterzeichnende Wirtschaftsprüfer nach Abs Z 4 ausgeschlossen wäre; dies gilt sinngemäß für eine für ihn tätige Person, die eine maßgeblich leitende Funktion bei der Prüfung ausübt (**interne Rotation**). Im Falle eines Einzelwirtschaftsprüfers kommt es hier zu einer **externen Rotation**.

Die Regelungen der §§ 271 und 271a berücksichtigen insbesondere die **Empfehlung** der EU-Kommission **zur Unabhängigkeit** und die Regelungen der **Abschlussprüfungsrichtlinie.**

9.212.3 Befangenheit und Ausgeschlossenheit im Netzwerk – § 271b

In **§ 271b Abs 1** wird ein **Netzwerk** wie folgt **definiert**:

„Ein Netzwerk liegt vor, wenn Personen bei ihrer Berufsausübung zur Verfolgung gemeinsamer wirtschaftlicher Interessen für eine gewisse Dauer zusammenwirken."

§ 271b Abs 2 regelt die Fälle, in denen der einem **Netzwerk** zugehörige Wirtschaftsprüfer befangen bzw ausgeschlossen ist:

Bestimmte Voraussetzungen, die im Gesetz genau umschrieben sind, führen zur **Befangenheit**, sofern nicht durch **„Schutzmaßnahmen"** sichergestellt ist, dass das Netzwerkmitglied auf das Ergebnis der Abschlussprüfung keinen Einfluss nehmen kann.

Wenn bestimmte im Gesetz angeführte Voraussetzungen vorliegen, ist das Netzwerkmitglied jedoch ausgeschlossen und eine Vermeidung der Konsequenzen aus der Zugehörigkeit zum Netzwerk durch „Schutzmaßnahmen" ist in diesen Fällen nicht möglich.

9.212.4 Befristetes Tätigkeitsverbot – § 271c

Auch diese Vorschrift hängt mit der Sicherung der Unabhängigkeit des Abschlussprüfers zusammen; es soll dadurch sichergestellt werden, dass nicht die Unabhängigkeit eines Abschlussprüfers durch das Versprechen einer späteren vorteilhaften Beschäftigung beim geprüften Unternehmen beeinträchtigt wird. Diese Bestimmung gilt nur für Gesellschaften mit den Merkmalen des § 271a Abs 1 und besagt, dass der Abschlussprüfer, der Konzernabschlussprüfer, der Abschlussprüfer eines bedeutenden verbundenen Unternehmens und der den jeweiligen Bestätigungsvermerk unterzeichnende Wirtschaftsprüfer innerhalb von zwei Jahren nach Zeichnung des Bestätigungsvermerks weder eine Organfunktion noch eine leitende Stellung (§ 80 AktG) beim geprüften Unternehmen einnehmen dürfen.

9.212.5 Verantwortlichkeit des Abschlussprüfers (§ 275)

§ 275 über die Verantwortlichkeit des Abschlussprüfers enthält eine Reihe von Vorschriften, die zum überwiegenden Teil schon in den berufsrechtlichen Vorschriften des WTBG enthalten sind.

Gem § 275 Abs 1 sind der Abschlussprüfer, seine Gehilfen und die bei der Prüfung mitwirkenden gesetzlichen Vertreter einer Prüfungsgesellschaft zur **Verschwiegenheit** verpflichtet.

Diese Verschwiegenheitspflicht wurde durch das URÄG 2008 wie folgt eingeschränkt (§ 275 Abs 1 letzter Satz):

„Der Abschlussprüfer hat dem nachfolgenden Abschlussprüfer auf schriftliches Verlangen Zugang zu den relevanten Informationen über das geprüfte Unternehmen zu gewähren“ (siehe dazu die Stellungnahme des Instituts Österreichischer Wirtschaftsprüfer vom April 2010, „Stellungnahme zur Verpflichtung des Abschlussprüfers gemäß § 275 Abs 1 UGB zur Weitergabe relevanter Informationen über das geprüfte Unternehmen“).

Gem § 275 Abs 2 ist der Abschlussprüfer zur gewissenhaften und unparteiischen Prüfung verpflichtet. Verletzt er vorsätzlich oder fahrlässig diese Pflicht, so ist er der ***Gesellschaft*** *und wenn ein* ***verbundenes Unternehmen*** *geschädigt worden ist, auch diesem zum Ersatz des daraus entstehenden Schadens verpflichtet.*

Mehrere Abschlussprüfer haften als Gesamtschuldner. Die bei Fahrlässigkeit festgesetzte Höchstgrenze der Ersatzpflicht für eine Prüfung gilt auch, wenn an ihr mehrere Abschlussprüfer beteiligt gewesen oder mehrere zum Ersatz verpflichtende Handlungen begangen worden sind und ohne Rücksicht darauf, ob andere Beteiligte vorsätzlich gehandelt haben.

Bei Fahrlässigkeit gibt es **Obergrenzen für die Ersatzpflicht**; diese beginnt bei der Prüfung einer kleinen oder mittelgroßen Gesellschaft mit **zwei Mio Euro** und endet mit **zwölf Mio Euro** bei der Prüfung einer Gesellschaft, die eines der in Euro ausgedrückten Größenmerkmale der großen Gesellschaft um das Zehnfache überschreitet.

Die Staffelung der Haftungsgrenzen stellt sich somit wie folgt dar:

- 2 Mio bei Prüfung einer kleinen oder mittelgroßen Gesellschaft
- 4 Mio bei Prüfung einer großen Gesellschaft
- 8 Mio bei Prüfung einer großen Gesellschaft, bei der das Fünffache eines der in Euro ausgedrückten Größenmerkmale einer großen Gesellschaft überschritten wird
- 12 Mio Euro bei Prüfung einer großen Gesellschaft, bei der das Zehnfache einer der in Euro ausgedrückten Größenmerkmale überschritten wird.

Die **Haftungsgrenzen gelten** jedoch **nicht** für den Abschlussprüfer, der in Kenntnis oder in grob fahrlässiger Unkenntnis seiner Befangenheit oder Ausgeschlossenheit gehandelt hat.

Für Banken, Versicherungen, Pensionskassen etc gelten die in den einschlägigen Gesetzen jeweils angeführten Beträge.

9.212.6 Vorlagepflicht, Auskunftsrecht, Teilnahme an Beratungen über den Jahresabschluss

§ 272 regelt die Verpflichtung der gesetzlichen Vertreter der Kapitalgesellschaft, dem Abschlussprüfer den Jahresabschluss und den Lagebericht unverzüglich nach der Aufstellung vorzulegen (§ 272 Abs 1) und dem Abschlussprüfer alle Aufklärungen und Nachweise zu erteilen, die dieser für eine sorgfältige Prüfung als notwendig ansieht. Diese Rechte hat der Abschlussprüfer auch schon vor Aufstellung des Jahresabschlusses (Grundlage für **Vor- und Zwischenprüfungen**). Außerdem bestehen diese Rechte, soweit es für eine sorgfältige Prüfung notwendig ist, auch gegenüber Mutter- und Tochterunternehmen (§ 272 Abs 2).

Gem § 93 Abs 1 AktG ist den Sitzungen des Aufsichtsrates, die sich mit der Feststellung des Jahresabschlusses und deren Vorbereitung sowie mit der Prüfung des Jahresabschlusses (Konzernabschlusses) beschäftigen, jedenfalls der Abschlussprüfer (Konzernabschlussprüfer) zuzuziehen.

Eine analoge Vorschrift für die GmbH wurde in **§ 30 h Abs 1 GmbHG** eingeführt.

Gem § 104 Abs 2 AktG ist der Abschlussprüfer den Verhandlungen der Hauptversammlung über die Gegenstände des § 104 Abs 2 AktG zuzuziehen.

9.22 Gegenstand und Umfang der Prüfung – § 269 – gesetzliche Vorschriften

In § 268 Abs 1 ist bereits geregelt, dass der Jahresabschluss und der Lagebericht der Prüfung unterliegen; da der Anhang Bestandteil des Jahresabschlusses ist, unterliegt er voll der Prüfungspflicht.

Gem § 269 Abs 1 ist in die Prüfung des Jahresabschlusses auch die **Buchführung** einzubeziehen.

Die **Prüfung des Jahresabschlusses** hat sich darauf zu erstrecken, ob die gesetzlichen Vorschriften und ergänzende Bestimmungen des Gesellschaftsvertrags oder der Satzung beachtet worden sind.

Der **Lagebericht** ist darauf zu prüfen, ob er mit dem Jahresabschluss in Einklang steht und ob die sonstigen Angaben im Lagebericht nicht eine falsche Vorstellung von der Lage des Unternehmens erwecken.

§ 269 Abs 1 wurde im URÄG 2008 durch folgenden Satz erweitert:

> *„Gegenstand der Abschlussprüfung ist auch, ob der Corporate Governance-Bericht (§ 243b) aufgestellt wurde."*

Die **Prüfungsvorschriften für den Lagebericht** in § 269 Abs 1 sind unvollständig, da im Prüfungsbericht lt § 273 Abs 1 auch dazu Stellung genommen werden muss, ob der Lagebericht den gesetzlichen Vorschriften entspricht. Dies erfordert aber die Überprüfung, ob sämtliche Vorschriften der §§ 243, 243a und 243b bezüglich des Lageberichtes eingehalten worden sind, was aber über den in § 269 Abs 1 definierten Prüfungsumfang weit hinausgeht.

Da nach § 274 Abs 5 der Bestätigungsvermerk auch eine Aussage darüber zu enthalten hat, ob der Lagebericht (Konzernlagebericht) nach dem Urteil des Abschlussprüfers mit dem Jahresabschluss oder mit dem Konzernabschluss im Einklang steht **und ob die Angaben nach § 243a zutreffen**, umfasst der Gegenstand der Abschlussprüfung auch die Richtigkeit der Angaben nach § 243a Abs 1 und 2.

9.3 Durchführung der Prüfung

9.31 Gesetzliche Vorschriften – § 269a

Das **Unternehmensrechtsänderungsgesetz 2008** hat im Zuge der Umsetzung der Abschlussprüfungsrichtlinie folgenden § 269a **„Internationale Prüfungsstandards"** aufgenommen:

> *Wenn und soweit die Europäische Kommission internationale Prüfungsstandards übernommen hat, sind Abschlussprüfungen und Konzernabschlussprüfungen unter Beachtung dieser Grundsätze durchzuführen.*

Die **Erläuterungen zur Regierungsvorlage des URÄG 2008** sagen dazu Folgendes:

„In § 269a wird Art 26 Abs 1 der **Abschlussprüfungs-RL (‚Prüfungsstandards')** umgesetzt. In **Erwägungsgrund 13** wird dazu ausgeführt, dass für alle nach Gemeinschaftsrecht vorgeschriebenen Abschlussprüfungen eine gleich bleibend hohe Qualität gewährleistet werden soll. **Alle Abschlussprüfungen** sollen deshalb nach **internationalen Prüfungsstandards durchgeführt werden**. Deshalb haben die Mitgliedstaaten Bestimmungen zu erlassen, wonach Abschlussprüfungen und Konzernabschlussprüfungen **unter Beachtung der von der Europäischen Kommission angenommenen internationalen Prüfungsstandards** (International Standards on Auditing, kurz ISA) durchzuführen sind.

Die Einführung eines internationalen Prüfungsstandards in der Gemeinschaft durch die Europäische Kommission setzt voraus, dass er international allgemein anerkannt ist und unter vollständiger Einbeziehung aller interessierten Kreise in einem offenen und transparenten Verfahren erstellt wurde, dass er die Glaubwürdigkeit des Jahresabschlusses und des konsolidierten Abschlusses erhöht und dass er dem europäischen Gemeinwohl dient.

Die Mitgliedstaaten können nationale Prüfungsstandards so lange anwenden, wie die Europäische Kommission keine internationalen Prüfungsstandards, die für denselben Bereich gelten, angenommen hat. Ab dem Zeitpunkt der formellen Übernahme der ISA wird damit auch entgegenstehendes nationales Recht derogiert, soweit dieses zu den übernommenen ISA in Widerspruch steht und es sich dabei um keine ‚zusätzlichen Anforderungen' gem Art 26 Abs 3 und 4 der Abschlussprüfungs-RL handelt. Allerdings sieht Art 26 Abs 4 der RL vor, dass die Mitgliedstaaten zusätzliche Anforderungen im Zusammenhang mit den Abschlussprüfungen von Jahresabschlüssen und konsolidierten Abschlüssen nur bis zum 29. Juni 2010 vorsehen dürfen.

9.32 Stand der Übernahme der ISAs durch die Europäische Kommission

Die **Übernahme der ISAs** wurde ursprünglich von der EU-Kommission von der Beendigung des sogenannten **Clarity Projects** abhängig gemacht (Überarbeitung der ISAs, um sie strukturierter und verständlicher zu fassen). Im Dezember 2008 wurden die letzten zu überarbeitenden Standards verabschiedet und anschließend vom **Public Interest Oversight Board** gebilligt (April 2009).

Eine weitere Voraussetzung für die Übernahme sind die Übersetzungen der Standards in die Amtssprachen der Gemeinschaft; diese Übersetzungen waren bis Mitte 2010 abgeschlossen (deutsche Übersetzungen wurden der EU-Kommission im September 2009 übermittelt und vom Sprachdienst der Kommission einer Überprüfung unterzogen; diese Übersetzungen wurden von einer Arbeitsgruppe des **(deutschen) IDW** unter Beteiligung eines österreichischen und eines Schweizer Vertreters des Berufsstandes ausgearbeitet).

Die von der IFAC und der EU-Kommission genehmigte Textausgabe Englisch-Deutsch der International Standards on Auditing (ISAs) ist 2011 im IDW Verlag erschienen.

Eine Übernahme der ISAs durch die Europäische Kommission ist allerdings bisher (September 2013) nicht erfolgt; **eine Neuregelung des Übernahmeverfahrens** wird möglicherweise anlässlich der geplanten Novellierung der Abschlussprüfungsrichtlinie durchgeführt).

Zahlreiche Mitgliedstaaten der EU haben in der Zwischenzeit die ISAs weitgehend übernommen bzw werden diese bereits in der Prüfungspraxis angewandt. Bezüglich der Anwendung in Österreich siehe den nächsten Abschnitt 9.33.

9.33 Fachgutachten der Kammer der Wirtschaftstreuhänder und Richtlinien des Instituts österreichischer Wirtschaftsprüfer

Da mangels Übernahme der ISAs durch die EU-Kommission (und damit Inhaltslosigkeit des § 269a) die gesetzlichen Vorschriften keine Bestimmung darüber enthalten, wie die Prüfung im Einzelnen durchzuführen ist, gelten nach wie vor die von den Berufsorganisationen der Abschlussprüfer entwickelten Grundsätze, in Österreich speziell die **Fachgutachten der Kammer der Wirtschaftstreuhänder** und die vom **Institut österreichischer Wirtschaftsprüfer** veröffentlichten Richtlinien.

Im Hinblick auf diese Entwicklung wurde vom Fachsenat für Unternehmensrecht und Revision das Fachgutachten KFS/PG 1 aus dem Jahr 1992 („Grundsätze ordnungsmäßiger Durchführung von Abschlussprüfungen nach den Vorschriften des Rechnungslegungsgesetzes“) völlig neu gefasst und unter der Bezeichnung „**Fachgutachten über die Durchführung von Abschlussprüfungen**“ im Jänner 2007 veröffentlicht und 2009 an das URÄG 2008 angepasst.

Dieses Fachgutachten wurde unter Berücksichtigung insbesondere folgender „**International Standards on Auditing**“ **(ISAs)** des IAASB (International Auditing and Assurance Standards Board) der IFAC ausgearbeitet (ISA 200, 240, 300, 315, 330, 500). Das Arbeitsprogramm des Fachsenats sieht auch eine vollständige Überarbeitung der noch in Kraft stehenden weiteren Fachgutachten der Kammer und der Richtlinien des Instituts im Hinblick auf die Einarbeitung der entsprechenden ISAs in die Fachgutachten vor. Das geplante Ergebnis soll nach Möglichkeit eine **vollständige Übernahme der ISAs sein.**

In der Anlage 2 dieses Buches sind sämtliche, derzeit gültigen (Juli 2013) Fachgutachten und Stellungnahmen der Fachsenate der Kammer der Wirtschaftstreuhänder, des Instituts der Wirtschaftsprüfer (IWP) und des AFRAC auf dem Gebiete der Rechnungslegung und Prüfung mit nachstehender Ordnungsbezeichnung angegeben:

- Gutachten und Stellungnahmen eines der Fachsenate der Kammer: KFS
- Gutachten und Stellungnahmen des Instituts der Wirtschaftsprüfer: IWP
- Gutachten und Stellungnahmen der AFRAC.

Sämtliche Fachgutachten und Stellungnahmen, die bis Ende September 2012 veröffentlicht wurden, sind im KODEX des Österreichischen Rechtes, Band: Rechnungslegung und Prüfung 2012/2013, 4. Auflage, enthalten. Die Folgeauflage erscheint voraussichtlich bis Ende 2013 und wird sämtliche bis Herbst 2013 veröffentlichten Gutachten und Stellungnahmen umfassen.

9.34 Der österreichische Corporate Governance Kodex

Dieser sieht im Abschnitt 77 (Abschlussprüfung) vor, dass der Aufsichtsrat im Vertrag über die Durchführung der (Konzern-)Abschlussprüfung festzulegen hat, dass diese nach internationalen Prüfungsgrundsätzen (ISAs) zu erfolgen hat. Es handelt sich dabei um eine sogenannte Comply or Explain (C)-Regel, dh, eine Abweichung muss erklärt und begründet werden, um ein kodexkonformes Verhalten zu erreichen.

9.35 Prüfungsbericht

Gem § 273 Abs 1 hat der Abschlussprüfer über das Ergebnis der Prüfung schriftlich zu berichten, wobei „insbesondere festzustellen ist, ob die Buchführung, der Jahresabschluss, der Lagebericht … den gesetzlichen Vorschriften entsprechen und der Corporate-Governance-Bericht aufgestellt worden ist sowie ob die gesetzlichen Vertreter die verlangten Aufklärungen und Nachweise erbracht haben“.

Die Posten des Jahresabschlusses sind im Prüfungsbericht aufzugliedern und zu erläutern. Nachteilige Veränderungen der Vermögens-, Finanz- und Ertragslage gegenüber dem Vorjahr und Verluste, die das Jahresergebnis nicht unwesentlich beeinflusst haben, sind anzuführen und zu erläutern (§ 273 Abs 1 dritter Satz).

§ 273 Abs 2 enthält die **besondere Berichtspflicht des Abschlussprüfers**, wenn er bei der Prüfung Tatsachen feststellt, die den Bestand des Unternehmens gefährden oder seine Entwicklung wesentlich beeinträchtigen können, oder die schwerwiegende Verstöße der gesetzlichen Vertreter oder von Arbeitnehmern gegen Gesetz, Gesellschaftsvertrag oder Satzung erkennen lassen; in diesen Fällen besteht die Verpflichtung, unverzüglich zu berichten, dh gegebenenfalls noch vor der Ausfertigung des allgemeinen Prüfungsberichtes. „Darüber hinaus hat er unverzüglich über **wesentliche Schwächen bei der internen Kontrolle des Rechnungslegungsprozesses** zu berichten.“ Außerdem hat der Abschlussprüfer auch dann unverzüglich zu berichten, wenn bei Prüfung des Jahresabschlusses das Vorliegen der Voraussetzungen für die Vermutung eines Reorganisationsbedarfes gem § 22 Abs 1 Z 1 URG festgestellt wird. Im Bericht sind die Eigenmittelquote (§ 23 URG) und die fiktive Schuldentilgungsdauer (§ 24 URG) anzugeben (§ 273 Abs 3). Zur Eigenmittelquote und zur fiktiven Schuldentilgungsdauer siehe Band 3: Unternehmensanalyse als Steuerungs- und Informationsinstrument.

Für die Gestaltung des Prüfungsberichtes werden die von den Berufsorganisationen entwickelten Richtlinien heranzuziehen sein; für Österreich ist dies insbesondere das **Fachgutachten KFS/PG 2** über die **Grundsätze ordnungsmäßiger Berichterstattung bei Abschlussprüfungen** nach § 273 Abs 1 UGB (Fassung Juni 2009).

Im Gegensatz zu dem bisher geltenden Fachgutachten beschränkt sich die Neufassung im Wesentlichen auf die unmittelbar aus dem Gesetzestext abzuleitenden Inhalte. Die bisher im Fachgutachten enthaltenen betriebswirtschaftlichen Beschreibungen (siehe Darstellung in der 12. Auflage: 513 f) sind nach der Neufassung nur mehr freiwillige Berichtsausweitungen (siehe Tz 46 der Neufassung, Abschnitt 6, Freiwillige Berichtsausweitungen).

In Abschnitt 4 des Fachgutachtens werden die folgenden Abschnitte des **Mindestumfanges** aufgezählt:

4.1 Prüfungsvertrag und Auftragsdurchführung
4.2 Aufgliederung und Erläuterung von Posten des Jahresabschlusses
4.3 Zusammenfassung des Prüfungsergebnisses
  - Feststellungen zur Gesetzmäßigkeit von Buchführung, Jahresabschluss und Lagebericht sowie zum Corporate-Governance-Bericht
  - Erteilte Auskünfte
  - Nachteilige Veränderungen der Vermögens-, Finanz- und Ertragslage und wesentliche Verluste
  - Feststellungen zu Tatsachen nach § 273 Abs 2 und Abs 3 UGB

4.4 Bestätigungsvermerk

Abschnitt 3 (**rechtliche Grundlagen und Inhalt des Prüfungsberichtes)** weist auf die Erweiterungsmöglichkeit des Berichtes hin.

Tz 12 lautet wie folgt: „Dieses Fachgutachten legt den gesetzlich geforderten Mindestumfang dar, der erweitert werden kann, sofern dies vom Berichtersteller für zweckmäßig erachtet wird oder mit dem Auftraggeber im Prüfungsvertrag gesondert vereinbart wurde. Das Auftragsverhältnis und grundsätzliche Ausführungen zur Prüfungstätigkeit sind zur Verdeutlichung des Prüfungsumfanges und der Grenzen im Hinblick auf die erlangte Prüfungssicherheit jedenfalls über das gesetzliche Mindesterfordernis hinausgehend anzuführen."

Damit gibt das Gutachten die Möglichkeit für weitere betriebswirtschaftliche, rechtliche und technische Beschreibungen, wie sie beispielsweise in Tz 46, Abschnitt 6 angeführt sind:

- Unternehmenskennzahlen
- Rechtliche und steuerliche Verhältnisse
- Langfristige Verträge

- Wirtschaftliche Grundlagen
- Art und Zusammensetzung der Produktion

§ 273 Abs 4 enthält die Verpflichtung des Abschlussprüfers, den Bericht den gesetzlichen Vertretern sowie den Mitgliedern des Aufsichtsrates vorzulegen; hinsichtlich der Vorlagepflicht gegenüber den Mitgliedern des Aufsichtsrates wird auf das Fachgutachten KFS/PE 4 der Kammer der Wirtschaftstreuhänder hingewiesen.

Ist bei einem unbeschränkt haftenden Gesellschafter einer unternehmerisch tätigen eingetragenen Personengesellschaft iSd § 221 Abs 5 ein Aufsichtsrat eingerichtet, so hat der Abschlussprüfer den Bericht hinsichtlich der Personengesellschaft auch den Mitgliedern dieses Aufsichtsrates vorzulegen.

9.36 Der Bestätigungsvermerk (§ 274)

Mit dem **ReLÄG 2004** wurden die Vorschriften der **„Modernisierungsrichtlinie“** umgesetzt. Die bisherigen Vorschriften des § 274 hatten den Wortlaut des (uneingeschränkten) Bestätigungsvermerkes **formelhaft** festgelegt.

§ 274 Abs 1 in der Fassung ReLÄG 2004 regelt entsprechend den Vorschriften der **„Modernisierungsrichtlinie“**, die sich ihrerseits in der Struktur des Bestätigungsvermerkes an den International Standard on Auditing (ISA) 700 hält, den Inhalt des Bestätigungsvermerks, wie folgt:

„Der Bestätigungsvermerk umfasst

1. *eine **Einleitung**, die zumindest angibt, welcher **Jahresabschluss** beziehungsweise Konzernabschluss Gegenstand der gesetzlichen Abschlussprüfung ist und **nach welchen Rechnungslegungsgrundsätzen** er **aufgestellt** wurde,*
2. *eine Beschreibung der Art und des Umfanges der gesetzlichen Abschlussprüfung, die **zumindest Angaben über die Prüfungsgrundsätze** enthält, nach denen die Prüfung durchgeführt wurde, sowie*
3. *ein **Prüfungsurteil**, das zweifelsfrei ergibt, ob*
   a) ein uneingeschränkter Bestätigungsvermerk erteilt,
   b) ein eingeschränkter Bestätigungsvermerk erteilt,
   c) der Bestätigungsvermerk aufgrund von Einwendungen versagt oder
   d) der Bestätigungsvermerk deshalb versagt wird, weil der Abschlussprüfer nicht in der Lage ist, ein Prüfungsurteil abzugeben.“

Punkt 3d bezieht sich auf den Fall des sogenannten **„disclaimer of opinion“** des ISA 700.

§ 274 Abs 2 regelt die Voraussetzungen für die Erteilung eines uneingeschränkten Bestätigungsvermerks wie folgt:

*„**In einem uneingeschränkten Bestätigungsvermerk** (Abs. 1 Z 3 lit a) hat der Abschlussprüfer zu erklären, dass die von ihm nach § 269 durchgeführte Prüfung zu **keinen Einwendungen** geführt hat und dass der geprüfte Jahres- und Konzernabschluss auf Grund der bei der Prüfung gewonnenen Erkenntnisse des Abschlussprüfers **den gesetzlichen Vorschriften entspricht und** unter Beachtung der Grundsätze ordnungsmäßiger Buchführung oder sonstiger maßgeblicher Rechnungslegungsgrundsätze **ein möglichst getreues Bild der Vermögens-, Finanz- und Ertragslage** des Unternehmens oder des Konzerns **vermittelt**. Der uneingeschränkte Bestätigungsvermerk ist in geeigneter Weise **zu ergänzen**, wenn zusätzliche Bemerkungen erforderlich erscheinen, um einen falschen Eindruck über den Inhalt der Prüfung und die Tragweite des Bestätigungsvermerks zu vermeiden.“*

Das Fachgutachten KFS PG 3 „Die Erteilung von Bestätigungsvermerken nach den Vorschriften des UGB bei Abschlussprüfungen von Jahres- und Konzernabschlüssen“ nennt in Abschnitt 5.3, Tz 60, hinweisende Ergänzungen, die auf Besonderheiten aufmerksam machen sollen, die sich bei der Prüfung ergeben, aber zu keinen Einwendungen des Abschlussprüfers geführt haben (Beispiele: Hinweise darauf, dass der Jahres-/Konzernabschluss auf Basis von Liquidationswerten erstellt worden ist, dass eine vereinfachte Kapitalherabsetzung gem § 188 Abs 1 AktG bereits vor der Beschlussfassung im Jahres-/Konzernabschluss abgebildet worden ist, oder dass der vorangegangene Jahresabschluss noch nicht festgestellt worden ist). Weiters wird in Tz 61 des Fachgutachtens ausgeführt, dass

„Ergänzungen des Inhalts, dass bestimmte Risiken weder von den gesetzlichen Vertretern noch vom Abschlussprüfer abschließend beurteilt werden können, nur zulässig sind, wenn der Abschlussprüfer zwar keine Einwendungen gegen die Ordnungsmäßigkeit der Rechnungslegung erheben kann, aber dennoch auf eine bestimmte Problematik hinweisen möchte. Dies gilt auch für den Fall, dass die Fortführung der Unternehmenstätigkeit bedroht ist. Die Entscheidung, ob im Einzelfall eine Ergänzung vorzunehmen ist, wird weitgehend in das pflichtgemäße Ermessen des Abschlussprüfers gestellt“.

§ 274 Abs 3 enthält die Konsequenzen, wenn gegen den Jahresabschluss bzw die Buchhaltung Einwendungen zu erheben sind:

> *„Sind* ***Einwendungen*** *zu erheben, so hat der Abschlussprüfer seine Erklärung nach Abs. 2 erster Satz einzuschränken (Abs. 1 Z 3 lit b) oder den Bestätigungsvermerk zu versagen (Abs. 1 Z 3 lit c). Die Versagung ist in einen Vermerk, der nicht als Bestätigungsvermerk zu bezeichnen ist, aufzunehmen. Die Einschränkung oder Versagung ist zu begründen. Ein* ***eingeschränkter Bestätigungsvermerk*** *darf nur erteilt werden, wenn der geprüfte Abschluss unter Beachtung der vom Abschlussprüfer vorgenommenen, in ihrer Tragweite erkennbaren Einschränkung ein im Wesentlichen getreues Bild der Vermögens-, Finanz- und Ertragslage vermittelt."*

§ 274 Abs 4, der auf den Fall des Abs 1 3d eingeht, dass der Abschlussprüfer nicht in der Lage ist, ein Prüfungsurteil abzugeben, lautet wie folgt:

> *„Der Bestätigungsvermerk ist auch dann zu versagen, wenn der Abschlussprüfer* ***nach Ausschöpfung aller angemessenen Möglichkeiten zur Klärung des Sachverhalts*** *nicht in der Lage ist, ein Prüfungsurteil abzugeben."*

Wie bereits erwähnt, ist dies der Fall des **„disclaimer of opinion"** im Sinne des ISA 700.

Nach wie vor wird, wie auch nach § 274 aF der Fall des Widerrufes des Bestätigungsvermerkes nicht geregelt. Der Abschlussprüfer ist grundsätzlich zum **Widerruf des Bestätigungsvermerkes** verpflichtet, wenn er erkennt, dass die Voraussetzungen für die Erteilung eines uneingeschränkten oder eingeschränkten Bestätigungsvermerkes nicht vorgelegen haben. Der Widerruf ist schriftlich an den Auftraggeber und an das Firmenbuchgericht zu richten (siehe KFS/PG 3, Abschnitt 9.2, Tz 107).

Gem § 274 Abs 5 hat

> *„der Bestätigungsvermerk auch eine Aussage darüber zu enthalten, ob der Lagebericht oder der Konzernlagebericht nach dem Urteil des Abschlussprüfers mit dem Jahresabschluss oder mit dem Konzernabschluss im Einklang steht und ob die Angaben nach § 243a zutreffen."*

Zum Inhalt von § 243a siehe das Kapitel 8 über den Lagebericht.

Zu beachten ist, dass § 274 in Bezug auf den **Jahresabschluss/Konzernabschluss** von einem **Prüfungsurteil** spricht, in Bezug auf den **Lagebericht** dagegen nur von einer **„Aussage"**; dies bedeutet, dass die Begriffe „Einschränkung" bzw „Versagung" auf den Lagebericht nicht angewandt werden können.

Keine Regelung enthält das Gesetz für den Fall, dass der Lagebericht andere Mängel aufweist, die nicht den Einklang mit dem Jahresabschluss/Konzernabschluss oder die Angaben nach § 243a betreffen. Im Interesse der Information der Öffentlichkeit ist die Auffassung zu vertreten, dass der Abschlussprüfer auch auf sonstige Mängel hinzuweisen hat.

Als Beispiel für sonstige Mängel werden in KFS/PG 3, Tz 86 genannt:

a) wenn der Abschlussprüfer eine wesentliche Aussage über die zukünftige Entwicklung der Gesellschaft/des Konzerns nicht für plausibel hält,
b) wenn wesentliche Informationen im Lagebericht/Konzernlagebericht fehlen bzw nicht zutreffend sind,
c) wenn wesentliche georderte Angaben und Beschreibungen zu Kapital-, Anteils-, Stimm- und Kontrollrechten und damit zusammenhängenden Vereinbarungen sowie zu den wesentlichen Merkmalen des internen Kontroll- und des Risikomanagementsystems fehlen oder
d) wenn Informationen über mögliche Bestandsgefährdungen fehlen.

Bei Fehlen eines Lageberichtes ergibt sich die Frage, ob der Abschlussprüfer einen **unvollständigen** (nur aus einem Prüfungsurteil zum Jahresabschluss/Konzernabschluss bestehenden) **Bestätigungsvermerk** herausgeben darf (siehe KFS/PG 3, Abschnitt 6.5).

„Erstellt die Gesellschaft **keinen Lagebericht** so stellt dies ein Prüfungshemmnis dar. Dieses Prüfungshemmnis bezieht sich allerdings auf die gesetzlich vorgeschriebene vollständige Finanzberichterstattung, sodass ein **Bestätigungsvermerk nicht erteilt werden** kann. Die gesetzlichen Vertreter sind schriftlich aufzufordern, einen Lagebericht/Konzernlagebericht zu erstellen“ (KFS/PG 3, Abschnitt 6.5).

So merken auch *Prachner/Szaurer* in *Straube*^{3} § 274 Rz 38 im Falle des Fehlens des Lageberichtes oder Konzernlageberichtes an „… dass der Bestätigungsvermerk nicht erteilt werden kann, da der Lagebericht zur gesetzlich vorgeschriebenen vollständigen Finanzberichterstattung gehört und daher ohne Aufstellung eines Lageberichts bzw Konzernlageberichts die Abschlussprüfung nicht final abgeschlossen werden kann“.

9.37 Meinungsverschiedenheiten zwischen Gesellschaft und Abschlussprüfer (§ 276)

Wenn Meinungsverschiedenheiten zwischen dem Abschlussprüfer und der Gesellschaft über die Auslegung und Anwendung von gesetzlichen Vorschriften, sowie von Bestimmungen des Gesellschaftsvertrages oder der Satzung über den Jahresabschluss und den Lagebericht auftreten, kann durch den Abschlussprüfer oder die gesetzlichen Vertreter der Gesellschaft ein Antrag auf Entscheidung durch den für den Sitz des Unternehmens zuständigen, zur Ausübung der Gerichtsbarkeit in Handelssachen berufenen **Gerichtshof erster Instanz im Verfahren außer Streitsachen** gestellt werden.

9.4 Qualitätssicherung durch ein externes Qualitätsüberwachungssystem

9.41 Abschlussprüfungs-Qualitätssicherungsgesetz (A-QSG)

Im Committee on Auditing der EU-Kommission wurde im Zusammenhang mit ISA 220 (Gewährleistung der Prüfungsqualität) die Forderung auf **Einführung eines externen Qualitätsüberwachungssystems** für die Abschlussprüfer (soweit in den EU-Mitgliedstaaten nicht ohnedies schon solche Systeme bestehen) erhoben.

Am 15. November 2000 hat die EU-Kommission eine Empfehlung für die Einhaltung von Mindestanforderungen an die Gestaltung eines solchen Qualitätsüberwachungssystems veröffentlicht („**Mindestanforderung an Qualitätssicherungssysteme für die Abschlussprüfung in der EU**").

Aufgrund dieser Empfehlung wurde in Deutschland ein Qualitätsüberwachungssystem gesetzlich verankert (Novellierung der Wirtschaftsprüferordnung im Jahr 2000).

Das Institut österreichischer Wirtschaftsprüfer hat aufgrund dieser Entwicklung schon im Jahr 2001 den Beschluss über die Einführung eines solchen Systems gefasst.

Das Konzept des Instituts österreichischer Wirtschaftsprüfer war auch das Vorbild für gesetzliche Änderungen, die den gesamten Berufsstand der Wirtschaftsprüfer in Österreich betreffen. Mit BGBl I 2005/84 wurde, zusammen mit einer Änderung des WTBG, das **Abschlussprüfungs-Qualitätssicherungsgesetz** (A-QSG) eingeführt.

Mit BGBl I 2010/10 wurde das A-QSG an die Erfordernisse der Abschlussprüfungsrichtlinie angepasst, insbesondere auch durch die Einführung des 2. Hauptstückes: Europäische und internationale Kooperation (siehe § 27b, Umsetzung von EU-Recht und § 29 Verhältnis zu anderen Bundesgesetzen).

Weitere Novellierungen erfolgten 2010 und 2011.

Das A-QSG gliedert sich wie folgt:

1. Hauptstück	System der externen Qualitätsprüfung
1. Abschnitt	Allgemeines (§§ 1–1a)
2. Abschnitt	System der externen Qualitätsprüfung (§§ 2–18b)
3. Abschnitt	Behörden und öffentliche Aufsicht (§§ 18c–22)
4. Abschnitt	Registrierung (§ 23)
5. Abschnitt	Transparenzbericht (§ 24)
2. Hauptstück	Europäische und internationale Kooperation (Abschnitte 1–3, §§ 25–25f)
3. Hauptstück	Finanzierung, Strafbestimmungen und Schlussbestimmungen (§§ 26–32)

Der folgende Abschnitt enthält einen Überblick über das erste Hauptstück. Für eine umfassende Darstellung wird auf den Beitrag von *Reiter Regine,* Qualitätssicherung in der Prüfung, FS Bertl Romuald (2013), verwiesen.

9.411 Qualitätssicherungsmaßnahmen

Gem § 1a A-QSG benötigen „berufsberechtigte Wirtschaftsprüfer", um berechtigt zu sein, Abschlussprüfungen gem § 1 Z 1 A-QSG (dh Pflichtprüfungen nach österreichischem Recht) durchzuführen, eine aufrechte Bescheinigung gem § 15 A-QSG über die „erfolgreiche Teilnahme an der **externen Qualitätsprüfung**".

Gem § 4 Abs 1 A-QSG sind Abschlussprüfer (und Prüfungsgesellschaften) verpflichtet, sich im Abstand von jeweils drei Jahren einer externen Qualitätsprüfung zu unterziehen, wenn sie Abschlussprüfungen der dort angeführten Unternehmen durchführen (börsennotierte Unternehmen, Kreditinstitute, die nicht unter die in § 4 Abs 2 genannten Kreditinstitute fallen, Versicherungen, die nicht unter § 4 Abs 2 fallen, Pensionskassen).

In den anderen Fällen (§ 4 Abs 2) beträgt der Abstand zwischen den Qualitätsprüfungen 6 Jahre.

Qualitätssicherungsmaßnahmen werden in § 2 Abs 1 und 2 A-QSG wie folgt beschrieben:

> *Abs 1: Abschlussprüfer und Prüfungsgesellschaften sind verpflichtet, Maßnahmen zu setzen, die eine hohe Qualität und eine laufende Verbesserung der Qualität der von ihnen durchzuführenden Prüfungen gewährleisten.*
>
> *Abs 2: Die zu setzenden Qualitätssicherungsmaßnahmen haben auf der Grundlage allgemein anerkannter nationaler und internationaler Prüfungsstandards und Berufsgrundsätze jedenfalls zu umfassen:*
>
> 1. *Maßnahmen, welche die Wahrung der Unabhängigkeit und der Verschwiegenheit gewährleisten,*
> 2. *Maßnahmen, betreffend die Auswahl, den Einsatz und die Beaufsichtigung der Mitarbeiter,*
> 3. *Maßnahmen, betreffend die Aus- und Weiterbildung des Abschlussprüfers und seiner Mitarbeiter,*
> 4. *Maßnahmen, betreffend die qualitativ hochwertige Abwicklung von Abschlussprüfungen.*

9.412 Durchführung der externen Qualitätsprüfung

§ 3 Abs 1 und 2 A-QSG umschreibt den Begriff der externen Qualitätsprüfung wie folgt:

> *Abs 1: Im Rahmen der externen Qualitätsprüfungen sind alle gesetzten Qualitätssicherungsmaßnahmen, welche im Zusammenhang mit der Durchführung von Abschlussprüfungen stehen, zu prüfen.*
>
> *Abs 2: Die Prüfung der Qualitätssicherungsmaßnahmen hat jedenfalls zu umfassen*
>
> 1. *die Qualität der in § 2 Abs 2 aufgezählten Maßnahmen,*
> 2. *die Qualität des internen Qualitätskontrollsystems,*
> 3. *die Qualität der Maßnahmen, die der Einhaltung der allgemein anerkannten Prüfungsstandards, der Berufsgrundsätze und der Standesregeln dienen, und*
> 4. *die Qualität der Berichte und der Berichtserstattung über die Abschlussprüfungen.*

Gem § 3 Abs 3 A-QSG haben die externen Qualitätsprüfungen mittels Einschau durch Qualitätsprüfer zu erfolgen.

Gem § 10 Abs 1 A-QSG dürfen externe Qualitätsprüfungen nur von eingetragenen Qualitätsprüfern durchgeführt werden. Voraussetzung für die Anerkennung einer natürlichen Person als Qualitätsprüfer sind gem § 10 Abs 2 A-QSG

1. *eine mindestens fünfjährige, hauptsächlich die Durchführung von mehreren Abschlussprüfungen pro Jahr umfassende Praxis als Wirtschaftsprüfer, Buchprüfer, eingetragener Revisor oder Prüfer des Sparkassen-Prüfungsverbandes.*
2. *spezielle Schulungen oder einschlägige Erfahrungen auf dem Gebiet der Qualitätssicherung und*
3. *das Nichtvorliegen von rechtskräftig verhängten Disziplinarstrafen, deren zugrundeliegendes Berufsvergehen die Eignung als Qualitätsprüfer ausschließt.*

§ 10 Abs 3 A-QSG regelt die Anerkennung einer Prüfungsgesellschaft als Qualitätsprüfer und § 11 Abs 1 A-QSG den Fall, dass eine Prüfungsgesellschaft mit einer externen Qualitätsprüfung beauftragt wird.

§ 5 A-QSG regelt die **Bestellung des Qualitätsprüfers.** Der zu überprüfende Abschlussprüfer oder die zu überprüfende Prüfungsgesellschaft schlägt dem **Arbeitsausschuss für externe Qualitätsprüfungen** drei Qualitätsprüfer für die Durchführung der Prüfung vor. Der Arbeitsausschuss bestellt unter Beachtung der weiteren in § 5 A-QSG geregelten Voraussetzungen unverzüglich einen **externen Qualitätsprüfer**, wobei des Weiteren die Regelungen des § 6 A-QSG über die Unabhängigkeit des Qualitätsprüfers und über die Honorierung (§ 7 A-QSG) zu beachten sind.

Jede erfolgte Bestellung ist der **Qualitätskontrollbehörde** mitzuteilen (§ 5 Abs 3 A-QSG). Weitergehende Rechte der Qualitätskontrollbehörde sind aus § 5 Abs 3 und 5 A-QSG ersichtlich.

Über die erfolgte externe Qualitätsprüfung ist ein schriftlicher Prüfungsbericht mit folgendem Inhalt zu verfassen (§ 13 Abs 1 A-QSG):

1. *Gegenstand, Art und Umfang der Prüfung,*
2. *Feststellungen betreffend die externe Qualitätsprüfung,*
3. *abschließende Beurteilung und*
4. *eine gesonderte Anmerkung für den Fall, dass der Qualitätsprüfer bei der Durchführung der externen Qualitätsprüfung Kenntnis über die mögliche Verwirklichung eines Tatbestandes gem § 18a Abs 1 (Verstöße, die Voraussetzung für den Entzug der Bescheinigung sind) durch den Abschlussprüfer erlangt hat.*

Der Inhalt der „**abschließenden Beurteilung**" ist in § 13 Abs 2–5 A-QSG geregelt.

Im Falle eines uneingeschränkt positiven Ergebnisses der Qualitätsprüfung lautet die abschließende Beurteilung wie folgt: „Die Qualitätsprüfungsmaßnahmen des der externen Qualitätsprüfung unterzogenen Prüfungsbetriebes sind angemessen“ (§ 13 Abs 2 A-QSG).

Der Prüfungsbericht ist unverzüglich an den Arbeitsausschuss für externe Qualitätsprüfungen zu übermitteln. Gem § 14 hat der Arbeitsausschuss für externe Qualitätsprüfungen die bei ihm einlangenden schriftlichen Prüfungsberichte innerhalb einer Frist von sechs Wochen nach Einlangen auszuwerten und über die Erteilung oder Versagung einer Bescheinigung hinsichtlich der Teilnahme an der externen Qualitätsprüfung nach Maßgabe der §§ 15–17 A-QSG zu entscheiden.

Gem § 15 A-QSG hat der Arbeitsausschuss für externe Qualitätsprüfungen nach Auswertung des schriftlichen Prüfungsberichtes die **erfolgreiche Teilnahme** an der externen Qualitätsprüfung **zu bescheinigen**, wenn

Abs 1:

1. a) keine oder nur unwesentliche Mängel durch den Qualitätsprüfer festgestellt wurden, die zu einer abschließenden Beurteilung gemäß § 13 Abs 2 geführt haben oder

b) wesentliche Mängel der Qualitätssicherungsmaßnahmen durch den Qualitätsprüfer festgestellt wurden, die zu Einschränkungen der abschließenden Beurteilung gem § 13 Abs 3 geführt haben, und

2. a) bei der Durchführung der externen Qualitätsprüfung nicht schwerwiegend gegen die Bestimmungen dieses Bundesgesetzes und der Qualitätssicherungsrichtlinie verstoßen wurde oder

b) tatsächlich keine wesentlichen Mängel der Qualitätssicherung vorliegen, die insgesamt zu einer schwerwiegenden Beeinträchtigung einer ordnungsgemäßen Berufsausübung führen.

Die Bescheinigung ist bis zu dem Zeitpunkt, zu dem die nächste externe Qualitätsprüfung durchzuführen ist, zu befristen. Der Zeitpunkt der nächsten externen Qualitätsprüfung ist in der Bescheinigung anzugeben (§ 15 Abs 2 A-QSG).

Des Weiteren enthält das Gesetz Vorschriften über das Versagen der Bescheinigung (§ 17 A-QSG), den Widerruf der Bescheinigung (§ 18 A-QSG), den Entzug (§ 18a A-QSG) und das Erlöschen (§ 18b A-QSG) der Bescheinigung.

9.413 Die Behörden der externen Qualitätssicherung

Im ersten Hauptstück, 3. Abschnitt: „Behörden und öffentliche Aufsicht“ werden als Behörden genannt:

1. der **Arbeitsausschuss für externe Qualitätsprüfungen** und
2. die **Qualitätskontrollbehörde** als Berufungsbehörde (ausgenommen das Verwaltungsstrafverfahren)

Gem § 18c Abs 2 A-QSG obliegt die öffentliche Aufsicht über das Qualitätssicherungssystem in letzter Instanz der Qualitätskontrollbehörde.

9.413.1 Arbeitsausschuss für externe Qualitätsprüfungen

Gem § 19 Abs 1 A-QSG ist zur Durchführung des Qualitätssicherungssystems ein Arbeitsausschuss für externe Qualitätsprüfungen einzurichten.

Der Arbeitsausschuss für externe Qualitätsprüfungen besteht aus sieben Mitgliedern. Vier davon sind Mitglieder der Kammer der Wirtschaftstreuhänder, drei sind Mitglieder der Vereinigung Österreichischer Revisionsverbände bzw des Sparkassenprüfungsverbandes. Letztere werden deshalb in den Arbeitsausschuss einbezogen, weil sich die Qualitätskontrolle auch auf die Arbeit der Revisionsverbände und des Sparkassenprüfungsverbandes bezieht.

Gem § 19 Abs 6 A-QSG hat der Arbeitsausschuss

- *alle Angelegenheiten und Aufgaben der Vollziehung des Qualitätssicherungsgesetzes wahrzunehmen (siehe auch die Ausführungen im vorhergehenden Abschnitt),*
- *einen jährlichen Tätigkeitsbericht über die Ergebnisse der externen Qualitätsprüfungen zu erstellen und der Qualitätskontrollbehörde vorzulegen,*
- *Prüfungen im Auftrag der Qualitätskontrollbehörde zu beaufsichtigen.*

9.413.2 Qualitätskontrollbehörde

Die Qualitätskontrollbehörde ist beim Bundesministerium für Wirtschaft, Familie und Jugend einzurichten. Diese Behörde besteht aus sechs Mitgliedern und deren Ersatzmitgliedern, die vom Bundesminister nach öffentlicher Ausschreibung für die Dauer von sechs Jahren zu bestellen sind (§ 20 Abs 3 A-QSG).

Gem § 20 Abs 2 A-QSG

dürfen die Mitglieder der Qualitätskontrollbehörde nicht Mitglieder der Kammer der Wirtschaftstreuhänder oder eingetragene Revisoren oder Revisoren des Sparkassenprüfungsverbandes sein. Mitglieder der Qualitätskontrollbehörde müssen insbesondere in den Bereichen Rechnungslegung, Finanzwesen, Wissenschaft oder Rechtsprechung tätig sein oder tätig gewesen sein und müssen über entsprechende Kenntnisse in den für die Ausübung der Tätigkeit der Abschlussprüfung relevanten Bereichen verfügen.

Die Qualitätskontrollbehörde hat die in § 20 Abs 6 A-QSG angeführten Aufgaben wahrzunehmen (18 Punkte).

Dazu gehören unter anderem

13 ...
14. Überwachung der Angemessenheit und der Funktionsfähigkeit des Qualitätssicherungssystems,
15. Abgabe von Empfehlungen betreffend die Fortentwicklung und die Verbesserung des Qualitätssicherungssystems und der Ausgestaltung der Qualitätssicherungsrichtlinie gemäß § 22,
16. Erstellung eines jährlichen öffentlichen Berichtes, wobei die Gesamtergebnisse des externen Qualitätssicherungssystems gemäß §§ 2 bis 18a und der Sonderuntersuchungen gemäß § 20 Abs 7 bis zum 31. März des Folgejahres im Internet auf der Webseite der Qualitätskontrollbehörde zu veröffentlichen sind
17. Führung des öffentlichen Registers
18. zuständige Stelle für die ***europäische und internationale Zusammenarbeit*** *in Angelegenheiten der externen Qualitätsprüfung, der öffentlichen Aufsicht und der Sonderuntersuchungen bei Abschlussprüfungen im Sinne dieses Bundesgesetzes bei Abschlussprüfungen*
19. ...

Gem § 20 Abs 7 ist die Qualitätskontrollbehörde berechtigt,

1. *in jeder Lage einer externen Qualitätsprüfung Auskünfte über den Stand des Verfahrens vom Qualitätsprüfer und vom Arbeitsausschuss für externe Qualitätsprüfungen einzuholen,*
2. *geeignete Maßnahmen zur Sicherung der Angemessenheit und Funktionsfähigkeit des Qualitätssicherungssystem zu setzen,*
3. *die Durchführung der externen Qualitätsprüfung an sich zu ziehen und*
4. *Sonderuntersuchungen durchzuführen.*

Die Qualitätskontrollbehörde untersteht der Aufsicht des Bundesministers für Wirtschaft, Familie und Jugend. Gem § 22 Abs 1 A-QSG hat der zuständige Bundesminister durch Verordnung eine Richtlinie über Qualitätssicherungsmaßnahmen und externe Qualitätsprüfungen zu erlassen.

Gem § 23 Abs 1 A-QSG hat die Qualitätskontrollbehörde ein **öffentliches Register** aller Wirtschafsprüfer und Prüfungsgesellschaften, die über eine aufrechte Bescheinigung gem § 15 einschließlich einer gem § 2 Abs 4 zustande gekommenen verfügen und somit als zugelassene Abschlussprüfer und zugelassene Prüfungsgesellschaften gelten, zu führen. Detaillierte Vorschriften enthalten die Absätze 2–7.

§ 24 A-QSG enthält Vorschriften für die Veröffentlichung eines **Transparenzberichtes.**

9.5 International Standards on Auditing – Internationale Prüfungsstandards – ISAs

9.51 Allgemeines

9.511 IFAC – IAASB – PIOB

Die ISAs werden von einem Ausschuss der **IFAC (International Federation of Accountants)**, dem **International Auditing and Assurance Standards Board (IAASB)**, ausgearbeitet.

Die **IFAC** ist eine internationale Vereinigung von „Accountants", deren Mitglieder Berufsorganisationen der wirtschaftsprüfenden Berufe und sonstigen „Accounting Professions" sind. Österreich ist durch zwei Organisationen – die Kammer der Wirtschaftstreuhänder und das Institut der österreichischen Wirtschaftsprüfer – vertreten. Aus diesem Grund wird schon in KFS/PG1 Abschn 4 aF darauf hingewiesen, dass bei der Prüfung auch die Ausarbeitungen ausländischer Berufsorganisationen, insbesondere die Stellungnahme der IFAC, zu beachten sind.

Nach der Definition der internationalen Prüfungsgrundsätze in Artikel 2 der Abschlussprüfungrichtlinie umfassen diese außer den **International Standards on Auditing (ISA)** auch damit zusammenhängende Verlautbarungen und Grundsätze, soweit sie für die Pflichtprüfung relevant sind (related Statements and Standards, in so far as relevant to the statutory audit). Dies betrifft zB die **International Auditing Practice Statements** (IAPS), die dem Prüfer praktische Hinweise für die Anwendung der IAS geben sollen.

Die weiteren Ausarbeitungen des IAASB werden in diesem Zusammenhang nicht behandelt, da sie nicht die Pflichtprüfung der Jahresabschlüsse betreffen.

Zur Sicherung des öffentlichen Interesses und zur Stärkung des Vertrauens in die Abschlussprüfung und damit in die Finanzberichterstattung der Unternehmen wurde nach den im November 2003 gebilligten Reformen der IFAC-Satzungen ein **Public Interest Oversight Board (PIOB)** errichtet, der sich aus Delegierten folgender Organisationen zusammensetzt:

- International Organization of Securities Commissions,
- Basel Committee of Banking Supervision,
- International Association of Insurance Supervisors,
- The World Bank,
- The Financial Stability Forum.

Außer dem **IAASB** unterliegen noch das **Ethics Committee** und das **Education Committee** der IFAC der öffentlichen Aufsicht durch den PIOB.

Im Rahmen des sogenannten **Clarity Projects** hat **IAASB** eine Überarbeitung der ISAs durchgeführt; Ziel dieser Umarbeitung war die Herstellung einer besseren Verständlichkeit und Eindeutigkeit der Prüfungsstandards. Diese Arbeit wurde bis Ende 2008 abgeschlossen und die überarbeiteten Standards wurden im April 2009 veröffentlicht (Handbook of International Standards on Auditing and Quality Control, 2009 Edition). Nach dem IFAC-Handbuch sollen diese Standards auf Prüfungen angewandt werden, die sich auf Geschäftsjahre beziehen, die nach dem 15. Dezember 2009 beginnen. Für die verpflichtende Anwendung in der EU ist allerdings das in der Abschlussprüfungsrichtlinie vorgesehenen Übernahmeverfahren erforderlich.

Als Vorbereitung für die geplante Übernahme durch die EU-Mitgliedstaaten wurden von der EU-Kommission Übersetzungen der ISAs in die Amtssprachen der EU veranlasst. Die deutsche Übersetzung wurde unter Federführung des IDW in Kooperation mit dem Institut Österreichischer Wirtschaftsprüfer und der Schweizer Treuhandkammer angefertigt, von der IFAC und der EU-Kommission genehmigt und Mitte 2011 veröffentlicht (Textausgabe Englisch-Deutsch).

9.512 Der Aufbau der Standards nach dem Clarity Project

ISA 200 Tz A 58–A 60 beschreibt den Inhalt der ISAs wie folgt:

A 58. Neben **Zielen** und **Anforderungen** (Anforderungen werden in den ISA als Verpflichtung ausgedrückt) enthält ein ISA damit zusammenhängende **erläuternde Hinweise** in Form von Anwendungshinweisen und sonstigen Erläuterungen. Darüber hinaus kann er **einleitende Hinweise** zum Kontext, die für das richtige Verständnis der ISA relevant sind, und **Definitionen** enthalten. Daher ist der gesamte Text eines ISA relevant für das Verständnis der in einem ISA genannten Ziele und für die richtige Anwendung der Anforderungen eines ISA.

A 59. Soweit erforderlich liefern die Anwendungshinweise und sonstigen Erläuterungen eine weiterführende Erläuterung der Anforderungen eines ISA und Hinweise zu deren Ausführung. Insbesondere können sie

- genauer erläutern, was eine Anforderung bedeutet oder abdecken soll;
- Beispiele für Prüfungshandlungen enthalten, die unter den gegebenen Umständen geeignet sein können.

Obwohl solche erläuternden Hinweise an sich keine Anforderung auferlegen, sind sie für die richtige Anwendung der Anforderungen eines ISA relevant. Die Anwendungshinweise und sonstigen Erläuterungen können auch Hintergrundinformationen zu Sachverhalten geben, die in einem ISA angesprochen werden.

A 60. Anlagen bilden einen Teil der Anwendungshinweise und sonstigen Erläuterungen. Ziel und Anwendungszweck einer Anlage werden im Haupttext des dazugehörigen ISA oder im Titel und in der Einleitung der Anlage selbst erläutert.

Daraus ergibt sich folgender Aufbau der einzelnen ISAs:

- Einleitung – Anwendungsbereich (gegebenenfalls ergänzt um Erläuterungen dazu je nach Inhalt des jeweiligen ISA), Anwendungszeitpunkt
- Ziel
- Definition
- Anforderungen
- Anwendungshinweise und sonstige Erläuterungen (beziehen sich auf die einzelnen Anforderungen des jeweiligen ISA – eventuell Anlagen zu den Anwendungshinweisen

Die Anwendungshinweise enthalten, soweit erforderlich, „spezifische Überlegungen zu kleineren Einheiten" und zu Prüfungen im Bereich des öffentlichen Sektors.

9.513 Gliederung der ISAs nach dem Clarity Project

200 -299	Allgemeine Grundsätze und Verantwortlichkeiten
300 – 499	Risikobeurteilung und Reaktion auf beurteilte Risiken
500 -599	**Prüfungsnachweise**
600 – 699	**Verwertung der Arbeit Anderer**
700 – 799	**Schlussfolgerungen der Abschlußprüfung und Erteilung des Vermerks**

Ein vollständiges Verzeichnis der ISAs ist in der Anlage 2 enthalten.

Es erscheint zweifelhaft, ob die ISAs in ihrer gegenwärtigen Form für eine Übernahme durch die EU-Kommission mit dem Ziel, sie zu einem Bestandteil des EU-Rechtes zu machen, geeignet sind.

9.52 Der risikoorientierte Prüfungsansatz im Kontext mit den ISAs

Das gegenwärtig im Vordergrund stehende **Risikomodell der Abschlussprüfung** bzw der **risikoorientierte Prüfungsansatz** beruhen auf dem Grundgedanken, dass die Planung und Durchführung der Abschlussprüfung auf einer Analyse des mit der Abschlussprüfung verbundenen Prüfungsrisikos aufgebaut sein muss.

Dieser Ausgangspunkt ist in verhältnismäßig wenigen vor einiger Zeit grundlegend überarbeiteten Standards niedergelegt, welche ihrerseits der Ausgangspunkt für eine Reihe weiterer Standards (ISA) darstellen, die diesen Grundgedanken auf bestimmte Prüfungsbereiche (zB Posten der Bilanz und Gewinn- und Verlustrechnung, besondere Probleme wie zB Fragen der Erstprüfung und Beurteilung des Fortbestandes des Unternehmens usw) ausdehnen.

Diese Basisstandards, „new audit risk standards“ (siehe IFAC Handbook of International Auditing… Pronouncements 2004), die in den folgenden Abschnitten ausführlicher dargestellt werden, sind folgende:

ISA 200: Übergreifende Zielsetzungen des unabhängigen Prüfers und Grundsätze einer Prüfung in Übereinstimmung mit den Internationalen Prüfungsstandards (Overall Objectives of the Independent Auditor and the Conduct of an Audit in Accordance with International Standards on Auditing).

ISA 315: Identifizierung und Beurteilung der Risiken wesentlicher falscher Darstellungen aus dem Verstehen der Einheit und ihres Umfeldes (Identifying and Assessing the risks of material misstatement through understanding the entity and it's environment).

Dieser Standard geht davon aus, dass sich der Abschlussprüfer gründliche Kenntnisse des zu prüfenden Unternehmens verschaffen muss und aufgrund dieser Kenntnisse das **Risiko wesentlicher Fehler** (Risk of material misstatement) einzuschätzen hat.

ISA 330: Die Reaktionen des Abschlussprüfers auf beurteilte Risiken (The Auditors responses to assessed risks). **ISA 330** beschäftigt sich damit, wie der Abschlussprüfer auf Basis seiner Risikoeinschätzung die Prüfung im Einzelnen plant und durchführt, um das Prüfungsrisiko möglichst niedrig zu halten.

ISA 500: Prüfungsnachweise (Audit evidence). **ISA 500** beschäftigt sich mit dem Instrumentarium, das dem Abschlussprüfer bei der Planung und Durchführung der Prüfung zur Verfügung steht.

9.53 ISA 200 – Übergreifende Zielsetzungen des unabhängigen Prüfers und Grundsätze einer Prüfung in Übereinstimmung mit den Internationalen Prüfungsstandards

9.531 Ziel der Prüfung („übergreifende Zielsetzung“ Tz 11 und 12)

Bei der Durchführung einer Abschlussprüfung bestehen die übergreifenden Zielsetzungen des Abschlussprüfers darin,

11 a) hinreichende Sicherheit darüber zu erlangen, ***ob der Abschluss als Ganzes frei von einer wesentlichen*** *– beabsichtigten oder unbeabsichtigten –* ***falschen Darstellung*** *ist, so dass der Abschlussprüfer in der Lage ist, ein Prüfungsurteil darüber abzugeben, ob der Abschluss in allen wesentlichen Belangen in Übereinstimmung mit einem maßgebenden Regelwerk der Rechnungslegung aufgestellt wurde, und*

b) in Übereinstimmung mit den Feststellungen des Abschlussprüfers einen Vermerk zum Abschluss zu erteilen und – wie in den ISA gefordert – zu kommunizieren.

> *12 In allen Fällen, in denen keine hinreichende Sicherheit erlangt werden kann und ein* ***eingeschränktes Prüfungsurteil*** *im Vermerk des Abschlussprüfers unter den gegebenen Umständen für die Berichterstattung an die vorgesehenen Nutzer des Abschlusses unzureichend ist, wird in den ISA gefordert, dass der Abschlussprüfer die* ***Abgabe eines Prüfungsurteils*** *verweigert oder das Mandat niederlegt (oder aufgibt), sofern eine Niederlegung nach den einschlägigen Gesetzen oder anderen Rechtsvorschriften zulässig ist.*

Das Prüfungsurteil verbessert wohl **die Glaubwürdigkeit des Abschlusses**, ist aber keine Bestätigung hinsichtlich der zukünftigen Lebensfähigkeit des Unternehmens oder der Wirksamkeit oder Wirtschaftlichkeit der Tätigkeit des Managements.

Der Zweck einer Abschlussprüfung besteht darin, das Maß an Vertrauen der vorgesehenen Nutzer in den Abschluss zu erhöhen. Dies wird dadurch erreicht, dass der Abschlussprüfer ein Prüfungsurteil darüber abgibt, ob der Abschluss in allen wesentlichen Belangen in Übereinstimmung mit einem maßgebenden Regelwerk der Rechnungslegung aufgestellt wurde (Tz 3).

9.532 Sicherheit der Prüfungsaussage und Einschränkungen dazu

Die Prüfung auf Basis der ISAs ist darauf abgestellt, **hinreichende Sicherheit** zu geben, dass der Abschluss insgesamt **frei von wesentlichen Fehlern** ist.

Der Prüfer kann jedoch **keine absolute Sicherheit** erlangen, weil es natürliche Begrenzungen der Abschlussprüfung gibt, die die Fähigkeit des Prüfers zur Entdeckung wesentlicher Fehler beeinträchtigen. Zu diesen Faktoren gehören:

- die **Prüfung** wird in **Stichproben** durchgeführt,
- die natürlichen **Begrenzungen des internen Kontrollsystems**, zB die Möglichkeit der Umgehung durch das Management oder die Umgehung durch das Zusammenwirken mehrerer Personen,
- die Tatsache, dass die meisten Prüfungsnachweise eher überzeugend als absolut beweiskräftig sind.

Auf andere Einschränkungen gehen gesonderte ISAs ein, wie zB zu den Fragen betrügerischer Handlungen und Geschäftsfällen zwischen nahestehenden Personen und Unternehmen (ISA 240, ISA 550).

Infolge dieser Faktoren ist eine Prüfung keine Garantie, dass der Abschluss frei von wesentlichen Mängeln sein muss.

9.533 „Anforderungen" an den Abschlussprüfer und „Definitionen"

9.533.1 Anforderungen an den Abschlussprüfer (Tz 14–24)

Tz 14. **Berufliche Verhaltensanforderungen bei Abschlussprüfungen**

Der Abschlussprüfer muss die bei Aufträgen zur Abschlussprüfung relevanten beruflichen Verhaltensanforderungen, einschließlich derjenigen zur Unabhängigkeit einhalten.

Tz 15. **Kritische Grundhaltung**

Der Abschlussprüfer muss eine Prüfung mit einer kritischen Grundhaltung planen und durchführen im Bewusstsein, dass Umstände bestehen können, die dazu führen, dass der Abschluss wesentliche falsche Darstellungen enthält.

Tz 16. **Pflichtgemäßes Ermessen**

Der Abschlussprüfer muss bei der Planung und Durchführung einer Abschlussprüfung pflichtgemäßes Ermessen ausüben

Tz 17. **Ausreichende geeignete Prüfungsnachweise und Prüfungsrisiko**

Um eine hinreichende Sicherheit zu erreichen, muss der Abschlussprüfer ausreichende geeignete Prüfungsnachweise erlangen, um das Prüfungsrisiko auf ein vertretbares niedriges Maß zu reduzieren und es dem Abschlussprüfer dadurch zu ermöglichen, vertretbare Schlussfolgerungen als Grundlage für das Prüfungsurteil zu ziehen

Tz 18–24. **Grundsätze einer Prüfung in Übereinstimmung mit den ISA**

Tz 21. **Übergreifende Zielsetzung**

Um die übergreifenden Zielsetzungen zu erreichen, muss sich der Abschlussprüfer bei der Planung und Durchführung an den in den relevanten ISA genannten Zielen unter Berücksichtigung der wechselseitigen Beziehungen zwischen den ISA orientieren, um

a) festzustellen, ob bei der Orientierung an den in den ISA genannten Ziele Prüfungshandlungen zusätzlich zu den in den ISA geforderten notwendig sind, und
b) zu beurteilen, ob ausreichende geeignete Prüfungsnachweise erlangt wurden.

Tz 23. **Abweichung von einer relevanten Anforderung**

In Ausnahmefällen kann es der Abschlussprüfer als notwendig erachten, von einer relevanten Anforderung in einem ISA abzuweichen. In solchen Fällen muss der Abschlussprüfer alternative Prüfungshandlungen durchführen, um den Zweck dieser Anforderung zu erreichen.

Weitere Ausführungen dazu sind in den „Anwendungshinweisen und sonstigen Erläuterungen" enthalten.

9.533.2 Definitionen

ISA 200, Tz 13 enthält 15 Definitionen für Begriffe, die in der Aufzählung der Anforderungen (requirements) an den Abschlussprüfer und im Abschnitt „Anwendungshinweise und sonstige Erläuterungen (Application and other Eplanatory Material) verwendet und näher erläutert werden.

1 Kritische Grundhaltung

Eine Einstellung, zu der eine hinterfragende Haltung, eine Aufmerksamkeit für Umstände, die auf mögliche falsche Darstellungen aufgrund von Irrtümern oder dolosen Handlungen hindeuten können, und eine kritische Beurteilung von Prüfungsnachweisen gehören.

2 Falsche Darstellung
Eine Abweichung zwischen dem Betrag, dem Ausweis, der Darstellung oder der Angabe eines im Abschluss abgebildeten Sachverhalts und dem Betrag, dem Ausweis, der Darstellung oder der Angabe, der/die in Übereinstimmung mit dem maßgebenden Regelwerk der Rechnungslegung für den Sachverhalt erforderlich wäre. Falsche Darstellungen können aus Irrtümern oder aus dolosen Handlungen resultieren.

Wenn der Abschlussprüfer ein Urteil darüber abgibt, ob der Abschluss in allen wesentlichen Belangen insgesamt sachgerecht dargestellt ist oder ein den tatsächlichen Verhältnissen entsprechendes Bild vermittelt, umfassen falsche Darstellungen auch solche Angleichungen von Beträgen, Ausweisen, Darstellungen oder Angaben, die nach der Beurteilung des Abschlussprüfers notwendig sind, damit der Abschluss in allen wesentlichen Belangen insgesamt sachgerecht dargestellt ist oder ein den tatsächlichen Verhältnissen entsprechendes Bild vermittelt.

3 Pflichtgemäßes Ermessen
Das Anwenden von relevanter Aus- und Fortbildung, Kenntnis und Erfahrung im Zusammenhang mit Prüfungs-, Rechnungslegungs- und beruflichen Standards, um fundierte Entscheidungen über die Vorgehensweise zu treffen, die unter den Umständen des Prüfungsauftrages angemessen ist.

4 Hinreichende Sicherheit
Im Kontext einer Abschlussprüfung ein hoher, jedoch kein absoluter Grad an Sicherheit.

5 Prüfungsnachweise
Informationen, die vom Abschlussprüfer zur Ableitung der Schlussfolgerungen verwendet werden, auf denen das Prüfungsurteil basiert. Prüfungsnachweise umfassen sowohl Informationen, die in den dem Abschluss zugrundeliegenden Unterlagen der Rechnungslegung enthalten sind, als auch sonstige Informationen. Für die Zwecke der ISA gilt:

a) „Ausreichender Umfang von Prüfungsnachweisen" ist das Maß für die Quantität der Prüfungsnachweise. Die Quantität der benötigten Prüfungsnachweise wird sowohl durch die vom Abschlussprüfer vorgenommene Beurteilung der Risiken wesentlicher falscher Darstellungen als auch durch die Qualität dieser Prüfungsnachweise beeinflusst.

b) „**Eignung von Prüfungsnachweisen**" ist das Maß für die Qualität der Prüfungsnachweise, dh, ihre Relevanz und Verlässlichkeit zur Unterstützung der Schlussfolgerungen auf denen das Prüfungsurteil basiert.

6 **Prüfungsrisiko**
Das Risiko, dass der Abschlussprüfer ein unangemessenes Prüfungsurteil abgibt, wenn der Abschluss wesentliche falsche Darstellungen enthält. Das Prüfungsrisiko ist eine Funktion der Risiken wesentlich falscher Darstellungen und des Entdeckungsrisikos.

7 **Risiko wesentlicher falscher Darstellungen**
Das Risiko, dass der Abschluss vor der Abschlussprüfung wesentlich falsche Darstellungen enthält. Dieses Risiko besteht aus zwei Komponenten, die auf Aussageebene folgendermaßen umschrieben sind

a) **Inhärentes Risiko**
Die Anfälligkeit einer Aussage über eine Art von Geschäftsvorfällen, Kontensalden oder Abschlussangaben für eine falsche Darstellung, die entweder einzeln oder in der Summe mit anderen falschen Darstellungen wesentlich sein könnte, vor Berücksichtigung von damit zusammenhängenden Kontrollen.

b) **Kontrollrisiko**
Das Risiko, dass eine falsche Darstellung, die bei einer Aussage über eine Art von Geschäftsvorfällen, Kontensalden oder Abschlussangaben auftreten könnte und die entweder einzeln oder in der Summe mit anderen falschen Darstellungen wesentlich sein könnte, vom IKS der Einheit nicht verhindert oder rechtzeitig aufgedeckt und korrigiert wird.

8 **Entdeckungsrisiko**
Das Risiko, dass eine falsche Darstellung, die entweder einzeln oder in Summe mit andern falschen Darstellungen wesentlich sein könnte, nicht durch die Handlungen aufgedeckt wird, die der Abschlussprüfer durchführt, um das Prüfungsrisiko auf ein vertretbar niedriges Maß zu reduzieren.

9.54 Der Zentralbegriff des Prüfungsrisikos

Vgl auch die Ausführungen zu ISA 200 im vorhergehenden Abschnitt.

Der Prüfer holt Prüfungsnachweise ein und beurteilt deren Aussagefähigkeit, um mit **hinreichender Sicherheit** beurteilen zu können, ob der Abschluss dem **„true and fair view“** entspricht. **Das Konzept der hinreichenden Sicherheit anerkennt, dass ein Risiko besteht, dass das Prüfungsurteil unzutreffend ist**. Das Risiko, dass der Prüfer ein unzutreffendes Prüfungsurteil abgibt, wenn der Abschluss wesentliche Fehler enthält, wird als **Prüfungsrisiko** (audit risk) bezeichnet. Die Aufgabe des Prüfers besteht darin, die Prüfung so zu planen und durchzuführen, dass das Prüfungsrisiko auf ein akzeptables niedriges Niveau gesenkt wird.

Das Prüfungsrisiko insgesamt ist eine Funktion des **„Risikos wesentlicher Fehler“ (risk of material misstatement)**, dh des Risikos, dass der Abschluss vor der Vorlage an den Prüfer unrichtig ist, und des Risikos, dass der Prüfer solche wesentlichen Fehler nicht entdeckt (**Entdeckungsrisiko, detection risk**).

Der Prüfer hat zuerst das „Risiko wesentlicher Fehler“ einzuschätzen und danach zu trachten, das Prüfungsrisiko durch weitere Prüfungshandlungen zu begrenzen. Die entsprechenden Vorgangsweisen sind in ISA 315 und 330 geregelt.

Das **„Risiko wesentlicher Fehler“** ist vom Prüfer auf zwei Ebenen einzuschätzen:

- auf der **Ebene des Gesamtabschlusses** (Risiken, die sich auf den gesamten Jahresabschluss erstrecken und vielfach mit dem Kontrollumfeld des Unternehmens zusammenhängen – financial statement level),
- auf der Ebene von **Aussagen über einzelne Posten** des Jahresabschlusses (assertion level).

Das Risiko wesentlicher Fehler auf der Ebene des Abschlusses bezieht sich auf Risiken, die sich übergreifend auf den Jahresabschluss insgesamt erstrecken und potenziell viele Aussagen betreffen. Risiken dieser Art hängen oft mit dem Kontrollumfeld des Unternehmens zusammen; dieses **„overall risk“** stellt Umstände dar, die das Risiko vergrößern, dass wesentliche Fehler in einer Reihe von Posten enthalten sind, zB indem das Management interne Kontrollmaßnahmen außer Kraft setzt. Solche Risiken können besonders relevant im Zusammenhang mit dem **Risiko möglicher Fehler aufgrund betrügerischer Handlungen** (risk of fraud) sein (siehe ISA 240).

Das „Risiko wesentlicher Fehler“ auf der Ebene von Geschäftsfällen, Kontensalden und Offenlegungen (**class of transactions, account balances and disclosures**) ist für den Prüfer die Basis bei der Festlegung von Art, Zeitpunkt und Umfang weiterer Prüfungshandlungen von „Aussagen“ zu Einzelposten (assertion level).

Das Risiko wesentlicher Fehler auf der Ebene einzelner Posten des Jahresabschlusses besteht aus zwei Komponenten:

- dem **inherent risk** als Anfälligkeit einer Jahresabschlussaussage für einen Fehler, ohne diesbezügliche interne Kontrollen zu beachten (zB komplizierte und damit fehleranfällige Berechnungen, Posten des Jahresabschlusses, die von Schätzungen abgeleitet sind oder einem wesentlichen Bewertungsspielraum unterliegen, Geschäftsrisiken des Unternehmens, wie zB technische Entwicklung, aber auch Faktoren, die sich nicht auf einzelne Aussagen beziehen, sondern auf eine Reihe von Abschlussposten, wie zB die wirtschaftliche Situation des Unternehmens)

- dem **Kontrollrisiko (control risk)** als Risiko, dass ein möglicher wesentlicher Fehler durch das interne Kontrollsystem nicht verhindert, bzw entdeckt und richtiggestellt wird. Infolge der natürlichen Begrenzungen des internen Kontrollsystems ist das Kontrollrisiko nicht zur Gänze auszuschalten.

Diese beiden Risiken, die entgegen der früheren Handhabung nunmehr zu einer „kombinierten" Einschätzung des Risikos wesentlicher Fehler (Risk of material misstatement) zusammengefasst werden, sind **Risiken des Unternehmens**, die unabhängig von der Prüfung des Jahresabschlusses bestehen.

Das **Entdeckungsrisiko** (detection risk) ist das Risiko, dass der Abschlussprüfer einen wesentlichen Fehler oder mehrere Fehler, die zusammen wesentlich sind, nicht entdeckt. Das Prüfungsrisiko ist eine **Funktion der Wirksamkeit der Prüfungshandlungen** und ihrer Anwendung durch den Prüfer.

Da die Prüfung in der Regel in Stichproben durchgeführt wird, kann das Entdeckungsrisiko nicht auf Null reduziert werden. Auch andere Faktoren können dazu führen, wie zB die Anwendung einer ungeeigneten Prüfungshandlung und die Fehlinterpretation von Prüfungsergebnissen; diese Faktoren können allerdings durch entsprechende Maßnahmen des Prüfers beeinflusst werden (gute Planung, Verwendung von Personal höherer Qualität, verstärkte Anwendung von „professional skepticism", bessere Überwachung und Durchsicht der durchgeführten Prüfungsarbeiten).

9.55 ISA 315 Identifizierung und Beurteilung der Risiken wesentlicher falscher Darstellungen aus dem Verstehen der Einheit und ihres Umfeldes

9.551 Einleitung

In der Einleitung werden der Anwendungsbereich und das Ziel von ISA 315 wie folgt beschrieben:

> ***Anwendungsbereich:***
>
> *Dieser International Standards on Auditing (315) behandelt die Pflicht des Abschlussprüfers, die Risiken wesentlich falscher Darstellungen im Abschluss aus dem Verstehen der Einheit und ihres Umfeldes einschließlich ihres internen Kontrollsystems (IKS) zu identifizieren und zu beurteilen.*
>
> ***Ziel:***
>
> *Das Ziel des Abschlussprüfers besteht darin, aus dem Verstehen der Einheit und ihres Umfelds einschließlich ihres IKS die Risiken wesentlicher – beabsichtigter oder unbeabsichtigter – falscher Darstellungen auf Abschluss und Aussageebene zu identifizieren und zu beurteilen, um dadurch eine Grundlage für das Planen und Umsetzen von Reaktionen auf die beurteilten Risiken wesentlich falscher Darstellungen zu schaffen.*

Der Definitionsteil enthält folgende Begriffe:

- Ansagen: Im Abschluss explizit oder auf andere Weise enthaltene Erklärungen des Managements
- Geschäftsrisiko
- IKS
- Prüfungshandlungen zur Risikobeurteilung
- Bedeutsames Risiko

Der Abschnitt „**Anforderungen**" nennt folgende vom Abschlussprüfer abzudeckende Bereiche:

- Prüfungshandlungen zur Risikobeurteilung und damit zusammenhängende Tätigkeiten
- Das erforderliche Verständnis von der Einheit und ihrem Umfeld einschließlich ihres IKS
- Identifizierung und Beurteilung der Risiken falscher Darstellungen
- Dokumentation

Die „**Anwendungshinweise**" enthalten in Anlage 1 eine Beschreibung der Komponenten des IKS und als Anlage 2 eine Liste „Umstände und Ereignisse, die auf Risiken wesentlicher falscher Darstellungen hindeuten können".

9.552 Informationen über das zu prüfende Unternehmen

Grundlage für die Beurteilung der Möglichkeit wesentlicher Fehler (risks of material misstatement) sind **Informationen über das zu prüfende Unternehmen**, einschließlich seiner Organisation, deren Bestandteil das **interne Kontrollsystem** ist.

Dieses Verständnis des Unternehmens ist der Bezugsrahmen, innerhalb dessen der Prüfer die Durchführung der Prüfung im Hinblick auf Reduktion seines Entdeckungsrisikos auf ein vertretbares Ausmaß plant.

Zu den Prüfungshandlungen bei der Gewinnung von Informationen über das Unternehmen zur Einschätzung des Prüfungsrisikos gehören **Erkundigungen** bei der Geschäftsleitung und anderen Personen, die Durchführung von **analytischen Prüfungshandlungen, Beobachtung und Einschau** (zu diesen Begriffen siehe die Darstellung von ISA 500).

Die **Beschaffung von Informationen über das Unternehmen und seines Umfeldes** besteht aus folgenden Aspekten:

- **Verhältnisse des Wirtschaftszweiges**, gesetzliche Vorschriften und andere externe Faktoren einschließlich des anzuwendenden Systems der Finanzberichterstattung;

- **Art des Unternehmens** einschließlich der Auswahl und der Anwendung von Rechnungslegungsgrundsätzen,
- **Unternehmensziele und Strategien** und die damit verbundenen **Geschäftsrisiken**, die möglicherweise zu einem wesentlichen Fehler im Jahresabschluss führen können,
- Bewertung und Einschau in die **Leistungsdaten** des Unternehmens,
- das **interne Kontrollsystem**.

9.553 Das interne Kontrollsystem

Der Prüfer verwendet sein Verständnis des internen Kontrollsystems, um Arten möglicher Fehler zu identifizieren, Faktoren zu berücksichtigen, die das Risiko wesentlicher Fehler beeinflussen, und um die **Art, den Zeitpunkt und den Umfang (nature, timing and extent)** weiterer Prüfungshandlungen zu konzipieren.

Begriff des internen Kontrollsystems

„Interne Kontrolle ist der von dem mit der Unternehmensleitung und -überwachung betrauten und anderem Personal entworfene und ausgeübte Prozess, um **hinreichende Sicherheit über das Erreichen der Ziele des Unternehmens** im Hinblick auf die **Zuverlässigkeit der Finanzberichterstattung**, die **Wirksamkeit und Wirtschaftlichkeit der betrieblichen Tätigkeit** und die **Übereinstimmung mit den geltenden Gesetzen** und sonstigen Regelungen **zu erlangen**." Daraus folgt, dass die interne Kontrolle konzipiert und eingeführt wird, um identifizierten Geschäftsrisiken zu begegnen, die die Erreichung der genannten Ziele bedrohen.

Das IKS im Sinne von ISA 315 besteht aus folgenden **Komponenten** (ISA 315, A 51):

a) dem Kontrollumfeld
b) dem Risikobeurteilungsprozess der Einheit
c) dem rechnungslegungsbezogenen Informationssystem einschließlich der damit verbundenen Geschäftsprozesse, sowie die Kommunikation
d) den Kontrollaktivitäten
e) der Überwachung von Kontrollen.

Anhang 1 des ISA 315 enthält eine detaillierte Beschreibung der Komponenten des IKS.

Für die Risikobeurteilung sind nicht alle in der Definition des internen Kontrollsystems angeführten Ziele relevant, sondern im Wesentlichen die Ziele des Unternehmens im Hinblick auf die **Zuverlässigkeit der Finanzberichterstattung** (reliability of financial reporting).

Bei der Beurteilung, ob eine Kontrolle einzeln oder in Kombination mit anderen für die Abschlussprüfung relevant ist, kann der Abschlussprüfer unter anderem berücksichtigen:

- die Wesentlichkeit,
- die Bedeutsamkeit des mit der Kontrolle verbundenen Risikos,
- die Größe der Einheit,
- die Merkmale des Geschäfts der Einheit, einschließlich ihrer Organisation und Eigentümerstruktur,
- Vielfalt und Komplexität der Geschäftstätigkeit,
- maßgebende gesetzliche und andere rechtliche Anforderungen,
- die Umstände und die maßgebenden Komponenten des IKS,
- Art und Komplexität der Systeme, die Teil des IKS der Einheit sind, einschließlich der Nutzung von Dienstleistungsorganisationen,
- die Frage, ob und wie eine bestimmte Kontrolle einzeln oder in Kombination mit anderen dazu geeignet ist, wesentliche falsche Darstellungen zu verhindern oder aufzudecken und zu korrigieren.

Zu berücksichtigen sind die Kontrollen über die **Vollständigkeit und Genauigkeit** der im Rechnungswesen des Unternehmens verarbeiteten Informationen. Kontrollen in Bezug auf die Geschäftsabwicklung (**operations**) und die Einhaltung gesetzlicher Regelungen (**compliance**) können für die Prüfung relevant sein, wenn sie sich auf Daten beziehen, die der Prüfer bei der Anwendung von analytischen Prüfungshandlungen verwendet (zB Bildung von Kennzahlen, die auch nichtfinanzielle Daten verwenden, wie Produktionsstatistiken), weiters Kontrollen, die sich auf die **Aufdeckung von Verstößen gegen Gesetze und sonstige Regelungen** beziehen, wie zB Kontrollen bezüglich der Einhaltung von einkommensteuerlichen Vorschriften. Auch interne Kontrollen zur **Sicherung von Vermögensgegenständen** können im Zusammenhang mit der Finanzberichterstattung stehen.

Bei der Erlangung eines Verständnisses über interne Kontrollen ist zu unterscheiden zwischen der **Beurteilung des Konzeptes (design of control)** einer Kontrolle (ob diese im Stande wäre, wirksam wesentliche Fehler zu verhindern bzw aufzudecken und zu korrigieren) und deren **Umsetzung(implementation)**. Die Umsetzung einer Kontrolle bedeutet, dass diese existiert und dass das Unternehmen sie auch anwendet.

Eine unzureichend konzipierte Kontrolle kann eine **wesentliche Schwäche des internen Kontrollsystems** bedeuten, und der Prüfer hat sich zu überlegen, ob er diesbezüglich das Management bzw. die mit der Überwachung des Managements betrauten Personen zu informieren hat.

Die Erlangung eines Verständnisses der Kontrollmaßnahmen ist jedoch allein nicht ausreichend, die Wirksamkeit der Kontrollen in der tatsächlichen Anwendung (operating effectiveness of controls) zu testen.

In der Aufzählung der Komponenten der internen Kontrolle wird unter c) das **Informationssystem** genannt; dieses **umfasst** nach der Systematik des ISA 315 **auch das Rechnungslegungssystem** des Unternehmens. In den Abschnitten wird ausführlich auf die Bestandteile des Informationssystems eingegangen, die für die Finanzberichterstattung des Unternehmens von Bedeutung sind; insbesondere werden auch die internen Kontrollen im Zusammenhang mit der **Erstellung des Jahresabschlusses** behandelt, auch unter Berücksichtigung des EDV-Einsatzes und der **Anwendung von computerunterstützten Prüfungsverfahren.**

ISA 315 A 81 legt dar, dass das für Rechungslegungsziele relevante Informationssystem, das auch das Buchführungssystem einschließt, aus den Verfahren und Aufzeichnungen besteht, die konzipiert und eingerichtet wurden, um

- Geschäftsvorfälle der Einheit (sowie Ereignisse und Umstände) auszulösen, aufzuzeichnen, zu verarbeiten und drüber zu berichten sowie Rechenschaft über die damit verbundenen Vermögenswerte und Schulden sowie das Eigenkapital ablegen zu können,
- die fehlerhafte Verarbeitung von Geschäftsvorfällen zu beheben, zB mit Hilfe von automatisierten Zwischendateien und Verfahren, nach denen die Posten in Zwischendateien in angemessener Zeit abgearbeitet werden,
- die bewusste Außerkraftsetzung von Systemen oder Umgehung von Kontrollen zu erfassen und dieser Möglichkeit Rechnung zu tragen,
- Informationen aus den Systemen zur Verarbeitung von Geschäftsvorfällen in das Hauptbuch zu übertragen,
- rechnungslegungsbezogene Informationen für Ereignisse und Umstände zu erfassen, die keine Transaktionen sind, zB planmäßige Abschreibungen von Vermögenswerten und Veränderungen in der Einbringlichkeit von Forderungen, sowie
- sicherzustellen, dass die Informationen, die nach dem maßgebenden Regelwerk der Rechnungslegung im Abschluss anzugeben sind, gesammelt, aufgezeichnet, verarbeitet, zusammengefasst und im Abschluss dargestellt werden.

Die oben unter d) genannten **Kontrollaktivitäten sind gemäß ISA 315 A 88** die Regelungen und Maßnahmen, die dazu beitragen, sicherzustellen, dass Anweisungen des Managements ausgeführt werden. Unabhängig davon, ob Kontrollaktivitäten in IT-Systeme oder in manuelle Systeme eingebunden sind, haben sie verschiedene Ziele und werden auf unterschiedlichen organisatorischen und funktionalen Ebenen angewendet. Beispielsweise stehen bestimmte Kontrollaktivitäten im Zusammenhang mit folgenden Aspekten:

- Genehmigung,
- Ergebniskontrollen,
- Informationsverarbeitung,
- physische Kontrollen,
- Funktionstrennung.

Nach A 89 kann das Hauptaugenmerk des Abschlussprüfers auf der Identifizierung und dem Gewinnen eines Verständnisses von Kontrollaktivitäten liegen, die sich auf die Gebiete beziehen, in denen nach seiner Einschätzung die Risiken wesentlicher falscher Darstellungen wahrscheinlich höher sind. Wenn durch mehrfache Kontrollaktivitäten dasselbe Ziel erreicht wird, ist es nicht notwendig, ein Verständnis von jeder einzelnen Kontrollaktivität zu gewinnen, die mit diesem Ziel verbunden ist.

9.554 Beurteilung des Risikos wesentlicher Fehler

Als Ergebnis der Informationsbeschaffung über das Unternehmen unter besonderer Berücksichtigung des internen Kontrollsystems hat der Prüfer die Risiken von wesentlichen Fehlern zu beurteilen und zwar sowohl auf der **Ebene des Jahresabschlusses** insgesamt (financial statement level) als auch auf der Basis **einzelner Posten** des Jahresabschlusses (at the assertion level) in Bezug auf Gruppen von Geschäftsfällen, Kontensalden und Offenlegungen.

Zu diesem Zweck stellt er eine **Verbindung zwischen** den festgestellten **Risiken und potenziellen Fehlern** her, beurteilt, ob die Risiken von einer **Größenordnung** sind, die zu einem erheblichen Fehler des Abschlusses führen könnten, und beurteilt die **Wahrscheinlichkeit**, dass die Risiken zu einem wesentlichen Mangel führen könnten.

Die **Risikoeinschätzung wird** vom Prüfer dazu **verwendet**, um die Art, den Zeitpunkt und den Umfang (nature, timing and extent) weiterer Prüfungshandlungen zu bestimmen. Aus einem **schwachen Kontrollumfeld** können sich Risiken ergeben, die nicht auf bestimmte Posten des Jahresabschlusses begrenzt sind, sondern möglicherweise einen übergreifenden Effekt auf den Jahresabschluss haben und deswegen eine entsprechende Reaktion des Abschlussprüfers erfordern (risk at the financial statement level).

Zu untersuchen ist weiters, ob es sich um Risiken handelt, die besondere Beachtung bei der Prüfung erfordern (**significant risks**).

Gem ISA 315/28 muss der Abschlussprüfer bei der Beurteilung, welche Risiken bedeutsame Risiken sind, mindestens Folgendes berücksichtigen:

a) ob es sich um ein Risiko von dolosen Handlungen handelt;
b) ob das Risiko mit jüngeren bedeutsamen, wirtschaftlichen, rechnungslegungsbezogenen oder anderen Entwicklungen zusammenhängt und deshalb besondere Aufmerksamkeit erfordert;

c) die Komplexität der Geschäftsvorfälle;
d) ob das Risiko bedeutsame Geschäftsvorfälle mit nahe stehenden Personen betrifft;
e) der Grad der Subjektivität der Bewertung der den Risiken zugrundeliegenden finanziellen Informationen, besonders bei solchen Bewertungen, die mit einer großen Bandbreite von Bewertungsunsicherheit verbunden sind;
f) ob das Risiko bedeutsame Geschäftsvorfälle betrifft, die sich außerhalb der gewöhnlichen Geschäftstätigkeit der Einheit ereignen oder in anderer Hinsicht ungewöhnlich erscheinen.

Falls der Abschlussprüfer festgestellt hat, dass ein bedeutsames Risiko vorliegt, muss er ein Verständnis von den für dieses Risiko relevanten Kontrollen der Einheit gewinnen, einschließlich der dazugehörigen Kontorollaktivitäten (Tz 29).

Für solche Risiken hat der Prüfer jedenfalls die Konzeption der diesbezüglichen internen Kontrollen des Unternehmens zu beurteilen und festzustellen, ob sie auch entsprechend umgesetzt wurden. Wenn keine entsprechenden Maßnahmen vorhanden sind und der Prüfer zur Schlussfolgerung kommt, dass dies eine wesentliche **Schwäche des internen Kontrollsystems** darstellt, hat er eine **Berichtspflicht** gegenüber den mit der Überwachung der Geschäftstätigkeit betrauten Personen.

Weiters ist darauf zu achten, ob es Risiken gibt, für welche materielle aussagebezogene Prüfungshandlungen (siehe Abschnitt ISA 500) keine ausreichenden geeigneten Prüfungsnachweise ergeben; dieser Fall kann insbesondere bei **EDV-Einsatz** auftreten.

ISA 315 weist auf die Verpflichtung des Abschlussprüfers hin, **Mitteilungen an Überwachungsorgane oder das Management** zu machen, wenn er bei seiner Prüfungstätigkeit von wesentlichen Mängeln im Konzept oder der Umsetzung interner Kontrollmaßnahmen erfahren hat.

Risiken wesentlich falscher Darstellungen auf Aussageebene:

ISA 315 A 109 Risiken wesentlicher falscher Darstellungen auf Aussageebene bei Arten von Geschäftsvorfällen, Kontensalden sowie Abschlussangaben müssen berücksichtigt werden, da dies dem Abschlussprüfer direkt dabei hilft, Art, zeitliche Einteilung und Umfang weiterer Prüfungshandlungen auf Aussageebene festzulegen, die notwendig sind, um ausreichende geeignete Prüfungsnachweise zu erhalten.

A110 Durch die Erklärungen, dass der Abschluss dem maßgebenden Regelwerk der Rechnungslegung entspricht, trifft das Management implizit oder explizit Aussagen zu Ansatz, Bewertung und Darstellung der verschiedenen Bestandteile des Abschlusses sowie der dazugehörigen Angaben.

A111 Aussagen, die vom Abschlussprüfer verwendet werden, um die möglicherweise auftretenden verschiedenen Arten von eventuellen falschen Darstellungen abzuwägen, fallen in die folgenden drei Kategorien und können in den folgenden Formen vorliegen:

a) **Aussagen zu Arten von Geschäftsvorfällen und Ereignissen für den zu prüfenden Zeitraum**
   aa) **Eintritt** – erfasste Geschäftsvorfälle und Ereignisse haben stattgefunden und sind der Einheit zuzurechnen
   bb) **Vollständigkeit** – alle Geschäftsvorfälle und Ereignisse, die erfasst werden mussten, wurden aufgezeichnet
   cc) **Genauigkeit** – Beträge und andere Daten zu aufgezeichneten Geschäftsvorfällen und Ereignissen wurden angemessen erfasst
   dd) **Periodenabgrenzung** – Geschäftsvorfälle und Ereignisse wurden in der richtigen Berichtsperiode erfasst
   ee) **Kontenzuordnung** – Geschäftsvorfälle und Ereignisse wurden auf den richtigen Konten erfasst

b) **Aussagen zu Kontensalden am Abschlussstichtag**
   aa) **Vorhandensein** – Vermögenswerte und Schulden sowie das Eigenkapital sind vorhanden
   bb) **Rechte und Verpflichtungen** – Die Einheit hält die Rechte an Vermögenswerten bzw hat die Kontrolle darüber, Schulden stellen Verpflichtungen der Einheit dar
   cc) **Vollständigkeit** – Alle Vermögenswerte, Schulden und Eigenkapitalposten, die zu erfassen sind, wurden erfasst
   dd) **Bewertung und Zuordnung** – Vermögenswerte, Schulden und Eigenkapitalpositionen sind mit angemessenen Beträgen im Abschluss enthalten, Anpassungen bei Bewertung oder Zuordnung wurden in angemessener Weise erfasst

c) **Aussagen zur Darstellung im Abschluss und zu den Abschlussangaben**
   aa) **Eintritt sowie Rechte und Verpflichtungen** – Im Abschlussjahr angegebene Ereignisse, Geschäftsvorfälle und andere Sachverhalte haben stattgefunden und sind der Einheit zuzurechnen
   bb) **Vollständigkeit** – Angaben, die im Abschluss enthalten sein müssen, sind enthalten
   cc) **Ausweis und Verständlichkeit** – Finanzinformationen sind in angemessener Weise dargestellt und erläutert, die Angaben sind deutlich formuliert
   dd) **Genauigkeit und Bewertung** – Finanzinformationen und andere Informationen sind angemessen und mit zutreffenden Beträgen angegeben

Im letzten Abschnitt weist ISA 315 den Prüfer auf die **Verpflichtung zur Dokumentation** über seine wesentlichen Tätigkeiten und Feststellungen in Zusammenhang mit den nach ISA 315 vorzunehmenden Verfahren hin.

9.56 ISA 330 Die Reaktionen des Abschlussprüfers auf beurteilte Risiken

9.561 Allgemeines

In der Einleitung werden der Anwendungsbereich und das Ziel von ISA 330 wie folgt beschrieben:

Anwendungsbereich

Dieser internationale Standard on Auditing behandelt die Pflicht des Abschlussprüfers, Vorgehen angesichts des Risikos wesentlicher falscher Darstellungen zu planen und umzusetzen, die der Abschlussprüfer in Übereinstimmung mit ISA 315 im Rahmen der Abschlussprüfung identifiziert und beurteilt hat.

Ziel

Das Ziel des Abschlussprüfers besteht darin, ausreichende geeignete Prüfungsnachweise zu den beurteilten Risiken wesentlicher falscher Darstellungen zu erhalten, indem der Abschlussprüfer ein angemessenes Vorgehen auf diese Risiken plant und umsetzt.

Anforderungen

Der Abschnitt **„Anforderungen"** nennt folgende vom Abschlussprüfer abzudeckende Bereiche:

- Prüfungshandlungen als Reaktion auf die beurteilten Risiken wesentlicher falscher Darstellungen auf Aussageebene
  - Funktionsprüfungen (Art, Umfang, zeitliche Einteilung, Kontrollen für bedeutsame Risiken, Wirksamkeit von Kontrollen
  - Aussagebezogene Prüfungshandlungen
- Angemessenheit der Darstellung im Abschluss und der Abschlussangaben
- Beurteilung, ob die erlangten Prüfungsnachweise ausreichend und geeignet sind
- Dokumentation

Der **Definitionsteil** enthält folgende Begriffe:

Definitionen

Für die Zwecke der ISA gelten die nachstehenden Begriffsbestimmungen

a) **Aussagebezogene Prüfungshandlung** – Eine Prüfungshandlung, die darauf angelegt ist, wesentliche falsche Darstellungen auf Aussageebende aufzudecken. Zu den aussagebezogenen Prüfungshandlungen gehören aa) **Einzelfallprüfungen** (für Arten von Geschäftsvorfällen, Kontensalden und Abschlussangaben) sowie

bb) **aussagebezogene analytische Prüfungshandlungen**

b) **Funktionsprüfung** – Eine Prüfungshandlung, die darauf angelegt ist, die Wirksamkeit von Kontrollen zur Verhinderung bzw Aufdeckung und Korrektur wesentlicher falscher Darstellungen auf Aussageebene zu beurteilen.

Nach der Einschätzung der Risikenwesentlicher Fehler in Anwendung der Grundsätze von ISA 315 besteht die nächste Aufgabe des Abschlussprüfers darin, Verfahren zu entwickeln, die es ermöglichen, das Prüfungsrisiko auf ein annehmbar niedriges Niveau zu reduzieren.

ISA 330 unterscheidet dabei Maßnahmen zur Abdeckung von Risiken auf der Ebene des Gesamtabschlusses (**at the financial statement level**) und Maßnahmen zur Abdeckung des Risikos auf der Ebene der Aussagen zu einzelnen Posten des Jahresabschlusses (**at the assertion level**). In diesem Zusammenhang wird auch auf **ISA 240** hingewiesen, der sich besonders mit der Berücksichtigung von Risiken wesentlicher Fehler aufgrund betrügerischer Handlungen (**risk of fraud**) beschäftigt.

9.562 Allgemeine Maßnahmen (overall response) zur Berücksichtigung von Risiken wesentlicher Fehler auf der Ebene des Gesamtabschlusses

Zu diesen allgemeinen Maßnahmen können gehören:

- Betonung gegenüber dem Prüfungsteam, dass „professional skepticism“ bei der Sammlung und Beurteilung von Prüfungsnachweisen besonders zu beachten ist,
- Einsatz von Personal mit größerer Erfahrung bzw besonderen Fähigkeiten oder die Heranziehung von Experten,
- intensivere Überwachung des eingesetzten Personals,
- bei der Auswahl weiterer Prüfungshandlungen besondere Beachtung des Überraschungsmoments (additional elements of unpredictability),
- Verlagerung des Schwerpunktes der aussagebezogenen (materiellen) Prüfungshandlungen auf das Periodenende anstatt auf Zwischenprüfungen.

Hier spielt wiederum die Einschätzung des Kontrollumfeldes (control environment) eine wichtige Rolle; ein wirksames Kontrollumfeld ermöglicht es dem Prüfer, stärker auf interne Kontrollen und die Zuverlässigkeit intern geschaffener Prüfungsnachweise zu vertrauen.

Solche Überlegungen haben einen wesentlichen Einfluss auf den allgemeinen **Prüfungsansatz (general approach)**, wie zB ob das Schwergewicht auf aussagebezogene (materielle) Prüfungshandlungen gelegt wird (**substantive approach**), oder ein Prüfungsansatz, bei dem auch „tests of controls“ zusätzlich zu den materiellen Prüfungshandlungen herangezogen werden (**combined approach**).

9.563 Prüfungshandlungen zur Abdeckung des Risikos wesentlicher Fehler auf der Ebene einzelner Aussagen des Jahresabschlusses (assertion level)

Die Prüfungshandlungen sollen eine klare Verbindung zwischen der vorgenommenen Risikoeinschätzung und der Art, dem Zeitpunkt und Umfang der Prüfungshandlung herstellen. Bei der Konzipierung solcher Prüfungshandlungen beachtet der Prüfer zB folgende Faktoren:

- die **Bedeutung** des Risikos,
- die **Wahrscheinlichkeit** des Entstehens eines wesentlichen Fehlers,
- die **Charakteristiken** der jeweiligen Art von Geschäftsfällen, Kontensalden oder Offenlegungen,
- die **Art der** vom Unternehmen verwendeten spezifischen **Kontrollen**, insbesondere ob diese manuell oder automatisiert ausgeführt werden,
- ob der Prüfer davon ausgeht, Prüfungsnachweise darüber zu erlangen, ob die vom Unternehmen verwendeten Kontrollen bei der Verhinderung bzw Entdeckung und Richtigstellung von wesentlichen Fehlern als wirksam zu betrachten sind.

Auf Basis seiner Einschätzung der festgestellten Risiken legt der Prüfer den geeigneten Prüfungsansatz fest (stärkere Abstellung auf „tests of controls“ oder „substantive procedures“). Ungeachtet des gewählten Prüfungsansatzes hat der Prüfer aber **jedenfalls** für wesentliche Arten von Geschäftsfällen, Kontensalden und Offenlegungen **auch aussagebezogene (materielle) Prüfungshandlungen** durchzuführen.

9.564 Überlegungen hinsichtlich der Art, des Zeitpunktes und des Umfanges weiterer Prüfungshandlungen

Art

Dies bezieht sich auf den **Zweck** der Prüfungshandlungen (**tests of controls** oder aussagebezogene (**materielle) Prüfungshandlungen**) und den **Typ von Prüfungshandlungen** (siehe die Typen von Prüfungshandlungen in ISA 500 – Prüfungsnachweise, wie zB Einsicht in Aufzeichnungen, Beobachtung, Einholung von Auskünften, Bestätigungen). Die Auswahl der jeweiligen Prüfungshandlungen hängt von der Risikoeinschätzung des Prüfers ab. Je höher die Risikoeinschätzung, desto mehr aussagebezogene (materiell) Prüfungshandlungen wird der Prüfer anwenden.

Zeitpunkt

Dies bezieht sich darauf, ob der Abschlussprüfer „tests of controls" oder aussagebezogene (materielle) Prüfungshandlungen zum Periodenende oder während des Jahres anwendet. Je höher das Risiko wesentlicher Fehler, umso eher wird der Prüfer davon ausgehen, dass es wirksamer ist, materielle Prüfungshandlungen zum oder näher zum Periodenende anzuwenden oder auch Prüfungshandlungen ohne Ankündigung durchzuführen.

Wenn Prüfungshandlungen vor dem Ende der Rechnungsperiode durchgeführt werden, ist zu überlegen, welche zusätzlichen Prüfungsnachweise für die verbleibende Periode erforderlich sind. Allerdings können bestimmte Prüfungshandlungen nur zum oder nach Beendigung der Periode durchgeführt werden, zB die Abstimmung des Abschlusses mit den bücherlichen Aufzeichnungen und Anpassungen, die im Zuge der Erstellung des Jahresabschlusses durchgeführt werden.

Umfang

Dies bezieht sich auf den Umfang von spezifischen Prüfungshandlungen zB die **Stichprobengröße** oder die **Anzahl der Beobachtungen** einer Kontrolltätigkeit. Der Umfang der Prüfungshandlungen wird nach dem prüferischen Urteil des Prüfers festgelegt, unter Beachtung der Wesentlichkeit, der Risikoeinschätzung und des Grades der Sicherheit, welchen der Prüfer erreichen will. Üblicherweise wird der Prüfer den Umfang der Prüfungshandlungen vergrößern, wenn er das Risiko wesentlicher Fehler höher einschätzt.

Gemäß A 43 kann sich der Abschlussprüfer je nach den Umständen dafür entscheiden, dass

- die Durchführung ausschließlich **aussagebezogener Prüfungshandlungen** ausreicht, um das Prüfungsrisiko auf ein vertretbares niedriges Maß reduzieren. Dies ist beispielsweise der Fall, wenn sich die Risikobeurteilung des Abschlussprüfers auf Prüfungsnachweise aus Funktionsprüfungen stützt;
- ausschließlich **Einzelfallprüfungen** geeignet sind;
- eine Kombination von aussagebezogenen analytischen Prüfungshandlungen und Einzelfallprüfungen als Reaktion auf die beurteilten Risiken am besten geeignet ist.

A 44. **Aussagebezogene analytische Prüfungshandlungen** eignen sich im Allgemeinen besser für große Volumina an Geschäftsvorfällen, die im Zeitablauf eher vorhersehbar sind. ISA 520 enthält Anforderungen und erläuternde Hinweise zur Anwendung von analytischen Prüfungshandlungen im Rahmen einer Abschlussprüfung.

ISA 330 geht auf die Verwendung von **computerunterstützten Prüfungshandlungen** ein, die es ermöglichen, umfangreiche Tests von elektronisch abgewickelten Geschäftsfällen durchzuführen, Stichproben aus elektronischen Dateien zu ziehen, Geschäftsfälle mit spezifischen Eigenschaften auszuwählen oder anstatt einer Stichprobe die Grundgesamtheit insgesamt zu prüfen. Fragen der Anwendung von Stichprobenverfahren werden in **ISA 530** „Audit Sampling and other Selective Testing Procedures“ behandelt.

A 19. Wenn auf Grund einer höheren Risikobeurteilung überzeugendere Prüfungnachweise eingeholt werden, kann der Abschlussprüfer entweder die Anzahl der Nachweise erhöhen oder relevantere bzw verlässlichere Nachweise sammeln, indem er zB das Augenmerk mehr darauf richtet, Nachweise von Dritten zu erhalten oder bestätigende Nachweise aus einer Reihe von unabhängigen Quellen einholen.

9.565 Tests of Controls (System- und Funktionstests)

Wenn der Prüfer bei der Risikoeinschätzung von der Erwartung ausgeht, dass die Kontrollen wirksam arbeiten, hat er Funktionstests durchzuführen, um ausreichende geeignete Prüfungsnachweise für das Zutreffen seiner Erwartung zu gewinnen. Hier ist auch die Frage zu beurteilen, ob er Prüfungsnachweise heranziehen kann, die bei vorhergehenden Prüfungen gewonnen wurden. Der Prüfer hat das wirksame Funktionieren solcher Kontrollen mindestens bei jeder dritten Prüfung zu überprüfen.

ISA 330 geht im Einzelnen auf Art, Zeitpunkt und den Umfang von „tests of controls“ ein.

9.566 Substantive Procedures (materielle Prüfungshandlungen, aussagebezogene Prüfungshandlungen)

Diese werden zum Zwecke der Entdeckung wesentlicher Fehler auf der Ebene einzelner Aussagen (assertion level) durchgeführt; sie umfassen **Einzelfallprüfungen** im Hinblick auf Arten von Geschäftsfällen, Kontensalden und Offenlegungen, weiters gehören dazu auch **analytische Prüfungshandlungen**).

Ungeachtet der Risikoeinschätzung auf Basis von „tests of controls“ hat der Prüfer aussagebezogene (materielle) Prüfungshandlungen für jede Gruppe wesentlicher Geschäftsfälle, Kontensalden und Offenlegungen zu konzipieren und durchzuführen; **„tests of controls“ allein** sind in diesen Fällen **nicht ausreichend**.

In Zusammenhang mit der **Erstellung des Jahresabschlusses** (financial statement closing process) hat der Prüfer unter anderem folgende aussagebezogene (materielle) Prüfungshandlungen durchzuführen:

- Vergleich des Jahresabschlusses mit den zugrunde liegenden bücherlichen Aufzeichnungen,
- Untersuchung wesentlicher Umbuchungen und anderer Anpassungen, die während der Erstellung des Jahresabschlusses durchgeführt wurden.

Dabei ist zB darauf zu achten, ob nicht **unzulässige Gewinnrealisierungen** durchgeführt wurden, wenn das Management unter Druck steht, Gewinnerwartungen zu erfüllen (zB durch Verbuchung von Rechnungen vor Versand der Waren).

In Zusammenhang mit der **Art** von aussagebezogenen (materiellen) Prüfungshandlungen geht ISA 330 auch darauf ein, unter welchen Umständen **analytische Prüfungshandlungen** ausreichen, um ausreichende und geeignete Prüfungsnachweise zu schaffen.

In Zusammenhang mit dem **Zeitpunkt** von aussagebezogenen (materiellen) Prüfungshandlungen beschäftigt sich ISA 330 mit der Aussagekraft von Prüfungshandlungen bei **Zwischenprüfungen** (at an interim date) und mit der Frage, welche Vorkehrungen getroffen werden müssen, um die Schlussfolgerungen aus diesen Zwischenprüfungen auf die restliche Jahresabschlussperiode zu übertragen.

Wenn der Prüfer vermutet, dass Risiken betrügerischer Handlungen vorliegen (zB Bilanzfälschungen), ist es nicht zulässig, Schlussfolgerungen aus Zwischenprüfungen auf die ganze Periode auszudehnen; in diesem Fall sind aussagebezogene (materielle) Prüfungshandlungen zum oder nahe dem Ende der Berichtsperiode durchzuführen.

Wenn bei Zwischenprüfungen Fehler festgestellt werden, wird der Prüfer üblicherweise seine Risikoeinschätzung ändern, insbesondere den Umfang der materiellen Prüfungshandlungen für die verbleibende Periode anpassen.

In Zusammenhang mit dem **Umfang** materieller Prüfungshandlungen ergibt sich die Frage der Bestimmung der **Stichprobengröße**; diese wird beeinflusst vom Risiko wesentlicher Fehler. Der Abschlussprüfer wird allerdings untersuchen, ob es **andere** wirksame **Auswahlverfahren** gibt, wie zB die Auswahl großer oder ungewöhnlicher Posten aus einer Grundgesamtheit (im Gegensatz zu statistischen Verfahren) oder durch **Schichtenbildung** (stratification) das Verfahren wirksamer zu machen.

9.567 Angemessenheit der Gliederung und Offenlegung

Hier ist zu beurteilen, ob die Gesamtdarstellung des Abschlusses einschließlich der Offenlegungen in Übereinstimmung mit dem anzuwendenden Rechnungslegungskonzept steht.

9.568 Die Beurteilung des ausreichenden Umfanges und der Eignung der erlangten Prüfungsnachweise

Auf Basis der durchgeführten Prüfungshandlungen und der dadurch erlangten Prüfungsnachweise muss der Prüfer beurteilen, ob die Einschätzung des Risikos wesentlicher Fehler auf der Ebene der Einzelaussagen nach wie vor zutreffend ist. Sollte das nicht der Fall sein, so muss er überlegen, ob zusätzliche Prüfungshandlungen durchzuführen sind. Vor Abschluss der Prüfung hat der Prüfer jedenfalls zu beurteilen, ob das Prüfungsrisiko auf ein akzeptables niedriges Niveau reduziert werden konnte.

ISA 330/A27: Wenn der Abschlussprüfer für eine wesentliche Aussage im Abschluss keinen ausreichenden geeigneten Prüfungsnachweis erlangt hat, muss der Abschlussprüfer versuchen, weitere Prüfungsnachweise zu erhalten. Falls es nicht möglich ist, ausreichende geeignete Prüfungsnachweise zu erhalten, muss der Abschlussprüfer entweder ein eingeschränktes Prüfungsurteil abgeben oder die Nichtabgabe eines Prüfungsurteils erklären.

9.569 Dokumentation

Diese ist in den Tz 28–30 des ISA 330 enthalten.

28. Der Abschlussprüfer hat in die Prüfungsdokumentation aufzunehmen
    a) Die allgemeinen Reaktionen, um den beurteilten Risiken wesentlicher falscher Darstellungen auf Abschlussebene zu begegnen, sowie die Art, zeitliche Einteilung und Umfang der weiteren durchgeführten Prüfungshandlungen,
    b) Die Verbindung zwischen diesen Prüfungshandlungen und den beurteilten Risiken auf Aussageebene sowie
    c) Die Ergebnisse der Prüfungshandlungen einschließlich der Schlussfolgerungen daraus, soweit diese nicht anderweitig klar erkennbar sind.
29. Wenn der Abschlussprüfer plant, bei vorhergehenden Abschlussprüfungen erlangte Prüfungsnachweise über die Wirksamkeit von Kontrollen zu verwenden, sind in die Prüfungsdokumentation die gezogenen Schlussfolgerungen aufzunehmen, die dazu geführt haben, dass der Abschlussprüfer sich auf die betreffenden in einer vorhergehenden Abschlussprüfung geprüften Kontrollen verlässt.
30. Die Dokumentation des Abschlussprüfers muss darlegen, dass der Abschluss mit den zugrunde liegenden Rechnungslegungsunterlagen übereinstimmt oder mit diesem abstimmbar ist.

9.57 ISA 500 – Prüfungsnachweise (audit evidence)

9.571 Allgemeines

In der Einleitung werden der Anwendungsbereich und das Ziel von ISA 500 wie folgt beschrieben:

Tz 3, 1. Dieser ISA erläutert, was einen Prüfungsnachweis bei einer Abschlussprüfung ausmacht, und behandelt die Pflicht des Abschlussprüfers, Prüfungshandlungen so zu planen und durchzuführen, dass ausreichende geeignete Prüfungsnachweise erlangt werden, um begründete Schlussfolgerungen für das Prüfungsurteil ziehen zu können.

Tz 3, 4. Das Ziel des Abschlussprüfers besteht darin, Prüfungshandlungen so zu planen und durchzuführen, dass es dem Abschlussprüfer möglich ist, ausreichende Prüfungsnachweise zu erlangen, um begründete Schlussfolgerungen als Grundlage für das Prüfungsurteil zu ziehen.

Der **Definitionsteil** erklärt folgende Begriffe

- Unterlagen der Rechnungslegung
- Eignung (von Prüfungsnachweisen)
- Prüfungsnachweise
- Sachverständiger des Managements
- Ausreichender Umfang (von Prüfungsnachweisen).

Der Abschnitt **„Anforderungen“** nennt folgende vom Abschlussprüfer abzudeckende Bereiche:

- **Erlangung ausreichender geeigneter Prüfungsnachweise**
  Bei der Planung und Durchführung der Prüfungshandlungen muss der Abschlussprüfer die Relevanz und Verlässlichkeit der Information berücksichtigen, die als Prüfungsnachweise verwendet werden.
- **Auswahl der zu prüfenden Elemente, um Prüfungsnachweise zu erlangen.**
  Bei der Gestaltung von Funktions- und Einzelfallprüfungen muss der Abschlussprüfer Verfahren zur Auswahl von zu prüfenden Elementen festlegen, die wirksam sind, um den Zweck der Prüfungshandlung zu erreichen.
- **Unstimmigkeit in Prüfungsnachweisen** oder Zweifel an deren Verlässlichkeit.
  Wenn
  a) Prüfungsnachweise aus einer Quelle nicht mit Prüfungsnachweisen aus einer anderen Quelle in Einklang stehen oder
  b) der Abschlussprüfer Zweifel an der Verlässlichkeit der Informationen hat, die als Prüfungsnachweise verwendet wurden, muss der Abschlussprüfer festlegen, wie die Prüfungshandlungen angepasst oder ergänzt werden müssen, um den Sachverhalt zu klären, und die etwaigen Auswirkungen des Sachverhalts auf andere Aspekte der Prüfung abzuwägen.

9.572 Begriff des Prüfungsnachweises

„Audit evidence“ (Prüfungsnachweise, Beweismaterial) sind sämtliche Informationen, die der Prüfer dazu verwendet, um zu den Schlussfolgerungen zu gelangen, auf welchen sein **Prüfungsurteil (audit opinion)** beruht.

Diese Prüfungsnachweise umfassen das gesamte, dem Abschluss zugrunde liegende Rechnungswesen und die dazugehörigen Belege, weiters eine Reihe anderer Informationen, die dem Prüfer als Beweismaterial dienen, wie zB Besprechungsprotokolle, Bestätigungen von dritter Seite, Berichte von Analysten, Vergleichsdaten über Konkurrenzunternehmen, Organisationshandbücher.

Das Prüfungsurteil muss auf **ausreichendem und geeignetem Beweismaterial** (sufficient appropriate audit evidence) aufgebaut sein; die Prüfungsnachweise müssen ihrem Umfang nach ausreichend und hinsichtlich ihrer Qualität geeignet sein, dh hinsichtlich ihrer Relevanz und ihrer Verlässlichkeit als Grundlage für den Nachweis von Geschäftsfällen, Kontensalden, Offenlegungen und damit verbundenen Aussagen bzw dazu geeignet sein, in diesen Bereichen Fehler zu entdecken.

(Mit der Frage der **Eignung** von Prüfungsnachweisen beschäftigen sich eine Reihe von Standards der Gruppe 5, mit der Frage des **Umfanges des Beweismaterials** beschäftigen sich insbesondere der Standard 320 über „Wesentlichkeit" und Standard 530 über Stichprobenverfahren und andere Auswahlverfahren.)

Die **Zuverlässigkeit (reliability) der Prüfungsnachweise** hängt von ihrer Quelle und ihrer Art ab, weiters von den jeweiligen Umständen ihrer Gewinnung. Wenn es auch immer wieder Ausnahmen gibt, so können doch folgende **Verallgemeinerungen** über die Zuverlässigkeit des Beweismaterials gemacht werden:

- Nachweise von unabhängigen Quellen außerhalb des Unternehmens sind zuverlässiger,
- im Unternehmen selbst ausgearbeitete Nachweise sind zuverlässiger, wenn die betreffenden Kontrollmaßnahmen des Unternehmens wirksam sind,
- direkt vom Prüfer eingeholte Nachweise sind zuverlässiger als zB durch die Einholung von Auskünften geschaffene,
- dokumentierte Nachweise (zB schriftlich, elektronisch oder durch ein anderes Medium) sind zuverlässiger als im Nachhinein eingeholte mündliche Darstellungen,
- Nachweise in Form von Originaldokumenten sind zuverlässiger als solche zB durch Fotokopien (Gefahr der Verfälschung von Dokumenten).

9.573 Für welche Bereiche ist die Beschaffung von Prüfungsnachweisen (Beweismaterial) erforderlich?

a) Prüfungsnachweise werden benötigt, um das Unternehmen und seine Umwelt, weiters sein internes Kontrollsystem zu verstehen, als Basis für die Beurteilung des Risikos wesentlicher Fehler (**Risk assessment procedures gemäß ISA 315**).

Risk assessment procedures sind **jedenfalls** erforderlich, um eine zutreffende Einschätzung der Risiken auf der Ebene des Jahresabschlusses insgesamt und auf der Ebene einzelner Aussagen durchzuführen. Für sich allein sind sie allerdings nicht ausreichend, sondern müssen gegebenenfalls durch Funktionsprüfungen (tests of controls) und jedenfalls durch **aussagebezogene Prüfungshandlungen (substantive procedures)** ergänzt werden.

b) **Funktionsprüfungen** sind in zwei Fällen notwendig:

- wenn der Prüfer bei seiner Risikoeinschätzung von einer bestimmten Erwartung bezüglich der Wirksamkeit von Kontrollmaßnahmen ausgeht, muss er entsprechende Tests durchführen, um festzustellen, ob diese Erwartungen auch zutreffen;
- in bestimmten Umständen reichen „substantive procedures" allein nicht aus, um ausreichendes geeignetes Beweismaterial zu schaffen.

Funktionsprüfungen sind Tests, die durchgeführt werden, um Prüfungsnachweise über die Angemessenheit der Gestaltung und effektiven Funktionsweise des Rechnungslegungs- und internen Kontrollsystems zu erlangen.

c) um wesentliche Fehler auf der Ebene einzelner „Aussagen" (assertions) zu entdecken, führt der Prüfer **„aussagebezogene" Prüfungshandlungen** durch.

Hier ist wiederum zwischen **Detailprüfungen** in Bezug auf Arten von Geschäftsfällen, Kontensalden und Offenlegungen (**Einzelfallprüfungen** – tests of details of classes of transactions, account balances and disclosures) und **analytischen Prüfungshandlungen** (analytical procedures) zu unterscheiden.

Bei der Festlegung aussagebezogener Prüfungshandlungen kann der Prüfer wohl auch das Ergebnis seiner Funktionsprüfung berücksichtigen. Die Risikoeinschätzung des Prüfers ist allerdings subjektiver Natur und möglicherweise nicht ausreichend präzise, um alle Risikenwesentlicher Fehler zu identifizieren; weiters gibt es inhärente Beschränkungen der internen Kontrolle, wie zB das Risiko der Umgehung (override) durch das Management, die Möglichkeit menschlicher Fehler und die Auswirkungen von Systemänderungen. Deswegen sind für wesentliche Gruppen von Geschäftsfällen, Kontensalden und Offenlegungen **jedenfalls aussagebezogene Prüfungshandlungen** durchzuführen, um zu ausreichendem geeignetem Beweismaterial zu kommen, auch wenn die Beurteilung der internen Kontrollen noch so positiv ausfällt.

9.574 Prüfungshandlungen zur Erlangung von Prüfungsnachweisen

A 10 Gemäß ISA 315 und ISA 330 werden Prüfungsnachweise, um begründete Schlussfolgerungen als Grundlage des Prüfungsurteils zu ziehen, erlangt aus der Durchführung von

a) Prüfungshandlungen zur Risikobeurteilung und
b) weiteren Prüfungshandlungen, die umfassen
   aa) Funktionsprüfungen, wenn diese nach den ISA erforderlich sind oder wenn der Abschlussprüfer sich hierfür entschieden hat und
   bb) Aussagebezogenen Prüfungshandlungen, die Einzelfallprüfungen und aussagebezogene analytische Prüfungshandlungen umfassen.

A 11 Prüfungshandlungen können je nach dem Kontext, in dem sie vom Abschlussprüfer angewendet werden, als Prüfungshandlung zur Risikobeurteilung oder aussagebezogene Prüfungshandlungen dienen. Bei vorhergehenden Abschlussprüfungen erlangte Prüfungsnachweise können unter bestimmten Umständen geeignete Prüfungsnachweise bieten, wenn der Abschlussprüfer Prüfungshandlungen durchführt, um deren fortdauernde Relevanz festzustellen.

Der Standard nennt folgende Typen von Prüfungshandlungen, deren **Eignung als Beweismaterial** für bestimmte Aussagen jeweils im Einzelfall beurteilt werden muss.

a)[1] Einsicht in die Aufzeichnungen des Rechnungswesens und in Dokumente (Inspection of Records or Documents)

Welches Beweismaterial dadurch geschaffen wird, hängt von der Art und der Quelle der Aufzeichnungen ab und im Falle interner Aufzeichnungen von der Wirksamkeit der Kontrolle über ihre Erstellung.

b)[1] Besichtigung körperlicher Vermögenswerte (Inspection of Tangible Assets)

Beispiele dafür sind die Anwesenheit des Prüfers bei körperlichen Bestandsaufnahmen der Vorräte bzw des Sachanlagevermögens.

[1]a) und b) werden im Standard unter Einsichtnahme/Inaugenscheinnahme zusammengefasst.

c) Beobachtung (Observation)

Diese Prüfungshandlung besteht darin, dass ein Vorgang beobachtet wird, der von anderen Personen durchgeführt wird (zB Beobachtung der Zählung der Vorräte durch das damit beauftragte Personal, Beobachtung der Durchführung von Kontrolltätigkeiten).

d) Externe Bestätigungen (External Confirmations)

Dies ist eine Sonderform der Einholung von Auskünften und besteht darin, dass Informationen über bestimmte Sachverhalte direkt von dritter Seite eingeholt werden. Typische Fälle sind die Einholung von **Saldenbestätigungen** für Lieferforderungen, Lieferverbindlichkeiten, die Einholung von Auskünften von Rechtsanwälten, Steuerberatern ua. Details dazu sind in ISA **505 „External Confirmations“** zu finden.

e) Rechnerische Kontrollen – Nachrechnen (Recalculation)

Durch diese Prüfungshandlung wird die rechnerische Richtigkeit von Dokumenten oder Aufzeichnungen beurteilt, wobei allerdings diese Prüfungshandlung sehr stark durch den Einsatz von EDV-Verfahren beeinflusst wird.

f) Nachvollziehen (Reperformance)

Diese Prüfungshandlung ist die unabhängige Durchführung von Kontrollen durch den Prüfer, und zwar von Kontrollen, die ursprünglich als Bestandteil des Kontrollsystems des Unternehmens durchgeführt wurden.

g) Analytische Prüfungshandlungen (Analytical Procedures)

Diese Prüfungshandlungen bestehen in der Beurteilung finanzieller Informationen des Unternehmens, ob diese in einem plausiblen Verhältnis zu nichtfinanziellen Daten stehen. Analytische Prüfungshandlungen sind auch die Untersuchungen von festgestellten Fluktuationen, weiters von Beziehungen, die in Widerspruch zu anderen relevanten Informationen stehen oder wesentlich von vorausberechneten Beträgen abweichen, weiters die Berechnung von Kennzahlen.

Details zu analytischen Prüfungshandlungen enthält **ISA 520 Analytical Procedures**.

h) Befragungen (Inquiry)

Hierzu äußert sich A 22 folgendermaßen: Befragungen bestehen in dem Einholen von sowohl finanziellen als auch nichtfinanziellen Informationen bei sachverständigen Personen innerhalb oder außerhalb der Einheit. Befragungen werden während der gesamten Abschlussprüfung neben anderen Prüfungshandlungen umfassend eingesetzt und reichen von formellen schriftlichen Befragungen bis zu informellen mündlichen Befragungen. Die Auswertung der Antworten auf Befragungen ist ein integraler Bestandteil des Befragungsprozesses.

9.575 Kategorisierung von Fehlerbereichen im Jahresabschluss

Für die Aufstellung des Jahresabschlusses ist die **Unternehmensleitung verantwortlich**. Im Jahresabschluss macht das Management ausdrücklich oder implizit Aussagen (Assertions) hinsichtlich des Ansatzes, der Bewertung, der Gliederung und der Offenlegung der verschiedenen Elemente des Jahresabschlusses. Durch Kategorisierung dieser Aussagen ist der Prüfer in der Lage, eine Liste verschiedener **Arten von möglichen Fehlern** aufzustellen und **Prüfungshandlungen zu konzipieren**, die den in Zusammenhang mit einzelnen Aussagen stehenden Risiken entsprechen.

Siehe hierzu die Ausführungen zu ISA 315 zu den drei Kategorien von Aussagen (315 A 111–112).

9.6 Offenlegung und Veröffentlichung

9.61 Große Aktiengesellschaft

Gem § **277 Abs 1** haben die **gesetzlichen Vertreter von Kapitalgesellschaften** den **Jahresabschluss und den Lagebericht** sowie gegebenenfalls auch den Corporate Governance-Bericht nach seiner Behandlung in der Hauptversammlung (Generalversammlung), jedoch **spätestens neun Monate nach dem Bilanzstichtag**, mit dem Bestätigungsvermerk oder dem Vermerk über dessen Versagung oder Einschränkung **beim Firmenbuchgericht** des Sitzes der Gesellschaft einzureichen.

Innerhalb derselben Frist sind weiters einzureichen:

- der Bericht des Aufsichtsrats
- der Vorschlag über die Verwendung des Ergebnisses und der Beschluss über dessen Verwendung.

Werden zur Wahrung dieser Frist der Jahresabschluss und der Lagebericht sowie gegebenenfalls der Corporate-Governance-Bericht ohne die anderen Unterlagen eingereicht, so sind der Bericht und der Vorschlag nach ihrem Vorliegen, die Beschlüsse nach der Beschlussfassung und der Vermerk nach der Erteilung unverzüglich einzureichen. Wird der Jahresabschluss bei nachträglicher Prüfung oder Feststellung geändert, so ist auch diese Änderung einzureichen.

Gem § **277 Abs 2** hat der Vorstand **einer großen Aktiengesellschaft** (§ 221 Abs 3) die **Veröffentlichung** des Jahresabschlusses unmittelbar nach seiner Behandlung in der Hauptversammlung, jedoch spätestens neun Monate nach dem Bilanzstichtag, mit dem Bestätigungsvermerk oder dem Vermerk über dessen Versagung oder Einschränkung **im „Amtsblatt zur Wiener Zeitung“** zu veranlassen.

Der Nachweis über die Veranlassung dieser Veröffentlichung ist gleichzeitig mit den in Abs 1 bezeichneten Unterlagen beim Firmenbuchgericht einzureichen. Bei der Veröffentlichung sind das Firmenbuchgericht und die Firmenbuchnummer anzugeben. Dies gilt auch für allfällige Änderungen.

Vom Firmenbuchgericht ist gem **§ 5 Z 3 Firmenbuchgesetz** iVm § 10 UGB der **Tag der Einreichung bekannt zu machen**.

In der Veröffentlichung können alle Posten in **vollen 1.000 Euro** angegeben werden (**§ 277 Abs 3**).

Gem § **277 Abs 4** haben die gesetzlichen Vertreter von Kapitalgesellschaften spätestens mit den Einreichungen gemäß Abs 1 und 2 oder auf dem Jahresabschluss selbst anzugeben, in welche der Größenklassen des § 221 Abs 1 bis 3 die Gesellschaft unter Bedachtnahme auf § 221 Abs 4 im betreffenden Geschäftsjahr einzuordnen ist.

Jahresabschlüsse sind gemäß der Verordnung des BMJ über den elektronischen Rechtsverkehr (ERV 2006: § 9: Besondere Bestimmungen für elektronische Eingaben gemäß §§ 277–281 UGB) **verpflichtend**

> *elektronisch einzureichen und in die Datenbank des Firmenbuches aufzunehmen. Überschreiten die Umsatzerlöse in den 12 Monaten vor dem Abschlussstichtag des einzureichenden Jahresabschlusses nicht 70.000 Euro, kann der Jahresabschluss auch in Papierform eingereicht werden. Die Umsatzerlöse sind gleich zeitig mit der Einreichung bekannt zu geben. In Papierform eingereichte Jahresabschlüsse müssen für die Aufnahme in die Datenbank des Firmenbuches geeignet sein.*
>
> *Der Bundesminister für Justiz kann durch Verordnung nähere Bestimmungen über die äußere Form der Jahresabschlüsse festlegen.*

Für die elektronische Einbringung des Jahresabschlusses bestehen grundsätzlich zwei Alternativen:

- Einbringung in strukturierter Form über Finanz online (XML), wobei der Anhang, der Lagebericht, der Bericht des Aufsichtsrates etc als PDF übermittelt werden.
- Einbringung als Beilage im Elektronischen Rechtsverkehr (ERV).

Diese Alternative war erforderlich geworden, weil eine (einheitlich) strukturierte Bilanz und Gewinn- und Verlustrechnung für große Unternehmen kaum möglich ist bzw erhebliche Arbeiten erfordert. Auf Grund der ERV-Novelle kann nunmehr der Jahresabschluss im ERV als PDF-Anhang oder im Wege eines Urkundenarchivs einer Körperschaft öffentlichen Rechts eingebracht werden.

Gesellschaften mit einem Jahresumsatz bis € 70.000 (in den 12 Monaten vor dem Abschlussstichtag des einzureichenden Jahresabschlusses) können den Jahresabschluss nach wie vor in Papierform einreichen (§ 277 Abs 6).

§ 277 Abs 7 bestimmt,

> *„dass das Gericht nach der Aufnahme der Jahresabschlüsse in die Datenbank des Firmenbuchs diese in elektronischer Form der Wirtschaftskammer Österreich, der Österreichischen Bundesarbeitskammer und der Präsidentenkonferenz der Landwirtschaftskammern Österreichs zur Verfügung zu stellen hat. Dies gilt jedoch nicht für Jahresabschlüsse von kleinen Gesellschaften mit beschränkter Haftung“* ...

Gem § **277 Abs 8** ist die Oesterreichische Nationalbank berechtigt, von der Bundesrechenzentrum GmbH die elektronische Übermittlung elektronisch eingereichter Jahresabschlüsse zu verlangen, soweit sie diese Daten zur Erfüllung der ihr gesetzlich oder gemeinschaftsrechtlich zugewiesenen Aufgaben benötigt; weiters ist sie berechtigt, die Daten an die Bundesanstalt Statistik Österreich weiterzugeben, soweit diese die Daten zur Erfüllung der ihr gesetzlich oder gemeinschaftsrechtlich zugewiesenen Aufgaben benötigt.

9.62 Große GmbH

Für die große GmbH gelten **die gleichen Vorschriften** wie für die große Aktiengesellschaft.

Die Veröffentlichung im „Amtsblatt zur Wiener Zeitung" wird durch die Bestimmung des § 5 Z 3 Firmenbuchgesetz (FBG) iVm § 10 UGB ersetzt, wonach das **Firmenbuchgericht** die Pflicht hat, den **Tag der Einreichung** des Jahresabschlusses beim Firmenbuchgericht **bekannt zu machen**.

Für die Einreichung der Unterlagen der großen GmbH gilt auch § 277 Abs 6 über die elektronische Einreichung von Jahresabschlüssen.

9.63 Kleine und mittelgroße Aktiengesellschaft, mittelgroße Gesellschaft mit beschränkter Haftung

Für diese Gesellschaften gelten die **Vorschriften der großen Aktiengesellschaft mit folgenden Erleichterungen**:

Wie bei der großen GmbH wird die Veröffentlichung im „Amtsblatt zur Wiener Zeitung" durch die Bestimmung des § 5 Z 3 Firmenbuchgesetz (FBG) iVm § 10 UGB ersetzt, wonach das Firmenbuchgericht die Pflicht hat, den Tag der Einreichung des Jahresabschlusses beim Firmenbuchgericht bekannt zu machen.

Weiters gelten die folgenden in § 279 geregelten **Erleichterungen**:

§ 279 Z 1

Die **offen zu legende Bilanz** braucht nur die in § 224 Abs 2 und 3 mit Buchstaben und römischen Zahlen bezeichneten, **zusätzlich** jedoch **die folgenden Posten** zu enthalten:

Auf der Aktivseite

A I 2 (Geschäftswert)

A II 1–4 (einzelne Posten des Sachanlagevermögens)

A III 1–4 (Anteile an verbundenen Unternehmen, Ausleihungen an verbundene Untemehmen, Beteiligungen, Ausleihungen an Unternehmen, mit denen ein Beteiligungsverhältnis besteht)

B II 2 und 3 (Forderungen gegen verbundene Unternehmen und Forderungen gegen Unternehmen, mit denen ein Beteiligungsverhältnis besteht)

B III 1 (Anteile an verbundenen Unternehmen)

Auf der Passivseite

C 1 und 2 (Rückstellung für Abfertigungen und Rückstellung für Pensionen)

D 1, 2, 6 und 7 (Anleihen, Verbindlichkeiten gegenüber Kreditinstituten, Verbindlichkeiten gegenüber verbundenen Unternehmen und gegenüber Unternehmen, mit denen ein Beteiligungsverhältnis besteht).

Aktiengesellschaften haben außerdem die **Angabe nach § 225 Abs 5** zu machen (eigene Anteile, Anteile an herrschenden und mit Mehrheit beteiligten Unternehmen, die je nach ihrer Zweckbestimmung im Anlagevermögen oder im Umlaufvermögen gesondert auszuweisen sind).

§ 279 Z 2

Bezüglich der **Gewinn- und Verlustrechnung** dürfen bei Anwendung des Gesamtkostenverfahrens die Posten des § 231 Abs 2 Z 1–3 und 5 (Umsatzerlöse, Bestandsveränderungen, aktivierte Eigenleistungen, Aufwendungen für Material und für bezogene Leistungen) unter der Bezeichnung Rohergebnis und bei Anwendung des Umsatzkostenverfahrens die Posten des Abs 3 Z 1–3 (Umsatzerlöse, Herstellungskosten der zur Erzielung der Umsatzerlöse erbrachten Leistungen, Bruttoergebnis vom Umsatz) zu einem Posten unter der Bezeichnung **„Bruttoergebnis vom Umsatz"** zusammengefasst werden.

Die Offenlegung der Angabe gem § 237 Z 4a kann unterbleiben (Angabe des Materialaufwandes und der Aufwendungen für bezogene Leistungen des Geschäftsjahres bei Anwendung des Umsatzkostenverfahrens).

§ 279 Z 3

Weiters braucht der **offen zu legende Anhang** die Angaben nach § 208 Abs 3 (Betrag der im Geschäftsjahr aus steuerrechtlichen Gründen unterlassenen Zuschreibungen) und § 237 Z 6 und 9 (Erläuterungen zum in der Gewinn- und Verlustrechnung ausgewiesenen Posten „Steuern vom Einkommen und Ertrag" sowie die Aufgliederung der Umsatzerlöse) nicht zu enthalten.

Auf die Möglichkeit der elektronischen Einreichung gem § 277 Abs 7 wird verwiesen.

9.64 Kleine Gesellschaft mit beschränkter Haftung

Auch bei der kleinen GmbH ist gem **§ 5 Z 3 FBG** iVm § 10 UGB vom Firmenbuchgericht der Tag der Einreichung des Jahresabschlusses einzutragen und bekannt zu machen.

§ 278 enthält folgende **Sondervorschriften** für kleine Gesellschaften mit beschränkter Haftung:

Gem § **278 Abs 1** ist auf kleine Gesellschaften mit beschränkter Haftung (§ 221 Abs 2) § 277 mit der Maßgabe anzuwenden, dass die gesetzlichen Vertreter nur die **Bilanz und den Anhang einzureichen** haben. Die offen zu legende Bilanz braucht nur die in § 224 Abs 2 und 3 mit Buchstaben und römischen Zahlen bezeichneten Posten, der Anhang nur die in § 242 Abs 2 aufgezählten mit der Ausnahme der die Gewinn- und Verlustrechnung betreffenden Angaben zu enthalten. Ist die Gesellschaft nach § 268 Abs 1 prüfungspflichtig, so ist auch der Bestätigungsvermerk oder der Vermerk über seine Versagung oder Einschränkung einzureichen.

Zur Erleichterung der Einreichung und vor allem zur Einhaltung der Einheitlichkeit bestimmt § 278 Abs 2 (BGBl 1996/304), dass der Bundesminister für Justiz durch Verordnung ein Formblatt festzulegen hat, dessen Verwendung zur Erfüllung der Verpflichtung gemäß Abs 1 ausreichend ist. Die bisher letzte Verordnung über die Verwendung von Formblättern für die offenzulegende Bilanz und den offenzulegenden Anhang von kleinen Gesellschaften mit beschränkter Haftung stammt aus dem Jahre 2009. Das UGB-Formblatt-V, BGBl 2009/9 enthält in Anlage 1 den offenzulegenden Auszug aus der Bilanz der kleinen GmbH, in der Anlage 2 den Inhalt des offenzulegenden Anhangs und in Beilage 3 den offen zulegenden Auszug aus der Bilanz der kleinen GmbH & Co KG.

Bezüglich der Frist ist § 277 Abs 1 zu beachten, wonach die Einreichung nach der Behandlung in der Generalversammlung, jedoch spätestens **neun Monate nach dem Bilanzstichtag** zu erfolgen hat. Die Vorschriften des § 277 Abs 3, 4 und 6 gelten auch für die kleine GmbH.

Kleine Gesellschaften mbH müssen grundsätzlich (Ausnahme bei einem Jahresumsatz bis zu € 70.000) ihre Bilanz und die gesetzlich festgelegten Teile des Anhanges elektronisch einreichen.

9.75 Offenlegung der Zweigniederlassungen ausländischer Kapitalgesellschaften

Gem § **280a** haben bei Zweigniederlassungen von ausländischen Kapitalgesellschaften die Vertreter der Zweigniederlassung die Unterlagen der Rechnungslegung, die nach dem für die Hauptniederlassung der Gesellschaft maßgeblichen Recht erstellt, geprüft und offen gelegt worden sind, nach den §§ 277, 281 und 282 **in deutscher Sprache offen zu legen**.

9.7 Maßnahmen zur Durchsetzung unternehmensrechtlicher Vorschriften

9.71 Prüfungspflicht des Registergerichts

§ 282

(1) Das Gericht hat zu prüfen, ob die gemäß §§ 277 bis 281 offenzulegenden Unterlagen vollzählig zum Firmenbuch eingereicht und ob, soweit Veröffentlichungen vorgeschrieben sind, diese veranlaßt worden sind.

(2) Gibt die Prüfung gemäß Abs 1 Anlaß zu der Annahme, daß von der Größe der Gesellschaft abhängige Vorschriften nicht hätten in Anspruch genommen werden dürfen, so kann

das Gericht zu seiner Unterrichtung von der Gesellschaft innerhalb einer angemessenen Frist die Mitteilung der Bilanzsumme, der Umsatzerlöse gemäß § 231 und der durchschnittlichen Zahl der Arbeitnehmer gemäß § 221 Abs. 6 verlangen. Unterläßt die Gesellschaft die fristgemäße Mitteilung, so gelten die Vorschriften als zu Unrecht in Anspruch genommen.

(3) Ist eine gebotene Veröffentlichung unterblieben, so hat das Gericht diese Tatsache ohne Durchführung eines Verbesserungsverfahrens auf Kosten der Gesellschaft bekanntzumachen, wenn dies ein Gesellschafter, Gläubiger, Betriebsrat (Zentralbetriebsrat) oder eine gesetzliche Interessenvertretung beantragt. Die Antragsberechtigung ist glaubhaft zu machen. Ein späterer Wegfall der Antragsberechtigung ist unschädlich. Der Antrag kann nicht zurückgenommen werden.

9.72 Zwangsstrafen

§ 283

(1) Die Vorstandsmitglieder (Geschäftsführer) oder die Abwickler sind, unbeschadet der allgemeinen unternehmensrechtlichen Vorschriften, zur zeitgerechten Befolgung der §§ 244, 245, 247, 270, 272 und 277 bis 280, die Aufsichtsratsmitglieder zur zeitgerechten Befolgung des § 270 und im Fall einer inländischen Zweigniederlassung einer ausländischen Kapitalgesellschaft die für diese im Inland vertretungsbefugten Personen zur Befolgung des § 280a vom Gericht durch Zwangsstrafen von 700 EUR bis zu 3.600 EUR anzuhalten. Die Zwangsstrafe ist nach Ablauf der Offenlegungsfrist zu verhängen. Sie ist wiederholt zu verhängen, soweit die genannten Organe ihren Pflichten nach je zwei weiteren Monaten noch nicht nachgekommen sind.

(2) Ist die Offenlegung nach Abs 1 nicht bis zum letzten Tag der Offenlegungsfrist erfolgt, so ist – sofern die Offenlegung nicht bis zum Tag vor Erlassung der Zwangsstrafverfügung bei Gericht eingelangt ist, – ohne vorausgehendes Verfahren durch Strafverfügung eine Zwangsstrafe von 700 Euro zu verhängen. Von der Verhängung einer Zwangsstrafverfügung kann abgesehen werden, wenn das in Abs 1 genannte Organ offenkundig durch ein unvorhergesehenes oder unabwendbares Ereignis an der fristgerechten Offenlegung gehindert war. In diesem Fall kann – soweit bis dahin noch keine Offenlegung erfolgt ist – mit der Verhängung der Zwangsstrafverfügung bis zum Ablauf von vier Wochen nach Wegfall des Hindernisses, welches der Offenlegung entgegenstand, zugewartet werden. Zwangsstrafverfügungen sind wie Klagen zuzustellen. Gegen die Zwangsstrafverfügung kann das jeweilige Organ binnen 14 Tagen Einspruch erheben, andernfalls erwächst die Zwangsstrafverfügung in Rechtskraft. Im Einspruch sind die Gründe für die Nichtbefolgung der in Abs 1 genannten Pflichten anzuführen. Gegen die Versäumung der Einspruchsfrist kann Wiedereinsetzung in den vorigen Stand bewilligt werden. (§ 21 AußStrG). Ist der Einspruch verspätet oder fehlt ihm jegliche Begründung, so ist er mit Beschluss zurückzuweisen.

(3) Mit der rechtzeitigen Erhebung des begründeten Einspruches tritt die Zwangsstrafverfügung außer Kraft. Über die Verhängung der Zwangsstrafe ist im ordentlichen Verfahren mit Beschluss zu entscheiden. Ist nicht mit Einstellung des Zwangsstrafverfahrens vorzugehen, so kann – ohne vorherige Androhung – eine Zwangsstrafe von 700 Euro bis 3600 Euro verhängt werden. Gegen die Verhängung einer Zwangsstrafe im ordentlichen Verfahren steht dem jeweiligen Organ ein Rechtsmittel zu (§§ 45 ff AußStrG).

(4) Ist die Offenlegung innerhalb von zwei Monaten nach Ablauf des letzten Tages der Offenlegungsfrist noch immer nicht erfolgt, so ist durch Strafverfügung eine weitere Zwangsstrafe von 700 Euro zu verhängen. Das gleiche gilt bei Unterbleiben der Offenlegung für jeweils weitere zwei Monate; wird gegen solche Zwangsstrafverfügung Einspruch erhoben, so ist der Beschluss über die verhängte Zwangsstrafe zu veröffentlichen.

(5) Richtet sich die Zwangsstrafverfügung gem Abs 4 gegen ein in Abs 1 genanntes Organ einer mittelgroßen (§ 221 Abs 2) Kapitalgesellschaft, so erhöhen sich die damit zu verhängenden Zwangsstrafen sowie die in Abs 1 und 3 angedrohten Zwangsstrafen im ordentlichen Verfahren jeweils um das Dreifache. Wird das Zwangsstrafverfahren gegen ein in Abs 1 genanntes Organ einer großen (§ 221 Abs 3) Kapitalgesellschaft geführt, so erhöhen sich diese Beträge jeweils um das Sechsfache. Als Grundlage für die Größenklasse kann der zuletzt vorgelegt Jahresabschluss herangezogen werden.

(6) Die Zwangsstrafen sind auch dann zu vollstrecken, wenn die Bestraften ihrer Pflicht nachkommen oder deren Erfüllung unmöglich geworden ist.

(7) Die den gesetzlichen Vertretern in den §§ 244, 245, 247, 270, 272 und 277 bis 280a auferlegten Pflichten treffen auch die Gesellschaft. Kommt die Gesellschaft diesen Pflichten durch ihre Organe nicht nach, so ist gleichzeitig auch mit der Verhängung von Zwangsstrafen unter sinngemäßer Anwendung der Abs 1 bis 6 auch gegen die Gesellschaft vorzugehen.

9.721 Die in § 283 Abs 1 genannten Vorschriften betreffen:

§§ 244–247 Vorschriften zur Konzernrechnungslegung, die in diesem Zusammenhang nicht zu behandeln sind;

§ 270 betrifft die Verpflichtung der prüfungspflichtigen Unternehmen zur ***Bestellung des Abschlussprüfers****;*

§ 272 bezieht sich auf die ***Vorlagepflicht*** *der gesetzlichen Vertreter der Gesellschaft gegenüber dem Abschlussprüfer und das* ***Auskunftsrecht*** *des Abschlussprüfers;*

die §§ 277–279 betreffen die Vorschriften über Offenlegung und Veröffentlichung der Kapitalgesellschaften und

§ 280 Vorschriften über die Offenlegung des Konzernabschlusses.

9.73 Zwangsstrafenregelungen des Aktiengesetzes und des GmbH-Gesetzes im Zusammenhang mit Rechnungslegungsvorschriften

§ 258 AktG enthält außer Zwangsstrafenregelungen für eine Reihe von aktienrechtlichen Vorschriften eine Zwangsstrafenfolge für folgende Vorschriften des UGB:

§ 222 Abs 1 – Fünf-Monats-Frist für die Aufstellung des um den Anhang erweiterten Jahresabschlusses sowie des Lageberichtes und die Vorlage dieser Unterlagen an Mitglieder des Aufsichtsrates;
§ 281 – Form und Inhalt der Unterlagen bei der Offenlegung, Veröffentlichung und Vervielfältigung.

Die Vorstandsmitglieder sind zur Befolgung dieser Vorschriften durch Zwangsstrafen bis zu € 3.600 anzuhalten, wobei § 283 Abs 2 anzuwenden ist.

§ 125 GmbHG enthält neben Zwangsstrafenregelungen für eine Reihe von Vorschriften des GmbHG die gleiche sich auf Vorschriften des UGB (§ 222 Abs 1, § 281) beziehende Zwangsstrafenregelung wie § 258 AktG.

9.731 Strafvorschriften gem § 255 AktG

Im Folgenden werden nur die Strafvorschriften des § 255 AktG wiedergegeben; diese stimmen mit den Strafbestimmungen des § 122 GmbHG mit Ausnahme des zusätzlichen Straftatbestandes des § 122 Abs 2 Z 1 u 2 GmbHG überein, der kein Gegenstück im Aktiengesetz hat:

„§ 255. (1) Mit Freiheitsstrafe bis zu einem Jahr oder Geldstrafe bis zu 360 Tagessätzen ist vom Gericht zu bestrafen, wer als Mitglied des Vorstandes oder des Aufsichtsrates, Beauftragter oder Abwickler

1. in Berichten, Darstellungen und Übersichten betreffend die Gesellschaft oder mit ihr verbundene Unternehmen, die an die Öffentlichkeit oder an die Gesellschafter gerichtet sind, wie insbesondere Jahresabschluß (Konzernabschluß) und Lagebericht (Konzernlagebericht),
2. in einer öffentlichen Aufforderung zur Beteiligung an der Gesellschaft,
3. in Vorträgen oder Auskünften in der Hauptversammlung
4. in Auskünften, die nach § 272 UGB einem Abschlussprüfer oder die sonstigen Prüfern der Gesellschaft zu geben sind, oder
5. in Berichten, Darstellungen und Übersichten an den Aufsichtsrat oder seinen Vorsitzenden

die Verhältnisse der Gesellschaft oder mit ihr verbundener Unternehmen oder erhebliche Umstände, auch wenn sie nur einzelne Geschäftsfälle betreffen, unrichtig wiedergibt, verschleiert oder verschweigt.

(2) Ebenso ist zu bestrafen, wer als Mitglied des Vorstandes oder als Abwickler einen gemäß § 81 Abs. 1 angesichts einer **drohenden Gefährdung der Liquidität** der Gesellschaft gebotenen **Sonderbericht** nicht erstattet.

(3) Das Strafverfahren obliegt den Gerichtshöfen erster Instanz."

Die zusätzlichen Vorschriften in § 122 Abs 2 Z 1 und 2 GmbHG lauten wie folgt:

Ebenso ist zu bestrafen, wer

1. als Geschäftsführer in den zum Zweck der Eintragung der Gesellschaft oder der Eintragung der Erhöhung oder Herabsetzung des Stammkapitals nach den §§ 9 Abs 2 Z 2, 10 Abs 3, 53 Abs 2 Z 2 oder 56 Abs 2 abzugebenden Erklärungen falsche Angaben macht oder erhebliche Umstände verschweigt.
2. als Geschäftsführer oder Liquidator bei Angaben nach § 26 die Vermögenslage unrichtig wiedergibt oder erhebliche Umstände verschweigt.

Anlage 1

Einzelabschluss der Elektromotoren AG zum 31. Dezember 2013

Es handelt sich um eine mittelgroße AG im Sinne des § 221 UGB.

Bilanz der Elektromotoren AG zum 31. 12. 2013

(Zahlen in 1.000 €)

	AKTIVA		31.12.2013	31.12.2012
A.	**Anlagevermögen**			
I.	**Immaterielle Vermögensgegenstände**			
	Firmenwert		390	429
II.	**Sachanlagen**			
1.	Grundstücke, grundstücksgleiche Rechte und Bauten	2.537		2.676
2.	technische Anlagen und Maschinen	1.835		1.821
3.	andere Anlagen, Betriebs- und Geschäftsausstattung	164		149
4.	geleistete Anzahlungen und Anlagen im Bau	177	4.712	171
III.	**Finanzanlagen**			
	Wertpapiere des Anlagevermögens		300	268
			5.402	**5.514**
B.	**Umlaufvermögen**			
I.	**Vorräte**			
1.	Roh-, Hilfs- und Betriebsstoffe	1.034		803
2.	unfertige Erzeugnisse	536		458
3.	fertige Erzeugnisse und Waren	803		575
4.	geleistete Anzahlungen	3	2.375	14
II.	**Forderungen und sonstige Vermögensgegenstände**			
1.	Forderungen aus Lieferungen und Leistungen	1.316		1.628
2.	sonstige Forderungen	258	1.574	225
III.	**Kassenbestand, Schecks, Guthaben bei Kreditinstituten**		849	801
			4.797	**4.502**
C.	**Rechnungsabgrenzungsposten**		**2**	**6**
	Bilanzsumme		**10.200**	**10.022**

PASSIVA		31.12.2013	31.12.2012
A.	**Eigenkapital**		
I.	**Grundkapital**	1.200	1.200
II.	**Kapitalrücklagen**		
	gebundene	489	489
III.	**Gewinnrücklagen**		
	freie Rücklage	422	641
VI.	**Bilanzgewinn**	240	180
	davon Gewinnvortrag/Verlustvortrag	0	0
		2.351	**2.510**
B.	**Unversteuerte Rücklagen**		
1.	Bewertungsreserve gemäß § 12 EStG 1988	180	195
		180	**195**
C.	**Rückstellungen**		
1.	Rückstellungen für Abfertigungen	614	549
2.	Rückstellungen für Pensionen	78	53
3.	Steuerrückstellungen	174	0
4.	sonstige Rückstellungen	996	936
		1.862	**1.538**
E.	**Verbindlichkeiten**		
1.	Verbindlichkeiten gegenüber Kreditinstituten	4.302	4.296
2.	Verbindlichkeiten aus Lieferungen und Leistungen	923	971
3.	sonstige Verbindlichkeiten	582	512
	davon aus Steuern	*62*	*4*
	davon im Rahmen der sozialen Sicherheit	*123*	*5*
		5.807	**5.779**
	Bilanzsumme	**10.200**	**10.022**

Anwendung des Gesamtkostenverfahrens

GEWINN- UND VERLUSTRECHNUNG DER ELEKTROMOTOREN AG FÜR DAS GESCHÄFTSJAHR 2013

			2013	**2012**
1.	Umsatzerlöse		17.615	15.033
2.	Erhöhung des Bestandes an fertigen und unfertigen Erzeugnissen		311	41
3.	andere aktivierte Eigenleistung		152	228
4.	sonstige betriebliche Erträge			
a)	Erträge aus dem Abgang von Anlagevermögen	2		17
b)	Erträge aus der Auflösung von Rückstellungen	33		15
c)	übrige sonstige betriebliche Erträge	172	207	140
5.	Materialaufwand und Aufwendungen für bezogene Herstellungsleistungen			
a)	Materialaufwand	–8.320		–6.737
b)	Aufwendungen für bezogene Leistungen	–119	–8.439	–107
6.	Personalaufwand			
a)	Löhne	–2.895		–2.586
b)	Gehälter	–905		–821
c)	Aufwendungen für Abfertigungen und Leistungen an betriebliche Mitarbeitervorsorgekassen	–116		–108
d)	Aufwendungen für Altersversorgung	–29		–26
e)	Aufwendungen für gesetzlich vorgeschriebene Abgaben und Pflichtbeiträge	–1.094		–959
f)	sonstige Sozialaufwendungen	–159	–5.198	–93
7.	Abschreibungen auf immaterielle Vermögensgegenstände des Anlagevermögens und Sachanlagen		–1.014	–1.050
8.	sonstige betriebliche Aufwendungen			
a)	Steuern, soweit sie nicht unter Z. 18 fallen	–21		–17
b)	übrige sonstige betriebliche Aufwendungen	–2.754	–2.775	–2.547
9.	**Zwischensumme aus Z. 1 bis 8**		**859**	**425**
10.	Erträge aus Wertpapieren des Anlagevermögens		10	7
11.	sonstige Zinsen und ähnliche Erträge		29	16
12.	Zinsen und ähnliche Aufwendungen		–173	–181
13.	**Zwischensumme aus Z. 10 bis 12**		**–134**	**–158**

14.	**Ergebnis der gewöhnlichen Geschäftstätigkeit**	**725**	**267**
15.	außerordentliche Erträge	0	137
16.	außerordentliche Aufwendungen	–55	0
17.	**außerordentliches Ergebnis**	**–55**	**137**
18.	Steuern vom Einkommen und Ertrag	–178	–15
19.	**Jahresüberschuss**	**492**	**389**
20.	Auflösung unversteuerter Rücklagen	15	15
22.	Zuweisung zu Gewinnrücklagen	–267	–155
23.	Gewinnvortrag (Verlustvortrag)	0	–69
24.	**Bilanzgewinn**	**240**	**180**

Aufwandsverteilungsbogen (nicht veröffentlicht) 2013 zur Überleitung vom gesamtkostenverfahrens zum Umsatzkostenverfahrens

		Aufwandstellen			
	Aufwandsarten nach Gesamtkosten-verfahren	**Summe**	Produk-tion	Verwal-tung	Vertrieb
5.	Materialaufwand und Aufwendungen für bezogene Herstellungsleistungen				
a)	Materialaufwand	**–8.320**	–8.320	0	0
b)	Aufwendungen für bezogene Leistungen	**–119**	–119	0	0
6.	Personalaufwand				
a)	Löhne	**–2.895**	–2.550	–120	–225
b)	Gehälter	**–905**	–300	–300	–305
c)	Aufwendungen für Abfertigungen und Leistungen an betriebliche Mitarbeiter-vorsorgekassen	**–116**	–69	–15	–32
d)	Aufwendungen für Altersversorgung	**–29**	–10	–10	–9
e)	Aufwendungen für gesetzlich vorgeschriebene Abgaben und Pflicht-beiträge	**–1.094**	–812	–123	–159
f)	sonstige Sozialaufwendungen	**–159**	–117	–18	–24
7.	Abschreibungen auf immaterielle Ver-mögensgegenstände des Anlagevermö-gens und Sachanlagen	**–1.014**	–676	–75	–263
8.	sonstige betriebliche Aufwendungen				
a)	Steuern, soweit sie nicht unter Z. 18 fallen	**–21**		–16	–5
b)	übrige sonstige betriebliche Aufwen-dungen	**–2.754**	–1.575	–555	–624
		–17.426	**–14.548**	**–1.232**	**–1.646**
	Bestandsveränderungen		311		
	aktivierte Eigenleistungen		152		
	Herstellungskosten der zur Erzielung der Umsatzerlöse erbrachten Leistungen		**–14.085**		

Anwendung des Umsatzkostenverfahrens

GEWINN- UND VERLUSTRECHNUNG DER GETRIEBEBAU AG FÜR DAS GESCHÄFTSJAHR 2013

			2013	**2012**
1.	Umsatzerlöse		17.615	15.033
2.	Herstellungskosten der zur Erzielung der Umsatzerlöse erbrachten Leistungen		–14.085	–11.876
3.	**Bruttoergebnis vom Umsatz**		**3.530**	**3.158**
4.	sonstige betriebliche Erträge			
a)	Erträge aus dem Abgang von Anlagevermögen	2		17
b)	Erträge aus der Auflösung von Rückstellungen	33		15
c)	übrige sonstige betriebliche Erträge	172	207	140
5.	Vertriebskosten		–1.646	–1.623
6.	Verwaltungskosten		–1.232	–1.281
7.	**Zwischensumme aus Z. 1 bis 6**		**859**	**425**
8.	Erträge aus Wertpapieren des Anlagevermögens		10	7
9.	sonstige Zinsen und ähnliche Erträge		29	16
10.	Zinsen und ähnliche Aufwendungen		–173	–181
11.	**Zwischensumme aus Z. 8 bis 10**		**–134**	**–158**
12.	**Ergebnis der gewöhnlichen Geschäftstätigkeit**		**725**	**267**
13.	außerordentliche Erträge		0	137
14.	außerordentliche Aufwendungen		–55	0
15.	**außerordentliches Ergebnis**		**–55**	**137**
16.	Steuern vom Einkommen und Ertrag		–178	–15
17.	**Jahresüberschuss**		**492**	**388**
18.	Auflösung unversteuerter Rücklagen		15	15
20.	Zuweisung zu Gewinnrücklagen		–267	–155
21.	Gewinnvortrag (Verlustvortrag)		0	–69
22.	**Bilanzgewinn**		**240**	**179**

Eigenkapitalspiegel der Elektromotoren AG
für das Geschäftsjahr
2013

(Beträge in 1.000 €)

	Eigenkapital gesamt	Grund-kapital	Kapital-rücklage	Gewinn-rücklage	Bilanz-gewinn/Verl.
Stand 1.1.2012	1620	1200	489	0	–69
Jahresüberschuss	389				389
Auflösung Bewertungs-reserve	15				15
Zuweisung Gewinnrück-lage				155	–155
Stand 31.12.2012 =1.1.2013	2024	1200	489	155	180
Gewinnausschüttung					–180
Jahresüberschuss					492
Auflösung Bewertungs-reserve					15
Zuweisung Gewinnrück-lage				267	–267
Stand 31.12.2013	2024	1200	489	422	240

Anlagenspiegel 2013
der Elektromotoren AG

	Anschaffungs- bzw. Herstellungskosten					kumulierte Abschreibungen	Buchwert	Buchwert	Abschreibungen
	01.01.2013	Zugänge 2013	Abgänge 2013	Umbuchung 2013	31.12.2013	2013	31.12.2013	01.01.2013	2013
I. Immaterielle Vermögensgegenstände									
Firmenwert	585	0	0	0	585	195	390	429	39
II. Sachanlagen									
1. Grundstücke, grundstücksgleiche Rechte und Bauten	5.055	9	0	0	5.064	2.528	2.537	2.676	149
2. technische Anlagen und Maschinen	3.051	338	–8	230	3.611	1.776	1.835	1.821	554
3. andere Anlagen, Betriebs- und Geschäftsausstattung	1.803	200	–65	90	2.028	1.865	164	149	273
4. geleistete Anzahlungen und Anlagen im Bau	171	326	0	–320	177	0	177	171	0
	10.080	872	–72	0	10.880	6.168	4.712	4.817	975
III. Finanzanlagen									
Wertpapiere des Anlagevermögens	269	39	–8	0	300	0	300	268	0
Gesamt	**10.934**	**911**	**–80**	**0**	**11.765**	**6.363**	**5.402**	**5.514**	**1.014**

Anhang zum Jahresabschluss 2013 der Elektromotoren AG (alle Angaben in 1.000 €)

Anmerkung: Der in der Folge wiedergegebene Anhang ist auf die für die Jahresabschlusserläuterung wesentlichen Inhalte reduziert worden und entspricht in diesem Sinne hinsichtlich bestimmter Anforderungen der §§ 236 ff UGB nicht dem Gesetz. Der unter Punkt 6 angeführte Vorschlag zur Gewinnverwendung ist nicht Bestandteil des Anhanges.

1. Bilanzierungs- und Bewertungsmethoden

1.1. Anlagevermögen

1.1.1. Immaterielles Anlagevermögen

Der Firmenwert wird über einen Zeitraum von 15 Jahren abgeschrieben.

Dieser Zeitraum entspricht seiner voraussichtlichen Nutzungsdauer.

1.1.2. Sachanlagevermögen

Die planmäßige Abschreibung auf Sachanlagen erfolgt linear über einen Zeitraum von 3 (Werkzeuge) bis 33 Jahren (Gebäude). Außerplanmäßige Abschreibungen wurden nicht vorgenommen.

Die selbst erstellten Anlagen wurden zu Herstellungskosten auf Basis Einzelkosten zuzüglich angemessener Material- und Fertigungsgemeinkosten aktiviert. Aufwendungen auf Sozialeinrichtungen sowie für Abfertigungen und betriebliche Altersversorgung wurden nicht in die Herstellungskosten eingerechnet.

1.1.3. Finanzanlagen

Es wurden keine außerplanmäßigen Abschreibungen vorgenommen. Ebenfalls liegen keine Wertminderungen vor, die voraussichtlich nicht von Dauer sind.

1.2. Umlaufvermögen

1.2.1. Vorräte

Die Roh-, Hilfs- und Betriebsstoffe sowie die Handelswaren wurden nach dem gewogenen Durchschnittspreisverfahren unter Anwendung des strengen Niederstwertprinzips bewertet.

Die Bewertung der fertigen und unfertigen Erzeugnisse erfolgte zu Herstellungskosten nach den gleichen Grundsätzen wie jene der selbst erstellten Anlagen. Auf eine verlustfreie Bewertung wurde Bedacht genommen.

1.2.2. Forderungen und sonstige Vermögensgegenstände

Bei der Bewertung der Forderungen wurden erkennbare Risiken durch Einzel- bzw Pauschalwertberichtigungen berücksichtigt.

Fremdwährungsforderungen wurden zum Devisenankaufskurs im Zeitpunkt der Anschaffung bzw zum niedrigeren Devisenankaufskurs am Abschlussstichtag bewertet.

In den Forderungen aus Lieferungen und Leistungen sind solche mit wechselmäßiger Verbriefung in Höhe von 120 (im Vorjahr 72) enthalten.

1.3. Rückstellungen und Verbindlichkeiten

Die Rückstellungen und Verbindlichkeiten wurden unter Bedachtnahme auf den Vorsichtsgrundsatz in der Höhe des voraussichtlichen Anfalles gebildet. Rückstellungen des Vorjahres wurden, soweit sie nicht verwendet wurden und der Grund für ihre Bildung weggefallen ist, über sonstige betriebliche Erträge aufgelöst. Die Bewertung der Pensionsrückstellung erfolgte nach versicherungsmathematischen Grundsätzen nach dem Teilwertverfahren unter Verwendung eines Rechnungszinsfußes von 3%.

2. Erläuterungen zu den Posten der Bilanz und der Gewinn- und Verlustrechnung

2.1. Bilanz

(1) Der in den Grundstücken, grundstücksgleichen Rechten und Bauten enthaltene Buchwert der Grundwerte beträgt:

	31.12.13	31.12.12
Buchwert der Grundwerte	164	164

(2) Die Entwicklung des Anlagevermögens ist in Abschnitt 4 dargestellt.

(3) Bei den Wertpapieren handelt es sich um österreichische festverzinsliche Wertpapiere mit einer Verzinsung zwischen 3 und 5%.

(4) Die Fristigkeit der Forderungen stellt sich folgendermaßen dar:

	Restlaufzeit bis 1 Jahr		**Restlaufzeit > 1 Jahr**	
	31.12.13	31.12.12	31.12.13	31.12.12
Forderungen aus Lieferungen und Leistungen	1316	1628	0,0	0,0
sonstige Forderungen	258	225	0,0	0,0
	1574	**1853**	**0,0**	**0,0**

Die Forderungen aus Lieferungen und Leistungen wurden um Pauschalwertberichtigungen in folgender Höhe vermindert:

	31.12.13	31.12.2012
Pauschalwertberichtigung	45	51

Unter den sonstigen Forderungen sind Wertpapier- und Bankzinsen in Höhe von 8 (Vorjahr: 7) enthalten.

(5) Die Aufgliederung der unversteuerten Rücklagen ist im Abschnitt 3 dargestellt.

(6) Die Rückstellungen für die Abfertigungen wurden nach finanzmathematischen Grundsätzen unter Berücksichtigung eines Fluktuationsabschlages und Verwendung eines Rechnungszinssatzes von 3,5% ermittelt.

(7) Unter den sonstigen Rückstellungen sind folgende wesentliche Posten enthalten:

	31.12.2013	31.12.2012
drohende Verluste aus schwebenden Geschäften	236	192
nicht konsumierte Urlaube	221	239
Gewährleistungen	269	220
Jubiläumsgelder	198	172

(8) Die Aufgliederung der Verbindlichkeiten gemäß § 225 Abs 6 und § 237 Z 1 lit a–c stellt sich folgendermaßen dar:

			Restlaufzeit					
	Gesamt		**bis ein Jahr**		**über ein Jahr**		**davon über 5 Jahre**	
	31.12.13	31.12.12	31.12.13	31.12.12	31.12.13	31.12.12	31.12.13	31.12.12
Verbindlichkeiten gegenüber Kreditinstituten	4.302	4.295	1.296	1.271	3.006	3.025	908	
Verbindlichkeiten aus Lieferungen und Leistungen	923	971	923	971	0	0	0	0
sonstige Verbindlichkeiten	582	512	571	512	11	0	0	0
	5.807	5.778	**2.790**	**2.753**	**3.017**	**3.025**	**908**	**0**

(9) Die Verbindlichkeiten, für die dingliche Sicherheiten bestellt sind, betragen 2.000 (im Vorjahr: 1.100). Es handelt sich um grundbücherlich besicherte ERP-Kredite, die in den Verbindlichkeiten gegenüber Kreditinstituten enthalten sind.

2.2. Sonstige Angaben zur Bilanz

(10) Haftungsverhältnisse liegen in folgendem Umfang vor: Wechselobligo aus der Weitergabe von Besitzwechseln: 325; im Vorjahr 152

Verpflichtungen aus der Nutzung von nicht in der Bilanz ausgewiesenen Sachanlagen liegen in folgendem Ausmaß vor:

Verpflichtungen 2014: 50

Verpflichtungen 2014–2018: 180

2.3. Gewinn- und Verlustrechnung

(11) Die Umsatzerlöse betreffen einerseits das Inland, andererseits EU-Mitgliedsstaaten wie folgt:

	2013	2012
Inlandsumsatzerlöse	3.365	2.283
EU-Umsatzerlöse	14.250	12.750
	17.615	**15.033**

(12) Im Posten Aufwendungen für Abfertigungen und Leistungen an betriebliche Mitarbeitervorsorgekassen sind 73 (im Vorjahr 54) Aufwendungen für Abfertigungen enthalten.

(13) An den Abschlussprüfer wurden 42 für die Prüfung des Jahresabschlusses 2013 und 39 für die Prüfung des Jahresabschlusses 2012 bezahlt. Andere Entgeltszahlungen erfolgten nicht.

(14) Die außerordentlichen Aufwendungen betreffen eine Schadenersatzleistung für eine Emission in ein Nachbargrundstück.

(15) Die Steuern vom Einkommen und vom Ertrag entfallen wie folgt auf das Ergebnis der gewöhnlichen Geschäftstätigkeit, auf das außerordentliche Ergebnis sowie auf die unversteuerten Rücklagen:

Steuern vom Einkommen und Ertrag	178
davon Ergebnis der gewöhnlichen Geschäftstätigkeit	188
davon außerordentliches Ergebnis	–14
davon unversteuerte Rücklagen	4

3. Entwicklung unversteuerter Rücklagen

3.1. Bewertungsreserve aufgrund übertragener stiller Reserven

Bewertungsreserve gemäß § 12 EStG 1988	31.12.2012	Auflösung	31.12.2013	
Grundstücke, grundstücksgleiche Rechte und Bauten	195	15	180	

Die Auflösung der Bewertungsreserve gemäß § 12 EStG ergibt sich aus einer im Jahre 2000 auf ein neu errichtetes Gebäude übertragenen stillen Reserve. Die Auflösung erfolgt entsprechend der Nutzungsdauer des Gebäudes.

4. Entwicklung des Anlagevermögens (in Mio Euro)

Siehe den beigefügten Anlagespiegel.

5. Angaben über Organe und Arbeitnehmer

Die durchschnittliche Zahl der Arbeitnehmer betrug 92 davon 77 Arbeiter und 15 Angestellte.

Die Gesamtbezüge des Vorstandes inklusive aller Nebenbezüge betrugen im Jahre 2013 insgesamt 370. An den Aufsichtsrat wurden 44 an Aufwandsentschädigungen und Aufsichtsratsvergütungen geleistet.

Unter den Abfertigungen befinden sich solche für Vorstandsmitglieder in Höhe von 8 und für leitende Angestellte im Sinne des § 80 AktG von 6. Es handelt sich ausschließlich um Zuweisungen zu Abfertigungsrückstellungen.

Die Aufwendungen für Altersversorgung betreffen Vorstandsmitglieder mit 14 und leitende Angestellte im Sinne des § 80 AktG mit 15.

Der Vorstand setzt sich im Geschäftsjahr aus folgenden Personen zusammen:

- Dr. Franz Abram, kaufmännisches Vorstandsmitglied und Sprecher des Vorstandes
- Dipl.Ing. Anton Berg, technisches Vorstandsmitglied

Der Aufsichtsrat setzt sich im Geschäftsjahr aus folgenden Personen zusammen:

- Dr. Josef Lager, Vorsitzender
- Dkfm. Karl Klang, Vorsitzender-Stellvertreter
- Gustav Pugerz
- Dr. Richard Sandoz

Vom Betriebsrat wurden delegiert:

- PRO Rudolf Scheider
- BRO Josef Mager

Veränderungen fanden im Geschäftsjahr nicht statt.

6. Angaben zum Grundkapital

Das Grundkapital beträgt 1,2 Mio, zerlegt in 300 nennwertlose Stückaktien. Die Gesellschaft hat weder Aktien noch sonstige Wertpapiere zum Handel bei einer öffentlichen Börse.

Vorschlag für die Verwendung des Ergebnisses

(Der Vorschlag des Vorstandes für die Verwendung des Ergebnisses ist nicht Bestandteil des Anhanges. Er ist aber bei Aktiengesellschaften gem § 277 nach Behandlung des Jahresabschlusses in der Hauptversammlung mit diesem, zusammen mit dem Lagebericht, dem Bericht des Aufsichtsrates und dem Gewinn-

verwendungsbeschluss zum Firmenbuch des Sitzes der Aktiengesellschaft einzureichen.)

Der Vorstand schlägt vor, aus dem Bilanzgewinn des Geschäftsjahres 2013 einen Betrag in Höhe von € 800,00 je Aktie auszuschütten.

7. Eigenkapitalentwicklung

Eigenkapitalspiegel
(Beträge in 1.000 €)

	Eigenkapital gesamt	Grundkapital	Kapitalrücklage	Gewinnrücklage	Bilanzgewinn/ Verl.
Stand 1. 1. 2012	1620	1200	489	0	–69
Jahresüberschuss	389				389
Auflösung Bewertungsreserve	15				15
Zuweisung Gewinnrücklage				155	–155
Stand 31.12.2012 = 1. 1. 2013	2024	1200	489	155	180
Gewinnausschüttung	–180				–180
Jahresüberschuss	492				492
Auflösung Bewertungsreserve	15				15
Zuweisung Gewinnrücklage				267	–267
Stand 31. 12. 2013	2351	1200	489	422	240

Anlage 2

Derzeit gültige Fachgutachten und Stellungnahmen der AFRAC, der Kammer der Wirtschaftstreuhänder (Fachsenate) und des Instituts der Wirtschaftsprüfer (Stand 31. Juli 2013)

Die Fachgutachten und Stellungnahmen können auf den Websites des AFRAC (www.afrac.at), der KWT (www.kwt.or.at) und des IWP (www.iwp.or.at) eingesehen bzw in Form des KODEX „Rechnungslegung und Prüfung“ vom Linde-Verlag bezogen werden. Letzterer enthält in seiner vierten Auflage die bis 1.10.2012 herausgegebenen Stellungnahmen, Fachgutachten und Richtlinien. Die 5. Auflage wird voraussichtlich im Herbst 2013 erscheinen.

Austrian Financial Reporting and Auditing Committee (AFRAC)		
1	Bilanzierung von CO_2-Emissionszertifikaten gemäß österreichischem HGB	Februar 2006
2	Zeitpunkt der Ertragsrealisierung gemäß UGB und IFRS aus der Vermittlung von Lebensversicherungsverträgen gemäß § 176 Abs. 5 und 6 VersVG	Dezember 2006
3	Die Behandlung anteilsbasierter Vergütungen in UGB-Abschlüssen	September 2007
4	Grundsätze der unternehmensrechtlichen, phasenkongruenten Dividendenaktivierung	Dezember 2007, (März 2013)
5	Erklärung der gesetzlichen Vertreter gemäß § 82 Abs. 4 und § 87 Abs. 1 BörseG (Bilanzeid) (Juni 2008)	Juni 2008
6	Bilanzierung von Zuschüssen bei Betrieben und sonstigen ausgegliederten Rechtsträgern im öffentlichen Sektor	Juni 2008
7	Corporate Governance-Bericht gemäß § 243b UGB	Dezember 2008
8	Anhangangaben über außerbilanzielle Geschäfte gemäß §§ 237 Z. 8a und 266 Z. 2a UGB	Juni 2009
9	Auswirkungen der steuerlichen Teilwertabschreibung nach § 12 Abs. 3 Z. 2 KStG auf die Bilanzierung von Ertragsteuern nach IAS 12 in einem Konzern- oder separaten Einzelabschluss nach IFRS	Juni 2009
10	Lageberichterstattung gemäß §§ 243, 243a und 267 UGB	Juni 2009
11	Anhangangaben zu Geschäften mit nahe stehenden Unternehmen und Personen gemäß §§ 237 Z 8b und 266 Z 2b UGB	September 2009
12	Sonderfragen zur unternehmensrechtlichen Bilanzierung von Umweltschutzrückstellungen	September 2009
13	Die Angabe von Vorjahreszahlen gemäß § 223 Abs. 2 UGB	Dezember 2009
14	Fragen der IFRS-Bilanzierung und -Berichterstattung im Zusammenhang mit der Einführung der Gruppenbesteuerung	April 2010
15	Die unternehmensrechtliche Bilanzierung von Finanzanlage- und Finanzumlaufvermögen	Juni 2010, (Dezember 2012)
16	Derivate und Sicherungsinstrumente	Dezember 2011
17	Wertaufhellung und Wertbegründung vor und nach Aufstellung von Jahres- und Konzernabschlüssen	Juni 2011
18	Prüfung des Corporate Governance-Berichts	Juni 2011
19	Geschäftsjahr des Konzernabschlusses – UGB vs. BörseG	März 2012

20	Die Darstellung des Eigenkapitals im Jahresabschluss der GmbH & Co KG	März 2012
21	Beurteilung der Funktionsfähigkeit des Risikomanagements gem. Regel 83 ÖCGK	Dezember 2012
22	Behandlung der „Abfertigung alt" nach IAS 19, insbesondere Verteilung des Dienstzeitaufwandes	März 2013
23	Die Aufstellung von IFRS-Konzernabschlüssen nach § 245a UGB	März 2013
24	Grundsätze der unternehmensrechtlichen phasenkongruenten Dividendenaktivierung	März 2013

Kammer der Wirtschaftstreuhänder (KWT)

Fachsenat Unternehmensrecht und Revision

KFS-RL2	Zu den Grundsätzen ordnungsgemäßer Bilanzierung von Abfertigungsverpflichtungen nach den Vorschriften des Rechnungslegungsgesetzes	Jänner 1992
KFS-RL3	Zu den Grundsätzen ordnungsgemäßer Bilanzierung von Pensionsverpflichtungen nach den Vorschriften des Rechnungslegungsgesetzes	April 1992
KFS-RL2/3	Änderungen und Ergänzungen der Fachgutachten KFS/RL2 und 3	Mai 2004
KFS-RL2/3a	Interpretation von Zweifelsfragen bei Anwendung der Änderung und Ergänzung der Fachgutachten KFS/RL 2 und 3 über die Bilanzierung der Pensions- und Abfertigungsverpflichtungen nach den Vorschriften des Rechnungslegungsgesetzes	Oktober 2005
KFS-RL 2/3b	Stellungnahme zu Zweifelsfragen bei Anwendung der FG über die Bilanzierung von Pensions- und Abfertigungsverpflichtungen nach den Vorschriften des RLG im Hinblick auf IAS 19	2011 Juli 2012
KFS-RL 8	Zur Behandlung von Optionen, Optionsentgelten und Risiken aus Optionen in den Jahresabschlüssen	Oktober 1993
KFS-RL 10	Zur einheitlichen Bewertung im Konzernabschluss	Juli 1994
KFS-RL 11	Zur Behandlung offener Rücklagen im Jahresabschluss	Juli 2001, Juni 2010
KFS-RL 13	Zur Bilanzierung von Genussrechten	Juli 1997 Dezember 2010
KFS-RL 15	Zur Steuerabgrenzung im Einzelabschluss und im Konzernabschluss	Dezember 1999

KFS-RL 16	Zur Verwirklichung der Erträge aus thesaurierenden Anteilscheinen von Kapitalanlagefonds (Investmentfonds) und zur Behandlung dieser Anteilscheine im Jahresabschluss	März 2001
KFS-RL 17	Zur Behandlung von Abfertigungs- und Jubiläumsgeldverpflichtungen, die im Sinne des Erlasses des Bundesministeriums für Finanzen vom 3. August 2001 an ein Versicherungsunternehmen ausgelagert werden, im Jahresabschluss des Arbeitgebers	Jänner 2002, Februar 2012
KFS-RL 18	Zur Behandlung der Zwischenkörperschaftsteuer gemäß § 22 Abs 3 KStG im Jahresabschluss von Privatstiftungen	Dezember 2003
KFS-RL 19	Zu verschiedenen Fragen zur Rechnungslegung der Vereine	Dez. 2003, Juli 2012
KFS-RL 21	Stellungnahme zur Behandlung von nicht-rückzahlbaren Investitionszuschüssen bei der Ermittlung der Eigenmittelquote gemäß § 23 URG und der fiktiven Schuldentilgungsdauer gemäß § 24 URG	März 2008
KFS-RL 22	Fachgutachten zur Bilanzierung und Berichterstattung im unternehmensrechtlichen Jahresabschluss im Zusammenhang mit der Gruppenbesteuerung	März 2008
KFS-RL23	Zur Gestaltung und Bilanzierung von Rückdeckungsversicherungen	September 2008
KFS-RL24	Zur Behandlung von Patronatserklärungen im Zusammenhang mit der unternehmensrechtlichen Rechnungslegung	Dezember 2008
KFS/RL 25	Zu Fragen der Rechnungslegung bei Umgründungen	Dez. 2012
KFS/RL 26	Über Grundsätze für die Erstellung von Abschlüssen	Okt. 2012
KFS-PG 1	Über die Durchführung von Abschlussprüfungen	Jänner 2007, Dez 2009
KFS-PG 2	Grundsätze ordnungsgemäßer Berichterstattung bei Abschlussprüfungen nach den Vorschriften des § 273 Abs 1 UGB	Juni 2009
KFS-PG 3	Über die Erteilung von Bestätigungsvermerken nach den Vorschriften des UGB bei Abschlussprüfungen von Jahres- und Konzernabschlüssen	Dez. 2008, Juni 2013
KFS-PG 10	Über die Prüfung des Lageberichts	Dezember 2008
KFS-PG 11	Über die Grundsätze für die prüferische Durchsicht von Abschlüssen	September 2009

KFS-PG 12	Über die Durchführung von Konzernabschlussprüfungen	Dez. 2010, April 2011
KFS-PG 13	Über die Durchführung sonstiger Prüfungen	März 2011, Nov. 2011
KFS-PG 14	Über vereinbarte Untersuchungshandlungen	März 2011 Nov. 2011
KFS-PE 5	Zur Einholung von Vollständigkeitserklärungen bei Abschlussprüfungen	Dez. 2007 Okt. 2012
KFS-PE 7	Zur Vorgangsweise bei Erstprüfungen	Juli 1997
KFS-PE 8	Zur Verpflichtung des Abschlussprüfers auf Vorlage des Prüfungsberichts bei Gesellschaften mit beschränkter Haftung und zur Ausübung der Redepflicht gemäß § 273 Abs 2 GB bei Gesellschaften mit beschränkter Haftung und bei Personengesellschaften des Handelsrechts im Sinn des § 221 Abs 5 HGB	Oktober 1997, Juni 2010
KFS-PE 13	Zur Haftung für Fehler des Prüfers bei Prüfungen, die keine Pflichtprüfungen gem § 268 HGB sind und bei Aufträgen zur Durchführung einer prüferischen Durchsicht	Juni 2006, Februar 2012
KFS-PE 16	Empfehlung zum Umfang einer prüferischen Durchsicht sowie zur Formulierung eines Berichts über die prüferische Durchsicht von Halbjahresfinanzberichten gemäß § 87 BörseG	Sept. 2007, Sept. 2009
KFS-PE 18	Stellungnahme zur Redepflicht des Abschlussprüfers bei Vorliegen der Vermutung eines Reorganisationsbedarfs	März 2008, Sept. 2009
KFS-PE 21	Zu ausgewählten Fragen bei der Prüfung von Privatstiftungen	Juni 2010
KFS-PE 22	Zur Prüfung von Vereinen	Juli 2012
KFS-PE 23	Stellungnahme über die Durchführung von Prüfungen nach dem Kooperationsvertrag über die Vergabe eines Spendengütesiegels für spendensammelnde Non-Profit-Organisationen	Juli 2012
KFS-PE 24	Stellungnahme zur Durchführung von Prüfungen nach § 4a Abs 8 EStG zur Spendenabsetzbarkeit	Dez. 2012
KFS-BA 4	Zur Bewertung von Forderungen an Schuldner in Ländern mit schlechter Wirtschaftslage (Risikoländern) in den Jahresabschlüssen von Banken	Jänner 1991
KFS-BA 7	Zur Behandlung offener Rücklagen im Jahresabschluss von Kreditinstituten	Juli 2001

KFS-BA 9	Fachgutachten zur Berichterstattung über die Beachtung von für Kreditinstitute wesentlichen Rechtsvorschriften, insbesondere des Bankwesengesetzes und des Wertpapieraufsichtsgesetzes, gemäß § 63 Abs 5 BWG in einer Anlage zum Prüfungsbericht	Jänner 2008, Dezember 2010
KFS-BA 11	Zur Bestätigung des Bankprüfers an die Einlagensicherung der Banken und Bankiers GmbH	März 2009
KFS-BA 12	Zur Berichterstattung über das Ergebnis der Prüfung gemäß § 63 Abs 6 in Verbindung mit § 44 Abs 4 BWG (Zweigstellen)	März 2009
KFS-BA 13	Über Grundsätze ordnungsmäßiger Berichterstattung bei Abschlussprüfungen von Kreditinstituten nach § 273 Abs 1 UGB in Verbindung mit § 60 Abs 1 BWG	Dezember 2009
KFS-BA 14	Zur Erklärung der Geschäftsleiter über die Einhaltung der aufsichtsrechtlichen Bestimmungen	Jänner 2010, Dez. 2011
KFS-VU 1	Zur Behandlung offener Rücklagen im Jahresabschluss von Versicherungsunternehmen	Juli 2001, Juni 2010
KFS-VU 2	Über Grundsätze ordnungsmäßiger Berichterstattung bei Abschlussprüfungen von Versicherungsunternehmen nach § 273 Abs 1 UGB in Verbindung mit den Bestimmungen des Versicherungsaufsichtsgesetzes und sonstigen zu beachtenden Vorschriften	Dez 2010

Fachsenat Betriebswirtschaft und Organisation

KFS-BW1	Unternehmensbewertung	Februar 2006
KFS-BW2	Die Geldflussrechnung als Ergänzung des Jahresabschlusses und Bestandteil des Konzernabschlusses	Juni 2008
KFS-BW3	Empfehlung zur Ausgestaltung finanzieller Leistungsindikatoren im Lagebericht bzw Konzernlagebericht	November 2007
KFS-BW4	Darstellung der Komponenten des Konzerneigenkapitals und ihrer Entwicklung	April 2009
KFS-BW5	Leitfaden zum Erkennen von Unternehmenskrisen	März 2010

Fachsenat Datenverarbeitung

KFS-DV1	Die Ordnungsmäßigkeit von IT-Buchführungen	März 2011
KFS-DV2	Über Abschlussprüfung bei Einsatz von Informationstechnik	Oktober 2004

Institut Österreichischer Wirtschaftsprüfer (IWP)

IWP-RL 1	Richtlinie zum Grundsatz der Bewertungstechnik (§ 201 Abs 1 Z 1 HGB) und zur Berichterstattung bei der Änderung der Bilanzierungs- und Bewertungsmethoden (§ 236 HGB)	Februar 1991 Juli 2010
IWP-RL 5	Richtlinie zum Vermerk der Mitzugehörigkeit gem § 225 Abs 2 HGB und § 223 Abs 5 HGB beim Ausweis von Ausleihungen, Forderungen und Verbindlichkeiten gegenüber verbundenen Unternehmen und gegenüber Unternehmen, mit denen ein Beteiligungsverhältnis besteht	Mai 1992, Juli 2010
IWP-RL 7	Zur Zulässigkeit des Ausweises der in den Zuweisungen zu Pensionsrückstellungen bzw Abfertigungsrückstellungen enthaltenen Zinskomponenten als Zinsaufwand innerhalb des Finanzerfolges	September 1992, Juli 2010
IWP-PG 5	Richtlinie über Grundsätze der Bestimmung des Umfanges von Prüfungshandlungen	Juni 1991, Juli 2010
IWP-PG 7	Richtlinie zur Sicherung der Qualität von Prüfungsbetrieben	Sept. 2003, Juli 2011
IWP-PE 1	Richtlinie zu den Arbeitspapieren des Abschlussprüfers	März 1990, Juli 2010
IWP-PE 2	Richtlinie zur Anwesenheit des Abschlussprüfers bei der körperlichen Bestandsaufnahme von Vorräten	Sept. 2003, Juli 2010
IWP-PE 3	Richtlinie zur Einholung von Saldenbestätigungen für Forderungen	Feb. 1991, Juli 2010
IWP-PE 11	Empfehlung für die Durchführung von Arbeiten im Zusammenhang mit der Ausfertigung eines Comfort Letters	Sept. 2003, Mai 2011
IWP-PE 12	Richtlinie zur Einholung von Bankbestätigungen	Febr. 2004, Juli 2010
IWP-PE 14	Richtlinie zur Prüfung ausgelagerter Funktionen	Sept. 2012
IWP-PE 15	Richtlinie zur Formulierung des Bestätigungsvermerks gem § 274 UGB des Abschluss-/Bankprüfers einer Kapitalgesellschaft zum Rechenschaftsbericht über einen Immobilienfonds	Juni 2005, Okt. 2011
IWP-PE 17	Stellungnahme zu Einzelfragen im Zusammenhang mit Prospekten im Sinne der Richtlinie 2003/71/EG, soweit sie den Abschlussprüfer betreffen	November 2007
IWP-PE 19	Stellungnahme zu Einzelfragen zu den Unabhängigkeitsvorschriften nach dem UGB idF URÄG 2008	Dezember 2009

IWP-PE 20	Stellungnahme zur Verpflichtung des Abschlussprüfers gemäß § 275 Abs 1 UGB zur Weitergabe relevanter Informationen über das geprüfte Unternehmen	April 2010
IWP-BA 1	Richtlinie zur Durchführung der Abschlussprüfung bei Kreditinstituten (Bankprüfungsrichtlinie – BPR 2007)	Dez. 2007, Juli 2011
IWP-BA 3	Richtlinie zu den Aufgaben der Bankprüfer im Zusammenhang mit der Reservenmeldungsverordnung	Februar 1991
IWP-BA 6	Richtlinie zur Berichterstattung über die Beachtung von Bestimmungen des Wertpapieraufsichtsgesetzes	Nov. 2008, Juli 2010
IWP-BA 8	Richtlinie über Toleranzgrenzen zu der Fehlerberichtigung durch die Depotbank (§ 23 InvFG) bei der Errechnung des Anteilswertes eines Investmentsfonds (§ 7 InvFG) oder durch Verletzung von Anlagegrenzen (§§ 20 ff InvFG)	September 2007
IWP-BA 9	Fachgutachten zur Berichterstattung über die Beachtung von für Kreditinstitute wesentlichen Rechtsvorschriften, insbes. des Bankwesengesetzes und des Wertpapieraufsichtsgesetzes gemäß § 63 Abs 5 BWG in einer Anlage zum Prüfungsbericht	Jänner 2008, Dez. 2010
IWP-BA 10	Richtlinie über die Grundsätze ordnungsgemäßer Berichterstattung im Rahmen der Prüfungen von Rechenschaftsberichten von Investmentfonds	Mai 2008, Okt. 2011

International Standards on Auditing – Internationale Prüfungsstandards (Stand Juni 2013)

Prüfungen von historischen Finanzinformationen

ISA	Text
200–299 Allgemeine Grundsätze und Verantwortlichkeiten	
200	Übergreifende Zielsetzung des unabhängigen Prüfers und Grundsätze einer Prüfung in Übereinstimmung mit den International Standards on Auditing
210	Vereinbarung der Auftragsbedingungen für Prüfungsaufträge
220	Qualitätssicherung bei einer Abschlussprüfung
230	Prüfungsdokumentation
240	Die Verantwortung des Abschlussprüfers bei dolosen Handlungen
250	Berücksichtigung der Auswirkungen von Gesetzen und anderen Rechtsvorschriften auf den Abschluss bei einer Abschlussprüfung
260	Kommunikation mit den für die Überwachung Verantwortlichen
265	Mitteilung über Mängel im internen Kontrollsystem an die für die Überwachung Verantwortlichen und das Management

300–499 Risikobeurteilung und Reaktion auf beurteilte Risiken	
300	Planung einer Abschlussprüfung
315	Identifizierung und Beurteilung der Risiken wesentlicher falscher Darstellungen aus dem Verstehen der Einheit und ihres Umfelds
320	Die Wesentlichkeit bei der Planung und Durchführung einer Abschlussprüfung
330	Die Reaktion des Abschlussprüfers auf beurteilte Risiken
402	Überlegungen bei der Abschlussprüfung von Einheiten, die Dienstleister in Anspruch nehmen
450	Die Beurteilung der während der Abschlussprüfung festgestellten falschen Darstellungen
500–599 Prüfungsnachweise	
500	Prüfungsnachweise
501	Prüfungsnachweise – besondere Überlegungen zu ausgewählten Sachverhalten
505	Externe Bestätigungen
510	Eröffnungsbilanzwerte bei Erstprüfungsaufträgen
520	Analytische Prüfungshandlungen
530	Stichprobenprüfungen
540	Die Prüfung geschätzter Werte in der Rechnungslegung, einschließlich geschätzter Zielwerte, und der damit zusammenhängenden Abschlussangaben
550	Nahe stehende Personen
560	Ereignisse nach dem Abschlussstichtag
570	Fortführung der Unternehmenstätigkeit
580	Schriftliche Erklärungen
600–699 Verwertung der Arbeit Anderer	
600	Besondere Überlegungen zu Konzernabschlussprüfungen (einschließlich der Tätigkeiten von Teilbereichsprüfungen)
610	Verwertung der Arbeit interner Prüfer
620	Verwertung der Arbeit eines Sachverständigen des Abschlussprüfers
700–799 Schlussfolgerungen der Abschlussprüfung und Erteilung des Vermerks	
700	Bildung eines Prüfungsurteils und Erteilung eines Vermerks zum Abschluss
705	Modifizierungen des Prüfungsurteils im Vermerk des unabhängigen Abschlussprüfers
706	Hervorhebung eines Sachverhalts und Hinweis auf sonstige Sachverhalte durch Absätze im Vermerk des unabhängigen Abschlussprüfers
710	Vergleichsinformationen – Vergleichszahlen und Vergleichsabschlüsse
720	Die Pflichten des Abschlussprüfers im Zusammenhang mit sonstigen Informationen in Dokumenten, die den geprüften Abschluss enthalten

800–899 Besondere Bereiche	
800	Besondere Überlegungen bei Prüfungen von Abschlüssen, die aufgestellt sind in Übereinstimmung mit einem Regelwerk für einen speziellen Zweck
805	Besondere Überlegungen bei Prüfungen von einzelnen Finanzaufstellungen und bestimmten Bestandteilen, Kosten oder Posten einer Finanzaufstellung
810	Auftrag zur Beurteilung eines Vermerks zu einem verdichteten Abschluss

Anlage 3

Österreichischer Einheitskontenrahmen

Kontenklasse 0: Anlagevermögen und Aufwendungen für das Ingangsetzen und Erweitern eines Betriebes

001	**Aufwendungen für das Ingangsetzen und Erweitern eines Betriebes**
009	Kumulierte Abschreibungen
01	**Immaterielle Vermögensgegenstände**
010	Konzessionen
011	Patentrechte und Lizenzen
012	Datenverarbeitungsprogramme
013	Marken, Warenzeichen und Musterschutzrechte, sonstige Urheberrechte
014	Pacht- und Mietrechte
015	Geschäfts(Firmen)wert
018	Geleistete Anzahlungen
019	Kumulierte Abschreibungen
02–03	**Grundstücke, grundstücksgleiche Rechte und Bauten, einschließlich der Bauten auf fremden Grund**
020	Unbebaute Grundstücke
021	Bebaute Grundstücke (Grundwert)
022	Grundstücksgleiche Rechte
030	Betriebs- und Geschäftsgebäude auf eigenem Grund
031	Wohn- und Sozialgebäude auf eigenem Grund
032	Betriebs- und Geschäftsgebäude auf fremdem Grund
033	Wohn- und Sozialgebäude auf fremdem Grund
034	Grundstückseinrichtungen auf eigenem Grund
035	Grundstückseinrichtungen auf fremdem Grund
036	Bauliche Investitionen in fremden (gepachteten) Betriebs- und Geschäftsgebäuden
037	Bauliche Investitionen in fremden (gepachteten) Wohn- und Sozialgebäuden
039	Kumulierte Abschreibungen
04–05	**Technische Anlagen und Maschinen**
040	Fertigungsmaschinen
041	Antriebsmaschinen
042	Energieversorgungsanlagen
043	Transportanlagen
044–049	Sonstige Maschinen und maschinelle Anlagen
050	Maschinenwerkzeuge
051	Allgemeine Werkzeuge und Handwerkzeuge

052	Vorrichtungen, Formen und Modelle
053	Andere Erzeugungshilfsmittel
054	Hebezeuge und Montageanlagen
055	Geringwertige Vermögensgegenstände, soweit im Erzeugungsprozess verwendet
06	**Andere Anlagen, Betriebs- und Geschäftsausstattung**
060	Beheizungs- und Beleuchtungsanlagen
061	Nachrichten- und Kontrollanlagen
062	Büromaschinen, EDV-Anlagen
063	PKW
064	LKW
065	Andere Beförderungsmittel
066	Andere Betriebs- und Geschäftsausstattung
067	Gebinde
068	Geringwertige Vermögensgegenstände, soweit nicht im Erzeugungsprozess verwendet
069	Kumulierte Abschreibungen
07	**Geleistete Anzahlungen und Anlagen in Bau**
070	Geleistete Anzahlungen
071	Anlagen in Bau
079	Kumulierte Abschreibungen
08–09	**Finanzanlagen**
080	Anteile an verbundenen Unternehmen
081	Beteiligungen an Gemeinschaftsunternehmen
082	Beteiligungen an angeschlossenen (assoziierten) Unternehmen
083	Sonstige Beteiligungen
084	Ausleihungen an verbundene Unternehmen
085	Ausleihungen an Unternehmen, mit denen ein Beteiligungsverhältnis besteht
086	Sonstige Ausleihungen
087	Anteile an Kapitalgesellschaften ohne Beteiligungscharakter
088	Anteile an Personengesellschaften ohne Beteiligungscharakter
090	Genossenschaftsanteile ohne Beteiligungscharakter
091	Anteile an Investmentfonds
092–093	Festverzinsliche Wertpapiere des Anlagevermögens
094–097	Sonstige Finanzanlagen, Wertrechte
098	Geleistete Anzahlungen
099	Kumulierte Abschreibungen

Kontenklasse 1: Vorräte

100–109	Bezugsverrechnung
110–119	Rohstoffe
120–129	Bezogene Teile
130–134	Hilfsstoffe
135–139	Betriebsstoffe
140–149	Unfertige Erzeugnisse
150–159	Fertige Erzeugnisse
160–169	Waren
170–179	Noch nicht abrechenbare Leistungen
180	Geleistete Anzahlungen
190–199	Wertberichtigungen

Kontenklasse 2: Sonstiges Umlaufvermögen, Rechnungsabgrenzungsposten

20–21	**Forderungen aus Lieferungen und Leistungen**
200–207	Forderungen aus Lieferungen und Leistungen Inland
208	Einzelwertberichtigungen zu Forderungen aus Lieferungen und Leistungen Inland
209	Pauschalwertberichtigungen zu Forderungen aus Lieferungen und Leistungen Inland
210–212	Forderungen aus Lieferungen und Leistungen Währungsunion
213	Einzelwertberichtigungen zu Forderungen aus Lieferungen und Leistungen Währungsunion
214	Pauschalwertberichtigungen zu Forderungen aus Lieferungen und Leistungen Währungsunion
215–217	Forderungen aus Lieferungen und Leistungen sonstiges Ausland
218	Einzelwertberichtigungen zu Forderungen aus Lieferungen und Leistungen sonstiges Ausland
219	Pauschalwertberichtigungen zu Forderungen aus Lieferungen und Leistungen sonstiges Ausland
22	**Forderungen gegenüber verbundenen Unternehmen und Unternehmen, mit denen ein Beteiligungsverhältnis besteht**
220–222	Forderungen gegenüber verbundenen Unternehmen
223	Einzelwertberichtigungen zu Forderungen gegenüber verbundenen Unternehmen
224	Pauschalwertberichtigungen zu Forderungen gegenüber verbundenen Unternehmen

225–227	Forderungen gegenüber Unternehmen, mit denen ein Beteiligungsverhältnis besteht
228	Einzelwertberichtigungen zu Forderungen gegenüber Unternehmen, mit denen ein Beteiligungsverhältnis besteht
229	Pauschalwertberichtigungen zu Forderungen gegenüber Unternehmen, mit denen ein Beteiligungsverhältnis besteht
23–24	**Sonstige Forderungen und Vermögensgegenstände**
230–246	Sonstige Forderungen und Vermögensgegenstände
247	Eingeforderte, aber noch nicht eingezahlte Einlagen
248	Einzelwertberichtigungen zu sonstigen Forderungen und Vermögensgegenständen
249	Pauschalwertberichtigungen zu sonstigen Forderungen und Vermögensgegenständen
25	**Forderungen aus der Abgabenverrechnung**
250–259	Forderungen aus der Abgabenverrechnung
26	**Wertpapiere und Anteile**
260	Eigene Anteile
261	Anteile an verbundenen Unternehmen
262	Sonstige Anteile
263–267	Sonstige Wertpapiere
268	Besitzwechsel, soweit dem Unternehmen nicht die der Ausstellung zugrundeliegenden Forderungen zustehen
269	Wertberichtigungen
27–28	**Kassenbestand, Schecks, Guthaben bei Kreditinstituten**
270–272	Kassenbestände in Inlandswährung
273	Postwertzeichen
274	Stempelmarken
275–277	Kassenbestände in Fremdwährung
278	Schecks in Inlandswährung
280–288	Guthaben bei Kreditinstituten
289	Wertberichtigungen
29	**Rechnungsabgrenzungsposten**
290	Aktive Rechnungsabgrenzungsposten
295	Disagio
296	Unterschiedsbetrag zur gebotenen Pensionsrückstellung
297	Unterschiedsbetrag gem Abschnitt XII Pensionskassengesetz
298	Steuerabgrenzung

Kontenklasse 3: Rückstellungen, Verbindlichkeiten und Rechnungsabgrenzungsposten

30	**Rückstellungen**
300	Rückstellungen für Abfertigungen
301	Rückstellungen für Pensionen
302–303	Steuerrückstellungen
304–309	Sonstige Rückstellungen
31	**Anleihen, Verbindlichkeiten gegenüber Kreditinstituten und Finanzinstituten**
310	Anleihen (einschließlich konvertibler)
311–317	Verbindlichkeiten gegenüber Kreditinstituten
318–319	Verbindlichkeiten gegenüber Finanzinstituten
32	**Erhaltene Anzahlungen auf Bestellungen**
320	Erhaltene Anzahlungen auf Bestellungen
321	Umsatzsteuer-Evidenzkonto für erhaltene Anzahlungen auf Bestellungen
33	**Verbindlichkeiten aus Lieferungen und Leistungen, Verbindlichkeiten aus der Annahme gezogener und der Ausstellung eigener Wechsel**
330–335	Verbindlichkeiten aus Lieferungen und Leistungen Inland
336	Verbindlichkeiten aus Lieferungen und Leistungen Währungsunion
337	Verbindlichkeiten aus Lieferungen und Leistungen sonstiges Ausland
338–339	Verbindlichkeiten aus der Annahme gezogener Wechsel und der Ausstellung eigener Wechsel
34	**Verbindlichkeiten gegenüber verbundenen Unternehmen, gegenüber Unternehmen, mit denen ein Beteiligungsverhältnis besteht und gegenüber Gesellschaftern**
340–347	Verbindlichkeiten gegenüber verbundenen Unternehmen, Verbindlichkeiten gegenüber Unternehmen, mit denen ein Beteiligungsverhältnis besteht
348	Verbindlichkeiten gegenüber Gesellschaftern
35	**Verbindlichkeiten aus Steuern**
350–359	Verbindlichkeiten aus Steuern
36	**Verbindlichkeiten im Rahmen der sozialen Sicherheit**
360–369	Verbindlichkeiten im Rahmen der sozialen Sicherheit
37–38	**Übrige sonstige Verbindlichkeiten**
370–389	Übrige sonstige Verbindlichkeiten
39	**Rechnungsabgrenzungsposten**
390–399	Passive Rechnungsabgrenzungsposten

Kontenklasse 4: Betriebliche Erträge

40–44	**Brutto-Umsatzerlöse und Erlösschmälerungen**
400-439	Brutto-Umsatzerlöse
440–449	Erlösschmälerungen
45	**Bestandsveränderungen und aktivierte Eigenleistungen**
450–457	Veränderungen des Bestandes an fertigen und unfertigen Erzeugnissen sowie an noch nicht abrechenbaren Leistungen
458–459	andere aktivierte Eigenleistungen
46–49	**Sonstige betriebliche Erträge**
460–462	Erlöse aus dem Abgang vom Anlagevermögen, ausgenommen Finanzanlagen
463–465	Erträge aus dem Abgang vom Anlagevermögen, ausgenommen Finanzanlagen
466–467	Erträge aus der Zuschreibung zum Anlagevermögen, ausgenommen Finanzanlagen
470–479	Erträge aus der Auflösung von Rückstellungen
480–499	Übrige betriebliche Erträge

Kontenklasse 5: Materialaufwand und sonstige bezogene Herstellungsleistungen

500–509	Wareneinsatz
510–519	Verbrauch von Rohstoffen
520–529	Verbrauch von bezogenen Fertig- und Einzelteilen
530–539	Verbrauch von Hilfsstoffen
540–549	Verbrauch von Betriebsstoffen
550–559	Verbrauch von Werkzeugen und anderen Erzeugungshilfsmitteln
560–569	Verbrauch von Brenn- und Treibstoffen, Energie und Wasser
570–579	Sonstige bezogene Herstellungsleistungen
580	Skontoerträge auf Materialaufwand
581	Skontoerträge auf sonstige bezogene Herstellungsleistungen
590	Aufwandsstellenrechnung

Kontenklasse 6: Personalaufwand

600–619	Löhne
620–639	Gehälter
640–644	Aufwendungen für Abfertigungen
645–649	Aufwendungen für Altersversorgung
650–655	Gesetzlicher Sozialaufwand Arbeiter
656–659	Gesetzlicher Sozialaufwand Angestellte

660–665	Lohnabhängige Abgaben und Pflichtbeiträge
666–669	Gehaltsabhängige Abgaben und Pflichtbeiträge
670–689	Sonstige Sozialaufwendungen
690	Aufwandsstellenrechnung

Kontenklasse 7: Abschreibungen und sonstige betriebliche Aufwendungen

70	Abschreibungen
700	Abschreibungen auf aktivierte Aufwendungen für das Ingangsetzen und Erweitern eines Betriebes
701–708	Abschreibungen auf das Anlagevermögen (ausgenommen Finanzanlagen)
709	Abschreibungen vom Umlaufvermögen, soweit diese die im Unternehmen üblichen Abschreibungen übersteigen
71	**Sonstige Steuern**
710–719	Sonstige Steuern
72–78	**Übrige betriebliche Aufwendungen**
72	**Instandhaltung und Reinigung durch Dritte, Entsorgung, Beleuchtung**
720–729	Instandhaltung und Reinigung durch Dritte, Entsorgung, Beleuchtung
73	**Transport-, Reise- und Fahrtaufwand, Nachrichtenaufwand**
730–731	Transporte durch Dritte
732–733	Kfz-Aufwand
734–735	Reise- und Fahrtaufwand
736–737	Tag- und Nächtigungsgelder
738–739	Nachrichtenaufwand
74	**Miet-, Pacht-, Leasing- und Lizenzaufwand**
740–743	Miet- und Pachtaufwand
744–747	Leasingaufwand
748–749	Lizenzaufwand
75	**Aufwand für beigestelltes Personal, Provisionen an Dritte, Aufsichtsratsvergütungen**
750–753	Aufwand für beigestelltes Personal
754–757	Provisionen an Dritte
758–759	Aufsichtsratsvergütungen
76	**Büro-, Werbe- und Repräsentationsaufwand**
760	Büromaterial und Drucksorten
761–762	Druckerzeugnisse und Vervielfältigungen
763	Fachliteratur und Zeitungen

765–768	Werbung und Repräsentation
769	Spenden und Trinkgelder
77–78	**Versicherungen, Übrige Aufwendungen**
770–774	Versicherungen
775–776	Beratungs- und Prüfungsaufwand
777	Aus- und Fortbildung
778	Mitgliedsbeiträge
779	Spesen des Geldverkehrs
780–781	Schadensfälle
782	Buchwert abgegangener Anlagen, ausgenommen Finanzanlagen
783	Verluste aus dem Abgang vom Anlagevermögen, ausgenommen Finanzanlagen
784–788	Verschiedene betriebliche Aufwendungen
789	Skontoerträge auf sonstige betriebliche Aufwendungen
79	**Konten für das Umsatzkostenverfahren**
790	Aufwandsstellenrechnung
791–799	**Aufwandsstellen im Rahmen des Umsatzkostenverfahrens**
791–795	Aufwandsstellen der Herstellung
796	Herstellungskosten der zur Erzielung der Umsatzerlöse erbrachten Leistungen
797	Vertriebskosten
798	Verwaltungskosten
799	Sonstige betriebliche Aufwendungen

Kontenklasse 8: Finanzerträge und Finanzaufwendungen, ao Erträge und ao Aufwendungen, Steuern vom Einkommen und vom Ertrag, Rücklagenbewegung

80–83	**Finanzerträge und Finanzaufwendungen**
800–804	Erträge aus Beteiligungen
805–809	Erträge aus anderen Wertpapieren und Ausleihungen des Finanzanlagevermögens
810–813	Sonstige Zinsen und ähnliche Erträge
814	Erlöse aus dem Abgang von Beteiligungen
815	Erlöse aus dem Abgang von sonstigen Finanzanlagen
816	Erlöse aus dem Abgang von Wertpapieren des Umlaufvermögens
817	Buchwert abgegangener Beteiligungen
818	Buchwert abgegangener sonstiger Finanzanlagen
819	Buchwert abgegangener Wertpapiere des Umlaufvermögens
820	Erträge aus dem Abgang von und der Zuschreibung zu Finanzanlagen

821	Erträge aus dem Abgang von und der Zuschreibung zu Wertpapieren des Umlaufvermögens
822–825	Aufwendungen aus Beteiligungen
826–827	Aufwendungen aus sonstigen Finanzanlagen und aus Wertpapieren des Umlaufvermögens
828–834	Zinsen und ähnliche Aufwendungen
835	Nicht ausgenützte Lieferantenskonti
84	**Außerordentliche Erträge und außerordentliche Aufwendungen**
840–844	Außerordentliche Erträge
845–849	Außerordentliche Aufwendungen
85	**Steuern vom Einkommen und vom Ertrag**
850–859	Steuern vom Einkommen und vom Ertrag
86–89	**Rücklagenbewegung, Ergebnisüberrechnung**
860–869	Auflösung unversteuerter Rücklagen
870–874	Auflösung von Kapitalrücklagen
875–879	Auflösung von Gewinnrücklagen
880–889	Zuweisung zu unversteuerten Rücklagen
890–895	Zuweisung zu Gewinnrücklagen
899	Gewinnabfuhr bzw Verlustüberrechnung aus Ergebnisabführungsverträgen

Kontenklasse 9: Eigenkapital, unversteuerte Rücklagen, Einlagen Stiller Gesellschafter, Abschluss- und Evidenzkonten

900–918	Gezeichnetes bzw gewidmetes Kapital
919	Nicht eingeforderte ausstehende Einlagen
920–929	Kapitalrücklagen
930–938	Gewinnrücklagen
939	Bilanzgewinn(-verlust)
940–959	Bewertungsreserven und sonstige unversteuerte Rücklagen
960–969	Privat- und Verrechnungskonten bei Einzelunternehmen und Personengesellschaften
970–979	Einlagen Stiller Gesellschafter
980	Eröffnungsbilanz
985	Schlussbilanz
989	Gewinn- und Verlustrechnung
990–999	Evidenzkonten

Literaturhinweise

A) Bücher

ADLER, H./DÜRING, W./SCHMALTZ, K.: Rechnungslegung und Prüfung der Unternehmen, Lieferungswerk 2005; Stuttgart – abgekürzt zitiert: ADS

BAETGE, J./KIRSCH, H.-J./THIELE, St.: Bilanzen; 12. Aufl., Düsseldorf 2013

BERTL, R. (Hrsg): Bilanzpolitik, Wiener Bilanzrechtstage 2012; Wien 2013

BERTL, R./DEUTSCH-GOLDONI, E./HIRSCHLER, K.: Buchhaltungs- und Bilanzierungshandbuch; 7. Aufl., Wien 2011

BERTL, R./MANDL, D. (Hrsg): Handbuch zum Rechnungslegungsgesetz; Loseblattsammlung; Wien 2011

BECK'scher Bilanz-Kommentar, Handels- und Steuerbilanz; 8. Aufl., München 2012

COENENBERG, A. G./HALLER, A./SCHULTZE, W.: Jahresabschluss und Jahres-Abschlussanalyse; 22. Aufl., Stuttgart 2012

DEUTSCH-GOLDONI, E./ROHATSCHEK, R. (Hrsg): Sonderfragen der Bilanzierung; 4. Aufl., Wien 2013

DORALT, P./NOWOTNY, Ch./KALSS, S. (Hrsg): Kommentar zum Aktiengesetz; 2. Aufl., Wien 2012

EGGER, A./SAMER, H./BERTL, R.: Der Jahresabschluss nach dem Unternehmensgesetzbuch; Band II: Der Konzernabschluss; 7. Aufl., Wien 2013

ELLER, R./HEINRICH, M./PERROT, R./REIF, M. (Hrsg): Handbuch Derivativer Instrumente – Produkte, Strategien, Risikomanagement; 3. Aufl., Stuttgart 2005

FRABERGER, F. (Hrsg)/HAMERLE, V.: Bilanzierungshandbuch für die betriebliche Praxis; Loseblattsammlung; Band I–IV; Wien 2010

GRÜNBERGER, H.: Praxis der Bilanzierung 2011/2012, 12. Aufl., Wien 2011

HEINHOLD, M.: Der Jahresabschluss; 4. Aufl., München/Wien 2007

HIRSCHLER, K. (Hrsg): Bilanzrecht Einzelabschluss; Wien 2010

HOFBAUER, M./GREWE, W./KUPSCH, P./SCHERRER, G. (Hrsg): Bonner Handbuch Rechnungslegung, Loseblattsammlung; Bonn 2010

IDW, Institut der Wirtschaftsprüfer: Handbuch 2012, Band 1, 14. Aufl., Düsseldorf 2012

IWP, Institut Österreichischer Wirtschaftsprüfer: Wirtschaftsprüfer Jahrbuch; Wien 2013

KOFLER, H./NADVORNIK, W./PERNSTEINER, H./VODRAZKA, K. (Hrsg): Handbuch Bilanz- und Abschlussprüfung; 4. Aufl., Wien 2004 – abgekürzt zitiert: HBA

KREJCI, H.: Unternehmensrecht, 5. Aufl., Wien 2013

KÜTING, K./PFITZER, N./WEBER, C.-P. (Hrsg): Handbuch der Rechnungslegung – Einzelabschluss, letzte Lieferung 2011; Stuttgart

LECHNER, K./EGGER, A./SCHAUER, R.: Einführung in die Allgemeine Betriebswirtschaftslehre; 26. Aufl., Wien 2013
JABORNEGG, R./STRASSER, R. (Hrsg): Kommentar zum Aktiengesetz; 5. Aufl., Wien 2011
STRAUBE, M. (Hrsg): Wiener Kommentar zum Unternehmensgesetzbuch; Band II: Rechnungslegung; 3. Aufl., Wien 2012
TORGGLER, U. (Hrsg): UGB – Unternehmensgesetzbuch; Wien 2013
WAGENHOFER, A.: Bilanzierung und Bilanzanalyse; 11. Aufl., Wien 2013
WAGENHOFER, A./EWERT, R.: Externe Unternehmensrechnung; 2., überarbeitete und erweiterte Auflage; Berlin 2007

B) Fachgutachten

siehe Anlage 2

C) Zeitschriftenaufsätze

sind jeweils im Text angeführt

Abkürzungsverzeichnis

ABGB	Allgemeines bürgerliches Gesetzbuch
aF	alte Fassung
AfA	Absetzung für Abnutzung
AFRAC	Austrian Financial Reporting and Auditing Committee
AG	Aktiengesellschaft
AICPA	American Institute of Certified Public Accountants
AktG	Aktiengesetz
AÖFV	Amtsblatt der österreichischen Finanzverwaltung
APB	Accounting Principles Board, Vorläuferinstitution des Financial Accounting Standards Board (FASB)
AQSG	Abschlussprüfungs-Qualitätssicherungsgesetz
ARC	Accounting Regulatory Committee
BAO	Bundesabgabenordnung
BB	„Der Betriebsberater“
BFH	Bundesfinanzhof
BGBl	Bundesgesetzblatt
BilMoG	Bilanzmodernisierungsgesetz
BMF	Bundesminister(ium) für Finanzen
BMSVG	Betriebliches Mitarbeiter- und Selbständigenvorsorgegesetz
BW	Buchwert
BWG	Bankwesengesetz
CPA	Certified Public Accountant
DBA	Doppelbesteuerungsabkommen
DRS	Deutsche Rechnungslegungsstandards
DRSC	Deutsches Rechnungslegungs Standards Committee e. V., bzw. Accounting Standards Committee of Germany (ASCG)
DSR	Deutscher Standardisierungsrat, bzw. German Accounting Standards Board (GASB)
EB	Erläuternde Bemerkungen
EFZG	Entgeltfortzahlungsgesetz
EG	Europäische Gemeinschaft
EKEG	Eigenkapitalersatzgesetz
ESt	Einkommensteuer
EStR	Einkommensteuerrichtlinien
EU-GesRÄG	EU-Gesellschaftsrechtsänderungsgesetz

EuGH	Europäischer Gerichtshof
EWG	Europäische Wirtschaftsgemeinschaft
EWR	Europäischer Wirtschaftsraum
FA	Finanzamt
FAS	Financial Accounting Standards
FASB	Financial Accounting Standards Board, Nachfolgeinstitution des Accounting Principles Board (APB)
FBG	Firmenbuchgesetz
FEE	Fédération des Experts Comptables Européens
GbR	Gesellschaft bürgerlichen Rechts
GenG	Genossenschaftsgesetz
Gf	Geschäftsführung/-er(in)
GmbH	Gesellschaft mit beschränkter Haftung
GoB	Grundsätze ordnungsgemäßer Buchführung/Bilanzierung
GuV	Gewinn- und Verlustrechnung
GWG	Geringwertiges Wirtschaftsgut
HFA	Hauptfachausschuss des IDW
HGB	Handelsgesetzbuch
HV	Hauptversammlung
IAG	International Auditing Guidelines
IAS	International Accounting Standards
IASB	International Accounting Standards Board
IASC	International Accounting Standards Committee
IDW	Institut der Wirtschaftsprüfer in Deutschland e. V.
IFAC	International Federation of Accountants
IFRIC	International Financial Reporting Interpretations Committee, bis März 2002: Standing Interpretations Committee (SIC)
IFRS	International Financial Reporting Standards
IO	Insolvenzordnung
ISA	International Standards on Auditing
iSd	im Sinne des
iVm	in Verbindung mit
IWP	Institut Österreichischer Wirtschaftsprüfer
JA	Jahresabschluss
KapBG	Kapitalberichtigungsgesetz
KESt	Kapitalertragsteuer
KG	Kommanditgesellschaft

K(ö)St	Körperschaftsteuer
KWT	Kammer der Wirtschaftstreuhänder
LSt	Lohnsteuer
MwSt	Mehrwertsteuer, seit 1967 offiziell: Umsatzsteuer (USt)
nF	neue Fassung
OG	Offene Gesellschaft
OGH	Oberster Gerichtshof
RA	Rechtsanwalt
RÄG	Rechnungslegungsänderungsgesetz
RLG	Rechnungslegungsgesetz
RV	Regierungsvorlage
RWZ	„Zeitschrift für Recht und Rechnungswesen“
Rz	Randzahl
Tz	Textzahl
SAC	Standard Advisory Council
SEC	Securities and Exchange Commission
SFAS	Statement of Financial Accounting Standards
SIC	Standing Interpretations Committee, seit März: 2002 International Financial Reporting Interpretations Committee (IFRIC)
SME	Small and medium sized entities
StB	Steuerberater
SWI	„Steuer und Wirtschaft International“
SWK	„Steuer- und WirtschaftsKartei“
UFS	Unabhängiger Finanzsenat
UGB	Unternehmensgesetzbuch
UmgrStG	Umgründungssteuergesetz
URG	Unternehmensreorganisationsgesetz
US-GAAP	United States Generally Accepted Accounting Principles
USt	Umsatzsteuer
UVS	Unabhängiger Verwaltungssenat
VAG	Versicherungsaufsichtsgesetz
VfGH	Verfassungsgerichtshof
VwGH	Verwaltungsgerichtshof
WP	Wirtschaftsprüfer
WPg	„Die Wirtschaftsprüfung“
WT	Wirtschaftstreuhänder
WTBG	Wirtschaftstreuhandberufsgesetz

Stichwortverzeichnis